水电站过渡过程与控制

杨建东　著

科学出版社

北　京

内 容 简 介

本书按照水电站输水系统布置方式，分别介绍单管单机、设有调压设施和多台机组共输水系统三种布置形式下的水电站过渡过程与控制基本理论、基本方法和科技前沿，主要涉及电站系统中水、机、电的耦合与控制。全书分为三篇 10 章，从电站系统运行的调节保证、稳定性和调节品质三个方面进行深入论述。本书绝大多数内容是武汉大学“水电站过渡过程与控制”课题组近 25 年的研究成果，为解决水电站设计和运行面临的主要难题提供理论依据、分析手段与工程措施。

本书可供从事水电站设计、运行、科研和技术管理等方面工作的专业人员使用，也可以作为高等学校水利水电相关专业的教学参考书。

图书在版编目（CIP）数据

水电站过渡过程与控制/杨建东著. —北京：科学出版社，2023.4
ISBN 978-7-03-074609-2

Ⅰ.① 水…　Ⅱ.① 杨…　Ⅲ. ① 水力发电站-过渡过程-控制　Ⅳ. ① TV74

中国版本图书馆 CIP 数据核字（2022）第 255004 号

责任编辑：何　念　张　湾/责任校对：高　嵘
责任印制：彭　超/封面设计：无极书装

科学出版社 出版
北京东黄城根北街 16 号
邮政编码：100717
http://www.sciencep.com
武汉精一佳印刷有限公司印刷
科学出版社发行　各地新华书店经销
*
开本：787×1092　1/16
2023 年 4 月第　一　版　印张：30 1/2
2023 年 4 月第一次印刷　字数：720 000

定价：368.00 元

（如有印装质量问题，我社负责调换）

前　言

自1878年法国建成世界第一座水电站以来，水力发电历经了一百多年的发展，为工业革命和现代化进程提供了大量清洁、便利的电能，促进了人类社会的快速发展。但从水电站自身的发展来看，无论水电站装机容量或大或小，水头利用或高或低，开发方式为坝后式、引水式还是混合式，厂房布置为地下式还是地面式，水电站从输水系统布置形式上均可归结为三类。第一类为单管单机水电站，如坝后式水电站、河床式水电站。这类布置形式的水电站，过渡过程与控制的问题相对单一。其主要的任务：一是选取水轮机导叶关闭规律，协调甩负荷事故过渡过程中水击压力和机组转速升高之间的矛盾，确保机组和输水系统的安全；二是整定调速器参数及制订控制策略，确保机组启动、负荷增减等过渡过程中的运行稳定性和调节品质，满足电网一次调频、二次调频的需求。第二类为设有调压设施的水电站。对于大多数的河岸式水电站、引水式水电站，由于输水管线较长、水流惯性较大，需要靠近厂房设置调压设施，如调压室、压力前池、变顶高尾水洞、明满流尾水子系统等，以缓解水击压力和机组转速升高之间更加尖锐的矛盾，减小水流惯性对调节品质的不利作用，确保水电站安全稳定运行。然而，为了节省工程投资，调压设施的规模是有限的，所以调压设施在减小水流惯性的同时，也带来了波动叠加等不利影响。因此，对于设有调压设施的水电站，过渡过程与控制研究的主要任务：一是如何确定调压设施设置的判别条件，进行合理设计；二是在确保水电站安全稳定运行的前提下，减小调压设施的规模，体现其经济性。第三类为多台机组共输水系统的水电站。为了节省工程投资，常常采用多台机组共输水系统的布置形式，尤其是设有调压设施的水电站。由于机组之间存在水力联系，其突出的问题是：当部分机组甩负荷时，将使其他机组的出力，甚至端电压发生剧烈的波动，影响机组自身和电网安全。因此，对于这类布置形式的水电站，过渡过程与控制研究的主要任务：如何从输水系统布置的角度、机电参数设计的角度、机组运行的角度，减轻水力干扰过渡过程的不利影响。

水电站过渡过程与控制涉及水工、机电等多个专业，流体瞬变流、水力机械、电气工程、自动控制等多门学科，因此，其研究成果散落在各自的领域，并且侧重于各自的研究对象和研究目的，缺乏系统性和完整性。另外，近20年来我国水电建设迅猛发展，单机容量、水电站装机规模、输水系统规模和布置的复杂程度均处在世界的前列。设计和运行中所遭遇的关键问题，促进了水电站过渡过程与控制研究的发展。无论是设计理念、基本理论，还是研究方法均有创新性的突破，在工程实践中发挥了巨大的作用。为此，有必要按照上述三类水电站的内在联系，系统地整理水电站过渡过程与控制的研究内容、研究方法和研究成果，编著相应的教材或专著，以满足相关专业研究生课程学习和工程师进修，以及相关设计规范重编的需要。

本书是作者对在武汉大学水利水电学院讲授了二十余年的博士生选修课“水电站过渡过程与控制”的讲义进行改编、充实形成的。除系统地阐述水电站过渡过程与控制基本理论和基本方法外，十分注重站在科学研究的层面，讲述尚未完善、尚未扩充、尚未涉足的研究内容和研究方向；十分注重站在工程应用的层面，讲解水电工程不同设计阶段、不同运行阶段对水电站过渡过程与控制研究范围和研究深度的需求，讲解与相关设计规范、运行规程的衔接；十分注重站在培养研究生和工程师动手能力的层面，讲解水电站过渡过程与控制的工程实践。

本书按照水电站输水系统布置形式分为三篇 10 章，系统地介绍水电站过渡过程与控制基本理论、基本方法和科技前沿。第一篇单管单机的输水发电系统过渡过程与控制，分 1～3 章论述该系统调节保证分析与控制、运行稳定性及调节品质分析与控制、调压设施的设置条件；第二篇设有调压设施的输水发电系统过渡过程与控制，分 4～7 章论述设有调压室或明满流尾水子系统的输水发电系统调节保证分析与控制、运行稳定性及调节品质分析与控制；第三篇具有水力联系的输水发电系统过渡过程与控制，分 8～10 章论述该复杂系统水力干扰过渡过程分析与控制、运行稳定性、调节品质及控制策略，以及两级串联水电站过渡过程分析与控制。

本书为了突出水电站过渡过程与控制的研究内容和研究成果，避免与其他相关教材、专著有过多的内容重复，敬请读者参阅《水电站》《水轮机调节》《流体瞬变流》等著作，以全面地了解本书所采用的基本理论、数学模型、计算方法，尤其是水力单元恒定流计算——有限单元法、非恒定流时域分析——广义特征线法、动力装置瞬态分析——广义能量守恒法、振荡流频域分析——阻抗与状态矩阵法，以及气体瞬变流、液柱分离及含气型气液两相瞬变流、明满混合瞬变流等内容。对于抽水蓄能电站过渡过程，尤其是水泵水轮机特性曲线处理、水泵工况、工况转换等，请参阅相关专著。

本书的出版，应由衷地感谢作者的导师吴荣樵教授、陈鉴治教授（《水电站水力过渡过程》的作者）对作者的精心培养和孜孜不倦的教诲；感谢作者的历届研究生，他们辛勤的工作和丰富的成果为本书的撰写提供了大量的珍贵素材；感谢中国电力建设集团有限公司及其下属的各家勘测设计研究院有限公司、长江勘测规划设计研究有限责任公司近 30 年的科研合作和大力支持，这为本书的撰写提供了大量的设计资料和设计成果，也让作者共同参与并见证了我国水电站过渡过程与控制领域的发展进程。

本书中可能存在不足或疏漏之处，敬请读者批评指正。

杨建东

2021 年 8 月 31 日

于武汉大学水利水电学院

目　录

第一篇　单管单机的输水发电系统过渡过程与控制

第二篇　设有调压设施的输水发电系统过渡过程与控制

第一篇

单管单机的输水发电系统过渡过程与控制

单管单机的输水发电系统是水电站布置中最基本的形式，也是复杂布置形式的基础。其过渡过程与控制的研究内容包括调节保证、输水发电系统运行稳定性及调节品质。在不满足规范和设计要求时，需要设置调压设施，而设置条件的判据也根源于对调节保证、运行稳定性和调节品质的要求。因此，本篇分为3章，分别论述单管单机的输水发电系统调节保证分析与控制、单管单机的输水发电系统运行稳定性及调节品质分析与控制、调压设施的设置条件。

第 1 章

单管单机的输水发电系统调节保证分析与控制

在水电站实际运行中，经常遇到负荷在较大范围内突然变化的情况，偶尔遭遇机组自身事故或电力系统事故，导致水轮机导水机构自动关闭或开启，并迅速改变水轮机引用流量。由于水流惯性的作用，水电站有压输水管道（包括蜗壳、尾水管等）各断面压强随水轮机引用流量的改变而变化。此压强变化以弹性波形式按一定波速从水轮机导水机构向上下游两侧传播，并在输水管道特性变化之处发生反射，此种现象称为水击。弹性波（水击波）的传播速度与输水管道和水体的弹性有关，而压强（水击压强）的变化不但与输水管道和水体的弹性有关，在很大程度上还取决于水轮机引用流量的变化大小与变化梯度。若正水击压强超过了压力管道、蜗壳等过流部件强度的限制，或者负水击压强低于水流的汽化压强以致出现水柱中断与弥合[1]，均将危及水电站运行安全。

另外，机组负荷的突变，使水轮机动力矩与发电机阻力矩之间失去平衡，引起机组转速变化。例如，事故引起机组甩负荷时，发电机阻力矩瞬时降为零，过剩的能量使机组转速升高。若不能及时关闭水轮机导叶以切断水流，水流的能量将不断地转换成机组旋转的机械能，使转速升高直至飞逸，在巨大的离心力作用下有可能引起发电机转子结构的变形，如磁极线圈膨出和线圈翻边甩出，导致发电机扫膛事故的发生[2]。

显然，机组甩负荷时，若导叶关闭较慢，则水轮机剩余能量较大，机组转速上升值就较大，但压力管道、蜗壳中流速变化较慢，水击压强较小；相反，若导叶关闭较快，则机组转速上升值较小，但水击压强较大。由此可见，压强变化和转速变化对导叶启闭时间的要求是矛盾的。加大转速变化率将会增加机组造价，影响供电质量；加大压强变化率则将增大水电站输水管道系统的投资，恶化机组的运行稳定性。

因此，调节保证分析与控制的基本任务如下。

（1）协调水击压强大小和机组转速上升值两者之间的矛盾，选择适当的导叶关闭时间和关闭规律（确定紧急事故配压阀的关闭规律和接力器最快关闭速率），使水击压强上升率（或者以管道中心线起算的最大、最小动水压强）和机组转速上升率（即机组的调节保证参数）均在经济、合理的范围内，满足相关规范的要求，并确定沿管线最大/最小压强分布，为机组的招标设计、管道结构的设计提供依据。

（2）对于不能满足调节保证设计规范要求的设计方案，应研究并提出合理的调压措施，甚至调整水电站输水发电系统总体布置，经济、合理地解决调节保证分析中出现的矛盾。

在此应该指出的是，冲击式水轮机的转向器可以协调水击压强、机组转速升高之间的矛盾，所以对于装备冲击式水轮机的水电站是否采取调压措施，主要取决于水电站输水发电系统的运行稳定性与调节品质。

为此，本章的主要内容是调节保证分析的数学模型及精细化模拟、调节保证控制工况及控制标准、导叶关闭规律的优化。

1.1　调节保证分析的数学模型及精细化模拟

对于单管单机的输水发电系统，调节保证分析的数学模型将涉及有压管道水击方程、水轮发电机组方程，以及上下游水库、进水阀、闸门等边界条件。本节将分别介绍有关方程和边界条件，以及相应的精细化模拟方法。

1.1.1　有压管道水击方程及精细化模拟

1. 有压管道水击方程

在一维流的前提下，非棱柱体有压管道的水流动量方程和连续性方程如下[3]：

$$\frac{\partial V}{\partial t}+V\frac{\partial V}{\partial x}+g\frac{\partial H}{\partial x}+\frac{f_d}{2D}V|V|=0 \tag{1-1}$$

$$\frac{\partial H}{\partial t}+V\frac{\partial H}{\partial x}+\frac{a^2}{g}\frac{\partial V}{\partial x}+V\frac{a^2}{gA}\frac{\partial A}{\partial x}-V\sin\theta_d=0 \tag{1-2}$$

式中：V 为管道中的流速，向下游为正；H 为测压管水头；x 为距离，以管道进口为原点，向下游为正；t 为时间；D 和 θ_d 分别为圆管内径和纵坡；a、g 分别为水击波速和重力加速度；f_d 为摩阻系数；A 为管道断面积。

式（1-1）和式（1-2）又称为水击方程。该方程是拟线性双曲型偏微分方程，其求解可分为数值解、简化为标准非齐次双曲型偏微分方程的解析解、简化为标准双曲型偏微分方程的解析解。后两种解析解将在第 2 章和第 3 章予以介绍。

对于纯水体的有压管道非恒定流，水击波速为常数，其表达式如下：

$$a=\sqrt{\frac{\dfrac{K}{\rho}}{1+\dfrac{KD}{Ee}C_1}} \tag{1-3}$$

式中：ρ 为水体密度；K 为液体的体积弹性模量；E 为管道建筑材料的弹性模量；D 为圆管内径；e 为管壁厚度；C_1 为管道约束条件。

2. 基于特征线法的数值模拟

基于特征线法的数值模拟是水电站输水发电系统调节保证计算分析最常用的方法，该方法采用特征线法首先将有压管道水击方程[式（1-1）和式（1-2）]转换为如下常微分方程组：

$$C^+:\begin{cases}\dfrac{\mathrm{d}H}{\mathrm{d}t}+\dfrac{a}{g}\dfrac{\mathrm{d}V}{\mathrm{d}t}-V\sin\theta_d+\dfrac{a}{2gD}f_dV|V|=0\\[2mm]\dfrac{\mathrm{d}x}{\mathrm{d}t}=V+a\end{cases} \tag{1-4}$$

$$C^{-}:\begin{cases}\dfrac{\mathrm{d}H}{\mathrm{d}t}-\dfrac{a}{g}\dfrac{\mathrm{d}V}{\mathrm{d}t}-V\sin\theta_d-\dfrac{a}{2gD}f_dV|V|=0\\ \dfrac{\mathrm{d}x}{\mathrm{d}t}=V-a\end{cases} \quad (1\text{-}5)$$

在此应该指出三点：

（1）两个偏微分方程通过变换得出四个常微分方程；

（2）$V\pm a$ 在 x-t 平面上代表着两簇特征线，如图 1-1 所示；

（3）偏微分方程与常微分方程的对等关系只是在 C^{+}、C^{-} 代表的特征线上有效，偏离了特征线，常微分方程的解就不是原偏微分方程的解。

将特征线方程沿特征方向积分，即从点 R（或点 S）积分到点 P（图 1-1），采用一阶和二阶近似的数值积分，且代入 $V=\dfrac{Q}{A}$（Q 为流量），得

$$H_P-H_R+\frac{a}{gA}(Q_P-Q_R)-\frac{Q_R}{A}\sin\theta_d(t_P-t_R)+\frac{af_d}{2DgA^2}Q_P|Q_R|(t_P-t_R)=0 \quad (1\text{-}6)$$

$$x_P-x_R=(V_R+a_R)(t_P-t_R) \quad (1\text{-}7)$$

$$H_P-H_S-\frac{a}{gA}(Q_P-Q_S)-\frac{Q_S}{A}\sin\theta_d(t_P-t_S)-\frac{af_d}{2DgA^2}Q_P|Q_S|(t_P-t_S)=0 \quad (1\text{-}8)$$

$$x_P-x_S=(V_S-a_S)(t_P-t_S) \quad (1\text{-}9)$$

式（1-6）～式（1-9）四个代数方程，有 12 个参数，分为三类：

（1）时段末的参数 H_P、Q_P；

（2）时段初的参数 H_R、Q_R、H_S、Q_S；

（3）R、S 和 P 三点的空间与时间参数 x_R、t_R、x_S、t_S、x_P、t_P。

第一类参数无论采用什么计算网格都是未知的。第二类和第三类参数是否已知则与计算网格有关。

通常采用等时段网格（图 1-2）进行计算，该网格的计算特点是 Δt 在计算过程中保持不变，为显格式，但 Δt 的选取应满足柯朗稳定条件 $\Delta t\leqslant\dfrac{\Delta x}{a+V}$。

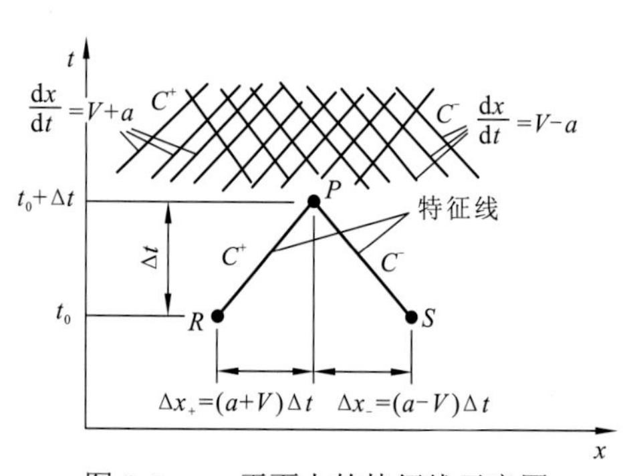

图 1-1　x-t 平面上的特征线示意图

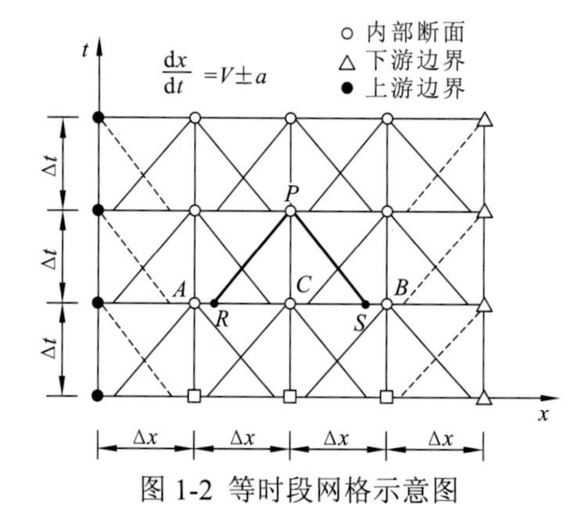

图 1-2　等时段网格示意图

若在特征线方程中忽略 V，则 $\dfrac{\mathrm{d}x}{\mathrm{d}t}=\pm a$，且 a 是常数，于是 $\Delta t=\dfrac{\Delta x}{a}$，$R$ 和 S 就落在

网格点上。这时第二类和第三类参数都是已知的。只需利用特征线方程 C^+、C^- 即可求出 H_P、Q_P，即

$$C^+: Q_P = Q_{CP} - C_{QP}H_P \tag{1-10}$$

$$C^-: Q_P = Q_{CM} + C_{QM}H_P \tag{1-11}$$

其中，$C_{QP} = \dfrac{C}{1+S|Q_R|}$，$C_{QM} = \dfrac{C}{1+S|Q_S|}$，$C = \dfrac{gA}{a}$，$S = \dfrac{f_d \Delta t}{2DA}$，$Q_{CP} = \dfrac{Q_R}{1+S|Q_R|} + C_{QP}H_R$，$Q_{CM} = \dfrac{Q_S}{1+S|Q_S|} - C_{QM}H_S$。

式（1-10）和式（1-11）组成二元一次方程组，很容易求解。

但对于更一般的情况，$\dfrac{\mathrm{d}x}{\mathrm{d}t} = V \pm a$，$R$ 和 S 不落在网格点上。这时第三类参数中 t_R、t_S、x_P、t_P 是已知的，x_R 和 x_S 及第二类参数必须利用插值公式和特征线方程预先求出。在此有两点需要说明：一是插值有多种方式，如空间插值、时间插值、串行插值、样条插值等，其精度不一样，而且有的是显格式，有的是隐格式。二是无论是哪一种插值都会带来误差，R 和 S 越是远离网格点 A 和 B，误差越大。

基于特征线法的数值模拟，其最明显的优势是方便与各种边界条件联立求解，并可以计入沿程水头损失和局部水头损失。对于机组边界条件，可采用水轮机能量的外特性或内特性计算调节保证参数时程变化[4]。若能给出水轮机轴向力、压力脉动的内特性或外特性，也可以计算轴向力、压力脉动的变化过程。

在此应该指出的是：特征线法继承了等价管处理非棱柱体的方法，而等价管计算结果需要按实际断面积进行换算，否则结果与实测值也会相差甚远。另外，特征线法还存在短管处理带来的计算误差。因此，有必要采用隐格式方法对水击方程进行求解。

3. 基于 Preissmann 四点空间隐格式的数值模拟

Preissmann 四点空间离散格式如下：

$$\begin{cases} f(x,t) = \dfrac{\theta}{2}(f_{i+1}^{n+1} + f_i^{n+1}) + \dfrac{1-\theta}{2}(f_{i+1}^{n} + f_i^{n}) \\ \dfrac{\partial f}{\partial x} = \theta \dfrac{f_{i+1}^{n+1} - f_i^{n+1}}{\Delta x} + (1-\theta)\dfrac{f_{i+1}^{n} - f_i^{n}}{\Delta x} \\ \dfrac{\partial f}{\partial t} = \dfrac{f_{i+1}^{n+1} - f_{i+1}^{n} + f_i^{n+1} - f_i^{n}}{2\Delta t} \end{cases} \tag{1-12}$$

式中：θ 为隐格式加权系数。当 $\theta \geqslant 0.5$ 时，差分格式为无条件稳定；当 $\theta = 0.5$ 时，差分格式具有二阶精度；一般取 $\theta = 0.55 \sim 0.75$，θ 越大，稳定性越好，但计算精度越差。Preissmann 四点空间离散格式示意图如图 1-3 所示。

用此格式离散水击方程式（1-1）和式（1-2），以增量的形式表示水头和流量，可得到式（1-13）和式（1-14）所示的离散方程：

$$A1_i \cdot \Delta H_{i+1} + B1_i \cdot \Delta Q_{i+1} = C1_i \cdot \Delta H_i + D1_i \cdot \Delta Q_i + F1_i \tag{1-13}$$

$$A2_i \cdot \Delta H_{i+1} + B2_i \cdot \Delta Q_{i+1} = C2_i \cdot \Delta H_i + D2_i \cdot \Delta Q_i + F2_i \tag{1-14}$$

式中：ΔH_i、ΔQ_i 为计算时段末各个断面的水头和流量较上一时刻的增量；系数 $A1_i$、$A2_i$、$B1_i$、$B2_i$、$C1_i$、$C2_i$、$D1_i$、$D2_i$、$F1_i$、$F2_i$ 均为已知值，与网格断面几何特性及上时段水头流量有关；i 为断面编号。各个系数的表达式如下：

$$A1_i = 1 + \theta \frac{\Delta t}{\Delta x}\left(\frac{Q_{i+1}}{A_{i+1}} + \frac{Q_i}{A_i}\right), \quad B1_i = \frac{a^2}{gA_{i+1}} \frac{2\theta\Delta t}{\Delta x}$$

$$C1_i = -1 + \theta \frac{\Delta t}{\Delta x}\left(\frac{Q_{i+1}}{A_{i+1}} + \frac{Q_i}{A_i}\right), \quad D1_i = \frac{a^2}{gA_i} \frac{2\theta\Delta t}{\Delta x}$$

$$\begin{aligned} F1_i = & -\frac{\Delta t}{\Delta x}\left(\frac{Q_{i+1}}{A_{i+1}} + \frac{Q_i}{A_i}\right)(H_{i+1} - H_i) - \frac{a^2}{g}\frac{2\Delta t}{\Delta x}\left(\frac{Q_{i+1}}{A_{i+1}} - \frac{Q_i}{A_i}\right) \\ & -\frac{a^2}{g}\frac{\Delta t}{\Delta x}\left(\frac{Q_{i+1}}{A_{i+1}^2} + \frac{Q_i}{A_i^2}\right)(A_{i+1} - A_i) + \Delta t \sin\theta_d\left(\frac{Q_{i+1}}{A_{i+1}} + \frac{Q_i}{A_i}\right) \end{aligned}$$

$$A2_i = g\frac{\theta\Delta t}{\Delta x}, \quad B2_i = \frac{1}{2A_{i+1}}\left[1 + \frac{\theta\Delta t}{\Delta x}\left(\frac{Q_{i+1}}{A_{i+1}} + \frac{Q_i}{A_i}\right)\right]$$

$$C2_i = g\frac{\theta\Delta t}{\Delta x}, \quad D2_i = \frac{1}{2A_i}\left[1 - \frac{\theta\Delta t}{\Delta x}\left(\frac{Q_{i+1}}{A_{i+1}} + \frac{Q_i}{A_i}\right)\right]$$

$$F2_i = -\frac{\Delta t}{2\Delta x}\left(\frac{Q_{i+1}^2}{A_{i+1}^2} - \frac{Q_i^2}{A_i^2}\right) - g\frac{\Delta t}{\Delta x}(H_{i+1} - H_i) - \frac{\Delta t}{4}\left(\frac{f_d Q_i |Q_i|}{A_i^2 D_i} + \frac{f_d Q_{i+1}|Q_{i+1}|}{A_{i+1}^2 D_{i+1}}\right)$$

由于式（1-13）和式（1-14）含有四个待求未知增量，方程组是不封闭的。因此，对于管道而言，需加上首末断面的各一个边界条件，即 n 个断面组成了含有 $2n$ 个未知增量、带宽为 4 的线性封闭矩阵方程。

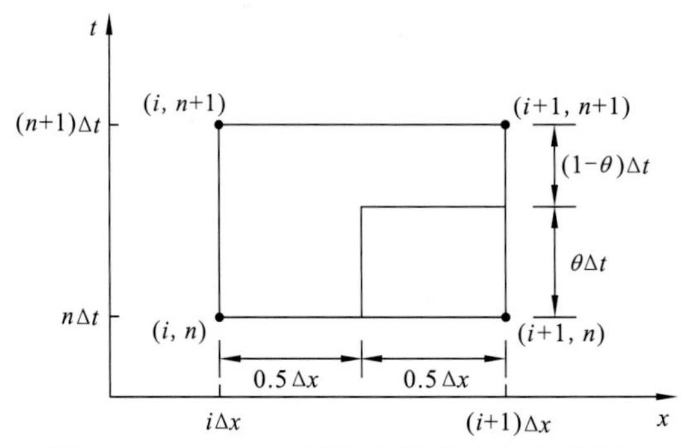

图 1-3　Preissmann 四点空间离散格式示意图

4. 广义特征线法的数值模拟

特征线法是水击方程数值模拟中运用最广泛的方法，具有显格式差分法的优点，即计算方法简单、计算速度快、边界条件易处理。但非棱柱体变截面管道，需要事先简化为等价管。其结果不仅改变了管道内水体的惯性分布，而且改变了流速水头随时间的变化过程，达不到精细化模拟的要求。另外，显格式差分法受计算稳定条件的限制（柯朗稳定条件），时间步长和空间步长相互关联，网格划分中存在短管的问题，需要采用调整波速等方法进行简化，会引入较大的计算误差。

而隐格式差分法不受柯朗稳定条件的限制，具有时间步长与空间步长相互独立的优点，但其计算方法比较复杂，在网格数相同时，计算速度比显格式差分法慢，而且不便于处理复杂的边界条件，所以隐格式差分法较适合于解决短管和非棱柱体管道的有压非恒定流问题。

水电站输水管道子系统中，大部分管段属于长直的棱柱体，采用特征线法进行求解就可以满足精度要求，但其中也存在进水口、蜗壳、尾水管等非棱柱体变截面管段。因此，有必要将显格式差分法和隐格式差分法耦合在一起，形成广义特征线法，发挥两者的优点，实现调节保证计算的精细化模拟。

1）管道串联边界条件

图1-4为显格式管道1（EP1）和显格式管道3（EP3）之间存在隐格式管道2（IP2），在管道1与管道2的交接节点处，可列出显格式管道1末断面C^+方程[式（1-15）]、连续性方程[式（1-16）]和能量方程[式（1-17）]：

$$Q_{1,n} = Q_{CP} - C_{QP} H_{1,n} \tag{1-15}$$

$$Q_{1,n} = Q_{2,1} \tag{1-16}$$

$$H_{1,n} + \frac{Q_{1,n}^2}{2gA_{1,n}^2} = H_{2,1} + \frac{Q_{2,1}^2}{2gA_{2,1}^2} + \zeta \frac{|Q_{1,n}| Q_{1,n}}{2gA_{1,n}^2} \tag{1-17}$$

式中：Q为流量，H为水头，A为管道断面积，下标“1, n”和“2, 1”表示管道1末断面和管道2首断面；ζ为局部水头损失系数。

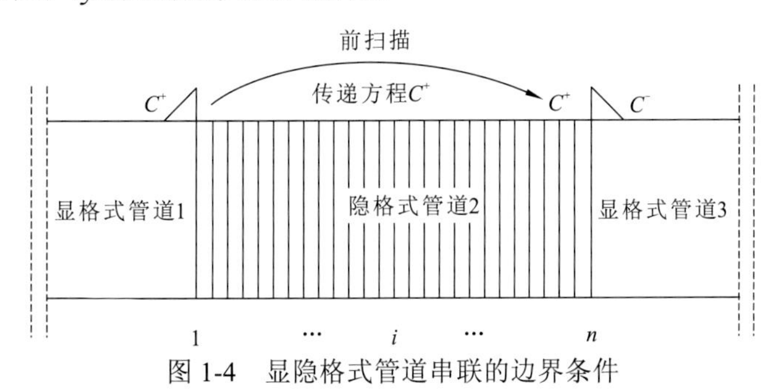

图1-4　显隐格式管道串联的边界条件

将流量和水头改写成增量形式，联立式（1-15）～式（1-17），可得到隐格式管道2首断面的流量和水头增量关系式：

$$\Delta Q_{2,1} = \mathrm{EE}_{2,1} \cdot \Delta H_{2,1} + \mathrm{FF}_{2,1} \tag{1-18}$$

式中：$\mathrm{EE}_{2,1}$和$\mathrm{FF}_{2,1}$为与前一时刻流量、水头、断面尺寸等有关的量，为已知值，具体表达式为

$$\mathrm{EE}_{2,1} = -\frac{C_{QP}}{1 + C_{QP} \cdot \left[\frac{1}{gA_{2,1}^2} + (\zeta - 1)\frac{1}{gA_{1,n}^2} \right] \cdot Q_{2,1}} \tag{1-19}$$

$$\mathrm{FF}_{2,1} = -\frac{C_{QP} \cdot H_{2,1} + C_{QP} \cdot \left[\dfrac{1}{2gA_{2,1}^2} + (\zeta - 1)\dfrac{1}{2gA_{1,n}^2}\right] \cdot Q_{2,1}^2 + Q_{2,1} - Q_{CP}}{1 + C_{QP} \cdot \left[\dfrac{1}{gA_{2,1}^2} + (\zeta - 1)\dfrac{1}{gA_{1,n}^2}\right] \cdot Q_{2,1}} \tag{1-20}$$

式（1-18）即隐格式管道 2 首断面的边界条件，将其代入式（1-13）和式（1-14），可得到管道 2 内部断面的递推关系如下：

$$\Delta Q_{2,i} = \mathrm{EE}_{2,i} \cdot \Delta H_{2,i} + \mathrm{FF}_{2,i} \tag{1-21}$$

$$\Delta H_{2,i} = L_{2,i} \cdot \Delta H_{2,i+1} + M_{2,i} \cdot \Delta Q_{2,i+1} + N_{2,i} \tag{1-22}$$

其中，

$$L_{2,i} = A1_{2,i} / (C1_{2,i} + D1_{2,i} \cdot \mathrm{EE}_{2,i})$$

$$M_{2,i} = B1_{2,i} / (C1_{2,i} + D1_{2,i} \cdot \mathrm{EE}_{2,i}), \qquad N_{2,i} = -(D1_{2,i} \cdot \mathrm{FF}_{2,i} + F1_{2,i}) / (C1_{2,i} + D1_{2,i} \cdot \mathrm{EE}_{2,i})$$

$$\mathrm{EE}_{2,i} = \frac{-A1_{2,i} \cdot x2 + A2_{2,i} \cdot x1}{B1_{2,i} \cdot x2 - B2_{2,i} \cdot x1}, \qquad \mathrm{FF}_{2,i} = \frac{x2 \cdot x3 - x1 \cdot x4}{B1_{2,i} \cdot x2 - B2_{2,i} \cdot x1}$$

$$x1 = C1_{2,i} + D1_{2,i} \cdot \mathrm{EE}_{2,i-1}, \qquad x2 = C2_{2,i} + D2_{2,i} \cdot \mathrm{EE}_{2,i-1}$$

$$x3 = D1_{2,i} \cdot \mathrm{FF}_{2,i-1} + F1_{2,i}, \qquad x4 = D2_{2,i} \cdot \mathrm{FF}_{2,i-1} + F2_{2,i}$$

通过递推，最终得到管道 2 末断面的压力水头和流量的关系：

$$\Delta Q_{2,n} = \mathrm{EE}_{2,n} \cdot \Delta H_{2,n} + \mathrm{FF}_{2,n} \tag{1-23}$$

上述过程称为追赶法前扫描，即用线性关系表达了隐格式管道内各个断面流量和水头之间的联系，并将隐格式管道首断面的边界条件（C^+方程）传递到了末断面，形成广义的特征线方程。联立广义的特征线方程式（1-23）与隐格式管道末断面的边界条件[即显格式管道 3（EP3）首断面C^-方程]，就可求得末断面的$\Delta H_{2,n}$和$\Delta Q_{2,n}$，由式（1-22）求出$\Delta H_{2,n-1}$，再由式（1-21）求出$\Delta Q_{2,n-1}$，如此递推，便可求得所有断面的水头和流量，该过程称为追赶法后扫描。

2）显隐格式下机组的边界条件

如图 1-5 所示，机组前后均为隐格式管道（IP）。由于前扫描及后扫描与水流的方向无关，可从机组上游侧与隐格式管道相连的显格式管道末端，自上游向下游进行前扫描，形成水轮机转轮进口的广义特征线方程C^+，即式（1-24）；同理，自下游向上游进行前扫描，形成水轮机转轮出口的广义特征线方程C^-，即式（1-25）。

$$Q_P = Q_{CP} - C_{QP} H_P \tag{1-24}$$

$$Q_P = Q_{CM} + C_{QM} H_S \tag{1-25}$$

根据将在 1.1.3 小节介绍的水轮发电机组的数学模型及唯一解，可以得到机组 8 个未知数的解，即流量Q_P、蜗壳末端压强H_P、尾水管进口压强H_S、单位流量Q_1'、单位转速n_1'、单位力矩M_1'、转速n、水轮机动力矩M_t。

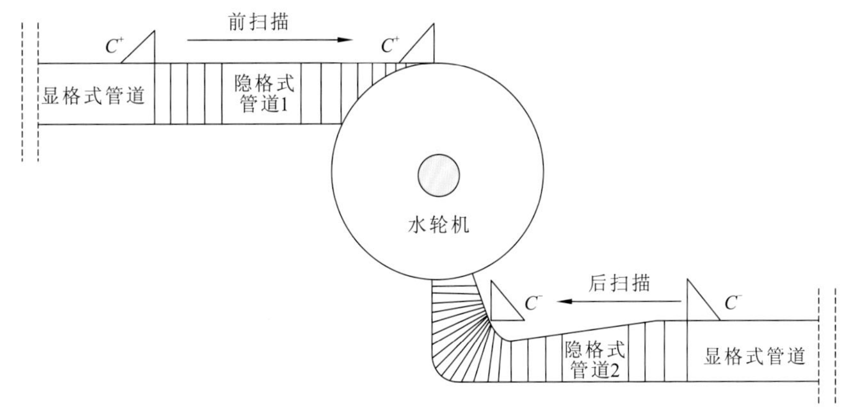

图1-5 显隐格式下机组的边界条件

有了水轮机转轮进出口断面（即蜗壳末端断面和尾水管进口断面）的水头和流量，再通过后扫描可以得到隐格式管道内部各个断面的水头和流量。

3）广义特征线法模拟的工程实例

某常规水电站输水发电系统为单管单机。尾水管轴线长度为 82.29 m，当量面积为 137.74 m^2，进口直径为 8.9 m。如图 1-6 所示，断面 1～9 为尾水管锥管段，长 11.86 m，断面积为 62.21～95.24 m^2，断面间距为 1.36～1.5 m；断面 10～21 为弯肘段，长 22.48 m，断面积为 100.80～126.14 m^2，断面间距为 1.80～1.95 m；断面 22～40 为扩散段，长 47.95 m，断面积为 126.75～294.41 m^2，断面间距为 2.52～2.63 m。

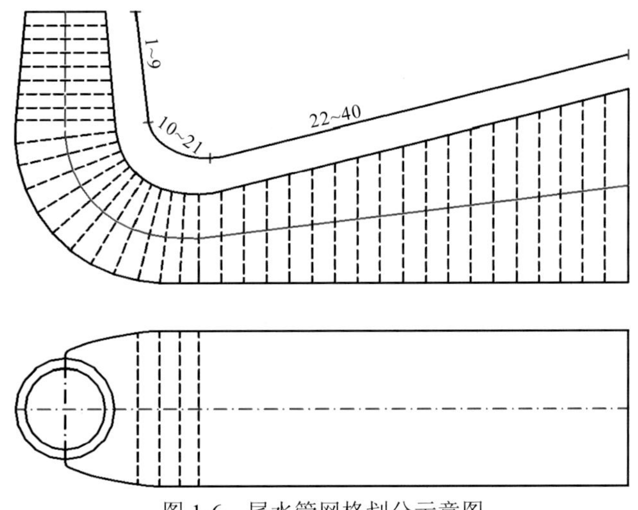

图1-6 尾水管网格划分示意图

输水管道系统的其他管道采用显格式的特征线法，尾水管分别按照当量管道（采用显格式的特征线法）和实际管道（采用显隐格式耦合的广义特征线法）进行模拟。计算工况为尾水管进口最小压强水头的控制工况，即最低尾水位机组甩额定负荷。尾水管进口压强水头随时间变化过程的计算结果如图 1-7 所示。

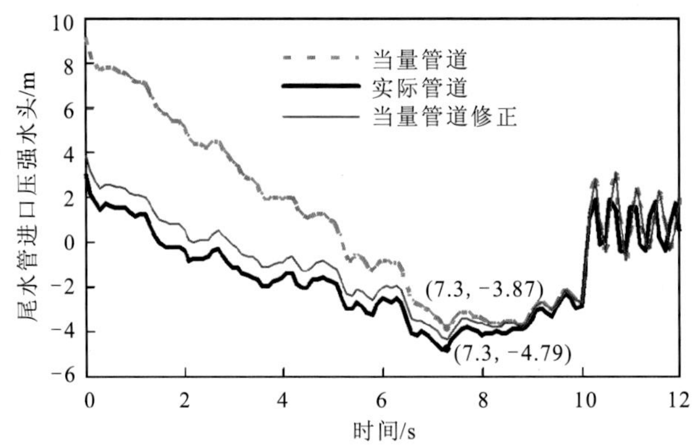

图 1-7 尾水管进口压强水头随时间的变化过程

从图 1-7 可知：按当量管道计算比按实际管道计算，尾水管进口最小压强水头大 0.92 m，偏于不安全。两者存在差异的主要原因是当量管道改变了水体惯性和流速水头沿管线的分布。对于流速水头的影响，可做如下修正：

$$H_{修正}=H_{当量}+\left(\frac{1}{2gA_{当量}^2}-\frac{1}{2gA_{实际}^2}\right)Q^2 \tag{1-26}$$

修正后的结果如图 1-7 中红色实线所示，与实际管道采用广义特征线法的计算结果较为接近。这说明：采用传统的特征线法计算非棱柱体变截面管道时，流速水头的修正是必要的，也是有效的。

1.1.2 基于边界条件的混流式水轮机特性曲线转换

制造商给予的水轮机模型综合特性曲线及飞逸特性曲线如图 1-8 所示，其范围较小，无法满足调节保证计算分析的需求。因此，在数值模拟前需要对水轮机数据进行扩展和补充，延拓和内插水轮机特性曲线。在此，以混流式水轮机为例，介绍基于边界条件的水轮机特性曲线转换。

该转换方法的基本思路是：首先以单位零转速、单位零流量、飞逸条件、零开度线、单位力矩交点为边界条件，控制水轮机特性曲线的延拓；其次依据简化的内特性数学模型和外特性数据辨识水轮机结构参数，确定待转换特性曲线的具体边界条件；再次针对不同区域的特点提出不同的拟合方法来拟合分区的特性曲线；最后对分区界线两侧的拟合结果进行光滑性处理，形成完整的可用于调节保证分析的混流式水轮机特性曲线。

1. 混流式水轮机特性曲线的边界条件

文献[5]基于流量调节方程和能量平衡方程，进行合理假设，建立了水轮机内特性模型，即单位力矩 M_1' 与单位流量 Q_1'、单位转速 n_1' 的关系式，如式（1-27）～式（1-29）所示。

$$M_1'=a_1Q_1'^2+a_2n_1'Q_1' \tag{1-27}$$

$$M_1'=a_3\frac{Q_1'^3}{n_1'}+a_4Q_1'^2+a_5\frac{Q_1'}{n_1'}+a_6n_1'Q_1'+a_7n_1'^2 \tag{1-28}$$

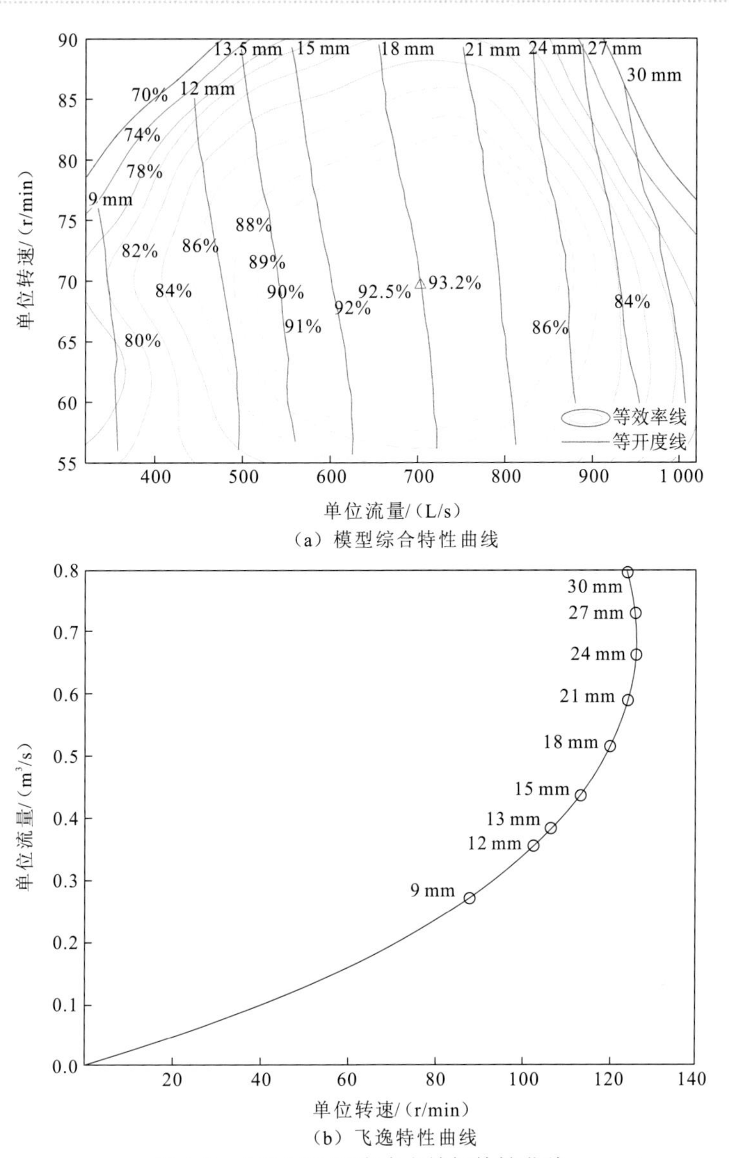

（a）模型综合特性曲线

（b）飞逸特性曲线

图 1-8　A606-35 混流式水轮机特性曲线

$$
\begin{cases}
a_1=b_1\cot(\alpha+\Delta\alpha_0)+b_2 \\
a_2=-\dfrac{\pi\rho r_2^2}{30D_1^2} \\
a_3=b_3\cot^2(\alpha+\Delta\alpha_{\mathrm{g}})+b_4\cot(\alpha+\Delta\alpha_{\mathrm{g}})+b_5\cot^2(\alpha+\Delta\alpha_0)+b_6\cot(\alpha+\Delta\alpha_0)+b_7 \\
a_4=b_1\cot(\alpha+\Delta\alpha_0)+b_8 \\
a_5=\dfrac{30\rho g}{\pi}\eta_{\mathrm{r}} \\
a_6=\dfrac{a_2}{2}-\dfrac{\pi\rho}{240} \\
a_7=-1.2\times10^{-5}k_M\rho
\end{cases}
\tag{1-29}
$$

式中：b_1～b_8 为仅与水轮机结构尺寸有关，与水轮机特性参数无关的系数；$\Delta\alpha_0$ 为导叶出流角 α_0 与导叶开度角 α 的差角，(°)；$\Delta\alpha_g$ 为导叶入流角 α_g 与导叶开度角 α 的差角，(°)；ρ 为水的密度，kg/m^3；D_1 为水轮机转轮进口直径，m；r_2 为水轮机转轮出口半径，m；η_r 为水轮机的容积效率；k_M 为机械损失系数。

1）单位零转速条件

单位零转速条件为水轮机零转速时的单位流量和单位力矩。

单位流量可遵循洛必达法则和特性参数之间的函数关系进行计算，即

$$Q_1'|_{n_1'=0}=\lim_{n_1'\to 0}\frac{N_1'}{9.81\eta}=\lim_{n_1'\to 0}\frac{f_1'(n_1')}{9.81f_2'(n_1')} \tag{1-30}$$

式中：N_1' 为水轮机单位出力；η 为水轮机效率，$\eta=\eta_s\eta_r\eta_m$，η_s 为水力效率，η_r 为容积效率，η_m 为机械效率。

单位力矩可通过动量矩守恒定律得到，将 $n_1'=0$ 代入式（1-27）可得

$$M_1'|_{n_1'=0}=a_1Q_1'^2 \tag{1-31}$$

2）单位零流量条件

单位零流量条件为水轮机绝对流量等于零时对应的单位转速和单位力矩。

由于流量为零时的速度三角形的特殊性，无法直接获取对应的单位转速。在此先推导转轮进口处相对流速 $\boldsymbol{W}_1$ 在叶片进口切线方向（沿图 1-9 中虚线方向）的速度分量 W_{b1} 为零时的单位转速，并对流量系数进行修正，近似得到绝对零流量对应的单位转速。

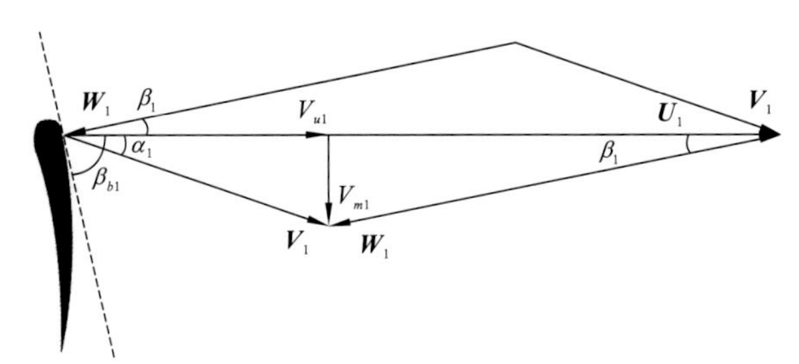

图 1-9　$W_{b1}=0$ 时转轮进口处的速度三角形

β_1 为 $\boldsymbol{W}_1$ 与 $\boldsymbol{U}_1$ 的夹角；V_{u1} 为圆周速度分量；V_{m1} 为轴向速度分量

在导叶出口的绝对速度 V_0 近似按孔口出流计算，在导叶出口段至转轮进口段按动量矩定理计算等前提下，由转轮进口处的速度三角形，可推导得出 W_{b1} 的解析表达式，具体如下：

$$\begin{cases}V_0=\mu\sqrt{2gH}\\ U_0\dfrac{D_0}{2}=U_1\dfrac{D_1}{2}\\ \boldsymbol{U}_1=\boldsymbol{V}_1-\boldsymbol{W}_1\\ |\boldsymbol{U}_1|=\dfrac{\pi D_1n}{60}\\ W_{b1}=\mu\sqrt{2gH}(\cos\alpha_1\cos\beta_{b1}+\sin\alpha_1)-\dfrac{\pi Dn}{60}\cos\beta_{b1}\end{cases} \tag{1-32}$$

式中：下标“0”表示导叶出口处，下标“1”表示转轮叶片进水处；μ 为流量系数，可在 0.85～0.9 内取值；H 为工况点水头，m；α_1 为转轮叶片进口的绝对入流角，即速度 $\boldsymbol{U}_1$ 和 $\boldsymbol{V}_1$ 之间的夹角，可认为近似等于导叶出流角 α_0，即 $\alpha_1 \approx \alpha_0$；$\beta_{b1}$ 为叶片安放角，(°)。

当 $\boldsymbol{W}_1$ 的方向朝向叶片且 $\beta_1+\beta_{b1}=90°$ 时，$\boldsymbol{W}_1$ 在叶片进口切线方向的速度分量 W_{b1} 也为零，即相对流量为零。联立并转化为单位参数，即可求解得到相对流量为零时的单位转速；再对孔口出流的流量系数进行修正，可近似得到零单位流量时的单位转速，其表达式如下：

$$n_1'|_{Q_1'=0} = \frac{60\sqrt{2g}}{\pi}(\mu+\mu')(\tan\beta_{b1}\sin\alpha_0+\cos\alpha_0) \tag{1-33}$$

式中：μ' 为相对流量与绝对流量转化的修正系数，取 0～0.3，对于常规混流式水轮机，零流量时的单位转速一般略大于飞逸时的单位转速，以此判断依据对修正系数进行取值。

单位零流量对应的单位力矩很难求出解析解[6]，这是因为零流量处的力矩不同于零开度处，零开度时的力矩主要来自转轮旋转产生的水阻力和机械阻力，而零流量时转轮转速较大，高速的水流使得转轮进口处存在低压区，诱导流体在低压区形成涡流，从而产生较大的水力损失，这种损失很难用理论方法进行计算，只能通过假设进行近似处理。

3）飞逸条件

水轮机厂家只提供某一开度范围的飞逸工况散点数据，需要对飞逸特性曲线进行扩展。当导叶开度为 0° 且机组飞逸时，单位转速和单位流量均为零，以此作为小开度区域延拓的依据。文献[5]推导了飞逸特性曲线的理论表达式，如式（1-34）所示。但式（1-34）中的水轮机内特性参数难以获取，且当水轮机发生飞逸时，远离正常工况区，水力脉动剧烈，故式（1-34）中的内特性参数与实际参数也存在一定的偏差，于是不便直接使用式（1-34）进行飞逸特性曲线的扩展。

$$n_c = \frac{30Q_c}{2\pi b_0}\left(\frac{\cot\alpha_0}{2\pi b_0}+\frac{r_2}{A_2}\cot\beta_2\right) \tag{1-34}$$

式中：n_c 为飞逸状态下机组的瞬时转速，r/min；Q_c 为飞逸状态下机组的瞬时流量，$\mathrm{m^3/s}$；b_0 为导叶高度，m；β_2 为转轮出口处相对速度与圆周速度之间的夹角；r_2 为转轮出口处半径；A_2 为转轮出口处过流面积。

飞逸条件描述飞逸工况时单位转速、单位流量和开度之间的关系，在补充零开度时的飞逸流量与飞逸转速均为零之后，可通过式（1-35）拟合飞逸条件：

$$\begin{cases} Q_c' = c_{1Q}'\alpha + c_{2Q}'\alpha^2 \\ n_c' = B_{0n}'\cot^3(\alpha+B_{4n}') + B_{1n}'\cot^2(\alpha+B_{4n}') + B_{2n}'\cot(\alpha+B_{4n}') + B_{3n}' \end{cases} \tag{1-35}$$

式中：α 为导叶开度角，(°)；c_{1Q}'、c_{2Q}'、B_{0n}'、B_{1n}'、B_{2n}'、B_{3n}'、B_{4n}' 为对应的拟合系数；n_c' 为飞逸状态下机组的瞬时单位转速，r/min；Q_c' 为飞逸状态下机组的瞬时单位流量，$\mathrm{m^3/s}$。

4）零开度线

开度为零时，流量为零；将 $Q_1'=0$ 代入式（1-28）可知，此时力矩特性曲线为二次曲线。

$$\begin{cases} Q_1'=0 \\ M_1'=a_7 n_1'^2 \end{cases} \tag{1-36}$$

5）单位力矩交点

文献[7]基于最小二乘法计算单位力矩交点，但交点的确定无理论依据，存在经验性；由基于零开度线的内特性模型 $M_1'=a_7 n_1'^2$ 可知，交点形式可以写为 $(n_{1p}', a_7 n_{1p}'^2)$（n_{1p}' 为不同导叶开度下，单位力矩与单位转速特性曲线交点的横坐标），求出系数 a_7 后，仅有一个未知数，有效降低了求解难度，并补充了理论支撑。

$$M_1' = B_{M1i}(n_1'^2 - n_{1p}'^2) + B_{M2i}(n_1' - n_{1p}') + a_7 n_{1p}'^2 \tag{1-37}$$

式中：B_{M1i} 和 B_{M2i} 为第 i 条开度线的拟合系数。

2. 内特性数学模型的简化及参数辨识

1）内特性数学模型的简化

从式（1-29）可知，求解内特性数学模型至少需要已知 14 个参数，由于参数类型与数量繁多，形式复杂，求解时易陷入病态，很难获得与其物理意义对应的参数解。而在上述边界条件中，所需的参数仅为 a_1、a_7、β_{b1}、$\Delta\alpha_0$(α_0=$\Delta\alpha_0$+α)，故可对内特性数学模型进行简化。

令 $W = M_1'/n_1'Q_1'$，$X = Q_1'/n_1'$，使式（1-27）和式（1-28）两侧同时除以 $n_1'Q_1'$，消去单位力矩，得到该模型简化的表达式：

$$\begin{cases} W = a_1 X + a_2 \\ -\dfrac{30\rho g}{\pi}\dfrac{\eta_{\mathrm{r}}}{n_1'^2} = a_3 X^2 + b_1 \cot\beta_{b1} X - \left(\dfrac{a_2}{2} + \dfrac{\pi\rho}{240}\right) + a_7 X^{-1} \end{cases} \tag{1-38}$$

其中，$a_1 = b_1\cot(\alpha + \Delta\alpha_0) + b_2$。

于是需要辨识的参数有 b_1、b_2、$\Delta\alpha_0$、a_2、a_3、β_{b1}、a_7。

2）参数辨识的方法

式（1-38）为线性方程组，可直接采用最小二乘法求解，需要指出的是，$\Delta\alpha_0$、a_3 和 a_7 是开度线 $\alpha_i(i=1,2,\cdots,m)$ 的函数，即不同开度线的 $\Delta\alpha_0$、a_3 和 a_7 是不相同的，而其他参数与开度无关。

3. 拟合策略与分区拟合

1）拟合策略

根据水轮机厂家提供的模型综合特性曲线和飞逸特性曲线，对特性曲线进行外延和内插，其中外延是对已有试验数据的开度线沿单位转速轴向两端延拓；内插是根据零开度条件和外延的开度线，插值得到没有试验数据的中间开度线。

特性曲线在小开度区域、低转速区域和中高转速区域的性质差异显著，为了精确描述区域特征，以模型综合特性曲线外围和 5 个边界条件为界，将水轮机特性曲线分为 5

个区域，见表 1-1。由于流量调节方程不适用于高转速区域，力矩二次曲线模型在低转速区域误差明显，能量平衡方程仅在制动工况前描述较为准确，综合考虑，引入不同拟合方法拟合各区的特性曲线，区与区之间用三次 B 样条曲线[8]将各区的曲线段重新拟合，平滑连接，以消除分区处理在分界点处出现的插值误差等不合理现象。

表 1-1　水轮机分区情况

分区	区域描述	适用方程模型	区域边界
A	飞逸工况前，高效率区域	流量调节方程、能量平衡方程、力矩二次曲线模型	模型综合特性曲线的外围
B	飞逸工况前，大开度、低转速区域	流量调节方程、能量平衡方程	模型综合特性曲线左边界、单位零转速条件
C	飞逸工况前，大开度、中高转速区域	能量平衡方程、力矩二次曲线模型	模型综合特性曲线右边界、飞逸条件
D	飞逸工况前，小开度区域	流量调节方程、能量平衡方程	模型综合特性曲线下边界、飞逸条件
E	飞逸工况后，制动工况区域	流量特性曲线：无	飞逸条件、单位零流量条件
		力矩特性曲线：力矩二次曲线模型	飞逸条件、零开度线、单位力矩交点

流量特性曲线外延内插的次序[图 1-10（a）]为：

（1）结合单位零转速条件，通过流量调节方程与能量平衡方程，将曲线外延至 B 区域；

（2）结合飞逸条件，通过能量平衡方程与力矩二次曲线模型，将曲线外延至 C 区域；

（3）结合飞逸条件和零开度线，采用三次多项式分片拟合的方法，对飞逸工况前已外延的开度线进行内插；

（4）结合单位零流量条件，通过三次 B 样条曲线，同时实现 E 区域的外延和全区域的平滑连接。

力矩特性曲线外延内插的次序[图 1-10（b）]为：

（1）结合单位零转速条件，通过流量调节方程与能量平衡方程，将曲线外延至 B 区域；

（2）结合飞逸条件和单位力矩交点，通过力矩二次曲线模型，将曲线外延至 C 区域和 E 区域；

（3）结合单位零转速条件、飞逸条件和单位力矩交点，通过三次 B 样条曲线，对全区域内已外延的开度线平滑连接；

（4）结合零开度线，采用三次多项式分片拟合的方法对已外延的开度线进行内插。

图 1-10 中，黑色线框表示模型综合特性曲线的外围，双点划线表示分区界线，E 区域左侧的双点划线表示飞逸条件，虚线表示各区的拟合曲线段，实线表示最终平滑连接各区的整体特性曲线。

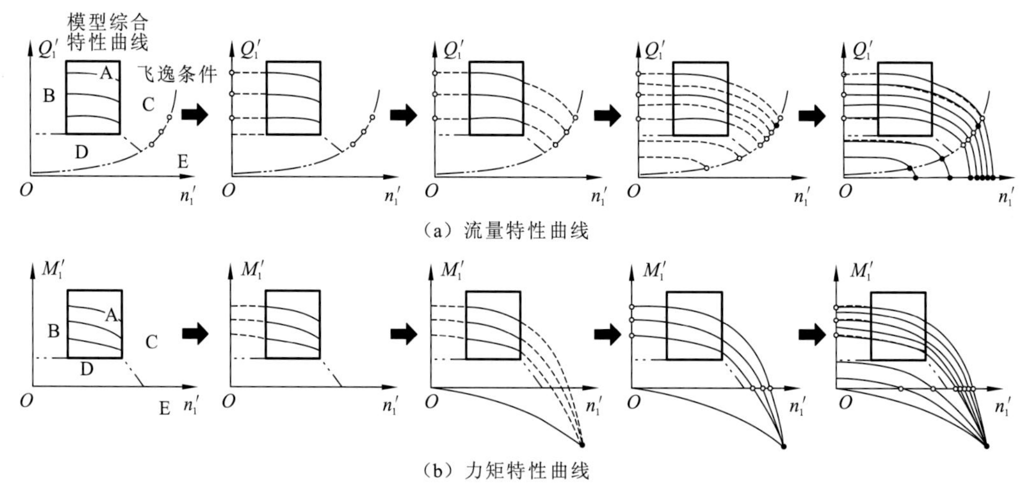

（a）流量特性曲线

（b）力矩特性曲线

图 1-10　水轮机特性曲线分区及拟合次序

2）分区拟合

（1）B 区域的外延：在 B 区域，水轮机效率较低，内特性模型与水体实际流动情况存在偏差，故在 B 区域的外延中只使用内特性方程的形式，忽略部分参数的物理意义，舍弃距离 B 区域较远的飞逸试验数据，仅使用高效率区试验数据及单位零转速条件求解。经过大量试验与方法比选，最终仅保留原内特性方程组中的容积效率项 a_5，将其余内特性参数替换为拟合参数，此时拟合精度较高。简化的拟合方程为

$$M_1'=A_{1i}Q_1'^2+A_{2i}n_1'Q_1' \tag{1-39}$$

$$M_1'n_1'-a_5Q_1'=A_{3i}Q_1'^3+A_{4i}Q_1'^2n_1'+A_6n_1'^2Q_1'+A_7n_1'^3 \tag{1-40}$$

式中：A_{1i}～A_{4i} 为第 i 条开度线的拟合系数；$a_5=30\rho g\eta_r/\pi$，取 $\eta_r\approx0.995$；A_6 和 A_7 为与开度线无关的拟合系数。

式（1-39）和式（1-40）可通过最小二乘法求解。方程求解后均可整理为 $M_1'=f(Q_1',n_1')$ 的形式，联立消去 M_1' 后，可看作以 n_1' 为参数，以 Q_1' 为变量的一元三次方程，利用盛金公式[9]进行求解。由于解析解的结果较为冗长，在此省略。

（2）基于力矩二次曲线模型的外延：基于此模型，流量特性曲线可外延至 C 区域，力矩特性曲线可外延至 C 区域与 E 区域。相较于 B 区域，本部分外延的不同点在于流量调节方程已不再满足，需将式（1-39）替换为式（1-37）的力矩二次曲线模型，求解方法与 B 区域类似，故不赘述。

（3）力矩特性曲线段的平滑连接：至此，除小开度区域外，各区域内的力矩特性曲线已延拓完成，需要连接各区域的曲线段，在全区域内使用三次 B 样条曲线将力矩特性曲线段重新拟合连接。

（4）特性曲线的内插：此时，需要对飞逸工况前的流量特性曲线和全区域内的力矩特性曲线进行内插，可使用三次多项式分片插值的方式实现，即将单位转速和开度归一化预处理后作为两轴，以单位流量和单位力矩为变量，补充零开度线与插值开度的单位零流量条件，插值计算。

（5）流量特性曲线在 E 区域的外延与平滑连接：E 区域偏离高效率区较远，水力性能差，每条开度线仅包含飞逸条件和单位零流量条件 2 组数据，数据过少，很难结合理论公式外延，故结合飞逸工况前的计算结果，采用三次 B 样条曲线对全区域内的流量特性曲线拟合外延。这样将拟合范围从 E 区域扩展到全区域，既通过补充特性曲线数据，将流量特性曲线合理外延至了 E 区域，又实现了飞逸工况前各区流量特性曲线的平滑连接。

4. 基于边界条件分区拟合方法的实例

图 1-8 是水轮机制造商给出的 A606-35 混流式水轮机模型综合特性曲线和飞逸特性曲线，从中可知：单位转速 $n_1' = 55.0 \sim 90.0\ \text{r/min}$，单位流量 $Q_1' = 350 \sim 1\,020\ \text{L/s}$，导叶开度为 $9.0 \sim 30.0\ \text{mm}$，效率 $\eta = 78.0\% \sim 93.2\%$，飞逸曲线上导叶开度为 $12.0 \sim 30.0\ \text{mm}$。该范围远远不能满足调节保证分析的需求，需要对飞逸曲线沿小开度方向外延直到坐标零点，对等开度线沿小开度方向外延至零开度线，对所有开度线向单位零转速和单位零流量两端外延，得到包括低转速区、高转速区、水轮机制动工况区在内的完整的特性曲线。

采用本节给出的基于多重边界条件的分区拟合模型及如图 1-11 所示的特性曲线处理流程，可得到如图 1-12 所示的 A606-35 混流式水轮机流量特性曲线、力矩特性曲线和完整的模型综合特性曲线。

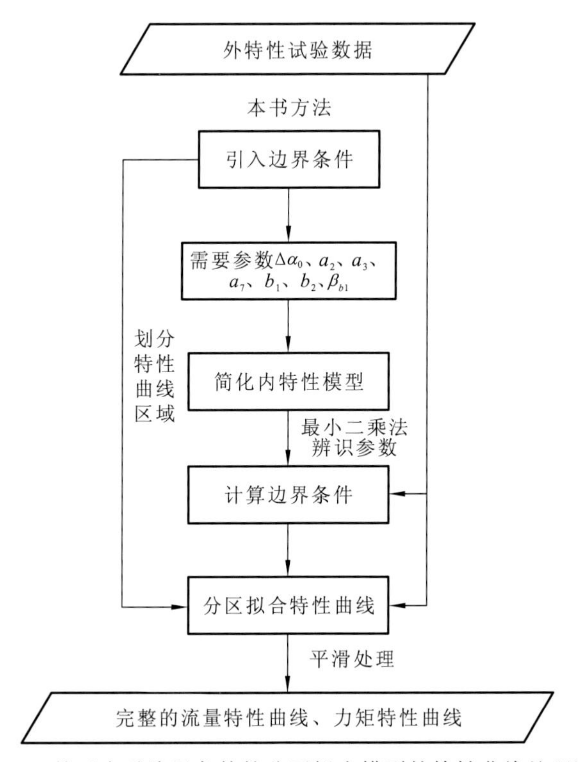

图 1-11　基于多重边界条件的分区拟合模型的特性曲线处理流程

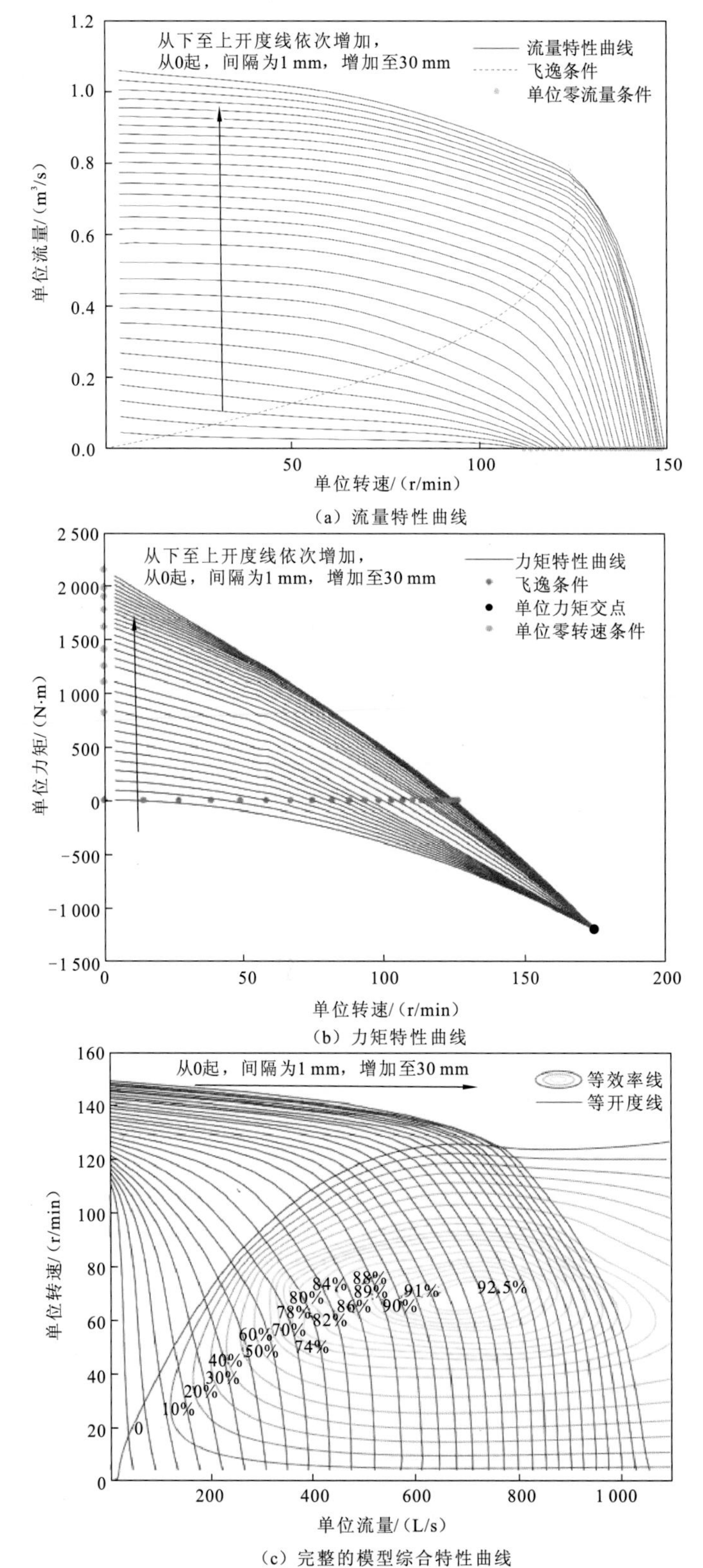

(a) 流量特性曲线

(b) 力矩特性曲线

(c) 完整的模型综合特性曲线

图 1-12 基于边界条件分区拟合后的 A606-35 混流式水轮机特性曲线

1.1.3　水轮发电机组数学模型及唯一解

1. 反击式水轮发电机组数学模型

用于调节保证计算分析的反击式水轮发电机组数学模型（包括可逆式水泵水轮机）包括机组前后管道末首断面的特征线方程、机组单位参数方程、水轮机特性曲线方程、发电机一阶方程、接力器行程方程等。式（1-41）～式（1-52）一起构成了最基本的反击式水轮发电机组数学模型。

参数形式表达的水轮机特性曲线方程：

$$n_1'(u,v)=f_1(u,v) \tag{1-41}$$

$$Q_1'(u,v)=f_2(u,v) \tag{1-42}$$

$$M_1'(u,v)=f_3(u,v) \tag{1-43}$$

机组前后管道末首断面的特征线方程：

$$Q_P=Q_{CP}-C_{QP}\cdot H_P \tag{1-44}$$

$$Q_P=Q_{CM}+C_{QM}\cdot H_S \tag{1-45}$$

机组单位参数方程：

$$Q_P=Q_1'D_1^2\sqrt{H_P-H_S} \tag{1-46}$$

$$n=n_1'\sqrt{H_P-H_S}/D_1 \tag{1-47}$$

$$M_t=M_1'D_1^3(H_P-H_S) \tag{1-48}$$

机组转动方程（发电机一阶方程）：

$$n=n_0+0.187\,5(M_t+M_{t0}-M_g-M_{g0})\Delta t/\mathrm{GD}^2 \tag{1-49}$$

其中，下标“0”表示Δt时段前的初值，GD^2为飞轮力矩，M_g为发电机阻力矩。

在调节保证分析中，发电机阻力矩M_g是已知的，接力器行程也是给定的，即

$$Y=f(t) \tag{1-50}$$

导叶开度角与接力器行程的关系为

$$\alpha=\alpha(Y) \tag{1-51}$$

参数v表示相对开度，因此有

$$v=\alpha/\alpha_{\max} \tag{1-52}$$

其中，$\alpha_{\max}$为最大导叶开度角。

上述12个方程，对应12个未知数，即网格参数u、v和机组参数α、n_1'、Q_1'、M_1'、Q_P、H_P、H_S、n、M_t、Y，方程组是封闭的。

在此应该说明的是：若不采用网格参数u，则水轮机特性曲线方程将直接写为

$$Q_1'=f_q(n_1',\alpha) \tag{1-53}$$

$$M_1'=f_m(n_1',\alpha) \tag{1-54}$$

于是，就可以简化为11个方程，对应机组的11个未知数，方程组也是封闭的。

2. 冲击式水轮发电机组数学模型

与反击式水轮机相比，冲击式水轮机具有两方面的特点，直接影响建模和数学模型的求解：一是喷嘴出流流量与转轮运行状态没有直接的联系，两者可独立建模求解；二是冲击式水轮机具有双重调节流量的机构，即针阀和折向器。

1）冲击式水轮机特性曲线的转换

冲击式水轮机模型综合特性曲线有 Q_1'-n_1' 和 Q-H 两种形式，为了得到以开度为参数的单位参数离散点信息，实现的途径有两种：一是直接在流量-水头（Q-H）特性曲线上绘制等开度线后取点；二是将流量-水头（Q-H）特性曲线转换为单位流量 Q_1'、单位转速 n_1' 形式后，再在单位流量-单位转速（Q_1'-n_1'）特性曲线上按照等开度线取点。

图 1-13 为喷嘴个数为 1～6 的 Q-H 特性曲线，可以按照喷嘴个数，分别取出对应的区域，如图 1-14 所示，为喷嘴全开（$Z=6$）时的 Q-H 特性曲线。

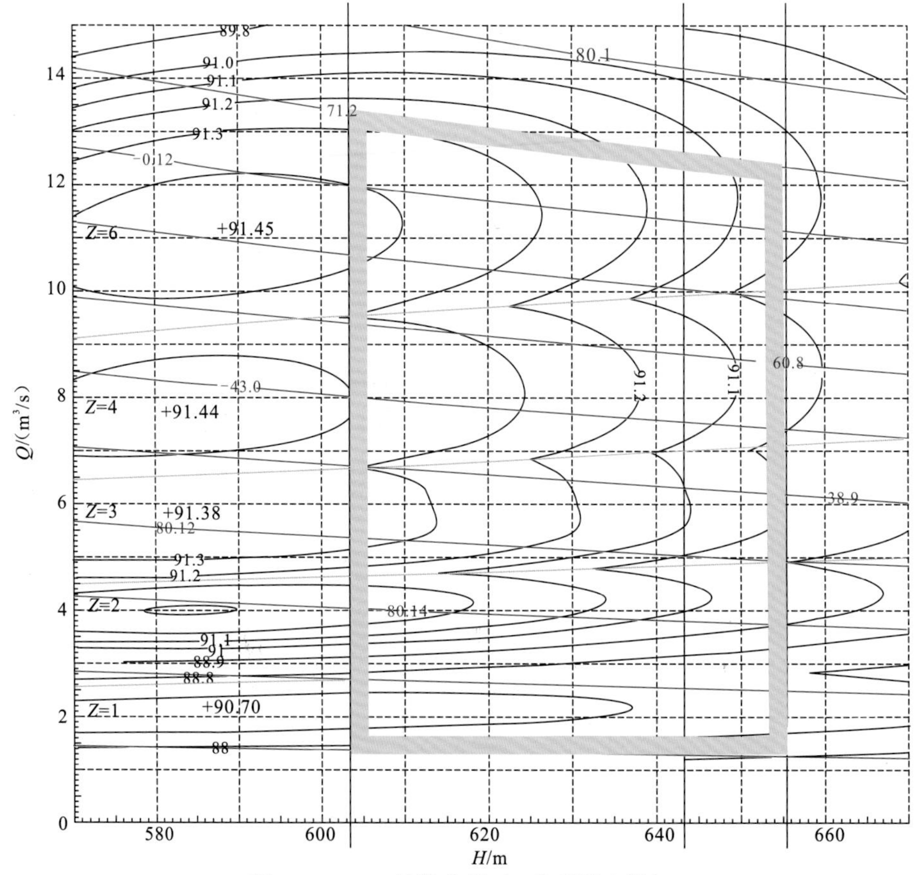

图 1-13 Q-H 特性曲线（Z 为喷嘴个数）

图 1-14 特性曲线的转换结果如图 1-15 和图 1-16 所示。

由图 1-15 可知，Q_1' 与 n_1' 无关，仅仅是喷嘴开度 τ 的函数，所以式（1-53）可简化为

$$Q_1' = f_q(\tau) \tag{1-55}$$

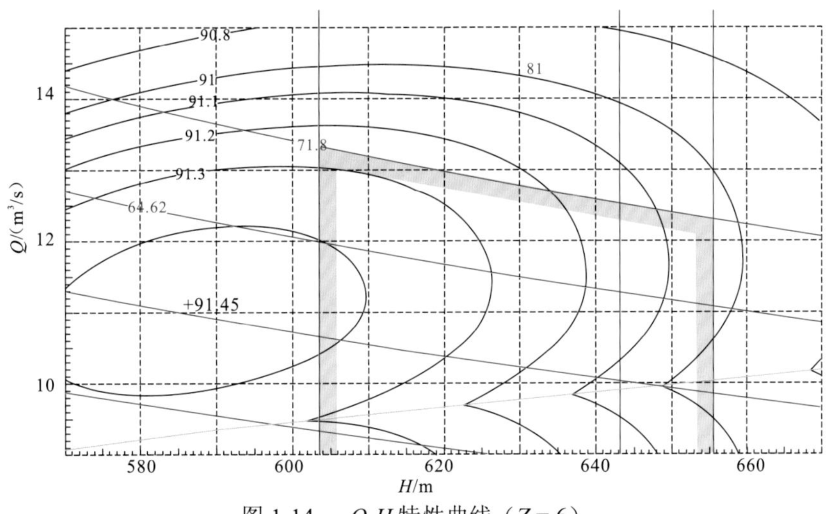

图 1-14　Q-H 特性曲线（$Z=6$）

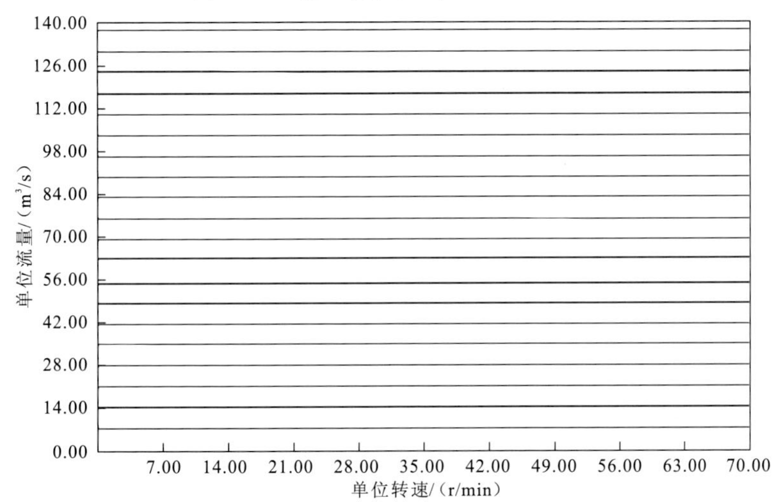

图 1-15　流量特性曲线

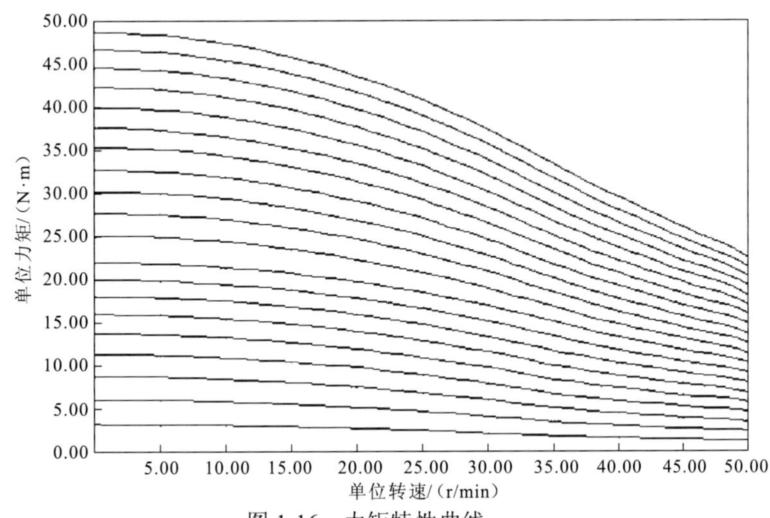

图 1-16　力矩特性曲线

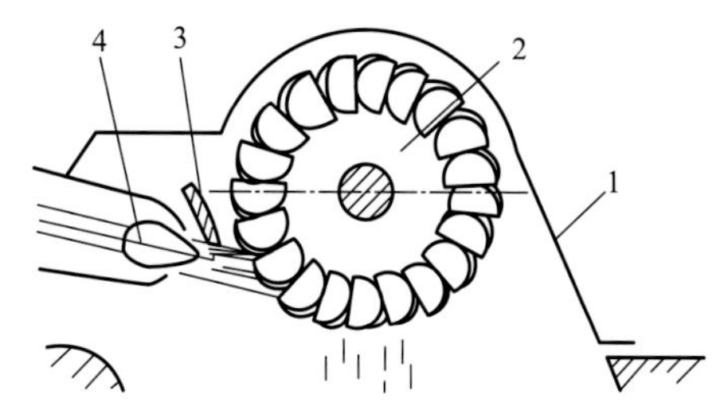

图 1-17　冲击式水轮机水击计算建模示意图

1—水轮机壳；2—水斗；3—折向器；4—喷嘴

2）冲击式水轮机水击计算的数学模型

对于如图 1-17 所示的冲击式水轮机的喷嘴与针阀，其水击计算可采用如下两种方式建模求解。

（1）利用孔口出流方程求解。

喷嘴视为孔口出流，其流量、水头满足孔口出流方程，即

$$Q_P = \mu A_c \sqrt{2gH_P} \tag{1-56}$$

式中：μ 为流量系数，在大开度变化时，可视为常数 0.93～0.97；A_c 为喷嘴出流面积。

由于 $Q_0 = \mu_0 A_0 \sqrt{2gH_0}$，有

$$Q_P = Q_0 \frac{\mu A_c \sqrt{2gH_P}}{\mu_0 A_0 \sqrt{2gH_0}} = Q_0 \tau \sqrt{\frac{H_P}{H_0}} \tag{1-57}$$

其中，$\tau = \dfrac{\mu A_c}{\mu_0 A_0}$。若 $\mu = \mu_0$，则 $\tau = \dfrac{A_c}{A_0}$。

$$C^+ : Q_P = Q_{CP} - C_{QP} \cdot H_P \tag{1-58}$$

联立式（1-57）和式（1-58），得到一元二次方程，即可求得 H_P 和 Q_P。该方法的困难在于如何得到包括流量系数在内的相对开度 $\tau = \dfrac{\mu A_c}{\mu_0 A_0}$ 与接力器相对行程 $y = \dfrac{Y}{Y_0}$ 之间的变化规律。

（2）利用流量特性曲线求解。

给定 τ，由式（1-55）得到 Q_1'。再由式（1-59）和式（1-58）联立求得 H_P 和 Q_P，即

$$Q_1' = Q_P / (D_1^2 H_P) \tag{1-59}$$

该方法的优势在于：不需要直接寻找流量系数随喷嘴孔口的变化规律。

3）冲击式水轮机转速计算的数学模型

机组转速可采用动量矩方程进行计算，即

$$J \frac{\mathrm{d}\omega}{\mathrm{d}t} = M_t - M_g \tag{1-60}$$

式中：J 为机组转动惯量。

（1）利用功率公式求解。

由于角速度 $\omega = \dfrac{\pi}{30} n$，$M_t \omega = N_t$，$M_g \omega = N_g$，代入式（1-60）可得

$$J \frac{\pi^2}{900} \cdot n \frac{\mathrm{d}n}{\mathrm{d}t} = N_t - N_g \tag{1-61}$$

水轮机功率公式为

$$N_t = \gamma \cdot Q_z \cdot H_P \cdot \eta = \gamma \cdot \delta \cdot Q_P \cdot H_P \cdot \eta \tag{1-62}$$

式中：Q_z 为喷射到转轮的流量，$Q_z = \delta \cdot Q_P$，δ 为折向器折减系数，%；γ 为水体容重。

将式（1-62）代入式（1-61）并积分，就可以得到机组转速 n。但该方法计算精度较低，难以满足精细化模拟的要求。

（2）利用流量特性曲线/力矩特性曲线求解。

$$M_t = M_1' D_1^3 \sqrt{H_P} \tag{1-63}$$

$$M_1' = \frac{30\times 1\,000}{\pi} g\eta \frac{Q_1'}{n_1'} \tag{1-64}$$

其中，$Q_1' = \dfrac{\delta \cdot Q_P}{D_1^2\sqrt{H_P}}$，$n_1' = \dfrac{nD_1}{\sqrt{H_P}}$，$\eta = 0.95\sim 0.98$。

将式（1-63）和式（1-64）代入式（1-60）并积分，就可以得到机组转速 n。

4）相对开度 τ 与接力器相对行程 y 之间的变化规律

图 1-18 是喷嘴构件示意图，文献[10]给出了相对开度 τ 与接力器相对行程 y 之间的表达式：

$$\tau = (k+1)y - ky^2 \tag{1-65}$$

式中：k 为喷嘴的结构参数，与针阀锥角 α_z、喷嘴锥角 β_z、接力器最大行程 $Y_{\max}$、喷嘴出口最大直径 $d_{1,\max}$ 有关，k 的取值范围为 0.25～0.43[10]。

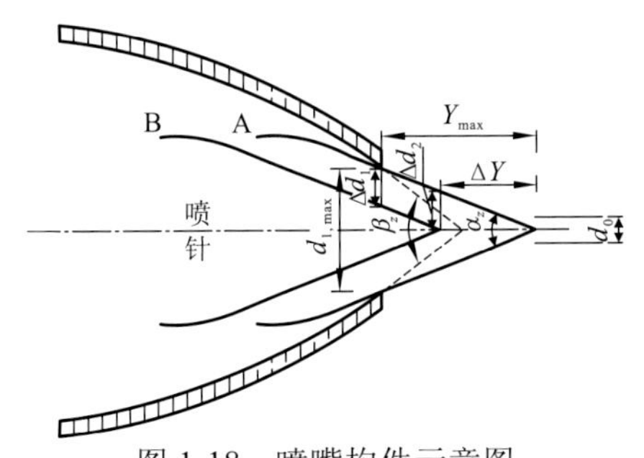

图 1-18　喷嘴构件示意图

d_0 为射流水柱直径；Δd_1、Δd_2、ΔY 为 B 处移动到 A 处所产生的差距

5）折向器方程的推导与规律分析

文献[11]中推导了折向器方程，即折向器偏转角度与此角度下折向器对射流的折减系数的关系，但由于其涉及的一些参数在工程资料中无法统计，此方程的使用受到限制。文献[12]在此基础上，参考文献[13]的现场试验结果，进一步推导了折向器方程。

图 1-19 为绘制的折向器开度与水轮机出力的关系曲线，该图也反映了经过折向器折减后，喷射至水斗上的流量与折向器相对开度的关系：当针阀开度 $P_n = 0.888$（额定开度）时，折向器在相对开度小于 0.5 后，就已经偏转了全部射流。于是，在给定折向器相对开度随时间的变化过程之后，就可以依据图 1-19 得到相应的喷射至水斗上的流量。

若没有如图 1-19 所示的曲线，文献[12]进行了必要的假设，即依据折向器位置 DL 的变化，将喷嘴出流前方断面分成 4 个区域，见图 1-20。经推导可得各个区域的折向器折减系数 δ。折向器方程如式（1-66）所示。

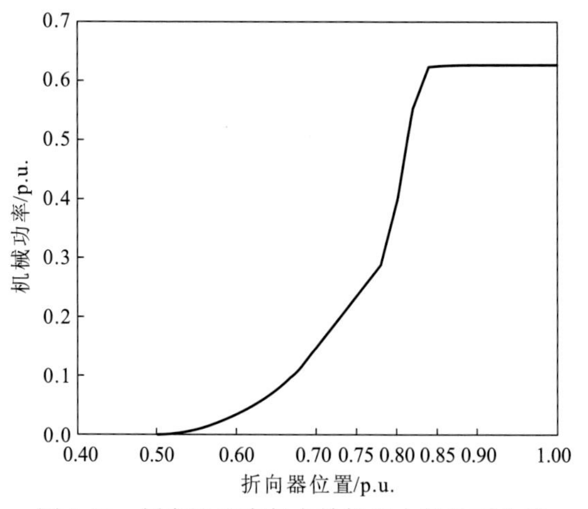

图 1-19　折向器开度与水轮机出力的关系曲线

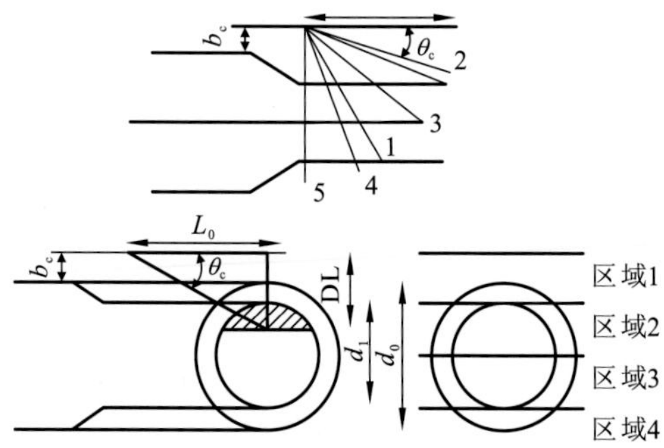

图 1-20　射流断面积和折向器运动相对关系

$$
\begin{cases}
\delta = 1.0, \quad \mathrm{DL} < b_c + \dfrac{(1-\sqrt{\tau})d_0}{2} \\
\delta = \dfrac{0.25\tau d_0^2\left[\pi - \arccos\left(\dfrac{d_0/2 + b_c - \mathrm{DL}}{\sqrt{\tau}d_0/2}\right)\right]}{Y_{\max}} + \dfrac{(d_0/2 + b_c - \mathrm{DL})\sqrt{(\sqrt{\tau}d_0/2)^2 - (d_0/2 + b_c - \mathrm{DL})^2}}{Y_{\max}}, \\
\qquad b_c + \dfrac{(1-\sqrt{\tau})d_0}{2} \leqslant \mathrm{DL} < b_c + \dfrac{d_0}{2}, \mathrm{VZ}_2 < \mathrm{VZ} < \mathrm{VZ}_1 \\
\delta = \dfrac{0.25\tau d_0^2 \arccos\left(\dfrac{d_0/2 + b_c - \mathrm{DL}}{\sqrt{\tau}d_0/2}\right)}{Y_{\max}} \\
\qquad - \dfrac{(\mathrm{DL} - d_0/2 - b_c)\sqrt{(\sqrt{\tau}d_0/2)^2 - (\mathrm{DL} - d_0/2 - b_c)^2}}{Y_{\max}}, \quad b_c + \dfrac{d_0}{2} \leqslant \mathrm{DL} < b_c + \sqrt{\tau}d_0, \\
\qquad \mathrm{VZ}_2 < \mathrm{VZ} < \mathrm{VZ}_1 \\
\delta = 0.0, \quad \mathrm{DL} \geqslant b_c + \sqrt{\tau}d_0 \text{或} \mathrm{VZ} > \mathrm{VZ}_1
\end{cases}
\tag{1-66}
$$

式中：

$$\mathrm{VZ}=\frac{\theta_{\mathrm{c}}}{\pi/2},\quad \mathrm{VZ}_1=\frac{2\arcsin\dfrac{b_{\mathrm{c}}+\dfrac{(1+\sqrt{\tau})d_0}{2}}{L_0}}{\pi},\quad \mathrm{VZ}_2=\frac{2\arcsin\dfrac{b_{\mathrm{c}}+\dfrac{(1-\sqrt{\tau})d_0}{2}}{L_0}}{\pi}$$

为折向器开度；$\mathrm{DL}=L_0\sin\theta_{\mathrm{c}}=L_0\sin(\mathrm{VZ}\cdot\pi/2)$，$L_0$ 为折向器转板的长度；其他符号含义见图 1-20。

δ 取决于针阀和折向器两者开度的变化规律及喷嘴最大射流直径。喷嘴最大射流直径在水轮机设计阶段已经确定，故 δ 由针阀开度及折向器开度决定。

某冲击式水轮机水电站针阀的最大射流直径为 0.162 m，针阀额定开度为 1.0，文献[12]绘制了如图 1-21 所示的不同针阀初始开度下，折向器开度与有效流量系数的关系曲线。

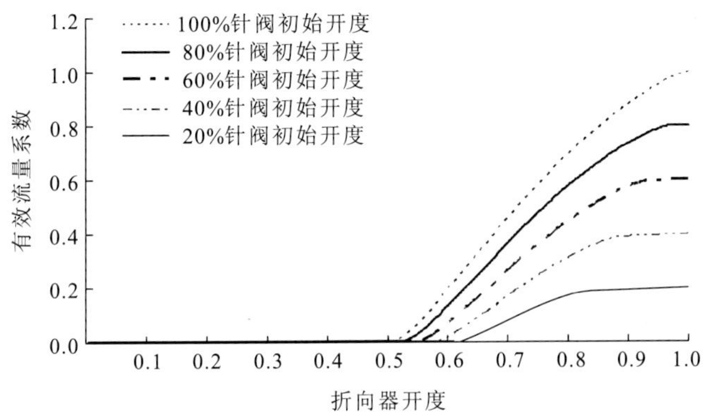

图 1-21　折向器开度与有效流量系数关系曲线

由图 1-21 可知，针阀初始开度越小，射流直径越小，折向器从喷管边缘开始移动至接触到射流的时间越长，所以有效流量系数保持不变的时间越长，同时，折向器从开始运动至完全遮挡住射流所需转过的角度越大。由此可以说明，折向器方程式（1-66）具有一定的实用价值。

6）配水环简化处理

图 1-22 是常见的 6 喷嘴配水环。对配水环的简化处理主要有两种方法：①将其视为一组由刚性短管连接的岔管；②当量简化为单管。在大波动过渡过程计算中，因为配水环内水头损失很小，所以①、②两种简化方式在水力特性（流量、水头）上并无较大的差异；在小波动过渡过程计算中，若考虑喷嘴个数切换，则需要采用方法①处理。①和②相比，②更能参照现有的混流式水轮机的边界模型，程序的编制相对简单，但①计算更加精细。

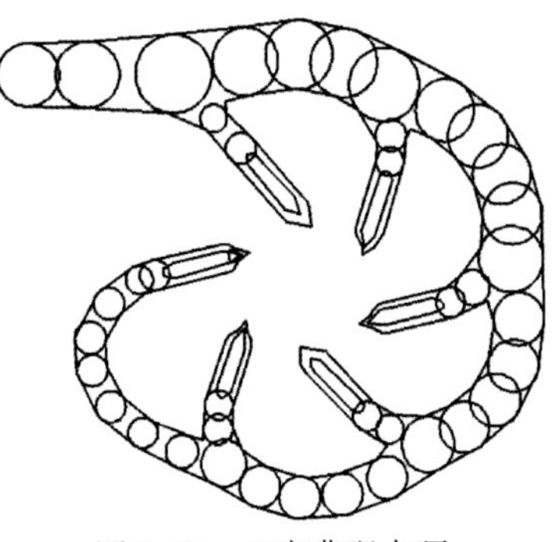
图 1-22　6 喷嘴配水环

3. 反击式水轮发电机组方程迭代收敛性和唯一解

冲击式水轮发电机组方程可以直接求解，而反击式水轮发电机组方程求解较为复杂，采用迭代法进行求解，编程比较方便、简洁，但迭代的收敛性、解的唯一性一直困扰着反击式水轮发电机组方程的求解。

1）反击式水轮发电机组方程迭代收敛性

文献[14]探讨了水轮发电机组方程的迭代收敛条件，即

$$T=\left|\frac{BQ_{P,t}}{2(H_{P,t}-H_{S,t})}\right|<1 \tag{1-67}$$

假设 $H_{P,t}=H_{P,t-\Delta t}$ 进行迭代计算。

$$T=\left|\frac{BQ_{P,t}}{2(H_{P,t}-H_{S,t})}\right|\geqslant 1 \tag{1-68}$$

假设 $Q_{P,t}=Q_{P,t-\Delta t}$ 进行迭代计算。

无量纲参数 $T=\left|\frac{BQ_{P,t}}{2(H_{P,t}-H_{S,t})}\right|=\frac{1}{2}\left(\frac{a_P}{gA_P^2}+\frac{a_S}{gA_S^2}\right)\left|\frac{Q_{P,t}}{H_{P,t}-H_{S,t}}\right|$，其中，$H_{P,t}-H_{S,t}$ 为水轮机中水体所具有的势能；而 $\frac{1}{2}\left(\frac{a_P}{gA_P^2}+\frac{a_S}{gA_S^2}\right)=\frac{1}{2}B\frac{\overline{a}}{g}\overline{v}$（$a_P$、$a_S$ 为机组上、下游管道的波速，$\overline{a}$ 为平均波速，$\overline{v}$ 为平均流速，B 为机组特征线求解参数），其形式正好与直接水击计算公式一致，可以反映水轮机及上下游管道中水体的动能（由水的可压缩性和管道弹性所确定的水体惯性）。因此，可以判断，变量 T 实际上反映了水体动能和势能的比值，说明当输水发电系统中动能占主导时，需要采用第二迭代方法，即先假设 $Q_{P,t}$，再用特征方程求解 $H_{P,t}$ 和 $H_{S,t}$；而当势能占主导时，需要采用第一迭代方法，即先假设 $H_{P,t}$，再用特征方程求解 $Q_{P,t}$ 和 $H_{S,t}$。

文献[14]应用上述迭代方法对越南 YALY 水电站过渡过程进行了数值计算，验证了该迭代方法的可行性和正确性。计算中根据每个时段的收敛判别变量 T 选择不同的迭代方法，其结果如图 1-23 和图 1-24 所示。在第 25 个计算时段（3.67 s），由于 $T<1$，必须采用第一迭代方法，否则，迭代过程发散，得不出结果。

2）反击式水轮发电机组方程的唯一解

对于式（1-41）～式（1-52）构成的数学模型，迭代求解过程就是针对某一已知开度 α（或参数 v），搜索满足方程组的工况点，并求取与之相应的未知数，具体步骤如下。

（1）预先假设参数 u，根据式（1-41）～式（1-43）求解出与之相应的工况点的三个单位参数值，并将其作为已知量，令 $X_*=\sqrt{H_P-H_S}$，$C_{1*}=Q_{CP}/C_{QP}+Q_{CM}/C_{QM}$，$C_{2*}=1/C_{QP}+1/C_{QM}$，$E_*=0.187\,5\Delta t/\mathrm{GD}^2$，并代入式（1-46）～式（1-48）中，整理得到一个关于 X_* 的一元二次方程：

$$X_*^2 + C_{2*} \cdot Q_1' \cdot D_1^2 X_* - C_{1*} = 0 \tag{1-69}$$

式（1-69）存在两个根，分别为

$$X_{*1} = \frac{-C_{2*}Q_1'D_1^2 + \sqrt{(C_{2*}D_1^2Q_1')^2 + 4C_{1*}}}{2} \tag{1-70}$$

$$X_{*2} = \frac{-C_{2*}Q_1'D_1^2 - \sqrt{(C_{2*}D_1^2Q_1')^2 + 4C_{1*}}}{2} \tag{1-71}$$

X_*为水头的平方根，恒为正实数。由式（1-70）和式（1-71）可知：当$C_{1*} > 0$时，必有$X_{*1} > 0$，为所求；当$C_{1*} < 0$，且$Q_1' \leqslant -\sqrt{\dfrac{-4C_{1*}}{C_{2*}^2 D_1^4}}$时，$X_{*1}$和$X_{*2}$均为正实数，但混流式水轮机过渡过程往往不经过反水泵区，不需考虑此种情况；其他情况X_{*1}和X_{*2}均非正实数，应另选取参数u，重复步骤（1）。

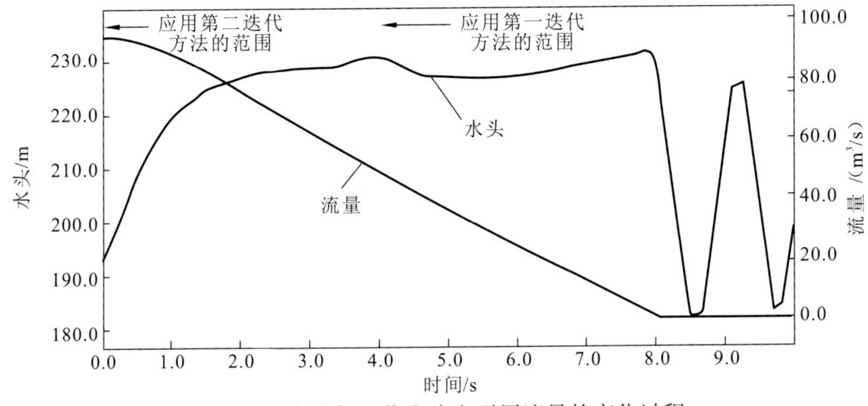

图 1-23　水轮机工作水头和引用流量的变化过程

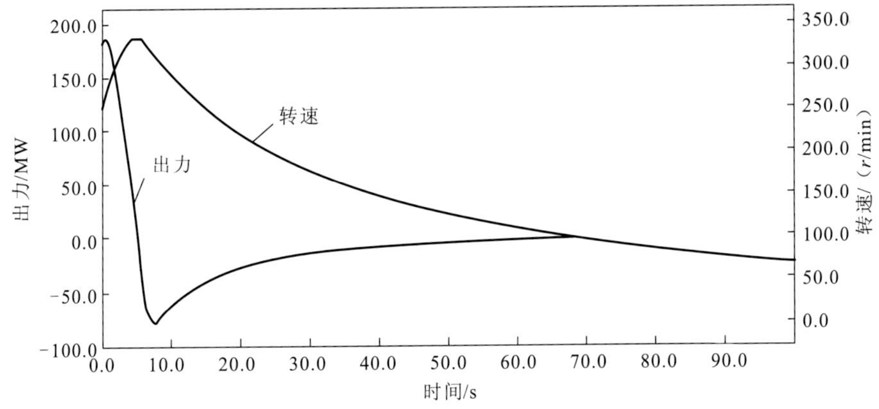

图 1-24　水轮机出力和转速的变化过程

（2）将X_*代入式（1-47）和式（1-48），得转速n和力矩M_t，再将M_t代入式（1-49），得转速n^*。因此，式（1-49）是迭代精度的验证方程。

（3）定义$\Omega = n - n^*$为转速偏差函数，当$\Omega = 0$时，认为参数u假设合理，X_*和工作点的三个单位参数值即所求，进行步骤（4）；反之，应另选取参数u，重复步骤（1）～（3）。

（4）将 X_* 回代入式（1-46）求得 Q_P，再将 Q_P 代入式（1-44）和式（1-45）求得 H_P 和 H_S。

于是，迭代求解需要解决的问题是，如何在已知等开度线上搜索到 $\Omega=0$ 的工况点，即搜索方向如何保证唯一解。

根据水轮机等开度线上的特征点将其分为若干区域，如图 1-25 所示。其中，对于高比转速机组，单位流量和单位力矩先随单位转速的增大而增大，单位力矩先达到最大值后，再逐渐减小，单位流量后达到最大值，再逐渐减小，增大部分如图 1-25 虚线所示；对于低比转速机组，单位流量和单位力矩可能一直随单位转速的增大而减小，如图 1-25 实线所示。

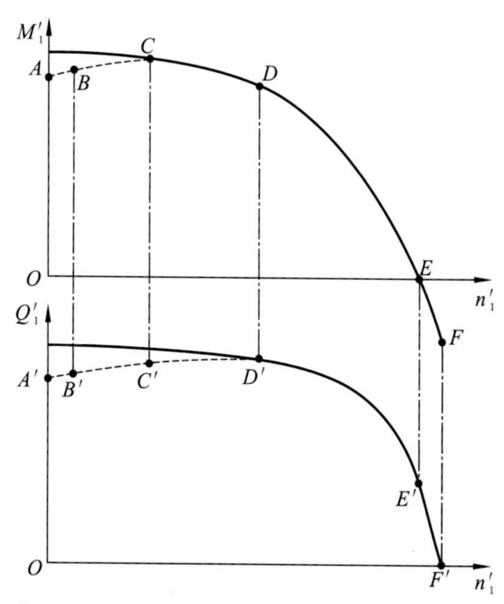

图 1-25　混流式水轮机等开度线上的特征点

图 1-25 中，A 点单位转速为零；B 点为水轮机区 $n_1'=2E_*D_1^4M_1'X_*$ 的点；C 点为水轮机工况区单位力矩最大点；D 点为水轮机工况区单位流量最大点；E 点为飞逸点；F 点水轮机区单位流量为零。

高比转速机组特性曲线 AD 段变化较为复杂，而低比转速机组在 AD 段上的变化趋势与 DE 段一致，形状单调，故以高比转速机组为例进行证明。

当 $C_{1*}>0$ 时，$X_*=X_{*1}=\dfrac{-C_{2*}Q_1'D_1^2+\sqrt{(C_{2*}D_1^2Q_1')^2+4C_{1*}}}{2}$，转速偏差函数 Ω 及其导数可写作：

$$\Omega=\frac{n_1'}{D_1}\left[\frac{-C_{2*}Q_1'D_1^2+\sqrt{(C_{2*}D_1^2Q_1')^2+4C_{1*}}}{2}\right]-E_*M_1'D_1^3\left[\frac{-C_{2*}Q_1'D_1^2+\sqrt{(C_{2*}D_1^2Q_1')^2+4C_{1*}}}{2}\right]^2 -n_0-E_*M_{t0} \tag{1-72}$$

$$
\begin{cases}
\dfrac{\partial \Omega}{\partial u}=\dfrac{1}{\sqrt{(\Delta n_1')^2+(\Delta Q_1')^2+(\Delta M_1')^2}}\left(\dfrac{\partial \Omega}{\partial n_1'}\Delta n_1'+\dfrac{\partial \Omega}{\partial Q_1'}\Delta Q_1'+\dfrac{\partial \Omega}{\partial M_1'}\Delta M_1'\right)\\
\dfrac{\partial \Omega}{\partial n_1'}=\dfrac{-C_{2*}Q_1'D_1^2+\sqrt{(C_{2*}D_1^2Q_1')^2+4C_{1*}}}{2D_1}=\dfrac{X_*}{D_1}\\
\dfrac{\partial \Omega}{\partial Q_1'}=\dfrac{-2C_{2*}D_1^2X_*}{\sqrt{(C_{2*}D_1^2Q_1')^2+4C_{1*}}}\left(\dfrac{n_1'}{2D_1}-E_*D_1^3M_1'X_*\right)\\
\dfrac{\partial \Omega}{\partial M_1'}=-E_*D_1^3\left[\dfrac{-C_{2*}Q_1'D_1^2+\sqrt{(C_{2*}D_1^2Q_1')^2+4C_{1*}}}{2}\right]^2=-E_*D_1^3X_*^2
\end{cases}
\tag{1-73}
$$

Ω 沿等开度线的方向导数的三个分量的符号见表 1-2，分析该表可知，在特性曲线 DF 段，$\partial\Omega/\partial u$ 恒大于 0，即在此区域转速偏差函数为单调增函数，搜索区域起点为水轮机区流量特性曲线单调下降起点 D，搜索终点为水轮机区零单位流量点 F。$0<n_{1D}'<n_{10}'<n_{1F}'$，$Q_{1D}'>Q_{10}'>Q_{1F}'=0$，$M_{1D}'>M_{10}'>M_{1F}'$，$n_1'X_*/D_1\approx n_0$，忽略微小量 E_*M_{t0}，有 $\Omega_D<0$，$\Omega_F>0$，即在区间 DF 内必有且只有一点满足 $\Omega=0$。

表 1-2　Ω 沿等开度线的方向导数的三个分量的符号

分段		$\frac{\partial\Omega}{\partial n_1'}$	$\Delta n_1'$	$\frac{\partial\Omega}{\partial n_1'}\Delta n_1'$	$\frac{\partial\Omega}{\partial Q_1'}$	$\Delta Q_1'$	$\frac{\partial\Omega}{\partial Q_1'}\Delta Q_1'$	$\frac{\partial\Omega}{\partial M_1'}$	$\Delta M_1'$	$\frac{\partial\Omega}{\partial M_1'}\Delta M_1'$
水轮机区	AB	+	+	+	+	+	+	−	+	−
	BC	+	+	+	−	+	−	−	+	−
	CD	+	+	+	−	+	−	−	−	+
	DE	+	+	+	−	−	+	−	−	+
水轮机制动区	EF	+	+	+	−	−	+	−	−	+

混流式水轮机相对于水泵水轮机而言，过渡过程区域较小，仅包含高效率工况运行点至零单位流量点区域，几乎不经过反水泵区和除零开度线外的低转速区域 AD。因此，不需要考虑区间 AD 段与 $C_{1*}<0$ 的情况。水泵水轮机机组方程迭代求解唯一解的论证可参见文献[15]。

1.1.4　基本边界条件

对于单管单机的输水发电系统而言，除了机组边界条件比较复杂之外，其他边界条件较为简单，本小节将分别介绍上下游边界条件及进水阀、地下闸门竖井（包括通气孔）等基本边界条件的数学模型及求解。

1. 上游边界条件

假定水库水位在瞬变过程中保持不变，$H_u=$常数，H_u 是水库上游水面距离参考基准面的高度，见图 1-26，于是相应的边界条件是

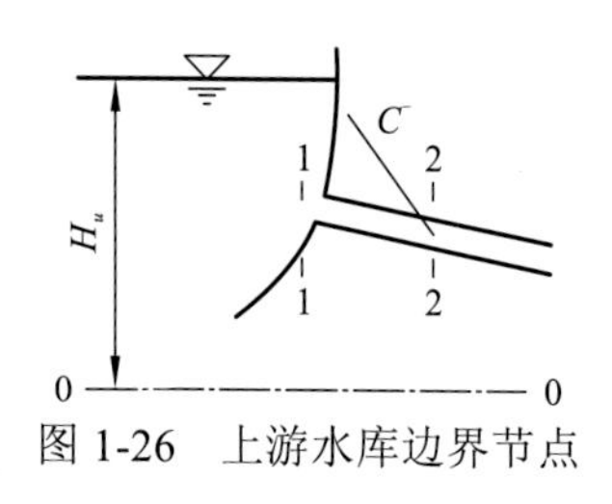

图 1-26　上游水库边界节点

$$H_{P,1}=H_u\mp\frac{Q_{P,1}^2}{2gA_1^2}-\zeta\frac{Q_{P,1}\left|Q_{P,1}\right|}{2gA_1^2}\tag{1-74}$$

其中：当 $Q_{P,1}\geqslant 0$ 时，$\mp\frac{Q_{P,1}^2}{2gA_1^2}$ 取“–”；当 $Q_{P,1}<0$ 时，$\mp\frac{Q_{P,1}^2}{2gA_1^2}$ 取“+”。

式（1-74）与特征线方程式（1-75）联立求解，即可得到 $H_{P,1}$ 和 $Q_{P,1}$。

$$C^-:H_{P,1}=C_M+B_S\cdot Q_{P,1}\tag{1-75}$$

其中，$C_M=-Q_{CM}/C_{QM}$，$B_S=1/C_{QM}$。

（1）若可以忽略该节点的流速水头和局部水头损失，则 $H_{P,1}=H_u$，计算将进一步简化。

（2）若水库水位以某种规律变化，如正弦波：

$$H_u=H_{u0}+\Delta H_b\sin\omega_k t\tag{1-76}$$

式中：H_{u0} 为水库上游水位初始值或均值；ΔH_b 为波幅；ω_k 为圆频率。对于计算时步，H_u 是已知的。于是联立求解，就可求得 $H_{P,1}$ 和 $Q_{P,1}$。

（3）若水库容积是有限的，即水库水位在瞬变过程中是变化的，需补充方程：

$$H_u=H_{u0}+\frac{1}{F}\int_t^{t+\Delta t}(q-Q_{P,1})\,\mathrm{d}t\tag{1-77}$$

式中：F 为水池的横截面积；q 为流入水池的来流量。将式（1-77）改写为差分方程，即可联立式（1-74）、式（1-75）和式（1-77），求得 $H_{P,1}$、$Q_{P,1}$ 和 H_u。

2. 下游边界条件

下游边界为水库，假定水库水位在瞬变过程中保持不变，$H_d=$常数，H_d 是水库下游水面距离参考基准面的高度，见图 1-27，于是相应的边界条件是

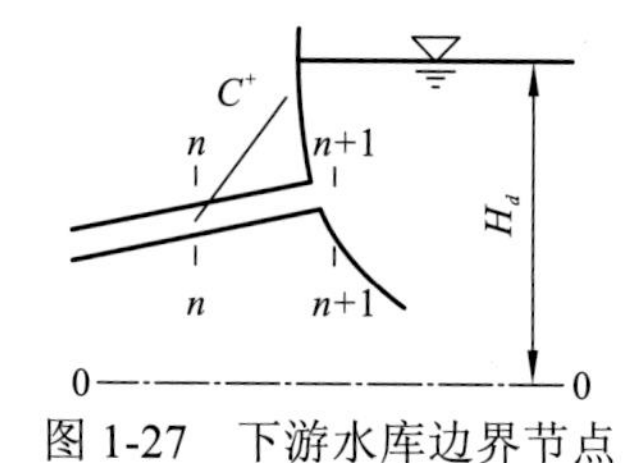

图 1-27　下游水库边界节点

$$H_{P,n+1}=H_d\pm\frac{Q_{P,n+1}^2}{2gA_{n+1}^2}-\zeta\frac{Q_{P,n+1}\left|Q_{P,n+1}\right|}{2gA_{n+1}^2}\tag{1-78}$$

其中：当 $Q_{P,n+1}\geqslant 0$ 时，$\pm\frac{Q_{P,n+1}^2}{2gA_{n+1}^2}$ 取“+”；当 $Q_{P,n+1}<0$ 时，$\pm\frac{Q_{P,n+1}^2}{2gA_{n+1}^2}$ 取“–”。

式（1-78）与特征线方程式（1-79）联立求解，即可得到 $H_{P,n+1}$ 和 $Q_{P,n+1}$。

$$C^+:H_{P,n+1}=C_P-B_P\cdot Q_{P,n+1}\tag{1-79}$$

其中，$C_P=Q_{CP}/C_{QP}$，$B_P=1/C_{QP}$。

（1）若可以忽略该节点的流速水头和局部水头损失，则 $H_{P,n+1}=H_d$，计算将进一步简化。

（2）若水库水位以某种规律变化，如正弦波：

$$H_d=H_{d0}+\Delta H_b\sin\omega_k t\tag{1-80}$$

式中：H_{d0} 为水库下游水位初始值或均值；ΔH_b 为波幅；ω_k 为圆频率。对于计算时步，H_d 是已知的。于是联立求解，就可求得 $H_{P,n+1}$ 和 $Q_{P,n+1}$。

（3）若已知下游边界水位与流量之间的规律，即

$$H_d = f(Q_{P,n+1}) \tag{1-81}$$

将式(1-81)代入式(1-78)，再与特征线方程式(1-79)联立求解，即可得到 $H_{P,n+1}$ 和 $Q_{P,n+1}$。

（4）下游渠道边界按堰流出流计算。堰流计算的基本公式如下：

$$Q = m_y b\sqrt{2g}H_{y0}^{3/2} \tag{1-82}$$

式中：m_y 为堰的流量系数；b 为渠道宽度；$H_{y0} = H_y + \frac{\alpha_{y0}V_{y0}^2}{2g}$，为堰顶全水头，$\alpha_{y0}$ 为流速修正系数，V_{y0} 为过堰流速，H_y 为堰前水头(图 1-28)。

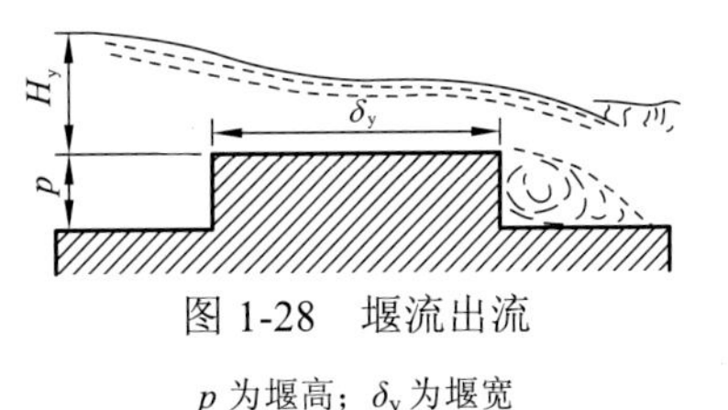

图 1-28　堰流出流

p 为堰高；δ_y 为堰宽

假定堰顶与参考基准面同高，则式（1-82）改写为

$$Q_{P,n+1} = m_y b\sqrt{2g}\left[H_{P,n+1} + \frac{\alpha_{y0}Q_{P,n+1}^2}{2g(bH_{P,n+1})^2}\right]^{3/2} \tag{1-83}$$

式（1-83）与渠道末端的 C^+ 方程联立，即可求解得到 $H_{P,n+1}$ 和 $Q_{P,n+1}$。

3. 进水阀边界条件

图 1-29 为进水阀数学模型的示意图，未知数为管道 1 末端的测压管水头 $H_{P1,n+1}$、管道 2 首端的测压管水头 $H_{P2,1}$、流量 Q_P，可列出方程如下。

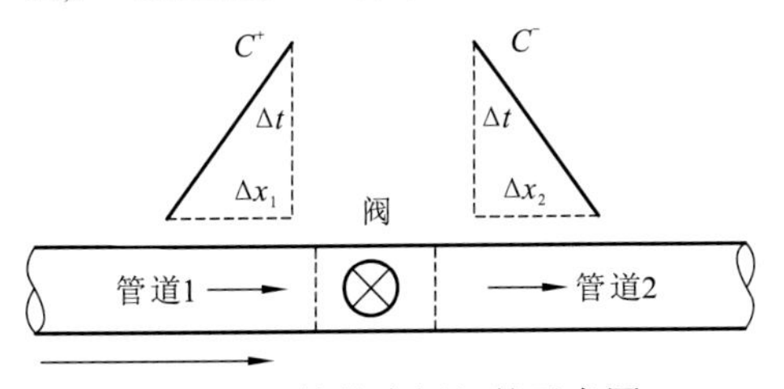

图 1-29　管线中阀门的示意图

阀门的孔口方程：

$$Q_P = \frac{\tau Q_0}{\sqrt{H_{F0}}}\sqrt{H_{P1,n+1} - H_{P2,1}} \quad （正向流动） \tag{1-84}$$

$$Q_P = -\frac{\tau Q_0}{\sqrt{H_{F0}}}\sqrt{H_{P2,1} - H_{P1,n+1}} \quad （反向流动） \tag{1-85}$$

$$C^+: H_{P1,n+1} = C_P - B_P \cdot Q_P \tag{1-86}$$

$$C^-: H_{P2,1} = C_M + B_S \cdot Q_P \tag{1-87}$$

式中：H_{F0} 为当 $\tau=1$ 时，以 Q_0 流经阀门的能量损失。

将式（1-84）和式（1-85）分别代入式（1-86）和式（1-87），且令 $C_v = \tau^2 Q_0^2 / 2H_{F0}$，得

$$Q_P = -C_v(B_P + B_S) + \sqrt{C_v^2(B_P + B_S)^2 + 2C_v(C_P - C_M)} \quad （正向流动） \tag{1-88}$$

$$Q_P = C_v(B_P + B_S) - \sqrt{C_v^2(B_P + B_S)^2 - 2C_v(C_P - C_M)} \quad （反向流动） \tag{1-89}$$

比较式（1-88）和式（1-89）可知：只有当$C_P - C_M < 0$时才有可能出现反向流动。因此，当$C_P - C_M \geqslant 0$时，采用式（1-88），当$C_P - C_M < 0$时，采用式（1-89）。

对于进水阀瞬变过程的计算，其关键在于阀门的流量系数随开度的变化，文献[16]给出了各种阀门的特性曲线，也为工程应用提供了极大的方便。

4. 地下闸门竖井（包括通气孔）边界条件

如图 1-30 所示的地下闸门竖井进水口，由于闸门竖井距离水库管线的长度通常在 100 m 以上，机组甩负荷时，闸门竖井最高涌浪水位远超过水库校核洪水位，为了避免闸门机电设备被涌浪淹没，可选取的工程措施是：①抬高闸门室底板高程，使之高出闸门竖井最高涌浪水位，但带来闸门室对外交通洞坡度太陡，难以布置的难题；②设置溢流孔和溢流槽，降低闸门竖井最高涌浪水位。该措施被大多数工程设计所采用。

图 1-31 为设有溢流孔的地下闸门竖井（包括通气孔）数学模型示意图，其中有 10 个未知数，即Q_{P1}、H_{P1}、Q_{P2}、H_{P2}、Q_{TP1}、Q_{TP2}、Z_{MP1}、Z_{MP2}、Q_{YP1}、Q_{YP2} 。假设闸门竖井、通气孔内水体惯性和沿程损失可以忽略不计，则设有溢流孔的地下闸门竖井和通气孔的边界条件如下。

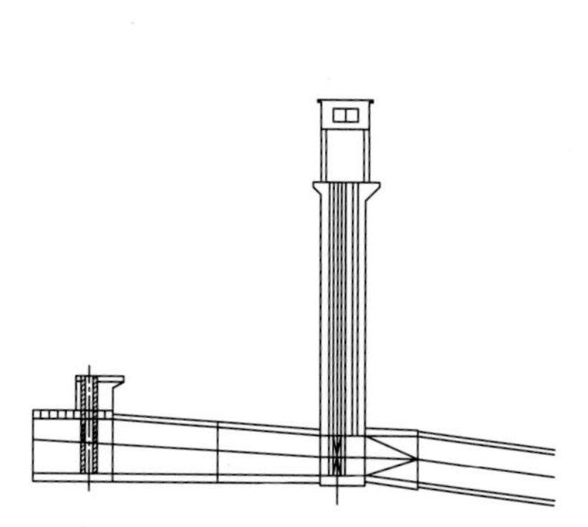

图 1-30　地下闸门竖井进水口示意图

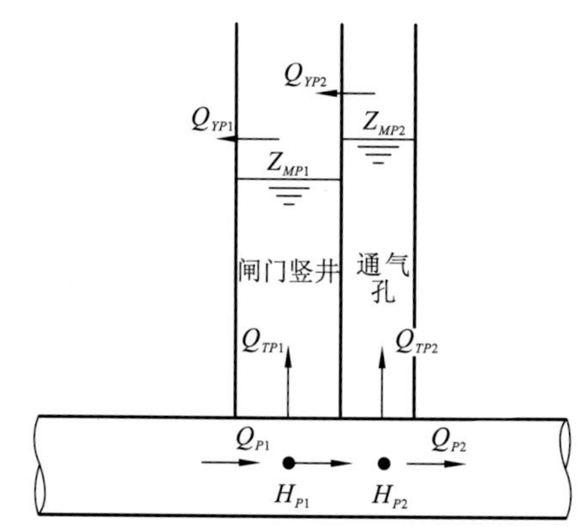

图 1-31　设有溢流孔的地下闸门竖井（包括通气孔）数学模型示意图

闸门竖井底部进水侧特征线方程C^+和通气孔底部出水侧特征线方程C^-为

$$C^+ : Q_{P1} = Q_{CP1} - C_{QP1} \cdot H_{P1} \tag{1-90}$$

$$C^- : Q_{P2} = Q_{CM2} + C_{QM2} \cdot H_{P2} \tag{1-91}$$

闸门竖井底部流量连续方程为

$$Q_{P1} = Q_{P2} + Q_{TP1} + Q_{TP2} \tag{1-92}$$

式中：Q_{TP1}为流进闸门竖井的流量；Q_{TP2}为流进通气孔的流量。

闸门竖井和通气孔的能量方程为

$$H_{P1} = H_{P2} \tag{1-93}$$

闸门竖井和通气孔的水位平衡方程为

$$Z_{MP1} = H_{P1} + ZZ2 - \varsigma_{s1} Q_{TP1} \left| Q_{TP1} \right| \tag{1-94}$$

$$Z_{MP2} = H_{P2} + ZZ2 - \varsigma_{s2} Q_{TP2} \left| Q_{TP2} \right| \tag{1-95}$$

式中：H_{P1} 和 H_{P2} 为以下游水位为基准的测压管水头；ZZ2 为下游水位高程；Z_{MP1} 和 Z_{MP2} 分别为闸门竖井和通气孔的水位；ς_{s1} 和 ς_{s2} 分别为闸门竖井和通气孔的阻抗损失系数。

闸门竖井和通气孔水位变化方程为

$$Z_{MP1}=Z_{MP1-\Delta t}+\frac{Q_{TP1}+Q_{TP1-\Delta t}}{2}\frac{\Delta t}{F_1}-\frac{Q_{YP1}+Q_{YP1-\Delta t}}{2}\frac{\Delta t}{F_1}+\frac{Q_{YP2}+Q_{YP2-\Delta t}}{2}\frac{\Delta t}{F_1} \tag{1-96}$$

$$Z_{MP2}=Z_{MP2-\Delta t}+\frac{Q_{TP2}+Q_{TP2-\Delta t}}{2}\frac{\Delta t}{F_2}-\frac{Q_{YP2}+Q_{YP2-\Delta t}}{2}\frac{\Delta t}{F_2} \tag{1-97}$$

式中：Q_{YP1} 为闸门竖井溢流孔溢流量；Q_{YP2} 为通气孔溢流孔溢流量；F_1 为闸门竖井面积；F_2 为通气孔面积。

闸门竖井溢流孔溢流方程为

$$\begin{cases}Q_{YP1}=0, & Z_{MP1}\leqslant Z_1\\ Q_{YP1}=\mu_{\mathrm{y}}L_M\sqrt{2g}(Z_{MP1}-Z_1)^{\frac{3}{2}}, & Z_1<Z_{MP1}<Z_2\\ Q_{YP1}=\mu_{\mathrm{k}}A_M\sqrt{2g}(Z_{MP1}-Z_1)^{\frac{1}{2}}, & Z_{MP1}\geqslant Z_2\end{cases} \tag{1-98}$$

式中：Z_1 为闸门竖井侧向溢流孔口底部高程；Z_2 为闸门竖井侧向溢流孔口顶部高程；μ_{y} 为自由堰流的流量系数（一般取 0.6）；μ_{k} 为孔口出流的流量系数（一般取 0.61～0.62）；L_M 为闸门竖井侧向溢流孔溢流前沿周长（溢流宽度）；A_M 为闸门竖井侧向溢流孔口面积。

当 Z_{MP1} 和 Z_{MP2} 与通气孔侧向溢流孔口底部高程 Z_3（或 Z_s）和通气孔侧向溢流孔口顶部高程 Z_4 存在不同的大小关系时，通气孔侧向溢流孔溢流方程及判别条件如表 1-3 所示。表 1-3 中：L_s 为通气孔侧向溢流孔溢流前沿周长（溢流宽度）；A_s 为通气孔侧向溢流孔口面积。

表 1-3　通气孔的溢流孔溢流方程

条件		公式	A_s
$Z_{MP1}<Z_3, Z_{MP2}<Z_3$		$Q_{YP2}=0$	—
$Z_{MP1}\geqslant Z_{MP2}$	$Z_4\geqslant Z_{MP1}\geqslant Z_3$，$Z_{MP2}\leqslant Z_3$	$Q_{YP2}=-\mu_{\mathrm{y}}L_s\sqrt{2g}(Z_{MP1}-Z_s)^{\frac{3}{2}}$	—
	$Z_3\leqslant Z_{MP1}\leqslant Z_4$，$Z_3<Z_{MP2}\leqslant Z_4$		
	$Z_{MP1}>Z_4$，$Z_{MP2}\leqslant Z_3$	$Q_{YP2}=-\mu_{\mathrm{k}}L_s\sqrt{2g}(Z_{MP1}-Z_s)^{\frac{1}{2}}$	$(Z_4-Z_3)\cdot L_s$
	$Z_{MP1}>Z_4$，$Z_3<Z_{MP2}<Z_4$		$(Z_{MP2-\Delta t}-Z_3)\cdot L_s$
	$Z_{MP1}>Z_4$，$Z_{MP2}\geqslant Z_4$		$(Z_4-Z_3)\cdot L_s$
$Z_{MP1}<Z_{MP2}$	$Z_4\geqslant Z_{MP2}\geqslant Z_3$，$Z_{MP1}\leqslant Z_3$	$Q_{YP2}=\mu_{\mathrm{y}}L_s\sqrt{2g}(Z_{MP2}-Z_s)^{\frac{3}{2}}$	—
	$Z_3\leqslant Z_{MP2}\leqslant Z_4$，$Z_3<Z_{MP1}\leqslant Z_4$		
	$Z_{MP2}>Z_4$，$Z_{MP1}\leqslant Z_3$	$Q_{YP2}=\mu_{\mathrm{k}}L_s\sqrt{2g}(Z_{MP2}-Z_s)^{\frac{1}{2}}$	$(Z_4-Z_3)\cdot L_s$
	$Z_{MP2}>Z_4$，$Z_3<Z_{MP1}<Z_4$		$(Z_{MP1-\Delta t}-Z_3)\cdot L_s$
	$Z_{MP2}>Z_4$，$Z_{MP1}\geqslant Z_4$		$(Z_4-Z_3)\cdot L_s$

式（1-96）～式（1-98）和表 1-3 中公式共计 10 个方程，有 10 个未知数，方程组封闭。

1.2 调节保证设计的控制标准、控制工况及相应的特征

1.2.1 控制标准

调节保证设计的控制标准，在不同国家、不同时期会有所不同。因为控制标准的制定取决于人们的认识水平、科学技术发展的程度和技术经济的比较。现将我国现行的规范列举如下[《水力发电厂机电设计规范》（NB/T 10878—2021）][17]。

1）机组甩负荷时转速最大升高率的保证值$[\beta]$

当机组容量占电力系统工作总容量的比重较大，或担负调频任务时，$[\beta]$宜小于 50%；

当机组容量占电力系统工作总容量的比重不大，或不担负调频任务时，$[\beta]$宜小于 60%；

贯流式机组转速最大升高率的保证值$[\beta]$宜小于 65%；

冲击式机组转速最大升高率的保证值$[\beta]$宜小于 30%。

2）机组甩负荷时蜗壳（贯流式机组导水叶前）最大压强升高率的保证值$[\xi]$

额定水头小于 20 m 时，$[\xi]$宜为 70%～100%；

额定水头为 20～40 m 时，$[\xi]$宜为 70%～50%；

额定水头为 40～100 m 时，$[\xi]$宜为 50%～30%；

额定水头为 100～300 m 时，$[\xi]$宜为 30%～25%；

额定水头大于 300 m 时，$[\xi]$宜小于 25%（可逆式蓄能机组宜小于 30%）。

3）机组突增或突减负荷时，压力输水系统全线各断面最高点处的最小压强

该压强不应低于 0.02 MPa，不得出现负压脱流现象。甩负荷时，尾水管进口断面最大真空保证值不应大于 0.08 MPa。

在此，需要指出的是：

（1）蜗壳最大压强升高率实质上是经济指标，而不是强度指标。但其定义至今未统一，存在较多的差异。在此定义为$\xi_{\max}=\dfrac{\Delta H}{H_0}$，其中$H_0$＝水库水位－机组安装高程，$\Delta H$是水击压强。并且，蜗壳最大动水压强发生工况所对应的蜗壳最大压强升高率与其保证值相比，应满足上述经济指标的要求。

（2）对于压力钢管而言，有可能出现外压失稳，所以要求断面最高点处的最小压强不低于 0.02 MPa。但对于混凝土衬砌或无衬砌压力管道，只需不出现负压脱流现象即可。

（3）尾水管进口断面最大真空度应考虑大气压的修正，即$H_{b\max}-\dfrac{\nabla}{900}$，其中$H_{b\max}$是

最大真空度，∇ 是机组安装高程。

（4）若输水发电系统中的进水阀或导叶控制不当，形成直接水击，直接水击的压强水头可达 300～500 m，远远大于最大压强升高率的保证值；若输水发电系统发生水力自激振动（如球阀密封漏水，引起水力自激振动），则压力管道内的共振压强为静压强的 1 倍，即 $\xi_{max}=100\%$；若尾水管进口处形成水柱分离，则水柱弥合的冲击压强也是巨大的，可能导致抬机事故。因此，在水电站输水发电系统设计和运行中，绝对不允许发生直接水击、水力共振和水柱分离等危及水电站安全运行的物理现象及过程。

（5）世界上绝大多数国家在制造水轮发电机组时，均按水轮机飞逸转速来设计转子的结构强度和刚度，并要求机组在飞逸转速下运行 2 min 以上不发生有害的变形，以免危及机组安全。而水轮机飞逸转速等于飞逸系数 k_f 乘以额定转速 n_r，对于反击式水轮机，k_f=1.6～3.0，1.6 对应低比转速水轮机，3.0 对应高比转速水轮机；对于水斗式水轮机，k_f=1.7～2.0。由此可知：机组甩负荷时，转速最大升高率的保证值 $[\beta]=\frac{n_{max}}{n_r}-1$（$n_{max}$ 为暂态过程中转速最大值）与对应的飞逸系数相比是有较大富裕的。因此，在调节保证设计中可尽量用足转速最大升高率的保证值，甚至在充分论证的前提下，提高转速最大升高率的保证值[18]，以免采用投资较大的调压措施，如修建调压室等。

1.2.2　控制工况及相应的特征

在实际运行中，水轮发电机组是在不同水头、不同出力的条件下（导叶开度、水轮机引用流量也不相同），即不同的工况发电。显然，在导叶关闭规律不变的前提下，并非所有工况的水击压强、机组转速升高值均起最不利的控制作用。因此，为了减少调节保证分析的工作量，且不遗漏控制值，需要分析确定调节保证计算的控制工况。

机组转速最大升高值的控制工况：机组在设计水头下甩额定负荷。其理由是，设计水头发额定出力，水轮机引用流量最大，导叶开度最大。甩负荷时，导叶关闭时间最长，水轮机剩余能量最多，所以机组转速升高值最大。

蜗壳和压力管道最大动水压强的控制工况：水库正常蓄水位或更高的发电水位下，机组在设计水头或最大水头下甩额定负荷。其理由是，在水库正常蓄水位或更高水位下，蜗壳和压力管道承受的静水压强最大；机组在设计水头或最大水头下甩额定负荷所产生的正水击压强较大。两者之和致使蜗壳和压力管道的动水压强最大。在此应该指出的是，当机组负荷为额定负荷的 90%左右时，甩负荷所产生的水击压强有可能大于甩额定负荷对应的水击压强，其原因在于水轮机的流量特性，流量随导叶开度的变化梯度越大，水击压强越大。

尾水管及尾水洞最小动水压强的控制工况：根据下游水位流量关系曲线确定的最低发电水位，对应设计水头或最大水头，机组甩额定负荷。其理由是，尾水管及尾水洞在下游最低发电水位下承受的静水压强最小；在设计水头或最大水头下甩额定负荷所产生的负水击压强较大。两者之和致使尾水管及尾水洞的动水压强最小。

蜗壳和压力管道最小动水压强的控制工况：水库死水位或相应较低发电水位下，对应设计水头或最小水头，机组增额定负荷或全负荷（额定负荷对应着机组最大出力，全负荷对应着水轮机在设计水头之下受限的最大出力）。其理由是，蜗壳和压力管道在死水位或相应较低发电水位下承受的静水压强较小；在设计水头或最小水头下增额定负荷或全负荷所产生的负水击压强较大。两者之和致使蜗壳和压力管道的动水压强最小。

应该指出的是：每座水电站的运行条件不完全相同，应根据具体情况，按上述一般规律做具体分析，确定调节保证分析的控制工况。

另外，本节将以某单管单机的输水发电系统为例，分别得出数值模拟的机组紧急甩负荷和增负荷的工况点轨迹线，以及机组主要参数的时程变化，以便加深对调节保证分析控制工况物理过程的理解。

该水电站装有 4 台 500 MW 混流式水轮发电机组，由 4 个单管单机水力单元组成，其中 4 号水力单元管线最长。单管单机的输水发电系统纵剖面布置图如图 1-32 所示，机组基本参数见表 1-4。图 1-33 是 Topsys 计算软件给出的对应计算简图，表 1-5 是对应计算简图的管道参数。

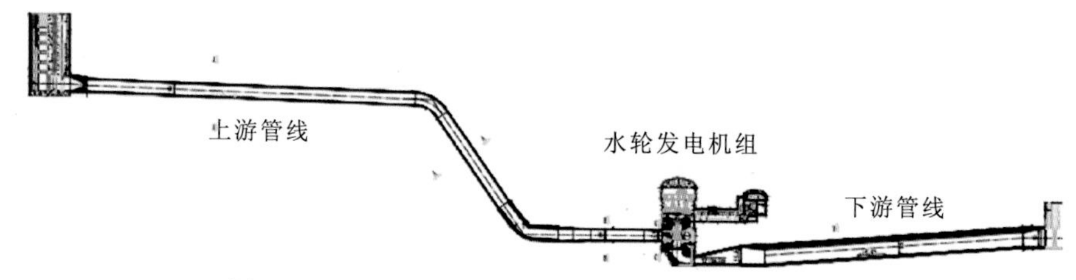

图 1-32　某单管单机的输水发电系统纵剖面布置图

表 1-4　机组基本参数

参数	单位	值
水轮机型号	—	HL—LJ—658
水轮机额定功率	MW	507.60
转轮进口直径	m	6.58
吸出高度	m	−13.12
额定转速	r/min	125.00
转动惯量	$t\cdot m^2$	120 000.00
安装高程	m	2 529.50
水轮机额定水头	m	151.00
水轮机最大水头	m	162.79
水轮机最小水头	m	123.29
水轮机额定流量	m^3/s	372.48

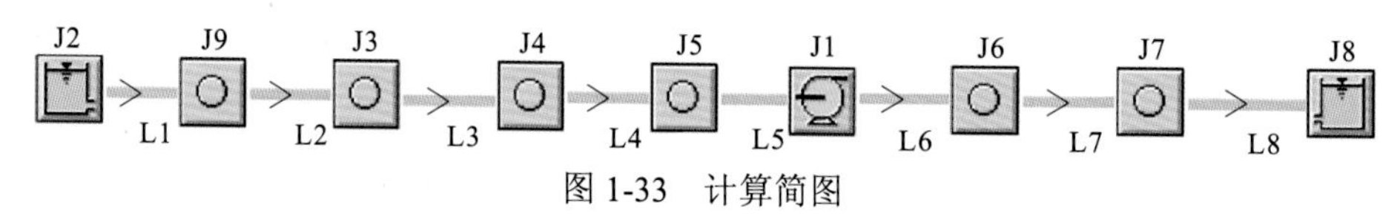

图 1-33　计算简图

表 1-5　对应计算简图的管道参数

管道号	长度/m	当量直径/m	波速/（m/s）	损失系数
L1	35.00	11.77	900.00	0.41
L2	283.61	10.00	1 000.00	0.00
L3	185.97	10.00	1 000.00	0.21
L4	70.00	9.02	1 100.00	0.01
L5	24.75	6.58	1 200.00	0.00
L6	83.20	10.58	1 100.00	0.05
L7	221.56	城门洞形 15×11（拱顶 120°）	1 000.00	0.02
L8	27.00	14.23	900.00	1.12

以该水电站4#机组为例，在上游水位为2 693.70 m，下游水位为2 541.03 m条件下，对额定水头下紧急甩负荷和增负荷进行计算。紧急甩负荷是给定导叶关闭规律（实际上是给定接力器行程关闭规律，并利用接力器行程与导叶开度之间的非线性关系，见图 1-34），甩负荷分为甩额定负荷和突甩 95%额定负荷两个工况。增负荷是给定导叶开启规律，从空载开度增至额定开度（额定开度与额定出力存在对应关系）。

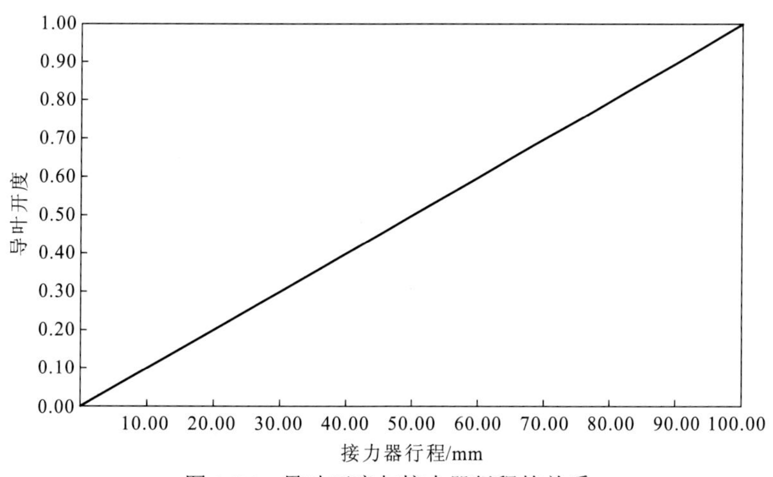

图 1-34　导叶开度与接力器行程的关系

1）机组紧急甩负荷

机组紧急甩负荷通常是机组本身的事故工况，是带负荷的机组突然从电网脱离，随后在事先拟定的关闭程序的作用下，将导叶开度关到零，以便停机检查和事故处理。

应该指出的是：对于机组紧急甩负荷的过渡过程，其工况已显著偏离正常工作条件。因此，无论是机组调节保证参数，还是有压管道最大/最小压强沿程分布，都对水电站设计和安全运行产生了重大的影响。因此，该工况是水电站调节保证分析与控制的重点研究对象。

计算结果如图 1-35 和图 1-36 所示，调节保证参数的极值见表 1-6。

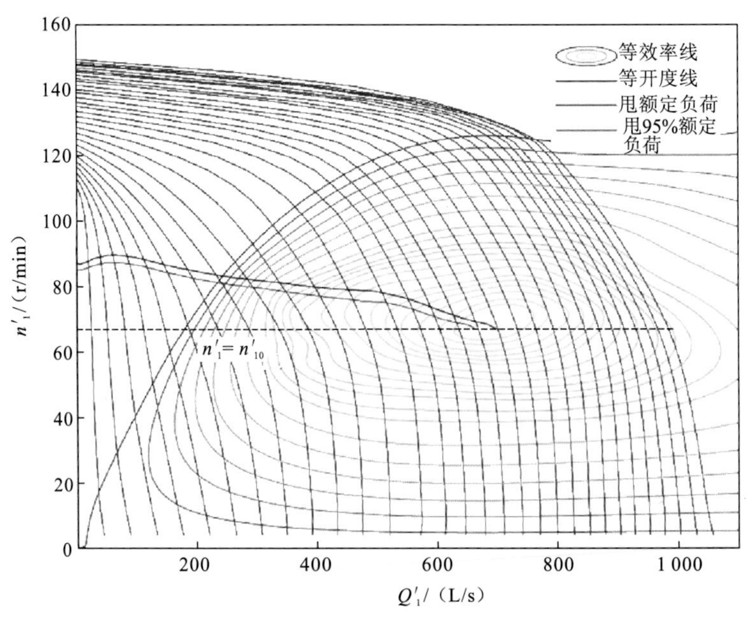

图 1-35　机组紧急甩负荷时工况点轨迹线

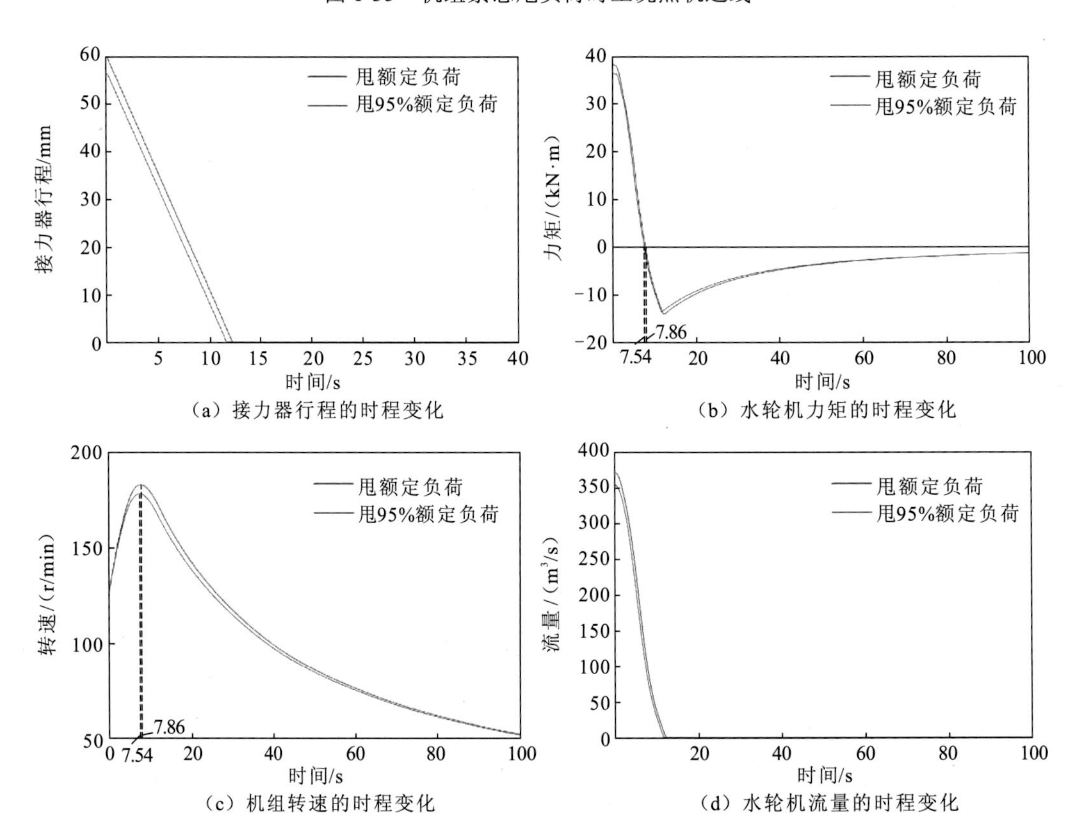

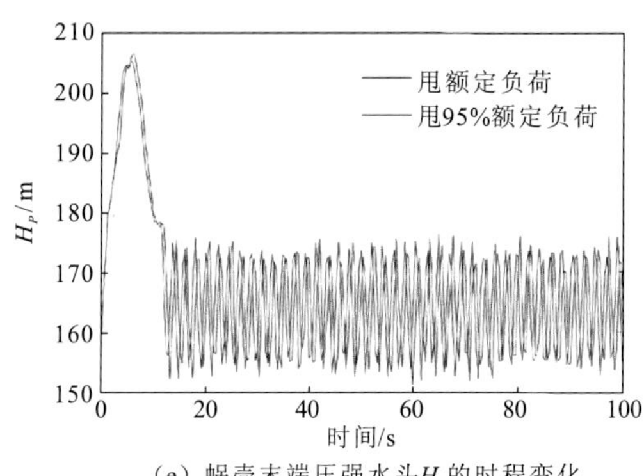

（e）蜗壳末端压强水头H_p的时程变化

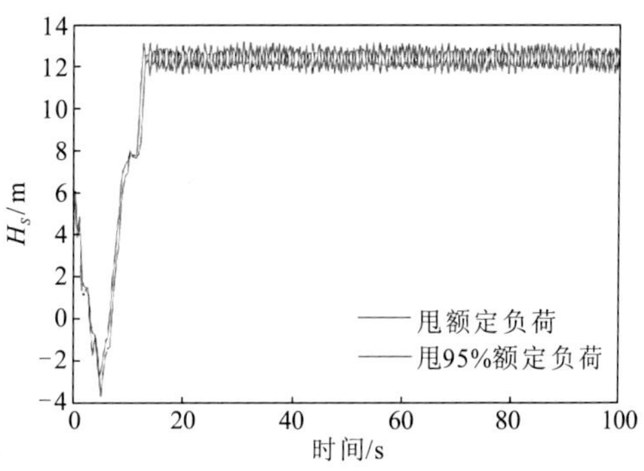

（f）尾水管进口压强水头H_S的时程变化

图 1-36　机组紧急甩负荷时主要参数的时程变化

表 1-6　机组紧急甩负荷调节保证参数的极值

甩负荷	蜗壳最大压强水头/m 和发生时间/s	尾水管最小压强水头/m 和发生时间/s	转速最大升高率/%和发生时间/s	最大出力/kW 和发生时间/s	最小出力/kW 和发生时间/s	最小力矩/（kN·m）和发生时间/s
额定负荷	207.54 和 5.88	−3.73 和 5.20	46.29 和 7.86	555.01 和 1.32	−254.66 和 12.16	−13.99 和 12.40
95%额定负荷	206.29 和 5.88	−3.47 和 4.74	42.41 和 7.54	525.47 和 1.32	−239.41 和 11.56	−13.57 和 11.60

（1）机组脱离电网，水流的能量致使机组转速迅速上升。导叶按事先拟定的关闭规律运动，由此在蜗壳以上的有压管道产生正水击[图 1-36（e）]，尾水管以下产生负水击[图 1-36（f）]，且水轮机力矩不断减小，在 7.86 s（甩 95%额定负荷，7.54 s）时，力矩为零，即工况点轨迹线与飞逸曲线相交（图 1-35），转速达到最大值[图 1-36（c）]。此时，水轮机效率$\eta=0$，水流的能量全部转换为旋转的机械能，机组转速不可能进一步上升，随后进入水轮机制动工况区，机组转速随之下降。

（2）显然，机组转速最大值的发生时间在导叶有效关闭时间T_s之前，并且交点对应的开度大于空载开度（图 1-35）。这是因为甩负荷时β较大，尽管$\xi_H>0$，相对值也不小，但从式（1-99）可知：分母开根号，所以工况点轨迹线从$n_1'=n_{10}'$的上部通过，进入制动工况区（图 1-35）。因此，开度必然大于空载开度。

$$n_1'=\frac{nD_1}{\sqrt{H}}=\frac{n_0(1+\beta)D_1}{\sqrt{H_0(1+\xi_H)}}=n_{10}'\frac{1+\beta}{\sqrt{1+\xi_H}} \tag{1-99}$$

式中：$\beta=\dfrac{n-n_0}{n_0}$，为转速变化率；ξ_H为水轮机水头变化的相对值。

（3）蜗壳最大水击压力和尾水管最小水击压力发生时间与水道系统水击特性有关。在末相水击的条件下，发生时间在导叶有效关闭时间T_s的略前或略后，所以滞后于转速最大值发生时间。而在高水头水电站发生一相水击的条件下，上述两个调节保证参数的发生时间就有可能在转速最大值之前。本实例为高水头水电站，蜗壳最大水击压力发生时间是 5.88 s，尾水管最小水击压力发生时间是 5.20 s，均在转速最大值发生时间 7.86 s 之前。

2）机组增负荷

计算结果如图 1-37 所示，调节保证参数的极值见表 1-7。

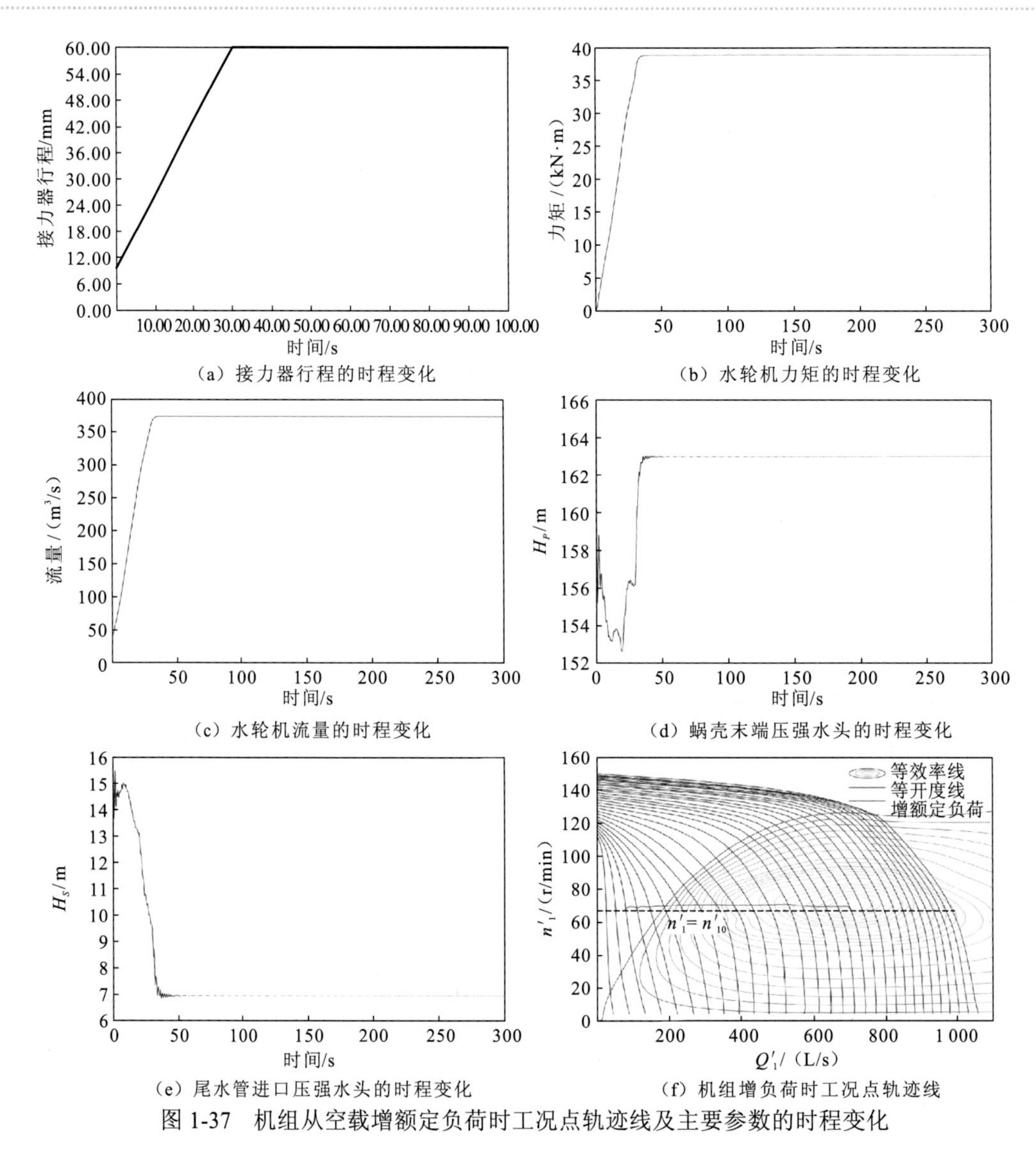

（a）接力器行程的时程变化　（b）水轮机力矩的时程变化
（c）水轮机流量的时程变化　（d）蜗壳末端压强水头的时程变化
（e）尾水管进口压强水头的时程变化　（f）机组增负荷时工况点轨迹线

图 1-37　机组从空载增额定负荷时工况点轨迹线及主要参数的时程变化

表 1-7　机组增负荷调节保证参数的极值

蜗壳最大压强水头/m 和发生时间/s	蜗壳最小压强水头/m 和发生时间/s	尾水管最大压强水头/m 和发生时间/s	尾水管最小压强水头/m 和发生时间/s	最大出力/kW 和发生时间/s	最大力矩/（kN·m）和发生时间/s
164.17 和 0.12	152.62 和 20.00	15.45 和 2.00	6.78 和 36.62	506.53 和 39.64	38.69 和 40.00

（1）图 1-37 给出了混流式水轮机由空载增负荷至给定值的过渡过程。初始稳定状态是机组已并入电网，导叶开度为空载，出力为零。接到增负荷的信号后，导叶开度的限制机构移动到与增负荷大小相对应的位置[接力器行程的时程变化见图 1-37（a）]。在移动的过程中，导叶逐渐打开，流量逐渐增大，出力也随之增大。而由于水流惯性的作用，蜗壳以上的有压管道产生负水击，尾水管以下产生正水击。水轮机进出口水击压力的变化，使得作用于水轮机的水头减小，它不仅使水轮机力矩产生如图 1-37（b）所示的滞后现象，即 40 s 到达最大力矩并维持不变，而且在水轮机模型综合特性曲线上的轨迹线从 $n_1'=n_{10}'$ 的上部通

过[图 1-37（f）]。这是因为增负荷时，转速基本不变，$\xi_H < 0$，于是 $n_1' > n_{10}'$。

（2）从电力系统的要求来看，增负荷的速度越快越好。但速度太快，将带来两方面的问题：一是要提高接力器最大允许速率，即提高接力器油压等级和主配阀直径；二是上游侧负水击压强大，有可能在压力管道中产生负压，危及压力钢管或钢衬的稳定。因此，分析增负荷过渡过程的目的，是寻找最优的开启规律，即最优的接力器开启速率。

1.3 基于水轮机特性及管道水流惯性的导叶启闭规律优化

1.3.1 导叶关闭规律优化的理论分析

1. 机组转速上升与水轮机力矩特性曲线及导叶关闭规律的内在关联

文献[19]已从理论上证明，机组转速升高最大值发生在导叶关闭过程中，是甩负荷条件下水轮机工况点的轨迹线与转速飞逸曲线的交点，所以升速时间 T_n 小于导叶有效关闭时间 T_s，两者之间有近似关系 $T_n = (0.9 - 0.000\,63 n_s)T_s$，其中比转速 n_s 因水轮机的不同而变化。n_s 为 10～900，$T_n = (0.894～0.333)T_s$，当 $n_s \leqslant 476$ 时，$T_n = (0.9～0.6)T_s$，由此可见，升速时间的物理意义、量级与导叶有效关闭时间 T_s 是一致的，即机组转速升高最大值取决于 T_n，且呈现如下规律。

（1）T_n 与 T_s 成正比，T_s 越小，T_n 越小。

（2）T_n 与 n_s 相关，n_s 越大，T_n 越小。n_s 反映了水轮机力矩特性对机组转速上升的影响。

（3）n_s 与 T_s 相比，T_s 起主导作用。

文献[20]详细探讨了影响机组转速升高率的各种因素，当机组甩负荷时，在导叶直线关闭规律前提下，转速最大升高率可按式（1-100）计算。

$$\beta_{\max} = \sqrt{1 + \frac{365 N_r (2T_c + T_n f)}{\mathrm{GD}^2 n_r^2}} - 1 \tag{1-100}$$

式中：N_r 为机组额定出力；n_r 为机组额定转速；T_c 为接力器动作的迟滞时间；T_n 为升速时间；f 为水击作用的修正系数。

对于一相水击：

$$f = \frac{\sigma m^2}{m + \sigma - m\sigma}\left(\frac{2}{\varepsilon} - \frac{4m}{3\varepsilon}\right) - \frac{4\sigma}{2-\sigma}\left[\frac{m}{\varepsilon} - \frac{m^2}{2\varepsilon} - 0.156\left(\frac{m}{\varepsilon}\right)^{3.2}\right] + \frac{2+\sigma}{2-\sigma}(1.375 - 0.524\varepsilon) \tag{1-101}$$

对于末相水击：

$$f = \frac{2}{\varepsilon}\frac{2+\sigma}{2-\sigma}\left(\varepsilon - \frac{\varepsilon^2}{2}\right) + \frac{2}{\varepsilon}\frac{2\sigma^2}{4-\sigma^2}\left[(1-\varepsilon)^{\left(\frac{2}{\sigma}+1\right)} - 1\right] \tag{1-102}$$

其中，$\sigma = \dfrac{LV_{\max}}{gH_0 T_s}$，$m = \dfrac{T_r}{T_s}$，$\varepsilon = \dfrac{T_n}{T_s}$，$V_{\max}$ 为管路中最大流速，L 为管道长度，T_r 为相长。

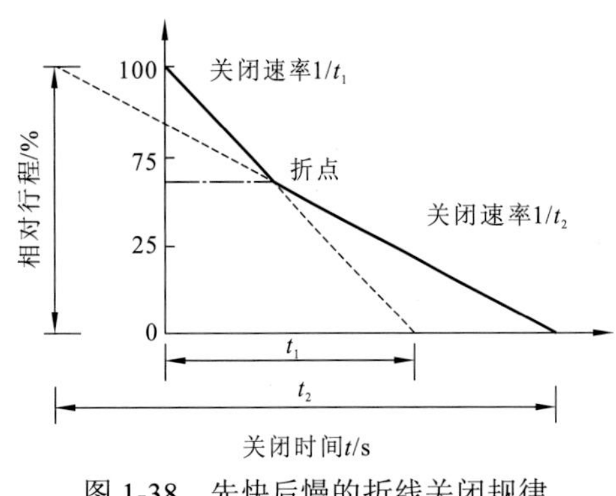

图 1-38　先快后慢的折线关闭规律

采用先快后慢的折线关闭规律（图 1-38），实质上是减小第一段直线关闭时间T_{s1}，从而减小T_n，达到减小机组转速升高最大值的目的。当折点时间$T_g < T_n$时，转速最大升高率β_{max}可按式（1-100）计算；当折点时间$T_g > T_n$时，转速升高最大值的计算请参见文献[21]。在此应该指出的是：T_{s1}越小，水击压强越大，对转速升高的修正量越大，尤其是低比转速水轮机。因此，从降低机组转速升高的角度，合理选取T_{s1}也是必需的。

2. 水击压强与管道水流惯性、水轮机流量特性曲线及导叶关闭规律的内在关联

由水击理论[22]可知：水击压强的大小主要取决于水击常数$\sigma = T_w / T_s$。T_s越小，σ越大，压强升高率越大；同样，管道水流惯性加速时间T_w越大，σ越大，压强升高率越大；T_s和T_w不仅作用相同，而且量级一致。对于不设调压设施的单管单机的输水发电系统，机组上游侧的T_w小于T_w允许值（T_w允许值一般取 2～4 s）[17]，T_s一般为 5～10 s，大容量机组可至 15s[20-21]。最大压强升高率ξ_{max}通常发生在一相或末相，若发生时间与T_n相差较多，则两段折线关闭规律更容易实现并发挥作用；若发生时间与T_n接近，则是导叶关闭规律优化的难点。

水轮机流量特性对水击压强的影响有如下两点：一是n_s决定了水轮机流量特性曲线的斜率，如图 1-39 所示，其中，低比转速水轮机$\frac{dQ_1'}{dn_1'}<0$，中比转速水轮机$\frac{dQ_1'}{dn_1'}\approx 0$，高比转速水轮机$\frac{dQ_1'}{dn_1'}>0$。对于低比转速水轮机而言，机组甩负荷时，即使导叶开度不减小，转速上升也会导致流量减小，产生正水击压强。因此，采用先快后慢的折线关闭规律，有可能使ξ_{max}超标。但在σ较小时，仍然是可行的，意味着T_{s1}取值较大，或者采用直线关闭规律。二是流量沿导叶开度方向的变化梯度$\frac{dQ_1'}{d\alpha}$越大的区域，流量变化越大，水击压强越大，所以应慢关水轮机导叶；相反，可快关水轮机导叶；$\frac{dQ_1'}{d\alpha}$较均匀，更适宜直线关闭。这就是非固定模式导叶关闭规律的理论依据[22]。但该影响因素相对于转速升高与水击压强协调而言，仅起次要作用，并且折线关闭规律也可以顾及该影响。

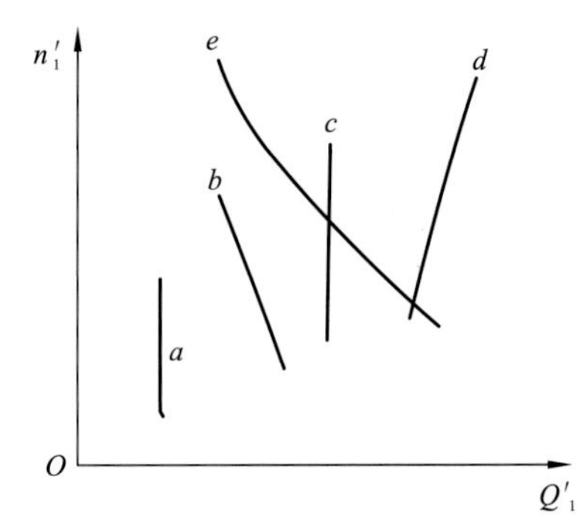

图 1-39　不同比转速水轮机流量特性曲线的特点

a—水斗式水轮机；
b—低比转速混流式水轮机；
c—中比转速混流式水轮机；
d—高比转速混流式水轮机或定桨轴流式水轮机；
e—转桨轴流式水轮机

1.3.2　导叶关闭规律优化的原则与方法

1. 导叶关闭规律优化的基本原则

为了便于工程应用，水轮机导叶关闭规律优化的基本原则如下。

（1）导叶关闭规律通常为直线、两段折线或三段折线，不宜太复杂，否则，紧急关闭阀结构复杂，操作困难，或者代价太大。

（2）同一导叶关闭规律应适用于所有的工况，即运行条件。因此，导叶关闭规律优化的控制工况的选取与论证尤为重要。

（3）要适合工程习惯及定义。工程上将接力器最大行程对应的导叶最大开度作为相对值的基准，即 100%。该开度大于水轮机额定流量对应的开度。导叶关闭规律优化通常以额定开度为基础，即取之为 100%，由此得到对应的T_s。因此，提交工程应用的结果应进行换算。

（4）水击压强随时间的变化过程尽可能均匀，即达到限压的目的。阀门程控调节为机组甩负荷，限制最大水击压强提供了理论基础，采用阀门限压程控调节[23]，其流量变化过程通常分为三段，对应的阀门关闭规律也可以概化为三段，最后一段的作用主要是消除瞬变残留，而不是限制水击压强的最大值。

（5）采用导叶折线关闭规律时，其折点的选取及总关闭时间的选取应尽可能将转速升高最大值的发生时刻与水击压强最大值的发生时刻错开，便于达到优化的目的。

2. 导叶关闭规律折点位置及T_s的选取

（1）将转速升高限制值$[\beta_{\max}]$代入式（1-100），求得T_n。再由比转速n_s按关系式$T_n=(0.9-0.000\,63n_s)T_{s1}$，求得$T_{s1}$。

（2）将水击压强限制值$[\xi_{\max}]$代入式（1-103）或式（1-104），由$\sigma=\dfrac{LV_{\max}}{gH_0T_s}$求得$T_s$。

$$\xi_1^A=\frac{2\sigma}{1+\rho\tau_0^A-\sigma}\quad（一相水击）\tag{1-103}$$

$$\xi_m^A=\frac{2\sigma}{2-\sigma}\quad（末相水击）\tag{1-104}$$

式中：τ_0^A为起始开度；ξ_1^A为一相水击的无量纲形式；ξ_m^A为末相水击的无量纲形式。

（3）折点时间取为$T_g=T_c+T_{r,u}$，其中，迟滞时间T_c一般小于 0.2 s，最大不超过 0.5 s，$T_{r,u}$为机组上游侧相长。T_g垂线与T_{s1}斜直线的交点，取作两段折线的折点，折点对应的导叶开度通常在 55%～65%[24]。

（4）折点与T_s点的连线可以作为第二段的关闭规律。若T_s较大或水击压强裕度较大，可过折点作T_s斜直线的平行线，得到T_s^*。最终，导叶有效关闭时间可在$\in(T_s^*,T_s)$范围内选取。

1.3.3　导叶关闭规律优化的工程实例

在此，仍以 1.2.2 小节工程实例为依据，进行导叶关闭规律的优化，分析并总结其规律。

1. 直线关闭

直线关闭是导叶关闭规律优化的基础，并且应尽可能采用导叶直线关闭方式满足调节保证控制值的限制。

表 1-8 给了直线关闭时间分别为 10.0 s、11.0 s、11.5 s、12.0 s、12.5 s、13.0 s、14.0 s 的计算结果，从中可知：随直线关闭时间的增长，蜗壳末端最大动水压强水头/尾水管进口真空度减小，机组转速最大升高率增大，转速极值发生时间也随之延后。若转速控制值为 50%，延长关闭时间，则蜗壳末端最大动水压强水头/尾水管进口真空度将有明显的改善。

表 1-8 机组甩额定负荷不同直线关闭时间下调节保证参数极值的对比

导叶直线关闭时间/s	蜗壳末端最大动水压强水头/m	蜗壳末端最大动水压强水头发生时间/s	尾水管进口最小动水压强水头/m	尾水管进口最小动水压强水头发生时间/s	机组转速最大升高率/%	机组转速最大升高率发生时间/s
10.0	214.48	5.88	−6.37	4.74	43.40	7.00
11.0	210.89	5.88	−4.67	5.02	44.89	7.46
11.5	209.31	5.88	−4.37	5.16	45.60	7.68
12.0	207.54	5.88	−3.73	5.20	46.29	7.86
12.5	206.01	5.88	−2.89	5.20	46.95	8.06
13.0	204.50	5.88	−2.55	5.58	47.58	8.24
14.0	201.59	6.20	−1.67	4.74	48.78	8.62

2. 直线关闭+模拟缓冲段

导叶关到空载开度之后，由于接力器活塞逐渐堵塞排油孔和进油孔，会出现缓冲段，直到导叶关闭至零。该缓冲段对避免或减小开度关闭终了后的等幅水击现象[23]起到关键性的作用。此处以 $T_s=12$ s 进行模拟分析。

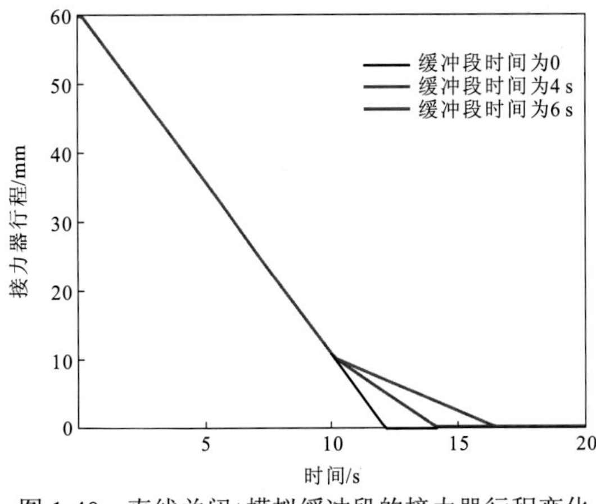

图 1-40 直线关闭+模拟缓冲段的接力器行程变化

图 1-40 为直线关闭+模拟缓冲段的接力器行程变化，图 1-41 为模拟结果的对比。从中可知：缓冲段对调节保证参数的极值几乎没有影响，但导叶关闭终了后的蜗壳压力和尾水管进口压力的波动幅度明显减小，缓冲段时间越长，波动幅度减小得越明显，由此可人为增长缓冲段，改善机组实际运行中的压力波动。

3. 折线关闭

取 $T_s=12$ s，选择合适的折点探究折线关闭规律。折点的选取及总关闭时间的选取应尽可能将转速升高最大值的发生时刻与水击压强最大值的发生时刻错开。在此，折点横坐标选取 3 s、4 s、7 s，纵坐标选择额定开度的 60%。

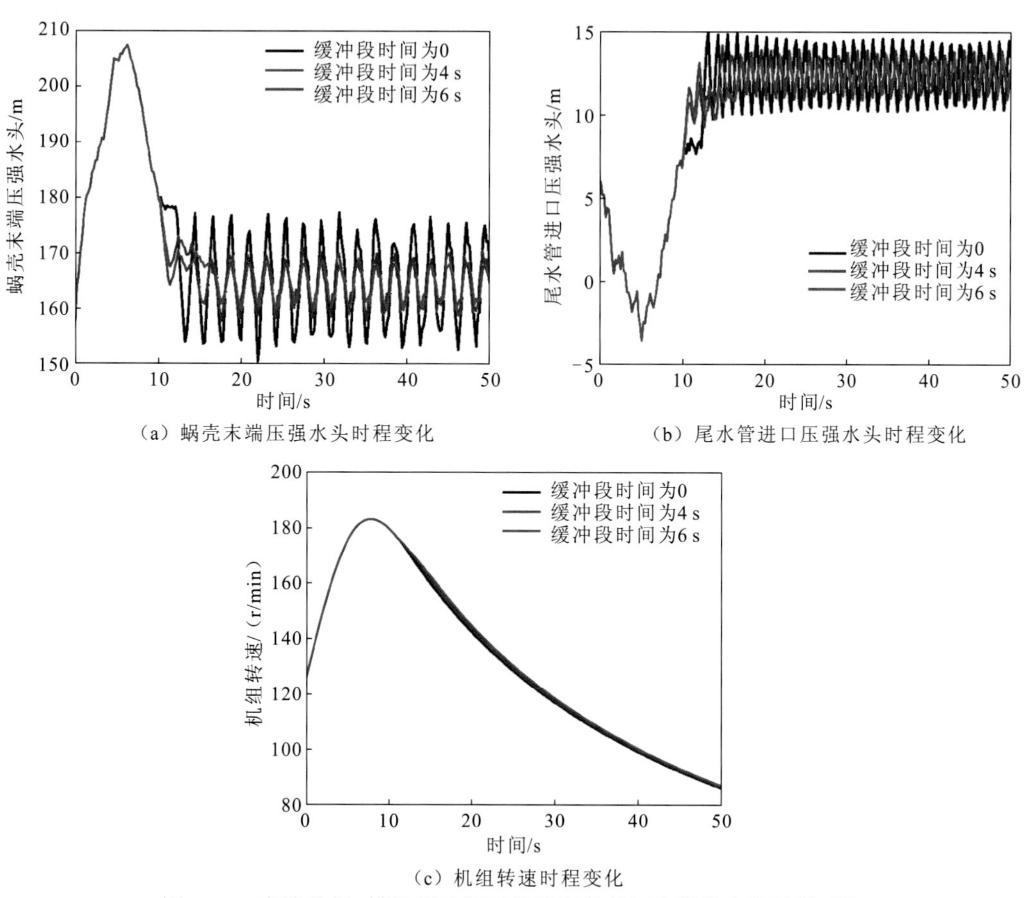

（a）蜗壳末端压强水头时程变化

（b）尾水管进口压强水头时程变化

（c）机组转速时程变化

图 1-41　直线关闭+模拟缓冲段下机组调节保证参数的变化过程对比

图 1-42 为导叶不同折线关闭规律下接力器行程的变化，表 1-9 为模拟结果的对比。从中可知：对于实例中的低比转速混流式水轮机，不宜采用先慢后快的折线关闭规律，而宜采用先快后慢的折线关闭规律。折点时间为 4 s 时，其调节保证结果较优，说明采用合适的折线关闭规律可以有效地缓解水击压力与机组转速升高之间的矛盾。

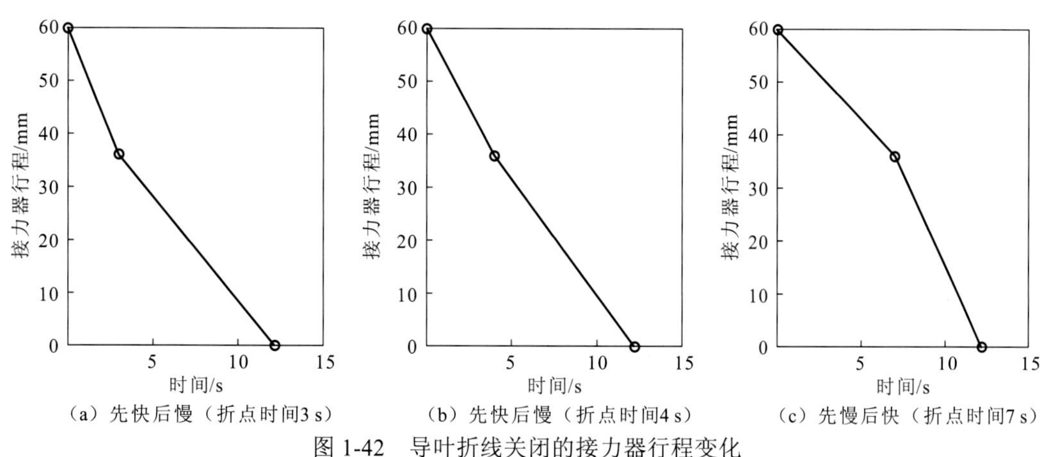

（a）先快后慢（折点时间3 s）

（b）先快后慢（折点时间4 s）

（c）先慢后快（折点时间7 s）

图 1-42　导叶折线关闭的接力器行程变化

表 1-9　机组甩额定负荷导叶不同折线关闭规律下调节保证参数极值的对比

序号	蜗壳末端最大动水压强水头/m	蜗壳末端最大动水压强水头发生时间/s	尾水管进口最小动水压强水头/m	尾水管进口最小动水压强水头发生时间/s	机组转速最大升高率/%	机组转速最大升高率发生时间/s
1	219.45	5.38	−7.11	4.74	41.82	6.52
2	213.07	4.06	−5.40	3.46	43.28	7.38
3	217.03	8.30	−5.21	8.64	52.17	9.10

参 考 文 献

[1] 张晓曦, 陈秋华. 水泵水轮机甩负荷过渡过程尾水管水柱分离数值模拟[J]. 水动力学研究与进展(A辑), 2019, 34(6): 749-755.

[2] 魏炳漳, 姬长青. 高速大容量发电电动机转子的稳定性:惠州抽水蓄能电站 1 号机转子磁极事故的教训[J]. 水力发电, 2010, 36(9): 57-60.

[3] 杨建东. 实用流体瞬变流[M]. 北京: 科学出版社, 2018.

[4] 常近时. 水力机械装置过渡过程[M]. 北京: 高等教育出版社, 2005.

[5] 门闯社, 南海鹏. 混流式水轮机内特性模型改进及在外特性曲线拓展中的应用[J]. 农业工程学报, 2017, 33(7):58-66.

[6] ZENG W, YANG J, CHENG Y. Construction of pump-turbine characteristics at any specific speed by domain-partitioned transformation[J]. Journal of fluids engineering, 2015, 137(3): 31101-31103.

[7] 阮文山. 水电站过渡过程边界条件研究与可视化软件开发[D]. 武汉: 武汉大学, 2004.

[8] 施法中. 计算机辅助几何设计与非均匀有理 B 样条[M]. 北京: 高等教育出版社, 2001.

[9] 叶其孝, 沈永欢. 实用数学手册[M]. 2 版. 北京: 高等教育出版社, 2006.

[10] 刘文彬. 冲击式水轮机水击压力及多闸门井水位波动解析研究[D]. 武汉: 武汉大学, 2014.

[11] 陈丹. 冲击式水轮机电站系统水力过渡过程研究[D]. 武汉: 武汉大学, 2004.

[12] 曹路. 冲击式水轮机水电站过渡过程计算模型与特性曲线处理[D]. 武汉: 武汉大学, 2010.

[13] JOHNSON R M, CHOW J H, DILLON M V. Pelton turbine deflector overspeed control for a small power system [J]. IEEE transactions on power systems, 2003, 19(2):1032-1037.

[14] 阮文山, 杨建东, 李进平. 水电站过渡过程计算中的反击式水轮机边界条件及迭代收敛条件[J]. 水利学报, 2004(9):88-92, 99.

[15] 杨建东. 抽水蓄能机组过渡过程[M]. 北京: 科学出版社, 2017.

[16] THORLEY A R D. Fluid transients in pipeline systems: A guide to the control and suppression of fluid transients in liquids in closed conduits [M]. Hoboken: John Wiley, 2004.

[17] 国家能源局. 水力发电厂机电设计规范: NB/T 10878—2021[S]. 北京: 中国水利水电出版社, 2021.

[18] 郭勤. 水轮发电机组飞逸及转速上升新探 [J]. 水利技术监督, 1998(4): 11-13.

[19] 克里夫琴科. 水电站动力装置中的过渡过程[M]. 常兆堂, 周文通, 吴培豪, 译. 北京: 水利出版社, 1981.

[20] 杨建东, 詹佳佳, 蒋琪. 机组转速升高率的若干因素探讨[J]. 水力发电学报, 2007, 26(2):147-152.

[21] 寿梅华. 混流式水轮机导叶两速关闭时的压力和速率上升计算[J]. 水力发电, 1990(7):38-44.

[22] WYLIE E B, STREETER V L. Fluid transients in systems[M]. Englewood Cliffs: Prentice Hall, 1993.

[23] 杨建东. 水电站[M]. 北京: 中国水利水电出版社, 2017.

[24] 杨建东. 导叶关闭规律的优化及对水力过渡过程的影响[J]. 水力发电学报, 1999(2): 78-86.

第2章

单管单机的输水发电系统运行稳定性及调节品质分析与控制

水电站输水发电系统不仅要满足自身安全、稳定运行的要求，也要维持电网频率和电压基本恒定。按照我国电力部门的规定[1]，电网的额定频率为 50 Hz，大电网允许的频率偏差为 ±0.2 Hz，中小电网允许的频率偏差为 ±0.4 Hz。

由于电网用电量和用电时间无法精准预测，水轮发电机组将根据负荷功率的变化及机组转速与额定值的偏差，调节水轮机导水机构和轮叶机构，改变水轮机引用流量，维持机组出力与负荷功率的平衡。除此之外，现代水轮发电机组将按照电网自动发电控制（automatic gain control，AGC）系统或水电站 AGC 系统下达的“一次调频、二次调频和区域电网间功率交换”指令参与调节；并且配合水电站二次回路和监控系统，完成机组启动、并网、停机、增减负荷、突甩负荷等操作。因此，输水发电系统运行稳定性及调节品质分析与控制的基本任务如下。

（1）根据水电站被控制系统（被控制系统包括水电站输水管道系统、水轮机、装有电压调节器的发电机及其并入的电网与负荷）的特点，选择合适的调速器（即使是微机调速器，也有不同的结构）；确定水轮发电机组调节模式（频率调节、功率调节和开度调节）和控制策略[比例积分微分（proportion integration differentiation，PID）控制、比例积分（proportion integration，PI）控制、智能控制、自适应控制等]；整定调速器有关参数及变参结构，使得输水发电系统运行稳定性及调节品质满足相关规范和工程设计的要求，并且机组的各项操作得以顺利与精确实施。

（2）对于不能满足输水发电系统运行稳定性及调节品质需求的设计方案，应研究并提出合理的工程措施，甚至调整水电站输水发电系统的总体布置。

显然，输水发电系统运行稳定性及调节品质如同调节保证一样，与有压管道系统的水流惯性加速时间 T_w 的大小、机组惯性加速时间 T_a 的大小密切相关。

从水流惯性加速时间 $T_w=\dfrac{lV_0}{gH_0}$（l 为管道长度，V_0 为流速，g 为重力加速度，H_0 为水头）的定义可知，其物理意义为水流动能与压能之比，表示在水头 H_0 作用下水流从静止加速到 V_0 所需要的时间。显然，T_w 越大，水流惯性越大，水击压强上升率 ξ 越大。另外，从自动控制的角度来看，无论水轮机导叶关闭还是开启，水流惯性都会产生与控制目标相反的逆向调节，水流惯性越大，对机组运行稳定性和调节品质越不利。因此，也需要采取有效的工程措施来限制 T_w 的大小。

从机组惯性加速时间 $T_a=\dfrac{\mathrm{GD}^2n_0}{375M_0}$（$\mathrm{GD}^2$ 为飞轮力矩，n_0 为转速，M_0 为力矩）的定义可知，其物理意义为机组旋转惯性与主动量矩之比，表示在力矩 M_0 作用下，使机组转速从 0 加速到 n_0 所需要的时间。显然，T_a 越大，机组惯性越大，机组转速动态响应过程越缓慢。对于调节保证而言，T_a 增大，导致转速变化率 β 下降，是有利的。另外，T_a 增大使得闭环自动调节系统容易产生振荡和超调，不利于机组的调节品质。

$T_{aw}=\dfrac{T_a}{T_w}$，称为加速时间比，按照规范[2]要求，$T_{aw}\geqslant 2.5$。如果该条件不满足，不仅要对输水发电系统调节保证进行详细分析，并且要校核输水发电系统的运行稳定性。

为此，本章的主要内容是单管单机的输水发电系统的运行稳定性、调速器主要参数的整定、调节品质的控制工况及精细化数值模拟。

2.1 单管单机的输水发电系统的运行稳定性

输水发电系统是一个非线性、非最小相位的闭环自动调节系统，其运行稳定性分析与控制的方法可分为线性系统稳定分析法和非线性系统稳定分析法。

线性系统稳定分析法是水电站输水发电系统运行稳定性及调节品质分析与控制最常用的方法，该方法隶属于经典自动控制，根源为常微分方程稳定理论，所以其数学模型的建立需要采用线性假定。线性化处理不仅包括水电站输水发电系统水、机、电三部分，而且包括水轮机控制系统自身，即调速器子系统。

2.1.1 输水发电系统的线性化数学模型

1. 有压管道的线性化水击方程

有压管道非恒定流基本方程见式（1-1）和式（1-2），在忽略非线性项和坡度项的前提下，采用分离变量法求解线性偏微分方程[3]，得到以管道位置 X 为变量的复水头函数 $H(X)$ 和复流量函数 $Q(X)$：

$$H(X)=H_U\cosh(\gamma X)-Z_cQ_U\sinh(\gamma X) \tag{2-1}$$

$$Q(X)=-\frac{H_U}{Z_c}\sinh(\gamma X)+Q_U\cosh(\gamma X) \tag{2-2}$$

式中：H_U、Q_U 为管道首断面的复水头和复流量；$Z_c=\dfrac{\gamma}{Cs}$ 为特征阻抗，是一个不依赖于 X 和 t 的复值函数，$C=\dfrac{gA}{a^2}$ 为流容（A 为管道断面积，a 为波速），s 为复频率或拉普拉斯变量，它包含实部σ和虚部ω，$s=\sigma+\mathrm{i}\omega$，$\gamma$ 为 s 的函数，称为传播常数，它们之间的函数关系为

$$\gamma^2=Cs(Ls+R) \tag{2-3}$$

其中：R 为单位长度上的线性化阻力，对于紊流，$R=\dfrac{n'f_c\bar{Q}^{n-1}}{2gDA^{n'}}$（$n'$ 为指数，通常等于 2；D 为管道直径；f_c 为摩擦系数），对于层流，$R=\dfrac{32\gamma}{gD^2A}$；$L=\dfrac{1}{gA}$ 为流感。

将管道末端边界条件 $X=l$ 处的复水头 H_D 和复流量 Q_D 代入式（2-1）和式（2-2），并且定义流体系统中给定点的水力阻抗为该点的复水头和复流量之比，即

$$Z(X)\equiv\frac{H(X)}{Q(X)} \tag{2-4}$$

则有

$$Z_D=\frac{Z_U-Z_c\tanh(\gamma l)}{1-(Z_U/Z_c)\tanh(\gamma l)} \tag{2-5}$$

上游恒压水库的边界条件为 $Z_U = \dfrac{H_U}{Q_U} \equiv 0$，代入式（2-5），得

$$Z_D = -Z_c \tanh(\gamma l) \tag{2-6}$$

在采用相对值 $h_D = \dfrac{H_D}{H_0}$、$q_D = \dfrac{Q_D}{Q_0}$（Q_0 为初始流量），以及忽略水头损失的前提下（$\gamma = \dfrac{s}{a}$），式（2-6）可以改写为

$$G_D(s) = -2\frac{T_w}{T_r}\tanh(0.5T_r s) \tag{2-7}$$

式中：$G_D(s)$ 为管道末端 D 断面的水击传递函数；$T_r = \dfrac{2l}{a}$ 为相长。

采用泰勒级数将式（2-7）展开，得

$$G_D(s) = -2\frac{T_w}{T_r}\frac{\sinh(0.5T_r s)}{\cosh(0.5T_r s)} = -2\frac{T_w}{T_r}\frac{\sum_i \dfrac{(0.5T_r s)^{2i+1}}{(2i+1)!}}{\sum_i \dfrac{(0.5T_r s)^{2i}}{(2i)!}} \tag{2-8}$$

当 $i=0$ 时，有

$$G_D(s) = -2\frac{T_w}{T_r}0.5T_r s = -T_w s \tag{2-9}$$

即刚性水击。

当 $i=0,1$ 时，有

$$G_D(s) = -2\frac{T_w}{T_r}\frac{\dfrac{1}{48}T_r^3 s^3 + \dfrac{1}{2}T_r s}{\dfrac{1}{8}T_r^2 s^2 + 1} \tag{2-10}$$

即三阶弹性水击，或者称为三阶水击传递函数。对于低频的惯性波，其角频率 ω_j<0.5 rad/s，该简化具有较高的精度。忽略式（2-10）分子中的高次项，得到二阶弹性水击：

$$G_D(s) = -\frac{T_w s}{0.125T_r^2 s^2 + 1} = -\frac{T_w s}{1 + 0.5T_e^2 s^2} \tag{2-11}$$

式中：$T_e = 0.5T_r$ 为水流弹性系数。

当水流弹性系数较小（如 $T_e \leqslant 0.25\ \text{s}$）时，其低频的频域分析可以得到较好的精度，但是对于长压力管道系统，必然会引起较大的误差。

为了提高模拟的精度，可采用变参数模型[4]，即

$$G_D(s) = -\frac{T_w s}{1 + \alpha_s T_e^2 s^2} \tag{2-12}$$

式中：$\alpha_s = 0.336\,02 + 0.064\,726(\omega_s/\omega_T)^3$，其中 $\omega_T = 2/(\pi T_e)$，ω_s 为系统波动周期，通常小于 ω_T。

2. 水轮机的线性化数学模型

水轮机特性包含水轮机流量特性和力矩特性。因为流量特性和力矩特性呈强烈的非线性，所以通常以水轮机稳态模型综合特性曲线方式来表征。但若将该综合特性曲线直

接用于系统运行稳定性分析，必然加大其难度，无法直接分析有哪些因素起主导作用，也无法直接得出解析解。为此，采用稳态工况点局部线性化的方法，分别将水轮机流量特性和力矩特性函数关系式[式（2-13）、式（2-14）]进行线性化处理，得到以水轮机 6 个传递系数来表征的水轮机流量表达式式（2-15）和力矩表达式式（2-16）[5]：

$$Q = Q(\alpha, H, n) \tag{2-13}$$

$$M_t = M_t(\alpha, H, n) \tag{2-14}$$

$$q = e_{qh}h + e_{qx}x + e_{qy}y \tag{2-15}$$

$$m_t = e_h h + e_x x + e_y y \tag{2-16}$$

式中：$q = \dfrac{Q - Q_0}{Q_r} = \dfrac{\Delta Q}{Q_r}$，$h = \dfrac{H - H_0}{H_r} = \dfrac{\Delta H}{H_r}$，$Q_0$ 和 H_0 分别为扰动前水轮机的流量和水头，Q_r 和 H_r 分别为水轮机的额定流量和额定水头；$x = \dfrac{n - n_0}{n_r} = \dfrac{\Delta n}{n_r}$，$n_0$ 和 n 分别为扰动前后水轮机的转速，n_r 为水轮机的额定转速；$y = \dfrac{\alpha - \alpha_0}{\alpha_{\max}} = \dfrac{\Delta \alpha}{\alpha_{\max}}$，$\alpha_0$ 和 α 分别为扰动前后水轮机导叶开度，$\alpha_{\max}$ 为水轮机导叶最大开度；$m_t = \dfrac{M_t - M_{t0}}{M_{tr}} = \dfrac{\Delta M_t}{M_{tr}}$，$M_{t0}$ 和 M_t 分别为扰动前后水轮机的力矩，M_{tr} 为水轮机的额定力矩；e_{qy}、e_{qh}、e_{qx}、e_y、e_h、e_x 为水轮机 6 个传递系数，定义为

$$\begin{cases} e_y = \partial \dfrac{M_t}{M_{tr}} \Big/ \partial \dfrac{\alpha}{\alpha_{\max}} \\ e_x = \partial \dfrac{M_t}{M_{tr}} \Big/ \partial \dfrac{n}{n_r} \\ e_h = \partial \dfrac{M_t}{M_{tr}} \Big/ \partial \dfrac{H}{H_r} \\ e_{qy} = \partial \dfrac{Q}{Q_r} \Big/ \partial \dfrac{\alpha}{\alpha_{\max}} \\ e_{qx} = \partial \dfrac{Q}{Q_r} \Big/ \partial \dfrac{n}{n_r} \\ e_{qh} = \partial \dfrac{Q}{Q_r} \Big/ \partial \dfrac{H}{H_r} \end{cases} \tag{2-17}$$

根据定义可知：

（1）e_y 是水轮机水头和转速不变时，力矩对导叶开度的导数。水头和转速不变，即单位转速 n_1' 不变，故可以通过稳态工况点的 n_{10}'（额定转速和额定水头下的单位转速）线上的数据来计算 e_y，见图 2-1 中的 1 点和 2 点。显然，在水轮机工作范围内，$e_y > 0$。其理由是，2 点的导叶开度和力矩始终大于 1 点。在 n_{10}' 线最高效率点左边，不仅 2 点流量大于 1 点，2 点效率也大于 1 点，所以 2 点的力矩大于 1 点；而在 n_{10}' 线最高效率点右边，尽管 2 点效率小于 1 点，但 2 点流量仍然大于 1 点，且流量的正增量远大于效率的负增量，所以 2 点的力矩依然大于 1 点。总的变化趋势是：小开度，e_y 较大；大开度，e_y 较小。

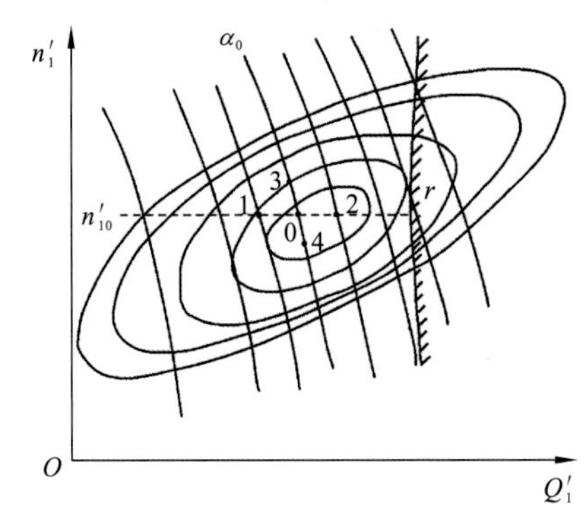

图 2-1　水轮机模型综合特性曲线上取值计算 6 个传递系数

（2）e_{qy} 是水轮机水头和转速不变时，流量对导叶开度的导数，故可用 n_{10}' 线上的 1 点和 2 点数据来计算 e_{qy}。在水轮机工作范围内，2 点的导叶开度和流量始终大于 1 点，故 $e_{qy}>0$，并且变化趋势是：小开度，流量增长较快，e_{qy} 较大；大开度，流量增长较慢，e_{qy} 较小。

（3）e_x 是水轮机水头和导叶开度不变时，力矩对转速的导数，故可用等开度线 α_0 上的 3 点和 4 点数据来计算 e_x（图 2-1）。由于 $M_1'=\dfrac{30\times1000}{\pi}g\eta\dfrac{Q_1'}{n_1'}$（$\eta$ 为水轮机效率，Q_1' 为单位流量），当 3 点和 4 点的 Q_1' 与 η 均相等时，$e_x=-1$。这表明水轮机转速升高，动力矩减小，起到抑制转速进一步升高的作用，所以 e_x 越小，抑制作用越大，故称 e_x 为水轮机自调节系数。显然，e_x 的大小与水轮机类型和比转速有关，低比转速水轮机等开度线向左倾，故 $e_x<-1$；高比转速水轮机等开度线向右倾，故 $e_x>-1$；而中比转速水轮机和冲击式水轮机的等开度线基本垂直于横坐标 Q_1'，所以 e_x 接近−1。

（4）e_{qx} 是水轮机水头和导叶开度不变时，流量对转速的导数，故可用等开度线 α_0 上的 3 点和 4 点数据来计算 e_{qx}。显然，当 3 点和 4 点的 Q_1' 与 η 均相等时，$e_{qx}=0$；当水轮机等开度线向左倾时，$e_{qx}<0$；当水轮机等开度线向右倾时，$e_{qx}>0$。通常 e_{qx} 较小，有时可近似为零。

（5）e_h 是水轮机导叶开度和转速不变时，力矩对水头的导数，故可用等开度线 α_0 上的 3 点和 4 点数据来计算 e_h。显然，水头增大，力矩增大，$e_h>0$；在导叶开度和转速不变的前提下，水头增大导致水轮机引用流量增大，力矩与水头呈 $M_t\propto H^{1.5}$ 的函数关系。因此，当 3 点和 4 点的 Q_1' 与 η 均相等，且 0 点与 r 点重合时，$e_h=1.5$，而其他的工况点均满足 $0<e_h<1.5$。

（6）e_{qh} 是水轮机导叶开度和转速不变时，流量对水头的导数，故可用等开度线 α_0 上的 3 点和 4 点数据来计算 e_{qh}。显然，在导叶开度和转速不变的前提下，流量与水头呈 $Q\propto H^{0.5}$ 的函数关系。因此，$e_{qh}>0$，且当 3 点和 4 点的 Q_1' 与 η 均相等，0 点与 r 点重合时，$e_{qh}=0.5$，而其他的工况点均满足 $0<e_{qh}<0.5$。

对于冲击式水轮机，水轮机流量特性可用孔口出流公式式（2-18）来表述，而力矩特性可采用式（2-19）来表述。若忽略效率的变化，将式（2-18）和式（2-19）进行线性化处理，也可以得到如式（2-20）和式（2-21）所示的理想水轮机模型。

$$Q=\mu A_{\tau}\sqrt{2gH} \tag{2-18}$$

$$M_t=\frac{30\gamma QH\eta}{n\pi} \tag{2-19}$$

式中：μ 为流量系数；A_{τ} 为由针阀开度所决定的过水断面面积。

$$q=0.5h+y \tag{2-20}$$

$$m_t=1.5h-x+y \tag{2-21}$$

因此，理想水轮机的传递系数是 $e_y=1$，$e_x=-1$，$e_h=1.5Q_0/Q_r$，$e_{qy}=1$，$e_{qx}=0$，$e_{qh}=0.5Q_0/Q_r$。当 0 点与 r 点重合时，$e_h=1.5$，$e_{qh}=0.5$。

3. 发电机的线性化数学模型

发电机的数学模型通常可分为一阶、二阶、三阶、五阶和七阶模型[6]。对于输水发电系统运行稳定性及调节品质分析与控制而言，最不利的工况是单机运行工况。为了分析方便，常采用一阶模型。而二阶及二阶以上的模型可用于数台机组或数座水电站并列运行的动态分析[7]。

发电机的一阶模型实质上是旋转刚体的动量矩方程，即

$$J\frac{\mathrm{d}\omega_{\mathrm{j}}}{\mathrm{d}t}=M_t-M_g \tag{2-22}$$

式中：$J=\dfrac{\mathrm{GD}^2}{4g}$ 为机组转动惯量，kN·m·s²，GD^2 为机组转动部分的飞轮力矩，kN·m；$\dfrac{\mathrm{d}\omega_{\mathrm{j}}}{\mathrm{d}t}$ 为角加速度，rad/s²；M_t 为水轮机主动力矩，kN·m；M_g 为发电机阻力矩，kN·m。

机组转动部分的飞轮力矩包括三部分，即发电机转动部分的机械惯性、水轮机转动部分（包括大轴）的机械惯性和水轮机转轮区内的水体惯性，其表达式如下：

$$\mathrm{GD}^2=\mathrm{GD}_g^2+\mathrm{GD}_t^2+\mathrm{GD}_w^2 \tag{2-23}$$

对于中、低比转速水轮发电机组，后两部分均很小，常可忽略不计。但对于高比转速的轴流式和贯流式水轮发电机组，水轮机转动部分的机械惯性和水轮机转轮区内的水体惯性所占比例较大，应计入。

在非稳态过程中，无论是水轮机主动力矩，还是发电机阻力矩，都因转速变化发生力矩的变化，即 $M_t=M_{t0}+\Delta M_t+\dfrac{\partial M_t}{\partial\omega_{\mathrm{j}}}\Delta\omega_{\mathrm{j}}$ 和 $M_g=M_{g0}+\Delta M_g+\dfrac{\partial M_g}{\partial\omega_{\mathrm{j}}}\Delta\omega_{\mathrm{j}}$。将分解后的主动力矩和阻力矩代入式（2-22），并取相对值，整理可得

$$T_a\frac{\mathrm{d}x}{\mathrm{d}t}=m_t-m_g-(e_g-e_x)x \tag{2-24}$$

式中：$T_a=\dfrac{\mathrm{GD}^2n_r^2}{3\,580N_r}$ 为机组惯性加速时间，s，n_r 为额定转速，r/min，N_r 为机组额定出力，kW；$m_g=\Delta M_g/M_{tr}$ 为发电机负载力矩偏差相对值；$e_g=\partial\dfrac{M_g}{M_{tr}}\Big/\partial\dfrac{n}{n_r}$ 为发电机负载力矩对

转速的偏导数，又称发电机负载自调节系数，其值取决于负载组成特性。有如下关系式：

$$e_g = \frac{N_0}{N_r} e_b \tag{2-25}$$

式中：N_0 为机组初始出力；e_b 为电网负载特性系数。文献[8]指出：我国若干电网的 e_b 在 0.6～2.4，且与机组是否装有电压校正器有关。全部机组装有电压校正器的电网，e_b 在 0.6～1.5；全部机组未装电压校正器的电网，e_b 大大增加，在 2.0 以上。

另外，电网中具有转动部分的负载也具有机械惯量，即 T_b，在调节过程中起着与机组转动惯量同样的作用。根据国内外试验资料，通常有

$$T_b = (0.24 \sim 0.30) T_a \tag{2-26}$$

由此可见，负载惯量使输水发电系统转动惯量增加较多，有利于抑制机组转速的波动，有利于系统的稳定。

4. 调速器的线性化数学模型

目前，国内外基本上均采用微机液压型调速器，该调速器通常由并联 PID 型微机调节器、转换装置和机械液压系统三部分组成[9]，具有三种调节模式，即频率调节模式、功率调节模式和开度调节模式。三种调节模式下的调速器微分表达式如下。

1）频率调节模式

$$\begin{aligned}&b_p T_d T_n T_y \frac{\mathrm{d}^3 y}{\mathrm{d}t^3} + (b_p T_d T_n + b_t T_d T_y + b_p T_d T_y)\frac{\mathrm{d}^2 y}{\mathrm{d}t^2} + (T_d b_t + b_p T_d + b_p T_y)\frac{\mathrm{d}y}{\mathrm{d}t} + b_p y \\ &= -\left(T_d T_n \frac{\mathrm{d}^2 x}{\mathrm{d}t^2} + T_d \frac{\mathrm{d}x}{\mathrm{d}t} + x\right)\end{aligned} \tag{2-27}$$

式中：$y = \frac{Y - Y_0}{Y_{\max}} = \frac{\alpha - \alpha_0}{\alpha_{\max}}$ 为接力器行程偏差相对值；$x = \frac{n - n_0}{n_r}$ 为机组转速偏差相对值；b_p、b_t、T_d、T_n、T_y 为调速器参数。

将式（2-27）改写为增益形式，则有

$$\begin{aligned}&b_p K_d T_y \frac{\mathrm{d}^3 y}{\mathrm{d}t^3} + (T_y + b_p K_p T_y + b_p K_d)\frac{\mathrm{d}^2 y}{\mathrm{d}t^2} + (1 + b_p K_p + b_p K_i T_y)\frac{\mathrm{d}y}{\mathrm{d}t} + b_p K_i y \\ &= -K_d \frac{\mathrm{d}^2 x}{\mathrm{d}t^2} - K_p \frac{\mathrm{d}x}{\mathrm{d}t} - K_i x\end{aligned} \tag{2-28}$$

其中，比例增益 K_p、积分增益 K_i、微分增益 K_d 与暂态差值系数 b_t、缓冲时间常数 T_d、加速度时间常数 T_n 之间的关系为

$$\begin{cases} K_p = T_d + \dfrac{T_n}{b_t T_d} \\ K_i = \dfrac{1}{b_t T_d} \\ K_d = \dfrac{T_n}{b_t} \end{cases} \tag{2-29}$$

2）功率调节模式

$$b_t T_d T_y \frac{\mathrm{d}^2 y}{\mathrm{d}t^2} + b_t T_d \frac{\mathrm{d}y}{\mathrm{d}t} = b_p T_d \frac{\mathrm{d}(p_c - p_g)}{\mathrm{d}t} + b_p (p_c - p_g) \tag{2-30}$$

式中：$p_c = \dfrac{P_c - P_{c0}}{P_r}$ 为机组给定功率相对值，$p_g = \dfrac{P_g - P_{g0}}{P_r}$ 为机组实际功率相对值，P_c、P_g、P_r 分别为机组给定功率、实际功率和额定功率，有下标“0”者为初始时刻值。

对于具有积分环节+前向通道的功率调节，有

$$T_y \frac{\mathrm{d}y}{\mathrm{d}t} + y(t) = \Delta p_c + b_p \cdot \frac{1}{b_t T_d} \cdot \int_0^t (p_c - p_g)\,\mathrm{d}t \tag{2-31}$$

其中，$\Delta p_c = \dfrac{P_c - P_g}{P_r}$。

应该指出的是，对式（2-31）进行求导，可以得到与式（2-30）完全相同的表达式。但具有积分环节+前向通道的功率调节的动态响应较快。

为了建立功率调节模式下系统的综合传递函数，需要将功率调节模式的调速器方程式（2-30）转换成与频率调节模式相同的形式，即 $f(y, y', y'', \cdots) = f(x, x', x'', \cdots)$，该式为 y 与 x 间的函数关系。为此，首先对 P_c、p_g 进行变换。

由 $P_c = M_t \omega_j = M_t \dfrac{\pi n}{30}$，$p_c = \dfrac{P_c - P_{c0}}{P_r}$ 可得

$$p_c = \frac{M_t \dfrac{\pi n}{30} - M_{t0} \dfrac{\pi n_0}{30}}{M_{tr} \dfrac{\pi n_r}{30}} = \frac{M_t n - M_{t0} n_0}{M_{tr} n_r} = m_t x + m_t + x \tag{2-32}$$

对于小波动稳定问题，m_t 与 x 都是微量。为了保持方程的线性，略去二阶微量 $m_t x$，于是式（2-32）可简化为 $p_c = m_t + x$。

p_g 为已知量，根据其定义易得 $p_g = m_g$。

利用 p_c、p_g 的简化表达式及式（2-24）将式（2-30）变形如下：

$$b_t T_d T_y \frac{\mathrm{d}^2 y}{\mathrm{d}t^2} + b_t T_d \frac{\mathrm{d}y}{\mathrm{d}t} = -b_p \left[T_d T_a \frac{\mathrm{d}^2 x}{\mathrm{d}t^2} + (T_d e_g + T_d + T_a) \frac{\mathrm{d}x}{\mathrm{d}t} + (e_g + 1)x \right] \tag{2-33}$$

同样，将式（2-33）改写为增益形式，则有

$$T_y \frac{\mathrm{d}^2 y}{\mathrm{d}t^2} + \frac{\mathrm{d}y}{\mathrm{d}t} = -b_p \left[K_p T_a \frac{\mathrm{d}^2 x}{\mathrm{d}t^2} + (K_p e_g + K_p + K_i T_a) \frac{\mathrm{d}x}{\mathrm{d}t} + K_i (e_g + 1)x \right] \tag{2-34}$$

3）开度调节模式

$$b_t T_d T_y \frac{\mathrm{d}^2 y}{\mathrm{d}t^2} + b_t T_d \frac{\mathrm{d}y}{\mathrm{d}t} = b_p T_d \frac{\mathrm{d}(y_c - y_{\mathrm{PID}})}{\mathrm{d}t} + b_p (y_c - y_{\mathrm{PID}}) \tag{2-35}$$

式中：$y_c = \dfrac{Y_c - Y_{c0}}{Y_{\max}}$ 为机组给定开度相对值，$y_{\mathrm{PID}} = \dfrac{Y_{\mathrm{PID}} - Y_{\mathrm{PID0}}}{Y_{\max}}$ 为机组实际开度相对值，Y_c、Y_{PID}、$Y_{\max}$ 分别为机组给定开度、实际开度和最大功率对应的开度，有下标“0”者为初

始时刻值。

开度调节本质上是间接式功率调节，调速器按照由 AGC 系统分配的机组给定功率 P_c，通过关系式 $Y_c = f(H,P_c)$，计算得到机组给定开度 Y_c，且完成 Y_{PID} 的运算，实现闭环回路的调节。

2.1.2 单管单机的输水发电系统稳定域

1. 单管单机的输水发电系统的传递函数

2.1.1 小节分别介绍了有压管道子系统、水轮机子系统、发电机子系统和调速器子系统的线性化数学模型。其中，水轮机为代数方程，发电机为一阶常微分方程，而有压管道的数学模型分为一阶刚性水击模型、二阶弹性水击模型和三阶弹性水击模型，频率调节模式下调速器数学模型为三阶常微分方程，功率调节模式下调速器数学模型为二阶常微分方程。

在 $T_n = 0$ 条件下，频率调节模式下调速器数学模型将降阶为二阶常微分方程，即

$$(T_y + b_p K_p T_y)\frac{\mathrm{d}^2 y}{\mathrm{d}t^2} + (1 + b_p K_p + b_p K_i T_y)\frac{\mathrm{d}y}{\mathrm{d}t} + b_p K_i y = -K_p \frac{\mathrm{d}x}{\mathrm{d}t} - K_i x \tag{2-36}$$

在 $T_n = 0$，$T_y = 0$，$b_p = 0$ 条件下，频率调节模式下调速器数学模型将降阶为一阶常微分方程，即

$$\frac{\mathrm{d}y}{\mathrm{d}t} = -K_p \frac{\mathrm{d}x}{\mathrm{d}t} - K_i x \tag{2-37}$$

对有压管道子系统、发电机子系统和调速器子系统的线性化数学模型进行拉普拉斯变换，在负荷扰动 m_g 作用下，单管单机的输水发电系统的传递函数如表 2-1、表 2-2 所示，且组合出 12 种类型。

表 2-1 单管单机的输水发电系统的传递函数（12 种类型）

类型	发电机方程	有压管道方程	调速器方程	方程的阶数	调节系统的传递函数
M1	一阶动量矩	一阶刚性水击	一阶频率调节模式	3	$G(s)=\dfrac{X(s)}{M_{g0}(s)}=\dfrac{b_0s^2+b_1s+b_2}{a_0s^3+a_1s^2+a_2s+a_3}$
M2	一阶动量矩	一阶刚性水击	二阶频率调节模式	4	$G(s)=\dfrac{X(s)}{M_{g0}(s)}=\dfrac{b_0s^3+b_1s^2+b_2s+b_3}{a_0s^4+a_1s^3+a_2s^2+a_3s+a_4}$
M3	一阶动量矩	一阶刚性水击	二阶功率调节模式	4	$G(s)=\dfrac{X(s)}{M_{g0}(s)}=\dfrac{b_0s^3+b_1s^2+b_2s+b_3}{a_0s^4+a_1s^3+a_2s^2+a_3s+a_4}$
M4	一阶动量矩	一阶刚性水击	三阶频率调节模式	5	$G(s)=\dfrac{X(s)}{M_{g0}(s)}=\dfrac{b_0s^4+b_1s^3+b_2s^2+b_3s+b_4}{a_0s^5+a_1s^4+a_2s^3+a_3s^2+a_4s+a_5}$
M5	一阶动量矩	二阶弹性水击	一阶频率调节模式	4	$G(s)=\dfrac{X(s)}{M_{g0}(s)}=\dfrac{b_0s^3+b_1s^2+b_2s+b_3}{a_0s^4+a_1s^3+a_2s^2+a_3s+a_4}$
M6	一阶动量矩	二阶弹性水击	二阶频率调节模式	5	$G(s)=\dfrac{X(s)}{M_{g0}(s)}=\dfrac{b_0s^4+b_1s^3+b_2s^2+b_3s+b_4}{a_0s^5+a_1s^4+a_2s^3+a_3s^2+a_4s+a_5}$

续表

类型	发电机方程	有压管道方程	调速器方程	方程的阶数	调节系统的传递函数
M7	一阶动量矩	二阶弹性水击	二阶功率调节模式	5	$G(s)=\dfrac{X(s)}{M_{g0}(s)}=\dfrac{b_0s^4+b_1s^3+b_2s^2+b_3s+b_4}{a_0s^5+a_1s^4+a_2s^3+a_3s^2+a_4s+a_5}$
M8	一阶动量矩	二阶弹性水击	三阶频率调节模式	6	$G(s)=\dfrac{X(s)}{M_{g0}(s)}=\dfrac{b_0s^5+b_1s^4+b_2s^3+b_3s^2+b_4s+b_5}{a_0s^6+a_1s^5+a_2s^4+a_3s^3+a_4s^2+a_5s+a_6}$
M9	一阶动量矩	三阶弹性水击	一阶频率调节模式	5	$G(s)=\dfrac{X(s)}{M_{g0}(s)}=\dfrac{b_0s^4+b_1s^3+b_2s^2+b_3s+b_4}{a_0s^5+a_1s^4+a_2s^3+a_3s^2+a_4s+a_5}$
M10	一阶动量矩	三阶弹性水击	二阶频率调节模式	6	$G(s)=\dfrac{X(s)}{M_{g0}(s)}=\dfrac{b_0s^5+b_1s^4+b_2s^3+b_3s^2+b_4s+b_5}{a_0s^6+a_1s^5+a_2s^4+a_3s^3+a_4s^2+a_5s+a_6}$
M11	一阶动量矩	三阶弹性水击	二阶功率调节模式	6	$G(s)=\dfrac{X(s)}{M_{g0}(s)}=\dfrac{b_0s^5+b_1s^4+b_2s^3+b_3s^2+b_4s+b_5}{a_0s^6+a_1s^5+a_2s^4+a_3s^3+a_4s^2+a_5s+a_6}$
M12	一阶动量矩	三阶弹性水击	三阶频率调节模式	7	$G(s)=\dfrac{X(s)}{M_{g0}(s)}=\dfrac{b_0s^6+b_1s^5+b_2s^4+b_3s^3+b_4s^2+b_5s+b_6}{a_0s^7+a_1s^6+a_2s^5+a_3s^4+a_4s^3+a_5s^2+a_6s+a_7}$

表 2-2　12 种传递函数的系数表达式

类型	调节系统传递函数的系数
M1	$a_0=T_aT_we_{qh}$； $a_1=T_a+T_we_he_{qx}+T_we_ne_{qh}-K_pT_we_he_{qy}+K_pT_we_{qh}e_y$； $a_2=e_n+K_pe_y-K_iT_we_he_{qy}+K_iT_we_{qh}e_y$； $a_3=K_ie_y$； $b_0=T_we_{qh}$； $b_1=1$； $b_2=0$
M2	$a_0=T_aT_wT_ye_{qh}+b_pT_aT_wT_ye_{qh}K_p$; $a_1=T_aT_y+T_aT_we_{qh}+b_pT_aT_yK_p+T_wT_ye_he_{qx}+T_wT_ye_ne_{qh}+b_pT_aT_we_{qh}K_p+b_pT_wT_ye_he_{qx}K_p$ $+b_pT_wT_ye_ne_{qh}K_p+b_pT_aT_wT_ye_{qh}K_i$; $a_2=T_a+T_ye_n+b_pT_aK_p+T_we_he_{qx}+T_we_ne_{qh}+b_pT_ye_nK_p+T_we_ye_{qh}K_p-T_we_he_{qy}K_p+b_pT_aT_yK_i$ $+b_pT_we_he_{qx}K_p+b_pT_we_ne_{qh}K_p+b_pT_aT_we_{qh}K_i+b_pT_wT_ye_he_{qx}K_i+b_pT_wT_ye_ne_{qh}K_i$; $a_3=e_n+e_yK_p+b_pe_nK_p+b_pT_aK_i+b_pe_nT_yK_i+T_we_ye_{qh}K_i-T_we_he_{qy}K_i+b_pT_we_he_{qu}K_i+b_pT_we_ne_{qh}K_i$; $a_4=e_yK_i+b_pe_nK_i$； $b_0=T_wT_ye_{qh}+b_pT_wT_ye_{qh}K_p$; $b_1=T_y+T_we_{qh}+b_pT_yK_p+b_pT_we_{qh}K_p+b_pT_wT_ye_{qh}K_i$；$b_2=1+b_pK_p+b_pT_yK_i+b_pT_we_{qh}K_i$；$b_3=b_pK_i$
M3	$a_0=T_aT_wT_ye_{qh}$； $a_1=T_aT_y+T_aT_we_{qh}+T_wT_ye_he_{qx}+T_wT_ye_ne_{qh}-K_pT_aT_wb_pe_he_{qy}+K_pT_aT_wb_pe_{qh}e_y$； $a_2=T_a+T_ye_n+T_we_he_{qx}+T_we_ne_{qh}+K_pT_ab_pe_y-K_pT_wb_pe_he_{qy}+K_pT_wb_pe_{qh}e_y$ $-K_iT_aT_wb_pe_he_{qy}+K_iT_aT_wb_pe_{qh}e_y-K_pT_wb_pe_ge_he_{qy}+K_pT_wb_pe_ge_{qh}e_y$; $a_3=e_n+K_pb_pe_y+K_iT_ab_pe_y+K_pb_pe_ge_y-K_iT_wb_pe_he_{qy}+K_iT_wb_pe_{qh}e_y-K_iT_wb_pe_ge_he_{qy}+K_iT_wb_pe_ge_{qh}e_y$; $a_4=K_ib_pe_y+K_ib_pe_ge_y$；$b_0=T_wT_ye_{qh}$；$b_1=T_y+T_we_{qh}$；$b_2=1$；$b_3=0$
M4	$a_0=K_dT_aT_wT_yb_pe_{qh}$； $a_1=K_dT_aT_yb_p+T_aT_wT_ye_{qh}+K_dT_aT_wb_pe_{qh}+K_pT_aT_wT_yb_pe_{qh}+K_dT_wT_yb_pe_he_{qx}+K_dT_wT_yb_pe_ne_{qh}$; $a_2=T_aT_y+K_dT_ab_p+T_aT_we_{qh}+K_pT_aT_yb_p+K_dT_yb_pe_n-K_dT_we_he_{qy}+K_dT_we_{qh}e_y+T_wT_ye_he_{qx}+T_wT_ye_ne_{qh}$ $+K_pT_aT_wb_pe_{qh}+K_dT_wb_pe_he_{qx}+K_dT_wb_pe_ne_{qh}+K_iT_aT_wT_yb_pe_{qh}+K_pT_wT_yb_pe_he_{qx}+K_pT_wT_yb_pe_ne_{qh}$; $a_3=T_a+K_de_y+T_ye_n+K_pT_ab_p+K_db_pe_n+T_we_he_{qx}+T_we_ne_{qh}+K_iT_aT_yb_p+K_pT_yb_pe_n-K_pT_we_he_{qy}$ $+K_pT_we_{qh}e_y+K_iT_aT_wb_pe_{qh}+K_pT_wb_pe_he_{qx}+K_pT_wb_pe_ne_{qh}+K_iT_wT_yb_pe_he_{qx}+K_iT_wT_yb_pe_ne_{qh}$; $a_4=e_n+K_pe_y+K_iT_ab_p+K_pb_pe_n+K_iT_yb_pe_n-K_iT_we_he_{qy}+K_iT_we_{qh}e_y+K_iT_wb_pe_he_{qx}+K_iT_wb_pe_ne_{qh}$; $a_5=K_ie_y+K_ib_pe_n$；$b_0=K_dT_wT_yb_pe_{qh}$；$b_1=K_dT_yb_p+T_wT_ye_{qh}+K_dT_wb_pe_{qh}+K_pT_wT_yb_pe_{qh}$; $b_2=T_y+K_db_p+T_we_{qh}+K_pT_yb_p+K_pT_wb_pe_{qh}+K_iT_wT_yb_pe_{qh}$；$b_3=K_pb_p+K_iT_yb_p+K_iT_wb_pe_{qh}+1$；$b_4=K_ib_p$

续表

类型	调节系统传递函数的系数
M5	$a_0=\alpha_s T_a T_e^2$； $a_1=T_a T_w e_{qh}+\alpha_s T_e^2 e_n+\alpha_s K_p T_e^2 e_y$； $a_2=\alpha_s K_i e_y T_e^2+T_a+T_w e_h e_{qx}+T_w e_n e_{qh}-K_p T_w e_h e_{qy}+K_p T_w e_{qh} e_y$； $a_3=e_n+K_p e_y-K_i T_w e_h e_{qy}+K_i T_w e_{qh} e_y$； $a_4=K_i e_y$； $b_0=\alpha_s T_e^2$； $b_1=T_w e_{qh}$； $b_2=1$； $b_3=0$
M6	$a_0=\alpha_s T_a T_e^2 T_y+\alpha_s K_p T_a T_e^2 T_y b_p$; $a_1=\alpha_s T_a T_e^2+\alpha_s T_e^2 T_y e_n+T_a T_w T_y e_{qh}+\alpha_s K_p T_a T_e^2 b_p+K_p T_a T_w T_y b_p e_{qh}+\alpha_s K_i T_a T_e^2 T_y b_p+\alpha_s K_p T_e^2 T_y b_p e_n$; $a_2=T_a T_y+T_a T_w e_{qh}+\alpha_s T_e^2 e_n+\alpha_s K_p T_e^2 e_y+K_p T_a T_y b_p+T_w T_y e_h e_{qx}+T_w T_y e_n e_{qh}+K_p T_a T_w b_p e_{qh}$ $+\alpha_s K_i T_a T_e^2 b_p+\alpha_s K_p T_e^2 b_p e_n+K_i T_a T_w T_y b_p e_{qh}+K_p T_w T_y b_p e_h e_{qx}+K_p T_w T_y b_p e_n e_{qh}+\alpha_s K_i T_e^2 T_y b_p e_n$; $a_3=T_a+T_y e_n+K_p T_a b_p+T_w e_h e_{qx}+T_w e_n e_{qh}+\alpha_s K_i T_e^2 e_y+K_i T_a T_y b_p+K_p T_y b_p e_n-K_p T_w e_h e_{qy}$ $+K_p T_w e_{qh} e_y+K_i T_a T_w b_p e_{qh}+K_p T_w b_p e_h e_{qx}+K_p T_w b_p e_n e_{qh}+\alpha_s K_i T_e^2 b_p e_n+K_i T_w T_y b_p e_h e_{qx}+K_i T_w T_y b_p e_n e_{qh}$; $a_4=e_n+K_p e_y+K_i T_a b_p+K_p b_p e_n+K_i T_y b_p e_n-K_i T_w e_h e_{qy}+K_i T_w e_{qh} e_y+K_i T_w b_p e_h e_{qx}+K_i T_w b_p e_n e_{qh}$; $a_5=K_i e_y+K_i b_p e_n$; $b_0=\alpha_s T_e^2 T_y+\alpha_s K_p T_e^2 T_y b_p$; $b_1=\alpha_s T_e^2+T_w T_y e_{qh}+\alpha_s K_p T_e^2 b_p+K_p T_w T_y b_p e_{qh}+\alpha_s K_i T_e^2 T_y b_p$; $b_2=\alpha_s K_i b_p T_e^2+T_y+T_w e_{qh}+K_p T_y b_p+K_p T_w b_p e_{qh}+K_i T_w T_y b_p e_{qh}$; $b_3=K_p b_p+K_i T_y b_p+K_i T_w b_p e_{qh}+1$; $b_4=K_i b_p$
M7	$a_0=\alpha_s T_a T_e^2 T_y$； $a_1=\alpha_s T_a T_e^2+\alpha_s T_e^2 T_y e_n+T_a T_w T_y e_{qh}+\alpha_s K_p T_a T_e^2 b_p e_y$; $a_2=T_a T_y+T_a T_w e_{qh}+\alpha_s T_e^2 e_n+T_w T_y e_h e_{qx}+T_w T_y e_n e_{qh}+\alpha_s K_p T_e^2 b_p e_y-K_p T_a T_w b_p e_h e_{qy}$ $+K_p T_a T_w b_p e_{qh} e_y+\alpha_s K_i T_a T_e^2 b_p e_y+\alpha_s K_p T_e^2 b_p e_g e_y$; $a_3=T_a+T_y e_n+T_w e_h e_{qx}+T_w e_n e_{qh}+K_p T_a b_p e_y-K_p T_w b_p e_h e_{qy}+K_p T_w b_p e_{qh} e_y+\alpha_s K_i T_e^2 b_p e_y-K_i T_a T_w b_p e_h e_{qy}$ $+K_i T_a T_w b_p e_{qh} e_y-K_p T_w b_p e_g e_h e_{qy}+K_p T_w b_p e_g e_{qh} e_y+\alpha_s K_i T_e^2 b_p e_g e_y$; $a_4=e_n+K_p b_p e_y+K_i T_a b_p e_y+K_p b_p e_g e_y-K_i T_w b_p e_h e_{qy}+K_i T_w b_p e_{qh} e_y-K_i T_w b_p e_g e_h e_{qy}+K_i T_w b_p e_g e_{qh} e_y$; $a_5=K_i b_p e_y+K_i b_p e_g e_y$; $b_0=\alpha_s T_e^2 T_y$; $b_1=\alpha_s T_e^2+T_w T_y e_{qh}$; $b_2=T_y+T_w e_{qh}$; $b_3=1$; $b_4=0$
M8	$a_0=\alpha_s K_d T_a T_e^2 T_y b_p$； $a_1=\alpha_s T_a T_e^2 T_y+\alpha_s K_d T_a T_e^2 b_p+K_d T_a T_w T_y b_p e_{qh}+\alpha_s K_p T_a T_e^2 T_y b_p+\alpha_s K_d T_e^2 T_y b_p e_n$； $a_2=\alpha_s T_a T_e^2+\alpha_s K_d T_e^2 e_y+\alpha_s T_e^2 T_y e_n+K_d T_a T_y b_p+T_a T_w T_y e_{qh}+K_d T_a T_w b_p e_{qh}+\alpha_s K_p T_a T_e^2 b_p+\alpha_s K_d T_e^2 b_p e_n$ $+K_p T_a T_w T_y b_p e_{qh}+K_d T_w T_y b_p e_h e_{qx}+K_d T_w T_y b_p e_n e_{qh}+\alpha_s K_i T_a T_e^2 T_y b_p+\alpha_s K_p T_e^2 T_y b_p e_n$; $a_3=T_a T_y+K_d T_a b_p+T_a T_w e_{qh}+\alpha_s T_e^2 e_n+\alpha_s K_p T_e^2 e_y+K_p T_a T_y b_p+K_d T_y b_p e_n-K_d T_w e_h e_{qy}+K_d T_w e_{qh} e_y+T_w T_y e_h e_{qx}$ $+T_w T_y e_n e_{qh}+K_p T_a T_w b_p e_{qh}+K_d T_w b_p e_h e_{qx}+K_d T_w b_p e_n e_{qh}+\alpha_s K_i T_a T_e^2 b_p+\alpha_s K_p T_e^2 b_p e_n$ $+K_i T_a T_w T_y b_p e_{qh}+K_p T_w T_y b_p e_h e_{qx}+K_p T_w T_y b_p e_n e_{qh}+\alpha_s K_i T_e^2 T_y b_p e_n$; $a_4=T_a+K_d e_y+T_y e_n+K_p T_a b_p+K_d b_p e_n+T_w e_h e_{qx}+T_w e_n e_{qh}+\alpha_s K_i T_e^2 e_y+K_i T_a T_y b_p+K_p T_y b_p e_n-K_p T_w e_h e_{qy}$ $+K_p T_w e_{qh} e_y+K_i T_a T_w b_p e_{qh}+K_p T_w b_p e_h e_{qx}+K_p T_w b_p e_n e_{qh}+\alpha_s K_i T_e^2 b_p e_n+K_i T_w T_y b_p e_h e_{qx}+K_i T_w T_y b_p e_n e_{qh}$; $a_5=e_n+K_p e_y+K_i T_a b_p+K_p b_p e_n+K_i T_y b_p e_n-K_i T_w e_h e_{qy}+K_i T_w e_{qh} e_y+K_i T_w b_p e_h e_{qx}+K_i T_w b_p e_n e_{qh}$; $a_6=K_i e_y+K_i b_p e_n$； $b_0=\alpha_s K_d T_e^2 T_y b_p$； $b_1=\alpha_s T_e^2 T_y+\alpha_s K_d T_e^2 b_p+K_d T_w T_y b_p e_{qh}+\alpha_s K_p T_e^2 T_y b_p$； $b_2=\alpha_s T_e^2+K_d T_y b_p+T_w T_y e_{qh}+\alpha_s K_p T_e^2 b_p+K_d T_w b_p e_{qh}+K_p T_w T_y b_p e_{qh}+\alpha_s K_i T_e^2 T_y b_p$； $b_3=\alpha_s K_i b_p T_e^2+T_y+K_d b_p+T_w e_{qh}+K_p T_y b_p+K_p T_w b_p e_{qh}+K_i T_w T_y b_p e_{qh}$； $b_4=K_p b_p+K_i T_y b_p+K_i T_w b_p e_{qh}+1$； $b_5=K_i b_p$
M9	$a_0=T_a T_e^2 T_w e_{qh}$； $a_1=3T_a T_e^2+T_e^2 T_w e_h e_{qx}+T_e^2 T_w e_n e_{qh}-K_p T_e^2 T_w e_h e_{qy}+K_p T_e^2 T_w e_{qh} e_y$； $a_2=3T_e^2 e_n+6T_a T_w e_{qh}+3K_p T_e^2 e_y-K_i T_e^2 T_w e_h e_{qy}+K_i T_e^2 T_w e_{qh} e_y$； $a_3=3K_i e_y T_e^2+6T_a+6T_w e_h e_{qx}+6T_w e_n e_{qh}-6K_p T_w e_h e_{qy}+6K_p T_w e_{qh} e_y$； $a_4=6e_n+6K_p e_y-6K_i T_w e_h e_{qy}+6K_i T_w e_{qh} e_y$； $a_5=6K_i e_y$； $b_0=T_e^2 T_w e_{qh}$； $b_1=3T_e^2$； $b_2=6T_w e_{qh}$； $b_3=6$； $b_4=0$

续表

类型	调节系统传递函数的系数
M10	$a_0=T_aT_e^2T_wT_ye_{qh}+K_pT_aT_e^2T_wT_yb_pe_{qh}$； $a_1=3T_aT_e^2T_y+T_aT_e^2T_we_{qh}+3K_pT_aT_e^2T_yb_p+T_e^2T_wT_ye_he_{qx}+T_e^2T_wT_ye_ne_{qh}+K_pT_aT_e^2T_wb_pe_{qh}$ $+K_iT_aT_e^2T_wT_yb_pe_{qh}+K_pT_e^2T_wT_yb_pe_he_{qx}+K_pT_e^2T_wT_yb_pe_ne_{qh}$; $a_2=3T_aT_e^2+3T_e^2T_ye_n+3K_pT_aT_e^2b_p+T_e^2T_we_he_{qx}+T_e^2T_we_ne_{qh}+6T_aT_wT_ye_{qh}+3K_iT_aT_e^2T_yb_p$ $+3K_pT_e^2T_yb_pe_n-K_pT_e^2T_we_he_{qy}+K_pT_e^2T_we_{qh}e_y+6K_pT_aT_wT_yb_pe_{qh}+K_iT_aT_e^2T_wb_pe_{qh}$ $+K_pT_e^2T_wb_pe_he_{qx}+K_pT_e^2T_wb_pe_ne_{qh}+K_iT_e^2T_wT_yb_pe_he_{qx}+K_iT_e^2T_wT_yb_pe_ne_{qh}$; $a_3=6T_aT_y+3T_e^2e_n+6T_aT_we_{qh}+3K_pT_e^2e_y+3K_iT_aT_e^2b_p+3K_pT_e^2b_pe_n+6K_pT_aT_yb_p$ $+6T_wT_ye_he_{qx}+6T_wT_ye_ne_{qh}+6K_pT_aT_wb_pe_{qh}+3K_iT_e^2T_yb_pe_n-K_iT_e^2T_we_he_{qy}+K_iT_e^2T_we_{qh}e_y$ $+6K_iT_aT_wT_yb_pe_{qh}+6K_pT_wT_yb_pe_he_{qx}+6K_pT_wT_yb_pe_ne_{qh}+K_iT_e^2T_wb_pe_he_{qx}+K_iT_e^2T_wb_pe_ne_{qh}$; $a_4=6T_a+6T_ye_n+6K_pT_ab_p+6T_we_he_{qx}+6T_we_ne_{qh}+3K_iT_e^2e_y+3K_iT_e^2b_pe_n+6K_iT_aT_yb_p+6K_pT_yb_pe_n-6K_pT_we_he_{qy}$ $+6K_pT_we_{qh}e_y+6K_iT_aT_wb_pe_{qh}+6K_pT_wb_pe_he_{qx}+6K_pT_wb_pe_ne_{qh}+6K_iT_wT_yb_pe_he_{qx}+6K_iT_wT_yb_pe_ne_{qh}$; $a_5=6e_n+6K_pe_y+6K_iT_ab_p+6K_pb_pe_n+6K_iT_yb_pe_n-6K_iT_we_he_{qy}+6K_iT_we_{qh}e_y+6K_iT_wb_pe_he_{qx}+6K_iT_wb_pe_ne_{qh}$； $a_6=6K_ie_y+6K_ib_pe_n$；$b_0=T_e^2T_wT_ye_{qh}+K_pT_e^2T_wT_yb_pe_{qh}$； $b_1=3T_e^2T_y+T_e^2T_we_{qh}+3K_pT_e^2T_yb_p+K_pT_e^2T_wb_pe_{qh}+K_iT_e^2T_wT_yb_pe_{qh}$； $b_2=3T_e^2+6T_wT_ye_{qh}+3K_pT_e^2b_p+3K_iT_e^2T_yb_p+6K_pT_wT_yb_pe_{qh}+K_iT_e^2T_wb_pe_{qh}$； $b_3=3K_ib_pT_e^2+6T_y+6T_we_{qh}+6K_pT_yb_p+6K_pT_wb_pe_{qh}+6K_iT_wT_yb_pe_{qh}$；$b_4=6K_pb_p+6K_iT_yb_p+6K_iT_wb_pe_{qh}+6$； $b_5=6K_ib_p$
M11	$a_0=T_aT_e^2T_wT_ye_{qh}$; $a_1=3T_aT_e^2T_y+T_aT_e^2T_we_{qh}+T_e^2T_wT_ye_he_{qx}+T_e^2T_wT_ye_ne_{qh}-K_pT_aT_e^2T_wb_pe_he_{qy}+K_pT_aT_e^2T_wb_pe_{qh}e_y$; $a_2=3T_aT_e^2+3T_e^2T_ye_n+T_e^2T_we_he_{qx}+T_e^2T_we_ne_{qh}+6T_aT_wT_ye_{qh}+3K_pT_aT_e^2b_pe_y-K_pT_e^2T_wb_pe_he_{qy}$ $+K_pT_e^2T_wb_pe_{qh}e_y-K_iT_aT_e^2T_wb_pe_he_{qy}+K_iT_aT_e^2T_wb_pe_{qh}e_y-K_pT_e^2T_wb_pe_ge_he_{qy}+K_pT_e^2T_wb_pe_ge_{qh}e_y$; $a_3=6T_aT_y+3T_e^2e_n+6T_aT_we_{qh}+3K_pT_e^2b_pe_y+6T_wT_ye_he_{qx}+6T_wT_ye_ne_{qh}+3K_iT_aT_e^2b_pe_y+3K_pT_e^2b_pe_ge_y$ $-6K_pT_aT_wb_pe_he_{qy}+6K_pT_aT_wb_pe_{qh}e_y-K_iT_e^2T_wb_pe_he_{qy}+K_iT_e^2T_wb_pe_{qh}e_y-K_iT_e^2T_wb_pe_ge_he_{qy}+K_iT_e^2T_wb_pe_ge_{qh}e_y$; $a_4=6T_a+6T_ye_n+6T_we_he_{qx}+6T_we_ne_{qh}+3K_iT_e^2b_pe_y+6K_pT_ab_pe_y-6K_pT_wb_pe_he_{qy}+6K_pT_wb_pe_{qh}e_y$ $+3K_iT_e^2b_pe_ge_y-6K_iT_aT_wb_pe_he_{qy}+6K_iT_aT_wb_pe_{qh}e_y-6K_pT_wb_pe_ge_he_{qy}+6K_pT_wb_pe_ge_{qh}e_y$; $a_5=6e_n+6K_pb_pe_y+6K_iT_ab_pe_y+6K_pb_pe_ge_y-6K_iT_wb_pe_he_{qy}+6K_iT_wb_pe_{qh}e_y-6K_iT_wb_pe_ge_he_{qy}+6K_iT_wb_pe_ge_{qh}e_y$; $a_6=6K_ib_pe_y+6K_ib_pe_ge_y$；$b_0=T_e^2T_wT_ye_{qh}$；$b_1=3T_e^2T_y+T_e^2T_we_{qh}$；$b_2=3T_e^2+6T_wT_ye_{qh}$；$b_3=6T_y+6T_we_{qh}$； $b_4=6$；$b_5=0$
M12	$a_0=K_dT_aT_e^2T_wT_yb_pe_{qh}$； $a_1=3K_dT_aT_e^2T_yb_p+T_aT_e^2T_wT_ye_{qh}+K_dT_aT_e^2T_wb_pe_{qh}+K_pT_aT_e^2T_wT_yb_pe_{qh}+K_dT_e^2T_wT_yb_pe_he_{qx}+K_dT_e^2T_wT_yb_pe_ne_{qh}$; $a_2=3T_aT_e^2T_y+3K_dT_aT_e^2b_p+T_aT_e^2T_we_{qh}+3K_pT_aT_e^2T_yb_p+3K_dT_e^2T_yb_pe_n-K_dT_e^2T_we_he_{qy}$ $+K_dT_e^2T_we_{qh}e_y+T_e^2T_wT_ye_he_{qx}+T_e^2T_wT_ye_ne_{qh}+6K_dT_aT_wT_yb_pe_{qh}+K_pT_aT_e^2T_wb_pe_{qh}$ $+K_dT_e^2T_wb_pe_he_{qx}+K_dT_e^2T_wb_pe_ne_{qh}+K_iT_aT_e^2T_wT_yb_pe_{qh}+K_pT_e^2T_wT_yb_pe_he_{qx}+K_pT_e^2T_wT_yb_pe_ne_{qh}$; $a_3=3T_aT_e^2+3K_dT_e^2e_y+3T_e^2T_ye_n+3K_pT_aT_e^2b_p+3K_dT_e^2b_pe_n+T_e^2T_we_he_{qx}+T_e^2T_we_ne_{qh}+6K_dT_aT_yb_p+6T_aT_wT_ye_{qh}$ $+6K_dT_aT_wb_pe_{qh}+3K_iT_aT_e^2T_yb_p+3K_pT_e^2T_yb_pe_n-K_pT_e^2T_we_he_{qy}+K_pT_e^2T_we_{qh}e_y+6K_pT_aT_wT_yb_pe_{qh}+6K_dT_wT_yb_pe_he_{qx}$ $+6K_dT_wT_yb_pe_ne_{qh}+K_iT_aT_e^2T_wb_pe_{qh}+K_pT_e^2T_wb_pe_he_{qx}+K_pT_e^2T_wb_pe_ne_{qh}+K_iT_e^2T_wT_yb_pe_he_{qx}+K_iT_e^2T_wT_yb_pe_ne_{qh}$; $a_4=6T_aT_y+3T_e^2e_n+6K_dT_ab_p+6T_aT_we_{qh}+3K_pT_e^2e_y+3K_iT_aT_e^2b_p+3K_pT_e^2b_pe_n+6K_pT_aT_yb_p+6K_dT_yb_pe_n$ $-6K_dT_we_he_{qy}+6K_dT_we_{qh}e_y+6T_wT_ye_he_{qx}+6T_wT_ye_ne_{qh}+6K_pT_aT_wb_pe_{qh}+6K_dT_wb_pe_he_{qx}+6K_dT_wb_pe_ne_{qh}+3K_iT_e^2T_yb_pe_n$ $-K_iT_e^2T_we_he_{qy}+K_iT_e^2T_we_{qh}e_y+6K_iT_aT_wT_yb_pe_{qh}+6K_pT_wT_yb_pe_he_{qx}+6K_pT_wT_yb_pe_ne_{qh}+K_iT_e^2T_wb_pe_he_{qx}+K_iT_e^2T_wb_pe_ne_{qh}$;

续表

类型	调节系统传递函数的系数
M12	$a_5=6T_a+6K_de_y+6T_ye_n+6K_pT_ab_p+6K_db_pe_n+6T_we_he_{qx}+6T_we_ne_{qh}+3K_iT_e^2e_y+3K_iT_e^2b_pe_n$ $+6K_iT_aT_yb_p+6K_pT_yb_pe_n-6K_pT_we_he_{qy}+6K_pT_we_{qh}e_y+6K_iT_aT_wb_pe_{qh}+6K_pT_wb_pe_he_{qx}$ $+6K_pT_wb_pe_ne_{qh}+6K_iT_wT_yb_pe_he_{qx}+6K_iT_wT_yb_pe_ne_{qh}$; $a_6=6e_n+6K_pe_y+6K_iT_ab_p+6K_pb_pe_n+6K_iT_yb_pe_n-6K_iT_we_he_{qy}+6K_iT_we_{qh}e_y+6K_iT_wb_pe_he_{qx}+6K_iT_wb_pe_ne_{qh}$; $a_7=6K_ie_y+6K_ib_pe_n$； $b_0=K_dT_e^2T_wT_yb_pe_{qh}$； $b_1=3K_dT_e^2T_yb_p+T_e^2T_wT_ye_{qh}+K_dT_e^2T_wb_pe_{qh}+K_pT_e^2T_wT_yb_pe_{qh}$； $b_2=3T_e^2T_y+3K_dT_e^2b_p+T_e^2T_we_{qh}+3K_pT_e^2T_yb_p+6K_dT_wT_yb_pe_{qh}+K_pT_e^2T_wb_pe_{qh}+K_iT_e^2T_wT_yb_pe_{qh}$; $b_3=3T_e^2+6K_dT_yb_p+6T_wT_ye_{qh}+3K_pT_e^2b_p+3K_iT_e^2T_yb_p+6K_dT_wb_pe_{qh}+6K_pT_wT_yb_pe_{qh}+K_iT_e^2T_wb_pe_{qh}$; $b_4=3K_ib_pT_e^2+6T_y+6K_db_p+6T_we_{qh}+6K_pT_yb_p+6K_pT_wb_pe_{qh}+6K_iT_wT_yb_pe_{qh}$; $b_5=6K_pb_p+6K_iT_yb_p+6K_iT_wb_pe_{qh}+6$； $b_6=6K_ib_p$

注：$e_n=e_g-e_x$，为水轮发电机组综合自调节系数。

2. 12 种传递函数下单管单机的输水发电系统的临界稳定域对比分析

由表 2-1 可知，12 种传递函数下单管单机的输水发电系统传递函数的方程阶数为 3～7 阶，可将赫尔维茨（Hurwitz）判据[10]作为系统临界稳定域的判别条件，并且绘制以调速器参数为纵横坐标的临界稳定域。系统的临界稳定域判别条件如下：

$$
\begin{cases}
a_i>0,\ i=1,2,3,4,5,6,7 & ① \\
\Delta_2=a_1a_2-a_0a_3>0 & ② \\
\Delta_3=\begin{vmatrix} a_1 & a_3 & a_5 \\ a_0 & a_2 & a_4 \\ 0 & a_1 & a_3 \end{vmatrix}>0 & ③ \\
\Delta_4=\begin{vmatrix} a_1 & a_3 & a_5 & a_7 \\ a_0 & a_2 & a_4 & a_6 \\ 0 & a_1 & a_3 & a_5 \\ 0 & a_0 & a_2 & a_4 \end{vmatrix}>0 & ④ \\
\Delta_5=\begin{vmatrix} a_1 & a_3 & a_5 & 0 & 0 \\ a_0 & a_2 & a_4 & a_6 & 0 \\ 0 & a_1 & a_3 & a_5 & 0 \\ 0 & a_0 & a_2 & a_4 & a_6 \\ 0 & 0 & a_1 & a_3 & a_5 \end{vmatrix}>0 & ⑤ \\
\Delta_6=\begin{vmatrix} a_1 & a_3 & a_5 & a_7 & 0 & 0 \\ a_0 & a_2 & a_4 & a_6 & 0 & 0 \\ 0 & a_1 & a_3 & a_5 & a_7 & 0 \\ 0 & a_0 & a_2 & a_4 & a_6 & 0 \\ 0 & 0 & a_1 & a_3 & a_5 & a_7 \\ 0 & 0 & a_0 & a_2 & a_4 & a_6 \end{vmatrix}>0 & ⑥
\end{cases}
\tag{2-38}
$$

对于 7 阶的系统闭环特征方程，只需要满足式（2-38）中的①、②、④、⑥即可；6 阶需要满足式（2-38）中的①、③、⑤；5 阶需要满足式（2-38）中的①、②、④；4 阶需要满足式（2-38）中的①、③；3 阶需要满足式（2-38）中的①、②。

在此仍以第 1 章某一单管单机布置方式的大型水电站为例，对 12 种传递函数下的临界稳定域进行分析。

该水电站的基本资料如下：机组额定功率为 507.6 MW，额定水头为 151 m，额定流量为 372.48 m^3/s，额定转速为 125 r/min，机组惯性加速时间 $T_a = 10.12\,s$，压力管道水流惯性加速时间 $T_w = 2.1858\,s$，水流弹性系数 $T_e = 0.6388\,s$。

绘制临界稳定域时，取接力器时间常数 $T_y = 0.02\,s$，永态转差系数 $b_p = 0.04$，发电机负载自调节系数 $e_g = 0$，额定工况下水轮机传递系数为 $e_x = -1.0625$，$e_{qx} = -0.1684$，$e_y = 0.8716$，$e_{qy} = 0.8520$，$e_h = 1.5012$，$e_{qh} = 0.5781$；二阶弹性水击模型中，$\alpha_s = 0.5$，PID 调速器方程中微分增益 $K_d = 0.1\,s$，其结果如图 2-2 所示。

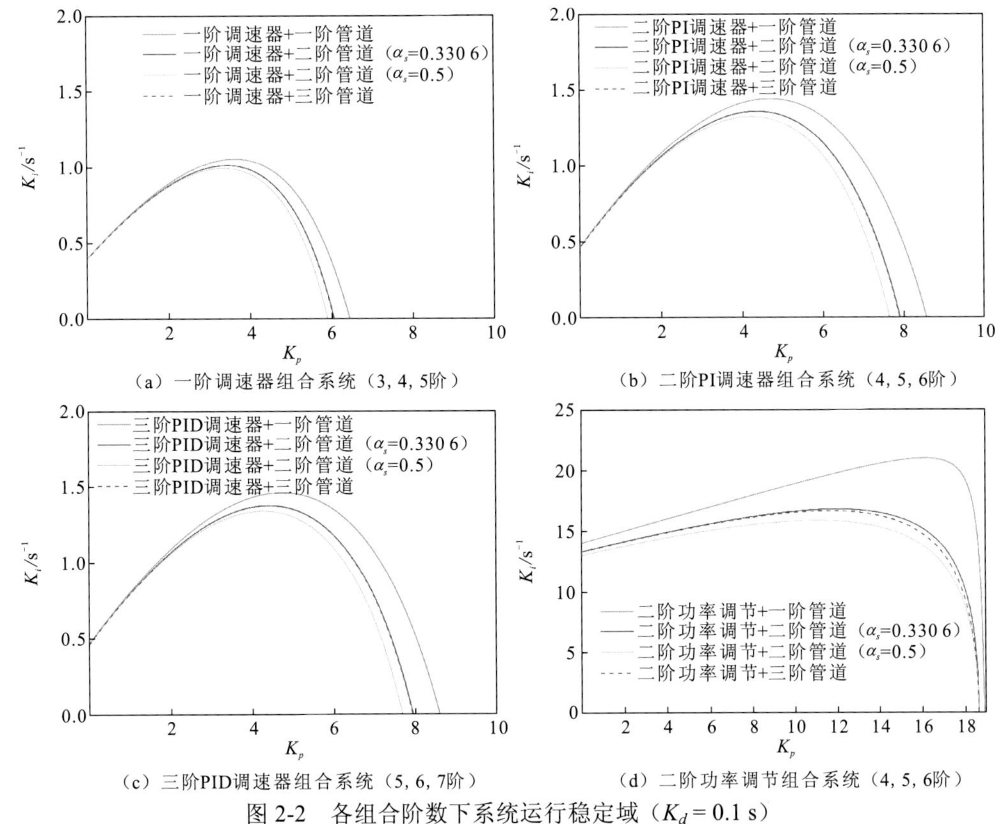

（a）一阶调速器组合系统（3, 4, 5阶）　（b）二阶PI调速器组合系统（4, 5, 6阶）

（c）三阶PID调速器组合系统（5, 6, 7阶）　（d）二阶功率调节组合系统（4, 5, 6阶）

图 2-2　各组合阶数下系统运行稳定域（$K_d = 0.1\,s$）

由图 2-2 可知：一阶调速器组合系统较二阶 PI 调速器组合系统、三阶 PID 调速器组合系统、二阶功率调节组合系统的临界稳定域小，即安全裕度大，并且一阶调速器组合系统的方程相较于其他组合系统更简洁，具有很好的理论研究价值。微分增益 K_d 较小时，三阶 PID 调速器组合系统与二阶 PI 调速器组合系统的临界稳定域区别不大。而功率调节响应慢，临界稳定域范围较其他调节模式更大。二阶弹性水击模型中 α_s 取 0.330 6 时与三阶弹性水击模型所对应的临界稳定域基本重合，表明当α_s取 0.330 6 时，二阶弹性水击模型可替代三阶弹性水击模型。

2.2 调速器主要参数的整定

水轮机调速器主要参数的整定原则如下：应在单机工作时，既能保证调节系统稳定，又能获得良好的动态品质；在与大电网并列工作时，要具有较优越的速动性。为此，目前国内生产的微机调速器通常采用两组参数，一组参数按单机空载工况整定，另一组按与大电网并列运行工况整定。因此，前一组参数的设定值较大，以保证频率调节的稳定性；后一组参数的设定值较小，以保证负荷调整的速动性。两组参数可自动切换，由调速器内部的工况转换系统自动识别。特殊情况下微机调速器可采用多组参数，并采用适应式变参数、变结构调节。

2.2.1 基于低阶系统解析解的调速器参数整定

采用低阶系统解析解来整定调速器参数，基于如下两点理由：一是由 2.1.2 小节第 2 部分可知，一阶调速器组合系统的临界稳定域最小，安全裕度最大；二是三阶和四阶组合系统的传递函数存在解析解，便于理论推导。

1. 三阶组合系统的解析解

1）三阶组合系统时域波动方程的推导

三阶组合系统的传递函数如式（2-39）所示。

$$G(s) = -\frac{x(s)}{m_g(s)} = \frac{b_0 s^2 + b_1 s + b_2}{a_0 s^3 + a_1 s^2 + a_2 s + a_3} = \frac{c_4 s + c_5}{s^2 + c_1 s + c_2} + \frac{c_6}{s + c_3} \tag{2-39}$$

其中，

$$(s^2 + c_1 s + c_2)(s + c_3) = s^3 + (c_1 + c_3)s^2 + (c_2 + c_1 c_3)s + c_2 c_3$$

$$c_1 + c_3 = \frac{a_1}{a_0},\quad c_2 + c_1 c_3 = \frac{a_2}{a_0},\quad c_2 c_3 = \frac{a_3}{a_0}$$

对式（2-39）分母所示的一元三次方程进行求解，可得

$$s_1 = \overline{\Delta}_1 + \overline{\Delta}_2 - \frac{a_1}{3a_0},\quad s_2 = \overline{\omega}\overline{\Delta}_1 + \overline{\omega}^2\overline{\Delta}_2 - \frac{a_1}{3a_0},\quad s_3 = \overline{\omega}^2\overline{\Delta}_1 + \overline{\omega}\overline{\Delta}_2 - \frac{a_1}{3a_0} \tag{2-40}$$

其中，

$$\begin{cases} \overline{\Delta}_1 = \sqrt[3]{-\dfrac{\overline{q}}{2} + \sqrt{\dfrac{\overline{q}^2}{4} + \dfrac{\overline{p}^3}{27}}} \\ \overline{\Delta}_2 = \sqrt[3]{-\dfrac{\overline{q}}{2} - \sqrt{\dfrac{\overline{q}^2}{4} + \dfrac{\overline{p}^3}{27}}} \end{cases},\quad \begin{cases} \overline{p} = \dfrac{3a_0 a_2 - a_1^2}{3a_0^2} \\ \overline{q} = \dfrac{2a_1^3 - 9a_0 a_1 a_2 + 27a_0^2 a_3}{27a_0^3} \end{cases},\quad \overline{\omega} = -\frac{1}{2} + \frac{\sqrt{3}}{2}\mathrm{i}$$

式（2-39）分子中的系数可由式（2-41）求得。

$$a_0\begin{pmatrix}1 & 0 & 1\\ c_3 & 1 & c_1\\ 0 & c_3 & c_2\end{pmatrix}\begin{pmatrix}c_4\\ c_5\\ c_6\end{pmatrix}=\begin{pmatrix}b_0\\ b_1\\ b_2\end{pmatrix} \tag{2-41}$$

求解式（2-41）得出c_4、c_5和c_6。

对式（2-39）进行反拉普拉斯变换，可得到三阶组合系统时域波动方程，即

$$-\frac{x(t)}{m_g(t)}=x_1(t)+x_2(t)=K\mathrm{e}^{-\sigma_1 t}\sin(\omega' t+\varphi)+A'\mathrm{e}^{-\sigma_2 t} \tag{2-42}$$

其中，$\sigma_1=\dfrac{c_1}{2}$，$\sigma_2=c_3$，$A'=c_6$，$\omega'=\dfrac{\sqrt{4c_2^2-c_1^2}}{2}$，$\varphi=\arctan\dfrac{c_4\omega'}{c_4\sigma_1+c_5}$，$K=\sqrt{c_4^2+\left(\dfrac{c_4\sigma_1+c_5}{\omega'}\right)^2}$。

2）调速器参数对系统时域波动曲线和根轨迹的影响

在此仍以第1章某一单管单机布置方式的大型水电站为例进行介绍，有压管道方程取为一阶刚性水击模型，调速器方程为简化的一阶方程，发电机为一阶方程，则该系统为三阶组合系统。调速器参数分别取如下组合：①$K_p=0.2$，$K_i=0.1\,\mathrm{s}^{-1}$；②$K_p=2$，$K_i=0.5\,\mathrm{s}^{-1}$；③$K_p=2$，$K_i=0.8\,\mathrm{s}^{-1}$；④$K_p=2$，$K_i=1\,\mathrm{s}^{-1}$。根据式（2-42）可以得到系统复根及系统时域波动曲线和根轨迹，如图2-3～图2-6所示。

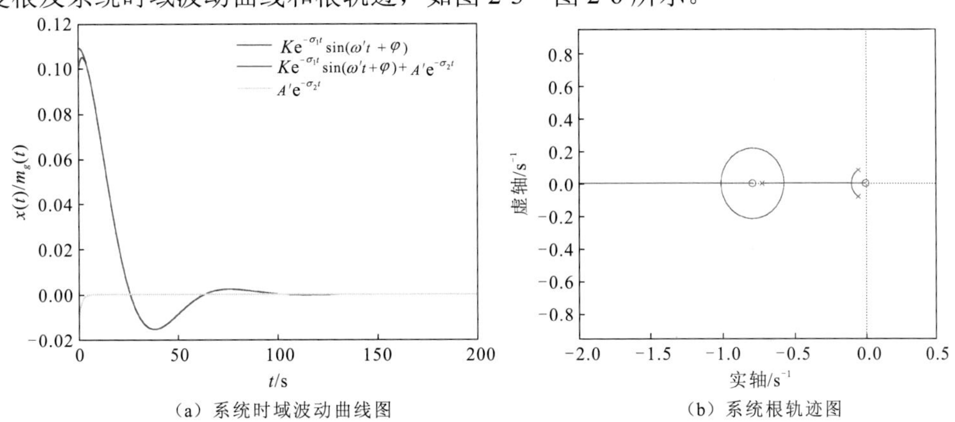

（a）系统时域波动曲线图　　（b）系统根轨迹图

图2-3　$K_p=0.2$，$K_i=0.1\,\mathrm{s}^{-1}$条件下三阶组合系统时域波动曲线和根轨迹图

复根为−0.724 4 + 0.00 00i，−0.051 1 + 0.082 4i，−0.051 1 − 0.082 4i

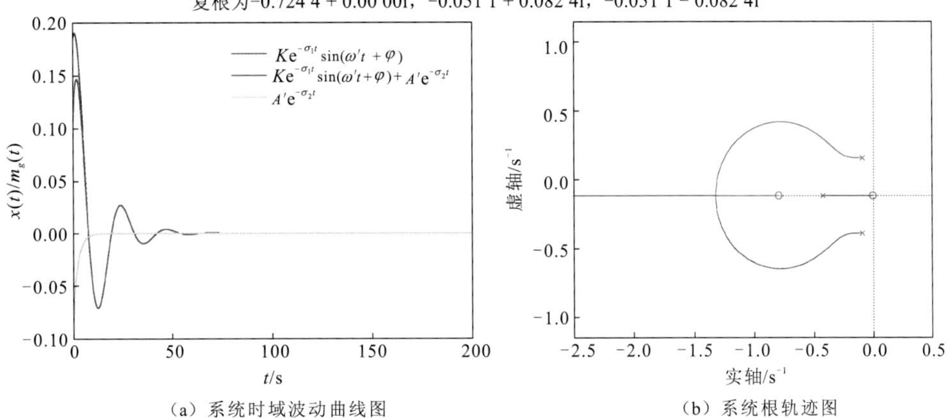

（a）系统时域波动曲线图　　（b）系统根轨迹图

图2-4　$K_p=2$，$K_i=0.5\,\mathrm{s}^{-1}$条件下三阶组合系统时域波动曲线和根轨迹图

复根为−0.416 9 + 0.000 0i，−0.085 6 + 0.272 8i，−0.085 6 − 0.272 8i

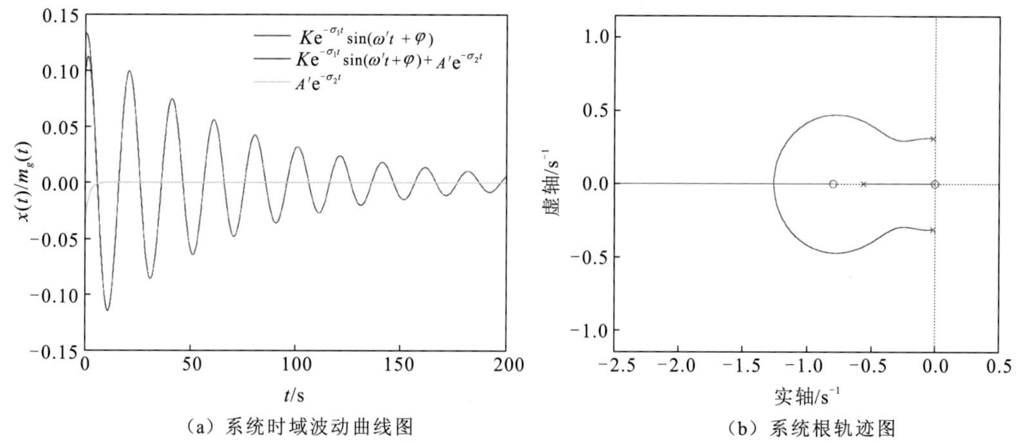

(a) 系统时域波动曲线图　　(b) 系统根轨迹图

图 2-5　$K_p = 2$，$K_i = 0.8\ \mathrm{s}^{-1}$ 条件下三阶组合系统时域波动曲线和根轨迹图

复根为−0.559 6 + 0.000 0i，−0.014 3 + 0.311 8i，−0.014 3 − 0.311 8i

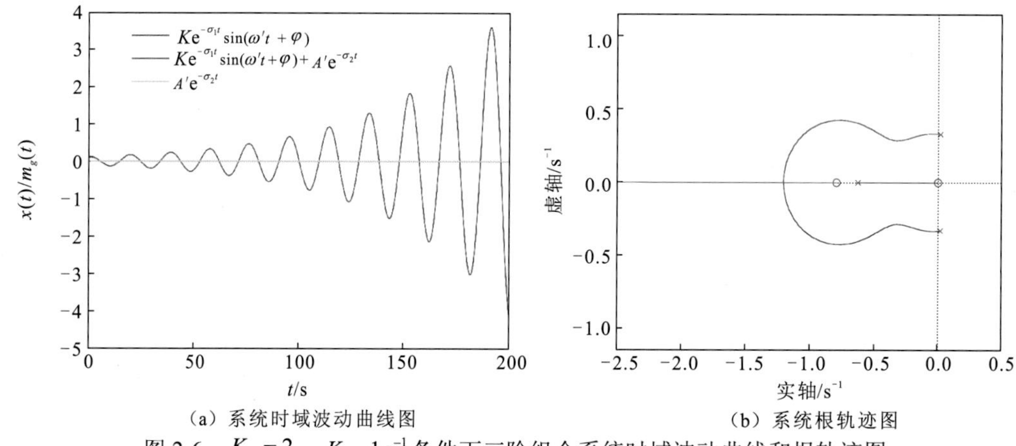

(a) 系统时域波动曲线图　　(b) 系统根轨迹图

图 2-6　$K_p = 2$，$K_i = 1\ \mathrm{s}^{-1}$ 条件下三阶组合系统时域波动曲线和根轨迹图

复根为−0.624 0 + 0.000 0i，0.017 9 + 0.330 0i，0.017 9 − 0.330 0i

分析图 2-3～图 2-6 可知：

（1）$K\mathrm{e}^{-\sigma_1 t}\sin(\omega' t+\varphi)$ 项主导着系统的波动，而 $A'\mathrm{e}^{-\sigma_2 t}$ 项的影响较小，可忽略不计，为进一步从理论上整定调速器的主要参数奠定了基础。

（2）根据调节品质动态性能评价[11-12]可得出如表 2-3 所示的结果，从中可知：调速器参数组合①的调节时间较短；随着 K_i 的增大，超调量增大，振荡次数增多，直接影响调速器的速动性；K_p 越大，调速器的稳定性越好。

表 2-3　不同调速器参数下三阶组合系统时域波动曲线动态性能对比

调速器参数	调节时间 T_p /s	最大偏差 Δx_{max}	超调量 δ	振荡次数 X'	衰减度 Ψ
① $K_p = 0.2$，$K_i = 0.1\ \mathrm{s}^{-1}$	100	0.107	0.017	1.5	—
② $K_p = 2$，$K_i = 0.5\ \mathrm{s}^{-1}$	70	0.148	0.075	2.5	—
③ $K_p = 2$，$K_i = 0.8\ \mathrm{s}^{-1}$	>200	0.118	0.118	10.5（200 s 内）	—
④ $K_p = 2$，$K_i = 1\ \mathrm{s}^{-1}$	—	—	—	12.0（200 s 内）	发散

（3）对比图 2-2（a）可知，调速器参数组合③靠近临界稳定曲线，所以衰减很慢；而调速器参数组合④超出了临界稳定曲线，位于不稳定区域，所以结果必然是发散的。

2. 四阶组合系统的解析解

1）四阶组合系统时域波动方程的推导

四阶组合系统的传递函数如式（2-43）所示。

$$G(s)=-\frac{x(s)}{m_g(s)}=\frac{b_0s^3+b_1s^2+b_2s+b_3}{a_0s^4+a_1s^3+a_2s^2+a_3s+a_4} \tag{2-43}$$

对式（2-43）进行多项式分解，得

$$G(s)=\frac{c_5s+c_6}{s^2+c_1s+c_2}+\frac{c_7s+c_8}{s^2+c_3s+c_4} \tag{2-44}$$

分母项系数为

$$\begin{cases} c_1=\dfrac{1}{2}\left(\dfrac{a_1}{a_0}+\sqrt{8s'+\dfrac{a_1^2}{a_0^2}-\dfrac{4a_2}{a_0}}\right) \\ c_2=s'+\dfrac{a_1s'-a_3}{\sqrt{8s'a_0^2+a_1^2-4a_2a_0}} \\ c_3=\dfrac{1}{2}\left(\dfrac{a_1}{a_0}-\sqrt{8s'+\dfrac{a_1^2}{a_0^2}-\dfrac{4a_2}{a_0}}\right) \\ c_4=s'-\dfrac{a_1s'-a_3}{\sqrt{8s'a_0^2+a_1^2-4a_2a_0}} \end{cases}$$

分子项系数满足

$$a_0\begin{pmatrix} 1 & 0 & 1 & 0 \\ c_3 & 1 & c_1 & 1 \\ c_4 & c_3 & c_2 & c_1 \\ 0 & c_4 & 0 & c_2 \end{pmatrix}\begin{pmatrix} c_5 \\ c_6 \\ c_7 \\ c_8 \end{pmatrix}=\begin{pmatrix} b_0 \\ b_1 \\ b_2 \\ b_3 \end{pmatrix}$$

其中，

$$\begin{cases} s'=\sqrt[3]{-\dfrac{\overline{q}}{2}+\sqrt{\dfrac{\overline{q}^2}{4}+\dfrac{\overline{p}^3}{27}}}+\sqrt[3]{-\dfrac{\overline{q}}{2}-\sqrt{\dfrac{\overline{q}^2}{4}+\dfrac{\overline{p}^3}{27}}}+\dfrac{a_2}{6a_0} \\ \overline{p}=\dfrac{a_3a_1}{4a_0^2}-\dfrac{a_4}{a_0}-\dfrac{a_2^2}{12a_0^2} \\ \overline{q}=-\dfrac{a_2^3}{108a_0^3}+\dfrac{a_2(a_3a_1-4a_4a_0)}{24a_0^3}+\dfrac{a_4(4a_2a_0-a_1^2)}{8a_0^3}-\dfrac{a_3^2}{8a_0^2} \end{cases}$$

式（2-44）的解析解为一对共轭主导复极点和两个非主导实极点。因为 $c_1>c_3>0$，所以 $s^2+c_3s+c_4=0$ 确定的极点的实部绝对值小于 $s^2+c_1s+c_2=0$ 确定的极点的实部绝对值，故 $s^2+c_3s+c_4=0$ 确定系统的一对共轭主导复极点，另外两个非主导实极点由 $s^2+c_1s+c_2=0$ 确定。

对式（2-43）进行反拉普拉斯变换，可得到四阶组合系统时域波动方程，即

$$-\frac{x(t)}{m_g(t)}=K_{11}\mathrm{e}^{-\delta_{11}t}+K_{12}\mathrm{e}^{-\delta_{12}t}+K_2\mathrm{e}^{-\delta_2 t}\sin(\omega_2 t+\varphi_2) \tag{2-45}$$

其中，$K_{11}=(c_5\delta_{11}-c_6)/(\delta_{11}-\delta_{12})$，$K_{12}=(c_5\delta_{12}-c_6)/(\delta_{12}-\delta_{11})$，$K_2=\sqrt{c_7^2+(c_7\delta_2+c_8)^2/\omega_2^2}$，$\delta_{11}=(-c_1+\sqrt{c_1^2-4c_2})/2$，$\delta_{12}=(-c_1-\sqrt{c_1^2-4c_2})/2$，$\delta_2=c_3/2$，$\omega_2=\sqrt{4c_4-c_3^2}/2$，$\varphi_2=\arctan[c_7\omega_2/(c_7\delta_2+c_8)]$，$\delta_{11}$、$\delta_{12}$ 和 δ_2 分别为两个非主导实极点和主导复极点的实部绝对值，ω_2 为主导复极点的虚部绝对值。

2）调速器参数对系统时域波动曲线和根轨迹的影响

在此仍以第 1 章某一单管单机布置方式的大型水电站为例，分三种情况进行分析。

（1）有压管道方程取为一阶刚性水击模型，调速器方程取为二阶 PI 调速器方程，则系统为四阶组合系统。调速器参数分别取如下组合：① $K_p=1$，$K_i=0.2\,\mathrm{s}^{-1}$；② $K_p=1$，$K_i=0.8\,\mathrm{s}^{-1}$；③ $K_p=1$，$K_i=1\,\mathrm{s}^{-1}$。根据式（2-45）可以得到系统复根及系统时域波动曲线和根轨迹，如图 2-7～图 2-9 所示。

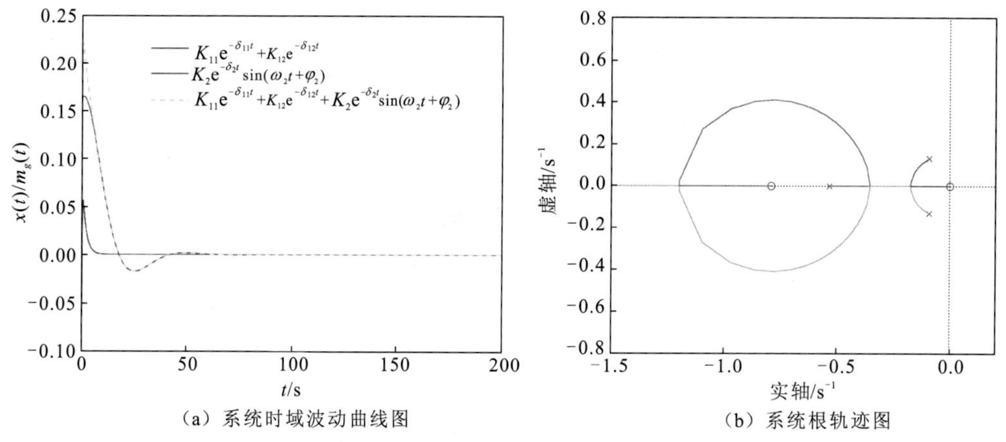

（a）系统时域波动曲线图　　（b）系统根轨迹图

图 2-7　$K_p=1$，$K_i=0.2\,\mathrm{s}^{-1}$ 条件下四阶组合系统时域波动曲线和根轨迹图（情况一）

复根为−50.130 1 + 0.000 0i，−0.538 2 + 0.000 0i，−0.096 3 + 0.127 3i，−0.096 3 − 0.127 3i

（2）若有压管道方程取为二阶弹性水击模型且 $\alpha_s=0.3306$，调速器方程取为一阶调速器方程，则系统为四阶组合系统。调速器参数分别取如下组合：① $K_p=1$，$K_i=0.2\,\mathrm{s}^{-1}$；② $K_p=1$，$K_i=0.8\,\mathrm{s}^{-1}$；③ $K_p=1$，$K_i=1\,\mathrm{s}^{-1}$。根据式（2-45）同样可以得到系统复根及系统时域波动曲线和根轨迹，如图 2-10～图 2-12 所示。

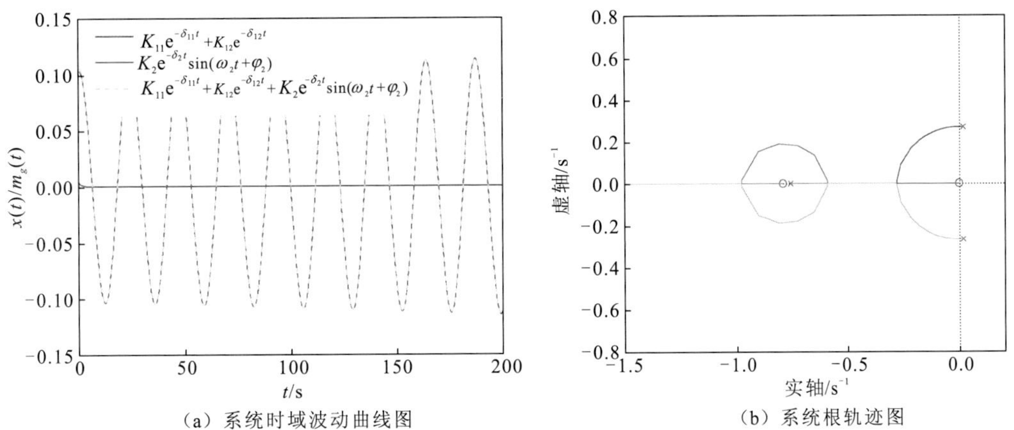

（a）系统时域波动曲线图　　（b）系统根轨迹图

图 2-8　$K_p=1$，$K_i=0.8\,\mathrm{s}^{-1}$ 条件下四阶组合系统时域波动曲线和根轨迹图（情况一）

复根为−50.128 6 + 0.000 0i，−0.756 4 + 0.000 0i，0.000 5 + 0.269 3i，0.000 5 −0.269 3i

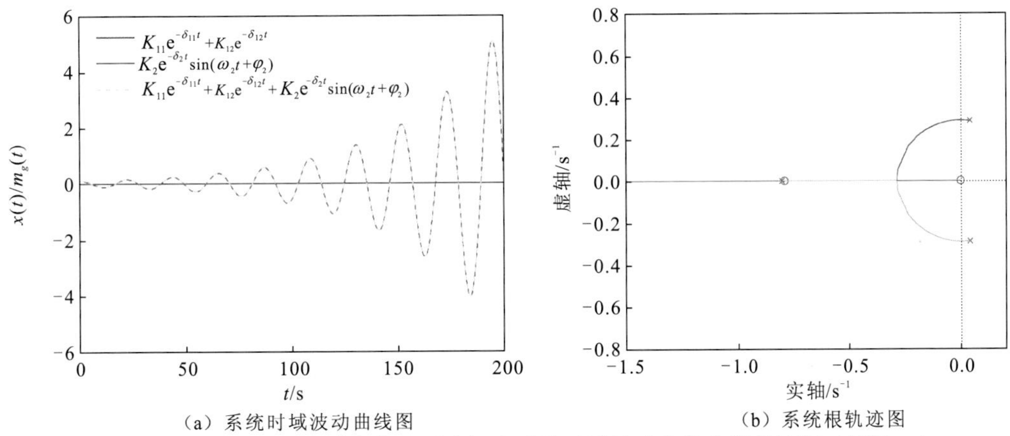

（a）系统时域波动曲线图　　（b）系统根轨迹图

图 2-9　$K_p=1$，$K_i=1\,\mathrm{s}^{-1}$ 条件下四阶组合系统时域波动曲线和根轨迹图（情况一）

复根为−50.128 1 + 0.000 0i，−0.804 1 + 0.000 0i，0.020 3 + 0.291 3i，0.020 3 − 0.291 3i

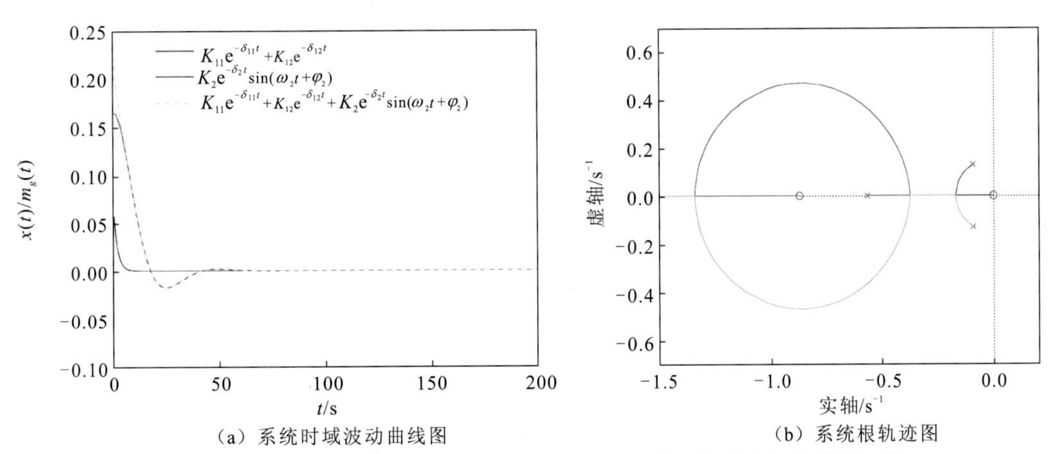

（a）系统时域波动曲线图　　（b）系统根轨迹图

图 2-10　$K_p=1$，$K_i=0.2\,\mathrm{s}^{-1}$ 条件下四阶组合系统时域波动曲线和根轨迹图（情况二）

复根为−8.803 3 + 0.000 0i，−0.568 0 + 0.000 0i，−0.092 9 + 0.130 0i，−0.092 9 − 0.130 0i

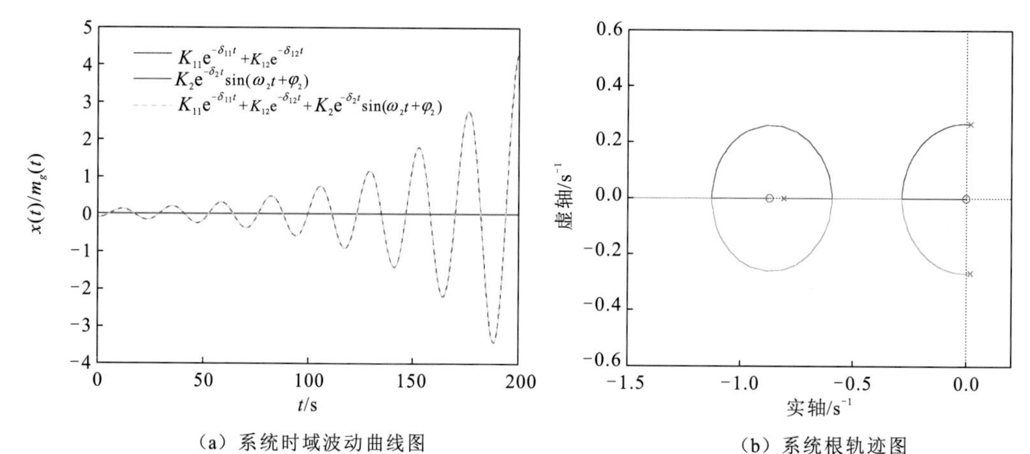

（a）系统时域波动曲线图　　（b）系统根轨迹图

图 2-11　$K_p=1$，$K_i=0.8\,\mathrm{s}^{-1}$条件下四阶组合系统时域波动曲线和根轨迹图（情况二）

复根为−8.785 8 + 0.000 0i，−0.808 8 + 0.000 0i，0.018 7 + 0.267 4i，0.018 7 − 0.267 4i

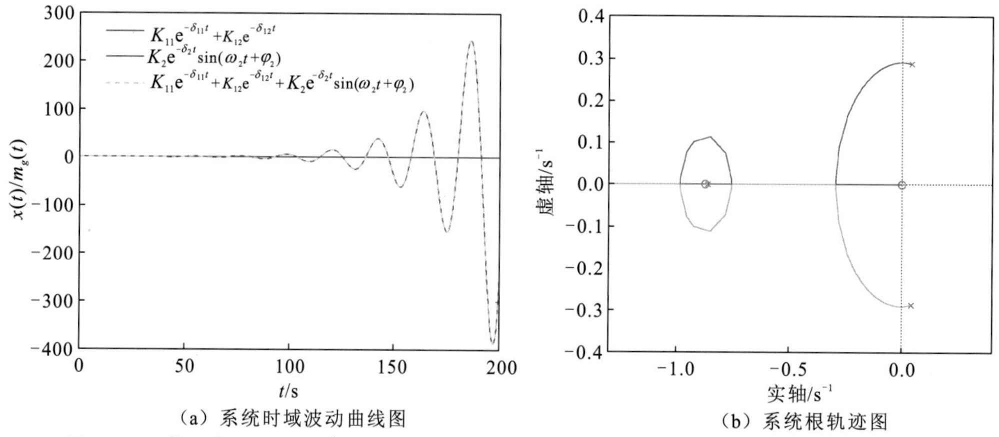

（a）系统时域波动曲线图　　（b）系统根轨迹图

图 2-12　$K_p=1$，$K_i=1\,\mathrm{s}^{-1}$条件下四阶组合系统时域波动曲线和根轨迹图（情况二）

复根为−8.779 9 + 0.000 0i，−0.861 6 + 0.000 0i，0.042 2 + 0.287 4i，0.042 2 − 0.287 4i

（3）若有压管道方程取为一阶刚性水击模型，调速器方程取为二阶功率调节方程，则系统为四阶组合系统。调速器参数分别取如下组合：①$K_p=2$，$K_i=5\,\mathrm{s}^{-1}$；②$K_p=2$，$K_i=10\,\mathrm{s}^{-1}$；③$K_p=2$，$K_i=15\,\mathrm{s}^{-1}$；④$K_p=2$，$K_i=16\,\mathrm{s}^{-1}$。根据式（2-45）也可以得到系统复根及系统时域波动曲线和根轨迹，如图 2-13～图 2-16 所示。

由图 2-7～图 2-16 可知：

（1）$K_2e^{-\delta_2 t}\sin(\omega_2 t+\varphi_2)$ 项对系统的波动起主导作用，$K_{11}e^{-\delta_{11}t}+K_{12}e^{-\delta_{12}t}$ 项可忽略不计。

（2）对比图 2-2（a）、（b）和（d）可知，凡是调速器参数组合超出了临界稳定曲线，位于不稳定区域，结果就是发散的，且复根存在正实部。

（3）在所有收敛曲线中，一阶刚性水击+二阶功率调节系统的调节时间最短，以调速器参数组合$K_p=2$，$K_i=5\,\mathrm{s}^{-1}$较优。而一阶刚性水击+二阶 PI 调速器系统的调节时间与二阶弹性水击+一阶调速器系统几乎相同（调速器参数组合均为$K_p=1$，$K_i=0.2\,\mathrm{s}^{-1}$）。

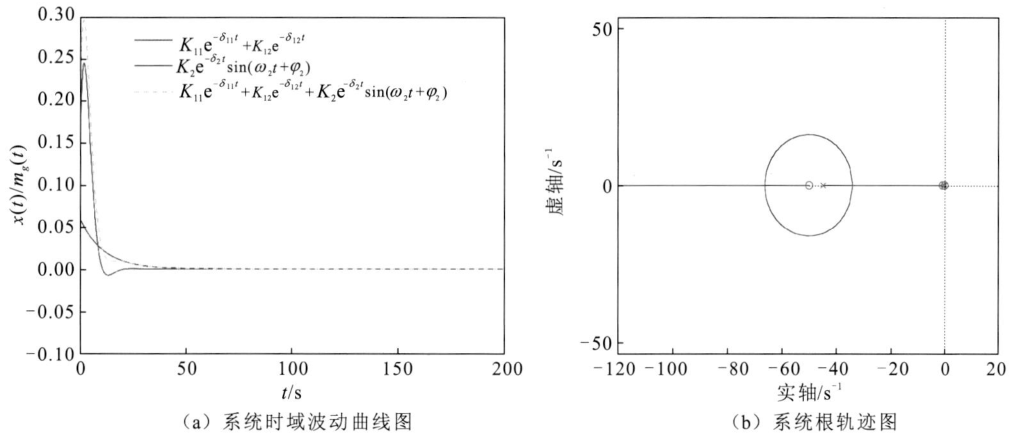

（a）系统时域波动曲线图　　（b）系统根轨迹图

图 2-13 $K_p=2$，$K_i=5\,\mathrm{s}^{-1}$ 条件下四阶组合系统时域波动曲线和根轨迹图（情况三）

复根为-44.790 0 + 0.000 0i，-0.090 8 + 0.000 0i，-0.304 5 + 0.273 8i，-0.304 5 -0.273 8i

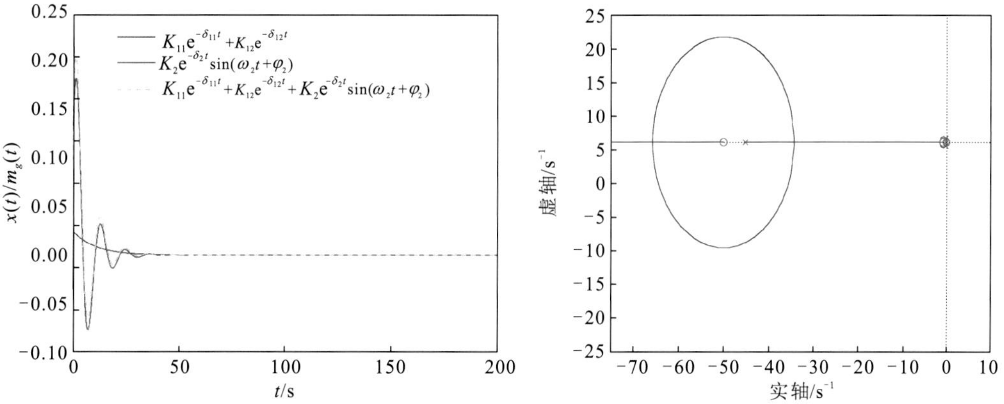

（a）系统时域波动曲线图　　（b）系统根轨迹图

图 2-14 $K_p=2$，$K_i=10\,\mathrm{s}^{-1}$ 条件下四阶组合系统时域波动曲线和根轨迹图（情况三）

复根为-45.094 8 + 0.000 0i，-0.149 6 + 0.541 9i，-0.149 6 - 0.541 9i，-0.095 7 + 0.000 0i

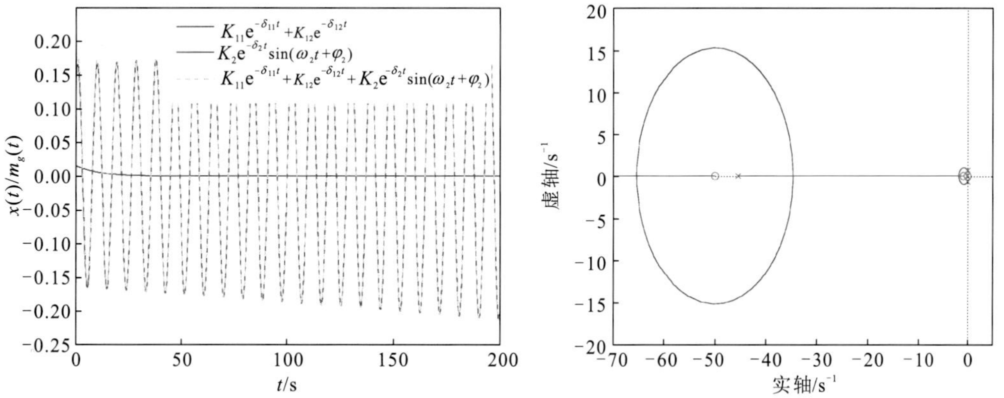

（a）系统时域波动曲线图　　（b）系统根轨迹图

图 2-15 $K_p=2$，$K_i=15\,\mathrm{s}^{-1}$ 条件下四阶组合系统时域波动曲线和根轨迹图（情况三）

复根为-45.395 5 + 0.000 0i，0.001 3 + 0.682 0i，0.001 3 - 0.682 0i，-0.096 9 + 0.000 0i

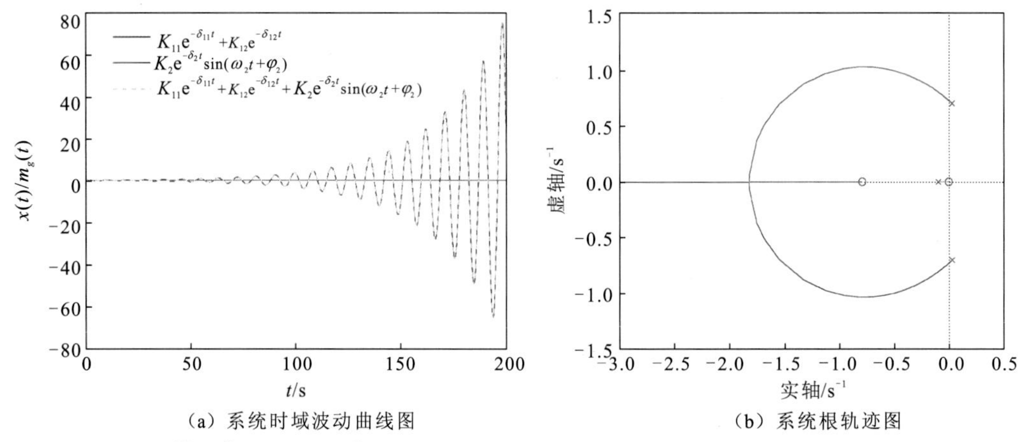

(a) 系统时域波动曲线图　　(b) 系统根轨迹图

图 2-16　$K_p=2$，$K_i=16\,\mathrm{s}^{-1}$ 条件下四阶组合系统时域波动曲线和根轨迹图（情况三）

复根为−45.455 1 + 0.000 0i，0.031 2 + 0.702 7i，0.031 2 − 0.702 7i，−0.097 0 + 0.000 0i

3. 基于低阶系统的解析解整定调速器主要参数

1）频率响应法

在单管单机调节系统数学模型的基础上，利用该系统的开环对数频率特性，建立时域调节品质指标（如调节时间 T_p、超调量 δ、振荡次数 X'）与频域调节品质指标（如相位裕量 $\Delta\phi$ 和幅值裕量 ΔL）之间的关系。根据自动控制理论研究结果（$\Delta\phi$ 在 30°～60°，ΔL 在 6～8 dB 取值，可获得最佳过渡过程），采用数值计算方法，可以得到最佳的调速器参数 K_p 和 K_i[8]。

文献[11]提出了求解二次型性能指标的频域法，该方法给出了 PI 调速器、PID 调速器参数最优整定的途径。文献[12]研究了水流弹性对调速器参数最优整定的影响。从上述研究中可以看出：水轮机综合系数 $e=\dfrac{e_h e_{qy}}{e_y}-e_{qh}$ 对调速器参数最优整定起着至关重要的影响，而水流弹性系数 T_e 的影响是次要的。

2）根轨迹的极点配置法

同样，在单管单机调节系统数学模型的基础上，利用该系统的闭环根轨迹幅频特性，建立时域调节品质指标（如调节时间 T_p、超调量 δ、振荡次数 X'）与闭环极点和零点的位置之间的关系。根据幅值条件 $|G(s)|=1$ 和幅角条件 $\angle -G(s)=0°$，编制相应的计算程序，通过迭代求解，可以得到最佳的调速器参数 K_p 和 K_i[8]。

由四阶组合系统的解析解可知，该系统有 4 个极点。一般情况下，有一个极点远离虚轴，对系统动态响应影响很小；一对共轭复极点和一个实极点为主导极点，如图 2-7（b）所示。

为了使系统阶跃动态响应过程最佳，令主导极点等于共轭复极点实部，且共轭复极点虚部等于 1.73 倍共轭复极点实部。在此基本上，可根据闭环极点和零点的位置整定调速器参数[8]。

2.2.2　调速器参数整定的其他方法

1. 按经验公式整定调速器主要参数

1）空载工况 PID 调速器参数的整定

（1）斯坦因建议[8]：

$$\begin{cases} T_n = 0.5T_w \\ b_t + b_p = 1.5T_w / T_a \\ T_d = 3T_w \end{cases} \tag{2-46}$$

（2）克里夫琴科根据水轮机调节系统在阶跃负荷扰动作用下过渡过程的调节时间 T_p 和最大超调量来评判其动态品质，建议[8]：

$$\begin{cases} T_n = T_w \\ b_t T_a = (2 \sim 2.5)T_w \\ T_d = (1 \sim 1.5)T_w \end{cases} \tag{2-47}$$

（3）魏守平[13]建议：

$$\begin{cases} T_n = (0.3 \sim 0.5)T_w \\ 1.5\dfrac{T_w}{T_a} \leqslant b_t \leqslant 3\dfrac{T_w}{T_a} \\ 3T_w \leqslant T_d \leqslant 5T_w \end{cases} \quad 或 \quad \begin{cases} 0.33\dfrac{T_a}{T_w} \leqslant K_p \leqslant 0.67\dfrac{T_a}{T_w} \\ 0.08\dfrac{T_a}{T_w^2} \leqslant K_i \leqslant 0.22\dfrac{T_a}{T_w^2} \\ 0.08T_a \leqslant K_d \leqslant 0.2T_a \end{cases} \tag{2-48}$$

并且提供了图 2-17，以方便设计和运行。

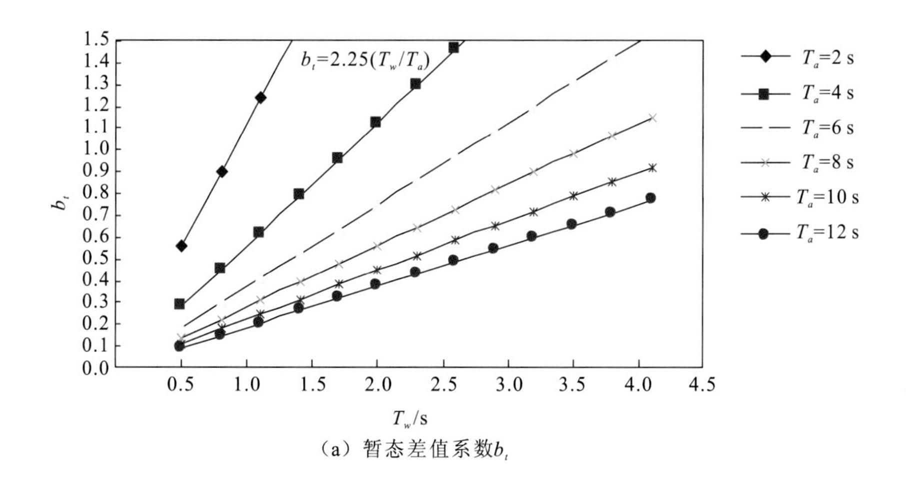

（a）暂态差值系数 b_t

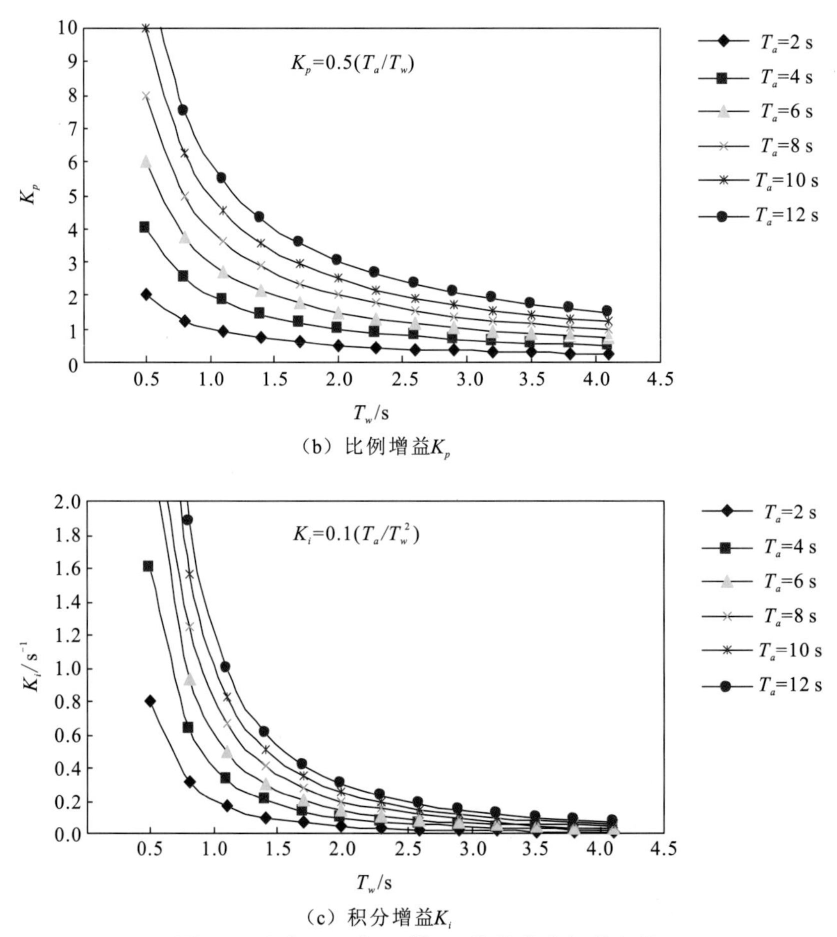

（b）比例增益K_p

（c）积分增益K_i

图 2-17 空载工况 b_t、K_p、K_i 的推荐初始参数

2）被控机组并入大电网时，调速器参数的整定

国家电力调度通信中心对并入电网运行的机组调速系统一次调频特性有下列要求。

永态转差系数（频率调节）：$e_p = 3\%$～4%。

频率死区：$E_f = \pm 0.0033\,\text{Hz}$［《电网运行准则》（DL/T 1040—2007）[14]规定 $E_f = \pm 0.05\,\text{Hz}$］。

响应特性：电网频率变化超过一次调频频率死区时，机组应在 15 s 内响应机组目标功率，在 45 s 内机组实际功率与目标功率偏差的平均值应在其额定功率的 3%内；稳定时间应小于 1 min。

$$\begin{cases} K_i \geqslant 3.505/(0.05\times 45) \approx 1.558\,(\text{s}^{-1}) \\ K_p \approx 10 \\ b_t T_d \leqslant 0.642 \\ b_t \approx 0.1 \\ T_d \leqslant 6.4\,\text{s} \end{cases} \tag{2-49}$$

3）被控机组在小（孤立）电网运行

$$\begin{cases} 1.0\dfrac{T_w}{T_a} \leqslant b_t \leqslant 1.5\dfrac{T_w}{T_a} \\ 3T_w \leqslant T_d \leqslant 5T_w \\ T_n = 0.5T_w \end{cases} \quad 或 \quad \begin{cases} 0.67\dfrac{T_a}{T_w} \leqslant K_p \leqslant 1.0\dfrac{T_a}{T_w} \\ 0.14\dfrac{T_a}{T_w^2} \leqslant K_i \leqslant 0.33\dfrac{T_a}{T_w^2} \\ 0.33T_a \leqslant K_d \leqslant 0.5T_a \end{cases} \tag{2-50}$$

4）调试试验及优化

从式（2-46）～式（2-50）可知，调速器主要参数的整定仅仅包含水流惯性加速时间 T_w 和机组惯性加速时间 T_a，而没有包含水轮机特性，尤其是水轮机综合系数 e，以及某些次要因素，如水流弹性系数 T_e、水轮发电机组综合自调节系数 e_n 等。因此，式(2-46)～式（2-50）给出的参数只能视为进一步优化的初始值。

对于大多数中小型水电站，其机组容量较小，可根据式（2-46）～式（2-50）初定调速器主要参数，并在实际运行过程中，通过多次调整和对比找到较为合适的水轮机调速器的主要参数。

而对于大型水电站，单机容量较大，有必要采取更复杂的解析方法、优化方法及一系列的调试试验，如空载扰动试验、负载扰动试验、机组突甩负荷试验，优化多组调速器参数及切换条件，使机组达到安全稳定，具有良好速动性、调节品质的运行目的。

2. 按优化理论与方法整定调速器主要参数

调速器参数的整定与第 1 章谈到的导叶关闭规律的选取类似，都是在约束条件下进行反问题的求解。但反问题求解过于复杂，所以人们采取各种优化理论与方法来整定调速器主要参数。从传统正交法、梯度法和单纯形法改进到遗传算法[15-18]、混沌算法[19]和粒子群算法[20-21]等。

文献[22]利用变分原理，对调速器参数整定进行了分析和相应的寻优计算，给出了系统在转速扰动下调速器参数的一种整定方法。

文献[23]在调节参数相对值空间内采用拟牛顿法寻找目标函数的极小值，以求取调速器主要参数的最佳整定值。

在此应该指出的是：无论采用哪一种优化理论与方法来求取调速器参数最佳整定值，都是在明确系统数学模型、约束条件、目标函数、控制工况的前提下进行的分析计算，所以在工程应用中，应针对水电站输水发电系统具体参数、运行条件、水轮机特性，合理地选取分析计算的前提条件，获取两组或多组调速器参数，为采用适应式变参数、变结构调节奠定基础。

3. 非线性水轮机调节系统数学模型及调速器参数的整定

随着非线性数学理论的发展和完善，各种非线性输水发电系统的数学模型不断呈现，但无论何种形式均应满足如下非线性动力系统的主要特征[24]。

（1）线性系统的稳定性和输出特性只取决于系统本身的结构与参数，且所有可能的输入变量和初始状态都满足叠加原理。而非线性系统的稳定性和输出动态过程，不仅与系统的结构和参数有关，还与系统的初始条件和输入信号大小有关。例如，在幅值大的初始条件下系统的运动是收敛的（稳定的），而在幅值小的初始条件下系统的运动却是发散的（不稳定的），或者情况相反。

（2）对于非线性系统的平衡运动状态，除平衡点外还可能有周期解。周期解有稳定和不稳定两类。因此，在某些非线性系统中，即使没有外部输入作用也会产生一定振幅和频率的振荡，称为自激振荡，相应的相轨线为极限环。改变系统的参数可以改变自激振荡的振幅和频率。

（3）线性系统的输入为正弦函数时，其输出的稳态过程也是同频率的正弦函数，两者仅在相位和幅值上不同。但非线性系统的输入为正弦函数时，其输出则是包含高次谐波的非正弦周期函数，即输出会产生倍频、分频、频率侵占等现象。

（4）复杂的非线性系统在一定条件下还会产生突变、分岔、混沌等现象。

水电站输水发电系统的非线性来自如下四个方面。

（1）水流弹性的非线性。

文献[25]在考虑三阶弹性水击的前提下建立了非线性水轮机调节系统的数学模型，运用非线性动力系统的分岔理论分别研究了频率扰动、负荷扰动或无扰动等工况。随着PID调速器参数取值的改变，系统中可能发生Hopf分岔现象，产生所不期望的持续非线性振荡。文献[25]在PID参数空间中给出了分岔临界点、稳定域范围，以及状态变量随分岔参数变化的分岔图，并与刚性水击进行了比较，为调速器参数整定提供了依据。

（2）调速器的非线性。

调速器的非线性主要表现为接力器反馈系统内的间隙、测速和主配压阀等部分的死区，以及配压阀和接力器等输出的限幅（或饱和）等。其中，限幅特性和转速死区是最主要的两种非线性特性。工程实践表明：调速器非线性环节对调节系统的动态特性有明显的影响，如空载或负载扰动8%～10%时，主配压阀行程有可能达到其限幅位置，从而会影响系统运行稳定性及调节品质。

文献[26]利用双曲函数近似限幅非线性环节，建立了相应的非线性输水发电系统的数学模型。

同样，运用非线性分岔理论对该系统的动态响应进行分析，即Hopf分岔。所得的结论是：当调速器参数的组合超出稳定域时，系统将出现极限环，使系统的输出产生持续周期性振荡。这种不稳定现象可通过适当选取调速器的主要参数予以消除。

（3）水轮机特性的非线性。

水轮机特性仍然采用6个传递系数的方式来描述，但非线性体现在因变量之间的乘积，即

$$\begin{cases} m_t = e_x\sqrt{h+1}x + e_y(h+1) + e_h h \\ q = e_{qx}x + e_{qy}\sqrt{h+1}y + e_{qh}\dfrac{1}{x+1}h \end{cases} \tag{2-51}$$

文献[27]既考虑了水轮机特性的非线性，又考虑了水流弹性的非线性，建立了相应的非线性数学模型。采用非线性分岔理论，对该模型进行了分析。

根据直接代数判据，得到了系统 Hopf 分岔临界点组成的曲线，即系统处在稳定区域内的调速器 PID 参数取值范围。

运用系统的分岔图、时域图、相轨迹图、庞加莱（Poincare）映射图、功率谱图和李雅普诺夫（Lyapunov）指数，对系统非线性行为的不同状态进行了仿真，得到了系统随参数变化时，机组转速和导叶开度的振动周期、振动频率、系统频谱与系统功率谱等的变化规律。

（4）发电机的非线性。

1992 年美国电气电子工程师学会（Institute of Electrical and Electronics Engineers，IEEE）提出了刚性水击、发电机二阶方程的水轮机调节系统非线性数学模型。

发电机的二阶方程可以表示为

$$\begin{cases} \dfrac{\mathrm{d}\delta'}{\mathrm{d}t} = \omega_g - \omega_s' \\ J\dfrac{\mathrm{d}\omega_{\mathrm{j}}}{\mathrm{d}t} = M_t - M_g \end{cases} \tag{2-52}$$

式中：δ' 为发电机转矩角，rad；ω_g 和 ω_s' 分别为发电机电角速度和电网电角速度，rad/s。

文献[28]运用系统的分岔图、时域图、相轨迹图等多种手段，针对该模型分析了在有压管道流量变化、电网频率扰动及负荷变化三种情况下 PID 参数变化时的输水发电系统各项性能的变化规律。

2.3 调节品质的控制工况及精细化数值模拟

2.3.1 调节品质的控制工况

对于已建水电站或正在设计的水电站的某一方案，输水发电系统的布置尺寸、水轮发电机组的参数、机组的运行范围、电网的调度要求均已确定，优化输水发电系统调节品质的唯一手段是：选择水轮发电机组调节模式和控制策略，整定调速器有关参数及变参结构，配合水电站电气二次回路和监控系统，完成机组启动、并网、停机、增减负荷、紧急停机等操作，使其调节品质满足相关规范的要求，并使机组各项操作得以顺利与精确实施。

但面对机组整个运行范围，不可能对每个工况点的调节品质进行分析，也不可能对每个工况点的调速器参数进行整定（除非真正地实现了智能控制或自适应控制）。因此，必须分析确定输水发电系统调节品质的控制工况（或称为最不利工况），以便在包络定理原则下选择调速器的调节模式、控制策略和主要参数。

在开展调节品质分析与控制之前，首先得明确被控系统的主要变量及参数，以及控制系统可整定或调节的参数。

（1）被控系统的已知主要变量及参数。

已知的被控制系统主要变量包括机组（电网）频率 f 、接力器行程 Y 、机组功率 P ；主要参数包括机组惯性加速时间 T_a 、水流惯性加速时间 T_w 、水轮发电机组综合自调节系数 e_n 。

已知频率死区 E_f 、机械液压系统死区 E_{jxsq} 、导水机构滞环 E_{dyzh} 等参数。

已知机组调节保证参数的控制值，即$[\beta]$、$[\xi]$，以及尾水管进口最大真空度。

（2）待整定的水轮机控制系统（调速器）主要参数。

调节参数：比例增益 K_p 、积分增益 K_i 、微分增益 K_d ，或者暂态差值系数 b_t 、缓冲时间常数 T_d 、加速度时间常数 T_n ，功率调节的永态转差系数 b_p ，频率调节的永态转差系数 e_p 。

接力器开启/关闭参数：接力器关闭（全行程）时间 T_f ，接力器开启（全行程）时间 T_g ，分段关闭下接力器第 1 段关闭（全行程）时间 T_{s1} 、接力器第 2 段关闭（全行程）时间 T_{s2} 、接力器两段关闭拐点 y_1 。

附：电力行业标准《水轮机电液调节系统及装置技术规程》（DL/T 563—2016）的相关规定如下。

调速器参数取值范围：K_p 为 0.5～20；K_i 为 0.05～10 s^{-1}；K_d 为 0～5 s；b_t 为 1%～200%；T_d 为 1～20 s；T_n 为 0～2 s。

永态转差系数 b_p 应能在自零至最大值范围内整定，最大值不小于 8%。

接力器的关闭时间 T_f 和开启时间 T_g 应能在设计范围内任意整定。

1. 机组启动至空载及空载扰动的控制工况

机组启动至空载是一种使机组转动部件（包括发电机转子、水轮机转轮和两者的连接轴）从静止状态转换到旋转状态，转速达到额定转速附近的过渡过程。从电网运行角度来看，希望该过程的时程尽可能缩短，并为发电机并网创造较优的同步条件。

导叶开启速率越快，开机时间越短，但水击压强越大。因此，水击压强是评判机组启动至空载的控制策略和参数选取是否合适的指标之一。从水轮机飞逸特性曲线可知，水头越小，对应的空载开度越大，对应的单位流量越大，即流经转轮的流量越大。由此可知，最小水头下开机是机组启动至空载的控制工况之一。

机组启动后能否较快、较平顺稳定在额定转速附近，也是评判机组启动至空载的控制策略和参数选取是否合适的指标之一。从单管单机的输水发电系统数学模型及稳定性的分析结果可知，图 2-18 中渐近线的表达式为[4]

$$b_{t,\min}=\frac{-f_2+\sqrt{f_2^2-4f_1f_3}}{2f_1} \tag{2-53}$$

其中，$f_1=e_{qh}T_a^2+e_{xqh}e_{qh}T_wT_a-e_{xqh}\alpha_sT_e^2e_x$ ，$f_2=\alpha_sT_e^2(e_xe_{yqh}+e_ye_{xqh})-e_{yqh}e_{qh}T_wT_a$ ，$f_3=-\alpha_sT_e^2e_ye_{yqh}$ ，$e_{yqh}=e_he_{qy}-e_ye_{qh}$ ，$e_{xqh}=e_he_{qx}-e_xe_{qh}$ 。

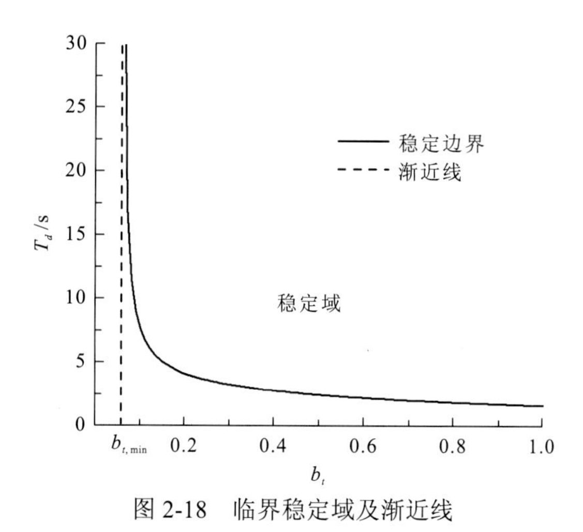

图 2-18　临界稳定域及渐近线

在不影响对水轮机空载特性定性分析的前提下，忽略水流弹性，将式（2-53）简化为

$$b_{t,\min} = \frac{e_{yqh}}{T_a / T_w + e_{xqh}} \tag{2-54}$$

显然，临界稳定域和稳定余量域不仅取决于水流惯性加速时间 T_w 和机组惯性加速时间 T_a，而且取决于工况点的水轮机综合传递系数 e_{yqh} 和 e_{xqh}，尤其是 e_{yqh}。e_{yqh} 越大，对稳定性越不利。对于理想水轮机，$e_{yqh} = 1$，$e_{xqh} = 0.5$。

因为空载工况最小水头下空载开度对应的 T_w 最大，对稳定性最不利，所以控制工况仍然是最小水头下的机组启动至空载工况。若最大水头下空载点的 e_{yqh} 大于最小水头下空载点的 e_{yqh}（图 2-19），则需要将该工况列入机组启动至空载的控制工况并予以分析。

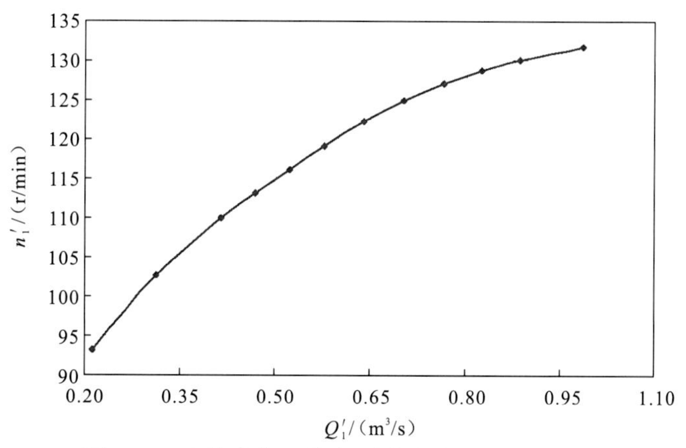

图 2-19　飞逸曲线及最大/最小水头对应的空载点

空载运行通常发生在机组启动或突甩全负荷之后，并入电网之前，是脱网条件下以一定频率运行的等待状态。空载扰动试验[29]和数值仿真[30]的目的是：选取最优的一组调速器参数，供空载运行使用。在该组参数下，机组转速相对摆动值，对于大型调速器，不宜超过额定转速的±0.15%；对于中小型调速器，不宜超过±0.25%。规定：

（1）扰动量一般为±8%；

（2）转速最大超调量不应超过扰动量的 30%；

（3）超调次数不超过 2 次；

（4）从扰动开始到不超过机组转速摆动规定值为止的调节时间应符合设计要求。

显然，空载扰动的控制工况与机组启动至空载的控制工况相同，即最小水头或 e_{yqh} 最大值对应的空载工况。

2. 机组增减负荷的控制工况

机组在电网中运行时，所发生的负荷变化大致可以分为两类：第一类是从空载增至负荷的指定值，即按电网或电站 AGC 调度指令进行的功率调节；第二类是机组在运行范围内改变负荷，即机组在所允许的最小出力到额定出力、最小水头到最大水头的范围内增减负荷（图 2-20）。分析机组增减负荷控制工况的目的在于寻找最佳的调节规律，在该种规律下水轮机增减负荷的调节满足如下要求。

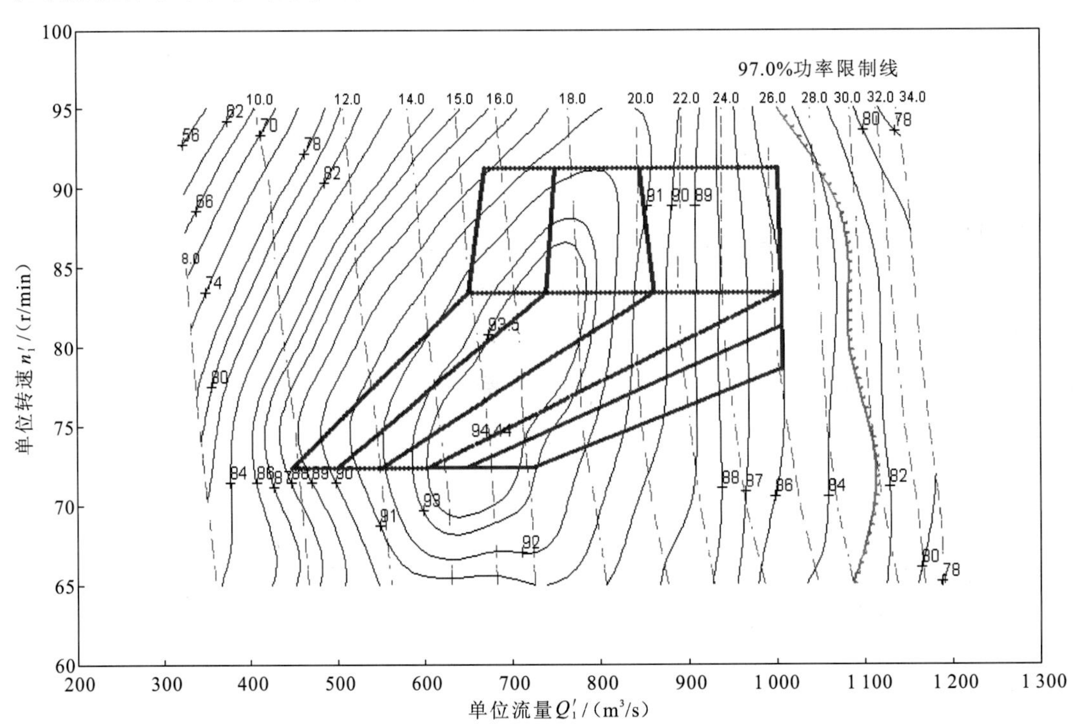

图 2-20　某一型号混流式水轮机模型综合特性曲线及运行范围（试验水头为 30 m）

（1）机组负荷增减变化过程应保证包括水击压强在内的各种动力作用不超过相应的限定值；

（2）在尽可能短的时间内完成机组负荷的增减，满足电网电力平衡的需求；

（3）尽快稳定在新的工况点，残留的瞬变应在机组调节品质允许的带宽范围内。

（4）整定的调速器参数在允许的范围之内，且易于进行调节模式（频率调节模式、功率调节模式）的转换，以及适应式变参数、变结构控制的实现。

1）水流惯性加速时间 T_w 变化与控制工况选取的关联

从图 2-21 所示的水轮机运转综合特性曲线可知：最小水头下从空载增至全负荷或从全负荷减至零，其水流惯性加速时间 T_w 变化最大。在相同的功率调节规律作用下，水击压强等动力作用最不利，所以最小水头下从空载增至全负荷或从全负荷减至零的过渡过程工况可以作为机组增减负荷的控制工况之一。

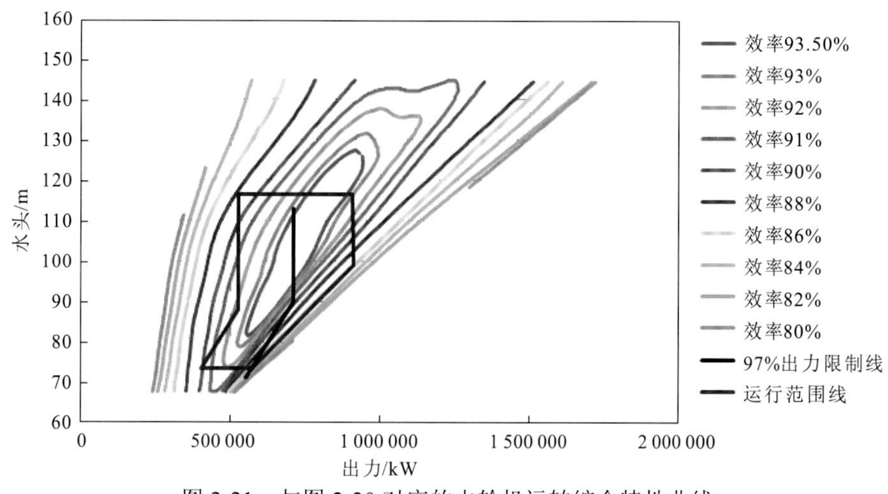

图 2-21　与图 2-20 对应的水轮机运转综合特性曲线

2）新工况点稳定性与控制工况选取的关联

由单管单机的输水发电系统的数学模型及运行稳定性分析可知：影响工况点稳定性的主要因素是水流惯性加速时间 T_w、机组惯性加速时间 T_a 和水轮机综合传递系数 e_{yqh}。文献[31]对水轮机综合传递系数另一方式水轮机综合系数 e 的分布规律进行了探讨，e 与 e_{yqh} 之间存在如下关系：

$$e = \frac{e_{yqh}}{e_y} = \frac{e_h e_{qy}}{e_y} - e_{qh} \tag{2-55}$$

并且指出，在水轮机工作范围内，$e_y > 0$，且总的变化趋势是，小开度，e_y 较大，大开度，e_y 较小。而工况点的 e_{yqh} 对波动周期、衰减度均有单调性的直接影响，比起其他参数关联性要明显得多。

因此，调速器适应式变参数、变结构的区间划分可以以 e_{yqh} 等值线为依据。在每个区间内，将 e_{yqh} 最大、T_w 最大的工况点作为控制工况，并作为整定调速器参数的依托工况。

3. 机组突甩负荷的控制工况

水轮发电机组在发电运行中，因自身的故障引起甩负荷，接力器将按照紧急事故停机程序，即事先给定的关闭规律将导叶关至零，在此过程中调速器不参与调节，即第 1 章论述的调节保证设计或大波动过渡过程。

对于机组之外的事情引起的油开关跳闸，机组突甩负荷，导水机构将关闭至空载，做好随时并网的准备。在此过程中，调速器将参与调节、跟踪机组转速。当机组转速升高，超出过速保护阈值时，将转到紧急事故停机程序，将导叶关至零。当机组转速小于某一设定值时，再由监控系统开启机组至空载。

显然，机组突甩负荷的控制工况与调节保证设计控制工况相同，在此不再赘述。值得指出的是，要考虑机组突甩负荷下调速器参与调节和紧急事故停机之间的协调，理由如下。

（1）若调速器参与调节，在接力器关闭（全行程）时间 T_f 的速率与紧急事故停机两段关闭中的快关速率相等、紧急事故停机采用先快后慢的规律、过速保护在快关段起作用三个前提条件下，所得到的机组突甩负荷过渡过程与紧急事故停机过渡过程完全一致，换句话说，调节保证的极值是满足预期的，也是满足规范的。若上述三个前提条件中的任何一个没有得到满足，突甩负荷的调节保证参数极值有可能大于紧急事故停机所得的极值，极有可能在特殊工况（如校核工况）下，调节保证不能满足要求。

（2）为了满足调节品质的要求，调速器的速动性也是一个非常重要的指标，速动性越好，接力器关闭（全行程）时间 T_f 和开启（全行程）时间 T_g 被整定得越短，若调速器参与调节的速率快于紧急事故停机的速率，机组突甩负荷的调节保证参数极值将大于紧急事故停机所得的极值。因此，T_f/T_g 的选取要留有足够的裕度，以保障机组和水电站的安全运行。

2.3.2 调节品质控制工况的精细化数值模拟

尽管水电站输水发电系统调节品质计算通常归类于小波动过渡过程（一般认为，当负荷或功率扰动不大于±10%，频率扰动不大于±8%时称为小波动，否则称为大波动[32]），但大、小波动过渡过程实质上是同一系统的动态过程，并且大波动过渡过程的计算方法如广义特征线法完全适用于小波动。因此，在第 1 章调节保证精细化数值模拟的基础上，增加各种类型的调速器方程、控制模式和控制策略，就可以满足调节品质计算与分析的需求。

本节首先对三种调节模式下的调速器方程进行时程离散处理，然后利用武汉大学开发的 Topsys 分析软件，针对某工程实例模拟机组启动至空载、空载扰动、机组增减负荷、机组突甩负荷等工况，从中总结、归纳相关的变化规律及控制策略。

1. 三种调节模式下的调速器方程时程离散处理

1）迭代计算的框架

假设 $n_t \rightarrow$ 调速器方程 $\rightarrow y_t$， $y_t \rightarrow$ 机组方程 $\rightarrow n_t^*$，如果 $|n_t - n_t^*| < \varepsilon$，就进入下一个时段，否则，再次迭代求解。迭代计算的框图见图 2-22。

2）频率调节模式下调速器方程的数值解

将式（2-28）改写为

$$A_1 \frac{\mathrm{d}^3 y}{\mathrm{d}t^3} + A_2 \frac{\mathrm{d}^2 y}{\mathrm{d}t^2} + A_3 \frac{\mathrm{d}y}{\mathrm{d}t} + A_4 = -B_1 \frac{\mathrm{d}^2 x}{\mathrm{d}t^2} - B_2 \frac{\mathrm{d}x}{\mathrm{d}t} - B_3 x \tag{2-56}$$

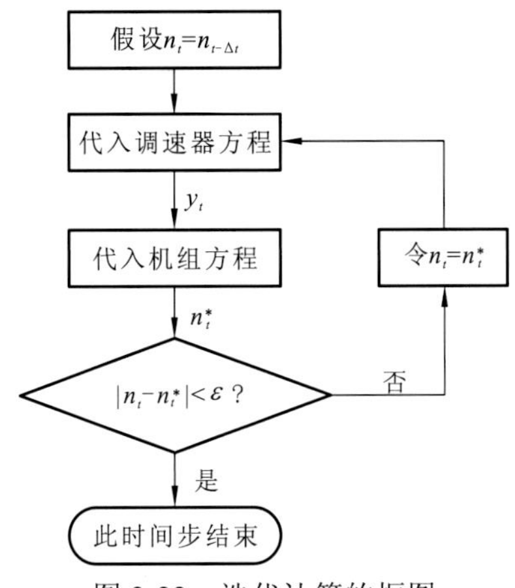

图 2-22　迭代计算的框图

n_t为t时刻的转速，$n_{t-\Delta t}$为$t-\Delta t$时刻的转速，y_t为t时刻接力器相对行程，ε为精度控制值

其中，$A_1=b_pK_dT_y$，$A_2=T_y+b_pK_pT_y+b_pK_d$，$A_3=1+b_pK_p+b_pK_iT_y$，$A_4=b_pK_i$，$B_1=K_d$，$B_2=K_p$，$B_3=K_i$。

对式（2-56）中的微分项采用向后差分的格式，具体表达式如下：

$$\left\{\begin{aligned}
&\frac{\mathrm{d}y}{\mathrm{d}t}=\frac{y-y_{-\Delta t}}{\Delta t}\\
&\frac{\mathrm{d}^2y}{\mathrm{d}t^2}=\frac{\dfrac{y-y_{-\Delta t}}{\Delta t}-\dfrac{y_{-\Delta t}-y_{-2\Delta t}}{\Delta t}}{\Delta t}=\frac{y-2y_{-\Delta t}+y_{-2\Delta t}}{\Delta t^2}\\
&\frac{\mathrm{d}^3y}{\mathrm{d}t^3}=\frac{\dfrac{\dfrac{y-y_{-\Delta t}}{\Delta t}-\dfrac{y_{-\Delta t}-y_{-2\Delta t}}{\Delta t}}{\Delta t}-\dfrac{\dfrac{y_{-\Delta t}-y_{-2\Delta t}}{\Delta t}-\dfrac{y_{-2\Delta t}-y_{-3\Delta t}}{\Delta t}}{\Delta t}}{\Delta t}\\
&\quad=\frac{y-3y_{-\Delta t}+3y_{-2\Delta t}-y_{-3\Delta t}}{\Delta t^3}\\
&\frac{\mathrm{d}x}{\mathrm{d}t}=\frac{x-x_{-\Delta t}}{\Delta t}=\frac{(n-n_r)-(n_{-\Delta t}-n_r)}{\Delta t\cdot n_r}=\frac{n-n_{-\Delta t}}{\Delta t\cdot n_r}\\
&\frac{\mathrm{d}^2x}{\mathrm{d}t^2}=\frac{\dfrac{x-x_{-\Delta t}}{\Delta t}-\dfrac{x_{-\Delta t}-x_{-2\Delta t}}{\Delta t}}{\Delta t}=\frac{x-2x_{-\Delta t}+x_{-2\Delta t}}{\Delta t^2}=\frac{(n-n_r)-2(n_{-\Delta t}-n_r)+(n_{-2\Delta t}-n_r)}{\Delta t^2\cdot n_r}\\
&\quad=\frac{n-2n_{-\Delta t}+n_{-2\Delta t}}{\Delta t^2 n_r}
\end{aligned}\right.\tag{2-57}$$

按照式（2-57）对式（2-56）进行向后差分的离散化处理，并整理可得

$$\begin{aligned}
y=&\frac{(3A_1+2A_2\Delta t+A_3\Delta t^2)y_{-\Delta t}-(3A_1+A_2\Delta t)y_{-2\Delta t}+A_1y_{-3\Delta t}}{A_1+A_2\Delta t+A_3\Delta t^2+A_4\Delta t^3}\\
&+\frac{-\dfrac{\Delta t}{n_r}[(B_1+B_2\Delta t+B_3\Delta t^2)n-(2B_1+B_2\Delta t)n_{-\Delta t}+B_1n_{-2\Delta t}]+B_3\Delta t^3}{A_1+A_2\Delta t+A_3\Delta t^2+A_4\Delta t^3}
\end{aligned}\tag{2-58}$$

3）功率调节模式下调速器方程的数值解

将式（2-30）改写为

$$A_1\frac{\mathrm{d}^2y}{\mathrm{d}t^2}+A_2\frac{\mathrm{d}y}{\mathrm{d}t}=B_1\frac{\mathrm{d}(p_c-p_g)}{\mathrm{d}t}+B_2(p_c-p_g) \tag{2-59}$$

其中，$A_1=b_tT_dT_y$，$A_2=b_tT_d$，$B_1=b_pT_d$，$B_2=b_p$。

对式（2-59）中的微分项采用向后差分的格式，具体表达式如下：

$$\begin{cases}\dfrac{\mathrm{d}y}{\mathrm{d}t}=\dfrac{y-y_{-\Delta t}}{\Delta t}\\ \dfrac{\mathrm{d}^2y}{\mathrm{d}t^2}=\dfrac{\dfrac{y-y_{-\Delta t}}{\Delta t}-\dfrac{y_{-\Delta t}-y_{-2\Delta t}}{\Delta t}}{\Delta t}=\dfrac{y-2y_{-\Delta t}+y_{-2\Delta t}}{\Delta t^2}\\ \dfrac{\mathrm{d}(p_c-p_g)}{\mathrm{d}t}=\dfrac{(p_c-p_g)-(p_{c-\Delta t}-p_{g-\Delta t})}{\Delta t}=\dfrac{(P_c-P_g)-(P_{c-\Delta t}-P_{g-\Delta t})}{\Delta t\cdot P_r}\end{cases} \tag{2-60}$$

按照式（2-60）对式（2-59）进行向后差分的离散化处理，并整理可得

$$y=\frac{(2A_1+A_2\Delta t)y_{-\Delta t}-A_1y_{-2\Delta t}+B_1\dfrac{P_c-P_{c-\Delta t}-P_g+P_{g-\Delta t}}{P_r}\Delta t+B_2\dfrac{P_c-P_g}{P_r}\Delta t^2}{A_1+A_2\Delta t} \tag{2-61}$$

同理，对式（2-34）和式（2-35）也可以进行向后差分的离散化处理，为了减少篇幅，就不一一列举了。

2. 工程实例的小波动过渡过程数值模拟

在此仍以第1章某一单管单机布置方式的大型水电站为例，开展机组启动至空载及空载扰动、机组增减负荷、机组突甩负荷等工况的数值模拟。

1）机组启动至空载及空载扰动的数值模拟

机组启动方式通常有三种：开环启动、闭环启动和开环+闭环启动[33-34]。

开环启动方式是指对导叶开度直接进行的控制，不需要经过PID调速器的调节，实际开度值就是人为输入的已知值。其与机组带负荷运行时采用开度调节是有差别的，后者也是人为输入开度给定值，但需要由调速器调节得出实际开度值，其方程为式（2-35）。

闭环启动方式是采用频率调节对导叶开度进行全程控制，其方程为式（2-28）。开度初始给定值需设置为0，由于通常采用无差调节，b_p也设置为0；对于频率，给定的通常是机组的额定转速，或者是机组频率进入同期带宽。

开环+闭环启动方式是两种控制方式的联合，首先采用开环控制使得机组频率达到一定的设定值，然后自动转换为闭环控制，使频率稳定达到同期带宽。转换点频率设定值通常为额定频率的80%或更大[34]。

一，三种启动方式的对比分析。

表2-4和表2-5给出了开环启动、闭环启动和开环+闭环启动三种启动方式下计算结果的对比。

表 2-4 三种启动方式下机组参数时程变化过程的对比

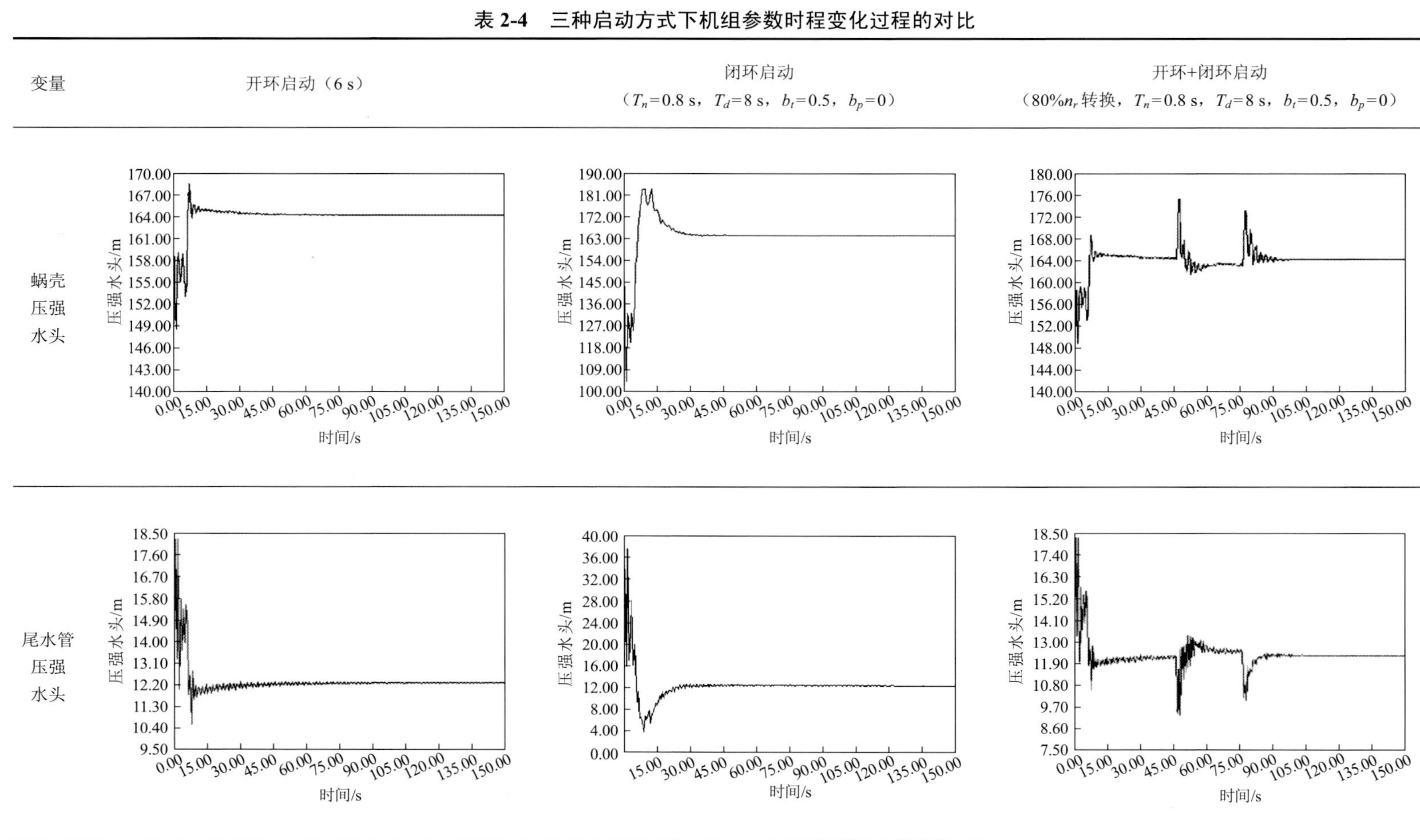

续表

变量	开环启动（6 s）	闭环启动 （T_n=0.8 s，T_d=8 s，b_t=0.5，b_p=0）	开环+闭环启动 （80%n_r转换，T_n=0.8 s，T_d=8 s，b_t=0.5，b_p=0）
开度	开度；时间/s	开度；时间/s	开度；时间/s
转速	转速/（r/min）；时间/s	转速/（r/min）；时间/s	转速/（r/min）；时间/s

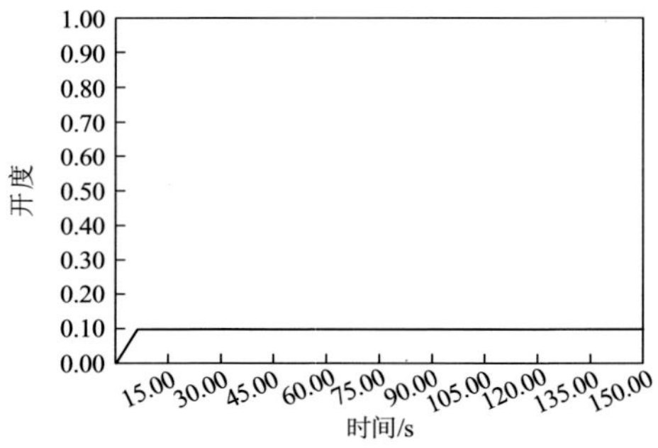

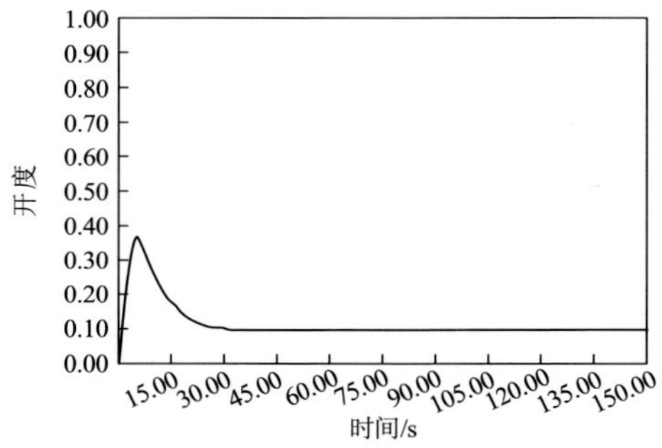

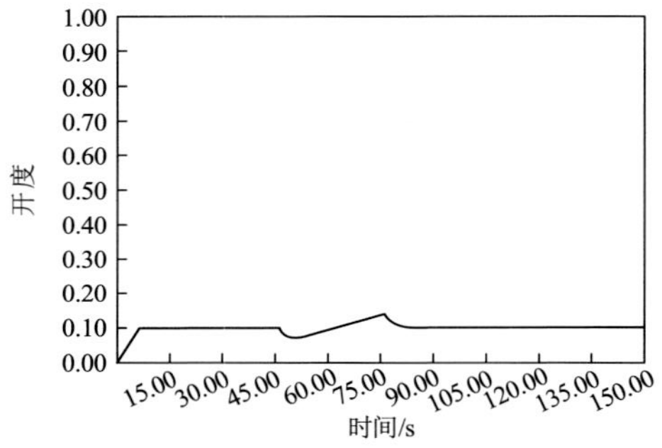

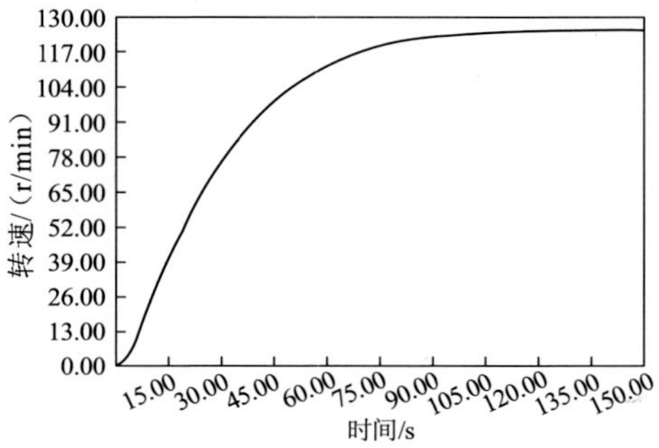

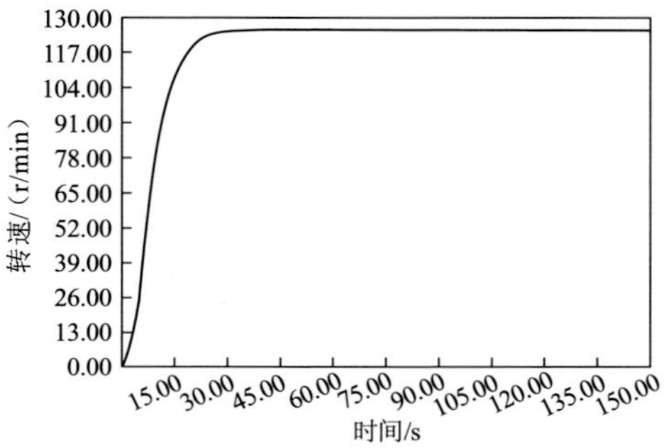

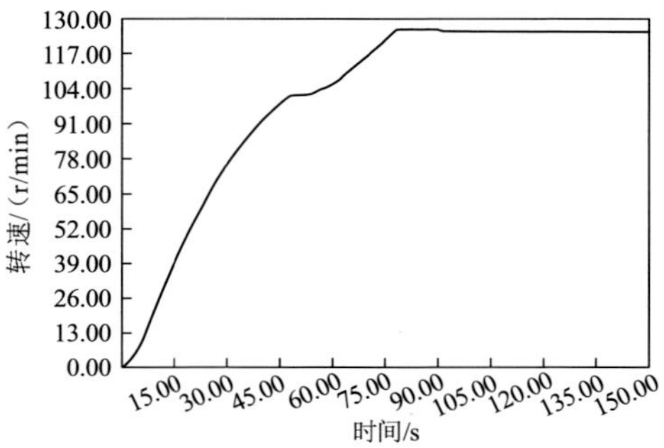

表 2-5　三种启动方式下机组参数极值的对比

启动方式	蜗壳初始压强水头/m	蜗壳最大压强水头/m和发生时间/s	蜗壳最小压强水头/m和发生时间/s	尾水管初始压强水头/m	尾水管最大压强水头/m和发生时间/s	尾水管最小压强水头/m和发生时间/s	转速稳定时间/s
开环启动（6 s）	164.2	169.44 和 7.14	148.54 和 1.2	12.34	18.26 和 1.8	10.52 和 7.80	100.8
开环启动（8 s）	164.2	168.06 和 9.15	152.68 和 1.2	12.34	16.85 和 0.6	10.51 和 9.81	117.6
闭环启动	164.2	184.41 和 8.79	104.08 和 1.2	12.34	37.45 和 1.8	3.19 和 8.94	36.6
开环+闭环启动	164.2	176.42 和 47.40	148.54 和 1.2	12.34	18.26 和 1.8	8.52 和 46.80	101.4

（1）闭环启动方式下，转速稳定时间最短为 36.6 s，但水击压力极值最不利，尤其是蜗壳最小压强水头，在开启的 1.2 s 内下降了 60.12 m，类似于直接负水击。其次，导叶最大开度达到 38%，远大于空载开度 10%，在导叶开度减小过程中产生了正水击压力，蜗壳最大压强水头达 184.41 m，超出对应的初始压强水头 20.21 m，并且尾水管最小压强水头达 3.19 m，低于对应的初始压强水头 9.15 m。因此，水轮机启动应关注并控制水击压力的变化，避免出现超出调节保证参数控制值的结果。

（2）开环+闭环启动方式下，导叶开度经历了开启、维持空载开度、开度减小再增大并超过空载开度、再次减至并维持空载开度的过程。因此，蜗壳压强水头、尾水管压强水头及机组转速均随导叶开度的变化而变化，呈现出多峰多谷的物理过程，并且过程中水击压力能满足调节保证的要求。

（3）对于本算例而言，采用开环启动方式是可行的，结果接近于开环+闭环启动。并且随开启时间的延长，水击压力有所减小，但转速稳定时间有所增长。

二，空载扰动的数值模拟。

机组启动至空载，在其闭环阶段，调速器参数的选取除需满足机组启动过程中速动性和安全性的要求之外，还应满足空载扰动稳定性的需求。

空载扰动数值模拟的设置如下：机组采用开环+闭环启动方式，转换点设定值为额定转速的 90%；在 150s 时刻发生频率阶跃扰动，扰动量为 $\pm 8\% n_r$，调速器参数取为 $b_p=0.0$，$b_t=0.5$，$T_d=8$ s，$T_n=0.8$ s，计算结果如表 2-6 所示。结果表明，空载扰动过渡过程较为平稳，转速无超调，调节时间分别为 35 s 和 30 s。

2）机组增减负荷的数值模拟

2.3.1 小节第 2 部分对机组增减负荷的控制工况、分类及控制需求进行了论述。在此，运用 Topsys 分析计算软件，采用精细化的数值模拟，对不同运行条件下上述两类负荷变化进行分析，探索机组增负荷的导叶开启规律、单机运行条件下的小波动稳定性，以及大网运行条件下一次调频的调节品质，以期提高机组运行的动态品质和稳定性。

表 2-6 空载扰动下导叶开度及机组转速的时程变化

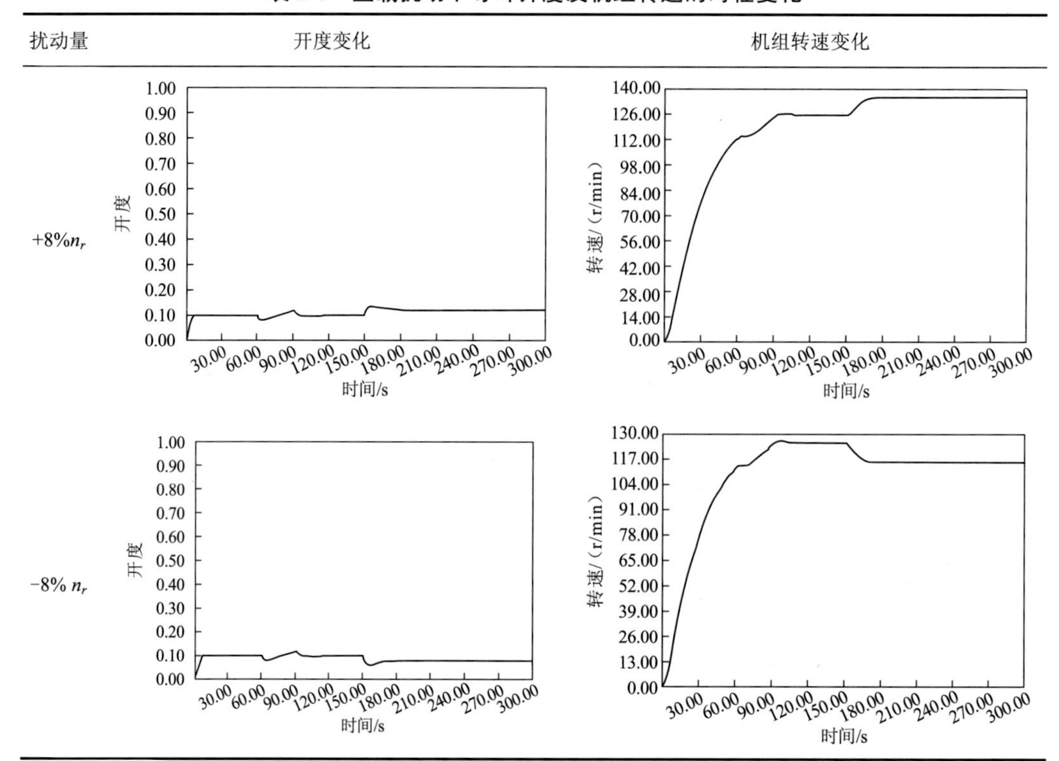

一，空载增至负荷指定值的数值模拟。

空载增至负荷指定值，其负荷变化的幅度较大，故涉及导叶开启规律的优化。对此，国内外规范有不同的规定：文献[2]要求开度（负荷）限制装置在零至最大开度范围内任意整定，其全行程动作时间应符合设计规定，一般为 10～40 s。国际电工委员会（International Electrical Commission，IEC）标准[35]则规定开启时间为 20～80 s，推荐值为 30～40 s。上述规范、标准给出的取值范围虽有重叠部分，但整体范围并不一致。为此，文献[36]对此进行了相应的探讨。

在无穷大电网条件下机组增负荷，其转速不变，所以增负荷时间的长短仅对机组两个调节保证参数（蜗壳末端动水压强水头、尾水管进口断面压强水头）、管道沿程的压力分布产生影响。

文献[37]给出了导叶开启时间与水击压强之间的粗略估算公式，即

$$\xi = (1.2\sim1.4)\frac{T_w}{T_s}(q_0 - q_1) \tag{2-62}$$

式中：T_w、T_s 分别为压力管道水流惯性加速时间和导叶动作时间，s；q_0、q_1 分别为水轮机在初始和终了时刻的相对流量。

由式（2-62）不难看出，在机组增负荷过程中，导叶开启越快，引起的负水击越大，蜗壳末端的最小动水压强越小，尾水管进口的最大动水压强越大。另外，由于沿管线压强极值通常呈线性分布，机组上游侧沿线最小动水压强分布线的梯度和机组下游侧沿线

最大动水压强分布线的梯度将随着导叶开启时间的缩短越来越大。表 2-7 给出的数值模拟结果也呈现出上述规律。

表 2-7　空载增至额定负荷条件下三种开启时间对应的机组调节保证参数的极值

开启时间/s	蜗壳最大压强水头/m 和发生时间/s	蜗壳最小压强水头/m 和发生时间/s	尾水管最大压强水头/m 和发生时间/s	尾水管最小压强水头/m 和发生时间/s
20	162.9 和 28.0	147.42 和 13.6	17.22 和 2.0	6.74 和 25.6
30	162.9 和 37.6	152.53 和 20.0	15.46 和 2.0	6.80 和 35.6
40	162.9 和 47.0	155.09 和 27.0	14.64 和 2.0	6.85 和 47.2
功率调节	162.9 和 300.0	158.46 和 1.2	14.09 和 1.8	6.96 和 300.0

若按功率调节，从空载增至给定额定出力 507.6 MW，调速器参数取 e_b=0.0，T_d=8 s，b_t=0.5，b_p=0.04，结果见表 2-7，与开度给定的结果相差不大。

二，机组增减负荷频率调节的数值模拟。

水轮发电机组并入小电网或孤立电网运行、机组并入大电网以调频方式运行时，机组增减负荷一般采用频率调节，数值模拟需引入如式（2-28）所示的调速器方程。调速器参数取为 $b_p=0$，$b_t=0.5$，$T_d=8$ s，$T_n=0.8$ s，T_y=0.02 s，计算工况为 X1（额定水头、额定出力运行，突减 20%额定负荷）和 X2（额定水头下机组带 50%负荷，突增至额定负荷），数值模拟结果见表 2-8。

表 2-8　额定水头、额定出力运行时，突减 20%额定负荷的评判指标及极值

工况	机组转速评判指标							机组调节保证参数极值			
	n_{max} /（r/min）和发生时间/s	n_1 /（r/min）和发生时间/s	±0.2%调节时间/s	最大偏差/（r/min）	振荡次数	衰减度	超调量	蜗壳最大压强水头/m 和发生时间/s	蜗壳最小压强水头/m 和发生时间/s	尾水管最大压强水头/m 和发生时间/s	尾水管最小压强水头/m 和发生时间/s
X1	134.03 和 4.6	125 和 101.2	26.4	9.03	0.5	1	0	183.22 和 2.5	160.04 和 8.6	10.37 和 10.6	−1.37 和 1.8
X2	100.7 和 6.8	125 和 203.4	53.0	24.30	0.5	1	0	170.45 和 15.8	138.66 和 3.0	17.76 和 1.8	3.42 和 15.2

注：n_{max} 为转速最大值，n_1 为转速第二峰值。

分析结果可知：无论是增负荷还是减负荷，频率调节品质较好，进入±0.2%带宽的调节时间较短，且调节过程中机组水击压力的变幅不大。

三，机组增减负荷功率调节的数值模拟。

水轮发电机组并入大电网运行，受水电站 AGC 系统控制时，机组增减负荷一般采用功率调节模式。并入大电网，水轮发电机组增减负荷时，可以认为机组转速始终不变，引入功率调节调速器方程式（2-30）或式（2-31）。调速器参数均取为 $b_p=0.04$，$b_t=0.5$，$T_d=8$ s，$T_y=0.02$ s，计算工况仍然是 X1 和 X2，结果如表 2-9 所示。从中可知：蜗壳和尾水管压强水头变幅较小，工况 X1 在 100 s 进入带宽，工况 X2 在 135 s 进入带宽，300 s 内基本达到负荷增减的给定值，水击压力的变幅也较小。

表 2-9　功率调节模式下 X1 工况和 X2 工况机组参数的时程变化

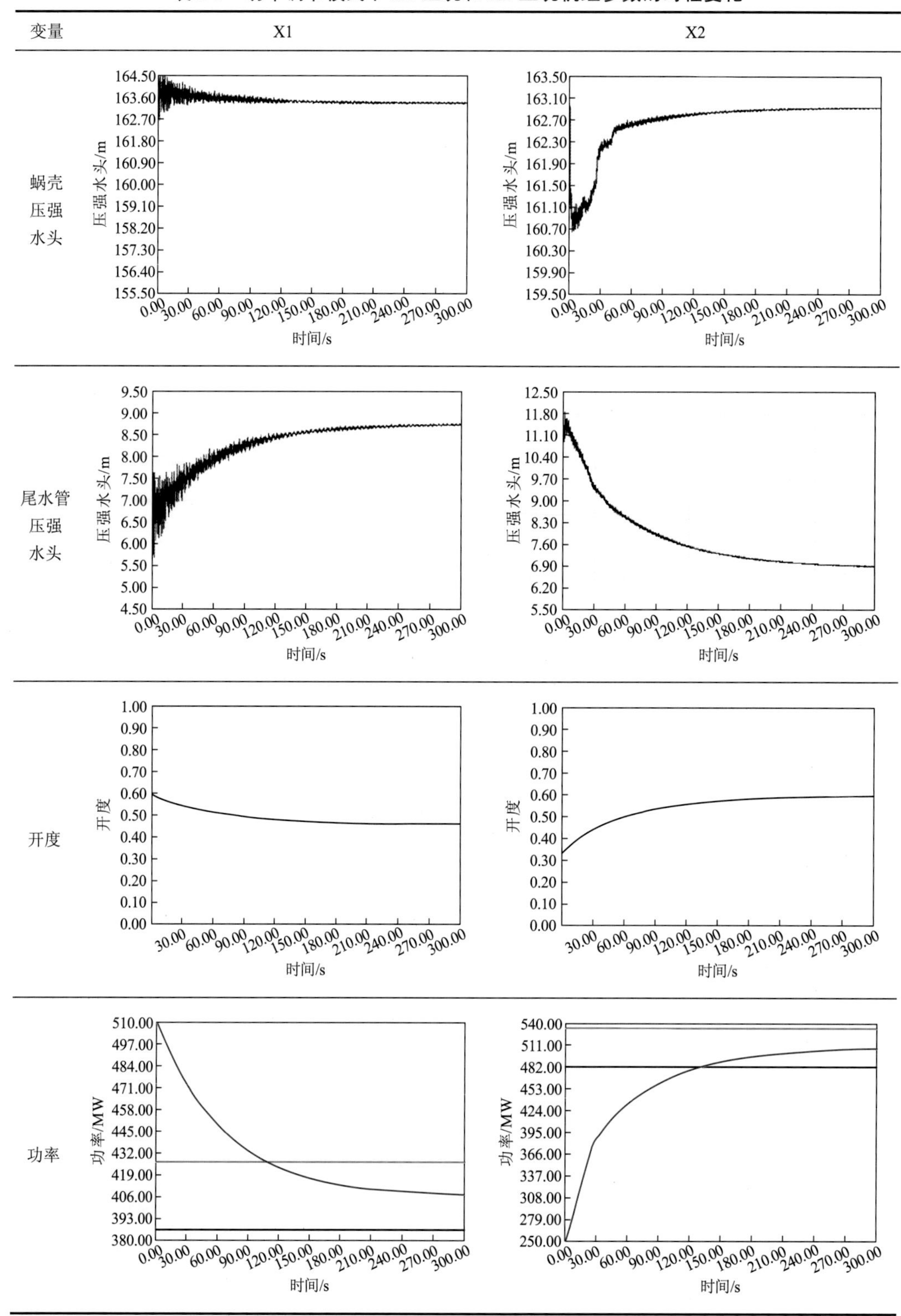

3）机组突甩负荷的数值模拟

对于机组突甩负荷工况，设计和运行均关注其调节保证极值。而对极值的影响不仅取决于调速器参数，而且取决于接力器关闭（全行程）时间 T_f，以及过速保护阈值的设定，尤其需要与紧急事故停机导叶两段关闭规律进行协调。

一，调速器参数对机组突甩负荷的影响。

机组甩负荷时调速器参数取了两组，第一组 $b_p=0$，$b_t=0.5$，$T_d=8$ s，$T_n=0.8$ s，$T_y=0.02$ s，第二组 $b_p=0$，$b_t=0.8$，$T_d=10$ s，$T_n=0.4$ s，$T_y=0.02$ s。工况包括甩额定负荷和甩 95%额定负荷，模拟的结果如表 2-10 和图 2-23 所示。从中可知：

（1）机组甩负荷后，转速仅一次微小超调后稳定在额定转速，并且调节时间较短，机组甩负荷后的转速动态品质满足规范要求[2]。

（2）无论是采用第一组调速器参数还是第二组，无论是甩额定负荷还是甩 95%额定负荷，蜗壳最大压强水头及尾水管最小压强水头均超出了调节保证参数的限制值。该结果超出第 1 章紧急甩负荷的结果（表 1-6），原因可能是 $T_f=16$ s，关闭速率太快。

（3）采用第一组调速器参数时，甩 95%额定负荷时尾水管最小压强水头小于甩额定负荷；采用第二组调速器参数时，两者尾水管最小压强水头接近。

表 2-10　机组突甩负荷时调节保证参数的极值

调速器参数	额定出力/%	蜗壳初始压强水头/m	蜗壳最大压强水头/m 和发生时间/s	蜗壳最小压强水头/m 和发生时间/s	尾水管初始压强水头/m	尾水管最大压强水头/m 和发生时间/s	尾水管最小压强水头/m 和发生时间/s	转速最大值/（r/min）和发生时间/s	调节时间/s
第一组	100	156.82	216.40 和 5.36	160.48 和 19.2	6.00	13.73 和 17.4	−6.37 和 4.70	42.06 和 6.69	41.4
	95	157.51	216.87 和 4.59	159.95 和 17.0	6.58	13.36 和 17.2	−6.60 和 3.92	38.31 和 6.35	32.0
第二组	100	156.82	217.37 和 4.59	162.50 和 21.8	6.00	12.97 和 19.4	−6.76 和 3.92	40.65 和 5.60	43.8
	95	157.51	216.87 和 4.59	162.9 和 21.8	6.58	12.83 和 23.2	−6.60 和 3.92	38.30 和 6.35	45.6

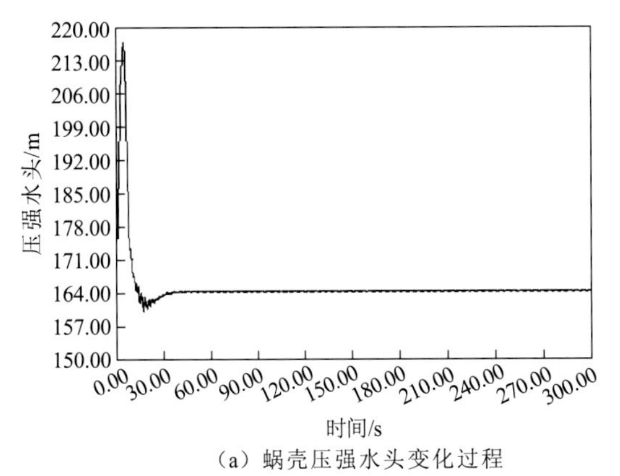

（a）蜗壳压强水头变化过程

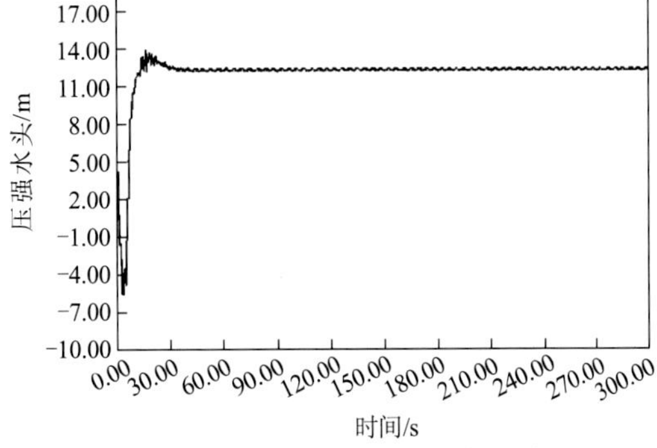

（b）尾水管压强水头变化过程

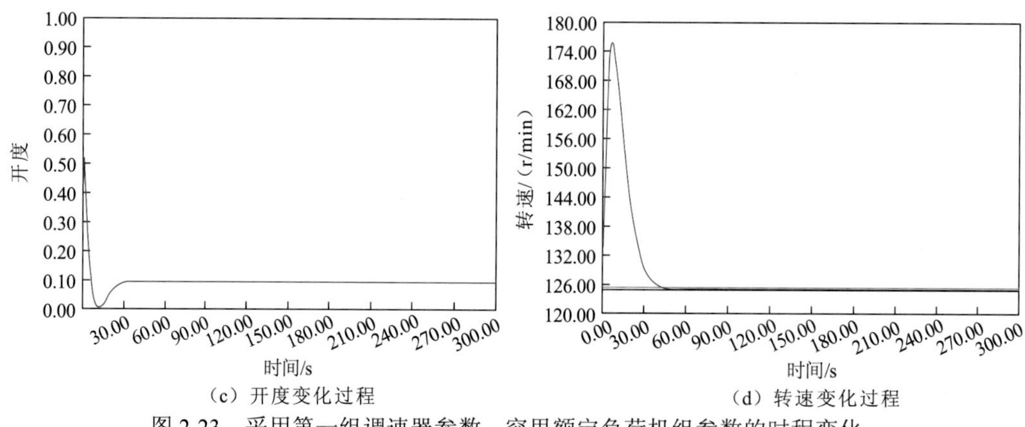

（c）开度变化过程　　（d）转速变化过程

图 2-23　采用第一组调速器参数，突甩额定负荷机组参数的时程变化

二，接力器关闭（全行程）时间 T_f 对机组突甩负荷的影响。

模拟工况为机组按额定出力正常运行时突甩全负荷，紧急停机采用 12 s 导叶直线关闭规律，而突甩负荷情况下调速器参数为 $b_t=0.5$，$T_d=8\text{s}$，$T_n=0.6\text{s}$，$b_p=0$，T_f 分别取 12 s、16 s 和 20 s。计算结果如表 2-11 所示。

表 2-11　T_f 敏感性分析结果

甩负荷方式及控制要求		蜗壳最大压强水头/m 和发生时间/s	尾水管最小压强水头/m 和发生时间/s	转速最大升高率/% 和发生时间/s	T_p/s
突甩负荷	T_f =12 s	236.65 和 4.59	−12.19 和 3.91	37.68 和 5.47	33.0
	T_f =16 s	216.40 和 5.36	−6.37 和 4.70	42.06 和 6.69	41.4
	T_f =20 s	207.99 和 5.92	−4.10 和 5.19	45.64 和 7.75	47.2
紧急停机		207.54 和 5.88	−3.73 和 5.20	46.29 和 7.86	—

分析表 2-11 可知：随着 T_f 的增大，导叶关闭速率减慢，使得蜗壳和尾水管的压强水头更趋于安全，但将增加转速最大升高率和 T_p。因此，T_f 的选取较为关键，其值较大有利于调节保证，但不利于调节品质。

三，过速保护阈值设定对机组突甩负荷的影响。

机组突甩负荷，当转速上升达到过速保护设定的阈值时就转入紧急停机，调速器参数为 $b_t=0.5$，$T_d=8\text{s}$，$T_n=0.8\text{s}$，$b_p=0$，导叶紧急关闭规律见图 1-42（b），为先快后慢的两段折线关闭。计算结果如表 2-12 和表 2-13 所示。

表 2-12　机组突甩负荷超出过速保护阈值转入紧急停机的机组参数时程变化

变量	过速保护阈值（T_f=16 s）		
	$1.30n_r$	$1.35n_r$	$1.40n_r$
蜗壳压强水头	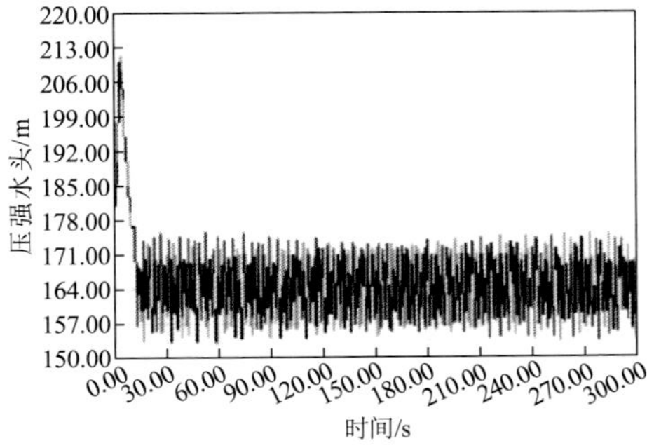 压强水头/m（150.00～220.00）；时间/s（0.00～300.00）	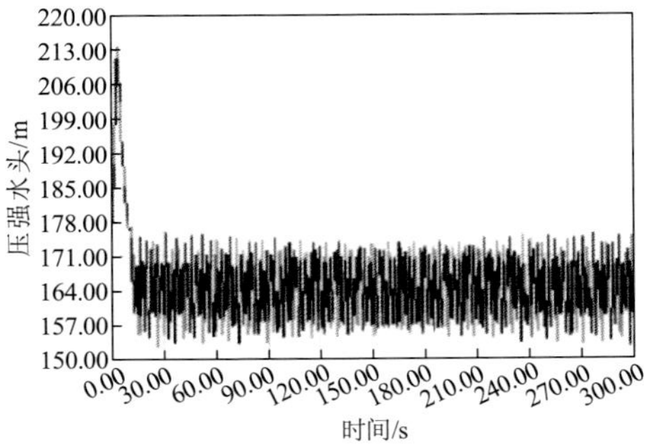 压强水头/m（150.00～220.00）；时间/s（0.00～300.00）	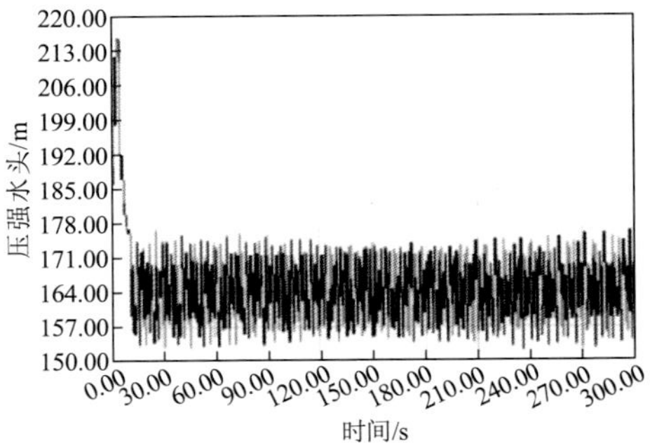 压强水头/m（150.00～220.00）；时间/s（0.00～300.00）
尾水管压强水头	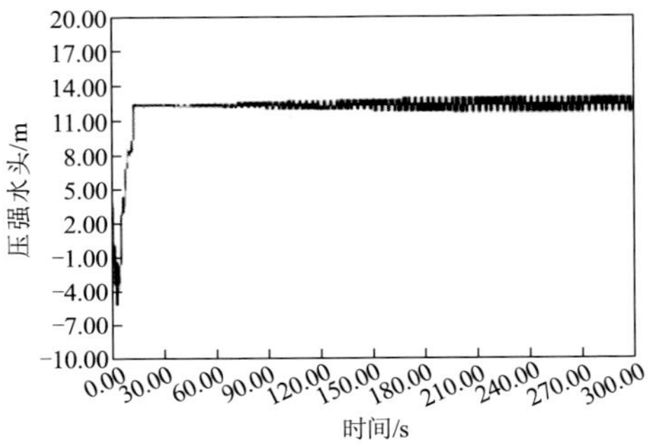 压强水头/m（−10.00～20.00）；时间/s（0.00～300.00）	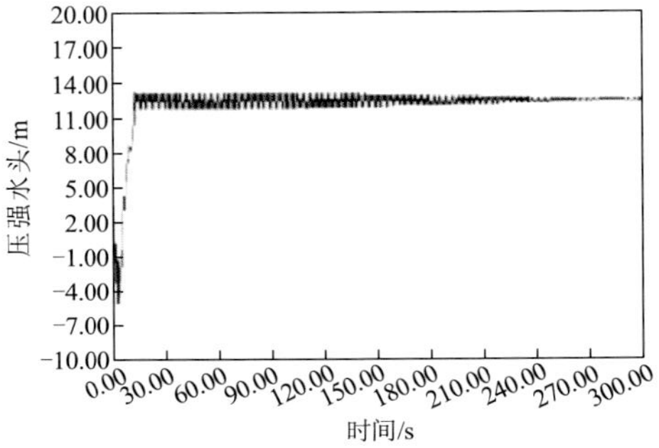 压强水头/m（−10.00～20.00）；时间/s（0.00～300.00）	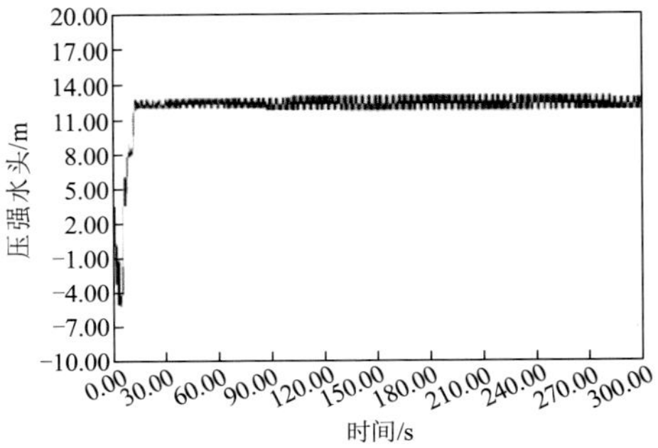 压强水头/m（−10.00～20.00）；时间/s（0.00～300.00）

续表

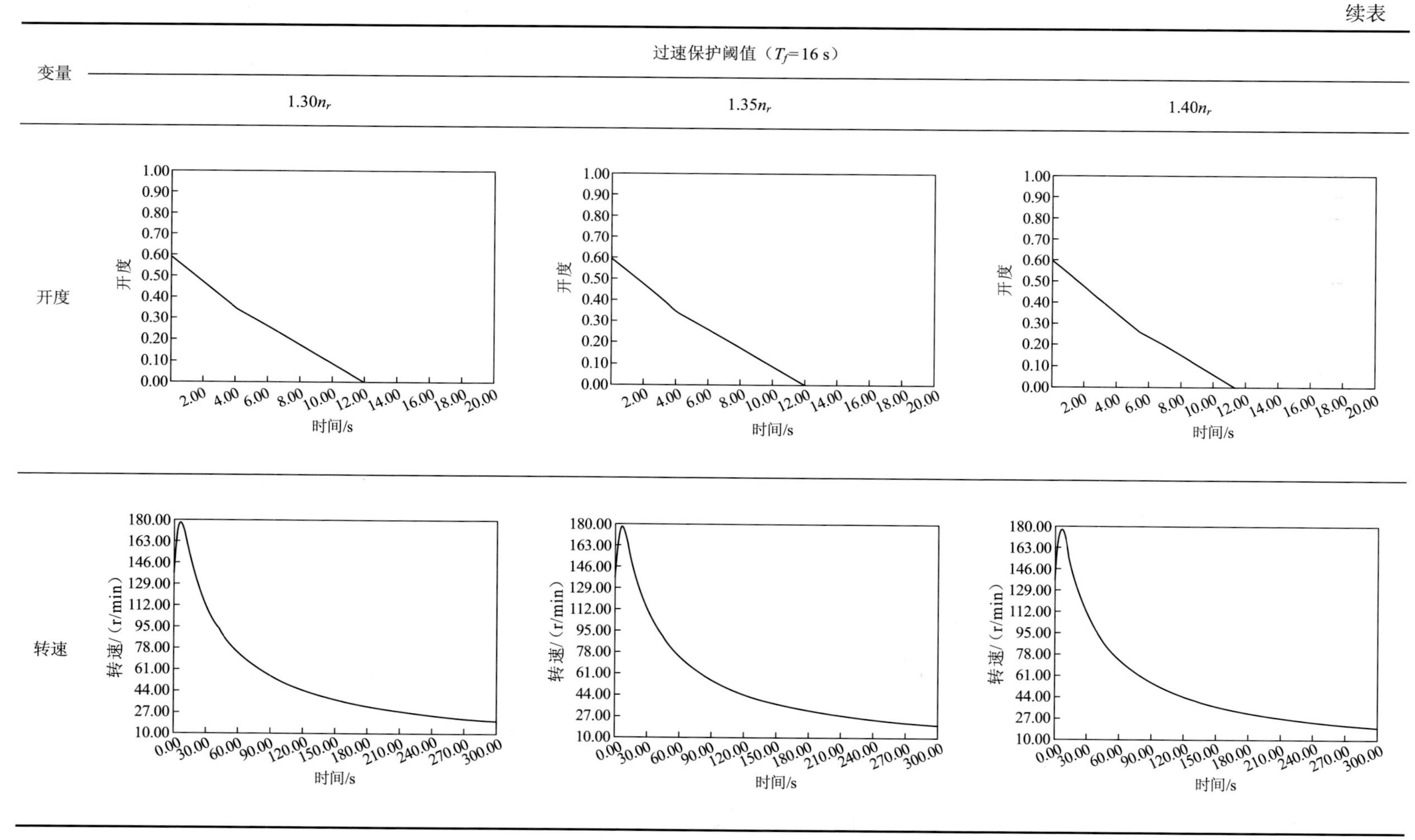

变量	过速保护阈值（T_f=16 s）		
	$1.30n_r$	$1.35n_r$	$1.40n_r$
开度			
转速			

表 2-13　机组突甩负荷超出过速保护阈值转入紧急停机的机组参数极值

T_f/s	过速保护阈值	蜗壳初始压强水头/m	蜗壳最大压强水头/m 和发生时间/s	尾水管初始压强水头/m	尾水管最小压强水头/m 和发生时间/s	转速最大升高率/% 和发生时间/s
16	1.30 n_r	156.82	212.68 和 3.81	6.0	−5.47 和 3.42	42.43 和 7.29
	1.35 n_r	156.82	214.88 和 4.08	6.0	−5.91 和 3.42	42.27 和 7.20
	1.40 n_r	156.82	215.84 和 5.37	6.0	−6.41 和 4.71	41.98 和 6.81
20	1.30 n_r	156.82	212.67 和 4.50	6.0	−4.52 和 5.16	45.07 和 7.71
	1.35 n_r	156.82	207.99 和 4.59	6.0	−4.49 和 4.74	45.46 和 7.83
	1.40 n_r	156.82	205.83 和 5.82	6.0	−4.05 和 5.16	45.65 和 7.89

分析结果可知：当 $T_f=16$ s 时，过速保护阈值越大，蜗壳最大压强水头越大，尾水管最小压强水头越小，转速最大升高率越小；当 $T_f=20$ s 时，机组突甩负荷时导叶关闭的速率已经慢于紧急停机导叶关闭的速率，故呈现相反的规律。

参考文献

[1] 中华人民共和国国家质量监督检验检疫总局，中国国家标准化管理委员会. 电能质量　电力系统频率偏差: GB/T 15945—2008[S]. 北京: 中国标准出版社, 2008.
[2] 国家能源局. 水轮机电液调节系统及装置技术规程: DL/T 563—2016[S]. 北京: 中国电力出版社, 2016.
[3] 杨建东. 实用流体瞬变流[M]. 北京: 科学出版社, 2018.
[4] 曾威. 水泵水轮机 S 特性引发的抽水蓄能电站过渡过程问题[D]. 武汉: 武汉大学, 2016.
[5] 常近时, 寿梅华. 水轮机运行[M]. 北京: 水利电力出版社, 1983.
[6] 倪以信, 陈寿孙, 张宝霖. 动态电力系统的理论和分析[M]. 北京: 清华大学出版社, 2001.
[7] 沈祖诒. 通过长输电线与电网并列运行水轮机的控制[J]. 水力发电学报, 1989, 26(3): 77-86.
[8] 沈祖诒. 水轮机调节系统分析[M]. 北京: 水利电力出版社, 1991.
[9] 魏守平. 现代水轮机调节技术[M]. 武汉: 华中科技大学出版社, 2002.
[10] 胡寿松. 自动控制原理[M]. 6 版. 北京: 科学出版社, 2013.
[11] 杨开林. 水轮机调速器的优化整定[J]. 水利学报, 1985(11): 37-45.
[12] 杨开林. 水流弹性对调速器参数最优整定的影响[J]. 水力发电学报, 1988(3): 74-83.
[13] 魏守平. 水轮机控制工程[M]. 武汉:华中科技大学出版社, 2005.
[14] 中华人民共和国国家质量监督检验检疫总局, 中国国家标准化管理委员会. 电网运行准则: DL/T 1040—2007 [S]. 北京: 中国电力出版社, 2007.
[15] 孟安波, 叶鲁卿, 殷豪, 等. 遗传算法在水电机组调速器 PID 参数优化中的应用[J]. 控制理论与应用, 2004, 21(3): 398-404.
[16] 廖忠, 沈祖诒. 基于正交交叉操作的遗传算法及在水轮机调速器参数优化中的应用[J]. 大电机技术, 2003(5): 61-64.

[17] 南海鹏, 罗兴琦, 余向阳. 基于模糊遗传算法的水轮机调速器参数优化[J]. 西安理工大学学报, 2003, 19(3): 206-211.

[18] 康玲. 基于遗传算法的水轮机调速器参数优化方法[J]. 水电能源科学, 1999, 17(1): 32-34.

[19] 蒋传文, 王承民, 刘涌. 混沌变异进化规划在水轮机调速器 PID 参数优化中的应用[J]. 水电自动化与大坝监测, 2004, 28(4): 15-17.

[20] 魏星, 张青松, 黄辉. 基于改进粒子群算法的水轮机调速器参数优化[J]. 电力科学与工程, 2005(3): 48-51.

[21] 方红庆, 沈祖诒. 基于改进粒子群算法的水轮发电机组 PID 调速器参数优化[J]. 中国电机工程学报, 2005, 25(22): 120-124.

[22] 李琪飞, 李仁年, 敏政, 等. 水轮机 PID 调速器最佳参数整定及寻优计算方法[J]. 排灌机械, 2006, 24(4): 33-36.

[23] 沈祖诒. 水轮机调速器调节参数优化计算: 拟牛顿法[J]. 河海大学学报, 1990, 18(4): 52-59.

[24] 方勇纯. 非线性系统理论[M]. 北京: 清华大学出版社, 2009.

[25] 凌代俭, 陶阳, 沈祖诒. 考虑弹性水击效应时水轮机调节系统的 Hopf 分岔分析[J]. 振动工程学报, 2007, 20(4): 374-379.

[26] 凌代俭, 沈祖诒. 考虑饱和非线性环节的水轮机调节系统的分叉分析[J]. 水力发电学报, 2007, 26(6): 126-131.

[27] 把多铎, 袁璞, 陈帝伊, 等. 复杂管系水轮机调节系统非线性建模与分析[J]. 排灌机械工程学报, 2012, 30(4): 428-435.

[28] 丁聪, 把多铎, 陈帝伊, 等. 混流式水轮机调节系统的建模与非线性动力分析[J]. 武汉大学学报(工学版), 2012, 45(2): 187-192.

[29] 国家能源局. 水轮发电机组启动试验规程: DL/T 507—2014[S]. 北京: 中国电力出版社, 2014.

[30] 魏守平. 水轮机调节系统的空载特性仿真[J]. 水电自动化与大坝监测, 2009, 33(5): 20-25.

[31] 杨建东, 赖旭, 陈鉴治. 水轮机特性对调压室稳定断面积的影响[J]. 水利学报, 1998(2): 7-11.

[32] KISHOR N, SINGH S P, RAGHUVANSHI A S. Dynamic simulation of hydro and its state estimation based LQ control [J]. Energy conversion and management, 2006, 47: 3119-3137.

[33] 康玲, 姜铁兵, 叶鲁卿. 水轮发电机组闭环开机控制规律的研究[J]. 水利学报, 1999, 30(10):70-74.

[34] 张江滨, 解建仓, 焦尚彬. 水轮发电机组最佳开机规律研究与实践[J]. 水利学报, 2004, 35(3):53-59.

[35] International Electrotechnical Committee. Guide to specification of hydraulic turbine governing systems: IEC 63162: 2012[S]. [S.l.]: [s.n.], 2012.

[36] 王丹, 杨建东, 高志芹. 导叶开启时间对水电站过渡过程的影响[J]. 水利学报, 2005(1): 120-124.

[37] 克里夫琴科. 水电站动力装置中的过渡过程[M]. 常兆堂, 周文通, 吴培豪, 译. 北京: 水利出版社, 1981.

第 3 章

调压设施的设置条件

增设调压设施是改善长输水管道水电站运行条件的一种可靠措施。它既可以降低压力管道的水击压强，防止尾水管出现过大的真空度而产生水柱分离，又可以提高输水发电系统的运行稳定性和调节品质。但由于调压设施（通常是指调压室、明满流尾水子系统、压力前池等）的尺寸一般都比较大，造价较高，尤其是低水头水电站，其造价所占比重更大。因此，输水发电系统是否需要设置调压设施，要根据水电站输水管道的布置，压力引水道和压力尾水道沿线的地形、地质条件，机组运行参数，水电站在电力系统中的作用等因素，进行调节保证、运行稳定性、调节品质等方面的分析与计算，得到相应的极值和机组运行性能指标等，并与有关规范和设计要求的允许值做比较，进行技术、经济分析后最终确定。

调压设施的设置条件是根据水电站调节保证、运行稳定性与调节品质等理论，在一定假设的前提下，推导得出的解析表达式，作为是否设置调压设施的初步判据，以供工程设计参考。本章的主要内容是分别推导基于水电站调节保证参数、基于水电站运行稳定性和基于水电站调节品质的调压设施设置条件，并以工程实例说明三个设置条件所起的作用。

3.1 基于水电站调节保证参数的调压设施设置条件

基于水电站调节保证参数的调压设施设置条件需从上游调压设施设置条件和下游调压设施设置条件两方面进行分析，且它们均与水击压强及机组转速上升有关。

3.1.1 水击压强与机组转速上升的解析解

1. 水击压强的解析解

忽略式（1-1）、式（1-2）中的非线性项和摩阻项，得到标准双曲型偏微分方程[1]：

$$g\frac{\partial H}{\partial x}+\frac{\partial V}{\partial t}=0 \tag{3-1}$$

$$\frac{\partial H}{\partial t}+\frac{a^2}{g}\frac{\partial V}{\partial x}=0 \tag{3-2}$$

其通解为

$$\Delta H=H-H_0=F\left(t-\frac{x}{a}\right)+f\left(t+\frac{x}{a}\right) \tag{3-3}$$

$$\Delta V=V-V_0=-\frac{g}{a}\left[F\left(t-\frac{x}{a}\right)+f\left(t+\frac{x}{a}\right)\right] \tag{3-4}$$

式中：H_0、V_0 分别为测压管水头和流速的初始值；F、f 为波函数；a、g 分别为水击波速和重力加速度。尽管确定 F、f 两个波函数必须利用初始条件和边界条件，但它们独特的性质与初始条件和边界条件无关。该性质是 t 和 x 的组合不变，函数值不变。

例如，$F: t-\frac{x}{a}=t+\Delta t-\frac{x+\Delta x}{a}\left(\Delta t=\frac{\Delta x}{a}\right)$，故$F\left(t-\frac{x}{a}\right)=F\left(t+\Delta t-\frac{x+\Delta x}{a}\right)$。

因此，F是一个波函数，并且是以a沿x轴正方向，向上游传播的水击波，称为正向波或逆流波；同理，f也是一个波函数，并且是以a沿x轴反方向，向下游传播的水击波，称为反向波或顺流波。

式（3-3）和式（3-4）是有量纲的表达式，为了方便起见，将其转换为无量纲的形式。令$\xi=\frac{H-H_0}{H_0}$，$v=\frac{V}{V_{max}}$（V_{max}为最大流速），$v_0=\frac{V_0}{V_{max}}$（V_0为初始流速），$\Phi=\frac{F}{H_0}$，$\varphi=\frac{f}{H_0}$，$\rho=\frac{aV_{max}}{2gH_0}$，于是

$$\xi=\Phi+\varphi \tag{3-5}$$

$$2\rho(v_0-v)=\Phi-\varphi \tag{3-6}$$

在直接水击条件下，即阀门开启或关闭时间$T_s \leqslant 2L/a$（L为管道长度）时，管道末端的水击压强只受到向上游传播的正向波的影响，波函数f=0。因此，在式（3-3）和式（3-4）中消去F，可以得到计算直接水击的茹可夫斯基（Joukowski）公式：

$$\Delta H=H-H_0=-\frac{a}{g}(V-V_0)=\frac{a}{g}(V_0-V) \tag{3-7}$$

式（3-7）揭示了一条重要的自然规律：水击压强大小与流速变化量和水击波速的乘积成正比，反映了水弹性能转换的物理实质。

在间接水击、简单管条件下，可得出阿维列的连锁方程[1]：

$$\xi_i^A+\xi_{i+1}^A=2\rho(\tau_i\sqrt{1+\xi_i^A}-\tau_{i+1}\sqrt{1+\xi_{i+1}^A}) \tag{3-8}$$

式（3-8）是计算间接水击的递推公式，只要给出了每相末的相对开度$\tau_1, \tau_2, \dots, \tau_n$，就可以求出阀门处的相对测压管水头$\xi_1^A, \xi_2^A, \cdots, \xi_n^A$，其初始条件为$\xi_0^A=0$。式（3-8）反映了管道瞬变流弹性波传播、反射和叠加的内在规律。

在递推公式式（3-8）中，τ_i的大小和变化规律可以任意给定。若阀门按直线规律启闭，根据最大压强发生的时间将水击归纳为两类：一相水击和末相水击（极限水击）。产生不同水击现象的原因是阀门的反射特性不同，其判别条件是$\rho\tau_0$是否大于1。

1）一相水击

一相水击是指最大压强出现在一相末的水击，其判别条件为$\rho\tau_0<1$。

$$\xi_1^A=2\rho(\tau_0-\tau_1\sqrt{1+\xi_1^A})$$

当ξ_1^A小于50%时，可应用级数展开，并简化为

$$\xi_1^A=\frac{2\sigma}{1+\rho\tau_0-\sigma} \tag{3-9}$$

其中：当阀门关闭时，$\sigma=\frac{LV_{max}}{gH_0T_s}$；当阀门开启时，$\sigma=-\frac{LV_{max}}{gH_0T_s}$。

2）末相水击

当$\rho\tau_0>1$且$T_s \geqslant 3T_r$（$T_r=2L/a$，称为相长）时，发生极限水击，近似有$\xi_{m+1}^A \approx \xi_m^A$，则

$$\xi_m^A = \frac{\sigma}{2}(\sigma + \sqrt{\sigma^2 + 4}) \tag{3-10}$$

简化可得

$$\xi_m^A = \frac{2\sigma}{2-\sigma} \tag{3-11}$$

除了上述假设和简化之外，解析法最主要的假设是，基于水击压强的时程变化主要取决于水轮机引用流量时程变化的内在规律，以阀门流量方程来替代水轮机的流量特性，并将阀门移至输水管道子系统的末端。

对如图 3-1（a）所示的实际输水管道子系统（串联管）按等价管三原则进行处理，即等价管的长度与原管相同、相长与原管相同、管中水体动能等与原管相同。

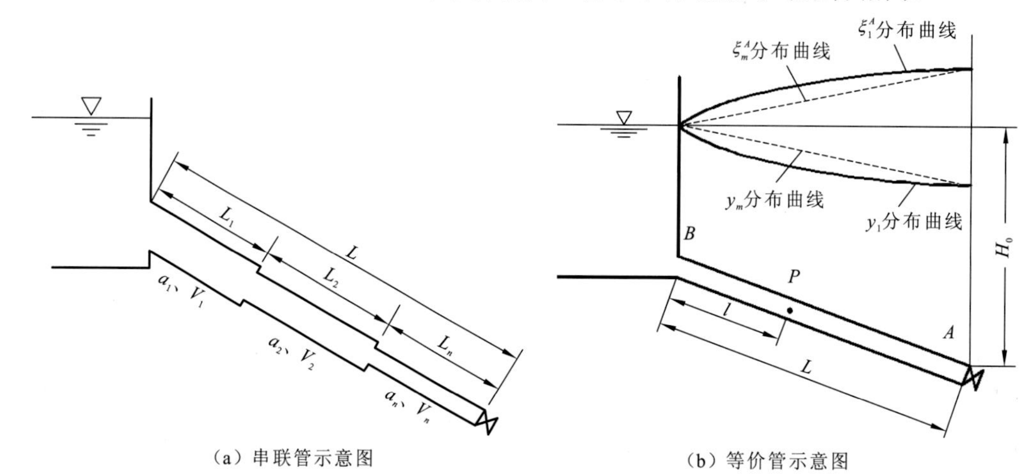

（a）串联管示意图　　（b）等价管示意图

图 3-1　串联管与对应的等价管示意图

y_1 表示一相水击最小压强分布线；y_m 表示末相水击最小压强分布线

根据上述三原则，可得出如下表达式：

$$L = \sum_{i=1}^{n} L_i \tag{3-12}$$

$$a_e = L \Big/ \sum_{i=1}^{n} \frac{L_i}{a_i} \tag{3-13}$$

$$V_e = \sum_{i=1}^{n} L_i V_i / L \tag{3-14}$$

且等价管的特性系数为

$$\rho_e = \frac{a_e V_e}{2gH_0}, \qquad \sigma_e = \pm \frac{L V_e}{g H_0 T_s'} \tag{3-15}$$

式中：L_i、V_i、a_i 分别为串联管各管段的长度、流速和水击波速；L、V_e、a_e 分别为等价管的长度、流速和水击波速；T_s' 为水轮机导叶有效关闭时间。

2. 机组转速上升的解析解

在一阶发电机的假设下，其动量矩方程如下：

$$J\frac{\mathrm{d}\omega}{\mathrm{d}t}=M_t-M_g \tag{3-16}$$

式中：$J=\frac{\mathrm{GD}^2}{4g}$，$\mathrm{GD}^2$为飞转力矩；$\omega$为角速度；$M_t$为水轮机轴端力矩；$M_g$为发电机阻力矩。当机组甩负荷时，转速最大升高率可按式（3-17）计算。

$$\beta_{\max}=\sqrt{1+\frac{365N_r(2T_c+T_nf')}{\mathrm{GD}^2n_r^2}}-1 \tag{3-17}$$

式中：N_r为机组额定出力；n_r为机组额定转速；T_c为接力器动作的迟滞时间；T_n为升速时间，与导叶有效关闭时间T_s'之间有着近似关系$T_n=(0.9-0.000\,63n_s)T_s'$（$n_s$为比转速）；$f'$为水击作用的修正系数[2]。

对于一相水击：

$$f'=\frac{\sigma m^2}{m+\sigma-m\sigma}\left(\frac{2}{\varepsilon}-\frac{4m}{3\varepsilon}\right)-\frac{4\sigma}{2-\sigma}\left[\frac{m}{\varepsilon}-\frac{m^2}{2\varepsilon}-0.156\left(\frac{m}{\varepsilon}\right)^{3.2}\right]+\frac{2+\sigma}{2-\sigma}(1.375-0.524\varepsilon) \tag{3-18}$$

对于末相水击：

$$f'=\frac{2}{\varepsilon}\frac{2+\sigma}{2-\sigma}\left(\varepsilon-\frac{\varepsilon^2}{2}\right)+\frac{2}{\varepsilon}\frac{2\sigma^2}{4-\sigma^2}\left[(1-\varepsilon)^{\left(\frac{2}{\sigma}+1\right)}-1\right] \tag{3-19}$$

其中，$m=\frac{T_r}{T_s'}$，$\varepsilon=\frac{T_n}{T_s'}$。

我国原长江流域规划办公室提出的转速最大升高率计算公式的形式与式（3-17）一致，但其修正系数只适用于一相水击，可近似表示为$f'=1.003+0.414\sigma+0.589\sigma^2$，是上凹的上升曲线。

苏联列宁格勒金属工厂公式（未计入迟滞时间T_c的作用），对应的修正系数只适用于末相水击，可近似表示为$f'=0.967+1.967\sigma-1.196\sigma^2$，是下凹的上升曲线。

3.1.2　上游调压设施的设置条件

由一相水击公式式（3-9）和末相水击公式式（3-11）可知：有压管道越长，其水流惯性加速时间$T_w=\sum LV/(gH_0)$越大，水击压强越大。

由式（3-17）可知，机组惯性加速时间$T_a=\frac{\mathrm{GD}^2n_r^2}{365N_r}$越小，机组转速升高越大。因此，不设置上游调压设施的限制条件是，在过渡过程中蜗壳末断面水击压强极值及机组转速升高极值应满足设计规范的要求[2]。

将水击特性系数$\sigma=\frac{\sum L_iV_i}{gH_PT_s'}$（$H_P$为蜗壳末端水击压强水头）代入末相水击式（3-11）中，就可以得到水流惯性加速时间T_w与水击压强相对最大值$\xi_{\max}$和导叶有效关闭时间T_s'的函数表达式，即

$$T_w=\frac{\sum L_iV_i}{gH_P}=\frac{2\xi_{\max}T_s'}{2+\xi_{\max}} \tag{3-20}$$

国内外学者根据自身的经验（即 $\xi_{\max}$ 和 T_s' 的取值范围），提出了相应的上游调压设施设置条件。苏联 1970 年制定的水电站设计规范中规定，必须设置上游调压室的近似标准应满足 $\sum LV/H_0>K$，凡独立工作或装机容量大于系统总容量 50%的水电站，建议 $K=16\sim20$；装机容量只占系统 10%～20%的水电站，建议 $K\geqslant50$；法国和日本设置调压室的条件为 $\sum LV/H_0>45$；古宾则认为设置调压室的条件为 $T_w=\sum LV/(gH_0)>3\sim6$ s；乔德里在其文章中提到的条件为 $T_w=\sum LV/(gH_0)>3\sim5$ s[3]。

2014 年我国颁布的《水电站调压室设计规范》（NB/T 35021—2014）[3]给出的判据是

$$\begin{cases}T_w>[T_w]\\ T_w=\dfrac{\sum L_iV_i}{gH_P}\end{cases} \tag{3-21}$$

式中：T_w 为机组上游侧压力管道中的水流惯性加速时间，s；L_i 为机组上游侧压力管道及蜗壳各段的长度，m；V_i 为各管段内相应的平均流速，m/s；g 为重力加速度，m/s^2；H_P 为设计水头，m；$[T_w]$ 为 T_w 的允许值，一般取 2～4s。

$[T_w]$ 的取值随水电站在电力系统中的作用而异，当水电站孤立运行，或者机组容量在电力系统中所占的比重超过 50%时，宜用小值；当比重小于 10%～20%时可取大值。

在此需要指出的是，《水电站调压室设计规范》（DL/T 5058—1996）[4]中 L_i 的定义为压力管道及蜗壳和尾水管（无下游调压室时应包括压力尾水道）各段的长度（m）。与式（3-20）的定义有本质的差别，并且是错误的，理由如下。

式（3-20）是根据简单管的处理得到的。式（3-20）中的 $\xi_{\max}$ 并不是蜗壳末端的相对水击压强，而是将反击式水轮发电机组移至压力尾水道之后的简单管末端的相对水击压强。若求解蜗壳末端的相对水击压强，需要按式（3-22）进行折算：

$$\xi_s=\frac{L_pV_p+L_sV_s}{\sum L_iV_i}\xi_{\max} \tag{3-22}$$

式中：L_p、V_p 为蜗壳进口前压力管道的长度和平均流速；L_s、V_s 为蜗壳进口至末端的当量长度和当量流速。

将式（3-22）代入式（3-20）可知，求解蜗壳末端的相对水击压强只能计入机组上游侧压力管道中的水流惯性加速时间。

另外，从国内已有的工程实践可知：大朝山、小湾、龙滩等设有下游调压室的水电站，若计入尾水管至下游调压室的水流惯性加速时间，按文献[4]中 L_i 的定义，其 T_w 均超过了 4 s，但过渡过程计算和模型试验结果均表明不需要设置上游调压室，从而进一步佐证了文献[4]中 L_i 的定义是有误的。

文献[5]推导了基于一相水击和末相水击的引水管道最大允许长度计算公式：

$$L\leqslant\frac{T_s'\xi_1^A}{2V_0}\left(\frac{ngH_0+aV_0}{n+\xi_1^A}\right)\quad（一相水击） \tag{3-23}$$

$$L \leqslant \frac{9.81 H_0 T_s' \xi_m^A}{V_0 \sqrt{1+\xi_m^A}} \quad （末相水击） \tag{3-24}$$

式中：$T_s' = (0.7 \sim 0.8) T_s$ 为导叶有效关闭时间；n 为取决于混流式水轮机型号的修正系数，其范围为 1.32～2.10。

式（3-23）和式（3-24）仅仅考虑对水击压强的控制，而忽略对机组转速升高的控制，显然是不完整的。因为水电站调节保证分析的基本任务是合理选取导叶关闭时间，协调水击压强和转速上升之间的矛盾[1]，所以基于机组调节保证参数的调压设施设置条件不仅与水击压强有关，而且与机组转速升高有关，应该取决于有压管道水流惯性加速时间 T_w、机组惯性加速时间 T_a、水击压强相对最大值 ξ_{max}、机组转速最大升高率 β_{max} 4 个参数。

1. 理论推导

理论推导的基础思路是，既然导叶关闭时间是协调水击压强和转速上升之间矛盾的纽带，可以将一相水击公式式（3-9）和末相水击公式式（3-11）改写为

$$T_s = f_1(\xi, T_w) = \begin{cases} \dfrac{\xi+2}{\left(1+\dfrac{a}{2L}T_w\right)\xi} T_w & \text{(一相水击)} \\ \dfrac{\xi+2}{2\xi} T_w & \text{(末相水击)} \end{cases} \tag{3-25}$$

再将机组转速升高表达式式（3-17）改写为

$$T_s = f_2(\beta, T_a) = \frac{T_a \beta(\beta+2) - 2T_c}{\varepsilon f'} \tag{3-26}$$

联立式（3-25）和式（3-26），即令 $T_s = f_1(\xi, T_w) = f_2(\beta, T_a)$，就可以得出上游调压设施的设置条件 $[T_w]$ 的计算表达式[6]：

$$[T_w] = \begin{cases} \dfrac{T_r \xi_{max} [T_a \beta_{max}(\beta_{max}+2) - 2T_c]}{T_r \varepsilon f'(\xi_{max}+2) - T_a \xi_{max} \beta_{max}(\beta_{max}+2) + 2\xi_{max} T_c} & \text{(一相水击)} \\ \dfrac{2\xi_{max}[T_a \beta_{max}(\beta_{max}+2) - 2T_c]}{\varepsilon f'(\xi_{max}+2)} & \text{(末相水击)} \end{cases} \tag{3-27}$$

式中：T_r 为水击波相长，s；T_c 为接力器动作迟滞时间，s；ε 与水轮机比转速相关，数值为 0.9～0.000 63 n_s，n_s 为水轮机比转速；f' 为水击作用的修正系数，见式（3-18）和式（3-19）。

式（3-27）考虑的因素较为全面，其中蜗壳末端水击压强相对最大值 ξ_{max} 和机组转速最大升高率 β_{max} 可根据《水力发电厂机电设计规范》（NB/T 10878—2021）[7]取值。

2. 规律性分析及工程实例

1）规律性分析

由式（3-27）可知，$[T_w] = f(T_a, \xi_{max}, \beta_{max}, f', T_r, T_c)$，其规律如下。

（1）无论是一相水击条件下还是末相水击条件下，$[T_w]$ 随 T_a、ξ_{max}、β_{max} 的增大而

增加，显然这 3 个参数的增大都意味着直接或间接放宽水击压强，所以 T_w 的允许值增加；$[T_w]$ 随 f' 的增大而减小，其理由是 f' 增大就增大了水击压强，所以 T_w 的允许值必然减小。

（2）对于一相水击，$[T_w]$ 随 T_r 的增大而减小。T_r 越大，管道越长，对水击压强不利，所以 T_w 的允许值也必然减小。

（3）末相水击条件下 $[T_w]$ 与 T_a 呈线性变化关系，而一相水击条件下 $[T_w]$ 与 T_a 呈向上凹的二次曲线变化关系。在同参变量的前提下，两条曲线出现交叉。当 T_a 在交叉点左边时，末相水击条件下 $[T_w]$ 大于一相水击，当 T_a 在交叉点右边时，末相水击条件下 $[T_w]$ 小于一相水击，如图 3-2 所示。

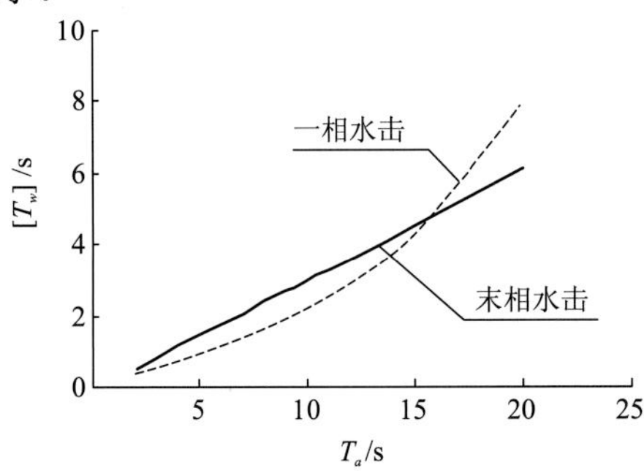

图 3-2 同参数（$\xi_{max}=35\%$，$\beta_{max}=50\%$，$f'=1.5$，$T_c=0.2$ s）不同水击方式下 $[T_w]$-T_a 对比关系曲线

2）工程实例

为了检验上述提出的上游调压室设置条件判别式是否合理，并与规范判别式进行对比，文献[8]选取了 3 座水头不同（高、中、低）的水电站，其基本资料见表 3-1。首先根据判别式计算不设置上游调压室的管道极限长度（表 3-2），然后采用 Topsys 软件由数值计算（包括 3 座水电站各自采用的水轮机特性曲线）得出机组的调节保证参数（表 3-3）。

表 3-1 高、中、低水头 3 座水电站的基本资料

基本参数	水电站（1）	水电站（2）	水电站（3）
流量/（m^3/s）	11.65	583.6	577.7
额定水头/m	412	115	67
流速/（m/s）	1.29	5.26	4.06
机组惯性加速时间 T_a/s	5.24	9.865	8.72
允许的蜗壳末端水击压强相对最大值/%	25	30	60
允许的机组转速最大升高率/%	55	50	53

表 3-2 按判别式计算的管道极限长度

项目	水电站（1）	水电站（2）	水电站（3）
水击类型	一相	末相	末相
按规范判别式计算的极限长度/m	6 254（$[T_w]$=2.00 s）	859（$[T_w]$=4.00 s）	648（$[T_w]$=4.00 s）
按本节判别式计算的极限长度/m	3 178（$[T_w]$=1.02 s）	580（$[T_w]$=2.70 s）	675（$[T_w]$=4.17 s）
导叶有效关闭时间 T_s/s	8.41	10.35	9.03

表 3-3　数值计算所得的调节保证参数

项目	水电站（1）		水电站（2）		水电站（3）	
	ξ_{max}/%	β_{max}/%	ξ_{max}/%	β_{max}/%	ξ_{max}/%	β_{max}/%
允许值	25	55	30	50	60	53
按规范所得调节保证参数	28.99	44.08	48.60	52.37	51.58	51.49
按本节方法所得调节保证参数	25.47	44.12	31.13	46.58	53.92	52.12

分析上述计算结果可以看出：

（1）无论水电站水头高低，按本节判别式计算所得的调节保证参数比按规范计算所得的调节保证参数更接近设计允许的调节保证参数。

（2）按本节判别式计算的$[T_w]$较为合理，偏离该值越大，所得的调节保证参数与其允许值差别越大。

（3）对于高水头水电站，不设置上游调压室的$[T_w]$有可能远远小于 2 s；对于低水头水电站，$[T_w]$有可能大于 4 s。其结果超出了规范判别式所给出的范围。

3.1.3　下游调压设施的设置条件

不设置下游调压设施的限制条件是，在过渡过程中尾水管进口断面不出现液柱分离，且机组转速升高满足规范要求[9]。

于是，可根据一维非恒定流理论，建立如图 3-3 所示的尾水系统中 1—1 断面至 2—2 断面的能量方程，在忽略尾水系统水头损失和出口断面流速水头的前提下，可得到尾水管 1—1 断面（进口断面）不形成液柱分离的条件，即

$$\frac{L_w}{g}\frac{\mathrm{d}V}{\mathrm{d}t}-\frac{V_1^2}{2g}\geqslant -8+\frac{\nabla}{900}+H_s \tag{3-28}$$

式中：L_w为尾水系统轴线长度，m；V为尾水道平均流速，m/s；V_1为尾水管进口断面平均流速，m/s；H_s为水轮机吸出高度，m；∇为水轮机安装高程处的海拔，m。

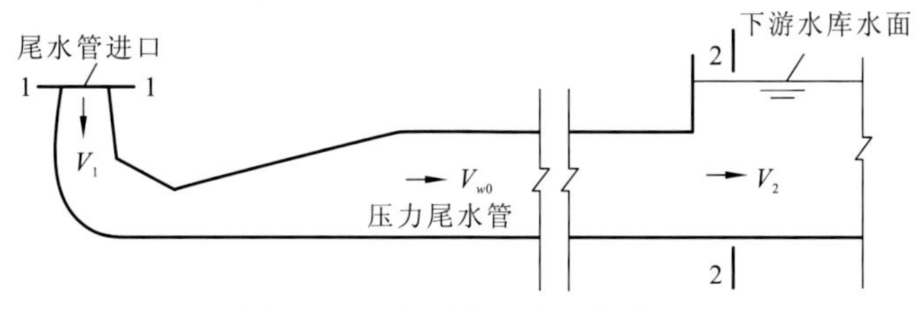

图 3-3　尾水系统理论分析简图

国内外学者根据自身的经验，直接改写式（3-28）得到相应的下游调压设施设置条件[3]。例如：

（1）苏联古宾教授公式：$L_w=\dfrac{3T_s'}{V_{w0}}\left(8-\dfrac{V_{wj}^2}{2g}-H_s\right)$[3]。

（2）我国机电设计手册推荐公式（克里夫琴科公式）：$L_w = K'\frac{gT'_s}{2V_{w0}}\left(8-\frac{V_{wj}^2}{2g}-H_s\right)$[3]，$K'$为考虑尾水管进口流速分布不均的修正系数。

（3）原中南勘测设计研究院李佛炎工程师推荐公式：$L_w = (0.9\sim0.78)\times\frac{gT'_s}{k'V_{w0}}\left(H_v-\varphi^2\frac{V_{wj}^2}{2g}-H_s\right)$，其中，$H_v$为尾水管进口处允许的最大真空度，$k'$为修正系数。近年来，对大型机组都只允许$H_v=7$ m水头，如三峡、龙滩、向家坝等水电站[3]。

（4）美国设置下游调压室的条件为$\sum LV>1800\ \mathrm{m^2/s}$[3]。

（5）2014年我国颁布的《水电站调压室设计规范》（NB/T 35021—2014）[3]规定的下游调压室的设置条件为

$$L_w>\frac{5T'_s}{V_{w0}}\left(8-\frac{\nabla}{900}-\frac{V_{wj}^2}{2g}-H_s\right) \tag{3-29}$$

式中：V_{w0}为稳定运行时压力尾水管中的流速，m/s；V_{wj}为稳定运行时尾水管进口流速，m/s。

以上所有判别式均是根据尾水管内是否产生液柱分离条件推出的尾水洞临界长度（即尾水系统轴线长度）L_w，一般认为只要水电站有压尾水洞的实际长度大于其临界长度就需要设置尾水调压室。而大量工程实践表明：有压尾水洞的实际长度远远超过式(3-29)给出的临界长度，但在机组甩全负荷时，尾水管内并没有产生液柱分离现象，主要原因是过去的研究均未考虑水击真空与流速水头真空的时序关系，仅简单地将两者的最大值相加等同为尾水管最大真空，使得尾水洞临界长度的计算值偏小，不利于工程设计。

1. 考虑水击真空与流速水头真空时序叠加的下游调压设施设置条件

理论推导的思路是，定义水击真空与流速水头真空随时间变化的综合函数，考虑水击真空与流速水头真空时序效应，得到该综合函数出现峰值的时刻，就可以准确地得到尾水管最大真空，从而推导出较为合理的尾水洞临界长度计算公式，推导过程如下[9]。

定义水击真空与流速水头真空随时间变化的综合函数$F(t)=F_1(t)+F_2(t)$，$F_1(t)=-\frac{V_1^2}{2g}$，$F_2(t)=\frac{L_w}{g}\frac{\mathrm{d}V}{\mathrm{d}t}$，则式（3-28）可改写为

$$F(t)\geqslant -8+\frac{\nabla}{900}+H_s \tag{3-30}$$

根据工程经验，可假定水轮机导水机构和机组过流量均按照直线规律变化，则有

$$F_1(t)=-\frac{Q_0^2}{2gA_1^2T_s'^2}(T'_s-t)^2=-\frac{V_{wj}^2}{2gT_s'^2}(T'_s-t)^2,\quad 0\leqslant t\leqslant T'_s \tag{3-31}$$

式中：Q_0为稳定运行时水轮机流量；A_1为尾水管进口断面面积；V_{wj}为稳定运行时尾水管进口流速；T'_s为水轮机导叶有效关闭时间。$F_1(t)$随时间的变化规律如图3-4所示。

再根据惯性水头的定义，将 $F_2(t)$ 用相对水击压强 ξ 和作用在水轮机上的净水头 H_0 表示为 $F_2(t)=-\xi H_0$，$F_2(t)$ 随时间的变化遵循一相水击［图 3-5（a）］和末相水击［图 3-5（b）］两种规律，图中零时刻对应机组突甩负荷的时刻。

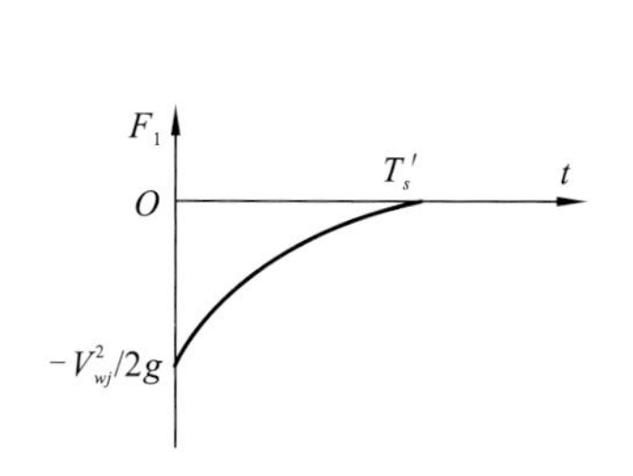

图 3-4　尾水管进口流速水头随时间变化的示意图

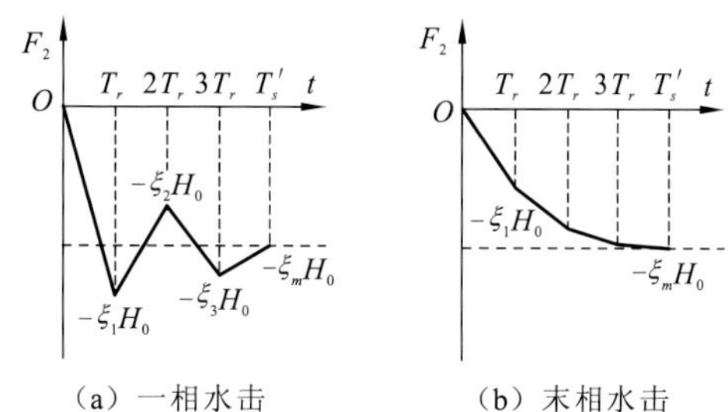

图 3-5　尾水管进口水击变化规律图

因此，对综合函数 $F(t)$ 求最小值可以确定尾水洞临界长度计算公式。

1）一相水击尾水洞临界长度

分析图 3-4 和图 3-5（a）的曲线变化规律，可以得到 $F(t)$ 出现最小值的时刻，为

$$t_{w1}=T_s'\left[1-\frac{aV_{w0}}{(1+\rho-\sigma)V_{wj}^2}\right] \tag{3-32}$$

式中：ρ 和 σ 分别为压力尾水洞特性系数和水击特性系数；a 为水击波速，m/s；V_{w0} 为稳定运行时压力尾水管中的流速，m/s。

通常，一相水击规律满足 $\rho<1.0$ 和 $\sigma<1.0$ 的条件。从量级上分析，$\dfrac{aV_{w0}}{(1+\rho-\sigma)V_{wj}^2}>1.0$ 恒成立。因此，有 $t_{w1}<0$，故 $F(t)$ 在时间区间 $(0, T_r)$ 内没有极值。$F(t)$ 的最小值只可能发生在 $t=T_r$ 或 $t=0$ 时刻。显然，$F(t)$ 在 $t=T_r$ 时的函数值远小于 $t=0$ 时刻的函数值，因此将 $t=T_r$，得到 $F(t)$ 的最小值，为

$$-\frac{V_{wj}^2}{2gT_s'^2}(T_r-T_s')^2-\frac{\xi_1H_0}{T_r}T_r=-\frac{V_{wj}^2}{2gT_s'^2}(T_r-T_s')^2-\frac{2L_wV_{w0}}{gT_s'(1+\rho-\sigma)}$$

再根据式（3-28），得到发生一相水击时的尾水洞临界长度计算公式：

$$L_{w1}=K'\frac{gT_s'}{2V_{w0}}(1+\rho-\sigma)\left[8-\frac{\nabla}{900}-H_s-\frac{V_{wj}^2}{2gT_s'^2}(T_s'-T_r)^2\right] \tag{3-33}$$

式中：K' 为考虑尾水管进口流速分布不均的修正系数。

2）末相水击尾水洞临界长度

分析图 3-4 和图 3-5（b）的曲线变化规律可知：$F(t)$ 在整个时间区间 $[0, T_s']$ 内都有可能产生最小值。根据德斯巴尔（Desparre）简化公式，可得

$$F(t)=-\frac{V_{wj}^2}{2gT_s'^2}(t-T_s')^2-\frac{2\sigma}{2-\sigma}H_0\left[1-\left(1-\frac{t}{T_s'}\right)^{\left(\frac{2}{\sigma}-1\right)}\right],\quad 0\leqslant t\leqslant T_s' \tag{3-34}$$

对 t 求导并令其等于零，可得到 $F(t)$ 出现最小值的时刻：

$$t_{wm}=T_s'\left[1-\left(\frac{V_{wj}^2}{2gH_0}\right)^{\frac{\sigma}{2-3\sigma}}\right] \tag{3-35}$$

通常情况下，有 $\frac{V_{wj}^2}{2gH_0}<1.0$，当 $\frac{\sigma}{2-3\sigma}<0$ 时，必然有 $t_{wm}<0$，故 $F(t)$ 在区间 $(0,\ T_s')$ 内没有极值，$F(t)$ 只可能在 $t=T_s'$ 时刻达到最小值，应为 $-\frac{2\sigma H_0}{2-\sigma}=-\frac{2L_wV_{w0}}{gT_s'(2-\sigma)}$，再根据式（3-28）得到发生末相水击时的尾水洞临界长度计算公式：

$$L_{wm}=K'\frac{gT_s'}{2V_{w0}}(2-\sigma)\left(8-\frac{\nabla}{900}-H_s\right) \tag{3-36}$$

当 $\frac{\sigma}{2-3\sigma}>0$ 时，有 $0<t_{wm}<T_s'$，$F(t)$ 在区间 $[0,\ T_s']$ 内有极值，为

$$-\frac{V_{wj}^2}{2g}\left(\frac{V_{wj}^2}{2gH_0}\right)^{\frac{2\sigma}{2-3\sigma}}-\frac{2\sigma H_0}{2-\sigma}\left[1-\left(\frac{V_{wj}^2}{2gH_0}\right)^{\frac{2-\sigma}{2-3\sigma}}\right]$$

与 $t=T_s'$ 时的极值 $-\frac{2\sigma H_0}{2-\sigma}$ 相比小得多。因此，根据式（3-14）有

$$L_{wm}=K'\frac{gT_s'}{2V_{w0}}(2-\sigma)\frac{8-\frac{\nabla}{900}-H_s-\frac{V_{wj}^2}{2g}\left(\frac{V_{wj}^2}{2gH_0}\right)^{\frac{2\sigma}{2-3\sigma}}}{1-\left(\frac{V_{wj}^2}{2gH_0}\right)^{\frac{2-\sigma}{2-3\sigma}}} \tag{3-37}$$

式（3-36）和式（3-37）即发生末相水击时的尾水洞临界长度计算公式。

2. 考虑尾水管最小压强及机组转速最大升高率的下游调压设施设置条件

式（3-33）、式（3-36）和式（3-37）是考虑水击真空与流速水头真空时序叠加的较为合理的尾水洞临界长度计算公式，它们仅关注尾水管最小压强。为此，借鉴上游调压设施设置条件的推导方法，分别将式（3-33）、式（3-36）和式（3-37）改写为导叶有效关闭时间 T_s' 的显函数表达式，再与机组转速升高的 T_s' 显函数表达式式（3-26）联立，就可以得出考虑机组转速最大升高率的压力尾水洞 $[T_w]$ 的计算表达式。

对于一相水击，压力尾水洞 $[T_w]_1$ 的计算式为

$$[T_w]_1=\frac{H_{P1}'\left[T_a\beta_{\max}(\beta_{\max}+2)-2T_c\right]}{H_{P1}'\left[\varepsilon f'-\frac{T_a\beta_{\max}(\beta_{\max}+2)-2T_c}{T_r}\right]+2\varepsilon f'H_0} \tag{3-38}$$

式中：$H_{P1}'=8-\frac{\nabla}{900}-H_s-\frac{V_{wj}^2}{2g}\left[\frac{\varepsilon f'T_r}{T_a\beta_{\max}(\beta_{\max}+2)-2T_c}-1\right]^2$；$[T_w]_1$ 为一相水击压力尾水洞允许的 T_w 值，s。

对于末相水击，压力尾水洞$[T_w]_m$的计算式如下。

当$T_w > \dfrac{2\left[T_a\beta_{\max}(\beta_{\max}+2)-2T_c\right]}{3\varepsilon f'}$时，

$$[T_w]_m = \frac{2\left(8-\dfrac{\nabla}{900}-H_s\right)\left[T_a\beta_{\max}(\beta_{\max}+2)-2T_c\right]}{\varepsilon f'\left[2H_0+\left(8-\dfrac{\nabla}{900}-H_s\right)\right]} \tag{3-39}$$

当$T_w < \dfrac{2[T_a\beta_{\max}(\beta_{\max}+2)-2T_c]}{3\varepsilon f'}$时，

$$[T_w]_m = \frac{2\left[8-\dfrac{\nabla}{900}-H_s-\dfrac{V_{wj}^2}{2g}\left(\dfrac{V_{wj}^2}{2gH_0}\right)^{\frac{2\sigma}{2-3\sigma}}\right]\left[T_a\beta_{\max}(\beta_{\max}+2)-2T_c\right]}{2\varepsilon f' H_0\left[1-\left(\dfrac{V_{wj}^2}{2gH_0}\right)^{\frac{2\sigma}{2-3\sigma}}\right]+\varepsilon f'\left[8-\dfrac{\nabla}{900}-H_s-\dfrac{V_{wj}^2}{2g}\left(\dfrac{V_{wj}^2}{2gH_0}\right)^{\frac{2\sigma}{2-3\sigma}}\right]} \tag{3-40}$$

式中：$[T_w]_m$为末相水击压力尾水洞允许的T_w值，s。

需要指出的是：尾水洞临界长度的三个计算式［即式（3-33）、式（3-36）和式（3-37）］均需迭代求解，而压力尾水洞$[T_w]$的计算式中仅式（3-40）需迭代求解，其余两式［即式（3-38）和式（3-39）］可直接求解。

3.2　基于水电站运行稳定性的调压设施设置条件

从第 2 章单管单机的输水发电系统运行稳定性的分析可知：水流惯性加速时间T_w是不利于稳定的，机组惯性加速时间T_a是有利于稳定的。因此，国家标准《水轮机调速系统技术条件》（GB/T 9652.1—2019）[10]明确规定：当采用 PID 调速器时，其T_w不大于 4 s；当采用 PI 调速器时，T_w不大于 2.5 s；T_w/T_a的值不大于 0.4。反击式机组的T_a不小于 4 s，冲击式机组的T_a不小于 2 s。否则，就需要调整T_w、T_a及两者的比值，或者设置调压设施。

因为单管单机的输水发电系统的运行稳定性不仅与T_w和T_a有关，还取决于水流弹性系数T_e、工况点的水轮机特性传递系数，以及调速器参数T_d、b_t等，所以推导基于水电站运行稳定性的调压设施设置条件时，只能抓住主要的影响因素，通常假设为：刚性水击，理想水轮机，PI 调速器。

3.2.1　基于刚性水击水电站运行稳定性的调压设施设置条件

在推导基于刚性水击水电站运行稳定性的调压设施设置条件时，不仅采用上述刚性水击、理想水轮机、PI 调速器等假设，而且考虑最不利情况，取$b_p=0$，忽略水头损失，其原因是水头损失及永态转差系数b_p越大，对稳定性越有利。由此得到水轮机调节系统的总传递函数：

$$G(s)=\frac{x(s)}{m_g(s)}=\frac{b_0s^2+b_1s}{a_0s^3+a_1s^2+a_2s+a_3} \tag{3-41}$$

式中：$a_0=0.5b_tT_dT_wT_a$；$a_1=b_tT_dT_a-T_dT_w(1-0.5b_t)$；$a_2=T_d(1+b_t)-T_w$；$a_3=1$；$b_0=-\frac{1}{2}b_tT_dT_w$；$b_1=-b_tT_d$；$x$为机组转速偏差相对值；$m_g$为发电机负载力矩偏差相对值；$T_w$为水流惯性加速时间，s；$T_a$为机组惯性加速时间，s；$T_d$为缓冲时间常数，s；$b_t$为暂态差值系数；$s$为拉普拉斯算子。

根据劳斯-赫尔维茨（Routh-Hurwitz）稳定条件可知，$a_0>0$，$a_1>0$，$a_2>0$，$a_3>0$并且赫尔维茨行列式$\Delta_2=a_1a_2-a_0a_3>0$时系统才是稳定的。显然，$a_0>0$及$a_3>0$是恒成立的，只需分析$a_1>0$，$a_2>0$及$\Delta_2>0$，就可以得出相应的设置调压设施的判据：

$$\begin{cases}T_w<b_tT_a/(1-0.5b_t)\\T_w<T_d(1+b_t)\\T_w<\dfrac{1}{2(1-0.5b_t)}[1.5b_tT_a+A-\sqrt{(1.5b_tT_a+A)^2-4b_tT_aA}]\end{cases} \tag{3-42}$$

式中：$A=T_d(1-0.5b_t)(1+b_t)$。

并且式（3-42）中第三式得到满足，则第一式和第二式也能自动得到满足，所以基于刚性水击水电站运行稳定性的调压设施设置初步判别条件是

$$\begin{cases}T_w<\dfrac{1}{2(1-0.5b_t)}[1.5b_tT_a+A-\sqrt{(1.5b_tT_a+A)^2-4b_tT_aA}], & b_t\neq 2\\T_w<0.667T_d(1+b_t), & b_t=2\end{cases} \tag{3-43}$$

在此需要指出的是，式（3-43）中的T_w是机组上游侧和下游侧压力管道中水流惯性加速时间之和，与基于调节保证的调压设施设置条件是不同的。其理由是：水轮机稳定运行时，机组上、下游侧的水流惯性均起着不利的影响，效果是一致的；而调节保证关注的机组甩负荷时，蜗壳末端的正水击压强主要取决于机组上游侧的水流惯性，而尾水管进口的负水击压强主要取决于机组下游侧的水流惯性。

我国颁布的《水电站调压室设计规范》（NB/T 35021—2014）推荐了美国垦务局和田纳西流域管理局使用的T_w-T_a判据图[3]（图 3-6）来判断系统的调速性能，图中的两条线将该图划分为三个区域，即①区、②区和③区。规范中指出：①区为调速性能好的区域，适用于占电力系统比重较大或孤立运行的水电站；②区为调速性能较好的区域，适用于占电力系统比重较小的水电站；③区为调速性能很差的区域，不适用于大中型水电站。但规范中并未明确指出处于哪一区不需要设置调压室。

图 3-6 中的两条线反映出了T_w与T_a之间的关系，而设置调压设施的判别式式（3-42）中的第二式与T_a无关，主要由第一式和第三式来体现T_w与T_a之间的关系。

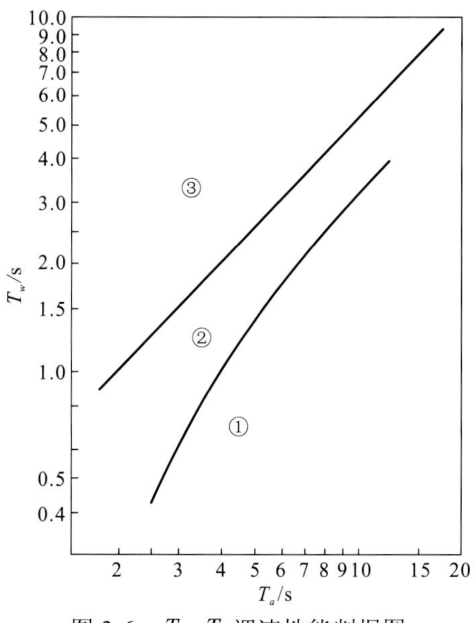

图 3-6　T_w - T_a 调速性能判据图

当 $b_t = 0.4$ 时，由第一式得出：

$$T_w = 0.5T_a \tag{3-44}$$

式（3-44）所示的直线与图 3-6 左上侧的直线完全吻合，因此图 3-6 左上侧直线可用式（3-44）来描述。

图 3-6 右下侧曲线可由第三式在 $b_t = 0.4$、$T_d = 8.0\,\text{s}$ 且曲线向下平移 0.8 条件下得出，故图 3-6 右下侧曲线可用式（3-45）描述，即

$$T_w = -\sqrt{\frac{9}{64}T_a^2 - \frac{7}{5}T_a + \frac{784}{25}} + \frac{3}{8}T_a + \frac{24}{5} \tag{3-45}$$

文献[8]采用数值计算方法证明了 T_w 与 T_a 位于①区内时，在外界扰动下转速波动是稳定的，可不设调压室；若 T_w 与 T_a 位于②区内，在外界扰动下转速波动有的稳定，有的发散，因此处在②区时需详细论证设置调压设施的可能性；而 T_w 与 T_a 位于③区内时，在外界扰动下转速波动均是发散的，因此处在③区时必须设置调压设施。

3.2.2　基于弹性水击水电站运行稳定性的调压设施设置条件

1. 三阶弹性水击方程下调压设施设置条件的分析

三阶弹性水击方程的表达式如下：

$$\frac{h(s)}{q(s)} = -T_w \frac{\frac{1}{24}T_r^2 s^3 + s}{\frac{1}{8}T_r^2 s^2 + 1} \tag{3-46}$$

式中：$q = \dfrac{Q - Q_0}{Q_r} = \dfrac{\Delta Q}{Q_r}$，$h = \dfrac{H - H_0}{H_r} = \dfrac{\Delta H}{H_r}$，$Q_0$ 和 H_0 分别为扰动前水轮机的流量和水头，

Q_r和H_r分别为水轮机额定流量和额定水头；T_w为水流惯性加速时间，s；T_r为水击波相长，s；s为拉普拉斯算子。

于是，水电站输水发电系统总传递函数为

$$G(s)=\frac{x(s)}{m_g(s)}=\frac{b_0s^4+b_1s^3+b_2s^2+b_3s}{c_0s^5+c_1s^4+c_2s^3+c_3s^2+c_4s+c_5} \tag{3-47}$$

其中，$c_5=1$，$c_4=T_d(1+b_t)-T_w$，$c_3=T_ab_tT_d-T_dT_w(1-0.5b_t)$，$c_0=\frac{1}{48}T_ab_tT_dT_r^2T_w$，$c_2=\frac{1}{2}T_ab_tT_dT_w+\frac{1}{8}T_r^2\left[T_d(1+b_t)-\frac{1}{3}T_w\right]$，$c_1=\frac{1}{8}T_r^2\left[b_tT_dT_a-\frac{1}{3}T_dT_w(1-0.5b_t)\right]$，$b_3=-b_tT_d$，$b_2=-\frac{1}{2}b_tT_dT_w$，$b_1=-\frac{1}{8}b_tT_dT_r^2$，$b_0=-\frac{1}{48}b_tT_dT_r^2T_w$。

由式（3-47）所示系统的特征方程在满足劳斯-赫尔维茨稳定条件下，即可推导出基于弹性水击水电站运行稳定性的调压设施设置条件。稳定条件如下：

（1）各项系数大于零，即$c_0>0$，$c_1>0$，$c_2>0$，$c_3>0$，$c_4>0$，$c_5>0$；

（2）$\Delta_2=a_1a_2-a_0a_3>0$，$\Delta_4=(a_1a_2-a_0a_3)(a_3a_4-a_2a_5)-(a_1a_4-a_0a_5)^2>0$。

因为$\Delta_2>0$及$\Delta_4>0$两个不等式较为复杂，所以文献[8]利用数值解法求得水轮机调节系统的稳定域。算例所采用的水电站基本资料是：转动惯量为75 000 t·m^2，水轮机额定出力为610 MW，额定转速为166.7 r/min，额定水头为288.0 m，额定流量为232.5 m^3/s，有压输水管道长1 176.52 m，平均断面积为61.64 m^2，即$T_w=1.57$ s，$T_a=9.54$ s。分别取水击波速为无穷大（刚性水击）、1 400 m/s、1 000 m/s及800 m/s进行数值模拟，以b_t、T_d为横纵坐标，以波速为参变量的稳定域边界线如图3-7所示。由图3-7可知，当b_t取值较大时，随波速的改变，稳定域边界线几乎重合；b_t取值较小时，随波速的增大，稳定域增大，且接近刚性水击稳定域边界线。

文献[11]给出了另一个算例，即$T_w=3.4$ s，$T_a=9.35$ s。图3-8展示出了不同相长下以调速器参数为坐标轴的稳定域。从中可知：刚性水击模型下的结果与弹性水击结果存在一定的差异，但总的趋势与图3-7一致，即水流弹性越大，稳定域越小。

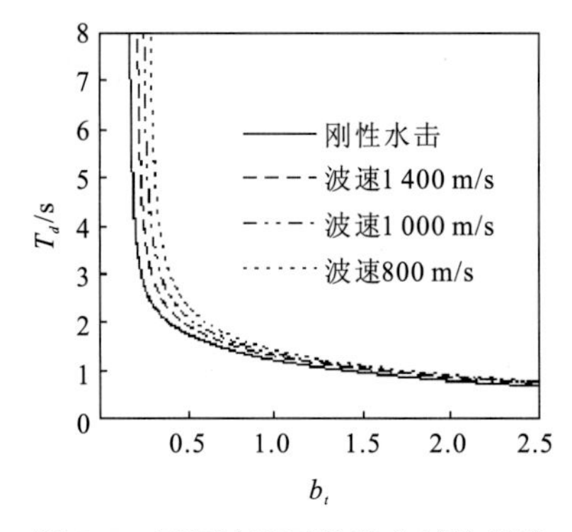

图3-7　不同波速下的稳定域边界线

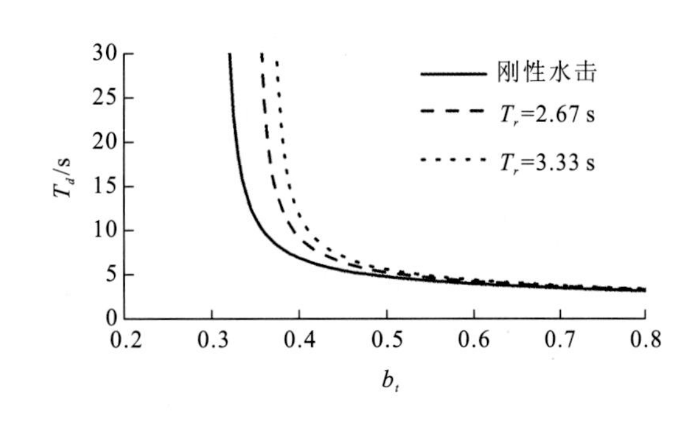

图3-8　T_r对稳定性的影响

式（3-47）所示的系统为5阶系统，很难从理论上推导出基于运行稳定性的调压设施设置判据的解析表达式，而实际水电站有压输水管道的水击波速一般在1 000 m/s左右，在此条件及T_w较小的前提下，弹性水击与刚性水击的稳定域边界线差别不大。因此，按刚性水击推导的水电站运行稳定性的调压设施设置判据是可行的，具有一定的指导意义。

2. 二阶弹性水击方程下调压设施设置条件的分析

为了得到基于弹性水击水电站运行稳定性的调压设施设置条件的解析表达式，推导中可采用二阶弹性水击方程，其表达式如下：

$$h = -T_w \frac{s}{\alpha_s T_r^2 s^2 + 1} q \tag{3-48}$$

式中：α_s为变量。

为了确定α_s的大小，文献[11]分别对未解耦的水流弹性水击方程式（2-7）、三阶弹性水击方程式（2-10）和二阶弹性水击方程式（2-12）进行了频域分析与对比，得出α_s取0.085时，二阶的幅频特性与式（2-7）吻合，相频特性与式（2-10）吻合。因此，采用二阶弹性模型不仅可以降低系统阶数，便于得到解析表达式，而且具有更高的模拟精度。

于是，水电站水轮机调节系统总传递函数为

$$G(s) = \frac{x(s)}{m_g(s)} = -\frac{b_3 s^3 + b_2 s^2 + b_1 s}{a_4 s^4 + a_3 s^3 + a_2 s^2 + a_1 s + a_0} \tag{3-49}$$

其中，

$$b_1 = b_t T_d, \quad b_2 = 0.5 T_w b_t T_d, \quad b_3 = 0.085 T_r^2 b_t T_d, \quad a_0 = 1, \quad a_1 = T_d(1+b_t) - T_w$$

$$a_2 = 0.085 T_r^2 + b_t T_a T_d - (1-0.5b_t) T_w T_d, \quad a_3 = 0.5 T_w b_t T_a T_d + 0.085 T_r^2 T_d (1+b_t)$$

$$a_4 = 0.085 T_a T_r^2 b_t T_d$$

同样，根据劳斯-赫尔维茨稳定条件，就可以得到二阶弹性水击方程下调压设施设置条件的判别式：

$$\begin{cases} T_w < \dfrac{\alpha_s T_r^2 + b_t T_a T_d}{(1-0.5b_t) T_d} \\ T_w < T_d(1+b_t) \\ T_w < \dfrac{c_1 + (T_a T_d b_t + 0.17 T_r^2)\sqrt{c_2}}{T_a T_d b_t (b_t - 2)} \end{cases} \tag{3-50}$$

其中，

$$c_1 = T_d(0.5 T_a T_d b_t - \alpha_s T_r^2)(b_t^2 - b_t - 2) - 3 T_a b_t (\alpha_s T_r^2 + 0.5 T_a T_d b_t)$$

$$c_2 = [0.5 T_d (b_t^2 - b_t - 2) + 0.5 T_a b_t]^2 + 2 T_a^2 b_t^2$$

并且式（3-50）中第三式得到满足，则第一式和第二式也能自动得到满足，所以基于弹性水击水电站运行稳定性的调压设施设置初步判别条件是

$$\begin{cases} T_w < \dfrac{c_1+(T_aT_db_t+0.17T_r^2)\sqrt{c_2}}{T_aT_db_t(b_t-2)}, & b_t \neq 2 \\ T_w < \dfrac{\alpha_sT_aT_dT_r^2+2T_a^2T_d^2-\alpha_s^2T_r^4}{3T_aT_d(\alpha_sT_r^2+T_aT_d)}T_d(1+b_t), & b_t = 2 \end{cases} \tag{3-51}$$

因为T_w与T_r两个参数是相关联的（$\dfrac{T_r}{T_w}=\dfrac{2gH_r}{aV}$，其中，$H_r$为额定水头，$a$为水击波速，$V$为管道流速），所以式（3-51）需要进行迭代求解。

当$T_r=0$（即刚性水击）时，式（3-51）得到简化，其结果与式（3-43）完全一致。这说明基于刚性水击的判别式只是基于弹性水击判别式的特例。

3.2.3 基于刚性水击与弹性水击水电站运行稳定性的调压设施设置条件的对比

水电站前期设计往往需要根据输水管道系统的水流惯性及机组惯性来确定是否需要设置调压设施。考虑水流弹性，取系数T_r=3.33 s，图 3-9 给出了不同b_t或不同T_d时，以T_a和T_w为横纵坐标的临界曲线，当T_a和T_w构成的坐标点落在曲线上方时为需要设置调压设施；反之，可以不设。

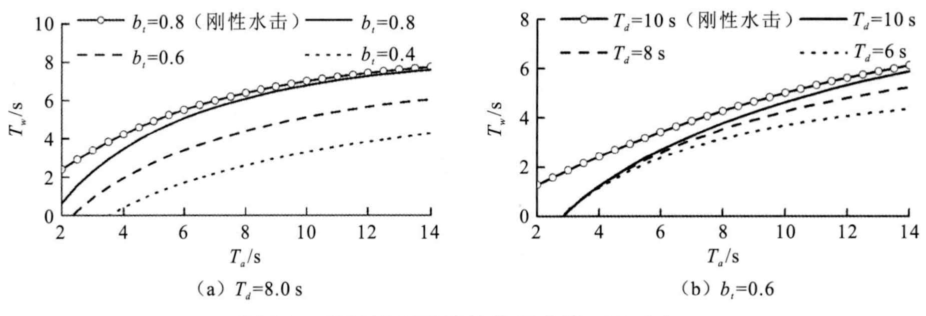

图 3-9 设置调压设施的临界曲线（T_a-T_w）

为了进一步说明水流弹性的影响，文献[11]仍采取T_w=3.4 s，T_a=9.35 s 的算例，当调速器参数b_t=0.5、T_d=5 s 时，计算机组转速的波动过程，其结果如图 3-10 所示。其中：实线为刚性水击，波动是稳定的；虚线为T_r=2.67 s，波动是发散的；点划线为T_r=3.33 s，波动更加发散。对应图 3-8 可知：当T_r=2.67 s 或T_r=3.33 s 时，b_t=0.5 与T_d=5 s 构成的坐标点落在临界曲线之外，所以机组转速的波动过程必然是发散的。

文献[11]还采用刚性水击模型及弹性水击模型下水电站运行稳定性的调压室设置条件，分别对我国已建及在建的 6 座装有混流式水轮发电机组的水电站进行了计算。6 座水电站的基本资料见表 3-4，计算结果见表 3-5，计算中取水击波速为 1 000 m/s，管道流速为 4 m/s，调速器参数为$b_t=0.4$，$T_d=8.0$ s。

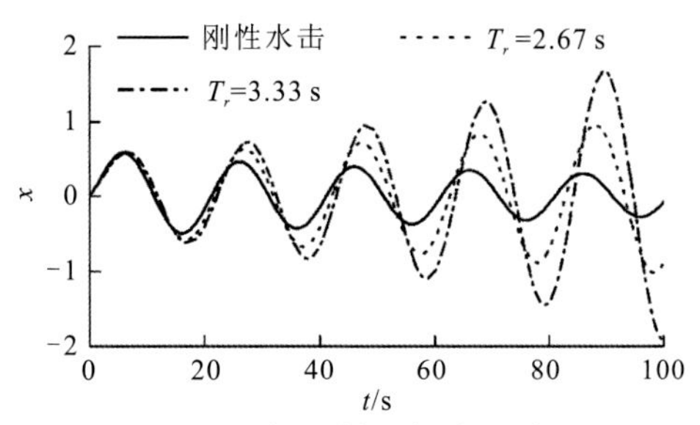

图 3-10 机组转速的波动过程

表 3-4 水电站基本资料

基本参数	水电站（1）	水电站（2）	水电站（3）	水电站（4）	水电站（5）	水电站（6）
流量/（m^3/s）	11.65	232.5	337.3	583.6	577.7	444.0
额定水头/m	412	288	200	115	67	58
机组惯性加速时间 T_a/s	5.24	9.46	10.07	9.865	8.72	8.02

表 3-5 计算结果表

项目	水电站（1）	水电站（2）	水电站（3）	水电站（4）	水电站（5）	水电站（6）
基于刚性水击的允许水流惯性加速时间 T_{w1}/s	2.284	3.607	3.762	3.711	3.407	3.206
基于弹性水击的允许水流惯性加速时间 T_{w2}/s	1.478	2.894	3.341	3.549	3.350	3.163
相对误差[$(T_{w1}-T_{w2})/T_{w2}$]/%	54.53	24.64	12.60	4.56	1.70	1.36

由计算结果可以得出，对于中、低水头水电站，基于弹性、刚性两种水击计算得出的满足机组运行稳定性的允许 T_w 差别不大，额定水头为 58 m 的水电站计算得出的允许 T_w 的相对误差仅为 1.36%，额定水头为 200 m 的水电站相对误差为 12.60%；对于高水头水电站而言，计算得出的允许 T_w 差别较大，对于额定水头为 412 m 的水电站，其相对误差高达 54.53%。

由此得出，对于中、低水头水电站，可运用基于刚性水击模型的调压室设置条件式（3-43）进行判别，对于高水头水电站，则需要考虑弹性水击，运用判别式式（3-51）进行判别。

3.3 基于水电站调节品质的调压设施设置条件

从第 2 章单管单机的输水发电系统调节品质的分析可知：即使输水发电系统的运行是稳定的，也不一定具有良好的调节品质，即动态响应的速动性和收敛性。

由于单管单机的输水发电系统的调节品质不仅与 T_w 和 T_a 有关（需要指出的是，T_a 越大，过渡过程衰减越慢，对调节品质是不利的），还取决于水流弹性系数 T_e、工况点的水轮机特性传递系数，以及调速器参数 T_d、b_t 等。因此，推导基于水电站调节品质的调压设施设置条件时，只能抓住主要的影响因素，通常假设为：刚性水击，并大网，二阶

PI 调速器。

从第 2 章调速器主要参数的整定可知：研究调节品质的方法是，在单管单机的输水发电系统数学模型的基础上，利用该调节系统开环对数频率特性或闭环根轨迹幅频特性，采用频率响应法或根轨迹的极点配置法，建立该调节系统时域调节品质指标（如调节时间 T_p 、超调量 δ 、振荡次数 X' ）与频域调节品质指标之间的联系。

为此，本节在上述假设和研究方法的基础上，从理论上探讨基于水电站调节品质的调压设施设置条件。

3.3.1 基于刚性水击水电站调节品质的调压设施设置条件

在刚性水击、二阶 PI 调速器的前提下，建立单管单机的输水发电系统的数学模型，其对应的输水发电系统的方块图见图 3-11。

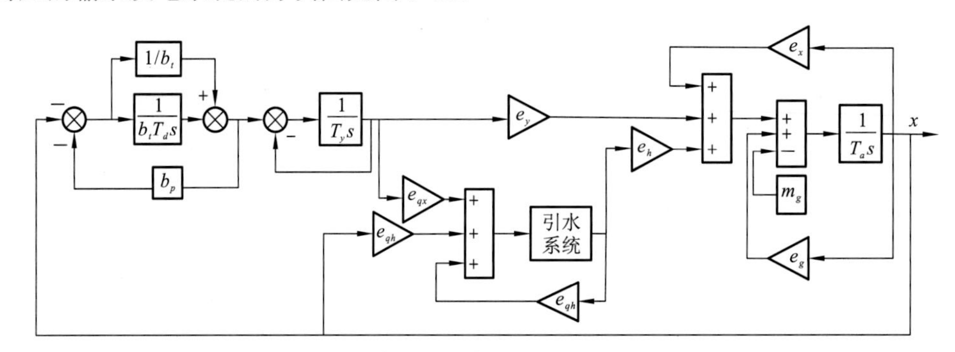

图 3-11　单管单机的输水发电系统水轮机调节的方块图

当负荷发生阶跃变化时，扰动量的传递函数为 $m_g(s)=m_{g0}/s$ ， m_{g0} 为负荷阶跃值，根据总传递函数得到阶跃输入响应下机组转速的拉普拉斯变换：

$$x(s)=\frac{Ms+N}{a_0s^3+a_1s^2+a_2s+a_3} \tag{3-52}$$

其中，

$$M=m_{g0}b_0,\quad N=m_{g0}b_1,\quad b_0=-e_{qh}b_tT_dT_w,\quad b_1=-(1+e_{qh}\alpha)b_tT_d$$

$$a_0=e_{qh}b_tT_dT_wT_a,\quad a_3=(e_ye_{qh}-e_he_{qy})\alpha+e_y$$

$$a_1=b_tT_d\{(1+e_{qh}\alpha)T_a+[(e_g-e_x)e_{qh}+e_he_{qx}]T_w\}+(e_ye_{qh}-e_he_{qy})T_wT_d$$

$$a_2=b_tT_d\{(e_g-e_x)+[(e_g-e_x)e_{qh}+e_he_{qx}]\alpha\}+[(e_ye_{qh}-e_he_{qy})\alpha+e_y]T_d+(e_ye_{qh}-e_he_{qy})T_w$$

式中： $\alpha=2h_0/H_0$ 为相对水头损失； e_g 为发电机负载自调节系数。

由文献[12]可知：当 b_t 、 T_d 、 T_w 及 T_a 满足式（3-53）时，该调节系统具有最好的调节品质，其动态响应性能指标为输水发电系统水轮机调节所能达到的最好性能指标。此时，式（3-52）所示的系统极点刚好落在单调型过渡过程域及振荡型过渡过程域的分界线上，因此三阶系统的实数极点与复数极点的实部相等，令特征方程的一对共轭复根为 $-\sigma'\pm\omega'\mathrm{j}$，则实数根为 $-\sigma'$，式（3-52）可改写为式（3-54）。

$$\begin{cases} \dfrac{a_1}{a_3^{1/3}a_0^{2/3}} = \dfrac{3}{2}\sqrt[3]{2} \\ \dfrac{a_2}{a_3^{2/3}a_0^{1/3}} = \dfrac{3}{\sqrt[3]{2}} \end{cases} \tag{3-53}$$

$$x(s) = \frac{(Ms+N)/a_0}{(s+\sigma')(s^2+2\sigma's+\sigma'^2+\omega'^2)} \tag{3-54}$$

将式（3-54）所示的波动改写为两个波动叠加，即

$$x(s) = x_1(s) + x_2(s) = \frac{\overline{A}}{s+\sigma'} + \frac{Bs+C}{s^2+2\sigma's+\sigma'^2+\omega'^2} \tag{3-55}$$

其中，$\overline{A} = \dfrac{-\sigma'M+N}{a_0\omega'^2}$，$B = \dfrac{\sigma'M-N}{a_0\omega'^2}$，$C = \dfrac{(\sigma'^2+\omega'^2)M-\sigma'N}{a_0\omega'^2}$。

对式（3-55）进行反拉普拉斯变换得到机组转速波动方程：

$$x(t) = x_1(t) + x_2(t) = \overline{A}e^{-\sigma't} + \overline{K}e^{-\sigma't}\sin(\omega't+\overline{\varphi}) \tag{3-56}$$

式中：$\overline{K} = \pm\sqrt{B^2+\left(\dfrac{C-B\sigma'}{\omega'}\right)^2}$（负荷向下阶跃时取“+”号；负荷向上阶跃时取“−”号）；$\tan\overline{\varphi} = \dfrac{B\omega'}{C-B\sigma'} = \dfrac{\sigma'}{\omega'} - \dfrac{1+e_{qh}\alpha}{e_{qh}}\dfrac{1}{\omega'T_w}$（$\overline{\varphi}$ 为第四象限角）；σ' 为系统衰减系数；ω' 为系统阻尼振荡角频率。

式（3-56）所示的方程即水电站输水发电系统最优调节品质下的机组转速波动方程。根据该波动方程推出峰值、衰减度、恢复时间、调节时间的计算表达式，并根据水轮机调节系统评价标准，从理论上推导出基于调节品质的调压设施设置判别式，具体如下。

（1）当转速波动最大允许偏差$[x_{\max}]$小于 0.074，即机组转速经半次波动进入允许带宽$|\Delta|=0.2\%$内时，满足调节品质要求的调压设施设置条件为

$$\begin{cases} \dfrac{T_w}{T_a} < \dfrac{[x_{\max}]E_{qh}W_T^2/|m_{g0}|}{e^{-T_1}\sqrt{\left(\dfrac{\sqrt{3}}{3}E_{qh}W_T-1\right)^2+(E_{qh}W_T)^2\left(\dfrac{\sqrt{3}}{4}\sqrt{4-\sin^2\overline{\varphi}}-\dfrac{3}{4}\sin\overline{\varphi}\right)}} \\ T_w < \dfrac{W_T[T_p]}{\pi-2\overline{\varphi}} \end{cases} \tag{3-57}$$

（2）当转速波动最大允许偏差$[x_{\max}]$大于 0.074，即机组转速经半次以上波动进入允许带宽$|\Delta|=0.2\%$内时，满足调节品质要求的调压设施设置条件为

$$\begin{cases} \dfrac{T_w}{T_a} < \dfrac{[x_{\max}]E_{qh}W_T^2/|m_{g0}|}{e^{-T_1}\sqrt{\left(\dfrac{\sqrt{3}}{3}E_{qh}W_T-1\right)^2+(E_{qh}W_T)^2\left(\dfrac{\sqrt{3}}{4}\sqrt{4-\sin^2\overline{\varphi}}-\dfrac{3}{4}\sin\overline{\varphi}\right)}} \\ T_w < \dfrac{W_T[T_p]}{\sqrt{3}\ln\dfrac{(1-\sin\overline{\varphi})|\overline{K}|}{|\Delta|}} \end{cases} \tag{3-58}$$

式中：$W_T=\frac{\sqrt{3}}{3e_{qh}}\left\{1+e_{qh}\alpha+[(e_g-e_x)e_{qh}+e_he_{qx}]\frac{T_w}{T_a}+\frac{e_ye_{qh}-e_he_{qy}}{b_t}\frac{T_w}{T_a}\right\}$；$E_{qh}=\frac{e_{qh}}{1+e_{qh}\alpha}$；

$\bar{\varphi}=\arg\tan\left(\frac{\sqrt{3}}{3}-\frac{1}{E_{qh}W_T}\right)$（$\bar{\varphi}$ 为第四象限角）；$T_1=\frac{\sqrt{3}}{3}\left[\arcsin\left(\frac{1}{2}\sin\bar{\varphi}\right)+\frac{1}{3}\pi-\bar{\varphi}\right]$；

$\bar{K}=\frac{|m_{g0}|\frac{T_w}{T_a}}{E_{qh}W_T^2}\sqrt{\left(\frac{\sqrt{3}}{3}E_{qh}W_T-1\right)^2+(E_{qh}W_T)^2}$；$[x_{\max}]$ 为转速波动最大允许偏差；$|\Delta|$ 为频率允许波动带宽；$[T_p]$ 为频率允许调节时间，s。

分析式（3-57）和式（3-58）可知：①当工况点一定时，不等式右边均仅为 $\frac{T_w}{T_a}$ 的函数，因此可根据此特点进行迭代求解。②当取理想水轮机参数，负荷阶跃扰动值取额定值的 10%，转速波动最大允许偏差 $[x_{\max}]$ 为 5%时，可根据式（3-57）得出理想水轮机参数下满足调节品质的调压设施设置条件，即 T_a 已知情况下，当水电站 $T_a<0.448[T_p]$ 时，水电站满足调节品质时所允许的最大 T_w 为 $[T_w]=0.33\,T_a$；当水电站 $T_a>0.448[T_p]$ 时，该水电站满足调节品质时所允许的最大 T_w 应满足

$$[T_w]<\frac{\frac{\sqrt{3}}{1.5}\left(1+0.5\frac{T_w}{T_a}-\frac{1}{b_t}\frac{T_w}{T_a}\right)[T_p]}{\pi-2\arg\tan\left(\frac{\sqrt{3}}{3}-\frac{\sqrt{3}}{1+0.5\frac{T_w}{T_a}-\frac{1}{b_t}\frac{T_w}{T_a}}\right)}$$

式（3-57）和式（3-58）是目前考虑因素较为全面的满足水电站调节品质的调压设施设置条件，但它们是基于刚性水击推导的。通过数值模拟对比分析弹性水击模型与刚性水击模型下的转速波动过程，发现弹性水击及刚性水击下转速波动过程的差别与 T_r 的大小无关，而与 T_r/T_w 有关。当 T_r/T_w<1.0 时，弹性水击与刚性水击模型下的机组转速波动过程差别不大，当 T_r/T_w>1.0 时，弹性水击下的机组转速波动与刚性水击下的机组转速波动的波形差别较大，因此对于 T_r/T_w>1.0 的水电站，不能将式（3-57）和式（3-58）作为设置调压设施的判据，应考虑水流和压力管道的弹性[11]。

当取水击波速 $a\approx1000\,\text{m/s}$，管道流速 $V\approx4.0\,\text{m/s}$，$g\approx10\,\text{m/s}^2$ 时，由 $T_r/T_w=\frac{2gH_r}{aV}$>1.0 可得 $H_r>200\,\text{m}$，即水电站为高水头水电站。由此可知，无论是基于水电站运行稳定性，还是基于水电站调节品质来判断是否需要设置调压设施时，对于高水头水电站均应考虑水流和压力管道的弹性[11]。

3.3.2 基于弹性水击模型的水电站调节品质的调压设施设置条件

在二阶弹性水击、一阶 PI 调速器的前提下，建立单管单机水电站水轮机调节系统的数学模型。当负荷发生波动时，假设为阶跃扰动，其传递函数为 $m_g(s)=m_{g0}/s$ ，m_{g0} 为负荷阶跃值。由式（3-49）可以得到机组转速的拉普拉斯变换：

$$x(s)=\frac{b_3's^2+b_2's+b_1'}{a_4s^4+a_3s^3+a_2s^2+a_1s+a_0} \tag{3-59}$$

其中，

$$b_1'=m_{g0}b_1,\quad b_2'=m_{g0}b_2,\quad b_3'=m_{g0}b_3\,[b_1、b_2、b_3\text{ 见式（3-49）}],\quad a_0=1$$

$$a_1=T_d(1+b_t)-T_w,\quad a_2=0.085T_r^2+b_tT_aT_d-(1-0.5b_t)T_wT_d$$

$$a_3=0.5T_wb_tT_aT_d+0.085T_r^2T_d(1+b_t),\quad a_4=0.085T_aT_r^2b_tT_d$$

对于实际水电站，当调速器参数取在一个比较合理的范围内时，对式（3-59）进行极点分析，可知其极点存在一对共轭复根，且靠近虚轴，为主导极点，是系统能否稳定的关键。另外，两根可能是共轭复根，也可能为两实根，对于系统的稳定影响较小。由此可以将式（3-59）转化为如下形式：

$$x(s)=\frac{d_5s+d_6}{s^2+d_1s+d_2}+\frac{d_7s+d_8}{s^2+d_3s+d_4} \tag{3-60}$$

其中，

$$d_1=(a_3/a_4-\sqrt{8s'+a_3^2/a_4^2-4a_2/a_4})/2,\quad d_2=s'-(a_3s'-a_1)/\sqrt{8s'a_4^2+a_3^2-4a_2a_4}$$

$$d_3=(a_3/a_4+\sqrt{8s'+a_3^2/a_4^2-4a_2/a_4})/2,\quad d_4=s'+(a_3s'-a_1)/\sqrt{8s'a_4^2+a_3^2-4a_2a_4}$$

$$s'=\sqrt[3]{-\frac{\bar{q}}{2}+\sqrt{\frac{\bar{q}^2}{4}+\frac{\bar{p}^3}{27}}}+\sqrt[3]{-\frac{\bar{q}}{2}-\sqrt{\frac{\bar{q}^2}{4}+\frac{\bar{p}^3}{27}}}+\frac{a_2}{6a_4}$$

$$\bar{q}=-\frac{a_2^2}{108a_4^2}+\frac{a_2(a_1a_3-4a_0a_4)}{24a_4^3}+\frac{a_0(4a_2a_4-a_3^2)}{8a_4^3}-\frac{a_1^2}{8a_4^2},\quad \bar{p}=\frac{a_1a_3}{4a_4^2}-\frac{a_0}{a_4}-\frac{a_2^2}{12a_4^2}$$

并且由 $a_4\begin{pmatrix}1&0&1&0\\d_3&1&d_1&1\\d_4&d_3&d_2&d_1\\0&d_4&0&d_2\end{pmatrix}\begin{pmatrix}d_5\\d_6\\d_7\\d_8\end{pmatrix}=\begin{pmatrix}0\\b_3'\\b_2'\\b_1'\end{pmatrix}$ 可求得 d_5、d_6、d_7、d_8。

因为 $d_1<d_3$，所以其对应的二次项所得极点为主导极点，系统的波动过程及稳定性主要受该项的影响[13]。因此，仅保留该项，由反拉普拉斯变换可以得到简化后的转速波动方程：

$$x(t)=\bar{K}\mathrm{e}^{-\bar{\delta}t}\sin(\omega't+\bar{\varphi}) \tag{3-61}$$

式中：$\bar{K}=\sqrt{d_5^2+(d_6-d_5\bar{\delta})^2/\omega'^2}$、$\bar{\varphi}=\arctan[d_5\omega'/(d_6-\bar{\delta}d_5)]$、$\bar{\delta}=d_1/2$、$\omega'=\sqrt{4d_2-d_1^2}/2$ 分别为波动的振幅、初始相位、衰减度及角频率。

将 b_t=0.5，T_d=6 s，T_w=3.4 s，T_a=9.35 s 代入式（3-60）和式（3-61）可得波动过程图图 3-12。从中可以看出：简化后的解析计算结果与数值计算结果较为吻合，除在第一波峰之前存在明显差异外，后续的波动过程基本重合。

水电站输水发电系统发生小波动干扰时，要求机组转速能快速收敛并进入工程实际中所需求的转速带宽。一般规定，在负荷扰动为 $m_g=-0.1$ 的情况下，转速或频率进入带宽 $\Delta<0.2\%$的调节时间 $T_p\leqslant 30\,\mathrm{s}$ 。图 3-12 展示出了波动带宽。

由式（3-61）可知，转速的波动过程线一定被两条包络线所包围，如图 3-12 所示。当其包络线进入规定的带宽内时，波动过程可以保证在带宽以内，故可以将包络线进入带宽的时间近似作为波动进入带宽的收敛时间。其中，上下包络线的表达式为

$$x_e(t)=\bar{K}\mathrm{e}^{-\bar{\delta}t} \tag{3-62}$$

因此，机组调节时间满足如下条件：

$$t=\frac{\ln\bar{K}-\ln\Delta}{\bar{\delta}}<T_p \tag{3-63}$$

将 $\bar{K}$ 及 $\bar{\delta}$ 的表达式代入式（3-63)，即可得出基于调节品质的调压设施设置条件。分析可知，若参数处于图 3-13 边界上，调节时间为无穷大；调节时间越大，基于调节品质推导的设置条件越接近基于运行稳定性推导的设置条件。取 $b_t=0.8$，$T_d=8\,\mathrm{s}$，可计算出不同调节时间下的调压设施设置条件，如图 3-13 所示，其趋势完全满足上述理论分析，故验证了其数值计算的正确性。

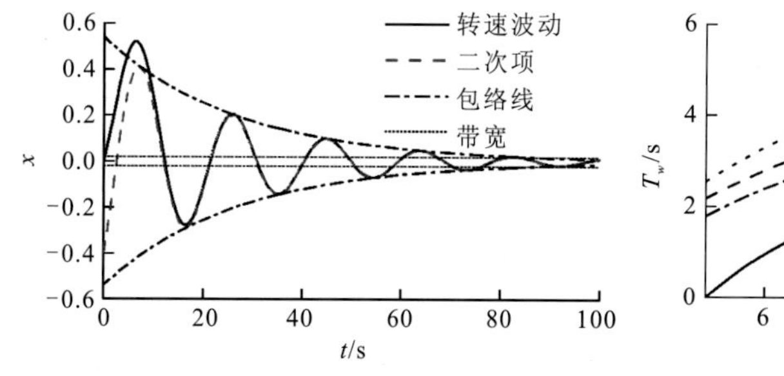

图 3-12　转速波动简化

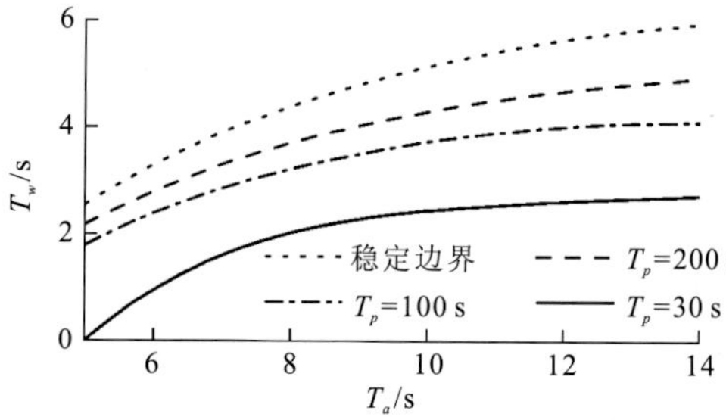

图 3-13　考虑调节品质后调压设施设置区间 T_a-T_w 图

本节利用包络线来代替波动曲线，所以推导出的方程势必会留下较大的裕度。同时，由于调速器参数存在优化的空间，在水电站调节品质不满足要求时，同样可以对调速器参数进行优化使其满足要求。因此，本节建议在设计阶段选取基于运行稳定性标准推导出的调压设施设置条件。对于设置条件已确定的水电站，可采用不同的调速器参数，利用基于调节品质推导出的调压设施设置条件进行校核。

3.4　基于调节保证、运行稳定性及调节品质的调压设施设置条件对比

采用基于调节保证、运行稳定性及调节品质的调压设施设置条件式（3-27)、式（3-43)、式（3-51)、式（3-57)、式（3-63)，分别对我国已建及在建的 6 座装有混流

式水轮发电机组的水电站进行计算。6 座水电站的基本资料及允许值见表 3-6，计算中管道流速为 4 m/s，调速器参数取 $b_t=0.4$，$T_d=8.0$ s。若考虑弹性水击，水击波速为 1 000 m/s。计算结果的对比见表 3-7 和图 3-14。

表 3-6　水电站基本资料及允许值

基本参数	水电站（1）	水电站（2）	水电站（3）	水电站（4）	水电站（5）	水电站（6）
流量/（m^3/s）	11.65	232.5	337.3	583.6	577.7	444.0
额定水头/m	412	288	200	115	67	58
机组惯性加速时间 T_a/s	5.24	9.46	10.07	9.865	8.72	8.02
允许的蜗壳末端水击压强相对最大值/%	25	25	30	30	60	60
允许的机组转速最大升高率/%	55	50	45	50	53	55

表 3-7　计算结果的对比

项目	水电站(1)	水电站(2)	水电站(3)	水电站(4)	水电站(5)	水电站(6)
基于调节保证的允许 T_w/s	1.02	1.92	2.41	2.70	4.17	4.012
基于运行稳定性的允许 T_w（刚性水击模型）/s	2.284	3.607	3.762	3.711	3.407	3.206
基于运行稳定性的允许 T_w（二阶弹性水击模型）/s	1.478	2.894	3.341	3.549	3.350	3.163
基于调节品质的允许 T_w（刚性水击模型）/s	1.729	3.122	3.323	3.256	2.878	2.647
基于调节品质的允许 T_w（二阶弹性水击模型）/s	1.206	2.126	2.46	2.818	2.519	2.412

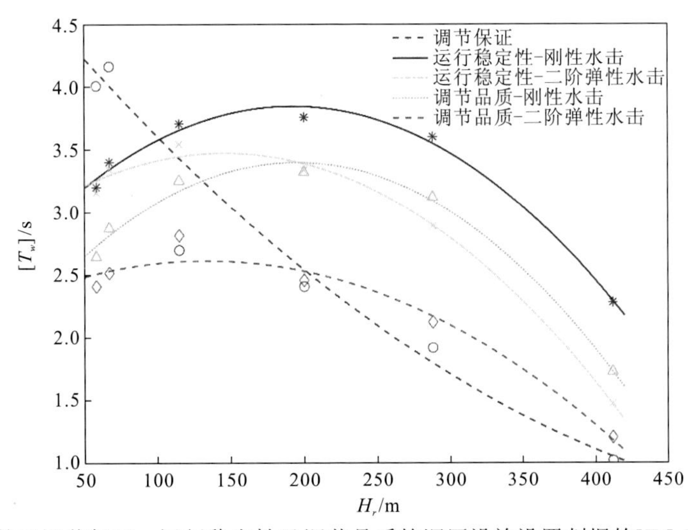

图 3-14　基于调节保证、运行稳定性及调节品质的调压设施设置判据的[T_w]-H_r 关系曲线

从中可以看出：

（1）基于调节保证、运行稳定性及调节品质的调压设施设置判据的$[T_w]$-H_r关系曲线均呈下凹的二次曲线。基于调节保证的$[T_w]$-H_r关系曲线变化最激烈，其极大值位于低水头，而基于运行稳定性及调节品质的$[T_w]$，其极大值位于中水头。

（2）无论是否考虑水流弹性，基于运行稳定性及调节品质的调压设施设置判据的$[T_w]$-H_r关系曲线下凹的形式完全一致。只是基于调节品质的调压设施设置判据的$[T_w]$小于基于运行稳定性的调压设施设置判据的$[T_w]$，这是必然的，调节品质要求越高，其$[T_w]$越小。

（3）基于弹性水击模型运行稳定性及调节品质的调压设施设置判据的$[T_w]$小于基于刚性水击模型运行稳定性及调节品质的调压设施设置判据的$[T_w]$，说明水流弹性不利于系统运行稳定性及调节品质，并且水流弹性越大（即水击波速越小），其$[T_w]$越小。

（4）对于某一水电站是否设置调压设施，应考虑调节保证、运行稳定性及调节品质三方面的因素，计算得出三个允许T_w值，取最小值作为判别依据。图3-14表明，高水头水电站是否设置调压设施由调节保证决定，其$[T_w]$有可能远远小于2s，这需要引起今后高水头水电站开发的重视；而低水头水电站是否设置调压设施则由调节品质决定，其$[T_w]$仅在2.5 s左右。因此，在引用《水电站调压室设计规范》（NB/T 35021—2014）确定$[T_w]$时，一定要慎重选取，进行较详细的论证与分析。

参 考 文 献

[1] 杨建东. 水电站[M]. 北京: 中国水利水电出版社, 2017.

[2] 杨建东, 詹佳佳, 蒋琪. 机组转速升高率的若干因素探讨[J]. 水力发电学报, 2007, 26(2):147-152.

[3] 国家能源局. 水电站调压室设计规范: NB/T 35021—2014 [S]. 北京: 中国电力出版社, 2014.

[4] 中华人民共和国电力工业部. 水电站调压室设计规范: DL/T 5058—1996 [S]. 北京: 中国电力出版社, 1996.

[5] 丁浩. 水电站有压引水系统非恒定流[M]. 北京: 水利电力出版社, 1986.

[6] 杨建东, 汪正春, 詹佳佳. 上游调压室设置条件的探讨[J]. 水力发电学报, 2008(5):114-117.

[7] 国家能源局. 水力发电厂机电设计规范: NB/T 10878—2021[S]. 北京: 中国水利水电出版社, 2021.

[8] 鲍海艳. 水电站调压室设置条件及运行控制研究[D]. 武汉: 武汉大学, 2010.

[9] ZHAO G L, YANG J D, XU Y J, et al. Research on the condition to set a tailrace surge tank [J]. Journal of hydrodynamics, 2004(16): 486-491.

[10] 国家市场监督管理总局, 中国国家标准化管理委员会. 水轮机调速系统技术条件: GB/T 9652.1—2019[S]. 北京: 中国标准出版社, 2019.

[11] 刘艳娜, 杨建东, 曾威. 弹性模型下基于稳定性的水电站调压室设置条件[J]. 水力发电学报, 2016, 35(3):99-104.

[12] 孔昭年. 水轮机调节系统极点分布域及调速器参数的整定[J]. 大电机技术, 1985(2): 59-64.

[13] 付亮, 李进平, 杨建东, 等. 尾水调压室水电站调节系统动态品质研究[J]. 水力发电学报, 2010, 29(2): 163-167.

第二篇

设有调压设施的输水发电系统过渡过程与控制

水电站调压设施通常有调压室、明满流尾水子系统、压力前池等。调压室布置在有压输水隧洞与有压管道之间，有上游调压室、下游调压室、上下游双调压室、上游双调压室多种布置方式。明满流尾水子系统首端与尾水管出口衔接，末端与下游河道或水库衔接，形式上分为变顶高尾水洞和设有尾水调压室的明满流尾水洞。压力前池布置在无压明渠与有压管道之间，通常用于小型水电站，本书不涉及这部分内容。

调压设施的设置，一方面减小了有压管道的水流惯性，有利于对水电站调节保证、输水发电系统运行稳定性及调节品质的控制。但另一方面，调压设施低频水位波动的叠加又给机组调节保证、输水发电系统运行稳定性及调节品质的控制带来了不利的影响，而这种不利的影响难以被调速器和导叶启闭规律所控制，增加了过渡过程分析与控制的难度。因此，本篇分为四章，分别论述设有调压室的输水发电系统调节保证分析与控制，以及运行稳定性及调节品质分析与控制；设有明满流尾水子系统的水电站调节保证分析与控制，以及运行稳定性及调节品质分析与控制。

第4章

设有调压室的输水发电系统调节保证分析与控制

从第 1 章论述的内容可知：调节保证分析与控制的基本任务是在机组紧急甩负荷时，协调水击压强大小和机组转速上升值两者之间的矛盾，选择适当的导叶关闭时间和关闭规律。对于设有调压室的输水发电系统，调节保证分析与控制的基本任务并没有改变，但应在满足设计要求的前提下，控制调压室最高/最低涌浪水位，减小调压室水位波动对调节保证的不利影响。为此，本章的主要内容是：调压室水位波动解析分析与控制、组合工况下调压室水位波动的理论分析、各种类型调压室水位波动的数学模型、调压室水位波动及机组调节保证的时程分析与控制。

4.1 调压室水位波动解析分析与控制

4.1.1 调压室水位波动的基本方程

无论是上游调压室还是下游调压室，其水位波动的基本方程均可在忽略水体的可压缩性、管壁的弹性及调压室中水体的惯性等假设下，根据一维非恒定流的动量方程和连续性方程获得。在此以上游调压室为例（图 4-1），列出水位波动的基本方程，即

$$\frac{L}{g}\frac{\mathrm{d}V}{\mathrm{d}t}=-Z-h_w-h_r \tag{4-1}$$

$$fV=F\frac{\mathrm{d}Z}{\mathrm{d}t}+Q \tag{4-2}$$

式中：L 为有压隧洞的长度，m；V 为有压隧洞的流速，m/s；Z 为调压室水位，以库水位为基准，向下为正，m；h_w 为有压隧洞的水头损失，m；h_r 为水流进/出调压室的局部水头损失，包括阻抗损失，m；F 为调压室断面积，与高程对应，m^2；Q 为压力管道的流量，m^3/s；f 为隧洞断面积，m^2。

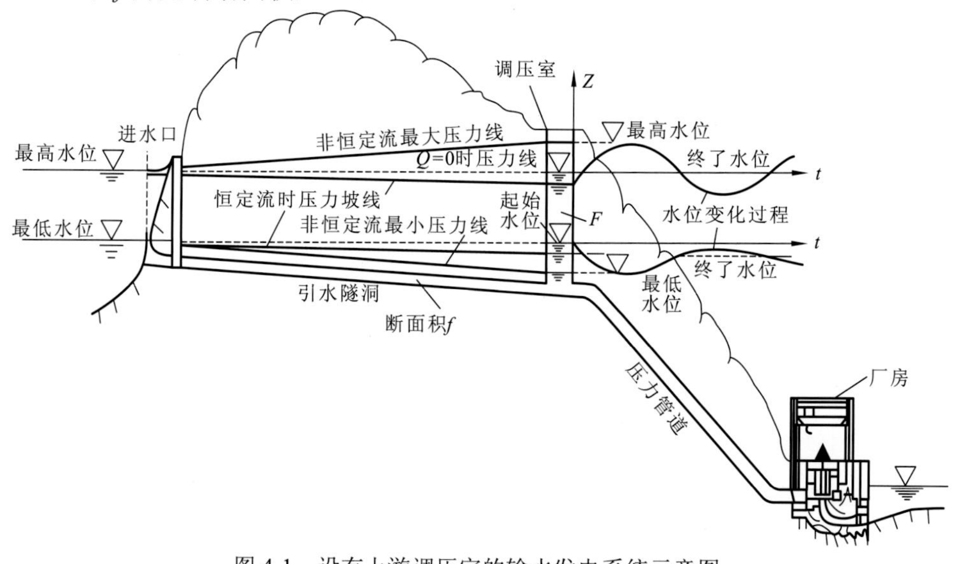

图 4-1 设有上游调压室的输水发电系统示意图

因为式（4-1）和式（4-2）中有 3 个未知数，即 V 、Z 和 Q，所以需要根据水轮机处的边界条件给出 $Q(t)$，它既可以是时间的函数，又可以是阶跃变化，因为调压室水位波动周期相对于水轮机导叶启闭引起的 $Q(t)$ 变化过程要长得多，所以可近似忽略 $Q(t)$ 的变化过程，假设为瞬时的阶跃。

式（4-1）和式（4-2）为非线性的常微分方程，只有在个别情况下才能求得精确的解析解，如等断面调压室机组甩负荷。其他情况都需要引入各种假定以求得近似解。近年来，也引用渐进法求解其近似的解析解。

将下游调压室的水位变化 Z 和阻抗损失 h_r 的正负号做与上游调压室相反的规定之后，如图 4-2 所示，其微分方程式与上游调压室的基本方程式（4-1）和式（4-2）具有完全相同的形式，因此，上游调压室水位波动计算的有关公式可直接用于下游调压室，只需注意某些参数的正负符号即可[1]。

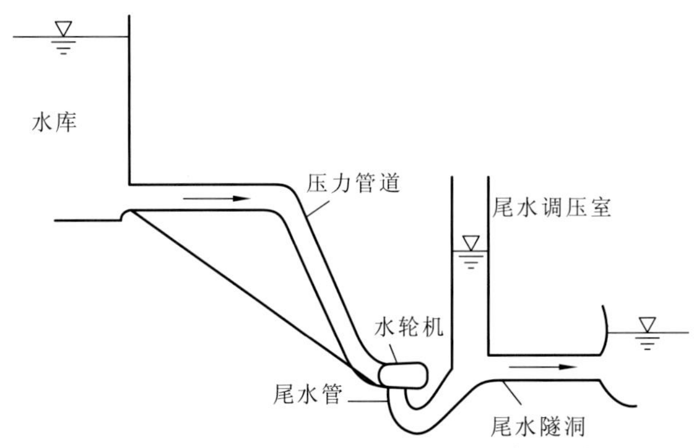

图 4-2　设有下游调压室的输水发电系统示意图

4.1.2　等断面积阻抗式调压室水位波动极值的解析计算

1. 最高涌浪水位的解析解

假设机组甩负荷，导叶瞬时关闭，$Q=0$。将此条件代入式（4-1）和式（4-2），经整理可以得到如下一阶线性微分方程：

$$\frac{\mathrm{d}(y^2)}{\mathrm{d}X}=\frac{X}{X_0}-(1+\eta_0)y^2 \tag{4-3}$$

其中，$y=V/V_0$，$X=-\dfrac{Z}{\lambda}$，$\lambda=\dfrac{LfV_0^2}{2gFh_{w0}}$，$\eta_0=h_{r0}/h_{w0}$，下标“0”表示初始值。

对式（4-3）进行积分，并由初始条件确定积分参数，可得调压室水位波动的解析解，即

$$y^2=\frac{(1+\eta_0)X+1}{(1+\eta_0)^2X_0}+\frac{\eta_0(1+\eta_0)X_0-1}{(1+\eta_0)^2X_0}\mathrm{e}^{-(1+\eta_0)(X_0-X)} \tag{4-4}$$

该解析解为 e 函数的隐式超越方程，使用起来非常不方便。

当调压室水位达到最高值时，$Z_{\max}=-\lambda X_{\max}$，$V=0$，代入式（4-4）并且取对数，得

$$\ln[1+(1+\eta_0)X_{\max}]-(1+\eta_0)X_{\max}=\ln[1-(1+\eta_0)\eta_0X_0]-(1+\eta_0)X_0 \tag{4-5}$$

对于简单式调压室，无阻抗损失，即 $\eta_0=0$，代入式（4-5），得

$$X_0=-\ln(1+X_{\max})+X_{\max} \tag{4-6}$$

2. 最低涌浪水位的解析解

对于上游调压室，机组甩负荷的水位波动第二振幅和机组增负荷引起的调压室最低涌浪水位（第一振幅）可按如下方法计算。

1）机组甩负荷产生的水位波动第二振幅

仍然可利用式（4-4）进行求解。只是需要注意：X 需要反符号，并且求积分常数时 $y=0$，$X=X_{\max}$，于是

$$\ln[1-(1+\eta_0)X_2]+(1+\eta_0)X_2=\ln[1-(1+\eta_0)X_{\max}]+(1+\eta_0)X_{\max} \tag{4-7}$$

对于简单式调压室，将 $\eta_0=0$ 代入式（4-7），得

$$X_2+\ln(1-X_2)=X_{\max}+\ln(1-X_{\max}) \tag{4-8}$$

2）增加负荷时的最低涌浪水位

水电站的流量由 m_*Q_0 增加到 Q_0（$m_*<1$，称为负荷系数，Q_0 为增负荷后达到的稳定流量），且调压室为简单式时，可按 Vogt 近似公式求解，即

$$\frac{|Z_{\min}|}{h_{w0}}=1+(\sqrt{\varepsilon_0-0.275\sqrt{m_*}}+0.05/\varepsilon_0-0.9)(1-m_*)(1-m_*/\varepsilon_0^{0.62}) \tag{4-9}$$

其中，$|Z_{\min}|$ 为最低涌浪水位（第一振幅），$\varepsilon_0=\dfrac{LfV_0^2}{gFh_{w0}^2}=2\lambda/h_{w0}$。

3. 其他形式的上游调压室涌浪水位极值的近似解

在近年新编的《水电站调压室设计规范》（NB/T 35021—2014）[2]和《水工设计手册》[3]中对各种形式的调压室涌浪水位的解析计算进行了详细介绍，为了节省篇幅，在此不赘述。

4.1.3 采用渐进法计算调压室涌浪水位极值

渐进法将式（4-10）所示的非线性微分方程的解、振幅和相位角表示为小参数 ε 的幂级数函数，然后用分离变量法求出这些幂级数函数的未知系数[4]。

$$\frac{\mathrm{d}^2Z}{\mathrm{d}t^2}+\omega^2Z=\varepsilon f\left(\frac{\mathrm{d}Z}{\mathrm{d}t}\right) \tag{4-10}$$

式中：ε 为小参数；ω 为系数。

依据非线性振动渐进法，式（4-10）的一阶近似解的表达式如下：

$$Z=A\cos\varphi \tag{4-11}$$

$$\frac{\mathrm{d}A}{\mathrm{d}t}=-\frac{\varepsilon}{2\pi\omega}\int_0^{2\pi}f(-A\sin\varphi)\sin\varphi\mathrm{d}\varphi \tag{4-12}$$

$$\frac{\mathrm{d}\varphi}{\mathrm{d}t}=\omega-\frac{\varepsilon}{2\pi A\omega}\int_0^{2\pi}f(-A\sin\varphi)\cos\varphi\mathrm{d}\varphi \tag{4-13}$$

式中：A 为幅值；φ 为余弦函数的角度。

联立调压室基本方程式（4-1）和式（4-2），消去 V，得到与式（4-10）形式一致的式（4-14），即

$$\frac{\mathrm{d}^2Z}{\mathrm{d}t^2}+\omega^2Z=-\omega^2h_{w0}\left(\frac{Q_t}{fV_0}+\frac{F}{fV_0}\frac{\mathrm{d}Z}{\mathrm{d}t}\right)\left|\frac{Q_t}{fV_0}+\frac{F}{fV_0}\frac{\mathrm{d}Z}{\mathrm{d}t}\right|-\eta_0\omega^2h_{w0}\left(\frac{F}{fV_0}\right)^2\frac{\mathrm{d}Z}{\mathrm{d}t}\left|\frac{\mathrm{d}Z}{\mathrm{d}t}\right| \tag{4-14}$$

式中：Z 为以水库水位为基准的调压室水位，向下为正；F 为调压室断面积；$\omega=\sqrt{\dfrac{gf}{LF}}$，$L$、$f$ 分别为引水隧洞长度、断面积；Q_t 为压力管道的流量；h_{w0} 和 V_0 分别为水轮机引用流量 Q_0 时引水隧洞的水头损失和流速；$\eta_0=h_{r0}/h_{w0}$，h_{r0} 为 Q_0 通过阻抗孔口的水头损失。令 $\beta=\eta_0h_{w0}/V_0^2$，即 $\beta=\eta_0\alpha$，α 和 β 分别为引水隧洞和阻抗孔口的水头损失系数。规定引水隧洞中流速流向压力管道或调压室为正。

文献[5-7]分别推导了阻抗式调压室甩负荷涌浪计算显式公式和气垫式调压室涌浪幅值解析计算表达式。在此，以气垫式调压室为例，介绍在机组甩负荷和机组增负荷单一工况下，第一振幅、第二振幅的解析公式。

（1）机组甩负荷时气垫式调压室第一、二涌浪幅值计算式（基准水位为甩负荷后的停机水位）：

$$Z_i=(-1)^ia_i+\frac{1}{6}\frac{m(m+1)p_s}{\gamma l_s^2\sigma_s}a_i^2,\quad i=1,2 \tag{4-15}$$

其中，

$$a_i=\frac{a_0}{1+\dfrac{2a_0(\eta+1)}{3\pi\varepsilon}(i\pi-\theta_0)},\quad a_0=\sqrt{\left(\frac{h_{w0}}{\sigma_0}\right)^2+\left(\frac{Q_0}{F\omega_s}\right)^2},\quad \theta_0=\arccos\left(\frac{h_{w0}}{\sigma_0a_0}\right),\quad \varepsilon=\frac{LfV_0^2}{2gFh_{w0}}$$

$$\eta=\frac{Q_0^2}{2g\varphi_c^2S^2h_{w0}},\quad \omega_s=\frac{2\pi}{T_s},\quad T_s=2\pi\sqrt{\frac{LF}{gf}}\bigg/\sqrt{\sigma_s},\quad \sigma_s=1+\frac{mp_s}{\gamma l_s},\quad \sigma_0=1+\frac{mp_0}{\gamma l_0}$$

$$l_s=l_0-h_{w0}/\sigma_0 \tag{4-16}$$

$$p_s=\frac{p_0l_0^m}{(l_0-h_{w0}/\sigma_0)^m} \tag{4-17}$$

式中：S 为阻抗孔口面积；γ 为水体容重；m 为气体多方指数，当室内气体为等温变化时取 1.0，为绝热变化时取 1.4；p_0、l_0 分别为水电站满负荷稳定运行时的气室绝对压力与气室折算高度（气垫式调压室室内气体体积与其调压室实际断面积之比）；p_s 和 l_s 分别为停机后的气垫式调压室内的绝对压力及气室高度。

p_0、l_0、p_s、l_s 可根据水电站不同的已知运行条件，按照式（4-16）与式（4-17）进行转换。φ_c 为阻抗孔口流量系数，可由试验得出，初步计算时可在 0.60～0.80 内选用。

（2）机组增负荷，引用流量由 m_*Q_0 增加到 Q_0，气垫式调压室最低涌波 $Z_{\min a}$ 的计算式（基准水位为停机水位）：

$$Z_{\min a}=a+\left[\frac{2}{3}\frac{gFh_{w0}}{LfV_0^2}+\frac{1}{6}\frac{m(m+1)p_0}{\gamma l_0^2\sigma_0}\right]a^2+\frac{h_{w0}}{\sigma_0} \tag{4-18}$$

其中，

$$a=\frac{a_1}{1-\mu_2 a_1},\quad a_1=\frac{a_0}{1+\mu_2 a_0}\mathrm{e}^{\mu_1(\pi-\theta_0)},\quad a_0=\sqrt{\left[\frac{(1-m_*^2)h_{w0}}{\sigma_0}\right]^2+\left[\frac{(1-m_*)Q_0}{F\omega_0}\right]^2}$$

$$\theta_0=\arccos\left[\frac{(1-m_*^2)h_{w0}}{\sigma_0 a_0}\right],\quad \mu_1=\frac{-gh_{w0}}{\omega_0 LV_0},\quad \mu_2=\frac{4}{3\pi}\eta\frac{F}{Q_0}\omega_0,\quad \omega_0=\frac{2\pi}{T_0},\quad T_0=2\pi\sqrt{\frac{LF}{gf}}\Big/\sqrt{\sigma_0}$$

应注意：公式的基准水位为停机水位，若已知气垫式调压室内的正常运行水位 H_{T0}，则相应的停机水位为 $H_{T0}+\dfrac{h_{w0}}{\sigma_0}$。

4.1.4 不同类型调压室对于最高/最低涌浪水位的适应性

水电站引水隧洞越长，水流惯性越大，调压室涌浪的变幅越大。该类水电站过渡过程中蜗壳最大动水压强往往受调压室最高涌浪水位的控制，而不是取决于导叶关闭规律[8]。为进一步说明该现象，文献[9]对三个超长引水隧洞水电站进行了数值计算，其结果见图 4-3、表 4-1。从中可以看出：两者极值的发生时间基本接近，取决于调压室最高涌浪水位。

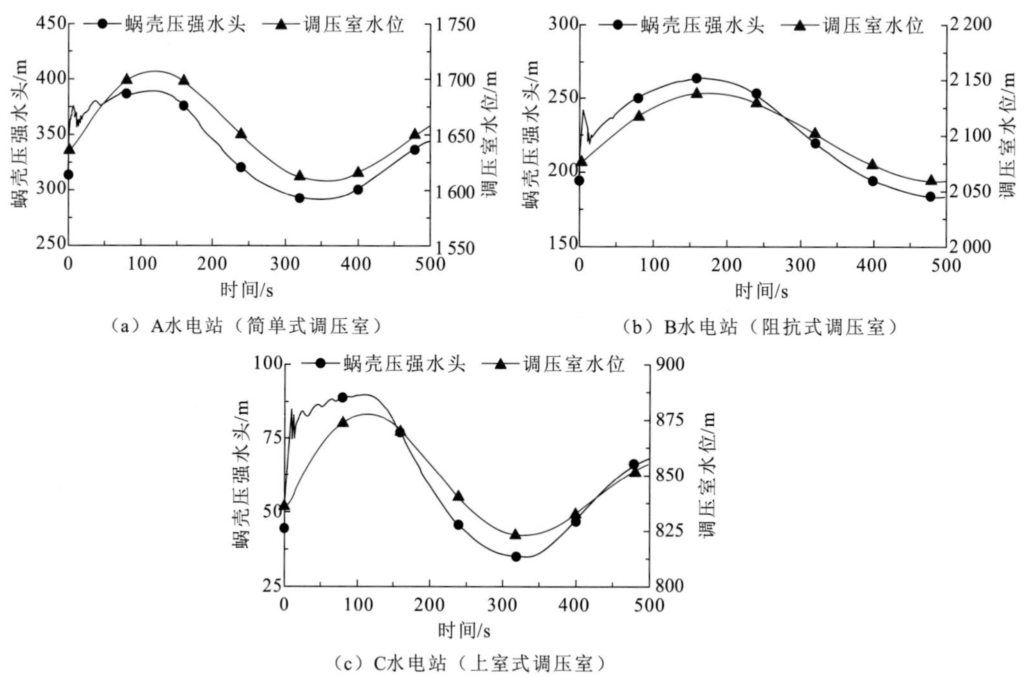

（a）A水电站（简单式调压室）　（b）B水电站（阻抗式调压室）

（c）C水电站（上室式调压室）

图 4-3　三个超长引水隧洞水电站数值计算的对比（蜗壳压强水头及调压室水位时程变化）

表 4-1　水电站参数及调节保证参数极值

水电站	引水隧洞长/m	机组安装高程/m	蜗壳最大压强水头/m 和发生时间/s	调压室最高涌浪水位/m 和发生时间/s	机组安装高程+蜗壳最大压强水头-调压室最高涌浪水位/m
A	16 737.0	1 316.80	390.77 和 107.56	1 705.98 和 115.98	1.59
B	16 562.2	1 874.75	265.25 和 174.3	2 138.32 和 175.7	1.68
C	10 037.8	789.70	89.82 和 106.5	877.74 和 111.42	1.78

采用何种类型的调压室可以减小超长引水隧洞调压室涌浪的变幅，以及其水力设计参数如何选取是单一工况下调压室涌浪水位控制面临的关键问题。为此，本节根据阻抗式、阻抗上室式、简单上室式三种调压室（图 4-4）涌浪水位的显式计算公式[5-6]，推导了调压室水力设计相关参数之间的关联表达式，提出了上述三种形式调压室的适用条件。

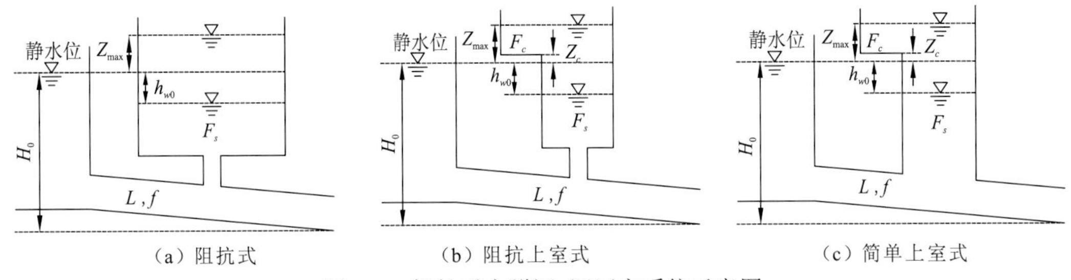

（a）阻抗式　　（b）阻抗上室式　　（c）简单上室式

图 4-4　超长引水隧洞-调压室系统示意图

1. 调压室最高涌浪水位显式计算公式

（1）机组甩负荷时阻抗式调压室最高涌浪水位显式计算公式[5-6]为

$$Z_{\max}=\frac{-a_0}{1+\dfrac{2a_0(\eta_0+1)}{3\pi s}(\pi-\psi_0)} \tag{4-19}$$

式中：$a_0=\sqrt{h_{w0}^2+\left(\dfrac{V_0 f}{F_s\omega}\right)^2}$，$\omega^2=\dfrac{gf}{LF_s}$；$\psi_0=\arccos\dfrac{h_{w0}}{a_0}$；$s=\dfrac{LfV_0^2}{2gF_s h_{w0}}$，表示引水隧洞-调压室系统特性，具有长度因次；$\eta_0=\dfrac{h_{r0}}{h_{w0}}$为阻抗损失系数，$h_{w0}$和$h_{r0}$分别为流量$Q_0$流经引水道和进入调压室所引起的水头损失；$L$、$f$、$V_0$分别为引水道的长度、断面积、水体流速；$F_s$为调压室大井断面积。

调压室水位波动周期可按式（4-20）计算，即

$$T_F=\frac{2\pi}{\omega}=2\pi\sqrt{\frac{LF_s}{gf}} \tag{4-20}$$

（2）机组甩负荷时阻抗上室式调压室最高涌浪水位（发生在上室）计算公式同式（4-19）。

式中：$a_0=\sqrt{Z_c^2+\left(\frac{Q_{t=t_c}}{F_c\omega_2}\right)^2}$，$Q_{t=t_c}=\frac{\sqrt{2}\omega_1 F_s\sqrt{1+P_1Z_c-A_1\mathrm{e}^{P_1Z_c}}}{P_1}$（$t_c$ 时刻，涌浪水位 $Z=Z_c$ 时，流入调压室的流量），$A_1=(1-\eta_0P_1h_{w0})\mathrm{e}^{-P_1h_{w0}}$，$P_1=\frac{2\alpha gF_s(1+\eta_0)}{Lf}$，$\omega_1^2=\frac{gf}{LF_s}$，$\omega_2^2=\frac{gf}{LF_c}$；$s=\frac{LfV_0^2}{2gF_ch_{w0}}$；$\psi_0=\arccos\frac{Z_c}{a_0}$；$Z_c$ 为上室底板与静水位的距离；F_s 为调压室大井断面积；F_c 为上室断面积。

（3）简单上室式调压室，即 $\eta_0=0$，计算公式仍然同式（4-19）。

2. 调压室水力设计相关参数的关联表达式

调压室水力设计相关参数包括阻抗孔口面积 S、调压室大井断面积 F_s、上室断面积 F_c、调压室最高涌浪水位 $Z_{\max}$ 及上室底板位置 Z_c 等。

对调压室最高涌浪水位计算公式式（4-19）进行无量纲化处理，令 $\beta_c=\frac{S}{f}$、$n_s=\frac{F_s}{F_{th}}$、$n_c=\frac{F_c}{F_{th}}$、$m_c=\frac{|Z_{\max}|}{H_0}$、$p=\frac{Z_c}{H_0}$、$\gamma_c=\frac{L}{H_0}$，可推导上述三种形式调压室水力设计相关参数之间的关联表达式。其中，F_{th} 为调压室托马断面积，$F_{th}=\frac{Lf}{2\alpha g(H_0-h_{w0})}$；由于甩负荷时调压室最高涌浪的控制工况为额定流量，故 H_0 取为设计水头。

1）阻抗式

对于阻抗式调压室，有 $\psi_0=\arccos\frac{h_{w0}}{a_0}=\frac{\pi}{2}-\frac{h_{w0}}{a_0}$（泰勒级数展开取前两项），代入式（4-19）进行无量纲化，可得

$$\beta_c=\left(k_1\gamma_c\left\{\frac{3(1-k_2\gamma_c)}{n_sm_c}\left[1-\frac{\pi m_c+2k_2\gamma_c}{\pi\sqrt{(k_2\gamma_c)^2+\frac{2k_2\gamma_c(1-k_2\gamma_c)}{n_s}}+2k_2\gamma_c}\right]-1\right\}\right)^{-\frac{1}{2}} \tag{4-21}$$

式中：$k_1=\frac{2gH_0\varphi_c^2n^2}{R^{4/3}}$；$k_2=\frac{n^2V_0^2}{R^{4/3}}$；$n$ 为管道糙率；R 为引水隧洞水力半径；φ_c 为阻抗孔口流量系数，取 0.6～0.8。

2）阻抗上室式

对于阻抗上室式调压室，将 $\mathrm{e}^{P_1(Z_c-h_{w0})}$ 及 ψ_0 均进行泰勒级数展开，得

$$\mathrm{e}^{P_1(Z_c-h_{w0})}=1+P_1(Z_c-h_{w0})+\frac{[P_1(Z_c-h_{w0})]^2}{2},\quad \psi_0=\arccos\frac{Z_c}{a_0}=\frac{\pi}{2}-\frac{Z_c}{a_0}$$

代入式（4-19），则有

$$(1-Dm_c)\sqrt{Ap^2+Bp+C}=m_c\left(1+\frac{2D}{\pi}p\right) \tag{4-22}$$

其中，

$$A = 1 + \frac{n_s}{n_c}\left[\frac{\eta_0\left(1+\eta_0\right)n_s k_2 \gamma_c}{1-k_2\gamma_c} - 1\right], \quad B = 2k_2\gamma_c \frac{n_s}{n_c}\left[1+\eta_0 - \frac{\eta_0\left(1+\eta_0\right)n_s k_2\gamma_c}{1-k_2\gamma_c}\right]$$

$$C = \frac{n_s}{n_c}\left[\frac{\eta_0(1+\eta_0)n_s k_2^3\gamma_c^3}{1-k_2\gamma_c} - (1+2\eta_0)k_2^2\gamma_c^2 + \frac{2k_2\gamma_c(1-k_2\gamma_c)}{n_s}\right], \quad D = \frac{(1+\eta_0)n_c}{3(1-k_2\gamma_c)}$$

$$\eta_0 = \frac{h_{r0}}{h_{w0}} = \frac{1}{\beta_c^2 k_1 \gamma_c}$$

3）简单上室式

对于简单上室式调压室，同式（4-22），大井不设阻抗孔，则有阻抗损失系数$\eta_0 = 0$。

式中：$A = 1 - \frac{n_s}{n_c}$；$B = 2k_2\gamma_c\frac{n_s}{n_c}$；$C = \frac{n_s}{n_c}\left[-k_2^2\gamma_c^2 + \frac{2k_2\gamma_c(1-k_2\gamma_c)}{n_s}\right]$；$D = \frac{n_c}{3(1-k_2\gamma_c)}$。

3. 对比分析

采用控制变量法分析上述三种形式调压室水力设计相关参数之间的关联，统一以γ_c为横坐标，绘制γ_c与其他参数之间的关系曲线。绘制中，设基准值$k_1 = 0.145$，$k_2 = 7.635\times10^{-4}$，默认变量$n_s = 1$，$\beta_c = 0.15$，$p = 0$。由于调压室最高涌浪限制值取决于蜗壳压强控制值，m_c一般在 0.2～0.3，所以m_c依次取 0.1、0.2、0.3，以便分析。

绘制结果如图 4-5～图 4-7 所示，分别对应阻抗式、阻抗上室式和简单上室式。

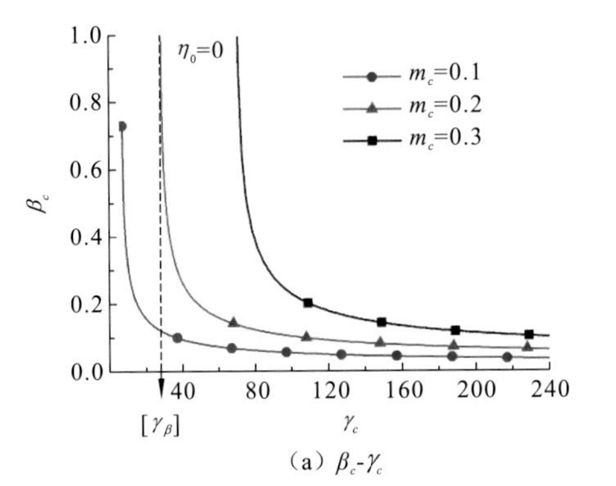

（a）β_c-γ_c

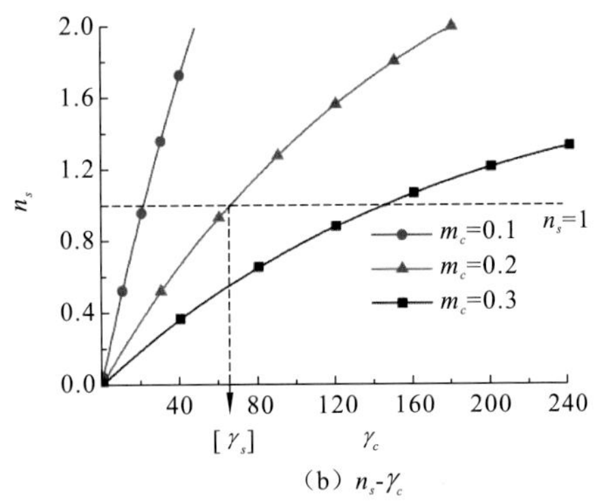

（b）n_s-γ_c

图 4-5　阻抗式调压室

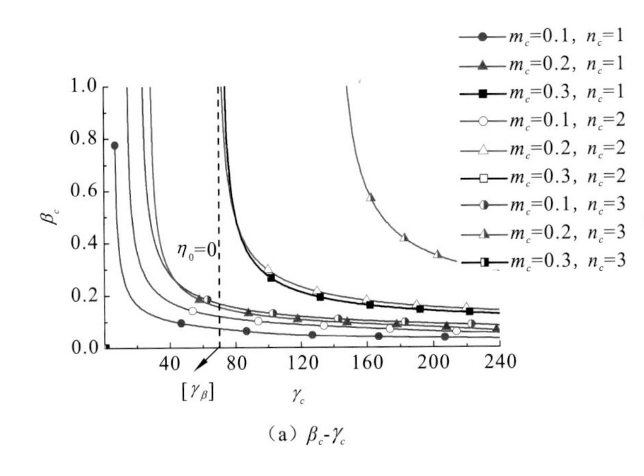

（a）β_c-γ_c

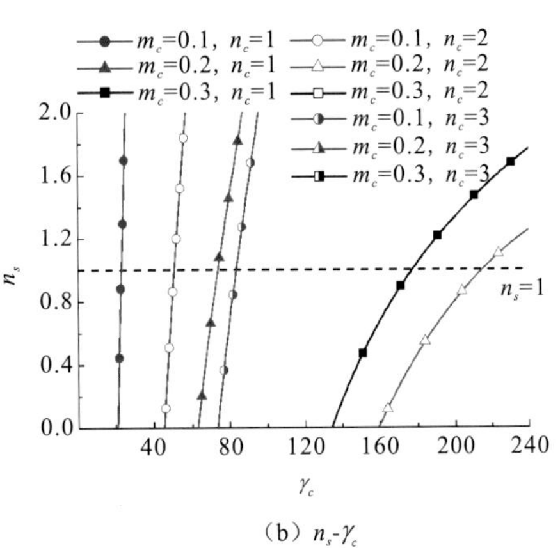

（b）n_s-γ_c

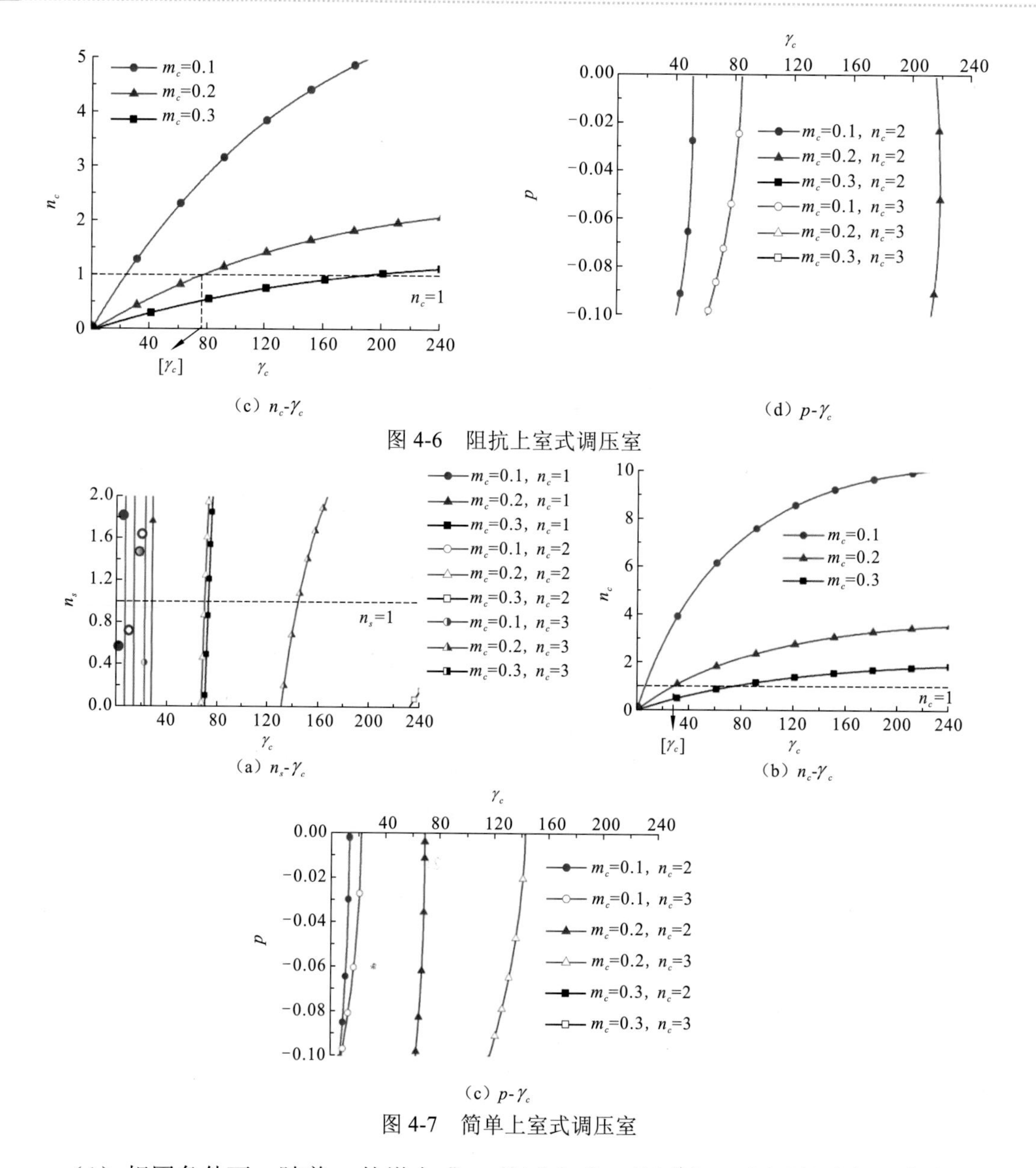

（c）n_c-γ_c

（d）p-γ_c

图 4-6　阻抗上室式调压室

（a）n_s-γ_c

（b）n_c-γ_c

（c）p-γ_c

图 4-7　简单上室式调压室

（1）相同条件下，随着γ_c的增大或m_c的减小或n_c的减小，β_c逐渐减小。该结果说明当其他条件不变时，引水隧洞长度的增长、调压室最高涌浪控制标准的提高及上室面积的减小[当减小至与大井相同（$n_c=n_s=1$）时，即无上室]，都需减小阻抗孔口面积。在此需要指出：γ_c的增大会使沿程水头损失增大，当水头损失超过水头（$h_{w0}/H_0>1$）时，修建水电站则毫无意义，故必须对γ_c进行限制。一般情况下，$k_2\gamma_c=h_{w0}/H_0<0.2$，即$\gamma_c=0.2/k_2$时，可以得到$\beta_c$的最小值。太小的$\beta_c$有可能产生“水击穿井”问题。

（2）相同条件下，随着γ_c的增大或m_c的减小，n_s逐渐增大。该结果表明当其他参数不变时，引水隧洞的增长及调压室最高涌浪控制标准的提高都要求调压室大井断面积适当增大；而对于带上室的调压室，n_c增大也可以起到同样的作用。但m_c和n_c较小时，

对 n_s 的变化相当敏感，参数间关系曲线接近垂直直线，见图 4-6（b）和图 4-7（a）。随着 m_c 和 n_c 的增大，n_s 曲线表现出了一定的抛物线弧度。对于最高涌浪发生在上室的调压室，大井的作用相对于上室是较弱的，增加大井断面积作用不大，一般取 $n_s=1$～1.2 即可。

（3）对于上室，相同条件下，γ_c 增大或 m_c 减小，所需 n_c 增大。对于上室底板位置 p（$p<0$ 表示在静水位以上，不考虑设置在静水位以下的位置），可以看到 $|p|$ 较小时曲线是接近垂直的，逐渐增大时，曲线末端开始弯曲，见图 4-6（d）和图 4-7（c）。当 m_c 不变时，垂直段的 p 可以有多种取值，且均不影响对最高涌浪的控制。因此，当 γ_c 较小时，$|p|$ 不宜过大，故选取时应取垂直段的 p，即在−0.02～0 范围内即可。

（4）临界值的确定：$\eta_0=0$ 时，调压室即无阻抗孔，代入式（4-21）及式（4-22），将解记为 $[\gamma_\beta]$。$\gamma_c=[\gamma_\beta]$ 即 β_c-γ_c 曲线的竖直渐近线，见图 4-5（a）和图 4-6（a）。当引水隧洞 $\gamma_c\leqslant[\gamma_\beta]$ 时，可不设阻抗孔。

$n_s=1$ 时，代入式（4-21）及式（4-22），将解记为 $[\gamma_s]$。当 $\gamma_c\leqslant[\gamma_s]$ 时，调压室大井断面积应取 $n_s=1$；当 $\gamma_c>[\gamma_s]$ 时，一般取 $n_s=1\sim1.2$。

$n_c=1$ 时，应有 $n_s=1$，即无上室，代入式（4-21），将解记为 $[\gamma_c]$。当引水隧洞 $\gamma_c\leqslant[\gamma_c]$ 时，应取 $n_c=1$，此时可不设上室；当 $\gamma_c>[\gamma_c]$ 时，n_c 根据计算取值。可以发现，阻抗上室式的 $[\gamma_c]$ 大于阻抗式的 $[\gamma_s]$，是阻抗和上室共同作用的结果。

4. 三种类型调压室的适用条件

由上述临界值可以得到阻抗式、阻抗上室式、简单上室式三种形式调压室的适用条件，如表 4-2 所示。

表 4-2　三种形式调压室的适用条件

前提假设	判别条件	推荐的调压室类型
式（4-21）$n_s=1$	$\gamma_c\leqslant[\gamma_s]$	阻抗式
	$\gamma_c>[\gamma_s]$	阻抗上室式、简单上室式
式（4-22）$\eta_0=0$	$\gamma_c\leqslant[\gamma_\beta]$	简单上室式
	$\gamma_c>[\gamma_\beta]$	阻抗式、阻抗上室式

注：①通常情况下，$k_2\gamma_c=h_{w0}/H_0<0.2$；②一般情况下，$n_s$ 取 1～1.2，p 取−0.02～0。

总之，对于单一工况下调压室涌浪水位的控制应从如下几个方面着手。

（1）尽可能减小有压隧洞的水流惯性，减短调压室涌浪水位的波动周期，并且文献[1]指出，上游调压室不是越靠近厂房，对控制蜗壳最大压强越有利，而是距离厂房某一范围内存在最有利的位置，在该范围内移动上游调压室的位置，蜗壳最大压强的变化不大且有利。

（2）选取适应性较强的调压室类型。

（3）若是阻抗式调压室，合理选取阻抗孔口面积。对于超长引水隧洞，阻抗孔口面积为隧洞断面积的 20%左右，阻抗孔口面积进一步减小，有可能产生较强的“水击穿井”现象。而对于常规引水隧洞，阻抗孔口面积为隧洞断面积的 35%左右，阻抗孔口面积进一步加大，有可能起不到阻抗的作用。

4.2 组合工况下调压室水位波动的理论分析

设有调压室的输水发电系统必然存在波动叠加的问题。水电站运行中，不可能等待上一个工况的过渡过程引起的调压室水位波动完全平静之后，再启动机组、增减负荷，或者进行其他操作，尤其是超长引水隧洞调压室的波动周期很长。电网对水轮发电机组最基本的要求是：利用水轮发电机组的速动性，随时参与电网的一次调频和二次调频，保障电网的安全、稳定运行。

波动叠加是组合工况最基本的特征，即组合工况定义为：上一个工况（又称初始工况）的过渡过程尚未结束，又开始下一个工况（又称叠加工况）的过渡过程。研究组合工况下调压室涌浪水位的时程变化，关键是研究波动叠加的时刻，不利的叠加产生的调压室涌浪极值有可能远远超出非组合工况，不仅对调压室结构尺寸的选取产生影响，而且有可能影响机组的调节保证参数及沿管线的压强分布；而有利的叠加不仅能减小调压室涌浪极值，而且能加快调压室水位波动的衰减，满足电网对水轮发电机组速动性的要求。

水轮发电机组的主要运行方式有启动（从静止到空载）、增减负荷、停机、甩负荷等，除了甩负荷为不可控工况外，其他工况均为可控工况。

可控组合工况的定义是：无论初始工况是可控工况还是不可控工况，只要叠加工况是可控工况，由初始工况和叠加工况形成的组合工况就称为可控组合工况。同理，只要叠加工况是不可控工况，组合工况就称为不可控组合工况。

对于可控组合工况，应选取最有利的叠加窗口，加快调压室水位波动的衰减；对于不可控组合工况，应把握最不利的叠加时间，在水电站设计阶段为其安全运行留有裕度。

为此，本节将讨论如下四种组合工况下调压室涌浪水位的波动过程，即先增后甩、多台机组相继甩负荷、先甩后增、多台机组相继增负荷。推导初始工况下调压室水位波动过程的解析表达式，确定最不利或最有利的叠加时刻，并对组合工况下调压室涌浪水位的波动过程进行解析解与数值解的对比。

文献[10]在推导先甩后增组合工况的调压室涌浪最不利叠加时刻及涌浪水位极值时，假定：机组甩负荷，水轮机引用流量由Q_0阶跃变为 0；然后在最不利叠加时刻（此时，引水隧洞流速反向，为负），机组突增全负荷，水轮机引用流量由 0 阶跃变为Q_0。而采用非线性振动渐进法求解该组合工况调压室水位波动过程，需要对振幅衰减率进行二次多项式函数的数值拟合。为了消除最不利叠加时刻引水隧洞流速负值对求解的影响，文献[11]假设了一种可替代的虚拟控制工况，即系统中有两台机组正常运行，其中一台机组引用流量Q_0，另一台虚拟机组引用虚拟流量q，机组突甩负荷（压力管道引用流量由Q_0+q阶跃变为q），然后在某一不利时刻一台机组突增负荷（压力管道引用流量由q阶跃变为Q_0+q）。

4.2.1 先增后甩组合工况调压室水位波动分析

1. 初始工况

该组合工况下初始工况压力管道引用流量Q_t从$q=Q_0$增负荷至$2Q_0$，将此条件代入

式（4-14），得

$$\frac{\mathrm{d}^2Z}{\mathrm{d}t^2}+\omega^2Z=-\omega^2h_{w0}\left(\frac{2Q_0}{fV_0}+\frac{F}{fV_0}\frac{\mathrm{d}Z}{\mathrm{d}t}\right)^2-\eta_0\omega^2h_{w0}\left(\frac{F}{fV_0}\right)^2\frac{\mathrm{d}Z}{\mathrm{d}t}\left|\frac{\mathrm{d}Z}{\mathrm{d}t}\right| \tag{4-23}$$

令 $Z=Z_*-4h_{w0}$，代入式（4-23）中，化简得

$$\frac{\mathrm{d}^2Z_*}{\mathrm{d}t^2}+\omega^2Z_*=-4\omega^2h_{w0}\frac{F}{fV_0}\frac{\mathrm{d}Z_*}{\mathrm{d}t}-\omega^2h_{w0}\left(\frac{F}{fV_0}\right)^2\left(\frac{\mathrm{d}Z_*}{\mathrm{d}t}\right)^2-\eta_0\omega^2h_{w0}\left(\frac{F}{fV_0}\right)^2\frac{\mathrm{d}Z_*}{\mathrm{d}t}\left|\frac{\mathrm{d}Z_*}{\mathrm{d}t}\right| \tag{4-24}$$

已知 $Z_*=A\cos\varphi$，则

$$\begin{aligned}\frac{\mathrm{d}A}{\mathrm{d}t}=-\frac{1}{2\pi\omega}\int_0^{2\pi}\Bigg[&4\omega^3h_{w0}\frac{AF}{fV_0}\sin\varphi-\omega^4h_{w0}\left(\frac{AF}{fV_0}\right)^2\sin^2\varphi\\&+\eta_0\omega^4h_{w0}\left(\frac{AF}{fV_0}\right)^2\sin\varphi|\sin\varphi|\Bigg]\sin\varphi\mathrm{d}\varphi\end{aligned} \tag{4-25}$$

$$\begin{aligned}\frac{\mathrm{d}\varphi}{\mathrm{d}t}=\omega-\frac{1}{2\pi A\omega}\int_0^{2\pi}\Bigg[&4\omega^3h_{w0}\frac{AF}{fV_0}\sin\varphi-\omega^4h_{w0}\left(\frac{AF}{fV_0}\right)^2\sin^2\varphi\\&+\eta_0\omega^4h_{w0}\left(\frac{AF}{fV_0}\right)^2\sin\varphi|\sin\varphi|\Bigg]\cos\varphi\mathrm{d}\varphi\end{aligned} \tag{4-26}$$

根据非线性振动渐进法理论，得

$$\frac{\mathrm{d}A}{\mathrm{d}t}=-\frac{2Q_0}{F}\omega^2h_{w0}\left(\frac{F}{fV_0}\right)^2A-\frac{4\omega}{3\pi}\eta_0\omega^2h_{w0}\left(\frac{F}{fV_0}\right)^2A^2 \tag{4-27}$$

$$\frac{\mathrm{d}\varphi}{\mathrm{d}t}=\omega \tag{4-28}$$

初始工况初始振幅为 A_{10}，初始相位为 φ_{10}，即

$$A_{10}=\sqrt{(3h_{w0})^2+\left(\frac{fV_0}{F\omega}\right)^2},\qquad \varphi_{10}=\arccos\left(\frac{3h_{w0}}{A_{10}}\right) \tag{4-29}$$

求解常微分方程式（4-27）和式（4-28），积分可得

$$Z=A\cos\varphi-4h_{w0},\quad A=\frac{C_1'A_{10}}{-C_2A_{10}+(C_1'+C_2A_{10})\mathrm{e}^{C_1'C_3t}},\quad \varphi=\omega t+\varphi_{10} \tag{4-30}$$

其中，$C_1'=\dfrac{2Q_0}{F}$，$C_2=\dfrac{4\omega}{3\pi}\eta_0$，$C_3=\omega^2h_{w0}\left(\dfrac{F}{fV_0}\right)^2$。

2. 叠加条件

先增后甩组合工况叠加时刻压力管道引用流量 Q_t 从 $2Q_0$ 阶跃变为 q，由文献[12]可知：先增负荷初始工况与后甩负荷叠加工况的 $Z\text{-}V$ 曲线相切点即最不利时刻叠加点。于是，可以得出相切点的表达式：

$$\frac{\mathrm{d}Z}{\mathrm{d}V}=\frac{(fV-2Q_0)(L/Fg)}{-Z-\alpha V|V|-\beta(V-2Q_0/f)|V-2Q_0/f|}=\frac{fV(L/Fg)}{-Z-\alpha V|V|-\beta V|V|} \tag{4-31}$$

化简式（4-31），可以得出先增后甩组合工况下最不利叠加点 Z 和 V（$V>2Q_0/f$）应该满足的条件，即

$$Z=(\beta-\alpha)V^2-\beta V\frac{2Q_0}{f} \tag{4-32}$$

根据先增后甩组合工况初始条件中引水隧洞、压力管道和调压室流量的连续性方程，可得

$$V=\frac{2Q_0}{f}+\frac{F}{f}\frac{\mathrm{d}Z}{\mathrm{d}t} \tag{4-33}$$

3. 组合工况求解

联立式（4-29）～式（4-33），化简未知量，将叠加时刻 t_{1k} 及该时刻初始工况相位值 $\varphi_{1k}\ (k=1,2,3,\cdots)$ 代入化简式中，得

$$\begin{cases}\cos\varphi_{1k}=(\beta-\alpha)\dfrac{F^2}{f^2}A\left[-A\left(\dfrac{C_1'C_3}{A_{10}}+C_2C_3\right)\mathrm{e}^{C_1'C_3t_{1k}}\cos\varphi_{1k}-\omega\sin\varphi_{1k}\right]^2\\ \qquad+(\beta-2\alpha)\dfrac{F}{f}\dfrac{2Q_0}{f}\left[-A\left(\dfrac{C_1'C_3}{A_{10}}+C_2C_3\right)\mathrm{e}^{C_1'C_3t_{1k}}\cos\varphi_{1k}-\omega\sin\varphi_{1k}\right]\\ \varphi_{1k}=\omega t_{1k}+\varphi_{10}\end{cases} \tag{4-34}$$

由式（4-34）可求得多组时间 t_{1k} 和相位解 $\varphi_{1k}\ (k=1,2,3,\cdots)$，其中最不利叠加时刻及该时刻初始工况相位值分别为 t_{12}、φ_{12}，进而求出初始工况下最不利叠加时刻的振幅 A_{12} 及水位 Z_{12}，从而可以求出在最不利叠加时刻甩负荷工况的初始振幅 $A_{10}'=\sqrt{Z_{12}^2+\left(A_{12}+\dfrac{fV_0}{F\omega}\right)^2}$，初始相位 $\varphi_{10}'=\arccos\left(\dfrac{-Z_{12}}{A_{10}'}\right)+\pi$。

于是，先增后甩组合工况下调压室涌浪水位的计算公式是

$$Z_1'=A_1'\cos\varphi_1',\qquad A_1'=\frac{A_{10}'}{1+\dfrac{4\omega}{3\pi}(1+\eta_0)C_3A_{10}'t},\qquad \varphi_1'=\omega t+\varphi_{10}' \tag{4-35}$$

4. 先增后甩组合工况极值时刻求解

文献[8，11]定义的组合工况下调压室涌浪水位极值发生时刻的近似解满足条件 $\omega t+\varphi_{10}'=2\pi$，即 $\cos\varphi_1'=0$。将调压室涌浪水位 Z_1' 对时间 t 求导，并令 $\dfrac{\mathrm{d}Z_1'}{\mathrm{d}t}=0$，则可得到涌浪极值发生时刻的精确解，即

$$\tan\varphi_1'=\frac{-1}{\varphi_1'+\dfrac{1}{\dfrac{4}{3\pi}(1+\eta_0)C_3A_{10}'}-\varphi_{10}'} \tag{4-36}$$

4.2.2 相继甩负荷、相继增负荷和先甩后增组合工况下调压室水位波动分析

1. 初始工况

相继甩负荷组合工况和相继增负荷组合工况的初始条件是压力管道引用流量阶跃突变为 $Q_t = Q_0$，而先甩后增组合工况的初始条件是压力管道引用流量阶跃突变为 $Q_t = q$ 。按照上述计算理论和方法，可推导得出这三种组合工况初始工况的初始振幅、相位，以及涌浪波动的解析表达式：

$$A_{20} = \sqrt{(3h_{w0})^2 + \left(\frac{fV_0}{F\omega}\right)^2}, \qquad \varphi_{20} = \arccos\left(\frac{3h_{w0}}{A_{20}}\right) + \pi \tag{4-37}$$

$$A_{30} = \sqrt{[(1-n^2)h_{w0}]^2 + \left[\frac{(1-n)fV_0}{F\omega}\right]^2}, \qquad \varphi_{30} = \arccos\left[\frac{(1-n^2)h_{w0}}{A_{30}}\right] \tag{4-38}$$

$$A_{40} = \sqrt{(4h_{w0} + 4\alpha Q_0 q / f^2)^2 + \left(\frac{2fV_0}{F\omega}\right)^2}, \qquad \varphi_{40} = \arccos\left(\frac{4h_{w0} + 4\alpha Q_0 q / f^2}{A_{40}}\right) + \pi \tag{4-39}$$

$$Z = A\cos\varphi - h_{w0}, \qquad A = \frac{C_1 A_{20}}{-C_2 A_{20} + (C_1 + C_2 A_{20})\mathrm{e}^{C_1 C_3 t}}, \qquad \varphi = \omega t + \varphi_{20} \tag{4-40}$$

$$Z = A\cos\varphi - h_{w0}, \qquad A = \frac{C_1' A_{30}}{-C_2 A_{30} + (C_1' + C_2 A_{30})\mathrm{e}^{C_1' C_3 t}}, \qquad \varphi = \omega t + \varphi_{30} \tag{4-41}$$

$$Z = A\cos\varphi - h_q, \qquad A = \frac{C_q A_{40}}{-C_2 A_{40} + (C_q + C_2 A_{40})\mathrm{e}^{C_q C_3 t}}, \qquad \varphi = \omega t + \varphi_{40} \tag{4-42}$$

其中，下标“20”“30”“40”分别表示相继甩负荷、相继增负荷和先甩后增组合工况的初始工况。

由于常规水轮发电机组的空载流量约为额定流量的 10%，为计算方便，在此假定 $n=0$，则有 $C_1 = \dfrac{Q_0}{F}$， $C_q = \dfrac{q}{F}$， $h_q = \alpha\left(\dfrac{q}{f}\right)^2$ 。

2. 叠加条件

同样，根据初始工况和叠加工况曲线在相切点的相切理论，以及初始条件中引水隧洞、压力管道和调压室流量的连续性方程，先甩后增采用虚拟工况，其最不利叠加时刻为引水隧洞中流速为 0。

相继甩负荷：

$$Z = (\beta - \alpha)V^2 - \beta V\frac{Q_0}{f}, \qquad V = \frac{Q_0}{f} + \frac{F}{f}\frac{\mathrm{d}Z}{\mathrm{d}t} \tag{4-43}$$

相继增负荷：

$$Z = -\alpha V^2 - \beta V^2 - 2\beta\left(\frac{Q_0}{f}\right)^2 + 3\beta V\frac{Q_0}{f}, \qquad V = \frac{Q_0}{f} + \frac{F}{f}\frac{\mathrm{d}Z}{\mathrm{d}t} \tag{4-44}$$

先甩后增：

$$Z=-\beta\left(\frac{Q_0}{f}+\frac{q}{f}\right)\frac{q}{f},\qquad V=\frac{q}{f}+\frac{F}{f}\frac{\mathrm{d}Z}{\mathrm{d}t}=0 \tag{4-45}$$

联立三种组合工况初始工况和叠加条件中列出的计算式，可求解得出多组时间 t_{2k}、t_{3k} 及 t_{4k} 和相位解 φ_{2k}、φ_{3k} 及 $\varphi_{4k}(k=1,2,3,\cdots)$，求出三种组合工况初始工况下最不利叠加时刻的振幅 A_{21}、A_{31}、A_{41} 及水位 Z_{21}、Z_{31}、Z_{41}，从而求解得出叠加工况的初始振幅和相位：

$$A'_{20}=\sqrt{Z_{21}^2+\left(A_{21}+\frac{fV_0}{F\omega}\right)^2},\qquad \varphi'_{20}=\arccos\left(\frac{-Z_{21}}{A'_{20}}\right)+\pi \tag{4-46}$$

$$A'_{30}=\sqrt{(Z_{31}+4h_{w0})^2+\left(A_{31}+\frac{fV_0}{F\omega}\right)^2},\qquad \varphi'_{30}=\arccos\left(\frac{Z_{31}+4h_{w0}}{A'_{30}}\right) \tag{4-47}$$

$$A'_{40}=\sqrt{\left[Z_{41}+\alpha\left(\frac{q+Q_0}{f}\right)^2\right]^2+\left(A_{41}+\frac{fV_0}{F\omega}\right)^2},\qquad \varphi'_{40}=\arccos\left[\frac{Z_{41}+\alpha\left(\frac{q+Q_0}{f}\right)^2}{A'_{40}}\right] \tag{4-48}$$

3. 组合工况求解

三种组合工况叠加工况调压室涌浪水位波动过程的解析解为

$$Z_2{}'=A'_2\cos\varphi'_2,\qquad A'_2=\frac{A'_{20}}{1+\frac{4\omega}{3\pi}(1+\eta_0)C_3A'_{20}t},\qquad \varphi'_2=\omega t+\varphi'_{20} \tag{4-49}$$

$$Z'_3=A'_3\cos\varphi'_3-4h_{w0},\qquad A'_3=\frac{C'_1A'_{30}}{-C_2A'_{30}+(C'_1+C_2A'_{30})\mathrm{e}^{C'_1C_3t}},\qquad \varphi'_3=\omega t+\varphi'_{30} \tag{4-50}$$

$$Z'_4=A'_4\cos\varphi'_4-\alpha\left(\frac{q+Q_0}{f}\right)^2,\qquad A'_4=\frac{C'_qA'_{40}}{-C_2A'_{40}+(C'_q+C_2A'_{40})\mathrm{e}^{C'_qC_3t}},\qquad \varphi'_4=\omega t+\varphi'_{40} \tag{4-51}$$

其中，$C'_q=\dfrac{q+Q_0}{F}$。

4. 极值时刻求解

同理，将调压室涌浪水位 Z' 对时间 t 求导，并令 $\dfrac{\mathrm{d}Z'}{\mathrm{d}t}=0$，则可得到三种组合工况下调压室涌浪水位极值发生时刻的精确解：

$$\tan\varphi'_2=\frac{-1}{\varphi'_2+\dfrac{1}{\frac{4}{3\pi}(1+\eta_0)C_3A'_{20}}-\varphi'_{20}} \tag{4-52}$$

$$\tan\varphi'_3=\frac{-C'_1C_3}{\dfrac{-\omega C_2A'_{30}}{(C'_1+C_2A'_{30})}+\omega\mathrm{e}^{C'_1C_3t}} \tag{4-53}$$

$$\tan\varphi_4' = \frac{-C_q' C_3}{\dfrac{-\omega C_2 A_{40}'}{(C_q' + C_2 A_{40}')} + \omega e^{C_q' C_3 t}} \tag{4-54}$$

4.2.3　数值验证及气垫式调压室组合工况的解析解

1. 数值验证

某长引水式水电站共安装 8 台混流式水轮发电机组，单机容量为 600 MW，总装机容量为 4 800 MW。取其中一个水力单元进行分析，引水隧洞长 16.67 km，引水隧洞直径为 11.8 m，隧洞断面面积为 109.36 m^2，引水隧洞水头损失系数 $\alpha = 0.772$，引水隧洞末端设有调压室，其断面面积为 381 m^2，阻抗孔口的水头损失系数 $\beta = 1.93$，引水系统布置参数见表 4-3。水轮发电机组单机额定水头为 288 m，额定流量为 228.6 m^3/s，额定出力为 610 MW。

表 4-3　引水系统布置参数

参数	引水隧洞	调压室	调压室后岔管	高压支管	尾水管	尾水隧洞
长度/m	16 670	—	36.328	503.701	29.73	266.755
直径/m	11.8	22	7.363	6.5	5.753	12.0

计算工况是上游水库正常蓄水位为 1 646 m，额定水头下发出额定出力。导叶关闭规律为额定开度下 13 s 直线关闭，机组增额定负荷采用导叶 30 s 直线开启。

假定机组引用流量突变，将本节推导的四种典型组合工况下调压室涌浪水位极值解析解与数值解[采用经典的四阶龙格-库塔（Runge-Kutta）法]进行对比，结果见表 4-4、表 4-5 和图 4-8～图 4-11。其中，工况 1、2、3 和 4 分别表示先增后甩、相继甩负荷、相继增负荷、先甩后增四种组合工况。

表 4-4　工况 1、工况 2 调压室涌浪水位极值数值解与解析解的对比

阻抗损失系数 η_0	工况 1							工况 2						
	数值解			解析解			误差 e/%	数值解			解析解			误差 e/%
	Z_{11}/m	t_{11}/S	Z/m	Z_{11}/m	t_{11}/s	Z/m		Z_{21}/m	t_{21}/s	Z/m	Z_{21}/m	t_{21}/s	Z/m	
0.5	−20.4	245.8	99.5	−20.5	239.4	101.7	2.2	−10.1	5.7	79.6	−10.3	5.2	81.1	1.9
1.0	−17.4	253.5	93.3	−17.5	246.9	95.4	2.3	−6.6	11.6	76.1	−6.8	11.0	77.6	2.0
1.5	−14.8	261.2	88.0	−14.8	254.3	90.0	2.3	−3.5	17.1	73.1	−3.4	16.6	74.5	1.9
2.0	−12.6	268.4	83.4	−12.6	261.3	85.4	2.4	−0.5	22.3	70.4	−0.2	22.0	71.8	2.0
2.5	−10.8	274.9	79.5	−10.6	267.8	81.3	2.3	2.2	27.5	68.0	2.7	27.1	69.4	2.1
3.5	−8.2	286.9	72.9	−7.8	279.3	74.6	2.3	6.2	35.9	63.9	7.4	35.9	65.3	2.2
5.0	−6.1	300.9	65.2	−5.5	292.8	66.7	2.3	10.3	46.1	59.0	12.1	46.1	60.2	2.0

表 4-5　工况 3、工况 4 调压室涌浪水位极值数值解与解析解的对比

阻抗损失系数 η_0	工况 3							工况 4						
	数值解			解析解			误差 e/%	数值解			解析解			误差 e/%
	Z_{31}/m	t_{31}/s	Z/m	Z_{31}/m	t_{31}/s	Z/m		Z_{41}/m	t_{41}/s	Z/m	Z_{41}/m	t_{41}/s	Z/m	
0.5	−3.4	5.6	−89.6	−3.4	5.6	−83.8	6.5	−4.8	263.4	−101.7	−5.4	266.3	−98.4	3.2
1.0	−6.5	11.0	−86.1	−6.5	11.0	−81.1	5.8	−8.5	269.2	−94.3	−9.6	271.9	−91.7	2.8
1.5	−9.5	16.1	−83.1	−9.4	16.0	−78.7	5.3	−11.4	274.4	−88.3	−12.6	276.6	−86.1	2.5
2.0	−12.1	20.8	−80.4	−12.0	20.6	−76.6	4.7	−13.5	278.8	−83.2	−14.7	281.6	−81.4	2.2
2.5	−14.3	25.0	−77.9	−14.3	24.9	−74.6	4.2	−14.8	278.8	−78.8	−16.2	284.3	−77.3	1.9
3.5	−17.9	32.4	−73.9	−17.8	32.0	−71.3	3.5	−16.5	289.1	−71.6	−17.8	289.9	−70.5	1.5
5.0	−21.3	40.5	−69.0	−21.3	40.1	−67.0	2.9	−17.1	296.5	−63.5	−18.5	296.6	−62.6	1.4

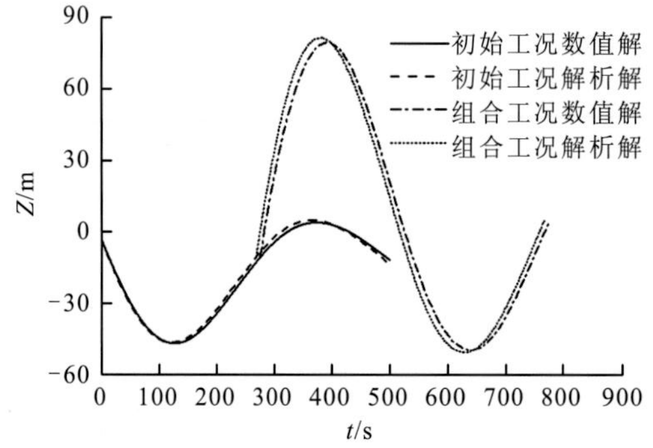

图 4-8　工况 1 调压室水位波动图（$\eta_0 = 2.5$）

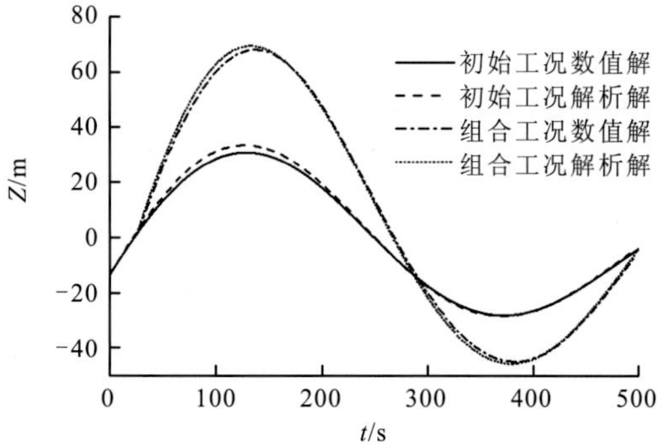

图 4-9　工况 2 调压室水位波动图（$\eta_0 = 2.5$）

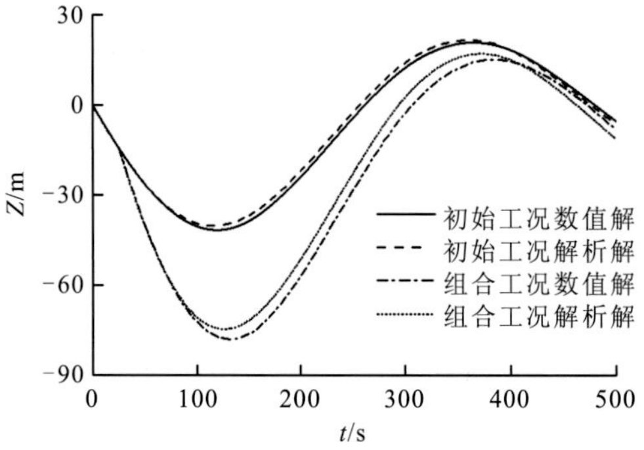

图 4-10　工况 3 调压室水位波动图（$\eta_0 = 2.5$）

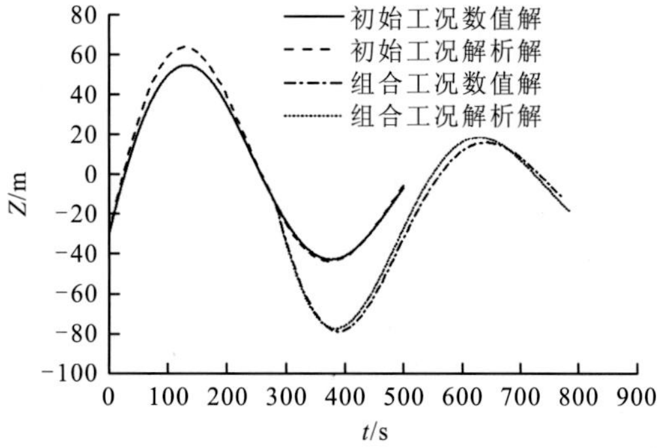

图 4-11　工况 4 调压室水位波动图（$\eta_0 = 2.5$）

由表 4-4 可知：工况 1 对比误差在 2.3%左右，工况 2 对比误差小于等于 2.2%，两种组合工况下调压室涌浪水位极值的解析解具有较高的计算精度，能满足水电站设计与运行的需要。

由表 4-5 中的数据对比可以发现：随着阻抗损失系数的增大，工况 3、工况 4 的调压室涌浪水位极值数值解和解析解的对比误差逐渐减小。并且随着阻抗损失系数的增大，上游阻抗式调压室的最低涌浪水位的控制工况逐渐由工况 4 变为工况 3。

由调压室设计规范[2]可知：无长连接管的阻抗式调压室的阻抗损失系数$\eta_0 = 1/(2g\varphi_c^2 k^2)$，对于长引水式水电站，$k$ 一般取 0.3，取阻抗孔口流量系数 φ_c =0.6～0.8，求得 η_0=1.57，本算例中引水隧洞很长，忽略隧洞局部水头损失，根据沿程水头损失系数计算公式 $\alpha = n^2 L/R^{4/3}$，得到α=0.772。因此，可以推断实际水电站$\eta_0 > 2.0$是合理的。此时，工况 3 和工况 4 调压室最低涌浪水位解析解与数值解的对比误差分别小于 4.7%、2.2%，也具有较高的计算精度。

图 4-8～图 4-11 为流量突变条件下，四种组合工况调压室涌浪水位波动过程解析解和数值解的对比。从中也可以看出，变化过程吻合度也较高，极值处对比误差较小。

2. 气垫式调压室组合工况的解析解

气垫式调压室水位波动及气压变化的基本方程如下。

动量方程：

$$p_s = p + \alpha V|V| + \beta\left(\frac{F}{f}\right)^2 \left|\frac{\mathrm{d}Z}{\mathrm{d}t}\right|\left(\frac{\mathrm{d}Z}{\mathrm{d}t}\right) + \frac{L}{g}\frac{\mathrm{d}V}{\mathrm{d}t} + Z \tag{4-55}$$

连续性方程：

$$fV - F\frac{\mathrm{d}Z}{\mathrm{d}t} = 0, \qquad Q = 0 \tag{4-56}$$

气体状态方程：

$$p_s l_s^m = p(l_s - Z)^m \tag{4-57}$$

将式（4-57）代入式（4-55），并令$1 + m\dfrac{p_0}{l_0} = \sigma_0$，$1 + m\dfrac{p_s}{l_s} = \sigma_s$，$Z = Z_* - \dfrac{4h_{w0}}{\sigma_s}$。其结果与常规调压室所得 Z-V 方程的形式完全相同。因此，同样可以运用非线性渐进法推导气垫式调压室组合工况下水位波动极值、气压极值的解析表达式。文献[13]针对先增后甩、相继甩负荷、相继增负荷、先甩后增四种组合工况，进行了详细的推导，给出了初始工况解析表达式和叠加条件、组合工况调压室涌浪水位波动过程的解析解和极值发生时刻的精确解，也进行了相应的数值验证。

将调压室涌浪水位波动过程的解析解代入式（4-55）和式（4-57），还可以得出气压极值的解析表达式。为了节省篇幅，在此不一一列出推导过程及结果。但与常规调压室对比，有两点差别需要指出。

（1）因为气垫式调压室的初始气体压强一般与水电站额定水头相同，所以组合工况下调压室内涌浪水位波动变化量与气体压强变化量相比所占比例很小。需要将气垫式调压室涌浪水位波动变化与气体压强变化之和作为过渡过程分析与控制的对象。

（2）气垫式调压室涌浪水位波动周期为

$$T_{F,q} = 2\pi\sqrt{\frac{LF_g}{gf\left(1 + m\dfrac{p_s}{l_s}\right)}} \tag{4-58}$$

式中：F_g 为气垫式调压室稳定断面积。

常规调压室涌浪水位波动周期为

$$T_F = 2\pi\sqrt{\frac{LF}{gf}} \tag{4-59}$$

式中：F 为常规调压室稳定断面积，并存在 $F_g = \left(1 + m\frac{p_0}{l_0}\right)F$ 的关系。

将式（4-58）除以式（4-59），得

$$\frac{T_{F,q}}{T_F} = \sqrt{\frac{1 + m\frac{p_0}{l_0}}{1 + m\frac{p_s}{l_s}}} \tag{4-60}$$

由式（4-60）可知：当 $\frac{p_0}{l_0} < \frac{p_s}{l_s}$ 时，有 $T_{F,q} < T_F$；当 $\frac{p_0}{l_0} > \frac{p_s}{l_s}$ 时，有 $T_{F,q} > T_F$。T_F 为常数，所以气垫式调压室涌浪水位波动周期是随气压而变的，且上半周期与下半周期不对称。

4.3 各种类型调压室水位波动的数学模型

在计算机应用非常普及的今天，调压室涌浪水位与机组调节保证参数的联合计算已相当成熟。与两者分开计算相比，其优势在于：一是能精确地计入调压室涌浪水位波动过程对机组调节保证参数的影响。因为设置调压室虽然缩短了压力管道的长度，但调压室与水库相比，其断面积是有限的，不仅自身的水位波动影响机组调节保证参数，而且对水击波的反射不够充分，也会将压力隧洞少部分的水流惯性作用于机组调节保证参数。二是能方便地计算各种组合工况下，调压室水位波动叠加对自身水位极值的影响，以及对机组调节保证参数的影响。三是能方便地处理复杂的水力单元布置。

调压室涌浪水位与机组调节保证参数联合计算的基本处理方法是：列出各种形式调压室的边界条件，与连接调压室的管道首断面或末断面的特征方程联立，形成完整的调压室水位波动的数学模型，然后并入水电站过渡过程计算程序，联合求解。因此，本节将介绍各种类型调压室水位波动的数学模型。

4.3.1 简单式调压室

如图 4-12 所示，简单式调压室水位波动计算简图中共有 7 个未知数，即 1 号管道末断面的测压管水头 H_{P1} 和流量 Q_{P1}、2 号管道首断面的测压管水头 H_{P2} 和流量 Q_{P2}、调压室底部的测压管水头 H_P、流进或流出调压室的流量 Q_{TP}（流进为正）、调压室水位高程 Z。

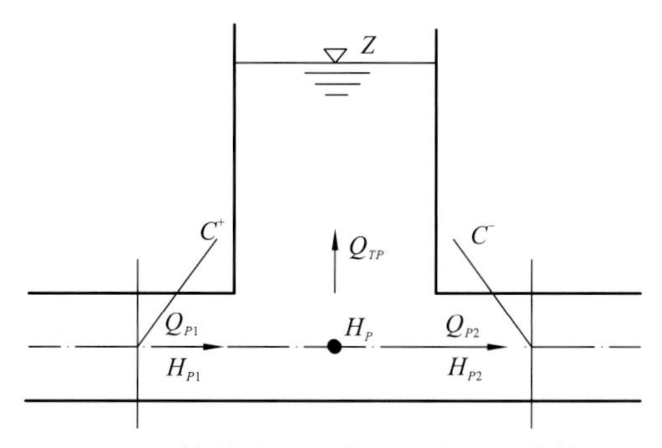

图 4-12　简单式调压室水位波动计算简图

可以列出的方程如下。

能量方程：在忽略调压室内水体惯性和沿程损失的前提下，其表达式为

$$Z = H_P + ZZ2 \tag{4-61}$$

式中：H_P 为以下游水位为基准的测压管水头；ZZ2 为下游水位高程。

在忽略岔管水头损失和流速水头之差的假设下，

$$H_{P1} = H_P \tag{4-62}$$

$$H_{P2} = H_P \tag{4-63}$$

连续性方程与管道特征线方程：

$$Q_{P1} = Q_{P2} + Q_{TP} \tag{4-64}$$

$$C^+ : Q_{P1} = Q_{CP} - C_{QP} H_{P1} \tag{4-65}$$

$$C^- : Q_{P2} = Q_{CM} + C_{QM} H_{P2} \tag{4-66}$$

调压室水位波动方程：

$$Z = Z_{-\Delta t} + \frac{Q_{TP} + Q_{TP-\Delta t}}{2} \frac{\Delta t}{F} \tag{4-67}$$

式中：Δt 为计算时间步长，s；F 为调压室断面积，m^2，若调压室为变断面（包括上室或下室），则 F 对应于涌浪水面所到达高程处的调压室断面积；下标“$-\Delta t$”为上一时刻的已知值。

7 个未知数，有式（4-61）～式（4-67）7 个方程，方程组封闭。

4.3.2　差动式调压室（包含阻抗式调压室）

图 4-13 为差动式调压室水位波动计算简图，TANK(2) 为升管顶部高程，TANK(1) 为大井底板高程，A_s 为升管断面积，F_s 为调压室大井断面积，m_1 和 m_2 分别是流进和流出孔口的流量系数，A_C 为孔口面积，μ_{y1} 和 μ_{y2} 分别为正、反两个方向的溢流流量系数，L_C 为溢流前沿长度，Z_{RP} 为升管水位高程，Z_{MP} 为大井水位高程 Z。水位波动计算可分为四种情况进行讨论。

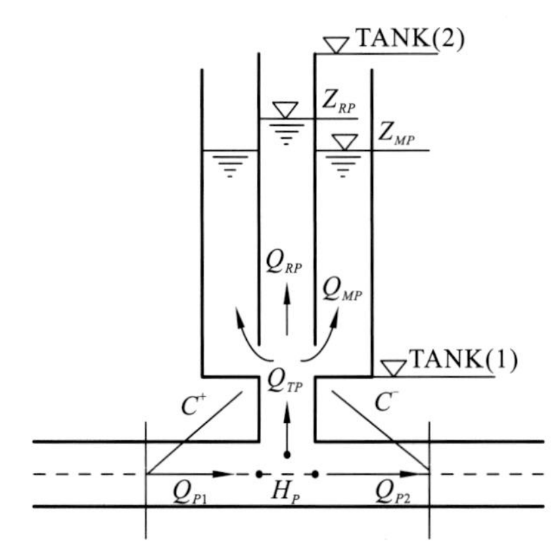

图 4-13　常规差动式调压室水位波动计算简图

Q_{MP} 为孔口流量；Q_{RP} 为升管流量

1）位于大井底板之下，即阻抗式调压室

有 7 个未知数 H_{P1}、H_{P2}、H_P、Q_{P1}、Q_{P2}、Q_{TP}、Z，有 7 个方程。方程中忽略了调压室内的水体惯性和沿程损失，忽略了岔管水头损失和流速水头之差。

能量方程：

$$Z = H_P + ZZ2 - \eta_0 Q_{TP}|Q_{TP}| \tag{4-68}$$

式中：H_P 为以下游水位为基准的测压管水头；ZZ2 为下游水位高程；η_0 为阻抗损失系数。

$$H_{P1} = H_P \tag{4-69}$$

$$H_{P2} = H_P \tag{4-70}$$

连续性方程及管道特征线方程：

$$Q_{P1} = Q_{P2} + Q_{TP} \tag{4-71}$$

$$C^+: Q_{P1} = Q_{CP} - C_{QP} H_{P1} \tag{4-72}$$

$$C^-: Q_{P2} = Q_{CM} + C_{QM} H_{P2} \tag{4-73}$$

调压室水位波动方程：

$$Z = Z_{-\Delta t} + \frac{Q_{TP} + Q_{TP-\Delta t}}{2} \frac{\Delta t}{F} \tag{4-74}$$

2）管顶部无溢流，$\mathrm{TANK}(1) < Z_{RP} < \mathrm{TANK}(2)$ 且 $\mathrm{TANK}(1) < Z_{MP} < \mathrm{TANK}(2)$

有 10 个未知数 Q_{P1}、Q_{P2}、Q_{TP}、Q_{RP}、Q_{MP}、H_P、H_{P1}、H_{P2}、Z_{RP}、Z_{MP}。

能量方程及管道特征线方程同式（4-68）～式（4-70）、式（4-72）、式（4-73）。

连续性方程：

$$Q_{P1} = Q_{P2} + Q_{TP} \tag{4-75}$$

$$Q_{TP} = Q_{RP} + Q_{MP} \tag{4-76}$$

调压室水位波动方程：

$$Z_{RP} = Z_{RP-\Delta t} + \frac{Q_{RP} + Q_{RP-\Delta t}}{2} \frac{\Delta t}{A_s} \tag{4-77}$$

$$Z_{MP} = Z_{MP-\Delta t} + \frac{Q_{MP} + Q_{MP-\Delta t}}{2} \frac{\Delta t}{F_s} \tag{4-78}$$

孔口出流方程：

$$\begin{cases} Q_{MP} = m_1 \times A_C \sqrt{2g(Z_{RP} - Z_{MP})}, & Z_{RP} \geqslant Z_{MP} \\ Q_{MP} = -m_2 \times A_C \sqrt{2g(Z_{MP} - Z_{RP})}, & Z_{RP} < Z_{MP} \end{cases} \tag{4-79}$$

3）管顶部有溢流，$Z_{RP} > \text{TANK}(2)$ 或 $Z_{MP} > \text{TANK}(2)$

有 11 个未知数 Q_{P1}、Q_{P2}、Q_{TP}、Q_{RP}、Q_{MP}、Q_{CP}、H_P、H_{P1}、H_{P2}、Z_{RP}、Z_{MP}。同样，能量方程及管道特征线方程同式（4-68）～式（4-70）、式（4-72）、式（4-73）。连续性方程同式（4-75）和式（4-76）。

调压室水位波动方程：

$$Z_{RP} = Z_{RP-\Delta t} + \frac{Q_{RP} + Q_{RP-\Delta t} - Q_{CP} - Q_{CP-\Delta t}}{2} \frac{\Delta t}{A_s} \tag{4-80}$$

$$Z_{MP} = Z_{MP-\Delta t} + \frac{Q_{MP} + Q_{MP-\Delta t} + Q_{CP} + Q_{CP-\Delta t}}{2} \frac{\Delta t}{F_s} \tag{4-81}$$

孔口出流方程：

$$\begin{cases} Q_{MP} = m_1 \times A_C \sqrt{2g(Z_{RP} - Z_{MP})}, & Z_{RP} \geqslant Z_{MP} \\ Q_{MP} = -m_2 \times A_C \sqrt{2g(Z_{MP} - Z_{RP})}, & Z_{RP} < Z_{MP} \end{cases} \tag{4-82}$$

堰流方程：

$$\begin{cases} Q_{CP} = \mu_{y1} \times L_C \sqrt{2g}[Z_{RP} - \text{TANK}(2)]^{\frac{3}{2}}, & Z_{RP} > \text{TANK}(2), Z_{MP} \leqslant \text{TANK}(2) \\ Q_{CP} = -\mu_{y2} \times L_C \sqrt{2g}[Z_{MP} - \text{TANK}(2)]^{\frac{3}{2}}, & Z_{MP} > \text{TANK}(2), Z_{RP} \leqslant \text{TANK}(2) \end{cases} \tag{4-83}$$

4）流口被淹没，即阻抗式调压室

与第一种情况完全一致，此处省略。

4.3.3　室外差动式调压室

室外差动式调压室水位波动计算简图如图 4-14 和图 4-15 所示，一个大井与两个升管相连，为了区分大井和升管相同含义的变量与参数，上标“″”代表大井，上标“′”代表升管 2，无上标代表升管 1，从计算简图可以看出，大井有 6 个未知数，分别为 Q''_{P1}、Q''_{P2}、Q''_{P3}、Q''_{TP}、Z_{MP}、H''_P；升管 1 有 5 个未知数，分别为 Q_{P1}、Q_{P2}、Q_{TP}、Z_{RP}、H_P；同理，升管 2 也有 5 个未知数，分别为 Q'_{P1}、Q'_{P2}、Q'_{TP}、Z'_{RP}、H'_P；升管顶部溢流流量 Q_{CP}、Q'_{CP} 也为未知数。综上，室外差动式调压室的边界条件共有 18 个未知数，对应如下 18 个方程。

1）大井边界方程

$$Q''_{P1} = Q''_{CP} - C''_{QP} H''_P \tag{4-84}$$

$$Q''_{P2} = Q''_{CM} + C''_{QM} H''_P \tag{4-85}$$

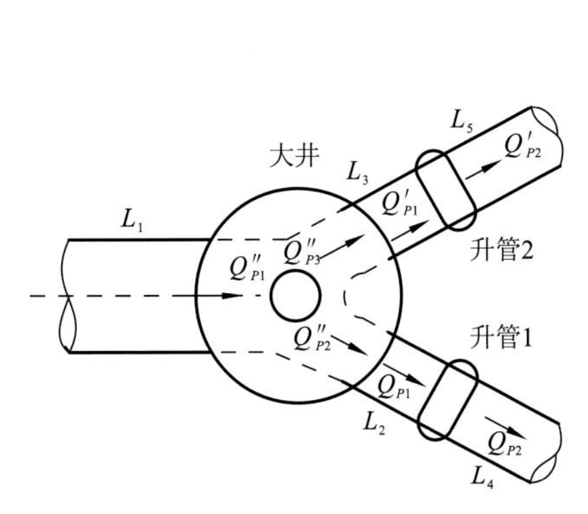

图 4-14　室外差动式调压室平面计算简图

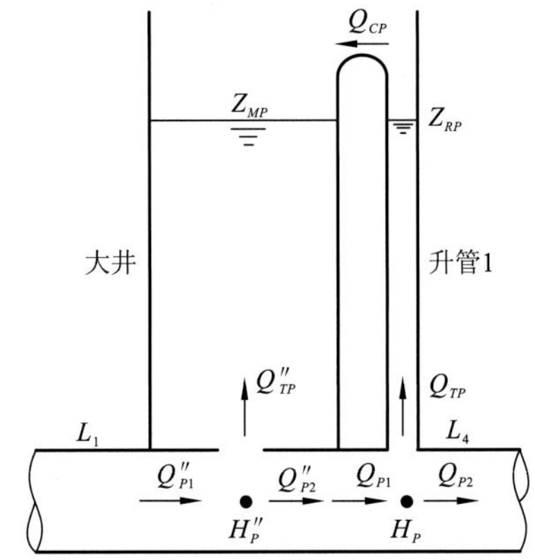

图 4-15　室外差动式调压室剖面计算简图

$$Q''_{P3} = Q''_{CM} + C''_{QM} H''_P \tag{4-86}$$

$$Q''_{P1} = Q''_{TP} + Q''_{P2} + Q''_{P3} \tag{4-87}$$

$$Z_{MP} = H''_P + \text{ZZ2} - \alpha'' Q''_{TP} \left| Q''_{TP} \right| \tag{4-88}$$

$$Z_{MP} = Z_{MP-\Delta t} + \frac{Q_{CP} + Q_{CP-\Delta t}}{2F_s}\Delta t + \frac{Q'_{CP} + Q'_{CP-\Delta t}}{2F_s}\Delta t + \frac{Q''_{TP} + Q''_{TP-\Delta t}}{2F_s}\Delta t \tag{4-89}$$

式中：α'' 为流进大井的流量系数；F_s 为调压室大井断面积；$Q_{CP-\Delta t}$、$Q'_{CP-\Delta t}$、$Q''_{TP-\Delta t}$ 分别为前一时刻升管 1 和升管 2 的溢流流量、流进大井的流量；ZZ2 为下游水位高程。

2）升管 1 边界方程

$$Q_{P1} = Q_{CP} - C_{QP} H_P \tag{4-90}$$

$$Q_{P2} = Q_{CM} + C_{QM} H_P \tag{4-91}$$

$$Q_{P1} = Q_{P2} + Q_{TP} \tag{4-92}$$

$$Z_{RP} = Z_{RP-\Delta t} + \frac{Q_{TP} + Q_{TP-\Delta t}}{2A_s}\Delta t - \frac{Q_{CP} + Q_{CP-\Delta t}}{2A_s}\Delta t \tag{4-93}$$

$$Z_{RP} = H_P + \text{ZZ2} - \alpha Q_{TP} \left| Q_{TP} \right| \tag{4-94}$$

$$Q_{CP} = \mu L_C \sqrt{2g}[Z_{RP} - \text{TANK}(2)]^{\frac{3}{2}} \tag{4-95}$$

式中：TANK(2) 为溢流高程；A_s 为升管断面积；μ 为溢流流量系数；L_C 为溢流前沿长度。式（4-95）中，需要判别 Z_{RP} 与 Z_{MP} 的大小。

3）升管 2 边界方程

$$Q'_{P1} = Q'_{CP} - C'_{QP} H'_P \tag{4-96}$$

$$Q'_{P2} = Q'_{CM} + C'_{QM} H'_P \tag{4-97}$$

$$Q'_{P1} = Q'_{P2} + Q'_{TP} \tag{4-98}$$

$$Z'_{RP} = Z'_{RP-\Delta t} + \frac{Q'_{TP} + Q'_{TP-\Delta t}}{2A'_s}\Delta t - \frac{Q'_{CP} + Q'_{CP-\Delta t}}{2A'_s}\Delta t \tag{4-99}$$

$$Z'_{RP} = H'_P + \text{ZZ2} - \alpha' Q'_{TP} \left| Q'_{TP} \right| \tag{4-100}$$

$$Q'_{CP} = \mu' L'_C \sqrt{2g}[Z'_{RP} - \mathrm{TANK}(2)']^{\frac{3}{2}} \tag{4-101}$$

以上 18 个方程为差动式调压室升管顶部有溢流的边界条件，由以上 18 个方程求解 18 个未知数。若升管顶部无溢流，去掉式（4-95）和式（4-101），其余含有 Q_{CP} 、Q'_{CP} 的方程中，令 Q_{CP} 、Q'_{CP} 等于零，得出差动式调压室升管顶部无溢流的边界条件。

在此应该指出的是，上述数学模型中 L_2 和 L_3 管段是足够长的，采用特征方程计算。若 L_2 和 L_3 管段较短，该处理方法将产生较大误差，影响计算结果的可靠性，应采用刚化短管方法，即用式（4-102）～式（4-105）4 个方程代替式（4-85）、式（4-86）、式（4-90）、式（4-96）4 个特征方程。

$$Q''_{P2} = Q_{P1} \tag{4-102}$$

$$\frac{L_2}{gA_2}\frac{\mathrm{d}Q''_{P2}}{\mathrm{d}t} = H''_P - H_P \tag{4-103}$$

$$Q''_{P3} = Q'_{P1} \tag{4-104}$$

$$\frac{L_3}{gA_3}\frac{\mathrm{d}Q''_{P3}}{\mathrm{d}t} = H''_P - H'_P \tag{4-105}$$

式中：A_2 为 L_2 管道的断面积；A_3 为 L_3 管道的断面积。

4.3.4　一进二出三孔调压室

如图 4-16 所示的一进二出三孔调压室，有 21 个未知数 H_{P1}、H_{P40}、H_{P50}、H_{P4n}、H_{P5n}、H_{P2}、H_{P3}、Q_{P1}、Q_{P2}、Q_{P3}、Q_{P40}、Q_{P50}、Q_{P4n}、Q_{P5n}、H_{TP1}、H_{TP2}、H_{TP3}、Q_{TP1}、Q_{TP2}、Q_{TP3}、Z。其中，下标“1”“2”“3”分别代表 1#总管、2#总管、3#总管及对应的 3 个阻抗孔，下标“4”和“5”分别代表 1#孔口与 2#孔口之间的管道、1#孔口与 3#孔口之间的管道，并且下标“0”表示管道的首断面，下标“n”表示末断面。对应的边界条件如下。

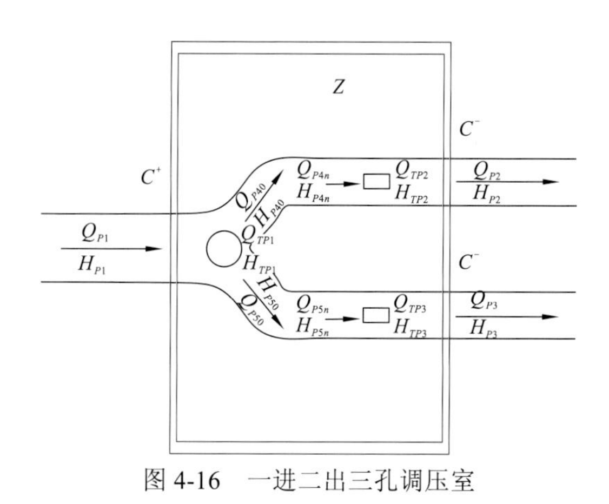

图 4-16　一进二出三孔调压室

1）岔点及阻抗孔方程

$$C^+ : Q_{P1} = Q_{CP1} - C_{QP1} \cdot H_{P1} \tag{4-106}$$

$$C^- : Q_{P40} = Q_{CM40} + C_{QM40} \cdot H_{P40} \tag{4-107}$$

$$C^- : Q_{P50} = Q_{CM50} + C_{QM50} \cdot H_{P50} \tag{4-108}$$

$$Q_{P1} = Q_{P40} + Q_{P50} + Q_{TP1} \tag{4-109}$$

$$H_{P1} = H_{P40} \tag{4-110}$$

$$H_{P1}=H_{P50} \tag{4-111}$$

$$H_{P1}=H_{TP1} \tag{4-112}$$

$$Z=H_{TP1}+ZZ2-\eta_0 Q_{TP1}\left|Q_{TP1}\right| \tag{4-113}$$

2）两闸门槽及调压室水位方程

$$C^+:Q_{P4n}=Q_{CP4n}-C_{QP4n}\cdot H_{P4n} \tag{4-114}$$

$$C^+:Q_{P5n}=Q_{CP5n}-C_{QP5n}\cdot H_{P5n} \tag{4-115}$$

$$C^-:Q_{P2}=Q_{CM2}+C_{QM2}\cdot H_{P2} \tag{4-116}$$

$$C^-:Q_{P3}=Q_{CM3}+C_{QM3}\cdot H_{P3} \tag{4-117}$$

$$Q_{P4n}=Q_{P2}+Q_{TP2} \tag{4-118}$$

$$Q_{P5n}=Q_{P3}+Q_{TP3} \tag{4-119}$$

$$H_{P4n}=H_{P2} \tag{4-120}$$

$$H_{P4n}=H_{TP2} \tag{4-121}$$

$$H_{P5n}=H_{P3} \tag{4-122}$$

$$H_{P5n}=H_{TP3} \tag{4-123}$$

$$Z=H_{TP2}+ZZ2-\eta_0 Q_{TP2}\left|Q_{TP2}\right| \tag{4-124}$$

$$Z=H_{TP3}+ZZ2-\eta_0 Q_{TP3}\left|Q_{TP3}\right| \tag{4-125}$$

$$Z=Z_{-\Delta t}+\frac{Q_{TP1}+Q_{TP1-\Delta t}+Q_{TP2}+Q_{TP2-\Delta t}+Q_{TP3}+Q_{TP3-\Delta t}}{2}\frac{\Delta t}{F} \tag{4-126}$$

同理，上述数学模型中若 L_2 和 L_3 管段较短，应采用刚化短管方法，即用式（4-102）～式（4-105）4 个方程代替式（4-107）、式（4-108）、式（4-114）、式（4-115）4 个特征方程。

4.3.5　带长连接管调压室

对于如图 4-17 所示的带有长连接管的阻抗式调压室，可将其视为由连接管底部分岔管、连接管和阻抗式调压室三部分组成，其中，连接管分为 n 微段，下标“0”表示首断面，下标“n”表示末断面。具体建模如下。

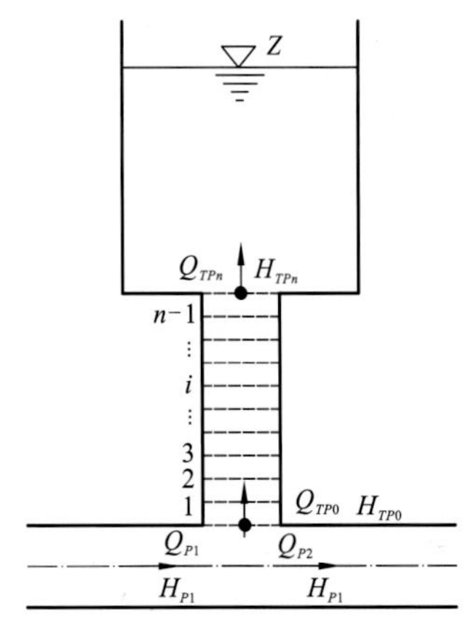

图 4-17　带长连接管调压室

1）连接管底部分岔管

此处有 6 个未知数 Q_{P1}、H_{P1}、Q_{P2}、H_{P2}、H_{TP0}、Q_{TP0}，对应的方程如下。

$$C^+:Q_{P1}=Q_{CP1}-C_{QP1}\cdot H_{P1} \tag{4-127}$$

$$C^-:Q_{P2}=Q_{CM2}+C_{QM2}\cdot H_{P2} \tag{4-128}$$

$$C^-:Q_{TP0}=Q_{CMTP}+C_{QMTP}\cdot H_{TP0} \tag{4-129}$$

$$Q_{P1}=Q_{P2}+Q_{TP0} \tag{4-130}$$

$$H_{P1}=H_{TP0} \tag{4-131}$$

$$H_{P2}=H_{TP0} \tag{4-132}$$

2）连接管

该管未知数为 Q_{TPi} 和 H_{TPi} $(i=1,2,\cdots,n-1)$，n 为连接管内网格截面的编号。建立的特征线方程如下：

$$Q_{TPi}=Q_{CPTPi}-C_{QPTPi}\cdot H_{TPi} \tag{4-133}$$

$$Q_{TPi}=Q_{CMTPi}+C_{QMTPi}\cdot H_{TPi} \tag{4-134}$$

3）阻抗式调压室

该处有 3 个未知数 H_{TPn}、Q_{TPn}、Z，对应的方程如下：

$$C^{+}:Q_{TPn}=Q_{CPTPn}-C_{QPTPn}\cdot H_{TPn} \tag{4-135}$$

$$Z=H_{TPn}+\text{ZZ2}-\eta_0 Q_{TPn}\left|Q_{TPn}\right| \tag{4-136}$$

$$Z=Z_{-\Delta t}+\frac{Q_{TPn}+Q_{TPn-\Delta t}}{2}\frac{\Delta t}{F} \tag{4-137}$$

式中：ZZ2 为下游水位高程。

上述共计有 9+2(n−1)个方程、9+2(n−1)个未知数，方程组封闭。

4.3.6　调压室上部连通

若输水发电系统中有多个上游调压室或多个下游调压室，且调压室之间存在上部连通（连通高程为 ZZ），则以上各类型调压室涌浪水位的数学模型只需要增加未知数 Q_{LP}，对应增加堰流方程即可。

当 $Z>\text{ZZ}$ 时，

$$Q_{LP}=\mu\times L_C\sqrt{2g}(Z-\text{ZZ})^{\frac{3}{2}} \tag{4-138}$$

式中：μ 为溢流流量系数；L_C 为溢流前沿长度。

并且，在相应的调压室水位与流量方程中，将流量减去 Q_{LP}。

4.3.7　气垫式调压室

气垫式调压室水位波动计算简图如图 4-18 所示。其有未知数 9 个，即 Q_{P1}、H_{P1}、Q_{P2}、H_{P2}、H_P、Q_{TP}、Z、P（气室压强）、$\cancel{V}$（气室体积），对应如下 9 个方程。

$$C^{+}:Q_{P1}=Q_{CP}-C_{QP}H_{P1} \tag{4-139}$$

$$C^{-}:Q_{P2}=Q_{CM}+C_{QM}H_{P2} \tag{4-140}$$

$$Q_{P1}=Q_{P2}+Q_{TP} \tag{4-141}$$

$$H_{P1}=H_P \tag{4-142}$$

$$H_{P2}=H_P \tag{4-143}$$

$$Z = H_P + (P - P_a) - \eta_0 Q_{TP}|Q_{TP}| \quad (4\text{-}144)$$

$$Z = Z_{-\Delta t} + \frac{Q_{TP} + Q_{TP-\Delta t}}{2}\frac{\Delta t}{F} \quad (4\text{-}145)$$

$$P_{-\Delta t}\mathcal{V}_{-\Delta t}^{m} = P\mathcal{V}^{m} \quad (4\text{-}146)$$

$$\mathcal{V} - \mathcal{V}_{-\Delta t} = F(Z - Z_{-\Delta t}) \quad (4\text{-}147)$$

式中：P_a 为大气压；m 为气体多方指数；F 为调压室断面积。

4.3.8 连通调压室

连通调压室不同于调压室上部连通，由于受地质、地形条件的限制，无法保留两个相邻水力单元调压室之间的岩柱，在调压室底板高程开始连通，如图 4-19 所示。其边界条件有 13 个未知数，即图中的 H_{P1}、H_{P2}、H_{P3}、H_{P4}、Q_{P1}、Q_{P2}、Q_{P3}、Q_{P4}、H_{TP1}、H_{TP2}、Q_{TP1}、Q_{TP2}、Z，对应的方程如下。

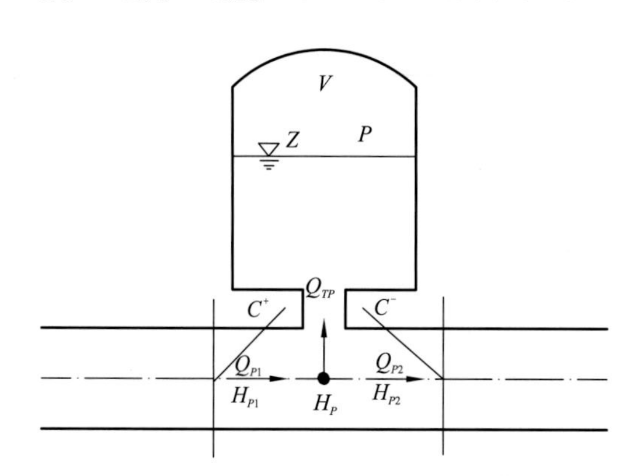

图 4-18　气垫式调压室边界条件示意图

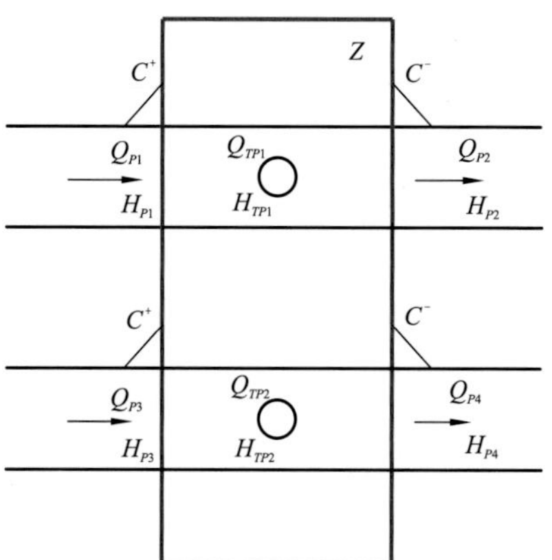

图 4-19　连通调压室边界条件示意图

1）特征方程

$$C^+ : Q_{P1} = Q_{CP1} - C_{QP1} \cdot H_{P1} \quad (4\text{-}148)$$

$$C^- : Q_{P2} = Q_{CM2} + C_{QM2} \cdot H_{P2} \quad (4\text{-}149)$$

$$C^+ : Q_{P3} = Q_{CP3} - C_{QP3} \cdot H_{P3} \quad (4\text{-}150)$$

$$C^- : Q_{P4} = Q_{CM4} + C_{QM4} \cdot H_{P4} \quad (4\text{-}151)$$

2）调压室水位波动方程

$$Z = Z_{-\Delta t} + \frac{Q_{TP1} + Q_{TP1-\Delta t} + Q_{TP2} + Q_{TP2-\Delta t}}{2} \quad (4\text{-}152)$$

3）能量方程

$$Z = H_{TP1} + ZZ2 - \eta_0 Q_{TP1}|Q_{TP1}| \quad (4\text{-}153)$$

$$Z = H_{TP2} + ZZ2 - \eta_0 Q_{TP2}|Q_{TP2}| \quad (4\text{-}154)$$

$$H_{P1} = H_{P2} \tag{4-155}$$

$$H_{P1} = H_{TP1} \tag{4-156}$$

$$H_{P3} = H_{P4} \tag{4-157}$$

$$H_{P3} = H_{TP2} \tag{4-158}$$

4）连续性方程

$$Q_{P1} = Q_{P2} + Q_{TP1} \tag{4-159}$$

$$Q_{P3} = Q_{P4} + Q_{TP2} \tag{4-160}$$

4.4　调压室水位波动及机组调节保证的时程分析与控制

4.4.1　调压室涌浪水位的控制工况及机组调节保证参数的控制工况

1）上游调压室最高涌浪水位的控制工况

设计工况为：上游水库正常蓄水位（或厂房设计洪水位）下，共用同一个调压室的全部 N 台机组满负荷运行时瞬时丢弃全部负荷，导叶紧急关闭。校核工况为：上游水库最高发电水位下，共用同一个调压室的全部 N 台机组丢弃全部负荷，或者上游水库正常蓄水位下，由共用同一个调压室的 N-1 台机组满负荷运行增至 N 台机组满负荷运行，在流入调压室的流量最大时，N 台机组同时丢弃全部负荷，导叶紧急关闭。

2）上游调压室最低涌浪水位的控制工况

设计工况为：上游水库最低发电水位下，由共用同一个调压室的 N-1 台机组满负荷运行增至 N 台机组满负荷运行，或者 N 台机组由 2/3 负荷增至满负荷运行，并复核共用同一个调压室的全部 N 台机组瞬时丢弃全部负荷时的第二振幅。校核工况为：上游水库最低发电水位下，共用同一个调压室的所有机组瞬时丢弃全部负荷，在流出调压室的流量最大时，其中一台机组从空载增至满负荷运行。

3）下游调压室最高涌浪水位的控制工况

设计工况为：厂房下游设计洪水位下，由共用同一个调压室的 N-1 台机组满负荷运行增至 N 台机组满负荷运行，或者 N 台机组由 2/3 负荷同时增至满负荷运行，并复核共用同一个调压室的全部 N 台机组瞬时丢弃全部负荷时的第二振幅。校核工况为：下游校核洪水位下的上述工况，或者厂房下游设计洪水位下，共用同一个调压室的全部 N 台机组瞬时丢弃全部负荷，在流入调压室的流量最大时，其中一台机组从空载增至满负荷运行。

4）下游调压室最低涌浪水位的控制工况

设计工况为：在与 N 台机组发电运行相应的下游尾水位下，共用同一个调压室的全部 N 台机组满负荷运行时瞬时丢弃全部负荷，并复核下游最低尾水位下，部分机组瞬时丢弃全部负荷。校核工况为：下游最低尾水位下，由共用同一个调压室的 N-1 台机组满负荷运行增至 N 台机组满负荷运行，在流出调压室的流量最大时，N 台机组同时丢弃全部负荷，导叶紧急关闭。

5）其他应注意的事项

上游调压室最低涌浪水位和下游调压室最高涌浪水位在校核工况下若不满足要求，可通过调整连续开机的时间间隔、控制分级增荷的幅度、限制丢弃全部负荷后重新开机的时间间隔等合理运行措施加以解决。

若水轮发电机组和出线的回路数较多，母线分段，而且经过分析论证，水电站没有丢弃全部负荷的可能，也可按丢弃部分负荷计算涌波最大值。

若水电站有分期蓄水发电情况，还要对水位和运行工况进行专门分析。

进行调压室涌浪水位计算时，引（尾）水道的糙率在丢弃负荷时取小值，增加负荷时取大值。

4.4.2 可控组合工况下调压室涌浪水位的时程控制方法

1. 可控组合工况下调压室水位波动有利叠加时刻的理论推导

1）可控组合工况

本节讨论的四种典型可控组合工况如下。

工况 1：同水力单元两台机组处于空载状态，初始工况是一台机组从空载增至额定负荷，叠加工况是在某一时刻，另一台机组从空载增至额定负荷。

工况 2：同水力单元两台机组处于正常运行状态，初始工况是一台机组减负荷至空载且停机，叠加工况是在某一时刻，另一台机组减负荷至空载且停机。

工况 3：同水力单元一台机组停机，另一台机组正常运行，初始工况是运行机组增负荷到额定负荷，叠加工况是在某一时刻，该机组减负荷至空载且停机。

工况 4：同水力单元一台机组停机，另一台机组在额定负荷运行，初始工况是运行机组突甩全负荷，叠加工况是在某一时刻，原来停机的机组启动且增至额定负荷。

2）可控组合工况下调压室水位波动有利叠加时刻的解析解

根据非线性振动渐进法，上述四种组合工况初始工况的初始振幅 A_{i0}、初始相位 φ_{i0} 的表达式分别是

$$A_{10}=\sqrt{[(1-n_T^2)h_{w0}]^2+\left[\frac{(1-n_T^2)fV_0}{F\omega}\right]^2},\qquad \varphi_{10}=\arccos\left[\frac{(1-n_T^2)h_{w0}}{A_{10}}\right] \tag{4-161}$$

$$A_{20}=\sqrt{(3h_{w0})^2+\left(\frac{fV_0}{F\omega}\right)^2},\qquad \varphi_{20}=\arccos\left(\frac{3h_{w0}}{A_{20}}\right)+\pi \tag{4-162}$$

$$A_{30}=\sqrt{[(1-n_T^2)h_{w0}]^2+\left[\frac{(1-n_T)fV_0}{F\omega}\right]^2},\qquad \varphi_{30}=\arccos\left[\frac{(1-n_T^2)h_{w0}}{A_{30}}\right] \tag{4-163}$$

$$A_{40}=\sqrt{h_{w0}^2+\left(\frac{fV_0}{F\omega}\right)^2},\qquad \varphi_{40}=\arccos\left(\frac{h_{w0}}{A_{40}}\right)+\pi \tag{4-164}$$

式中：$n_T=Q_t/Q_0$，Q_t 为增负荷时压力管道中的机组引用流量。

四种组合工况的初始工况引起的调压室水位波动解析解分别为

$$Z=A\cos\varphi-h_{w0},\qquad A=\frac{C_1A_{10}}{-C_2A_{10}+(C_1+C_2A_{10})\mathrm{e}^{C_1C_3t}},\qquad \varphi=\omega t+\varphi_{10} \tag{4-165}$$

$$Z=A\cos\varphi-h_{w0},\qquad A=\frac{C_1A_{20}}{-C_2A_{20}+(C_1+C_2A_{20})\mathrm{e}^{C_1C_3t}},\qquad \varphi=\omega t+\varphi_{20} \tag{4-166}$$

$$Z=A\cos\varphi-h_{w0},\qquad A=\frac{C_1A_{30}}{-C_2A_{30}+(C_1+C_2A_{30})\mathrm{e}^{C_1C_3t}},\qquad \varphi=\omega t+\varphi_{30} \tag{4-167}$$

$$Z=A\cos\varphi,\qquad A=\frac{A_{40}}{1+\dfrac{4\omega}{3\pi}(1+\eta_0)C_3A_{40}t},\qquad \varphi=\omega t+\varphi_{40} \tag{4-168}$$

在机组引用流量突变的假设及初始工况 V-Z 曲线与叠加工况 V-Z 曲线相切原则的前提下，可以得出组合工况不利/有利叠加时刻的解析解。

工况 1：

$$\frac{\mathrm{d}Z}{\mathrm{d}V}=\frac{(fV-Q_0)(L/Fg)}{-Z-\alpha V|V|-\beta(V-Q_0/f)|V-Q_0/f|}=\frac{(fV-2Q_0)(L/Fg)}{-Z-\alpha V|V|-\beta(V-2Q_0/f)|V-2Q_0/f|} \tag{4-169}$$

不利叠加时刻发生在第 n_D 个波动周期 1/4 周期之内的调压室水位下降的阶段。不利叠加时刻引水隧洞中流体的流速应该满足的条件是 $Q_0/f>V>0$，简化式（4-169），得

$$Z=-\alpha V^2-\beta V^2-2\beta\left(\frac{Q_0}{f}\right)^2+3\beta V\frac{Q_0}{f} \tag{4-170}$$

有利叠加时刻发生在第 n_D 个波动周期 1/4～3/4 周期内的调压室水位上升的阶段。有利叠加时刻引水隧洞中流体的流速应该满足的条件是 $2Q_0/f>V>Q_0/f$，简化式（4-169），得

$$Z=-\alpha V^2-9\beta V^2-6\beta\left(\frac{Q_0}{f}\right)^2+13\beta V\frac{Q_0}{f}+2\beta V^2\frac{fV}{Q_0} \tag{4-171}$$

由此，不利叠加时刻的相位方程是

$$\begin{cases}\cos\varphi_{1k}=-(\alpha+\beta)\dfrac{F^2}{f^2}A\left[-A\left(\dfrac{C_1C_3}{A_{10}}+C_2C_3\right)\mathrm{e}^{C_1C_3t_{1k}}\cos\varphi_{1k}-\omega\sin\varphi_{1k}\right]^2\\ \qquad +(\beta-2\alpha)\dfrac{F}{f}\dfrac{Q_0}{f}\left[-A\left(\dfrac{C_1C_3}{A_{10}}+C_2C_3\right)\mathrm{e}^{C_1C_3t_{1k}}\cos\varphi_{1k}-\omega\sin\varphi_{1k}\right]\\ \varphi_{1k}=\omega t_{1k}+\varphi_{10}\end{cases} \tag{4-172}$$

有利叠加时刻的相位方程是

$$\begin{cases}\cos\varphi'_{1k}=2\beta\dfrac{f}{Q_0}\dfrac{F^3}{f^3}A^2\left[-A\left(\dfrac{C_1C_3}{A_{10}}+C_2C_3\right)\mathrm{e}^{C_1C_3t'_{1k}}\cos\varphi'_{1k}-\omega\sin\varphi'_{1k}\right]^3\\ \qquad -(\alpha+3\beta)\dfrac{F^2}{f^2}A\left[-A\left(\dfrac{C_1C_3}{A_{10}}+C_2C_3\right)\mathrm{e}^{C_1C_3t'_{1k}}\cos\varphi'_{1k}-\omega\sin\varphi'_{1k}\right]^2\\ \qquad +(\beta-2\alpha)\dfrac{F}{f}\dfrac{Q_0}{f}\left[-A\left(\dfrac{C_1C_3}{A_{10}}+C_2C_3\right)\mathrm{e}^{C_1C_3t'_{1k}}\cos\varphi'_{1k}-\omega\sin\varphi'_{1k}\right]\\ \varphi'_{1k}=\omega t'_{1k}+\varphi_{10}\end{cases} \tag{4-173}$$

其中，$C_1=\dfrac{Q_0}{F}$，$C_2=\dfrac{4\omega}{3\pi}\eta_0$，$C_3=\omega^2h_{w0}\left(\dfrac{F}{fV_0}\right)^2$，为了推导方便，取 $n_T=0$。

联立式(4-172)中方程，可得出工况 1 的不利叠加时刻解 t_{1k} 及相位解 $\varphi_{1k}(k=1,2,3,\cdots)$；联立式（4-173）中方程，可得出工况 1 的有利叠加时刻解 t'_{1k} 及相位解 $\varphi'_{1k}(k=1,2,3,\cdots)$。

同理，工况 2、工况 3 和工况 4 的不利/有利叠加时刻的相位方程分别是

$$\begin{cases}\cos\varphi_{2k}=(\beta-\alpha)\dfrac{F^2}{f^2}A\left[-A\left(\dfrac{C_1C_3}{A_{20}}+C_2C_3\right)\mathrm{e}^{C_1C_3t_{2k}}\cos\varphi_{2k}-\omega\sin\varphi_{2k}\right]^2\\ \qquad +(\beta-2\alpha)\dfrac{F}{f}\dfrac{Q_0}{f}\left[-A\left(\dfrac{C_1C_3}{A_{20}}+C_2C_3\right)\mathrm{e}^{C_1C_3t_{2k}}\cos\varphi_{2k}-\omega\sin\varphi_{2k}\right]\\ \varphi_{2k}=\omega t_{2k}+\varphi_{20}\end{cases} \tag{4-174}$$

$$\begin{cases}\cos\varphi'_{2k}=2\beta\dfrac{f}{Q_0}\dfrac{F^3}{f^3}A^2\left[-A\left(\dfrac{C_1C_3}{A_{20}}+C_2C_3\right)\mathrm{e}^{C_1C_3t'_{2k}}\cos\varphi'_{2k}-\omega\sin\varphi'_{2k}\right]^3\\ \qquad +(3\beta-\alpha)\dfrac{F^2}{f^2}A\left[-A\left(\dfrac{C_1C_3}{A_{20}}+C_2C_3\right)\mathrm{e}^{C_1C_3t'_{2k}}\cos\varphi'_{2k}-\omega\sin\varphi'_{2k}\right]^2\\ \qquad +(\beta-2\alpha)\dfrac{Q_0}{f}\dfrac{F}{f}\left[-A\left(\dfrac{C_1C_3}{A_{20}}+C_2C_3\right)\mathrm{e}^{C_1C_3t'_{2k}}\cos\varphi'_{2k}-\omega\sin\varphi'_{2k}\right]\\ \varphi'_{2k}=\omega t'_{2k}+\varphi_{20}\end{cases} \tag{4-175}$$

$$\begin{cases}\cos\varphi_{3k}=(\beta-\alpha)\dfrac{F^2}{f^2}A\left[-A\left(\dfrac{C_1C_3}{A_{30}}+C_2C_3\right)\mathrm{e}^{C_1C_3t_{3k}}\cos\varphi_{3k}-\omega\sin\varphi_{3k}\right]^2\\ \qquad +(\beta-2\alpha)\dfrac{F}{f}\dfrac{Q_0}{f}\left[-A\left(\dfrac{C_1C_3}{A_{30}}+C_2C_3\right)\mathrm{e}^{C_1C_3t_{3k}}\cos\varphi_{3k}-\omega\sin\varphi_{3k}\right]\\ \varphi_{3k}=\omega t_{3k}+\varphi_{30}\end{cases} \tag{4-176}$$

$$
\begin{cases}
\cos\varphi'_{3k} = 2\beta\dfrac{f}{Q_0}\dfrac{F^3}{f^3}A^2\left[-A\left(\dfrac{C_1C_3}{A_{30}}+C_2C_3\right)e^{C_1C_3t'_{3k}}\cos\varphi'_{3k}-\omega\sin\varphi'_{3k}\right]^3 \\
\qquad +(3\beta-\alpha)\dfrac{F^2}{f^2}A\left[-A\left(\dfrac{C_1C_3}{A_{30}}+C_2C_3\right)e^{C_1C_3t'_{3k}}\cos\varphi'_{3k}-\omega\sin\varphi'_{3k}\right]^2 \\
\qquad +(\beta-2\alpha)\dfrac{Q_0}{f}\dfrac{F}{f}\left[-A\left(\dfrac{C_1C_3}{A_{30}}+C_2C_3\right)e^{C_1C_3t'_{3k}}\cos\varphi'_{3k}-\omega\sin\varphi'_{3k}\right] \\
\varphi'_{3k} = \omega t'_{3k}+\varphi_{30}
\end{cases}
\tag{4-177}
$$

$$
\begin{cases}
\cos\varphi_{4k} = (-\beta+\alpha)\dfrac{F^2}{f^2}A\left[-A\dfrac{4\omega}{3\pi}(1+\eta_0)C_3\cos\varphi_{4k}-\omega\sin\varphi_{4k}\right]^2 \\
\qquad +\beta\dfrac{F}{f}\dfrac{Q_0}{f}\left[-A\dfrac{4\omega}{3\pi}(1+\eta_0)C_3\cos\varphi_{4k}-\omega\sin\varphi_{4k}\right] \\
\varphi_{4k} = \omega t_{4k}+\varphi_{40}
\end{cases}
\tag{4-178}
$$

$$
\begin{cases}
\cos\varphi'_{4k} = 2\beta\dfrac{f}{Q_0}\dfrac{F^3}{f^3}A^2\left[-A\dfrac{4\omega}{3\pi}(1+\eta_0)C_3\cos\varphi'_{4k}-\omega\sin\varphi'_{4k}\right]^3 \\
\qquad -(3\beta+\alpha)\dfrac{F^2}{f^2}A\left[-A\dfrac{4\omega}{3\pi}(1+\eta_0)C_3\cos\varphi'_{4k}-\omega\sin\varphi'_{4k}\right]^2 \\
\qquad +\beta\dfrac{F}{f}\dfrac{Q_0}{f}\left[-A\dfrac{4\omega}{3\pi}(1+\eta_0)C_3\cos\varphi'_{4k}-\omega\sin\varphi'_{4k}\right] \\
\varphi'_{4k} = \omega t'_{4k}+\varphi_{40}
\end{cases}
\tag{4-179}
$$

2. 可控组合工况下不同叠加时刻的调压室水位波动

1）可控组合工况不利/有利叠加时刻的数值解与解析解

采用 4.2.3 小节某长引水式水电站的相关参数，以及经典的四阶龙格-库塔法，首先对上述四种可控组合工况不利/有利叠加时刻进行了数值解与解析解的对比，结果如表 4-6 和图 4-20～图 4-23 所示。

表 4-6　四种可控组合工况下不利/有利叠加时刻数值解和解析解的对比

行号	工况 1			工况 2			工况 3			工况 4		
	数值解/s	解析解/s	误差 e/%	数值解/s	解析解/s	误差 e/%	数值解/s	解析解/s	误差 e/%	数值解/s	解析解/s	误差 e/%
1	25.0	24.9	0.4	27.5	27.1	1.5	259.8	255.4	1.7	266.6	266.5	0.0
2	235.1	276.3	17.5	248.5	236.0	5.0	484.8	470.1	3.0	485.2	484.7	0.1
3	503.9	500.2	0.7	508.7	506.5	0.4	742.3	736.3	0.8	748.8	748.3	0.1
4	727.1	745.1	2.5	737.9	726.1	1.6	974.1	959.6	1.5	972.2	971.4	0.1

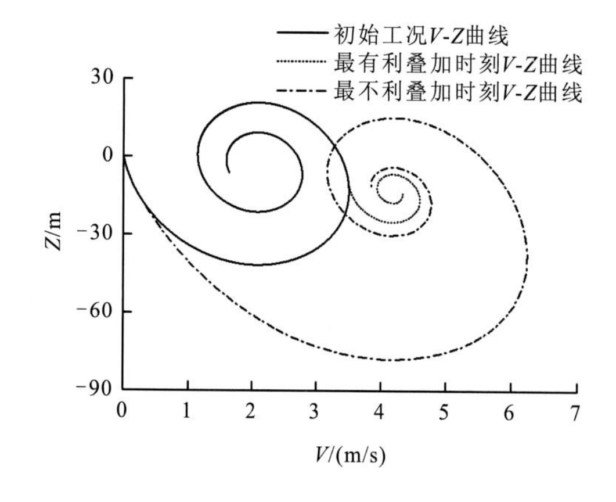

图 4-20　工况 1 最不利和最有利工况 V-Z 曲线图（$\eta_0=2.5$）

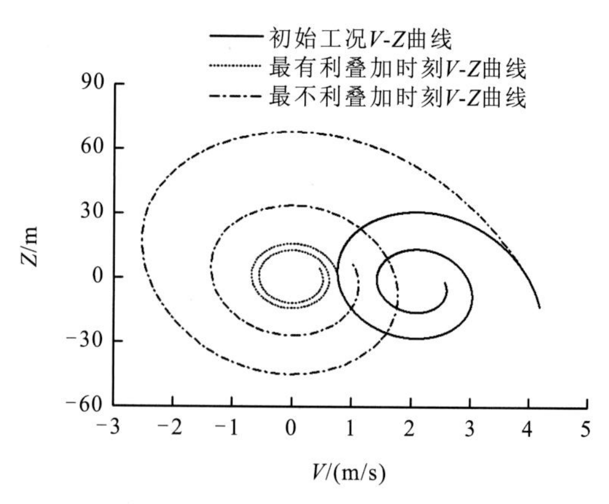

图 4-21　工况 2 最不利和最有利工况 V-Z 曲线图（$\eta_0=2.5$）

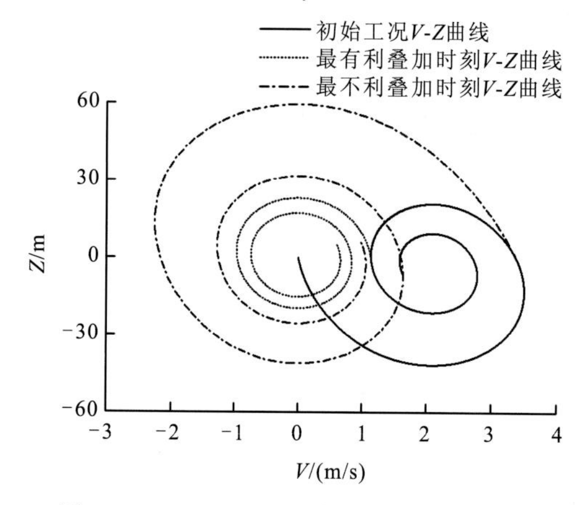

图 4-22　工况 3 最不利和最有利工况 V-Z 曲线图（$\eta_0=2.5$）

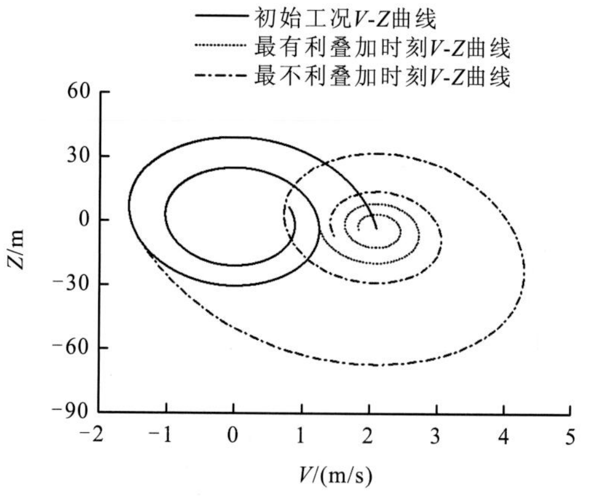

图 4-23　工况 4 最不利和最有利工况 V-Z 曲线图（$\eta_0=2.5$）

表 4-6 中第 1 行与第 3 行表示四种可控组合工况下的不利叠加时刻，第 2 行和第 4 行表示四种可控组合工况下的有利叠加时刻。从中可以看出：

（1）除了可控组合工况 1 的最有利叠加时刻数值解和解析解的误差为 17.5%外，其他工况的有利/不利叠加时刻数值解和解析解的误差均小于 5%，说明采用解析解初估不利/有利叠加时刻是可靠的。可控组合工况 1 误差较大的原因是调压室涌浪波动过程曲线的数值解与解析解存在一定的相位差。

（2）该水电站调压室涌浪水位波动周期为 483.4 s。四种可控组合工况下的最不利和最有利叠加时刻大约相差半个周期。初始工况下调压室涌浪水位波动过程中，水位任一上升或下降时段均存在一个最不利和最有利叠加时刻。水电站运行中应抓住第一个最有利叠加时刻，否则需要等待一个波动周期，时间太长，不利于电网调度运行。

（3）调压室涌浪的周期变化过程是引水隧洞中水体动能与调压室内水体势能的周期

性能量交换过程，组合工况下在典型叠加时刻发生的能量交换并没有改变调压室涌浪水位波动的周期性。

（4）从图 4-20～图 4-23 可以看出，初始工况 V-Z 曲线与叠加工况 V-Z 曲线相交，其相切点为最有利或最不利的叠加点，对应的时刻为最有利或最不利的叠加时刻。组合工况下，机组运行应避开最不利叠加时刻，而尽量选择最有利叠加时刻。

2）可控组合工况不利/有利叠加时刻叠加条件下，调压室涌浪水位波动过程的数值解与解析解

数值解同样采用经典的四阶龙格-库塔法得到，可控组合工况不利/有利叠加时刻叠加条件下，调压室涌浪水位波动过程数值解与解析解的对比结果见表 4-7。因为采用非线性渐进法求解可控组合工况 4 下的调压室涌浪波动过程较为复杂，而该工况下不利/有利叠加时刻的数值解和解析解误差很小，所以调压室涌浪水位极值对比没有列入表 4-7。

表 4-7　三种可控组合工况下不利/有利叠加时刻叠加时调压室涌浪水位数值解和解析解的极值对比

行号	工况 1			工况 2			工况 3		
	数值解/m	解析解/m	误差 e/%	数值解/m	解析解/m	误差 e/%	数值解/m	解析解/m	误差 e/%
1	−77.939	−74.637	4.2	67.994	69.366	2.0	59.404	59.722	0.5
2	−25.108	−31.128	24.0	15.95	15.418	3.3	23.034	22.859	0.8
3	−61.096	−59.578	2.5	53.214	53.868	1.2	49.757	50.038	0.6
4	−36.252	−37.089	2.3	28.05	27.680	1.3	30.822	30.841	0.1

分析表 4-7 可知：

（1）除了可控组合工况 1 的最有利叠加时刻数值解和解析解的误差为 24.0%外，其他工况的误差均小于 4.2%。对比表 4-6 和表 4-7 可以发现，不利/有利叠加时刻计算结果的误差越小，调压室涌浪水位数值解和解析解的极值越接近，即精度越高。

（2）对于可控组合工况最不利/最有利叠加时刻，最有利叠加时刻叠加能将调压室涌浪水位变幅抑制到最小值，而最不利叠加时刻叠加能将调压室涌浪水位的变幅增强到最大值。工况 1 最小极值相差 52.831 m，工况 2 最大极值相差 52.044 m，工况 3 最大极值相差 36.37 m。这说明在水电站运行中把控叠加时刻是非常重要的，应引起水电站设计和运行的高度重视。

（3）第二有利叠加时刻叠加，其抑制的调压室涌浪水位变幅远不及第一有利叠加时刻（即最有利叠加时刻）叠加。工况 1 相差 11.144 m，工况 2 最大极值相差 12.1 m，工况 3 最大极值相差 7.788 m。而不利叠加时刻叠加，其增强调压室涌浪水位变幅的效果则相反。图 4-24 以可控组合工况 2 为例，给出了在不同有利/不利叠加时刻叠加的结果。

这说明要充分抑制调压室涌浪水位变幅，就应该把控最有利叠加时刻；要充分避免增强调压室涌浪水位变幅，就应该尽可能推迟叠加时刻。

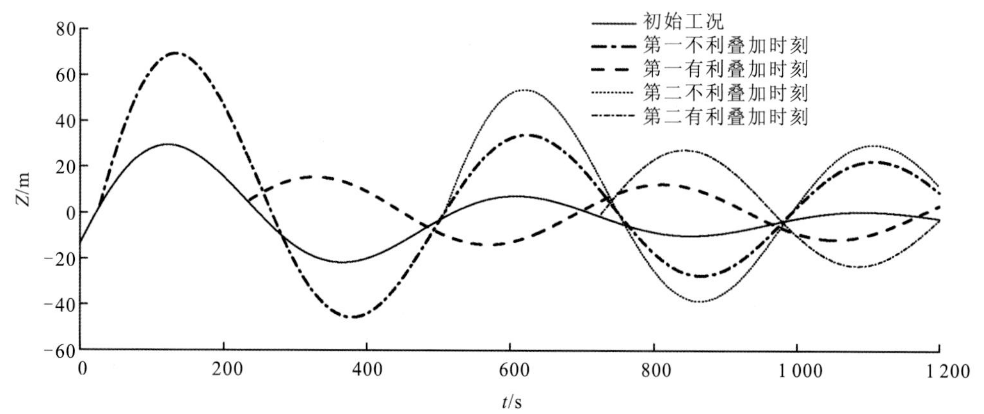

图 4-24 可控组合工况 2 在不同时刻叠加时调压室涌浪水位的波动过程

3）组合工况下调压室涌浪水位波动的衰减过程

对比不同时刻叠加的组合工况及初始工况调压室涌浪水位振幅衰减过程的曲线，可以发现：涌浪叠加改变了初始工况调压室涌浪水位振幅的衰减率，不同时刻叠加的组合工况，其衰减率也不同。

用指数函数来拟合调压室涌浪水位波动的衰减过程，其解析表达式为

$$Z = A_0 e^{-\sigma\omega(t-t_0)} \cos(\omega t - \omega t_0) \tag{4-180}$$

式中：σ 为衰减率。

图 4-25 以可控组合工况 2 为例，给出了不同时刻叠加的组合工况及初始工况调压室涌浪水位振幅衰减过程的曲线，其中图 4-25（a）为振幅的绝对值，图 4-25（b）为振幅的相对值。

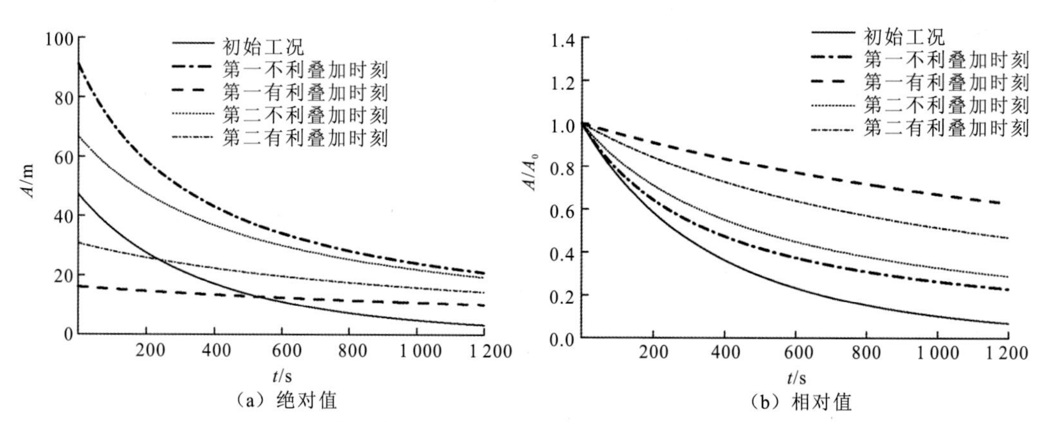

图 4-25 可控组合工况 2 下不同时刻叠加的组合工况及初始工况调压室涌浪水位振幅衰减过程的曲线

从图 4-25 可以看出：初始工况调压室涌浪水位振幅衰减率最大，最不利叠加时刻调压室涌浪水位振幅衰减率次之，而最有利叠加时刻调压室涌浪水位振幅衰减率最小。这说明若要兼顾抑制调压室涌浪水位变幅和加快波动衰减，还需要对叠加时刻进行优化。

4.4.3　精细化数值解的工程实例

4.3 节介绍了各种类型调压室涌浪水位计算的数学模型，4.4.2 小节介绍了可控组合工况下调压室涌浪水位的时程控制方法，即不利/有利叠加时刻的理论推导及验证，以及兼顾抑制调压室涌浪水位变幅和加快波动衰减——优化叠加时刻的分析与控制思路。本节在此基础上，采用 Topsys 计算分析软件，以及某长引水式水电站的相关参数，介绍调压室涌浪水位与机组调节保证参数的联合计算，并基于调压室最有利叠加时刻进行机组控制策略的实例分析。

1. 调压室涌浪水位与机组调节保证参数的联合计算

某长引水式水电站的布置简图如图 4-26 所示。在引水隧洞末端设置了带有上室的差动式调压室，上室底板高程为 1 675.00～1 676.50 m，上室横截面的尺寸为（174.50～187.50）m×12 m。

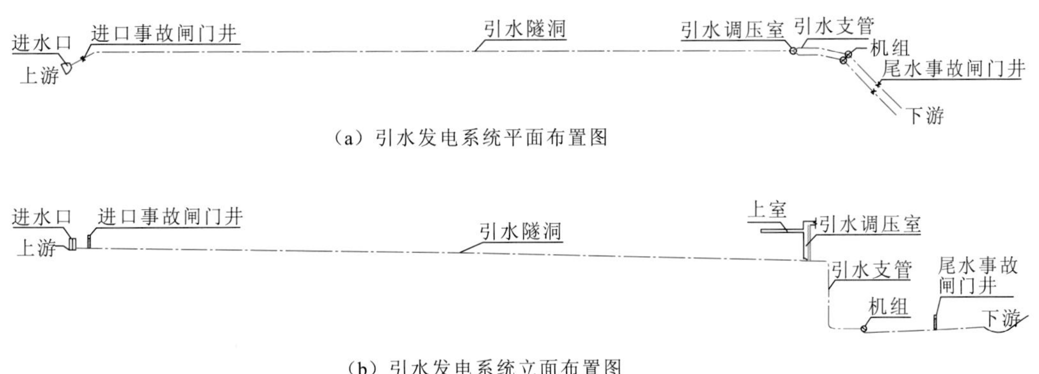

图 4-26　某长引水式水电站布置简图

计算工况：上游水库正常蓄水位为 1 646.00 m，下游水库 8 台机组运行尾水位为 1 333.74 m，同一水力单元 2 台机组以额定出力正常运行时同时甩负荷，导叶 13s 直线关闭+2s 缓冲段。

1#水力单元与 4#水力单元的极值结果如表 4-8 所示。

表 4-8　极值结果表

项目	蜗壳末端最大动水压强水头/m		尾水管进口最小压强水头/m		机组转速最大升高率/%		大井与升管之间的最大水位差（向上/向下）/m	
水力单元	1#	4#	1#	4#	1#	4#	1#	4#

续表

项目	蜗壳末端最大动水压强水头/m		尾水管进口最小压强水头/m		机组转速最大升高率/%		大井与升管之间的最大水位差（向上/向下）/m	
极值	365.96	364.98	6.31	5.04	47.07	9.00	−31.53/14.36	−29.42/14.48
时间/s	27.26	192.24	5.46	5.04	2.88	45.87	20.40/376.80	19.20/347.40

项目	最高水位/m				最低水位/m			
	大井		升管		大井		升管	
水力单元	1#	4#	1#	4#	1#	4#	1#	4#
极值	1 681.86	1 681.00	1 681.86	1 681.00	1 607.39	1 608.36	1 607.38	1 608.35
时间/s	201.96	191.54	201.96	191.54	498.56	481.20	499.08	479.50

项目	底板向上最大压差/m				底板向下最大压差/m			
	大井		升管		大井		升管	
水力单元	1#	4#	1#	4#	1#	4#	1#	4#
极值	14.75	14.68	2.94	2.61	46.81	33.77	2.87	9.86
时间/s	381.82	346.86	339.04	306.26	17.62	17.30	2.89	77.40

由表 4-8、图 4-27 和图 4-28 可以看出。

（1）蜗壳末端最大动水压强水头既可能受导叶关闭规律产生的水击压力控制，又可能受调压室最高涌浪控制，如本例中 1#水力单元的极值发生在前，为水击压力作用的结果，4#水力单元的极值发生在后且与调压室最高涌浪发生时刻接近，为调压室最高涌浪作用的结果。

（2）由于本例中尾水系统长度较短，尾水管进口最小压强水头主要由导叶关闭规律控制。

（3）机组转速最大升高率的发生时间为工况点达到飞逸线的时间，其数值大小由导叶关闭速率、机组转动惯量等控制。

（4）对于调压室大井水位与升管水位，在水位上升的过程中，由于升管面积较小，水位上升较快，在达到溢流高程（进入上室）时，两者之间的压差达到极值，此后升管水位趋于平稳，两者之间的压差逐渐缩小，待大井水位也上升到溢流高程后，两者的变化规律一致，压差为零；在水位下降过程中，当达到溢流高程以下时，升管水位同样下降更快，周期更短。

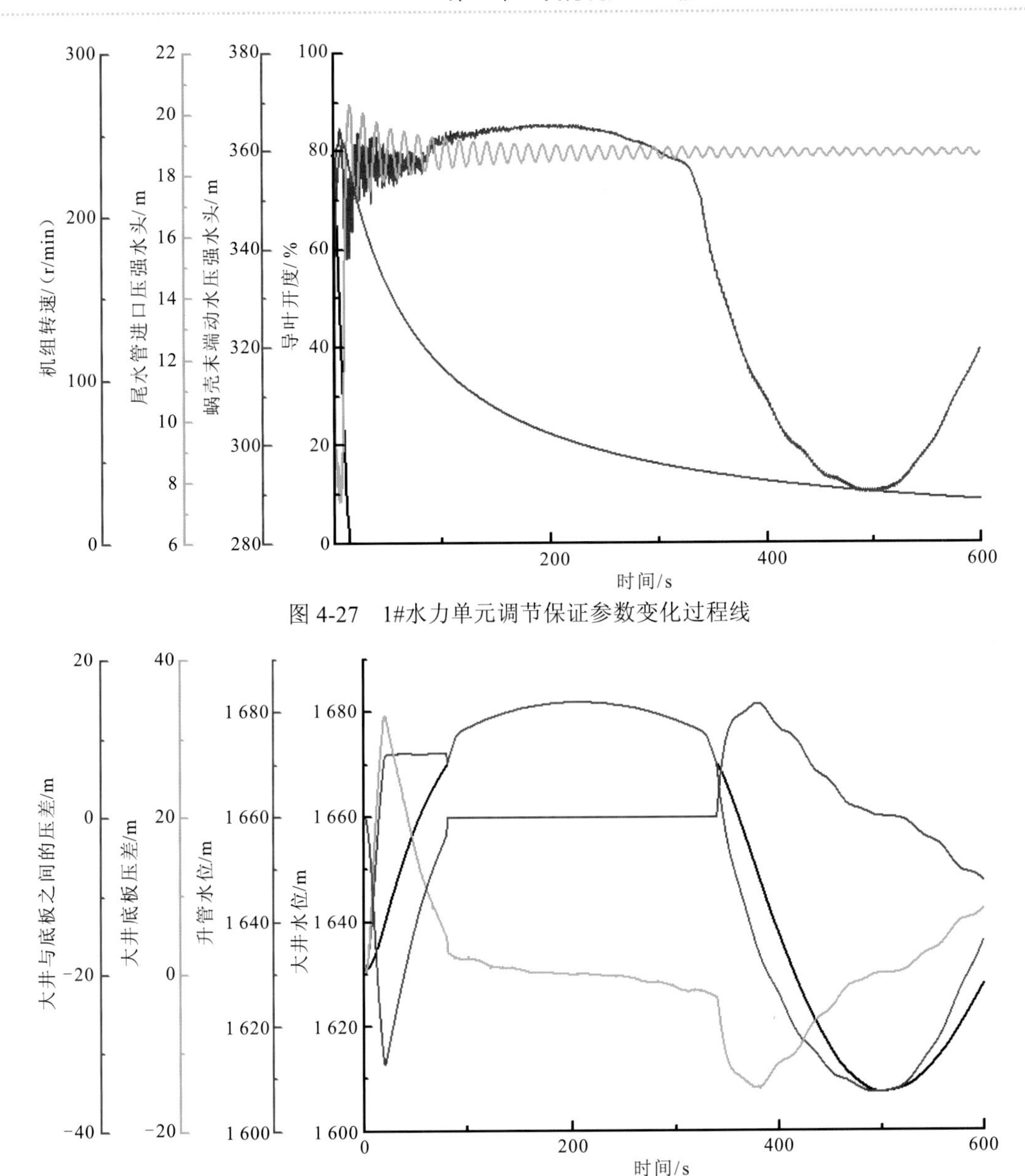

图 4-27　1#水力单元调节保证参数变化过程线

图 4-28　1#水力单元调压室参数变化过程线

2. 基于调压室最有利叠加时刻的机组控制策略的实例分析

1）问题的提出

对于上述工程实例而言，长引水式水电站运行的特点是：①调压室水位波动周期长；②调压室水位波动变幅大；③水力干扰现象突出，对机组稳定运行十分不利；④调压室水位波动衰减慢，不利于先甩后增等组合工况的控制。若等到调压室水位波动基本平稳后，再增负荷，就不可能满足电网调度的需求，不能发挥水轮发电机组快速、灵活的调峰作用。因此，运行中最关注的组合工况如下。

（1）工况 1：同一水力单元两台机组甩负荷后，尽可能在短时间内恢复供电，两台机组从空载增至满负荷。

（2）工况 2：同一水力单元一台机组空载，另一台机组满负荷运行，初始工况是运行机组突甩全负荷，在短时间内，空载的另一台机组增至满负荷（即 4.4.2 小节定义的工况 4）。

尽管 4.4.2 小节对可控组合工况下不同叠加时刻的调压室水位波动进行了详细的理论推导，给出了四种组合工况的最有利叠加时刻，具有一定的参考价值，但机组流量突变、等断面阻抗式调压室等假设和限制与工程实例仍然有差异。为此，本节将采用 Topsys 计算分析软件，针对上述两种最关注的组合工况，探讨基于调压室最有利叠加时刻的机组控制策略。

2）计算结果与分析

一，工况 1。

初始工况：上游水库正常蓄水位为 1 646.00 m，下游水库两台机组运行尾水位为 1 330.5 m，同一水力单元 7#/8#机组同时突甩负荷（调速器参数 $b_p=0$，$b_t=0.5$，$T_d=8$ s，$T_n=0.6$ s，$T_y=0.02$ s，$T_f=20$ s）。

初始工况计算结果如表 4-9～表 4-12 所示。从中可以看出：

（1）蜗壳最大压强水头取决于调压室最高涌浪水位，而不取决于导叶关闭规律，这是超长引水隧洞水电站的共性问题。

（2）机组突甩负荷之后，调速器将机组带入空载，260 s 之前导叶开度稳定在空载开度，转速稳定于额定转速，但 260 s 之后受调压室水位波动的作用，开度与转速均随之而变。因此，机组重新并网应尽可能在初始工况发生后的 260 s 时段内。

表 4-9 工况 1 初始工况下同一水力单元 7#/8#机组参数的时程变化

变量	7#机组	8#机组
蜗壳压强水头	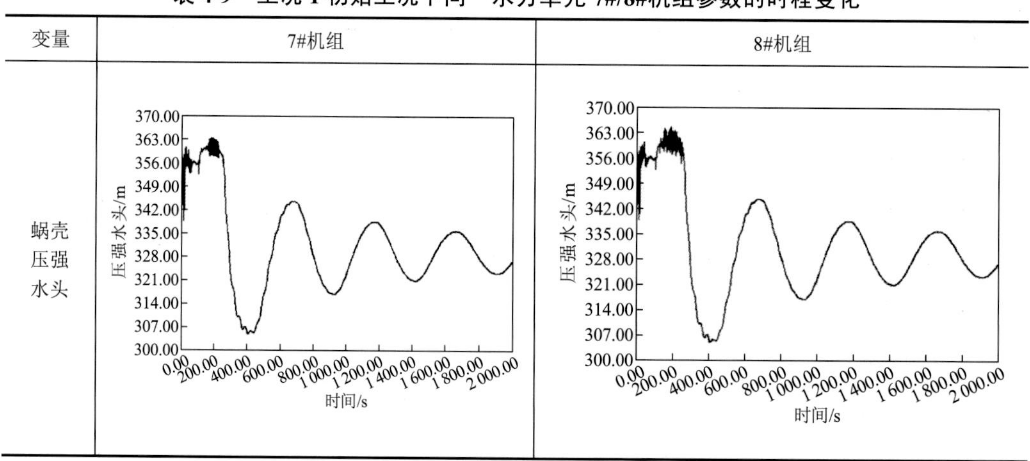	

续表

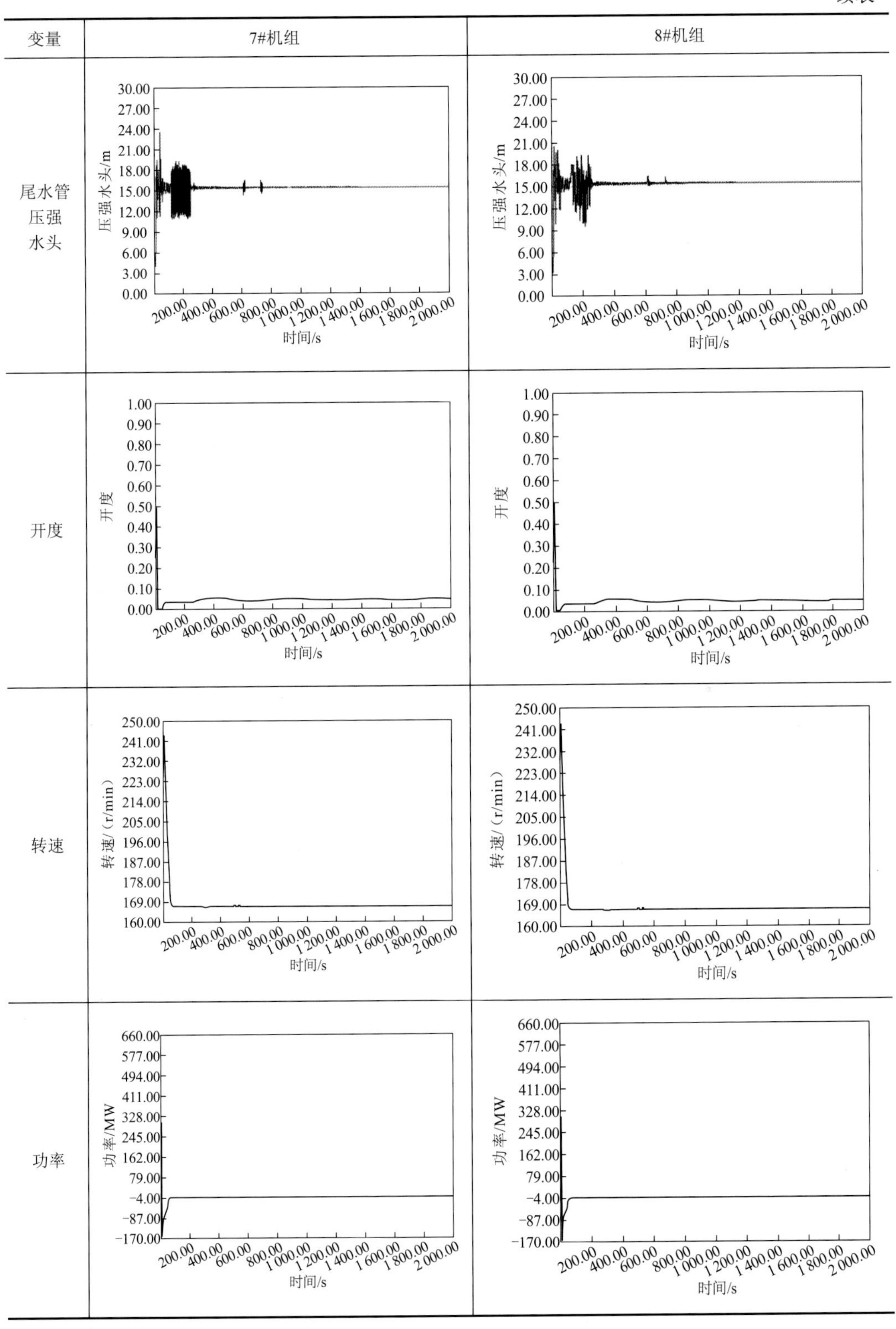

表 4-10　工况 1 初始工况下调压室大井、升管水位及流量的时程变化

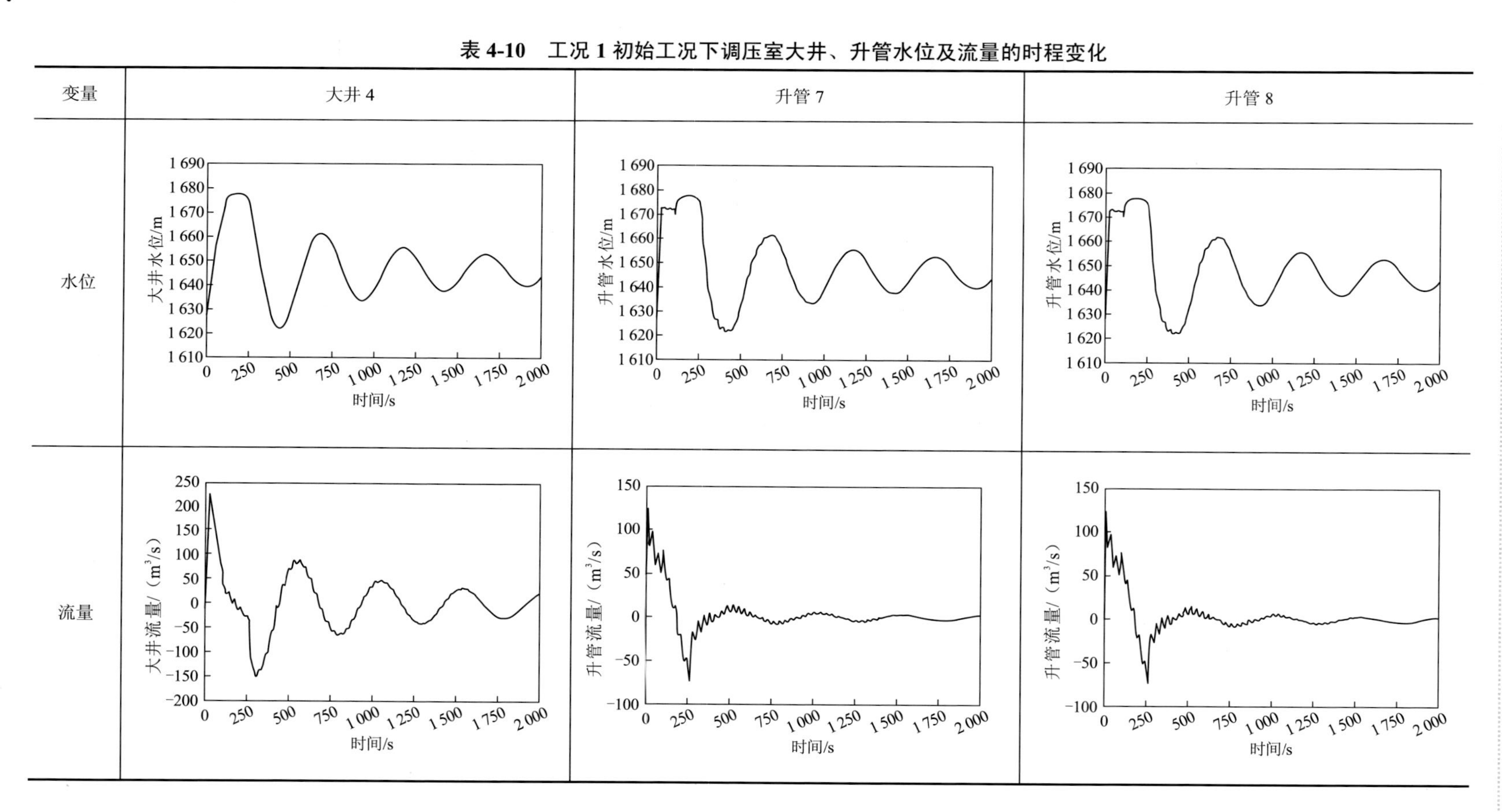

表 4-11　工况 1 机组调节保证参数的极值

叠加时刻/s	机组	蜗壳初始压强水头/m	蜗壳最大压强水头/m 和发生时间/s	尾水管初始压强水头/m	尾水管最小压强水头/m 和发生时间/s	转速最大升高率/% 和发生时间/s	功率进入±2‰带宽的时刻/s
初始工况	7#	304.81	364.08 和 167.88	6.63	1.26 和 1.59	45.97 和 9.42	—
	8#	304.80	365.23 和 191.58	6.64	1.06 和 1.56	46.04 和 9.42	—
19.8	7#	304.81	362.85 和 21.93	6.63	−1.24 和 20.34	45.97 和 9.42	616.2
	8#	304.80	360.74 和 19.35	6.64	1.06 和 1.56	46.04 和 9.42	615.6
194.4	7#	304.81	364.08 和 167.88	6.63	1.26 和 1.59	45.97 和 9.42	1 004.4
	8#	304.80	365.23 和 191.58	6.64	1.06 和 1.56	46.04 和 9.42	1 005.6
563.4	7#	304.81	364.08 和 167.88	6.63	1.26 和 1.59	45.97 和 9.42	1 344.6
	8#	304.80	365.23 和 191.58	6.64	1.06 和 1.56	46.04 和 9.42	1 345.8
822.6	7#	304.81	364.08 和 167.88	6.63	1.26 和 1.59	45.97 和 9.42	1 598.4
	8#	304.80	365.23 和 191.58	6.64	1.06 和 1.56	46.04 和 9.42	1 599.0

表 4-12　工况 1 调压室大井升管参数的极值

叠加时刻/s	位置	初始水位/m	最高水位/m 和发生时间/s	最低水位/m 和发生时间/s	底板向下最大压差/m 和发生时间/s	底板向上最大压差/m 和发生时间/s
初始工况	大井	1 627.82	1 677.72 和 185.28	1 622.13 和 441.18	16.9 和 306.06	37.79 和 19.92
	升管 J9	1 627.82	1 677.72 和 185.28	1 621.75 和 407.76	0.95 和 264.63	2.77 和 11.67
	升管 J10	1 627.82	1 677.72 和 185.28	1 621.75 和 407.76	0.96 和 264.63	2.77 和 11.88
19.8	大井	1 627.82	1 650.02 和 49.98	1 618.52 和 236.04	7.13 和 93.87	37.39 和 19.92
	升管 J9	1 627.82	1 672.28 和 20.70	1 618.24 和 232.29	0.82 和 47.49	2.77 和 11.67
	升管 J10	1 627.82	1 672.27 和 20.79	1 618.24 和 237.90	0.83 和 47.58	2.77 和 11.88
194.4	大井	1 627.82	1 677.72 和 185.28	1 597.17 和 363.54	64.33 和 257.1	37.79 和 19.92
	升管 J9	1 627.82	1 677.72 和 185.28	1 574.54 和 269.01	6.97 和 222.18	2.77 和 11.67
	升管 J10	1 627.82	1 677.72 和 185.28	1 574.54 和 269.01	6.97 和 222.15	2.77 和 11.88
563.4	大井	1 627.82	1 677.72 和 185.28	1 602.83 和 702.54	28.01 和 614.22	37.79 和 19.92
	升管 J9	1 627.82	1 677.72 和 185.28	1 598.79 和 625.62	0.95 和 264.63	2.77 和 11.67
	升管 J10	1 627.82	1 677.72 和 185.28	1 598.79 和 625.62	0.96 和 264.63	2.77 和 11.88
822.6	大井	1 627.82	1 677.72 和 185.28	158.34 和 945.30	47.46 和 867.45	37.79 和 19.92
	升管 J9	1 627.82	1 677.72 和 185.28	1 569.95 和 880.08	1.26 和 851.37	2.77 和 11.67
	升管 J10	1 627.82	1 677.72 和 185.28	1 569.95 和 880.08	1.26 和 851.37	2.77 和 11.88

叠加工况：两台机组从空载增至额定负荷，采取开度调节，30 s 直线开启的规律[14]。

由表 4-10 可知：流入调压室流量最大的时间是 19.8 s，流出调压室流量最大的时间是 194.4 s，流入调压室流量次大的时间是 563.4 s，流出调压室流量次大的时间是 822.6 s。叠加工况将上述 4 个时刻分别作为两台机组同时增负荷的起始时刻，即叠加时刻。计算结果如表 4-11 和表 4-12 所示，从中可以看出：

（1）4 个叠加时刻功率进入±2‰带宽的时段依次是 596.4 s、811.2 s、782.4 s、776.4 s，其中 19.8 s 叠加是最有利的，而 194.4 s 叠加是最不利的。

（2）因为机组调节保证参数极值的发生时刻早于 194.4 s，所以后 3 个时刻的叠加，没有改变极值发生时刻，说明 30 s 直线开启是合适的。

（3）194.4 s 叠加，调压室大井底板向下最大压差高达 64.33 m，比非叠加的初始工况高出 47.43 m，这需要引起设计和运行的高度注意。而 19.8s 叠加，调压室大井底板向下最大压差仅有 7.13 m。

二，工况 2。

上游水库正常蓄水位为 1 646.00 m，下游水库两台机组运行尾水位为 1 330.5 m，同一水力单元一台机组空载，另一台机组额定负荷运行。初始工况是运行机组突甩全负荷（调速器参数 $b_p=0$，$b_t=0.5$，$T_d=8$ s，$T_n=0.6$ s，$T_y=0.02$ s，$T_f=20$ s）；叠加工况是在指定时刻，空载的另一台机组增至额定负荷，仍然采取开度调节，30 s 直线开启的规律。

计算结果如表 4-13～表 4-16 所示，从中可以看出：

（1）4 个叠加时刻功率进入±2‰带宽的时段依次是 872.0 s、1 230.0 s、805.0 s、985.0 s，其中 237.0 s 叠加是最不利的，而 495.0 s 叠加是最有利的。但从尽可能短时间内将空载的另一台机组增至额定负荷考虑，36.0 s 时刻叠加更为合适。

（2）尽管工况 2 和工况 1 的转速最大升高率均发生在初始工况，但工况 2 转速最大升高率为 48.21%，而工况 1 为 45.97%。其原因是前者是同一水力单元一台机组空载，另一台机组满负荷运行，总水头损失大大减小，在导叶开度不变的前提下，机组出力达到 651.93 MW；而后者同一水力单元两台机组满负荷运行，超长隧洞水头损失增大了 12.3 m，同样导叶开度下出力为 610.09 MW。因此，甩负荷时前者的转速最大升高率必然大于后者。

表 4-13　工况 2 机组调节保证参数的极值

叠加时刻/s	机组	蜗壳初始压强水头/m	蜗壳最大压强水头/m 和发生时间/s	尾水管初始压强水头/m	尾水管最小压强水头/m 和发生时间/s	转速最大升高率/% 和发生时间/s	功率进入±2‰带宽的时刻/s
初始工况	7#	316.84	373.79 和 40.95	6.09	0.23 和 1.70	48.21 和 9.20	—
	8#	323.29	354.95 和 127.25	15.44	13.93 和 315.0	—	—
36.0	7#	316.84	373.61 和 40.95	6.09	0.24 和 1.7	48.21 和 9.20	—
	8#	323.29	353.73 和 36.15	15.44	9.06 和 75.05	—	908.0

续表

叠加时刻/s	机组	蜗壳初始压强水头/m	蜗壳最大压强水头/m和发生时间/s	尾水管初始压强水头/m	尾水管最小压强水头/m和发生时间/s	转速最大升高率/%和发生时间/s	功率进入±2‰带宽的时刻/s
237.0	7#	316.84	373.79 和 40.95	6.09	0.24 和 1.7	48.21 和 9.20	—
	8#	323.29	354.95 和 127.25	15.44	9.66 和 1045.15	—	1 467.0
495.0	7#	316.84	373.79 和 40.95	6.09	0.24 和 1.7	48.21 和 9.20	—
	8#	323.29	354.95 和 127.25	15.44	9.58 和 534.05	—	1 300.0
753.0	7#	316.84	373.79 和 40.95	6.09	0.24 和 1.7	48.21 和 9.20	—
	8#	323.29	354.95 和 127.25	15.44	9.66 和 534.05	—	1 738.0

表 4-14　工况 2 调压室大井升管参数的极值

叠加时刻/s	位置	初始水位/m	最高水位/m和发生时间/s	最低水位/m和发生时间/s	底板向下最大压差/m和发生时间/s	底板向上最大压差/m和发生时间/s
初始工况	大井	1 640.22	1 671.76 和 127.25	1 628.48 和 377.1	6.94 和 238.5	18.29 和 35.75
	升管 J9	1 640.22	1 671.76 和 127.25	1 628.48 和 372.8	0.08 和 160	0.62 和 11
	升管 J10	1 640.53	1 671.76 和 127.25	1 628.48 和 378.3	0.08 和 159.9	0.7 和 12.9
36.0	大井	1 640.22	1 659.85 和 60.05	1 628.19 和 250.5	5.49 和 121.6	18.29 和 35.75
	升管 J9	1 640.22	1 670.84 和 39.7	1 628.18 和 249.1	0.18 和 55.15	0.62 和 11
	升管 J10	1 640.53	1 670.68 和 37.5	1 627.89 和 249.6	0.17 和 52.3	0.7 和 12.9
237.0	大井	1 640.22	1 671.76 和 127.25	1 605.05 和 366.95	30.27 和 281.75	18.29 和 35.75
	升管 J9	1 640.22	1 671.76 和 127.25	1 597.8 和 302.75	0.43 和 267.85	0.62 和 11
	升管 J10	1 640.53	1 671.76 和 127.25	1 597.55 和 303	0.44 和 266.95	0.7 和 12.9
495.0	大井	1 640.22	1 671.76 和 127.25	1 624.11 和 637.15	6.94 和 238.5	18.29 和 35.75
	升管 J9	1 640.22	1 671.76 和 127.25	1 624.11 和 38.35	0.09 和 526.85	0.62 和 11
	升管 J10	1 640.53	1 671.76 和 127.25	1 623.82 和 637.75	0.09 和 525.7	0.7 和 12.9
753.0	大井	1 640.22	1 671.76 和 127.25	1 608.92 和 878.05	20.5 和 797.75	18.29 和 35.75
	升管 J9	1 640.22	1 671.76 和 127.25	1 606.09 和 819.5	0.29 和 784.25	0.62 和 11
	升管 J10	1 640.53	1 671.76 和 127.25	1 605.82 和 829.45	0.29 和 783.1	0.7 和 12.9

表 4-15　工况 2 叠加时刻为 36.0 s 条件下同一水力单元 7#/8#机组参数的时程变化

变量	7#机组	8#机组
蜗壳压强水头	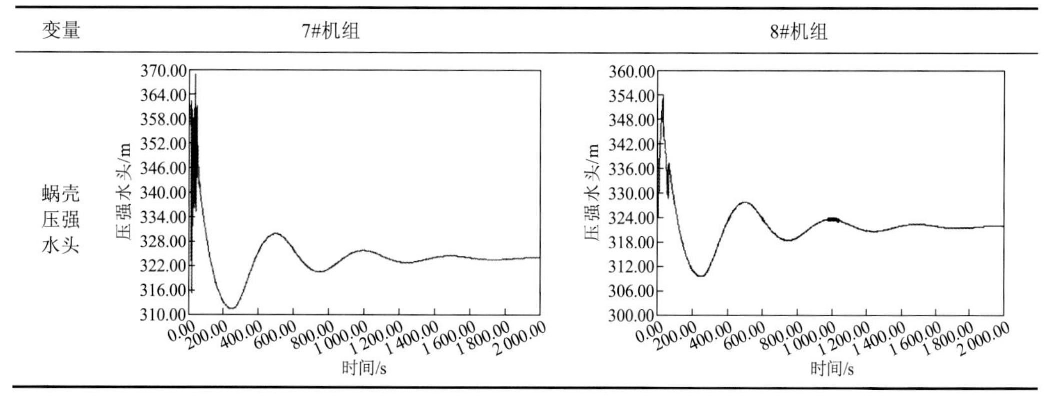	

续表

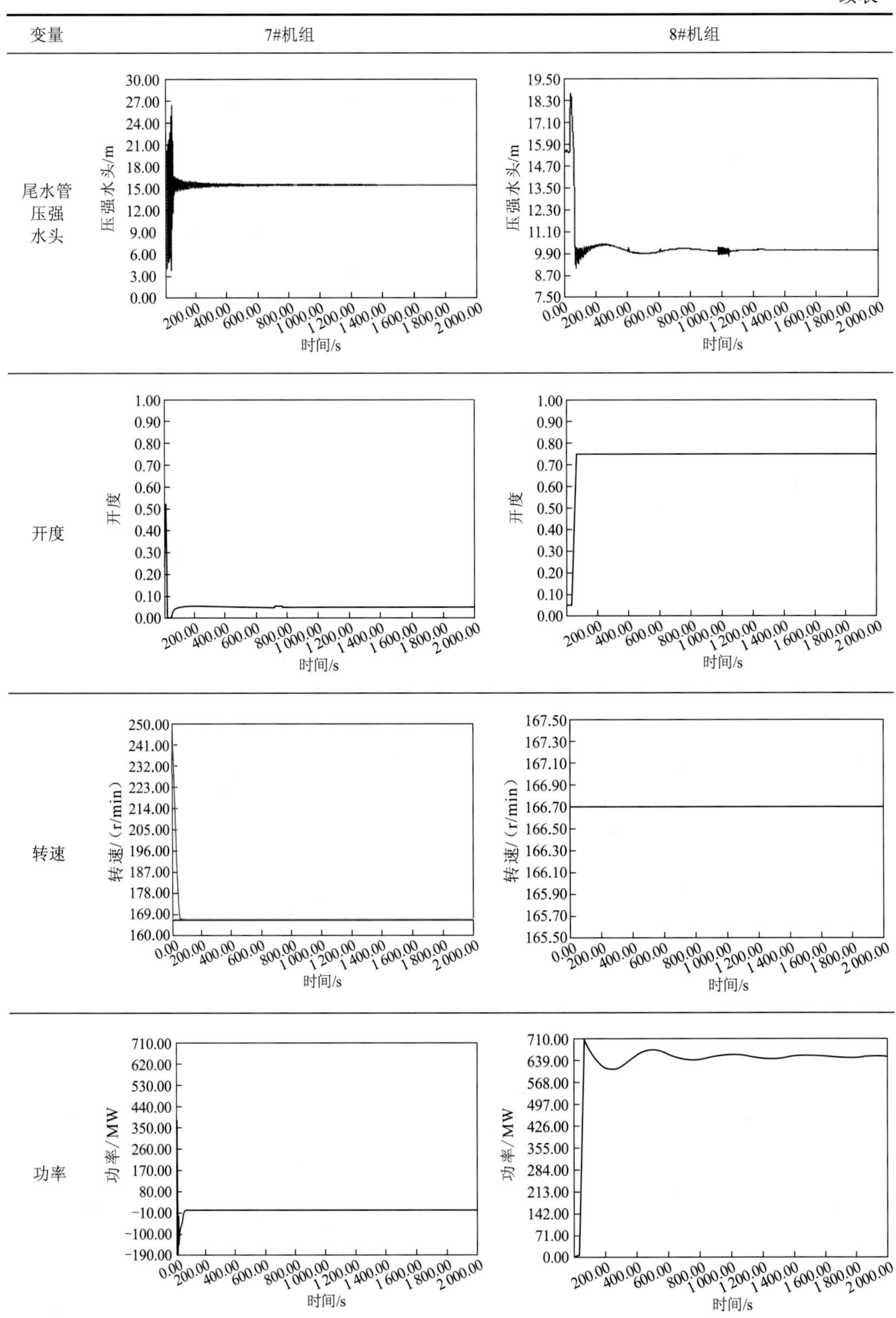

表 4-16　工况 2 叠加时刻为 36.0 s 条件下调压室大井、升管水位及流量的时程变化

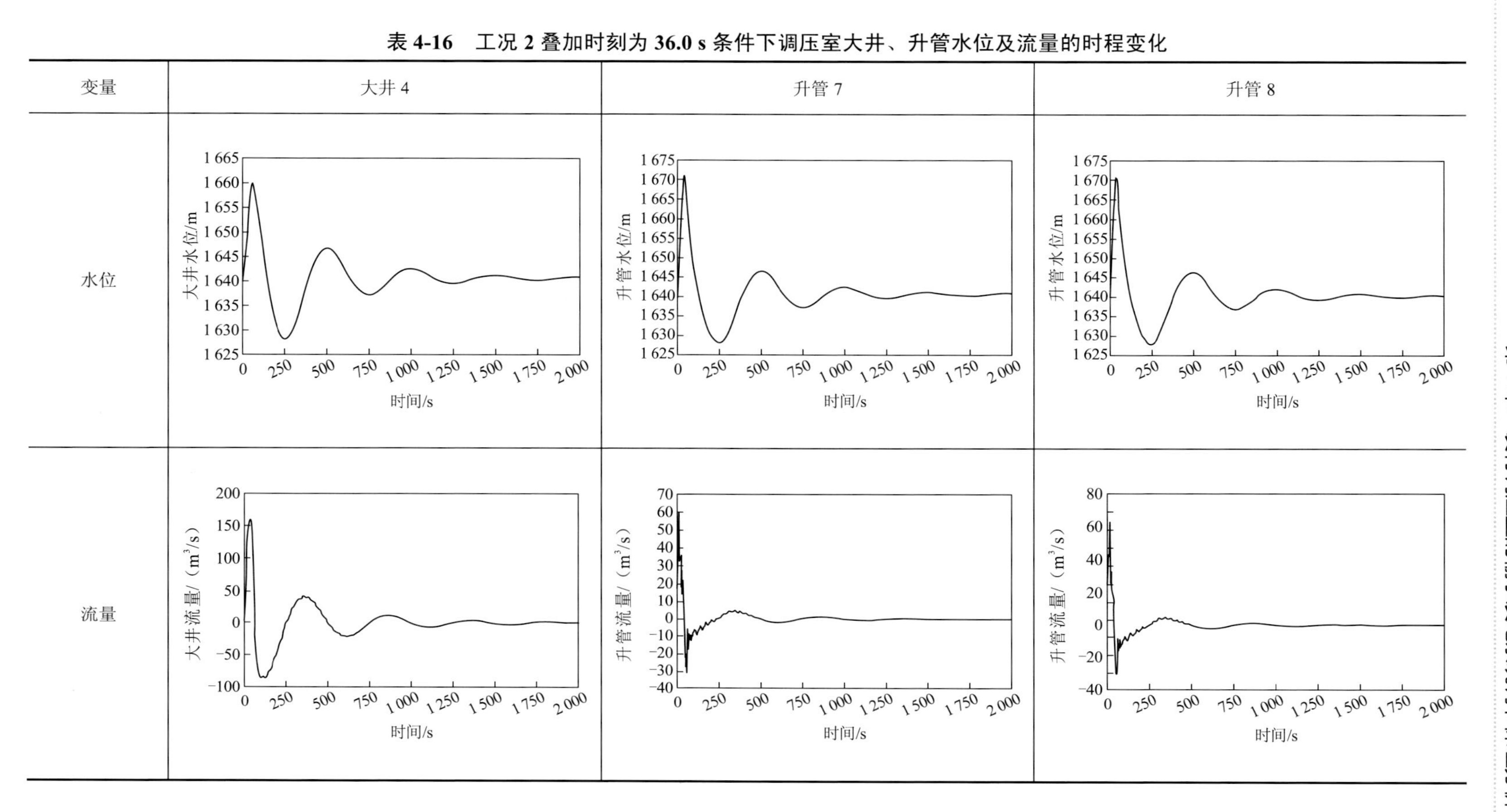

参 考 文 献

[1] 杨建东. 水电站[M]. 北京: 中国水利水电出版社, 2017.

[2] 国家能源局. 水电站调压室设计规范: NB/T 35021—2014[S]. 北京: 中国电力出版社, 2014.

[3] 王仁坤, 张春生. 水工设计手册 第 8 卷 水电站建筑物[M]. 2 版. 北京: 中国水利水电出版社, 2013.

[4] 闻邦椿. 非线性振动理论中的解析方法及工程应用[M]. 沈阳: 东北大学出版社, 2001.

[5] 张健, 索丽生. 阻抗式调压室甩负荷涌浪计算显式公式[J]. 水力发电学报, 1999(2): 75-77.

[6] 张志昌, 刘松舰, 刘亚菲. 阻抗式和简单调压室甩荷时水位波动的显式计算方法[J]. 应用力学学报, 2004, 21(1):50-55.

[7] 张健, 索丽生, 刘德有. 气垫调压室涌浪幅值解析计算[J]. 水力发电学报, 2001(1): 22-27.

[8] 付亮, 杨建东, 王建伟. 超长引水隧洞水电站大波动过渡过程特殊问题[J]. 中国农村水利水电, 2006(9): 112-114.

[9] 陈捷平, 杨建东, 郭文成, 等. 超长引水隧洞水电站调压室水力设计的探讨[J]. 武汉大学学报(工学版), 2016(4): 212-217.

[10] 王炳豹. 组合工况下调压室涌浪波动叠加的设计运行研究[D]. 武汉: 武汉大学, 2015.

[11] 蔡朝, 张健, 何喻. 组合工况下的调压室最高涌浪计算[J]. 中国农村水利水电, 2013(2): 159-161, 164.

[12] 程永光, 陈鉴治, 杨建东. 水电站调压室涌浪最不利叠加时刻的研究[J]. 水利学报, 2004(7): 109-114.

[13] 张洋. 气垫式调压室水电站大波动过渡过程水力特性研究[D]. 武汉: 武汉大学, 2017.

[14] 王丹, 杨建东, 高志芹. 导叶开启时间对水电站过渡过程的影响[J]. 水利学报, 2005(1):120-124.

第5章

设有调压室的输水发电系统运行稳定性及调节品质分析与控制

从第 2 章论述的内容可知：输水发电系统运行稳定性及调节品质分析与控制的基本任务是，在机组运行条件发生变化（通常为阶跃变化）时，协调系统运行稳定性和调节品质的速动性之间的矛盾，选择适当的调节模式、控制策略、调速器与接力器的主要参数等。对于设有调压室的输水发电系统，运行稳定性及调节品质分析与控制的基本任务并没有改变，但调压室涌浪水位的低频振荡特性不仅影响调压室水位波动的稳定性，而且对机组运行稳定性及调节品质有着非常重要的影响。若设计不恰当或调节控制不合理，均有可能使设有调压室的水电站在电网中不发挥其应有的保障作用。为此，本章的主要内容是：单个调压室系统运行稳定性及调节品质、双调压室系统运行稳定性及调压室稳定断面积、并网条件下调压室系统运行稳定性与时域响应、基于滑模变结构控制律的调节品质分析。

5.1 单个调压室系统运行稳定性及调节品质

为了适应水电站负荷变化，需要改变水轮机引用流量。而水轮机引用流量的变化不仅改变了水轮机工作水头，而且导致了调压室水位的波动。调压室水位波动又进一步引起水轮机工作水头的变化。这种相互激发的结果，有可能导致调压室水位的波动越来越大，危及水电站及电网的稳定运行[1]。19 世纪首先在德国海姆巴赫（Heimbach）水电站出现了调压室水位波动不稳定现象，从此针对调压室断面积应如何取值、避免波动不稳定性、满足系统调节品质的研究，从未止步[2]。本节对关于单个调压室系统运行稳定性及调节品质的研究成果进行归纳，探讨影响系统运行稳定性和调压室稳定断面积取值的各种因素及内在联系，达到指导调压室水力设计和水电站运行的目的。

5.1.1 单个调压室系统运行稳定性分析

1. 单个调压室系统的传递函数

设有单个调压室的输水发电系统如图 5-1 所示（以上游调压室为例）。在建立相应的数学模型及传递函数时，与单管单机的输水发电系统相比，仅仅是增加了引水隧洞动量方程和调压室连续性方程。

引水隧洞动量方程：

$$z-\frac{2h_{y0}}{H_0}q_y=T_{wy}\frac{\mathrm{d}q_y}{\mathrm{d}t} \tag{5-1}$$

调压室连续性方程：

$$q_y=q_t-T_F\frac{\mathrm{d}z}{\mathrm{d}t} \tag{5-2}$$

式中：$z=\dfrac{\Delta Z}{H_0}$ 为调压室水位变化相对值，ΔZ 为调压室水位变化值，上游调压室以向下

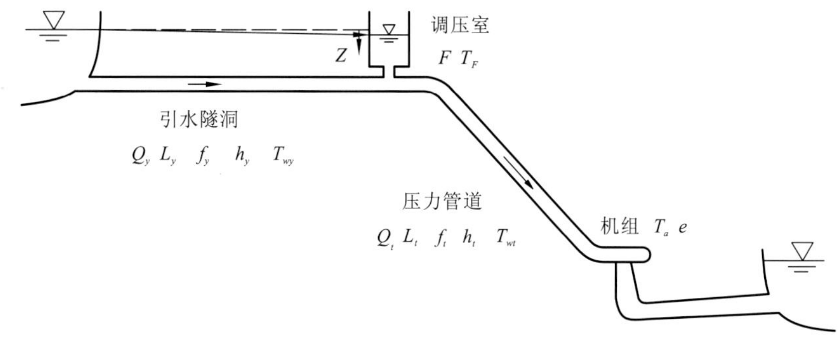

图 5-1　设有单个调压室的输水发电系统示意图

为正，下游调压室以向上为正，H_0 为机组初始工作水头；h_{y0} 为引水隧洞水头损失；$q_y=\dfrac{Q_y-Q_{y0}}{Q_{y0}}$ 为引水隧洞流量相对值，Q_{y0} 为引水隧洞初始流量；T_{wy} 为引水隧洞水流惯性加速时间；$q_t=\dfrac{Q_t-Q_{t0}}{Q_{t0}}$ 为机组引用流量相对值，Q_{t0} 为机组引用初始流量；$T_F=\dfrac{FH_0}{Q_{y0}}$ 为调压室时间常数，F 为调压室断面积。

根据第 2 章关于单管单机的输水发电系统运行稳定性的结果及结论，当式（2-12）中参数 α_s 取 0.330 6 时，二阶弹性水击模型可替代三阶弹性水击模型。在负荷扰动作用下，设有单个调压室的输水发电系统的传递函数如表 5-1 所示，且组合出 8 种类型，即不考虑三阶弹性水击模型。附录 1 给出了 M1～M4 的各项系数表达式，由于 M5～M8 的各项系数表达式更加冗长、更加复杂，为了节省篇幅，在此就不列出了。

表 5-1　设有单个调压室的输水发电系统的传递函数（8 种类型）

类型	发电机方程	有压管道方程	调速器方程	方程的阶数	调节系统的传递函数
M1	一阶动量矩	一阶刚性水击	一阶频率调节模式	5	$G(s)=\dfrac{X(s)}{M_{g0}(s)}=\dfrac{b_0s^4+b_1s^3+b_2s^2+b_3s+b_4}{a_0s^5+a_1s^4+a_2s^3+a_3s^2+a_4s+a_5}$
M2	一阶动量矩	一阶刚性水击	二阶频率调节模式	6	$G(s)=\dfrac{X(s)}{M_{g0}(s)}=\dfrac{b_0s^5+b_1s^4+b_2s^3+b_3s^2+b_4s+b_5}{a_0s^6+a_1s^5+a_2s^4+a_3s^3+a_4s^2+a_5s+a_6}$
M3	一阶动量矩	一阶刚性水击	二阶功率调节模式	6	$G(s)=\dfrac{X(s)}{M_{g0}(s)}=\dfrac{b_0s^5+b_1s^4+b_2s^3+b_3s^2+b_4s+b_5}{a_0s^6+a_1s^5+a_2s^4+a_3s^3+a_4s^2+a_5s+a_6}$
M4	一阶动量矩	一阶刚性水击	三阶频率调节模式	7	$G(s)=\dfrac{X(s)}{M_{g0}(s)}=\dfrac{b_0s^6+b_1s^5+b_2s^4+b_3s^3+b_4s^2+b_5s+b_6}{a_0s^7+a_1s^6+a_2s^5+a_3s^4+a_4s^3+a_5s^2+a_6s+a_7}$
M5	一阶动量矩	二阶弹性水击	一阶频率调节模式	6	$G(s)=\dfrac{X(s)}{M_{g0}(s)}=\dfrac{b_0s^5+b_1s^4+b_2s^3+b_3s^2+b_4s+b_5}{a_0s^6+a_1s^5+a_2s^4+a_3s^3+a_4s^2+a_5s+a_6}$
M6	一阶动量矩	二阶弹性水击	二阶频率调节模式	7	$G(s)=\dfrac{X(s)}{M_{g0}(s)}=\dfrac{b_0s^6+b_1s^5+b_2s^4+b_3s^3+b_4s^2+b_5s+b_6}{a_0s^7+a_1s^6+a_2s^5+a_3s^4+a_4s^3+a_5s^2+a_6s+a_7}$
M7	一阶动量矩	二阶弹性水击	二阶功率调节模式	7	$G(s)=\dfrac{X(s)}{M_{g0}(s)}=\dfrac{b_0s^6+b_1s^5+b_2s^4+b_3s^3+b_4s^2+b_5s+b_6}{a_0s^7+a_1s^6+a_2s^5+a_3s^4+a_4s^3+a_5s^2+a_6s+a_7}$
M8	一阶动量矩	二阶弹性水击	三阶频率调节模式	8	$G(s)=\dfrac{X(s)}{M_{g0}(s)}=\dfrac{b_0s^7+b_1s^6+b_2s^5+b_3s^4+b_4s^3+b_5s^2+b_6s+b_7}{a_0s^8+a_1s^7+a_2s^6+a_3s^5+a_4s^4+a_5s^3+a_6s^2+a_7s+a_8}$

注：①若 M1 降阶，忽略有压管道的惯性、调速器方程、发电机方程，就简化为二阶方程，即托马公式；
②若 M1 降阶，忽略有压管道的惯性，就简化为四阶方程，有解析解。

2. 8 种类型下设有单个调压室的输水发电系统的临界稳定域对比分析

由表 5-1 可知：8 种类型下设有单个调压室的输水发电系统传递函数的方程阶数为 5～8 阶，同样可以将赫尔维茨判据[3]作为系统临界稳定域的判别条件，并且绘制以调速器参数为纵横坐标的临界稳定域。

1）调压室断面积与临界稳定域的关联性

本节仍以第 4 章某超长引水隧洞水电站为例，对比分析 M1、M2 和 M4 三种类型下调压室断面积取值对临界稳定域的影响。该水电站的基本资料如下：引水发电系统共有 4 个水力单元，每个水力单元均采用一洞两机的布置形式，设上游调压室。在此以 4#水力单元为例进行计算，机组额定出力为 610 MW，额定水头为 288.0 m，额定流量为 228.6 m^3/s，额定转速为 166.7 r/min，引水隧洞长 16 699 m，当量断面积为 120.02 m^2，压力管道长 530.69 m，当量断面积为 34.18 m^2，$T_{wy}=11.26$ s，$T_{wt}=1.26$s，$T_a=9.46$ s，调压室断面积 F=414.73m^2，取理想水轮机传递系数（e_h=1.5，e_x=−1，e_y=1，e_{qh}=0.5，e_{qx}=0，e_{qy}=1），调速器参数 $T_y=0.02$ s，$K_d=0.5$ s，功率调节时 $b_p=0.04$，频率调节时 $e_p=0$。

计算结果如图 5-2～图 5-4 所示。

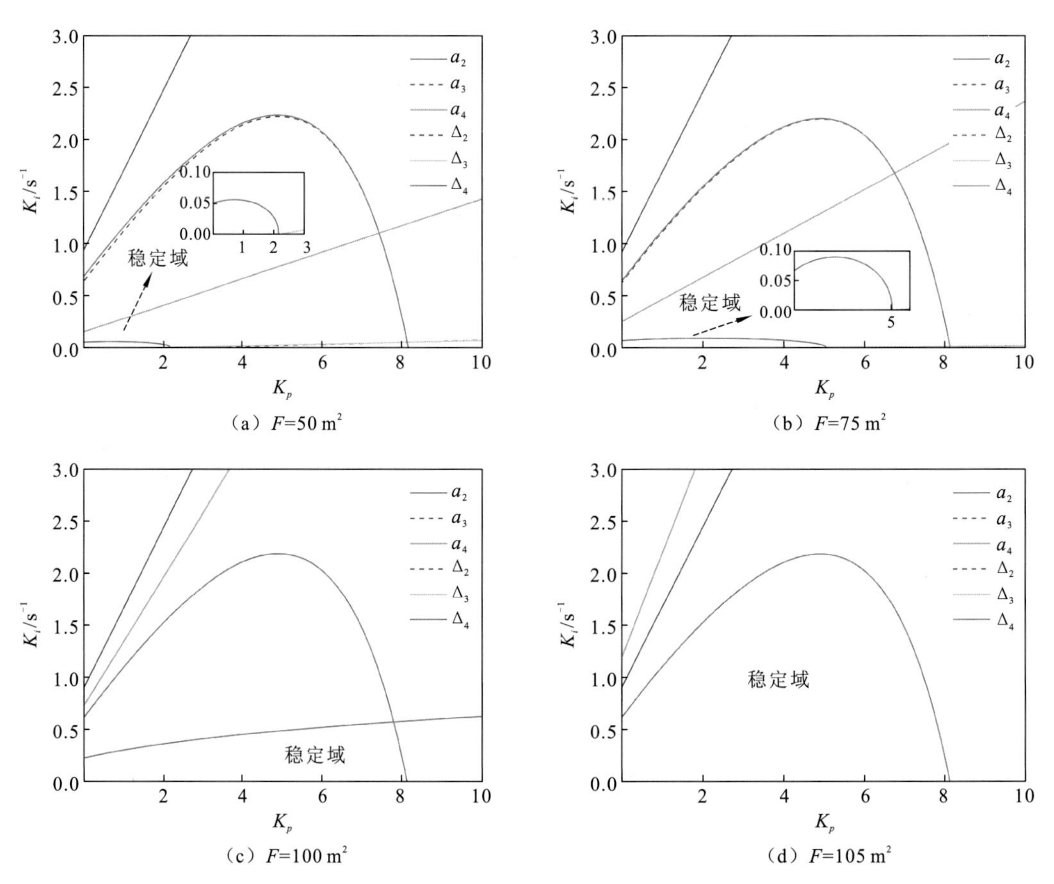

（a）F=50 m^2　（b）F=75 m^2

（c）F=100 m^2　（d）F=105 m^2

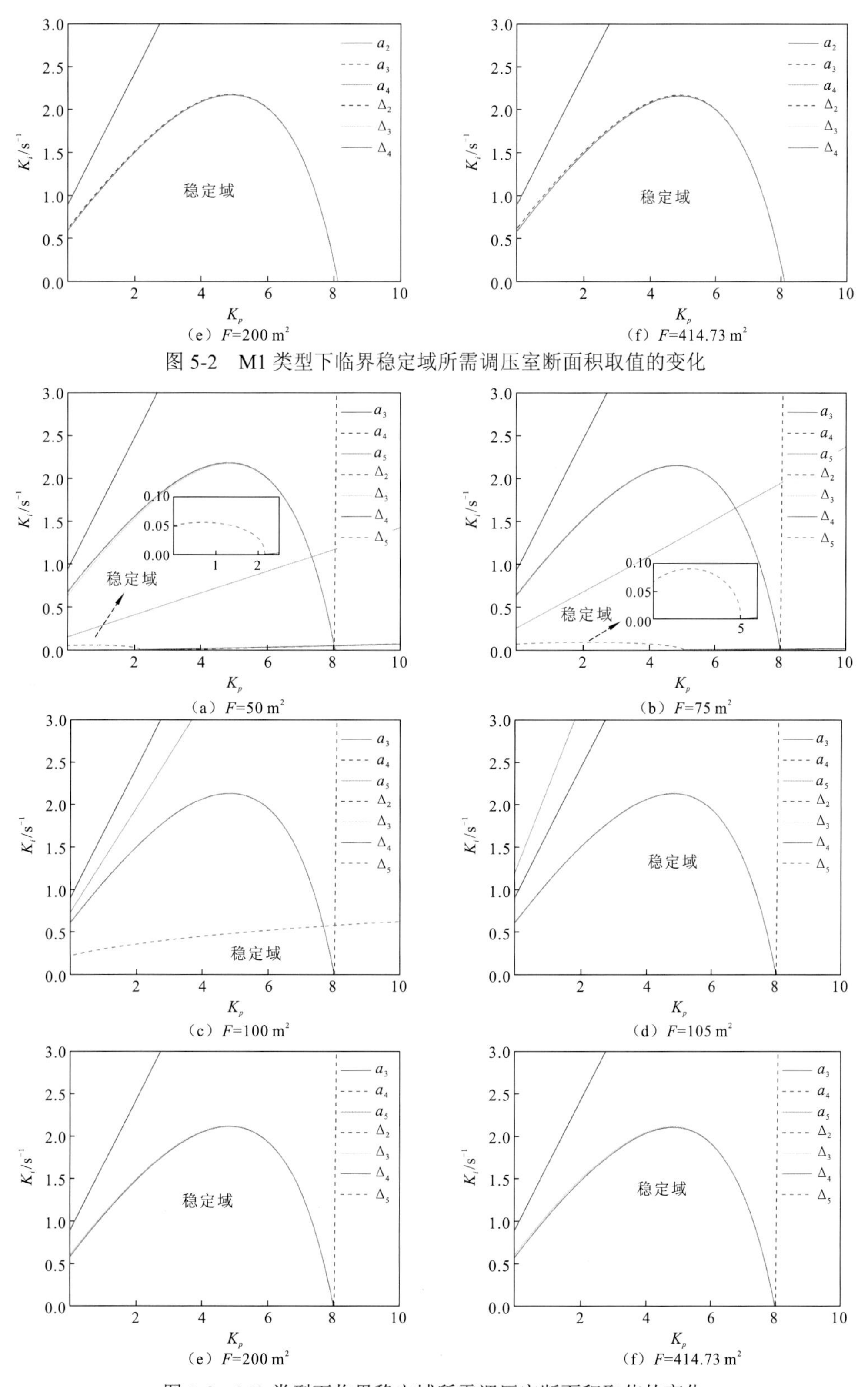

图 5-2　M1 类型下临界稳定域所需调压室断面积取值的变化

图 5-3　M2 类型下临界稳定域所需调压室断面积取值的变化

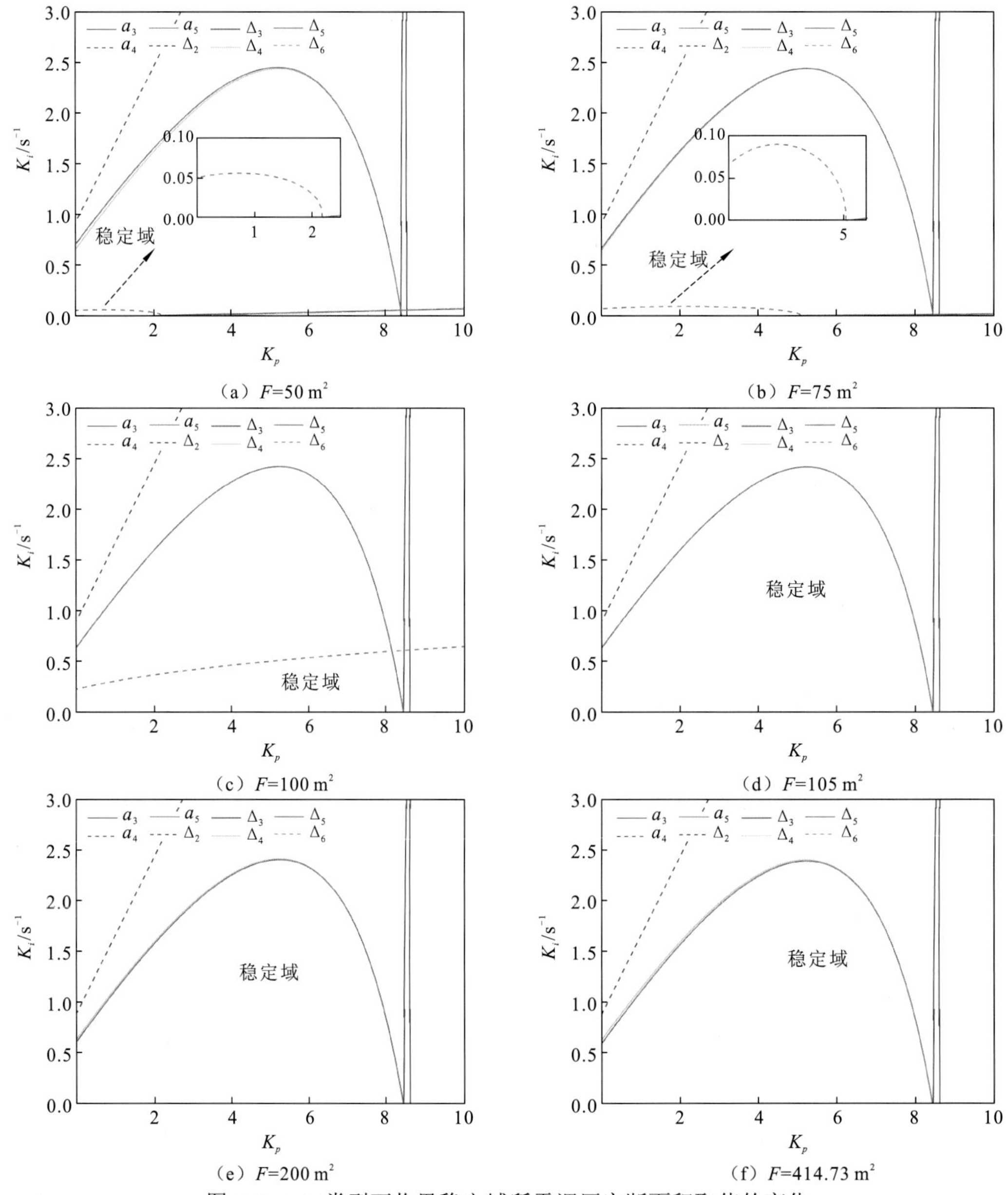

图 5-4　M4 类型下临界稳定域所需调压室断面积取值的变化

（1）对比以调速器增益参数 K_i 和 K_p 为纵横坐标绘制的临界稳定域与以调速器参数 T_d 、 b_t 为纵横坐标绘制的临界稳定域[4]发现，前者的稳定域位于左下角，与纵横坐标一起构成闭合边界的稳定域；而后者的稳定域位于右上角，为非闭合边界的稳定域。显然，前者的优势明显，概念清晰。

（2）无论是 M1、M2 还是 M4，其临界稳定域不仅与调压室断面积正相关，而且闭合边界取决于最高阶行列式（分别是 Δ_4 、 Δ_5 和 Δ_6 ）等于零。当调压室断面积小于临界值（该临界值定义为不变临界稳定域对应的调压室断面积）时，最高阶行列式等于零出现两个分支：靠近横坐标轴的第一分支稳定域大小随调压室断面积的增大而变大，当调压室断面积等于临界值时，与第二分支的稳定域完全重合；远离横坐标轴的第二分支的稳定域大小不随调压室断面积的增大而变化。因此，当调压室断面积小于临界值时，稳定域由最高阶行列式等于零的第一分支所确定；当调压室断面积等于或大于临界值时，稳定域由第二分支所确定。

（3）无论是 M1、M2 还是 M4，其系数项 a_i 均为直线，对于 5 阶方程的 M1，各阶行列式均为曲线，而对于 6 阶方程的 M2 和 7 阶方程的 M4，Δ_2 为直线，其他各阶行列式均为曲线，并且 M4 的 Δ_2 与 Δ_3 基本重合，为理论上求解不变临界稳定域对应的调压室断面积奠定了基础。对比 M1、M2 和 M4 的不变临界稳定域对应的调压室断面积可知，三者均为 105 m^2，与频率调节的阶数无关。

（4）功率调节模式的 M3 也存在上述同样的规律，见图 5-5。并且不变临界稳定域对应的调压室断面积也是 $F=105\ m^2$，说明该阈值不仅与频率调节的阶数无关，而且与调速器的调节模式无关。

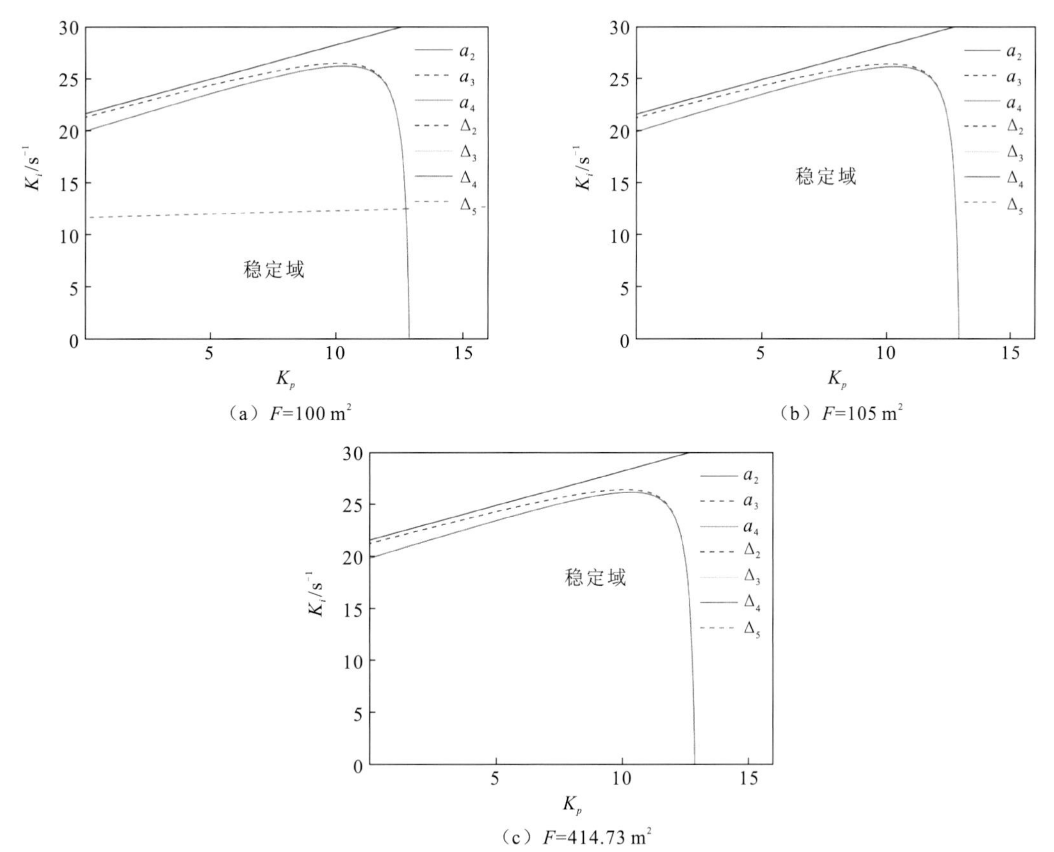

（a）F=100 m^2　（b）F=105 m^2　（c）F=414.73 m^2

图 5-5 M3 类型下临界稳定域所需调压室断面积取值的变化

2）四种调节模式 8 种类型下不变临界稳定域的对比

图 5-6 是 M1～M8 8 种类型下不变临界稳定域的对比（计算条件同上）。

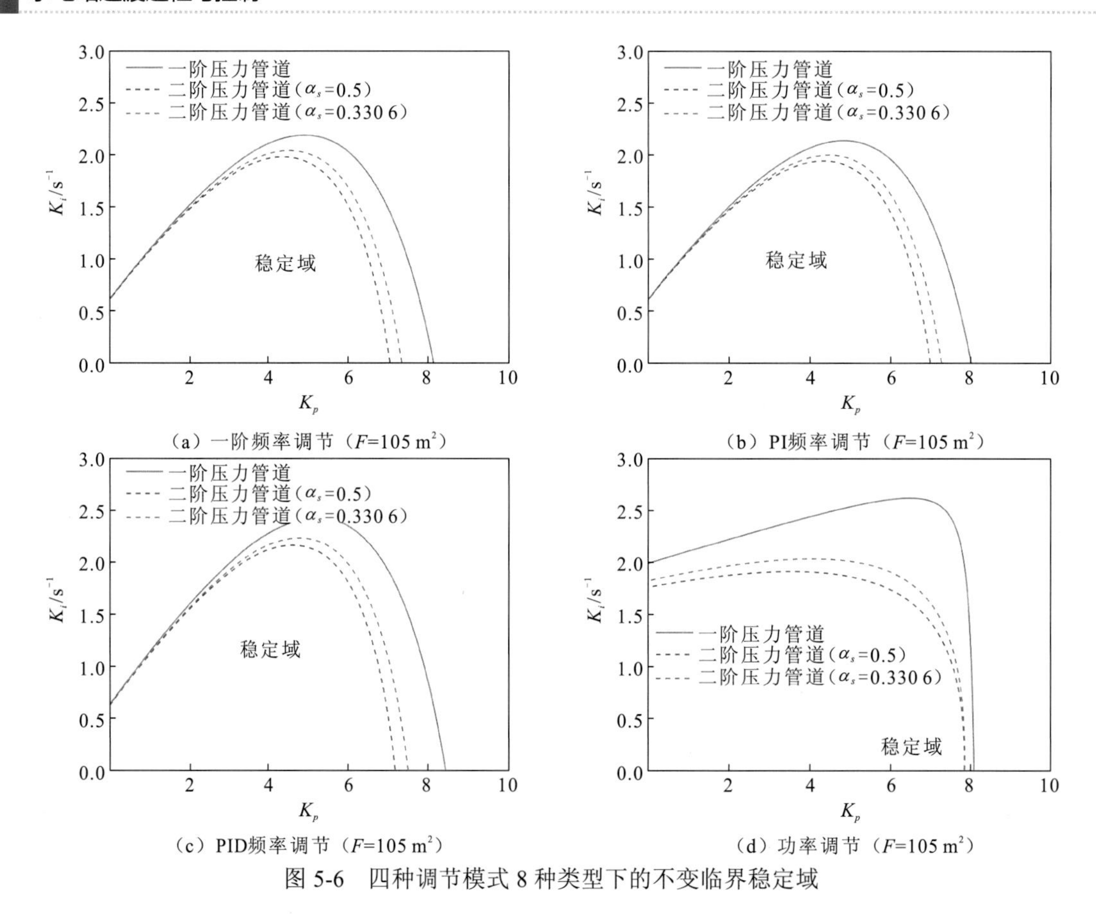

（a）一阶频率调节（F=105 m^2）　（b）PI频率调节（F=105 m^2）

（c）PID频率调节（F=105 m^2）　（d）功率调节（F=105 m^2）

图 5-6　四种调节模式 8 种类型下的不变临界稳定域

（1）四种调节模式下，均是二阶压力管道模型对应的不变临界稳定域最小，一阶压力管道模型对应的不变临界稳定域最大，α_s =0.330 6 的二阶压力管道模型（近似等于三阶弹性水击模型）对应的不变临界稳定域位于其中。

（2）功率调节模式对应的不变临界稳定域远大于频率调节模式对应的不变临界稳定域。并且三种频率调节模式中，以 PI 频率调节模式对应的不变临界稳定域最小，但差别不是非常明显。

（3）尽管一阶压力管道模型为刚性水击模型，二阶压力管道模型为弹性水击模型，但二阶压力管道模型下不变临界稳定域对应的调压室断面积仍然是 F=105 m^2，见图 5-7。这说明调压室断面积的阈值与压力管道模型无关。

3）水轮机传递系数对临界稳定域的影响

图 5-2～图 5-4 所示结果是依据理想水轮机传递系数得到的，此时水轮机综合系数 $e=\dfrac{e_{qy}}{e_y}e_h-e_{qh}=1$。额定工况点实际水轮机传递系数分别为 $e_h=1.493$，$e_x=-0.985$，$e_y=0.753$，$e_{qh}=0.681$，$e_{qx}=-0.308$，$e_{qy}=0.869$，此时水轮机综合系数 $e=1.042$。取调压室断面积为 105 m^2，以 M2 为例，两种传递系数下系统的不变临界稳定域如图 5-8 所示。

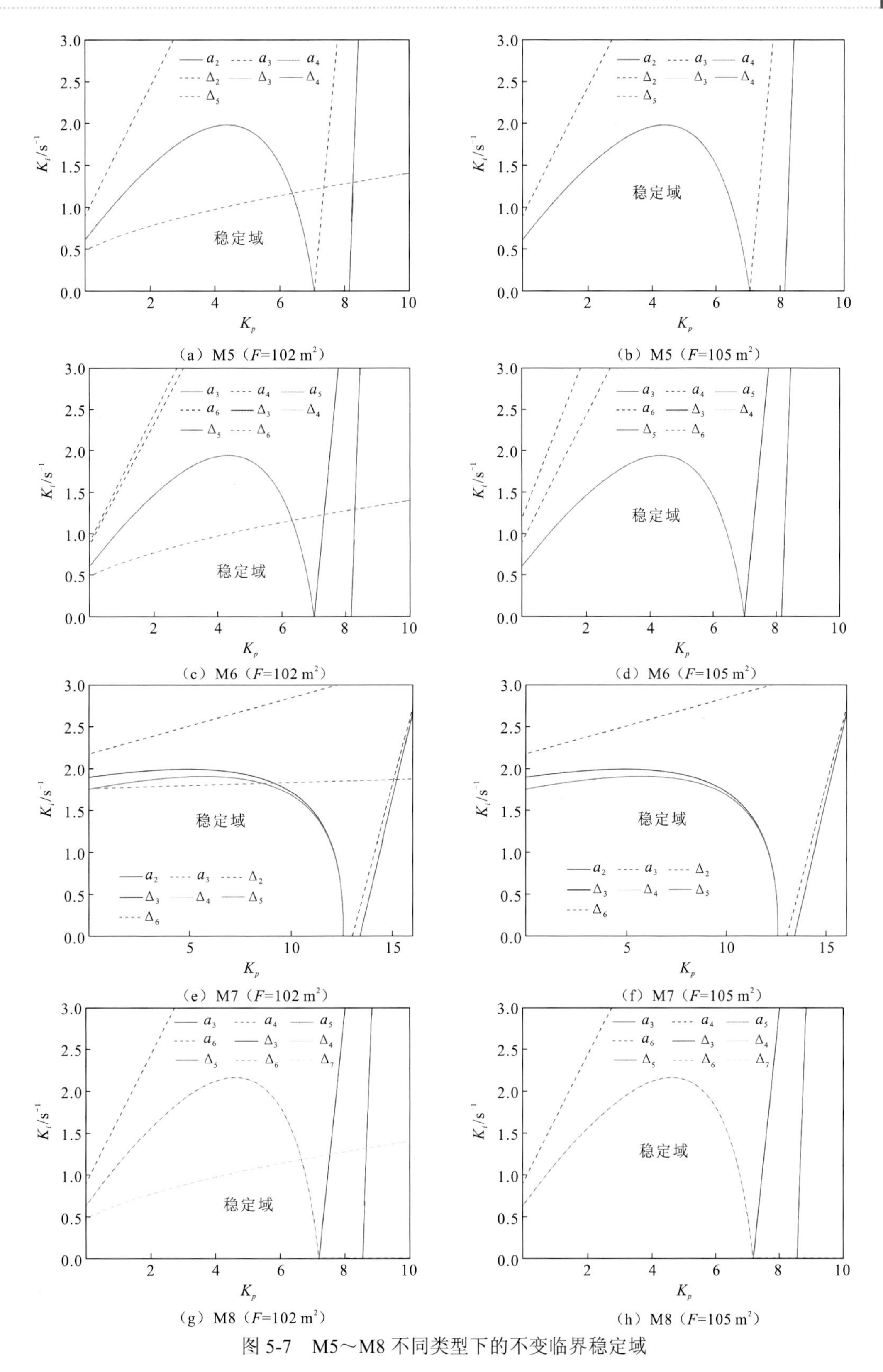

（a）M5（F=102 m²）　（b）M5（F=105 m²）

（c）M6（F=102 m²）　（d）M6（F=105 m²）

（e）M7（F=102 m²）　（f）M7（F=105 m²）

（g）M8（F=102 m²）　（h）M8（F=105 m²）

图 5-7　M5～M8 不同类型下的不变临界稳定域

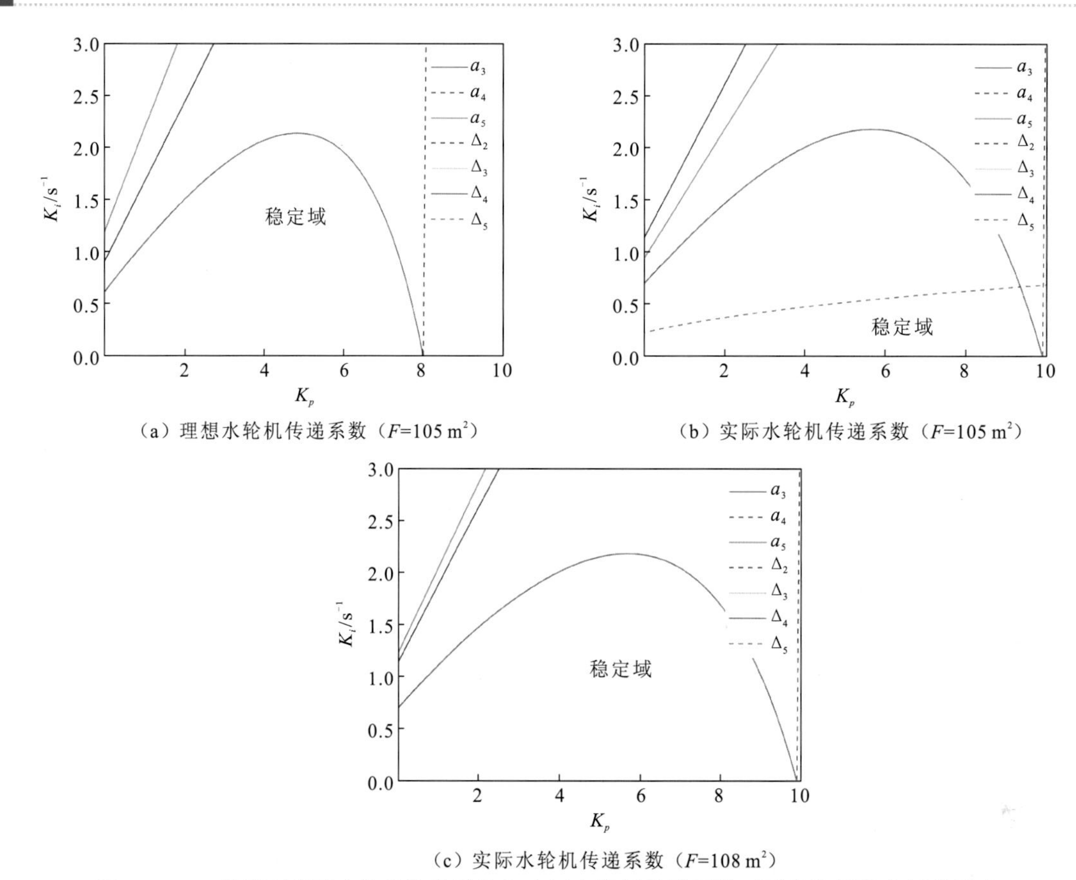

（a）理想水轮机传递系数（F=105 m^2）

（b）实际水轮机传递系数（F=105 m^2）

（c）实际水轮机传递系数（F=108 m^2）

图 5-8　M2 类型下理想水轮机传递系数与实际水轮机传递系数对不变临界稳定域的影响

（1）无论是采用理想水轮机传递系数还是实际水轮机传递系数，并不改变临界稳定域闭合边界取决于最高阶行列式等于零的规律，即 $\Delta_5=0$。

（2）实际水轮机传递系数对应的不变临界稳定域的调压室断面积 $F=108\ \text{m}^2$，而理想水轮机传递系数对应的不变临界稳定域的调压室断面积 $F=105\ \text{m}^2$，前者比后者大 3 m^2，相对差值为 2.86%。从工程的角度来看，实际水轮机传递系数的影响可作为安全裕度来考虑。

（3）尽管实际水轮机传递系数对应的不变临界稳定域的调压室断面积大了 3 m^2，但不变临界稳定域却比理想水轮机传递系数的大很多，主要表现在横坐标范围，前者 K_p=0～10，后者 K_p=0～8。

5.1.2　单个调压室系统运行稳定性及时域响应的解析解

1. 单个调压室系统四阶方程的解析解

在忽略有压管道水流惯性和水头损失的前提下，即令 $T_{wt}=0$ 和 $h_{t0}=0$，M1 的传递函数可以简化为如下四阶方程：

$$G(s)=\frac{X(s)}{M_{g0}(s)}=\frac{b_0s^3+b_1s^2+b_2s+b_3}{a_0s^4+a_1s^3+a_2s^2+a_3s+a_4} \tag{5-3}$$

其中，

$$a_0=T_FT_aT_{wy}H_0\,,\qquad a_1=H_0T_FT_{wy}e_n+H_0T_aT_{wy}e_{qh}+2T_FT_ah_{y0}+H_0K_pT_FT_{wy}e_y$$

$$a_2=H_0T_a+H_0T_{wy}e_he_{qx}+H_0T_{wy}e_ne_{qh}+2T_Fe_nh_{y0}+2T_ae_{qh}h_{y0}+2K_pT_Fe_yh_{y0}+H_0K_iT_FT_{wy}e_y$$
$$-H_0K_pT_{wy}e_he_{qy}+H_0K_pT_{wy}e_{qh}e_y$$

$$a_3=H_0e_n+H_0K_pe_y+2e_he_{qx}h_{y0}+2e_ne_{qh}h_{y0}+2K_iT_Fe_yh_{y0}-2K_pe_he_{qy}h_{y0}+2K_pe_{qh}e_yh_{y0}$$
$$-H_0K_iT_{wy}e_he_{qy}+H_0K_iT_{wy}e_{qh}e_y$$

$$a_4=H_0K_ie_y-2K_ie_he_{qy}h_{y0}+2K_ie_{qh}e_yh_{y0}$$

$$b_0=T_FT_{wy}H_0\,,\qquad b_1=T_{wy}e_{qh}H_0+2T_Fh_{y0}\,,\qquad b_2=H_0+2e_{qh}h_{y0}\,,\qquad b_3=0$$

系统降为四阶方程后可采用第 2 章中所述的理论分析方法进行系统时域计算，取不同调压室断面积，可对该系统进行临界稳定域与时域响应对比，结果如图 5-9 所示。

（1）系统降为四阶方程，其临界稳定域仍由最高阶行列式控制，即 $\Delta_3=0$ 。当调压室断面积等于或大于不变临界稳定域相应的断面积时，稳定域为全局稳定域。算例中该阈值等于 99.6 m^2。

（2）当调压室断面积小于不变临界稳定域相应的断面积时，尽管闭合边界的稳定域是存在的，但在其范围内取值，频率（转速）$x(t)$响应结果要么是等幅振荡的，要么难以进入±0.2%的频率带宽。在闭合边界之外取值，频率响应结果是发散的。

（3）当调压室断面积等于或大于不变临界稳定域相应的断面积时，频率响应结果是收敛的，并且收敛的快慢与调速器参数的取值有关。

（4）已知临界稳定域取决于 $\Delta_3=0$ ，即

$$\Delta_3=a_1a_2a_3-a_1^2a_4-a_0a_3^2=0 \tag{5-4}$$

将系数 a_i 代入式（5-4），理论上是可以得出 T_F 的函数表达式的，但求解十分烦琐，有待进一步研究。

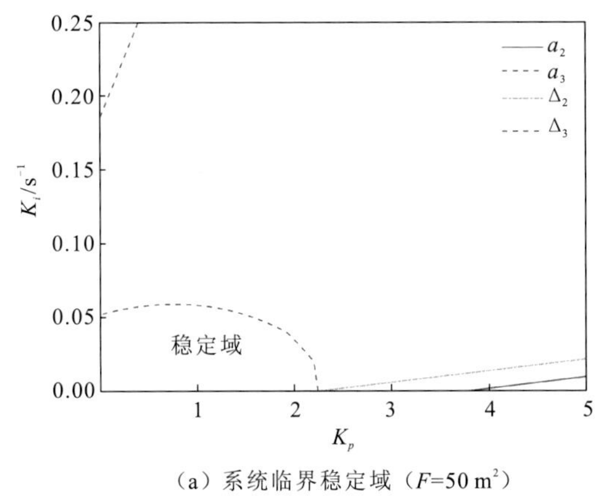

（a）系统临界稳定域（F=50 m^2）

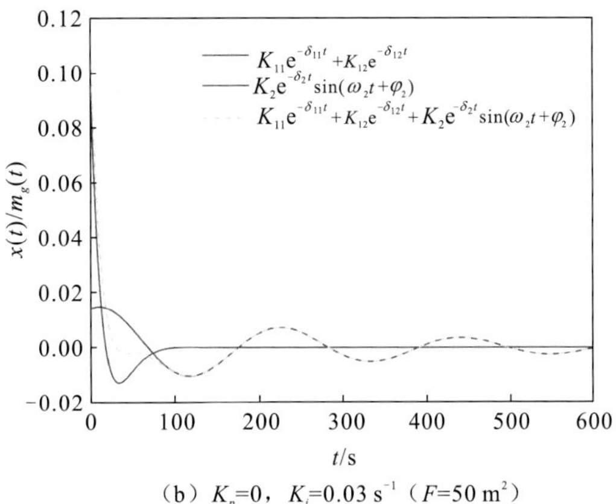

（b）K_p=0，K_i=0.03 s^{-1}（F=50 m^2）

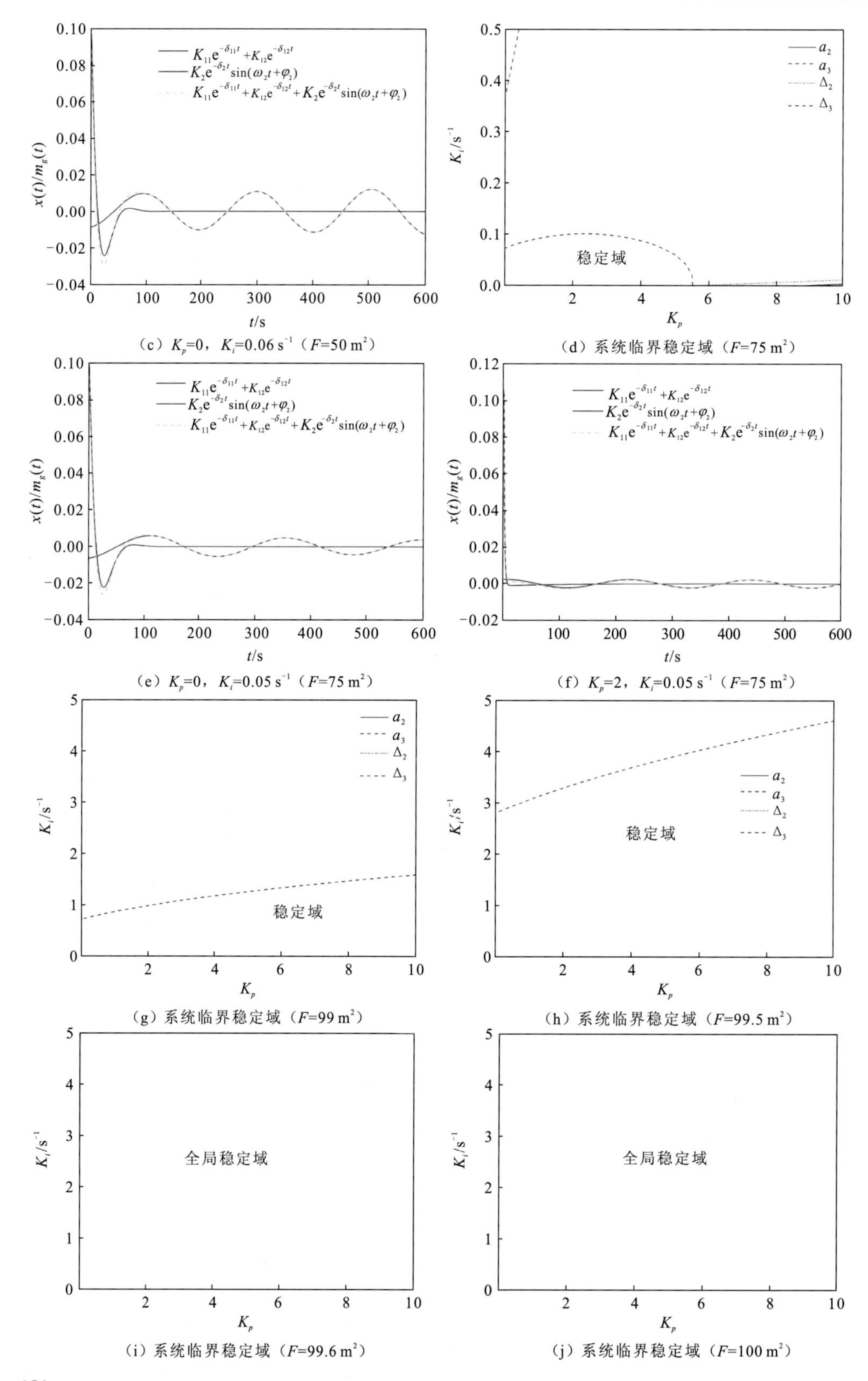

(c) K_p=0，K_i=0.06 s^{-1}（F=50 m^2）

(d) 系统临界稳定域（F=75 m^2）

(e) K_p=0，K_i=0.05 s^{-1}（F=75 m^2）

(f) K_p=2，K_i=0.05 s^{-1}（F=75 m^2）

(g) 系统临界稳定域（F=99 m^2）

(h) 系统临界稳定域（F=99.5 m^2）

(i) 系统临界稳定域（F=99.6 m^2）

(j) 系统临界稳定域（F=100 m^2）

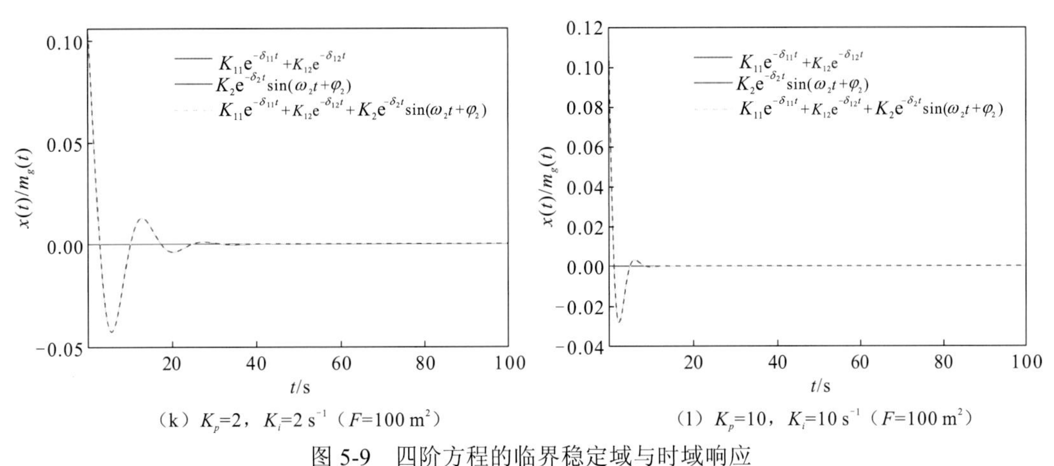

（k）K_p=2，K_i=2 s^{-1}（F=100 m^2）　（l）K_p=10，K_i=10 s^{-1}（F=100 m^2）

图 5-9　四阶方程的临界稳定域与时域响应

2. 单个调压室系统二阶方程的解析解

1）托马公式

在忽略有压管道水流惯性、转速不变的前提下，即令 $T_{wt}=0$ 和 $x=0$，M1 的传递函数可以简化为如下二阶方程：

$$a_0\frac{\mathrm{d}^2z}{\mathrm{d}t^2}+a_1\frac{\mathrm{d}z}{\mathrm{d}t}+a_2z=0 \tag{5-5}$$

其中，$a_0=T_FT_{wy}$，$a_1=T_F\frac{2h_{y0}}{H_0}-eT_{wy}$，$a_2=1-e\frac{2h_{y0}}{H_0}$，$e=\frac{e_{qy}}{e_y}e_h-e_{qh}$ 为水轮机综合系数。

$a_0>0$ 恒成立，若 $a_2>0$，可得 $H_0>2eh_{y0}$，这是修建水电站必须满足的经济性要求，所以二阶方程的临界稳定断面判据为式（5-5）的一阶导数项系数大于零（$a_1>0$），即

$$F>e\frac{T_{wy}Q_{y0}}{2h_{y0}}=e\frac{L_yf_y}{2\alpha_ygH_0} \tag{5-6}$$

其中，$\alpha_y=\frac{h_{y0}}{v_{y0}^2}$ 为水头损失系数，L_y、f_y、v_{y0} 分别为引水隧洞的长度、断面积、初始流速。

式（5-6）通常称为托马公式。在理想水轮机传递系数条件下，根据式（5-6）可求得托马断面积为 99.61 m^2；在实际水轮机传递系数下，托马断面积为 103.80 m^2。

令 $F_{th}=\frac{L_yf_y}{2\alpha_ygH_0}$，称为调压室临界稳定断面积。文献[5]曾指出：考虑水轮机特性的托马公式实质上就是水轮机效率对 F_{th} 的修正，即

$$F=eF_{th}=e\frac{L_yf_y}{2\alpha_ygH_0}=\frac{L_yf_y}{2\alpha_ygH_0}\frac{\left(1+\frac{H_0}{\eta_0}\frac{\partial\eta}{\partial H_0}\right)}{\left(1+\frac{Q_{y0}}{\eta_0}\frac{\partial\eta}{\partial Q_{y0}}\right)} \tag{5-7}$$

式中：η 为水轮机效率；η_0 为水轮机初始工况下的效率。

2）气垫式调压室的稳定断面积

对于地形条件受限或有较高环保要求的高水头长距离引水式水电站，在地质条件许可的情况下，可考虑在厂房上游侧设置气垫式调压室。而下游调压室的位置一般与尾水位的高差较小，不宜采用气垫式调压室。

推导气垫式调压室的水位波动稳定条件，仍然依据托马假定，且利用气体状态方程，得到气垫式调压室的临界稳定断面积计算公式：

$$F_{SV}=F_{th}\left(1+\frac{mp_0}{\gamma l_0}\right) \tag{5-8}$$

式中：F_{SV} 为气垫式调压室的临界稳定断面积，m^2；F_{th} 为常规调压室临界稳定断面积，m^2；$m=1.0\sim1.4$ 为气体多方指数；p_0 为气室内气体的绝对压强，N/m^2；γ 为水体容重，kg/m^3；l_0 为气体体积折算到 F_{SV} 时的高度，m。

从式（5-8）可知：

（1）从严格意义上来讲，气垫式调压室的水位波动稳定条件取决于该对应工况下调压室内的水面面积、气体绝对压强和气体体积，而不是由其中某一个因素单独决定的。

（2）气垫式调压室的临界稳定断面积比常规调压室的临界稳定断面积大 $\frac{mp_0}{\gamma l_0}$ 倍，即所需的稳定断面积与气体体积（l_0）成反比，当气体体积趋于无穷大时，就转化为常规的调压室，所需的稳定断面积最小，等于托马断面积；稳定断面积与调压室内气体的绝对压强（p_0）成正比，选取的绝对压强越大，所需的稳定断面积越大。

（3）改写式（5-8），得到 $F_{SV}\left(\frac{1}{F_{th}}-\frac{mp_0}{\gamma\forall_0}\right)=1$，其中 $\forall_0=l_0F_{SV}$。这说明气体体积 $\forall_0$ 不能太小，否则气垫式调压室的水位波动就不能稳定。

3）下游调压室稳定断面积

因为有连接管的下游调压室包括下游阻抗式调压室，调压室底部的流速水头为负值，即 $\alpha'=\alpha-\frac{k}{2g}$［$k$ 为流速水头修正系数；α 为下游调压室至下游河道或水库的水头损失系数，$\alpha=h_{w0}/V^2$（包括局部水头损失与沿程水头损失），V 为压力尾水道平均流速，m/s，h_{w0} 为压力尾水道水头损失，m］，所以长期以来下游调压室临界稳定断面积的计算公式为[6]

$$F_{th}=\frac{Lf}{2g\alpha'(H_0'-h_{w0}-3h_{m0})} \tag{5-9}$$

式中：F_{th} 为调压室临界稳定断面积，m^2；L 为压力尾水道长度，m；f 为压力尾水道断面积，m^2；H_0' 为发电最小毛水头，m；h_{m0} 为下游调压室上游管道的总水头损失（包括压力管道和尾水管延伸段水头损失），m。

由式（5-9）可知：对于中低水头的水电站，受该流速水头为负值的影响，有连接管的下游调压室的稳定断面积要比简单式的大得多，从而成为下游调压室采用除简单式之外其他结构形式调压室的主要障碍。因此，在我国修建大朝山、龙滩、小湾等水电站之前，国内外很少采用下游阻抗式调压室。

文献[7]运用戈登（Gardel）的 T 形分岔管水头关系式，分析了连接管处流速水头和动量交换项对下游调压室稳定断面积的影响，从理论上证明了连接管处流速水头是不利的，而动量交换项是有利的，其计算公式如下：

$$F_{th}=\frac{Lf}{g\left[2\left(\alpha-\frac{k}{2g}\right)+\frac{\bar{\sigma}}{2g}\right](H_0'-h_{w0}-3h_{m0})} \tag{5-10}$$

其中，$\bar{\sigma}=0.5\left[0.4\left(1+\frac{1}{\varphi}\right)\cot\frac{\theta}{2}+0.36+3.84-\varphi\right]$，$\bar{\sigma}$ 的大小取决于连接管与尾水隧洞的断面积之比φ，以及连接管与尾水隧洞轴线的交角θ。在$\varphi=1$，$\theta=90^\circ$的特定条件下，$\bar{\sigma}=2.0$。

若 $k=1$，$\bar{\sigma}=2.0$，代入式（5-10）可得

$$F_{th}=\frac{Lf}{2g\alpha(H_0'-h_{w0}-3h_{m0})} \tag{5-11}$$

式（5-11）即下游简单式调压室稳定断面积计算公式。这说明对于有连接管的下游调压室，连接管处流速水头和动量交换项的作用相反，数值大致相当，可相互抵消，结果接近于下游简单式调压室的稳定断面积。

为了计算简化起见，《水电站调压室设计规范》（NB/T 35021—2014）[8]明确了，按式（5-11）计算下游调压室稳定断面积，而不区分调压室的结构形式。

5.2 双调压室系统运行稳定性及调压室稳定断面积

5.2.1 上下游双调压室系统运行稳定性及调压室稳定断面积

1. 上下游双调压室系统的传递函数

设有上下游双调压室的输水发电系统如图 5-10 所示，在建立相应的数学模型及传递函数时（表 5-2)，与单个调压室系统相比，增加了下游尾水隧洞动量方程及下游调压室连续性方程，其综合传递函数增加了 2 阶，而增加机组下游侧压力管道（刚性水击）并没有增加综合传递函数的阶数。

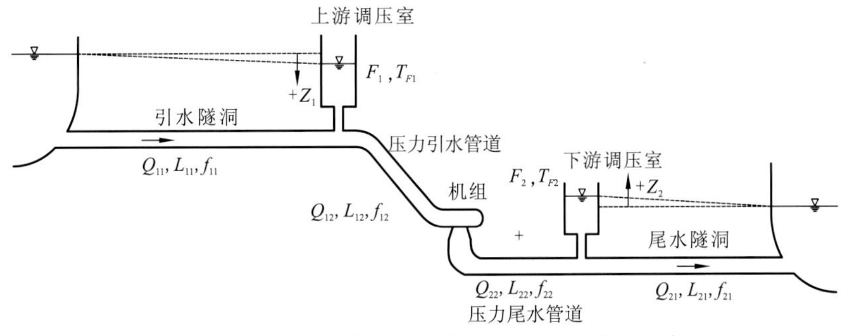

图 5-10 设有上下游双调压室的输水发电系统示意图

表 5-2　管道及调压室方程

方程名称	具体形式
上游引水隧洞动量方程	$z_1 - r_{11}\cdot q_{11} = T_{w11}s\cdot q_{11}$
下游尾水隧洞动量方程	$z_2 - r_{21}\cdot q_{21} = T_{w21}s\cdot q_{21}$
上游调压室连续性方程	$q_{11} = q_{12} - T_{F1}s\cdot z_1$
下游调压室连续性方程	$q_{21} = q_{22} - T_{F2}s\cdot z_2$

注：各符号第一下标 $i=1$，2 分别表示上游和下游；第二下标 $j=1$，2 分别表示隧洞和压力管道；11 个未知数均采用相对值表示，即 $z_i=\dfrac{\Delta Z_i}{H_0}$、$q_{ij}=\dfrac{Q_{ij}-Q_0}{Q_0}$（$Q_{ij}$ 为流量）、$h=\dfrac{H-H_0}{H_0}$（H 为水头）、$x=\dfrac{n-n_0}{n_0}$（n 为转速）、$y=\dfrac{Y-Y_0}{Y_0}$（Y 为接力器行程）、$m_t=\dfrac{M_t-M_{t0}}{M_{t0}}$（$M_t$ 为水轮机力矩）、$q_t=\dfrac{Q_t-Q_0}{Q_0}$（Q_t 为水轮机引用流量），下标“0”表示初始值；水头损失 $r_{ij}=2\dfrac{\Delta h_{ij}}{H_0}$ 不包含新的未知数，所以方程组是封闭的；$T_{wij}=\dfrac{L_{ij}Q_0}{gH_0A_{ij}}$ 为隧洞或压力管道的水流惯性加速时间（L_{ij}、A_{ij} 分别为隧洞和压力管道的长度与断面积）；$T_{Fi}=\dfrac{F_iH_0}{Q_0}$ 为调压室时间常数（F_i 为调压室断面积）。

根据第 2 章关于单管单机的输水发电系统运行稳定性的结果及结论，当 α_s 取 0.330 6 时，二阶弹性水击模型可替代三阶弹性水击模型，并且一阶刚性水击模型对应的临界稳定域最小。在负荷扰动作用下，设有上下游双调压室的输水发电系统的传递函数见表 5-3，且组合出 4 种类型，即不考虑二阶或三阶弹性水击模型。

表 5-3　设有上下游双调压室的输水发电系统的传递函数（4 种类型）

类型	发电机方程	有压管道方程	调速器方程	方程的阶数	调节系统的传递函数
M1	一阶动量矩	一阶刚性水击	一阶频率调节模式	7	$G(s)=\dfrac{X(s)}{M_{g0}(s)}=\dfrac{b_0s^6+b_1s^5+b_2s^4+b_3s^3+b_4s^2+b_5s+b_6}{a_0s^7+a_1s^6+a_2s^5+a_3s^4+a_4s^3+a_5s^2+a_6s+a_7}$
M2	一阶动量矩	一阶刚性水击	二阶频率调节模式	8	$G(s)=\dfrac{X(s)}{M_{g0}(s)}=\dfrac{b_0s^7+b_1s^6+b_2s^5+b_3s^4+b_4s^3+b_5s^2+b_6s+b_7}{a_0s^8+a_1s^7+a_2s^6+a_3s^5+a_4s^4+a_5s^3+a_6s^2+a_7s+a_8}$
M3	一阶动量矩	一阶刚性水击	二阶功率调节模式	8	$G(s)=\dfrac{X(s)}{M_{g0}(s)}=\dfrac{b_0s^7+b_1s^6+b_2s^5+b_3s^4+b_4s^3+b_5s^2+b_6s+b_7}{a_0s^8+a_1s^7+a_2s^6+a_3s^5+a_4s^4+a_5s^3+a_6s^2+a_7s+a_8}$
M4	一阶动量矩	一阶刚性水击	三阶频率调节模式	9	$G(s)=\dfrac{X(s)}{M_{g0}(s)}=\dfrac{b_0s^8+b_1s^7+b_2s^6+b_3s^5+b_4s^4+b_5s^3+b_6s^2+b_7s+b_8}{a_0s^9+a_1s^8+a_2s^7+a_3s^6+a_4s^5+a_5s^4+a_6s^3+a_7s^2+a_8s+a_9}$

注：①若 M1～M4 降阶，即忽略有压管道的惯性、调速器方程、发电机方程，就简化为四阶方程，有解析解，即托马假设下上下游双调压室系统的稳定域；

②M1～M4 的系数表达式十分冗长，请见附录 2。

2. 4 种类型下设有上下游双调压室系统的临界稳定域对比分析

由表 5-3 可知：4 种类型下设有上下游双调压室系统的输水发电系统的传递函数的方程阶数为 7～9 阶，同样可以将赫尔维茨判据[3]作为系统临界稳定域的判别条件，并且绘制以调速器参数为纵横坐标的临界稳定域，或者以调压室断面放大系数（$n_i = F_i / F_{th,i}$，$i = 1,2$，$F_{th,i}$ 为上下游调压室各自对应的临界稳定断面积）为纵横坐标的临界稳定域[9]。

本节以某设有上下游双调压室的水电站为例，对比分析 4 种类型下稳定域的差异。该水电站的基本资料如下：机组额定出力为 306.12 MW，额定水头为 419m，额定流量为 81.56 m^3/s，额定转速为 428.6 r/min，$T_a = 10.288\text{ s}$，$T_{w11} / T_a = 0.176$，$T_{w12} / T_a = 0.227$，$T_{w22} / T_a = 0.026$，$T_{w21} / T_a = 0.117$，$r_{11} = 0.012$，$r_{12} = 0.028$，$r_{22} = 0.006$，$r_{21} = 0.008$，上游调压室断面积为 201.06 m^2，下游调压室断面积为 201.06 m^2，取理想水轮机传递系数（$e_h = 1.5$，$e_x = -1$，$e_y = 1$，$e_{qh} = 0.5$，$e_{qx} = 0$，$e_{qy} = 1$），调速器参数 $T_y = 0.02\text{ s}$，$K_d = 0.5\text{ s}$，功率调节时 $b_p = 0.04$，频率调节时 $e_p = 0$。

1）上下游双调压室断面积已知前提下 4 种类型的稳定域

模拟计算结果如图 5-11 所示。

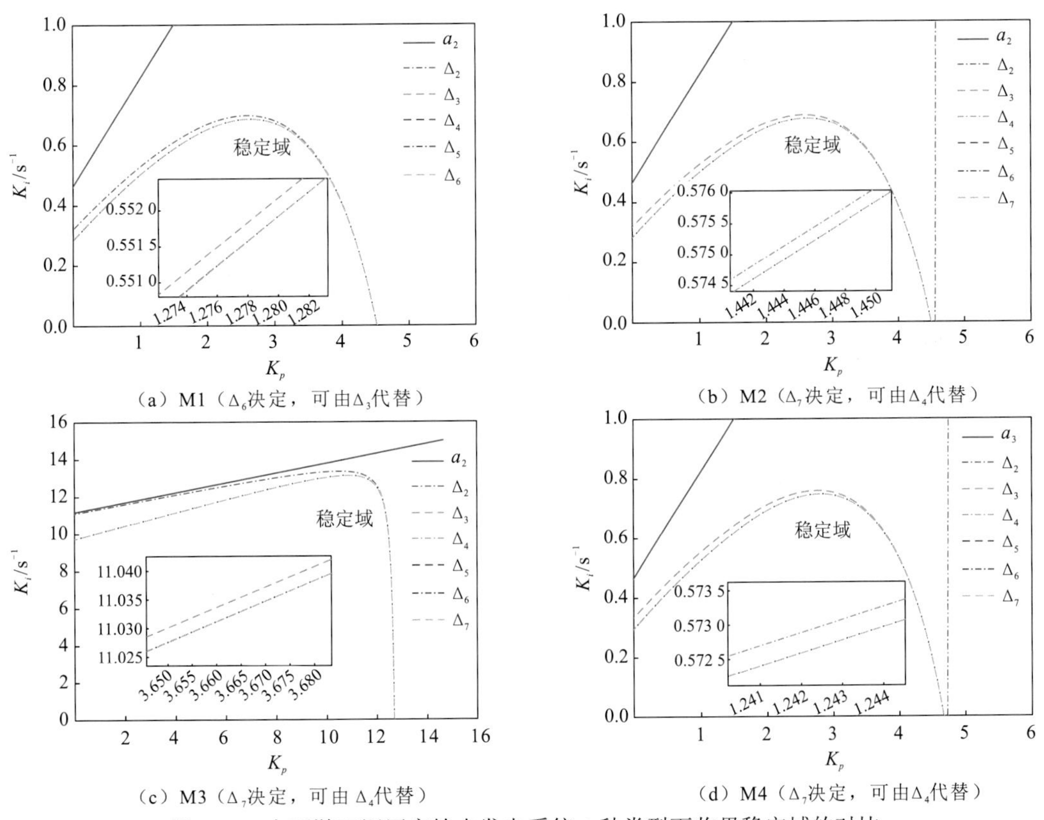

（a）M1（Δ_6决定，可由Δ_3代替）

（b）M2（Δ_7决定，可由Δ_4代替）

（c）M3（Δ_7决定，可由Δ_4代替）

（d）M4（Δ_7决定，可由Δ_4代替）

图 5-11　上下游双调压室输水发电系统 4 种类型下临界稳定域的对比

（1）以调速器增益参数 K_i 和 K_p 为纵横坐标绘制的上下游双调压室输水发电系统的临界稳定域依然呈现闭合边界，取值范围清晰。

（2）无论是 M1、M2、M3 还是 M4，其临界稳定域的闭合边界仍然取决于最高阶行列式（分别是 Δ_6 和 Δ_7）等于零，并且 Δ_6 和 Δ_7 分别可由 Δ_3 和 Δ_4 代替，这为获得上下游双调压室输水发电系统临界稳定域的解析解奠定了基础。

（3）二阶功率调节模式的临界稳定域远大于频率调节模式的临界稳定域，且 M1、M2 和 M4 的临界稳定域相差较小，其中以 M2 的最小。

2）上下游双调压室不同断面积的临界稳定域

令 $n_i = F_i / F_{th,i}$，$i=1,2$，称为调压室断面放大系数，其中 $F_{th,i}$ 为上下游调压室各自对应的临界稳定断面积。经计算，上述算例的 $F_{th,1}$=29.372 m^2，$F_{th,2}$=29.288 m^2。模拟计算结果如图 5-12 和图 5-13 所示。

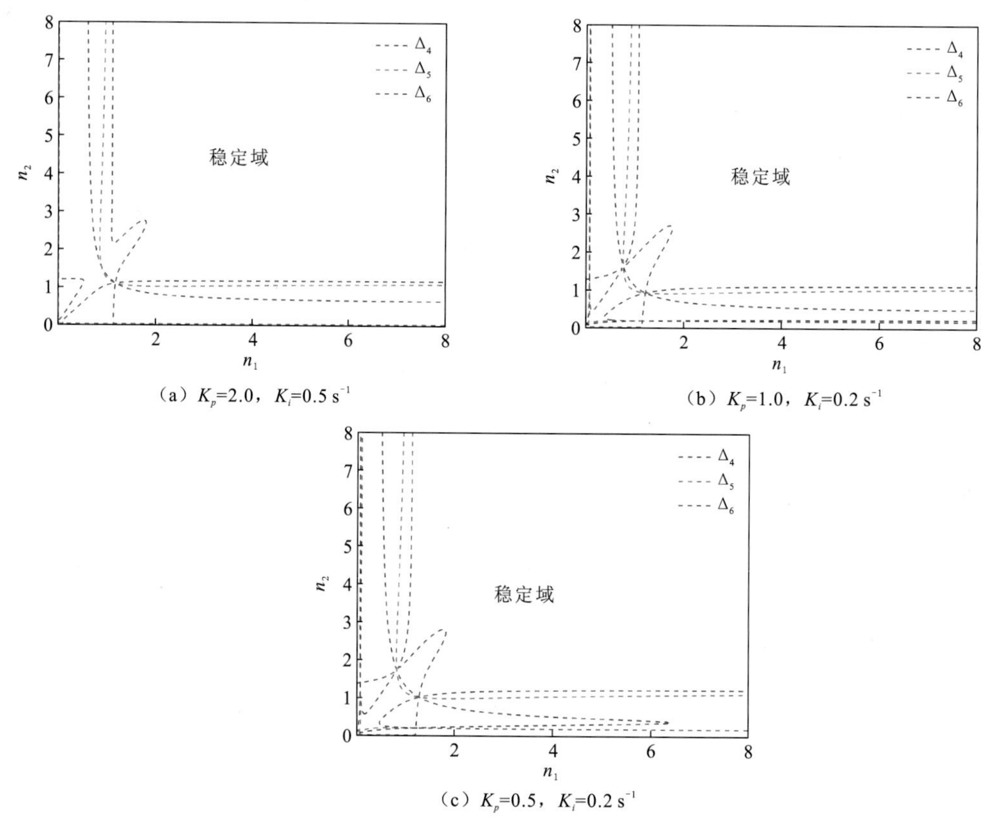

（a）K_p=2.0，K_i=0.5 s^{-1}

（b）K_p=1.0，K_i=0.2 s^{-1}

（c）K_p=0.5，K_i=0.2 s^{-1}

图 5-12　以 n_2、n_1 为纵横坐标的临界稳定域（一阶频率调节模式）

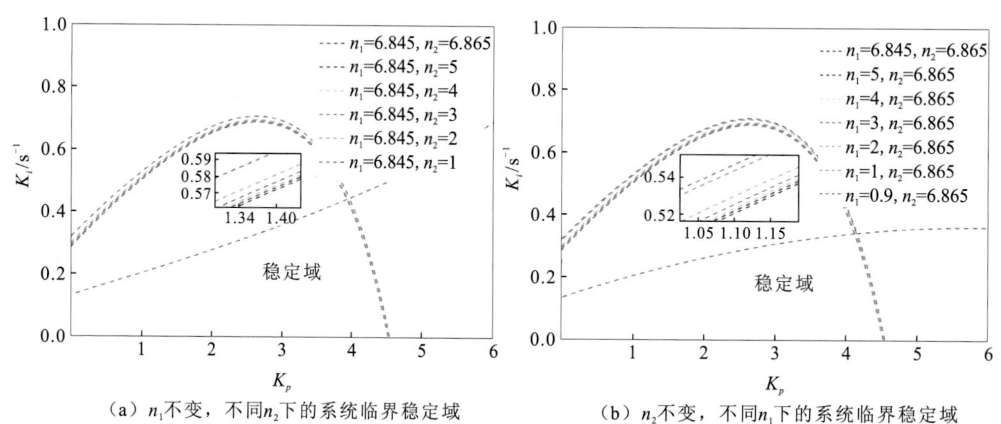

（a）n_1不变，不同n_2下的系统临界稳定域

（b）n_2不变，不同n_1下的系统临界稳定域

图 5-13　以 K_i、K_p 为纵横坐标的上下游双调压室不同断面积的临界稳定域（一阶频率调节模式）

（1）以 n_2、n_1 为纵横坐标绘制的上下游双调压室输水发电系统临界稳定域为非闭合边界曲线，该非闭合边界仍然取决于最高阶行列式等于零，即 $\Delta_6=0$。其特点是 $\Delta_6=0$ 的两个分支交汇形成右下方第二个干涉点，而第一分支包含左上方第一个干涉点和共振点。

（2）以 n_2、n_1 为纵横坐标的临界稳定域不包含 $n_1=1$、$n_2=1$，该结果表明上下游调压室取各自的托马断面积，系统是不稳定的[2, 4]。另外，两条近似平行于纵横坐标的渐近线并不仅仅以 $n_1=1/n_2=1$ 为目标，而是取决于调速器参数 K_p、K_i 的组合，尤其是两个干涉点和共振点的坐标位置与调速器参数 K_p、K_i 的组合密切相关。

（3）受干涉点和渐近线的作用，当 $n_2=1$ 时，无论 n_1 取多大，或者当 $n_1=1$ 时，无论 n_2 取多大，临界稳定域均由最高阶行列式等于零的第二分支和第一分支共同决定，其闭合边界小于第一分支独自构成的闭合边界。该现象与单个调压室系统的稳定域类似，说明只有当 n_1、n_2 的组合位于以 n_2、n_1 为纵横坐标的临界稳定边界之上，才能得到以最高阶行列式等于零的第一分支独自构成的闭合边界，即调速器参数取值范围。

3）管道水流惯性的影响

采用一阶频率调节模式，取调速器参数为 $K_p=2.0$，$K_i=0.5\,\mathrm{s}^{-1}$，以 T_w/T_a 为变量（取值依次为 0.1、0.2、0.3），计算时除敏感性分析对象之外，其他参数均取默认值。计算结果如图 5-14 所示。

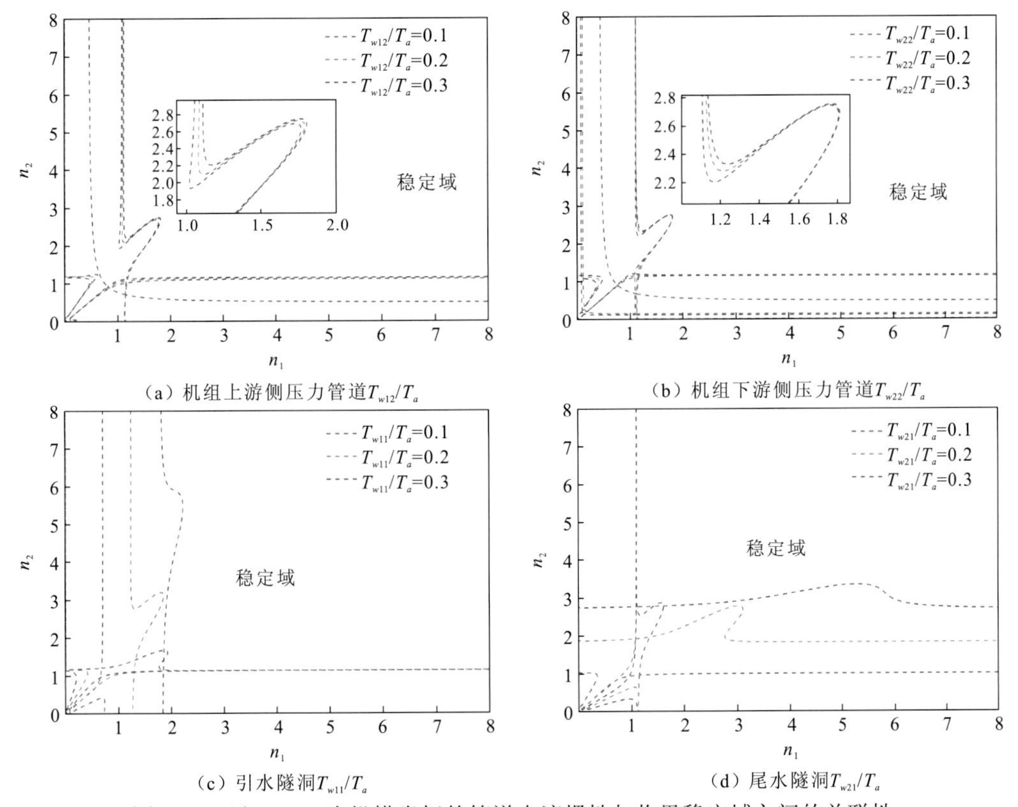

图 5-14　以 n_2、n_1 为纵横坐标的管道水流惯性与临界稳定域之间的关联性

（1）无论是管道系统哪一部分水流惯性增大（T_{w11}、T_{w12}、T_{w22}、T_{w21}），以 n_2、n_1 为纵横坐标的临界稳定域将随之减小。其中，机组上游侧压力管道 T_{w12}/T_a、机组下游侧压力管道 T_{w22}/T_a 的影响并不明显，仅仅是左上方第一个干涉点和共振点略有改变。而引水隧洞 T_{w11}/T_a 主要影响临界稳定域左侧的边界曲线，尾水隧洞 T_{w21}/T_a 主要影响临界稳定域下方的边界曲线。其根本原因是单个调压室的托马断面积主要取决于对应隧洞的水流惯性，而不是压力管道的水流惯性。

（2）对于 T_{w11} 或 T_{w21} 改变引起的变化，可以从两方面来理解：一方面，T_{w11} 或 T_{w21} 改变实质上是改变了 n_1 或 n_2，或者说改变了对应的托马断面积，而计算中保持默认的托马断面积，所以其结果必然是以 n_2、n_1 为纵横坐标的临界稳定域发生较大变化。另一方面，引水隧洞水流惯性 T_{w11} 和尾水隧洞水流惯性 T_{w21} 越不对称，以零点和共振点连线划分的临界稳定域的边界曲线越不对称。

4）管道水头损失的影响

同样，采用一阶频率调节模式，取调速器参数为 $K_p = 2.0$，$K_i = 0.5\,\mathrm{s}^{-1}$，以 r_{ij} 为变量进行敏感性分析，除研究对象之外，其他参数均取默认值。计算结果如图 5-15 所示。

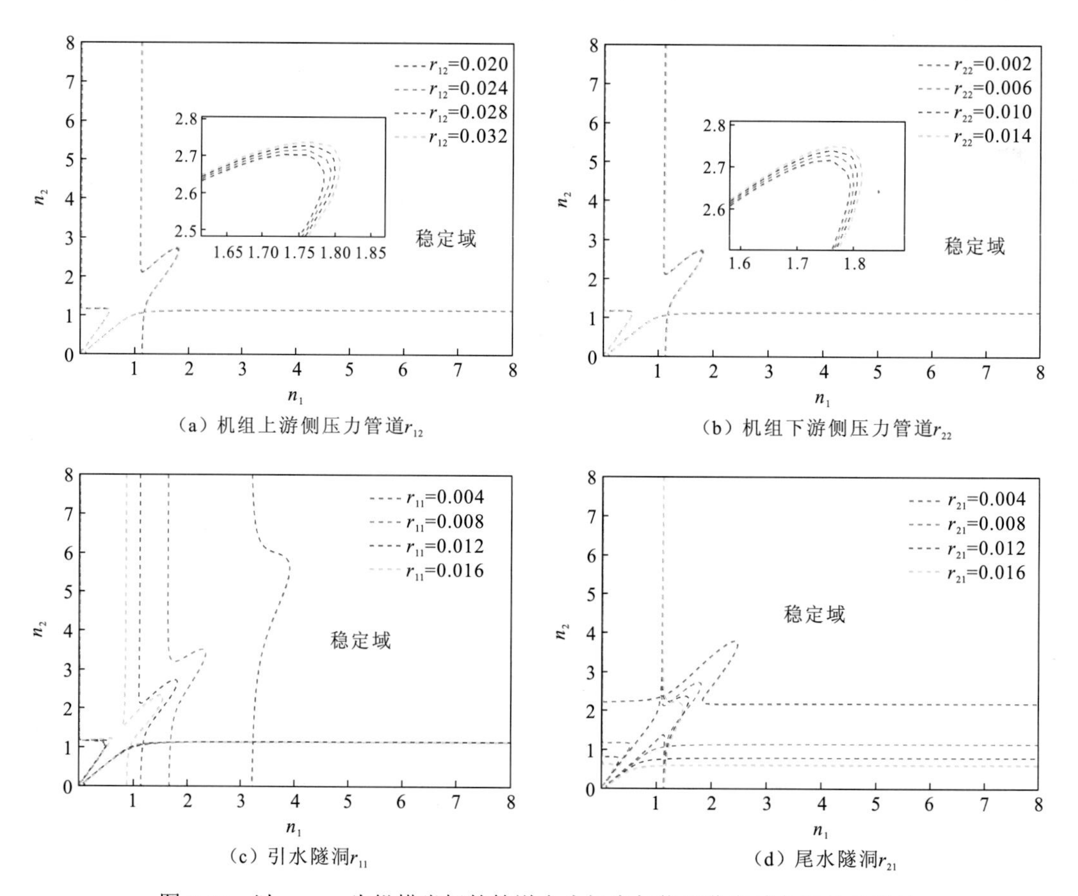

（a）机组上游侧压力管道r_{12}　（b）机组下游侧压力管道r_{22}

（c）引水隧洞r_{11}　（d）尾水隧洞r_{21}

图 5-15　以 n_2、n_1 为纵横坐标的管道水头损失与临界稳定域之间的关联性

（1）引水系统中，引水隧洞和尾水隧洞的水头损失增大，以 n_2、n_1 为纵横坐标的临界稳定域将变大；而压力管道的水头损失增大，临界稳定域略微减小。其中，机组上游侧压力管道 r_{12}、机组下游侧压力管道 r_{22} 的影响并不明显，仅仅是共振点位置略有改变。而引水隧洞 r_{11} 主要影响临界稳定域左侧的边界曲线，尾水隧洞 r_{21} 主要影响临界稳定域下方的边界曲线。其根本原因是单个调压室的托马断面积主要取决于对应隧洞的水头损失，而不是压力管道的水头损失。

（2）同样，对于 r_{11} 或 r_{21} 改变引起的变化，可以从两方面来理解：一方面，r_{11} 或 r_{21} 改变实质上是改变了 n_1 或 n_2，或者说改变了对应的托马断面积，而计算中保持默认的托马断面积，所以其结果必然是以 n_2、n_1 为纵横坐标的临界稳定域发生较大变化。另一方面，引水隧洞 r_{11} 和尾水隧洞 r_{21} 越不对称，以零点和共振点连线划分的临界稳定域的边界曲线越不对称。

（3）隧洞水头损失和隧洞水流惯性对以 n_2、n_1 为纵横坐标的临界稳定域的影响，物理本质是一致的，只是 r_{11}、r_{21} 越大，临界稳定域越大；而后者的取值越大，临界稳定域越小。

5）水轮机传递系数的影响

该水电站机组在额定工况运行时，其水轮机传递系数为 $e_{qx}=-0.3628$，$e_{qh}=0.6814$，$e_{qy}=0.7844$，$e_x=-1.3679$，$e_h=1.6840$，$e_y=0.6944$。同样，采用一阶频率调节模式，取调速器参数为 $K_p=2.0$，$K_i=0.5\,\mathrm{s}^{-1}$，其他参数均取默认值。计算结果如图 5-16 所示。由结果可知：实际水轮机传递系数的临界稳定域小于理想水轮机传递系数的临界稳定域，但边界曲线的变化形式基本不变。这说明临界稳定域边界曲线的变化形式主要取决于输水发电系统的布置，而不是水轮机传递系数。

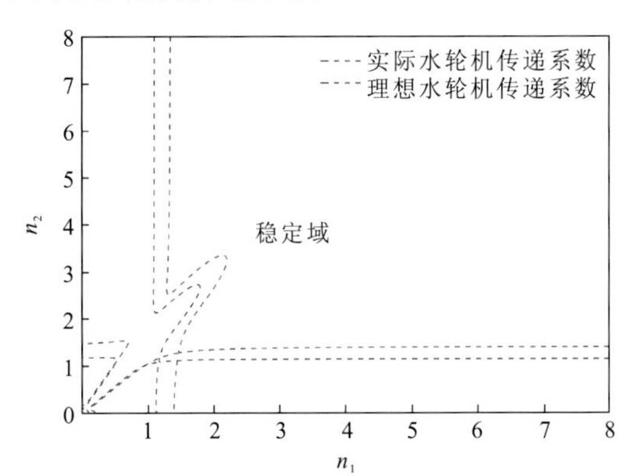

图 5-16　以 n_2、n_1 为纵横坐标的实际水轮机传递系数与理想水轮机传递系数对临界稳定域的影响

6）二阶功率调节

由图 5-11 可知，二阶功率调节模式的临界稳定域远大于频率调节模式的临界稳定域。图 5-17（a）～（c）选取 3 组调速器参数（其他参数均取默认值），绘制了以 n_2、n_1 为纵横坐标的临界稳定域边界曲线。由该结果可知：边界曲线位于由 $n_1=0$ 和 $n_2=0$ 构

成的区域之外，说明该水电站从运行稳定性的角度，采用功率调节模式可以取消上下游双调压室，而采用频率调节模式是不能取消上下游双调压室的。

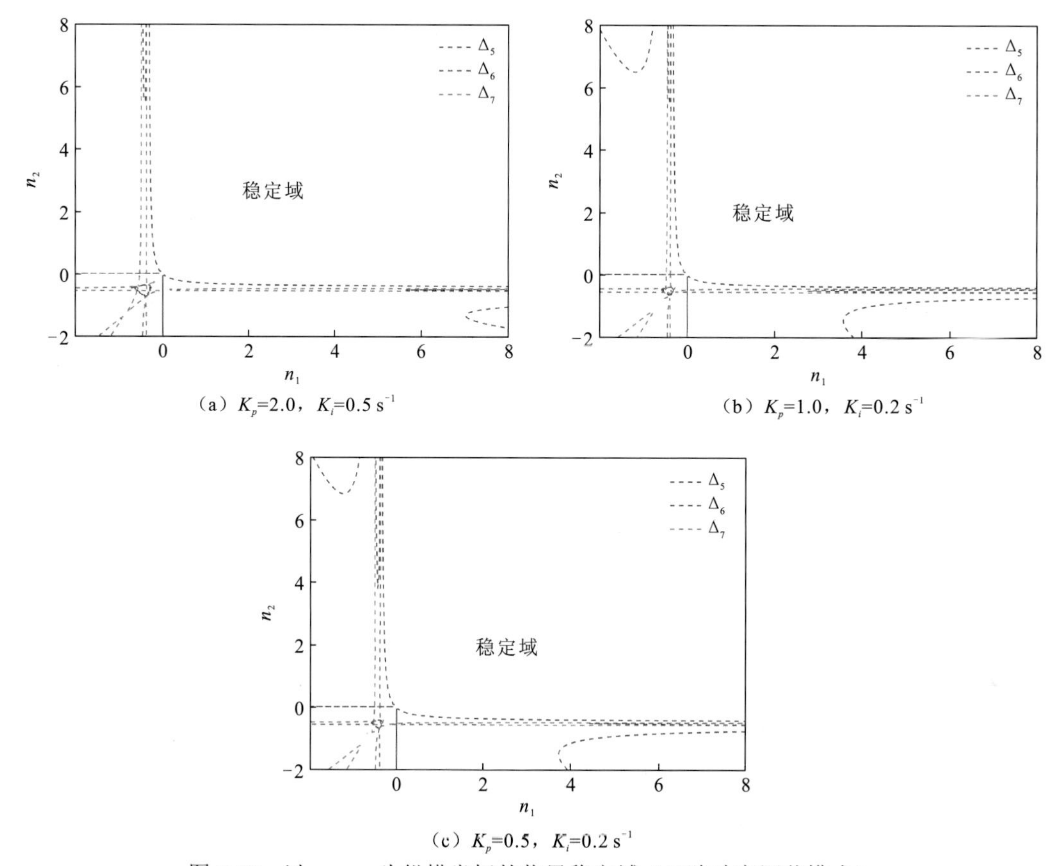

（a）K_p=2.0，K_i=0.5 s^{-1}（b）K_p=1.0，K_i=0.2 s^{-1}（c）K_p=0.5，K_i=0.2 s^{-1}

图 5-17　以 n_2、n_1 为纵横坐标的临界稳定域（二阶功率调节模式）

3. 托马假设下上下游双调压室系统的稳定域分析

1）四阶微分方程的推导

在托马假设[即忽略压力管道的水流惯性 $T_{w12}=T_{w22}=0$，并采取理想调节（$m_t=0$，x=0）]下 M1～M4 中的任一传递函数均可以简化为上下游双调压室系统水位波动稳定性的四阶微分方程[10]，即

$$A_0 s^4 + A_1 s^3 + A_2 s^2 + A_3 s + A_4 = 0 \tag{5-12}$$

其中，

$$A_0 = 1,\quad A_1 = a_1 + a_2,\quad A_2 = b_1 + b_2 + a_1 a_2 - c_1 c_2$$

$$A_3 = a_1 b_2 + b_1 a_2 - c_1 d_2 - c_2 d_1,\quad A_4 = b_1 b_2 - d_1 d_2$$

$$a_i = \frac{2\pi}{T_{thi}}\sqrt{r_i\left(1-\frac{1}{n_i}\right)},\quad b_i = \frac{4\pi^2}{n_i T_{thi}^2}(1-r_i),\quad c_i = \frac{2\pi}{n_i T_{thi}}\sqrt{r_i},\quad d_i = \frac{4\pi^2 r_i}{n_i T_{thi}^2},\quad i=1,2$$

引入了如下参数。

（1）上下游调压室各自对应的临界稳定断面积和相应的托马周期：

$$F_{th,i}=\frac{L_i f_i}{2g\alpha_i' H_1'},\ \ i=1,2,\qquad T_{thi}=2\pi\sqrt{\frac{L_i F_{th,i}}{gf_i}},\ \ i=1,2 \tag{5-13}$$

其中，$H_1'=H_0'-h_{10}-3h_{m0}-h_{20},\alpha_1'=\alpha_1+k_1/2g,\alpha_2'=\alpha_2-k_2/2g$，$H_0'$ 为上下游水库水位之差，即毛水头，h_{10}、h_{20} 为引水隧洞、尾水隧洞的水头损失，α_1、α_2 为对应的水头损失系数，k_1、k_2 分别为上下游调压室流速水头修正系数，L_i、f_i 为有压隧洞长度、断面积。

（2）调压室断面的放大系数和相应的实际周期：

$$n_i=\frac{F_i}{F_{th,i}},\ \ i=1,2,\qquad T_i=2\pi\sqrt{\frac{L_i F_i}{gf_i}}=T_{thi}\sqrt{n_i},\ \ i=1,2 \tag{5-14}$$

（3）相对水头损失系数：

$$r_i=\frac{2\alpha_i' V_{i0}^2}{H_1'},\ \ i=1,2 \tag{5-15}$$

式中：V_{i0} 为有压隧洞流速初始值。

由常微分方程稳定性理论可知，当式（5-12）的系数满足劳斯-赫尔维茨条件，即满足

$$\begin{cases}A_1>0,A_2>0,A_3>0,A_4>0\\ \Delta_3=A_1(A_2A_3-A_1A_4)-A_3^2>0\end{cases} \tag{5-16}$$

时，式（5-12）表示的波动是稳定的。

2）干涉点、共振点确定稳定域边界曲线

由上下游双调压室水位波动稳定域变化规律的具体分析（过程略）可知：两条渐近线和三个特征点便可确定以两个调压室断面放大系数（$n_i,i=1,2$）为坐标轴的上下游双调压室水位波动的稳定域边界（图 5-18）。其中，两条渐近线指的是 $n_i=1,i=1,2$，三个特征点指的是干涉点（成双出现的 $A_1=0$ 与 $A_2=0$ 的交点）及共振点。

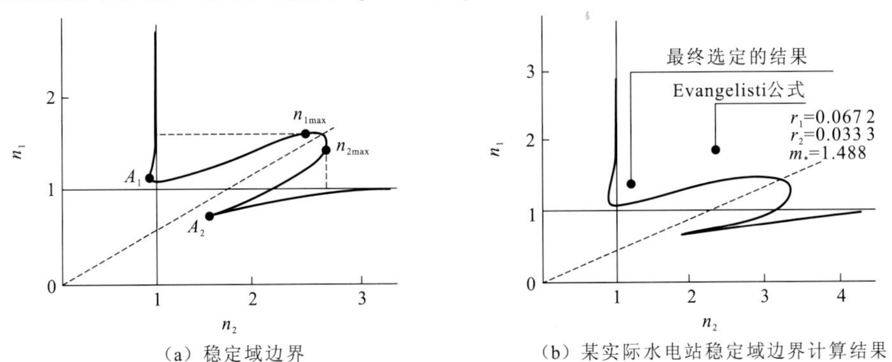

（a）稳定域边界　　（b）某实际水电站稳定域边界计算结果

图 5-18　稳定域和某实际水电站的稳定断面参数计算结果

干涉点的计算式如下：

$$n_2=\frac{\left(m_*+\dfrac{1}{m_*}+2K\right)\pm\sqrt{\left(m_*+\dfrac{1}{m_*}+2K\right)^2-4(1-r_1)\left(K+\dfrac{1}{m_*}\right)(K+m_*)}}{2(1-r_1)\left(K+\dfrac{1}{m_*}\right)} \tag{5-17}$$

$$n_1=\frac{\left(m_*+\frac{1}{m_*}+2K\right)\pm\sqrt{\left(m_*+\frac{1}{m_*}+2K\right)^2-4(1-r_1)\left(K+\frac{1}{m_*}\right)(K+m_*)}}{2(1-r_1)\left(K+\frac{1}{m_*}\right)}+\frac{1+\frac{K}{m_*}}{1-r_2} \tag{5-18}$$

式中：m_* 为上下游调压室的托马周期之比，$m_*=T_{th1}/T_{th2}$；$K^2=r_2/r_1$ 为相对水头损失比。

当上下游调压室的周期相等时，水位波动将发生共振，故将稳定边界曲线上周期相等的点称为共振点，共振点的计算公式如下。

一般情况下，两个调压室断面的放大系数近似满足如下关系：

$$(n_1-1)(n_2-1)=1 \tag{5-19}$$

为了精确地计算共振点的数值，可将 $n_1=1/m_*^2+1$ 作为初值代入式（5-20）进行迭代计算。

$$n_{1,i+1}=n_{1,i}-\frac{E_0n_{1,i}^3+E_1n_{1,i}^2+E_2n_{1,i}+E_3}{3E_0n_{1,i}^2+2E_1n_{1,i}+E_2} \tag{5-20}$$

其中，

$$E_0=m_*\left(\frac{X_1}{X_2}-\sqrt{r_1r_2}\right)\frac{X_1}{X_2},\qquad E_1=-\left(2-r_1-r_2\right)\frac{X_1}{X_2}-\left(1+\frac{1}{m_*^2}\right)m_*\left(\frac{X_1}{X_2}-\sqrt{r_1r_2}\right)\frac{X_1}{X_2}$$

$$E_2=\frac{1-r_1-r_2}{m_*}+\left(1+\frac{1}{m_*^2}\right)\left(2\frac{X_1}{X_2}-\sqrt{r_1r_2}\right),\qquad E_3=-\left(1+\frac{1}{m_*^2}\right)\frac{1}{m_*}$$

$$X_1=\sqrt{r_1}+m_*\sqrt{r_2},\qquad X_2=\sqrt{r_2}+m_*\sqrt{r_1}$$

一般情况下，迭代一次即可。

3）稳定断面的设计准则与计算方法

根据上述内容及方法，便可以描绘稳定边界的近似轮廓，在边界线右上方，系统是稳定的。考虑到稳定性及裕度两方面的要求，建议上下游双调压室水位波动稳定断面的设计准则是：当 $m_*\geqslant 1$ 时，选取 $n_1=(1\sim1.05)n_{1\max}$，$n_2=1.05\sim1.1$；当 $m_*<1$ 时，选取 $n_2=(1\sim1.05)n_{2\max}$，$n_1=1.05\sim1.1$。$n_{1\max}$、$n_{2\max}$ 近似为

$$n_{1\max}=\frac{n_{1r}}{1-r_2},\qquad n_{2\max}=\frac{n_{2r}}{1-r_1} \tag{5-21}$$

式中：n_{1r} 和 n_{2r} 为共振点的值。

上述选择既有较大的安全裕度，又较经济合理。

5.2.2 上游双调压室系统运行稳定性及调压室稳定断面积

1. 上游双调压室系统数学模型与综合传递函数的求解

图 5-19 为设有上游双调压室的输水发电系统示意图，与单个调压室系统相比，增加了上游副调压室（图 5-19 中的第一调压室），其综合传递函数增加了 2 阶，在二阶功率

调节或二阶频率调节模式下为 8 阶线性常系数齐次微分方程。具体的数学模型与综合传递函数的求解如下。为了节省篇幅，在此仅考虑二阶频率调节模式。

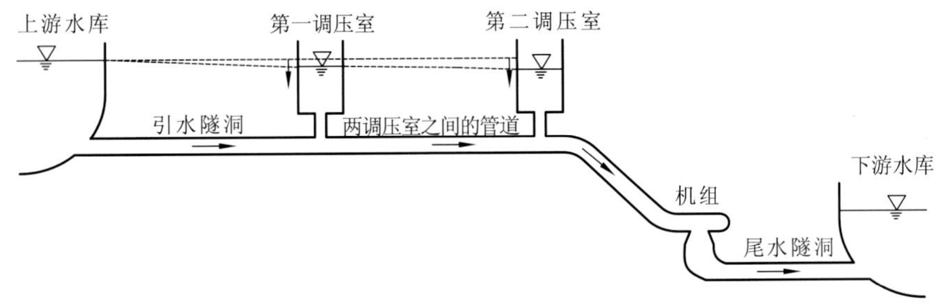

图 5-19　设有上游双调压室的输水发电系统示意图

1）数学模型

$$\begin{cases} z_1 - r_{10}q_1 = T_{w1}\cdot s\cdot q_1 & \text{（上游引水隧洞动量方程）} \\ q_1 = q_2 - T_{F1}\cdot s\cdot z_1 & \text{（第一调压室连续性方程）} \\ z_2 - z_1 - r_{20}q_2 = T_{w2}\cdot s\cdot q_2 & \text{（两调压室之间管道的动量方程）} \\ q_2 = q_3 - T_{F2}\cdot s\cdot z_2 & \text{（第二调压室连续性方程）} \end{cases} \tag{5-22}$$

式（5-22）中，下标 i=1，2，3 分别表示上游引水隧洞及副调压室、两调压室之间的管道及主调压室，以及压力管道；10 个未知数均采用相对值表示，即 $z_i=\dfrac{\Delta Z_i}{H_0}$、$q_i=\dfrac{Q_i-Q_0}{Q_0}$、$h=\dfrac{H-H_0}{H_0}$、$x=\dfrac{n-n_0}{n_0}$、$y=\dfrac{Y-Y_0}{Y_0}$、$m_t=\dfrac{M_t-M_{t0}}{M_{t0}}$、$q_t=\dfrac{Q_t-Q_0}{Q_0}$，下标“0”表示初始值；水头损失 $r_{i0}=2\dfrac{\Delta h_{i0}}{H_0}$ 不包含新的未知数，所以方程组是封闭的；$T_{wi}=\dfrac{L_iQ_0}{gH_0A_i}$ 为隧洞、两调压室之间的管道或压力管道的水流惯性加速时间（L_i、A_i 分别为隧洞、两调压室之间的管道或压力管道的长度和断面积）；$T_{Fi}=\dfrac{F_iH_0}{Q_0}$ 为调压室时间常数（F_i 为调压室断面积）。

2）综合传递函数

将式（5-22）与一阶刚性水击管道方程、一阶动量矩发电机方程、二阶频率模式调速器方程联立，并进行拉普拉斯变换，得出二阶频率调节模式下系统的综合传递函数[11]：

$$G(s)=\frac{X(s)}{M_g(s)}=-\frac{A(b_tT_dT_ys^2+b_tT_ds)}{a_0s^8+a_1s^7+a_2s^6+a_3s^5+a_4s^4+a_5s^3+a_6s^2+a_7s+a_8} \tag{5-23}$$

由式（5-23）可以得到调节系统的八阶模型自由运动方程：

$$a_0\frac{\mathrm{d}^8x}{\mathrm{d}t^8}+a_1\frac{\mathrm{d}^7x}{\mathrm{d}t^7}+a_2\frac{\mathrm{d}^6x}{\mathrm{d}t^6}+a_3\frac{\mathrm{d}^5x}{\mathrm{d}t^5}+a_4\frac{\mathrm{d}^4x}{\mathrm{d}t^4}+a_5\frac{\mathrm{d}^3x}{\mathrm{d}t^3}+a_6\frac{\mathrm{d}^2x}{\mathrm{d}t^2}+a_7\frac{\mathrm{d}x}{\mathrm{d}t}+a_8x=0 \tag{5-24}$$

其中，

$$a_0=c_0f_5',\qquad a_1=c_0f_4'-c_1f_5'+c_2f_5,\qquad a_2=c_0f_3'-c_1f_4'+c_2f_4-c_3f_5'+c_4f_5$$

$$a_3 = c_0 f_2' - c_1 f_3' + c_2 f_3 - c_3 f_4' + c_4 f_4 + c_5 f_5' - c_6 f_5$$

$$a_4 = c_0 f_1' - c_1 f_2' + c_2 f_2 - c_3 f_3' + c_4 f_3 + c_5 f_4' - c_6 f_4$$

$$a_5 = c_0 f_0' - c_1 f_1' + c_2 f_1 - c_3 f_2' + c_4 f_2 + c_5 f_3' - c_6 f_3 , \qquad a_6 = -c_1 f_0' + c_2 f_0 - c_3 f_1' + c_4 f_1 + c_5 f_2' - c_6 f_2$$

$$a_7 = -c_3 f_0' + c_4 f_0 + c_5 f_5' - c_6 f_1 , \qquad a_8 = c_5 f_0' - c_6 f_0 , \qquad A = f_0' + f_1' s + f_2' s^2 + f_3' s^3 + f_4' s^4 + f_5' s^5$$

$$c_0 = b_t T_d T_a T_y , \qquad c_1 = [(e_x - e_g) b_t T_y - e_y T_n - b_t T_a] T_d , \qquad c_2 = (e_{qx} T_y b_t - e_{qy} T_n) e_h T_d$$

$$c_3 = [(e_x - e_g) b_t - e_y] T_d , \qquad c_4 = (e_{qx} b_t - e_{qy}) e_h T_d , \qquad c_5 = e_y , \qquad c_6 = e_{qy} e_h$$

$$f_0 = r_{10} + r_{20} + r_{30} , \qquad f_1 = T_{w1} + T_{w2} + T_{w3} + r_{10} r_{30} (T_{F1} + T_{F2}) + r_{10} r_{20} T_{F1} + r_{20} r_{30} T_{F2}$$

$$f_2 = (r_{10} T_{w3} + r_{30} T_{w1})(T_{F1} + T_{F2}) + (r_{10} T_{w2} + r_{20} T_{w1}) T_{F1} + (r_{20} T_{w3} + r_{30} T_{w2}) T_{F2} + r_{10} r_{20} r_{30} T_{F1} T_{F2}$$

$$f_3 = T_{w1}(T_{w3} + T_{w2}) T_{F1} + (T_{w1} + T_{w2}) T_{w3} T_{F2} + (r_{10} r_{20} T_{w3} + r_{10} r_{30} T_{w2} + r_{20} r_{30} T_{w1}) T_{F1} T_{F2}$$

$$f_4 = (r_{10} T_{w2} T_{w3} + r_{20} T_{w1} T_{w3} + r_{30} T_{w1} T_{w2}) T_{F1} T_{F2} , \qquad f_5 = T_{w1} T_{w2} T_{w3} T_{F1} T_{F2}$$

$$f_0' = 1 + f_0 e_{qh} , \qquad f_1' = r_{10}(T_{F1} + T_{F2}) + r_{20} T_{F2} + f_1 e_{qh}$$

$$f_2' = T_{w1}(T_{F1} + T_{F2}) + T_{w2} T_{F2} + r_{10} r_{20} T_{F1} T_{F2} + f_2 e_{qh}$$

$$f_3' = (r_{10} T_{w2} + r_{20} T_{w1}) T_{F1} T_{F2} + f_3 e_{qh} , \qquad f_4' = T_{w1} T_{w2} T_{F1} T_{F2} + f_4 e_{qh} , \qquad f_5' = f_5 e_{qh}$$

2. 上游双调压室系统运行稳定性分析

本节采用绘制系统稳定域的方式来探讨系统运行稳定性。绘制中，均采用以 b_t 为横坐标，以 T_d 为纵坐标的坐标系，绘制 $a_i\,(i=0, 1, 2, \cdots, 8)$，$\Delta_j = 0$（$j = 3, 5, 7$）的系统的包络线，找到稳定临界情况下的边界曲线。

以某水电站为例，针对管道子系统参数对系统运行稳定性的影响进行分析，包括两个调压室的断面积（F_1、F_2）、上游引水隧洞长度（L_1）、两个调压室之间的管道的长度（L_2）等，即两个调压室的时间常数（T_{F1}、T_{F2}）及各管道的水流惯性加速时间（T_{w1}、T_{w2}）。

在以下系数分析过程中水轮机的力矩传递系数和流量传递系数均取理想值，即 $e_h = 1.5$，$e_x = -1$，$e_y = 1$，$e_{qh} = 0.5$，$e_{qx} = 0$，$e_{qy} = 1$。此外，发电机负载自调节系数 $e_g = 0$。

该水电站的基本参数是：额定流量 $Q_0 = 72.5\ \mathrm{m^3/s}$，额定水头 $H_0 = 177\ \mathrm{m}$，$L_1 = 10\,000\ \mathrm{m}$，$A_1 = 16.649\ \mathrm{m^2}$，$n_{y1} = 0.0135$，$L_2 = 1\,000\ \mathrm{m}$，$A_2 = 11.206\ \mathrm{m^2}$，$n_{y2} = 0.012$，$L_3 = 1\,000\ \mathrm{m}$，$A_3 = 11.000\ \mathrm{m^2}$，$n_{y3} = 0.012$，相应的水流惯性加速时间依次为 $T_{w1} = 25.087\ \mathrm{s}$、$T_{w2} = 3.727\ \mathrm{s}$、$T_{w3} = 3.797\ \mathrm{s}$。其中，$n_{yi}$ 表示各段管道相应的糙率。

从单个调压室系统运行稳定域的研究结果可知：当调压室时间常数 T_F 大于某一临界值 T_F^* 之后，其稳定域是不变的，并且以 b_t^* 为稳定域左侧的渐近线，以 $T_d = 0$ 为稳定域下缘的渐近线。为此，对上游双调压室系统运行稳定域的研究思路是：首先将 $L_1 + L_2$ 作为其引水隧洞的长度，得到单个调压室系统的 T_{FD}^* 及最大稳定域（记为 DTYS）。其次以 T_{FD}^* 及最大稳定域为参照，研究两个调压室的时间常数（T_{F1}、T_{F2}）及各管道的水流惯性加速时间（T_{w1}、T_{w2}）如何组合，才能达到 T_{FD}^* 及最大稳定域的效果。本算例中，$T_{FD}^* = 78.094\ \mathrm{s}$。

1）第一调压室对系统稳定域的影响

在 $T_{w2}=3.727\text{ s}$ 的情况下，取第二调压室的时间常数分别为 58.094 s、48.094 s、38.094 s、28.094 s，以第一调压室时间常数为参变量绘制稳定域，结果如图 5-20 所示。

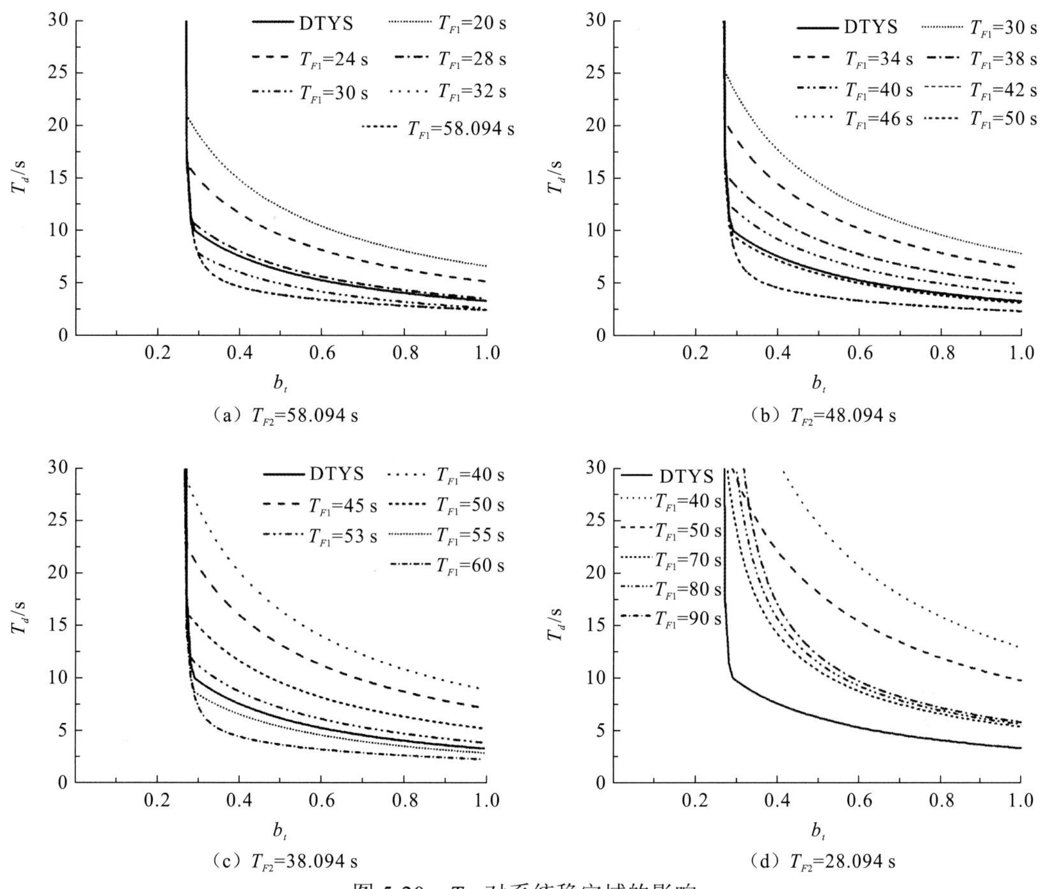

（a）T_{F2}=58.094 s　（b）T_{F2}=48.094 s

（c）T_{F2}=38.094 s　（d）T_{F2}=28.094 s

图 5-20　T_{F1} 对系统稳定域的影响

分析图 5-20 可知：

（1）若上游双调压室系统运行稳定域达到与上游单调压室系统相同的稳定域时，双调压室时间常数之和应大于 $T_{FD}^{*}=78.094\text{ s}$。但当 T_{F2} 小于某一下限临界值（记为 T_{F2}^{*}）时，即使 T_{F1}、T_{F2} 之和远大于 T_{FD}^{*}，其稳定域仍然小于单个调压室的稳定域。

（2）当 $T_{F2}\geqslant T_{F2}^{*}$ 且 $T_{F1}+T_{F2}>T_{FD}^{*}$ 时，双调压室系统的稳定域将大于单调压室系统的稳定域，增大的部分并没有改变稳定域左侧的边界线，即渐近线 b_t^{*} 不变，而是改变了稳定域下缘的边界线，并且 T_{F1}、T_{F2} 之和越大，稳定域越大。

（3）从图 5-20（d）可以看出，当 $T_{F2}<T_{F2}^{*}$ 时，不再呈现 T_{F1}、T_{F2} 之和越大，其稳定域越大的规律。其中，$T_{F1}=70\text{ s}$ 的稳定域最大，超过 $T_{F1}=70\text{ s}$ 的稳定域随 T_{F1} 的增大而减小，所以图中 $T_{F1}=40\text{ s}$ 的稳定域最小。

2）第二调压室对系统稳定域的影响

在 $T_{F1}=28.094\ \text{s}$ 条件下，以第二调压室时间常数为参变量绘制稳定域，结果如图 5-21 所示。

比较图 5-21 和图 5-20（d）可知：

（1）不存在对 T_{F1} 大小的限制，即使 T_{F1} 等于零或很小，随着第二调压室时间常数 T_{F2} 的增大，系统的稳定域增大，等于或超出单个调压室系统的稳定域。因此，对于上游双调压室系统而言，其稳定域主要受第二调压室的控制，故称第二调压室为主调压室。当主调压室的时间常数达到上限临界值（记为 T_{F2}^{**}）之后，稳定域达到最大，再增大主调压室时间常数，稳定域维持不变。

（2）第一调压室时间常数 T_{F1} 对系统的影响较小，在系统稳定性调节中处于辅助地位，故称第一调压室为副调压室。只要 $T_{F1}>0$，其对减小 T_{F2} 就是有帮助的。但必须有 $T_{F1}+T_{F2}>T_{FD}^{*}$，才能达到单个调压室的效果。

3）引水隧洞长度与压力管道长度对系统稳定域的影响

在水电站输水管道总长度不变的前提下，固定两个调压室之间的相互位置（即两调压室之间的管长为固定值），引水隧洞和压力管道的长度之和也为定值，即 $L_1+L_3=$ 常数。因此，改变其中任一者的长度就会改变另一者的长度。

在 $L_1+L_3=11000\ \text{m}$ 的情况下，绘制不同 L_1 与 L_3 比值的系统稳定域，如图 5-22 所示，此图中的副、主调压室时间常数分别为 $T_{F1}=42.000\ \text{s}$、$T_{F2}=48.094\ \text{s}$。

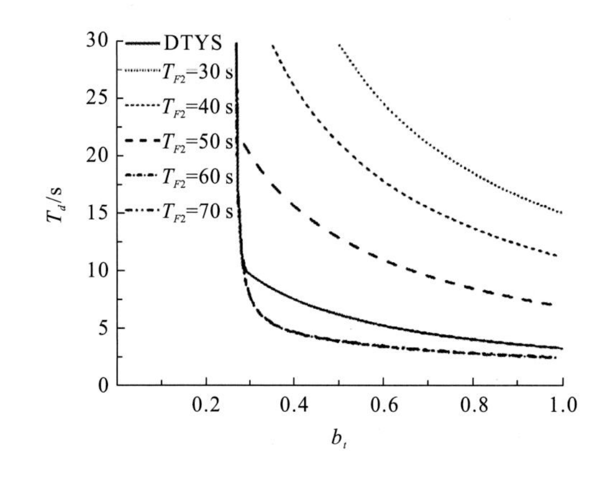

图 5-21　T_{F2}（$T_{F1}=28.094\ \text{s}$）对系统稳定域的影响

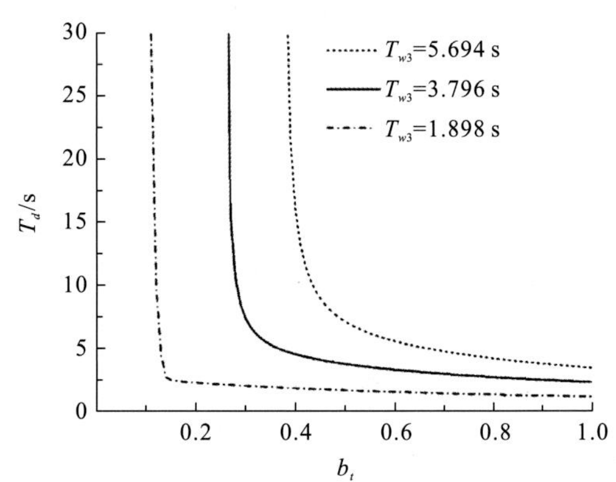

图 5-22　T_{w3}（$T_{w1}+T_{w3}=28.884\ \text{s}$ 不变前提下）对系统稳定域的影响

分析图 5-22 可知：压力管道水流惯性加速时间 T_{w3}（即压力管道长度）对系统稳定域的影响较大。令 $\varsigma=T_{w3}/(T_{w1}+T_{w3})$，$\varsigma$ 越小，b_t^{*} 越小，系统稳定域就越大。换句话说，T_{w3} 与系统稳定域的左侧渐近线 b_t^{*} 有着直接的关联。

4）两调压室之间的管道长度对系统稳定域的影响

在水电站引水隧洞总长度不变（即 $L_1 + L_2 =$ 常数）或 $T_{w1} + T_{w2} =$ 常数的前提下，改变两调压室之间管道的水流惯性，了解其对系统稳定域的影响。图 5-23 分别绘制了 $T_{w2} = 2.727$ s 与 $T_{w2} = 5.727$ s 时的系统稳定域，其中主调压室时间常数均为 $T_{F2} = 38.094$s。

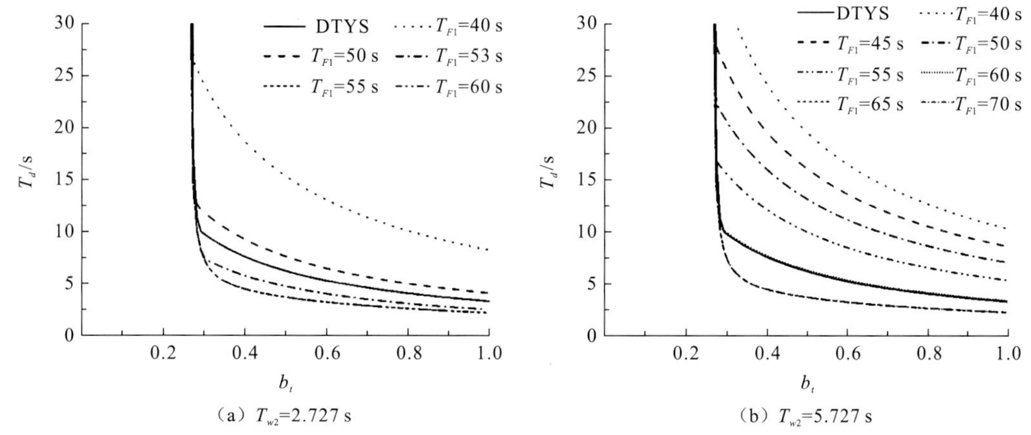

（a）T_{w2}=2.727 s　　（b）T_{w2}=5.727 s

图 5-23　T_{w2}（T_{w1}+ T_{w2}= 28.814 s 不变前提下）对系统稳定域的影响

令 $\xi = T_{w2} / (T_{w1} + T_{w2})$，分析图 5-23 可知：$\xi$ 越小，上游双调压室系统达到单调压室系统相同的稳定域时，T_{F1}、T_{F2} 之和越小，即两调压室之间管道的水流惯性越小，系统越稳定。对比图 5-23（a）和（b）发现，当 $T_{w2} = 2.727$ s 时，达到相同稳定域时 T_{F1} 为 50～53 s；当 $T_{w2} = 5.727$ s 时，达到相同稳定域时 $T_{F1} \approx 60$ s。

5.3　并网条件下调压室系统运行稳定性与时域响应

水电站教科书[12]指出，在托马理想调节的假设下，若水电站的容量小于电力系统容量的 1/3，则调压室断面积可以等于零，即调压室水位波动稳定可以由系统其他水电站来保证。文献[13]也指出，水电站参加电力系统运行，有利于调压室水位波动的衰减。但上述结论或推测缺乏充分的论证。为此，本节以单个调压室输水发电系统为例，探讨并网条件下调压室系统运行稳定性与时域响应。

5.3.1　并网条件下调压室系统的时域响应

1. 并入电网的发电机模型及等效电网传递函数

1）并入电网的一阶发电机数学模型

在并网条件下，忽略电网频率偏差 Δx_s 和母线电压偏差 ΔV_t，在发电机一阶模型基础上，结合转速 x 与功角 δ 之间的关系[14-17]，得到并入电网的一阶发电机数学模型：

$$T_a \frac{\mathrm{d}x}{\mathrm{d}t} = m_t - (e_g x + K_a \int x \mathrm{d}t + D_a x + m_{g0}) \quad (5\text{-}25)$$

式中：D_a 为等效阻尼系数；K_a 为等效同步系数[13]。

2）等效电网传递函数

根据文献[18-21]，可将电网表示为一个等效的发电机组，如图 5-24 所示。

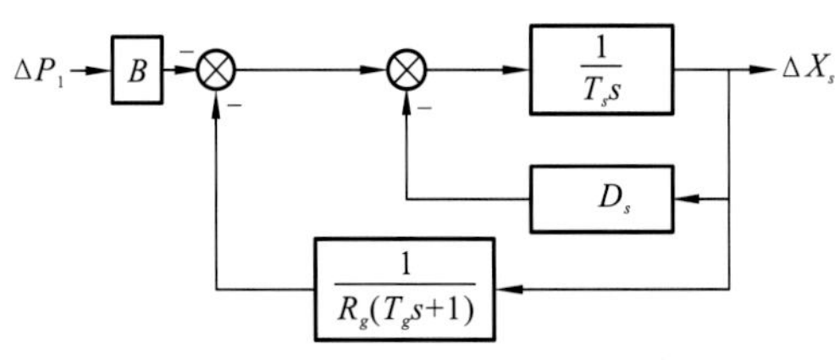

图 5-24　电网模型框图

机组频率扰动 ΔX_s 与负载扰动 ΔP_1 的传递函数为 $\frac{\Delta X_s}{\Delta P_1} = -\frac{R_g(T_g s+1)}{R_g(T_g s+1)(T_s s+D_s)+1}$，可得 $\Delta X_s = -\frac{R_g(T_g s+1)\Delta P_1}{R_g(T_g s+1)(T_s s+D_s)+1}$，设 $\Delta P_1 = \frac{m_{g0}}{s}$，代入 ΔX_s 的表达式，并对 ΔX_s 的表达式做反拉普拉斯变换，得

$$\begin{aligned}\Delta X_s(t) &= \frac{m_{g0} R_g}{R_g D_s + 1}\left(\frac{\nu_1 - \nu_2}{\sqrt{\nu_3}} \mathrm{e}^{-\nu_2 t} \sin\sqrt{\nu_3} t + \mathrm{e}^{-\nu_2 t} \cos\sqrt{\nu_3} t - 1\right) \\ &= \frac{m_{g0} R_g}{R_g D_s + 1}\left[\sqrt{1 + \frac{(\nu_1 - \nu_2)^2}{\nu_3}} \mathrm{e}^{-\nu_2 t} \sin(\sqrt{\nu_3} t + \varphi_0) - 1\right]\end{aligned} \quad (5\text{-}26)$$

其中，$\varphi_0 = \arctan\frac{\sqrt{\nu_3}}{\nu_1 - \nu_2}$，$\nu_1 = \frac{R_g T_s - T_g}{R_g T_g T_s}$，$\nu_2 = \frac{T_g D_s + T_s}{2 T_g T_s}$，$\nu_3 = \frac{R_g D_s + 1}{R_g T_g T_s} - \left(\frac{T_g D_s + T_s}{2 T_g T_s}\right)^2$。

图 5-24 中各项的物理意义见表 5-4。

表 5-4　电网模型框图中各项的物理意义对照表

符号	物理意义	符号	物理意义
ΔP_1	电网遭受的负载扰动	T_g	电网等效接力器惯性时间常数
T_s	电网等效机组惯性时间常数	R_g	电网等效永态转差系数
D_s	电网等效负荷自调节系数	B	本机额定功率基值与系统额定功率基值的比值

注：T_s 与电网规模有关[22-23]；D_s 描述了电网负荷与频率之间的阻尼特性，与电网规模表现出一定的正相关性[24]；R_g 由电网内所含机组的永态转差系数 e_{pi} 共同决定[20]，满足关系 $R_g = \frac{1}{\sum_i e_{pi}}$；$\frac{1}{R_g(T_g s+1)}$ 表示一个电网等效调节系统[20]，是一个用来描述电网内所有机组调节系统动态特性的重要综合性参数。

改写式（5-26），得到等效电网传递函数 $G_4(s)$ 的表达式：

$$G_4(s)=\frac{\begin{array}{c}R_gT_sT_gD_as^3+(R_gT_sD_a+R_gD_sT_gD_a+R_gT_sT_gK_a)s^2\\+(D_aD_sR_g+D_a+K_aR_gT_s+K_aR_gD_sT_g)s+K_a(D_sR_g+1)\end{array}}{\begin{array}{c}R_gT_sT_gs^3+R_g(T_s+D_sT_g+BD_aT_g)s^2\\+(BR_gD_a+BR_gK_aT_g+D_sR_g+1)s+BR_gK_a\end{array}}=\frac{\sum_{i=0}^{3}m_{Di}s^i}{\sum_{i=0}^{3}n_{Di}s^i} \tag{5-27}$$

其中，

$$m_{D0}=K_a(D_sR_g+1), \qquad m_{D1}=D_aD_sR_g+D_a+K_aR_gT_s+K_aR_gD_sT_g$$

$$m_{D2}=D_aT_sR_g+D_aD_sR_gT_g+K_aR_gT_sT_g$$

$$m_{D3}=R_gT_sT_gD_a, \qquad n_{D0}=BK_aR_g, \qquad n_{D1}=BD_aR_g+BK_aR_gT_g+D_sR_g+1$$

$$n_{D2}=R_g(T_s+D_sT_g+BD_aT_g), \qquad n_{D3}=R_gT_sT_g$$

由此可见，等效电网为三阶数学模型。

2. 并入电网的单个调压室系统的综合传递函数及降阶处理

1）并入电网的单个调压室系统的综合传递函数

在孤网 M2 模型（图 5-25）的基础上，增加等效电网模型（图 5-26），可以得到以负载扰动 $M_{g0}(s)$ 为输入变量，以机组转速扰动 $X(s)$ 为输出变量的并入电网的单个调压室系统的综合传递函数式（5-28）。

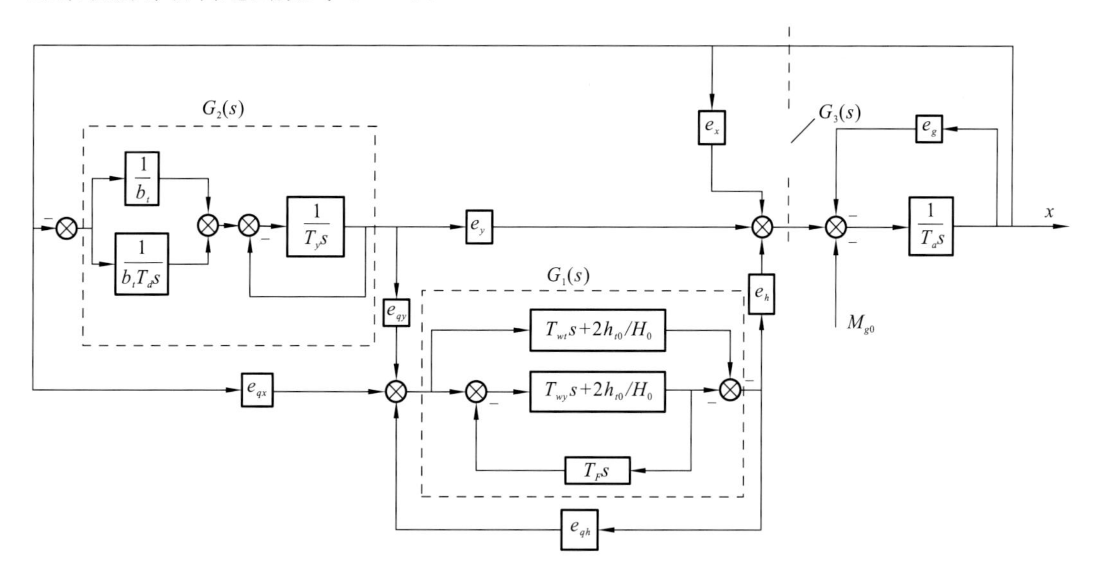

图 5-25　孤网条件下单个调压室系统水轮机调节方框图

$G_1(s)$、$G_2(s)$、$G_3(s)$分别表示相应虚线框的传递函数

$$\frac{X(s)}{M_{g0}(s)}=\frac{1}{G_3(s)-G_4(s)-e_g-T_as}=-\sum_{i=1}^{8}p_{2i}s^i\Big/\sum_{i=0}^{9}q_{2i}s^i \tag{5-28}$$

其中，分子系数和分母系数分别如式（5-29）和式（5-30）所示。

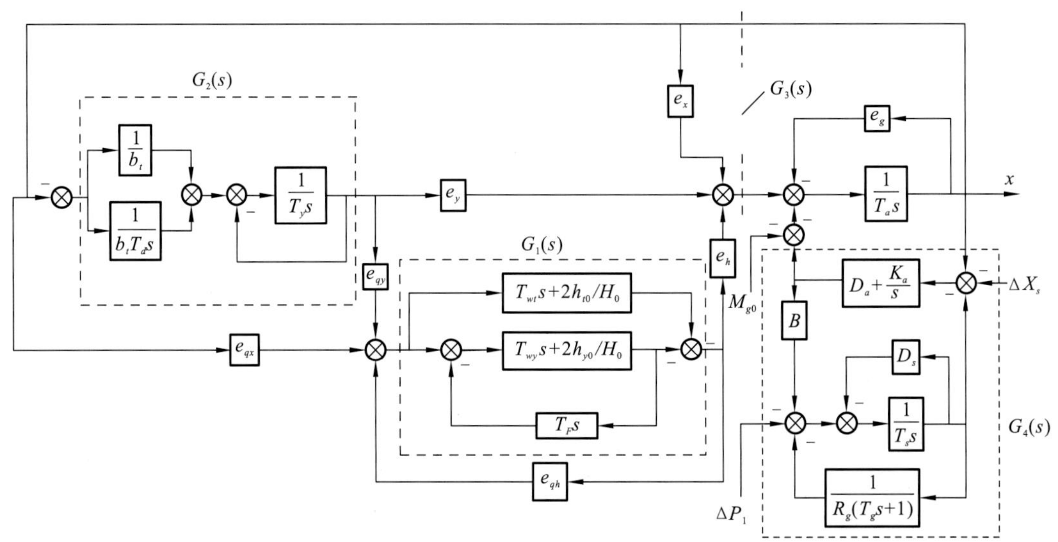

图 5-26　并网条件下单个调压室系统水轮机调节方框图

$$
\begin{cases}
p_{28} = n_{D3} f_5 a_3 d_2 \\
p_{27} = [n_{D2} f_5 a_3 + n_{D3}(b_2 + f_5 a_2)]d_2 + n_{D3} f_5 a_3 d_1 \\
p_{26} = \left[n_{D1} f_5 a_3 + n_{D2}(b_2 + f_5 a_2) + n_{D3}(b_1 + f_5 a_1)\right]d_2 + \left[n_{D2} f_5 a_3 + n_{D3}(b_2 + f_5 a_2)\right]d_1 \\
p_{25} = \left[n_{D0} f_5 a_3 + n_{D1}(b_2 + f_5 a_2) + n_{D2}(b_1 + f_5 a_1) + n_{D3}(b_0 + f_5 a_0)\right]d_2 \\
\qquad + \left[n_{D1} f_5 a_3 + n_{D2}(b_2 + f_5 a_2) + n_{D3}(b_1 + f_5 a_1)\right]d_1 \\
p_{24} = \left[n_{D0}(b_2 + f_5 a_2) + n_{D1}(b_1 + f_5 a_1) + n_{D2}(b_0 + f_5 a_0)\right]d_2 \\
\qquad + \left[n_{D0} f_5 a_3 + n_{D1}(b_2 + f_5 a_2) + n_{D2}(b_1 + f_5 a_1) + n_{D3}(b_0 + f_5 a_0)\right]d_1 \\
p_{23} = \left[n_{D0}(b_1 + f_5 a_1) + n_{D1}(b_0 + f_5 a_0)\right]d_2 + [n_{D0}(b_2 + f_5 a_2) + n_{D1}(b_1 + f_5 a_1) \\
\qquad + n_{D2}(b_0 + f_5 a_0)]d_1 \\
p_{22} = n_{D0}(b_0 + f_5 a_0)d_2 + \left[n_{D0}(b_1 + f_5 a_1) + n_{D1}(b_0 + f_5 a_0)\right]d_1 \\
p_{21} = n_{D0}(b_0 + f_5 a_0)d_1
\end{cases}
\tag{5-29}
$$

$$
\begin{aligned}
q_{29} &= T_a d_2 f_5 a_3 n_{D3} \\
q_{28} &= (T_a f_5 a_3 n_{D2} + T_a f_5 a_2 n_{D3} + m_{D3} f_5 a_3 + T_a b_2 n_{D3} - f_3 a_3 n_{D3} + e_g f_5 a_3 n_{D3})d_2 + T_a d_1 f_5 a_3 n_{D3} \\
q_{27} &= (-f_3 a_3 n_{D2} + m_{D3} f_5 a_2 + T_a b_1 n_{D3} + e_g f_5 a_2 n_{D3} + T_a f_5 a_2 n_{D2} + e_g f_5 a_3 n_{D2} + T_a f_5 a_3 n_{D1} \\
&\quad + T_a f_5 a_1 n_{D3} + e_g b_2 n_{D3} + T_a b_2 n_{D2} + m_{D3} b_2 - f_1 b_2 n_{D3} - f_3 a_2 n_{D3} + m_{D2} f_5 a_3)d_2 \\
&\quad + (T_a f_5 a_3 n_{D2} + T_a f_5 a_2 n_{D3} + m_{D3} f_5 a_3 + T_a b_2 n_{D3} - f_3 a_3 n_{D3} + e_g f_5 a_3 n_{D3})d_1 - f_4 a_3 c_1 n_{D3} \\
q_{26} &= (-f_1 b_1 n_{D3} + m_{D2} b_2 + T_a b_0 n_{D3} + T_a b_1 n_{D2} - f_3 a_2 n_{D2} + T_a f_5 a_1 n_{D2} + e_g f_5 a_2 n_{D2} + m_{D2} f_5 a_2 \\
&\quad + m_{D3} b_1 + e_g f_5 a_3 n_{D1} + e_g b_1 n_{D3} - f_3 a_1 n_{D3} + m_{D3} f_5 a_1 + e_g b_2 n_{D2} - f_3 a_3 n_{D1} - f_1 b_2 n_{D2} \\
&\quad + m_{D1} f_5 a_3 + T_a b_2 n_{D1} + T_a f_5 a_3 n_{D0} + T_a f_5 a_0 n_{D3} + e_g f_5 a_1 n_{D3} + T_a f_5 a_2 n_{D1})d_2 \\
&\quad - (f_3 a_3 n_{D2} - m_{D3} f_5 a_2 - T_a b_1 n_{D3} - e_g f_5 a_2 n_{D3} - T_a f_5 a_2 n_{D2} - e_g f_5 a_3 n_{D2} - T_a f_5 a_3 n_{D1} \\
&\quad - T_a f_5 a_1 n_{D3} - e_g b_2 n_{D3} - T_a b_2 n_{D2} - m_{D3} b_2 + f_1 b_2 n_{D3} + f_3 a_2 n_{D3} - m_{D2} f_5 a_3)d_1 \\
&\quad - (f_4 a_2 n_{D3} + f_4 a_3 n_{D2} + f_2 b_2 n_{D3})c_1 - f_4 a_3 c_0 n_{D3}
\end{aligned}
\tag{5-30}
$$

$$
\begin{aligned}
q_{25} = &(-f_3a_2n_{D1} + m_{D1}f_5a_2 + m_{D2}f_5a_1 - f_1b_1n_{D2} + T_ab_0n_{D2} - f_3a_1n_{D2} + m_{D3}f_5a_0 - f_3a_3n_{D0} \\
&- f_3a_0n_{D3} + T_ab_2n_{D0} + e_gb_0n_{D3} + e_gb_1n_{D2} + e_gb_2n_{D1} + m_{D0}f_5a_3 - f_1b_0n_{D3} - f_1b_2n_{D1} \\
&+ T_ab_1n_{D1} + m_{D3}b_0 + T_af_5a_0n_{D2} + T_af_5a_2n_{D0} + T_af_5a_1n_{D1} + e_gf_5a_3n_{D0} + e_gf_5a_1n_{D2} \\
&+ e_gf_5a_0n_{D3} + m_{D2}b_1 + m_{D1}b_2 + e_gf_5a_2n_{D1})d_2 - (-m_{D3}f_5a_1 - e_gb_2n_{D2} + f_1b_2n_{D2} \\
&- m_{D3}b_1 - m_{D2}f_5a_2 - T_af_5a_2n_{D1} - T_ab_2n_{D1} + f_3a_2n_{D2} + f_3a_1n_{D3} - m_{D1}f_5a_3 - e_gb_1n_{D3} \\
&- T_ab_0n_{D3} - T_af_5a_0n_{D3} - T_af_5a_1n_{D2} + f_3a_3n_{D1} + f_1b_1n_{D3} - T_ab_1n_{D2} - e_gf_5a_1n_{D3} - m_{D2}b_2 \\
&- T_af_5a_3n_{D0} - e_gf_5a_3n_{D1} - e_gf_5a_2n_{D2})d_1 - (f_4a_3n_{D1} + f_2b_2n_{D2} + f_4a_2n_{D2} + f_4a_1n_{D3} \\
&+ f_2b_1n_{D3})c_1 - f_4a_3c_0n_{D2} - f_4a_2c_0n_{D3} - f_2b_2c_0n_{D3}
\end{aligned}
$$

$$
\begin{aligned}
q_{24} = &-(f_3a_1n_{D1} + f_1b_0n_{D2} - T_ab_0n_{D1} - m_{D0}f_5a_2 - T_af_5a_0n_{D1} - m_{D0}b_2 + f_3a_2n_{D0} - m_{D1}b_1 \\
&+ f_1b_2n_{D0} - m_{D2}b_0 - m_{D1}f_5a_1 - e_gf_5a_2n_{D0} - e_gf_5a_1n_{D1} - T_af_5a_1n_{D0} - e_gf_5a_0n_{D2} + f_1b_1n_{D1} \\
&- e_gb_1n_{D1} - m_{D2}f_5a_0 + f_3a_0n_{D2} - T_ab_1n_{D0} - e_gb_2n_{D0} - e_gb_0n_{D2})d_2 - (-e_gb_2n_{D1} + f_3a_0n_{D3} \\
&+ f_3a_3n_{D0} - m_{D1}f_5a_2 + f_1b_2n_{D1} + f_3a_1n_{D2} + f_1b_0n_{D3} - m_{D3}f_5a_0 - m_{D2}f_5a_1 + f_1b_1n_{D2} - T_ab_1n_{D1} \\
&- e_gb_1n_{D2} - m_{D0}f_5a_3 - T_ab_2n_{D0} + f_3a_2n_{D1} - e_gb_0n_{D3} - T_ab_0n_{D2} - m_{D3}b_0 - T_af_5a_2n_{D0} - m_{D2}b_1 \\
&- m_{D1}b_2 - e_gf_5a_3n_{D0} - T_af_5a_1n_{D1} - T_af_5a_0n_{D2} - e_gf_5a_0n_{D3} - e_gf_5a_2n_{D1} - e_gf_5a_1n_{D2})d_1 \\
&- (f_2b_2n_{D1} + f_4a_2n_{D1} + f_4a_0n_{D3} + f_4a_3n_{D0} + f_2b_0n_{D3} + f_4a_1n_{D2} + f_2b_1n_{D2})c_1 - f_4a_1c_0n_{D3} \\
&- f_4a_3c_0n_{D1} - f_4a_2c_0n_{D2} - f_2b_1c_0n_{D3} - f_2b_2c_0n_{D2}
\end{aligned}
$$

$$
\begin{aligned}
q_{23} = &-(f_1b_1n_{D0} - e_gf_5a_1n_{D0} - m_{D0}b_1 - e_gb_0n_{D1} - T_af_5a_0n_{D0} - m_{D1}b_0 + f_3a_1n_{D0} - e_gf_5a_0n_{D1} \\
&- e_gb_1n_{D0} - T_ab_0n_{D0} - m_{D0}f_5a_1 + f_1b_0n_{D1} + f_3a_0n_{D1} - m_{D1}f_5a_0)d_2 - (f_3a_1n_{D1} + f_1b_0n_{D2} \\
&- T_ab_0n_{D1} - m_{D0}f_5a_2 - T_af_5a_0n_{D1} - m_{D0}b_2 + f_3a_2n_{D0} - m_{D1}b_1 + f_1b_2n_{D0} - m_{D2}b_0 - m_{D1}f_5a_1 \\
&- e_gf_5a_2n_{D0} - e_gf_5a_1n_{D1} - T_af_5a_1n_{D0} - e_gf_5a_0n_{D2} + f_1b_1n_{D1} - e_gb_1n_{D1} - m_{D2}f_5a_0 + f_3a_0n_{D2} \\
&- T_ab_1n_{D0} - e_gb_2n_{D0} - e_gb_0n_{D2})d_1 - (f_2b_1n_{D1} + f_4a_0n_{D2} + f_4a_1n_{D1} + f_2b_0n_{D2} + f_2b_2n_{D0} \\
&+ f_4a_2n_{D0})c_1 - f_2b_0c_0n_{D3} - f_2b_2c_0n_{D1} - f_4a_3c_0n_{D0} - f_4a_0c_0n_{D3} - f_2b_1c_0n_{D2} - f_4a_1c_0n_{D2} \\
&- f_4a_2c_0n_{D1}
\end{aligned}
$$

$$
\begin{aligned}
q_{22} = &-(-e_gf_5a_0n_{D0} + f_3a_0n_{D0} - e_gb_0n_{D0} - m_{D0}f_5a_0 - m_{D0}b_0 + f_1b_0n_{D0})d_2 - (f_1b_1n_{D0} - e_gf_5a_1n_{D0} \\
&- m_{D0}b_1 - e_gb_0n_{D1} - T_af_5a_0n_{D0} - m_{D1}b_0 + f_3a_1n_{D0} - e_gf_5a_0n_{D1} - e_gb_1n_{D0} - T_db_0n_{D0} - m_{D0}f_5a_1 \\
&+ f_1b_0n_{D1} + f_3a_0n_{D1} - m_{D1}f_5a_0)d_1 - (f_2b_1n_{D0} + f_4a_0n_{D1} + f_4a_1n_{D0} + f_2b_0n_{D1})c_1 - f_4a_1c_0n_{D1} \\
&- f_4a_0c_0n_{D2} - f_2b_0c_0n_{D2} - f_2b_1c_0n_{D1} - f_4a_2c_0n_{D0} - f_2b_2c_0n_{D0}
\end{aligned}
$$

$$
\begin{aligned}
q_{21} = &-(-e_gf_5a_0n_{D0} + f_3a_0n_{D0} - e_gb_0n_{D0} - m_{D0}f_5a_0 - m_{D0}b_0 + f_1b_0n_{D0})d_1 - (f_2b_0n_{D0} + f_4a_0n_{D0})c_1 \\
&- f_4a_1c_0n_{D0} - f_2b_0c_0n_{D1} - f_2b_1c_0n_{D0} - f_4a_0c_0n_{D1}
\end{aligned}
$$

$$
q_{20} = -f_4a_0c_0n_{D0} - f_2b_0c_0n_{D0}
$$

其中，$a_0 = \dfrac{-2(h_{y0} + h_{t0})}{H_0}$， $a_1 = -(T_{wt} + T_{wy} + 4T_Fh_{t0}h_{y0} / H_0^2)$， $a_2 = -2(T_F / H_0)(T_{wt}h_{y0} + T_{wy}h_{t0})$，$a_3 = -T_{wt}T_FT_{wy}$， $b_0 = 1$， $b_1 = 2T_Fh_{y0} / H_0$， $b_2 = T_FT_{wy}$， $c_0 = 1$， $c_1 = T_d$， $d_1 = b_tT_d$，$d_2 = b_tT_dT_y$， $f_1 = e_x$， $f_2 = -e_y$， $f_3 = e_he_{qx} - e_xe_{qh}$， $f_4 = e_ye_{qh} - e_he_{qy}$， $f_5 = -e_{qh}$，下标“y”和“t”分别表示有压隧洞、有压管道。

2）降阶处理

并入电网的单个调压室系统的综合传递函数为 9 阶的常微分方程，同样可以将赫尔维茨判据[3]作为系统临界稳定域的判别条件，并且绘制以调速器参数为纵横坐标的临界稳定域。在此，基于式（5-28），对并入不同电网（表 5-5）的单个调压室系统分别求出所有的极点、零点，若主导极点、零点的实部、虚部均较小，可采用逐步去掉高次项的方法[25-28]依次删除 $q_{2i}s^i\,(i=9, 8, 7, 6, 5, 4, 3, 2)$、$p_{2i}s^i\,(i=8, 7, 6, 5, 4, 3)$，保留调压室水位波动引起的低频尾波。

表 5-5　电网 1、电网 2、电网 3 参数对照表

电网名称	B	T_s/s	D_s	R_g	T_g/s
电网 1	1	8	0.1	1	8
电网 2	0.2	20	0.2	0.3	20
电网 3	0.01	60	2	0.1	90

降阶处理过程比较烦琐，有关系数的表达式比较冗长，请参见文献[29]，在此仅给出降阶处理结果。

（1）并入电网 1 和电网 2 的低阶等效系统综合传递函数：

$$G(s)=\frac{X(s)}{M_{g0}(s)}=-s\sum_{i=1}^{4}p_{2i}s^{i-1}\Bigg/\sum_{i=0}^{4}q_{2i}s^{i} \tag{5-31}$$

（2）并入电网 3 的低阶等效系统综合传递函数：

$$G(s)=\frac{X(s)}{M_{g0}(s)}=-s\sum_{i=1}^{5}p_{2i}s^{i-1}\Bigg/\sum_{i=0}^{4}q_{2i}s^{i} \tag{5-32}$$

由于式（5-31）和式（5-32）的分母项均为一元四次方程，可以得到解析解，并采用反拉普拉斯变换得到在负荷阶跃扰动下的并入电网 1 和电网 2 的机组转速时域波动方程的近似解析解，其表达式为

$$x(t)=K_1\mathrm{e}^{-\delta_1 t}\sin(\omega_1 t+\varphi_1) \tag{5-33}$$

式中：$\delta_1=-\mathrm{Re}\left(\dfrac{-C_3\pm\sqrt{C_3^2-4C_4}}{2}\right)=\dfrac{C_3}{2}$、$\omega_1=\left|\mathrm{Im}\left(\dfrac{-C_3\pm\sqrt{C_3^2-4C_4}}{2}\right)\right|=\dfrac{\sqrt{4C_4-C_3^2}}{2}$分别为并入电网 1 和电网 2 的低阶等效系统综合传递函数的共轭复主导极点的实部的相反数和虚部的绝对值，它们的物理意义分别为振荡系统的阻尼比（衰减度）和波动的角频率，$\dfrac{2\pi}{\omega_1}$为该系统的转速波动的周期；$\varphi_1=\arctan\dfrac{C_7\omega_1}{C_7\delta_1+C_8}$为并入电网 1 和电网 2 的低阶等效系统的转速波动的初相位；$K_1=\sqrt{C_7^2+\left(\dfrac{C_7\delta_1+C_8}{\omega_1}\right)^2}$为该系统的转速波动的振幅；系数 C_i 涉及一元多次方程求解，表达式太复杂，请参见文献[29]。

在负荷阶跃扰动下，并入电网 3 的机组转速时域波动方程的近似解析解为

$$x(t)=x_1(t)+x_2(t) \tag{5-34}$$

其中，$x_1(t)=K_2\mathrm{e}^{-\delta_2 t}\sin(\omega_2 t+\varphi_2)$，$x_2(t)=K_2'\mathrm{e}^{-\delta_2' t}$，$\delta_2$、$\omega_2$ 分别为并入电网 3 的低阶等效水轮机调节系统综合传递函数的共轭复极点的实部的相反数和虚部的绝对值，即 $\delta_2=-\mathrm{Re}\left(\dfrac{-E_1\pm\sqrt{E_1^2-4E_2}}{2}\right)=\dfrac{E_1}{2}$，$\omega_2=\left|\mathrm{Im}\left(\dfrac{-E_1\pm\sqrt{E_1^2-4E_2}}{2}\right)\right|=\dfrac{\sqrt{4E_2-E_1^2}}{2}$，它们的物理意义分别为并入电网 3 的低阶等效系统 $x_1(t)$ 部分的阻尼比（衰减度）和波动的角频率，$\dfrac{2\pi}{\omega_2}$ 为该系统 $x_1(t)$ 部分的转速波动的周期，$\varphi_2=\arctan\dfrac{E_5\omega_2}{E_5\delta_2+E_6}$ 为该系统 $x_1(t)$ 部分的转速波动的初相位，$K_2=\sqrt{E_5^2+\left(\dfrac{E_5\delta_2+E_6}{\omega_2}\right)^2}$ 为该系统 $x_1(t)$ 部分的转速波动的振幅，$\delta_2'=\dfrac{E_3-\sqrt{{E_3}^2-4E_4}}{2}$、$K_2'=\dfrac{E_8-E_3E_7/2}{\sqrt{{E_3}^2-4E_4}}+\dfrac{E_7}{2}$ 的物理意义分别为并入电网 3 的低阶等效系统 $x_2(t)$ 部分的衰减度和波动的角频率，系数 E_i 涉及一元多次方程求解，表达式太复杂，请参见文献[29]。

3）时域响应的实例分析

仍以 5.1.1 小节算例为模拟对象，计算工况是：额定水头、额定出力正常运行时，机组突甩 10%的额定出力，其结果如图 5-27 所示。其中，数值计算结果为未经降阶处理的结果，解析计算结果是降阶后的近似计算结果。

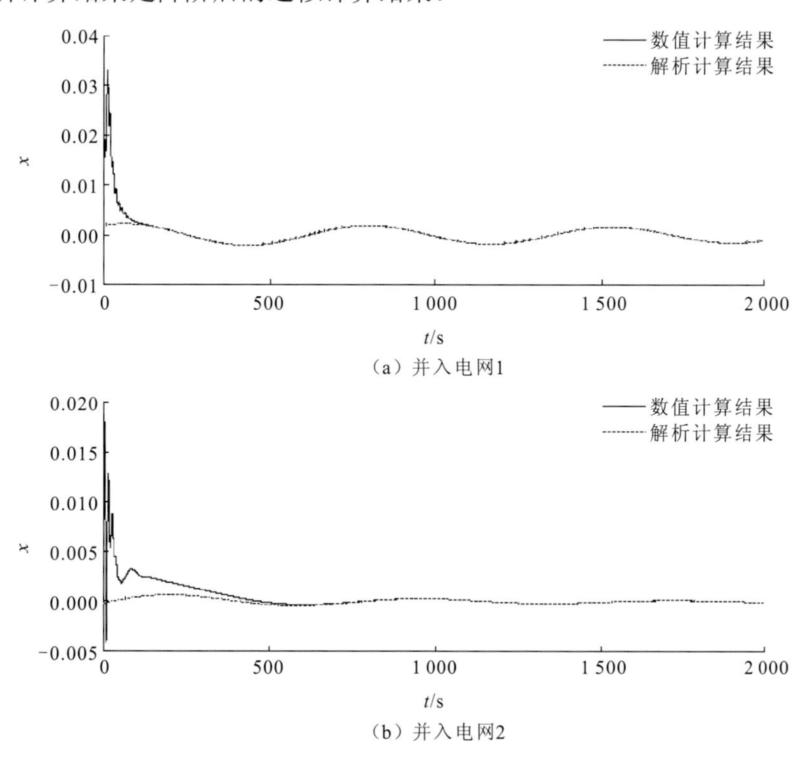

（a）并入电网1

（b）并入电网2

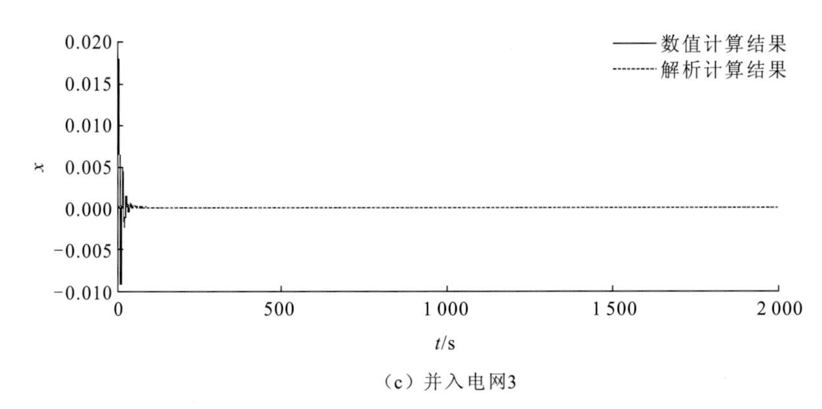

（c）并入电网3

图 5-27　并入不同电网的机组转速时域响应数值计算结果和解析计算结果的对比图

分析图 5-27 可知：

（1）电网规模越大，并入电网的机组转速时域响应的振幅越小，衰减越快。其中，并入电网 3 时，机组转速经 50 s 左右主波之后，几乎保持额定转速不变，即不随调压室水位的波动而波动。该结果表明，当机组并入无穷大电网时，从输水发电系统运行稳定性的角度来看，是可以取消调压室的。

（2）数值计算结果与解析计算结果的差别主要在于机组转速时域响应的主波，而尾波两者是一致的。这说明降阶处理方法确实能达到保留调压室水位波动引起的低频尾波的目的。

5.3.2　并网条件下调压室系统的稳定域

1. 并入电网的稳定域分析

为便于分析稳定域，基于降阶处理，以式（5-31）和式（5-32）表示并入电网的单个调压室系统的 4 阶传递函数，将赫尔维茨判据[3]作为系统临界稳定域的判别条件，并且绘制以调速器参数为纵横坐标的临界稳定域。

在此以水电站 J 为例进行分析，机组额定出力为 31.3 kW，额定水头为 89.0 m，额定流量为 39.0 m^3/s，额定转速为 166.7 r/min，$h_{t0}=5.53\ \text{m}$，$h_{y0}=7.57\ \text{m}$，$T_{wy}=23.84\ \text{s}$，$T_{wt}=2.33\ \text{s}$，$T_a=10.0\ \text{s}$，调压室水位波动周期 $T_{Fth}=150\ \text{s}$（临界值），取理想水轮机传递系数（e_h=1.5，e_x=−1，e_y=1，e_{qh}=0.5，e_{qx}=0，e_{qy}=1），调速器参数 $T_y=0.02\ \text{s}$，$e_g=1$。

当 $T_F=120\ \text{s}$ 和 $T_F=90\ \text{s}$ 时，该调压室系统所并入的电网分别为电网 a、电网 b、电网 c 和电网 d（表 5-6）。因为 D_s 与电网规模大小正相关，而 B 与电网规模大小负相关，所以电网 a、电网 b、电网 c 的规模大小为电网 a<电网 b<电网 c。计算结果如图 5-28 所示。

表 5-6　电网 a、电网 b、电网 c、电网 d 参数对照表

电网类型	B	T_s/s	D_s	R_g	T_g/s	FS/10^{-4}	电网类别
电网 a	1	8	0.1	1	8	−7.18	电网 I
电网 b	0.2	20	0.2	0.3	20	−6.55	
电网 c	0.1	40	0.4	0.2	40	−7.84	
电网 d	0.01	400	4	0.1	400	1.35	电网 II

注：FS 为并网运行水轮机调节系统电网类型判别综合系数，当 FS≤0 时，可归类为电网 I，当 FS>0 时，可归类为电网 II。

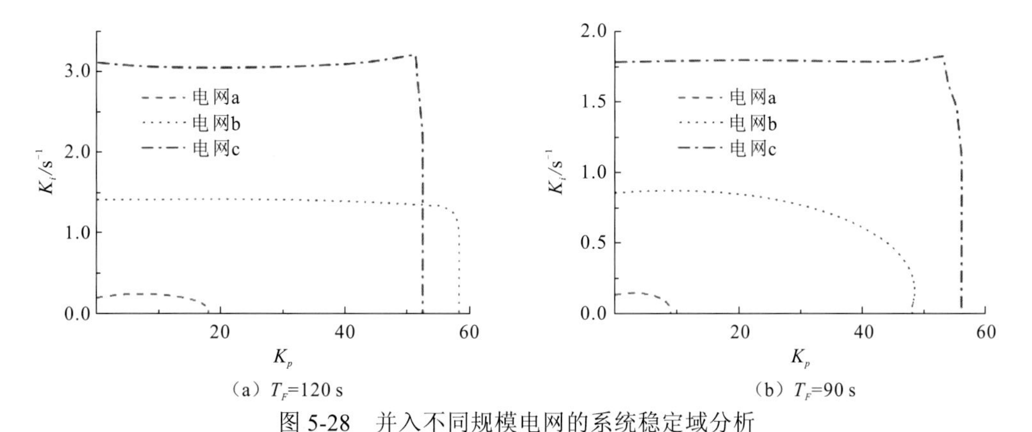

（a）T_F=120 s　　（b）T_F=90 s

图 5-28　并入不同规模电网的系统稳定域分析

分析结果可知：

（1）系统稳定域的大小与并入电网的规模正相关，电网规模越大，稳定域越大。

（2）并入电网 c 的稳定域并没有完全囊括并入电网 b 的稳定域，说明稳定域的大小并不完全受电网规模大小的影响，还应受所并入电网的调节能力的影响。该作用机理将在本小节第 2 部分中探讨。

（3）当调压室断面积小于其临界值时，T_F 越大，稳定域越大。这说明在同一电网下，拥有较大调压室断面积的输水发电系统更容易满足稳定条件。另外，并入规模较大的电网时，即使调压室断面积小于其临界值，也能获得较大的稳定域。

2. 电网参数对稳定域的影响

由本小节第 1 部分的分析可知，稳定域不仅受电网规模的影响，还受电网调节能力的影响。其中，电网规模大小由电网参数 B 、D_s 表征；而电网调节能力由电网参数 T_s 、R_g 、T_g 表征，总而言之，系统稳定域受电网参数 B 、T_s 、D_s 、R_g 、T_g 的综合影响。下面分别以并入电网 a 和电网 b 的水电站 J（$K_p=2$，$K_i=0.2\,\mathrm{s}^{-1}$，$T_F=120\,\mathrm{s}$）的调节系统为例，分析电网参数对其稳定域的影响。并入电网 a 和电网 b 的水电站 J 的调节系统的电网参数敏感性分析分别见图 5-29 和图 5-30。

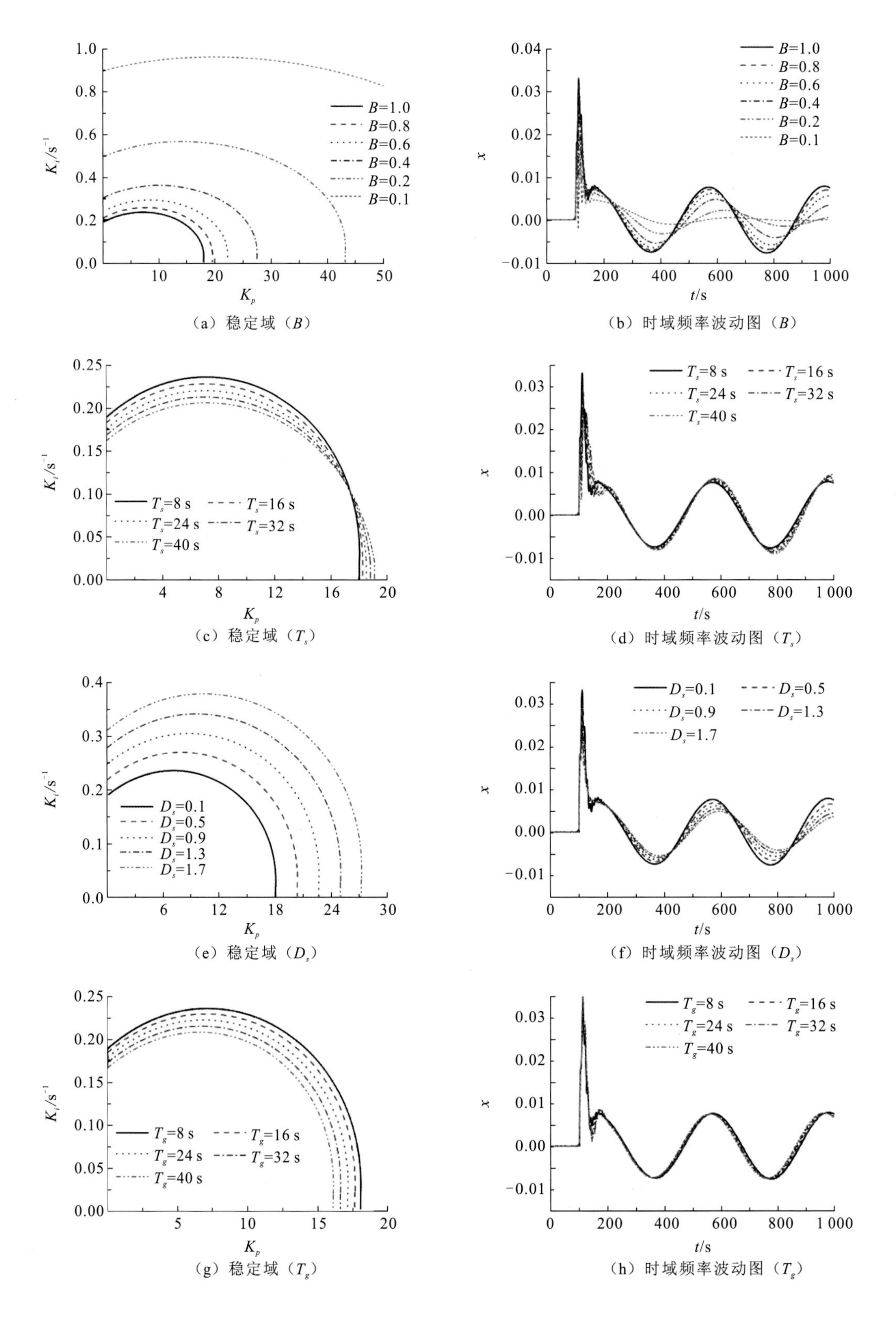

（a）稳定域（B）　（b）时域频率波动图（B）

（c）稳定域（T_s）　（d）时域频率波动图（T_s）

（e）稳定域（D_s）　（f）时域频率波动图（D_s）

（g）稳定域（T_g）　（h）时域频率波动图（T_g）

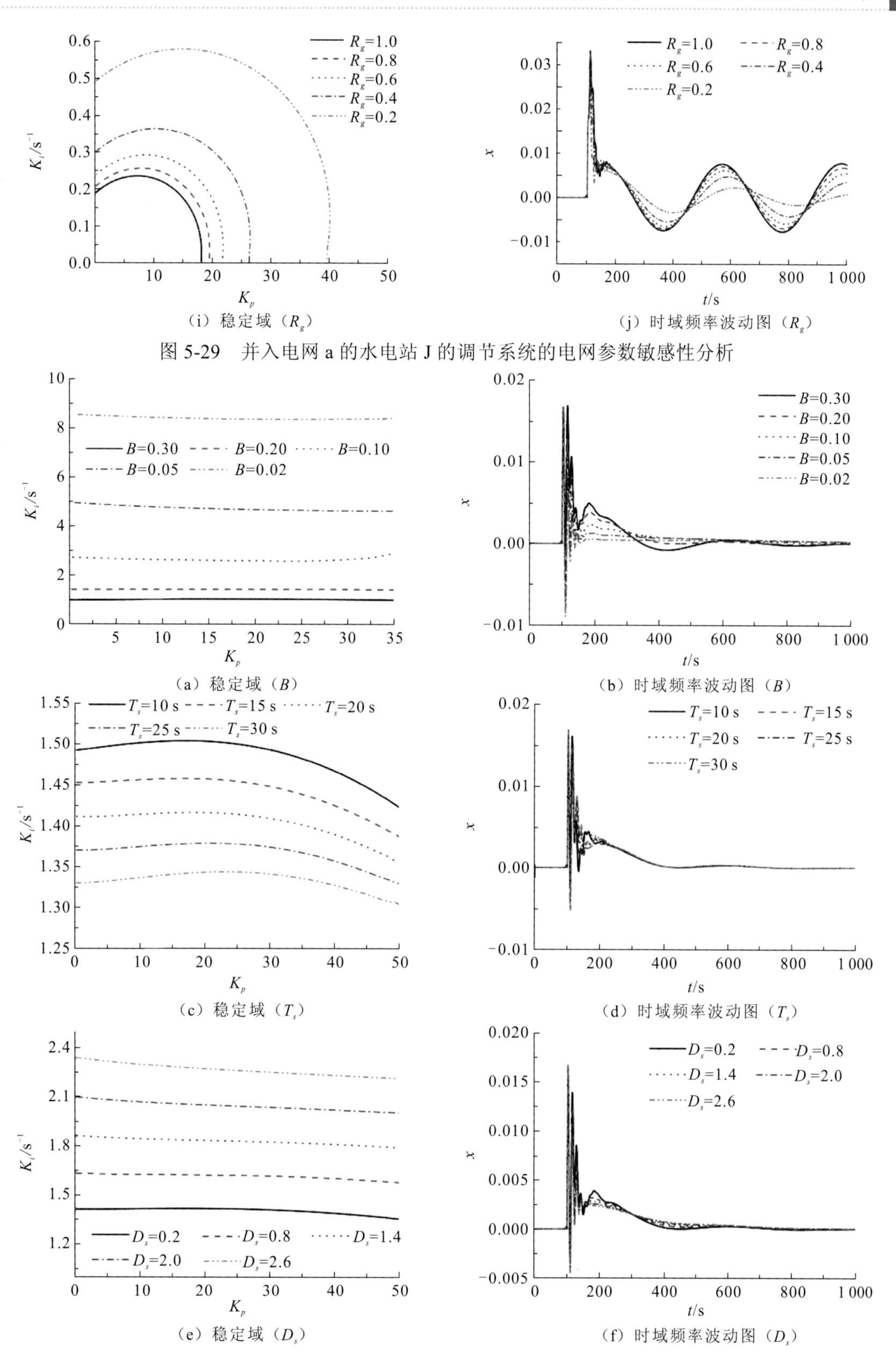

图 5-29　并入电网 a 的水电站 J 的调节系统的电网参数敏感性分析

(a) 稳定域（B）　(b) 时域频率波动图（B）

(c) 稳定域（T_s）　(d) 时域频率波动图（T_s）

(e) 稳定域（D_s）　(f) 时域频率波动图（D_s）

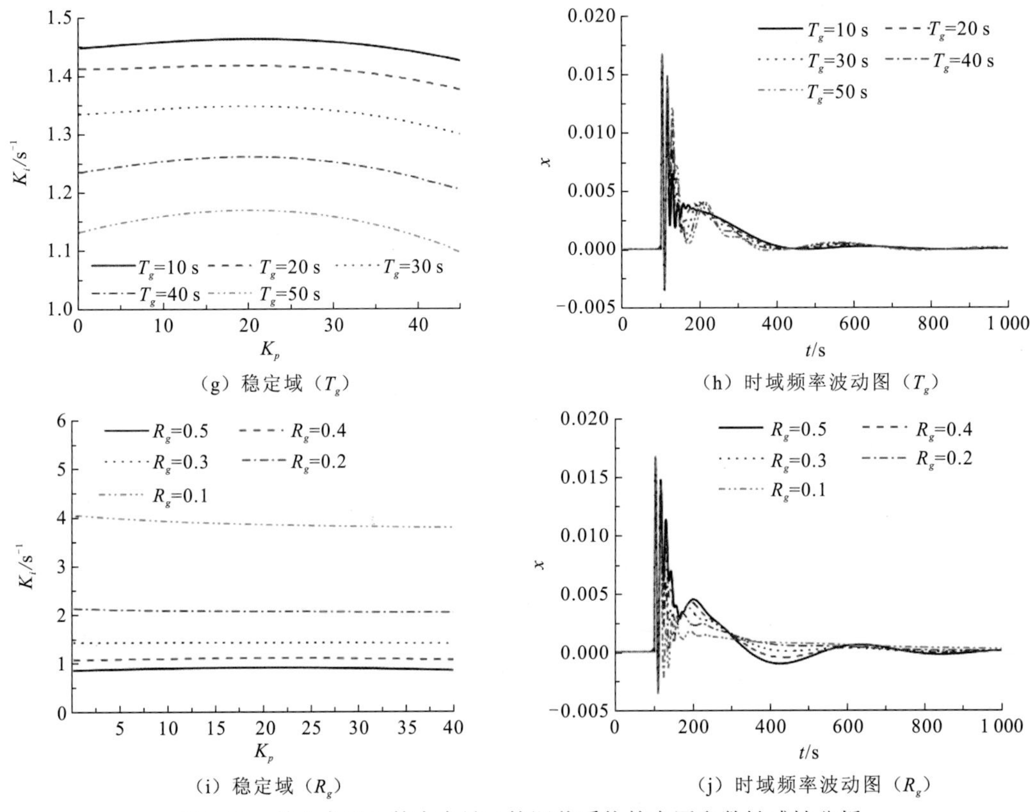

图 5-30 并入电网 b 的水电站 J 的调节系统的电网参数敏感性分析

分析结果可知：

无论系统并入电网 a 还是电网 b，在 5 个电网参数中，B、D_s、R_g 的影响都较 T_s、T_g 大：B 越大，稳定域越小，系统越不易稳定；D_s 越大，稳定域越大，系统越易稳定；R_g 越大，稳定域越小，系统越不易稳定。T_s、T_g 对稳定域的影响是相同的，均为增大不利，并且没有 B、D_s、R_g 的影响明显。

5.4 基于滑模变结构控制律的调节品质分析

根据长引水隧洞上游调压室输水发电系统的运行特点，采用滑模变结构控制方法，以求改变其运行稳定性和调节品质。针对被控系统，拟构造一个滑模面，设计一定的控制规律将系统从任意初始状态引导到预先设计的滑模平面上，通过高频切换的方式不断改变控制器结构，以维持被控系统沿着该滑模面的滑动[30-31]。

5.4.1 基本方程的建立

添加液压随动系统动态方程：

$$T_y \frac{\mathrm{d}y}{\mathrm{d}t} + y = u \tag{5-35}$$

式中：T_y 为接力器时间常数；u 为调速器输出。

以 $\boldsymbol{X} = [q_y, z, h, x, y]^{\mathrm{T}}$ 为状态变量，由 M2 数学模型得到单个调压室系统的状态方程，为

$$\dot{\boldsymbol{X}} = \boldsymbol{A}\boldsymbol{X} + \boldsymbol{B}u + \boldsymbol{D}m_{g0} \tag{5-36}$$

其中，

$$\boldsymbol{A} = \begin{bmatrix} -\dfrac{2h_{y0}}{T_{wy}H_0} & \dfrac{1}{T_{wy}} & 0 & 0 & 0 \\ -\dfrac{1}{T_F} & 0 & \dfrac{e_{qh}}{T_F} & \dfrac{e_{qx}}{T_F} & \dfrac{e_{qy}}{T_F} \\ 0 & -\dfrac{1}{e_{qh}T_{wt}} & -\dfrac{1}{e_{qh}T_{wt}} - \dfrac{e_{qx}e_h}{e_{qh}T_a} & -\dfrac{e_{qx}(e_x - e_g)}{e_{qh}T_a} & -\dfrac{e_{qx}e_y}{e_{qh}T_a} + \dfrac{e_{qy}}{e_{qh}T_y} \\ 0 & 0 & \dfrac{e_h}{T_a} & \dfrac{e_x - e_g}{T_a} & \dfrac{e_y}{T_a} \\ 0 & 0 & 0 & 0 & -\dfrac{1}{T_y} \end{bmatrix}$$

$$\boldsymbol{B} = \left[0,\quad 0,\quad -\frac{e_{qy}}{e_{qh}T_y},\quad 0,\quad \frac{1}{T_y}\right]^{\mathrm{T}},\qquad \boldsymbol{D} = \left[0,\quad 0,\quad \frac{e_{qx}}{e_{qh}T_a},\quad -\frac{1}{T_a},\quad 0\right]^{\mathrm{T}}$$

该系统的方框图见图 5-31。

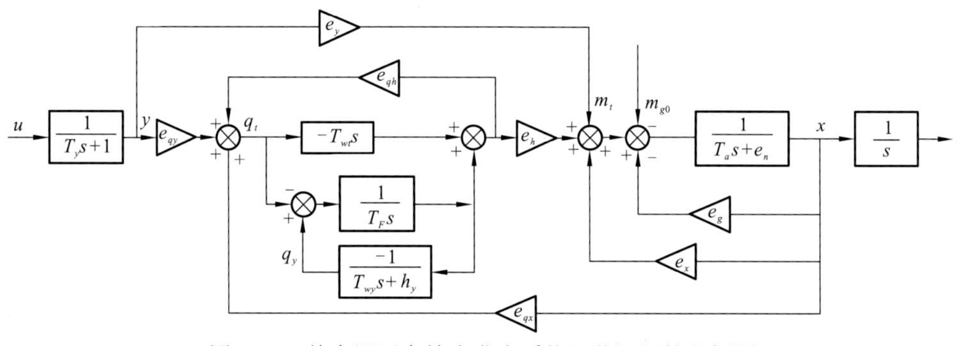

图 5-31　单个调压室输水发电系统调节运行的方框图

5.4.2　滑模变结构控制器的设计

滑模变结构控制的基本原理就是在状态空间构造一个切换超平面，当系统状态穿越这个超平面时，反馈控制的结构发生变化，控制闭环系统沿着此切换超平面滑动运行。

考虑一般情况下无扰动 n 阶的线性系统：

$$\dot{\boldsymbol{X}} = \boldsymbol{AX} + \boldsymbol{Bu} \tag{5-37}$$

其中，$\boldsymbol{X} \in \mathbf{R}^{n\times 1}$，$\boldsymbol{u} \in \mathbf{R}^{m\times 1}$，$\boldsymbol{A} \in \mathbf{R}^{n\times n}$，$\boldsymbol{B} \in \mathbf{R}^{n\times m}$。

1. 切换超平面的设计

针对式（5-37）所示的系统，可设计切换超平面 $S(x) = \boldsymbol{C}^{\mathrm{T}}\boldsymbol{X}$，$\boldsymbol{C}$ 决定着系统在滑动模态上的动态品质和稳定性，一般用极点配置法确定。

2. 变结构控制函数的确定

控制器在滑动模态下要做快速切换，时间和空间的惯性、滞后等非理想开关特性及切换频率的限制，使得状态轨迹在穿越切换超平面时不可避免地产生抖振。本节构造了输出频率积分状态变量，并采用指数趋近律来改善趋近阶段的动态品质，消除抖振现象。采用的指数趋近律为

$$\dot{s} = -\varepsilon\,\mathrm{sgn}(s) - k's \tag{5-38}$$

其中，$\varepsilon > 0$，$k' > 0$，$\mathrm{sgn}(s) = \begin{cases} 1, & s > 0 \\ -1, & s < 0 \end{cases}$。若 ε 很小，k' 相当大，则可以保证趋近律在远离切换面时大而在切换面附近时趋近于很小的速度 k'，从而兼有抖振小及过渡过程时间短的优点。

结合式（5-37），可得

$$\dot{s} = \boldsymbol{C}^{\mathrm{T}}\dot{\boldsymbol{X}} = \boldsymbol{C}^{\mathrm{T}}(\boldsymbol{AX} + \boldsymbol{Bu}) = -\varepsilon\,\mathrm{sgn}(s) - k's \tag{5-39}$$

则控制律函数为

$$\boldsymbol{u} = -\boldsymbol{B}^{-1}(\boldsymbol{C}^{\mathrm{T}})^{-1}[\varepsilon\,\mathrm{sgn}(s) + k's] - \boldsymbol{B}^{-1}\boldsymbol{AX} \tag{5-40}$$

为了保证滑动模态的存在，$s = 0$ 以外的任意点需能在有限的时间内达到切换面，控制函数 $\boldsymbol{u}$ 必须满足 $s\dot{s} \leqslant 0$，即 $s\dot{s} = s[-\varepsilon\,\mathrm{sgn}(s) - k's] \leqslant 0$。

5.4.3 仿真实例

仍以 5.1.1 小节中的算例为例进行对比计算分析，按照极点配置法，该工况下闭环系统的极点为 $[-1.0834, -0.0027, -0.03, -0.1139, -50]^{\mathrm{T}}$，对应的滑模面矩阵 $\boldsymbol{C}$ = $[83.4639, 48.6007, 0.3550, 1.6667, 0.4592, 6.9764]^{\mathrm{T}}$，指数趋近律的参数 $\varepsilon = 0.005$，k' = 95。将该变结构控制律与 PID 控制规律进行对比。

按照上述参数设置进行仿真试验，机组受到 10%的阶跃负荷扰动，其动态过渡过程如图 5-32 和图 5-33 所示。

从图 5-32 可以看出：采用滑模变结构控制律时，系统的速动性好，转速能够快速收敛，转速振荡幅度小；而对于常规的 PID 控制规律，系统速动性差，使得转速波动时间长，超调大，振荡次数多。

从图 5-33 调压室水位波动过程图可以看出，滑模变结构控制律下的调压室涌波振幅小，收敛较快，而 PID 控制规律下的调压室涌波振幅大，振荡次数多，衰减慢。调压室涌波的变化过程与机组转速变化是一致的，机组转速尾波波动主要受调压室水位波动的影响。

超长引水隧洞水电站水流惯性巨大，导致调压室水位波动周期长、振幅大、衰减慢，调节系统的运行稳定性与调节品质之间的矛盾十分突出。采用滑模变结构控制律，调压室涌浪及机组转速相对变化均能得到一定的控制。

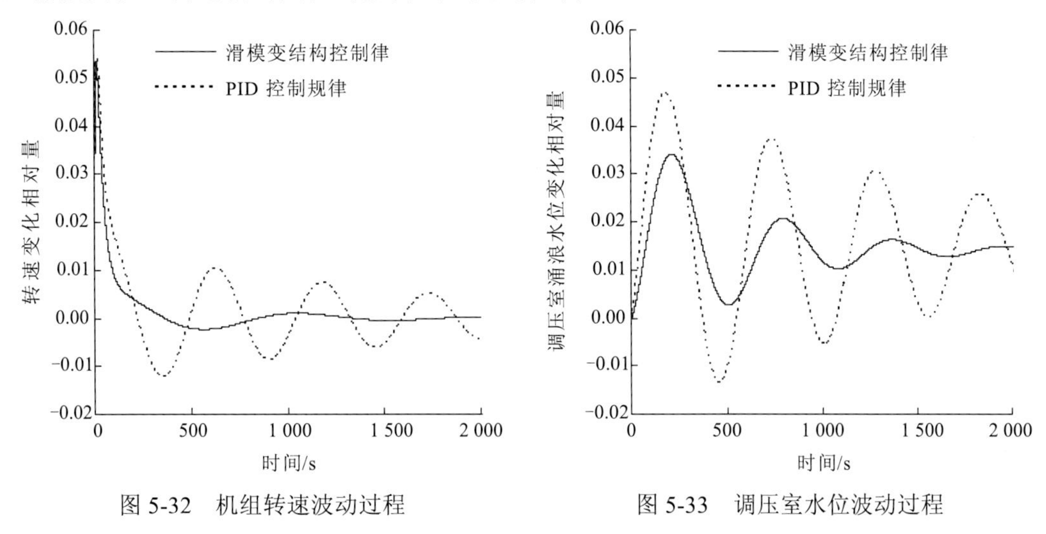

图 5-32 机组转速波动过程　　图 5-33 调压室水位波动过程

参考文献

[1] 杨建东. 水电站[M]. 北京: 中国水利水电出版社, 2017.

[2] 耶格尔. 水力不稳定流: 在水力发电工程中的应用[M]. 大连: 大连工学院出版社, 1987.

[3] 胡寿松. 自动控制原理[M]. 6 版. 北京: 科学出版社, 2013.

[4] 赖旭, 杨建东, 陈鉴治. 调压室断面积对调节系统稳定域的影响[J]. 武汉水利电力大学学报, 1997(4): 14-18.

[5] 杨建东, 赖旭, 陈鉴治. 水轮机特性对调压室稳定断面积的影响[J]. 水利学报, 1998, 29(2): 7-12.

[6] 鲍海艳, 付亮, 杨建东. 基于 hopf 分岔理论的带调压室水电站非线性稳定性分析[J]. 水利水电技术, 2011, 42(12): 29-33.

[7] 杨建东, 赖旭, 陈鉴治. 连接管速度头和动量项对调压室稳定面积的影响[J]. 水利学报, 1995(7): 59-66.

[8] 国家能源局. 水电站调压室设计规范: NB/T 30521—2014 [S]. 北京: 中国电力出版社, 2014.

[9] 赖旭, 杨建东. 调速器对上下游双调压井水电站稳定域的影响[J]. 武汉水利电力大学学报, 1997(5): 31-35.

[10] 杨建东, 陈鉴治, 赖旭. 上下游调压室系统水位波动稳定分析[J]. 水利学报, 1993(7): 55-56.

[11] 滕毅, 杨建东, 郭文成, 等. 带上游串联双调压室电站水力-调速系统稳定性的研究[J]. 水力发电学报, 2015, 34(5): 72-79.
[12] 大连工学院, 天津大学, 武汉水利电力学院. 水电站建筑物[M]. 北京: 清华大学出版社, 1982.
[13] 刘启钊, 胡明. 水电站[M]. 4 版. 北京: 中国水利水电出版社, 2010.
[14] FITZGERALD A E, KINGSLEY C, UMANS S. Electric machinery[M]. New York: McGraw-Hill, 2002.
[15] 高景德, 张麟征. 电机过渡过程的基本理论及分析方法[M]. 北京: 科学出版社, 1983.
[16] PANDA S, YEGIREDDY N K. Automatic generation control of multi-area power system using multi-objective non-dominated sorting genetic algorithm-II[J]. Electrical power and energy systems, 2013(53): 54-63.
[17] GUHA D, ROY P K, BANERJEE S. Load frequency control of interconnected power system using grey wolf optimization[J]. Swarm and evolutionary computation, 2016(27): 97-115.
[18] THORNE D H, HILL E F. Extensions of stability boundaries of a hydraulic turbine generating unit[J]. IEEE transactions on power apparatus and systems, 1975, 94(4): 1401-1409.
[19] PHI D T, BOURQUE E J, THORNE D H, et al. Analysis and application of the stability limits of a hydro-generating unit[J]. IEEE transactions on power apparatus and systems, 1981(7): 3203-3212.
[20] PENG Z Y, YANG J D, GUO W C. Time response of frequency of the hydro-turbine governing system under the coupled action of surge tank and power grid[C]//IOP Conference Series: Earth and Environmental Science. Grenoble: IOP Publishing, 2016.
[21] FANG H Q, SHEN Z Y. Optimal hydraulic turbo-generators PID governor tuning with an improved particle swarm optimization algorithm[J]. Proceedings of the CSEE, 2005, 25(22): 120-124.
[22] 马薇. 具有复杂引水管道的水轮机调节系统小波动稳定性分析[D]. 西安: 西安理工大学, 2003.
[23] 倪一丹, 周俊杰, 刘怡. 基于 MATLAB 一管四机水电站小波动稳定分析[J]. 水电能源科学, 2011(7): 121-123.
[24] INOUE T, TANIGUCHI H, IKEGUCHI Y, et al. Estimation of power system inertia constant and capacity of spinning-reserve support generators using measured frequency transients[J]. IEEE transactions on power systems, 1997, 12(1): 136-143.
[25] GUO W C, YANG J D, YANG W J, et al. Regulation quality for time response of frequency of turbine regulating system of isolated hydroelectric power plant with surge tank[J]. Electrical power and energy systems, 2015, 73: 528-538.
[26] 魏守平. 综合主导极点配置及其在水轮机调节系统中的应用[J]. 电力系统自动化, 1982(3): 40-54.
[27] 张建邦, 程邦勤, 王旭. 飞机扰动运动方程特征根的数值求解[J]. 空军工程大学学报(自然科学版), 2002, 3(8): 81-83.
[28] ROWEN W I. Simplified mathematical representation of heavy-duty gas turbine[J]. Journal of engineering for power, 1983, 105(4): 865-869.
[29] 彭志远. 考虑电网作用的水轮机调节系统稳定性与调节品质研究[D]. 武汉: 武汉大学, 2017.
[30] KUNDUR P. Power system stability and control[M]. New York: McGraw-Hill, 1994.
[31] 寇攀高, 周建中, 张孝远, 等. 基于滑模变结构控制的水轮机调节系统[J]. 电网技术, 2012, 36(8): 157-162.

第 6 章

设明满流尾水子系统的水电站调节保证分析与控制

明满流尾水子系统形式上分为变顶高尾水洞和设有尾水调压室的明满流尾水洞，如图 6-1 和图 6-2 所示。设置的主要目的是减小机组甩负荷时尾水管进口的真空度，或者减小地下式水电站洞室，将部分导流洞与尾水洞合二为一。与设有调压室系统的水电站的调节保证分析与控制相比，设明满流尾水子系统的水电站的突出特点：一是机组甩负荷时，明满流分界面的移动范围大，速度快，流态复杂，出现不连续的气囊，精细模拟较为困难；二是因为变顶高尾水洞顶坡的坡度较小，明满流尾水洞顶坡通常为平顶，所以机组甩负荷时，洞顶负压较大，有时需要采取通气措施；三是设有尾水调压室的明满流尾水洞，在机组甩负荷过程中，由于水深变化和调压室水位波动共同的作用，有可能引起水流中断。

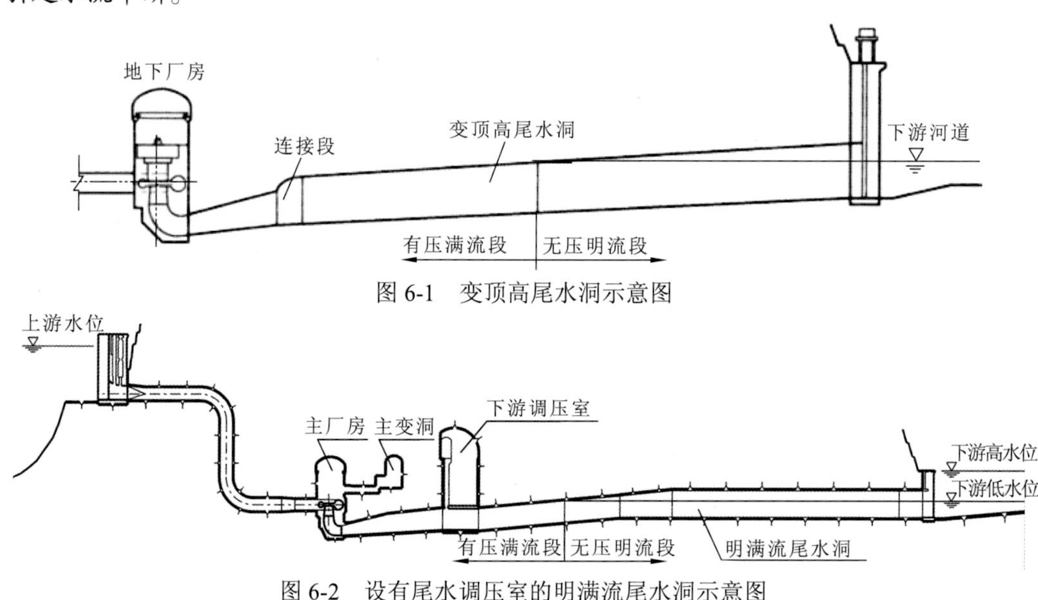

图 6-1　变顶高尾水洞示意图

图 6-2　设有尾水调压室的明满流尾水洞示意图

因此，本章的主要内容是：在简要介绍明满流尾水子系统的工作原理及解析分析的基础上，分别讲述明满流数学模型、尾水洞通气系统数学模型及机理分析、明满流尾水洞断流分析与控制。

6.1　明满流尾水子系统的工作原理

6.1.1　变顶高尾水洞工作原理及解析分析

如图 6-1 所示，变顶高尾水洞的运行特点是：下游水位与洞顶衔接，将尾水洞分成有压满流段和无压明流段。下游处于低水位时，水轮机的淹没水深比较小，但无压明流段长，有压满流段短，过渡过程中负水击压强小，所以尾水管进口断面的最小绝对压强不会超过其允许值。随着下游水位升高，无压明流段的长度逐渐减短，有压满流段的长度逐渐增长，负水击压强越来越大，直到尾水洞全部呈有压流。但水轮机的淹没水深逐渐加大，而且有压满流段的平均流速也逐渐减小。正负两方面的作用相互抵消，使得尾水管进口断面的最小绝对压强能控制在规范规定的范围之内，保证机组安全运行。

因此，变顶高尾水洞的工作原理是，利用下游水位的变化，即水轮机的淹没水深来确定尾水洞（包括尾水管）有压满流段的极限长度，始终满足过渡过程中对尾水管进口断面最小绝对压强（或最大真空度）的要求，从而起到替代尾水调压室的作用。

显然，过渡过程中无压明流段的水位波动对尾水管进口断面的绝对压强$\left(\frac{p_2}{\gamma}\right)$是有影响的，故该断面的绝对压强可用如下关系式表述：

$$\frac{p_2}{\gamma}=\frac{p_a}{\gamma}+H_2+\Delta H+\Delta Z+\Delta h_p+\Delta h_c \tag{6-1}$$

式中：$\frac{p_a}{\gamma}$为大气压强水头；ΔH为有压满流段的水击压强；ΔZ为无压明流段的水位波动对下游淹没水深H_2的叠加；Δh_p和Δh_c分别为有压满流段和无压明流段的水头损失。

根据规范要求，整个过渡过程中的$\frac{p_2}{\gamma}$极小值应大于或等于其限制值$\frac{p_{2\min}}{\gamma}$$\left(\frac{p_{2\min}}{\gamma}\right.$通常等于 2 m 水柱，防止由于压强低于汽化压强而产生液柱分离$\left.\right)$，即

$$\left\{\frac{p_a}{\gamma}+H_2+\Delta H+\Delta Z+\Delta h_p+\Delta h_c\right\}_{(t)}\Bigg|_{\min}\geqslant\frac{p_{2\min}}{\gamma} \tag{6-2}$$

过渡过程中，假定$\frac{p_a}{\gamma}$和H_2是不变的（对应某一下游水位）。$\Delta h_p+\Delta h_c$由于影响有限，可以忽略。但ΔH和ΔZ的极小值并不一定同时发生，并且明满流分界面也是运动的，即有压满流段的长度在变化，所以给出$\{\Delta H+\Delta Z\}_{(t)}\big|_{\min}$的解析表达式十分困难，精确计算只能通过数值解实现。

文献[1]忽略了无压明流段水位波动叠加的影响，并将明满流分界面固定，水击压强ΔH用刚性水击计算公式近似表达，即$\Delta H=\frac{L}{gA}\frac{\mathrm{d}Q(t)}{\mathrm{d}t}$，则

$$\left\{\frac{p_a}{\gamma}+H_2+\Delta H\right\}_{(t)}\Bigg|_{\min}=\left\{\frac{p_a}{\gamma}+H_2+\frac{L}{gA}\frac{\mathrm{d}Q(t)}{\mathrm{d}t}\right\}_{(t)}\Bigg|_{\min}\geqslant\frac{p_{2\min}}{\gamma}$$

式中：L为满流段长度；A为满流段平均断面积；g为重力加速度。

由水流惯性加速时间公式$T_w=\frac{Lv_0}{gH_0}=\frac{LQ_0}{gAH_0}$（$v_0$为满流段平均流速），得到变顶高尾水洞容许的水流惯性加速时间的解析表达式，即

$$T_w\leqslant T_{ws\lim}=-\frac{1}{H_0(\mathrm{d}q/\mathrm{d}t)}\left(\frac{p_a}{\gamma}+H_2-\frac{p_{2\min}}{\gamma}\right) \tag{6-3}$$

式中：q为水轮机流量$Q(t)$与设计流量Q_0之比，$q=Q(t)/Q_0$；H_0为水电站恒定流时的工作水头，通常为设计水头，其结果因未考虑明渠波动可能偏于不安全。

文献[2]根据明渠涌波的水动力学方程[3]，采用瞬时波流量 ΔQ 的近似计算公式求得了 ΔZ，即

$$\Delta Q=\left[V_0+\sqrt{gh_0\left(1+\frac{3}{2}\frac{\Delta Z}{h_0}\right)}\right]B_m\Delta Z \tag{6-4}$$

式中：h_0 为分界面的初始水深；B_m 为明流段底宽；V_0 为分界面的初始流速。在机组甩负荷条件下，$\Delta Q=-Q_0$，所以 $\Delta Z<0$。

将 ΔZ 叠加于 H_2，即 $H_2'=H_2+\Delta Z$，以 H_2' 代替 H_2 代入式（6-3），即可求得 $T_{ws\lim}$，然后再按式（6-5）求得相应条件下有压满流段（包括尾水管）的极限长度 $L_{p\lim}$。

$$T_{ws\lim}=\frac{Q_0}{gh_0}\int_0^{L_{p\lim}}\frac{\mathrm{d}l}{F(l)} \tag{6-5}$$

式中：$F(l)$ 为随 l 变化的管道断面积。

更精确的计算可以用弹性水击代替刚性水击，ΔH 和 $T_{ws\lim}$ 的表达式要复杂得多。应该指出的是，上述解析分析的前提是假定水击压强的极值和瞬时波高 ΔZ 同时发生，并且按相应的极值公式计算，其结果肯定是偏于安全的。

6.1.2 明满流尾水洞工作原理及解析分析

如图 6-2 所示，明满流尾水洞的运行特点是：下游水位与洞顶衔接，将尾水洞分成有压满流段和无压明流段，与变顶高尾水洞明满流特征完全一致。但尾水洞水位波动，不直接作用于尾水管进口断面压强的时程变化，而是与调压室水位叠加共同发挥作用。在机组甩负荷过程中，尾水调压室水位和明满流尾水洞水深共同应对尾水系统的水流惯性变化，与同断面积尾水调压室相比，其自由水面的增大，必然导致调压室水位变幅的减小。若尾水管进口断面最小绝对压强取决于尾水调压室最低水位，则采用设有调压室的明满流尾水洞，有利于对调节保证的控制。

因此，明满流尾水洞的工作原理是，明满流尾水洞自由水面与尾水调压室自由水面一起应对尾水系统的水流惯性变化，减小调压室水位变幅，从而控制或改善过渡过程中尾水管进口断面的最小绝对压强，达到调节保证控制的目的。

显然，与变顶高尾水洞相比，过渡过程中还增加了调压室水位波动 ΔZ_T 对尾水管进口断面绝对压强 $\left(\frac{p_2}{\gamma}\right)$ 的作用，故该断面的绝对压强可用如下关系式表述：

$$\frac{p_2}{\gamma}=\frac{p_a}{\gamma}+H_2+\Delta H+\Delta Z_T+\Delta Z_D+\Delta h_p+\Delta h_c \tag{6-6}$$

式中：ΔZ_D 为无压明流段水位波动对下游淹没水深 H_2 的叠加。

利用调压室连续性方程和式（6-4），可得

$$\Delta Q=\left[V_0+\sqrt{gh_0\left(1+\frac{3}{2}\frac{\Delta Z_D}{h_0}\right)}\right]B_m\Delta Z_D+F\frac{\Delta Z_T}{\Delta t} \tag{6-7}$$

式中：F 为调压室断面积，m^2。

6.2　明满流数学模型

从上述明满流尾水子系统的工作原理可知：在机组甩负荷或机组引用流量变化比较迅速的情况下，明满流分界面将沿尾水洞轴线在大范围内来回波动，历经退水、平槽、壅水、再退水等过程。沿洞线的压强、水深、流速等宏观物理量的分布随时间的变化过程较为复杂，出现水击波与重力波的叠加，或者质量波与重力波的叠加，并且在壅水过程中往往在洞顶形成气囊，使其变化过程更加复杂。

即使忽略气囊形成、生长、溢出等细节，明满流非恒定状态下的基本特征如下。

（1）明满流分界面沿洞线在大范围内来回波动，如何跟踪分界面的移动是建立数学模型的难题之一。

（2）明满流分界面两侧分别为有压流和无压流，其波速分别为水击波速和重力波速，两者在数量上相差甚远，前者为 1 000 m/s 左右，后者为 10 m/s 左右，如何模拟分界面两侧波速的过渡是建立数学模型的难题之二。

（3）明满流分界面两侧的能量差时大时小，不断变化，如壅水过程中能量差可能较大，甚至出现超前于分界面的断波波前，退水或平槽过程中能量差可能较小，如何实现分界面或断波波前两侧能量的平衡是建立数学模型的难题之三。

6.2.1　明满流三区数学模型

1. 三区数学模型的基本假定

Cunge 和 Wegner[4]在解决 Wettigen 水电站明满流问题时，假设管道顶部有一条非常窄的缝隙（图 6-3），该缝隙既不增加过水断面，也不增加水力半径，一旦管道充满水，满流可视为水面宽度很小的明流。于是，一维有压非恒定流方程式（6-8）/式（6-9）和明渠非恒定流方程式（6-10）/式（6-11）的数学形式完全一致，但缝隙宽度 B 必须满足式（6-12）。该虚设狭缝数学模型曾被 Chaudhry[5]成功地用来分析加拿大 G. H. Shrum 水电站的尾水系统明满流。

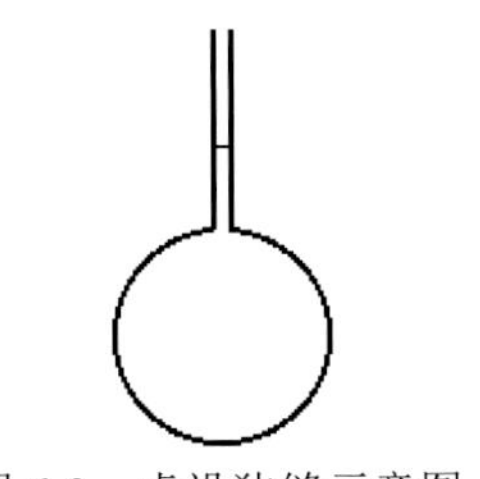

图 6-3　虚设狭缝示意图

一维有压非恒定流的方程为

$$\frac{\partial H}{\partial t}+\frac{Q}{A}\frac{\partial H}{\partial x}+\frac{a^2Q}{gA^2}\left(\frac{\partial A}{\partial x}\right)+\frac{a^2}{g}\frac{\partial}{\partial x}\left(\frac{Q}{A}\right)=0 \tag{6-8}$$

$$g\frac{\partial H}{\partial x}+\frac{\partial}{\partial t}\left(\frac{Q}{A}\right)+\frac{Q}{A}\frac{\partial}{\partial x}\left(\frac{Q}{A}\right)+g\frac{Q|Q|}{A^2C^2R}-gS_x=0 \tag{6-9}$$

式中：H 为从管轴线起算的测压管水头；Q 为流量；a 为水击波速；A 为管道面积；R 为水力半径；C 为谢才系数；S_x 为底坡。

明渠非恒定流的方程为

$$\frac{\partial H}{\partial t}+\frac{Q}{A}\frac{\partial H}{\partial x}+\frac{c^2Q}{gA^2}\left(\frac{\partial A}{\partial x}\right)+\frac{c^2}{g}\frac{\partial}{\partial x}\left(\frac{Q}{A}\right)=0 \tag{6-10}$$

$$g\frac{\partial H}{\partial x}+\frac{\partial}{\partial t}\left(\frac{Q}{A}\right)+\frac{Q}{A}\frac{\partial}{\partial x}\left(\frac{Q}{A}\right)+g\frac{Q|Q|}{A^2C^2R}-gS_x=0 \tag{6-11}$$

式中：H 为水深；Q 为流量；c 为明渠波速；A 为过水断面面积；R 为水力半径；C 为谢才系数；S_x 为底坡。

$$c=\sqrt{g\frac{A}{B}}=a \tag{6-12}$$

采用 Preissmann 四点中心差分格式将明渠非恒定流的连续方程式（6-10）和动量方程式（6-11）离散，差分格式如下[6]（图 6-4）：

$$\begin{cases}f(x,t)=\dfrac{\theta}{2}(f_{i+1}^{n+1}+f_i^{n+1})+\dfrac{1-\theta}{2}(f_{i+1}^{n}+f_i^{n})=\dfrac{\theta}{2}(\Delta f_{i+1}+\Delta f_i)+\dfrac{1}{2}(f_{i+1}^{n}+f_i^{n})\\ \dfrac{\partial f}{\partial x}=\theta\dfrac{f_{i+1}^{n+1}-f_i^{n+1}}{\Delta x}+(1-\theta)\dfrac{f_{i+1}^{n}-f_i^{n}}{\Delta x}=\theta\dfrac{\Delta f_{i+1}-\Delta f_i}{\Delta x}+\dfrac{f_{i+1}^{n}-f_i^{n}}{\Delta x}\\ \dfrac{\partial f}{\partial t}=\dfrac{f_{i+1}^{n+1}-f_{i+1}^{n}+f_i^{n+1}-f_i^{n}}{2\Delta t}=\dfrac{\Delta f_{i+1}+\Delta f_i}{2\Delta t}\end{cases} \tag{6-13}$$

式中：θ 为隐式加权系数。

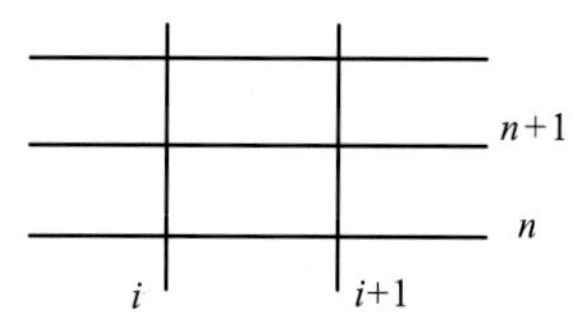

图 6-4　Preissmann 四点中心差分格式示意图

离散结果如下：

$$A_1\cdot\Delta H_i+B_1\cdot\Delta H_{i+1}+C_1\cdot\Delta Q_i+D_1\cdot\Delta Q_{i+1}+E_1=0 \tag{6-14}$$

$$A_2\cdot\Delta H_i+B_2\cdot\Delta H_{i+1}+C_2\cdot\Delta Q_i+D_2\cdot\Delta Q_{i+1}+E_2=0 \tag{6-15}$$

其中，

$$A_1=\frac{B_i+B_{i+1}}{4}\left[1-\theta\frac{\Delta t}{\Delta x}\left(\frac{Q_{i+1}}{A_{i+1}}+\frac{Q_i}{A_i}\right)\right],\qquad B_1=\frac{B_i+B_{i+1}}{4}\left[1+\theta\frac{\Delta t}{\Delta x}\left(\frac{Q_{i+1}}{A_{i+1}}+\frac{Q_i}{A_i}\right)\right]$$

$$C_1=-\theta\frac{\Delta t}{\Delta x}\left(\frac{A_{i+1}+A_i}{2A_i}\right),\qquad D_1=\theta\frac{\Delta t}{\Delta x}\left(\frac{A_{i+1}+A_i}{2A_{i+1}}\right)$$

$$E_1=\frac{\Delta t}{\Delta x}\frac{B_i+B_{i+1}}{4}(H_{i+1}-H_i)\left(\frac{Q_{i+1}}{A_{i+1}}+\frac{Q_i}{A_i}\right)+\frac{\Delta t}{\Delta x}\frac{A_{i+1}-A_i}{2}\left(\frac{Q_{i+1}}{A_{i+1}}+\frac{Q_i}{A_i}\right)+\frac{\Delta t}{\Delta x}\frac{A_{i+1}+A_i}{2}\left(\frac{Q_{i+1}}{A_{i+1}}-\frac{Q_i}{A_i}\right)$$

$$A_2=-g\frac{\theta\Delta t}{\Delta x},\qquad B_2=g\frac{\theta\Delta t}{\Delta x}$$

$$C_2=\frac{1}{2A_i}\left[1-\frac{\theta\Delta t}{\Delta x}\left(\frac{Q_{i+1}}{A_{i+1}}+\frac{Q_i}{A_i}\right)\right],\qquad D_2=\frac{1}{2A_{i+1}}\left[1+\frac{\theta\Delta t}{\Delta x}\left(\frac{Q_{i+1}}{A_{i+1}}+\frac{Q_i}{A_i}\right)\right]$$

$$E_2=\frac{\Delta t}{2\Delta x}\left(\frac{Q_{i+1}^2}{A_{i+1}^2}-\frac{Q_i^2}{A_i^2}\right)+g\frac{\Delta t}{\Delta x}(H_{i+1}-H_i)-g\Delta tS_x+\frac{g\Delta t}{2}\left(\frac{Q_i|Q_i|}{K_i^2}+\frac{Q_{i+1}|Q_{i+1}|}{K_{i+1}^2}\right),\qquad K_i=A_iC_i\sqrt{R_i}$$

式中：ΔH_i 为测压管水头增量；ΔQ_i 为流道过流流量增量；Δx 为沿明满流管道轴线方向的空间步长；Δt 为时间步长。

虚设狭缝法最大的优点是计算方便，不需要专门处理运动的界面，可以采用统一的计算网格用隐式差分法求解，从而可以使计算无条件稳定，并能直接计算出涌波的波前。

但虚设狭缝法的假定与某些实际情况不相符。该模型让封闭管道系统各部分均与大气相通，认为只要水压低于管顶就是明流，水压高于管顶就是满流，而实际上有压管中即使压力为负也不一定变为明流，如果有气泡存在，即使压力高于管顶，气泡下的明流也不会变成满流，因此在涉及负压、气泡及液柱分离时就不能使用该模型。其次，明渠非恒定流的方程只对渐变流适用，因此当急变流形成且涌波波前很陡时，虚设狭缝法也会出现计算不稳定或不收敛等情况。

为此，文献[7]提出了改进的虚设狭缝法——三区数学模型。该模型的基本思路是：①假定尾水洞中的明满流始终只存在一个分界面，通过跟踪分界面，区分明流区和满流区。明流区的水深由压强决定且总低于洞顶；而满流区的水深和压强无关，计算中令水深总高于洞顶。于是，当满流区产生负压时，也可以用虚设狭缝法计算。②分界面所在的 Δx 管段称为过渡区，该区的波速由水击波速向重力波速坦化。③对于负涌波，分界面与波前重合；对于正涌波，分界面有可能不与波前重合，形成明流中的断波，需做相应的数学处理。

2. 三区数学模型的数学处理

1）分界面的跟踪

传统的虚设狭缝法对分界面的跟踪是假定每时段末分界面均落在网格点上，这与实际上在网格点 i 和 $i+1$ 之间连续移动的分界面有着较大的差别（图 6-5），夸大了分界面在 Δt 时段的移动，造成计算结果与实际情况的偏差。因此，可在网格点 i 和 $i+1$ 之间求解动网格的位置，动网格始终与分界面一起移动。

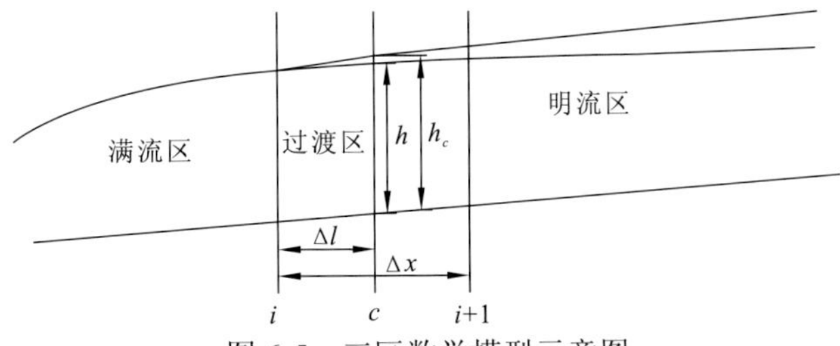

图 6-5　三区数学模型示意图

假设动网格 c 点对应于分界面，位于固定网格点 i 和 $i+1$ 之间，其空间间距为 $\Delta l(0\leqslant\Delta l\leqslant\Delta x)$。参照式（6-14）和式（6-15），可以分别列出 i 点和 c 点之间的差分方程，以及 c 点和 $i+1$ 点之间的差分方程：

$$A_1\cdot\Delta H_i+B_1\cdot\Delta H_c+C_1\cdot\Delta Q_i+D_1\cdot\Delta Q_c+E_1=0 \tag{6-16}$$

$$A_2\cdot\Delta H_i+B_2\cdot\Delta H_c+C_2\cdot\Delta Q_i+D_2\cdot\Delta Q_c+E_2=0 \tag{6-17}$$

其中，

$$A_1=\frac{B_i+B_c}{4}\left[1-\theta\frac{\Delta t}{\Delta l}\left(\frac{Q_c}{A_c}+\frac{Q_i}{A_i}\right)\right],\qquad B_1=\frac{B_i+B_c}{4}\left[1+\theta\frac{\Delta t}{\Delta l}\left(\frac{Q_c}{A_c}+\frac{Q_i}{A_i}\right)\right]$$

$$C_1=-\theta\frac{\Delta t}{\Delta l}\left(\frac{A_c+A_i}{2A_i}\right),\qquad D_1=\theta\frac{\Delta t}{\Delta l}\left(\frac{A_c+A_i}{2A_c}\right)$$

$$E_1=\frac{\Delta t}{\Delta l}\frac{B_i+B_c}{4}(H_c-H_i)\left(\frac{Q_c}{A_c}+\frac{Q_i}{A_i}\right)+\frac{\Delta t}{\Delta l}\frac{A_c-A_i}{2}\left(\frac{Q_c}{A_c}+\frac{Q_i}{A_i}\right)+\frac{\Delta t}{\Delta l}\frac{A_c+A_i}{2}\left(\frac{Q_c}{A_c}-\frac{Q_i}{A_i}\right)$$

$$A_2=-g\frac{\theta\Delta t}{\Delta l},\qquad B_2=g\frac{\theta\Delta t}{\Delta l}$$

$$C_2=\frac{1}{2A_i}\left[1-\frac{\theta\Delta t}{\Delta l}\left(\frac{Q_c}{A_c}+\frac{Q_i}{A_i}\right)\right],\qquad D_2=\frac{1}{2A_c}\left[1+\frac{\theta\Delta t}{\Delta l}\left(\frac{Q_c}{A_c}+\frac{Q_i}{A_i}\right)\right]$$

$$E_2=\frac{\Delta t}{2\Delta l}\left(\frac{Q_c^2}{A_c^2}-\frac{Q_i^2}{A_i^2}\right)+g\frac{\Delta t}{\Delta l}(H_c-H_i)-g\Delta tS_x+\frac{g\Delta t}{2}\left(\frac{Q_i|Q_i|}{K_i^2}+\frac{Q_c|Q_c|}{K_c^2}\right)$$

$$A_1\cdot\Delta H_c+B_1\cdot\Delta H_{i+1}+C_1\cdot\Delta Q_c+D_1\cdot\Delta Q_{i+1}+E_1=0 \tag{6-18}$$

$$A_2\cdot\Delta H_c+B_2\cdot\Delta H_{i+1}+C_2\cdot\Delta Q_c+D_2\cdot\Delta Q_{i+1}+E_2=0 \tag{6-19}$$

其中，

$$A_1=\frac{B_c+B_{i+1}}{4}\left[1-\frac{\theta\Delta t}{\Delta x-\Delta l}\left(\frac{Q_c}{A_c}+\frac{Q_{i+1}}{A_{i+1}}\right)\right],\qquad B_1=\frac{B_c+B_{i+1}}{4}\left[1+\frac{\theta\Delta t}{\Delta x-\Delta l}\left(\frac{Q_c}{A_c}+\frac{Q_{i+1}}{A_{i+1}}\right)\right]$$

$$C_1=-\frac{\theta\Delta t}{\Delta x-\Delta l}\left(\frac{A_{i+1}+A_c}{2A_c}\right),\qquad D_1=\frac{\theta\Delta t}{\Delta x-\Delta l}\left(\frac{A_{i+1}+A_c}{2A_{i+1}}\right)$$

$$E_1=\frac{\Delta t}{\Delta x-\Delta l}\frac{B_c+B_{i+1}}{4}(H_{i+1}-H_c)\left(\frac{Q_{i+1}}{A_{i+1}}+\frac{Q_c}{A_c}\right)+\frac{\Delta t}{\Delta x-\Delta l}\frac{A_{i+1}-A_c}{2}\left(\frac{Q_{i+1}}{A_{i+1}}+\frac{Q_c}{A_c}\right)$$
$$+\frac{\Delta t}{\Delta x-\Delta l}\frac{A_{i+1}+A_c}{2}\left(\frac{Q_{i+1}}{A_{i+1}}-\frac{Q_c}{A_c}\right)$$

$$A_2=-g\frac{\theta\Delta t}{\Delta x-\Delta l},\qquad B_2=g\frac{\theta\Delta t}{\Delta x-\Delta l}$$

$$C_2=\frac{1}{2A_c}\left[1-\frac{\theta\Delta t}{\Delta x-\Delta l}\left(\frac{Q_{i+1}}{A_{i+1}}+\frac{Q_c}{A_c}\right)\right],\qquad D_2=\frac{1}{2A_{i+1}}\left[1+\frac{\theta\Delta t}{\Delta x-\Delta l}\left(\frac{Q_{i+1}}{A_{i+1}}+\frac{Q_c}{A_c}\right)\right]$$

$$E_2=\frac{\Delta t}{2(\Delta x-\Delta l)}\left(\frac{Q_{i+1}^2}{A_{i+1}^2}-\frac{Q_c^2}{A_c^2}\right)+g\frac{\Delta t}{\Delta x-\Delta l}(H_{i+1}-H_c)-g\Delta tS_x+\frac{g\Delta t}{2}\left(\frac{Q_c|Q_c|}{K_c^2}+\frac{Q_{i+1}|Q_{i+1}|}{K_{i+1}^2}\right)$$

采用追赶法，可以求得 c 点的 H_c 和 Q_c。

另外，由于明满流分界面的 H_c^* 等于该点的洞高 h_c，所以当顶坡斜率已知时，H_c^*

可以通过 i 点管顶高程 Z_i 和 $i+1$ 点管顶高程 Z_{i+1} 的插值得出，即

$$H_c^* = \frac{\Delta l}{\Delta x}(Z_{i+1} - Z_i) + Z_i \tag{6-20}$$

如果 $|H_c^* - H_c| < \varepsilon$（$\varepsilon$ 为精度控制值），则分界面的位置已确定；否则，重新给定 Δl，如

$$\Delta l = \frac{H_c^* + H_c}{2(Z_{i+1} - Z_i)}\Delta x - Z_i$$

迭代求解，直至满足计算精度的要求。

2）过渡区

从流态看，动网格点 c 的上游侧为满流区，波速应采用水击波速；动网格点 c 的下游侧为明流区，波速取重力波速。但明满流分界面在移动过程中卷吸、掺混了少量的气体，水击波的波速大大降低。因此，假设网格点 $i+1$ 上游侧 ΔS 之间的管段为过渡区，$\Delta S = (2 \sim 3)h_c$，其中 h_c 为 c 点处尾水洞断面的洞高（图 6-5），在此区间内，波速按满流和明流的波速线性插值得到。

3）断波的数学处理

正涌波过程中，有可能出现断波现象。断波的位置既有可能与分界面重合，又有可能超前于分界面。

对于断波，激波拟合法是比较成熟的[8]。可以在虚设狭缝法中引入断波方程式（6-21）和式（6-22），即

$$A_1(v_1 - w) = A_2(v_2 - w) \tag{6-21}$$

$$g(A_2\bar{y}_2 - A_1h_1) = A_1(v_1 - w)(v_1 - v_2) \tag{6-22}$$

式中：A_1、A_2 为过水断面 1—1、2—2 的面积；v_1、v_2 为断面 1—1、2—2 的平均流速；w 为界面的运动速度；$\bar{y}_2$ 为水面到断面形心的距离；h_1 为有压段压力水头。具体的标示见图 6-6。

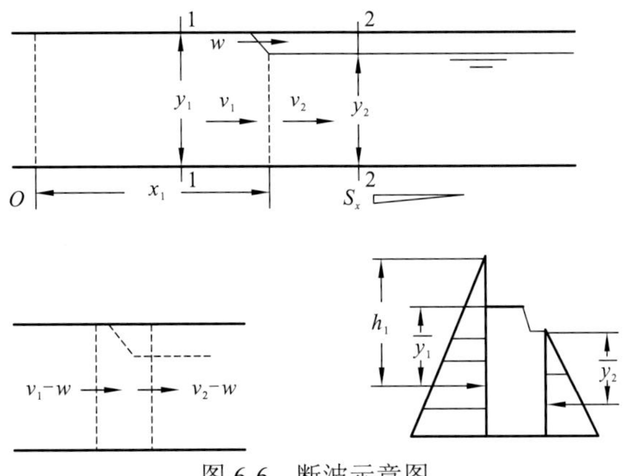

图 6-6　断波示意图

y_1、y_2 为 1—1 断面和 2—2 断面的水深；x_1 为距离起始点的位置

6.2.2 基于水击方程与圣维南方程耦合的数学模型

1. 控制方程和求解方法

1）控制方程

以流量和过水面积表示的一维明渠的连续性方程和动量方程如下：

$$\frac{\partial A}{\partial t}+\frac{\partial Q}{\partial x}=0 \tag{6-23}$$

$$\frac{\partial Q}{\partial t}+\frac{\partial\left(\frac{Q^2}{A}+\frac{Ap}{\rho}\right)}{\partial x}=gA(S_x-S_f) \tag{6-24}$$

式中：x 和 t 分别为空间和时间坐标；A 为明渠过水断面面积；Q 为对应的流量；g 为重力加速度；p 为横截面上的平均压强；ρ 为水的密度，为常数；$S_x=\sin\beta=-\frac{\partial Z}{\partial x}$ 为渠道底部的坡度，其中 β 为渠道顺坡时与水平面向下的夹角；$S_f=\frac{Q^2}{A^2C^2R}$ 为摩擦阻力，C 为谢才系数，R 为水力半径。

对于明渠，Ap 表示断面的总压力，如果渠道的过水面积为矩形，水深为 h，渠道宽度为 B_D，则 Ap 表示为

$$Ap=\frac{1}{2}\rho gB_Dh^2 \tag{6-25}$$

对于圆形隧洞内的明渠流动，假设水深为 h，隧洞的直径为 d，则 Ap 表示为

$$Ap=\frac{1}{12}\rho g\left[(3d^2-4dh+4h^2)\sqrt{h(d-h)}-3d^2(d-2h)\arctan\frac{\sqrt{h}}{\sqrt{d-h}}\right] \tag{6-26}$$

以水头和流速表示的一维棱柱体有压管道非恒定流动连续性方程和动量方程为

$$\frac{\partial H}{\partial t}+V\frac{\partial H}{\partial x}+\frac{a^2}{g}\frac{\partial V}{\partial x}=-VS_x \tag{6-27}$$

$$\frac{\partial V}{\partial t}+g\frac{\partial H}{\partial x}+V\frac{\partial V}{\partial x}=-gS_f \tag{6-28}$$

式中：H 为测压管水头；V 为流速；g 为重力加速度；a 为水击波速；S_x 为渠道底部的坡度；S_f 为摩擦阻力。

2）求解方法

此处给出的求解方法是指有压管道或明渠控制方程的有限体积法，而不包含明满流分界面，该分界面将作为边界条件予以处理。

采用如下戈杜诺夫（Godunov）格式求解明渠圣维南方程及水击方程：

$$U_i^{n+1}=U_i^n-\frac{\Delta t}{\Delta x}(F_{i+1/2}-F_{i-1/2})+\Delta tS_i \tag{6-29}$$

式中：上标“n”和“$n+1$”为时间步数，分别代表 t 和 $t+1$ 时刻；Δt 和 Δx 分别为时间

步长和网格大小；下标“i”为网格编号；U 为计算变量，对于明渠，U 是过水断面面积 A 和流量 Q，对于有压管道，U 是测压管水头 H 和流速 V；F 为界面数值通量，下标“$i-1/2$”和“$i+1/2$”代表网格 i 左边界和右边界的界面编号；S_i 为源项。

Harten 等[9]提出了 Riemann 问题的近似解格式，该格式可以直接得到通量，其表达式为

$$F_{i+1/2}=\begin{cases}F_L, & 0<S_L\\ F^{hll}, & S_L\leqslant 0\leqslant S_R\\ F_R, & 0>S_R\end{cases} \tag{6-30}$$

其中，

$$F^{hll}=\frac{S_R F_L-S_L F_R+S_L S_R(U_R-U_L)}{S_R-S_L}$$

$$S_L=\min\{V_L-C_L,V_*-C_*\},\qquad S_R=\min\{V_R+C_R,V_*+C_*\}$$

$$V_*=\frac{1}{2}(V_L+V_R)+C_L-C_R,\qquad C_*=\frac{1}{g}\left[\frac{1}{2}(C_L+C_R)+\frac{1}{4}(V_L-V_R)\right]^2$$

式中：V 为流速；C 为明渠或有压管道的波速；下标“L”和“R”为通量界面的左右网格。

对于明渠，连续性方程式（6-27）和动量方程式（6-28）均为守恒形式，可以直接计算界面通量，波速通过水深计算得到：

$$C_L=\sqrt{gh_L} \tag{6-31}$$

$$C_R=\sqrt{gh_R} \tag{6-32}$$

对于干湿边界条件，如果左边网格的水深等于 0，则

$$S_L=V_R-2\sqrt{gH_R} \tag{6-33}$$

$$S_R=V_R+\sqrt{gH_R} \tag{6-34}$$

如果右边网格的水深等于 0，则

$$S_L=V_L-\sqrt{gH_L} \tag{6-35}$$

$$S_R=V_L+2\sqrt{gH_L} \tag{6-36}$$

源项采取控制网格的中心值近似方法计算。

对于有压管道，式（6-27）和式（6-28）均不是守恒形式，采用近似等价的方法将其中的非线性项用已知值代替，转换为如式（6-37）和式（6-38）所示的守恒形式。

$$\frac{\partial H}{\partial t}+\frac{\partial\left(\overline{V}H+\dfrac{a^2}{g}V\right)}{\partial x}=-VS_x \tag{6-37}$$

$$\frac{\partial V}{\partial t}+\frac{\partial(gH+\overline{V}V)}{\partial x}=-gS_f \tag{6-38}$$

式中：$\overline{V}$ 为已知流速，可以通过上一时刻界面两侧网格的平均值得到。

然后采用式（6-30）可以计算式（6-37）和式（6-38）中的通量。对于有压管道，式（6-30）中的波速是水击波的波速，为已知常量，即

$$C_L = a \tag{6-39}$$

$$C_R = a \tag{6-40}$$

式（6-37）和式（6-38）中的源项也采取控制网格的中心值近似方法计算。

2. 边界条件

镜像法和直接计算数值通量法是数学模型的边界条件实现的两种主要方式。镜像法在结构网格中运用较广，直接计算数值通量法被广泛运用于非结构网格[10-11]。在此采用直接计算数值通量法实现边界条件，其关键为计算边界处的水深、流量等参数。

1）明渠急流边界条件

根据水力学理论，当渠道中的流速大于波速时，流动状态为急流，波动不能向上游传播，如果渠道出口的流态为急流，出口处的水力要素不能对上游的计算区域产生扰动。因此，急流出口边界处的参数与所在网格上一时刻的中心值相同，即

$$h_{N+1/2}^{n+1} = h_N^n \tag{6-41}$$

$$V_{N+1/2}^{n+1} = V_N^n \tag{6-42}$$

式中：V_N^n 和 h_N^n 分别为出口边界面所在网格中心上一时刻的流速和水深；$V_{N+1/2}^{n+1}$ 和 $h_{N+1/2}^{n+1}$ 分别为出口边界面上的流速和水深。

2）明渠缓流边界条件

对于出口边界条件，根据浅水方程波动理论，由一维明渠控制方程的 Riemann 不变量可得

$$V_{N+1/2}^{n+1} + 2\sqrt{gh_{N+1/2}^{n+1}} = V_N^n + 2\sqrt{gh_N^n} \tag{6-43}$$

式中：V_N^n 和 h_N^n 分别为出口边界面所在网格中心上一时刻的流速和水深；$V_{N+1/2}^{n+1}$ 和 $h_{N+1/2}^{n+1}$ 分别为出口边界面上的流速和水深，为未知值，当边界上的流速或水深已知时，可以求出水深或流速，进而得到边界面上的数值通量。

对于渠道进口边界条件，边界方程为

$$V_{1/2}^{n+1} - 2\sqrt{gh_{1/2}^{n+1}} = V_1^n - 2\sqrt{gh_1^n} \tag{6-44}$$

式中：V_1^n 和 h_1^n 分别为进口边界面所在网格中心上一时刻的流速和水深；$V_{1/2}^{n+1}$ 和 $h_{1/2}^{n+1}$ 分别为进口边界面上的流速和水深。

3）有压流进出口边界条件

对于有压管道进口的边界条件，第一个网格左边界上 n+1 时刻的流量、测压管水头与第一个网格中心 n 时刻的流量和水头存在如下关系式：

$$H_{1/2}^{n+1} - \frac{a}{g}V_{1/2}^{n+1} = H_1^n - \frac{a}{g}V_1^n \tag{6-45}$$

式中：a 为水击波速；g 为重力加速度，如果上游边界面上的流速 $V_{1/2}^{n+1}$ 或压力 $H_{1/2}^{n+1}$ 已知，则联立式（6-45）可以求解出边界面上的参数，进一步求解边界面上的通量。

对于下游边界，最后一个网格右边界上的流量、压力与最后一个网格中心 n 时刻的流量和压力存在如下关系式：

$$H_{N+1/2}^{n+1}+\frac{a}{g}V_{N+1/2}^{n+1}=H_{N}^{n}+\frac{a}{g}V_{N}^{n} \tag{6-46}$$

如果下游边界面上的流速 $V_{N+1/2}^{n+1}$ 或压力 $H_{N+1/2}^{n+1}$ 已知，则联立式（6-46）可以求解出边界面上的参数，进一步求解边界面上的通量。

4）通气孔边界条件

对于如图 6-7 所示的通气孔，其左右管道内的水流可能同时为明渠流动，也可能同时为有压流动，或者一侧为有压流动而另一侧为明渠流动。

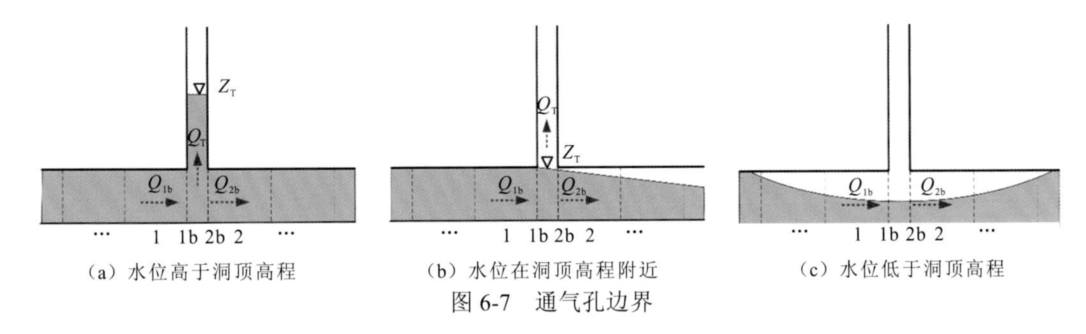

（a）水位高于洞顶高程　（b）水位在洞顶高程附近　（c）水位低于洞顶高程

图 6-7　通气孔边界

（1）当通气孔内的水位高于所在位置洞顶高程时，左右两侧均为有压流动[图 6-7（a）]，通气孔边界处共有 6 个未知量，分别是流入通气孔的流量 Q_T^{n+1} 和水位 Z_T^{n+1}，与通气孔相连的左边管道的流量 Q_{1b}^{n+1} 和测压管水头 H_{1b}^{n+1}，右边管道的流量 Q_{2b}^{n+1} 和测压管水头 H_{2b}^{n+1}。可列出如下 6 个方程：式（6-47）为节点处流量的连续性方程，式（6-48）为流入通气孔的流量与水位的关系方程，式（6-49）和式（6-50）为通气孔左右管道的特征方程，式（6-51）和式（6-52）为管道边界测压管水头与通气孔水位的关系方程，且忽略了水流流进和流出通气孔的阻抗损失。求解式（6-47）～式（6-52）得到通气孔处计算时刻的水位及左右网格界面的数值通量。

$$Q_{1b}^{n+1}=Q_{2b}^{n+1}+Q_{T}^{n+1} \tag{6-47}$$

$$\frac{(Q_T^{n+1}+Q_T^{n})\Delta t}{2A_T}=Z_T^{n+1}-Z_T^{n} \tag{6-48}$$

$$H_{1b}^{n+1}+\frac{a}{gA_1'}Q_{1b}^{n+1}=H_1^{n}+\frac{a}{gA_1'}Q_1^{n} \tag{6-49}$$

$$H_{2b}^{n+1}-\frac{a}{gA_2'}Q_{2b}^{n+1}=H_2^{n}-\frac{a}{gA_2'}Q_2^{n} \tag{6-50}$$

$$H_{1b}^{n+1}=Z_T^{n+1} \tag{6-51}$$

$$H_{2b}^{n+1}=Z_T^{n+1} \tag{6-52}$$

式中：上标“n+1”为计算的当前时刻，为未知值，n 为上一计算时刻，为已知值；下标“1”为通气孔左边管道网格中心，“1b”为左边网格与通气孔相连的边界；下标“2”为通气孔右边管道网格中心，“2b”为右边网格与通气孔相连的边界；A_T为通气孔的面积；A_1'和A_2'分别为通气孔左边和右边管道的过水面积。

（2）在某个特殊的过渡时刻，通气孔左右管道的流态可能不一致，如左侧为有压流动而右侧为明渠流动[图 6-7（b）]，此时左侧网格提供有压流动的特征方程，右侧网格提供明渠流动的特征方程，将式（6-50）用式（6-43）代替，求解方程组得到通气孔处计算时刻的水位及左右网格界面的数值通量。

（3）当通气孔水位低于所在位置洞顶高程时，左右两侧均为明渠流动，通气孔不发挥作用，此时通气孔边界条件等效于明渠内部边界条件。

5）明满流分界面边界条件

当网格内同时存在有压流和明渠流时，网格边界的数值通量需要根据两侧的流动状态确定。依据 Leon 等[12]、Song 等[13]、Bourdarias 和 Gerbi[14]、Cardie 等[15]在明满流分界面处确定各参数的方法，根据分界面在有压流区域与明渠流区域之间的移动方向，分两类来估算分界面的流动参数。

（1）明满流分界面由有压流区域向明渠流区域移动。

明满流分界面从有压流区域向明渠流区域移动，穿越正激波面的水流与可压缩气体中的激波类似，流动从急流或超音速流动转变为缓流或亚音速流动，其传播如图 6-8 所示。

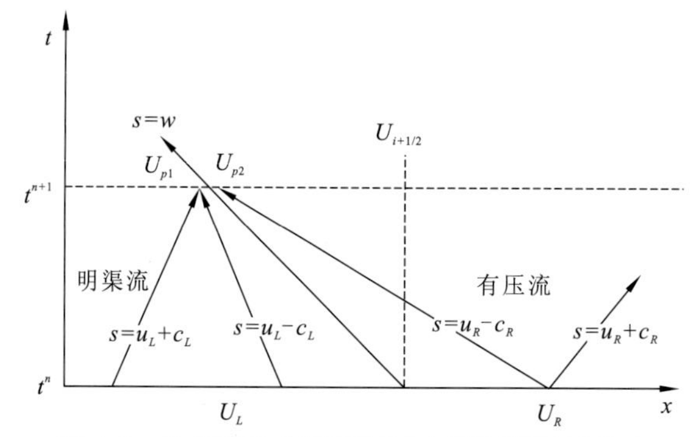

图 6-8　分界面从有压流区域向明渠流区域移动

u_L、c_L分别为明渠流的流速和重力波波速；u_R、c_R分别为有压流的流速和水击波速

为了得到在计算时刻网格边界 i+1/2 处的变量来计算通量，计算网格边界左右的流动变量，分别为U_{p1}^{n+1}和U_{p2}^{n+1}。由于采用了激波捕捉法来获得明满流的分界面，分界面的位置及其所处的网格与上一时刻是一样的。在网格边界 i+1/2 处，上一个计算时刻的变量为U_L^n和U_R^n，为已知值。为了得到计算时刻的变量$U_{i+1/2}^{n+1}$，只需要确定U_{p2}^{n+1}的值，因为$U_{i+1/2}^{n+1}=U_{p2}^{n+1}$。然而，$U_{p2}^{n+1}$的值与$U_{p1}^{n+1}$的值及波的传播速度$w^{n+1}$有关。因此，在计算时刻，5 个未知量分别为明满流分界面左侧 $p1$ 处的A_{p1}^{n+1}和Q_{p1}^{n+1}，右侧 $p2$ 处的H_{p2}^{n+1}和V_{p2}^{n+1}，以及波速w^{n+1}。而在明渠流的流动未受到扰动时，其流动变量与上一个时刻相同，即A_{p1}^{n+1}和Q_{p1}^{n+1}为已知值，因此三个未知数需要三个方程才能求解，其中两个方程来自明满流分界面左右两侧的连续性方程和动量方程，即

$$A_{p2}^{n+1}(V_{p2}^{n+1}-w^{n+1})=A_{p1}^{n+1}\left(\frac{Q_{p1}^{n+1}}{A_{p1}^{n+1}}-w^{n+1}\right) \tag{6-53}$$

$$g(A_{p1}^{n+1}y_{p1}^{n+1}-A_{p2}^{n+1}H_{p2}^{n+1})=A_{p2}^{n+1}(V_{p2}^{n+1}-w^{n+1})\left(V_{p2}^{n+1}-\frac{Q_{p1}^{n+1}}{A_{p1}^{n+1}}\right) \tag{6-54}$$

第三个方程来自有压流区域的特征方程：

$$H_{p2}^{n+1}-\frac{a}{g}V_{p2}^{n+1}=H_R^n-\frac{a}{g}V_R^n \tag{6-55}$$

式中：w 为明满流分界面的移动速度；H 为有压管道测压管水头；V 为流速；a 和 g 分别为水击波速和重力加速度；A_{p2}^{n+1} 为有压管道过流面积，为已知值；y_{p1}^{n+1} 为明渠流侧水面到断面形心的距离。

对于矩形渠道，假设渠道宽度为 B_D，水深为 h，则 Ay 表示为

$$Ay=\frac{1}{2}B_Dh^2 \tag{6-56}$$

对于圆形渠道，假设水深为 h，隧洞的直径为 d，则 Ay 表示为

$$Ay=\frac{1}{12}\left[(3d^2-4dh+4h^2)\sqrt{h(d-h)}-3d^2(d-2h)\arctan\frac{\sqrt{h}}{\sqrt{d-h}}\right] \tag{6-57}$$

当明满流部分的流动为急流时，仍然采用相同的处理方法，因为对于正激波，网格界面的通量不受明渠流动类型的影响[12]。

（2）明满流分界面由明渠流区域向有压流区域移动。

图 6-9 是 Leon 等[12]用于描述明满流分界面由明渠流区域向上游有压流区域流动的简图。

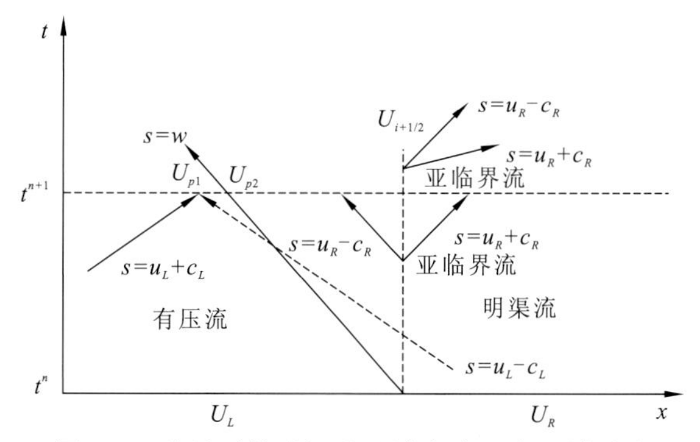

图 6-9　分界面从明渠流区域向有压流区域移动

为了得到计算时刻明满流分界面网格边界 i+1/2 上的通量，需要显式地得到该界面上的流动参数。由图 6-9 可知，在计算的时间步长内，网格边界上的参数等于分界面右边的参数 U_{p2}^{n+1}，而在明满流分界面上，U_{p2}^{n+1} 与明满流分界面左侧的流动状态 U_{p1}^{n+1} 和分界面的移动速度 w^{n+1} 相关，因此在明满流分界面上，依然为 5 个未知数，即 H_{p1}^{n+1}、V_{p1}^{n+1}、A_{p2}^{n+1} 和 Q_{p2}^{n+1}，以及波速 w^{n+1}。明满流分界面有压流侧可以列出一个特征方程：

$$H_{p1}^{n+1}+\frac{a}{g}V_{p1}^{n+1}=H_{L}^{n}+\frac{a}{g}V_{L}^{n} \tag{6-58}$$

而在明满流分界面下游侧的明渠流区域，无论明渠流区域是缓流还是急流，特征线均不能达到明满流分界面，因此不能列出明渠流区域的特征方程。在明满流分界面左右两侧，同样可以列出与式（6-53）和式（6-54）相似的弱解形式的明满流连续性方程和动量方程。

Cardie 等[15]通过试验得出，分界面的移动速度 w^{n+1} 接近一个常数，将采用上一时间步长的流动变量计算得到的分界面移动速度当作计算时刻的 w^{n+1}，因此还需要补充一个方程。连接明满流分界面左右两侧的能量方程常被用来封闭方程组，其表达式如下：

$$\frac{(V_{p1}^{n+1}-w^{n+1})^2}{2g}+H_{p1}^{n+1}=\frac{(V_{p2}^{n+1}-w^{n+1})^2}{2g}+h_{p2}^{n+1} \tag{6-59}$$

式中：V 为流速；H 为有压流动测压管水头；h 为明渠水深。

求解方程组可以得到 A_{p2}^{n+1} 和 Q_{p2}^{n+1}，从而得到网格边界 i+1/2 处的 $A_{i+1/2}^{n+1}$ 和 $Q_{i+1/2}^{n+1}$，进而计算界面通量。

6.2.3 机组甩负荷试验反演计算与对比分析

某明满流尾水子系统水电站的单机额定出力为 850 MW。对右岸 5#水力单元的 9#机组进行调试试验，同单元的 10#机组处于停机状态。其过渡过程计算简图如图 6-10 所示，对应的单个水力单元的管道参数如表 6-1 所示。其调压室断面积为 1 294 m²，调压室底板高程为 802 m，阻抗孔面积为 100 m²，流入和流出阻抗系数分别为 0.67 和 0.8，调压室底部岔管的水头损失系数取 0.527。

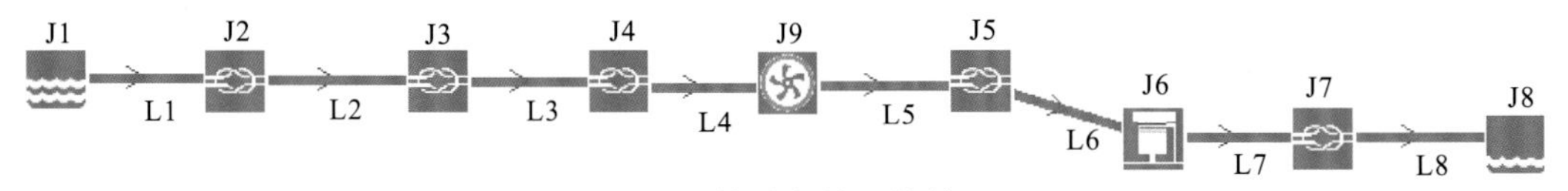

图 6-10　管道参数计算简图

图 6-10 中 J9 代表 9#机组，J6 代表尾水调压室。

表 6-1　对应计算简图的管道参数

水力单元	机组号	长度/m	面积/m²	水力半径/m	波速/（m/s）	糙率	局部水头损失系数	备注
5#	9#	45.50	207.33	4.062	900	0.014	0.543	进水口段
		175.70	122.718	3.125	1 000	0.014	0.043	引水隧洞至钢衬前
		67.65	109.414	2.951	1 100	0.012	0.014	引水钢衬段
		45.833	103.869	2.875	1 200	0.001	0.01	9#机组蜗壳段
		85.5	114.117	3.013	1 200	0.001	0.01	9#机组尾水管段
		56.43	260.549	4.553	1 000	0.012	0.01	尾水管出口至尾水调压室闸门井中心线

续表

水力单元	机组号	长度/m	面积/m^2	水力半径/m	波速/（m/s）	糙率	局部水头损失系数	备注
5#	9#	58.46	300.969	4.894	1 000	0.014	0.546	尾水调压室至斜直段
		47.48	300.969	4.894	1 000	0.014	0.919	高程 776 m 段
		300.96	300.969	4.894	1 000	0.014		高程 776～800 m 段
		55.97	300.969	4.894	900	0.014		平段+平面转弯段+平段
		11.37	300.969～373.256	4.894～5.45	900	0.014		渐变段
		129.00	373.256	5.45	900	0.014		尾水主洞

在此采用上述明满流三区数学模型及武汉大学 Topsys 软件开展机组甩负荷试验反演计算。

1. 甩负荷试验工况

D1 工况：上游水库水位为 965.7 m，下游水位为 820.1 m，机组甩 75%额定负荷，实测导叶关闭规律如图 6-11 所示。

D2 工况：上游水库水位为 965.8 m，下游水位为 820.5 m，机组甩 100%额定负荷，实测导叶关闭规律如图 6-12 所示。

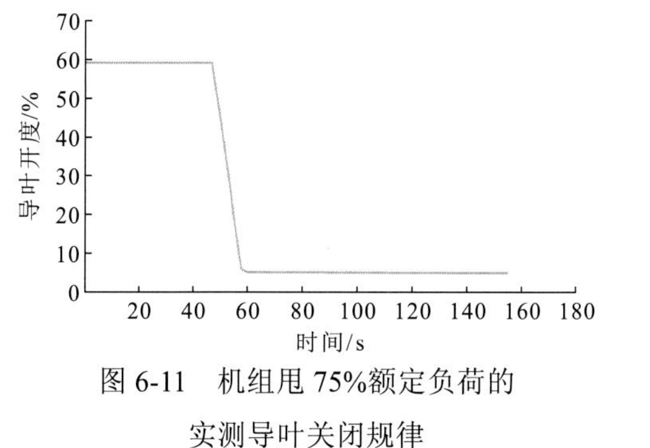

图 6-11　机组甩 75%额定负荷的实测导叶关闭规律

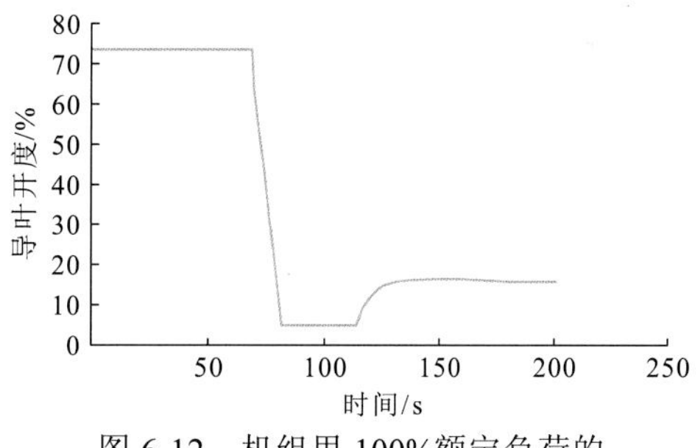

图 6-12　机组甩 100%额定负荷的实测导叶关闭规律

2. 机组甩负荷试验结果与一维反演计算的对比

一维反演计算结果如表 6-2 和表 6-3 所示，实测结果为机组甩负荷的极值，缺少尾水调压室涌浪水位的极值。

表 6-2　机组甩负荷实测结果与一维反演计算的对比

工况	项目	有功功率/MW	甩负荷前蜗壳水压/MPa	甩负荷后蜗壳最大水压/MPa	尾水管进口最小水压/MPa	甩负荷前机组频率/Hz	甩负荷后机组最大频率/Hz	频率上升率/%	蜗壳水压上升率/%	调节时间/s	不动时间/s
D1	实测	648.7	1.564	1.754	0.166	50.055	61.677 8	23.220	12.148	—	—
	一维反演	647.9	1.581	1.780	0.158	50.055	63.149 4	26.160	12.587	—	—
	相对误差/%	0.12	1.09	1.48	4.82	0	2.39	—	—	—	—

续表

工况	项目	有功功率/MW	甩负荷前蜗壳水压/MPa	甩负荷后蜗壳最大水压/MPa	尾水管进口最小水压/MPa	甩负荷前机组频率/Hz	甩负荷后机组最大频率/Hz	频率上升率/%	蜗壳水压上升率/%	调节时间/s	不动时间/s
D2	实测	847.2	1.55	1.765	0.145	50.05	67.008	33.882	13.871	10.3	—
	一维反演	849.2	1.57	1.818	0.125	50.05	68.010	35.884	15.796	—	—
	相对误差/%	0.24	1.29	3	13.79	0	1.50	—	—	—	—

表 6-3 一维反演计算调压室涌浪水位计算结果

工况	调压室初始水位/m	调压室最高涌浪水位		调压室最低涌浪水位		调压室底板向下最大压差		调压室底板向上最大压差	
		数值/m	时间/s	数值/m	时间/s	数值/m	时间/s	数值/m	时间/s
D1	820.44	823.17	129.65	816.01	74.57	1.96	56.34	1.23	104.91
D2	821.07	824.29	222.52	815.37	169.57	2.82	149.43	2.29	197.23

（1）机组甩负荷后产生的极值均发生在 D2 工况，蜗壳最大水压实测值为 1.765 MPa（178.8 m），计算值为 1.818 MPa（185.32 m），满足 230 m 控制值要求；机组最大频率上升率实测值为 33.882%，计算值为 35.884%，满足 55%的控制值要求；尾水管进口最小水压实测值为 0.145 MPa（14.78m），计算值为 0.125 MPa（12.74 m），均为正值，满足 >−7.1 m 的控制值要求。

（2）调压室最高/最低涌浪水位、调压室底板向上/向下最大压差均出现在 D2 工况，均满足工程设计要求。

（3）对比实测极值和计算极值可知，尾水管进口最小水压的相对误差为 13.79%，其他极值的相对误差均在 3%以内，验证了明满流三区数学模型一维计算的有效性和准确性。

3. D2 工况输水管道系统实测值与计算值的对比

D2 工况下该水力单元输水管道系统各测点的动水压力特征值见表 6-4，包括引水隧洞。该表列出了实测极值、一维计算极值和三维计算极值，从中可以看出：引水隧洞监测点和尾水支洞监测点的三种极值的相对误差均在 5%以内；尾水主洞底部的监测点的误差也在 5%以内，但顶部和侧壁的误差较大，这是由于顶部和侧壁的压力较小，其相对误差的百分比较大。

表 6-4 D2 工况下输水管道系统各测点的动水压力特征值

测点编号	测点高程/m	甩负荷前时均压力/（9.81 kPa）			最大压力/（9.81 kPa）			最小压力/（9.81 kPa）		
		实测	一维计算	三维计算	实测	一维计算	三维计算	实测	一维计算	三维计算
F01YDY09	925.5	38.32	38.83	—	42.08	41.25	—	—	38.71	—
F02YDY09	913.0	50.82	51.33	—	54.50	53.75	—	—	51.21	—

续表

测点编号	测点高程/m	甩负荷前时均压力/（9.81 kPa）			最大压力/（9.81 kPa）			最小压力/（9.81 kPa）		
		实测	一维计算	三维计算	实测	一维计算	三维计算	实测	一维计算	三维计算
F03YDY09	925.5	37.52	39.61	—	42.51	43.46	—	—	39.24	
F04YDY09	913.0	50.02	51.16	—	55.07	55.15	—	—	50.74	—
F06YDY09	796.75	163.78	165.24	—	182.29	180.4	—	—	162.92	—
F02WSSD09	775.65	45.22	45.30	44.41	47.87	48.51	47.85	39.03	38.90	39.19
F01WSTYS05	787.5	33.41	—	—	35.73	—	—	27.71	—	—
F02WSTYS05	799.0	21.96	—	—	24.18	—	—	14.78	—	—
F03WSTYS05	802.0	18.70	—	—	20.91	—	—	11.52	—	—
F02WSZD05	776.0	45.33	44.89	44.34	47.51	47.88	47.57	39.97	39.13	39.48
F05WSZD05	820.28	0.49	0.23	0.34	1.49	2.70	2.2	-0.54	-2.85	-2.15
F06WSZD05	805.50	14.68	15.01	14.78	15.68	17.48	16.59	13.64	11.93	11.68
F07WSZD05	797.28	23.07	23.23	23.24	24.07	25.70	25.08	22.02	20.15	20.12
F08WSZD05	824.0	—	—	—	—	—	—	—		—

图 6-13 为尾水支洞监测点的压力随时间的变化过程曲线，包括实测、一维计算和三维计算的对比。测点 F02WSSD05 和 F02WSZD05 靠近调压室，三者的变化规律相同，测点压力随时间周期性递减，其波动周期基本一致，但一维计算和三维计算的幅值比实测幅值大。测点 F05WSZD05、F06WSZD05 和 F07WSZD05 为尾水主洞斜坡段同一位置的顶部、中部和底部测点，三个测点的波动曲线的周期和幅值基本相同。对比实测、一维计算和三维计算在不同测点的压力变化曲线可知，一维计算和三维计算能真实反映测点实测压力的变化过程，计算结果是可靠的。

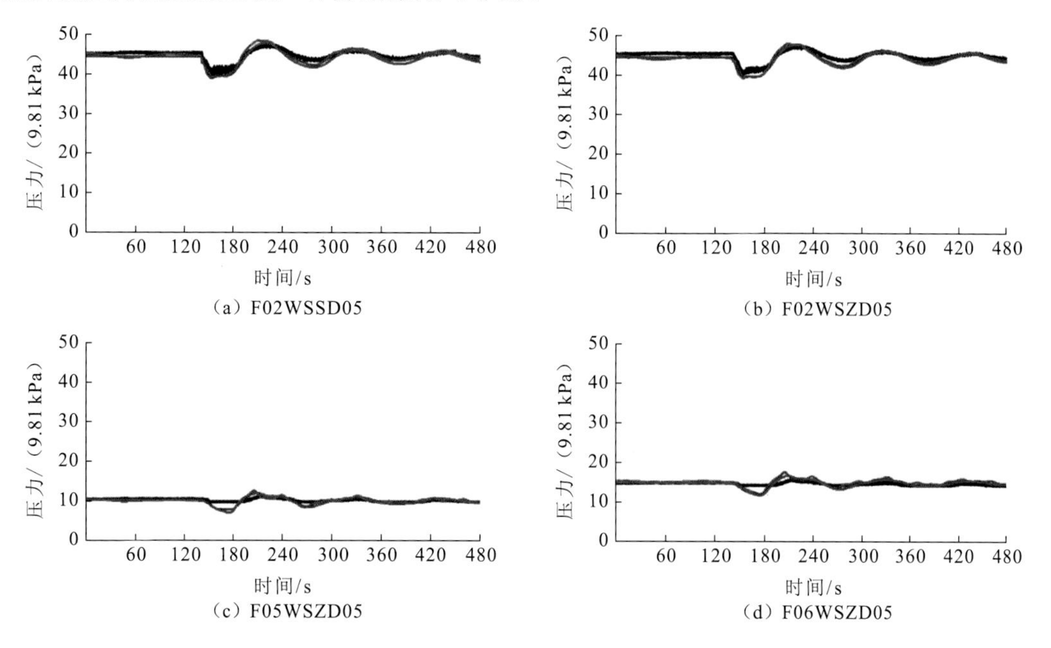

（a）F02WSSD05　（b）F02WSZD05

（c）F05WSZD05　（d）F06WSZD05

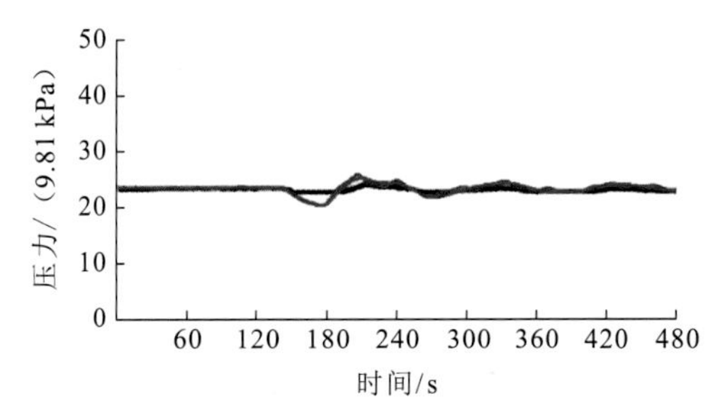

（e）F07WSZD05

图 6-13　D2 工况下尾水支洞监测点的压力随时间的变化过程曲线

黑线为实测结果，红线为一维计算结果，蓝线为三维计算结果

6.3　尾水洞通气系统数学模型及机理分析

本节选取如图 6-14 所示的乌东德水电站左岸 1#水力单元，建立相应的尾水洞通气系统数学模型。根据尾水洞洞顶沿线的最小压强分布，布设通气孔。从调压室涌浪水位、尾水洞进气量、尾水洞洞顶压强及通气系统风速等方面进行对比分析，探索明满流尾水洞通气系统的作用机理[16]。

6.3.1　尾水洞通气系统数学模型

尾水洞通气系统数学模型包括通气廊道的数学模型和通气孔的数学模型，下面分别予以介绍。

1. 通气廊道的数学模型

在建立通气廊道的数学模型前，假设：流动是等温的；管壁的膨胀可以忽略；状态方程由公式 $p=z\rho R'T$ 给出，其中 z 为压缩性系数，在单一问题范围内，视为常数，T 为热力学温度，R' 为气体常数；一维流；摩阻系数是壁面糙率及雷诺数的函数，在瞬变流计算中采用定常运动的摩阻系数；沿管道的动量变化是次要的，可以忽略。

1）连续性方程

流进长度为 δx 的管段内的质量流量 M，应等于该管段内单位时间的质量增量，即

$$-\frac{\partial M}{\partial x}\delta x=\frac{\partial}{\partial t}(\rho A\delta x) \tag{6-60}$$

利用气体状态方程 $\mathrm{d}\rho=\dfrac{\mathrm{d}p}{zR'T}=\dfrac{\mathrm{d}p}{B_g^2}\left(B_g=\sqrt{\dfrac{p}{\rho}}=\sqrt{zR'T}，为气体波速\right)$，将连续性方程改写为

$$\frac{B_g^2}{A}\frac{\partial M}{\partial x}+\frac{\partial p}{\partial t}=0 \tag{6-61}$$

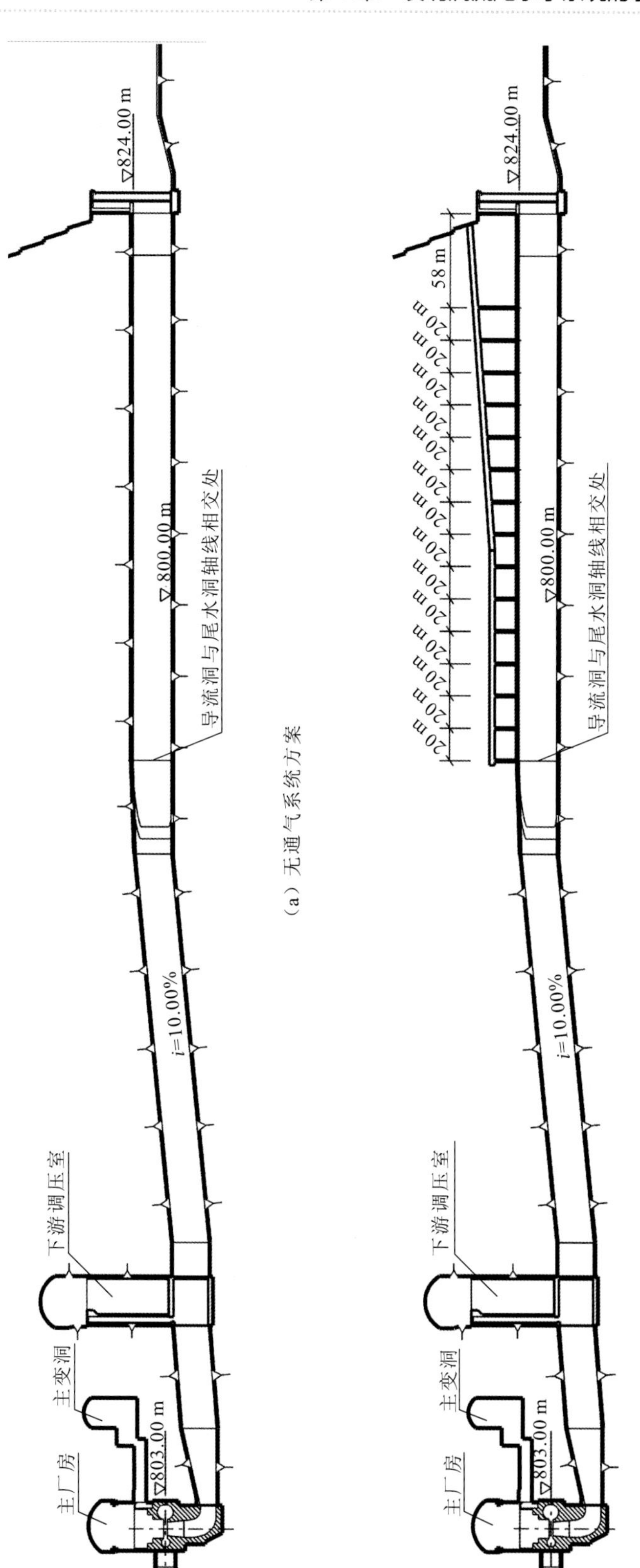

（a）无通气系统方案

（b）有通气系统方案

图6-14　乌东德水电站左岸1#水力单元明满流尾水系统和通气系统布置图

i为坡度

2）动量方程

引入惯性因子α，动量方程为

$$A\frac{\partial p}{\partial x}+\tau_0\pi D+\rho gA\sin\alpha+\alpha^2\rho A\frac{\mathrm{d}V}{\mathrm{d}t}=0 \tag{6-62}$$

式中：D为管道直径。

由于流速水头沿管道的变化可以忽略，则有

$$\frac{\mathrm{d}V}{\mathrm{d}t}\approx\frac{\partial V}{\partial t}=\frac{1}{A}\frac{\partial}{\partial t}\left(\frac{M}{\rho}\right)=\frac{B_g^2}{A}\frac{\partial}{\partial t}\left(\frac{M}{p}\right)=\frac{B_g^2}{Ap}\left(\frac{\partial M}{\partial t}-\frac{M}{p}\frac{\partial p}{\partial t}\right) \tag{6-63}$$

$$V=\frac{B_g^2M}{Ap} \tag{6-64}$$

将剪切应力$\tau_0=\dfrac{\rho fV^2}{8}=\dfrac{\rho f}{8}\dfrac{B_g^4M^2}{A^2p^2}$（$f$为摩擦系数）和式（6-63）代入动量方程式（6-62），得

$$\frac{\partial p}{\partial x}+\frac{fB_g^2M^2}{2DA^2p}+\frac{pg}{B_g^2}\sin\theta+\frac{\alpha^2}{A}\left(\frac{\partial M}{\partial t}-\frac{M}{p}\frac{\partial p}{\partial t}\right)=0 \tag{6-65}$$

利用连续性方程，可得$-\dfrac{M}{p}\dfrac{\partial p}{\partial t}=\dfrac{MB_g^2}{pA}\dfrac{\partial M}{\partial x}=V\dfrac{\partial M}{\partial x}\approx\dfrac{V}{B_g}\dfrac{\partial M}{\partial t}$。通常$\dfrac{V}{B_g}\ll 1$，于是式（6-65）简化成

$$\frac{\partial p}{\partial x}+\frac{\alpha^2}{A}\frac{\partial M}{\partial t}+\frac{pg}{B_g^2}\sin\theta+\frac{fB_g^2M^2}{2DA^2p}=0 \tag{6-66}$$

3）气体瞬变流的隐格式差分求解

对于气体管道的连续性方程和动量方程，通常采用隐格式差分求解。于是，可选取6.1节所述的Preissmann四点中心差分格式进行离散化，得到如下形式的线性方程组，再采用追赶法进行求解。

将式（6-61）和式（6-66）离散并整理成如下形式：

$$A_{i1}\cdot\Delta p_{i+1}+B_{i1}\cdot\Delta M_{i+1}=C_{i1}\cdot\Delta p_i+D_{i1}\cdot\Delta M_i+F_{i1} \tag{6-67}$$

$$A_{i2}\cdot\Delta p_{i+1}+B_{i2}\cdot\Delta M_{i+1}=C_{i2}\cdot\Delta p_i+D_{i2}\cdot\Delta M_i+F_{i2} \tag{6-68}$$

其中，

$$A_{i1}=\frac{1}{2\Delta t},\quad B_{i1}=\frac{B_g^2\theta}{A\Delta x},\quad C_{i1}=-\frac{1}{2\Delta t},\quad D_{i1}=\frac{B_g^2\theta}{A\Delta x},\quad F_{i1}=-\frac{1}{\Delta x}(M_{i+1}^n-M_i^n)$$

$$A_{i2}=\frac{\theta}{\Delta x}+\frac{g\theta\sin\beta}{2B_g^2}-\frac{fB_g^2(M_{i+1}^n+M_i^n)\left|M_{i+1}^n+M_i^n\right|}{4DA^2(p_{i+1}^n+p_i^n)^2},\qquad B_{i2}=\frac{\alpha^2}{2A\Delta t}+\frac{fB_g^2\left|M_{i+1}^n+M_i^n\right|}{2DA^2(p_{i+1}^n+p_i^n)}$$

$$C_{i2}=\frac{\theta}{\Delta x}-\frac{g\theta\sin\beta}{2B_g^2}+\frac{fB_g^2(M_{i+1}^n+M_i^n)\left|M_{i+1}^n+M_i^n\right|}{4DA^2(p_{i+1}^n+p_i^n)^2}$$

$$D_{i2}=\frac{\theta}{\Delta x}-\frac{g\theta\sin\beta}{2B_g^2}+\frac{fB_g^2(M_{i+1}^n+M_i^n)\left|M_{i+1}^n+M_i^n\right|}{4DA^2(p_{i+1}^n+p_i^n)^2}$$

$$F_{i2}=-\frac{1}{\Delta x}(p_{i+1}^{n}-p_{i}^{n})-\frac{g\sin\beta}{2B_{g}^{2}}(p_{i+1}^{n}+p_{i}^{n})-\frac{fB_{g}^{2}(M_{i+1}^{n}+M_{i}^{n})\left|M_{i+1}^{n}+M_{i}^{n}\right|}{4DA^{2}(p_{i+1}^{n}+p_{i}^{n})}$$

由追赶法可知，对于用隐格式方法求解的管段而言，其内部各计算断面存在如下关系：

$$\Delta M_{i}=\mathrm{EE}_{i}\cdot\Delta p_{i}+\mathrm{FF}_{i} \tag{6-69}$$

$$\Delta p_{i}=L_{i}\cdot\Delta p_{i+1}+R_{i}\cdot\Delta M_{i+1}+N_{i} \tag{6-70}$$

其中，

$$L_{i}=A_{i1}/(C_{i1}+D_{i1}\cdot\mathrm{EE}_{i}),\quad R_{i}=B_{i1}/(C_{i1}+D_{i1}\cdot\mathrm{EE}_{i}),\quad N_{i}=-(D_{i1}\cdot\mathrm{FF}_{i}+F_{i1})/(C_{i1}+D_{i1}\cdot\mathrm{EE}_{i})$$

$$\mathrm{EE}_{i}=\frac{-A_{i1}(C_{i2}+D_{i2}\cdot\mathrm{EE}_{i-1})+A_{i2}(C_{i1}+D_{i1}\cdot\mathrm{EE}_{i-1})}{B_{i1}(C_{i2}+D_{i2}\cdot\mathrm{EE}_{i-1})-B_{i2}(C_{i1}+D_{i1}\cdot\mathrm{EE}_{i-1})}$$

$$\mathrm{FF}_{i}=\frac{(D_{i1}\cdot\mathrm{FF}_{i-1}+F_{i1})(C_{i2}+D_{i2}\cdot\mathrm{EE}_{i-1})-(D_{i2}\cdot\mathrm{FF}_{i-1}+F_{i2})(C_{i1}+D_{i1}\cdot\mathrm{EE}_{i-1})}{B_{i1}(C_{i2}+D_{i2}\cdot\mathrm{EE}_{i-1})-B_{i2}(C_{i1}+D_{i1}\cdot\mathrm{EE}_{i-1})}$$

式（6-69）和式（6-70）中的各系数只与前一时刻各节点的函数值 p_i、M_i 有关，是已知的。这样，断面 i 上的 EE_i、FF_i 仅仅依赖于前一断面的 EE_{i-1}、FF_{i-1}，如果上游边界 $i=1$ 上的 EE_1、FF_1 已知，就可以计算出 EE_2、FF_2，然后依次推算出所有的 EE_i、FF_i。另外，L_i、M_i、N_i 取决于 EE_i 和 FF_i，这样，一旦计算出 EE_i 和 FF_i，就可以计算出各断面的 L_i、M_i、N_i。整个计算过程是先利用上游边界确定 EE_1、FF_1，然后依次推算出各断面的 EE_i、FF_i、L_i、M_i、N_i，这样可以得出最后一个断面的 EE_{n+1}、FF_{n+1}，这一过程称为追赶法中的前扫描。

由式（6-69）得到如下关系式：

$$\Delta M_{n+1}=\mathrm{EE}_{n+1}\cdot\Delta p_{n+1}+\mathrm{FF}_{n+1} \tag{6-71}$$

联立下游边界的方程 $f(\Delta M,\Delta p)=0$ 可以求出最后一个断面的 ΔM_{n+1}、Δp_{n+1}。然后可以利用式（6-70）求出 Δp_n，再由式（6-69）求出 ΔM_n，如此递推，便可以求解所有断面的 Δp_i 和 ΔM_i，这一过程从下游向上游进行，称为后扫描。

4）边界条件

（1）通气廊道出口边界条件。

通气廊道出口为恒定的大气压强 p_a，则有

$$p_{Jn+1}=p_{a} \tag{6-72}$$

另外，根据式（6-71），有

$$\Delta M_{Jn+1}=\mathrm{EE}_{n+1}\cdot\Delta p_{Jn+1}+\mathrm{FF}_{n+1} \tag{6-73}$$

（2）串点边界条件。

串点（图 6-15）连接处应满足质量流量连续条件，同时忽略连接处的局部损失，还应满足压强相等条件，则有

$$p_{J1,n+1}=p_{J2,1} \tag{6-74}$$

$$M_{J1,n+1}=M_{J2,1} \tag{6-75}$$

（3）分岔节点边界条件。

分岔节点（图 6-16）连接处应满足质量流量连续条件，同时忽略连接处的局部损失，

还应满足压强相等条件，则有

$$p_{J1,1} = p_{J2,n+1} \tag{6-76}$$

$$p_{J1,1} = p_{J3,n+1} \tag{6-77}$$

$$M_{J1,1} = M_{J2,n+1} + M_{J3,n+1} \tag{6-78}$$

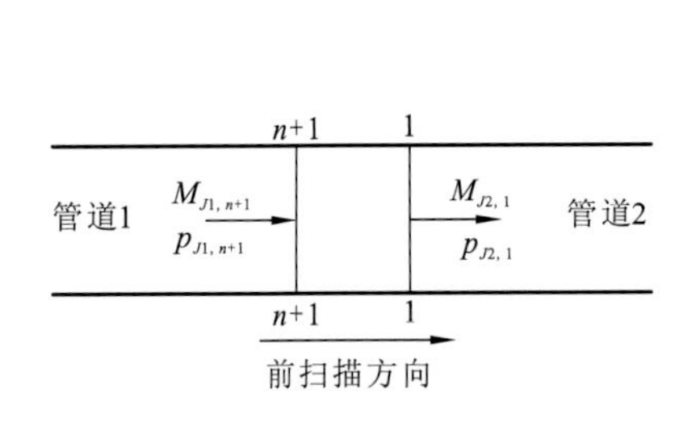

图 6-15　串联管边界条件

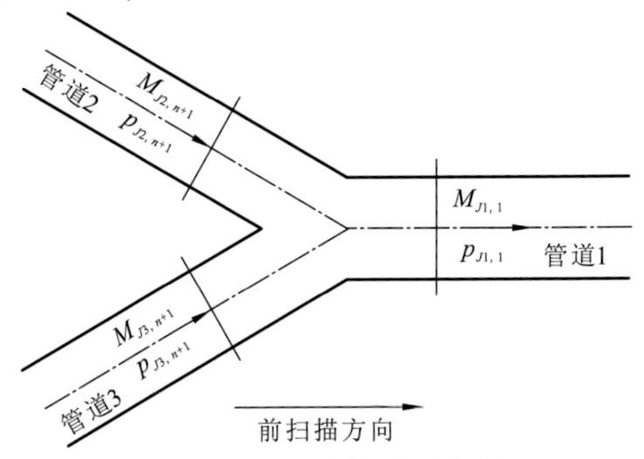

图 6-16　分岔管边界条件

2. 通气孔的数学模型

为了模拟尾水洞通气系统，将尾水洞上方的通气孔视为小调压室，当波动水位在尾水洞顶部高程以上时，采用耦合模型，即假设接触断面的压强等于通气孔的气压压强。当通气孔内的水位低于尾水洞顶部高程时，气体将由通气孔进入尾水洞；当尾水洞洞顶压强大于通气孔的气压压强时，气体将逐渐由通气孔排至通气洞。在气体进入/排出尾水洞过程中，将采用尾水洞通气孔进/排气的数学模型。

1）通气孔内气液接触断面耦合数学模型

考虑小调压室与通气洞耦合的情况，后扫描方程扫描至与调压室相连的通气孔的第一个断面并求得 Δp_{J0} 与 ΔM_{J0} 后，还需要根据调压室的边界方程求得调压室的未知参数，即分别由式（6-79）、式（6-80）求得 ΔQ_{TP} 与 ΔH_{TP}。

$$\Delta Q_{TP} = -\frac{1}{\rho g\left(W_0 - \dfrac{1}{\mathrm{SC}} + 2\alpha |Q_{TP-\Delta t}|\right)}\Delta p_{J0} + \frac{-\dfrac{\mathrm{SQ}}{\mathrm{SC}} - 2Q_{TP-\Delta t}W_0}{W_0 - \dfrac{1}{\mathrm{SC}} + 2\alpha |Q_{TP-\Delta t}|} \tag{6-79}$$

$$\Delta H_{TP} = \frac{1}{\mathrm{SC}}\Delta Q_{TP} - \frac{\mathrm{SQ}}{\mathrm{SC}} \tag{6-80}$$

其中，$\mathrm{SC} = -(C_{QP} + C_{QM})$，$\mathrm{SQ} = (Q_{CP} - Q_{CM}) - (Q_{CP-\Delta t} - Q_{CM-\Delta t})$，$W_0 = \dfrac{\Delta t}{F + F_{t-\Delta t}}$。

在获得 Q_{TP} 与 H_{TP} 后，由式（6-81）求得调压室水位。再通过特征方程、流量连续性方程求得调压室处尾水洞断面的水头及流量。

调压室水位方程：

$$Z = Z_{-\Delta t} + (Q_{TP} + Q_{TP-\Delta t})\frac{\Delta t}{F + F_{t-\Delta t}} \tag{6-81}$$

调压室处尾水洞断面的特征方程：

$$C^{+}:Q_{P1}=Q_{CP}-C_{QP}\cdot H_{P1} \tag{6-82}$$

$$C^{-}:Q_{P2}=Q_{CM}+C_{QM}\cdot H_{P2} \tag{6-83}$$

2）尾水洞通气孔进/排气的数学模型

图 6-17 为尾水洞通气孔进/排气示意图。为了采用特征线法进行模拟计算，有必要做出如下假定：空气等熵地流进、流出通气孔；通气系统内气体的变化遵守等温规律，且气体温度接近于液体温度；进入尾水洞的气体滞留在对应的通气孔处；液体表面的高度基本不变，空气的体积和管段内的液体体积相比很小。

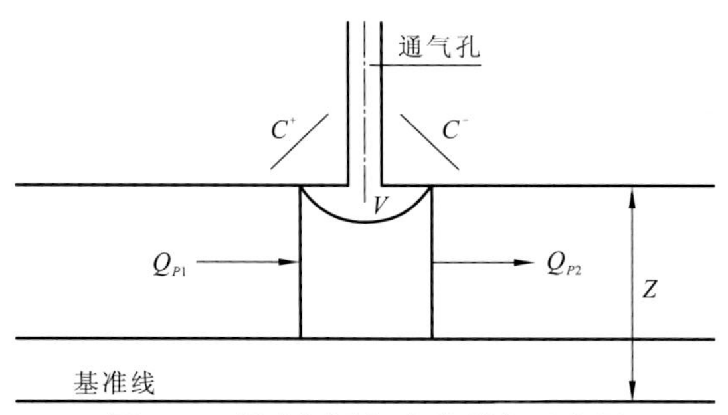

图 6-17　尾水洞通气孔进/排气示意图

（1）气体状态方程：

$$p_g\forall=\frac{m}{M^{*}}R'T \tag{6-84}$$

式中：p_g 为气体压强，Pa；$\forall$ 为气体体积，m^3；m 为气体质量，kg；M^{*} 为气体摩尔质量，kg/mol，空气的摩尔质量为 2.9×10^{-2} kg/mol；R' 为气体常数，8.31 J/（mol·K）；T 为热力学温度，K。

$$p_g=\gamma(H_P-Z_{tq,D})+p_a \tag{6-85}$$

式中：γ 为水体容重；p_a 为大气压强；$Z_{tq,D}$ 为通气孔底部高程，m。

将式（6-84）改写为如下差分格式：

$$p_g[\forall_0+\Delta t(-Q_{P1}+Q_{P2})]=(m_0-\Delta t\cdot\dot{m})R'T \tag{6-86}$$

式中：$\forall_0$ 为时段初气体体积，m^3；m_0 为时段初空穴中空气的质量，kg；$\dot{m}$ 为时段末流入空穴的空气质量流量，kg/s。

（2）尾水洞进/排气体质量流量方程。

流过通气孔的空气质量流量取决于通气孔气体压强 p_{J0}（绝对压强）、热力学温度 T，以及尾水洞内的水体压强 p。根据空气流进、流出通气孔速度的不同，尾水洞通气孔进/排气质量流量的表达式可以分为以下四种情况[17]（流入尾水洞为负，流出尾水洞为正）。

一，尾水洞水体压强 p 低于通气孔气体压强 p_{J0}（令 $p_{J0}=p_0$，p_0 为恒定大气压），空气流进尾水洞。

$$\dot{m}=-C_{in}A_{in}\sqrt{7p_0\rho_0\left[\left(\frac{p}{p_0}\right)^{1.4286}-\left(\frac{p}{p_0}\right)^{1.714}\right]},\quad 0.528p_0<p<p_0 \tag{6-87}$$

式中：$\dot{m}$ 为空气质量流量；C_{in} 为尾水洞进气时的流量系数；A_{in} 为通气孔面积；$\rho_0=\dfrac{p_0M^*}{R'T}$ 为通气孔的空气密度。

二，空气以临界流速流进尾水洞。

$$\dot{m}=-C_{in}A_{in}\frac{0.686}{\sqrt{R'T}}p_0,\quad p\leqslant 0.528p_a \tag{6-88}$$

三，空气以亚音速流出尾水洞。

$$\dot{m}=C_{out}A_{out}p\sqrt{\frac{7}{R'T}\left[\left(\frac{p_0}{p}\right)^{1.4286}-\left(\frac{p_0}{p}\right)^{1.7143}\right]},\quad p_0<p<\frac{p_0}{0.528} \tag{6-89}$$

式中：$\dot{m}$ 为空气质量流量；C_{out} 为尾水洞排气时的流量系数；A_{out} 为通气孔排气时的流道面积。式（6-89）等号右侧的正号代表以气体流出尾水洞。

四，空气以临界流速流出尾水洞。

$$\dot{m}=C_{out}A_{out}\frac{0.686}{\sqrt{R'T}}p,\quad \frac{p_a}{0.528}\leqslant p \tag{6-90}$$

上述计算模型组成了尾水洞通气孔进/排气的数学模型。

6.3.2 尾水洞通气系统作用机理分析

乌东德水电站左岸 1#水力单元尾水系统长约 828 m，出口平硐段长约 410 m，底板高程为 800 m，见图 6-14（a）；根据一维过渡过程计算所得的洞顶负压分布，沿出口平硐段轴线方向，在洞顶布设 15 根通气孔，间距为 20 m，并用通气洞将通气孔连通至尾水出口边坡，如图 6-14（b）所示。

计算工况为，下游水位为 823.80 m（尾水洞洞顶高程 824.00 m），额定水头为 135 m，同一水力单元两台机组同时突甩全部负荷。其机组流量变化过程见图 6-18。目的是从调压室涌浪水位、尾水洞进气量、尾水洞洞顶压强及通气系统风速等方面，对无通气系统和通气系统方案进行对比分析，探索明满流尾水洞通气系统的作用机理。

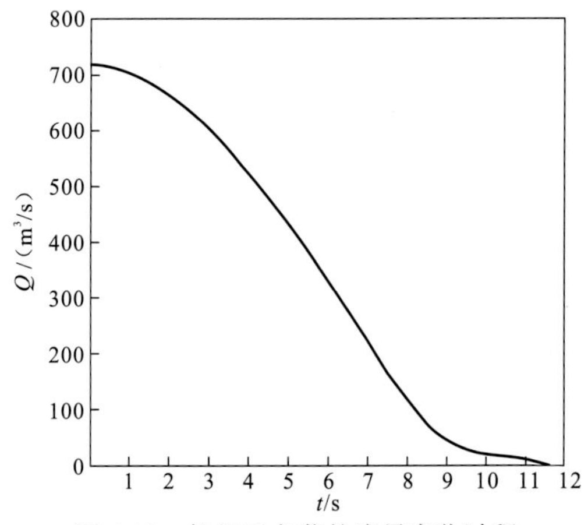

图 6-18 机组甩负荷的流量变化过程

1. 调压室涌浪水位对比分析

有、无通气系统方案的调压室涌浪水位极值比较见表 6-5，两个方案的调压室流量和涌浪水位过程对比见图 6-19。

表 6-5　调压室涌浪水位极值比较表

计算模型	方案	恒定流水位/m	最低涌浪水位/m	最高涌浪水位/m
一维计算	无通气系统	825.47	812.94（31.64）	828.02（91.38）
	有通气系统	825.54	814.69（29.90）	826.43（92.04）
	两者差值	0.07	1.75	−1.59

注：括号内数值为发生时间，单位为 s。

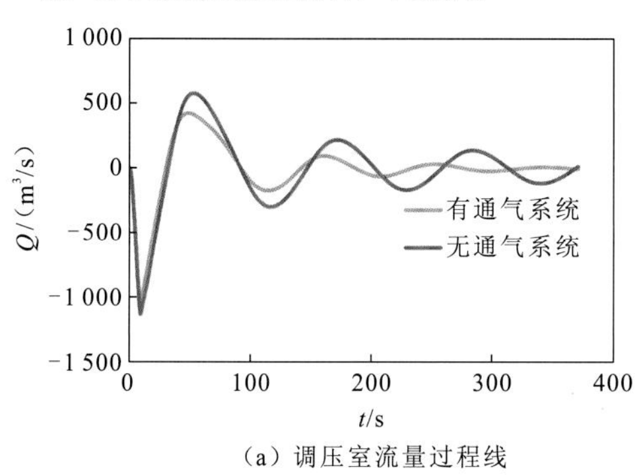

（a）调压室流量过程线

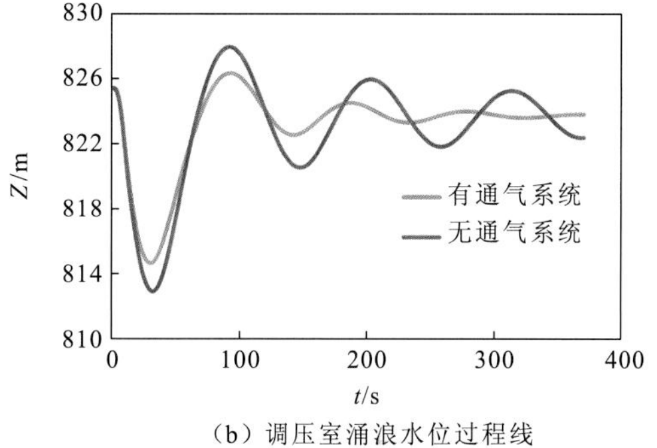

（b）调压室涌浪水位过程线

图 6-19　调压室流量和涌浪水位过程对比图

由上述计算结果可知，有通气系统方案相比于无通气系统方案，降低了调压室进、出流量与涌浪水位的变化幅度，其原因在于：随着机组甩负荷、导叶关闭，调压室水位下降，尾水洞流量减小，设置通气系统的方案由通气系统吸入大量的空气，较大地减小了尾水洞洞顶负压及负压持续时间，相当于减小了调压室与尾水洞之间的压差，使得流出调压室的流量比无通气系统方案小。

2. 尾水洞进气量分析

一维计算方法可由通气孔底部气体体积的变化近似地反映隧洞顶部产生负压后气体的吸入、气泡的发展及压力恢复后气体的排出过程，如图 6-20 所示（沿轴线方向布设的 15 个通气孔依次命名为 1#～15#通气孔）。

由图 6-20 可知，1#通气孔底部于 4.8 s 左右最先吸入空气，形成气囊，至 22.8 s 左右 15#通气孔开始吸入空气为止，15 个通气孔的底部全部形成气囊；53.72～70.9 s 1#～15#通气孔底部的气体体积依次出现最大值，数值在 2 668.75～813.45 m^3；之后，随着空气的排出，各个通气孔底部的气体体积逐渐减小；但是在部分通气孔底部的气体体积还未减小至零的时候，由于尾水洞洞顶压力再次出现负压，气体体积再一次增加，然后再次逐渐减小；之后由于压力波动趋于平稳，气体全部被排出。全过程中各个通气孔底部气体总体积的最大值为 28 007 m^3，发生在 62.2 s 左右，见图 6-21。

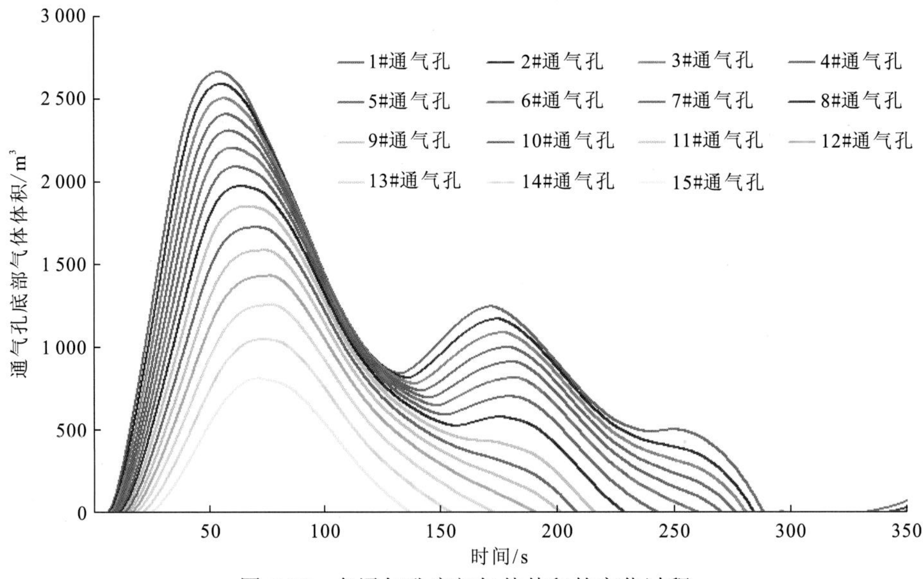

图 6-20　各通气孔底部气体体积的变化过程

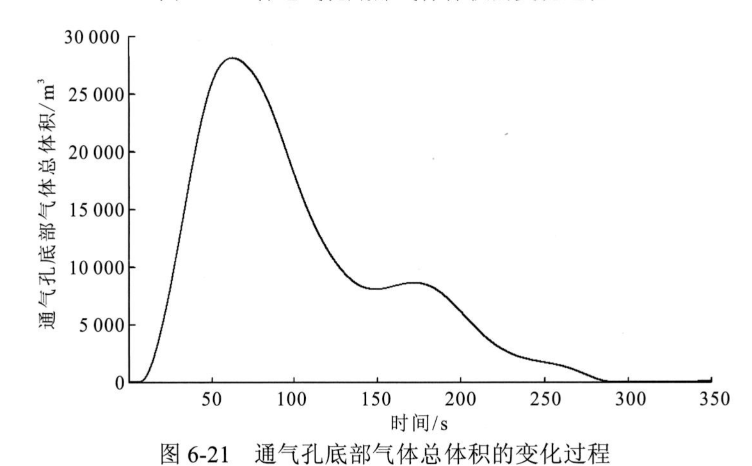

图 6-21　通气孔底部气体总体积的变化过程

3. 尾水洞洞顶压强对比分析

图 6-22（a）和（b）分别给出了无通气系统方案在尾水洞洞顶的 39 个监测点（间距 5 m），以及有通气系统方案在尾水洞洞顶的 32 个监测点。将监测点相对压强转换为压力水头，可以得到各监测点压力水头随时间的变化过程，并得到相应的最大压力水头和最小压力水头，由此可以得到尾水洞出口平顶段洞顶最大、最小压力水头包络线，如图 6-23 所示。

从图 6-23 中可以看出：

（1）对于无通气系统的尾水洞洞顶压力，由于明满流区域较小，尾水洞内流量减小时，洞顶出现负压，且离尾水洞出口越远，负压越大，负压极值达−5.29 m。

（2）对于有通气系统的尾水洞洞顶压力，由于通气系统随着隧洞洞顶的变化吸入与排出空气，负压减小，其效果明显，负压极值在−3.6 m 左右。

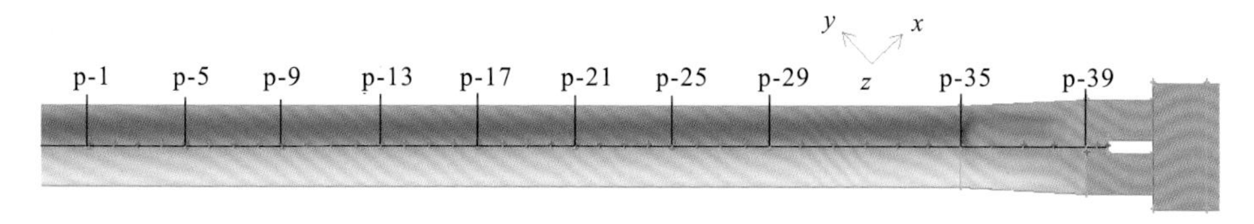

（a）无通气系统方案

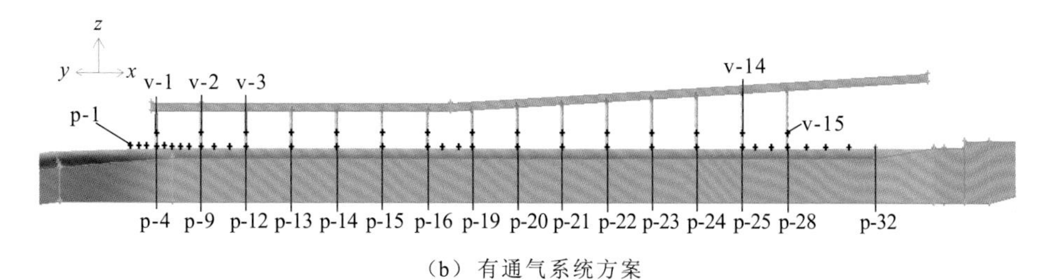

（b）有通气系统方案

图 6-22　尾水洞洞顶压力水头监测点的布置

v-1～v-15 为通气孔风速的监测点，p-1～p-39 为压力水头监测点

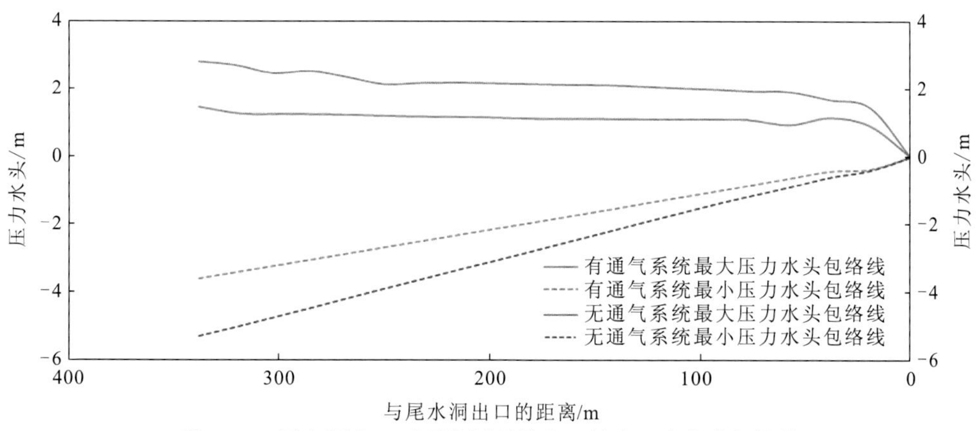

图 6-23　尾水洞出口平顶段洞顶最大、最小压力水头包络线

4. 通气系统的风速

有通气系统方案各通气孔和通气洞出口的最大风速见表 6-6，部分通气孔和通气洞出口的风速变化过程线见图 6-24。

表 6-6　有通气系统方案通气孔、通气洞出口的最大风速　　（单位：m/s）

监测点	v-1	v-2	v-3	v-4	v-5	v-6	v-7	v-8
最大吸气风速	-28.04	-27.67	-27.24	-26.75	-26.19	-25.55	-24.84	-24.04
最大排气风速	18.59	18.05	17.52	17.04	16.51	15.93	15.31	14.64

监测点	v-9	v-10	v-11	v-12	v-13	v-14	v-15	通气洞出口
最大吸气风速	-23.14	-22.13	-20.98	-19.67	-18.17	-16.41	-14.32	-63.40
最大排气风速	13.91	13.14	12.31	11.39	10.37	9.22	7.89	39.39

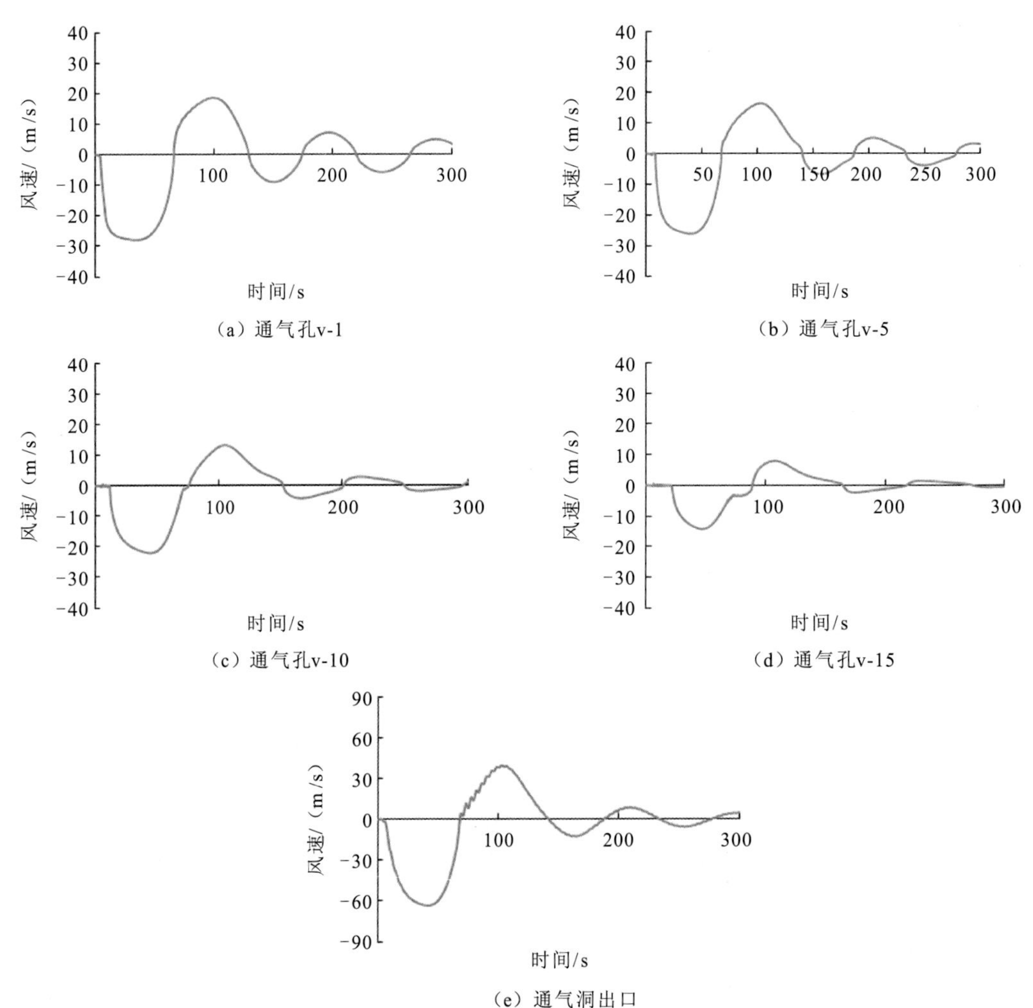

图 6-24 通气孔和通气洞出口的风速变化过程线

从通气孔和通气洞出口的风速变化过程可以看出，风速大小与尾水洞内流量的变化速度、通气孔处尾水洞压力水头的变化速度正相关。当压力水头趋于零时，通气孔内的风速也趋近于零。通气洞出口断面最大吸气风速为−63.40 m/s，最大排气风速为 39.39 m/s。

6.4 明满流尾水洞断流分析与控制

在大型地下式水电站输水系统布置设计中，为解决地下洞室空间密集等问题，国内外均有采用尾水洞与导流洞结合布置的实例。但尾水洞和导流洞功能不同，在发电尾水位较低时，必然存在尾导结合段（尾水洞出口段）流速较大、水深较浅、其弗劳德数 *Fr* 接近于 1 或大于 1 的水力特性。采用 6.2.1 小节明满流三区数学模型进行一维数值模拟时发现，在尾导结合点处出现了水深越来越浅，从而水流中断的情况，计算无法继续进行下去。该结果是客观存在的水流现象还是一维数值模拟不正确，是需要澄清的问题。

本节以某在建水电站为例进行分析，其输水管道系统纵剖面布置如图 6-25 所示。该水电站采用两机一洞尾导结合的布置方式，单机容量为 1 000 MW，额定水头为 202.0 m，额定流量为 547.8 m^3/s，两台机组发电尾水位为 582.14 m。通过明满流三区数学模型一维计算和三维计算流体动力学（computational fluid dynamics，CFD）计算的对比，并采用 6.2.2 小节介绍的基于水击方程与圣维南方程耦合的明满流模拟方法，分析此类型尾水系统非恒定流过程中水流中断的机理，然后利用该方法探讨影响断流的各种主要因素，为合理布置尾导结合的明满流尾水洞提供设计依据。

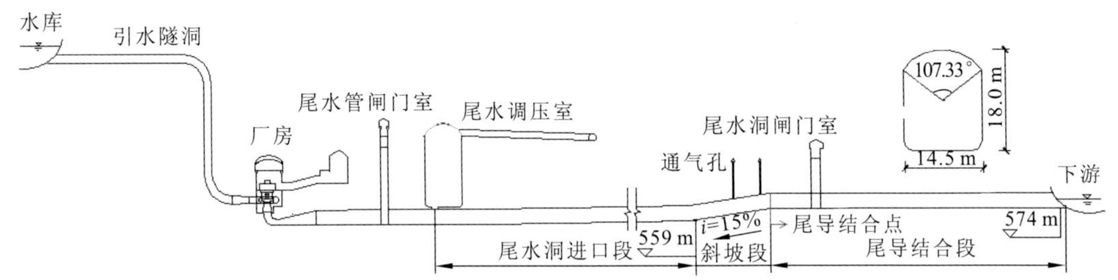

图 6-25　某在建水电站输水管道系统纵剖面布置示意图

图 6-26 为三维 CFD 的计算模型，其计算区域为从机组尾水管出口到下游水库。计算边界条件：尾水管出口流量随时间的变化过程（如图 6-27 所示，由一维过渡过程计算得到）；尾水洞出口两台机组发电尾水位为 582.14 m；尾水调压室、闸门室及通气孔，顶部给定大气压。数学模型：采用流体体积多相流模型[18]、二阶 Realizable k-ε 湍流模型[19]，近壁面采用标准壁面函数处理[20]。有限体积法离散不可压缩的 Navier-Stokes 方程[21]，压力-速度耦合采用适用于非恒定流计算的压力隐式算子分裂（pressure implicit with splitting of operators，PISO）算法[22]。

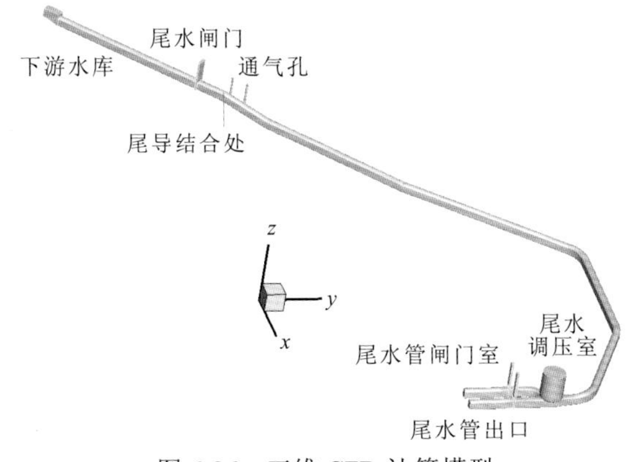

图 6-26　三维 CFD 计算模型

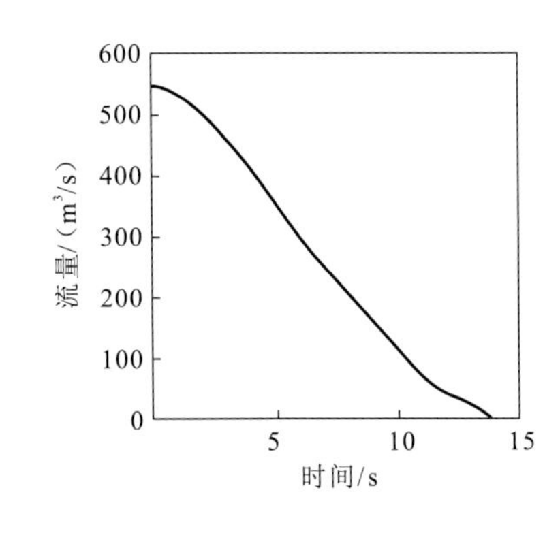

图 6-27　尾水管出口流量随时间的变化过程

6.4.1 明满流尾水洞断流机理分析

1. 明满流三区数学模型一维计算和三维 CFD 计算的对比分析

1）明满流三区数学模型一维计算结果

计算时间步长 $\Delta t=0.02$ s，整个尾水洞的空间步长 $\Delta x=0.5$ m，隐式加权系数 $\theta=0.7$，调压室流入、流出阻抗流量系数均取 0.7，计算结果见图 6-28～图 6-33。该计算进行到 96.52 s 时报错，监测发现尾导结合点在该时刻的水深降为 0（图 6-29），*Fr* 为−5.44（图 6-31）。

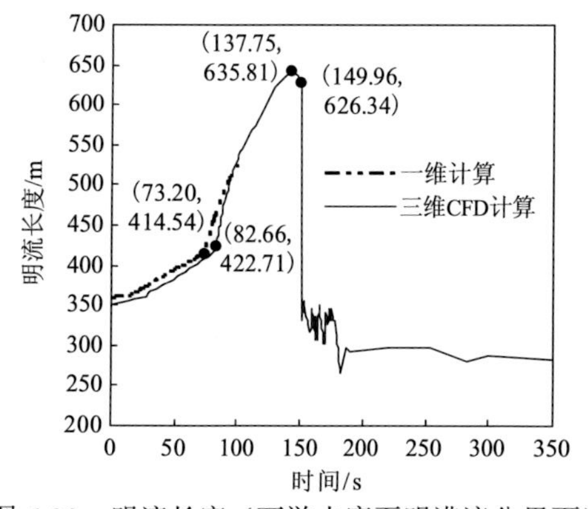

图 6-28 明流长度（下游水库至明满流分界面）的变化过程

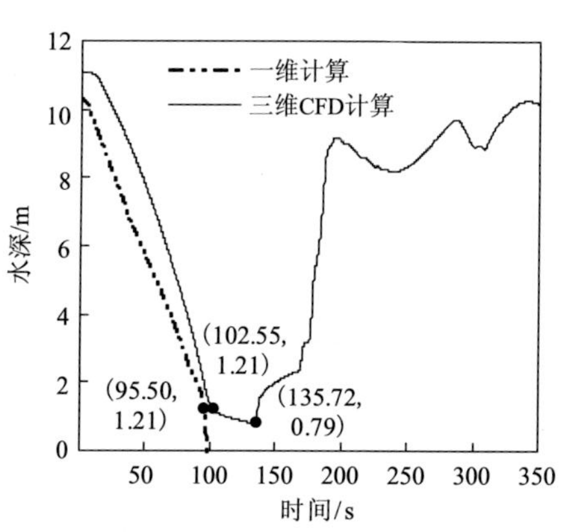

图 6-29 尾导结合点处水深的变化过程

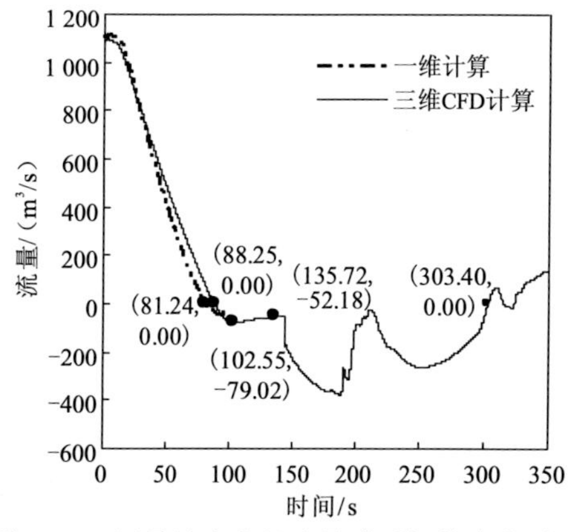

图 6-30 尾导结合点处流量随时间的变化过程

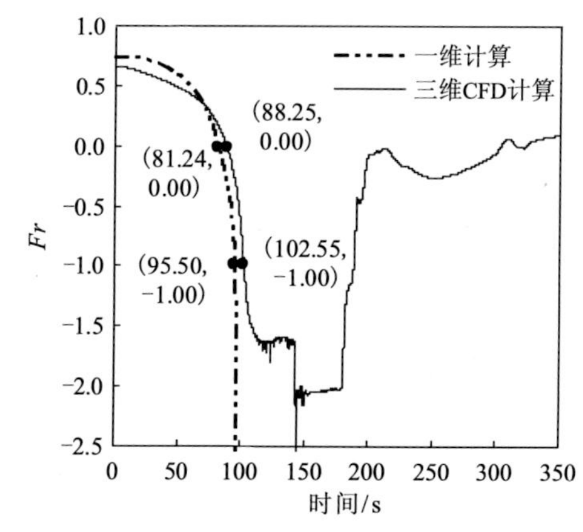

图 6-31 尾导结合点处 *Fr* 随时间的变化过程

2）三维 CFD 计算结果

三维 CFD 计算使用 Fluent 6.3.26 版本商用软件，计算模型总网格数为 867 678，其中城门洞形尾水隧洞、圆形调压室、闸门室、阻抗孔及通气孔和下游水库采用六面体结构化网格，调压室下面的岔管采用非结构化的四面体网格。为缩短计算时间，非恒定流计算采用 Fluent 软件自动变步长功能，最小时间步长约为 0.002 s，最大时间步长约为 0.2 s。

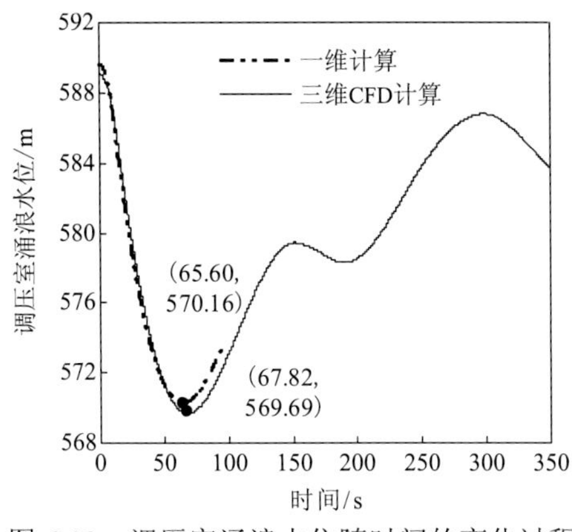

图 6-32　调压室涌浪水位随时间的变化过程

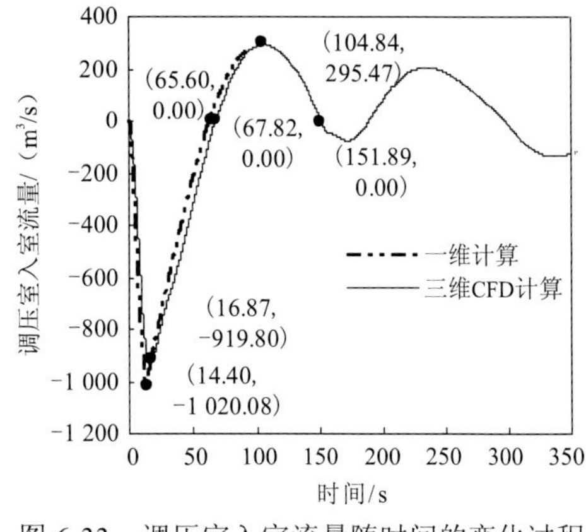

图 6-33　调压室入室流量随时间的变化过程

明流长度（下游水库至明满流分界面的长度，表征明满流分界面的移动距离），尾导结合点处水深、流量和 Fr，调压室涌浪水位和入室流量随时间的变化过程仍见图 6-28～图 6-33。从三维 CFD 计算结果可知：102.55 s 时尾导结合点处水流 Fr 开始大于−1（图 6-31），此时水深较低，为 1.21 m（图 6-29），流量较小，为−79.02 m^3/s（图 6-30），几乎为断流状态，持续 33.17 s（135.72 s−102.55 s）水深降至 0.79 m 后逐渐升高。在断流之前和断流弥合之后的时段内，尾水洞水流呈反向流动（从图 6-30 可知，尾导结合点从 88.25 s 开始水流反向流动，直至 303.40 s），并且在 67.82～151.89 s 这段时间内，尾水洞水流流入调压室，流入调压室的流量达到最大值的时刻（104.84 s）几乎是尾导结合点开始断流的时刻（图 6-33）。

图 6-34～图 6-38 给出了非恒定流过程中 5 个特定时刻的尾水洞三维流态，展示了明满流分界面、水流中断、气囊等特殊的水流现象。

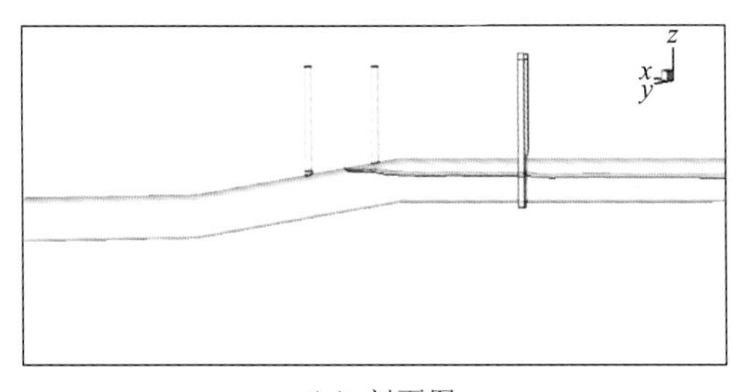

（a）剖面图

（b）俯视图

图 6-34　初始时刻尾导结合点处水面的剖面和俯视图（蓝色为水面）

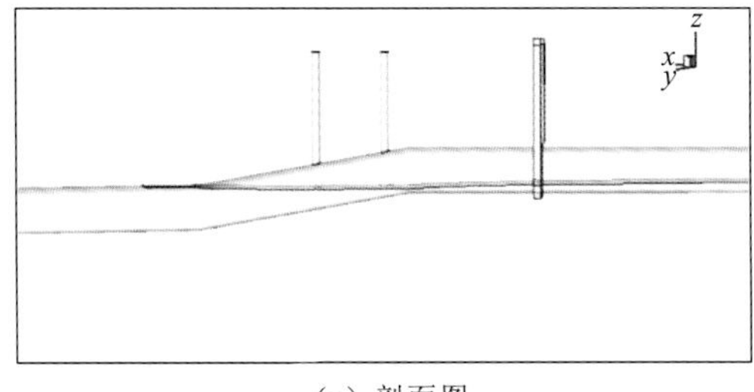

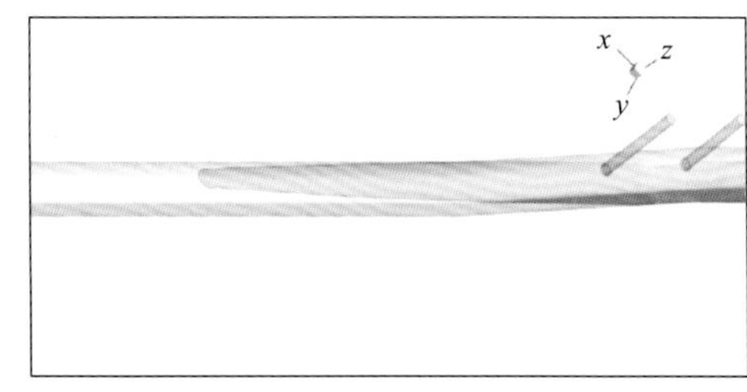

（a）剖面图

（b）俯视图

图 6-35　双机甩负荷下尾导结合点处的水深及明流长度（94.62 s）

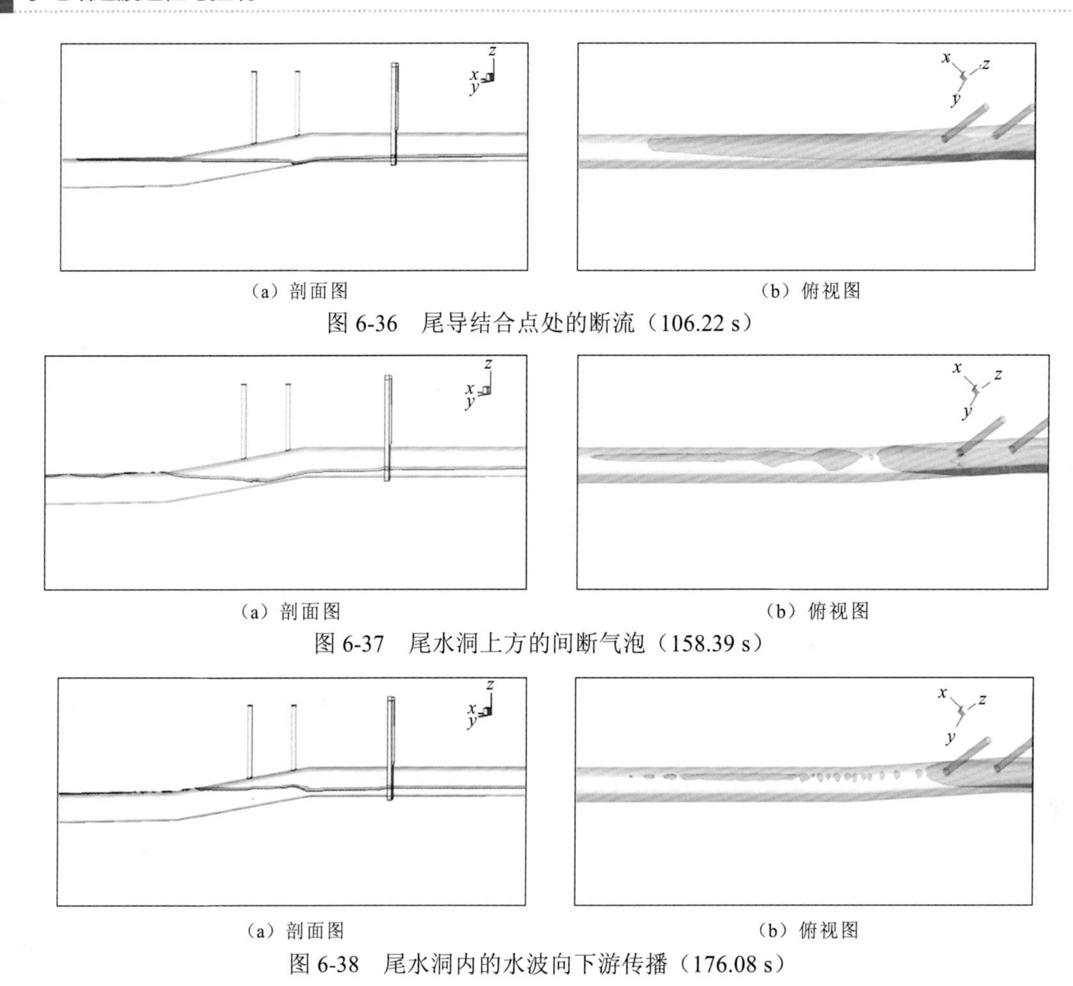

（a）剖面图　　（b）俯视图

图 6-36　尾导结合点处的断流（106.22 s）

（a）剖面图　　（b）俯视图

图 6-37　尾水洞上方的间断气泡（158.39 s）

（a）剖面图　　（b）俯视图

图 6-38　尾水洞内的水波向下游传播（176.08 s）

2. 断流过程及机理分析

从上述计算结果可知，机组甩负荷后尾水调压室水位下降，向尾水洞补水，且在尾水洞内出现退水波。尾水洞出口段（即尾导结合段）水深逐渐变浅，尤其是尾导结合点处由于水头损失和斜坡段的重力作用，该断面流速最大、水深最浅。其 Fr 的绝对值从起始值逐渐接近 1 进而大于 1，形成断波（发生时间为 102.55 s，见图 6-29），即重力波无法向尾水洞出口方向（正向）传播。断波出现，阻滞了反向流量的补充，由图 6-30 可知，在 102.55～135.72 s 时段内，尾导结合点处的反向流量从 79.02 m^3/s 减小到 52.18 m^3/s；并且在调压室水位上升过程中由于惯性的作用，需要足够水流的补充，若补充不足，必然降低尾导结合点处的水深。上述两方面的共同作用，致使水流中断[23]。

但上述两种方法对完整地模拟尾导结合点处的断流过程都有一定的缺憾，明满流三区数学模型一维计算到 96.52 s 无法继续下去；而三维 CFD 计算不仅耗时长，而且没有与机组甩负荷直接耦合在一起计算，仅仅是依据一维过渡过程计算结果，将尾水管出口流量随时间的变化作为边界条件。为此，本节采用 6.2.2 小节介绍的基于水击方程与圣维南方程耦合的明满流模拟方法来计算尾导结合点处的断流过程，并探讨影响断流的各种主要因素，进一步认识尾导结合点处断流的机理。

1）计算简图与计算条件

计算简图如图 6-39 所示，该简图将尾导结合的尾水系统划分为四段：第一段 L_1 为尾水管出口断面至调压室阻抗孔口中心线所在断面；第二段 L_2 为调压室阻抗孔口中心线所在断面至尾水洞逆坡段的下折点；第三段 L_3 为尾水洞斜坡段，其上折点就是尾导结合断面；第四段 L_4 为导流洞段，出口衔接下游。

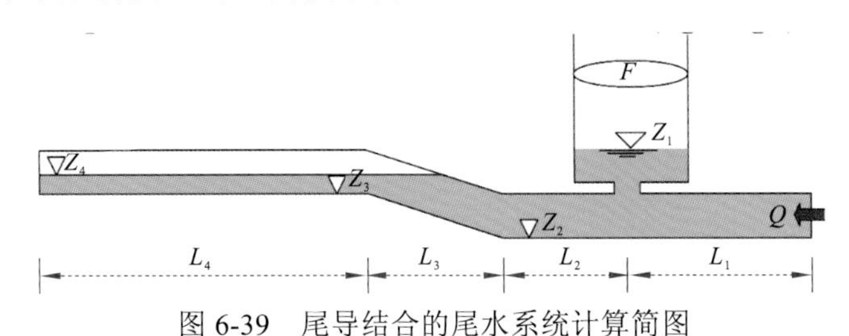

图 6-39　尾导结合的尾水系统计算简图

用于数值模拟的尾水系统的基本参数如下：压力尾水洞 L_1 为 100 m，调压室后水平段 L_2 为 600 m，斜坡段 L_3 为 400 m，调压室出口管道高程 Z_2 为 540 m，斜坡段坡顶高程 Z_3 为 565 m，导流洞段 L_4 为 500 m，整个尾水洞的满流段均当量为直径为 14.5 m 的圆断面，调压室断面积为 1 550 m^2。机组甩负荷，导叶直线关闭，引用流量 Q 在 10 s 内由初始值减到 0。算例中，下游出口水深为 6 m，初始流量为 550 m^3/s。

统计机组甩负荷过程中调压室水位、进出调压室流量、尾导结合断面（斜坡段 L_3 与导流洞段 L_4 的交点）的水深、流量及弗劳德数随时间的波动过程。

2）计算结果与分析

计算结果如图 6-40～图 6-42 所示。其中，图 6-40 为调压室水位及流量随时间的变化过程；图 6-41 为调压室涌浪水位处于峰值和谷底时刻时尾水洞内的水面线；图 6-42 则是尾水洞内水流流速正负分布图。在图 6-42 中，横坐标表示时间，纵坐标表示尾水洞位置，0～600 m 为调压室后的水平段、600～1 000 m 为尾水洞内的斜坡段、1 000～1 500 m 为导流洞段，分别是图 6-39 中的 L_2 段、L_3 段和 L_4 段。图 6-42 中的红色区域表示水流由机组流向下游，白色区域表示水流由下游流向机组。

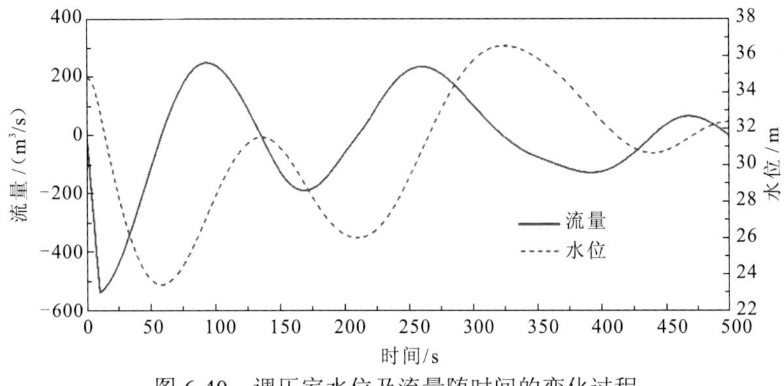

图 6-40　调压室水位及流量随时间的变化过程

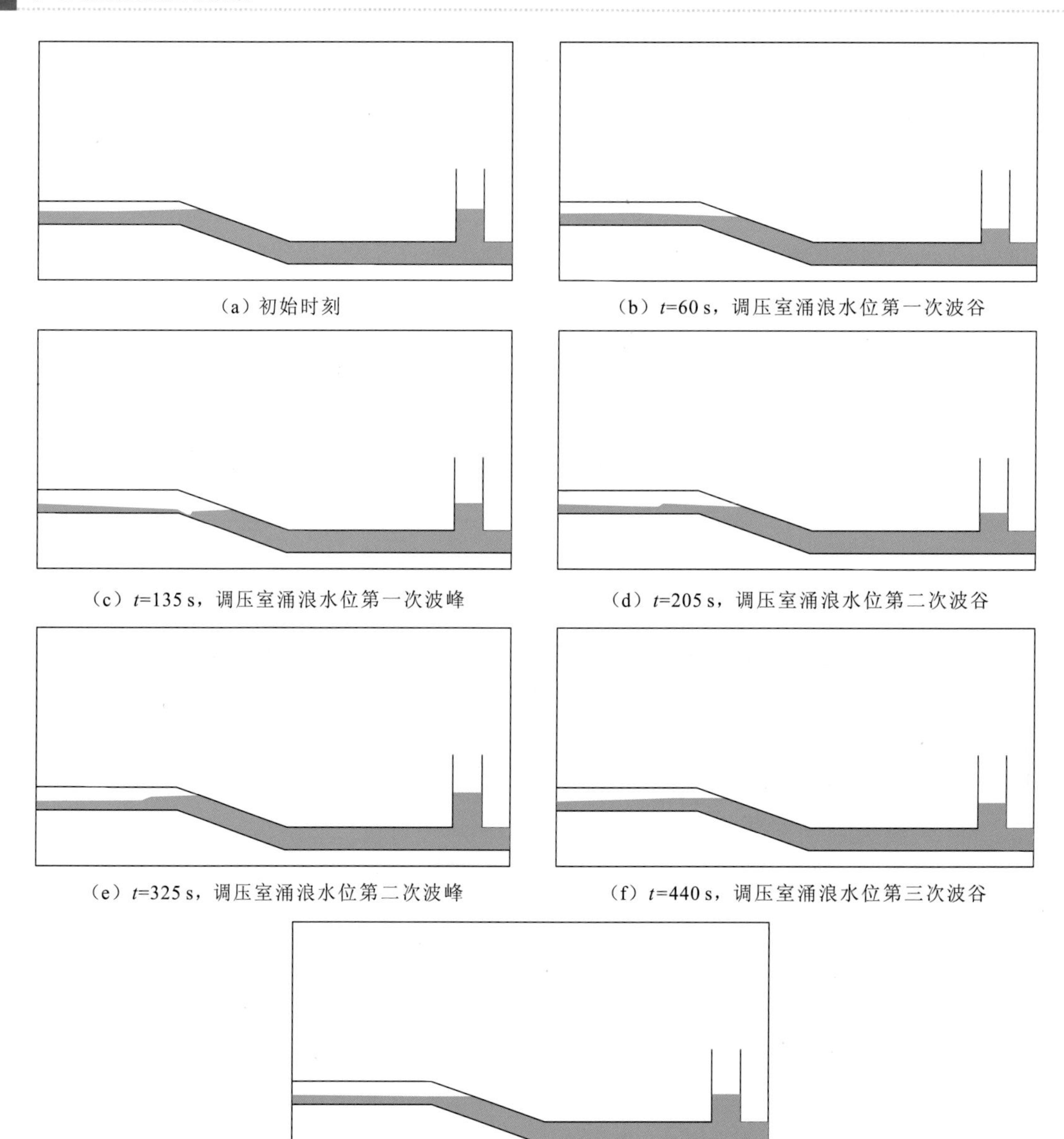

（a）初始时刻

（b）t=60 s，调压室涌浪水位第一次波谷

（c）t=135 s，调压室涌浪水位第一次波峰

（d）t=205 s，调压室涌浪水位第二次波谷

（e）t=325 s，调压室涌浪水位第二次波峰

（f）t=440 s，调压室涌浪水位第三次波谷

（g）t=500 s，调压室涌浪水位第三次波峰

图 6-41 明满流尾水洞典型时刻水面线

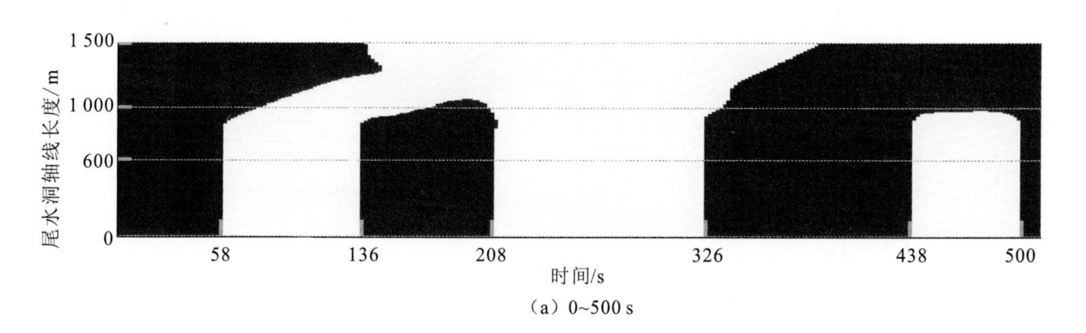

（a）0~500 s

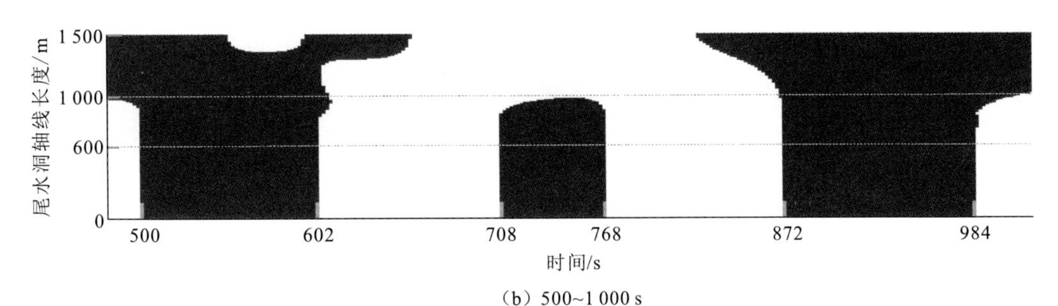

（b）500~1 000 s

图 6-42 尾水洞内水流流速正负分布图

分析图 6-40～图 6-42 可知：

（1）由于机组甩负荷，尾水调压室内水体在 0～60 s 时段一直都是流出的，调压室水位不断下降，尾水洞内水流流向均为正，即指向尾水洞出口。在 60 s 时刻，调压室水位达到第一次波谷，即最小值[图 6-41（b）和图 6-40]，随后调压室流量由流出转换为流入。

（2）在 60～135 s 时段内，水流不断流入调压室，如图 6-42 所示。而靠近尾水洞出口侧的水流在惯性作用下依然流向下游，于是尾水洞内水流正负流向的分界线一直向尾水洞出口断面移动。换句话说，在该时段内，靠近调压室侧的尾水洞水流流向为负，流入调压室；靠近尾水洞出口侧的尾水洞水流流向为正，流向下游水库。因此，尾水洞内两股不同流向的水流背离而行，导致尾导结合断面的水深逐渐变浅。

（3）在 135 s 时刻，尾水洞出口流速为零，但下游水库没有向尾水洞补充水量，调压室水位达到第一次波峰，但不是最大值（图 6-40）。此时，处在斜坡段坡顶的尾导结合断面，由于坡度的重力作用，水流顺斜坡流下，在坡顶处水深迅速变浅，呈现断流现象。

（4）在 135～205 s 时段内，尾水洞出口的水流已经转向，由下游水库不断流入尾水洞；而调压室水位达到第一次波峰之后水流也不断流出调压室。因此，在此时间段内形成的两股水流在尾水洞内相向而行，且水流正负流向的分界线一直向调压室中心线断面移动。在 205 s 时刻，调压室水位又一次达到波谷，即第二次波谷，随后水流开始流入调压室。

（5）如图 6-42 所示，在 205～325 s 时段内，整个尾水洞水流流向均为负，即水流从下游水库继续不断地流入尾水洞，调压室水位随之升高。在水流惯性作用下，调压室水位在 325 s 时刻达到第二次峰值，即最大值（图 6-40）。在此次调压室水位上升过程中，因为整个尾水洞水流流向一致，所以处在斜坡段坡顶的尾导结合断面不会出现水深快速变浅的现象。

（6）在 325～440 s 时段内，调压室水位又开始下降，靠近调压室侧的尾水洞水流流向为正，而下游水库水流依旧继续不断地流入尾水洞，因此，在尾水洞内再一次出现水流相向流动的现象。但随着调压室流出的水流的增加，水流正负流向的分界线向尾水洞出口断面移动，直至整个尾水洞水流均为正向流动，即在 440 s 时刻调压室水位出现第三次波谷。

（7）在 440～500 s 时段内，调压室水位再次回升，但尾水洞出口段的水流在惯性作用下依然向下游流动，因此调压室不能从下游水库补充更多的水流，调压室水位在较短时间内就达到第三次波峰，此次波峰值明显小于第二次波峰值，所以处在斜坡段坡顶的尾导结合断面不会再次出现断流现象。

（8）从图 6-40 可知，调压室水位的波动过程呈现十分显著的非正弦、非对称性特点，即第一次波谷最低，第二次波谷次之，第三次波谷更高，相隔时间分别是 145 s 和 235 s；而第一次波峰最低，低于调压室初始水位，第二次波峰最高，第三次波峰次之，相隔时间分别是 190 s 和 175 s。该特点反映了明满流尾水洞中调压室质量波与明流段重力波并存及叠加的复杂水力学特性，也反映了尾导结合断面断流带来的波形改变。

结合本小节明满流三区数学模型一维计算和三维 CFD 计算的对比分析，分析尾导结合的明满流尾水洞非恒定流过程中水流中断的机理，可以得出如下两点主要结论。

（1）当下游水位较低时，机组甩负荷后，随着尾导结合段（尤其在尾导结合断面）水深的降低，其 Fr 的绝对值从初始值逐渐接近 1 进而大于 1，形成断波，阻滞了反向流量的补充。因此，其 $Fr>1$ 是发生水流中断的内因。

（2）机组甩负荷后，尾水调压室水位经历了先下降后上升的过程，在水位上升阶段，由于惯性的作用，需要足够水流的补充，若补充不足，必然进一步降低尾导结合段的水深。因此，水流中断必然发生在调压室水位上升的时段。换句话说，若尾水系统没有设置调压室，即使非恒定流过程中出现 $Fr>1$，也不会发生水流中断这一特殊的水力学现象。

6.4.2 明满流尾水洞断流影响因素的分析与控制

从上述数值模拟结果及断流机理分析可知，影响明满流尾水洞断流的因素主要来自两方面：一是尾导结合的体型设计，如导流洞的底板高程（直接关系到明流段初始水深、流速和 Fr）、导流洞被利用的长短、斜坡段的倾角等；二是调压室的体型设计，如调压室断面积、阻抗孔口面积、有压尾水洞的长度等。为此，利用明满流三区数学模型或基于水击方程与圣维南方程耦合的明满流模拟方法来分析上述两方面的影响，提出相应的控制措施，防范机组甩负荷过程中水流中断现象的发生。

1. 尾导结合体型设计对明满流尾水洞断流的影响

文献[24]收集了 A～E 五座尾导结合水电站的基本资料，如表 6-7 所示，并开展了相关的数值模拟计算。图 6-43 为各水电站尾导结合形式及尾导结合断面的位置，B、C 水电站分别以 10.47%和 5.47%坡度的有压尾水洞直接与导流洞衔接，该坡度直接视为衔接段的坡度。而 A、D 及 E 水电站有压尾水洞设计得较平缓，其坡度分别为 2.198%、4.4675%、0，然后以较大坡度（15%、12%、20%）的衔接段与导流洞衔接。五座水电站的导流洞均为平硐。

表 6-7 五座尾导结合水电站的基本资料

水电站	布置方式	单机额定流量/（m^3/s）	额定水头/m	调压室后尾水洞			衔接段		调压室		导流洞	
				长度/m	面积/m^2	T_w/s	长度/m	坡度 i/%	面积/m^2	时间常数	长度/m	宽度/m
A	两机一洞	547.80	202.0	918.19	243.34	2.09	100.00	15.00	1 555.28	286.75	473.86	17.50
B	两机一洞	716.77	135.0	292.21	289.97	1.09	248.71	10.47	1 425.00	134.20	405.98	16.50
C	三机一洞	444.00	58.00	400.57	228.53	2.74	390.09	5.47	1 273.90	83.21	175.59	16.00
D	两机一洞	430.50	197.0	389.87	272.61	0.96	90.00	12.00	1 764.00	269.07	873.59	18.00
E	三机一洞	376.00	165.0	215.08	243.04	0.62	70.00	20.00	1 447.00	211.66	365.52	17.50

注：调压室时间常数=调压室面积×水头/流量。

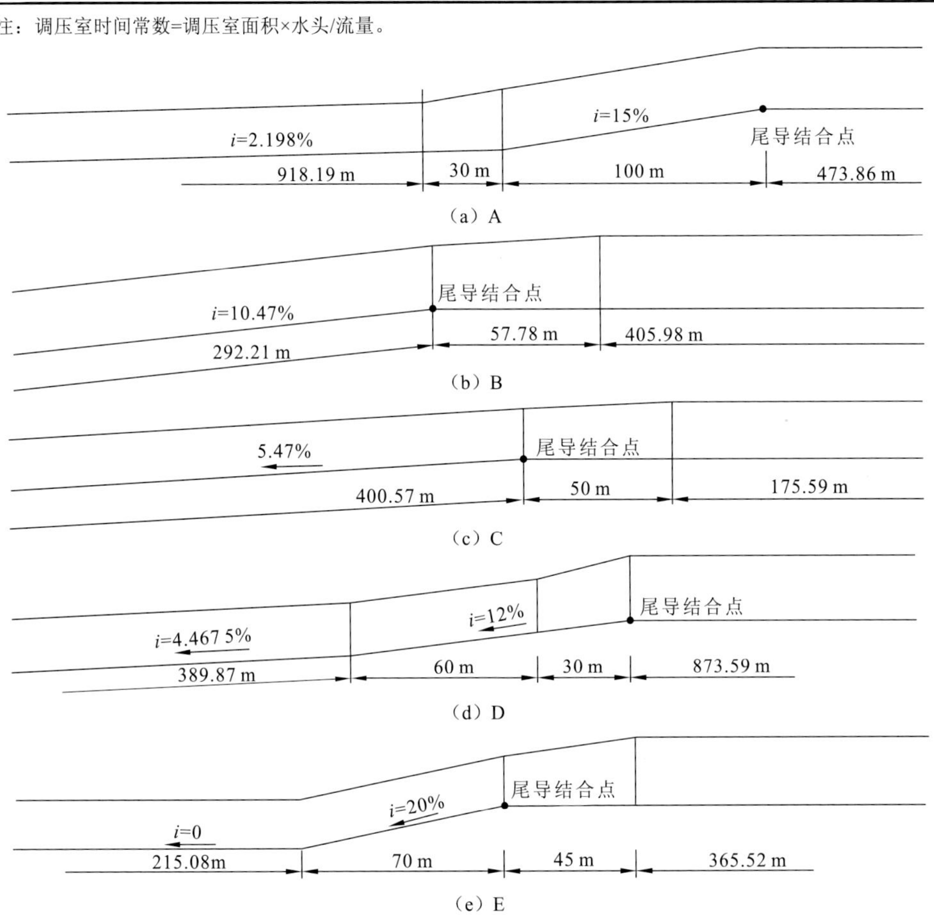

图 6-43 五座水电站明满流尾水洞布置示意图

模拟计算条件：额定流量、额定水头下两/三台机组同时甩负荷，下游尾水位为引用流量对应的最低尾水位。

1）下游水位/导流洞底板高程

6.4.1 小节水流中断机理分析表明，提高下游水位（或降低导流洞底板高程），加大了导流洞段的初始水深，减小了洞内流速（过流断面增大），降低了尾导结合断面初始弗

劳德数 Fr_0，有利于防止在机组甩负荷、非恒定流过程中尾导结合断面出现断流现象。为此，针对 A～E 五座水电站，进行下游水位的敏感性分析。

为了便于比较，本节统计各水电站尾水洞出口 Fr_0 与尾导结合点处 Fr 极值之间的关系，探讨下游水位/导流洞底板高程的影响（尾水洞出口 Fr_0 较容易计算，且与尾导结合点处的 Fr 初始值相差甚小）。

随着下游水位的增大，Fr_0 减小，尾导结合点处的 Fr 也减小。根据非恒定流过程中尾导结合点处 $Fr=-1$ 就会发生断流现象的机理分析，从图 6-44 中可以得到各座水电站对应的尾水洞出口 Fr_0，A～E 水电站尾水洞出口 Fr_0 依次为 0.452、0.627、0.656、0.628、0.627。这说明各座水电站判别尾导结合点处是否出现断流现象的指标——尾水洞出口 Fr_0 大小不一致，大约可分为三档，A 水电站 $Fr_0>0.45$，B、D 及 E 水电站 $Fr_0>0.63$，C 水电站 $Fr_0>0.66$，就有可能出现水流中断现象。

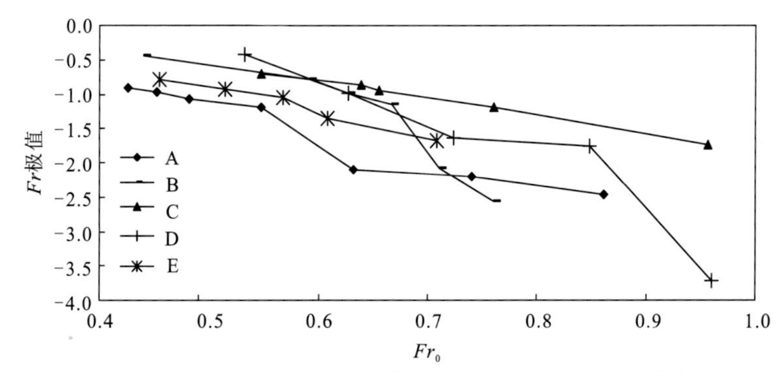

图 6-44　尾导结合点处 Fr 极值与尾水洞出口 Fr_0 的关系曲线

根据以上三档出现断流现象时的尾水洞出口 Fr_0，对比五座水电站的特征参数，寻找尾水洞出口 Fr_0 临界值不同的原因，由表 6-7 可知，C 水电站衔接段坡度最小（5.47%），导流洞长度也最短（175.59 m），下面将对这两种影响因素进行敏感性分析。

2）衔接段的坡度

采用尾导结合形式布置明满流尾水洞时，由于导流洞和尾水洞功能不同，导流洞底板高程较高且底坡平缓，尾水洞通常要以较大正底坡与导流洞衔接。上述 5 座水电站采用了不同的衔接段坡度，如图 6-43 所示。

下面对各水电站的衔接段坡度进行敏感性分析，分别取衔接段坡度为 6%、8%、10%、12%、15%、20%。图 6-45 为坡度敏感性分析的示意图。对于 B、C 两座水电站，不同的斜率直接做平移处理。而对于 A、D 及 E 三座水电站，大于该衔接段坡度的斜率，做平移处理；小于该衔接段坡度的斜率，延长衔接段与原尾水洞自然相交，保证水流流态平稳。图 6-45 中的黑粗实线为原体型，虚线并以蓝色填充的为衔接段坡度改变后的体型。

敏感性计算结果如图 6-46 所示。

（1）B、D 及 E 水电站尾导结合点处出现断流现象时的尾水洞出口 Fr_0 临界值对衔接段坡度并不敏感，随着衔接段坡度的增大，B、E 水电站的 Fr_0 临界值逐渐减小，由 0.667、0.686（i=6%）降至 0.613、0.646（i=20%），降幅仅为 0.054 及 0.04。而 D 水电站的 Fr_0

临界值随衔接段坡度的增大呈先降低后增大的趋势，即由 0.703（i=6%）降至 0.628（i=12%），降幅为 0.075，后升至 0.673（i=20%），增幅为 0.045。

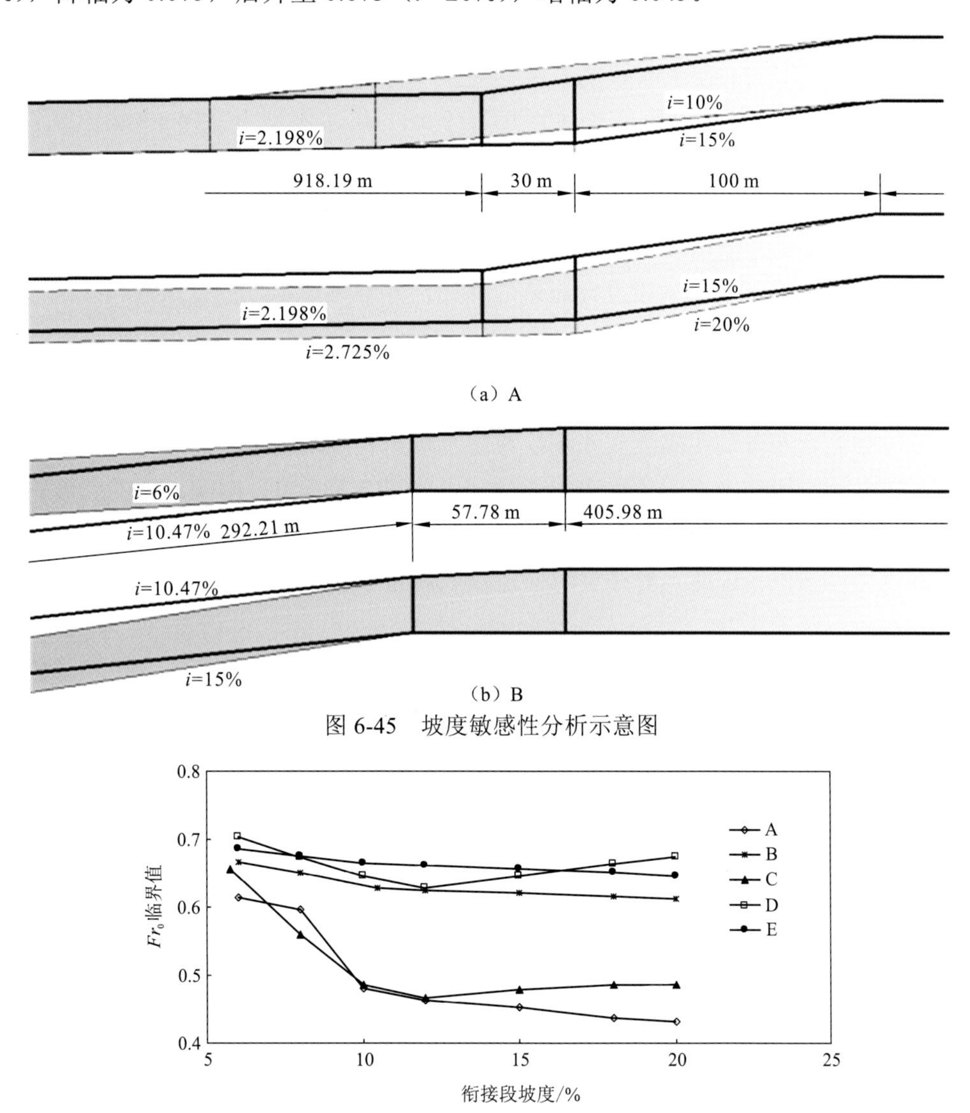

（a）A

（b）B

图 6-45　坡度敏感性分析示意图

图 6-46　衔接段坡度与尾水洞出口 Fr_0 临界值的关系曲线

对于 A、C 水电站，相比于其他三座水电站，当衔接段坡度小于 12%时，Fr_0 临界值对坡度的变化较敏感，分别由 0.614、0.656（i=6%）降至 0.463、0.466（i=12%），降幅分别为 0.151 及 0.190；随后 A 水电站缓降至 0.431（i=20%），降幅为 0.032；C 水电站缓增至 0.486（i=20%），增幅为 0.02。

（2）对比下游水位敏感性分析结果发现，C 水电站尾导结合点处出现断波现象的尾水洞出口 Fr_0 临界值<0.66，对下游水位（或底板高程）要求最低。其主要是因为 C 水电站衔接段坡度较缓，为 5.47%。若坡度取 15%，Fr_0 临界值为 0.479，与 A 水电站可归为同一档。

（3）对比A、C水电站与B、D及E水电站出现断流现象的Fr_0临界值对衔接段坡度变化的敏感程度可知，当衔接段坡度小于12%时，A、C水电站Fr_0临界值的降幅达0.151及0.190，是B、D及E水电站降幅的3～5倍。再次对比各水电站特征参数（表6-7），不难发现其原因为，A、C水电站尾水调压室下游侧满流段水流惯性加速时间T_w较大，A水电站为2.09 s（满流段长度较长，为918.19 m），C水电站为2.74 s（满流段长度为400.57 m，但额定水头很低，为58.00 m）。而其他三座水电站尾水调压室下游侧满流段的T_w均在1.0 s左右。因此，不难推测，正是因为A、C水电站尾水洞满流段的水流惯性较大，当尾导结合点处衔接段坡度较大时（斜坡段的重力作用也加大），在尾水调压室水位上升过程中，阻滞了导流洞段反向流量的补充，导致尾导结合点处水深越来越浅，易发生水流中断现象。

3）所结合导流洞段的长度（即明流段长度）

对于尾导结合布置的明满流尾水洞，在尾水洞总长度基本确定的条件下，有压尾水洞段与无压导流洞段结合点的位置决定了所利用的导流洞长度，即明流段的长度。

明流段长度越长，水深变化产生的重力波越明显，与调压室涌浪产生的质量波的波动叠加效应也越强烈。因此，有必要对明流段长度进行敏感性分析，探寻该因素对尾导结合点处水流中断的影响。

下面分别对上述五座水电站的导流洞长度做敏感性分析，在70～1 100 m长度范围取9个不同的值，尾水洞总长度及衔接段长度、坡度保持不变，结果如图6-47所示。

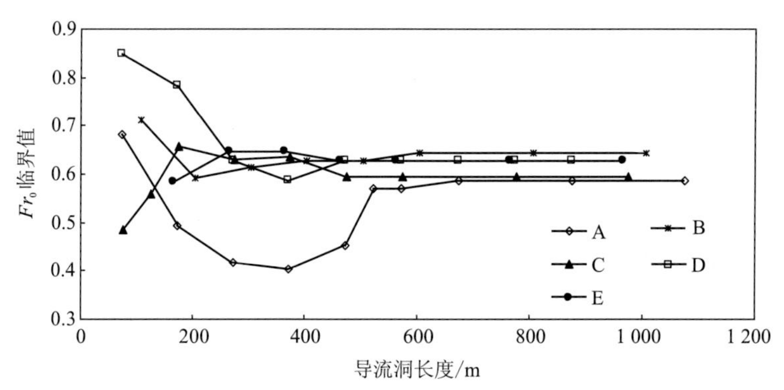

图6-47　导流洞长度与尾水洞出口Fr_0临界值的关系曲线

分析图6-47可知：

（1）当明流段长度达到一定值（约600 m）之后，各水电站尾导结合点处发生断流现象时的尾水洞出口Fr_0临界值均稳定在某一个常数（A水电站为0.59，B水电站为0.64，C水电站为0.60，D、E水电站均为0.63），不随明流段长度的进一步增加而变化。其原因是，当明流段长度超过600 m之后，非恒定流过程中尾导结合点处上游侧流量的变化已结束，而下游侧的反射波还未到达，故Fr_0临界值不随之而变。

（2）当明流段长度小于600 m时，Fr_0临界值受该长度变化的影响较大。其原因是，非恒定流过程中尾导结合点处的水深变化，不仅受下游侧重力波反射叠加的影响，还受上游侧尾水调压室重力波的影响。其中，A 水电站对明流段长度的变化最为敏感，当明流段长度为 73.86 m 时，Fr_0 临界值达 0.683；随着该长度增长至 373.86 m，Fr_0 临界值降至 0.403；而后 Fr_0 临界值增至 0.571，对应的明流段长度为 573.86 m。

2. 调压室体型设计对明满流尾水洞断流的影响

本节仍取 6.4.1 小节算例的基本参数，分别探讨调压室断面积、调压室阻抗孔对明满流尾水洞断流的影响[25]。

1）调压室断面积的影响

按照水流中断的机理分析，断流发生在机组甩负荷之后，调压室水位第一次上升的过程中，由于流入调压室的流量很大，而明流段在水流惯性作用下依旧正向流动，尾水洞内两股水流背离而行，在斜坡段顶部（尾导结合点处）发生断流。如果调压室参数发生改变，如断面积减小或阻抗损失加大，导致流入调压室的流量减小，是否会改变水流中断这种现象？下面对其进行分析。

取调压室阻抗系数为 0，尾水洞初始流量为 550 m^3/s，机组甩负荷，引用流量在 10 s 内减至零。尾水洞出口水位为 6 m，改变调压室断面积，调压室断面积分别取 1 550 m^2、1 000 m^2 和 500 m^2，计算分析调压室断面积对尾导结合点处水位波动的影响，其结果如图 6-48 所示。

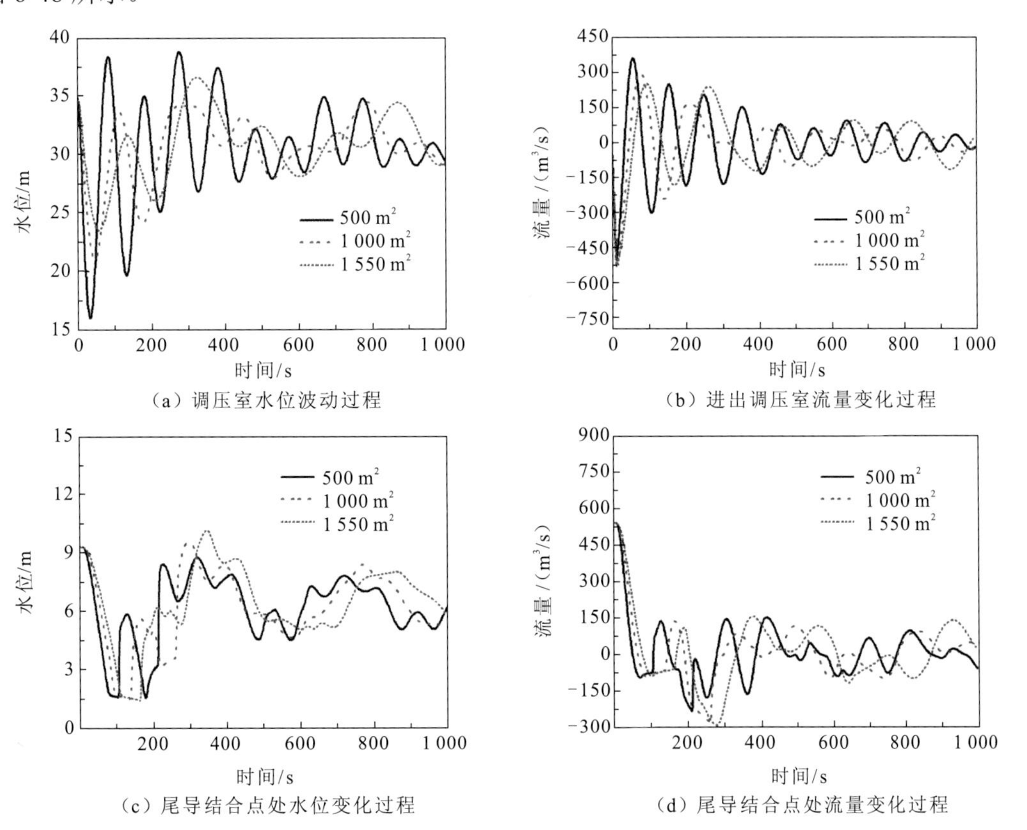

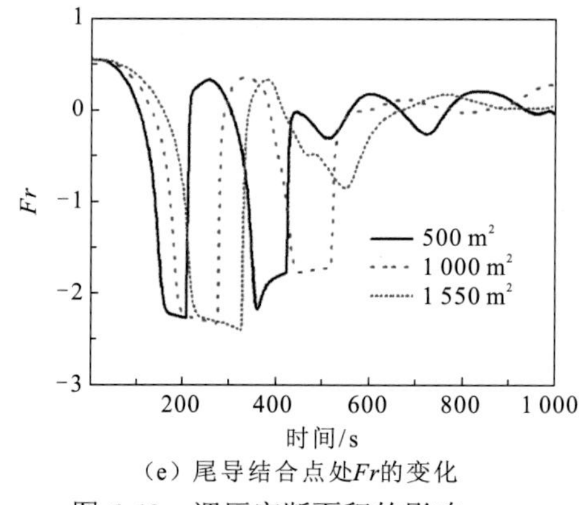

（e）尾导结合点处*Fr*的变化

图 6-48 调压室断面积的影响

分析图 6-48 可知：

（1）随着调压室断面积的增大，调压室水位波动的周期逐渐增大，振幅逐渐减小，与有压流尾水洞类似。但从图 6-48（c）、（d）、（e）中可以看出，调压室断面积对尾导结合点处最小水深的影响并不明显，而主要影响该处水深波动的周期和极值发生的时刻。调压室断面积越小，断流发生的时刻越早。调压室断面积对尾导结合点处最小水深的影响不明显的原因可能是，计算中将调压室考虑为简单式调压室，忽略了水流进出调压室的阻抗损失，水流可以不受阻力地流入和流出调压室。

（2）调压室断面积取 1 550 m^2、1 000 m^2 和 500 m^2 时，尾导结合点处 *Fr* 极值的绝对值依次减小，发生时间依次提前；*Fr* 极值的绝对值均大于 2，所以均会在尾导结合点处发生水流中断现象。

2）调压室阻抗孔的影响

根据断流机理分析，如果尾水洞中没有设置尾水调压室，机组甩负荷后就不可能在尾导结合点处发生水流中断现象。调压室阻抗孔口面积越小，其阻抗损失越大，意味着水流流进和流出调压室的阻力越大。在此，改变调压室阻抗孔口面积（分别取为 30%尾水洞面积、50%尾水洞面积，以及简单式调压室），计算分析调压室阻抗孔对尾导结合点处水位波动的影响，其结果如图 6-49 所示。

分析图 6-49 可知：

（1）与有压尾水洞类似，随着阻抗孔口面积的减小，阻抗损失增大，流进、流出调压室的流量减小，调压室水位波动的振幅也依次减小。

（2）阻抗孔口面积越小，尾导结合点处最低水位越高，发生水流中断的可能性越小。但阻抗孔口面积为 50%尾水洞面积时，尾导结合点处最低水位与简单式调压室相差不大，说明阻抗孔口面积超过一定的限值，不仅无助于减小调压室涌浪水位振幅，也无助于提高尾导结合点处最低水位。

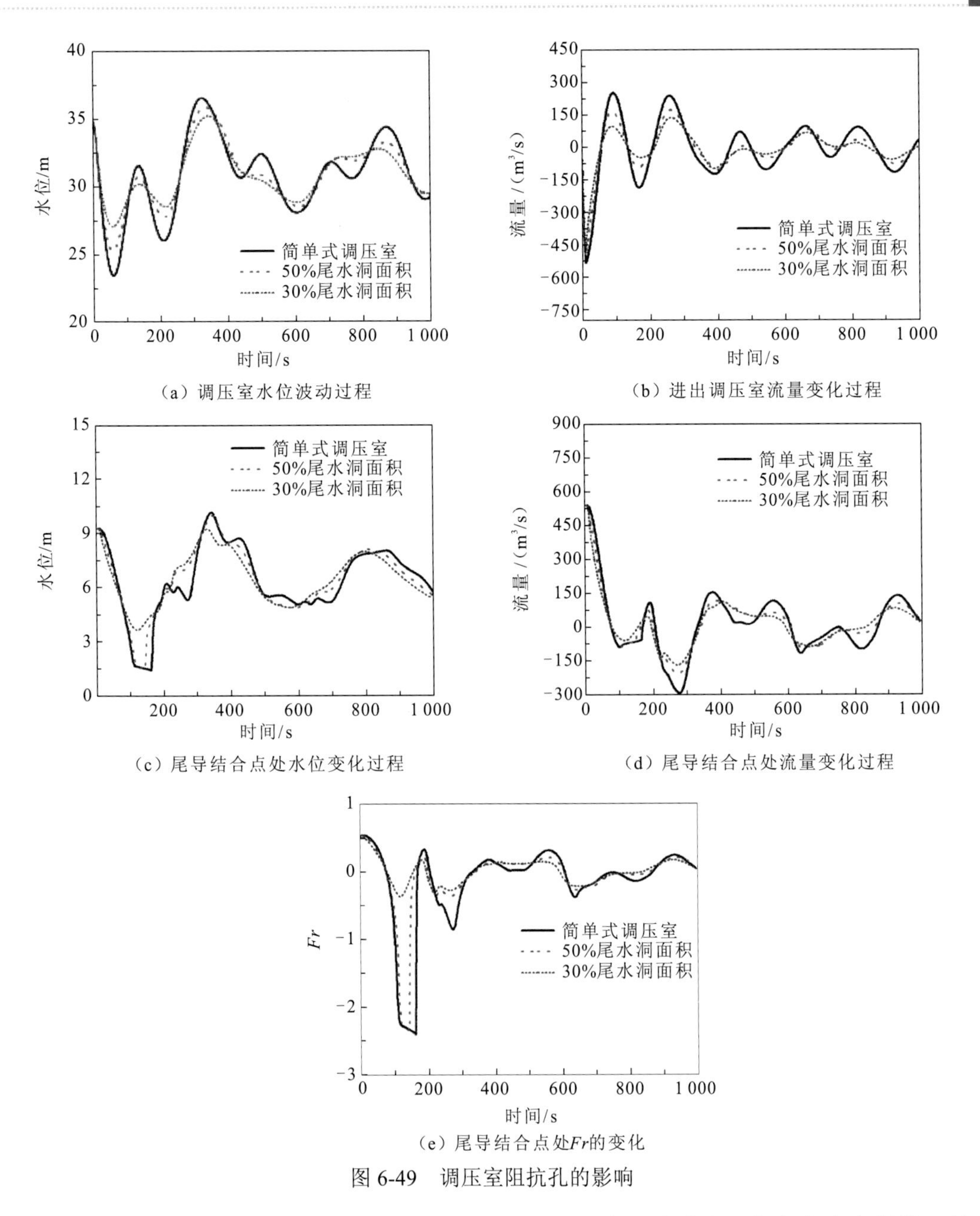

图 6-49　调压室阻抗孔的影响

(3) 阻抗孔口面积越小，尾导结合点处 *Fr* 极值的绝对值越小，发生水流中断的可能性越小。但阻抗孔口面积为 50%尾水洞面积时，尾导结合点处 *Fr* 极值的绝对值与简单式调压室相差不大，同样说明阻抗孔口面积超过一定的限值，无助于抑制尾导结合点处水流中断现象的发生。其中，当阻抗孔口面积为 30%尾水洞面积时，尾导结合点处 *Fr* 的绝对值均小于 1，一直处于缓流的状态，而当阻抗孔口面积为 50%尾水洞面积或简单式调压室时，尾导结合点处 *Fr* 的绝对值较大，特别是机组甩负荷后水流第一次流入调压室的时段，尾导结合点处 *Fr* 的绝对值大于 2，易发生水流中断的现象。

参 考 文 献

[1] WIGGERT D C. Transient flow in free-surface pressurized systems[J]. Journal of the hydraulics division, 1972, 98(1): 11-27.
[2] 杨建东, 陈鉴治, 陈文斌, 等. 水电站变顶高尾水洞体型研究[J]. 水利学报, 1998(3):10-13, 22.
[3] 成都科学技术大学水力学教研室. 水力学: 下册[M]. 北京:人民教育出版社, 1979.
[4] CUNGE J A, WEGNER M. Intégration numérique des équations d'écoulement de Barré de Saint-Venant par un schéma implicite de différences finies[J]. La houille blanche, 1964 (1): 33-39.
[5] CHAUDHRY M H. Applied hydraulic transients[M]. 3rd ed. New York: Springer, 2014.
[6] ABBOTT M B, MINNS A W. Computational hydraulics[M]. London: Routledge, 2017.
[7] 杨建东. 实用流体瞬变流[M]. 北京: 科学出版社, 2018.
[8] CARDLE J A, SONG C. Mathematical-modeling of unsteady-flow in storm sewers[J]. International journal of engineering fluid mechanics, 1988, 1(4): 495-518.
[9] HARTEN A, LAX P D, LEER B V. On upstream differencing and Godunov-type schemes for hyperbolic conservation laws[J]. SIAM review, 1983, 25(1): 35-61.
[10] 谭维炎. 计算浅水动力学[M]. 北京: 清华大学出版社, 1998.
[11] 张涵信, 沈孟育. 计算流体力学: 差分方法的原理和应用[M]. 北京: 国防工业出版社, 2003.
[12] LEON A S, GHIDAOUI M S, SCHMIDT A R, et al. A robust two-equation model for transient-mixed flows[J]. Journal of hydraulic research, 2010, 48(1): 44-56.
[13] SONG C C, CARDIE J A, LEUNG K S. Transient mixed-flow models for storm sewers[J]. Journal of hydraulic engineering, 1983, 109(11): 1487-1504.
[14] BOURDARIAS C, GERBI S. A finite volume scheme for a model coupling free surface and pressurised flows in pipes[J]. Journal of computational and applied mathematics, 2007, 209(1): 109-131.
[15] CARDIE J A, SONG C C, YUAN M. Measurements of mixed transient flows[J]. Journal of hydraulic engineering, 1989, 115(2): 169-182.
[16] 王煌. 水电站明满流尾水系统调节保证设计理论与工程应用[D]. 武汉: 武汉大学, 2016.
[17] WYLIE E B, STREETER V L, SUO L. Fluid transients in systems[M]. Englewood Cliffs: Prentice Hall, 1998.
[18] 袁明豪, 杨燕华, 李天舒, 等. 基于 VOF 方法的带相变的自由界面的计算[J]. 工程热物理学报, 2007, 28(6): 961-964.
[19] WILCOX D C. Turbulence modeling for CFD [M]. 2nd ed. California: DCW Industries, Inc., 2006.
[20] RAMAMURTHY A S, QU J, VO D. Numerical and experimental study of dividing open-channel flows[J]. Journal of hydraulic engineering, 2007, 133(10): 1135-1144.
[21] 吴望一. 流体力学[M]. 北京: 北京大学出版社, 1982.
[22] BARTON I E. Comparison of SIMPLE and PISO type algorithms for transient flows[J]. International journal for numerical methods in fluids, 1998, 26(4): 459-483.
[23] 杨建东, 李玲, 周俊杰, 等. 尾导结合的尾水系统水流中断的机理分析[J]. 水动力学研究与进展(A 辑), 2012, 27(4): 394-400.
[24] 李玲. 带尾水调压室的尾导结合型水电站瞬态特性研究[D]. 武汉: 武汉大学, 2012.
[25] 王超. 基于耦合方法的水力系统瞬变模拟[D]. 武汉: 武汉大学, 2016.

第7章

设明满流尾水子系统的水电站运行稳定性及调节品质分析与控制

与设有调压室系统的水电站运行稳定性及调节品质分析与控制相比，设明满流尾水子系统的水电站的突出特点是：①恒定运行时，明满流分界面呈小范围的来回波动，但引起的水轮机工作水头的变幅很小，有压尾水部分的水流惯性变化也很小，所以不影响机组稳定运行[1]；②明满流水位波动属于重力波，与调压室水位波动相比（属于质量波），不仅振幅小，而且周期较短，受适用条件的限制，最大值不超过 200 s，所以明满流尾水子系统水电站的运行稳定性及调节品质通常优于设调压室的水电站[2]；③变顶高尾水洞和明满流尾水洞的水位波动是二阶的微量，系统数学模型为非线性，需要采用非线性理论进行分析[3]；④下游低水位时，存在压力管道水击波、尾水调压室水位波动引起的质量波和所结合导流洞段的明渠流产生的重力波三种波动并存与叠加的波动现象，尤其是当尾水调压室质量波的频率与明渠流重力波的频率接近时，有可能出现共振或“拍”现象，可能直接危及机组的安全、稳定运行。因此，本章的主要内容是：基于 Hopf 分岔的变顶高尾水洞水电站运行稳定性及调节品质分析与控制；基于微分几何的变顶高尾水洞水电站运行稳定性及调节品质分析与控制；明满流尾水洞水电站运行稳定性及调节品质分析与控制。

7.1 基于 Hopf 分岔的变顶高尾水洞水电站运行稳定性及调节品质分析与控制

对于变顶高尾水洞水电站水轮机调节系统，首先建立非线性数学模型；然后依据 Hopf 分岔理论，提出基于非线性多项式状态反馈（nonlinear state feedback，NSF）的控制策略；最后对某变顶高尾水洞水电站进行数值仿真，分析状态反馈的控制策略对提高该类型水电站运行稳定性及调节品质所起的作用。

7.1.1 非线性数学模型

变顶高尾水洞水电站输水发电系统如图 7-1 所示，相应的水轮机调节结构框图如图 7-2 所示。

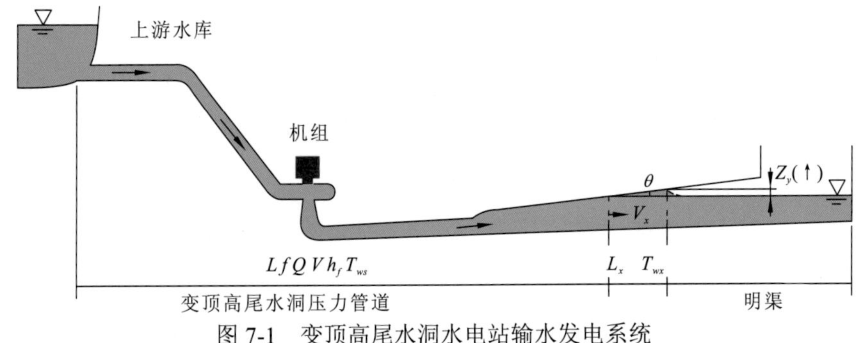

图 7-1 变顶高尾水洞水电站输水发电系统

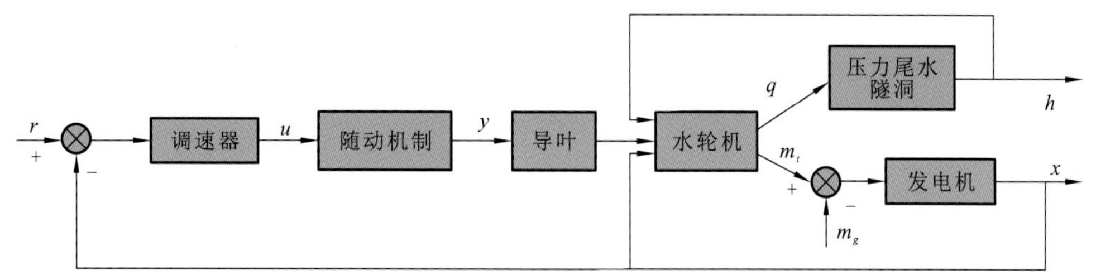

图 7-2　变顶高尾水洞水电站水轮机调节结构框图

1. 变顶高尾水洞水电站压力管道动量方程

变顶高尾水洞水电站在机组调节过程中，由于引用流量的增减，尾水洞明满流分界面来回移动，不仅引起尾水洞有压满流段水流惯性加速时间的变化，而且引起尾水洞无压明流段水面水位的波动，进而改变水轮机的工作水头。

对于有压尾水洞水电站，压力管道（包括有压尾水洞）的动量方程为

$$h=-T_w\frac{\mathrm{d}q}{\mathrm{d}t}-\frac{2h_f}{H_0}q \tag{7-1}$$

对于变顶高尾水洞水电站，机组调节过程中压力管道的水流惯性包括稳态水流惯性和暂态水流惯性两部分，相应的时间常数分别记为 $T_{ws}=\dfrac{LV}{gH_0}$ 和 $T_{wx}=\dfrac{L_xV_x}{gH_0}$，且有 $T_w=T_{ws}+T_{wx}$；明流段水位波动记为 Z，以初始稳定水位为零点，向上为正。水位波动将直接改变管道内水体的压力，其变化量记为 Z_y，且令 $z_y=\dfrac{Z_y}{H_0}$。考虑以上两方面作用的变顶高尾水洞水电站的压力管道动量方程为

$$h=-(T_{ws}+T_{wx})\frac{\mathrm{d}q}{\mathrm{d}t}-\frac{2h_f}{H_0}q-z_y \tag{7-2}$$

基于模型试验观测到的结果[4]，假定机组负荷扰动引起的变顶高尾水洞内的明满流壅水波/退水波始终贴着尾水洞洞顶移动，如图 7-3 所示。也就是说，在负荷扰动下，水轮机引用流量的增量 ΔQ 在 Δt 时间内全部填充到尾水洞洞顶长度为 L_x 的空间内（即图 7-3 中所示的阴影区域）。据此假定，得到明满流分界面处的连续性方程：

$$\Delta Q\Delta t=L_xZ_yB/\lambda \tag{7-3}$$

式中：$\Delta Q=Q-Q_0$，m³/s；B 为变顶高尾水洞断面宽度，m；λ 为断面形状系数。

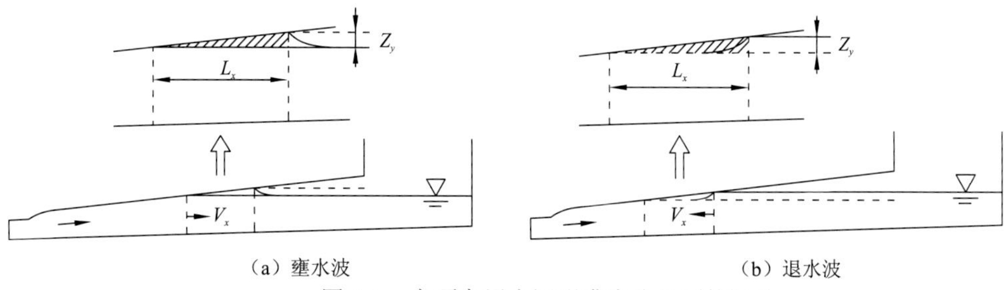

图 7-3　变顶高尾水洞明满流分界面的运动

将明渠波速公式 $c = L_x / \Delta t = \sqrt{gH_x}$ 代入式（7-3）可得 $Z_y = \dfrac{\lambda \Delta Q}{cB}$，再结合 $Z_y = L_x \tan\theta$、$q = \dfrac{Q - Q_0}{Q_0}$ 可得

$$L_x = \frac{\lambda Q_0}{cB\tan\theta}q, \qquad T_{wx} = \frac{\lambda Q_0 V_x}{gH_0 cB\tan\theta}q, \qquad z_y = \frac{\lambda Q_0}{H_0 cB}q \tag{7-4}$$

将 T_{wx} 和 z_y 的表达式代入式（7-2）得

$$h = -\frac{\lambda Q_0 V_x}{gH_0 cB\tan\theta}q\frac{\mathrm{d}q}{\mathrm{d}t} - T_{ws}\frac{\mathrm{d}q}{\mathrm{d}t} - \left(\frac{2h_f}{H_0} + \frac{\lambda Q_0}{H_0 cB}\right)q \tag{7-5}$$

矩形、城门洞形和圆形的断面形状系数 λ 见表 7-1，前提条件是三种断面形式的面积相同，其中矩形断面的高宽比取 2∶1，城门洞形的拱顶圆弧中心角取 120°，4 个水位与断面的相对位置见图 7-4。

表 7-1　λ 的计算结果

断面形式	水位 1	水位 2	水位 3	水位 4
矩形	2	2	2	2
城门洞形	2.272	2.821	2.961	4
圆形	2.548	2.857	2.994	4

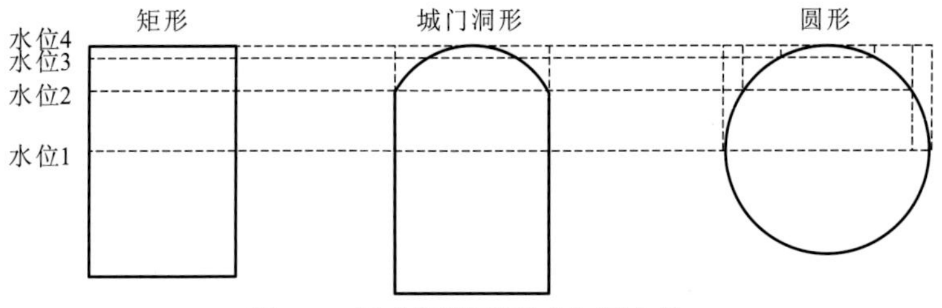

图 7-4　尾水洞断面形式与尾水位

2. 三维自治的非线性动力系统方程

除了变顶高尾水洞水电站压力管道动量方程外，水轮机、发电机和调速器随动装置的基本方程如下。

（1）水轮机力矩方程、流量方程：

$$m_t = e_h h + e_x x + e_y y \tag{7-6}$$

$$q = e_{qh} h + e_{qx} x + e_{qy} y \tag{7-7}$$

（2）发电机一阶方程：

$$T_a \frac{\mathrm{d}x}{\mathrm{d}t} = m_t - (m_g + e_g x) \tag{7-8}$$

（3）调速器随动装置运动方程：

$$\frac{\mathrm{d}y}{\mathrm{d}t}=\frac{1}{T_y}(u-y) \tag{7-9}$$

图 7-1～图 7-3、式（7-1）～式（7-9）中各符号的说明见表 7-2。

表 7-2　图 7-1～图 7-3、式（7-1）～式（7-9）中符号的说明

符号	说明	符号	说明
L	压力管道长度	f	压力管道断面面积
Q	机组引用流量	V	压力管道流速
Z_y	任意暂态时刻相对于初始水位的明流段水位变化值，向上为正	L_x	明满流分界面任意暂态时刻相对于初始位置运动的距离，向下游为正
V_x	明满流分界面处的水流流速	T_w	水流惯性加速时间
T_{ws}	稳态水流惯性加速时间	T_{wx}	暂态水流惯性加速时间
H	机组工作水头	θ	变顶高尾水洞顶坡角
H_x	明满流分界面处水深	B	变顶高尾水洞断面宽度
c	明流段明渠波速	λ	尾水洞断面形状系数
h_f	压力管道水头损失	g	重力加速度
N	机组转速	Y	导叶开度
M_t	水轮机动力矩	M_g	水轮机阻力矩
e_h、e_x、e_y	水轮机力矩传递系数	e_{qh}、e_{qx}、e_{qy}	水轮机流量传递系数
T_a	机组惯性加速时间	e_g	发电机负荷自调节系数
T_y	接力器时间常数	u	调速器调节输出
r	转速参考输入		

注：① $h=(H-H_0)/H_0$、$q=(Q-Q_0)/Q_0$、$x=(N-N_0)/N_0$、$y=(Y-Y_0)/Y_0$、$m_t=(M_t-M_{t0})/M_{t0}$ 及 $m_g=(M_g-M_{g0})/M_{g0}$ 为各自变量的偏差相对值，有下标“0”者为初始时刻的值；② m_g 等于机组负荷的偏差相对值，因此 m_g 可以认为是负荷扰动量。

由于变顶高尾水洞明满流分界面的移动，基本方程式（7-5）引入了非线性项 $q\dfrac{\mathrm{d}q}{\mathrm{d}t}$。将式（7-4）、式（7-6）～式（7-9）进行组合，得到如下三维自治的非线性动力系统方程：

$$\begin{cases}\dot{q}=\dfrac{-\left(\dfrac{2h_f}{H_0}+\dfrac{\lambda Q_0}{H_0cB}+\dfrac{1}{e_{qh}}\right)q+\dfrac{e_{qx}}{e_{qh}}x+\dfrac{e_{qy}}{e_{qh}}y}{\dfrac{\lambda Q_0V_x}{gH_0cB\tan\theta}q+T_{ws}}\\ \dot{x}=\dfrac{1}{T_a}\left[\dfrac{e_h}{e_{qh}}q+\left(e_x-\dfrac{e_h}{e_{qh}}e_{qx}-e_g\right)x+\left(e_y-\dfrac{e_h}{e_{qh}}e_{qy}\right)y-m_g\right]\\ \dot{y}=\dfrac{1}{T_y}(u-y)\end{cases} \tag{7-10}$$

该非线性状态方程将用来模拟机组负荷扰动 m_g 作用下的变顶高尾水洞水电站的运行稳定性及调节品质。

3. 变顶高尾水洞水电站水轮机调节非线性状态方程

本节将采用PID控制器和基于NSF的控制器分别构建变顶高尾水洞水电站水轮机调节非线性状态方程。

1）PID 控制器

PID 控制策略下的调速器传递函数与控制方程分别为

$$G_{\mathrm{PID}}(s)=\frac{U_{\mathrm{PID}}(s)}{X_{\mathrm{PID}}(s)}=-K_p-\frac{K_i}{s}-K_d s \tag{7-11}$$

$$\frac{\mathrm{d}u}{\mathrm{d}t}=-K_p\frac{\mathrm{d}x}{\mathrm{d}t}-K_i x-K_d\frac{\mathrm{d}^2x}{\mathrm{d}t^2} \tag{7-12}$$

式中：K_p、K_i 与 K_d 分别为比例增益、积分增益与微分增益。

将 PID 控制器的控制方程式(7-12)与变顶高尾水洞水电站水轮机调节系统式(7-10)联立，得到如下四维自治的非线性动力系统方程：

$$\begin{cases}\dot{q}=\dfrac{-\left(\dfrac{2h_f}{H_0}+\dfrac{\lambda Q_0}{H_0cB}+\dfrac{1}{e_{qh}}\right)q+\dfrac{e_{qx}}{e_{qh}}x+\dfrac{e_{qy}}{e_{qh}}y}{\dfrac{\lambda Q_0V_x}{gH_0cB\tan\theta}q+T_{ws}}\\ \dot{x}=\dfrac{1}{T_a}\left[\dfrac{e_h}{e_{qh}}q+\left(e_x-\dfrac{e_h}{e_{qh}}e_{qx}-e_g\right)x+\left(e_y-\dfrac{e_h}{e_{qh}}e_{qy}\right)y-m_g\right]\\ \dot{y}=\dfrac{1}{T_y}(u-y)\\ \dot{u}=-K_p\dfrac{1}{T_a}\left[\dfrac{e_h}{e_{qh}}q+\left(e_x-\dfrac{e_h}{e_{qh}}e_{qx}-e_g\right)x+\left(e_y-\dfrac{e_h}{e_{qh}}e_{qy}\right)y-m_g\right]-K_i x\\ \qquad -K_d\dfrac{1}{T_a}\left[\dfrac{e_h}{e_{qh}}\dfrac{\mathrm{d}q}{\mathrm{d}t}+\left(e_x-\dfrac{e_h}{e_{qh}}e_{qx}-e_g\right)\dfrac{\mathrm{d}x}{\mathrm{d}t}+\left(e_y-\dfrac{e_h}{e_{qh}}e_{qy}\right)\dfrac{\mathrm{d}y}{\mathrm{d}t}\right]\end{cases} \tag{7-13}$$

使用 PID 控制器的缺点之一是其将水轮机调节系统的维数又增加了 1 维，因此增加了控制系统的复杂程度及分析控制的难度。

2）基于 NSF 的控制器

基于 NSF 的控制器可以表征为[5]

$$u=-K_L(x-\tilde{x}_E)-K_{NL}(x-\tilde{x}_E)^3 \tag{7-14}$$

式中：K_L、K_{NL} 分别为 1 阶项和 3 阶项的系数；$\tilde{x}_E$ 为平衡点。

当使用式（7-14）表示的基于 NSF 的控制器时，水轮机调节仍然是三维闭环系统，其状态方程如下：

$$\begin{cases}\dot{q}=\dfrac{-\left(\dfrac{2h_f}{H_0}+\dfrac{\lambda Q_0}{H_0cB}+\dfrac{1}{e_{qh}}\right)q+\dfrac{e_{qx}}{e_{qh}}x+\dfrac{e_{qy}}{e_{qh}}y}{\dfrac{\lambda Q_0V_x}{gH_0cB\tan\theta}q+T_{ws}}\\ \dot{x}=\dfrac{1}{T_a}\left[\dfrac{e_h}{e_{qh}}q+\left(e_x-\dfrac{e_h}{e_{qh}}e_{qx}-e_g\right)x+\left(e_y-\dfrac{e_h}{e_{qh}}e_{qy}\right)y-m_g\right]\\ \dot{y}=\dfrac{1}{T_y}[-K_L(x-\tilde{x}_E)-K_{NL}(x-\tilde{x}_E)^3-y]\end{cases} \tag{7-15}$$

令机组转速相对值 x（等于机组频率相对值）的稳定状态平衡值为 0，则可得系统的平衡点：

$$\begin{cases}q_E=\dfrac{1}{\dfrac{e_h}{e_{qh}}+\left(\dfrac{e_y}{e_{qy}}e_{qh}-e_h\right)\left(\dfrac{2h_f}{H_0}+\dfrac{\lambda Q_0}{H_0cB}+\dfrac{1}{e_{qh}}\right)}m_g\\ x_E=0\\ y_E=\dfrac{\dfrac{e_{qh}}{e_{qy}}\left(\dfrac{2h_f}{H_0}+\dfrac{\lambda Q_0}{H_0cB}+\dfrac{1}{e_{qh}}\right)}{\dfrac{e_h}{e_{qh}}+\left(\dfrac{e_y}{e_{qy}}e_{qh}-e_h\right)\left(\dfrac{2h_f}{H_0}+\dfrac{\lambda Q_0}{H_0cB}+\dfrac{1}{e_{qh}}\right)}m_g\end{cases} \tag{7-16}$$

同时，式（7-14）中的 $\tilde{x}_E$ 由式（7-17）确定。

$$K_L\tilde{x}_E+K_{NL}\tilde{x}_E^3=y_E \tag{7-17}$$

7.1.2　反馈控制策略下变顶高尾水洞水电站运行稳定性及调节品质

本节以某变顶高尾水洞水电站为例，对比分析反馈控制（包括 PID 控制器与基于 NSF 的控制器，即 NSF 调速器）与无控制条件下变顶高尾水洞水电站的运行稳定性及调节品质，探讨变顶高尾水洞水流非线性的作用机理。

该水电站的基本资料如下：$H_0=70.7$ m，$Q_0=466.7$ m^3/s，$T_a=8.77$ s，$B=10.0$ m，$T_{ws}=3.20$ s，$h_f=2.68$ m，$H_x=23$ m，$\tan\theta=0.03$，$\lambda=3$，$e_g=0$，$g=9.81$ m/s^2。水轮机传递系数为 $e_h=1.453$，$e_x=-0.900$，$e_y=0.415$，$e_{qh}=0.565$，$e_{qx}=-0.132$ 及 $e_{qy}=0.682$。运行工况为，机组额定出力时，发生阶跃负荷扰动。

1. 无控制

无控制时，水轮机调节系统的三维动力模型为式（7-10）在 $u=0$ 下的特例。由于没有引入控制器，调节系统是开环系统、没有能量的输入。又由于系统本身存在阻尼，此时调节系统是恒稳定的。

令 $u=0$，根据文献[5-6]的相关定理和 n 维非线性动力系统出现 Hopf 分岔的直接代数判据，可以判断出无控制下水轮机调节系统 Hopf 分岔的存在性与分岔方向。设负荷扰动为突降 10%额定出力，即 $m_g=-0.1$，在 $t=0$ 时发生。图 7-5 给出了机组频率相对值 x 的动态响应过程。

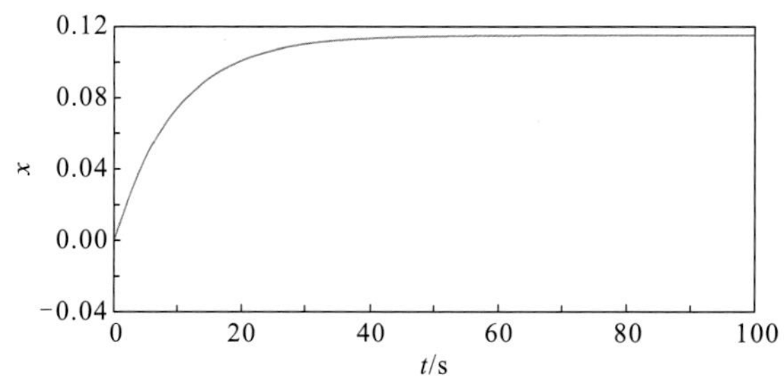

图 7-5　无控制水轮机调节系统机组频率相对值 x 的动态响应过程

由图 7-5 可知，阶跃负荷扰动发生后，机组频率相对值 x 偏离初始值进入暂态过程。整个过程是平滑的，x 在大约 50 s 之后稳定在 0.115。以上现象说明：

（1）机组频率相对值 x 无法回到初始值，x 的稳定值与初始值差别较大。如果初始频率为 50 Hz，那么图 7-5 对应的稳定频率为 55.75 Hz。

（2）无控制水轮机调节的调节品质较差，整个暂态过程持续了约 50 s。

由此可见，无控制下的水轮机调节不能满足电力系统对频率控制的要求，需引入控制器。

2. 反馈控制

1）PID 控制器

对于非线性动力系统方程式（7-13），Hopf 分岔点是系统状态稳定的临界点。在系统参数平面内，由不同状态下的分岔点组成的曲线称为分岔线，分岔线将整个参数平面分成了稳定域和不稳定域。系统参数位于稳定域内时，受扰动后动态系统会恢复到新的稳态；系统参数位于不稳定域内时，受扰动后动态系统会进入一个持续的等幅振荡状态，无法衰减。因此，分岔线的位置决定了系统在参数平面内不同状态下的稳定状态及稳定裕度，也可以衡量系统的动态特性。

对于变顶高尾水洞水电站水轮机调节，选取 K_i 为系统的分岔参数，相应的分岔点记为 $\mu_c=K_i^*$。根据 Hopf 分岔的直接代数判据，当 $a_i(\mu_c)>0$、$\Delta_j(\mu_c)>0$、$\Delta_{n-1}(\mu_c)=0$ 与 $\sigma'(\mu_c)\neq 0$（a_i 为 Jacobian 特征方程的系数，Δ_j 为系数行列式，σ' 为横截系数）同时满足时，即可在 K_p-K_i 坐标平面上绘制系统的分岔线 $K_i^*=K_i(K_p^*)$（K_p^* 为与 K_i^* 对应的 K_p），从而确定稳定域和不稳定域。

PID 控制器下水轮机调节系统调节品质的最优点可由 Stein 公式[7]确定：

$$K_p=\frac{T_a}{1.5T_w},\qquad K_i=\frac{T_a}{4.5T_w^2},\qquad K_d=\frac{T_a}{3} \tag{7-18}$$

代入 T_a 和 T_w，可以得出 PID 参数最优组合，即 $K_p=1.827$，$K_i=0.190\ \text{s}^{-1}$，$K_d=2.923$ s。取 $m_g=-0.1$，$K_d=2.923$ s，绘制相应的分岔线，如图 7-6 所示。图 7-6 表明：

对于某 K_p，当 $\mu<\mu_c$，即 $K_i<K_i^*$ 时，系统是稳定的；反之，系统是不稳定的。据此可以确定系统的稳定域和不稳定域。

根据图 7-6 所示的分岔线，可以计算出所有分岔点对应的 $\sigma'(\mu_c)$，结果如图 7-7 所示。图 7-7 表明：对于所有的分岔点，均有 $\sigma'(\mu_c)>0$。因此，该系统为超临界的 Hopf 分岔。

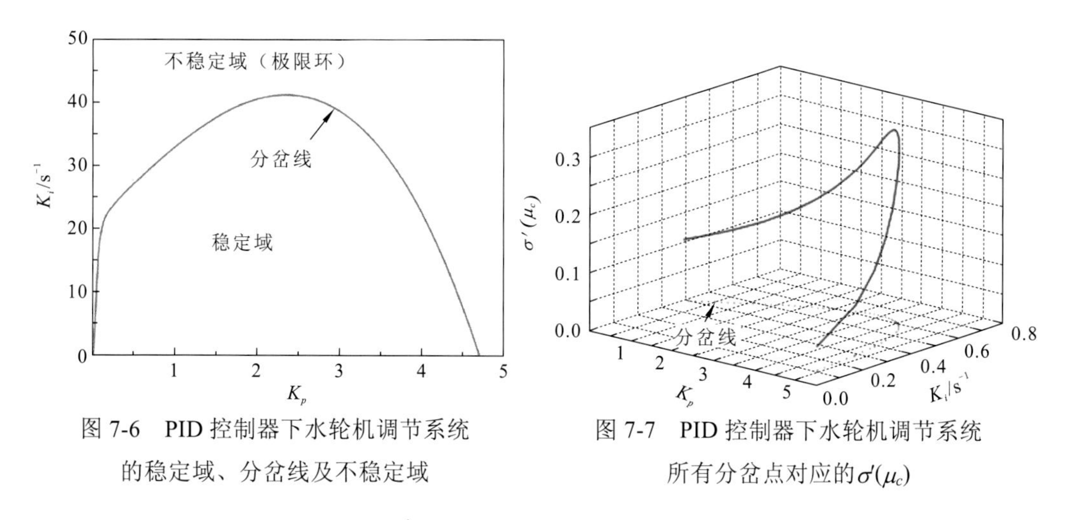

图 7-6　PID 控制器下水轮机调节系统的稳定域、分岔线及不稳定域

图 7-7　PID 控制器下水轮机调节系统所有分岔点对应的 $\sigma'(\mu_c)$

在 $K_p=1.827$、$K_i=0.190\ \mathrm{s}^{-1}$、$K_d=2.923\ \mathrm{s}$ 条件下，机组频率相对值 x 的动态响应过程如图 7-8 所示，系统调节品质的性能指标包括调节时间、峰值、峰值时间及衰减率，见表 7-3。

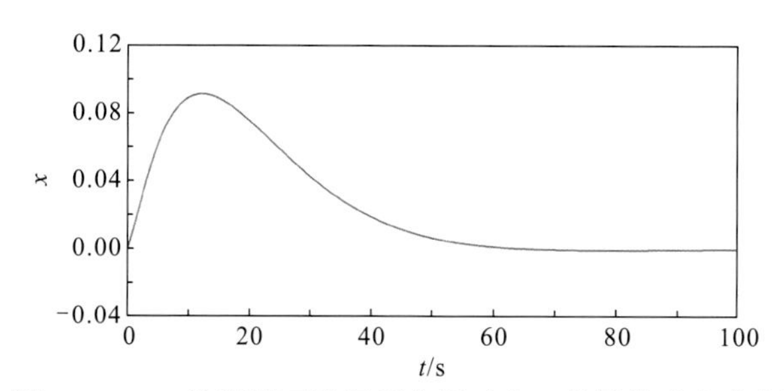

图 7-8　PID 控制器下机组频率相对值 x 的最优动态响应过程

表 7-3　PID 控制器和 NSF 调速器作用下机组频率相对值 x 的动态响应过程性能指标

控制器		性能指标			
		调节时间/s	峰值	峰值时间/s	衰减率
PID 控制器		39.46	0.091 6	12.17	0.094
NSF 调速器	$K_L=1$，$K_{NL}=0$	14.04	0.102 6	3.51	0.288
	$K_L=2$，$K_{NL}=0$	10.79	0.119 0	3.45	0.216
	$K_L=3$，$K_{NL}=0$	16.86	0.140 4	3.65	0.146
	$K_L=4$，$K_{NL}=0$	38.86	0.168 9	3.77	0.061
	$K_L=4.711$，$K_{NL}=0$	$+\infty$	—	—	—
	$K_L=5$，$K_{NL}=0$	$+\infty$	—	—	—

续表

控制器		性能指标			
		调节时间/s	峰值	峰值时间/s	衰减率
NSF调速器	$K_L=0$，$K_{NL}=-2$	46.77	0.072 2	3.69	0.029
	$K_L=0$，$K_{NL}=-4$	65.81	0.069 1	3.82	0.019
	$K_L=0$，$K_{NL}=-6$	90.90	0.067 2	3.97	0.013
	$K_L=0$，$K_{NL}=-8$	130.01	0.065 9	4.13	0.009
	$K_L=0$，$K_{NL}=-10$	207.00	0.064 8	4.28	0.005
	$K_L=0$，$K_{NL}=2$	9.53	0.132 0	3.74	0.189
	$K_L=0$，$K_{NL}=4$	17.10	0.157 6	3.95	0.154
	$K_L=0$，$K_{NL}=6$	17.51	0.188 6	4.21	0.131
	$K_L=0$，$K_{NL}=8$	25.93	0.235 9	4.61	0.113
	$K_L=0$，$K_{NL}=10$	35.72	0.344 6	5.25	0.098
	$K_L=1$，$K_{NL}=2$	10.81	0.118 8	3.65	0.235
	$K_L=2$，$K_{NL}=4$	15.86	0.136 9	3.76	0.169
	$K_L=3$，$K_{NL}=6$	23.76	0.164 4	3.89	0.104

由图 7-8 可知，PID 控制器作用下，阶跃负荷扰动发生后，机组频率相对值 x 能够回到初始值（即额定频率）。x 的整个暂态过程是平滑的，但调节品质与响应速度仍然较差，衰减率与调节时间分别为 0.094、39.46 s，整个暂态过程持续了约 70 s。

2）NSF调速器

对于非线性动力系统方程式（7-15），同样可以求得 NSF 调速器作用下水轮机调节的分岔线及所有分岔点对应的$\sigma'(\mu_c)$，结果如图 7-9 和图 7-10 所示。其中，选择K_{NL}为系统的分岔参数。

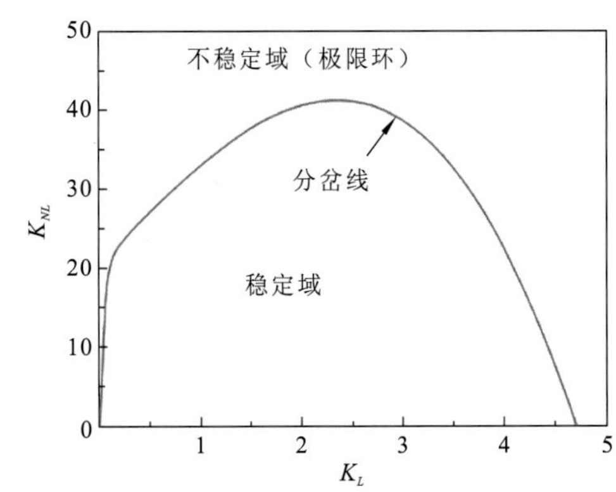

图 7-9　基于 NSF 的控制器下水轮机调节的稳定域、分岔线及不稳定域

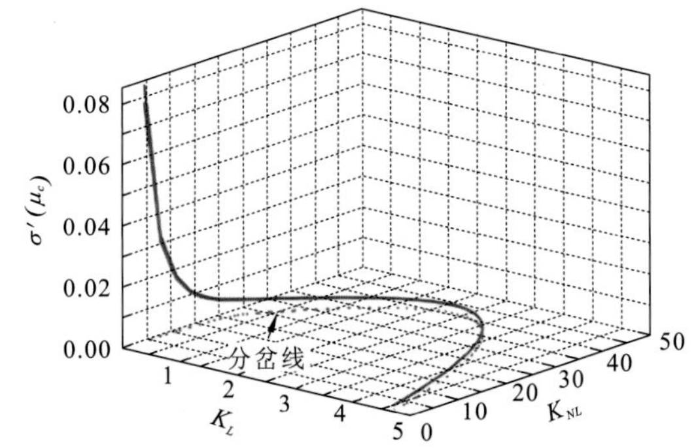

图 7-10　基于 NSF 的控制器下水轮机调节系统所有分岔点对应的$\sigma'(\mu_c)$

图 7-10 表明，对于所有的分岔点，均有 $\sigma'(\mu_c)>0$。因此，该系统为超临界的 Hopf 分岔。相应地，可以确定系统的稳定域和不稳定域，结果如图 7-9 所示。

为了深入了解式（7-14）表示的 NSF 控制策略，需要进一步分析该控制器方程中的线性项与非线性项的作用。图 7-11 给出了线性项与非线性项单独起作用时 $\sigma'(\mu_c)$ 的取值情况。K_L 与 K_{NL} 的参考值为系统的分岔线与坐标轴的交点（图 7-9）的坐标值，分别记为 K_L^* 及 K_{NL}^*。对于 K_L，$K_L^*=4.711$；对于 K_{NL}，$K_{NL}^*=0$。图 7-12 和图 7-13 给出了线性项与非线性项单独起作用时机组频率相对值 x 的动态响应过程，系统调节品质的性能指标包括调节时间、峰值、峰值时间及衰减率，见表 7-3。

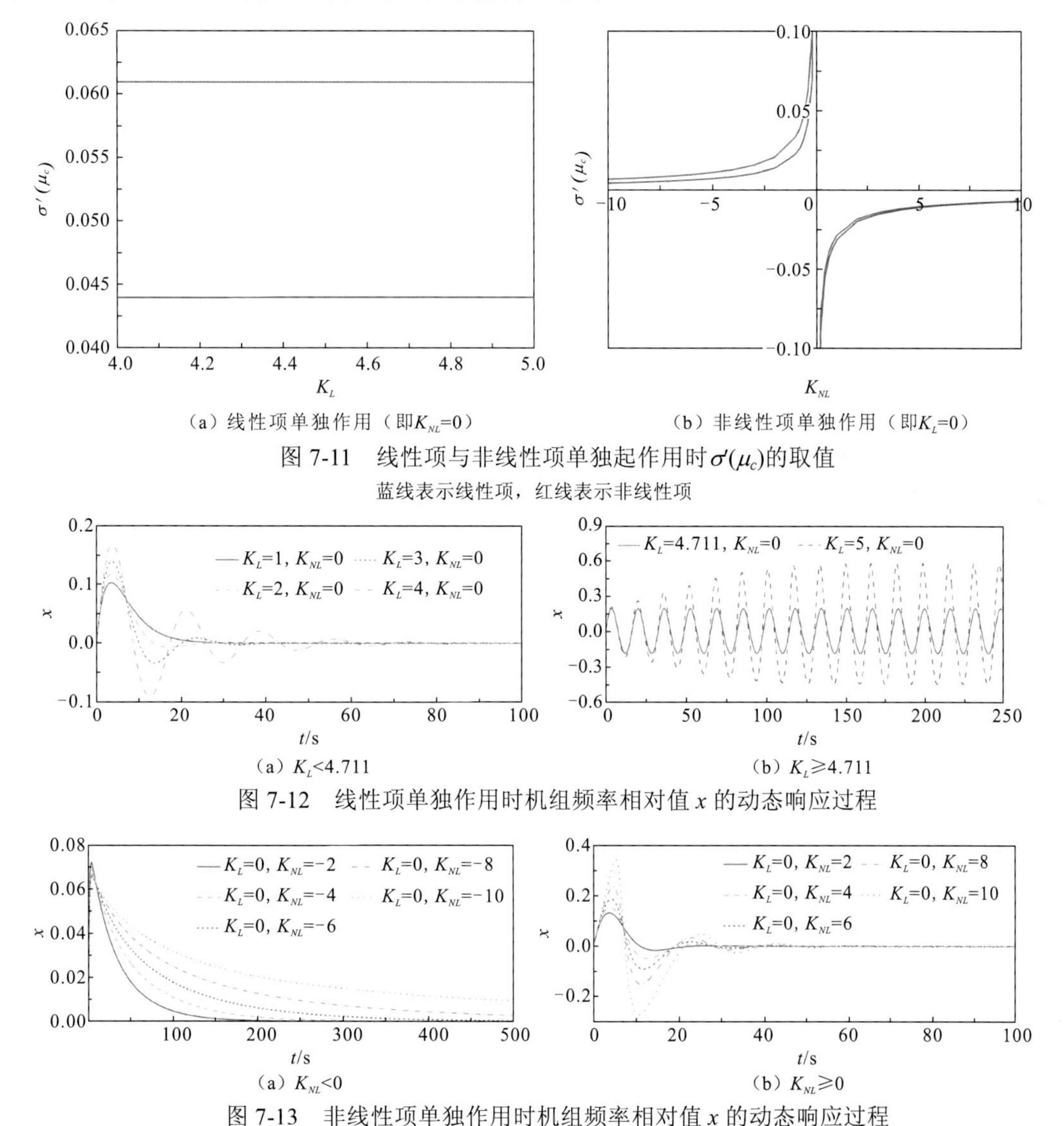

（a）线性项单独作用（即 K_{NL}=0）　（b）非线性项单独作用（即 K_L=0）

图 7-11　线性项与非线性项单独起作用时 $\sigma'(\mu_c)$ 的取值

蓝线表示线性项，红线表示非线性项

（a）K_L<4.711　（b）$K_L\geqslant$4.711

图 7-12　线性项单独作用时机组频率相对值 x 的动态响应过程

（a）K_{NL}<0　（b）$K_{NL}\geqslant$0

图 7-13　非线性项单独作用时机组频率相对值 x 的动态响应过程

由图 7-11（a）、图 7-12 与表 7-3 可知，随着 K_L 的变化，$\sigma'(\mu_c)$ 的取值始终为正并且保持不变，表明线性项单独作用时系统的 Hopf 分岔始终是超临界的。如果 $K_L<K_L^*$，

则系统是稳定的，且 K_L 越小，衰减率越大，系统的稳定性越好。随着 K_L 的减小，系统的调节品质先变好后变差。如果 $K_L > K_L^*$，则系统是不稳定的，机组频率相对值 x 的动态响应进入持续的等幅振荡状态，对应产生一个稳定的相空间极限环。因此，NSF 控制策略的线性项的作用主要是改变系统的线性稳定性，以消除或延迟已有的分岔。

由图 7-11（b）、图 7-13 与表 7-3 可知，随着 K_{NL} 的变化，$\sigma'(\mu_c)$ 的取值发生变化。如果 $K_{NL} < K_{NL}^*$，$\sigma'(\mu_c)$ 的取值为正，表明此时系统的 Hopf 分岔是超临界的；但是如果 $K_{NL} > K_{NL}^*$，$\sigma'(\mu_c)$ 的取值为负，表明此时系统的 Hopf 分岔是亚临界的。因此，无论 K_{NL} 位于 K_{NL}^* 的哪一侧，系统始终是稳定的。当 $K_{NL} < K_{NL}^*$ 时，系统的稳定性与调节品质随着 K_{NL} 的增加而变好；当 $K_{NL} > K_{NL}^*$ 时，随着 K_{NL} 的减小，系统的衰减率增大、稳定性变好，但是调节品质先变好后变差。因此，NSF 控制策略的非线性项的作用是可以改变分岔解的稳定性，如将亚临界的 Hopf 分岔变成超临界的。

图 7-14 与表 7-3 对比了线性项和非线性项单独作用与共同作用下机组频率相对值 x 的动态响应过程。结果表明：线性项和非线性项共同作用下机组频率相对值 x 的动态响应过程的调节品质优于单独作用的情况。

图 7-15 与表 7-3 对比了 NSF 调速器与 PID 控制器作用下机组频率相对值 x 的动态响应过程。结果表明：NSF 调速器作用下的调节品质优于 PID 控制器。

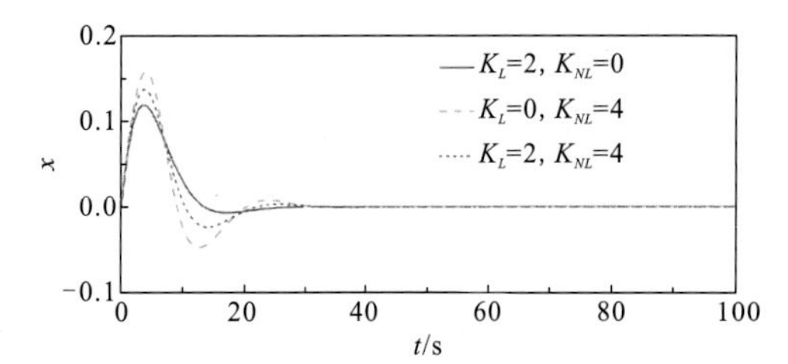

图 7-14 线性项和非线性项单独作用与共同作用下机组频率相对值 x 的动态响应过程对比

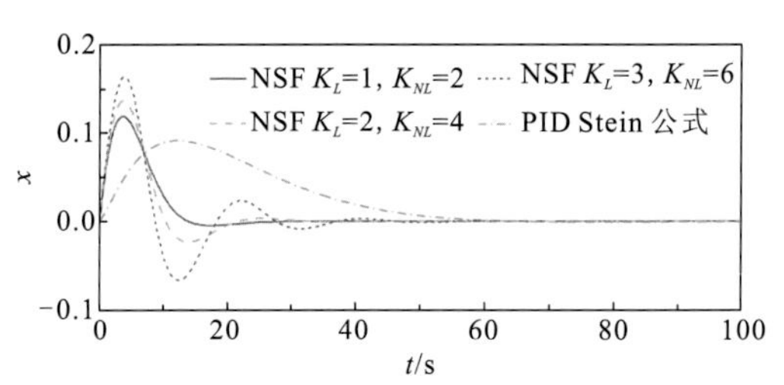

图 7-15 NSF 调速器与 PID 控制器作用下机组频率相对值 x 的动态响应过程对比

7.2 基于微分几何的变顶高尾水洞水电站运行稳定性及调节品质分析与控制

本节将基于微分几何理论的非线性扰动解耦控制方法应用到变顶高尾水洞水电站的水轮机调节，以期提高该类型水电站的调节品质。首先改写 7.1.1 小节建立的变顶高尾水洞水电站水轮机调节的数学模型，得到便于非线性扰动解耦控制的状态方程。然后设计适用于变顶高尾水洞水电站水轮机调节的非线性扰动解耦控制策略。最后分析该控制策略对变顶高尾水洞的适用性，定性/定量分析变顶高尾水洞水电站水轮机调节的鲁棒性。

7.2.1 变顶高尾水洞水电站水轮机调节的非线性扰动解耦控制策略设计

1. 非线性扰动解耦控制状态方程

在负荷扰动 m_g 作用下，变顶高尾水洞水电站水轮机调节的三维自治非线性动力系统方程仍为式（7-10）。

对于 n 维单输入单输出仿射非线性系统，式（7-10）可以统一改写成如下形式：

$$\begin{cases}\dot{\boldsymbol{X}}=\boldsymbol{f}(\boldsymbol{X})+\boldsymbol{g}(\boldsymbol{X})u\\ o=o(\boldsymbol{X})\end{cases}\tag{7-19}$$

式中：$\boldsymbol{X}\in\mathbf{R}^n$ 为状态向量；$\boldsymbol{f}(\boldsymbol{X})$、$\boldsymbol{g}(\boldsymbol{X})$ 为 n 维矢量场；u 为调速器调节输出，也是随动装置的输入变量；$o(\boldsymbol{X})$ 为标量名义输出函数，是状态向量 $\boldsymbol{X}$ 的函数。

按照式（7-19）的形式改写式（7-10），式（7-19）中的状态向量和 n 维矢量场表达如下：

$$\begin{cases}\boldsymbol{X}=\begin{bmatrix}q\\x\\y\end{bmatrix}\\ \boldsymbol{f}(\boldsymbol{X})=\begin{bmatrix}f_1(\boldsymbol{X})\\f_2(\boldsymbol{X})\\f_3(\boldsymbol{X})\end{bmatrix}=\begin{bmatrix}\dfrac{-\left(\dfrac{2h_f}{H_0}+\dfrac{\lambda Q_0}{H_0cB}+\dfrac{1}{e_{qh}}\right)q+\dfrac{e_{qx}}{e_{qh}}x+\dfrac{e_{qy}}{e_{qh}}y}{\dfrac{\lambda Q_0V_x}{gH_0cB\tan\theta}q+T_{ws}}\\ \dfrac{1}{T_a}\left[\dfrac{e_h}{e_{qh}}q+\left(e_x-\dfrac{e_h}{e_{qh}}e_{qx}-e_g\right)x+\left(e_y-\dfrac{e_h}{e_{qh}}e_{qy}\right)y-m_g\right]\\ -\dfrac{1}{T_y}y\end{bmatrix}\\ \boldsymbol{g}(\boldsymbol{X})=\begin{bmatrix}g_1(\boldsymbol{X})\\g_2(\boldsymbol{X})\\g_3(\boldsymbol{X})\end{bmatrix}=\begin{bmatrix}0\\0\\\dfrac{1}{T_y}\end{bmatrix}\end{cases}\tag{7-20}$$

其中，扰动变量（即输入信号）为负荷扰动 m_g；输出信号选为机组频率相对值 x；调速器的控制策略由 u 表示；$o(\boldsymbol{X})$ 为 q、x、y 的函数，q、x、y 为水轮机调节的状态变量；非线性动力系统的状态特性由 $\boldsymbol{f}(\boldsymbol{X})$ 与 $\boldsymbol{g}(\boldsymbol{X})$ 描述，$\boldsymbol{f}(\boldsymbol{X})$ 与 $\boldsymbol{g}(\boldsymbol{X})$ 包含了系统的特征参数，即 $\tan\theta$、λ、T_{ws}、h_f、e_h、e_x、e_y、e_{qh}、e_{qx}、e_{qy}、T_a、T_y 及 e_g。以上特征参数对水轮机调节品质有明显的影响，如何取值也是控制策略设计的关键环节。

2. 坐标变换将非线性系统线性化

微分几何方法本质上是，通过坐标变换，将非线性系统线性化。该方法与传统的线性化近似处理方法不同，没有省略任何高阶非线性项，因此这种线性化方法不仅是精确的，而且是整体的线性化，对变换有意义的整个区域都适用[8-9]。

非线性系统式（7-19）的输出和扰动能够解耦的充要条件为系统的相对阶与系统阶相等。为此，选定某一坐标变换，将非线性系统式（7-19）整体上转换化成线性系统。选定的坐标映射为

$$\boldsymbol{Z}(\boldsymbol{X})=[o(\boldsymbol{X}),\quad L_f o(\boldsymbol{X}),\quad \cdots,\quad L_f^{n-1}o(\boldsymbol{X})]^{\mathrm{T}} \tag{7-21}$$

式中：$L_f^i o(\boldsymbol{X})$ 为输出函数 $o(\boldsymbol{X})$ 对矢量场 $\boldsymbol{f}(\boldsymbol{X})$ 的 i 重导数，$i=0,1,2,\cdots,n-1$。

非线性系统式（7-19）经式（7-21）转换后，得到新坐标系下的标准型，即

$$\dot{\boldsymbol{Z}}=\boldsymbol{AZ}+\boldsymbol{B}v \tag{7-22}$$

其中，

$$\boldsymbol{A}=\begin{bmatrix}0 & 1 & 0 & \cdots & 0\\ 0 & 0 & 1 & \cdots & 0\\ \vdots & \vdots & \vdots & & \vdots\\ 0 & 0 & 0 & \cdots & 1\\ 0 & 0 & 0 & \cdots & 0\end{bmatrix},\qquad \boldsymbol{B}=\begin{bmatrix}0\\ 0\\ \vdots\\ 0\\ 1\end{bmatrix}$$

v 是变换后的线性系统式（7-22）的线性化控制律，可由坐标变换得出，表达式为

$$v=L_f^n o(\boldsymbol{X})+L_g L_f^{n-1}o(\boldsymbol{X})u$$

式中：$L_g o(\boldsymbol{X})$ 为输出函数 $o(\boldsymbol{X})$ 对矢量场 $\boldsymbol{f}(\boldsymbol{X})$ 的梯度函数。

根据式（7-21）可以确定输出对扰动的解耦，则非线性系统式（7-19）的输出对扰动解耦的控制律为

$$u=-\frac{L_f^n o(\boldsymbol{X})}{L_g L_f^{n-1}o(\boldsymbol{X})}+\frac{v}{L_g L_f^{n-1}o(\boldsymbol{X})} \tag{7-23}$$

对于标准型式（7-22），系统性能与控制能量的要求可由如下二次型性能指标来描述：

$$G=\int_0^{\infty}(\boldsymbol{Z}^{\mathrm{T}}\boldsymbol{Q}_1\boldsymbol{Z}+v^{\mathrm{T}}\boldsymbol{Q}_2 v)\,\mathrm{d}t \tag{7-24}$$

式中：$\boldsymbol{Q}_1$ 与 $\boldsymbol{Q}_2$ 为对称正定加权矩阵。最优控制的目的是寻找合适的 $\boldsymbol{Q}_1$ 与 $\boldsymbol{Q}_2$，据此设计出线性化控制律 v 来最小化 G。

如果将控制策略选为状态反馈控制，那么可以使 G 最小化的最优控制策略具有如下形式[10]：

$$v^*=-\boldsymbol{k}^*\boldsymbol{Z} \tag{7-25}$$

式中：$\boldsymbol{k}^*=[k_1^*,\quad k_2^*,\quad \cdots,\quad k_n^*]$ 为最优增益向量。当取加权矩阵 $\boldsymbol{Q}_1$、$\boldsymbol{Q}_2$ 为单位矩阵，即 $\boldsymbol{Q}_1=\boldsymbol{I}$、$\boldsymbol{Q}_2=\boldsymbol{I}$ 时，$\boldsymbol{k}^*=\boldsymbol{B}^{\mathrm{T}}\boldsymbol{P}$ 可通过求解如下 Riccati 矩阵方程确定。其中，$\boldsymbol{P}$ 为正定对称矩阵。

$$\boldsymbol{A}^{\mathrm{T}}\boldsymbol{P}+\boldsymbol{PA}-\boldsymbol{PBB}^{\mathrm{T}}\boldsymbol{P}+\boldsymbol{I}=\boldsymbol{O} \tag{7-26}$$

式（7-25）是采用线性二次型最优控制理论进行设计时线性化控制律 v 的表达式。

将 v^* 代入式（7-23），即可得到线性二次型最优控制下的基于微分几何理论的非线性

扰动解耦控制策略，即

$$u^* = -\frac{L_f^3 o(\boldsymbol{X}) + k_1^* o(\boldsymbol{X}) + k_2^* L_f o(\boldsymbol{X}) + k_3^* L_f^2 o(\boldsymbol{X})}{L_g L_f^2 o(\boldsymbol{X})} \tag{7-27}$$

3. 非线性扰动解耦控制策略具体设计

水轮机调节以水轮机导叶开度为控制量，以转速相对偏差为反馈量。因此，对于三维自治的非线性动力系统方程式(7-10)，转速相对偏差 x 的平衡点 x_E 应为 0。结合 $x_E = 0$ 与 $\dot{\boldsymbol{X}} = \boldsymbol{0}$ 可以得到式（7-10）的唯一平衡点 $\boldsymbol{X}_E = [q_E,\ x_E,\ y_E]^{\mathrm{T}}$：

$$\begin{cases} q_E = \dfrac{1}{\dfrac{e_h}{e_{qh}} + \left(\dfrac{e_y}{e_{qy}} e_{qh} - e_h\right)\left(\dfrac{2h_f}{H_0} + \dfrac{\lambda Q_0}{H_0 cB} + \dfrac{1}{e_{qh}}\right)} m_g \\ x_E = 0 \\ y_E = \dfrac{\dfrac{e_{qh}}{e_{qy}}\left(\dfrac{2h_f}{H_0} + \dfrac{\lambda Q_0}{H_0 cB} + \dfrac{1}{e_{qh}}\right)}{\dfrac{e_{qh}}{e_{qh}} + \left(\dfrac{e_y}{e_{qy}} e_{qh} - e_h\right)\left(\dfrac{2h_f}{H_0} + \dfrac{\lambda Q_0}{H_0 cB} + \dfrac{1}{e_{qh}}\right)} m_g \end{cases} \tag{7-28}$$

在对非线性系统进行坐标变换时，输出函数 $o(\boldsymbol{X})$ 的选取在很大程度上确定了变换后新系统状态方程的形式，且直接影响整个受控系统的动、静态特性，因此，输出函数 $o(\boldsymbol{X})$ 的选取成为系统非线性扰动解耦控制策略设计的关键。选取的输出函数必须同时达到以下两方面的要求。

（1）满足原系统控制目标，即平衡点 $\boldsymbol{X}_E = [q_E,\ x_E,\ y_E]^{\mathrm{T}}$。

（2）满足输出对扰动解耦的充要条件，即系统的相对阶与系统阶相等。对于式（7-10），要求相对阶为 3，则相应的输出函数 $o(\boldsymbol{X})$ 应满足：

$$\begin{cases} L_g o(\boldsymbol{X}) = 0 \\ L_g L_f o(\boldsymbol{X}) = 0 \\ L_g L_f^2 o(\boldsymbol{X}) \neq 0 \end{cases} \tag{7-29}$$

下面将根据要求（1）和（2），进行非线性扰动解耦控制策略的设计。

设输出函数为

$$o(\boldsymbol{X}) = o_1(q) + o_2(x) + o_3(y) + C \tag{7-30}$$

式中：$o_1(q)$、$o_2(x)$、$o_3(y)$ 分别为 q、x、y 的函数，且不含常数项；C 为待定常数。

经推导，可得输出函数的表达式，为

$$o(\boldsymbol{X}) = -\frac{T_a}{e_y - \dfrac{e_h}{e_{qh}} e_{qy}} x + \frac{\left(\dfrac{\lambda Q_0 V_x}{g H_0 cB \tan\theta} q + T_{ws}\right)^2}{2 \dfrac{\lambda Q_0 V_x}{g H_0 cB \tan\theta} \dfrac{e_{qy}}{e_{qh}}} - \frac{\left(\dfrac{\lambda Q_0 V_x}{g H_0 cB \tan\theta} q_E + T_{ws}\right)^2}{2 \dfrac{\lambda Q_0 V_x}{g H_0 cB \tan\theta} \dfrac{e_{qy}}{e_{qh}}} \tag{7-31}$$

根据式（7-30），就可以得到 $x_E = 0$ 及如下结果：

$$\begin{cases} L_g o(\boldsymbol{X}) = 0 \\ L_g L_f o(\boldsymbol{X}) = 0 \\ L_g L_f^2 o(\boldsymbol{X}) = \dfrac{1}{T_y}\left[-\dfrac{\left(\dfrac{2h_f}{H_0} + \dfrac{\lambda Q_0}{H_0 cB} + \dfrac{1}{e_{qh}}\right) + \dfrac{\dfrac{e_h}{e_{qh}}\dfrac{e_{qy}}{e_{qh}}}{e_y - \dfrac{e_h}{e_{qh}} e_{qy}}}{\dfrac{\lambda Q_0 V_x}{g H_0 cB \tan\theta} q + T_{ws}} + \dfrac{1}{T_a}\left(\dfrac{e_{qx}}{e_{qy}} e_y - e_x + e_g\right) \right] \neq 0 \end{cases} \tag{7-32}$$

采用式（7-31），可以得到 $L_f o(\boldsymbol{X})$、$L_f^2 o(\boldsymbol{X})$、$L_f^3 o(\boldsymbol{X})$ 及 $L_g L_f^2 o(\boldsymbol{X})$ 的表达式：

$$L_f o(\boldsymbol{X}) = \frac{-\left(\dfrac{2h_f}{H_0} + \dfrac{\lambda Q_0}{H_0 cB} + \dfrac{1}{e_{qh}}\right) q + \dfrac{e_{qx}}{e_{qh}} x + \dfrac{e_{qy}}{e_{qh}} y}{\dfrac{e_{qy}}{e_{qh}}}$$

$$- \frac{\dfrac{e_h}{e_{qh}} q + \left(e_x - \dfrac{e_h}{e_{qh}} e_{qx} - e_g\right) x + \left(e_y - \dfrac{e_h}{e_{qh}} e_{qy}\right) y - m_g}{e_y - \dfrac{e_h}{e_{qh}} e_{qy}}$$

$$L_f^2 o(\boldsymbol{X}) = -\left(\frac{\dfrac{2h_f}{H_0} + \dfrac{\lambda Q_0}{H_0 cB} + \dfrac{1}{e_{qh}}}{\dfrac{e_{qy}}{e_{qh}}} + \frac{\dfrac{e_h}{e_{qh}}}{e_y - \dfrac{e_h}{e_{qh}} e_{qy}} \right) \frac{-\left(\dfrac{2h_f}{H_0} + \dfrac{\lambda Q_0}{H_0 cB} + \dfrac{1}{e_{qh}}\right) q + \dfrac{e_{qx}}{e_{qh}} x + \dfrac{e_{qy}}{e_{qh}} y}{\dfrac{\lambda Q_0 V_x}{g H_0 cB \tan\theta} q + T_{ws}}$$

$$+ \frac{\dfrac{e_{qx}}{e_{qy}} e_y - e_x + e_g}{e_y - \dfrac{e_h}{e_{qh}} e_{qy}} \frac{1}{T_a}\left[\frac{e_h}{e_{qh}} q + \left(e_x - \frac{e_h}{e_{qh}} e_{qx} - e_g\right) x + \left(e_y - \frac{e_h}{e_{qh}} e_{qy}\right) y - m_g \right]$$

$$L_f^3 o(\boldsymbol{X}) = \left[-\left(\frac{\dfrac{2h_f}{H_0} + \dfrac{\lambda Q_0}{H_0 cB} + \dfrac{1}{e_{qh}}}{\dfrac{e_{qy}}{e_{qh}}} + \frac{\dfrac{e_h}{e_{qh}}}{e_y - \dfrac{e_h}{e_{qh}} e_{qy}} \right) \right.$$

$$\times \frac{-\left(\dfrac{2h_f}{H_0} + \dfrac{\lambda Q_0}{H_0 cB} + \dfrac{1}{e_{qh}}\right) T_{ws} - \dfrac{\lambda Q_0 V_x}{g H_0 cB \tan\theta}\left(\dfrac{e_{qx}}{e_{qh}} x + \dfrac{e_{qy}}{e_{qh}} y\right)}{\left(\dfrac{\lambda Q_0 V_x}{g H_0 cB \tan\theta} q + T_{ws}\right)^2}$$

$$\left. + \frac{\dfrac{e_{qx}}{e_{qy}} e_y - e_x + e_g}{e_y - \dfrac{e_h}{e_{qh}} e_{qy}} \frac{1}{T_a} \frac{e_h}{e_{qh}} \right] f_1(\boldsymbol{X})$$

$$+\left[\left(\frac{\frac{2h_f}{H_0}+\frac{\lambda Q_0}{H_0 cB}+\frac{1}{e_{qh}}}{\frac{e_{qy}}{e_{qh}}}+\frac{\frac{e_h}{e_{qh}}}{e_y-\frac{e_h}{e_{qh}}e_{qy}}\right)\frac{\frac{e_{qx}}{e_{qh}}}{\frac{\lambda Q_0 V_x}{gH_0 cB\tan\theta}q+T_{ws}}\right.$$

$$\left.+\frac{\left(\frac{e_{qx}}{e_{qy}}e_y-e_x+e_g\right)\left(e_x-\frac{e_h}{e_{qh}}e_{qx}-e_g\right)}{e_y-\frac{e_h}{e_{qh}}e_{qy}}\frac{1}{T_a}\right]f_2(\boldsymbol{X})$$

$$+\left[\frac{\left(\frac{2h_f}{H_0}+\frac{\lambda Q_0}{H_0 cB}+\frac{1}{e_{qh}}\right)+\frac{\frac{e_h}{e_{qh}}\frac{e_{qy}}{e_{qh}}}{e_y-\frac{e_h}{e_{qh}}e_{qy}}}{\frac{\lambda Q_0 V_x}{gH_0 cB\tan\theta}q+T_{ws}}+\frac{1}{T_a}\left(\frac{e_{qx}}{e_{qy}}e_y-e_x+e_g\right)\right]f_3(\boldsymbol{X})$$

$$L_g L_f^2 o(X)=\frac{1}{T_y}\left[-\frac{\left(\frac{2h_f}{H_0}+\frac{\lambda Q_0}{H_0 cB}+\frac{1}{e_{qh}}\right)+\frac{\frac{e_h}{e_{qh}}\frac{e_{qy}}{e_{qh}}}{e_y-\frac{e_h}{e_{qh}}e_{qy}}}{\frac{\lambda Q_0 V_x}{gH_0 cB\tan\theta}q+T_{ws}}+\frac{1}{T_a}\left(\frac{e_{qx}}{e_{qy}}e_y-e_x+e_g\right)\right]$$

再由 $\boldsymbol{I}=\begin{bmatrix}1&0&0\\0&1&0\\0&0&1\end{bmatrix}$、$\boldsymbol{A}=\begin{bmatrix}0&1&0\\0&0&1\\0&0&0\end{bmatrix}$、$\boldsymbol{B}=\begin{bmatrix}0\\0\\1\end{bmatrix}$ 及式（7-26）可得最优增益向量为

$$\boldsymbol{k}^*=[k_1^*,\ \ k_2^*,\ \ k_3^*]=[1,\ \ 1+\sqrt{2},\ \ 1+\sqrt{2}]$$

将 $o(\boldsymbol{X})$、$L_f o(\boldsymbol{X})$、$L_f^2 o(\boldsymbol{X})$、$L_f^3 o(\boldsymbol{X})$、$L_g L_f^2 o(\boldsymbol{X})$ 及 $\boldsymbol{k}^*$ 的表达式代入式（7-27），即可得到式（7-10）在线性二次型最优控制下的基于微分几何理论的非线性扰动解耦控制策略的表达式。将式（7-10）中的 u 换成 u^* 即可实现基于微分几何的变顶高尾水洞水电站水轮机调节非线性扰动解耦控制。

7.2.2　非线性扰动解耦控制策略下变顶高尾水洞水电站运行稳定性及调节品质

仍然选取 7.1.2 小节的工程实例进行分析，首先将非线性扰动解耦控制策略与 PID 控制策略、NSF 控制策略的调节品质进行对比；然后分析非线性扰动解耦控制策略对于变顶高尾水洞水电站水轮机调节的适用性；最后探讨非线性扰动解耦控制策略下变顶高尾水洞水电站水轮机调节的鲁棒性。

1. 三种控制策略作用下的调节品质

1）非线性扰动解耦控制策略与 PID 控制策略作用下的调节品质

7.1.2 小节中 PID 控制策略作用下最优调节品质对应的 PID 参数组合是 $K_p=1.827$、$K_i=0.190\ \text{s}^{-1}$、$K_d=2.923\ \text{s}$，结果如图 7-8 所示。

取 $m_g=-0.1$，图 7-16 给出了水轮机调节系统分别在非线性扰动解耦控制策略（线性二次型最优控制）与 PID 控制策略（PID 参数最优组合）作用下的机组频率相对值 x 的动态响应过程。

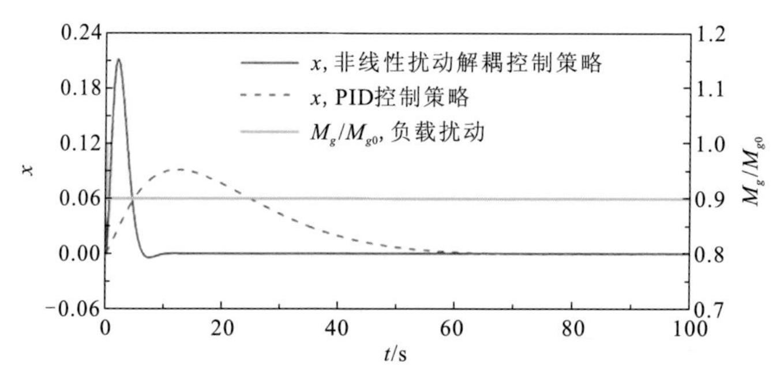

图 7-16　非线性扰动解耦控制策略与 PID 控制策略作用下机组频率相对值 x 的动态响应过程

由图 7-16 可知：采用基于微分几何理论的非线性扰动解耦控制策略时，水轮机调节的速动性较好，机组转速响应能够快速（10 s 左右）地稳定到额定转速；而 PID 控制策略下，调节系统的速动性较差，机组转速响应需要较长时间（70 s 左右）才能稳定在额定转速。对比结果表明，非线性扰动解耦控制策略作用下的系统调节品质与响应速度明显优于 PID 控制策略。

2）非线性扰动解耦控制策略与 NSF 控制策略作用下的调节品质

NSF 控制策略的模型方程为式（7-14），且 $K_L=1$，$K_{NL}=2$；非线性扰动解耦控制策略的模型方程为式（7-27），且取线性二次型最优控制。

负荷扰动 $m_g=-0.1$，图 7-17 给出了两种控制策略作用下机组频率相对值 x 的动态响应过程。

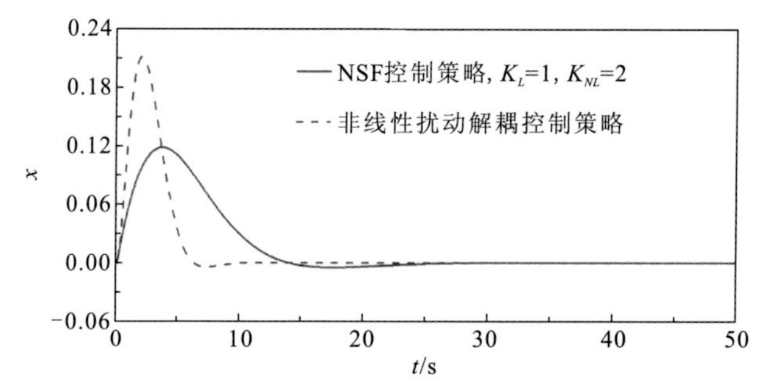

图 7-17　非线性扰动解耦控制策略与 NSF 控制策略作用下机组频率相对值 x 的动态响应过程

由图 7-17 可知：

（1）非线性扰动解耦控制策略与 NSF 控制策略作用下，机组频率相对值 x 均能快速响应，并迅速进行调节，使机组频率回到初始值，保证了调节系统较好的调节品质。

（2）对比而言，前者的调节速度更快、调节时间更短、机组频率相对值 x 的衰减率更大，后者的机组频率相对值 x 的幅值更小。

2. 非线性扰动解耦控制策略对于变顶高尾水洞水电站的适用性

对于变顶高尾水洞，其体型设计中最重要的两个参数是 $\tan\theta$、λ，前者描述变顶高尾水洞洞顶的坡度，后者描述断面形式。非线性扰动解耦控制策略对于变顶高尾水洞水轮机调节系统的适用性在很大程度上取决于这两个关键参数。$\tan\theta$的取值范围通常为 1%～5%，λ 为 2、3、4 分别表示断面形式为矩形、城门洞形和圆形。当 $\tan\theta$、λ 分别取不同的值时，非线性扰动解耦控制策略下变顶高尾水洞水电站水轮机调节机组频率相对值的波动过程如图 7-18 所示，其中，默认参数 $\tan\theta=0.03$、$\lambda=3$、$m_g=-0.1$，其他参数同前。

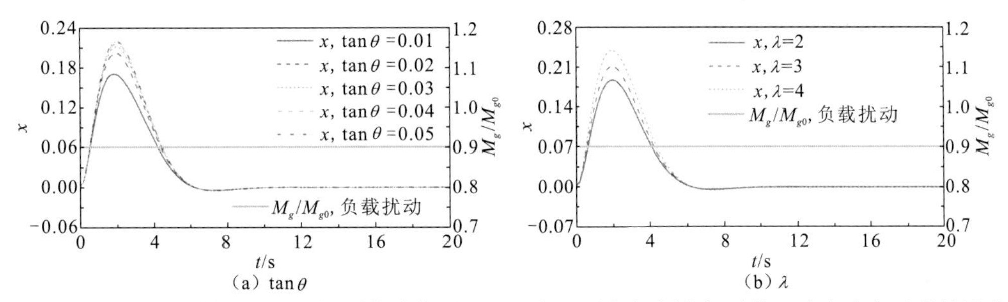

图 7-18　非线性扰动解耦控制策略作用下 $\tan\theta$与 λ 对机组频率相对值 x 动态响应过程的影响

图 7-18 表明：

（1）对于 $\tan\theta$，随着 $\tan\theta$的增大，机组转速响应的峰值越来越大，但增大的幅度越来越小，转速响应稳定到额定转速的时间几乎一致。对于 λ，随着 λ 的增大，机组转速响应的峰值越来越大，且 λ 增大的幅度相同时，转速峰值增大的幅度几乎相等，转速响应稳定到额定转速的时间几乎一致。

（2）非线性扰动解耦控制策略适用于变顶高尾水洞水电站的水轮机调节，即在 $\tan\theta$ 和 λ 的变化范围内，系统均能保持很好的调节品质，使机组转速响应快速稳定到额定转速。

3. 非线性扰动解耦控制策略作用下水轮机调节的鲁棒性

鲁棒性是控制策略的一个重要性能指标。为了检验针对变顶高尾水洞水电站水轮机调节提出的非线性扰动解耦控制策略的鲁棒性，拟进行系统特征参数对机组频率相对值 x 的动态响应的影响分析，给出鲁棒性的定性与定量分析结果。具体来说，定性结果表示在系统特征参数变化时机组频率相对值 x 动态响应的直观变化规律，定量结果表示衡量鲁棒性能的定量指标的取值。

由于衡量动力系统鲁棒性能的定量指标有很多，下面将首先介绍本节所选用的定量指标[11-12]。

设系统形式为

$$\boldsymbol{R}=\boldsymbol{R}(\boldsymbol{S},\boldsymbol{T}) \tag{7-33}$$

式中：$\boldsymbol{S}=[S_1,\ S_2,\ \cdots,\ S_l]^{\mathrm{T}}$ 为设计变量的 l 维向量；$\boldsymbol{T}=[T_1,\ T_2,\ \cdots,\ T_m]^{\mathrm{T}}$ 为设计参数的 m 维向量；$\boldsymbol{R}=[R_1,\ R_2,\ \cdots,\ R_n]^{\mathrm{T}}$ 为一个 n 维向量表示的性能函数。

式（7-33）表示的系统的灵敏性 Jacobian 矩阵为

$$\boldsymbol{J}=[\boldsymbol{J}_S,\ \boldsymbol{J}_T] \tag{7-34}$$

式中：$\boldsymbol{J}_S=\dfrac{\partial \boldsymbol{R}}{\partial \boldsymbol{S}}$ 为 $\boldsymbol{R}$ 对 $\boldsymbol{S}$ 的 $n\times l$ 维灵敏性 Jacobian 矩阵；$\boldsymbol{J}_T=\dfrac{\partial \boldsymbol{R}}{\partial \boldsymbol{T}}$ 为 $\boldsymbol{R}$ 对 $\boldsymbol{T}$ 的 $n\times m$ 维灵敏性 Jacobian 矩阵。如果不考虑 $\boldsymbol{S}=[S_1,\ S_2,\ \cdots,\ S_l]^{\mathrm{T}}$ 的变化，则有 $\boldsymbol{J}=\boldsymbol{J}_T$；反之，如果只考虑 $\boldsymbol{S}=[S_1,\ S_2,\ \cdots,\ S_l]^{\mathrm{T}}$ 的变化，则有 $\boldsymbol{J}=\boldsymbol{J}_S$。

当一个调节系统对于变化的灵敏性最小时，可以认为该系统是鲁棒的。调节系统控制策略设计的最理想情况是能够使灵敏性 Jacobian 矩阵的所有奇异值达到最小。矩阵的 Frobenius 范数是系统所有奇异值的平方之和的平方根。据此，可定义如下鲁棒性指标（RI）：

$$\mathrm{RI}=\|\boldsymbol{J}\|_{\mathrm{Frob}}\|\boldsymbol{J}^{-1}\|_{\mathrm{Frob}} \tag{7-35}$$

其中，$\|\cdot\|_{\mathrm{Frob}}$ 表示 Frobenius 范数。

对于变顶高尾水洞水电站水轮机调节方程式（7-10），设计变量 $\boldsymbol{S}$ 为水轮机调节系统的状态变量，即 $\boldsymbol{S}=\boldsymbol{X}=[q,\ x,\ y]^{\mathrm{T}}$；设计参数 $\boldsymbol{T}$ 包含 T_{ws}、h_f、e_h、e_x、e_y、e_{qh}、e_{qx}、e_{qy}、T_a、T_y、e_g、m_g、$\tan\theta$及 λ 等。性能函数 $\boldsymbol{R}$ 为式（7-10）等号右侧的状态变量与设计参数的函数。

下面将对该系统水力、机械、电气、扰动四个方面的特征参数进行机组转速响应的鲁棒性分析。其中，水力参数选取的是 T_{ws}、h_f，结果如图 7-19 与表 7-4 所示；机械参数选取的是水轮机传递系数（e_h、e_x、e_y、e_{qh}、e_{qx}、e_{qy}）、T_a、T_y，电气参数选取的是 e_g，结果如图 7-20 与表 7-4 所示；扰动参数选取的是负荷扰动量 m_g，结果如图 7-21 与表 7-4 所示。另外，PID 控制策略下机组频率相对值 x 动态响应对应的鲁棒性指标（RI）的计算结果也在表 7-4 中给出。

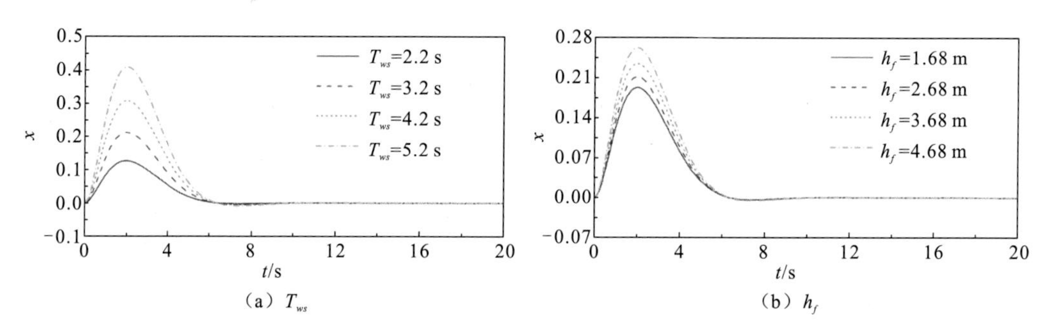

图 7-19　非线性扰动解耦控制策略作用下 T_{ws} 与 h_f 对机组频率相对值 x 动态响应过程的影响

表 7-4　水轮机调节系统鲁棒性指标的计算结果

控制策略	参数与数值		RI
非线性扰动解耦控制策略	T_{ws}/s	2.2	1.661
		3.2	1.436
		4.2	1.973
		5.2	1.714
	h_f/m	1.68	1.380
		2.68	1.436
		3.68	1.213
		4.68	1.278
	水轮机传递系数	实际	1.436
		理想	1.887
	T_a/s	8.27	1.367
		8.77	1.436
		9.27	1.354
		9.77	1.401
	T_y/s	0.05	1.433
		0.10	1.432
		0.15	1.436
		0.20	1.436
	e_g	0	1.436
		1	1.215
		2	1.009
		3	1.084
	m_g	−0.10	1.436
		−0.05	1.307
		0.05	1.416
		0.10	1.559
	$\tan\theta$	0.01	1.131
		0.02	1.274
		0.03	1.436
		0.04	1.442
		0.05	1.495
	λ	2	1.412
		3	1.436
		4	1.567
PID 控制策略	PID 参数最优组合		2.306

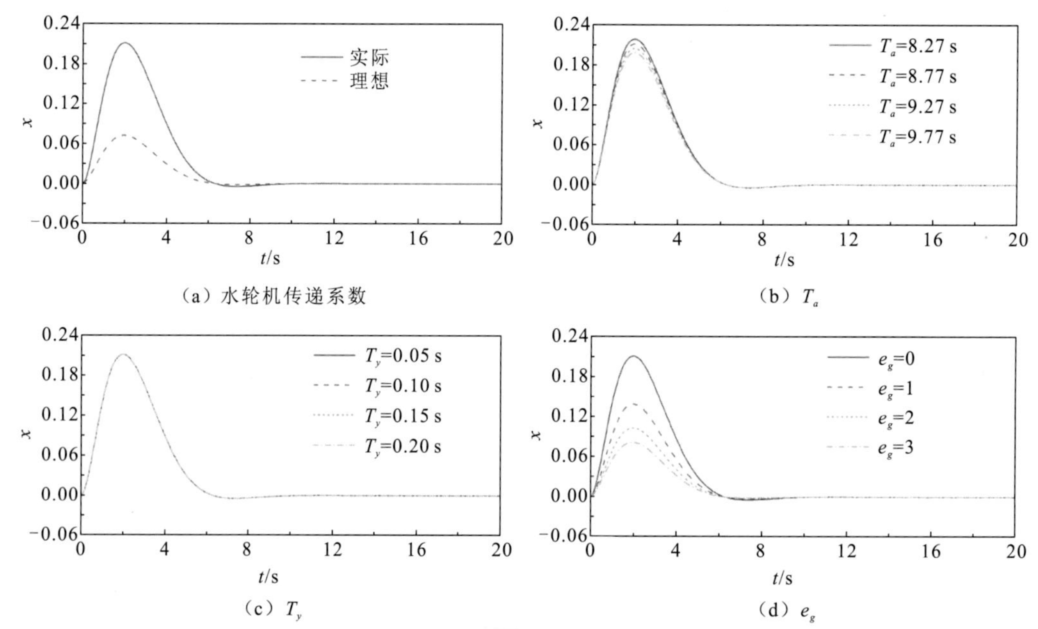

（a）水轮机传递系数　（b）T_a　（c）T_y　（d）e_g

图 7-20　非线性扰动解耦控制策略作用下水轮机传递系数、T_a、T_y 与 e_g 对机组频率相对值 x 动态响应过程的影响

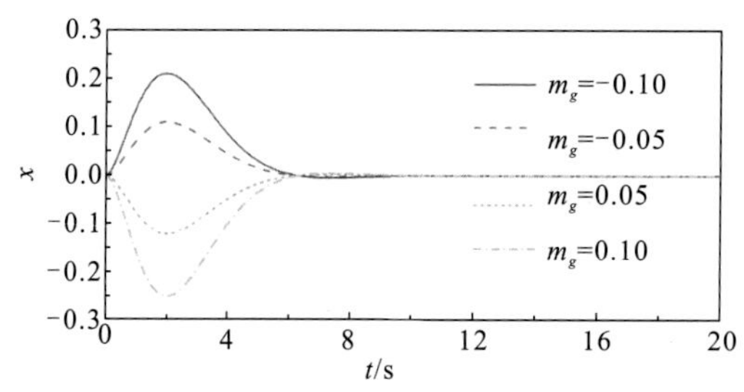

图 7-21　非线性扰动解耦控制策略作用下 m_g 对机组频率相对值 x 动态响应过程的影响

m_g 的默认值为−0.1，其他参数的默认值同前；各参数的变化范围均为正常的范围，理想的水轮机传递系数[图 7-20（a）]为 $e_h=1.5$、$e_x=-1$、$e_y=1$、$e_{qh}=0.5$、$e_{qx}=0$、$e_{qy}=1$。

由图 7-19～图 7-21 及表 7-4 可知：

（1）采用非线性扰动解耦控制策略的变顶高尾水洞水电站水轮机调节具有很好的鲁棒性；非线性扰动解耦控制策略作用下调节系统的 RI 小于 PID 控制策略，表明前者的鲁棒性好于后者。在不同的特征参数及扰动量下，非线性扰动解耦控制策略作用下调节系统的 RI 均保持较小值，表明其抗干扰性较强。

（2）当水力、机械、电气、扰动四个方面的特征参数发生变化时，调节系统的速动性受到的影响较小，机组转速响应的振荡次数均保持不变且均能快速地稳定到额定转速，稳定时间非常接近。

7.3 明满流尾水洞水电站运行稳定性及调节品质分析与控制

设有明满流尾水洞的水电站输水发电系统示意图如图7-22所示，该类型水电站运行稳定性及调节品质分析与控制的困难在于：描述明渠非恒定流的圣维南方程是非线性的微分方程（7.1节和7.2节并没有考虑圣维南方程，未计入明渠非恒定流的影响），并且明满流分界面是移动的。为此，本节建立基于空间状态方程的明满流尾水洞数学模型，进行明满流尾水洞水电站运行稳定性及调节品质的分析与控制。

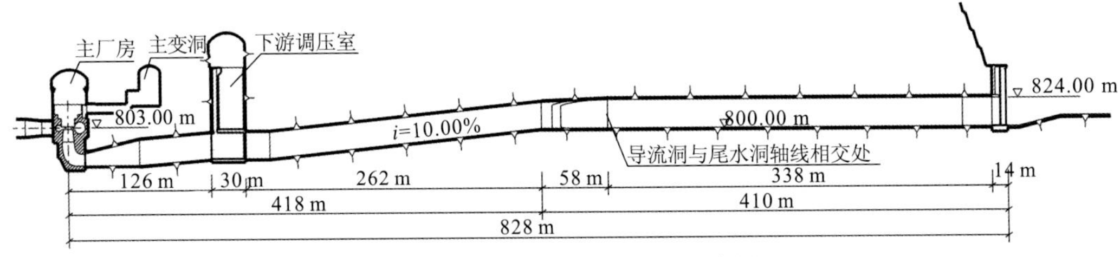

图7-22 明满流尾水子系统示意图

7.3.1 基于空间状态方程的明满流尾水洞数学模型

1. 控制方程的离散

明渠非恒定流的圣维南方程为

$$\begin{cases} B\dfrac{\partial H}{\partial t}+\dfrac{\partial Q}{\partial x}=0 \\ \left(1-\dfrac{BQ^2}{gA^3}\right)\dfrac{\partial H}{\partial x}+\dfrac{2Q}{gA^2}\dfrac{\partial Q}{\partial x}+\dfrac{1}{gA}\dfrac{\partial Q}{\partial t}+\dfrac{n^2\chi^{4/3}Q|Q|}{A^{10/3}}=0 \end{cases} \tag{7-36}$$

式中：H为水头；Q为流量；B为水面宽度；A为过水断面面积；n为糙率系数；χ为湿周；g为重力加速度。

将式（7-36）在稳定工况点线性化处理后可以得到一组偏微分方程，偏微分方程沿着空间方向积分可以得到一组空间步长为Δx的常微分方程表示的圣维南方程，即

$$\begin{cases} k_{2j,1}h_j+k_{2j,2}h_{j+1}+k_{2j,3}q_j+k_{2j,4}q_{j+1}+T_{2j,1}\left(\dfrac{\mathrm{d}q_j}{\mathrm{d}t}+\dfrac{\mathrm{d}q_{j+1}}{\mathrm{d}t}\right)=0 \\ T_{2j+1,2}\left(\dfrac{\mathrm{d}h_j}{\mathrm{d}t}+\dfrac{\mathrm{d}h_{j+1}}{\mathrm{d}t}\right)+k_{2j+1,5}(q_{j+1}-q_j)=0 \end{cases} \tag{7-37}$$

其中，

$$k_{2j,1}=\left(\frac{c_{j,1}\Delta x_j}{2}-a_{j,1}\right)H_r,\quad k_{2j,2}=\left(\frac{c_{j,1}\Delta x_j}{2}+a_{j,1}\right)H_r,\quad k_{2j,3}=\left(\frac{c_{j,2}\Delta x_j}{2}-a_{j,2}\right)Q_r$$

$$k_{2j,4}=\left(\frac{c_{j,2}\Delta x_j}{2}+a_{j,2}\right)Q_r,\quad k_{2j,5}=Q_r,\quad T_{2j,1}=\frac{a_{j,3}\Delta x_j}{2}Q_r,\quad T_{2j,2}=\frac{B_0\Delta x_j}{2}H_r$$

$$a_{j,1}=1-\frac{B_{j0}Q_{j0}^2}{gA_{j0}^3},\qquad a_{j,2}=\frac{2Q_{j0}}{gA_{j0}^2},\qquad a_{j,3}=\frac{1}{gA_{j0}}$$

$$c_{j,1}=\left(-\frac{Q_{j0}^2}{gA_{j0}^3}\frac{\partial B_{j0}}{\partial H}+\frac{3B_{j0}^2Q_{j0}^2}{gA_{j0}^4}\right)\frac{\partial H_{j0}}{\partial x}+\frac{4n^2\chi_{j0}^{1/3}\left|Q_{j0}\right|Q_{j0}}{3A_{j0}^{10/3}}\frac{\partial \chi_{j0}}{\partial H}-\frac{10n^2\chi_{j0}^{4/3}B_{j0}\left|Q_{j0}\right|Q_{j0}}{3A_{j0}^{13/3}}$$

$$c_{j,2}=\frac{2B_{j0}Q_{j0}}{gA_{j0}^3}\frac{\partial H_{j0}}{\partial x}+\frac{2n^2\chi_{j0}^{4/3}\left|Q_{j0}\right|Q_{j0}}{A_{j0}^{10/3}}$$

式中：H_{j0}、B_{j0}、Q_{j0}、A_{j0}、χ_{j0}分别为初始时刻j断面的水头、水面宽度、流量、过水面积和湿周；H_r和Q_r分别为初始水头和初始流量；h_j和q_j分别为j断面水头和流量的相对偏差值；Δx_j为断面j与$j+1$之间的空间步长。

有压管道水击方程为

$$\begin{cases}\dfrac{\partial H}{\partial t}+\dfrac{\alpha^2}{gA}\dfrac{\partial Q}{\partial x}=0\\[2mm]\dfrac{\partial H}{\partial x}+\dfrac{2Q}{gA^2}\dfrac{\partial Q}{\partial x}+\dfrac{1}{gA}\dfrac{\partial Q}{\partial t}+\dfrac{n^2\chi^{4/3}Q|Q|}{A^{10/3}}=0\end{cases}\tag{7-38}$$

式中：α为流速修正系数。

采用同样的方法，可以得到形如式（7-37）的表示断面水头和流量关系的常微分方程组，除系数$a_{j,1}$、$a_{j,2}$、$a_{j,3}$、$c_{j,1}$、$c_{j,2}$表示如下外，其他系数及式中各符号含义与明渠相同。

$$a_{j,1}=1,\quad a_{j,2}=\frac{2Q_{j0}}{gA_{j0}^2},\quad a_{j,3}=\frac{1}{gA_{j0}},\quad c_{j,1}=0,\quad c_{j,2}=\frac{2n^2\chi_{j0}^{4/3}\left|Q_{j0}\right|Q_{j0}}{A_{j0}^{10/3}}$$

2. 明满流尾水洞空间状态方程的形成

离散后的明渠圣维南方程和有压管道水击方程，具有相同的常微分形式，均可以用空间状态方程的形式来表示[13]。如图 7-23 所示的明满流尾水洞，1～n为有压管道断面，$n+1$～m为无压明渠段断面。

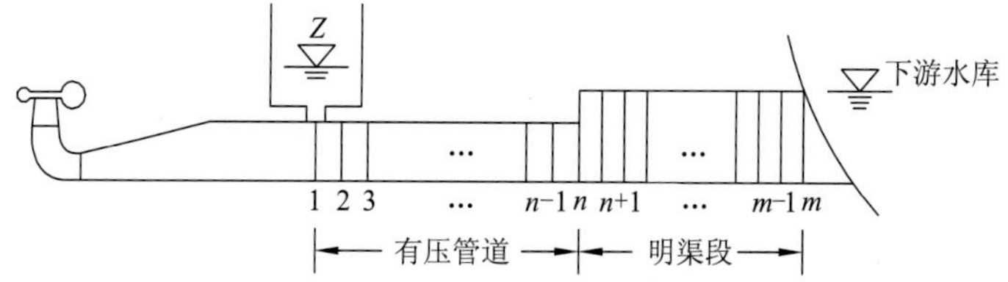

图 7-23 明满流尾水洞空间状态方程离散断面的示意图

选取每个断面的水头和流量为矩阵方程的状态变量，并将有压管道 1 断面的流量作为计算的输入，下游明渠出口为水库边界条件。

于是，由 m 个断面的式（7-38）组成的方程组可以表示为 $\boldsymbol{T\dot{X}}+\boldsymbol{KX}+\boldsymbol{LU}=\boldsymbol{0}$，并化简为如下标准形式：

$$\dot{\boldsymbol{X}}=\boldsymbol{AX}+\boldsymbol{B} \tag{7-39}$$

其中，$\boldsymbol{A}=(\boldsymbol{T})^{-1}(-\boldsymbol{K})$，$\boldsymbol{B}=(\boldsymbol{T})^{-1}(-\boldsymbol{L})$。

同时，将有压管道 1 断面的水头作为输出，则输出量可以表示为

$$\boldsymbol{Y}=\boldsymbol{CX}+\boldsymbol{DU} \tag{7-40}$$

其中，

$$\dot{\boldsymbol{X}}=\begin{bmatrix}\dot{h}_1\\ \dot{q}_2\\ \dot{h}_2\\ \dot{q}_3\\ \dot{h}_3\\ \vdots\\ \vdots\\ \dot{q}_m\\ \dot{h}_m\end{bmatrix},\qquad \boldsymbol{X}=\begin{bmatrix}h_1\\ q_2\\ h_2\\ q_3\\ h_3\\ \vdots\\ \vdots\\ q_m\\ h_m\end{bmatrix},\qquad \boldsymbol{L}=\begin{bmatrix}T_{2,1} & k_{2,3}\\ 0 & -k_{3,5}\\ 0 & 0\\ 0 & 0\\ \vdots & \vdots\\ \vdots & \vdots\\ 0 & 0\\ 0 & 0\\ 0 & 0\end{bmatrix}$$

$$\boldsymbol{T}=\begin{bmatrix}0 & T_{2,1} & 0 & 0 & & \vdots & & & \\ T_{3,1} & 0 & T_{3,1} & 0 & & \vdots & & & \\ & T_{4,1} & 0 & T_{4,1} & 0 & \vdots & & & \\ & 0 & T_{5,2} & 0 & T_{5,2} & \vdots & & & \\ \cdots & \cdots & \cdots & \cdots & \cdots & \cdots & \cdots & \cdots & \cdots\\ \cdots & \cdots & \cdots & \cdots & \cdots & \cdots & \cdots & \cdots & \cdots\\ & & & & \vdots & T_{2m,1} & 0 & T_{2m,1} & 0\\ & & & & \vdots & 0 & T_{2m+1,1} & 0 & T_{2m+1,1}\\ & & & & \vdots & 0 & 0 & a & b\end{bmatrix}$$

$$\boldsymbol{K}=\begin{bmatrix}k_{2,1} & k_{2,4} & k_{2,2} & & & \vdots & & & \\ 0 & k_{3,5} & 0 & & & \vdots & & & \\ & k_{4,3} & k_{4,1} & k_{4,4} & k_{4,2} & \vdots & & & \\ & -k_{5,5} & 0 & k_{5,5} & 0 & \vdots & & & \\ \cdots & \cdots & \cdots & \cdots & \cdots & \cdots & \cdots & \cdots & \cdots\\ \cdots & \cdots & \cdots & \cdots & \cdots & \cdots & \cdots & \cdots & \cdots\\ & & & & \vdots & k_{2m,3} & k_{2m,1} & k_{2m,4} & k_{2m,2}\\ & & & & \vdots & 0 & -k_{2m+1,5} & 0 & k_{2m+1,5}\\ & & & & \vdots & 0 & 0 & 0 & 0\end{bmatrix}$$

$$
\boldsymbol{C}=\begin{bmatrix} H_r \\ 0 \\ 0 \\ 0 \\ \vdots \\ \vdots \\ 0 \\ 0 \\ 0 \end{bmatrix}, \qquad \boldsymbol{D}=\begin{bmatrix} h_{10} \\ 0 \\ 0 \\ 0 \\ \vdots \\ \vdots \\ 0 \\ 0 \\ 0 \end{bmatrix}, \qquad \boldsymbol{U}=[\dot{q}_1, q_1]^{\mathrm{T}}
$$

上述系数矩阵中，a 和 b 由明渠末断面（即 m 断面）的边界条件确定，h_{10} 为初始时刻有压管道首断面（即 1 断面）的水头。

3. 离散空间状态法的验证

为了验证上述采用空间状态方程描述无压明渠非恒定流和有压管道非恒定流的准确性，本节将采用空间状态法计算无压明渠非恒定流、有压管道非恒定流、明满流三种流动，并将计算结果与有限差分法的计算结果进行对比。

1）无压明渠非恒定流的验证

一个梯形渠道，长为 1 000 m，底宽为 10 m，边坡坡度为 0.5，糙率系数为 0.014，底坡为 0.000 15，渠道上游为水库（假定水位为常数），下游为水库。在恒定流情况下，流动为均匀流，水深为 3.4 m，进口流量为 60 m^3/s。设水电站流量在 100 s 之内由 60 m^3/s 线性减少到 55 m^3/s，分别采用有限差分法（Preissmann 隐格式）、空间状态法，计算该工况下的非恒定流过程，得到进口断面水头随时间的变化规律，如图 7-24 所示。

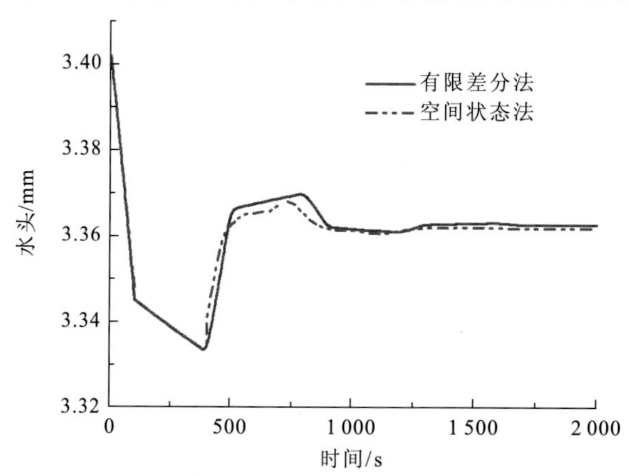

图 7-24　无压明渠非恒定流计算结果对比

2）有压管道非恒定流的验证

长度为 1000 m，直径为 5 m 的圆形管道，恒定流时的流量为 20 m^3/s。管道糙率系数取为 0.014，水击波速取 1000 m/s，下游为水库边界条件。上游给定流量随时间的变化规律：30 s 内出口流量由 20 m³/s 线性减少为 15 m³/s，恒定流状态下上游水头为 150 m，分别采用有限差分法（特征线法）、空间状态法求解其非恒定流过程，得到进口断面水头随时间的变化规律，如图 7-25 所示。

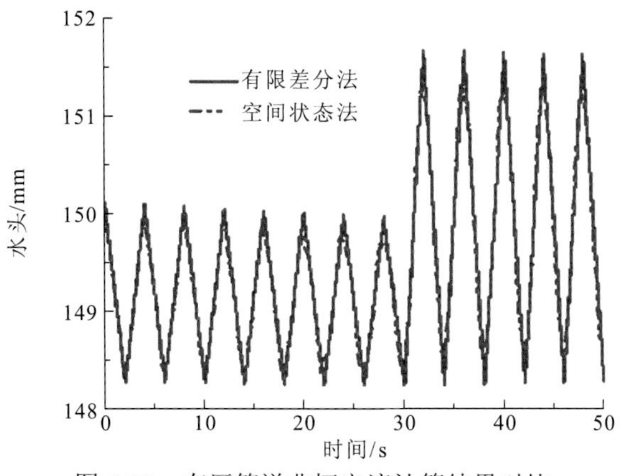

图 7-25　有压管道非恒定流计算结果对比

3）明满流暂态过程的验证

有压管道长 600 m，直径为 5 m，明渠长 300 m，底宽为 10 m，边坡坡度为 0.5，底坡为 0.0002，糙率系数取 0.016，初始流量为 40 m³/s，明渠初始水深为 2.63 m，下游为水库边界条件。有压管道进口流量在 50 s 内由 40 m³/s 线性减少为 37 m³/s，分别采用有限差分法（Preissmann 隐格式）、空间状态法求解其暂态过程，得到进口断面水头随时间的变化，如图 7-26 所示。

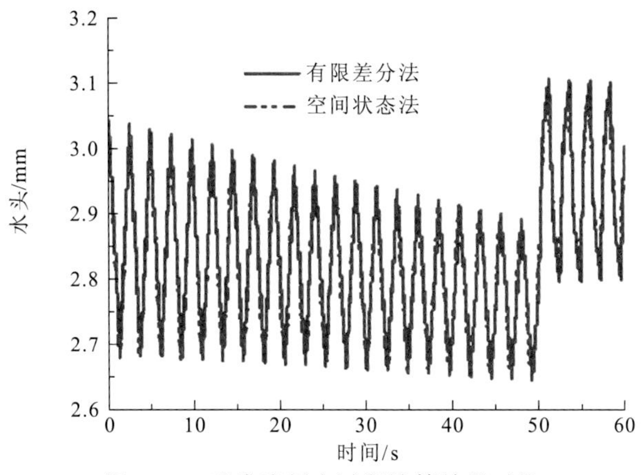

图 7-26　明满流暂态过程计算结果对比

从以上三个算例空间状态法与有限差分法计算结果的对比可以看出，两种方法的波动极值和过程线均比较吻合，空间状态法用于小扰动的非恒定流具有较高的精度。因此，可将空间状态法用于明满流尾水子系统水电站水轮机调节运行稳定性及调节品质的分析与控制。

7.3.2 明满流尾水洞水电站水轮机调节运行稳定性分析与控制

1. 空间状态表达式向传递函数的转换

在 $t=0$ 初始条件下对式（7-39）和式（7-40）做拉普拉斯变换，有

$$s\boldsymbol{X}(s)=\boldsymbol{AX}(s)+\boldsymbol{BU}(s) \tag{7-41}$$

$$\boldsymbol{Y}(s)=\boldsymbol{CX}(s)+\boldsymbol{DU}(s) \tag{7-42}$$

由式（7-41）得

$$\boldsymbol{X}(s)=(s\boldsymbol{I}-\boldsymbol{A})^{-1}\boldsymbol{BU}(s) \tag{7-43}$$

将式（7-43）代入式（7-42），得

$$\boldsymbol{Y}(s)=\boldsymbol{C}(s\boldsymbol{I}-\boldsymbol{A})^{-1}\boldsymbol{BU}(s)+\boldsymbol{DU}(s) \tag{7-44}$$

所以传递函数矩阵为

$$\boldsymbol{G}(s)=\frac{\boldsymbol{Y}(s)}{\boldsymbol{U}(s)}=\boldsymbol{C}(s\boldsymbol{I}-\boldsymbol{A})^{-1}\boldsymbol{B}+\boldsymbol{D} \tag{7-45}$$

为了推导简便起见，当有压管道取 1 个断面，明渠段取 3 个断面，即 n 取 1，m 取 3 时，以 q 为输入、h 为输出的水道系统的空间状态方程可以转换为如图 7-27 所示的传递函数，因为明渠段有 3 个断面、5 个状态变量，所以以 $\dot{q}=\mathrm{d}q/\mathrm{d}t$ 和 q 为输入的状态方程转化为 5 阶传递函数，两个传递函数的分母相同，其中分子和分母各阶的系数由式（7-39）和式（7-40）确定。

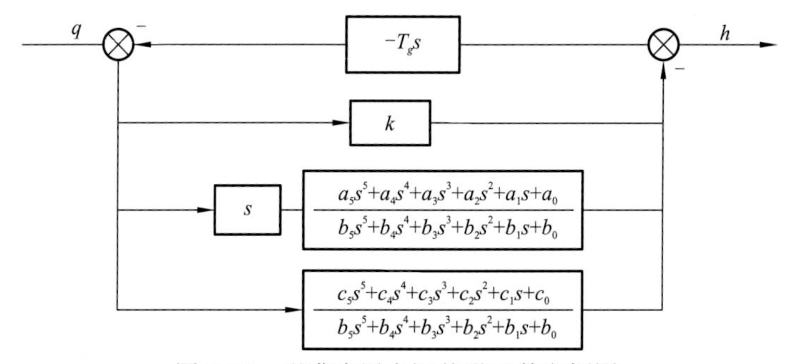

图 7-27 明满流尾水洞传递函数方框图

图 7-27 中，T_g 为调压室惯性时间常数，k 为局部水头损失系数，包括满流段和明流段的水头损失。

在此需要指出的是：①m 取值越大，模拟明流暂态过程的精度越高，但推导过程更加复杂；②空间状态方程中没能计入明满流分界面的移动，而将其作为固定界面处理，与 7.1 节和 7.2 节相比，两种建模方法均有各自的缺憾。

2. 明满流尾水洞水电站水轮机调节的特征方程及稳定判据

水轮机调节的整体数学模型通常由水电站输水管道的模型、水轮机模型、发电机一阶模型、PI 控制策略的调速器方程四部分组成，后三部分的数学表达式如下。

1）水轮机模型

$$\begin{cases} q = e_{qx}x + e_{qy}y + e_{qh}h \\ m_t = e_x x + e_y y + e_h h \end{cases} \tag{7-46}$$

式中：q 和 m_t 分别为水轮机相对流量和相对动力矩；x、y、h 分别为转速、开度和水头的相对值；e_h、e_x、e_y、e_{qh}、e_{qx}、e_{qy} 为水轮机传递系数。

2）发电机一阶模型

$$T_a \frac{\mathrm{d}x}{\mathrm{d}t} + e_n x = m_t - m_g \tag{7-47}$$

式中：T_a 为机组惯性加速时间；e_n 为水轮发电机组综合自调节系数；m_t 和 m_g 分别为发电机动力矩相对值和阻力矩相对值。

3）PI 控制策略的调速器方程

$$b_t T_d \frac{\mathrm{d}y}{\mathrm{d}t} = -\left(T_d \frac{\mathrm{d}x}{\mathrm{d}t} + x\right) \tag{7-48}$$

式中：b_t 为暂态差值系数；T_d 为缓冲时间常数。

4）整体数学模型的特征方程

将如图 7-27 所示的传递函数方框图并入如图 7-28 所示的系统稳定性仿真模型方框图中，得到机组转速与发电机阻力矩之间的传递函数：

$$\frac{x(s)}{m_g(s)} = \frac{\sum_{j=0}^{8} n_j s^j}{\sum_{i=0}^{9} m_i s^i} \tag{7-49}$$

式中：

$$n_8 = -T_d T_g b_t c_5$$

$$n_7 = -T_d T_g b_t a_5 - T_d T_g b_t c_4 - T_d b_t c_5 e_{qh} - T_d T_g b_t b_5 k$$

$$n_6 = -T_d b_t b_5 - T_d b_t T_g a_4 - T_d b_t T_g c_3 - T_d b_t c_4 e_{qh} - T_d T_g b_t b_4 k - T_d b_t b_5 k e_{qh}$$

$$n_5 = -T_d b_t b_4 - T_d b_t T_g a_3 - T_d b_t T_g c_2 - T_d b_t a_4 e_{qh} - T_d b_t c_3 e_{qh} - T_d T_g b_t b_3 k - T_d b_t b_4 k e_{qh}$$

$$n_4 = -T_d b_t b_3 - T_d b_t T_g a_2 - T_d b_t T_g c_1 - T_d b_t a_3 e_{qh} - T_d b_t c_2 e_{qh} - T_d T_g b_t b_2 k - T_d b_t b_3 k e_{qh}$$

$$n_3 = -T_d b_t b_2 - T_d b_t T_g a_1 - T_d b_t T_g c_0 - T_d b_t a_2 e_{qh} - T_d b_t c_1 e_{qh} - T_d T_g b_t b_1 k - T_d b_t b_2 k e_{qh}$$

$$n_2 = -T_d b_t b_1 - T_d b_t T_g a_0 - T_d b_t a_1 e_{qh} - T_d b_t c_0 e_{qh} - T_d T_g b_t b_0 k - T_d b_t b_1 k e_{qh}$$

$$n_1 = -T_d b_t b_0 - T_d b_t a_0 e_{qh} - T_d b_t b_0 k e_{qh}$$

$$n_0 = 0$$

$$m_0 = T_a T_d T_g b_t c_5$$

$$m_1 = T_d T_g c_5 e_y + T_a T_d T_g b_t a_5 + T_a T_d T_g b_t c_4 + T_a T_d b_t c_5 e_{qh} + T_a T_g b_t c_5 e_n + T_a T_d T_g b_t b_5 k$$

$$\begin{aligned} m_2 = {} & T_g c_5 e_y + T_a T_d b_5 b_t + T_d T_g a_5 e_y + T_d T_g c_4 e_y - T_d c_5 e_h e_{qy} + T_d c_5 e_y e_{qh} + T_a T_d T_g b_t a_4 \\ & + T_a T_d T_g b_t c_3 + T_a T_d b_t a_5 e_{qh} + T_a T_g b_t a_5 e_n + T_a T_d b_t c_4 e_{qh} + T_a T_g b_t c_4 e_n + T_d T_g b_5 e_y k \\ & + T_d b_t c_5 e_n e_{qh} + T_a T_d T_g b_t b_4 k + T_a T_d b_t b_5 e_{qh} + T_d T_g b_t b_5 e_n k \end{aligned}$$

$$
\begin{aligned}
m_3 =& T_g a_5 e_y + T_d b_5 e_y + T_g c_4 e_y - c_5 e_h e_{qy} + c_5 e_y e_{qh} + T_a T_d b_t b_4 + T_d T_g a_4 e_y + T_d T_g c_3 e_y \\
&+ T_d b_t b_5 e_n - T_d a_5 e_h e_{qy} + T_d a_5 e_y e_{qh} - T_d c_4 e_h e_{qy} + T_d c_4 e_y e_{qh} + T_g b_5 e_y k + T_a T_d b_t a_3 \\
&+ T_a T_d b_t c_2 + T_a T_d b_t a_4 e_{qh} + T_d T_g b_t a_4 e_n + T_a T_d b_t c_3 e_{qh} + T_d T_g b_t c_3 e_n + T_d T_g b_4 e_y k \\
&+ T_d b_t a_5 e_n e_{qh} + T_d b_t c_4 e_n e_{qh} - T_d b_5 e_h e_{qy} k + T_d b_5 e_y e_{qh} k + T_a T_d b_t b_3 k + T_a T_d b_t b_4 e_{qh} k \\
&+ T_d T_g b_t b_4 e_n k + T_d b_t b_5 e_n e_{qh} k \\
m_4 =& b_5 e_y + T_g a_4 e_y + T_g b_4 e_y + T_g c_3 e_y - a_5 e_h e_{qy} + a_5 e_y e_{qh} - c_4 e_h e_{qy} + c_4 e_y e_{qh} + T_a T_d b_t b_3 \\
&+ T_d T_g a_3 e_y + T_d T_g c_2 e_y + T_d b_4 b_t e_n - T_d a_4 e_h e_{qy} + T_d a_4 e_{qh} e_y - T_d c_3 e_h e_{qy} + T_d c_3 e_{qh} e_y \\
&+ T_g b_4 e_y k - b_5 e_h e_{qy} k + b_5 e_{qh} e_y k + T_a T_d T_g a_2 b_t + T_a T_d T_g b_t c_1 + T_a T_d a_3 b_t e_{qh} + T_d T_g a_3 b_t e_n \\
&+ T_a T_d b_t c_2 e_{qh} + T_d T_g b_t c_2 e_n + T_d T_g b_3 e_y k + T_d a_4 b_t e_n e_{qh} + T_d b_t c_3 e_n e_{qh} - T_d b_4 e_h e_{qy} k \\
&+ T_d b_4 e_{qh} e_y k + T_a T_d T_g b_2 b_t k + T_a T_d b_3 b_t e_{qh} k + T_d T_g b_3 b_t e_n k + T_d b_4 b_t e_n e_{qh} k \\
m_5 =& b_4 e_y + T_g a_3 e_y + T_d b_3 e_y + T_g c_2 e_y - a_4 e_h e_{qy} + a_4 e_{qh} e_y - c_3 e_h e_{qy} + c_3 e_{qh} e_y + T_a T_d b_2 b_t \\
&+ T_d T_g a_2 e_y + T_d T_g c_1 e_y + T_d b_3 b_t e_n - T_d a_3 e_h e_{qy} + T_d a_3 e_{qh} e_y - T_d c_2 e_h e_{qy} + T_d c_2 e_{qh} e_y + T_g b_3 e_y k \\
&- b_4 e_h e_{qy} k + b_4 e_{qh} e_y k + T_a T_d T_g a_1 b_t + T_a T_d T_g b_t c_0 + T_a T_d a_2 b_t e_{qh} + T_d T_g a_2 b_t e_n + T_a T_d b_t c_1 e_{qh} \\
&+ T_d T_g b_t c_1 e_n + T_d T_g b_2 e_y k + T_d a_3 b_t e_n e_{qh} + T_d b_t c_2 e_n e_{qh} - T_d b_3 e_h e_{qy} k + T_d b_3 e_{qh} e_y k \\
&+ T_a T_d T_g b_1 b_t k + T_a T_d b_2 b_t e_{qh} k + T_d T_g b_2 b_t e_n k + T_d b_3 b_t e_n e_{qh} k \\
m_6 =& b_3 e_y + T_g a_2 e_y + T_d b_2 e_y + T_g c_1 e_y - a_3 e_h e_{qy} + a_3 e_{qh} e_y - c_2 e_h e_{qy} + c_2 e_{qh} e_y + T_a T_d b_1 b_t \\
&+ T_d T_g a_1 e_y + T_d T_g c_0 e_y + T_d b_2 b_t e_n - T_d a_2 e_h e_{qy} + T_d a_2 e_{qh} e_y - T_d c_1 e_h e_{qy} + T_d c_1 e_{qh} e_y + T_g b_2 e_y k \\
&- b_3 e_h e_{qy} k + b_3 e_{qh} e_y k + T_a T_d T_g a_0 b_t + T_a T_d a_1 b_t e_{qh} + T_d T_g a_1 b_t e_n + T_a T_d b_t c_0 e_{qh} + T_d T_g b_t c_0 e_n \\
&+ T_d T_g b_1 e_y k + T_d a_2 b_t e_n e_{qh} + T_d b_t c_1 e_n e_{qh} - T_d b_2 e_h e_{qy} k + T_d b_2 e_{qh} e_y k + T_a T_d T_g b_0 b_t k \\
&+ T_a T_d b_1 b_t e_{qh} k + T_d T_g b_1 b_t e_n k + T_d b_2 b_t e_n e_{qh} k \\
m_7 =& b_2 e_y + T_g a_1 e_y + T_d b_1 e_y + T_g c_0 e_y - a_2 e_h e_{qy} + a_2 e_{qh} e_y - c_1 e_h e_{qy} + c_1 e_{qh} e_y + T_a T_d b_0 b_t \\
&+ T_d T_g a_0 e_y + T_d b_1 b_t e_n - T_d a_1 e_h e_{qy} + T_d a_1 e_{qh} e_y - T_d c_0 e_h e_{qy} + T_d c_0 e_{qh} e_y + T_g b_1 e_y k \\
&- b_2 e_h e_{qy} k + b_2 e_{qh} e_y k + T_a T_d a_0 b_t e_{qh} + T_d T_g a_0 b_t e_n + T_d T_g b_0 e_y k + T_d a_1 b_t e_n e_{qh} + T_d b_t c_0 e_n e_{qh} \\
&- T_d b_1 e_h e_{qy} k + T_d b_1 e_{qh} e_y k + T_a T_d b_0 b_t e_{qh} k + T_d T_g b_0 b_t e_n k + T_d b_1 b_t e_n e_{qh} k \\
m_8 =& b_1 e_y + T_g a_0 e_y + T_d b_0 e_y - a_1 e_h e_{qy} + a_1 e_{qh} e_y - c_0 e_h e_{qy} + c_0 e_{qh} e_y + T_d b_0 b_t e_n \\
&- T_d a_0 e_h e_{qy} + T_d a_0 e_{qh} e_y + T_g b_0 e_y k - b_1 e_h e_{qy} k + b_1 e_{qh} e_y k + T_d a_0 b_t e_n e_{qh} \\
&- T_d b_0 e_h e_{qy} k + T_d b_0 e_{qh} e_y k + T_d b_0 b_t e_n e_{qh} k \\
m_9 =& b_0 e_y - a_0 e_h e_{qy} + a_0 e_{qh} e_y - b_0 e_h e_{qy} k + b_0 e_{qh} e_y k
\end{aligned}
$$

系数 a_i、b_i、c_i 由式（7-39）和式（7-40）确定。

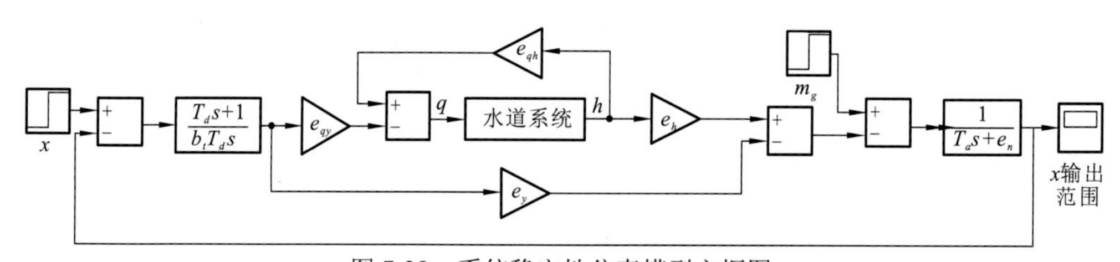

图 7-28　系统稳定性仿真模型方框图

该系统为 9 阶常系数线性齐次微分方程，其特征方程为

$$m_0s^9+m_1s^8+m_2s^7+m_3s^6+m_4s^5+m_5s^4+m_6s^3+m_7s^2+m_8s+m_9=0 \tag{7-50}$$

根据赫尔维茨判据和林纳德-奇帕特定理，其稳定条件是

$$\begin{cases} m_i>0, & i=0,1,2,3,4,5,6,7,8,9 \\ \Delta_i>0, & i=3,5,7,9 \end{cases} \tag{7-51}$$

3. 明满流尾水洞水电站运行稳定域分析

某明满流尾水洞水电站的额定水头为 120 m，额定流量为 665 m³/s，输水管道系统分为机组上游侧 200 m 长、12 m 直径的圆形压力管道，机组下游侧至尾水调压室 130 m 长、13.5 m 当量直径的压力管道，调压室断面积为 300 m²，调压室之后为明满流尾水洞，其中满流段 70 m 长，14 m 当量直径，明流段 14 m 底宽，平坡导流洞改为尾水洞。稳定域分析的对象是明流段长度 L_m 和明流段初始水深 h_0。机电参数如下：机组惯性加速时间 $T_a=10.32$ s，取理想水轮机传递系数（$e_h=1.5$，$e_x=-1$，$e_y=1$，$e_{qh}=0.5$，$e_{qx}=0$，$e_{qy}=1$），水轮发电机组综合自调节系数 $e_n=e_g-e_x=1.0$。

利用以上参数，按式（7-51）所示的稳定判据计算并绘制不同明流段长度和明流段初始水深下，以调速器参数 b_t 和 T_d 为变量的稳定域曲线。

1）明流段长度 L_m 对稳定域的影响

图 7-29 是当调压室断面积为 300 m²，明流段初始水深为 15 m 时，水轮机调节系统稳定域随明流段长度的变化规律。从中可以看出：稳定域并不是随着明流段长度的增加而逐渐变大，而是存在一个临界长度（图 7-29 中该长度为 300 m）；当明流段长度小于该临界值时，稳定域随着明流段长度的增加而变大；当明流段长度大于该临界值时，稳定域会逐渐减小，但不会小于明流段长度为 0 时的稳定域。

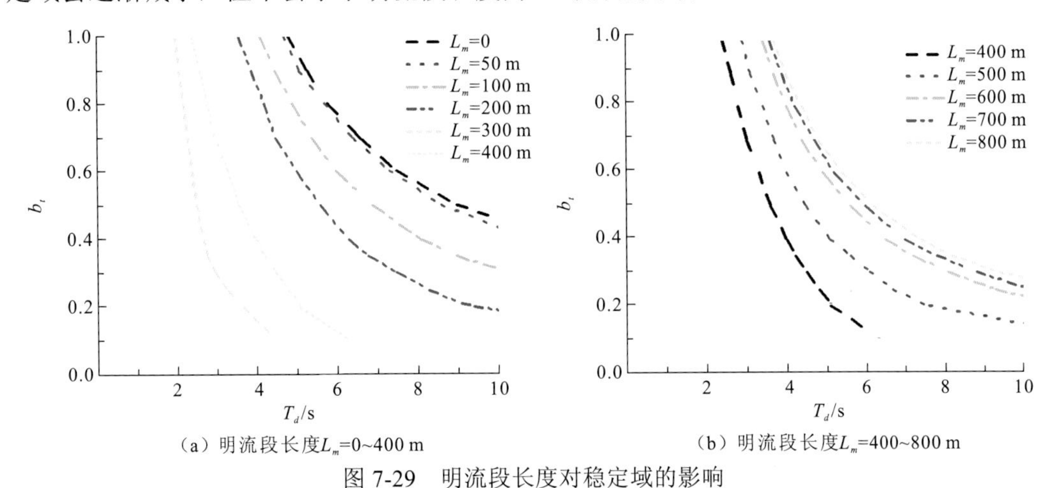

（a）明流段长度L_m=0~400 m　　（b）明流段长度L_m=400~800 m

图 7-29　明流段长度对稳定域的影响

2）明流段初始水深 h_0 对稳定域的影响

图 7-30 是调压室断面积为 300 m² 时，明流段初始水深对稳定域的影响，无论明流

段长度为 100 m 还是 500 m，当初始水深由 10 m 变为 20 m 时，随着水深的增加，稳定域逐渐减小，由此可见，较小的初始水深有利于水轮机调节系统的稳定性。

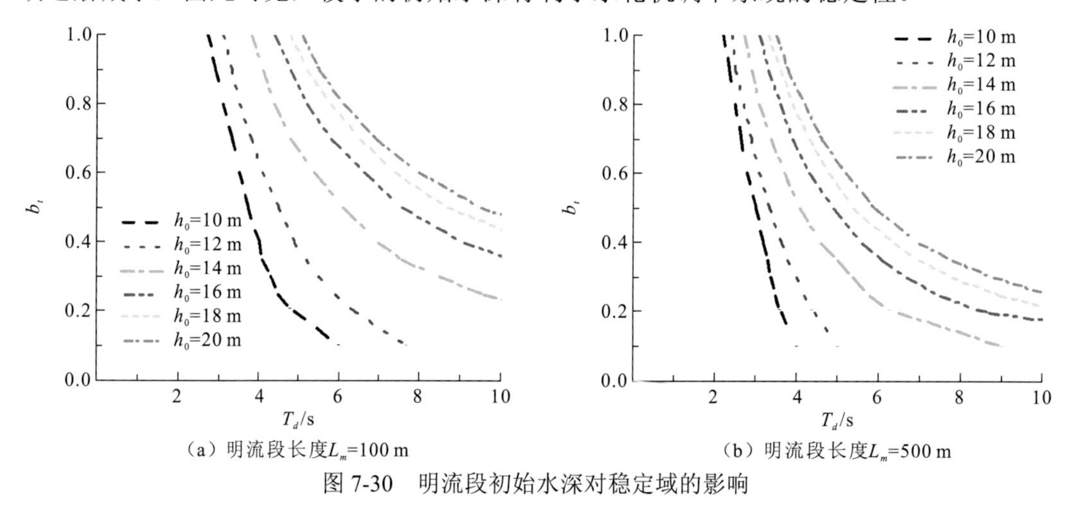

（a）明流段长度L_m=100 m（b）明流段长度L_m=500 m

图 7-30 明流段初始水深对稳定域的影响

3）计与不计明流段对稳定域的影响

图 7-31 为调压室断面积为 300 m^2、350 m^2 和 400 m^2 时，考虑明流段（长 50 m，初始水深为 15 m）和不计明流段作用下稳定域的对比。其中，不考虑明流段的处理方法是，去掉明流段，管道出口水位等于下游水库恒定水位。

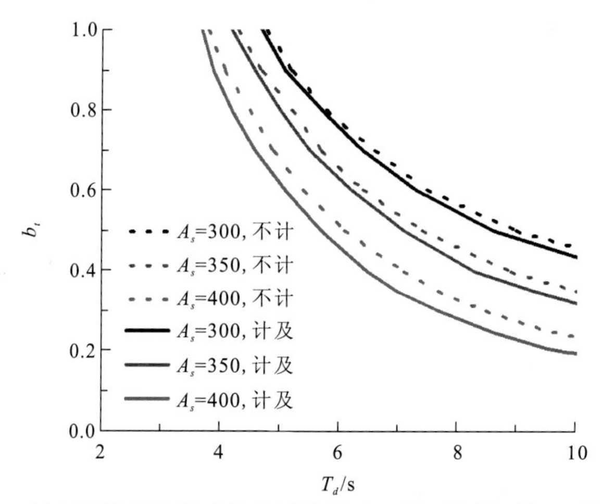

图 7-31 计与不计明流段对稳定域的影响（调压室断面积 A_s 的单位为 m^2）

从图 7-31 中可以看出：考虑明流段的稳定域要略大于不考虑明流段的稳定域，并且明流段有利于水轮机调节运行稳定性。其原因源于明流段两方面的作用：①明流段本身的摩阻作用在非恒定流过程中可以起到消耗系统能量的作用；②明流段水位波动相对于下游水库恒定水位，也可以起到能量释放的作用。因此，按不考虑明流段的影响设计调压室是偏于安全的。

7.3.3　明满流尾水洞水电站调节品质分析与控制

1. 仿真模型的建立

为了进行明满流尾水洞水电站调节品质的模拟，本节在建立仿真模型时做了如下两点改动。

1）三阶 PID 调速器方程

三阶 PID 调速器的数学表达式如下：

$$G_T(s)=\frac{Y(s)}{x_c(s)}=\frac{(T_n s+1)(T_d s+1)}{(T_n s+1)[T_y T_d s^2+(T_y+b_t T_d+b_p T_d)s+b_p]} \tag{7-52}$$

式中：b_t、T_d、T_n、T_y、b_p 均为调速器参数；$Y(s)$ 和 $x_c(s)$ 分别为接力器行程和机组转速的拉普拉斯变换。

2）采用 Simulink 自定义函数建模求解

Simulink 软件的功能十分强大，采取自定义函数的方法，可以将明满流尾水洞传递函数式（7-45）、水轮机模型式（7-46）、发电机模型式（7-47）、调速器模型式（7-52）及尾水调压室上游侧三阶弹性水击模型[1]组合在一起，构造如图 7-32 所示的仿真模型。其中，明满流尾水洞满流段和明流段各划分为 10 个网格，即 $n=10$ 和 $m=10$，其为 21 阶的空间状态方程。系统总阶数为 29 阶，若不考虑 T_y 的作用，系统总阶数为 28 阶；同理，若尾水系统中不设有调压室，则调压室惯性时间常数 $T_g=0$，系统总阶数也为 28 阶。若 T_y 和 T_g 均不计入，则系统总阶数下降为 27 阶。

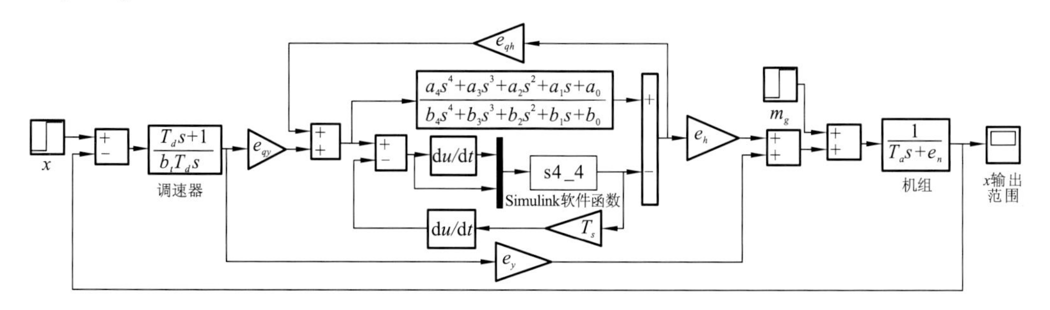

图 7-32　明满流尾水洞水电站调节品质仿真模型结构示意图

2. 质量波与重力波并存与叠加对水电站运行稳定性及调节品质的影响

在此仍采用 7.3.2 小节算例，并令 $T_y=0$，$b_p=0$，$b_t=0.4$，$T_d=6.0\text{ s}$，$T_n=0.4\text{ s}$，负荷阶跃为初始值−10% ，即 $m_g(s)=-0.1m_{g0}/s$ 。探讨的重点是，明流段长度、明流段初始水深、调压室断面积等明满流尾水洞参数对调节品质的影响。着重关注压力管道水击波、尾水调压室水位变化的质量波和明流段水深变化的重力波三者的并存及叠加现象，尤其当尾水调压室质量波的频率与明渠流重力波的频率接近时，有可能出现共振或

“拍”现象，直接影响水轮机调节的稳定性和调节品质。

1）明流段长度对运行稳定性及调节品质的影响

图 7-33～图 7-35 分别给出了明流段长度从 50 m 逐渐增加到 250 m 条件下，机组转速、调压室水位及明流段首断面水深的变化过程。为了比较的方便，上述物理量均以相对偏差无量纲形式呈现。

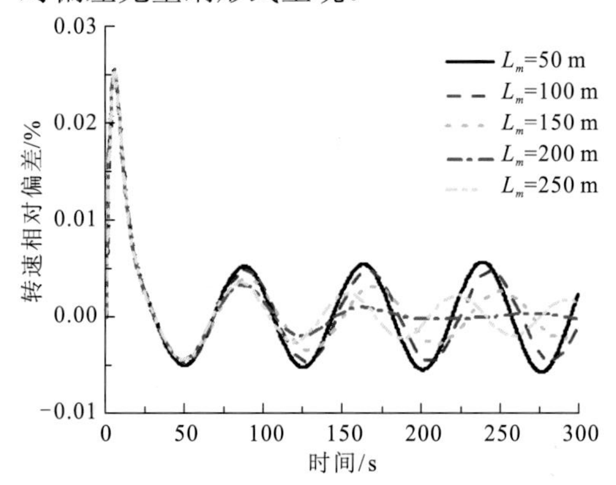

图 7-33 机组转速相对偏差的变化过程

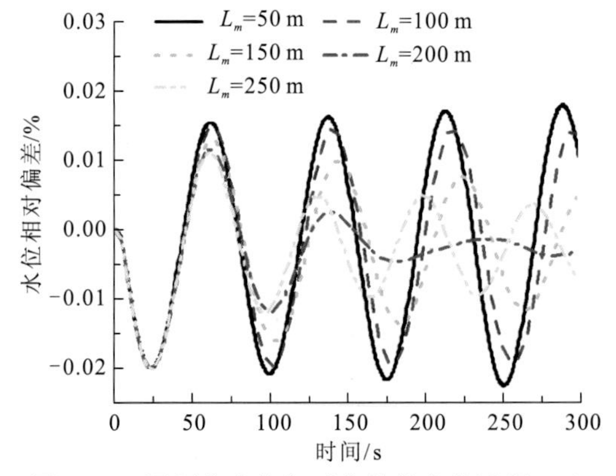

图 7-34 调压室水位相对偏差的变化过程（1）

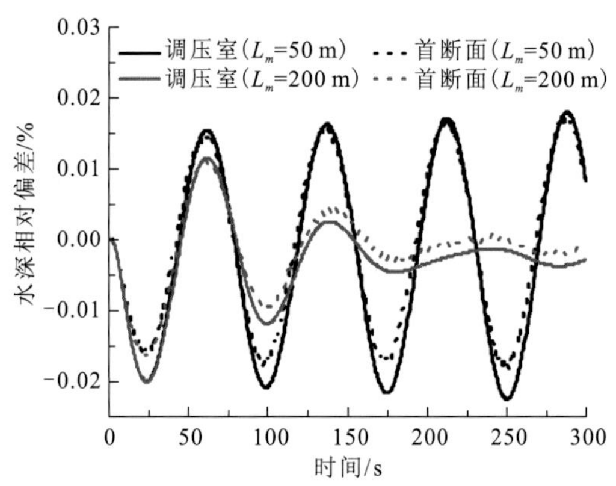

图 7-35 调压室与明流段首断面水深相对偏差变化过程的对比

分析图 7-33～图 7-35 所示的仿真结果，可知：

（1）机组转速变化过程可以分为主波和尾波，主波大约在前 20 s，以有压管道水击压强变化及调速器调节为主，与明流段长度无关，尾波随调压室水位的波动而变化，所以尾波的周期与调压室水位波动周期一致，只是转速的相位滞后于调压室水位的相位约 $\pi/2$，与理论分析一致。调压室水位波动衰减越快，机组转速波动衰减也越快；相反，若调压室水位波动是发散的，则机组转速波动必然发散。

（2）调压室水位波动周期和振幅均与明流段长度有关，明流段长度越长，调压室水位波动周期越长，振幅越小，衰减越快。其主要原因是，明流段长度越长，明流段附加的自由水面越大，在机组引用流量变化相同的情况下，必然是调压室水位振幅减小，波动周期增长。

（3）明流段长度减短，调压室水位波动周期几乎不变，水位波动基本上呈正弦曲线，说明明流段的影响很小；随着明流段的增长，不仅调压室水位波动周期有所变化，而且水位波动明显偏离正弦曲线，反映了调压室质量波与明流段重力波的波动叠加。

（4）调压室与明流段首断面水深相对偏差变化过程一致，当明流段长度等于 50 m 时，两者的水深均是发散的；当明流段长度等于 200 m 时，两者的水深均是收敛的，且衰减较快。

为了探讨明流段进一步增长的影响，图 7-36 和图 7-37 分别绘制了明流段长度 L_m=250～500 m 及 L_m=500～700 m 时的水位变化过程。

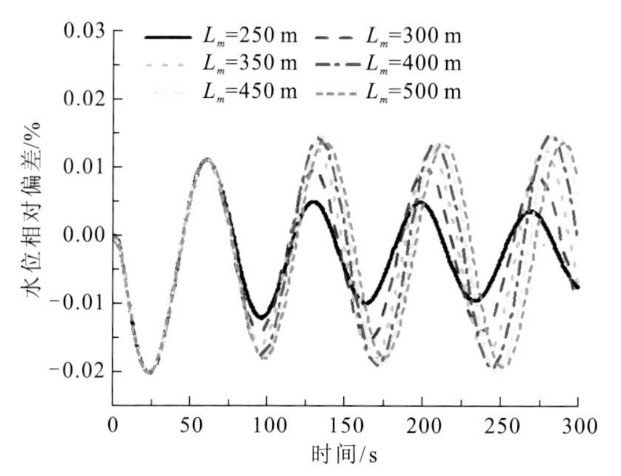

图 7-36　调压室水位相对偏差的变化过程（2）

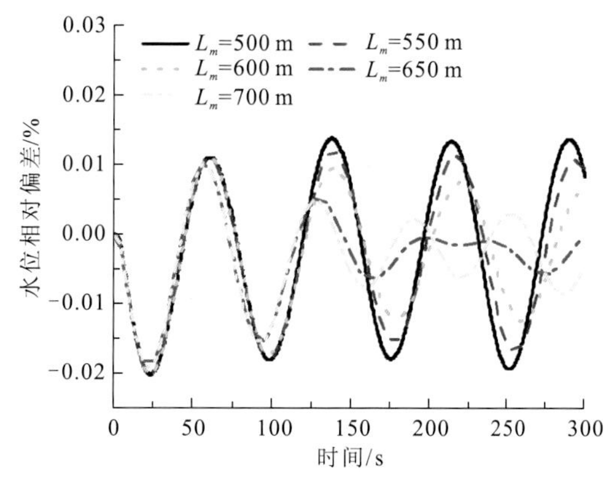

图 7-37　调压室水位相对偏差的变化过程（3）

（1）结合图 7-34 可知，明流段长度对调压室水位波动收敛性的影响呈某一周期性变化，即存在某些特定的明流段长度，使得调压室水位波动发散或衰减最快，成为调压室水位波动特性变化的转折点，也是水轮机调节特性变化的转折点。

当明流段长度从 50 m 逐渐增长到 200 m 时，调压室水位波动的周期逐渐增长，而振幅逐渐减小，其中 L_m=50 m 时调压室水位波动发散，L_m=200 m 时调压室水位波动衰减最快。

当明流段长度从 250 m 逐渐增长到 450 m 时，调压室水位波动的周期增长，而振幅逐渐增大，其中 L_m=350～450 m 时调压室水位波动呈等幅振荡或发散。

当明流段长度从 500 m 逐渐增长到 700 m 时，调压室水位波动的周期增长，而振幅又逐渐减小，其中 L_m=650 m 时调压室水位波动衰减较快，但明显呈现“拍”的现象。

值得注意的是，随着明流段长度的增长，调压室水位波动周期是阶段性增加的，并不是一致性增加，如 L_m=200 m 时的调压室水位波动周期大于 L_m=250 m 对应的水位波动周期。

（2）明流段长度对调压室水位波动呈阶段性、周期性的影响，因此随着明流段长度的增加，调压室水位波动将在衰减和发散之间交替出现，体现出调压室水位变化的质量波和明流段水深变化的重力波并存及叠加对明满流尾水洞水电站运行稳定性及调节品质影响的复杂性。

2）明流段初始水深对运行稳定性及调节品质的影响

明流段初始水深关系到重力波的传播速度，因而也会影响重力波与质量波的叠加，以及调压室水位波动的周期、振幅和衰减度。图 7-38～图 7-41 分别给出了明流段长度为 100 m、200 m、400 m 和 600 m 条件下，初始水深在 10～20 m 范围内变化的调压室水位相对偏差的变化过程。

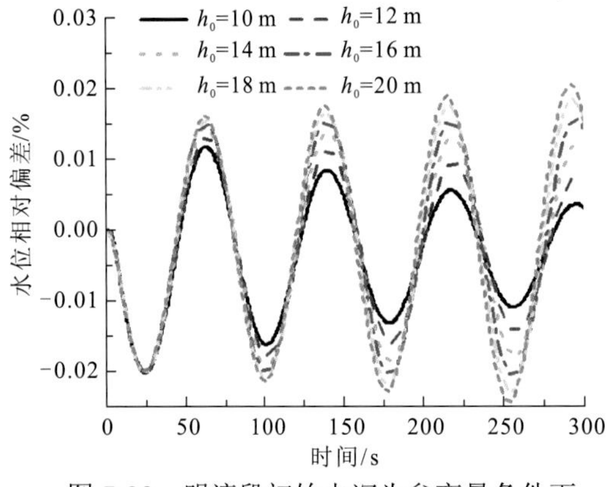

图 7-38 明流段初始水深为参变量条件下调压室水位相对偏差的变化过程（L_m = 100 m）

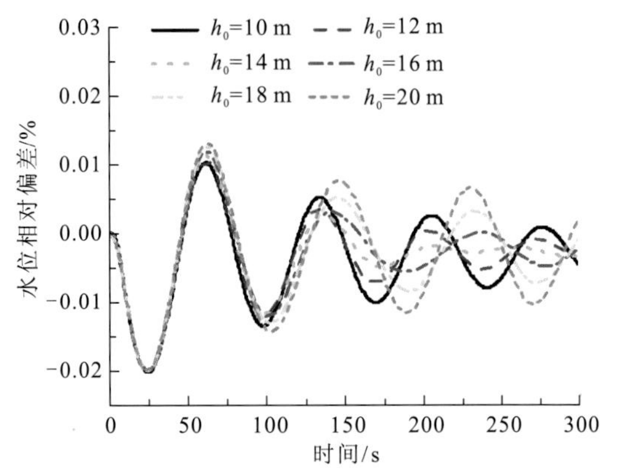

图 7-39 明流段初始水深为参变量条件下调压室水位相对偏差的变化过程（L_m = 200 m）

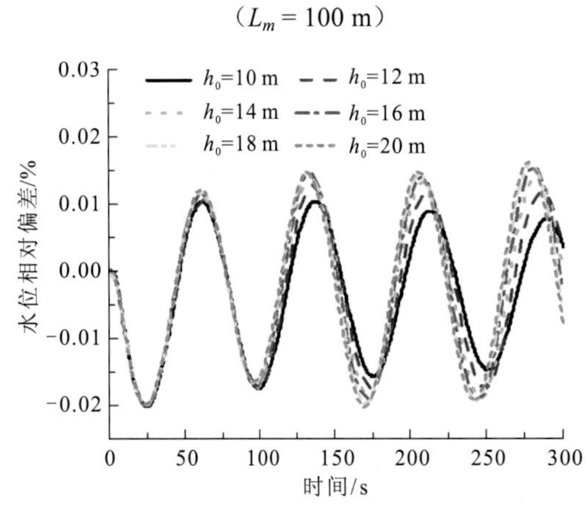

图 7-40 明流段初始水深为参变量条件下调压室水位相对偏差的变化过程（L_m = 400 m）

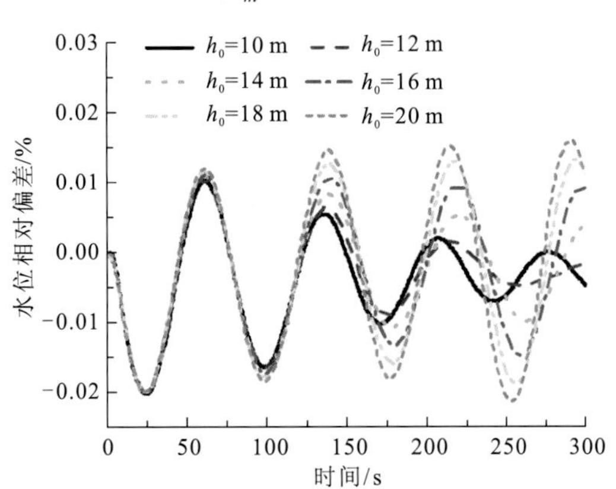

图 7-41 明流段初始水深为参变量条件下调压室水位相对偏差的变化过程（L_m = 600 m）

（1）当调压室断面积一定时，除某些特定的明流段长度外，随着初始水深的增加，调节品质逐渐变差，即调压室水位波动随着明流段初始水深的增加由衰减逐渐变得发散，如图 7-38、图 7-40 和图 7-41 所示。

当 L_m = 100 m（图 7-38）时，明流段初始水深仅影响调压室水位的振幅，初始水深越深，水位振幅越大；而调压室水位波动周期几乎不随初始水深变化。但 L_m = 400 m（图 7-40）时，明流段初始水深越深，调压室水位波动周期越短；而 L_m = 600 m（图 7-41）时，明流段初始水深越浅，调压室水位波动周期越短。

（2）依然存在某些特定的明流段长度（图 7-39），使得明满流尾水洞水电站水轮机调节具有良好的调节品质，即随着明流段初始水深的增加，调压室水位波动依然是衰减的，其中初始水深等于 16 m 时，衰减程度最大。

以上两点现象，从另一个角度体现出调压室质量波和明流段重力波并存及叠加对明满流尾水洞水电站运行稳定性及调节品质影响的复杂性。

3）调压室断面积对运行稳定性及调节品质的影响

调压室断面积 A_s 的大小直接关系到调压室水位波动的周期和振幅。根据文献[14]可以证明，若尾水洞为满流，调压室断面积越大，其波动周期越长，振幅越小。图 7-42～图 7-45 在明流段初始水深为 15 m 的前提下，分别给出了明流段长度为 100 m、200 m、400 m 和 600 m 时，调压室断面积在 300～500 m^2 范围内的调压室水位相对偏差的变化过程。

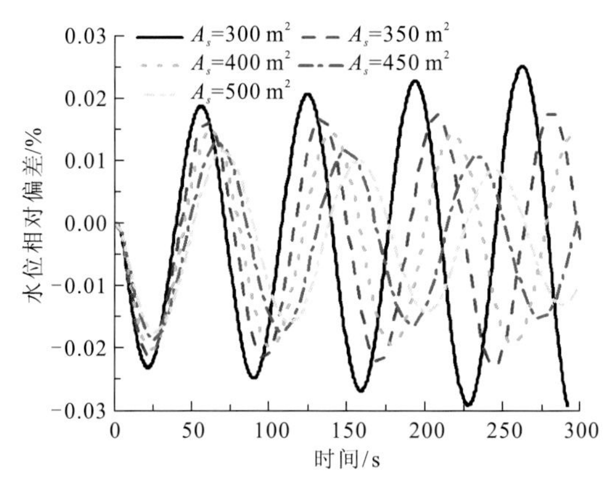

图 7-42　调压室断面积为参变量条件下调压室水位相对偏差的变化过程（L_m = 100 m）

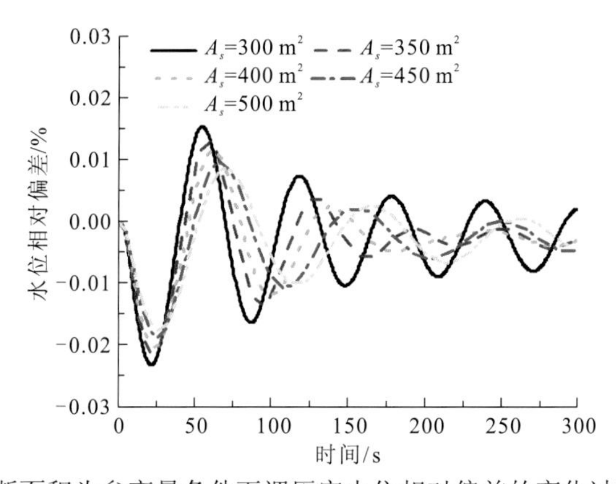

图 7-43　调压室断面积为参变量条件下调压室水位相对偏差的变化过程（L_m = 200 m）

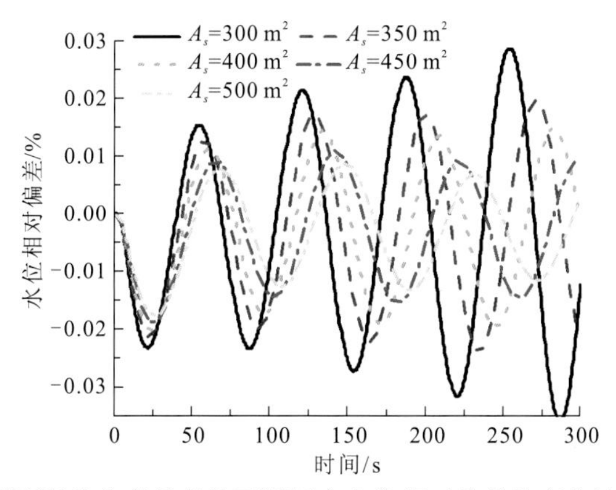

图 7-44　调压室断面积为参变量条件下调压室水位相对偏差的变化过程（L_m = 400 m）

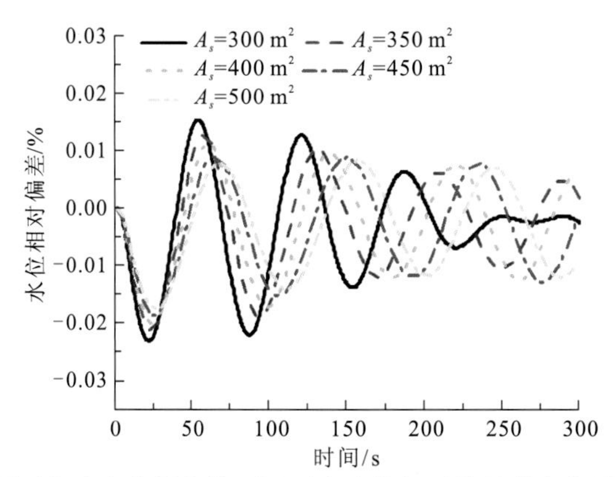

图 7-45　调压室断面积为参变量条件下调压室水位相对偏差的变化过程（L_m = 600 m）

（1）当明流段初始水深一定时，除某些特定的明流段长度外，随着调压室断面积的增加，调节品质逐渐变好，即调压室水位波动随着调压室断面积的增加由发散逐渐变得衰减，并且调压室断面积越大，其波动周期越长，振幅越小，类似于尾水洞为满流的结果，如图 7-42 和图 7-44 所示。

（2）当明流段初始水深一定时，依然存在某些特定的明流段长度（图 7-43 和图 7-45），使得明满流尾水洞水电站水轮机调节具有良好的调节品质，即无论调压室断面积在 300～500 m² 范围内如何变化，调压室水位波动始终是衰减的。当 L_m=200 m（图 7-43），A_s =350 m² 时，调压室水位波动衰减最明显；当 L_m=600 m（图 7-45），A_s =300 m² 时，调压室水位波形随时间由正弦逐渐演变成无规则，但衰减很快，容易趋向于稳定。

总结明流段长度、明流段初始水深、调压室断面积对明满流尾水洞水电站运行稳定性及调节品质的影响可知：明流段长度、调压室断面积对调压室水位波动振幅、衰减度及周期的影响较大；并且明流段长度与调压室断面积之间存在最优的匹配，无论明流段初始水深如何变化，调压室水位波动都是衰减的，易于稳定，使得明满流尾水洞水电站水轮机调节具有良好的调节品质；相反，明流段长度与调压室断面积的匹配欠妥，则有可能呈现发散的结果，危及明满流尾水洞水电站运行稳定性及调节品质，需要引起工程设计及水电站运行的高度重视。

4）重力波对变顶高尾水洞水电站调节品质的影响

鉴于上述调压室质量波和明流段重力波并存及叠加对明满流尾水洞水电站运行稳定性及调节品质的复杂影响，在此去掉调压室，即令调压室惯性时间常数 T_g =0，则明满流尾水洞将近似简化为变顶高尾水洞。也可以采用空间状态法来模拟重力波对变顶高尾水洞水电站调节品质的影响。

在此仍采用 7.3.2 小节算例，取消调压室，并令 T_y =0，b_p =0，b_t =0.4，T_d =6.0 s，T_n =0.4 s，负荷阶跃为初始值−10%，即 $m_g(s)=-0.1m_{g0}/s$。重点探讨尾水洞中明流段长度和满流段长度对调节品质的影响。

图 7-46 为尾水洞中满流段长度为 500 m，明流段初始水深为 15 m，明流段长度从 20 m 增长到 400 m 的计算结果，即显示尾水洞中明流段长度对机组转速波动过程的影响；

图 7-47 为尾水洞中明流段长度为 100 m，明流段初始水深为 15 m，满流段长度从 50 m 增长到 500 m 的计算结果，即显示尾水洞中满流段长度对机组转速波动过程的影响。

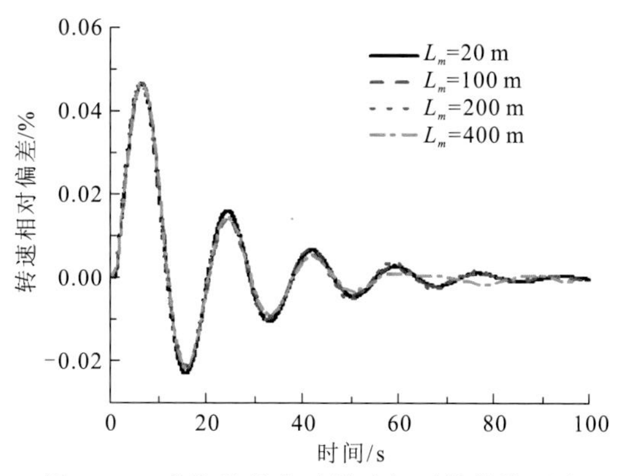

图 7-46　明流段长度对转速相对偏差的影响

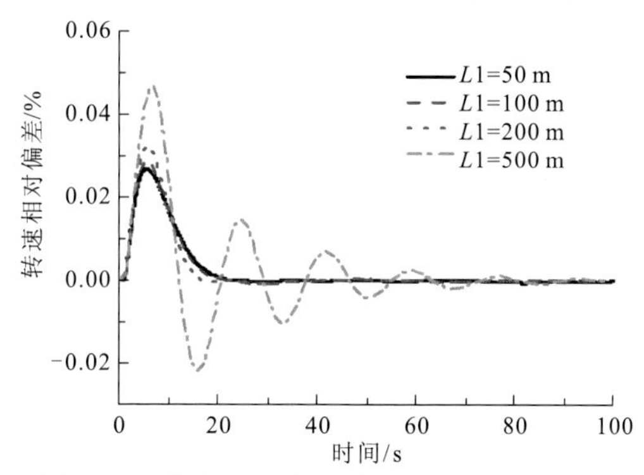

图 7-47　满流段长度对转速相对偏差的影响

分析图 7-46 和图 7-47 可知：

（1）对于仅存在满流段水击波和明流段重力波的变顶高尾水洞水电站而言，明流段的长度几乎对机组转速相对偏差的变化过程没有影响，即对该水电站的调节品质没有影响，说明在负荷小扰动下[如 $m_g(s)=-0.1m_{g0}/s$]，明流段水深变幅相差很小，不受明流段长度或水深来回波动的影响。只是 L_m=400 m 时，转速更容易趋于稳定。此现象也间接说明，在分析变顶高尾水洞水电站运行稳定性及调节品质时，不计入明流段非恒定流的假设是基本合理的。

（2）对于仅存在满流段水击波和明流段重力波的变顶高尾水洞水电站而言，满流段长度越长，水击压强越大，机组转速最大偏差越大，振荡次数越多；相反，满流段长度越短，水击压强越小，机组转速最大偏差越小，转速越容易趋于稳定。

上述分析结果表明，变顶高尾水洞中并存的水击波和重力波不在一个量级，相差较大，所以对水电站运行稳定性及调节品质的影响远不及明满流尾水洞复杂。而明满流尾水洞中并存的调压室质量波和明流段重力波往往在同一个量级或相差不大，所以只有当调压室断面积与明流段长度匹配合理时，才能保证明满流尾水洞水电站水轮机调节具有良好的调节品质。

参 考 文 献

[1] 杨建东. 实用流体瞬变流[M]. 北京: 科学出版社, 2018.
[2] 赵桂连, 杨建东. 水电站中两种尾水布置型式在超低水头下的小波动稳定性比较[J]. 武汉大学学报(工学版) , 2001, 34(2): 28-31.
[3] 郭文成. 平压设施作用下的水轮机调节系统暂态特性与控制研究[D]. 武汉: 武汉大学, 2017.
[4] 李进平. 水电站地下厂房变顶高尾水系统模型试验与数值分析[D]. 武汉: 武汉大学, 2005.
[5] HASSARD B D, KAZARINOFF N D, WAN Y H. Theory and applications of Hopf bifurcation[M]. London: Cambridge University Press, 1981.
[6] 李继彬, 冯贝叶. 稳定性、分支与混沌[M]. 昆明: 云南科技出版社, 1995.
[7] STEIN T. Frequency control under isolated network conditions[J]. Water power, 1970, 22(9): 320-324.
[8] KHALIL H K. Nonlinear systems[M]. Harlow, England : Pearson Education, 2014.
[9] ISIDORI A. Nonlinear control systems: An introduction[M]. New York: Springer-Verlag, 1989.
[10] ANDERSON B D, MOORE J B. Optimal control: Linear quadratic methods[M]. New York : Dover Publications, 2007.
[11] CARO S, BENNIS F, WENGER P. Tolerance synthesis of mechanisms: A robust design approach[J]. Journal of mechanical design, 2005, 127(1): 86-94.
[12] DING S X. Model-based fault diagnosis techniques: Design schemes, algorithms, and tools[M]. London: Springer Science & Business Media, 2008.
[13] 王超. 基于耦合方法的水力系统瞬变模拟[D]. 武汉: 武汉大学, 2016.
[14] 杨建东. 水电站[M]. 北京: 中国水利水电出版社, 2017.

第三篇

具有水力联系的输水发电系统过渡过程与控制

为了满足岸边式地下/地面水电站、引水式水电站建设的经济性要求，其输水管道系统往往采用联合供水和分组供水的布置方式，即同一水力单元内的水轮发电机组存在着水力联系，甚至不同水力单元内的水轮发电机组也存在着水力联系，如采用调节池衔接的多级串联水电站。同样，为了水电站建设的经济性和水电站输电的灵活性，不仅同一水力单元内的水轮发电机组有可能存在着电力联系，而且不同水力单元内的水轮发电机组也有可能存在着电力联系。水力联系、电力联系的组合，可以概括分为如下三种类型：①水轮发电机组之间既存在水力联系，又存在电力联系；②水轮发电机组之间只存在水力联系，不存在电力联系；③水轮发电机组之间只存在电力联系，不存在水力联系。

电力联系相对于水力联系而言，其动态响应过程非常迅速，电力联系的相互影响非常短暂，除了特殊研究需求（如水力电源与电网之间的低频振荡）之外，通常不会在水电站输水发电系统过渡过程的层面开展电力联系的详细模拟，而是对电力联系进行简化，以保证发电与送电的电量平衡。

具有水力联系的输水发电系统过渡过程存在的突出问题可归纳为三个方面：一是水力单元中的部分机组甩负荷，导致其他运行机组的出力远远超过机组额定出力，有可能造成发电机绝缘的损坏；并且发电机功角有可能超出运行范围，危及机组安全。二是受干扰机组有可能运行不稳定，且输水发电系统的波动不收敛。三是调节池衔接的多级串联水电站面临更复杂的过渡过程与控制。因此，本篇分为三章，分别论述水力单元水力干扰过渡过程分析与控制，水力单元的运行稳定性、调节品质及控制策略，两级串联水电站过渡过程分析与控制。

第 8 章

水力单元水力干扰过渡过程分析与控制

由机理分析可知，水力干扰过渡过程中，受干扰机组超额定出力的影响因素是作用于受干扰机组的水击压强和引用流量的变化，以及电力联系与调速器参数。而水击压强的变化不仅取决于甩负荷机组的导叶关闭规律，而且取决于水力单元输水管道系统的布置。布置既决定了多重波动（如水击波、重力波、质量波）的传播、反射与叠加，又决定了受干扰机组引用流量的变化。而电力联系与调速器参数对超额定出力的影响是次要的。因此，本章的主要内容是：水力联系的分析及电力联系的简化；水力干扰下机组数学模型；管道布置影响的敏感性分析与控制；电力联系及调速器参数影响的敏感性分析与控制。

8.1 水力联系的分析及电力联系的简化

8.1.1 水力联系的分析与数学模型

同一水力单元多台机组之间存在水力联系的输水发电系统又称为复杂输水发电系统。常见的复杂输水发电系统有如图 8-1 所示的几种形式，水力联系所引起的水力干扰的特点及相应的数学模型分述如下。

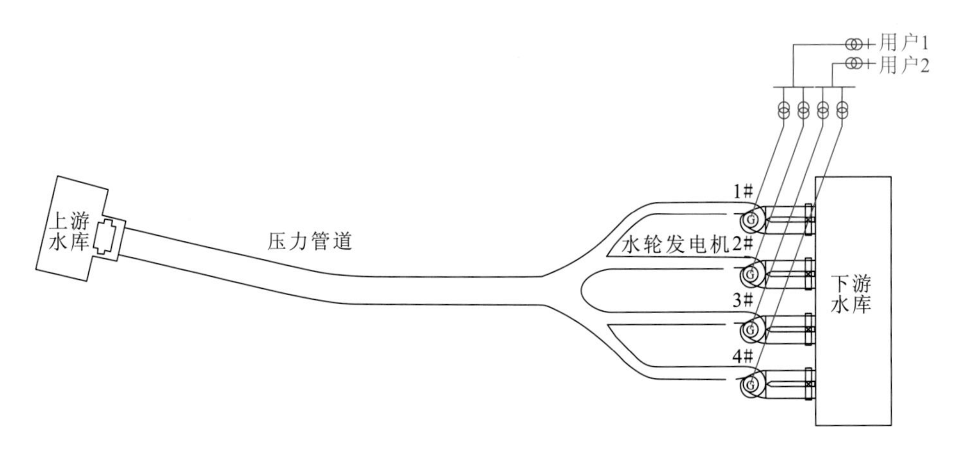

（a）共岔管（喀腊塑克水电站布置示意图）

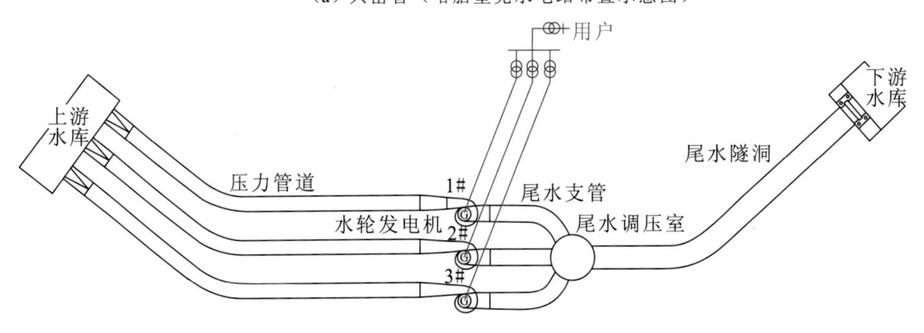

（b）共调压室（锦屏一级水电站布置示意图）

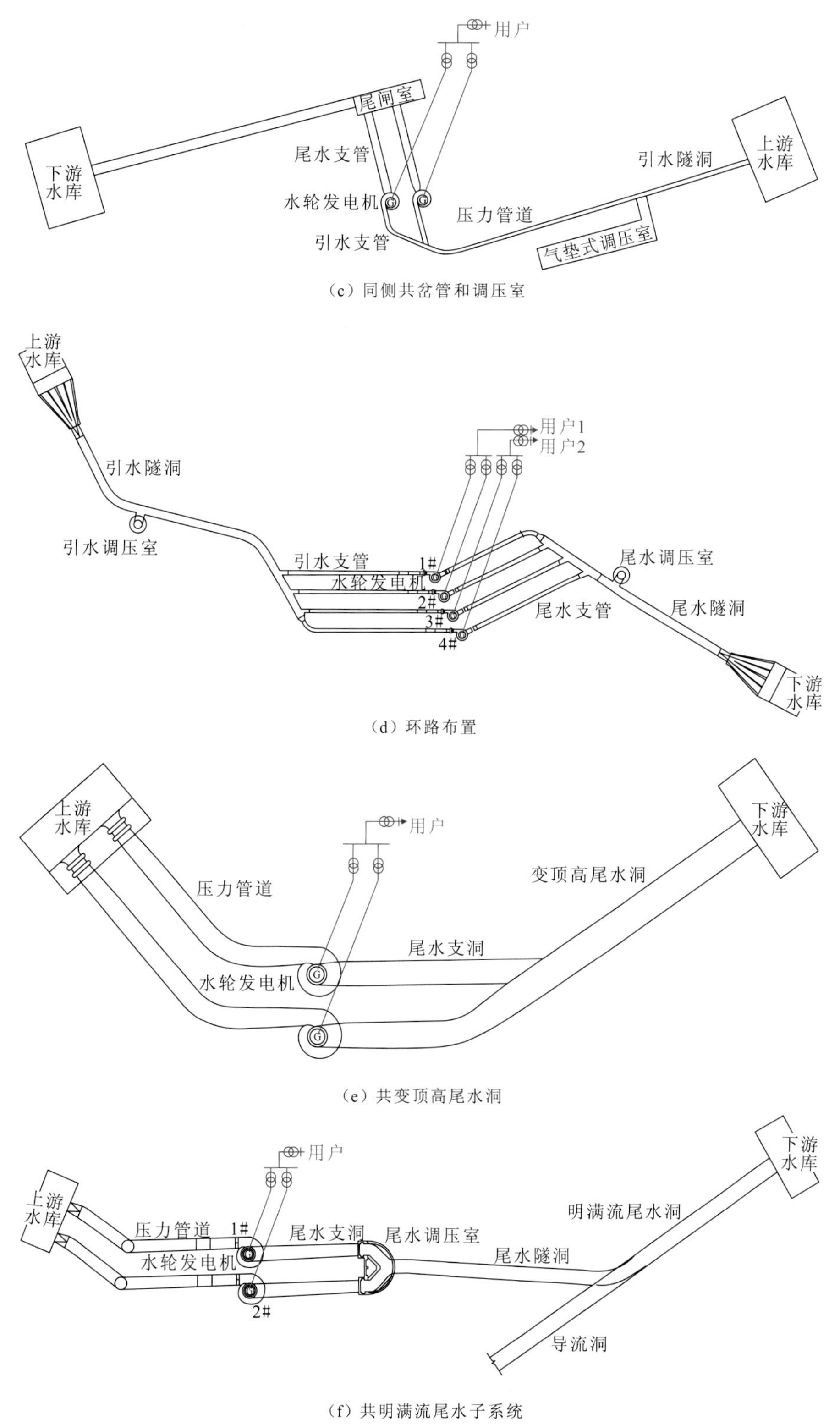

（c）同侧共岔管和调压室

（d）环路布置

（e）共变顶高尾水洞

（f）共明满流尾水子系统

图 8-1 复杂输水发电系统常见的六种形式

1. 单一波动的水力联系

图 8-1（a）和（b）所示的水力联系均为单一波动的水力联系，其特点和数学模型如下。

1）共岔管的水力联系

在共岔管水力联系布置方式中，当部分机组甩负荷时，随时间变化的水击压强和引用流量由水击波传至岔管，进而作用于其他正在运行的受干扰机组。岔管无论是位于机组上游侧还是下游侧，水击波的传播均使得受干扰机组的工作水头增大，引用流量增大，导致受干扰机组的出力在某些控制工况下超出机组额定出力，危及发电机绝缘安全。

对于单一的水击波，调速器具有良好的调节性能，所以共岔管的水力干扰过渡过程易于控制。

以如图 8-2 所示的一进三出的岔管为例进行说明，岔管的数学模型如下，其中未知数共计 8 个，即每根管道末端或首端的流量 Q_{Pi} 和水头 H_{Pi} $(i=1\sim4)$。

$$\begin{cases}\begin{cases}C^+: Q_{P1}=Q_{CP1}-C_{QP1}\cdot H_{P1} \\ C^-: Q_{Pi}=Q_{CMi}+C_{QMi}\cdot H_{Pi}, \quad i=2,3,4\end{cases} & \text{(特征线方程)} \\ \sum_{i=1}^{4} Q_{Pi}=0 & \text{(连续性方程)} \\ \left(H_{P1}+\dfrac{1}{2gA_{P1}^2}Q_{P1}^2\right)-\left(H_{Pi}+\dfrac{1}{2gA_{Pi}^2}Q_{Pi}^2\right)=\dfrac{\zeta_{1i}}{2gA_{P1}^2}Q_{P1}\left|Q_{P1}\right|, \quad i=2,3,4 & \text{(能量平衡方程)}\end{cases} \tag{8-1}$$

式中：A_{Pi} 为管道末端或首端的断面积，m^2；ζ_{1i} 为管道 1 末断面与管道 i 首断面之间的局部水头损失系数。

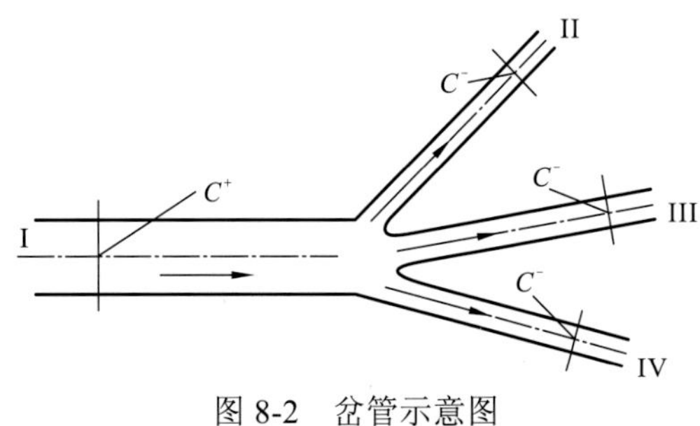

图 8-2　岔管示意图

式（8-1）可以采用牛顿-辛普森（Newton-Simpson）方法求解[1]。

2）共调压室的水力联系

在共调压室的水力联系布置方式中，当部分机组甩负荷时，随时间变化的水击压强和引用流量由水击波传至调压室底部的岔管。与共岔管的水力联系不同的是，水击波传至调压室底部的岔管后，不仅被调压室自由水面反射，而且会引起调压室水位的波动，进而以调压室水位波动的方式作用于其他正在运行的受干扰机组。无论是上游调压室水位上升，还是下游调压室水位下降，部分机组甩负荷均使得受干扰机组的工作水头增大，引用流量增大，导致受干扰机组的出力在某些控制工况下远远超过机组额定出力。

由于调速器对调压室水位波动通常不具备矫正能力，共调压室的水力干扰过渡过程历时较长，且不易控制。

以如图 8-3 所示的一进两出的调压室分岔为例进行说明，调压室底部分岔的数学模型如下，其中未知数共计 9 个，即每根管道末端或首端的流量 Q_{Pi} 和水头 H_{Pi} $(i=1\sim3)$、调压室水位 Z、调压室底部测压管水头 H_{TP} 和流入调压室的流量 Q_{TP}。

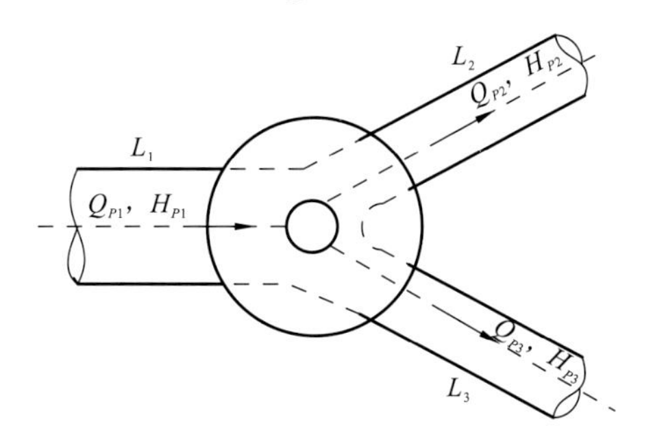

图 8-3　调压室底部分岔示意图

$$
\begin{cases}
\begin{cases}
C^+ : Q_{P1} = Q_{CP1} - C_{QP1} \cdot H_{P1} \\
C^- : Q_{Pi} = Q_{CMi} + C_{QMi} \cdot H_{Pi}, \quad i = 2,3
\end{cases} & \text{(特征线方程)} \\
\sum_{i=1}^{3} Q_{Pi} + Q_{TP} = 0 & \text{(连续性方程)} \\
\begin{cases}
H_{P1} + \dfrac{1}{2gA_{P1}^2} Q_{P1}^2 = H_{TP} + \dfrac{\zeta_1}{2gA_{P1}^2} Q_{P1} \left| Q_{P1} \right| \\
H_{TP} = H_{Pi} + \dfrac{1}{2gA_{Pi}^2} Q_{Pi}^2 + \dfrac{\zeta_i}{2gA_{Pi}^2} Q_{Pi} \left| Q_{Pi} \right|, \quad i = 2,3 \\
Z = H_{TP} + ZZ2 - \zeta_{TP} Q_{TP} \left| Q_{TP} \right|
\end{cases} & \text{(能量平衡方程)} \\
Z = Z_{-\Delta t} + \dfrac{Q_{TP} + Q_{TP-\Delta t}}{2} \dfrac{\Delta t}{F} & \text{(调压室水位波动方程)}
\end{cases}
\tag{8-2}
$$

式中：A_{Pi} 为管道末端或首端的断面积，m^2；ζ_i 为管道末断面或首断面的局部水头损失系数；ζ_{TP} 为流入或流出调压室的阻抗损失系数；Δt 为计算时间步长，s；F 为调压室断面积，m^2；ZZ2 为测压管水头的基准高程，m；下标“$-\Delta t$”为上一时刻的已知值。

同样，式（8-2）也可以采用牛顿-辛普森方法求解。

2. 多重波动并存的水力联系

图 8-1（c）～（f）所示的水力联系均为多重波动并存的水力联系，其特点和数学模型如下。

1）同侧共岔管和调压室的水力联系

在同侧共岔管和调压室的水力联系布置方式中，当部分机组甩负荷时，随时间变化的水击压强和引用流量由水击波传至岔管后，不仅沿压力主管道继续向上游传播，引起调压室水位的波动，而且沿压力支管道向其他正在运行的机组传播。压力支管道的水击波与调压室水位波动的质量波叠加，共同作用于正在运行的受干扰机组，使得受干扰机组的工作水头增大，引用流量增大，导致受干扰机组的出力在某些控制工况下超出机组额定出力。

机组抗水力干扰的能力主要取决于同侧岔管和调压室的水力特性及两者的匹配。通常将调压室水位波动作为基波，将水击波作为载波。调速器对水击波有着良好的调节性能，但对调压室水位波动通常不具备矫正能力，所以同侧共岔管和调压室的水力联系比单一波动的水力联系更为复杂，不仅受干扰机组的超额定出力、发电机的功角偏差不易控制，而且水力干扰过渡过程历时较长。

同侧共岔管和调压室的数学模型由岔管与调压室两部分组成，岔管的数学模型与式（8-1）完全相同，而调压室通常为一进一出的方式，其数学模型可在式（8-2）的基础上进行简化。

图 8-4 为一进一出的调压室，其未知数共计 7 个，即每根管道末端或首端的流量 Q_{Pi} 和水头 $H_{Pi}\ (i=1,2)$、调压室水位 Z、调压室底部测压管水头 H_{TP} 和流入调压室的流量 Q_{TP}。

$$
\begin{cases}
\begin{cases}
C^{+}: Q_{P1} = Q_{CP1} - C_{QP1} \cdot H_{P1} \\
C^{-}: Q_{P2} = Q_{CM2} + C_{QM2} \cdot H_{P2}
\end{cases} & \text{(特征线方程)} \\
\sum_{i=1}^{3} Q_{Pi} + Q_{TP} = 0 & \text{(连续性方程)} \\
\begin{cases}
H_{P1} + \dfrac{1}{2gA_{P1}^{2}} Q_{P1}^{2} = H_{TP} + \dfrac{\zeta_1}{2gA_{P1}^{2}} Q_{P1}\left|Q_{P1}\right| \\
H_{TP} = H_{P2} + \dfrac{1}{2gA_{P2}^{2}} Q_{P2}^{2} + \dfrac{\zeta_2}{2gA_{P2}^{2}} Q_{P2}\left|Q_{P2}\right| \\
Z = H_{TP} + ZZ2 - \zeta_{TP} Q_{TP}\left|Q_{TP}\right|
\end{cases} & \text{(能量平衡方程)} \\
Z = Z_{-\Delta t} + \dfrac{Q_{TP} + Q_{TP-\Delta t}}{2} \dfrac{\Delta t}{F} & \text{(调压室水位波动方程)}
\end{cases}
\tag{8-3}
$$

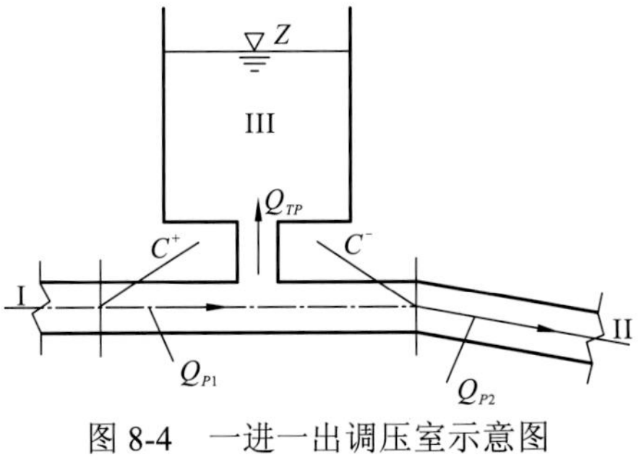

图 8-4　一进一出调压室示意图

2）上下游双调压室及环路布置的水力联系

与同侧共岔管和调压室的水力联系相比，上下游双调压室及环路布置的水力联系是在前者的基础上，在机组下游侧或上游侧另增加又一同侧共岔管和调压室的水力联系。在该布置方式中，当部分机组甩负荷时，不仅机组上游侧共岔管和调压室的水力联系对正在运行的机组产生水力干扰，使得受干扰机组的工作水头增大，引用流量增大，机组出力增大；而且机组下游侧共岔管和调压室的水力联系也对受干扰机组产生水力干扰。并且，上游水力联系与下游水力联系的水击压强和调压室水位波动变幅相反，使得受干扰机组的工作水头更大，引用流量更大，机组出力更大，在某些控制工况下超出机组额定出力的可能性更大。

同样，受干扰机组抗水力干扰的能力主要取决于上下游双调压室及环路布置的水力特性与上下游双调压室、上下游岔管之间的匹配。特别需要指出的是，当上游调压室的水位波动周期与下游调压室的水位波动周期接近时，有可能产生共振[2]，受干扰机组的出力不仅远远超出额定出力，而且水力干扰过渡过程可能是发散的，严重危及水电站输水发电系统的安全。

上下游双调压室及环路布置的水力联系的数学模型与同侧共岔管和调压室的水力联系的数学模型相同，在此不予重复。

3）共变顶高尾水洞的水力联系

共变顶高尾水洞的水力联系与同侧共岔管和调压室的水力联系基本类似，当部分机组甩负荷时，随时间变化的水击压强和引用流量由水击波传至尾水洞内的岔管后，不仅沿尾水洞继续向下游传播，引起尾水洞中明流段水位的波动，而且沿尾水洞支管向其他正在运行的机组传播。尾水洞支管的水击波与明流段水位波动的重力波叠加，共同作用于受干扰机组，使得受干扰机组的工作水头增大，引用流量增大，导致受干扰机组的出力在某些控制工况下超出机组额定出力。

受干扰机组抗水力干扰的能力主要取决于同侧岔管和变顶高尾水洞的水力特性及两者的匹配。通常将变顶高尾水洞明流段水位波动作为基波，将水击波作为载波。调速器对水击波有着良好的调节性能，对尾水洞明流段水位波动也不具备矫正能力。但由于尾水洞明流段水位波动与调压室相比，不仅变幅较小，而且波动周期通常较短，在共变顶高尾水洞的水力联系下，受干扰机组抗水力干扰的能力优于同侧共岔管和调压室的水力联系。

变顶高尾水洞内的岔管通常为二进一出岔管（图 8-5），该岔管的数学模型如下，其有 6 个未知数，即两条尾水洞支管末端和尾水洞主洞首端的流量 Q_{Pi} 与测压管水头 $H_{Pi}\ (i=1,2,3)$，该测压管水头既可以是满流，又可以是明流。

$$
\begin{cases}
\begin{cases}
C^{+}: Q_{Pi} = Q_{CPi} - C_{QPi} \cdot H_{Pi}, \quad i=1,2 \\
C^{-}: Q_{P3} = Q_{CM3} + C_{QM3} \cdot H_{P3}
\end{cases} & \text{(特征线方程)} \\
\sum\limits_{i=1}^{3} Q_{Pi} = 0 & \text{(连续性方程)} \\
H_{Pi} + \dfrac{1}{2gA_{Pi}^{2}} Q_{Pi}^{2} = \left(H_{P3} + \dfrac{1}{2gA_{P3}^{2}} Q_{P3}^{2} \right) \dfrac{\zeta_{i3}}{2gA_{P3}^{2}} Q_{P3} \left| Q_{P3} \right|, \quad i=1,2 & \text{(能量平衡方程)}
\end{cases}
\tag{8-4}
$$

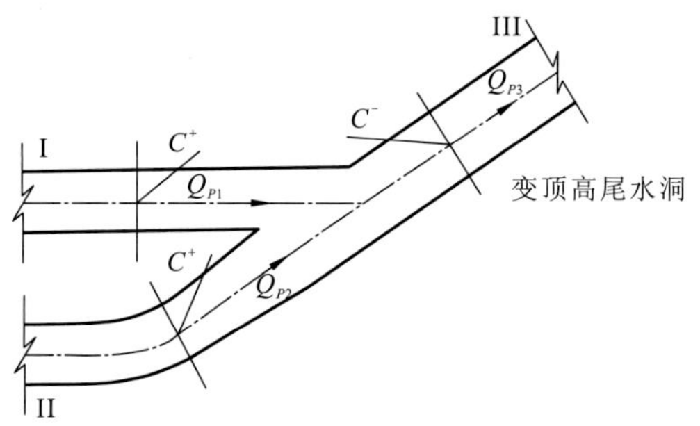

图 8-5 变顶高尾水洞内二进一出岔管的示意图

变顶高尾水洞明流段数学模型及明满流分界面的边界条件请见 6.2 节明满流数学模型，在此不予重复。

4）共明满流尾水子系统的水力联系

共明满流尾水子系统的水力联系与共调压室、共变顶高尾水洞两种水力联系均有类似之处，如图 8-1（f）所示，分岔位于调压室的底部，明流段位于调压室之后。当部分机组甩负荷时，随时间变化的水击压强和引用流量由水击波传至调压室底部岔管后，不仅被调压室自由水面反射，引起调压室水位波动，而且沿尾水洞继续向下游传播，进而引起尾水洞中明流段水位的波动。调压室水位的质量波与尾水洞明流段水位的重力波叠加，共同作用于受干扰机组，使得受干扰机组的工作水头增大，引用流量增大，导致受干扰机组的出力在某些控制工况下有可能超出其额定出力。

同样，受干扰机组抗水力干扰的能力主要取决于明满流尾水洞系统的水力特性，即调压室与明流段的匹配关系。7.3 节曾指出：当两者匹配不妥时，调压室水位波动呈等幅振荡或发散；当两者匹配合理时，调压室水位波动衰减较快，并呈现明显的“拍”现象。

一进一出的调压室的数学模型见式（8-3），明流段数学模型及明满流分界面的边界条件请见 6.2 节明满流数学模型，在此均不重复。

8.1.2 电力联系的简化

水电站机组之间的电力联系取决于水电站电气主接线设计。而主接线设计对水电站本身和电力系统的安全、可靠、经济运行起着十分重要的作用，其主要内容是在水电站装机规模、台数、接入系统电压、出线回路数确定的条件下，选取主变压器、断路器及母线结构等。发电机与主变压器的组合方式有单元连接、联合单元连接及扩大单元连接；常见的母线结构有双母线接线、一倍半接线、角形接线、单母线接线和变压器的线路组接线等。《水力发电厂机电设计规范》（NB/T 10878—2021）[3]对水电站电气主接线设计有着明确的规定，文献[4]采用最小割集的算法对水电站电气主接线的可靠性进行了评估。

在水电站输水发电系统过渡过程与控制层面，研究的聚焦点不是电力联系之间非常迅速、非常短暂的动态响应过程，而是水电站发电量与输电量不平衡引起的水轮发电机组一次调频、二次调频，或者机组甩负荷等过渡过程。因此，本章所关注的具有水力联系的机组所存在的电力联系，在忽略升压、配送等中间环节的假设下，分为两类：一是同一回路出线；二是不同回路出线。下面将分别论述两种出线的特点及相应的代数模型。

1. 同一回路出线的电力联系

如图 8-1（b）和（c）所示的电力联系均为同一回路出线的电力联系，对其特点和代数模型的讨论如下。

1）回路网频出现扰动，机组参与一次调频

回路网频出现扰动，同一回路的机组参与一次调频，所以网频作为各台机组调节的输入量，即

$$x_{网} = x_{机1} = \cdots = x_{机n}, \quad i = 1,2,\cdots,n \tag{8-5}$$

式中：$x_{网}$ 为电网频率；$x_{机i}$ 为机组频率。

若各台机组之间不存在水力联系，则各台机组一次调频的动态响应过程仅取决于机组初始工况点、输水管道系统的水力特性等。例如，1#机组的水流惯性加速时间 T_{w1} 大于 2#机组的 T_{w2}，则必然出现 2#机组的调节品质优于 1#机组。但各台机组之间若存在某种水力联系，则各台机组一次调频的动态响应过程不仅取决于机组初始工况点、输水管道系统的水力特性等，而且取决于机组之间存在的水力联系，即各台机组的一次调频过程相互作用、相互影响，其分析与控制的复杂程度大大增加。

2）回路功率发生变化，机组参与二次调频

根据电网回路的调度，同一回路各台机组参与二次调频，所以各台机组的负荷之和等于回路的负荷。换句话说，回路负荷在某种规则约定下，分配给各台机组，作为二次调频调节的输入量，即

$$m_{g网} = \sum_{i=1}^{n} m_{g机i} \tag{8-6}$$

式中：$m_{g网}$ 为电网负荷；$m_{g机i}$ 为机组负荷。

多台机组参与二次调频，其永态转差系数 $b_p \neq 0$，否则就会出现机组负荷与转速不一一对应，相互抢夺负荷的现象，危及水电站安全、稳定运行。

若水电站自身具有 AGC，则对于参与二次调频的各台机组，负荷分配是明确的，即

$$\begin{cases} m_{g网} = \sum_{i=1}^{n} m_{g机i} \\ m_{g机i} = \alpha_i \cdot m_{g网}, \quad i = 1,2,\cdots,n \\ \sum_{i=1}^{n} \alpha_i = 1 \end{cases} \tag{8-7}$$

式中：α_i 为负荷分配系数，小于或等于 1。

若参与二次调频的各台机组之间存在某种水力联系，则各台机组二次调频的动态响

应过程不仅取决于机组初始工况点、b_p或α_i的取值等，而且取决于机组之间存在的水力联系，即各台机组的二次调频过程相互作用、相互影响，其分析与控制的复杂程度也大大增加。

3）回路事故及水电站自身事故功率

回路出现事故，同一回路中所有机组同时甩负荷，与第 1 章、第 4 章、第 6 章所论述的调节保证分析与控制没有本质的差别，本章不予重复。

而机组自身事故或回路出线之前的电气设备事故（如主变压器故障），会导致同一回路中的部分机组甩负荷，而其他机组仍在运行，向回路输送电量。此时，由于机组之间的水力联系，运行机组的有功功率、功角，甚至无功功率均发生剧烈的变化，这就是水力干扰。受干扰机组将自我调节，按事故之前的设定，维持有功功率、功角、无功功率的稳定。调节模式可采取频率调节或功率调节。具体的数学模型将在 8.2 节予以介绍。

2. 不同回路出线的电力联系

如图 8-1（a）和（d）所示的输水发电系统水力单元，机组分组向不同回路供电。若回路之间没有电力联系，其结果与同一回路出线的电力联系相同，并且某组机组甩负荷将通过水力联系影响其他回路出线的运行机组。同样，受干扰的机组将自我调节，按事故之前的设定，维持有功功率、功角、无功功率的稳定。

当不同回路之间存在电力联系时，如图 8-6 所示，为了维持发电、送电的电量平衡，必须满足：

$$\sum_{j=1}^{m} m_{g网j} = \sum_{i=1}^{n} m_{g机i} \tag{8-8}$$

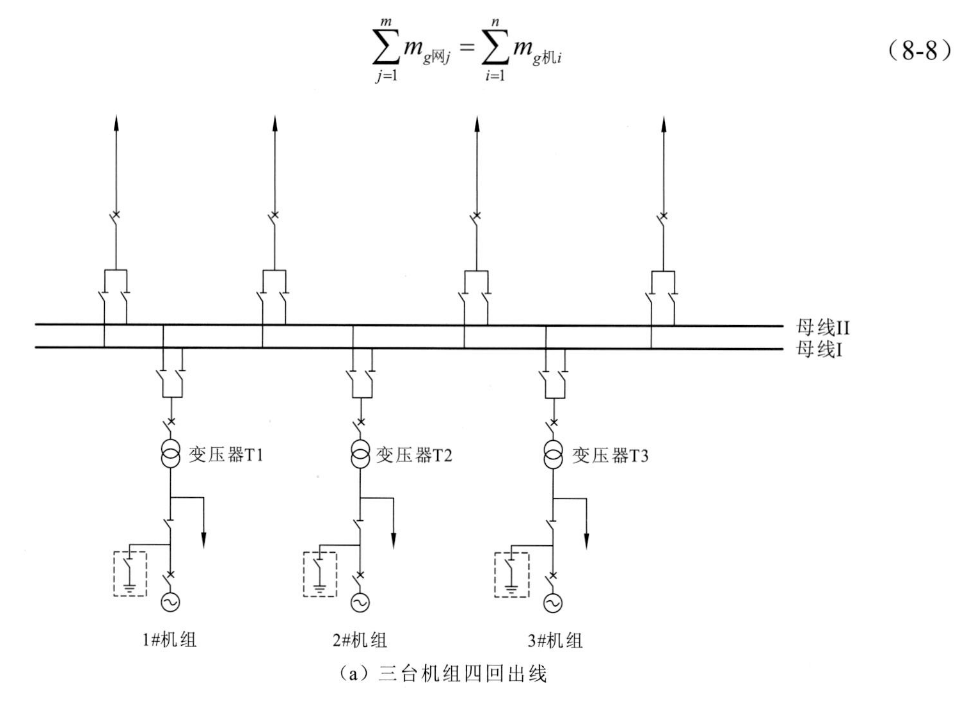

（a）三台机组四回出线

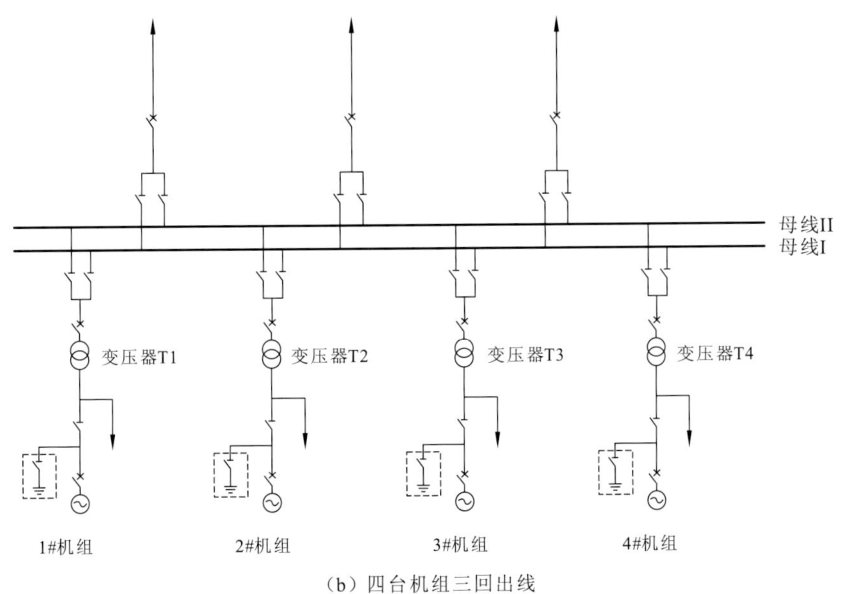

（b）四台机组三回出线

图 8-6　水电站主接线示意图

并且，当任一回路的网频出现扰动时，机组参与一次调频，或者任一回路的功率发生变化，机组参与二次调频，其结果与 8.1.2 小节第 1 部分完全相同，不予重复。

在此，需要关注如下两方面。

1）回路事故引起的调节及水力干扰

当任一回路发生事故时，式（8-8）表示的平衡状态被破坏，需要建立新的发电、送电的电量平衡，即

$$\sum_{j=1}^{m-1} m_{g网j} = \sum_{i=1}^{n} m_{g机i} \tag{8-9}$$

在建立新的电量平衡过程中，机组仍将按 $b_p \neq 0$ 的方式或水电站 AGC 进行功率调节。而机组之间的水力联系增加调节的难度，导致系统的动态响应过程更加复杂。

2）机组自身事故引起的调节及水力干扰

任一机组发生事故，丢弃负荷都导致式（8-8）表示的平衡状态被破坏。若剩余其他机组总的额定出力大于或等于 $\sum_{j=1}^{m} m_{g网j}$，则由该水电站进行二次调频，建立新的电量平衡。若剩余其他机组总的额定出力小于 $\sum_{j=1}^{m} m_{g网j}$，则电网需要立刻切除相对应的负荷或由其他电厂补充电量，否则会导致事故的扩大。

由于机组之间的水力联系，无论某一机组甩负荷后采取何种方式建立新的电量平衡，都将产生水力干扰，都需要在水电站设计及运行中予以考虑。

8.2 水力干扰下机组数学模型

水力干扰过渡过程可以视为同一水力单元部分机组甩负荷、部分机组参与频率调节或功率调节的耦合过渡过程。单从参与调节的受干扰机组来看，部分机组甩负荷产生的干扰方式及干扰量均不同于负荷阶跃突变，属于非线性、大扰动问题。为此，本章拟采用非线性过渡过程数学模型来研究与水力干扰过渡过程有关的突出问题。由于水力干扰引起的受干扰机组超出力的考核指标是发电机的暂态电流、功角等，故本节在 1.1.3 小节数学模型的基础上，增加发电机高阶方程、励磁调节器方程、电网数学模型与负载数学模型，以建立水电站输水发电系统整体数学模型，其示意图见图 8-7。

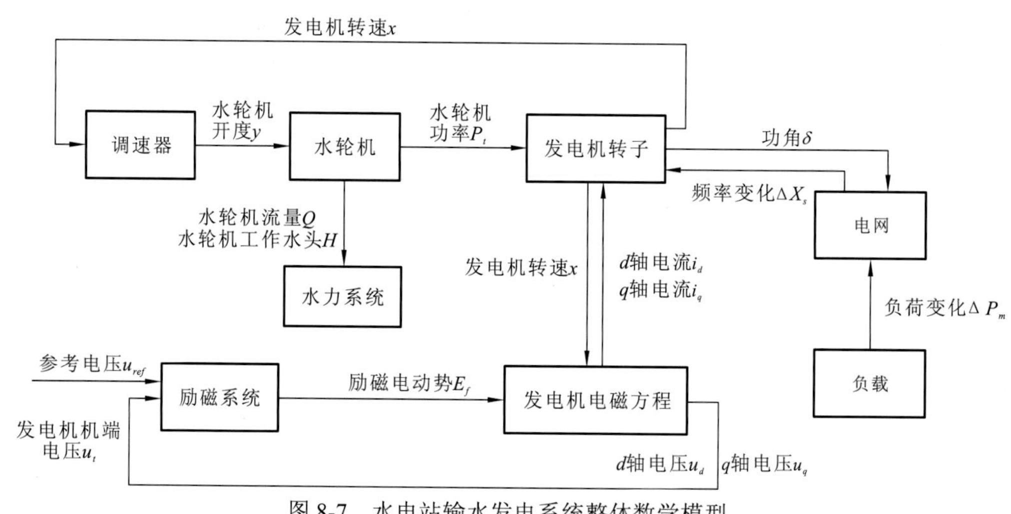

图 8-7 水电站输水发电系统整体数学模型

8.2.1 发电机高阶方程与励磁调节器方程

1. 发电机高阶方程

水轮发电机通常为同步电机。对于 dOp 坐标系下的同步电机方程，如果单独考虑与定子 d 绕组、q 绕组相独立的零轴绕组，则在计及 d、q、f、D、Q 5 个绕组的电磁过渡过程（以绕组磁链 Ψ 或电流 i 为状态量）及转子机械过渡过程（以角速度 ω 及功角 δ 为状态量）时，电机为七阶模型。而在实际应用中，通常根据不同的研究目的，对同步电机的数学模型做不同程度的简化[5-6]。

（1）除考虑发电机的机械惯性外，若需考虑发电机电磁功率 P 和励磁绕组磁链 Ψ 的变化[7]，则需采用三阶模型，即忽略定子绕组暂态（定子电压方程中，$p\psi_d = p\psi_q = 0$，ψ_d 为 d 轴磁链，ψ_q 为 q 轴磁链），并忽略阻尼绕组作用，只计及励磁绕组暂态和转子动态的三阶模型（电机 q 轴瞬态电动势 E_q'、ω、δ 为状态量）。

（2）若还需考虑电气次暂态 E'' 因素的影响[8]，则采用五阶模型，即忽略定子绕组暂态

（定子电压方程中，$p\psi_d = p\psi_q = 0$），但计及阻尼绕组 D、Q 及励磁绕组暂态和转子动态的五阶模型（E_q'、E_d''、E_q''、ω、δ 为状态量，E_d''、E_q'' 分别为 d 轴、q 轴次瞬态电动势）。

（3）对于水电站过渡过程与控制而言，甚至可以采用发电机二阶模型，即考虑发电机动量矩变化及功角变化的二阶模型（以 ω 及 δ 为状态量，并设电气暂态 E' 或 E_q' 恒定）。

本节将对上述三种模型分别进行简单的介绍。

1）发电机三阶模型

为了与本书其他章节一致，发电机三阶模型如下。

在式（8-10）中共有 3 个一阶微分方程，故称为发电机三阶模型。该式中有 11 个变量，分别是：i_d、u_d 为定子电流和端电压的 d 轴分量，i_q、u_q 为定子电流和端电压的 q 轴分量，单位为 A 和 V；u_t 为发电机实际运行电压，单位为 V；m_g 为发电机的电磁功率相对值；$x=(\omega-\omega_0)/\omega_0$ 为机组转速偏差相对值，ω、ω_0 为角速度和额定角速度，单位为 rad/s；δ 为功角，单位为 rad；E_f、E_q'、E_q 分别为定子励磁电动势、q 轴瞬态电动势与励磁电压所决定的空载电动势，单位为 V。式（8-10）中有 8 个方程，11 个未知数，所以需要补充 1 个励磁调节器方程和 2 个网络方程，式（8-10）才能封闭，才能得以求解。

而式（8-10）中的已知参数分别是：T_a 为机组惯性加速时间，单位为 s；m_t 为作用于发电机的机械力矩相对值（水轮机力矩相对值）；M_{g0} 为发电机初始力矩，单位为 N·m；D 为阻尼系数；X_d、X_q 分别为 d 轴、q 轴的等效电抗，$X_d' = X_d - \dfrac{X_{ad}^2}{X_f}$ 为 d 轴暂态电抗，单位均为 Ω，其中 X_{ad} 为 d 轴电枢反应电抗，X_f 为励磁绕组的自感抗，单位均为 Ω；T_{d0}' 为励磁绕组本身的时间常数。

$$
\begin{cases}
T_a \dfrac{\mathrm{d}x}{\mathrm{d}t} = m_t - m_g - Dx \\
\dfrac{\mathrm{d}\delta}{\mathrm{d}t} = \omega - \omega_0 \\
u_d = X_q i_q \\
u_q = E_q' - X_d' i_d \\
u_t^2 = u_d^2 + u_q^2 \\
T_{d0}' \dfrac{\mathrm{d}E_q'}{\mathrm{d}t} = E_f - E_q \\
E_q = E_q' + (X_d - X_d') i_d \\
m_g = \dfrac{1}{M_{g0}} [E_q' i_q - (X_d' - X_q) i_d i_q]
\end{cases}
\tag{8-10}
$$

2）发电机五阶模型

为了节省篇幅，在此直接给出发电机五阶模型[9]。

五阶电磁暂态方程及定子磁链方程：

$$
\begin{cases}
T'_{d0}\dfrac{\mathrm{d}E'_q}{\mathrm{d}t}=E_f-\dfrac{X_d-E''_d}{X'_d-E''_d}E'_q+\dfrac{X_d-X'_d}{X'_d-X''_d}E''_q \\
T''_{d0}\dfrac{\mathrm{d}E''_q}{\mathrm{d}t}=E'_q-E''_q-i_d(X'_d-X''_d) \\
T''_{q0}\dfrac{\mathrm{d}E''_d}{\mathrm{d}t}=-E''_d+i_q(X_q-X''_q) \\
-\dot{\psi}_d=E''_q-i_dX''_d \\
-\dot{\psi}_q=E''_d-i_qX''_q
\end{cases}
\tag{8-11}
$$

转子运动方程：

$$
\begin{cases}
\dot{\psi}_d=x\psi_d \\
\dot{\psi}_q=x\psi_q \\
T_a\dfrac{\mathrm{d}x}{\mathrm{d}t}=m_t-(m_g+e_gx) \\
m_g=\psi_di_q-\psi_qi_d \\
\dfrac{\mathrm{d}\delta}{\mathrm{d}t}=\omega-\omega_0
\end{cases}
\tag{8-12}
$$

定子电压方程：

$$
\begin{cases}
u_d=-x\psi_q \\
u_q=x\psi_d \\
u_t^2=u_d^2+u_q^2
\end{cases}
\tag{8-13}
$$

在式（8-11）～式（8-13）组成的方程组中共有 5 个一阶微分方程，故称为发电机五阶模型。该方程组中有 16 个变量，分别是：i_d、u_d 为定子电流和端电压的 d 轴分量，i_q、u_q 为定子电流和端电压的 q 轴分量，单位为 A 和 V；u_t 为发电机实际运行电压，单位为 V；m_g 为发电机的电磁功率相对值；$x=(\omega-\omega_0)/\omega_0$ 为机组转速偏差相对值，ω、ω_0 为角速度和额定角速度，单位为 rad/s；δ 为功角，单位为 rad；E_f、E'_q、E''_q、E''_d 分别为定子励磁电动势、q 轴瞬态电动势、q 轴次瞬态电动势与 d 轴次瞬态电动势，单位为 V；ψ_d、ψ_q 分别为 d 轴、q 轴磁链；$\dot{\psi}_d$、$\dot{\psi}_q$ 分别为 d 轴、q 轴磁链随时间的变化速率。式（8-11）～式（8-13）中有 13 个方程，16 个未知数，所以需要补充 1 个励磁调节器方程和 2 个网络方程，式（8-11）～式（8-13）组成的方程组才能得以求解。

式（8-11）～式（8-13）组成的方程组的已知参数分别是：T_a 为机组惯性加速时间，单位为 s；m_t 为作用于发电机的机械力矩相对值（水轮机力矩相对值）；X_d、X_q 分别为 d 轴、q 轴的等效电抗，上标“′”“″”分别表示瞬态、次瞬态，单位均为 Ω；T''_{d0}、T''_{q0} 为次瞬态下励磁绕组本身的时间常数；e_g 为发电机负载自调节系数。

3）发电机二阶模型

在水电站过渡过程分析与控制中，通常可以采用发电机二阶模型，即

$$\begin{cases} T_a \dfrac{\mathrm{d}x}{\mathrm{d}t} = m_t - m_g - Dx \\ \dfrac{\mathrm{d}\delta}{\mathrm{d}t} = \omega - \omega_0 \end{cases} \tag{8-14}$$

在式（8-14）中共有 2 个一阶微分方程，故称为发电机二阶模型。该式中有 3 个变量，分别是：m_g 为发电机的电磁功率相对值；$x=(\omega-\omega_0)/\omega_0$ 为机组转速偏差相对值，ω、ω_0 为角速度和额定角速度，单位为 rad/s；δ 为功角，单位为 rad。式（8-14）中有 2 个方程，3 个未知数，所以需要补充 1 个方程，通常将 m_g 作为输入量，如机组甩负荷 $(m_g=0)$，或者负荷阶跃变化 $(m_g=-0.1)$ 等，式（8-14）才能封闭，才能得以求解。

在上述条件下，发电机二阶模型的求解与励磁、网络接口均无关。

2. 励磁调节器方程

励磁调节器是同步发电机组的重要组成部分，根据励磁调节器结构形式的不同可以有多种数学模型。由文献[10-11]可知：同步发电机组的励磁调节器按励磁电源可分为直流励磁机励磁、交流励磁机励磁和静止励磁系统。通常采用的可控硅调节的励磁调节器方框图如图 8-8 所示。

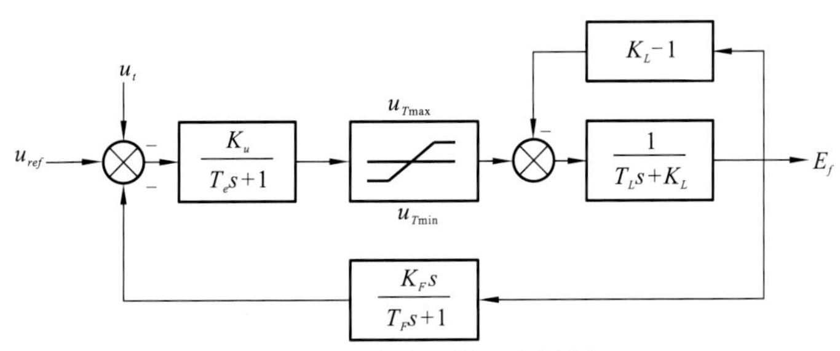

图 8-8　励磁调节器方框图

K_u 为励磁调节器的综合放大系数；T_e 为励磁调节器时间常数；K_L 和 T_L 分别为励磁自励系数和时间常数；K_F 和 T_F 分别为励磁电压软反馈传导放大器的系数和时间常数；$u_{T\max}$、$u_{T\min}$ 分别为允许最大、最小电压

本小节根据研究内容的需要，按电压偏差调节的自动励磁调节器，在不计励磁调节器饱和等非线性因素的前提下，给出相应的简化数学方程[12]：

$$T_e \frac{\mathrm{d}E_f}{\mathrm{d}t} = -\Delta E_f - K_u \cdot \Delta u_t \tag{8-15}$$

式中：T_e 为励磁调节器时间常数；E_f 为定子励磁电动势；K_u 为励磁调节器的综合放大系数；u_t 为发电机实际运行电压；Δ 为线性化的增量。

如果忽略励磁调节中的动态过程，即认为比例于发电机端电压偏移量的调节量直接作用于发电机的励磁电压上，则有

$$\Delta E_f = -K_u \cdot \Delta u_t \tag{8-16}$$

8.2.2 电网数学模型

1. 等效模型

将电网表示为一个等效的发电机组[12-13]，其方框图如图 8-9 所示，其传递函数为

$$\frac{\Delta X_s}{\Delta P_1}=-\frac{R_g(T_g s+1)}{R_g(T_g s+1)(T_s s+D_s)+1} \tag{8-17}$$

式中：ΔX_s 为电网频率遭受的扰动；ΔP_1 为电网遭受的扰动；T_s 为电网等效机组惯性时间常数，它包括了电网中所有机组的旋转惯性效应，其值体现了电网规模的大小；D_s 为电网等效负荷自调节系数，它描述了电网负荷与频率之间的阻尼特性，对于一定程度的频率偏差，D_s 决定了相应的功率变化，D_s 的值通常较难精确测得，但它与电网规模表现出一定的正相关性[14]；$\dfrac{1}{R_g(T_g s+1)}$ 为一个电网等效调速系统，它综合了电网内所有机组调速系统的动态特性，其中 T_g 为电网等效接力器惯性时间常数，R_g 为电网等效永态转差系数，它由电网内所含机组的永态转差系数 e_{pi} 共同决定，满足关系 $R_g=\dfrac{1}{\sum\limits_i e_{pi}}$。

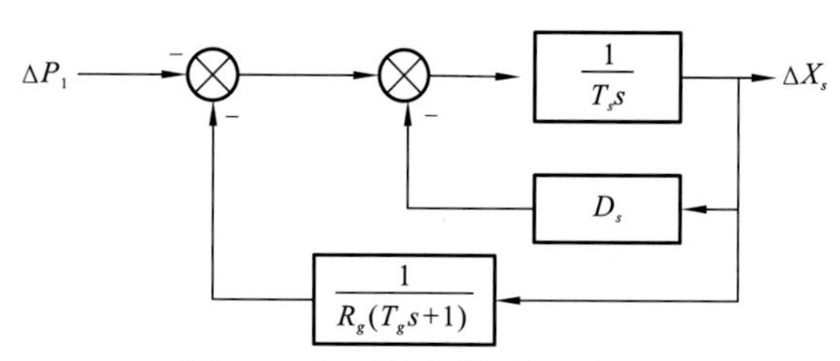

图 8-9 电网数学模型的方框图

设 $\Delta P_1=\dfrac{m_{g0}}{s}$，代入式（8-17），并对 ΔX_s 的表达式做反拉普拉斯变换，得

$$\Delta X_s(t)=\frac{m_{g0}R_g}{R_g D_s+1}\left[\sqrt{1+\frac{(a_1-a_2)^2}{a_3}}\mathrm{e}^{-a_2 t}\sin(\sqrt{a_3}t+\varphi)-1\right] \tag{8-18}$$

其中，$\varphi=\arctan\dfrac{\sqrt{a_3}}{a_1-a_2}$，$a_1=\dfrac{R_g T_s-T_g}{R_g T_g T_s},a_2=\dfrac{T_g D_s+T_s}{2T_g T_s},a_3=\dfrac{R_g D_s+1}{R_g T_g T_s}-\left(\dfrac{T_g D_s+T_s}{2T_g T_s}\right)^2$。

另外，由于机组额定功率基准值与系统额定功率基准值不同，还需要通过转换系数 B 将两者相连。

为了计算、分析的方便，本小节拟出 6 种电网规模：孤立电网、中等电网 1、中等电网 2、大电网 1、大电网 2、无穷大电网，其基本参数见表 8-1。

表 8-1 不同规模电网的参数对照表

电网	B	T_s/s	D_s	R_g	T_g/s
孤立电网	1	8	0.1	1	8
中等电网 1	0.2	20	0.2	0.3	20

续表

电网	B	T_s/s	D_s	R_g	T_g/s
中等电网 2	0.1	40	0.4	0.2	40
大电网 1	0.01	400	4	0.1	400
大电网 2	0.001	4 000	40	0.02	4 000
无穷大电网	$\to 0^+$	100 000	1 000	0.000 01	100 000

在此值得指出的是：采用等效模型，是为了配合发电机二阶模型。在不考虑励磁和网络接口的条件下，将电网负荷作为输入量来模拟水电站过渡过程。

2. 网络元件模型

网络元件主要是输电线，输电线通常用由电阻-电感支路和对地电容支路组成的等值Π形电路来模拟。在电力系统稳定分析中，电力网络一般用稳态方程来代表[15]。同时，假定正常运行时三相是对称平衡的，故可以用单相系统来表示。

设线路阻抗（包括输电线路和变压器）为 $Z' = R_e + \mathrm{j}X_e$，有 $\Delta u = iZ'$（Δu 为线路电压降，i 为线路电流）。其中，R_e 为线路电阻，X_e 为线路电抗。

若用 dOq 坐标系表示，则

$$u_{di} = u_{dj} + i_d R_e - i_q X_e \tag{8-19}$$

$$u_{qi} = u_{qj} + i_q R_e + i_d X_e \tag{8-20}$$

式中：下标“i”为送端节点；下标“j”为受端节点。

对于单机-无穷大电网，设无穷大电网的电压为 u_s，则

$$u_d = u_s \sin\delta + i_d R_e - i_q X_e \tag{8-21}$$

$$u_q = u_s \cos\delta + i_q R_e + i_d X_e \tag{8-22}$$

在此也需要指出：采用网络元件模型，是为了配合发电机三阶或五阶模型。在考虑励磁和网络接口的条件下，将输电线电阻、电抗或电网电压的变化作为输入量来模拟水电站过渡过程。

8.2.3　负载数学模型及负载动态特性

1. 负载数学模型

一般负荷是吸收有功功率和无功功率的。电网中负荷的组成是十分复杂的，它们的特性也各异，如电阻性负荷的功率与频率无关，而叶片式机械（水泵、风机）的功率与频率的三次方成正比。这些功率随着端点电压和系统频率的变化而变化，这种变化的状态因负荷种类的不同而异[16]。

负荷功率随电压和频率的缓慢变化而变化的特性，称为负荷的静态特性。由于负荷组成极其复杂，要准确模拟负荷的静态特性也非常困难。为此，假定负荷不随系统频率变化，只考虑负荷随电压变化的静态特性。

该静态特性采用综合负荷来表示，综合负荷是指变电站或馈电线路出口的负荷，即

$$P_L = P_{L0}U^a \tag{8-23}$$

$$Q_L = Q_{L0}U^b \tag{8-24}$$

式中：P_{L0}、Q_{L0} 分别为受干扰前的稳态有功功率和无功功率；P_L 和 Q_L 分别为受干扰后，在电压为 U 时的有功功率和无功功率；a、b 为常数。

显然，当 $a=0$ 时，是恒定功率的情况；当 $a=1$ 时，是恒定电流的情况；当 $a=2$ 时，是恒定阻抗的情况。在此，为简化分析，在分析地区负荷对控制系统的要求和对水电机组运行稳定性的影响时，取 $a=2$、$b=2$ 的恒定阻抗模型，即根据正常运行方式下负荷点的电压 U_{L0} 和功率 $S_{L0}=P_{L0}+\mathrm{j}Q_{L0}$，用式（8-25）求出负荷的阻抗。

$$Z_L = R_L + \mathrm{j}X_L = \frac{U_{L0}^2}{P_{L0} - \mathrm{j}Q_{L0}} \tag{8-25}$$

并且假定暂态过程中该阻抗不变。其中，R_L、X_L 分别为负荷电路的电阻和电抗。

对于无穷大电网，由于其电压和频率不变，无须考虑其负荷特性。

2. 负载动态特性

电网中具有转动部分的负载也具有机械惯量（包括各种电动机及其所拖动机械的转动惯量），它们对调节过程起着与机组转动惯量同样的作用，因此可以用负载的机械惯性时间常数 T_b 来表示。当以发电机额定力矩 P_r 为基准来表示时，

$$T_b = \frac{\sum \mathrm{GD}_i^2 n_{ri}}{3\,580 P_r} \tag{8-26}$$

式中：$\sum \mathrm{GD}_i^2 n_{ri}$ 为电网中各电动机及其所拖动机械的飞轮力矩与额定转速乘积之和。

T_b 的大小与负载有关，计算很复杂，一般只能通过试验或经验估算[17]。根据国内外试验资料，通常 $T_b=(0.24\sim0.30)T_a$。当计入负载的机械惯性时间常数之后，发电机的等效惯性时间常数为

$$T_a' = T_a + T_b \tag{8-27}$$

可以看出，负载惯量使系统的惯性增大，有利于降低频率的变化和波动，对水电站输水发电系统运行稳定是有利的。

8.3 管道布置影响的敏感性分析与控制

8.3.1 不同水力联系对水力干扰过渡过程影响的对比分析

1. 共岔管水力联系的水力干扰过渡过程

图 8-1（a）所示的水电站呈一洞四机的管道布置形式，其水力联系为共上游岔管。该水电站总装机容量为 4×35 MW，引用流量为 4×51.82 m^3/s。发电机额定电压为 10.5 kV，额定功率因数为 0.85，额定电流为 2.264 kA，额定转速为 300 r/min，发电机负载自调节系数 $e_g=1.5$。

水力干扰的最不利工况是：额定工况（额定水头为 79.5 m，上游水位为 723.85 m，下游水位为 640.48 m）下，一台机组（4#）以额定出力正常运行，三台机组（1#、2#、3#）以额定出力甩负荷。参与频率调节时，调速器参数为 $T_n=1$ s、$b_t=0.6$、$b_p=0$、$T_d=10$ s、$T_y=0.02$ s。参与功率调节（给定功率为机组额定功率）时，调速器参数为 $b_t=0.6$、$b_p=0.04$、$T_d=10$s、$T_y=0.02$s。

计算结果见图 8-10，结果表明：受干扰机组参与频率调节时，其转速、功角、出力均出现一次振荡，并且衰减很快，在 61 s 以内迅速稳定；而参与功率调节时，其功角、出力也出现一次振荡，但与频率调节相比，不仅衰减较慢（在 130 s 内趋于稳定），而且最大超出力相对值为 53.46%，超出 110%出力限制线的时间达 101.6 s。

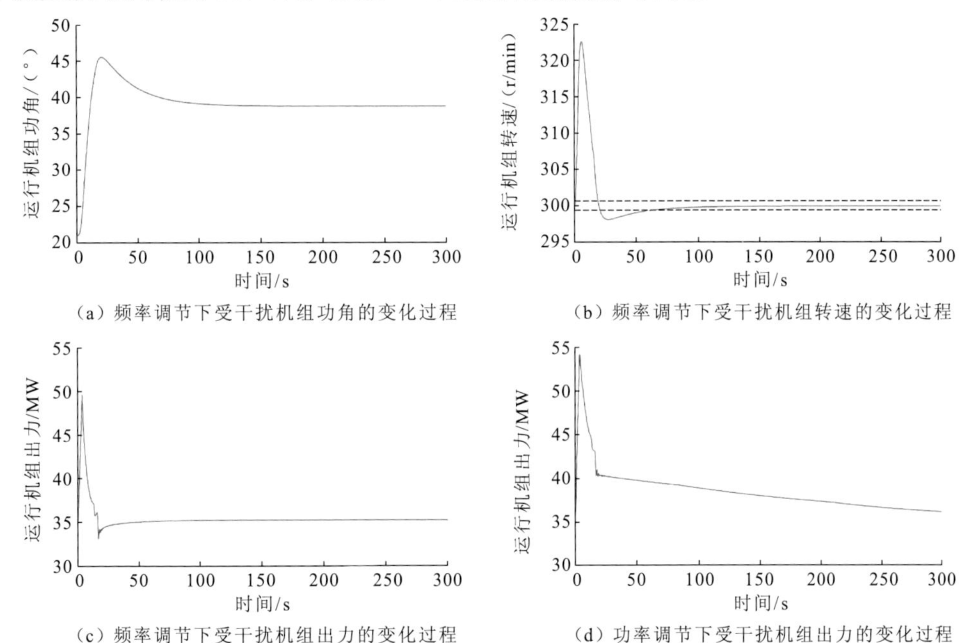

（a）频率调节下受干扰机组功角的变化过程　（b）频率调节下受干扰机组转速的变化过程

（c）频率调节下受干扰机组出力的变化过程　（d）功率调节下受干扰机组出力的变化过程

图 8-10　共岔管水力联系的水电站，受干扰机组做频率调节和功率调节时相关参数的变化过程

机组转速、功角、出力呈现一次振荡就衰减至稳定的原因主要是，共岔管布置的管道系统波动单一，为频率较高的水击波，且适于调速器的矫正。而功率调节与频率调节的差异，主要受调节模式的影响，PID 调节的速动性优于 PI 调节。

2. 共调压室水力联系的水力干扰过渡过程

对于如图 8-1（b）所示的水电站，引水部分采用单管单机供水，尾水部分采用三机一室一洞布置形式，其水力联系为共下游调压室。该水电站的总装机容量为 3×600 MW，水轮机额定出力为 611 MW，额定流量为 337.4 m^3/s，发电机最大功率为 648 MW，额定电压为 18 kV，同步转速为 142.9 r/min，功率因数为 0.925（滞后），转动惯量约为 110 000 t·m^2，发电机负载自调节系数 $e_g=1.5$。

水力干扰的最不利工况是：额定工况下，一台机组（1#）以额定出力正常运行，另外两台机组（2#、3#）以额定出力甩负荷。参与频率调节时，调速器参数为 $T_n=0.3$ s、

$b_t=0.4$、$b_p=0$、$T_d=6$ s、$T_y=0.02$ s，发电机负载自调节系数 $e_g=1.5$。参与功率调节（给定功率为机组额定功率）时，调速器参数为 $b_t=0.4$、$b_p=0.04$、$T_d=6$ s、$T_y=0.02$ s。

计算结果见图 8-11，结果表明：受干扰机组无论是以频率调节模式运行还是以功率调节模式运行，其参数均随调压室水位的波动而波动。调压室水位波动相对于水击压强而言，振幅小、周期长、衰减慢，所以与共岔管水力联系相比，超出力的幅度大大减小，最大相对值往往小于 10%，不会危及发电机绝缘的安全，但振荡次数多，衰减慢，很长时间后才能趋于稳定。在共调压室水力联系下，功率调节与频率调节相比，调节的速动性相对慢一点，对调压室水位波动矫正的适应性更强一点，故调压室水位向下/向上最大振幅略小于频率调节。

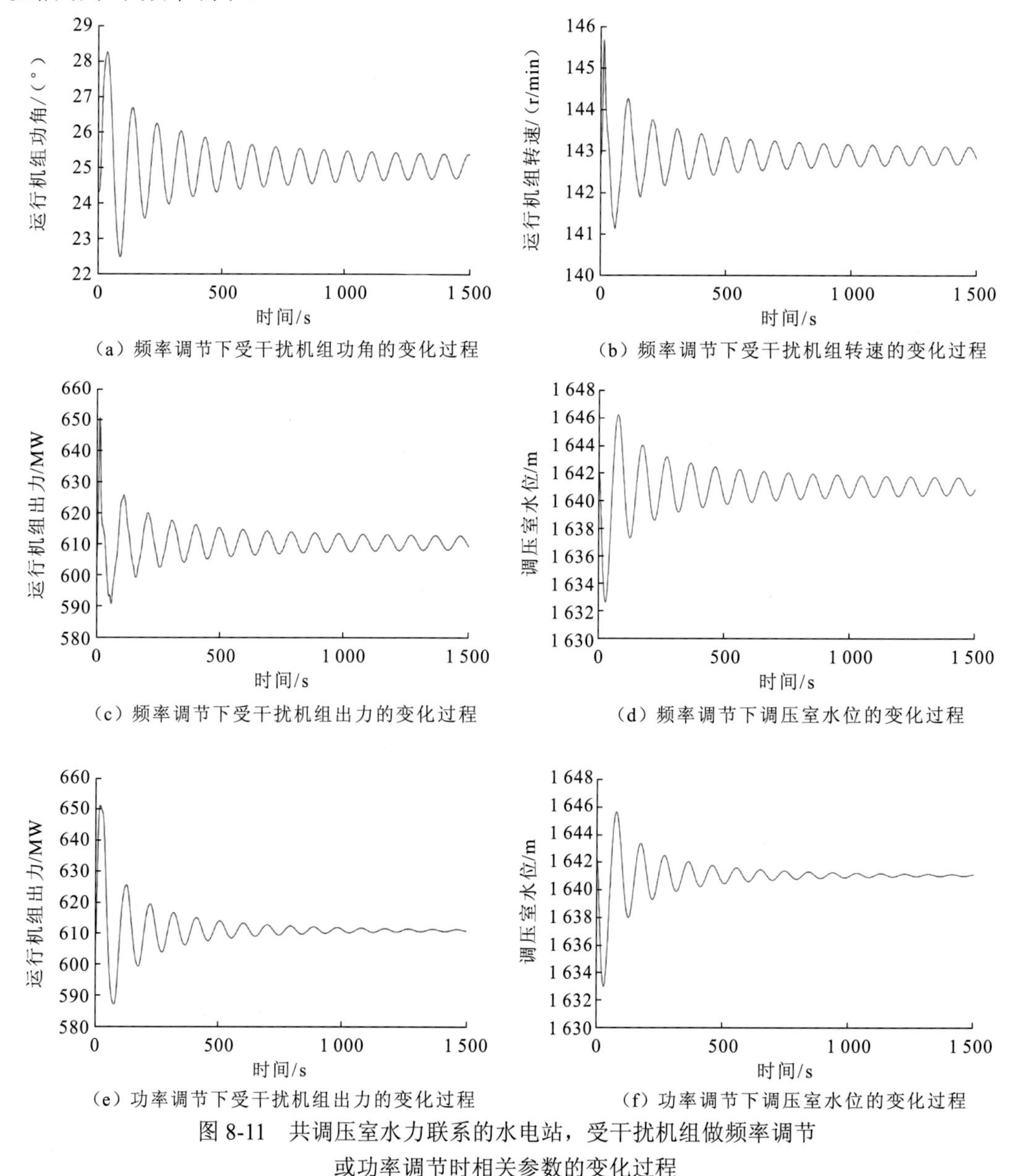

图 8-11 共调压室水力联系的水电站，受干扰机组做频率调节或功率调节时相关参数的变化过程

3. 同侧共岔管和调压室水力联系的水力干扰过渡过程

对于如图 8-1（c）所示的水电站，其水力联系为机组上游侧共岔管和调压室，水力干扰过渡过程中水击波和质量波并存。该水电站的调压室采用气垫式调压室，由一条主管经“卜”形岔管分为两条支管向两台机组供水，总装机容量为 2×42.5 MW，单机引用流量为 23.3 m^3/s。发电机额定电压为 10.5 kV，额定功率因数为 0.9，额定转速为 600 r/min，发电机转动惯量为 230 t·m^2，发电机负载自调节系数 $e_g=1.5$。

水力干扰的最不利工况是：额定工况下，1#机组以额定出力正常运行，2#机组以额定出力甩负荷。参与频率调节时，调速器参数为 $T_n=0.4$ s、$b_t=0.7$、$b_p=0$、$T_d=7$ s、$T_y=0.02$ s。参与功率调节（给定功率为机组额定功率）时，调速器参数为 $b_t=0.7$、$b_p=0.04$、$T_d=7$ s、$T_y=0.02$ s。

计算结果见图 8-12，结果表明：在频率调节下，受干扰机组的功角、转速、出力均明显上升，这主要是因为先受水击波反射的影响，水击波传至岔管时，通过岔管作用于受干扰机组，振幅大，衰减快。随后受干扰机组的参数受调压室水位波动的影响，呈低频周期性的振荡，并随调压室水位的波动趋于稳定。功率调节与频率调节相比，出力的第二波峰大于第一波峰，随后迅速衰减，并受调压室水位波动的影响，呈低频周期性的振荡。但最大超出力相对值可以控制在 12.57%以内，超出 110%出力限制线的时间控制在 73.2 s 以内。总之，由于受同侧岔管和调压室的共同影响，出力变化的主波呈现振幅大、衰减快的特点，而尾波呈现周期长、振幅小的特点。

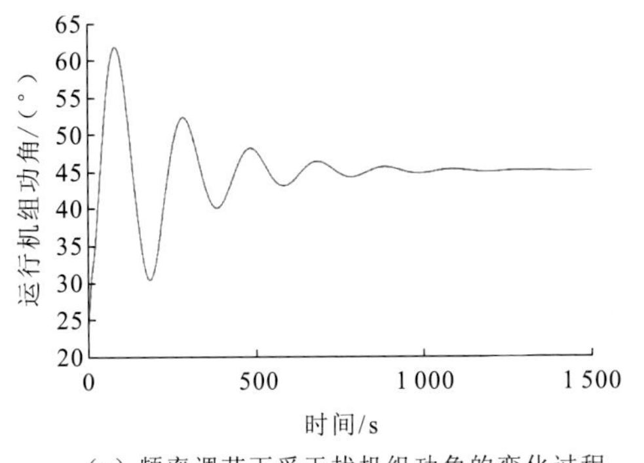

（a）频率调节下受干扰机组功角的变化过程

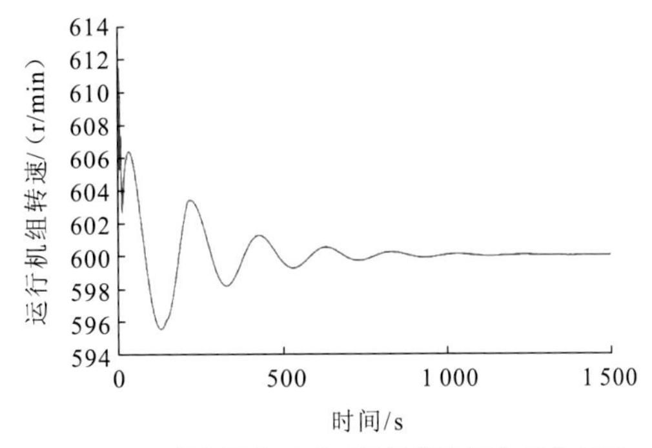

（b）频率调节下受干扰机组转速的变化过程

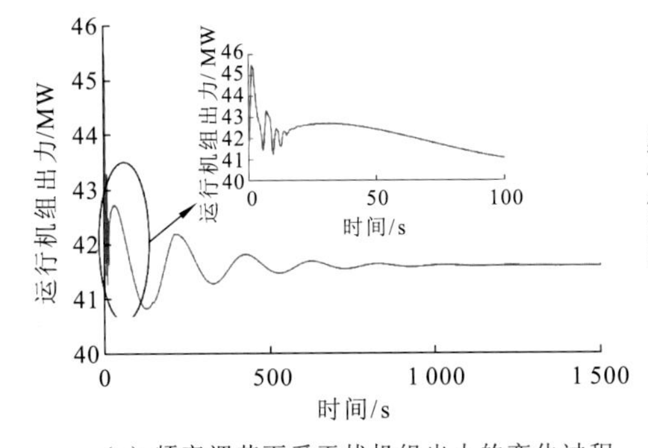

（c）频率调节下受干扰机组出力的变化过程

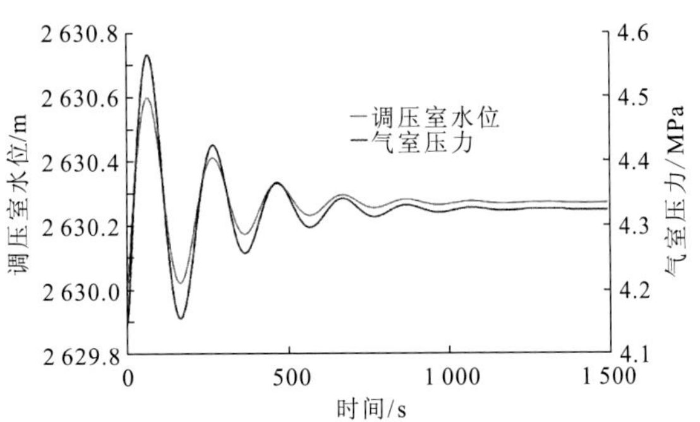

（d）频率调节下调压室水位及气室压力的变化过程

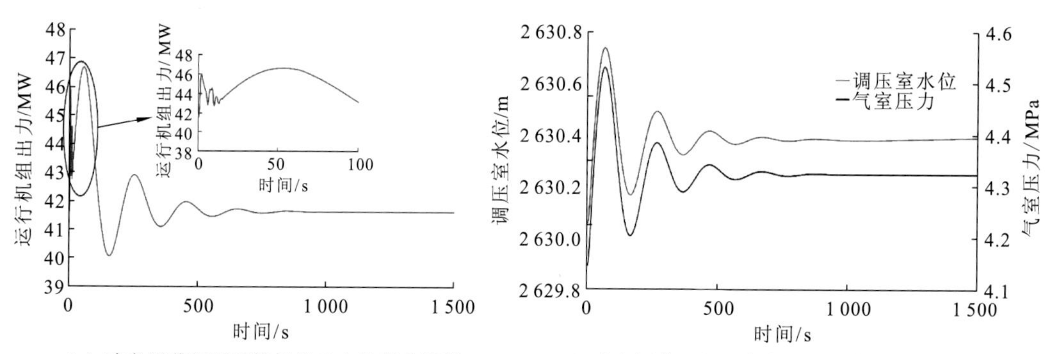

（e）功率调节下受干扰机组出力的变化过程　（f）功率调节下调压室水位及气室压力的变化过程

图 8-12　同侧共岔管和调压室水力联系的水电站，受干扰机组做频率调节或功率调节时相关参数的变化过程

4. 环路水力联系的水力干扰过渡过程

如图 8-1（d）所示的水电站，采用一洞四机，上下游双调压室的布置方式，为多重波动并存的水力联系。发电机额定功率为 300 MW，额定电压为 18 kV，额定功率因数为 0.9，发电机转动惯量为 3 600 t·m^2，额定转速为 500 r/min，发电机负载自调节系数 $e_g=1.5$。

水力干扰的最不利工况是：额定工况（上游水位为 750 m，下游水位为 228 m）下，一台机组（4#）以额定出力正常运行，三台机组（1#、2#、3#）以额定出力甩负荷。受干扰机组参与频率调节时，调速器参数为 $T_n=1$ s、$b_t=0.5$、$b_p=0$、$T_d=5$ s、$T_y=0.02$ s。受干扰机组参与功率调节（给定功率为机组额定功率）时，调速器参数为 $b_t=0.5$、$b_p=0$、$T_d=5$ s、$T_y=0.02$ s。

计算结果见图 8-13，结果表明：环路水力联系与同侧共岔管和调压室水力联系有着类似之处，受干扰机组参数的波动过程可分为主波和尾波。因为环路上下游水击压强和调压室水位波动的方向相反，作用于受干扰机组的瞬时水头更大，所以无论是频率调节还是功率调节，受干扰机组最大超出力相对值远大于同侧共岔管和调压室水力联系。并且功率调节与频率调节相比，同样存在前者的最大超出力相对值大于后者、前者的调压室水位最大变幅小于后者的规律。另外，值得注意的是，在频率调节下，受干扰机组的功角最大值发生时间与上游调压室最高水位发生时间接近，并且随后跟随上游调压室水位的波动而波动，长时间得不到稳定。

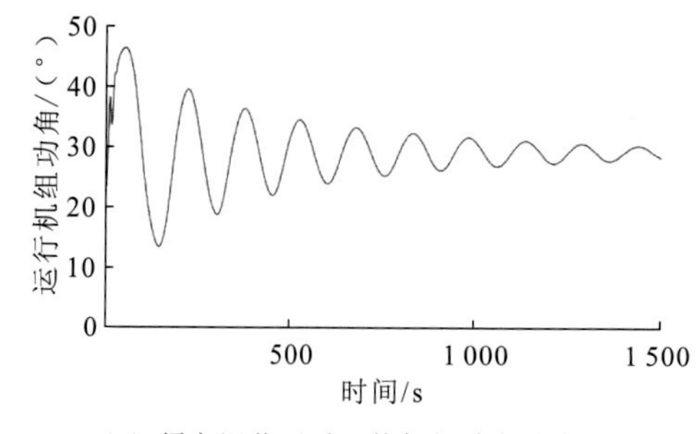

（a）频率调节下受干扰机组功角的变化过程

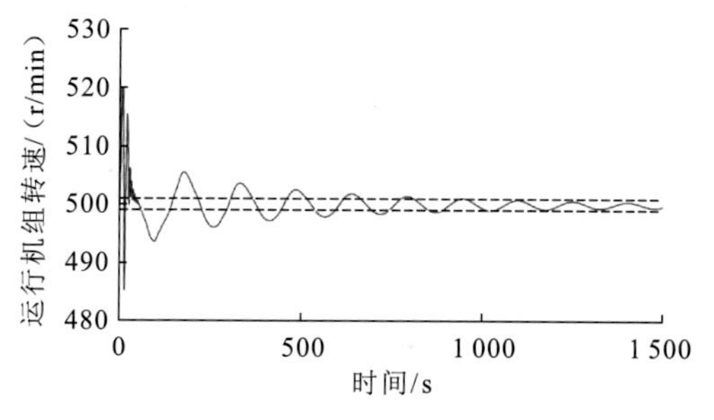

（b）频率调节下受干扰机组转速的变化过程

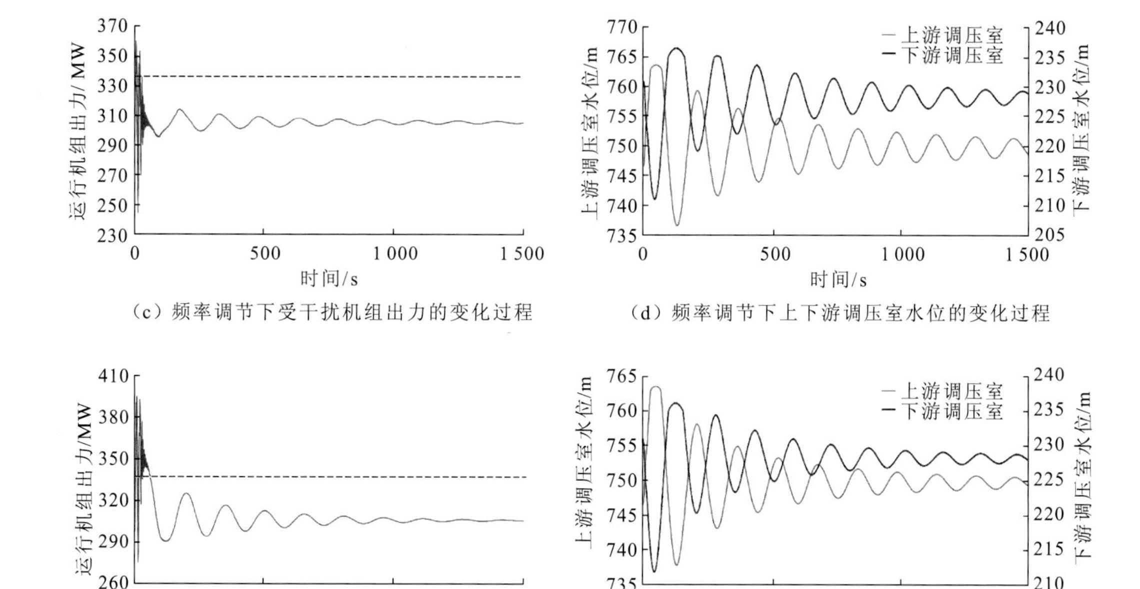

(c) 频率调节下受干扰机组出力的变化过程 (d) 频率调节下上下游调压室水位的变化过程

(e) 功率调节下受干扰机组出力的变化过程 (f) 功率调节下上下游调压室水位的变化过程

图 8-13 环路水力联系的水电站，受干扰机组做频率调节或功率调节时相关参数的变化过程

5. 共变顶高尾水洞水力联系的水力干扰过渡过程

如图 8-1（e）所示的水电站，其引水隧洞采用单管单机的布置方式，尾水系统采用一洞两机共变顶高的布置方式，为水击波和重力波并存的水力联系。该水电站单机容量为 750 MW，最大容量为 800 MW，水轮机额定水头为 100 m，额定流量为 890 m^3/s；发电机额定电压为 23 kV，额定功率因数为 0.9，发电机转动惯量为 490 000 $t{\cdot}m^2$，额定转速为 71.4 r/min，发电机负载自调节系数为 1.5。

水力干扰的最不利工况是：额定工况（上游水位为 380 m，下游水位为 279 m）下，1#机组以额定出力正常运行，2#机组以额定出力甩负荷。参与频率调节时，调速器参数为 $T_n=0.4$ s、$b_t=0.6$、$b_p=0$、$T_d=8$ s、$T_y=0.02$ s。参与功率调节（给定功率为机组额定功率）时，调速器参数为 $b_t=0.6$、$b_p=0.04$、$T_d=8$ s、$T_y=0.02$ s。

计算结果见图 8-14 和图 8-15，结果表明：岔点一直处于满流状态，而布置在尾水支洞处的闸门井的水位、受干扰机组的运行参数、尾水洞各断面的压强或水深，均随明满流分界面的波动而变化。明满流分界面的波动呈现水击波与重力波的特点，并且呈退水、平槽、壅水非对称周期性的变化，所以上述各参数的变化也呈非对称周期性的变化，其衰减较快，说明调速器对频率较高的波动具有良好的矫正能力。功率调节模式的结果与频率调节模式的结果相比，两者基本相同，但频率调节模式下各参数的极值大于功率调节模式，与其他水力联系有所不同。

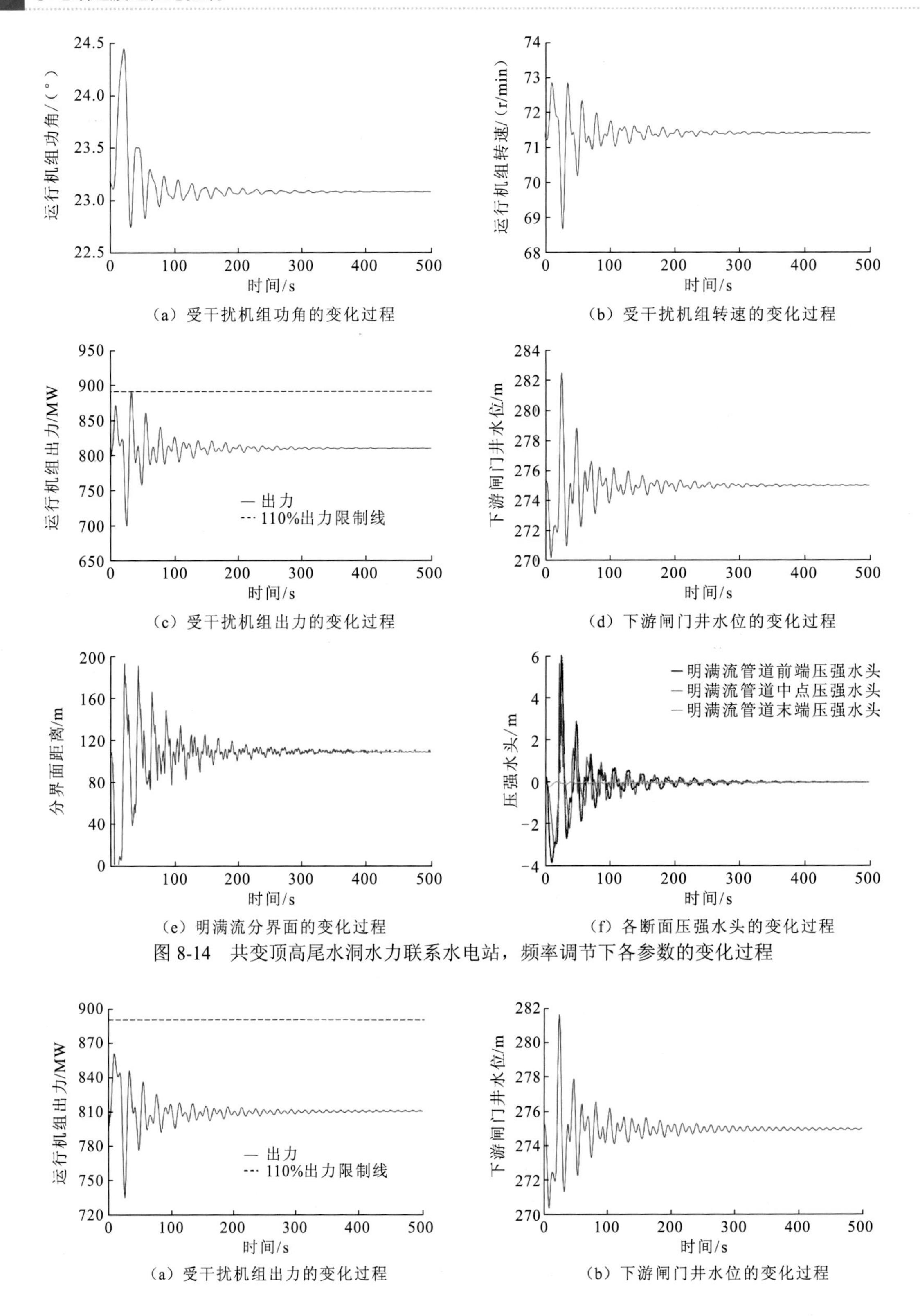

(a) 受干扰机组功角的变化过程

(b) 受干扰机组转速的变化过程

(c) 受干扰机组出力的变化过程

(d) 下游闸门井水位的变化过程

(e) 明满流分界面的变化过程

(f) 各断面压强水头的变化过程

图 8-14　共变顶高尾水洞水力联系水电站，频率调节下各参数的变化过程

(a) 受干扰机组出力的变化过程

(b) 下游闸门井水位的变化过程

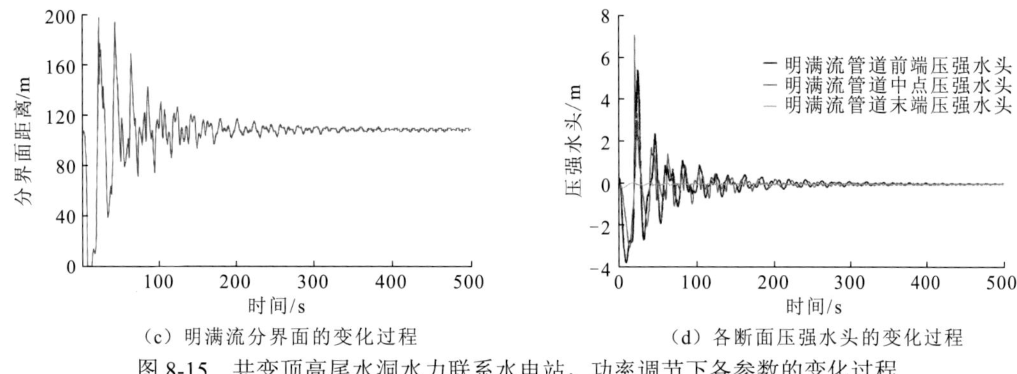

（c）明满流分界面的变化过程　　（d）各断面压强水头的变化过程

图 8-15　共变顶高尾水洞水力联系水电站，功率调节下各参数的变化过程

6. 共明满流尾水子系统水力联系的水力干扰过渡过程

如图 8-1（f）所示的水电站，其引水隧洞采用单管单机的布置方式，尾水系统采用一洞两机共明满流尾水洞的布置方式，为水击波、质量波和重力波并存的水力联系。单机容量为 850 MW，水轮机额定水头为 135 m，额定流量为 716.77 m^3/s；发电机额定电压为 18 kV，额定功率因数为 0.925，发电机转动惯量为 340 000 $t\cdot m^2$，额定转速为 93.75 r/min，发电机负载自调节系数 $e_g=1.5$。

水力干扰的最不利工况是：额定工况（上游水位为 945 m，下游水位为 815.83 m）下，1#机组以额定出力正常运行，2#机组以额定出力甩负荷。参与频率调节时，调速器参数为 $T_n=0.8$ s、$b_t=0.4$、$b_p=0$、$T_d=5$ s、$T_y=0.02$ s。参与功率调节（给定功率为机组额定功率）时，调速器参数为 $b_t=0.4$、$b_p=0.04$、$T_d=5$ s、$T_y=0.02$ s。

计算结果见图 8-16 和图 8-17，结果表明：位于调压室底部的岔管一直处于满流状态，而调压室的水位波动起主导作用。位于调压室之前的受干扰机组，无论是在频率调节模式下还是在功率调节模式下，其运行参数（包括功角、转速、出力等）均随调压室水位的波动而变化。而位于调压室之后的明满流尾水洞，其明满流分界面的波动过程、尾水洞各断面压强或水位的波动过程均受调压室质量波和明流段重力波叠加的影响。与共调压室水力联系相比，其波动现象复杂一些，但波动衰减更迅速，原因是尾水洞明流部分

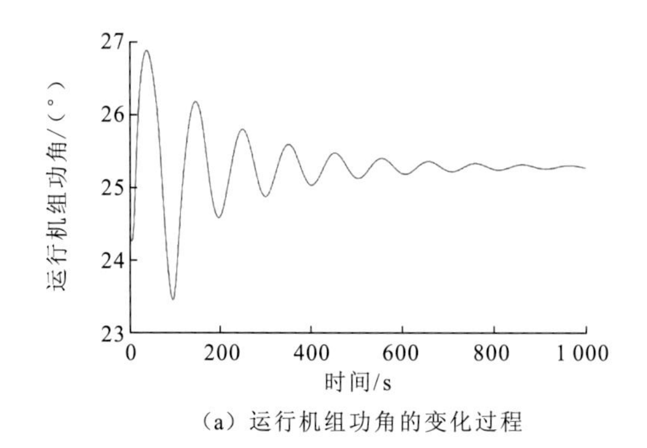

（a）运行机组功角的变化过程

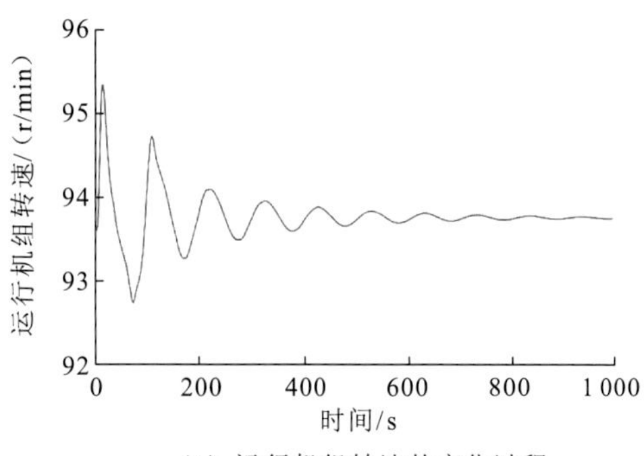

（b）运行机组转速的变化过程

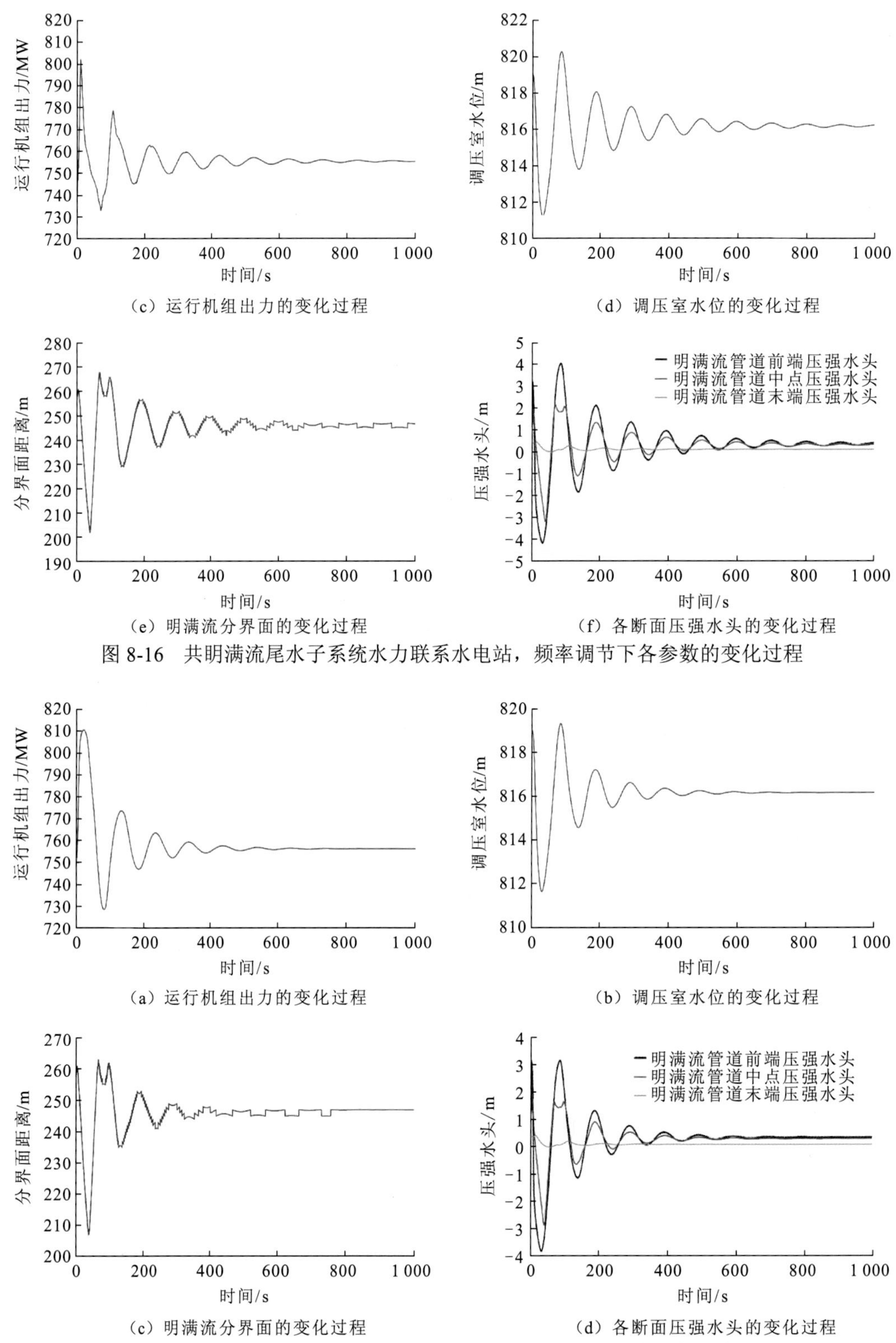

（c）运行机组出力的变化过程

（d）调压室水位的变化过程

（e）明满流分界面的变化过程

（f）各断面压强水头的变化过程

图 8-16　共明满流尾水子系统水力联系水电站，频率调节下各参数的变化过程

（a）运行机组出力的变化过程

（b）调压室水位的变化过程

（c）明满流分界面的变化过程

（d）各断面压强水头的变化过程

图 8-17　共明满流尾水子系统水力联系水电站，功率调节下各参数的变化过程

增加了自由水面的面积，有利于减小波动的峰值，加快波动的衰减。功率调节模式的结果与频率调节模式的结果相比，两者基本相同，但频率调节模式下各参数的极值小于功率调节模式，除了共变顶高尾水洞水力联系之外，与其他水力联系相同。

7. 对比分析

六种水力联系的受干扰机组的参数极值对比结果如表 8-2 所示。

表 8-2　六种水力联系水电站，受干扰机组做频率调节和功率调节时运行计算结果的对比

不同的水力联系		共岔管	共调压室	同侧共岔管和调压室	环路	共变顶高尾水洞	共明满流尾水子系统
功角/(°)	初始值	21.18	24.32	23.17	23.17	23.17	24.32
	最大值	45.69 （20.40）	28.25 （35，37）	61.76 （81.20）	46.50 （53.60）	24.84 （22.00）	26.88 （38.00）
	最小值	21.18 （0.40）	22.49 （87.65）	23.17 （0.40）	46.50 （53.60）	24.84 （22.00）	26.88 （38.00）
转速	进入±0.2%的时间/s	61.00	891.78	433.20	955.00	183.40	300.00
	向上最大偏差/%	9.07	1.94	1.91	4.60	2.02	1.70
	向下最大偏差/%	0.61	1.24	0.75	2.93	3.81	1.09
	振荡次数	1	9	2.5	76.5	10.5	4.5
频率调节	最大超出力相对值/%	40.40	6.49	9.61	17.75	9.79	6.04
	超 110%出力限制线的时间/s	9.00	0.00	0.00	19.60	0.00	0.00
功率调节	最大超出力相对值/%	53.46	6.57	12.57	29.05	6.12	7.20
	超 110%出力限制线的时间/s	101.60	0.00	73.20	59.20	0.00	0.00

注：括号内数据为极值发生时刻，单位为 s。

（1）功角：初始功角与水电站管道布置方式没有直接的关联，均在 21.18°～24.32°。而最大功角与初始功角的比值，却与管道布置方式有关，共岔管、同侧共岔管和调压室、环路三种水力联系，该比值分别为 2.16、2.67、2.01，而共调压室、共变顶高尾水洞、共明满流尾水子系统三种水力联系，该比值却小得多，分别为 1.16、1.07、1.11。存在如此大的差异的主要原因是，前三种水力联系以水击波为主，水击压强引起的作用于受干扰机组的水头变幅较大、频率较快，故功角的变幅较大，而后三种水力联系以质量波或重力波为主，涌浪或涌波引起的作用于受干扰机组的水头变幅较小、频率较慢，故功角的变幅较小。

（2）转速：因为调压室水位波动周期长、衰减慢，所以只要水电站管道系统中设有调压室，受干扰机组转速进入±0.2%的时间就较长，如共调压室、同侧共岔管和调压室、环路、共明满流尾水子系统四种水力联系，该参数分别为 891.78 s、433.20 s、955.00 s、300.00 s，并且振荡次数为 9、2.5、76.5、4.5。其中，同侧共岔管和调压室水力联系的振荡次数仅为 2.5 次，其原因是该调压室为气垫式调压室，特点是波动周期长、衰减快，故振荡次数较少。而不设调压室的水电站，受干扰机组转速进入±0.2%的时间就较短，如共岔管、共变顶高尾水洞两种水力联系，该参数分别为 61.00 s、183.40 s，并且振荡次数分别为 1、10.5。呈现该现象的主要原因是，水击波的频率较高，衰减较快，而明满流重力波的频率低于水击波，但高于质量波，所以受干扰机组转速进入±0.2%的时间居中，振荡次数较多。

（3）出力：在频率调节模式下，最大超出力相对值超过 10%的水力联系，只有共岔管和环路两种，该参数分别为 40.40%和 17.75%，其他均在 10%以下。而在功率调节模式下，除共变顶高尾水洞水力联系之外，五种水力联系的受干扰机组最大超出力相对值均大于频率调节模式，其中相差较大的仍然是共岔管和环路两种水力联系，并且同侧共岔管和调压室水力联系的受干扰机组的最大超出力相对值也超过了 10%。该现象说明，受干扰机组最大超出力相对值不仅与管道布置的水力联系方式有关，与受干扰机组的调节模式也有关。通常，采用频率调节模式有利于减小最大超出力相对值，有利于机组运行的安全。

8.3.2 水流惯性加速时间 T_w 对水力干扰过渡过程影响的敏感性分析

由 8.3.1 小节的计算结果可知：甩负荷机组通过岔管传播水击波，对受干扰机组出力变化而言，主要影响其主波，其特征参数是最大超出力相对值，该参数超过相关规范的规定，将直接影响机组运行安全。而甩负荷机组引起调压室水位波动传播的质量波，对受干扰机组出力变化而言，主要影响其尾波，其特征参数主要是转速进入±0.2%的时间，该时间太长，将影响机组运行的稳定性，甚至影响电网其他机组的一次调频。

本小节以一洞二机上下游双调压室环路管道布置方式的水力联系为例，对调压室至水库、岔管至调压室、机组至水库各段的水流惯性的影响进行敏感性分析，以了解水流惯性对水力干扰过渡过程的影响。

由于在环路管道布置方式中，机组上游侧共岔管和调压室与机组下游侧共岔管和调压室的作用机制相同，为了节省篇幅，在此仅以机组上游侧各段的水流惯性为例，分析水流惯性与水力干扰过渡过程结果的关联。

1. 调压室至水库的水流惯性对水力干扰过渡过程的敏感性分析

上游调压室与上游水库的水流惯性加速时间记为 T_{w1}，其在 0.246～0.646 s 每隔 0.1 s 分别取值，忽略该段的沿程水头损失，其他参数保持不变。计算工况是 1#机组甩额定负荷，2#机组做频率调节和功率调节，计算结果如表 8-3 和表 8-4 所示。

表 8-3　频率调节模式下调压室至水库的水流惯性对水力干扰过渡过程的影响

T_{w1}/s	最大出力/MW	最大转速/(r/min)	最大功角/(°)	上游调压室最高涌浪水位/m	下游调压室最高涌浪水位/m
0.646	356.82	516.08	30.64	734.21	189.15
0.546	356.85	516.07	30.64	733.06	189.13
0.446	356.86	516.06	30.63	731.82	189.11
0.346	356.73	516.06	30.61	731.39	189.10
0.246	356.77	516.04	30.59	730.76	189.10

表 8-4　功率调节模式下调压室至水库的水流惯性对水力干扰过渡过程的影响

T_{w1}/s	最大出力/MW	上游调压室最高涌浪水位/m	下游调压室最高涌浪水位/m
0.646	447.33	733.58	189.02
0.546	447.32	732.67	189.02
0.446	447.31	731.52	189.02
0.346	447.23	730.15	189.01
0.246	447.19	729.70	189.00

计算结果表明：频率调节模式下，受干扰机组的最大功角、最大转速、最大出力随 T_{w1} 的增加几乎不变，主波基本重合，但 50 s 后的尾波变化明显，上游调压室涌浪水位随 T_{w1} 的增加，波动幅值变大，周期变长，而下游调压室涌浪水位基本不变。随着 T_{w1} 的增加，功角、转速、出力的幅值和周期不完全随上游调压室涌浪水位的变化而变化，而是受上下游调压室水位波动叠加的支配。另外，功角变化的时间较转速和出力提前，在 20 s 以后就能明显看出功角随 T_{w1} 的变化，说明功角受调压室水位波动的影响比转速和出力明显。并且功率调节模式下与频率调节模式下，受干扰机组的出力和上下游调压室涌浪水位呈现相同的规律。

频率调节模式下和功率调节模式下之所以呈现上述规律，是由于前 50 s 主波受水击波的影响，而岔管至调压室的水流惯性加速时间 T_{w2} 不变，岔管透射水击波及调压室反射水击波的作用不变，故水击波对受干扰机组的影响不变。而调压室水位波动对受干扰机组的影响主要反映在尾波，调压室至水库的 T_{w1} 增加，调压室水位波动幅度变大，周期变长，而尾波是随调压室水位波动而波动的，故在 50 s 后随 T_{w1} 的改变呈现较大的变化。

2. 岔管至调压室的水流惯性对水力干扰过渡过程的敏感性分析

上游岔管至上游调压室的水流惯性加速时间记为 T_{w2}，其在 0.633～1.033 s 每隔 0.1 s 分别取值，忽略该段的沿程水头损失，其他参数保持不变。计算工况是 1#机组甩额定负荷，2#机组做频率调节和功率调节，计算结果如表 8-5 和表 8-6 所示。

表 8-5 频率调节模式下岔管至调压室的水流惯性对水力干扰过渡过程的影响

T_{w2}/s	最大出力/MW	最大转速/（r/min）	最大功角/（°）	上游调压室最高涌浪水位/m	下游调压室最高涌浪水位/m
1.033	356.73	516.06	30.61	731.39	189.10
0.933	354.63	514.98	29.98	731.25	189.10
0.833	350.64	513.77	29.34	731.10	189.10
0.733	346.29	512.62	28.71	730.95	189.10
0.633	343.32	511.52	28.10	730.80	189.10

表 8-6 功率调节模式下岔管至调压室的水流惯性对水力干扰过渡过程的影响

T_{w2}/s	最大出力/MW	上游调压室最高涌浪水位/m	下游调压室最高涌浪水位/m
1.033	447.23	730.15	189.01
0.933	441.73	730.15	189.01
0.833	435.10	730.22	189.00
0.733	427.24	730.30	189.00
0.633	419.24	730.36	188.89

计算结果表明：T_{w2}越大，频率调节模式下受干扰机组的功角、转速、出力等参数的极值越大，且主波波动周期越长；但功角、转速、出力只有在主波内随T_{w2}的增加而变化，尾波波动却完全重合；T_{w2}对上下游调压室涌浪水位几乎没有影响。并且功率调节模式下与频率调节模式下，受干扰机组的出力和上下游调压室涌浪水位呈现相同的规律。

频率调节模式下和功率调节模式下之所以呈现该规律，主要是由于岔管与调压室之间的T_{w2}增加，惯性增加，调压室反射水击波的作用减弱，压力管道内的水击压力增加，受干扰机组的功角、转速、出力的主波波动周期变长，幅值增加。50 s 以后主要受调压室水位波动的影响，而调压室水位波动与T_{w2}关联不大，其主要与上游调压室至上游水库的水流惯性加速时间T_{w1}有关，故改变T_{w2}对尾波波动无影响。

3. 机组至水库的水流惯性分布对水力干扰过渡过程的敏感性分析

保持机组至上游水库的水流惯性加速时间不变，对岔管至调压室的T_{w2}与调压室至水库的T_{w1}进行等量转移，即T_{w1}在 0.246～0.646 s 每隔 0.1 s 取值，相应的T_{w2}在 1.133～0.733 s 每隔 0.1 s 取值，从而进行机组至水库的水流惯性分布对水力干扰过渡过程的敏感性分析。忽略该管段沿程水头损失，其他参数保持不变，计算工况是 1#机组甩额定负荷，2#机组做频率调节和功率调节，计算结果如表 8-7 和表 8-8 所示。

表 8-7　频率调节模式下机组至水库的水流惯性分布对水力干扰过渡过程的影响

T_{w1}/s	最大出力/MW	最大转速/（r/min）	最大功角/（°）	上游调压室最高涌浪水位/m	下游调压室最高涌浪水位/m
0.246	357.99	517.03	31.25	730.86	189.10
0.346	356.73	516.06	30.61	731.39	189.10
0.446	354.74	514.99	30.00	731.81	189.11
0.546	350.85	513.78	29.37	733.23	189.13
0.646	346.35	512.65	28.75	734.29	189.15

表 8-8　功率调节模式下机组至水库的水流惯性分布对水力干扰过渡过程的影响

T_{w1}/s	最大出力/MW	上游调压室最高涌浪水位/m	下游调压室最高涌浪水位/m
0.246	451.29	729.77	189.00
0.346	447.23	730.15	189.01
0.446	441.74	731.56	189.01
0.546	435.11	732.63	189.01
0.646	427.33	733.31	189.01

计算结果表明：在机组与水库之间的水流惯性保持不变、调压室前后的水流惯性等量转移的前提下，频率调节模式下受干扰机组的最大功角、最大转速、最大出力随 T_{w1} 的增加而减小，且主波周期减短；50 s 后的尾波也随 T_{w1} 的增加呈现较大的变化，即上游调压室涌浪水位随 T_{w1} 的增加，波动幅值增大，周期增长；但受干扰机组的功角、转速、出力的尾波变化规律不完全随上游调压室涌浪水位的变化而变化。并且功率调节模式下与频率调节模式下，受干扰机组的出力和上下游调压室涌浪水位呈现相同的规律。

无论是频率调节模式下还是功率调节模式下，受干扰机组参数的变化过程均可分为主波和尾波。主波变化主要受 T_{w2} 的影响，随着 T_{w2} 的减小及 T_{w1} 的增大，水击波的影响减小，调压室反射水击波的作用加强，所以受干扰机组的功角、转速、出力等参数的主波幅值减小，波动周期变短；但在 50 s 后波动过程基本上不受水击波的影响，主要受调压室水位波动的影响，而调压室水位波动与 T_{w1} 有关，T_{w1} 越大，上游调压室水位波动幅值越大，周期越长。并且受干扰机组功角、转速、出力等参数的尾波变化也较大，但其规律不完全与上游调压室水位波动的规律相同，其原因同样是下游调压室水位波动基本保持不变，上下游调压室匹配变化。

8.4　电力联系及调速器参数影响的敏感性分析与控制

8.4.1　不同电力联系对水力干扰过渡过程影响的对比分析

为了研究不同电力联系对水力干扰过渡过程的影响，本小节以国内某水电站为例进行分析。该水电站设有两个水力单元，每个水力单元为上下游调压室，环路布置，装有

2×300 MW 的水轮发电机组，额定流量为 62.09 m^3/s，额定电压为 18 kV，额定功率因数为 0.9，额定转速为 500 r/min，发电机转动惯量为 3 800 t·m^2。两种电力联系如图 8-18 所示。

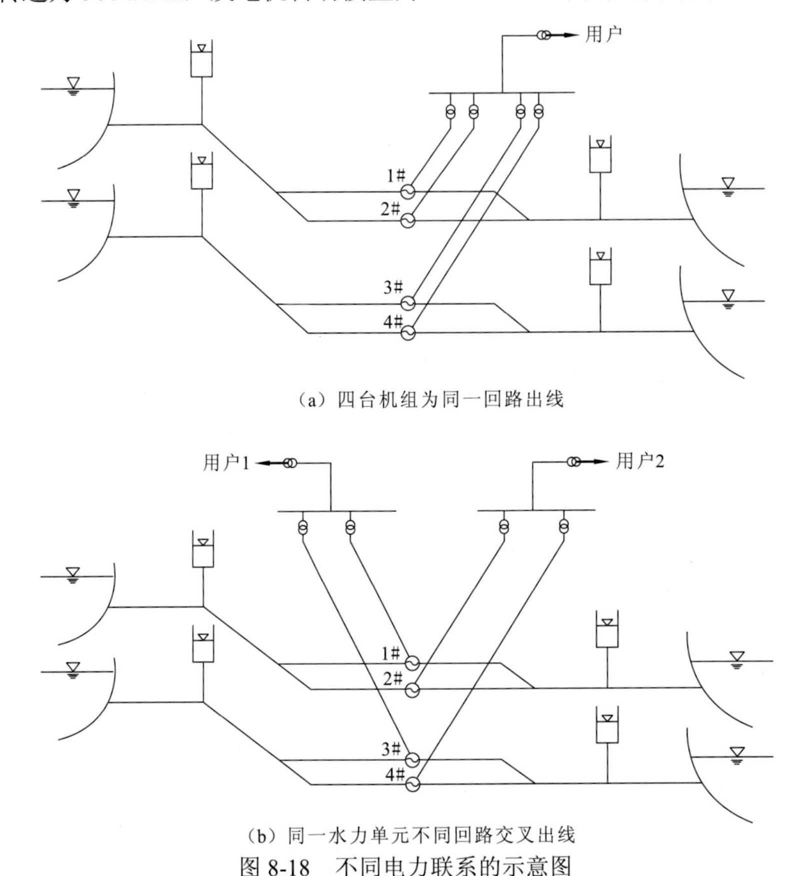

图 8-18　不同电力联系的示意图

1. 四台机组为同一回路出线

根据 AGC 原理，列举了如表 8-9 所示的四台机组在同一回路出线电力联系下功率调节的计算工况，即额定水头下四台机组以额定出力运行，随后 1#机组突甩全负荷，另外三台机组(2#、3#、4#)按负荷分配系数 α_i 超出力运行。功率调节下调速器参数为 $b_t=0.25$、$T_d=4.5$ s、$T_y=0.02$ s，发电机负载自调节系数 $e_g=1.5$。

表 8-9　同一回路出线电力联系下功率调节的计算工况

工况	负荷分配系数α_i			给定功率实际值/MW		
	2#	3#	4#	2#	3#	4#
T1	1/5	2/5	2/5	244.88	489.76	489.76
T2	1/4	1/2	1/4	306.10	612.20	306.10
T3	2/7	2/7	3/7	349.83	349.83	524.74
T4	1/3	1/3	1/3	408.13	408.13	408.13
T5	1/2	1/4	1/4	612.2	306.1	306.1

计算结果如表 8-10 和图 8-19 所示。

表 8-10　同一回路出线电力联系下受干扰机组参数及调压室涌浪水位的模拟结果

工况	机组	最大相对开度	初始出力/MW	最大出力/MW	稳定出力/MW	给定功率/MW	上游调压室最高涌浪水位/m	下游调压室最高涌浪水位/m
T1	2#	1.164	306.1	436.04	245.0	244.88	735.21	185.04
	3#	1.374	306.1	417.93	412.84	489.76	730.90	186.68
	4#	1.374	306.1	417.93	412.84	489.76		
T2	2#	1.173	306.1	446.09	306.20	306.10	734.58	184.57
	3#	1.374	306.1	421.69	418.26	612.20	730.96	184.58
	4#	1.176	306.1	332.16	306.10	306.10		
T3	2#	1.185	306.1	450.45	349.84	349.83	734.13	184.39
	3#	1.247	306.1	352.28	349.83	349.83	730.67	185.22
	4#	1.374	306.1	419.76	416.22	524.74		
T4	2#	1.357	306.1	465.12	408.34	408.13	733.90	184.06
	3#	1.374	306.1	416.90	408.14	408.13	730.25	186.25
	4#	1.374	306.1	416.90	408.14	408.13		
T5	2#	1.374	306.1	504.02	427.74	612.20	732.89	183.03
	3#	1.175	306.1	340.98	306.10	306.10	730.79	182.11
	4#	1.175	306.1	340.98	306.10	306.10		

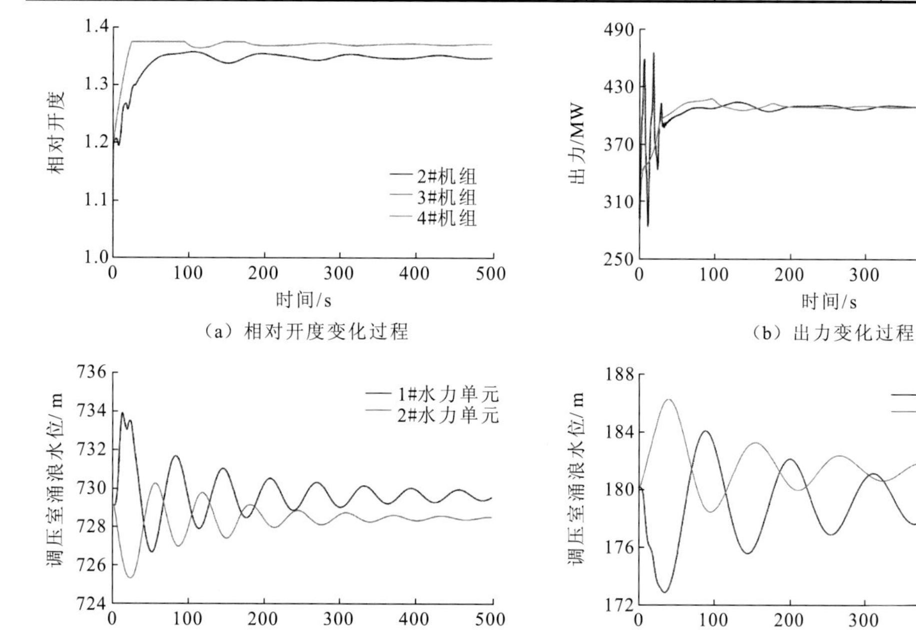

图 8-19　同一回路出线电力联系下工况 T4（功率调节）受干扰机组参数及调压室涌浪水位的波动过程

分析计算结果可知：

（1）1#机组甩负荷后，2#机组的出力与3#机组、4#机组出力的波动过程大不相同。波动过程开始后的前50 s内（主波），无论2#机组出力的给定值为多少，出力都会经历较大幅度的波动过程；随后快速衰减后接近于稳定值。而3#机组、4#机组的出力也有一次快速的变幅，随后小幅度波动，直至趋近于稳定值。两者存在差别的根本原因是，2#机组与1#机组为同一水力单元，1#机组甩负荷产生的巨大的水击压力直接作用于2#机组，使得该机组的出力随水击压力的波动而波动，且主波的超出力大，周期短，衰减快，而3#机组、4#机组与1#机组不存在水力联系，仅仅是负荷的调整带来的出力变化。在此应指出的是，由于受导叶最大开度的限制，3#机组、4#机组出力的稳定值远小于给定值，如工况T2，稳定值是418.26 MW，而给定值是612.20 MW。也就是说，水电站总出力小于机组甩负荷之前的出力，需要电网中的其他机组加大出力，维持电网的功率供需平衡。

（2）1#机组甩负荷50 s之后（尾波），三台运行机组的出力均在各自的稳定值附近做周期性的上下波动，直到稳定，但2#机组出力的周期性振荡更加明显。其原因是，2#机组与1#机组为同一水力单元，存在共调压室的水力联系，1#机组甩负荷的作用使得上下游调压室水位波动较大，而3#机组和4#机组所在的水力单元由功率调节引起水头和流量的变化，上下游调压室的水位波动较弱，故2#机组的出力尾波波动较3#机组、4#机组明显，但都呈现幅值小，周期长，衰减慢的特点。

（3）从最大出力角度来看，无论AGC的分配系数是多少，2#机组的最大出力始终大于3#机组、4#机组，即使在1#机组甩负荷后，3#机组分配的负荷是2#机组的2倍（工况T2），2#机组的最大出力仍然大于3#机组，说明水击波的影响远大于负荷分配的影响。并且2#机组分配的负荷越多，该机组的超出力越大。在工况T5中，2#机组的最大出力达到了504.02 MW，远超过3#机组和4#机组的最大出力，同时也是五个工况中超出力最大的工况，说明水击波影响和负荷分配最不利的叠加，有可能导致发电机绝缘的破坏。由此，当四台机组为同一回路出线时，负荷分配应尽量均衡，均衡的分配有利于减小受水力干扰机组的超出力，有利于某台机组甩负荷后，维持或尽可能少地减小水电站的总出力。

2. 不同回路交叉出线

不同回路交叉出线条件下[图8-18（b）]，当1#机组突甩全负荷时，按照AGC原理，与1#机组同一回路的3#机组将承担所有负荷，即2倍的额定出力；由于2#机组与1#机组存在水力联系，2#机组需做功率调节；而2#机组和4#机组为同一回路，故2#机组和4#机组需按AGC重新分配负荷，根据不同的分配系数计算工况如下。

S1：2#机组的负荷分配系数α_2=1/2，4#机组的负荷分配系数α_4=1/2。

S2：2#机组的负荷分配系数α_2=1/3，4#机组的负荷分配系数α_4=2/3。

S3：2#机组的负荷分配系数α_2=1/4，4#机组的负荷分配系数α_4=3/4。

计算结果如表8-11和图8-20所示。

表 8-11　不同回路交叉出线电力联系下受干扰机组参数及调压室涌浪水位的模拟结果

工况	机组	最大相对开度	初始出力/MW	最大出力/MW	稳定出力/MW	给定功率/MW	上游调压室涌浪水位/m	下游调压室涌浪水位/m
S1	2#	1.173	306.1	445.81	306.20	306.10	734.58	184.57
	3#	1.374	306.1	421.69	418.30	612.20	730.96	184.58
	4#	1.176	306.1	332.05	306.10	306.10		
S2	2#	1.158	306.1	427.67	204.30	204.07	735.66	185.38
	3#	1.374	306.1	418.46	413.06	612.20	730.58	186.44
	4#	1.374	306.1	415.50	408.13	408.13		
S3	2#	1.150	306.1	418.73	153.05	153.05	736.23	185.94
	3#	1.374	306.1	417.92	412.84	612.20	730.89	186.67
	4#	1.374	306.1	417.92	412.84	459.15		

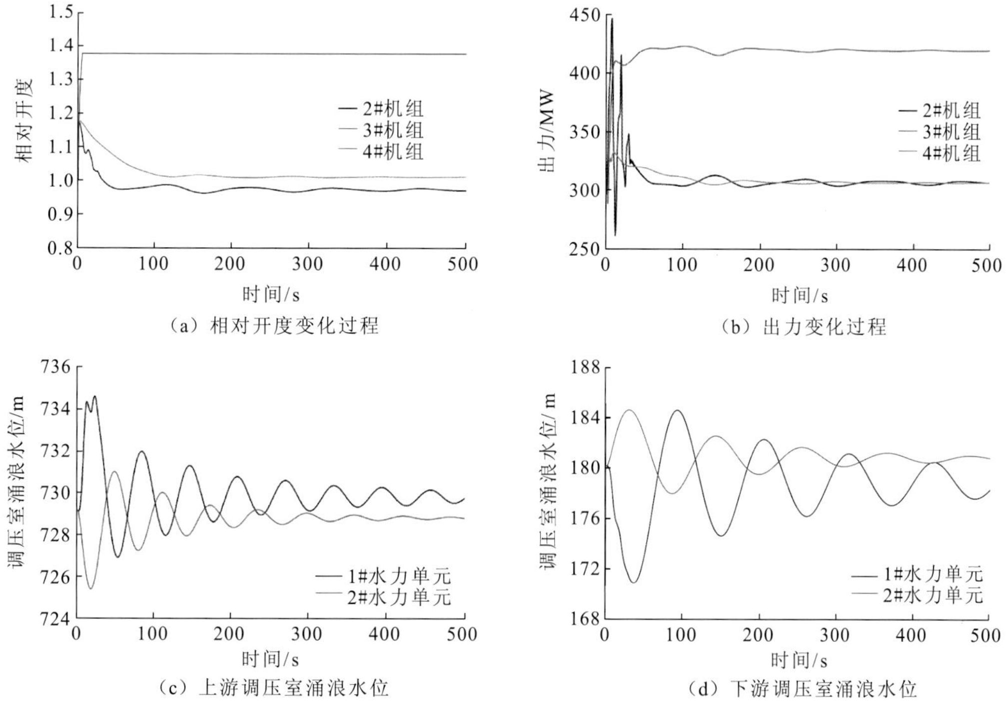

（a）相对开度变化过程

（b）出力变化过程

（c）上游调压室涌浪水位

（d）下游调压室涌浪水位

图 8-20　不同回路交叉出线电力联系下工况 S1（功率调节）受干扰机组参数及调压室涌浪水位的波动过程

分析计算结果可知：

（1）从整体来看，不同回路交叉出线方式下机组功率调节的变化规律与四台机组在同一回路出线的功率调节变化规律相似。以工况 S1 为例，波动过程开始后的前 50 s 内（主波），与 1#机组有水力联系的 2#机组的出力受水击波的影响经过了大幅度的上下波动过程；而 3#机组和 4#机组与 1#机组不存在水力联系，故其出力无该波动过程；3#机组因分配 2 倍的额定出力，出力直接上升到最大值附近，4#机组因只承担 1 倍的额定出力，出力经过小幅度的上升波动便立刻下降到稳定值。在 50 s 之后，三台机组出力的尾波均在稳定值附近做小幅度的周期性振荡，但 2#机组的振荡较 3#机组和 4#机组明显，这也是由于 1#机组甩负荷后，上下游调压室的水位波动较 2#水力单元的调压室水位波动明显，且衰减较慢。工况 S2、S3 也有类似的现象。

（2）对比工况 S1、S2、S3 发现，2#机组的最大出力大于 3#机组和 4#机组，随着 2#机组负荷分配系数的减小，2#机组的最大出力减小。尽管 3#机组所分配的负荷始终不变，但其最大出力却随着 2#机组负荷分配系数的减小而减小。其原因是，4#机组的负荷分配系数增加，4#机组出力的变化引起水头和流量的变化，并通过水力联系影响 3#机组的出力，但这种影响远远小于机组甩负荷产生的水击波对机组的影响，故 3#机组的最大出力在上述三种工况下差别较小。

（3）对比工况 S1 与四台机组在同一回路出线电力联系下工况 T2 的结果可知，两者是一致的，其原因是两者的负荷分配系数相同。但在同一回路出线时，三台机组共同承担 4 倍的额定出力，AGC 负荷分配的方式数量较多。而不同回路交叉出线时，因 3#机组承担了 2 倍的额定出力，2#机组与 4#机组只承担 2 倍的额定出力。但 2#机组的出力直接受水力干扰的影响，超出力幅值及持续时间仍然需要高度重视。

8.4.2 调速器参数对水力干扰过渡过程的影响

调速器作为水轮机调节系统中非常重要的组成部分，其参数选取将对机组的安全稳定运行及供电质量产生很大的影响，而各参数之间并不相互独立，需要相互匹配才能使机组调节性能达到最优状态，因此，需要研究调速器参数对水力干扰过渡过程的影响，机组将采用频率调节模式和功率调节模式。

本小节数值模拟仍针对 8.3.2 小节的算例进行，从而分析调速器主要参数对水力干扰过渡过程影响的敏感性。

1. 暂态差值系数 b_t 的敏感性分析

暂态差值系数 b_t 是指永态转差系数 b_p 为 0 时，缓冲器节流阀孔口全关，接力器走完全行程，暂态转差机构所引起的针塞位移量折算成的转速变化的百分数，是保证系统稳定的重要参数[18]。b_t 对稳定性和速动性有相反的作用，b_t 增大，调速器动作迟缓，速动性差，但稳定性强，因此 b_t 的设定存在一个临界值：在保证稳定性的前提下，使 b_t 较小，增加调速器的灵敏性。b_t 的取值一般在 1%～200%[19]，在此取 b_t =0.1～1.7 进行敏感性分析，结果如表 8-12、图 8-21、图 8-22 所示。

表 8-12　暂态差值系数 b_t 对受干扰机组超出力影响的模拟结果

（a）频率调节

b_t	初始出力/MW	最大出力/MW	最大超出力绝对值/MW	最大超出力相对值/%	最大转速/（r/min）	最大功角/（°）
0.1	306.1	363.86	57.76	18.87	514.43	28.60
0.3	306.1	360.63	54.53	17.81	518.06	31.76
0.5	306.1	371.44	65.34	21.35	523.35	34.55
0.7	306.1	379.02	72.92	23.82	526.40	36.29
0.9	306.1	384.21	78.11	25.52	528.36	37.73
1.1	306.1	387.45	81.35	26.58	529.70	39.53
1.3	306.1	389.84	83.74	27.36	530.68	41.02
1.5	306.1	391.74	85.64	27.98	531.42	42.64
1.7	306.1	393.33	87.23	28.50	532.01	44.26

（b）功率调节

b_t	初始出力/MW	最大出力/MW	最大超出力绝对值/MW	最大超出力相对值/%
0.1	306.1	430.83	124.73	40.75
0.3	306.1	447.38	141.28	46.15
0.5	306.1	449.20	143.10	46.75
0.7	306.1	450.54	144.44	47.19
0.9	306.1	450.54	144.44	47.19
1.1	306.1	450.91	144.81	47.31
1.3	306.1	451.15	145.05	47.39
1.5	306.1	451.39	145.29	47.46
1.7	306.1	451.52	145.42	47.51

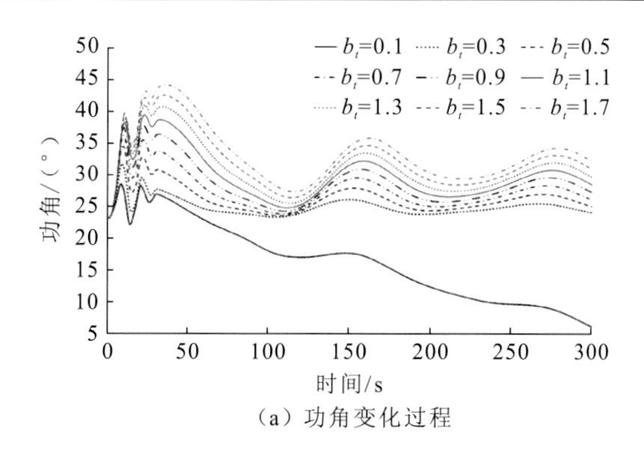

（a）功角变化过程

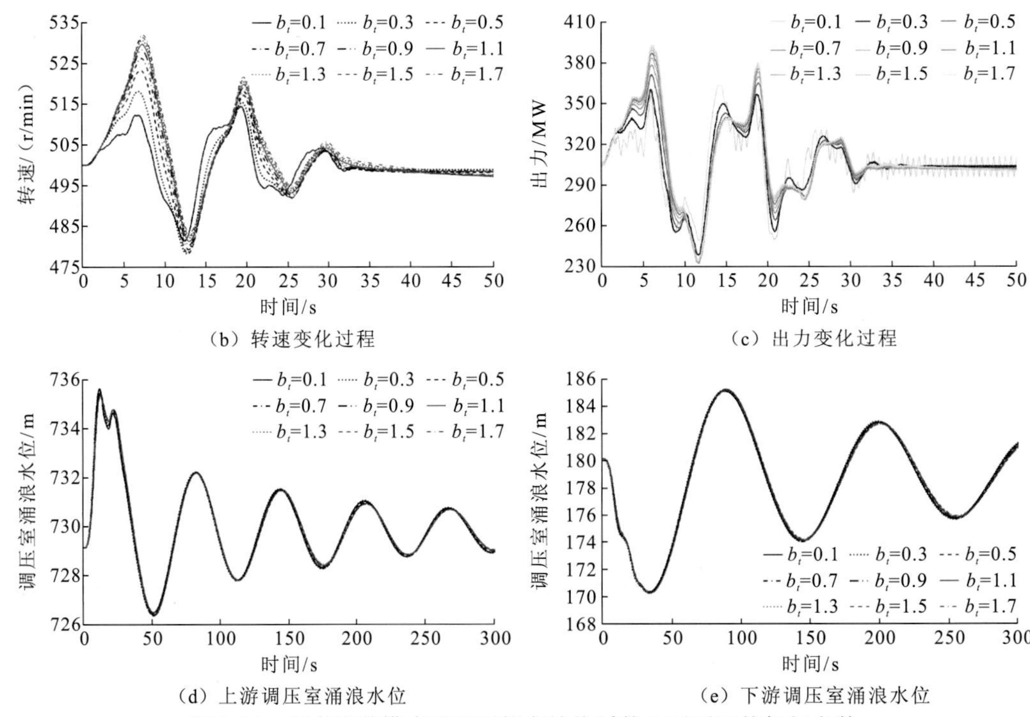

（b）转速变化过程　（c）出力变化过程

（d）上游调压室涌浪水位　（e）下游调压室涌浪水位

图 8-21　频率调节模式下不同暂态差值系数 b_t 对受干扰机组参数及调压室涌浪水位波动过程的影响

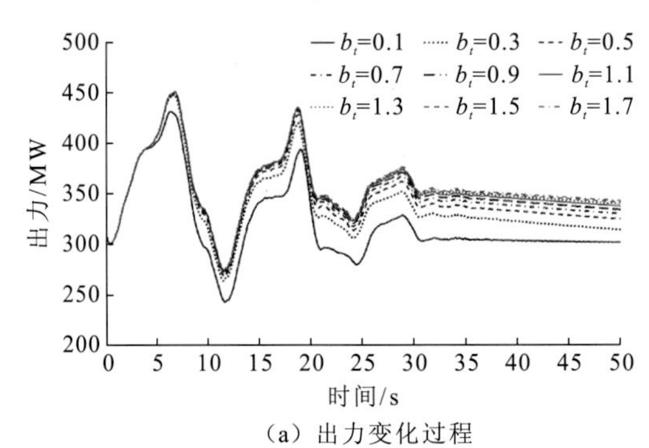

（a）出力变化过程

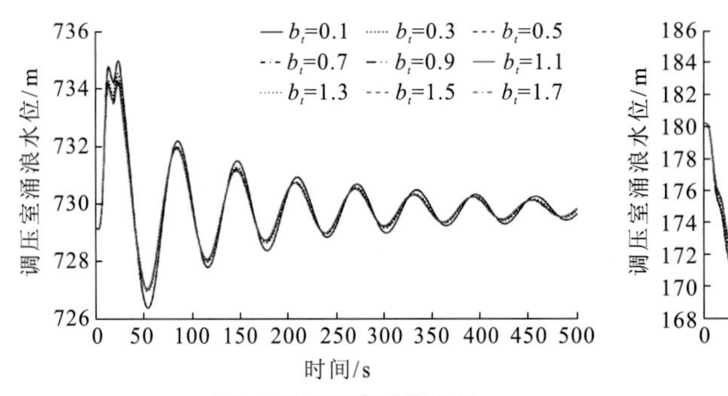

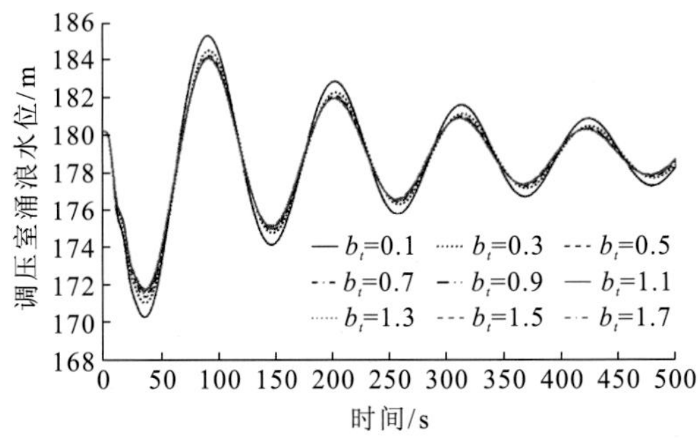

（b）上游调压室涌浪水位　（c）下游调压室涌浪水位

图 8-22　功率调节模式下不同暂态差值系数 b_t 对受干扰机组参数及调压室涌浪水位波动过程的影响

对于频率调节：

（1）整体来看，b_t 对受干扰机组波动过程的主波和尾波均有影响。b_t 越大，最大功角、最大转速、最大出力均越大，尤其是对第一峰值的影响较大，但随着 b_t 的增加，转速与出力随 b_t 增加的增速变小，即与 b_t 的关联性逐渐减弱。b_t 对调压室涌浪水位的影响很小，但机组功角、转速、出力的尾波幅值却随着 b_t 的增加而增加，波动周期明显变长。这是由于 b_t 增大后，调速器动作迟缓，速动性差，说明 b_t 对受干扰机组的稳定性、收敛性影响较大。

（2）虽然 b_t 越小，其速动性越好，但会带来波动不收敛的问题。由图 8-21 可见，当 $b_t=0.1$ 时，功角的尾波持续下降，不能收敛，转速的尾波在波动过程中伴有明显的毛刺；出力的尾波则做等幅振荡。其原因是，b_t 对稳定性和速动性有相反的作用，b_t 减小，调速器动作灵敏，速动性好，但稳定性差，因此 b_t 的设定存在临界值。对于上述算例，$b_t=0.3$ 较优。

对于功率调节：

b_t 不存在某一临界值使得受干扰机组的出力发散，且 b_t 越大，主波过程的出力越大，尾波过程的出力振幅越大，收敛越慢。并且与频率调节模式一样，出力随 b_t 增加的增速变小，即与 b_t 的关联性逐渐减弱。另外，b_t 越大，调压室涌浪水位越小，但对波动周期无影响，对尾波收敛性有影响。而频率调节模式下，b_t 的改变对调压室涌浪水位基本无影响。

2. 缓冲时间常数 T_d 的敏感性分析

缓冲时间常数 T_d 可以用来衡量缓冲活塞回中的快慢，是表示输入信号停止变化后，缓冲装置将来自主接力器位移的信号按指数曲线衰减的时间常数。T_d 越大，调速器动作越迟缓，可以提高系统的稳定性，降低调节过程中的振荡次数，但对超调量无明显影响。T_d 越小，调速器的速动性和灵敏性越好[20]。T_d 的取值一般在 1～20 s[19]，在此取 $T_d=1$～15 s 进行敏感性分析，结果如表 8-13 所示。

表 8-13　缓冲时间常数 T_d 对受干扰机组超出力影响的模拟结果

（a）频率调节

T_d/s	初始出力/MW	最大出力/MW	最大超出力绝对值/MW	最大超出力相对值/%	最大转速/（r/min）	最大功角/（°）
1	306.1	416.29	110.19	36.00	529.12	27.48
1.5	306.1	400.52	94.42	30.85	522.54	28.42
2	306.1	378.66	72.56	23.70	516.95	29.17
3	306.1	361.54	55.44	18.11	515.88	30.08
5	306.1	358.07	51.97	16.98	516.51	30.98
7	306.1	360.84	54.74	17.88	517.34	31.42
9	306.1	361.94	55.84	18.24	517.82	31.69
11	306.1	362.56	56.46	18.44	518.13	31.87
13	306.1	362.98	56.88	18.58	518.35	32.12
15	306.1	363.27	57.17	18.68	518.52	32.53

续表

(b)功率调节				
T_d/s	初始出力/MW	最大出力/MW	最大超出力绝对值/MW	最大超出力相对值/%
1	306.1	412.32	106.22	34.70
1.5	306.1	425.10	119.00	38.88
2	306.1	433.49	127.39	41.62
3	306.1	441.50	135.40	44.23
5	306.1	446.53	140.43	45.88
7	306.1	447.87	141.77	46.31
9	306.1	448.52	142.42	46.53
11	306.1	448.99	142.89	46.68
13	306.1	449.35	143.25	46.80
15	306.1	449.62	143.52	46.89

对于频率调节：

（1）T_d 越大，受干扰机组的最大功角越大，功角最大差值达 5.05°；而最大转速和最大出力随 T_d 的增大呈先减小后增加的趋势，即随着 T_d 增大，转速和出力第一峰值逐渐增加，而第二峰值逐渐减小，其最大值逐渐由第二峰值转为第一峰值。本算例以 T_d =3 s 为界，T_d<3 s 时，T_d 越小，转速、出力的波动幅值越大、波动次数越多，这说明调速器速动性越好，机组最大超出力越大。T_d>3 s 时，T_d 越大，转速最大差值达 2.64 r/min，出力最大差值达 5.2 MW，影响很小。这说明 T_d 也存在一个临界稳定边界，但对超调量的影响很小。

（2）T_d 对受干扰机组波动过程主波的影响小于对尾波的影响。T_d 对第一峰值的影响较小，从第二峰值起波动变化明显增强，且尾波波动幅值随 T_d 的增大而增加，周期变长。这说明 T_d 在频率调节下对运行机组的收敛性有较大影响，而对超调量影响较小。

对于功率调节：

与频率调节一样，T_d 对受干扰机组出力尾波的影响大于对主波的影响。T_d 越大，机组超出力越大，但随着 T_d 的增加，超出力增速变缓；且 T_d 越大，尾波出力幅值越大，收敛越慢。这说明随着 T_d 的增加，调速器的速动性变差，但当速动性慢到一定程度后对出力的影响就减小了。T_d 越大，上下游调压室涌浪水位的幅度越小，但波动周期不变。而频率调节模式下，T_d 的改变对调压室涌浪水位基本无影响。

3. 加速度时间常数 T_n 的敏感性分析

加速度时间常数 T_n 的取值一般在 0～2 s[19]，在此取 T_n =0.1～1.5 s 进行敏感性分析，机组开展频率调节，模拟的结果如表 8-14 所示。

表 8-14　加速度时间常数 T_n 对受干扰机组超出力影响的模拟结果

T_n/s	初始出力/MW	最大出力/MW	最大超出力绝对值/MW	最大超出力相对值/%	最大转速/（r/min）	最大功角/（°）
0.1	306.1	378.66	72.56	23.70	517.42	31.43
0.3	306.1	371.71	65.61	21.43	517.17	31.25
0.5	306.1	366.08	59.98	19.59	516.89	31.11
0.7	306.1	360.87	54.77	17.89	516.60	30.98
0.9	306.1	356.98	50.88	16.62	516.32	30.86
1.1	306.1	356.61	50.51	16.50	516.09	30.78
1.3	306.1	356.52	50.42	16.47	515.95	30.75
1.5	306.1	357.30	51.20	16.73	515.88	30.74

分析计算结果可知：

（1）T_n 越大，受干扰机组的最大功角、最大转速越小，但影响非常小，功角最大差值仅 0.69°，转速最大差值仅 1.54 r/min，尤其是对功角、转速主波的第一波峰基本无影响。但在第一波峰后，当 T_n >1.1 s 时，T_n 越大，功角幅值越小，偏离 T_n <1.1 s 的波动曲线越远，但对波动周期无影响；而转速在 40～50 s 内出现小周期的振荡现象，但尾波基本重合，即出现先发散后收敛的结果。T_n 的变化对调压室涌浪水位基本无影响。

（2）T_n 越大，运行机组的最大出力越小，且最大出力逐渐由第二峰值转为第一峰值，对出力的影响较功角和转速明显，在 T_n =1.3 s 之后呈现先发散后收敛的现象。

以上现象表明，T_n 对功角和转速主波的超调量有影响，但影响很小，对尾波收敛性基本无影响，对主波超出力的影响较功角和转速明显，对尾波也无影响。

4. 永态转差系数 b_p 的敏感性分析

永态转差系数 b_p 是指调速系统特性曲线上某一规定运行点处斜率的负数，它反映了调速器的转速与接力器行程变化的关系。b_p 对调节品质有一定的影响，b_p 越大，调节系统的稳定性越好[20]。

永态转差系数 b_p 的取值一般在 0～0.06[18]，在此取 b_p=0.01～0.06 进行敏感性分析，机组开展功率调节，模拟的结果如表 8-15 所示。

表 8-15　永态转差系数 b_p 对受干扰机组超出力影响的模拟结果

b_p	初始出力/MW	最大出力/MW	最大超出力绝对值/MW	最大超出力相对值/%
0.01	306.1	449.93	143.83	46.99
0.02	306.1	448.52	142.42	46.53
0.03	306.1	447.42	141.32	46.17
0.04	306.1	445.81	139.71	45.64
0.05	306.1	443.94	137.84	45.03
0.06	306.1	441.50	135.40	44.23

分析计算结果可知：

b_p越大，受干扰机组的最大出力越小，但对出力的影响很小，最大差值仅为 8.43 MW，尤其是对出力主波第一峰值的影响较小，在 10 s 以前波形基本重合，在 10 s 以后主波波形的变化较明显。b_p虽对出力尾波也有影响，但只有 $b_p=0.01$ 与其他值差别最明显。b_p越大，调压室涌浪水位越大，尾波波动越大。这说明 b_p 对功率调节的收敛性存在一定的影响，b_p越大，稳定性越好，但当 b_p 较大时，b_p 对水力干扰影响的关联性逐渐减弱。

参 考 文 献

[1] 杨建东. 实用流体瞬变流[M]. 北京: 科学出版社, 2018.

[2] 杨建东, 陈鉴治, 赖旭. 上下游调压室系统水位波动稳定性分析[J]. 水利学报, 1993(7): 50-56.

[3] 国家能源局. 水力发电厂机电设计规范: NB/T 10878—2021 [S]. 北京: 中国水利水电出版社, 2021.

[4] 鲁宗相, 郭永基. 水电站电气主接线可靠性评估[J]. 电力系统自动化, 2001, 25(18): 16-19.

[5] 沈祖诒. 通过长输电线与电网并列运行水轮机的控制[J]. 水力发电学报, 1989, 26(3): 77-86.

[6] FRACK P F, MERCADO P E, MOLINA M G, et al. Control strategy for frequency control in autonomous microgrids[J]. IEEE journal of emerging and selected topics in power electronics, 2015, 3(4): 1046-1055.

[7] KUNDER P. Power system stability and control[M]. New York: McGraw-Hill, 1994.

[8] 倪以信, 陈寿孙, 张宝霖. 动态电力系统的理论和分析[M]. 北京: 清华大学出版社, 2001.

[9] FITZGERALD A E, KINGSLEY C, UMANS S D, et al. Electric machinery[M]. New York: McGraw-Hill, 2003.

[10] 励磁系统数学模型专家组. 计算电力系统稳定用的励磁系统数学模型[J]. 中国电机工程学报, 1991, 11(5): 65-72.

[11] 刘增煌, 吴中习, 周泽昕. 电力系统稳定计算研究用励磁系统数学模型库[J]. 电网技术, 1994, 18(3): 6-16.

[12] PHI D T, BOURQUE E J, THORNE D H, et al. Analysis and application of the stability limits of a hydro-generating unit[J]. IEEE transactions on power apparatus and systems, 1981 (7): 3203-3212.

[13] THORNE D H, HILL E F. Extensions of stability boundaries of a hydraulic turbine generating unit[J]. IEEE transactions on power apparatus and systems, 1975, 94(4): 1401-1409.

[14] INOUE T, TANIGUCHI H, IKEGUCHI Y, et al. Estimation of power system inertia constant and capacity of spinning-reserve support generators using measured frequency transients[J]. IEEE transactions on power systems, 1997, 12(1): 136-143.

[15] 余耀南. 动态电力系统[M]. 北京: 水利电力出版社, 1985.

[16] 马大强. 电力系统机电暂态过程[M]. 北京: 水利电力出版社, 1988.

[17] 沈祖诒. 水轮机调节[M]. 3 版. 北京: 中国水利水电出版社, 1998.

[18] 程远楚, 张江滨, 陈光大, 等. 水轮机自动调节[M]. 北京:中国水利水电出版社, 2010.

[19] 国家能源局. 水轮机电液调节系统及装置技术规程: DL/T 563—2016 [S]. 北京: 中国电力出版社, 2016.

[20] 董开松, 李鹏吉, 王军, 等. 水轮发电机组调速器参数及其选定[J]. 电网与清洁能源, 2010, 26(9):62-64.

第 9 章

水力单元的运行稳定性、调节品质及控制策略

输水发电系统运行稳定性与调节品质是设计和运行中的关键问题，其不仅关系到工程建设的经济效益，而且涉及机组、水电站，甚至电力系统的安全与稳定[1-2]。输水发电系统运行稳定性分析通常采用传递函数法，由数值计算得出运行稳定域，以便确定机组的调节模式、调速器参数等。但当管道布置较为复杂时，如一洞多机输水发电系统，则不易推导系统的传递函数，也不易建立仿真模型并得到较为准确的稳定域。往往采取“合肢”或“截肢”方法将一洞多机输水发电系统简化成单管单机系统，在管道布置不对称、机组运行状态不完全相同的真实条件下，其结果难免有一定的偏差。在控制策略确定的基础上，采取时域数值仿真，如 Simulink 软件建模[3]或 Topsys 软件[4-5]等，得出具体工况下机组和管道系统主要变量随时间的变化过程，以便判别其调节品质的优劣。为此，本章的主要内容是：基于总体矩阵法[6-7]的水力发电系统数学模型、系统总体矩阵的构建方法和求解方法、总体矩阵法在水力发电系统中频域分析的应用、Simulink 建模在水力发电系统中时域分析的应用。

9.1 基于总体矩阵法的水力发电系统数学模型

9.1.1 系统管道模型

为了研究管道瞬变流的频率响应，需要将水击方程线性化，使之成为标准的非齐次双曲型偏微分方程组。忽略方程中所有的非线性项，并假定管道是棱柱体且水平放置，则采用分离变量法，可以得到线性化水击方程的解析解[8-9]，即

$$H_D = H_U \cosh(\gamma l) - Z_c Q_U \sinh(\gamma l) \tag{9-1}$$

$$Q_D = -\frac{H_U}{Z_c}\sinh(\gamma l) + Q_U \cosh(\gamma l) \tag{9-2}$$

式中：H 和 Q 分别为复压力水头和复流量；下标“U”和“D”分别为管道的上游侧和下游侧；l 为管道的长度。

γ 是复频率或拉普拉斯变量 s（$s=\sigma+\mathrm{i}\omega$，$\sigma$、$\omega$ 分别为实部和虚部）的函数，是一个不依赖于 x 和 t 的复值常数，称为传播常数，其表达式为

$$\gamma^2 = Cs(Ls+R) \tag{9-3}$$

式中：R 为单位长度上的线性化阻力；C 和 L 分别为管道中流体的流容和流感。

Z_c 称为特定管道中流体的特征阻抗，也是一个不依赖于 x 和 t 的复值函数，即

$$Z_c = \frac{\gamma}{Cs} \tag{9-4}$$

改写式（9-1）和式（9-2），可以直接得出管道首末两断面的传递方程：

$$\begin{Bmatrix} H \\ Q \end{Bmatrix}_D = \begin{pmatrix} \cosh(\gamma l) & -Z_c \sinh(\gamma l) \\ -\dfrac{\sinh(\gamma l)}{Z_c} & \cosh(\gamma l) \end{pmatrix} \begin{Bmatrix} H \\ Q \end{Bmatrix}_U \tag{9-5}$$

或者

$$\boldsymbol{V}_D=\boldsymbol{F}\boldsymbol{V}_U \tag{9-6}$$

式中：$\boldsymbol{V}$ 为状态向量；$\boldsymbol{F}$ 为该特定管道的传递矩阵。

用下游状态向量表示上游状态向量的传递矩阵是矩阵 $\boldsymbol{F}$ 的逆，即

$$\boldsymbol{V}_U=\boldsymbol{F}^{-1}\boldsymbol{V}_D \tag{9-7}$$

上述两个传递矩阵的行列式是 1。可以证明，对任何一个行列式是 1 的 2×2 矩阵，通过交换元素 f_{11} 和 f_{22} 的位置，并取 f_{12} 和 f_{21} 元素的负值，就可以构成该矩阵的逆阵。

9.1.2　水力边界模型

1. 串联管模型

串联管道即首尾相连的断面面积不同的两根管道，如图 9-1 所示，在管道连接断面处上游管道末端和下游管道首端的复压力水头与复流量之间存在一定的边界关系。

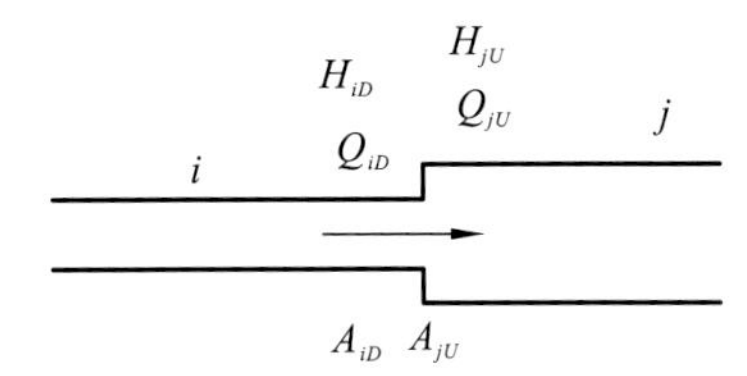

图 9-1　串联管模型简图

H_{jU}、Q_{jU} 为管道首端的复压力水头和复流量；H_{iD}、Q_{iD} 为管道末端的复压力水头和复流量

考虑动能水头和局部水头损失，管道 i 和管道 j 之间的复压力水头与复流量满足以下关系式：

$$\begin{cases}\overline{H}_{iD}+H_{iD}+\dfrac{(\overline{Q}_{iD}+Q_{iD})^2}{2gA_{iD}^2}=\overline{H}_{jU}+H_{jU}+\dfrac{(1+\xi)(\overline{Q}_{jU}+Q_{jU})^2}{2gA_{jU}^2}\\ \overline{Q}_{iD}+Q_{iD}=\overline{Q}_{jU}+Q_{jU}\end{cases} \tag{9-8}$$

式中：$\overline{H}_{iD}$、$\overline{Q}_{iD}$ 分别为管道 i 末端的平均水头和平均流量；$\overline{H}_{jU}$、$\overline{Q}_{jU}$ 分别为管道 j 首端的平均水头和平均流量；A_{iD} 为管道 i 末端的断面面积；A_{jU} 为管道 j 首端的断面面积；ξ 为管道 i 和管道 j 之间由面积变化引起的局部水头损失系数，当 $A_{iD}<A_{jU}$ 时，$\xi=\left(\dfrac{A_{jU}}{A_{iD}}-1\right)^2$，当 $A_{iD}>A_{jU}$ 时，$\xi=0.5\left(1-\dfrac{A_{jU}}{A_{iD}}\right)$。

恒定流初始条件：

$$\begin{cases}\overline{H}_{iD}+\dfrac{\overline{Q}_{iD}^2}{2gA_{iD}^2}=\overline{H}_{jU}+\dfrac{\overline{Q}_{jU}^2}{2gA_{jU}^2}+\dfrac{\xi\overline{Q}_{jU}^2}{2gA_{jU}^2}\\ \overline{Q}_{iD}=\overline{Q}_{jU}\end{cases} \tag{9-9}$$

将式（9-9）代入式（9-8）中，可得

$$\begin{cases}H_{iD}+\dfrac{\overline{Q}_{iD}Q_{iD}}{gA_{iD}^2}+\dfrac{Q_{iD}^2}{2gA_{iD}^2}=H_{jU}+\dfrac{(1+\xi)\overline{Q}_{jU}Q_{jU}}{gA_{jU}^2}+\dfrac{(1+\xi)Q_{jU}^2}{2gA_{jU}^2}\\ Q_{iD}=Q_{jU}\end{cases} \tag{9-10}$$

忽略高阶非线性项$\dfrac{Q_{iD}^2}{2gA_{iD}^2}$和$\dfrac{(1+\xi)Q_{jU}^2}{2gA_{iU}^2}$，式（9-10）以矩阵的形式表示为

$$\begin{pmatrix} 1 & \dfrac{\overline{Q}_{iD}}{gA_{iD}^2} & -1 & -\dfrac{(1+\xi)\overline{Q}_{jU}}{gA_{jU}^2} \\ 0 & 1 & 0 & -1 \end{pmatrix} \cdot \begin{pmatrix} H_{iD} \\ Q_{iD} \\ H_{jU} \\ Q_{jU} \end{pmatrix} = \begin{pmatrix} 0 \\ 0 \end{pmatrix} \tag{9-11}$$

显然，对于如图 9-2 所示的变特性的实际管道，可以用 n 条串联短管段来代替，其传递矩阵为

$$\boldsymbol{F} = \boldsymbol{F}_1\boldsymbol{P}_2\boldsymbol{F}_2\boldsymbol{P}_3\cdots\boldsymbol{F}_{n-1}\boldsymbol{P}_n\boldsymbol{F}_n \tag{9-12}$$

其中，考虑串联节点流速水头之差及局部水头损失，根据伯努利方程可得节点 i 的传递矩阵：

$$\boldsymbol{P}_i=\begin{bmatrix} 1 & \dfrac{\overline{Q}_{i-1D}}{g}\left(\dfrac{1}{A_{i-1}^2}-\dfrac{1+\varsigma_{i-1}}{A_i^2}\right) \\ 0 & 1 \end{bmatrix},\quad i=2,3,\cdots,n \tag{9-13}$$

式中：ς_{i-1}为局部水头损失系数。

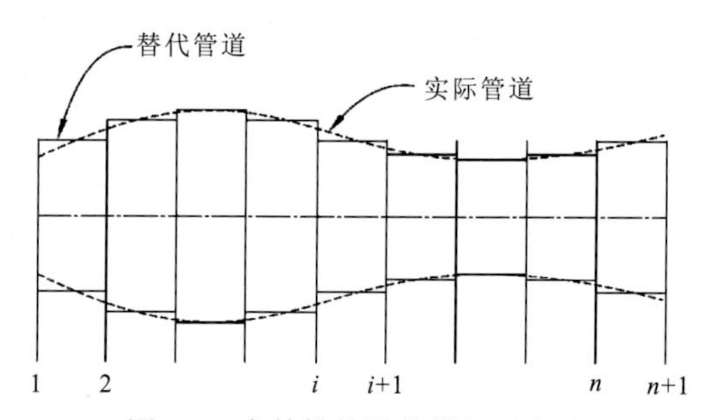

图 9-2　变特性管道的模拟示意图

2. 分岔管模型

分岔管连接着主管和支管，多见于一洞多机式的水力系统，主要有一进两出、两进一出、一进三出、三进一出、一进四出和四进一出等形式。以一进两出和两进一出分岔管为例建立分岔管模型，模型简图如图 9-3 所示。

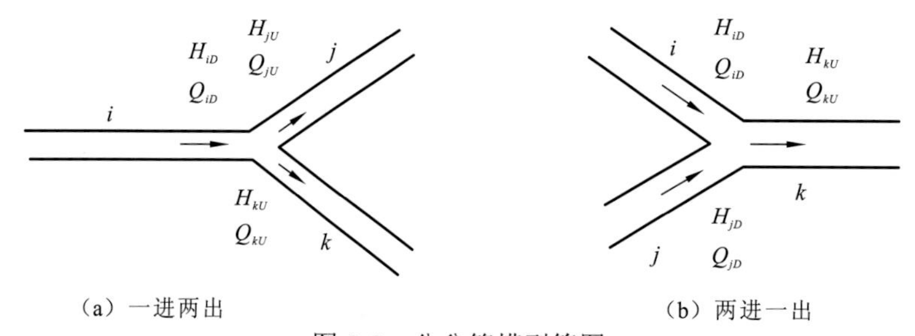

图 9-3　分岔管模型简图

对于一进两出的分岔管，考虑动能水头和岔管损失，则

$$
\begin{cases}
\overline{H}_{iD}+H_{iD}+\dfrac{(1-\xi_{ij})\cdot(\overline{Q}_{iD}+Q_{iD})^2}{2gA_{iD}^2}=\overline{H}_{jU}+H_{jU}+\dfrac{(\overline{Q}_{jU}+Q_{jU})^2}{2gA_{jU}^2}\\
\overline{H}_{iD}+H_{iD}+\dfrac{(1-\xi_{ik})\cdot(\overline{Q}_{iD}+Q_{iD})^2}{2gA_{iD}^2}=\overline{H}_{kU}+H_{kU}+\dfrac{(\overline{Q}_{kU}+Q_{kU})^2}{2gA_{kU}^2}\\
\overline{Q}_{iD}+Q_{iD}=\overline{Q}_{jU}+Q_{jU}+\overline{Q}_{kU}+Q_{kU}
\end{cases}
\tag{9-14}
$$

式中：ξ_{ij} 和 ξ_{ik} 分别为管道 i 到管道 j 的岔管损失和管道 i 到管道 k 的岔管损失。代入恒定流初始条件，并略去高阶非线性项，得

$$
\begin{cases}
H_{iD}+\dfrac{(1-\xi_{ij})\overline{Q}_{iD}.Q_{iD}}{gA_{iD}^2}=H_{jU}+\dfrac{\overline{Q}_{jU}.Q_{jU}}{gA_{jU}^2}\\
H_{iD}+\dfrac{(1-\xi_{ik})\overline{Q}_{iD}.Q_{iD}}{gA_{iD}^2}=H_{kU}+\dfrac{\overline{Q}_{kU}.Q_{kU}}{gA_{kU}^2}\\
Q_{iD}=Q_{jU}+Q_{kU}
\end{cases}
\tag{9-15}
$$

根据分岔管前后管道的复压力水头和复流量的关系，以矩阵的形式表示为

$$
\begin{pmatrix}
1 & \dfrac{(1-\xi_{ij})\overline{Q}_{iD}}{gA_{iD}^2} & -1 & -\dfrac{\overline{Q}_{jU}}{gA_{jU}^2} & 0 & 0\\
1 & \dfrac{(1-\xi_{ik})\overline{Q}_{iD}}{gA_{iD}^2} & 0 & 0 & -1 & -\dfrac{\overline{Q}_{kU}}{gA_{kU}^2}\\
0 & 1 & 0 & -1 & 0 & -1
\end{pmatrix}\cdot
\begin{pmatrix} H_{iD}\\ Q_{iD}\\ H_{jU}\\ Q_{jU}\\ H_{kU}\\ Q_{kU}\end{pmatrix}=
\begin{pmatrix}0\\0\\0\end{pmatrix}
\tag{9-16}
$$

对于两进一出的分岔管，考虑动能水头和岔管损失，按照上述方法可以得出以矩阵形式表示的连接条件：

$$
\begin{pmatrix}
1 & \dfrac{\overline{Q}_{iD}}{gA_{iD}^2} & 0 & 0 & -1 & -\dfrac{(1+\xi_{ik})\overline{Q}_{kU}}{gA_{kU}^2}\\
0 & 0 & 1 & \dfrac{\overline{Q}_{jD}}{gA_{jD}^2} & -1 & -\dfrac{(1+\xi_{jk})\overline{Q}_{kU}}{gA_{kU}^2}\\
0 & -1 & 0 & -1 & 0 & 1
\end{pmatrix}\cdot
\begin{pmatrix} H_{iD}\\ Q_{iD}\\ H_{jD}\\ Q_{jD}\\ H_{kU}\\ Q_{kU}\end{pmatrix}=
\begin{pmatrix}0\\0\\0\end{pmatrix}
\tag{9-17}
$$

3. 调压室模型

调压室作为平水建筑物常见于水力发电系统，它具有自由水面，能够有效地减小水击压力，降低水流波动和反射水击波。调压室的类型主要有简单式调压室、阻抗式调压室、差动式调压室和气垫式调压室等。本节以阻抗式调压室为例建立调压室模型，模型简图如图 9-4 所示。

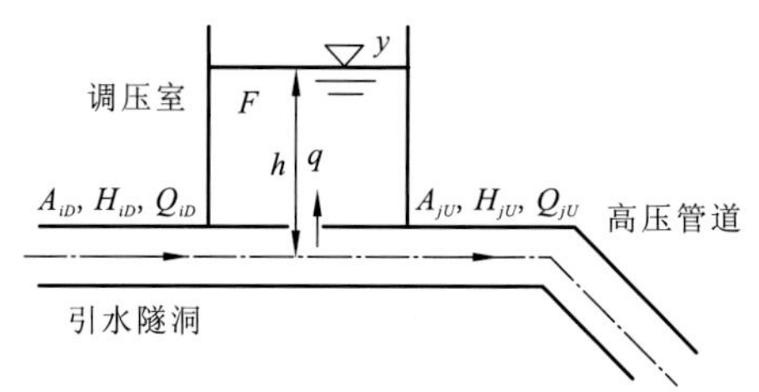

图 9-4 阻抗式调压室模型简图

对于阻抗式调压室，其基本方程为[10]

$$q = F\frac{\mathrm{d}y}{\mathrm{d}t} \tag{9-18}$$

$$y = h - \zeta_T q^2 \tag{9-19}$$

式中：q 为流进调压室的流量，$\mathrm{m^3/s}$；y 为调压室水位，m；h 为调压室底部的测压管水头，m；F 为调压室断面积，$\mathrm{m^2}$；ζ_T 为调压室阻抗系数。

将 $q=\overline{q}+q'$、$y=\overline{y}+y'$、$h=\overline{h}+h'$（上标“-”表示平均值，上标“′”表示微量）代入式（9-18）、式（9-19）并化简可得

$$q' = F\frac{\mathrm{d}y'}{\mathrm{d}t} = F\frac{\mathrm{d}(h'-2\zeta_T q')}{\mathrm{d}t} = F\frac{\mathrm{d}h'}{\mathrm{d}t} - 2F\zeta_T\frac{\mathrm{d}q'}{\mathrm{d}t} \tag{9-20}$$

对式（9-20）进行拉普拉斯变换，得到阻抗式调压室的水力阻抗：

$$Z_S = \frac{H(s)}{Q(s)} = \frac{1}{Fs} + 2\zeta_T \tag{9-21}$$

当 $\zeta_T = 0$ 时，式（9-21）即简单式调压室的水力阻抗。

调压室前后管道复变量之间的关系可以表示为

$$\begin{pmatrix} 1 & \dfrac{(1-\xi_{ij})\overline{Q}_{iD}}{gA_{iD}^2} & -1 & -\dfrac{\overline{Q}_{jU}}{gA_{jU}^2} \\ -1/Z_S & 1 & 0 & -1 \end{pmatrix} \cdot \begin{pmatrix} H_{iD} \\ Q_{iD} \\ H_{jU} \\ Q_{jU} \end{pmatrix} = \begin{pmatrix} 0 \\ 0 \end{pmatrix} \tag{9-22}$$

4. 水库模型

假定上游水库水位 H_{up} 恒定不变（图 9-5），考虑动能水头和进口损失，则

$$H_{\mathrm{up}} - \frac{\xi_i(\overline{Q}_{iU}+Q_{iU})^2}{2gA_i^2} = \overline{H}_{iU} + H_{iU} + \frac{(\overline{Q}_{iU}+Q_{iU})^2}{2gA_i^2} \tag{9-23}$$

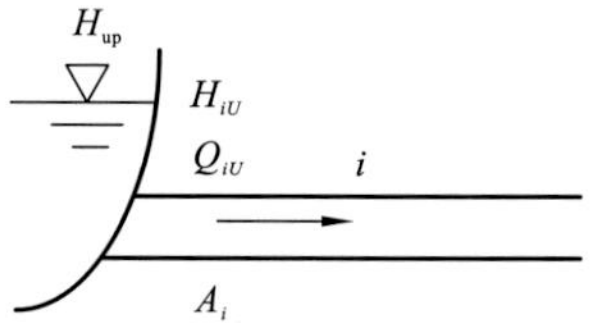

图 9-5 上游水库边界模型简图

恒定流初始条件：

$$H_{\mathrm{up}} - \frac{\xi_i \overline{Q}_{iU}^2}{2gA_i^2} = \overline{H}_{iU} + \frac{\overline{Q}_{iU}^2}{2gA_i^2} \tag{9-24}$$

式中：ξ_i 为上游水库进口局部水头损失系数。

联立式（9-23）和式（9-24），并略去高阶非线性项，得

$$H_{iU}+\frac{(1+\xi_i)\overline{Q}_{iU}}{gA_i^2}.Q_{iU}=0 \tag{9-25}$$

用传递矩阵的形式表示为

$$\begin{pmatrix}1 & \dfrac{(1+\xi_i)\overline{Q}_{iU}}{gA_i^2} & 0 & 0\end{pmatrix}.\begin{pmatrix}H_{iU}\\Q_{iU}\\H_{iD}\\Q_{iD}\end{pmatrix}=0 \tag{9-26}$$

同理，下游水库边界模型（图 9-6）可用矩阵的形式表示为

$$\begin{pmatrix}0 & 0 & 1 & \dfrac{(1-\xi_i)\overline{Q}_{iD}}{gA_i^2}\end{pmatrix}.\begin{pmatrix}H_{iU}\\Q_{iU}\\H_{iD}\\Q_{iD}\end{pmatrix}=0 \tag{9-27}$$

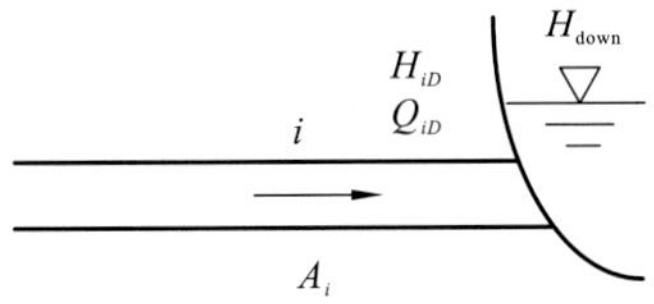

图 9-6　下游水库边界模型简图

H_{down} 为下游水库水位

9.1.3　水力发电机组模型

水力发电机组连接条件主要由三个模型即调速器模型、水轮机模型和发电机模型组成。本节中调速器采用 PID 调速器，水轮机采用线性模型，发电机采用简单的一阶模型。

1. PID 调速器模型

调速器作为保证水电机组能够稳定运行的重要控制设备，可根据电力系统负荷的变化来调节水轮发电机组有功功率的输出，并使机组频率稳定在规定范围内。调速器按系统结构可分为中间接力器型调速器、辅助接力器型调速器和调节器型调速器，并主要有三种调节模式，即开度调节、频率调节和功率调节。本节以 PID 调速器（图 9-7）为对象建立模型。

PID 调速器在 PI 调速器[7]基础上增加了微分增益，其传递函数为

$$\frac{Y(s)}{X(s)}=\frac{-(K_d s^2+K_p s+K_i)}{b_p K_d T_y s^3+(T_y+K_p T_y b_p+b_p K_d)s^2+(b_p K_i T_y+b_p K_p+1)s+b_p K_i} \tag{9-28}$$

式中：X 为转速；Y 为导叶开度；T_y 为接力器时间常数，s；b_p 为永态转差系数；K_p 为比例增益；K_i 为积分增益，s^{-1}；K_d 为微分增益，s；s 为拉普拉斯算子。

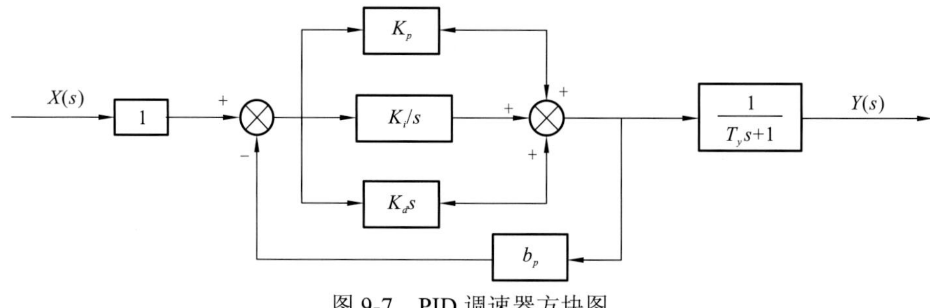

图 9-7 PID 调速器方块图

2. 水轮机模型

水轮机模型分为线性和非线性模型，在分析小波动时可采用如图 9-8 所示的水轮机线性模型[11]。

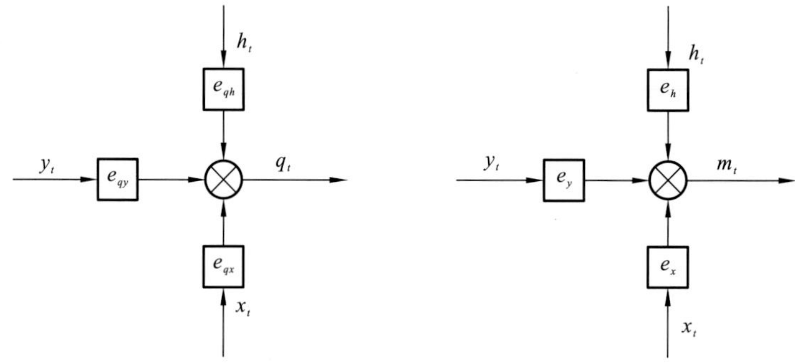

图 9-8 水轮机方块图

水轮机线性模型的表达式为

$$\begin{cases} m_t = e_h h_t + e_x x_t + e_y y_t \\ q_t = e_{qh} h_t + e_{qx} x_t + e_{qy} y_t \end{cases} \tag{9-29}$$

式中：h_t、x_t、y_t、m_t、q_t 分别为水头、转速、开度、力矩和流量的偏差相对值；e_x、e_y、e_h 分别为水轮机力矩对转速、导叶开度、水头的传递系数；e_{qx}、e_{qy}、e_{qh} 分别为水轮机流量对转速、导叶开度、水头的传递系数。不同工况下的传递系数可以通过水轮机模型的全特性曲线求解得到。

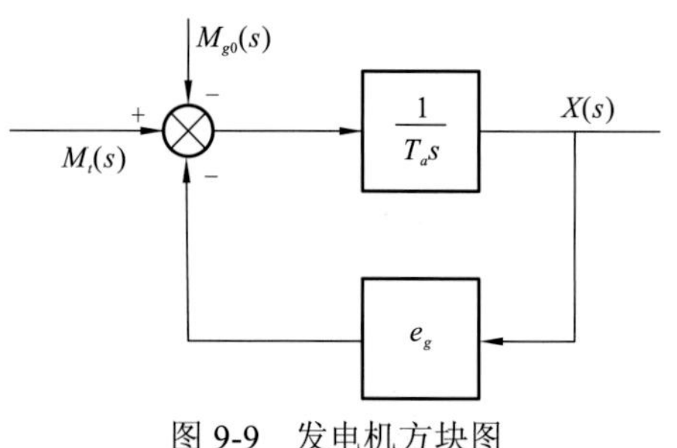

图 9-9 发电机方块图

M_{g0} 为初始发电机负载力矩；

M_t 为水轮机力矩

3. 发电机模型

发电机有一阶、二阶、三阶等模型，在水力发电系统中进行稳定性分析可以采用简单的一阶发电机模型，如图 9-9 所示。

一阶发电机方程[2]为

$$T_a \frac{\mathrm{d}x_t}{\mathrm{d}t} = m_t - (m_{g0} + e_g x_t) \tag{9-30}$$

式中：T_a 为机组惯性加速时间，s；m_{g0} 为发电机负载力矩偏差相对值；e_g 为发电机负载自调节系数。

4. PID 调速器机组模型

对水轮机线性模型式（9-29）和一阶发电机方程式（9-30）进行拉普拉斯变换，得

$$\begin{cases} M_t(s)=e_h H_t(s)+e_x X(s)+e_y Y(s) \\ Q_t(s)=e_{qh} H_t(s)+e_{qx} X(s)+e_{qy} Y(s) \\ T_a X(s)s=M_t(s)-[M_g(s)+e_g X(s)] \end{cases} \tag{9-31}$$

式中：H_t、Q_t、M_t 分别为水轮机的水头、流量、力矩；M_g 为发电机负载力矩。

由式（9-31）可推导出[7]

$$\begin{cases} X(s)=\dfrac{e_y Q_t(s)-e_{qy}M_g(s)+(e_{qy}e_h-e_y e_{qh})H_t(s)}{e_{qy}(T_a s+e_n)+e_y e_{qx}} \\ Y(s)=\dfrac{[Q_t(s)-e_{qh}H_t(s)](T_a s+e_n)+e_{qx}[M_g(s)-e_h H_t(s)]}{e_{qy}(T_a s+e_n)+e_y e_{qx}} \end{cases} \tag{9-32}$$

式中：$e_n=e_g-e_x$ 为水轮发电机组综合自调节系数。

联立式（9-28）和式（9-32），可整理得

$$\begin{aligned} &(b_0 s^4+b_1 s^3+b_2 s^2+b_3 s+b_4)Q_t(s)-(a_0 s^4+a_1 s^3+a_2 s^2+a_3 s+a_4)H_t(s) \\ &=(c_0 s^3+c_1 s^2+c_2 s+c_3)M_g(s) \end{aligned} \tag{9-33}$$

其中，

$$a_0=\lambda_1\lambda_7,\quad a_1=\lambda_2\lambda_7+\lambda_1\lambda_6,\quad a_2=\lambda_3\lambda_7+\lambda_2\lambda_6-K_d\lambda_5,\quad a_3=\lambda_4\lambda_7+\lambda_3\lambda_6-K_p\lambda_5$$

$$a_4=\lambda_4\lambda_6-K_i\lambda_5,\quad b_0=T_a\lambda_1,\quad b_1=T_a\lambda_2+e_n\lambda_1,\quad b_2=T_a\lambda_3+e_n\lambda_2+K_d e_y$$

$$b_3=T_a\lambda_4+e_n\lambda_3+K_p e_y,\quad b_4=e_n\lambda_4+K_i e_y,\quad c_0=-\lambda_1 e_{qx},\quad c_1=K_d e_{qy}-\lambda_2 e_{qx}$$

$$c_2=K_p e_{qy}-\lambda_3 e_{qx},\quad c_3=K_i e_{qy}-\lambda_4 e_{qx},\quad \lambda_1=b_p K_d T_y,\quad \lambda_2=T_y+b_p K_p T_y+b_p K_d$$

$$\lambda_3=b_p K_i T_y+b_p K_p+1,\quad \lambda_4=b_p K_i,\quad \lambda_5=e_{qy}e_h-e_y e_{qh},\quad \lambda_6=e_{qh}e_n+e_{qx}e_h$$

$$\lambda_7=e_{qh}T_a$$

式（9-33）可改写成

$$BQ_t(s)-AH_t(s)=C_t M_g(s) \tag{9-34}$$

其中，$B=b_0 s^4+b_1 s^3+b_2 s^2+b_3 s+b_4$，$A=a_0 s^4+a_1 s^3+a_2 s^2+a_3 s+a_4$，$C_t=c_0 s^3+c_1 s^2+c_2 s+c_3$。

由于 $Q_t(s)=\dfrac{Q_T}{Q_0}$，$H_t(s)=\dfrac{H_T}{H_0}$，$M_g(s)=\dfrac{\Delta M_g}{M_{g0}}$，代入式（9-34）并整理得

$$H_T=\frac{BH_0}{AQ_0}Q_T-\frac{C_t H_0 \Delta M_g}{AM_{g0}} \tag{9-35}$$

式中：Q_T 为水轮机处复流量，m^3/s；H_T 为水轮机处复压力水头，m；H_0 为初始水头，m；Q_0 为初始流量，m^3/s；ΔM_g 为发电机负载力矩变化量，N·m；M_{g0} 为初始发电机负载力矩，N·m。

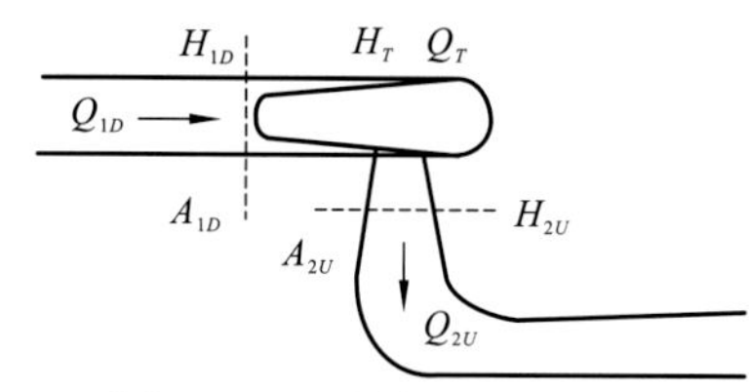

图 9-10 水轮机边界示意图

如图 9-10 所示，在不考虑蜗壳及尾水管中水体动能的基础上，水轮机前后管道复变量之间的关系如下[12]：

$$\begin{cases} H_{1D} = H_T + H_{2U} \\ Q_{1D} = Q_{2U} = Q_T \end{cases} \tag{9-36}$$

考虑水轮机前后管道的水体动能，则水轮机前后管道的复压力水头和复流量之间满足如下关系：

$$\begin{cases} H_{iD} + \dfrac{(Q_{iD} + \bar{Q}_{iD})^2}{2gA_{iD}^2} = H_T + H_{jU} + \dfrac{(Q_{jU} + \bar{Q}_{jU})^2}{2gA_{jU}^2} \\ Q_{iD} = Q_{jU} = Q_T \end{cases} \tag{9-37}$$

式中：H_{iD}、Q_{iD} 分别为第 i 段管道末端的复压力水头和复流量，m、m^3/s；H_{jU}、Q_{jU} 分别为第 j 段管道首端的复压力水头和复流量，m、m^3/s；$\bar{Q}_{iD}$、$\bar{Q}_{jU}$ 分别为第 i 段管道末端和第 j 段管道首端的平均流量，m^3/s；A_{iD}、A_{jU} 分别为第 i 段管道末端和第 j 段管道首端的管道面积，m^2。

引入恒定流条件并对式（9-37）进行线性化处理，略去高阶非线性项，式（9-37）可化简为

$$\begin{cases} H_{iD} + \dfrac{Q_{iD}\bar{Q}_{iD}}{gA_{iD}^2} = H_T + H_{jU} + \dfrac{Q_{jU}\bar{Q}_{jU}}{gA_{jU}^2} \\ Q_{iD} = Q_{jU} = Q_T \end{cases} \tag{9-38}$$

将式（9-35）代入式（9-38）并写成传递矩阵的形式：

$$\begin{pmatrix} 1 & \dfrac{\bar{Q}_{iD}}{gA_{iD}^2} - \dfrac{BH_0}{AQ_0} & -1 & -\dfrac{\bar{Q}_{jU}}{gA_{jU}^2} \\ 0 & 1 & 0 & -1 \end{pmatrix} \begin{pmatrix} H_{iD} \\ Q_{iD} \\ H_{jU} \\ Q_{jU} \end{pmatrix} = \begin{pmatrix} -\dfrac{C_t H_0 \Delta M_g}{AM_{g0}} \\ 0 \end{pmatrix} \tag{9-39}$$

式（9-39）即 PID 调速器机组模型的矩阵表达式。

9.2 系统总体矩阵的构建方法和求解方法

9.2.1 总体矩阵构建方法

对于任意一个水力发电系统，可根据其水力边界条件将管道系统有序地划分成 n 根管道，在此基础上构建出系统的总体矩阵方程，并用于频域分析。

步骤 1： 编号，给划分好的 n 根管道一个固定的编号序列。对于每根管道，其具有 4 个未知复变量 $\boldsymbol{x}_i = [H_{iU},\ Q_{iU},\ H_{iD},\ Q_{iD}]^{\mathrm{T}}$，按照编号顺序对每个 $\boldsymbol{x}_i$ 进行位置排列，最终构成系统的状态向量 $\boldsymbol{X}$。如果改变管道的编号序列，需相应改变 $\boldsymbol{x}_i$ 在 $\boldsymbol{X}$ 中的位置。

步骤2：确定管道内部关系方程的系数在总体矩阵中的位置。对于总体矩阵的前$2n$行，以编号为i的管道为例，式（9-5）中未知复变量的系数可以安置在总体矩阵中如式（9-40）所示的位置。

$$
\begin{matrix} 2i-1 \\ 2i \end{matrix}
\begin{bmatrix} & & \vdots & & \\ \cdots\ 1 & 0 & -\cosh(\gamma_i l_i) & -Z_{ci}\sinh(\gamma_i l_i) & \cdots \\ \cdots\ 0 & 1 & -\sinh(\gamma_i l_i)Z_{ci} & -\cosh(\gamma_i l_i) & \cdots \\ \vdots & \vdots & \vdots & \vdots & \\ 4i-3 & 4i-2 & 4i-1 & 4i & \end{bmatrix} \cdot \begin{pmatrix} \vdots \\ H_{iU} \\ Q_{iU} \\ H_{iD} \\ Q_{iD} \\ \vdots \end{pmatrix} = \begin{pmatrix} \vdots \\ 0 \\ 0 \\ \vdots \end{pmatrix} \tag{9-40}
$$

式（9-40）中复变量的系数占据了总体矩阵第$2i-1$和$2i$行中的连续4列，分别为第$4i-3$、$4i-2$、$4i-1$和$4i$列。由于每根管道的内部关系方程都类似，其他管道对应的复变量系数可按此规则安置。

步骤3：确定管道水力边界条件方程的系数在总体矩阵中的位置。对于总体矩阵的后$2n$行，水力边界方程中的非零项系数可根据对应的状态向量分成小模块。以一进两出分岔管模型为例，式（9-16）中未知复变量的系数可以安置在总体矩阵中如式（9-41）所示的位置。

$$
\overset{\text{模块1}\qquad\qquad\text{模块2}\qquad\qquad\text{模块3}}{
\begin{pmatrix} & & & & \vdots & & & \\ \cdots & 1 & \dfrac{(1-\xi_{ij})\overline{Q}_{iD}}{gA_{iD}^2} & \cdots & -1 & -\dfrac{\overline{Q}_{jU}}{gA_{jU}^2} & \cdots & 0 & 0 & \cdots \\ \cdots & 1 & \dfrac{(1-\xi_{ik})\overline{Q}_{iD}}{gA_{iD}^2} & \cdots & 0 & 0 & \cdots & -1 & -\dfrac{\overline{Q}_{kU}}{gA_{kU}^2} & \cdots \\ \cdots & 0 & 1 & \cdots & 0 & -1 & \cdots & 0 & -1 & \cdots \\ & & & & & \vdots & & & & \\ & 4i-1 & 4i & & 4j-3 & 4j-2 & & 4k-3 & 4k-2 & \end{pmatrix}}
\cdot \begin{pmatrix} \vdots \\ H_{iD} \\ Q_{iD} \\ \vdots \\ H_{jU} \\ Q_{jU} \\ \vdots \\ H_{kU} \\ Q_{kU} \\ \vdots \end{pmatrix} = \begin{pmatrix} \vdots \\ 0 \\ 0 \\ 0 \\ \vdots \end{pmatrix} \tag{9-41}
$$

一进两出分岔管模型中的复变量系数被分成了三个3×2的小模块，分别与第i根管道的末端复变量、第j和k根管道的首端复变量相对应。它们在总体矩阵中分别占据第$4i-1$和$4i$列、第$4j-3$和$4j-2$列、第$4k-3$和$4k-2$列。

总体矩阵法的实质就是将系统中的所有变量方程（$2n$个，包括管道内部关系方程和水力边界条件方程）综合成矩阵方程的形式，而判断系统总体矩阵的构建是否正确可通过还原每一行等式并与原方程进行对比。因此，只要方程系数在总体矩阵中所处的列数正确，其所处行数可与状态变量中对应的未知复变量一起任意改变。

以如图9-11所示的输水发电系统为例进行说明，图中J1为上游水库，J5和J6为下游水库，J2为管道分岔节点，J3和J4为机组；L1～L5为管道。根据上述步骤可以构建出该系统的总体矩阵（图9-12），矩阵大小为20×20，前10行由管道内部关系方程占据，后10行由水力边界条件方程占据。

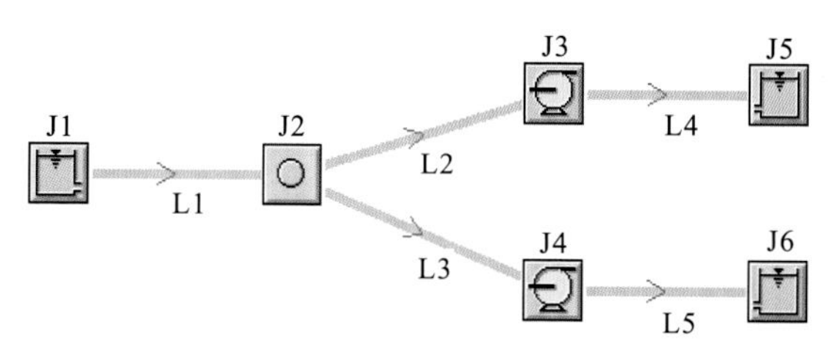

图 9-11　总体矩阵构建示例水力系统图

$$
\left(\begin{array}{cccccccccccccccccccc}
1 & 0 & -\frac{1+l_1^2 s^2}{2a_1^2} & -\frac{l_1 s}{gA_1} & 0 & 0 & 0 & 0 & 0 & 0 & 0 & 0 & 0 & 0 & 0 & 0 & 0 & 0 & 0 & 0 \\
0 & 1 & -\frac{gA_1 l_1 s}{a_1^2} & -\frac{1+l_1^2 s^2}{2a_1^2} & 0 & 0 & 0 & 0 & 0 & 0 & 0 & 0 & 0 & 0 & 0 & 0 & 0 & 0 & 0 & 0 \\
0 & 0 & 0 & 0 & 1 & 0 & -\frac{1+l_2^2 s^2}{2a_2^2} & -\frac{l_2 s}{gA_2} & 0 & 0 & 0 & 0 & 0 & 0 & 0 & 0 & 0 & 0 & 0 & 0 \\
0 & 0 & 0 & 0 & 0 & 1 & -\frac{gA_2 l_2 s}{a_2^2} & -\frac{1+l_2^2 s^2}{2a_2^2} & 0 & 0 & 0 & 0 & 0 & 0 & 0 & 0 & 0 & 0 & 0 & 0 \\
0 & 0 & 0 & 0 & 0 & 0 & 0 & 0 & 1 & 0 & -\frac{1+l_3^2 s^2}{2a_3^2} & -\frac{l_3 s}{gA_3} & 0 & 0 & 0 & 0 & 0 & 0 & 0 & 0 \\
0 & 0 & 0 & 0 & 0 & 0 & 0 & 0 & 0 & 1 & -\frac{gA_3 l_3 s}{a_3^2} & -\frac{1+l_3^2 s^2}{2a_3^2} & 0 & 0 & 0 & 0 & 0 & 0 & 0 & 0 \\
0 & 0 & 0 & 0 & 0 & 0 & 0 & 0 & 0 & 0 & 0 & 0 & 1 & 0 & -\frac{1+l_4^2 s^2}{2a_4^2} & -\frac{l_4 s}{gA_4} & 0 & 0 & 0 & 0 \\
0 & 0 & 0 & 0 & 0 & 0 & 0 & 0 & 0 & 0 & 0 & 0 & 0 & 1 & -\frac{gA_4 l_4 s}{a_4^2} & -\frac{1+l_4^2 s^2}{2a_4^2} & 0 & 0 & 0 & 0 \\
0 & 0 & 0 & 0 & 0 & 0 & 0 & 0 & 0 & 0 & 0 & 0 & 0 & 0 & 0 & 0 & 1 & 0 & -\frac{1+l_5^2 s^2}{2a_5^2} & -\frac{l_5 s}{gA_5} \\
0 & 0 & 0 & 0 & 0 & 0 & 0 & 0 & 0 & 0 & 0 & 0 & 0 & 0 & 0 & 0 & 0 & 1 & -\frac{gA_5 l_5 s}{a_5^2} & -\frac{1+l_5^2 s^2}{2a_5^2} \\
1 & \frac{\bar{Q}_{1U}}{gA_{1U}^2} & 0 & 0 & 0 & 0 & 0 & 0 & 0 & 0 & 0 & 0 & 0 & 0 & 0 & 0 & 0 & 0 & 0 & 0 \\
0 & 0 & 1 & \frac{\bar{Q}_{1D}}{gA_{1D}^2} & -1 & -\frac{\bar{Q}_{2U}}{gA_{2U}^2} & 0 & 0 & 0 & 0 & 0 & 0 & 0 & 0 & 0 & 0 & 0 & 0 & 0 & 0 \\
0 & 0 & 1 & \frac{\bar{Q}_{1D}}{gA_{1D}^2} & 0 & 0 & 0 & 0 & -1 & -\frac{\bar{Q}_{3U}}{gA_{3U}^2} & 0 & 0 & 0 & 0 & 0 & 0 & 0 & 0 & 0 & 0 \\
0 & 0 & 0 & 1 & 0 & -1 & 0 & 0 & 0 & -1 & 0 & 0 & 0 & 0 & 0 & 0 & 0 & 0 & 0 & 0 \\
0 & 0 & 0 & 0 & 0 & 0 & 1 & \frac{\bar{Q}_{2D}}{gA_{2D}^2}-\frac{B_1 H_0}{A_1 Q_0} & 0 & 0 & 0 & 0 & -1 & -\frac{\bar{Q}_{4U}}{gA_{4U}^2} & 0 & 0 & 0 & 0 & 0 & 0 \\
0 & 0 & 0 & 0 & 0 & 0 & 0 & 1 & 0 & 0 & 0 & 0 & 0 & -1 & 0 & 0 & 0 & 0 & 0 & 0 \\
0 & 0 & 0 & 0 & 0 & 0 & 0 & 0 & 0 & 0 & 1 & \frac{\bar{Q}_{3D}}{gA_{3D}^2}-\frac{B_2 H_0}{A_2 Q_0} & 0 & 0 & 0 & 0 & -1 & -\frac{\bar{Q}_{5U}}{gA_{5U}^2} & 0 & 0 \\
0 & 0 & 0 & 0 & 0 & 0 & 0 & 0 & 0 & 0 & 0 & 1 & 0 & 0 & & 0 & 0 & -1 & 0 & 0 \\
0 & 0 & 0 & 0 & 0 & 0 & 0 & 0 & 0 & 0 & 0 & 0 & 0 & 0 & 1 & \frac{\bar{Q}_{4D}}{gA_{4D}^2} & 0 & 0 & 0 & 0 \\
0 & 0 & 0 & 0 & 0 & 0 & 0 & 0 & 0 & 0 & 0 & 0 & 0 & 0 & 0 & 0 & 0 & 0 & 1 & \frac{\bar{Q}_{5D}}{gA_{5D}^2}
\end{array}\right)
$$

图 9-12　一洞两机水力发电系统的总体矩阵

9.2.2 自由振荡计算理论

1. 自振频率数值解法

水力系统自由振荡分析的目的是求解系统流动的固有频率，与系统结构的固有频率或外界强迫振动频率相比较，避免共振现象的发生。进行自由振荡计算时，系统状态方程 $\boldsymbol{A}\cdot\boldsymbol{X}=\boldsymbol{B}$ 中的 $\boldsymbol{B}=\boldsymbol{0}$，则系统状态方程为

$$\boldsymbol{A}\cdot\boldsymbol{X}=\boldsymbol{0} \tag{9-42}$$

总体矩阵 $\boldsymbol{A}$ 的行列式 $Z(s)$ 是关于复频率 s 的多项式，式（9-42）具有非零解的条件是总体矩阵 $\boldsymbol{A}$ 等于零矩阵，即 $Z(s)=0$。此方程存在无穷多个复根，但只有表示基本模式和振型的少数根才具有实际意义。因此，利用牛顿迭代法进行求解时，先对 $Z(s)$ 做频率扫描，在每个复根附近合理地假定衰减因子 σ、频率间隔 $\Delta\omega$ 及扫描次数 N，计算 $s_k=\sigma+\mathrm{i}k\Delta\omega\ (k=1,2,3,\cdots,N)$ 时的 $\left|Z(s_k)\right|$，找出其最小值对应的复频率并作为迭代初值 $s_i'\ (i=1,2,3,\cdots,M$，M 为扫描频率范围内的迭代初值个数)。得到的每个初值 s_i' 可以按照以下迭代格式求解方程 $Z(s)=0$ 的数值解：

$$s_i^{k+1}=s_i^k-\frac{(s_i^k-s_i^{k-1})Z(s_i^k)}{Z(s_i^k)-Z(s_i^{k-1})},\quad k=1,2,3,\cdots,N,\quad i=1,2,3,\cdots,M \tag{9-43}$$

式中：s_i^k 为第 k 次迭代后的复频率；$Z(s_i^k)$ 为根据 s_i^k 计算得出的行列式 Z 的值。当 $\varepsilon=|s_i^{k+1}-s_i^k|$ 满足精度时，退出迭代。

由迭代公式式（9-43）可知，使用该双点弦截法计算了两次 $Z(s_i^k)$，即在第 $k-1$ 和 k 次迭代过程中分别进行了计算。水力发电系统的管道数目越多，所用的总体矩阵模型的阶数越大，其对应的行列式的计算量越庞大。因此，为了减少运算工作量，可将双点弦截法的迭代公式式（9-43）改写为

$$s_i^{k+1}-s_i^k=-\frac{Z(s_i^k)}{Z(s_i^k)-Z(s_i^{k-1})}(s_i^k-s_i^{k-1}) \tag{9-44}$$

记 $\delta_i^k=s_i^{k+1}-s_i^k$，则 $s_i^{k+1}=s_i^k+\delta_i^k$，于是得到改进后的迭代公式：

$$\delta_i^k=-\frac{Z(s_i^k)}{Z(s_i^k)-Z(s_i^{k-1})}\delta_i^{k-1} \tag{9-45}$$

其程序框图如图 9-13 所示。

利用该优化的牛顿迭代法对系统进行自振频率求解时，频率扫描衰减因子 σ 可取 −0.01、0、0.01，频率间隔可取 $\Delta\omega=0.01$，扫描次数 $N=100$，扫描范围可根据具体的水力系统选取，一般可为 0.01～30 rad/s，即迭代初值数 $M=30$，牛顿迭代法迭代次数为 100，迭代精度为 10^{-8}。

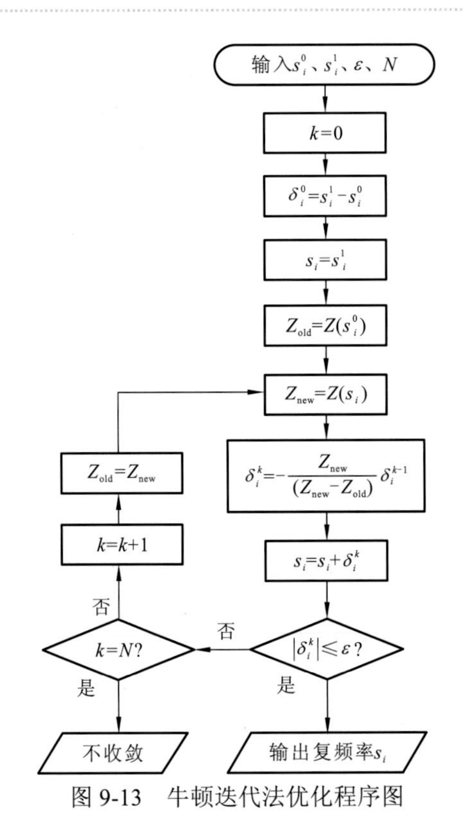

图 9-13　牛顿迭代法优化程序图

2. 机组运行稳定的判据

假设系统无外部强迫振动，即 $\boldsymbol{B}=\mathbf{0}$，给定一组调速器参数 K_p 与 K_i，采用牛顿迭代法可求出 $Z(s)=0$ 时对应的系统自振频率。在这些自振频率中存在一个最大的衰减因子 $\sigma_{\max}$，当衰减因子 $\sigma_{\max}>0$ 时，系统处于不稳定状态点；当 $\sigma_{\max}=0$ 时，系统处于临界稳定状态点；当 $\sigma_{\max}<0$ 时，系统处于稳定状态点[13]。进行多次计算后可根据 $\sigma_{\max}=0$ 时的调速器参数求得系统的稳定域。

3. 总体矩阵降阶简化

在对水力系统进行自由振荡分析时，可对总体矩阵进行降阶简化，在保证结果准确性的同时减少计算量。对于管道数为 n 的水力发电系统，其总体矩阵的大小为 $4n\times4n$。对于任意管道数的总体矩阵，行列式 $Z(s)$ 的前 $2n$ 行可以表示为

$$\begin{vmatrix} 1 & 0 & -\cosh(\gamma_1 l_1) & -Z_{c1}\sinh(\gamma_1 l_1) & & & & & & & & \\ 0 & 1 & -\sinh(\gamma_1 l_1)/Z_{c1} & -\cosh(\gamma_1 l_1) & & & & & & & & \\ & & & & 1 & 0 & -\cosh(\gamma_2 l_2) & -Z_{c2}\sinh(\gamma_2 l_2) & & & & \\ & & & & 0 & 1 & -\sinh(\gamma_2 l_2)/Z_{c2} & -\cosh(\gamma_2 l_2) & & & & \\ & & & & & & & & \cdots & & & \\ & & & & & & & & \cdots & & & \\ & & & & & & & & 1 & 0 & -\cosh(\gamma_n l_n) & -Z_{cn}\sinh(\gamma_n l_n) \\ & & & & & & & & 0 & 1 & -\sinh(\gamma_n l_n)/Z_{cn} & -\cosh(\gamma_n l_n) \end{vmatrix} \tag{9-46}$$

根据行列式的以下性质[14]和相关命题[15]可对总体矩阵的行列式进行列变换和矩阵分块计算的降阶处理。

性质 1　对换行列式的两行（列），行列式变号。

命题 1　$\boldsymbol{A}$、$\boldsymbol{B}$ 分别为 m 与 n 阶方阵，当 $\boldsymbol{A}$ 可逆时，有

$$\begin{vmatrix} \boldsymbol{A} & \boldsymbol{D} \\ \boldsymbol{C} & \boldsymbol{B} \end{vmatrix} = |\boldsymbol{A}| \cdot |\boldsymbol{B} - \boldsymbol{C}\boldsymbol{A}^{-1}\boldsymbol{D}| \tag{9-47}$$

当 $\boldsymbol{A}$ 为单位矩阵 $\boldsymbol{E}_m$ 时，式（9-47）变为

$$\begin{vmatrix} \boldsymbol{E}_m & \boldsymbol{D} \\ \boldsymbol{C} & \boldsymbol{B} \end{vmatrix} = |\boldsymbol{E}_m| \cdot |\boldsymbol{B} - \boldsymbol{C}\boldsymbol{E}_m^{-1}\boldsymbol{D}| = |\boldsymbol{B} - \boldsymbol{C}\boldsymbol{D}| \tag{9-48}$$

降阶处理后的矩阵大小为 $2n \times 2n$。这样既可以减少计算量，缩短计算时间，又能保证计算结果与降阶处理前一致。

不妨设 U 为原总体行列式，阶数为 $4n \times 4n$，其前 $2n$ 行如式（9-46）所示。用 $U(i,j)$ 表示 U 中的各元素，其中，i 代表元素所在行，j 代表元素所在列。同样，先设 $\boldsymbol{D}$、$\boldsymbol{B}$、$\boldsymbol{C}$ 分别为 $2n \times 2n$ 的零矩阵，$D(i,j)$、$B(i,j)$、$C(i,j)$ 可以分别表示矩阵中对应的元素。

观察 U 的前 $2n$ 行可知，元素 1 所在的列数为 $4m-3$、$4m-2$，含双曲函数的元素所在的列数为 $4m-1$、$4m$，其中 $m = 1,2,3,\cdots,n$。总体行列式变换的原则是，将在第 i 行的元素 1 的列数 j 变换成 i，使行列式左上角形成一个 $2n \times 2n$ 的单位矩阵。由于进行列变换时为两列、两列同时变换，故最终不改变行列式符号。行列式经过列变化后，前 $2n$ 行如式（9-49）所示。

$$\begin{vmatrix}
1 & 0 & & & & & & -\cosh(\gamma_1 l_1) & -Z_{c1}\sinh(\gamma_1 l_1) & & & & & \\
0 & 1 & & & & & & -\sinh(\gamma_1 l_1)/Z_{c1} & -\cosh(\gamma_1 l_1) & & & & & \\
 & & 1 & 0 & & & & & & -\cosh(\gamma_2 l_2) & -Z_{c2}\sinh(\gamma_2 l_2) & & & \\
 & & 0 & 1 & & & & & & -\sinh(\gamma_2 l_2)/Z_{c2} & -\cosh(\gamma_2 l_2) & & & \\
 & & & & \cdots & & & & & & & \cdots & & \\
 & & & & \cdots & & & & & & & \cdots & & \\
 & & & & & 1 & 0 & & & & & & -\cosh(\gamma_n l_n) & -Z_{cn}\sinh(\gamma_n l_n) \\
 & & & & & 0 & 1 & & & & & & -\sinh(\gamma_n l_n)/Z_{cn} & -\cosh(\gamma_n l_n)
\end{vmatrix} \tag{9-49}$$

由于矩阵过大，不便全部列出，将变换后 $\boldsymbol{D}$、$\boldsymbol{B}$、$\boldsymbol{C}$ 中的元素罗列如下。

对于右上角的 $2n \times 2n$ 矩阵 $\boldsymbol{D}$，可用 MATLAB 单重循环表示：

```
for  i=1:n
    D(2i-1,2i-1)=U(2i-1,4i-1)
    D(2i-1,2i)=U(2i-1,4i)
    D(2i,2i-1)=U(2i,4i-1)
    D(2i,2i)=U(2i,4i)
end
```

对于左下角的 $2n \times 2n$ 矩阵 $\boldsymbol{C}$ 和右下角的 $2n \times 2n$ 矩阵 $\boldsymbol{B}$，可用 MATLAB 双重循环表示：

```
for  i=1:2n
```

```
    for  j=1:n
        B(i,2j-1)=U(2n+i,4j-1)
        B(i,2j)=U(2n+i,4j)
        C(i,2j-1)=U(2n+i,4j-3)
        C(i,2j)=U(2i+i,4j-2)
    end
end
```

经列变换后，根据式（9-49）可将原 $4n\times4n$ 阶总体行列式降为 $2n\times2n$ 阶行列式 $|\boldsymbol{B}-\boldsymbol{CD}|$，为后续的工作减小计算量和缩短计算时间。

9.2.3　强迫振荡计算理论

输水系统强迫振荡分析的主要任务是计算系统在一定频率 ω 的扰动源作用下管道各处产生的复压力水头和复流量。扰动源通常情况下设定在管道首端或末端，一般包括水头扰动和流量扰动两种，如图 9-14 和图 9-15 所示。

图 9-14　水头扰动　　　　图 9-15　流量扰动

假设管道首端处的水头扰动和流量扰动按正弦变化：

$$h=\Delta H\sin\omega t \tag{9-50}$$

$$q=\Delta Q\sin\omega t \tag{9-51}$$

式中：ΔH 为水头扰动的幅值；ΔQ 为流量扰动的幅值。

令 $h=H_U\mathrm{e}^{\mathrm{i}\omega t}$，$q=Q_U\mathrm{e}^{\mathrm{i}\omega t}$，代入式（9-50）和式（9-51），得

$$H_U=-\mathrm{i}\Delta H \tag{9-52}$$

$$Q_U=-\mathrm{i}\Delta Q \tag{9-53}$$

因此，当管道 i 首端存在水头扰动或流量扰动时，管道首端处的复压力水头和复流量可用矩阵分别表示为

$$\begin{pmatrix}1 & 0\end{pmatrix}\begin{pmatrix}H_{iU}\\ Q_{iU}\end{pmatrix}=-\mathrm{i}\Delta H \tag{9-54}$$

$$\begin{pmatrix}0 & 1\end{pmatrix}\begin{pmatrix}H_{iU}\\ Q_{iU}\end{pmatrix}=-\mathrm{i}\Delta Q \tag{9-55}$$

开展强迫振动分析时，可将上游水库边界方程换成如式（9-54）和式（9-55）所示的矩阵，并将扰动源频率代入总体矩阵 $\boldsymbol{A}$ 中，使得矩阵中的每个元素都为确定值，而矩阵 $\boldsymbol{B}$ 中的非零项为机组模型传递矩阵式（9-39）中右端的非零项，其大小可以通过代入

扰动源频率值 ω 和发电机负载力矩偏差相对值 m_{g0} 确定。系统状态方程便转化成由 $4n$ 个未知数、$4n$ 个方程组成的非齐次线性方程组，而求解该方程组常用的计算方法为将系数矩阵化简为上三角阵的列主元素高斯消去法，其计算流程图如图 9-16 所示。

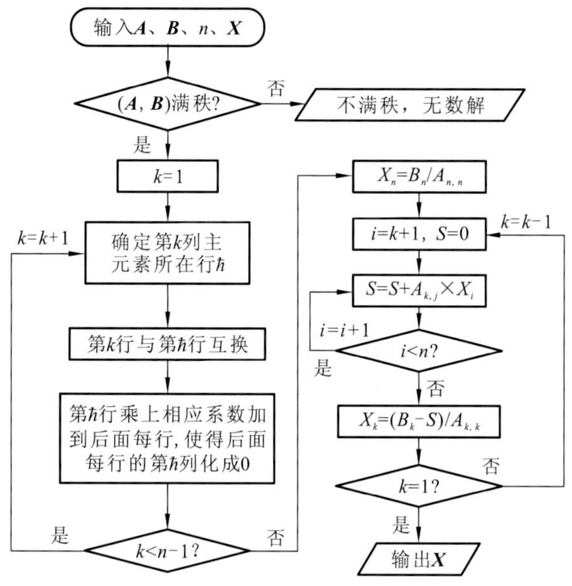

图 9-16　列主元素高斯消去法计算流程图

计算时，将总体矩阵 $\boldsymbol{A}$ 和矩阵 $\boldsymbol{B}$ 代入，通过程序便可求得状态向量 $\boldsymbol{X}$，即每根管道首末断面处的复压力水头和复流量。每根管道各处的复压力水头和复流量可由式（9-56）和式（9-57）计算得出。其中，x 为计算点与管道首端之间的距离。

$$H(x)=H_U\cosh(\gamma x)-Z_cQ_U\sinh(\gamma x) \tag{9-56}$$

$$Q(x)=-\frac{H_U}{Z_c}\sinh(\gamma x)+Q_U\cosh(\gamma x) \tag{9-57}$$

对于具有多个扰动源的水力系统，文献[16]指出可分为三类进行处理。

（1）所有扰动源具有同一个频率，可用该频率 ω 对系统同时分析这些振源。

（2）以组为单位扰动源频率相同，对于该系统，可对振源进行分组，每个组由频率相同的振源组成，然后对每组使用其频率 ω 进行单独分析，最后通过叠加各组结果来确定系统的总响应。

（3）扰动源的频率各不相同，首先对每个振源单独分析系统响应，最后通过叠加求得系统总响应。

9.3　总体矩阵法在水力发电系统中频域分析的应用

对于一个管道布置形式已经确定的水力发电系统，其系统流动的固有频率已基本确定。如果系统受到外界轻微扰动或自身部件某处（如尾水管处涡带）的扰动，在经过自身调节后能够恢复到安全稳定的工作状态，则该系统自身稳定；但若系统在扰动下，发生不衰减振荡，逐渐偏离安全稳定的工作状态，则该系统是自身不稳定的。通常，对于系统自身不稳定的水电站，可以进行调整的措施有控制机组运行时的调速器参数、调整调压室断面积和调压室引水隧洞与压力管道的相对长度。从频域方面分析系统的稳定性以往常用的方法为水力阻抗法和传递矩阵法相结合，通过所求系统的自振频率对系统稳定性进行定性分析。对于简单系统（如单管单机系统），上述方法比较可行，但对于复杂布置的系统，系统总体传递矩阵比较复杂、难以推导；而总体矩阵法可以根据系统管道的拓扑关系，进行总体矩阵中各元素模块的填充，总体模型比较容易建立，并且易于利用计算机程序求解。

9.3.1 自由振荡分析

1. 单管单机系统

对于如图 9-17 所示的单管单机系统，J1 和 J3 分别为上、下游水库，J2 为机组，L1 和 L2 为管道。机组参数如下：机组额定出力为 507.6 MW，额定转速为 125 r/min，额定流量为 372.48 m^3/s，额定水头为 151 m，机组惯性加速时间 $T_a = 10.12\text{ s}$。以额定工况运行时，机组水轮机传递系数 $e_x = -1.0625$，$e_y = 0.8716$，$e_h = 1.5012$，$e_{qx} = -0.1684$，$e_{qy} = 0.8520$，$e_{qh} = 0.5781$，永态转差系数 $b_p = 0$，发电机负载自调节系数 $e_g = 0$，主接力器时间常数 $T_y = 0.02\text{ s}$。管道参数见表 9-1。

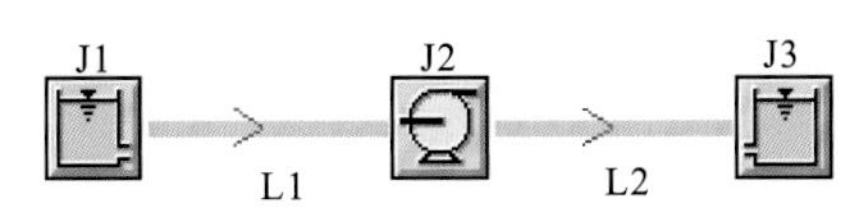

图 9-17 单管单机系统管线布置图

表 9-1 单管单机系统管道参数

管道号	长度/m	当量直径/m	波速/（m/s）
L1	657.32	9.95	1 100
L2	337.69	12.94	1 200

根据 9.2.1 小节中总体矩阵的构建方法，可以建立该单管单机系统的总体矩阵，如图 9-18 所示。根据 $\sigma_{\max} = 0$ 时的调速器参数绘制系统的稳定域，其结果见图 9-19 和图 9-20。

图 9-20 中的红色实线是由总体矩阵法计算得到的临界稳定域，该曲线上半部分为不稳定域，下半部分为稳定域。该结果与 Simulink 模拟结果进行了对比（稳定点与不稳定点）。从图 9-20 可以看出，临界稳定域边界正好处在所取的点之间，说明两种方法得到的结果完全一致，不仅验证了总体矩阵法的准确性，而且体现了总体矩阵法用于分析具有水力联系的运行机组的稳定性的便捷性。

$$
\begin{pmatrix}
1 & 0 & -\cosh(\gamma_1 l_1) & -Z_{c1}\sinh(\gamma_1 l_1) & 0 & 0 & 0 & 0 \\
0 & 1 & -\sinh(\gamma_1 l_1)/Z_{c1} & -\cosh(\gamma_1 l_1) & 0 & 0 & 0 & 0 \\
0 & 0 & 0 & 0 & 1 & 0 & -\cosh(\gamma_2 l_2) & -Z_{c2}\sinh(\gamma_2 l_2) \\
0 & 0 & 0 & 0 & 0 & 1 & -\sinh(\gamma_2 l_2)/Z_{c2} & -\cosh(\gamma_2 l_2) \\
1 & \dfrac{(1+\xi_1)\bar{Q}_{1U}}{gA_1^2} & 0 & 0 & 0 & 0 & 0 & 0 \\
0 & 0 & 1 & \dfrac{\bar{Q}_{1D}}{gA_1^2}-\dfrac{B_0 H_0}{A_0 Q_0} & -1 & -\dfrac{\bar{Q}_{2U}}{gA_2^2} & 0 & 0 \\
0 & 0 & 0 & 1 & 0 & -1 & 0 & 0 \\
0 & 0 & 0 & 0 & 0 & 0 & 1 & \dfrac{(1-\xi_2)\bar{Q}_{2D}}{gA_2^2}
\end{pmatrix}
$$

图 9-18　单管单机系统总体矩阵

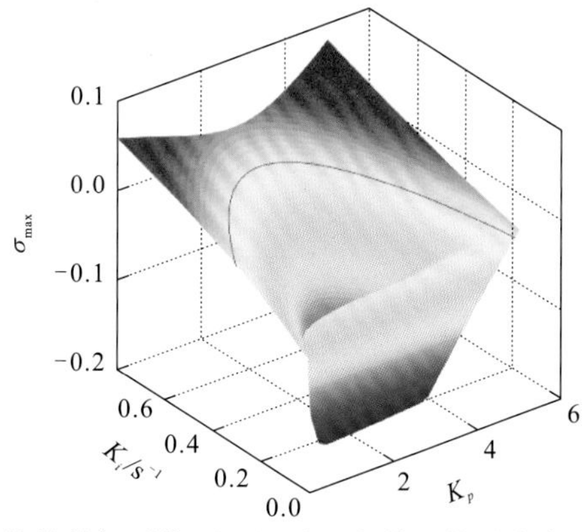

图 9-19　单管单机系统不同调速器参数下的最大衰减因子 $\sigma_{\max}$

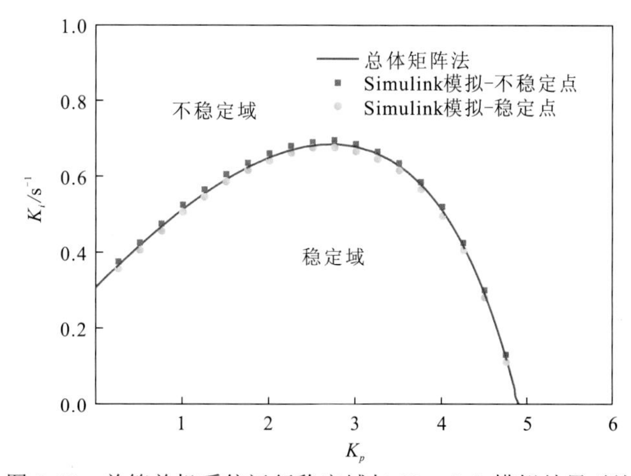

图 9-20　单管单机系统运行稳定域与 Simulink 模拟结果对比

在图 9-20 中的临界稳定域边界附近取表 9-2 中所列的三组调速器参数进行分析，可以分别求得这几组参数下系统的前 4 阶自振频率。由表 9-2 可知，三组调速器参数下，第一阶自振频率（0.002 3+0.289 7i、0.000 0+0.289 0i、−0.001 1+0.288 7i）的衰减因子最大，分别为 0.002 3、0.000 0 和−0.0011。由机组运行稳定的判据可知，当调速器参数取 $K_p=2$，$K_i=0.660\ \mathrm{s}^{-1}$ 时，系统是不稳定的；当调速器参数取 $K_p=2$，$K_i=0.649\ \mathrm{s}^{-1}$ 时，系统处于临界稳定状态；当调速器参数取 $K_p=2$，$K_i=0.640\ \mathrm{s}^{-1}$ 时，系统稳定。利用 Simulink，可以模拟得到该系统在不同调速器参数组合下，受到 10%负荷阶跃扰动时，机组转速偏差相对值随时间的变化，如图 9-21 所示。

表 9-2　不同调速器参数组合下系统的前 4 阶自振频率

参数点	调速器参数组合	阶数	衰减因子	圆频率/（rad/s）
1	$K_p=2$ $K_i=0.660\ \mathrm{s}^{-1}$	1	0.002 3	0.289 7
		2	−0.175 5	3.491 6
		3	−0.231 1	6.238 6
		4	−0.641 2	9.769 8
2	$K_p=2$ $K_i=0.649\ \mathrm{s}^{-1}$	1	0.000 0	0.289 0
		2	−0.175 6	3.491 6
		3	−0.231 1	6.238 6
		4	−0.641 2	9.769 8
3	$K_p=2$ $K_i=0.640\ \mathrm{s}^{-1}$	1	−0.001 1	0.288 7
		2	−0.175 6	3.491 6
		3	−0.231 1	6.238 6
		4	−0.641 3	9.769 8

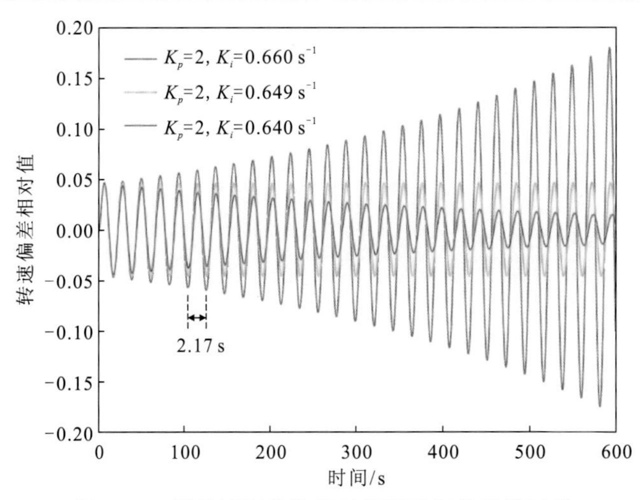

图 9-21　机组转速偏差相对值随时间的变化过程

由图 9-21 可知，在 10%负荷阶跃扰动下，机组转速随时间的衰减情况是与上述所求得的最大衰减因子相对应的，即当 $\sigma_{max} > 0$ 时，机组转速随时间逐渐发散；当 $\sigma_{max} = 0$ 时，机组转速随时间的变化既不衰减又不发散，呈现出等幅振荡的现象；而当 $\sigma_{max} < 0$ 时，机组转速随时间逐渐衰减，最终回到稳定状态。而且三种调速器参数组合下，第一阶自振频率的圆频率分别为 0.2897 rad/s、0.2890 rad/s 和 0.2887 rad/s，它们分别对应周期 21.69 s、21.74 s 和 21.76 s，与图中曲线变化的周期相近。可以说，该系统的第一阶自振频率为主导频率，它决定着系统在无扰动或微小扰动情况下自身的稳定性。

上述通过总体矩阵法求取的系统稳定域，是通过衰减因子 σ 来判别的。衰减因子小于 0 时，离虚轴越近，系统稳定性越差。在实际应用中，由于存在误差，系统应具有一定的稳定余量。如图 9-22 所示，若闭环系统的根全部位于过$(-m, 0)$点垂线的左边，则系统在复平面上的稳定余量为 m[17]。由此可运用总体矩阵法计算得出图 9-17 中单管单机系统的稳定余量域，如图 9-23 所示。

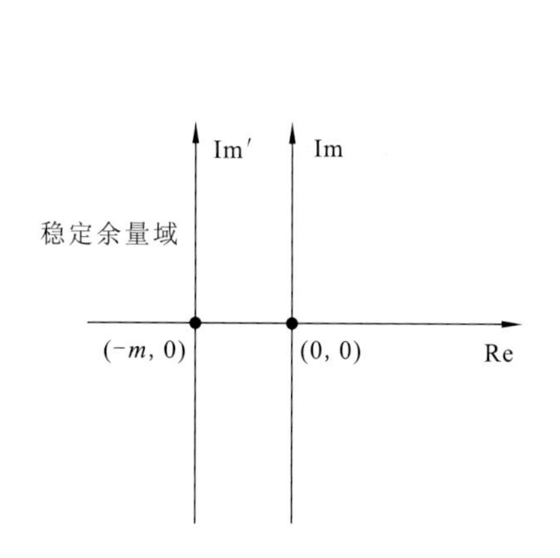

图 9-22　复平面上的稳定余量域

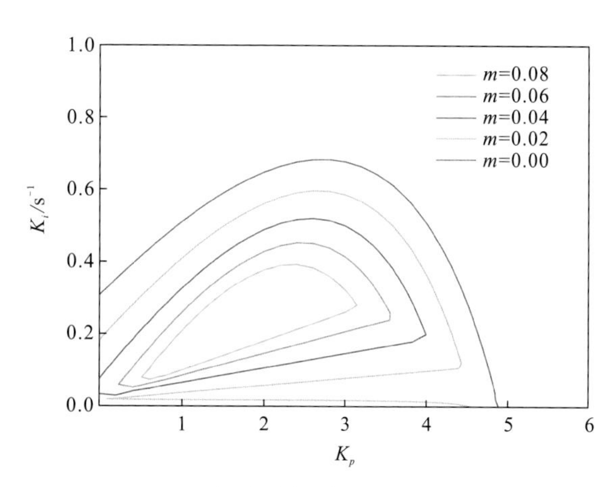

图 9-23　单管单机系统的稳定余量域

由稳定余量域图图 9-23 可知，随着 m 的增大，系统对应的稳定余量域减小。分别取同一 K_p 下，各 m 对应稳定余量域边界上的参数点（$K_p = 2$，$K_i = 0.649\ \mathrm{s}^{-1}$；$K_p = 2$，$K_i = 0.563\ \mathrm{s}^{-1}$；$K_p = 2$，$K_i = 0.490\ \mathrm{s}^{-1}$；$K_p = 2$，$K_i = 0.430\ \mathrm{s}^{-1}$；$K_p = 2$，$K_i = 0.379\ \mathrm{s}^{-1}$）进行 Simulink 时域模拟计算，其结果如图 9-24 所示。结果显示：稳定余量 m 越大，系统在受到 10%负荷阶跃扰动时转速偏差衰减越快，进入稳定状态的调节时间越短，稳定性和调节品质均更佳。

2. 一洞两机带上下游调压室系统

对于复杂的系统（图 9-25），传统的水力阻抗法或传递矩阵法往往采取“合肢”或“截肢”方法将一洞多机输水发电系统简化成单管单机系统，在管道布置不对称、机组运行状态不完全相同的真实条件下，其结果难免有一定的偏差。就系统阻抗或传递矩阵的推导而言，难度和复杂度都较大，而采用总体矩阵法可以有效地避免烦琐的推导，并

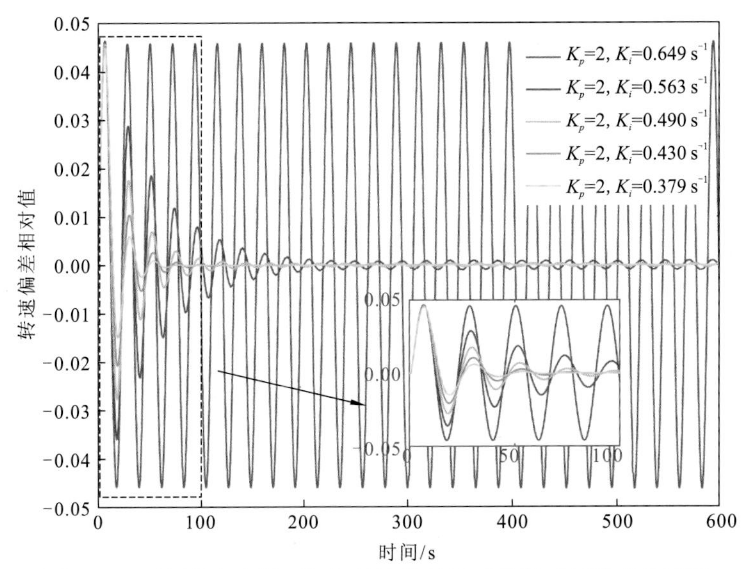

图 9-24　不同稳定余量下机组转速偏差相对值随时间的变化过程

保证计算结果的准确性。在该系统中，J1 和 J8 分别为上、下游水库；J2 和 J7 分别为上、下游调压室；J3 和 J6 分别为上、下游管道分岔点；J4 和 J5 均为机组；L1～L8 为管道。机组参数如下：机组额定出力为 306.1 MW，额定转速为 500 r/min，额定流量为 62.09 m^3/s，额定水头为 540 m，机组惯性加速时间 $T_a = 8.50\text{ s}$。以额定工况运行时，机组水轮机传递系数 $e_x = -1.8129$，$e_y = 0.8327$，$e_h = 1.9020$，$e_{qx} = -0.6606$，$e_{qy} = 0.8344$，$e_{qh} = 0.8258$，永态转差系数 $b_p = 0$，发电机负载自调节系数 $e_g = 0$，主接力器时间常数 $T_y = 0.02$ s。调压室参数如下：上游调压室为简单式调压室，断面积 F_1 为 63.62 m^2，调压室水位理论波动周期 T_{F1} 为 61.4 s；下游调压室为简单式调压室，断面积 F_2 为 95.03 m^2，调压室水位理论波动周期 T_{F2} 为 109.50 s。管道参数见表 9-3。

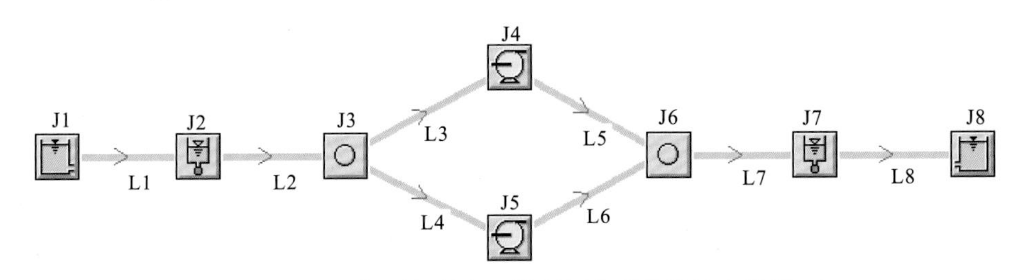

图 9-25　一洞两机带上下游调压室系统管线布置图

表 9-3　一洞两机带上下游调压室系统管道参数

管道号	长度/m	面积/m^2	波速/（m/s）
L1	444.23	30.16	1 100
L2	865.69	19.97	1 200
L3	117.86	5.29	1 200

续表

管道号	长度/m	面积/m²	波速/（m/s）
L4	108.36	5.17	1 200
L5	155.40	13.80	1 100
L6	165.90	13.88	1 100
L7	15.00	33.18	1 100
L8	1 065.22	33.97	1 000

该系统具有 8 根管道，其总体矩阵的大小为 32×32，由于篇幅限制，给出系统总体矩阵简图，如图 9-26 所示。

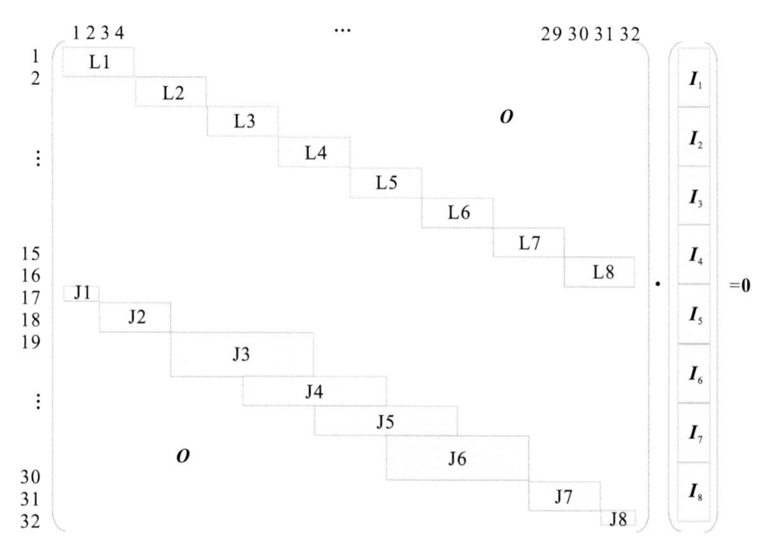

图 9-26　一洞两机带上下游调压室系统的总体矩阵简图

$\boldsymbol{I}_1\sim\boldsymbol{I}_8$ 为 $\boldsymbol{X}$ 向量的分块

根据 $\sigma_{\max}=0$ 时的调速器参数绘制系统的稳定域，其结果见图 9-27 和图 9-28。由图 9-28 中临界稳定域边界与 Simulink 模拟结果的对比可知，总体矩阵法能够准确和有效地求解出系统的机组运行稳定域。

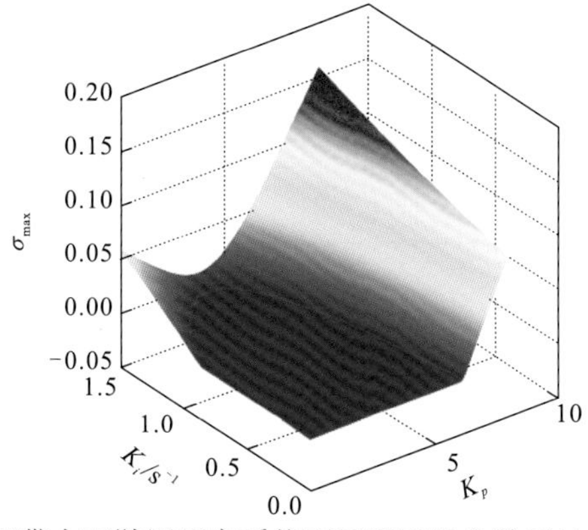

图 9-27　一洞两机带上下游调压室系统不同调速器参数下的最大衰减因子 $\sigma_{\max}$

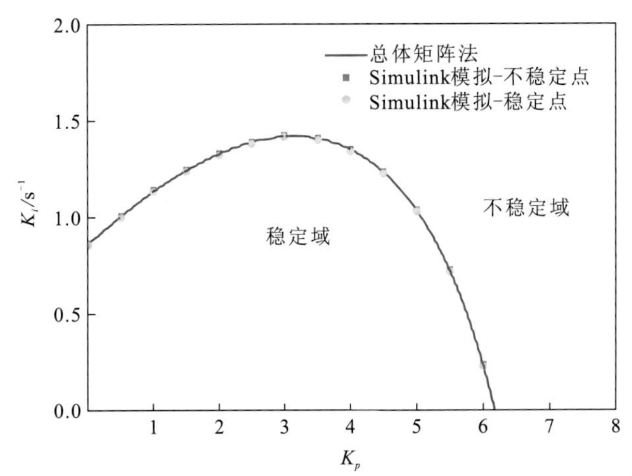

图 9-28　一洞两机带上下游调压室系统运行稳定域与 Simulink 模拟结果的对比

为进一步分析该系统自由振荡的特性，在机组运行稳定域边界内取表 9-4 中的四组调速器参数进行系统自振频率的求解，得到不同调速器参数组合下该系统的前 5 阶自振频率，如表 9-4 所示。

表 9-4　不同调速器参数组合下系统的前 5 阶自振频率

参数点	调速器参数组合	阶数	衰减因子	圆频率/（rad/s）
1	$K_p=3$ $K_i=0.3\ s^{-1}$	1	−0.000 7	0.056 9
		2	−0.005 5	0.101 1
		3	−0.188 1	0.567 1
		4	−1.079 3	3.421 8
		5	−52.392 9	5.903 2
2	$K_p=3$ $K_i=0.5\ s^{-1}$	1	−0.000 5	0.057 1
		2	−0.005 2	0.101 2
		3	−0.163 0	0.535 5
		4	−1.075 1	3.420 3
		5	−52.390 0	5.899 0
3	$K_p=3$ $K_i=0.7\ s^{-1}$	1	−0.000 5	0.057 2
		2	−0.005 0	0.101 4
		3	−0.129 8	0.507 6
		4	−1.070 9	3.418 8
		5	−52.391 2	5.894 9
4	$K_p=3$ $K_i=0.9\ s^{-1}$	1	−0.000 5	0.057 2
		2	−0.004 9	0.101 5
		3	−0.091 0	0.488 5
		4	−1.066 6	3.417 3
		5	−52.390 4	5.890 8

由表 9-4 可知，对于每一组调速器参数，系统的第一阶自振频率的衰减因子最大，其决定了系统自身的稳定与否。所取参数点均在稳定域边界以内，故每个参数点下系统的 σ_{max} 均小于 0，这是合理的。系统第一阶和第二阶自振频率的圆频率分别接近 0.057 rad/s、0.101 rad/s，对应的周期分别为 110.2 s 和 62.2 s，分别与下游调压室和上游调压室的水位理论波动周期相近，说明上游调压室的水力特性决定了系统的第二阶自振频率，而下游调压室的水力特性决定了第一阶自振频率。同样，在 Simulink 中，在不同调速器参数组合下，分别给定系统 10%的负荷阶跃扰动，得到机组转速偏差相对值的时域图，如图 9-29 所示。

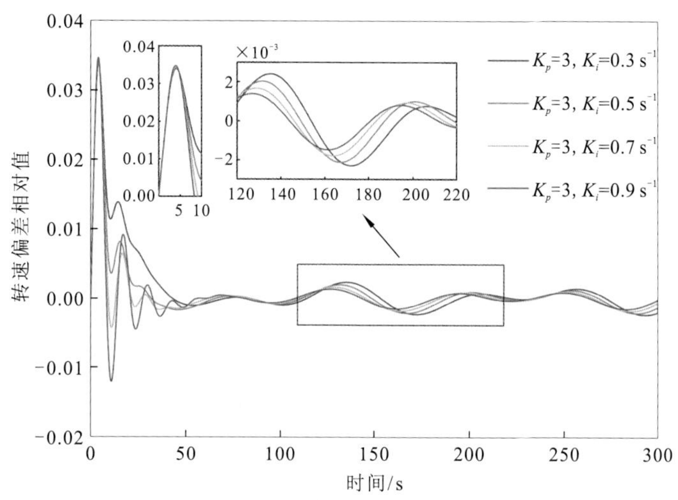

图 9-29　一洞两机带上下游调压室系统的机组转速偏差相对值随时间的变化过程

由图 9-29 可以看出，机组转速波动过程可分为两个阶段，即主波和尾波。前 50s 左右为主波波动过程，机组转速高频、大幅度衰减，其振荡过程主要与系统的高阶自振频率（如表 9-4 中的 3、4、5 阶自振频率，衰减因子数值大，频率高）有关。随着 K_i 的减小，机组转速偏差相对值的峰值几乎一致，但其振荡幅度减小，说明系统的调节品质更好。250 s 为尾波波动过程，机组转速低频、小幅度振荡，其振荡过程主要与系统的低阶自振频率（表 9-4 中的 1、2 阶自振频率，衰减因子数值小，频率低）有关。该低频尾波主要由上下游调压室决定，调速器参数对其振荡过程的影响不大，这也解释了为何图 9-27 中当最大衰减因子 σ_{max} 接近 0 时，曲面（蓝色区域）接近于一个与 σ_{max} 轴垂直的平面。

9.3.2　强迫振荡分析

某抽水蓄能电站为一洞两机并设有上游调压室的水力发电系统，布置方式如图 9-30 所示。该系统中，J6、J7 分别为 1#机组、2#机组，J1 和 J11 分别为上、下游水库，J2 为调压室，J3、J10 分别为上、下游分岔点，J4、J5、J8、J9 为管道串联节点，L1、L2、L11 为主管道，L3、L5、L7、L9 为 1#机组所在路线的管道，L4、L6、L8、L10 为 2#机组所在路线的管道。

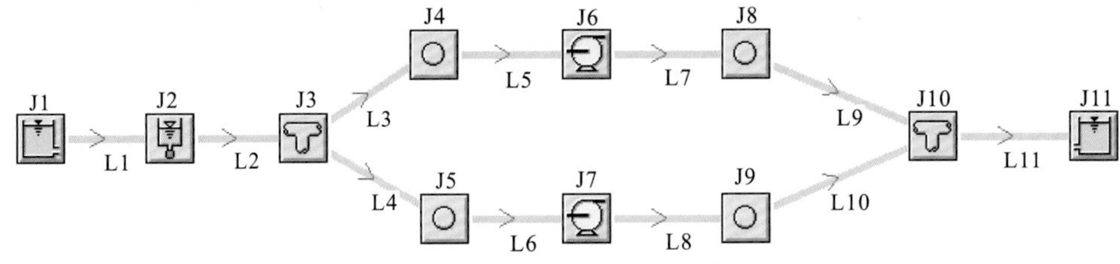

图 9-30 某抽水蓄能电站管线布置图

两台机组的参数如下：机组额定出力为 306 MW，额定转速为 250 r/min，额定流量为 176.1 m³/s，额定水头为 195 m，机组惯性加速时间 $T_a = 10.8\ \text{s}$。以额定工况运行时，1#机组水轮机传递系数 $e_x = -1.201$，$e_y = 0.427$，$e_h = 1.543$，$e_{qx} = -0.153$，$e_{qy} = 0.594$，$e_{qh} = 0.580$，永态转差系数 $b_p = 0$，发电机负载自调节系数 $e_g = 0$，主接力器时间常数 $T_y = 0.02\ \text{s}$。2#机组的参数与 1#机组相同。调压室断面积 $F = 380.13\ \text{m}^2$，系统管道参数如表 9-5 所示。调速器参数整定为 $K_p = 4$，$K_i = 0.2\ \text{s}^{-1}$，$K_d = 0$。

表 9-5 某抽水蓄能电站的管道参数

管道号	长度/m	当量直径/m	波速/（m/s）
L1	1 113.94	9.21	1 100
L2	206.71	8.97	1 120
L3	60.71	5.77	1 202
L4	60.71	5.77	1 202
L5	176.44	4.49	1 206
L6	176.44	4.49	1 206
L7	112.41	6.56	1 166
L8	112.41	6.56	1 166
L9	61.11	7.68	1 150
L10	61.11	7.68	1 150
L11	272.27	10.9	1 050

由总体矩阵法可以构建该系统对应的总体矩阵，其大小为 44×44，可通过 9.2.2 小节中的总体矩阵降阶简化方法将矩阵降为 22×22，由于矩阵过大，不便列出。结合自由振荡计算理论，并基于 MATLAB 编程环境，在上述参数条件下，计算得出系统的自振频率，如表 9-6 所示。

表 9-6 系统自振频率

阶数	自振频率	衰减因子	圆频率/（rad/s）
1	−0.000 2+0.038 0i	−0.000 2	0.038 0
2	−0.114 8+0.349 5i	−0.114 8	0.349 5
3	−0.323 3+0.354 2i	−0.323 3	0.354 2

续表

阶数	自振频率	衰减因子	圆频率/（rad/s）
4	−0.013 3+4.115 5i	−0.013 3	4.115 5
5	−0.309 5+7.122 6i	−0.309 5	7.122 6
6	−0.049 9+9.645 3i	−0.049 9	9.645 3
7	−0.035 0+12.612 0i	−0.035 0	12.612 0
8	−1.348 0+19.347 7i	−1.348 0	19.347 7
9	−1.482 0+23.048 3i	−1.482 0	23.048 3
10	−0.027 0+35.939 8i	−0.027 0	35.939 8
11	−0.011 1+40.339 2i	−0.011 1	40.339 2
12	−0.034 5	−0.034 5	0.000 0
13	−50.645 1	−50.645 1	0.000 0
14	−237.026 2	−237.026 2	0.000 0
15	−411.245 4	−411.245 4	0.000 0

由表 9-6 可知，系统的自振频率中衰减因子均为负，说明系统在任何微小的扰动下，都能恢复自身的稳定。由圆频率 0.038 0 rad/s，可得第一阶自振周期 $T_1 = 165.35\ \text{s}$，而调压室水位理论波动周期 $T_F = 159.93\ \text{s}$。T_1 略大于 T_F，主要是因为在自由振荡分析中考虑了水头损失，而 T_F 的计算未计入水头损失，若忽略由水头损失引起的偏差，第一阶自振周期 T_1 与调压室水位理论波动周期 T_F 基本一致[18]。

在 MATLAB/Simulink 和基于特征线法的 Topsys 数值仿真计算平台中，给定系统一个扰动值为−0.1 的负荷阶跃扰动，得到机组转速偏差相对值和调压室水位变化相对值的时域响应，如图 9-31 所示。

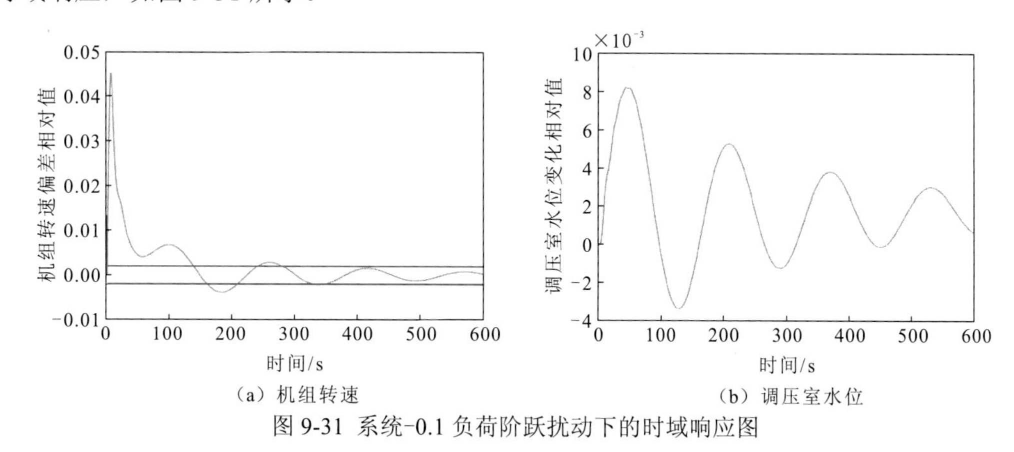

（a）机组转速　　（b）调压室水位

图 9-31　系统−0.1 负荷阶跃扰动下的时域响应图

由图 9-31 可知，系统受到负荷阶跃扰动后，在一段时间后能够恢复到初始的稳定状态。并且机组转速变化主要有两个阶段，前 20 s 内受主波影响，振幅较大，频率较高；

之后受调压室尾波影响，衰减幅度小，频率低，衰减过程较为缓慢，其波动周期与调压室水位波动周期相近，均在 162 s 左右。

1. 上游水库扰动

在对系统进行强迫振荡分析时，先根据扰动源的位置、扰动幅值和频率确定总体矩阵 $\boldsymbol{A}$ 和矩阵 $\boldsymbol{B}$，然后通过列主元素高斯消去法求出状态向量 $\boldsymbol{X}$，即各管道首末断面处的复压力水头和复流量，最后通过管道内部关系方程求得管线各处的复压力水头和复流量。本节以上游水库处的水头扰动为扰动源，对上述原水力系统进行计算分析。

将按正弦变化的水头 $h=\Delta H\sin\omega t$ 作为扰动源，扰动幅值为 $\Delta H=1\,\mathrm{m}$，取不同的扰动频率 ω 进行分析。以 1#机组路线为例，计算管道各处的复压力水头和复流量，并绘制沿线分布图，如图 9-32 所示。

分析图 9-32 可知：

（1）离上游水库 1 114 m 处的调压室对减小调压室下游段的水头和流量振荡幅值有显著作用。

（2）扰动频率越大，调压室引水隧洞中的振荡水头和振荡流量按正弦或余弦分布越明显。

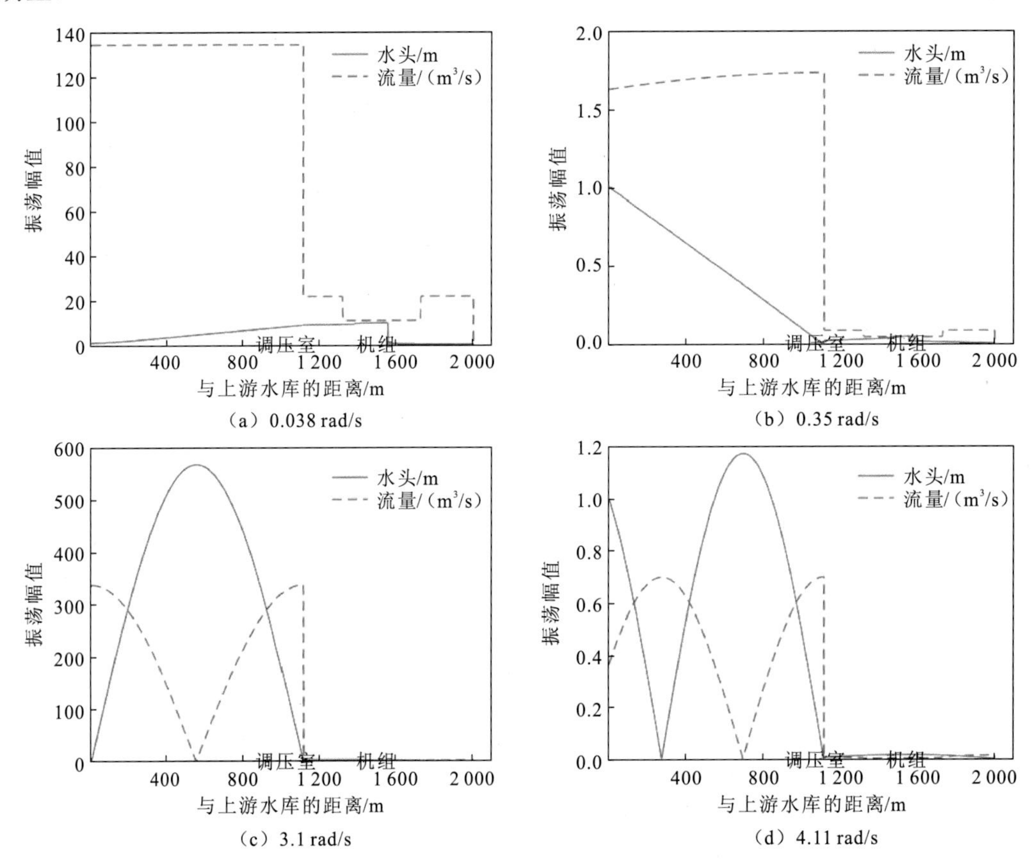

（a）0.038 rad/s　（b）0.35 rad/s　（c）3.1 rad/s　（d）4.11 rad/s

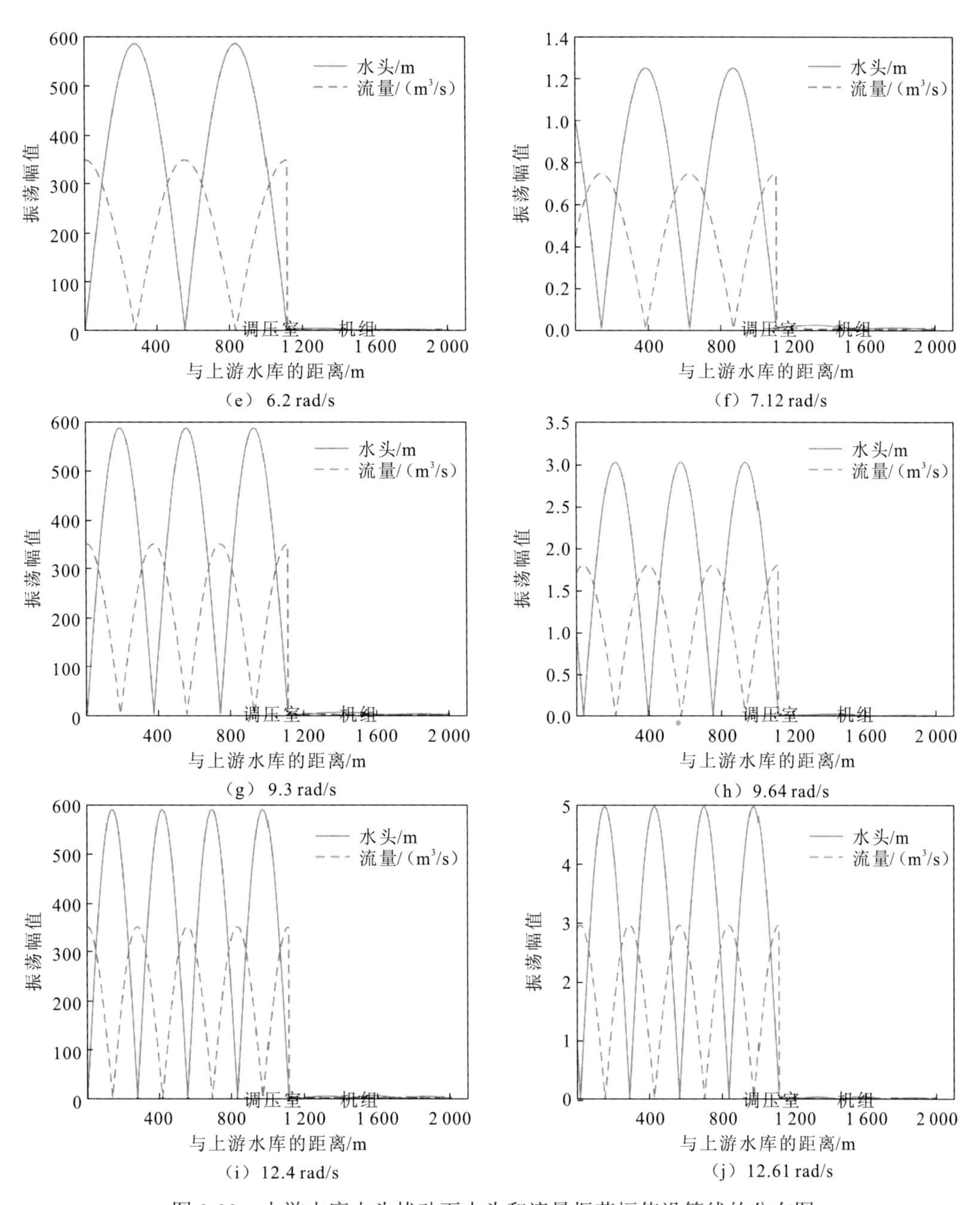

图 9-32　上游水库水头扰动下水头和流量振荡幅值沿管线的分布图

调压室之前引水隧洞长 $L_y = 1113.94\ \text{m}$，水击波速 $a = 1100\ \text{m/s}$，根据文献[19]，以引水隧洞长度等于 1/4 波长时对应的频率为基振频率，即式（9-58）中 $k' = 1$，将各参数代入式（9-58）中可求得基振频率 $\omega_s \approx 1.55\ \text{rad/s}$。

$$L_y = k' \frac{2\pi a}{4\omega} \tag{9-58}$$

上述扰动频率与基振频率 ω_s 的比值即 k'，具体比值如表 9-7 所示。

表 9-7　不同扰动频率对应的 k'

扰动频率/（rad/s）	0.038	0.350	3.100	4.110	6.200
k'	0.025	0.226	2.000	2.652	4.000
扰动频率/（rad/s）	7.120	9.300	9.640	12.400	12.610
k'	4.594	6.000	6.219	8.000	8.135

对比图 9-32 和表 9-7 中的数据可知：在水头扰动下，当扰动频率接近引水隧洞基振频率的偶数倍，即 k' 为偶数时，扰动源处于或接近压力振荡节点，水头振荡幅值接近 0，导致引水隧洞中的振荡幅值巨大；系统 1～7 阶自振频率对应的 k' 偏离基振频率的偶数倍，故振荡幅值较小。

取不同的扰动频率对水头扰动和流量扰动进行初步的频域分析，计算结果如图 9-33 所示。

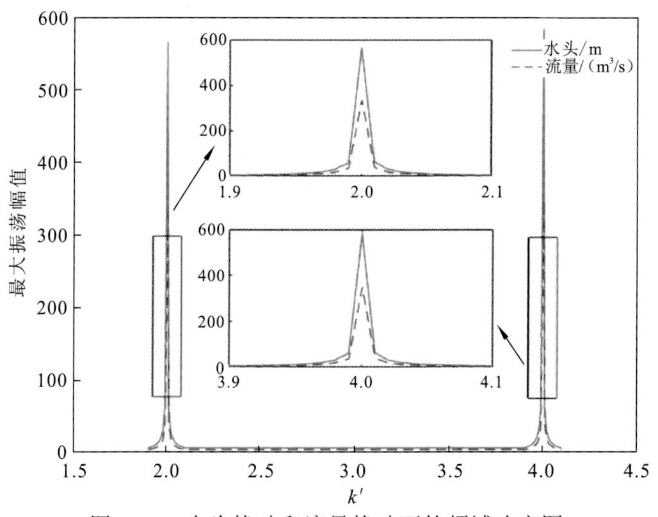

图 9-33　水头扰动和流量扰动下的频域响应图

结果表明，在水头扰动下，当 k' 接近偶数时，管道中的最大振荡幅值巨大，这进一步证实了前面的结果。

2. 机组扰动

在强迫振动分析中，机组的功率变化常常也会作为扰动源对水力系统产生影响。机组在稳定运行时，发电机负载力矩几乎不随时间变化，机组模型矩阵表达式中的 $\Delta M_g / M_{g0}$ 即发电机负载力矩偏差相对值 m_{g0} 为 0，系统各处的振荡水头 h' 和振荡流量 q' 也均为 0；而当机组功率发生变化时，系统各处的水头和流量也变化。若两台机组的 m_{g0} 按正弦规律变化（$m_{g0}=\Delta m \sin \omega t$，取 $\Delta m = 0.1$，即功率扰动 10%），计算分析不考虑机组尾水管空腔涡影响时，不同扰动频率下系统复变量的响应，结果如图 9-34 所示。

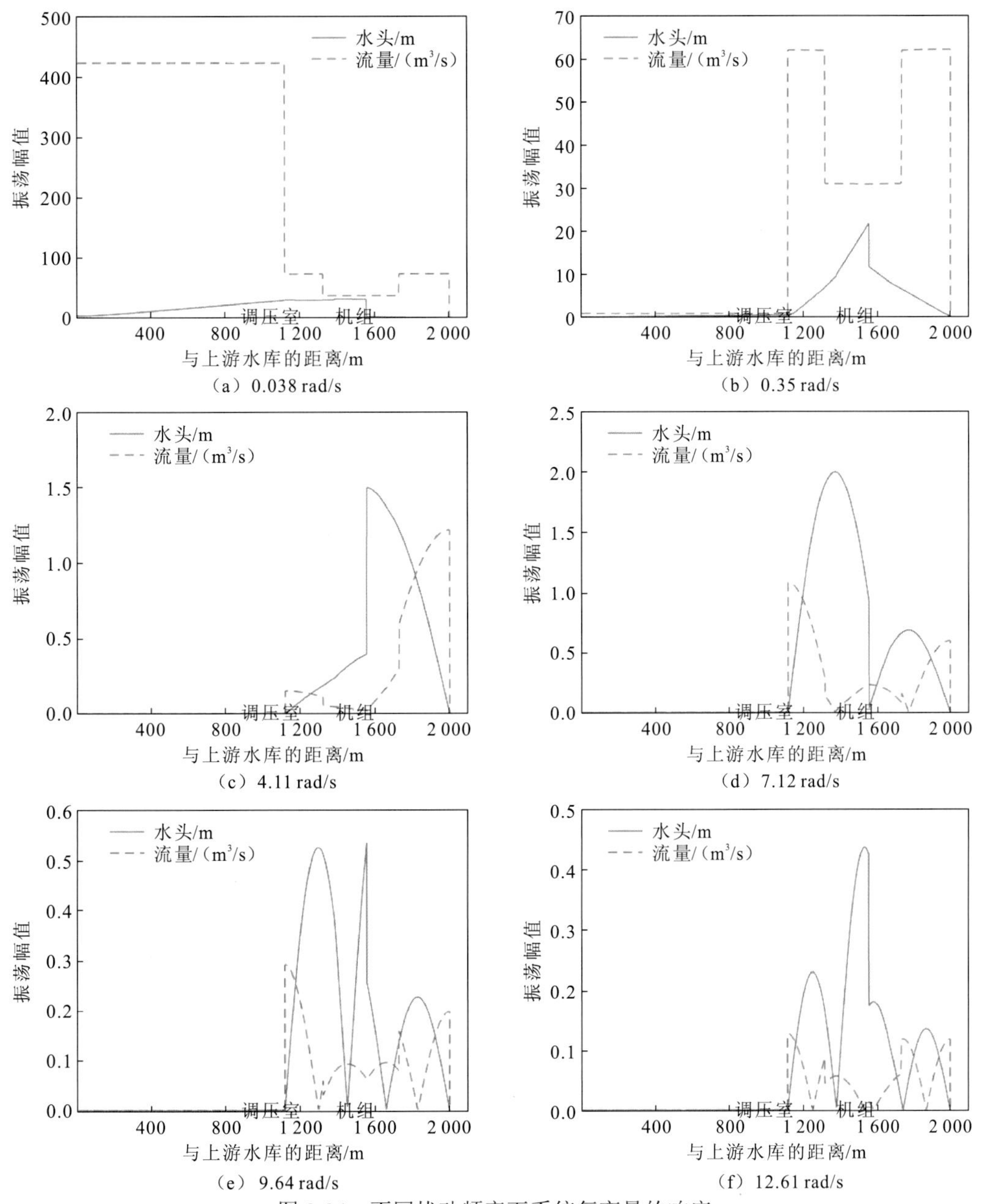

（a）0.038 rad/s　（b）0.35 rad/s　（c）4.11 rad/s　（d）7.12 rad/s　（e）9.64 rad/s　（f）12.61 rad/s

图 9-34　不同扰动频率下系统复变量的响应

分析图 9-34 可知：

（1）在扰动频率偏离调压室频率即系统第一阶自振频率时，调压室引水隧洞段几乎不受机组扰动的影响。

（2）当扰动频率接近调压室频率时，机组扰动会引起引水隧洞中水流的共振，导致流量振幅巨大。在实际机组运行控制中，应尽量使机组参数变化的频率偏离系统的自振频率以减小水头和流量的振荡幅值，降低强迫振动给水力系统安全带来的风险。

3. 尾水管扰动

机组尾水管处水头扰动和流量扰动下的复变量沿管线的变化规律基本一致，仅振荡幅值存在差异。因此，以尾水管处按正弦变化的水头扰动为例进行分析，取扰动幅值为 1 m，计算不同频率下系统的强迫振荡响应，结果如图 9-35 所示。

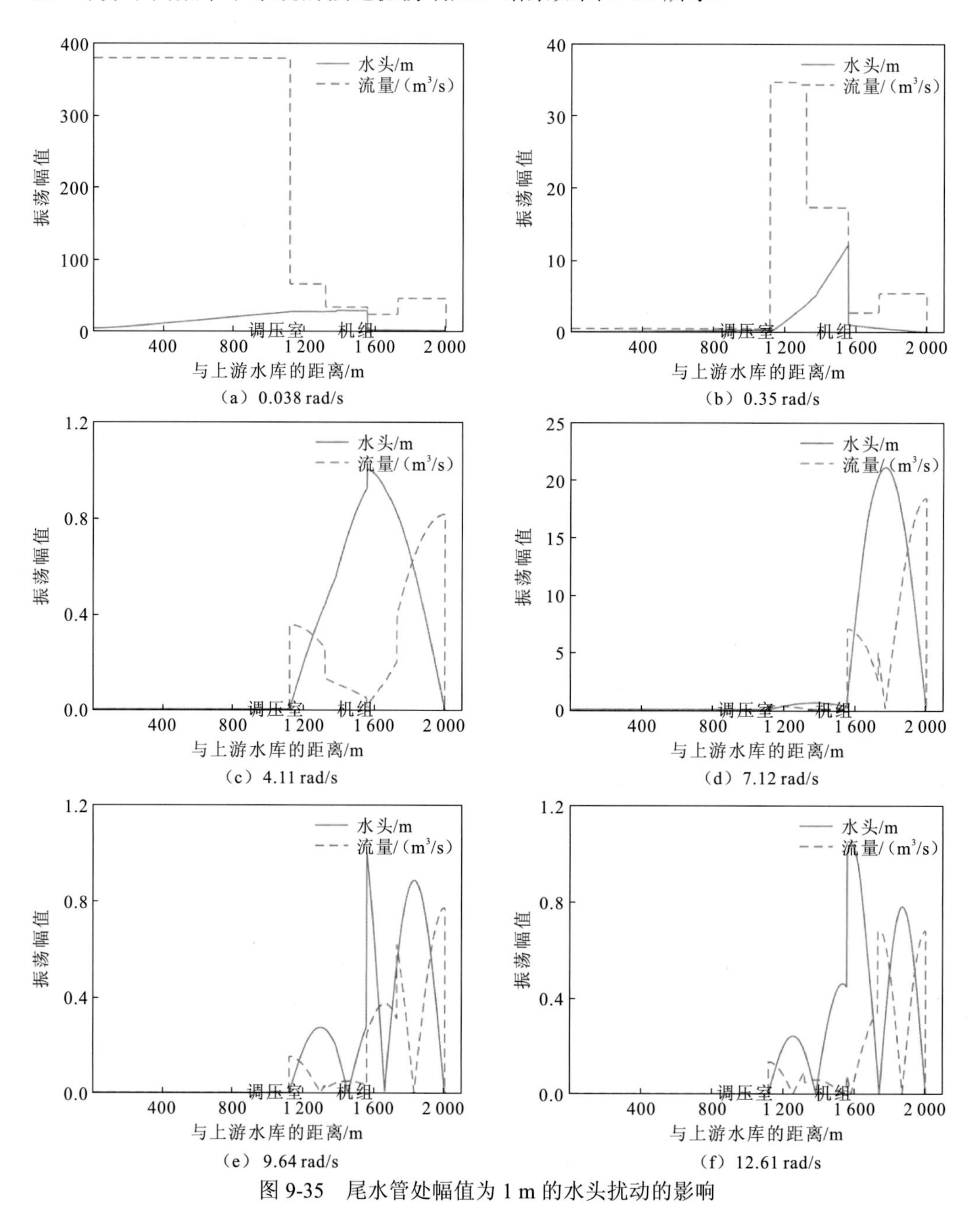

图 9-35 尾水管处幅值为 1 m 的水头扰动的影响

由图 9-35 可知：与机组扰动相似，在高频下振荡衰减快，机组尾水管处的扰动对调压室引水隧洞段几乎没有影响；而在低频下特别是接近调压室频率时，水击波具有穿透性，会引起调压室引水隧洞段水头和流量的大幅振荡。

9.4　Simulink 建模在水力发电系统中时域分析的应用

以本章 9.3.1 小节中的一洞两机带上下游调压室系统为例，在 Simulink 中构建系统总体的方框图（图 9-36）进行小波动稳定性分析，重点分析调速器参数、调压室断面积和支管非对称布置对系统调节品质的影响。

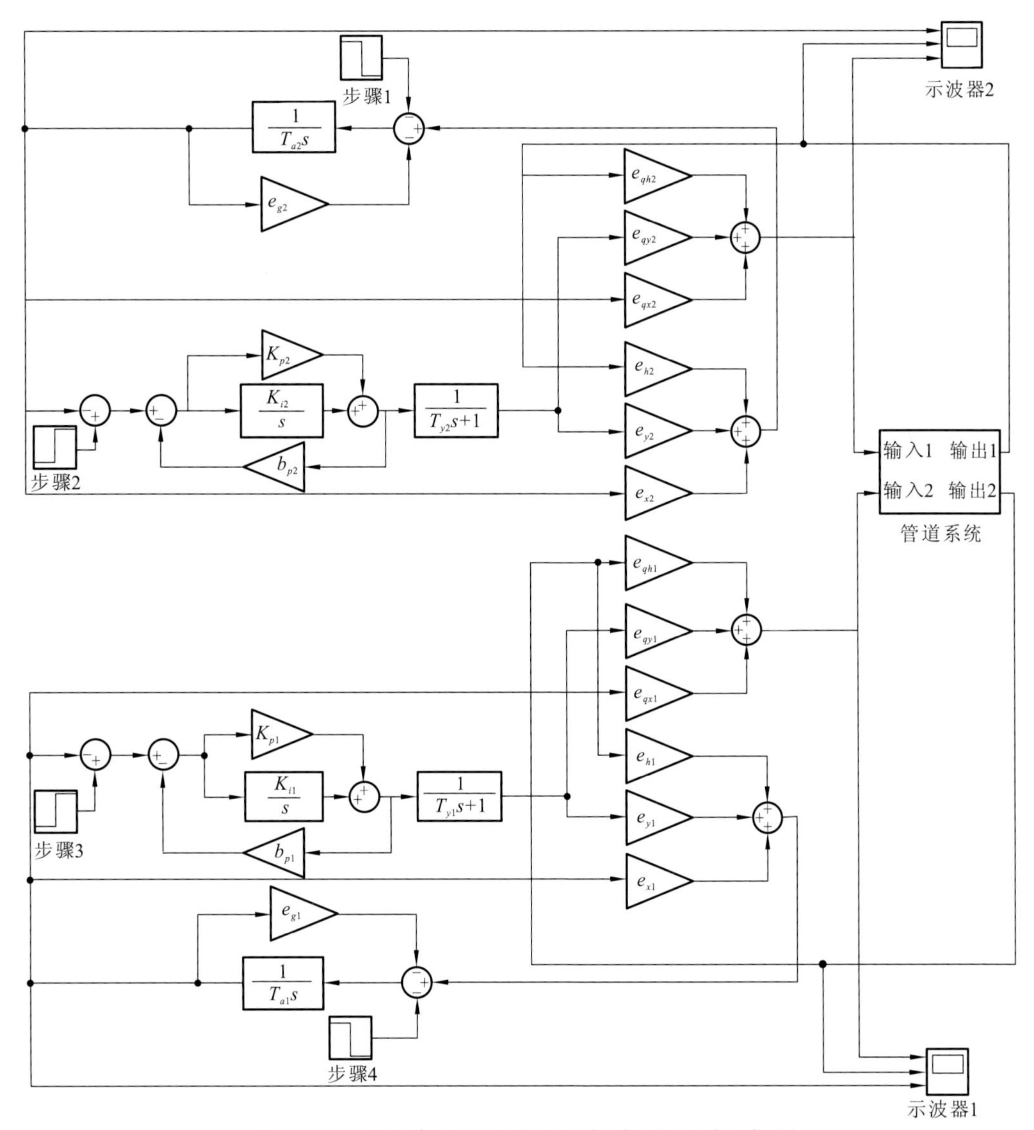

图 9-36　一洞两机带上下游调压室系统的总体方框图

9.4.1 调速器参数的影响

本小节研究调速器参数对水力发电系统小波动调节品质的影响，计算工况为 R1，即 1#和 2#机组以额定工况正常运行，负荷扰动为-10%。计算结果见表 9-8 和图 9-37。

表 9-8　调速器参数影响的仿真统计结果

序号	机组号	K_p	K_i/s^{-1}	进入±0.2%转速带的调节时间/s	转速最大偏差/（r/min）	振荡次数	衰减度	超调量/%
1	1#	3	0.3	299.01	17.02	5	0.99	2.94
	2#			299.01	16.98	5	0.99	2.94
2	1#	3	0.5	291.34	17.15	5	0.98	4.78
	2#			291.36	17.10	5	0.98	4.79
3	1#	3	0.7	19.91	17.28	1.5	0.81	12.62
	2#			19.91	17.23	1.5	0.81	12.36
4	1#	3	0.9	38.45	17.41	3	0.73	34.92
	2#			38.45	17.36	3	0.73	35.02
5	1#	2	0.7	23.92	17.88	1.5	0.90	20.11
	2#			23.91	17.84	1.5	0.90	19.90
6	1#	4	0.7	41.94	17.03	4	0.62	18.20
	2#			41.93	16.98	4	0.62	17.90
7	1#	5	0.7	128.00	17.02	13	0.36	32.02
	2#			127.99	16.96	13	0.36	31.72

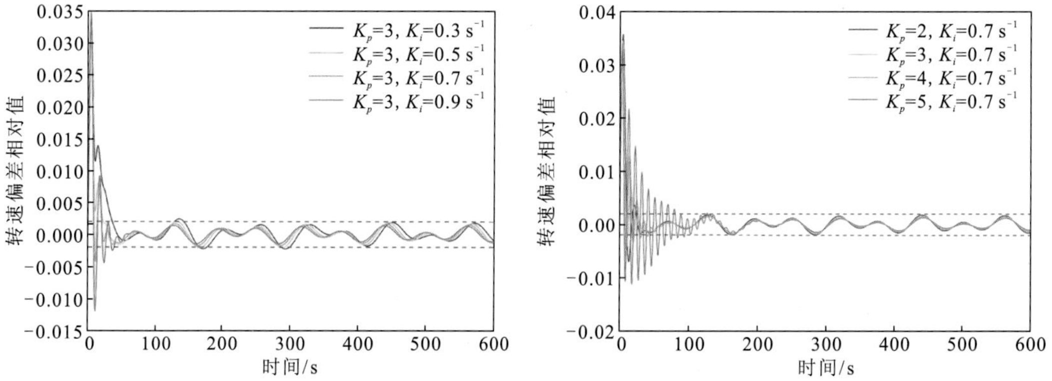

（a）同一K_p，不同K_i　　（b）同一K_i，不同K_p

图 9-37　不同调速器参数下 1#机组转速偏差相对值的波动图

从表 9-8 和图 9-37 可以看出：随着调速器参数的增大，机组转速最大偏差的变化值不大，但是振荡次数呈现先增大后减小的趋势，即机组转速进入±0.2%转速带的调节时间先减小后增大。随着调速器参数的增大，衰减度减小，超调量增加，调节品质恶化。

因此，要使调节系统历经小波动过渡过程达到稳定状态的时间短并且调节品质较好，调速器参数不能取得太小也不能取得太大，需要进行调速器参数的整定以达到需求。

9.4.2　调压室断面积的影响

本小节研究调压室对机组调节品质的影响，首先分析对比取消上下游调压室和设有上下游调压室对系统调节品质的影响，其次分析调压室断面积对系统调节品质的影响。计算结果见表 9-9 和图 9-38。

表 9-9　设或不设调压室仿真统计结果的对比

序号	调压室断面积/m^2	K_p	K_i/s^{-1}	机组号	进入±0.2%转速带的调节时间/s	转速最大偏差/（r/min）	振荡次数	衰减度	超调量/%
1	$F_1 = 0.00$	2	0.1	1#	106.16	23.88	0.5	0.53	0.00
	$F_2 = 0.00$			2#	106.19	23.85	0.5	0.53	0.00
2	$F_1 = 63.62$	2	0.1	1#	305.67	17.76	3	0.90	0.00
	$F_2 = 95.03$			2#	305.67	17.73	3	0.90	0.00
3	$F_1 = 0.00$	2	0.2	1#	45.28	24.26	0.5	0.69	0.00
	$F_2 = 0.00$			2#	45.29	24.23	0.5	0.69	0.00
4	$F_1 = 63.62$	2	0.2	1#	458.72	17.76	5.5	0.99	1.69
	$F_2 = 95.03$			2#	458.71	17.73	5.5	0.99	1.69
5	$F_1 = 0.00$	2	0.3	1#	43.90	24.65	2.5	0.74	17.69
	$F_2 = 0.00$			2#	43.90	24.61	2.5	0.74	17.51
6	$F_1 = 63.62$	2	0.3	1#	576.78	17.77	10	0.99	5.51
	$F_2 = 95.03$			2#	576.78	17.74	10	0.99	5.47
7	$F_1 = 0.00$	2	0.4	1#	63.16	25.04	3.5	0.67	41.53
	$F_2 = 0.00$			2#	63.15	25.00	3.5	0.67	41.20
8	$F_1 = 63.62$	2	0.4	1#	573.40	17.79	9.5	0.99	6.07
	$F_2 = 95.03$			2#	573.40	17.75	9.5	0.99	6.08

由表 9-9 和图 9-38 可知：当水电站取消上下游调压室，即调压室断面积为 0 时，转速波动曲线的第一个波峰值大于设置调压室的系统，这是由于调压室能反射水击波，限制了水击波进入压力管道的作用，故能够减小机组转速上升。对于不设调压室的水电站，转速经过一段时间的波动后，趋于机组的额定转速，而设调压室的水电站的转速在进入±0.2%转速带后依旧是波动的，这是由于调压室水位变化时产生了低频振荡波。机组转速的波动过程分为主波与尾波两个部分，这些从图 9-38 中也可以看出，主波（前 100 s）衰减快，波动周期短，而尾波（100 s 之后）衰减慢，波动周期长。受调压室低频振荡波的影响，如果调速器参数选择不佳，会导致尾波部分一直无法进入±0.2%转速带，整个调节系统的调节品质较差，对水电站的安全运行不利。

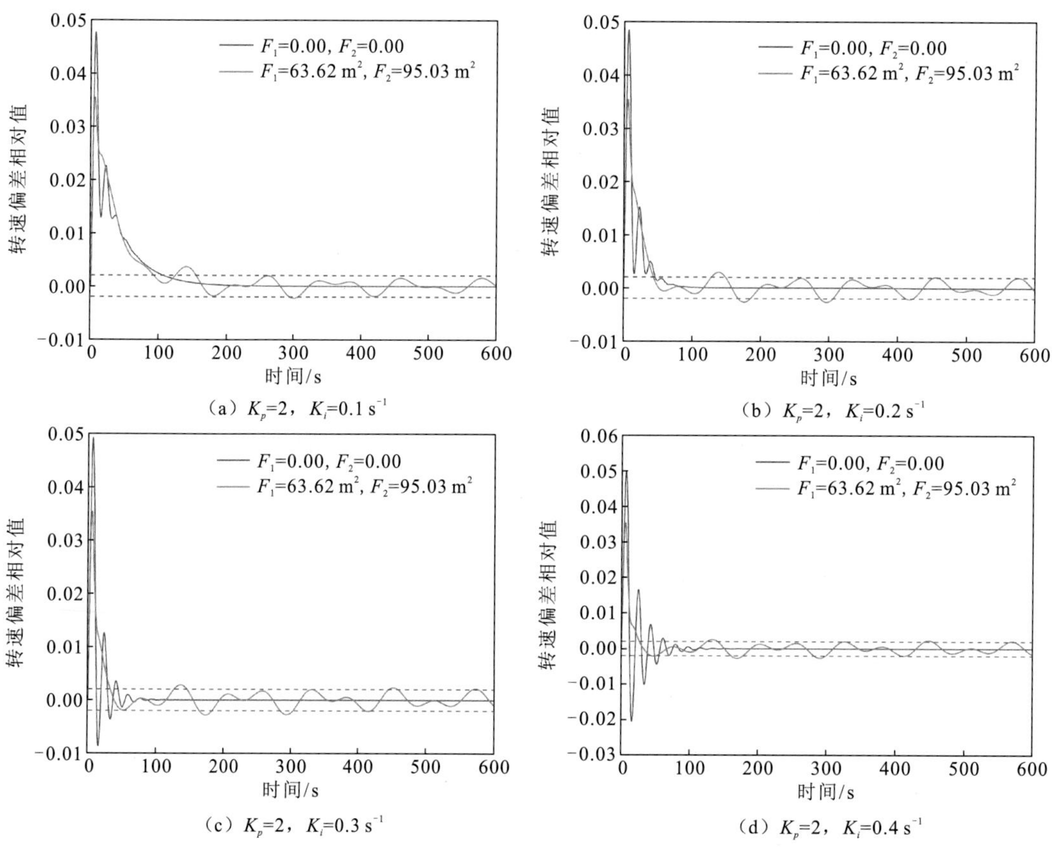

（a）K_p=2，K_i=0.1 s^{-1}　（b）K_p=2，K_i=0.2 s^{-1}

（c）K_p=2，K_i=0.3 s^{-1}　（d）K_p=2，K_i=0.4 s^{-1}

图 9-38　设或不设调压室条件下 1#机组转速偏差相对值的波动图

在固定调速器参数条件下，分析比较不同调压室断面积对系统调节品质的影响，如表 9-10 和图 9-39 所示。

表 9-10　不同调压室断面积的仿真统计结果

序号	调压室断面积/m^2	K_p	K_i/s^{-1}	机组号	进入±0.2%转速带的调节时间/s	转速最大偏差/（r/min）	振荡次数	衰减度	超调量/%
1	F_1 = 63.62	2	0.7	1#	23.92	17.88	1.5	0.90	20.11
	F_2 = 95.03			2#	23.91	17.84	1.5	0.90	19.90
2	F_1 = 70.00	2	0.7	1#	24.09	17.88	1.5	0.89	20.49
	F_2 = 95.03			2#	24.07	17.83	1.5	0.89	20.30
3	F_1 = 80.00	2	0.7	1#	24.28	17.87	1.5	0.89	20.98
	F_2 = 95.03			2#	24.27	17.83	1.5	0.89	20.81
4	F_1 = 90.00	2	0.7	1#	24.42	17.87	1.5	0.89	21.37
	F_2 = 95.03			2#	24.40	17.83	1.5	0.89	21.20

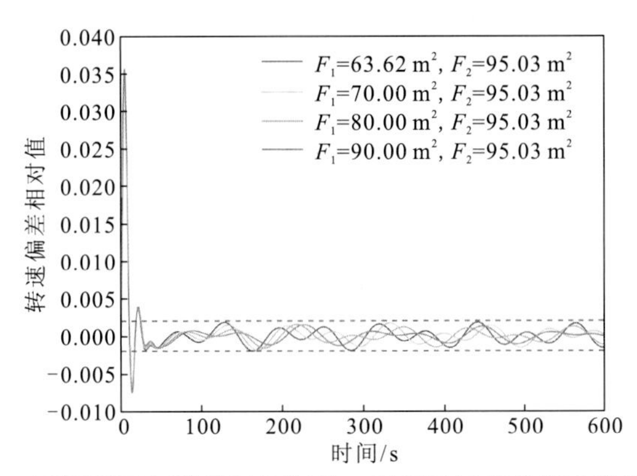

图 9-39　不同调压室断面积条件下 1#机组转速偏差相对值的波动图

由表 9-10 和图 9-39 可知：调压室断面积对转速主波影响不大，主要是影响尾波部分，随着断面积的增大，尾波的波动程度减缓，稳定性更佳，但波动周期变长。

9.4.3　支管非对称布置的影响

本小节研究支管长度不对称对水电站运行稳定性的影响，只改变管道 L4 的长度，如表 9-11 所示，选取的调速器参数为 $K_{p1}=K_{p2}=2.0$，$K_{i1}=K_{i2}=0.3\ s^{-1}$，进行 Simulink 仿真，计算结果见图 9-40。

表 9-11　管道 L4 的参数

方案号	长度/m	面积/m²	波速/（m/s）	流量/（m³/s）	T_w/s
1	108.36	5.17	1 200	62.09	0.245 7
2	200	5.17	1 200	62.09	0.453 4
3	300	5.17	1 200	62.09	0.680 1
4	400	5.17	1 200	62.09	0.906 8

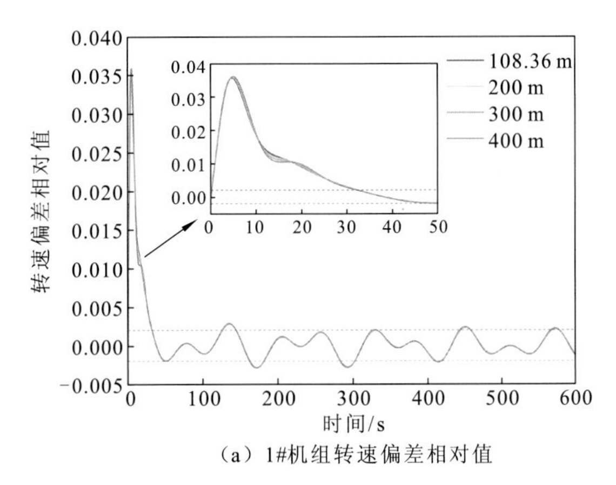

（a）1#机组转速偏差相对值

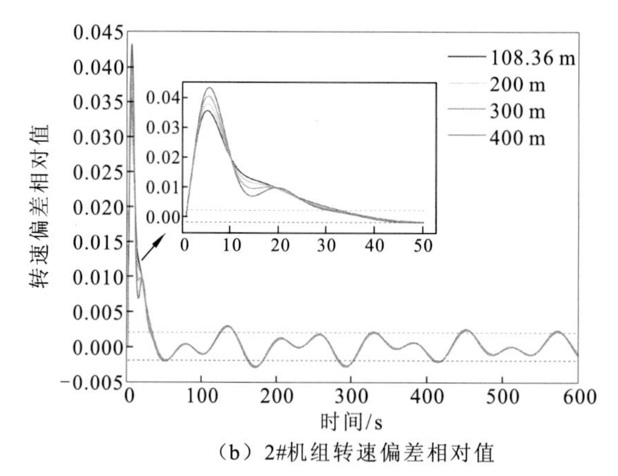

（b）2#机组转速偏差相对值

图 9-40 管道 L4 不同长度下机组转速偏差相对值的波动图

从图 9-40 可以看出：随着管道 L4 长度的增加，2#机组转速的波动逐渐剧烈，衰减度减小，超调量增大，这是由 2#机组所在管线水流惯性加速时间 T_w 增大所致。但管道 L4 长度的变化对 1#机组影响较小，并对两台机组转速尾波变化过程的影响不大。

参 考 文 献

[1] 吴荣樵, 陈鉴治. 水电站水力过渡过程[M]. 北京：中国水利水电出版社, 1997.

[2] 魏守平. 水轮机调节[M]. 武汉:华中科技大学出版社, 2009.

[3] 高立明，把多铎，谭剑波. 基于 Matlab/Simulink 的水轮机调节仿真研究[J]. 人民长江，2009, 40(19):84-85.

[4] BAO H, YANG J, FU L. Study on nonlinear dynamical model and control strategy of transient process in hydropower station with Francis turbine[C]//2009 Asia-Pacific Power and Energy Engineering Conference. Wuhan: Wuhan University Press, 2009.

[5] YANG W, YANG J, GUO W, et al. A mathematical model and its application for hydro power units under different operating conditions[J]. Energies, 2015, 8(9):10260-10275.

[6] 段炼，杨建东，冯文涛. 总体矩阵法在水电站水力振动研究中的应用[J]. 水电能源科学，2011, 29(12):74-77.

[7] 马安婷，杨建东，杨威嘉，等. 总体矩阵法在水电站频率调节稳定性分析中的应用[J]. 水利学报，2019, 50(2):111-120.

[8] 怀利, 斯特里特. 瞬变流[M]. 清华大学流体传动与控制教研组, 译. 北京：水利电力出版社, 1983.

[9] 乔杜里. 实用水力瞬变过程[M]. 3 版. 北京：中国水利水电出版社, 2015.

[10] 杨建东. 实用流体瞬变流[M]. 北京：科学出版社, 2018.

[11] 方红庆, 陈龙, 李训铭. 基于线性与非线性模型的水轮机调速器 PID 参数优化比较[J]. 中国电机工程学报, 2010, 30(5):100-106.

[12] 冯文涛. 水电站复杂有压输水系统水力振动特性研究[D]. 武汉：武汉大学, 2012.

[13] 程远楚. 水轮机自动调节[M]. 北京：中国水利水电出版社, 2009.

[14] 同济大学数学系. 工程数学 线性代数[M]. 6版. 北京：高等教育出版社, 2014.

[15] 王莲花, 李念伟, 梁志新. 分块矩阵在行列式计算中的应用[J]. 河南教育学院学报(自然科学版), 2005(1):16-19.

[16] CHAUDHRY M H. Applied hydraulic transients[M]. 3rd ed. New York : Springer, 2014.

[17] 侯亮宇, 杨建东, 杨威嘉, 等. 水电机组稳定余量域及超低频振荡衰减研究[J]. 水力发电学报, 2019(8):110-120.

[18] GUO W C, YANG J D, CHEN J P, et al. Time response of the frequency of hydroelectric generator unit with surge tank under isolated operation based on turbine regulating modes[J]. Electrical power components systems, 2015, 43(20): 1-15.

[19] 周建旭. 水电站有压输水系统水力振动分析[D]. 南京:河海大学, 1996.

第 10 章

两级串联水电站过渡过程分析与控制

随着水电能源的持续开发，多级串联水电站布置方案已纳入工程设计及建设之中[1-2]。多级串联水电站不同于大江大河上的梯级水电站群，更不同于单级水电站。其最大的特点是相邻两级水电站的尾水和进水由容积与断面积均有限的调节池串联在一起，当多级串联水电站中的任何一台机组甩负荷时，不仅会引起同水力单元其他运行机组水头/引用流量的剧烈变化（即水力干扰），而且流入/流出调节池流量的不平衡及水位波动会引起多级串联水电站任何机组功率的波动及变化。该变化将给工程设计和水电站安全稳定运行带来一系列新的问题，其关键在于调节池容积和自由水面面积如何选取，选取原则及判断标准是什么，流量是否能完全地同步运行。围绕该主题，本章的主要内容为两级串联水电站恒定流计算理论与实例分析、两级串联水电站运行稳定性分析与控制、两级串联水电站水力干扰过渡过程分析与控制、同步运行约束条件下过渡过程分析与控制。

10.1 两级串联水电站恒定流计算理论与实例分析

10.1.1 两级串联水电站恒定流计算理论与方法

图 10-1 为某两级串联水电站的布置示意图，一级水电站是三台机组组成的水力单元，其引水部分为单管单机，尾水部分为三机尾水支管共下游调压室和尾水隧洞，尾水隧洞出口与调节池衔接。二级水电站由两个水力单元组成，每个水力单元的引水部分为单洞+上游调压室+两条压力管道，尾水部分为单机单洞，两个水力单元的进水口与调节池衔接。两级串联水电站共有 3 个与调节池衔接的水力单元，7 台反击式水轮发电机组，编号为 J1～J7。若是冲击式水轮发电机组，无论是水力单元的恒定流计算，还是两级串联水电站的恒定流计算将大大地简化。

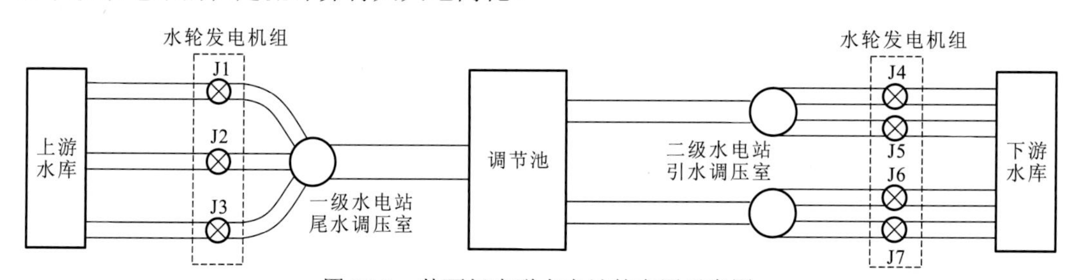

图 10-1 某两级串联水电站的布置示意图

为此，首先介绍由多台反击式水轮发电机组构成的水力单元的恒定流计算理论与方法，然后根据两级串联水电站恒定流计算的已知条件和约束条件来建立其恒定流计算理论与方法。

1. 基于有限单元法的水力单元恒定流计算理论与方法

任意复杂的水力单元均由许多简单的单元组成[3]，其中，管道或渠道是具有一定长度的线单元；而上游水库、下游水库、阀门、调压室等元件是长度为零的点单元，对于点单元而言，如果其上下游均有线单元相连，则可以称为连续点单元，如果其只有上游或下游与线单元相连，则称为边界点单元。线单元的基本特征是具有流量唯一性，其基本方程为能量守恒方程；连续点单元的基本特征是具有能量唯一性，所以对于水力机械而言，其上下游必须作为两个点单元来看待，连续点单元的基本方程为流量连续方程；边界点单元由于其特殊性，必须引入相应的边界方程。每一个线单元都是某两个点单元之间的有向连接，每一个线单元均可以用对应的两个点单元表示，在整个系统只需要对所有的点单元进行编号即可。

1）线单元方程

如图 10-2 所示，设水道系统中某一个线单元前后的点单元的编号分别为 i 和 j，规定单元的流向为 $i \to j$。令 E_i、E_j 分别为点单元 i、j 的总水头，Q_{ij} 为单元从节点 i 流向节点 j 的流量，Q_{ji} 为单元从节点 j 流向节点 i 的流量，有 $Q_{ji}=-Q_{ij}$。

线单元方程为能量守恒方程，可以表示为

$$E_i - E_j = S_{ij}Q_{ij}\,|Q_{ij}| \tag{10-1}$$

式中：下标 i、j 分别为某管段单元的前、后节点编号；Q_{ij} 为管段从节点 i 流向节点 j 的流量；S_{ij} 为管段的阻力系数，包括沿程和局部阻力系数。

2）连续点单元方程

连续点单元具有能量唯一性，所以其单元方程为流量连续方程：

$$\sum_{j=1}^{N_i} Q_{ij} = C_i \tag{10-2}$$

式中：j 为与点单元 i 有联系的线单元；N_i 为点单元 i 连接的线单元数；C_i 为外界输入点单元 i 的流量。

3）边界点单元方程

对于引水发电系统而言，边界点单元主要有上游水库、下游水库、机组上游端、机组下游端四种。

当边界点单元是上游水库时，点单元方程可以写为

$$E_i = H_0 \tag{10-3}$$

式中：$H_0=\sum \alpha_{ij}Q_{ij}^2 + H$，为水电站静水头，一般情况下为已知量，$\sum \alpha_{ij}Q_{ij}^2$ 为上游水库至下游水库的水头损失，H 为机组工作水头。

当边界点单元是下游水库时，点单元方程可以写为（以下游水库水面为测压管水头基准面）

$$E_i = 0.0 \tag{10-4}$$

当节点 i 的边界条件是机组上游端时，如图 10-3 所示，点单元方程为

$$Q_{ij} = -Q \tag{10-5}$$

当节点 i 的边界条件是机组下游端时，如图 10-4 所示，点单元方程为

$$Q_{ij} = Q \tag{10-6}$$

式中：Q 为机组引用流量。

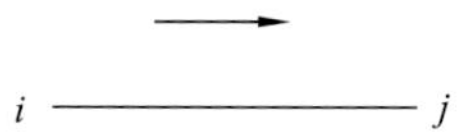

i ———— j

图 10-2 线单元

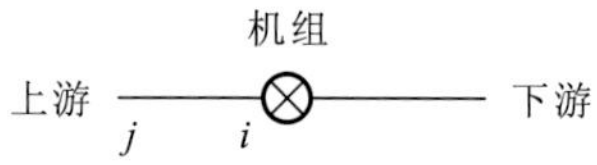

机组
上游 j i 下游

图 10-3 机组上游单元

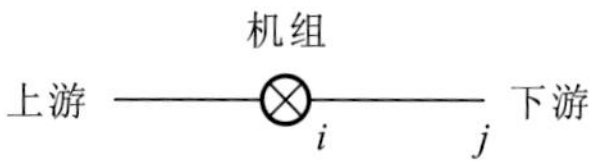

机组
上游 i j 下游

图 10-4 机组下游单元

4）管道单元方程线性化

将式（10-1）线性化，整理得

$$\Delta Q_{ij}^{(k+1)} = p\Delta E_i^{(k+1)} + q\Delta E_j^{(k+1)} + r \tag{10-7}$$

其中，

$$p = 1/[n'S_{ij}\cdot|Q_{ij}^{(k)}|^{n'-1}] = -q, \qquad r = [E_i^{(k)} - E_j^{(k)} - S_{ij}Q_{ij}^{(k)}|Q_{ij}^{(k)}|^{n'-1}]/[n'S_{ij}\cdot|Q_{ij}^{(k)}|^{n'-1}]$$

式中：p、q、r 为中间变量；$n'=2$ 时表示紊流，$n'=1$ 时表示层流；k 为迭代次数。通过修正节点的压力，就可以调整管道的流量。

管道的线单元方程可以写为

$$\Delta \boldsymbol{Q}^{(k+1)} = \begin{Bmatrix} \Delta Q_{ij}^{(k+1)} \\ \Delta Q_{ji}^{(k+1)} \end{Bmatrix} = \begin{bmatrix} +p & +q \\ -p & -q \end{bmatrix} \begin{Bmatrix} \Delta E_i^{(k+1)} \\ \Delta E_j^{(k+1)} \end{Bmatrix} + \begin{Bmatrix} +r \\ -r \end{Bmatrix} \tag{10-8}$$

式中：$\Delta Q_{ij}^{(k+1)}$、$\Delta Q_{ji}^{(k+1)}$ 分别为第 $k+1$ 次 Q_{ij}、Q_{ji} 的修正量。

为了节省篇幅，在此没有列出渠道的线单元方程线性化，若有需要，请参见文献[4]。

5）总体方程及求解

将所有线单元方程式（10-1）均转换成如式（10-9）所示的总体流量方程，即

$$Q_{ij}^{(k+1)} = f[E_i^{(k+1)}, E_j^{(k+1)}] \tag{10-9}$$

只要各点单元的能量已知，就可以直接求出各线单元相应的流量。

将式（10-9）代入内部节点方程式（10-2），得

$$\sum_{\substack{j=1\\j\neq i}}^{N_i} pE_i^{(k+1)} + \sum_{\substack{j=1\\j\neq i}}^{N_i} qE_j^{(k+1)} = C_i \tag{10-10}$$

将线性化处理后的式（10-8）代入式（10-5），得

$$\sum_{\substack{j=1\\j\neq i}}^{N_i} pE_i^{(k+1)} + \sum_{\substack{j=1\\j\neq i}}^{N_i} qE_j^{(k+1)} = -Q \tag{10-11}$$

将线性化处理后的式（10-8）代入式（10-6），得

$$\sum_{\substack{j=1\\j\neq i}}^{N_i} pE_i^{(k+1)} + \sum_{\substack{j=1\\j\neq i}}^{N_i} qE_j^{(k+1)} = Q \tag{10-12}$$

由式（10-10）～式（10-12）可知，所有的点单元方程均可以化为相同的形式，设系统中共有 m 个点单元，则系统的总体能量方程组：

$$\overline{\boldsymbol{A}}\cdot\overline{\boldsymbol{E}} = \overline{\boldsymbol{B}} \tag{10-13}$$

式中：$\overline{\boldsymbol{E}} = (E_1, E_2, \cdots, E_i, \cdots, E_m)^{\mathrm{T}}$ 为未知矩阵；$\overline{\boldsymbol{A}}$ 为管网的特性矩阵，可由管网本身

的特性求得；$\bar{\boldsymbol{B}}$ 为外界输入点单元的流量矩阵。

由以上可知，如果 $\bar{\boldsymbol{A}}$、$\bar{\boldsymbol{B}}$ 已知，则可以根据式（10-13）解出 $\bar{\boldsymbol{E}}$。

假设水力单元中有 n'' 个线单元，m 个点单元，则包括各线单元的流量和各点单元的能量共有 $n''+m$ 个未知数，如果式（10-13）中的 $\bar{\boldsymbol{B}}$ 为已知，则可以联立总体流量方程和总体能量方程得到 $n''+m$ 个方程，从而可以求解[5]。具体解法为，先给各管段的流量赋一初始值 $Q_{ij}^{(0)}$，然后反复求解式（10-2）和式（10-13），直至试算结果符合精度要求。

6）机组恒定流求解

由上述可知，总体方程的求解必须以式（10-13）中的 $\bar{\boldsymbol{B}}$ 已知为基础，但在水力单元恒定流计算中，$\bar{\boldsymbol{B}}$ 中的机组引用流量往往是未知数，所以如果水力单元中有 l 台机组，则必须再引入 l 个方程才可以求解。

对于一台特定的机组，有式（10-14）～式（10-16）成立。

$$Q = f(H,\alpha) \tag{10-14}$$

$$N = f(H,\alpha) \tag{10-15}$$

$$H = E_i - E_j \tag{10-16}$$

式（10-14）～式（10-16）中，Q、α（α 为导叶开度）、N（N 为出力）、H 为未知项，如果已知 Q、α、N、H 中的任意一项，则可以由总体方程和式（10-14）～式（10-16）解出各线单元的流量、各点单元的能量，以及 Q、α、N、H 中的其他三项。

下面以已知出力 N 为例说明水电站恒定流数值计算的步骤，其中，$H_0 = \sum \alpha_{ij} Q_{ij}^2 + H$，为水电站静水头，一般情况下为已知量。

第一步，机组出力 N 已知，则 $M = \dfrac{30}{\pi n} \cdot N$（$M$ 为水轮机力矩，n 为水轮机转速），假定 $H = H_0$。

第二步，取初值 $Q_{ij}^{(0)} = \dfrac{N}{\gamma H}$（$\gamma$ 为水体容重），由式（10-2）和式（10-13）求得各管段流量 Q_{ij} 与各节点能量 E_i，进而得到机组引用流量 Q。

第三步，由水轮机单位转速 $n_1' = \dfrac{nD}{\sqrt{H}}$（$D$ 为水轮机转轮直径），水轮机单位流量 $Q_1' = \dfrac{Q}{D^2\sqrt{H}}$ 计算 n_1'、Q_1'。

第四步，由 $Q_1' = f_1(n_1',\alpha)$ 插值得 α，由水轮机单位力矩 $M_1' = f_2(n_1',\alpha)$ 插值得 M_1'。

第五步，令 $H_1^* = \dfrac{M}{M_1' D^3}$，检验 $H_1^* = H$ 是否成立，若不成立，则令 $H = \dfrac{H + H_1^*}{2}$，并返回至第二步，反复试算直至符合精度要求。至此，机组参数、管段流量、节点能量均得以求解。

第六步，求解各节点的压力（以下游水面为基准面的测压管水头）、调压室水位等。

由于求解恒定流的方程组是完全封闭的，在相同工况条件下，根据给定的Q、α、N、H四项中的任意一项计算出的恒定流结果应是一致的[6]。

2. 两级串联水电站恒定流计算方法

通常恒定流计算的已知条件是：一级水电站的上游库水位；二级水电站的下游水位流量关系曲线或下游水位；电网调度给定的两级水电站总功率，$N_{总}=\sum_{t=1}^{l}N_t$，其中l是机组总台数（$l=k_1+p_1$，其中k_1是一级水电站机组台数，p_1是二级水电站机组台数）。各台机组的出力均在0～100%的额定出力内。若各台机组的出力分配不合理，有可能得不出恒定流计算结果，需要重新分配。

约束条件如下。

调节池运行的最高限制水位和最低限制水位，即

$$Z_{\min,调节池}\leqslant Z_{调节池}\leqslant Z_{\max,调节池}\tag{10-17}$$

一级水电站机组引用总流量等于二级水电站机组引用总流量，即

$$Q_{1总}=Q_{2总}\tag{10-18}$$

待求参数：二级水电站的下游水位$Z_{2下}$、调节池的运行水位$Z_{调节池}$、$Q_{1总}$、$Q_{2总}$共计4个未知数。若$Z_{2下}$已知，则只有3个未知数。

具体迭代计算步骤如下。

（1）给定$Z_{调节池}^{(0)}$和$Z_{2下}^{(0)}$。

（2）对两级串联水电站中的所有水力单元分别进行恒定流计算，得

$$Q_{1总}=\sum_{t=1}^{k_1}Q_t\tag{10-19}$$

$$Q_{2总}=\sum_{t=1}^{p_1}Q_t\tag{10-20}$$

（3）将$Q_{2总}$代入下游水位流量关系曲线式（10-21），得出$Z_{2下}^{(1)}$。

$$Z_{2下}=f(Q_{2总})\tag{10-21}$$

（4）将$Q_{1总}$和$Q_{2总}$代入调节池流量平衡方程式（10-22）[7]，得出$Z_{调节池}^{(1)}$。

$$F_{调节池}\frac{\mathrm{d}Z_{调节池}}{\mathrm{d}t}=Q_{1总}-Q_{2总}\tag{10-22}$$

式中：$F_{调节池}$为调节池水面面积。

（5）若$\left|Z_{2下}^{(1)}-Z_{2下}^{(0)}\right|>\varepsilon_{下}$（$\varepsilon_{下}$为计算精度控制值），则令$Z_{2下}^{(1*)}=\dfrac{Z_{2下}^{(1)}+Z_{2下}^{(0)}}{2}$；若$\left|Z_{调节池}^{(1)}-Z_{调节池}^{(0)}\right|>\varepsilon_{调节池}$（$\varepsilon_{调节池}$为计算精度控制值），则令$Z_{调节池}^{(1*)}=\dfrac{Z_{调节池}^{(1)}+Z_{调节池}^{(0)}}{2}$，返回到第（2）步继续求解，直到满足计算精度要求为止。

10.1.2　两级串联水电站恒定流计算实例及分析

某两级串联水电站的布置示意图如图 10-1 所示，依据该两级串联水电站进行恒定流计算。计算中调节池在高程 1 620～1 660 m 范围内，水面面积均取 100 000.00 m^2。

1. 所有机组在额定出力工况下的恒定流计算与分析

该工况（工况一）的已知条件是：一级水电站的上游库水位为 1 844.55 m，二级水电站的下游水位为 1 350 m，电网调度给定的两级水电站总功率 $N_{总} = 7\times611\,\text{MW}$。计算结果见表 10-1～表 10-3。

表 10-1　工况一恒定流条件下的机组参数

水电站	参数	数值
一级水电站	上游库水位	1 844.55 m
	调节池水位	1 641.007 m
	机组流量	327.205 m^3/s
	机组水头	200.323 m
	机组转速	142.9 r/min
	水轮机出力	611 MW
	导叶相对开度	64.80%
二级水电站	调节池水位	1 641.007 m
	下游水位	1 350 m
	机组流量	245.408 m^3/s
	机组水头	269.515 m
	机组转速	166.7 r/min
	水轮机出力	611 MW
	导叶相对开度	82.03%

表 10-2　工况一机组对应各管道的流量和水头损失

机组编号	管道号	管长/m	当量面积/m^2	首节点测压管水头/m	末节点测压管水头/m	流量/（m^3/s）	水头损失/m
J1	L1	616.166	8.731	1 844.550	1 842.525	327.205	2.025
	L4	180.510	11.428	1 642.203	1 642.117	327.205	0.086
	L7	592.593	17.034	1 642.117	1 641.007	981.639	1.110
J2	L2	597.505	8.723	1 844.500	1 842.494	327.250	2.006
	L5	100.800	11.329	1 642.181	1 642.117	327.250	0.064
	L7	592.593	17.034	1 642.117	1 641.007	981.639	1.110

续表

机组编号	管道号	管长/m	当量面积/m^2	首节点测压管水头/m	末节点测压管水头/m	流量/（m^3/s）	水头损失/m
J3	L3	578.845	8.715	1 844.500	1 842.529	327.186	1.971
	L6	180.510	11.428	1 642.203	1 642.117	327.186	0.086
	L7	592.593	17.034	1 642.117	1 641.007	981.639	1.110
J4	L8	16 699.000	12.362	1 641.007	1 621.713	490.815	19.294
	L10	601.509	7.487	1 621.713	1 619.821	245.408	1.892
	L14	312.831	10.753	1 350.306	1 350	245.408	0.306
J5	L8	16 699.000	12.362	1 641.007	1 621.713	490.815	19.294
	L11	601.509	7.487	1 621.713	1 619.821	245.408	1.892
	L15	312.831	10.753	1 350.306	1 350	245.408	0.306
J6	L9	16 699.000	12.362	1 641.007	1 621.713	490.815	19.294
	L12	601.509	7.487	1 621.713	1 619.821	245.408	1.892
	L16	312.831	10.753	1 350.306	1 350	245.408	0.306
J7	L9	16 699.000	12.362	1 641.007	1 621.713	490.815	19.294
	L13	601.509	7.487	1 621.713	1 619.821	245.408	1.892
	L17	312.831	10.753	1 350.306	1 350	245.408	0.306

表 10-3 工况一各节点的水头差和流量差

节点	前管道			后管道			水头差/m	流量差/（m^3/s）
	管道号	末端点测压管水头/m	流量/（m^3/s）	管道号	首端点测压管水头/m	流量/（m^3/s）		
J1	L1	1 842.525	327.205	L4	1 642.203	327.205	200.322	0
J2	L2	1 842.494	327.250	L5	1 642.181	327.250	200.313	0
J3	L3	1 842.529	327.186	L6	1 642.203	327.186	200.326	0
J9	L4	1 642.117	327.205	L7	1 642.117	981.639	0	0.002
	L5	1 642.117	327.250					
	L6	1 642.117	327.186					
J10	L7	1 641.007	981.639	L8	1 641.007	490.815	0	0.009
				L9	1 641.007	490.815		
J11	L8	1 621.713	490.815	L10	1 621.713	245.408	0	−0.001
				L11	1 621.713	245.408		
J12	L9	1 621.713	490.815	L12	1 621.713	245.408	0	−0.001
				L13	1 621.713	245.408		

续表

节点	前管道			后管道			水头差/m	流量差/（m^3/s）
	管道号	末端点测压管水头/m	流量/（m^3/s）	管道号	首端点测压管水头/m	流量/（m^3/s）		
J4	L10	1 619.821	245.408	L14	1 350.306	245.408	269.515	0
J5	L11	1 619.821	245.408	L15	1 350.306	245.408	269.515	0
J6	L12	1 619.821	245.408	L16	1 350.306	245.408	269.515	0
J7	L13	1 619.821	245.408	L17	1 350.306	245.408	269.515	0

（1）恒定流计算结果满足每台机组出力给定值的要求，并由此得到水轮机工作水头、引用流量和导叶开度。

（2）管线 L8 和 L9 的长度为 16699 m，其水头损失高达 19.294 m。

（3）节点流量差仅出现在调压室节点 J9、调节池节点 J10 和二级水电站两个上游调压室 J11 和 J12，最大相对误差为 0.009/981.639＝0.000 92%，满足计算精度 10^{-4} 的要求。

2. 部分机组在额定出力工况下的恒定流计算与分析

该工况（工况二）的已知条件是：一级水电站的上游库水位为 1 844.55 m，二级水电站的下游水位为 1 350 m，电网调度给定的两级水电站总功率 $N_{总}=2\times611+4\times461=3066\,\text{MW}$。计算结果见表 10-4～表 10-6。

表 10-4　工况二恒定流条件下的机组参数

水电站	参数	数值
一级水电站	上游库水位	1 844.55 m
	调节池水位	1 639.414 m
	机组流量	33.491 m^3/s（J1，空载流量），329.326 m^3/s（J2），329.337 m^3/s（J3）
	机组水头	204.562 m（J1），202.438 m（J2），202.450 m（J3）
	机组转速	142.9 r/min
	水轮机出力	1.6 MW（J1），621.8 MW（J2、J3）
	导叶相对开度	3.8%（J1），64.82%（J2、J3）
二级水电站	调节池水位	1 639.414 m
	下游水位	1 350 m
	机组流量	173.037 m^3/s
	机组水头	278.729 m
	机组转速	166.7 r/min
	水轮机出力	451.43 MW
	导叶相对开度	56%

表 10-5 工况二机组对应各管道的流量和水头损失

机组编号	管道号	管长/m	当量面积/m^2	首节点测压管水头/m	末节点测压管水头/m	流量/（m^3/s）	水头损失/m
J1	L1	616.166	8.731	1 844.550	1 844.529	33.491	0.021
	L4	180.510	11.428	1 639.967	1 639.966	33.491	0.001
	L7	592.593	17.034	1 639.966	1 639.414	692.153	0.552
J2	L2	597.505	8.723	1 844.500	1 842.468	329.326	2.032
	L5	100.800	11.329	1 640.030	1 639.966	329.326	0.064
	L7	592.593	17.034	1 639.966	1 639.414	692.153	0.552
J3	L3	578.845	8.715	1 844.500	1 842.503	329.337	1.997
	L6	180.510	11.428	1 640.053	1 639.966	329.337	0.087
	L7	592.593	17.034	1 639.966	1 639.414	692.153	0.552
J4	L8	16 699.000	12.362	1 639.414	1 629.822	346.072	9.592
	L10	601.509	7.487	1 629.822	1 628.881	173.037	0.941
	L14	312.831	10.753	1 350.152	1 350.000	173.037	0.152
J5	L8	16 699.000	12.362	1 639.414	1 629.822	346.072	9.592
	L11	601.509	7.487	1 629.822	1 628.881	173.037	0.941
	L15	312.831	10.753	1 350.152	1 350.000	173.037	0.152
J6	L9	16 699.000	12.362	1 639.414	1 629.822	346.072	9.592
	L12	601.509	7.487	1 629.822	1 628.881	173.037	0.941
	L16	312.831	10.753	1 350.152	1 350.000	173.037	0.152
J7	L9	16 699.000	12.362	1 639.414	1 629.822	346.072	9.592
	L13	601.509	7.487	1 629.822	1 628.881	173.037	0.941
	L17	312.831	10.753	1 350.152	1 350.000	173.037	0.152

表 10-6 工况二各节点的水头差和流量差

节点	前管道			后管道			水头差/m	流量差/（m^3/s）
	管道号	末端点测压管水头/m	流量/（m^3/s）	管道号	首端点测压管水头/m	流量/（m^3/s）		
J1	L1	1 844.529	33.491	L4	1 639.967	33.491	204.562	0
J2	L2	1 842.468	329.326	L5	1 640.030	329.326	202.438	0
J3	L3	1 842.503	329.337	L6	1 640.053	329.337	202.450	0
J9	L4	1 639.966	33.491	L7	1 639.966	692.153	0	0.001
	L5	1 639.966	329.326					
	L6	1 639.966	329.337					

续表

节点	前管道			后管道			水头差/m	流量差/（m³/s）
	管道号	末端点测压管水头/m	流量/（m^3/s）	管道号	首端点测压管水头/m	流量/（m^3/s）		
J10	L7	1 639.414	692.153	L8	1 639.414	346.072	0	0.009
				L9	1 639.414	346.072		
J11	L8	1 629.822	346.072	L10	1 629.822	173.037	0	-0.002
				L11	1 629.822	173.037		
J12	L9	1 629.822	346.072	L12	1 629.822	173.037	0	-0.002
				L13	1 629.822	173.037		
J4	L10	1 628.881	173.037	L14	1 350.152	173.037	278.729	0
J5	L11	1 628.881	173.037	L15	1 350.152	173.037	278.729	0
J6	L12	1 628.881	173.037	L16	1 350.152	173.037	278.729	0
J7	L13	1 628.881	173.037	L17	1 350.152	173.037	278.729	0

（1）两级水电站实际总功率 $N_{总}=2\times621.8+4\times451.43=3049.32\ \text{MW}$，与给定总功率相差 0.54%，其中 J2、J3 机组出力的相对误差为（621.8－611）/611＝1.77%，J4～J7 机组出力的相对误差为（451.43－461）/461＝-2.08%，基本满足给定值的要求，由此得到水轮机工作水头、引用流量和导叶开度。

（2）相对于工况一，管线 L8 和 L9 的流量减少了(490.815-346.072)/490.815＝29.5%，水头损失减小了 19.294－9.592＝9.702 m。

（3）节点流量差仍然出现在调节池节点 J10、一级水电站下游调压室 J9 和二级水电站两个上游调压室 J11 和 J12，其中 J10 流量差最大，且最大相对误差为 0.009/692.153＝1.3×10^{-5}，满足计算精度 10^{-4} 的要求。

10.2　两级串联水电站运行稳定性分析与控制

10.2.1　设有调节池的输水发电系统运行稳定性频域分析

1. 调节池的频域数学模型

1）一进一出调节池的频域数学模型

一进一出调节池的示意图如图 10-5 所示。

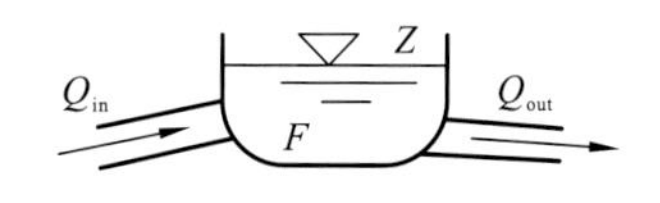

图 10-5　一进一出调节池的示意图

根据连续性定律，调节池流量平衡关系为

$$F\frac{\mathrm{d}Z}{\mathrm{d}t}=Q_{\mathrm{in}}-Q_{\mathrm{out}} \tag{10-23}$$

式中：F 为调节池面积，m^2；Z 为调节池水面高，m；Q_{in} 为流入调节池的总流量，m^3/s；Q_{out} 为流出调节池的总流量，m^3/s。

采用摄动法，式（10-23）改写为

$$F\frac{\mathrm{d}(\bar{Z}+h)}{\mathrm{d}t}=\bar{Q}_{\mathrm{in}}+q_{\mathrm{in}}-(\bar{Q}_{\mathrm{out}}+q_{\mathrm{out}}) \tag{10-24}$$

$$F\frac{\mathrm{d}h}{\mathrm{d}t}=q_{\mathrm{in}}-q_{\mathrm{out}}=q_r \tag{10-25}$$

符号加上标“-”代表均值，$Z=\bar{Z}+h$，$Q_{\mathrm{in}}=\bar{Q}_{\mathrm{in}}+q_{\mathrm{in}}$，$Q_{\mathrm{out}}=\bar{Q}_{\mathrm{out}}+q_{\mathrm{out}}$。

令 $h=H_r\mathrm{e}^{st}$、$q_{\mathrm{in}}=Q_I\mathrm{e}^{st}$、$q_{\mathrm{out}}=Q_U\mathrm{e}^{st}$、$q_r=Q_r\mathrm{e}^{st}$（$H_r$ 为复水头，Q_I、Q_U、Q_r 为复流量），则

$$Fs\cdot H_r\mathrm{e}^{st}=Q_r\mathrm{e}^{st}\Rightarrow Z_r=\frac{H_r}{Q_r}=\frac{1}{Fs}$$

式中：Z_r 为复阻抗。

调节池与管道首断面之间的能量方程如下：

$$H_{re}+\frac{Q_{re}^2}{2gF^2}=H_{\mathrm{pipe}}+\frac{(1+\xi)Q_{\mathrm{pipe}}^2}{2gA^2} \tag{10-26}$$

$$\bar{H}_{re}+H_r+\frac{(\bar{Q}_{re}+Q_r)^2}{2gF^2}=\bar{H}_{\mathrm{pipe}}+H_U+\frac{(1+\xi)(\bar{Q}_{\mathrm{pipe}}+Q_U)^2}{2gA^2} \tag{10-27}$$

式中：$H_{re}=\bar{H}_{re}+H_r$ 为调节池测压管水头；$Q_{re}=\bar{Q}_{re}+Q_r$ 为流入调节池的流量；$H_{\mathrm{pipe}}=\bar{H}_{\mathrm{pipe}}+H_U$ 为管道首断面的测压管水头，H_U 为复水头；$Q_{\mathrm{pipe}}=\bar{Q}_{\mathrm{pipe}}+Q_U=Q_{\mathrm{out}}$ 为管道首断面的流量；g 为重力加速度；A 为管道断面积；ξ 为局部水头损失系数。

引入恒定流条件并略去高阶微量，可得

$$H_r+\frac{\bar{Q}_{re}}{gF^2}Q_r=H_U+\frac{(1+\xi)\bar{Q}_{\mathrm{pipe}}}{gA^2}Q_U \tag{10-28}$$

$$Z_rQ_r+\frac{\bar{Q}_{re}}{gF^2}Q_r=H_U+\frac{(1+\xi)\bar{Q}_{\mathrm{pipe}}}{gA^2}Q_U \tag{10-29}$$

其中，$\bar{Q}_{re}=\bar{Q}_{\mathrm{in}}-\bar{Q}_{\mathrm{pipe}}$，$Q_r=Q_I-Q_U$，代入式（10-29）可得

$$\left(Z_r+\frac{\bar{Q}_{\mathrm{in}}-\bar{Q}_{\mathrm{pipe}}}{gF^2}\right)(Q_I-Q_U)=H_U+\frac{(1+\xi)\bar{Q}_{\mathrm{pipe}}}{gA^2}Q_U \tag{10-30}$$

整理式（10-30）可得

$$\left(Z_r+\frac{\bar{Q}_{\mathrm{in}}-\bar{Q}_{\mathrm{pipe}}}{gF^2}\right)Q_I=H_U+\left[Z_r+\frac{\bar{Q}_{\mathrm{in}}-\bar{Q}_{\mathrm{pipe}}}{gF^2}+\frac{(1+\xi)\bar{Q}_{\mathrm{pipe}}}{gA^2}\right]Q_U \tag{10-31}$$

假设 Q_{in} 恒定，则复流量 $Q_I=0$，式（10-31）可写为

$$H_U+\left[Z_r+\frac{\bar{Q}_{\text{in}}-\bar{Q}_{\text{pipe}}}{gF^2}+\frac{(1+\xi)\bar{Q}_{\text{pipe}}}{gA^2}\right]Q_U=0 \tag{10-32}$$

将式（10-32）写成矩阵表达式，则有

$$\begin{pmatrix}1 & Z_r+\dfrac{\bar{Q}_{\text{in}}-\bar{Q}_{\text{pipe}}}{gF^2}+\dfrac{(1+\xi)\bar{Q}_{\text{pipe}}}{gA^2}\end{pmatrix}\begin{pmatrix}H_U\\ Q_U\end{pmatrix}=\mathbf{0} \tag{10-33}$$

式（10-33）即一进一出调节池的频域数学模型，当调节池面积 F 趋于无穷大时，式（10-33）变为上游水库的频域数学模型。

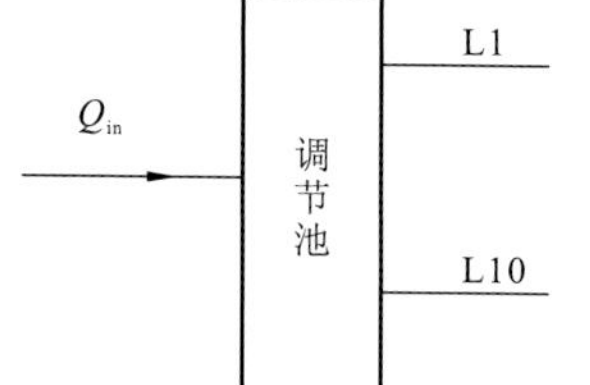

图 10-6 一进两出调节池的示意图

2）一进两出调节池的频域数学模型

一进两出调节池的示意图如图 10-6 所示。对于图 10-6 中的调节池，连续性方程和能量方程可以表示为

$$\begin{cases}H_{re}+\dfrac{Q_{re}^2}{2gF^2}=H_1+\dfrac{(1+\xi_1)Q_1^2}{2gA_1^2}\\ H_{re}+\dfrac{Q_{re}^2}{2gF^2}=H_{10}+\dfrac{(1+\xi_{10})Q_{10}^2}{2gA_{10}^2}\\ Q_{re}=Q_{\text{in}}-Q_1-Q_{10}\end{cases} \tag{10-34}$$

式中：H_1、Q_1、A_1、ξ_1 为 L1 管道首断面的测压管水头、流量、断面积和局部水头损失系数；H_{10}、Q_{10}、A_{10}、ξ_{10} 同理。

引入恒定流条件并略去高阶非线性项，式（10-34）可写为

$$\begin{cases}H_{re}+\dfrac{\bar{Q}_{re}}{gF^2}Q_r=H_{U1}+\dfrac{(1+\xi_1)\bar{Q}_1}{gA_1^2}Q_{U1}\\ H_{re}+\dfrac{\bar{Q}_{re}}{gF^2}Q_r=H_{U10}+\dfrac{(1+\xi_{10})\bar{Q}_{10}}{gA_{10}^2}Q_{U10}\\ Q_r=Q_I-Q_{U1}-Q_{U10}\end{cases} \tag{10-35}$$

其中，$Q_1=\bar{Q}_1+Q_{U1}$，$Q_{10}=\bar{Q}_{10}+Q_{U10}$。

将 $H_{re}=Z_rQ_{re}$ 代入式（10-35）中的前两式中，可得一进两出调节池的频域数学模型。

2. 系统运行稳定性频域分析

1）频率调节模式下运行稳定性分析

计算条件：一级水电站调压室断面积为 855.632 m^2，取额定工况，采用三阶频率调节模式（水头为 194.89 m，单机流量为 347.92 m^3/s），流入调节池的流量为 3×347.92 m^3/s。二级水电站调压室断面积为 414.73 m^2，取额定工况，采用三阶频率调节模式（水头为 259.01 m，单机流量为 260.82 m^3/s），单个水力单元流出调节池的流量为 2×260.82 m^3/s，两个水力单元流出调节池的流量为 4×260.82 m^3/s。调节池断面积分别取 60 000 m^2、

100 000 m^2。

计算方法参见文献[8-10]，计算结果如图 10-7～图 10-10 所示。

分析结果可知：

（1）无论是单独运行的一级水电站、二级水电站（一个或两个水力单元运行），还是同步运行的一二级串联水电站，调节池断面积取 60 000 m^2 和 100 000 m^2 时，对应的稳定域差别很小，前者略小于后者。

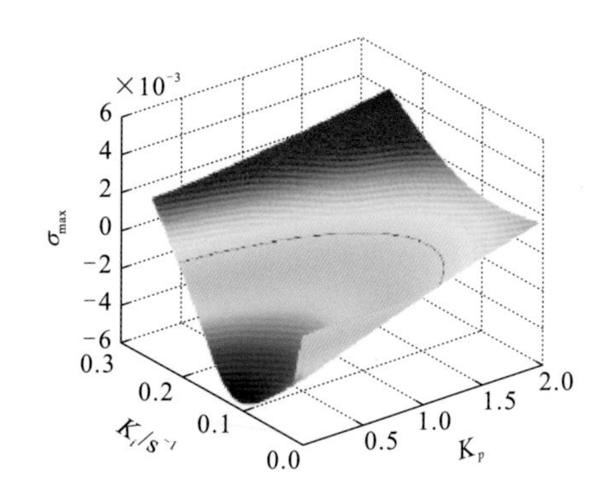

（a）最大衰减因子（调节池断面积为60 000 m^2）

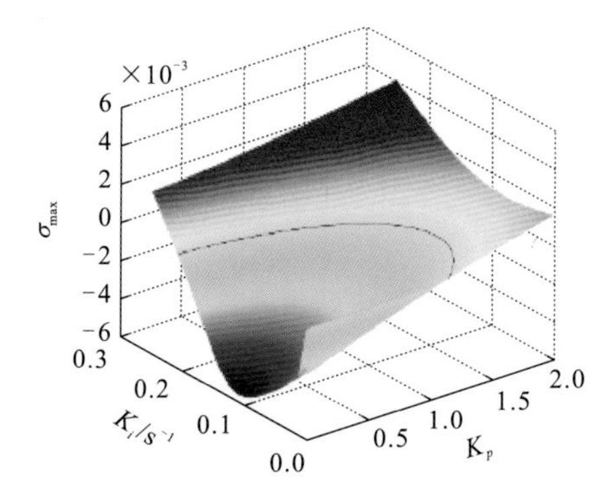

（b）最大衰减因子（调节池断面积为100 000 m^2）

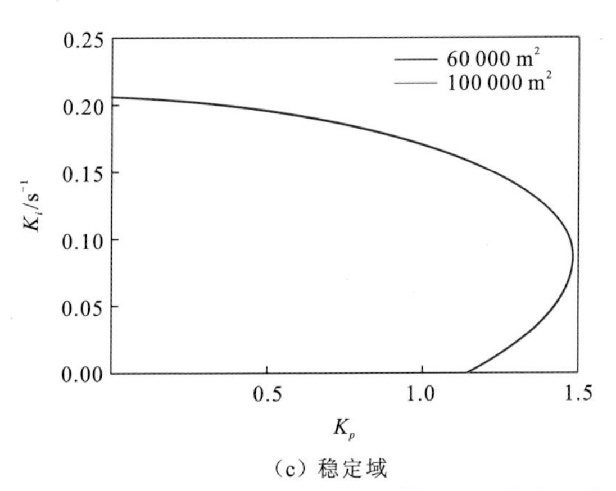

（c）稳定域

图 10-7 频率调节模式下不同调节池断面积条件下一级水电站的稳定域

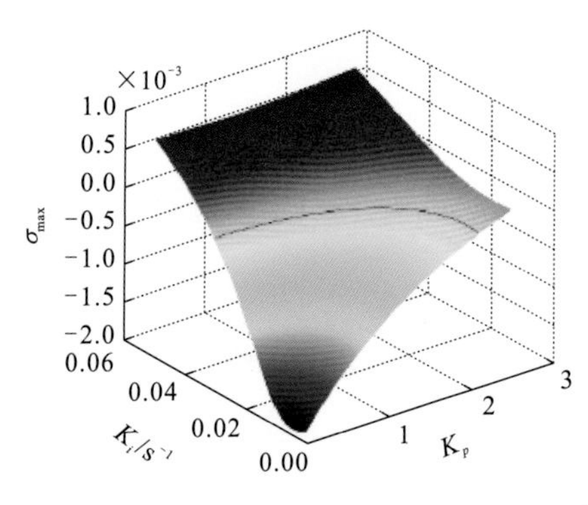

（a）最大衰减因子（调节池断面积为60 000 m^2）

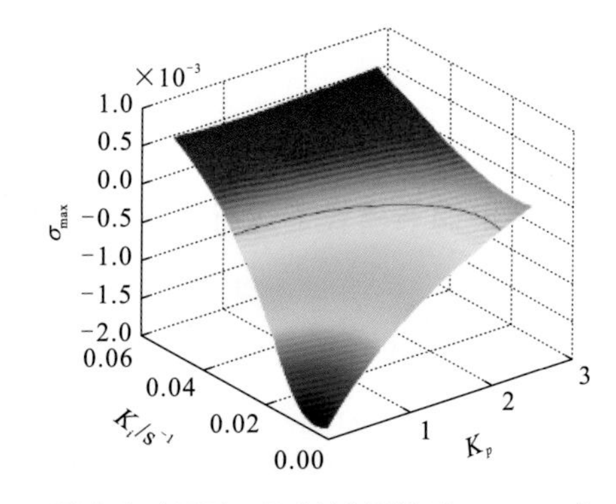

（b）最大衰减因子（调节池断面积为100 000 m^2）

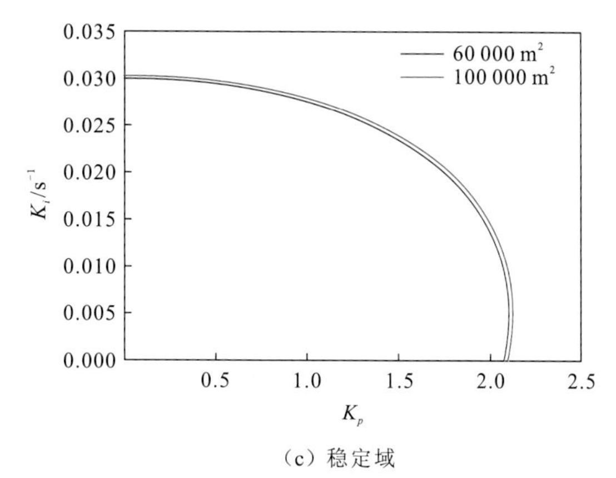

（c）稳定域

图 10-8　频率调节模式下不同调节池断面积条件下二级水电站一个水力单元的稳定域

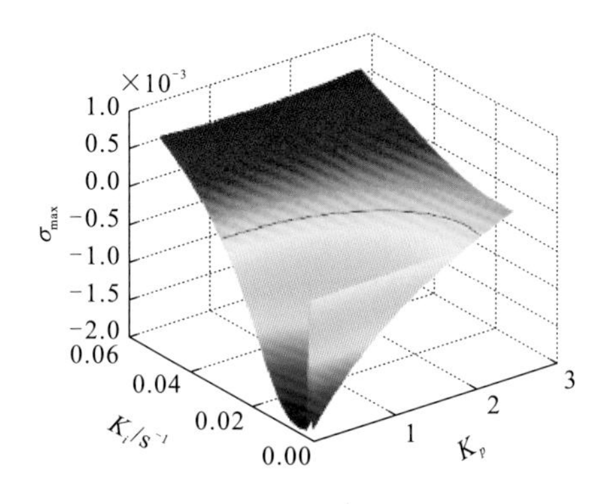

（a）最大衰减因子（调节池断面积为60 000 m^2）

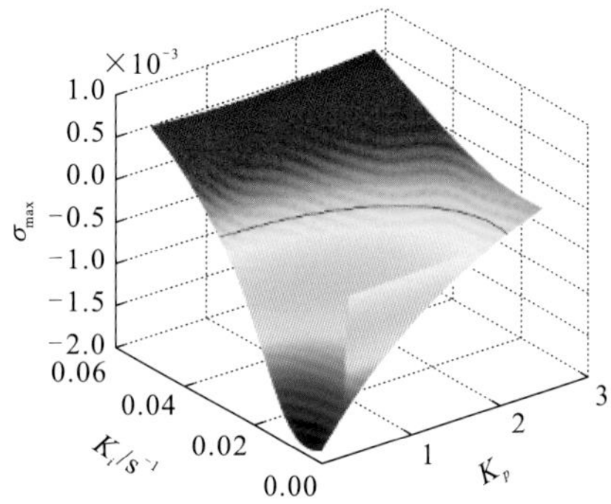

（b）最大衰减因子（调节池断面积为100 000 m^2）

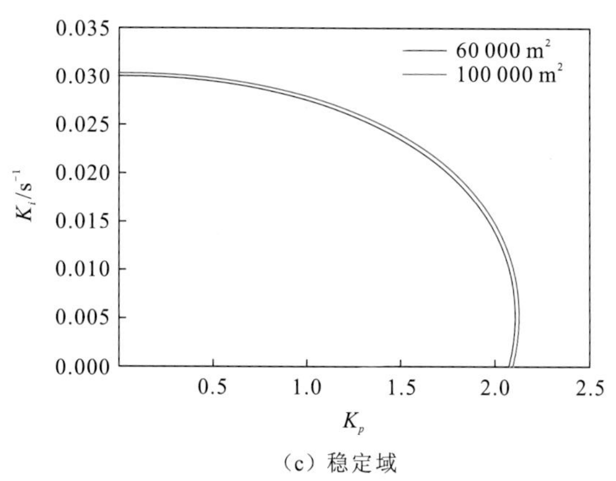

（c）稳定域

图 10-9　频率调节模式下不同调节池断面积条件下二级水电站两个水力单元的稳定域

（2）二级水电站的稳定域远小于一级水电站，尤其是 K_i 的取值范围，前者是 0～0.03 s^{-1}，后者是 0～0.206 s^{-1}。为了探讨其内在机理，对不同调压室断面积下二级水电站一个水力单元的稳定域进行了计算。计算条件为，调压室断面积分别取 414.73 m^2、514.73 m^2、614.73 m^2、714.73 m^2、814.73 m^2，调节池断面积为 60 000 m^2，取额定工况（水头为 259.01 m，单机流量为 260.82 m^3/s），流出调节池的流量为 2×260.82 m^3/s。

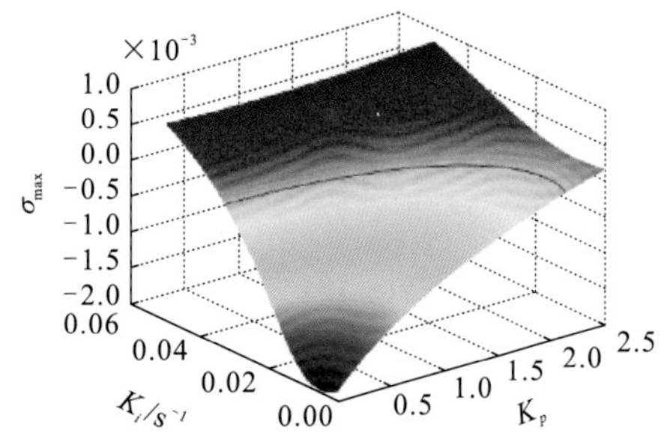

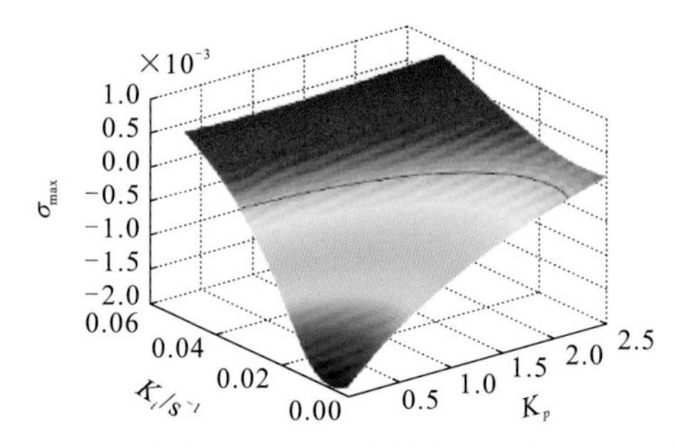

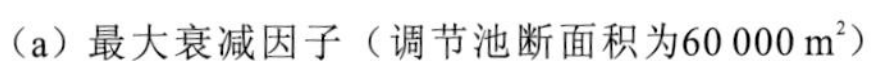

（a）最大衰减因子（调节池断面积为60 000 m²）　（b）最大衰减因子（调节池断面积为100 000 m²）

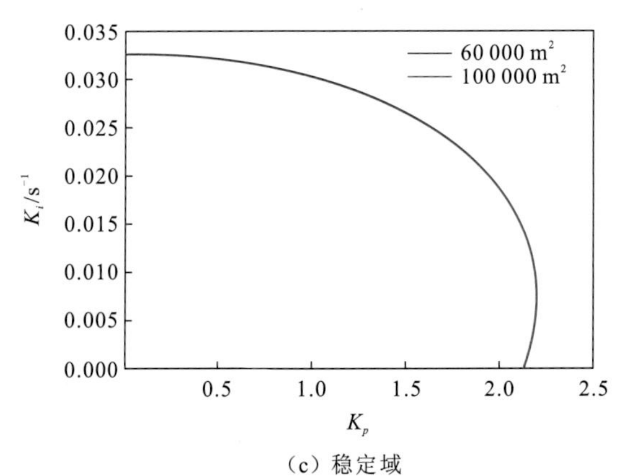

（c）稳定域

图 10-10　频率调节模式下不同调节池断面积条件下一二级串联水电站三个水力单元的稳定域

计算结果如图 10-11 所示，从中可知，调压室断面积越大，稳定域越大。但在调压室断面积增加 400 m²（几乎翻了一倍）的条件下，K_i 的取值范围只有 0～0.057 s⁻¹。其根本的原因是，二级水电站引水隧洞长达 16 699 m，水流惯性大，调压室水位波动周期长、衰减慢，从而导致二级水电站机组在频率调节模式下运行稳定域很小。因此，超长引水隧洞的水电站不宜参与电网系统的一次频率。

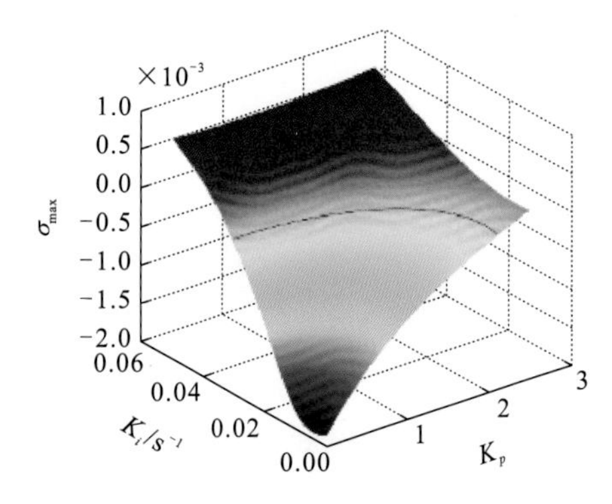

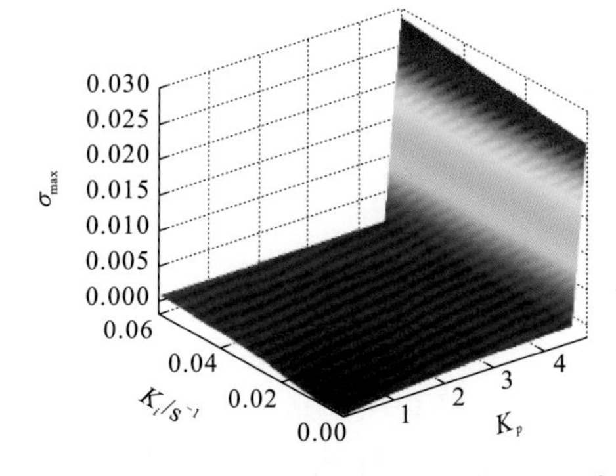

（a）最大衰减因子（调压室断面积为414.73 m²）　（b）最大衰减因子（调压室断面积为514.73 m²）

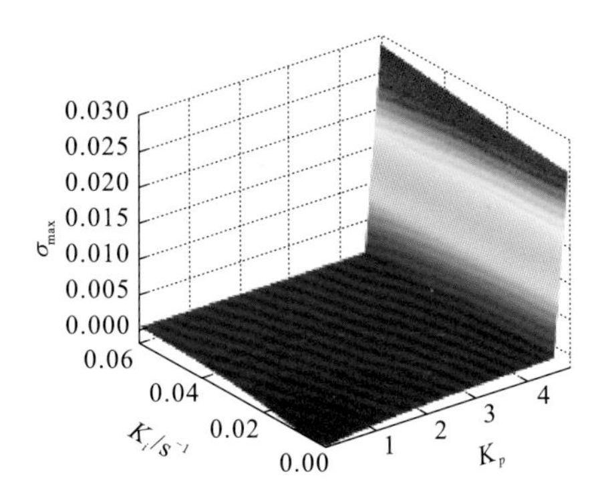

（c）最大衰减因子（调压室断面积为614.73 m²）

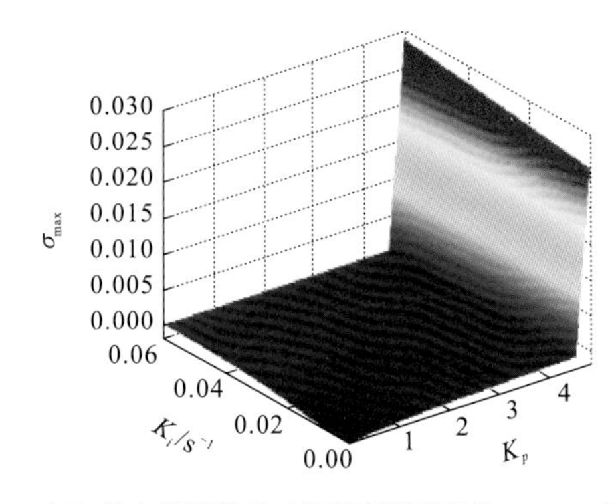

（d）最大衰减因子（调压室断面积为714.73 m²）

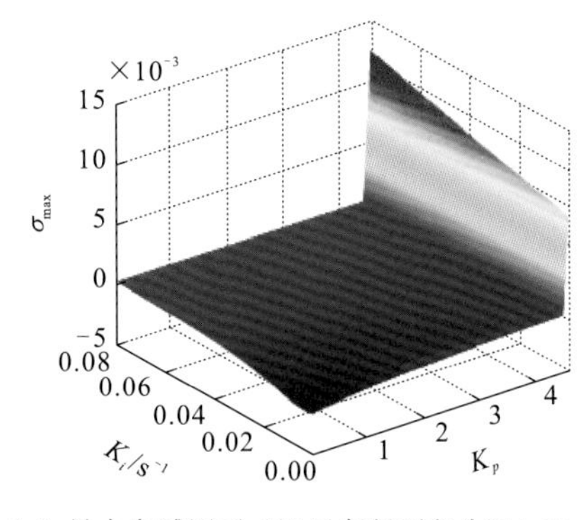

（e）最大衰减因子（调压室断面积为814.73 m²）

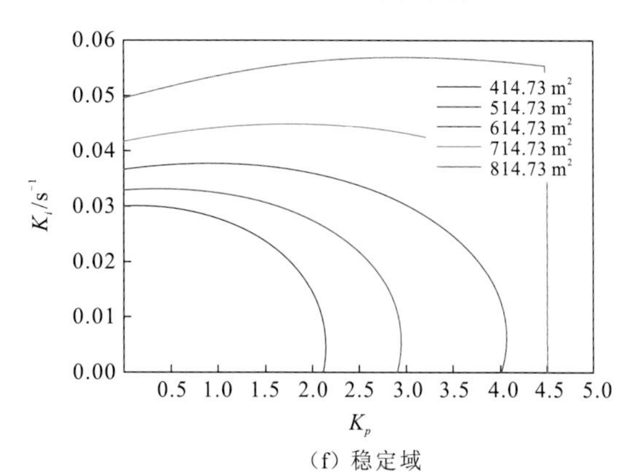

（f）稳定域

图 10-11　频率调节模式下不同调压室断面积条件下二级水电站一个水力单元的稳定域

（3）一二级串联水电站三个水力单元的稳定域略大于二级水电站两个或一个水力单元的稳定域，主要表现在 K_i 的取值范围，前者是 0～0.033 s^{-1}，后者是 0～0.03 s^{-1}。这说明串联水电站的稳定域主要取决于对稳定域最不利的水力单元，而对稳定域有利的水力单元仅仅对整个串联水电站的运行稳定性略有帮助。

2）功率调节模式下运行稳定性分析

计算条件同频率调节，在此仅仅是采用二阶功率调节模式，计算结果如图 10-12～图 10-15 所示。

分析结果可知：

（1）无论是单独运行的一级水电站、二级水电站（一个或两个水力单元运行），还是同步运行的一二级串联水电站，功率调节模式下的稳定域远大于频率调节模式下的稳定域。

（2）在功率调节模式下，同样是一二级串联水电站三个水力单元的稳定域略大于二级水电站两个或一个水力单元的稳定域。

（3）调节池断面积取 60 000 m^2 和 100 000 m^2 时，对应的稳定域差别很小，前者略小于后者。

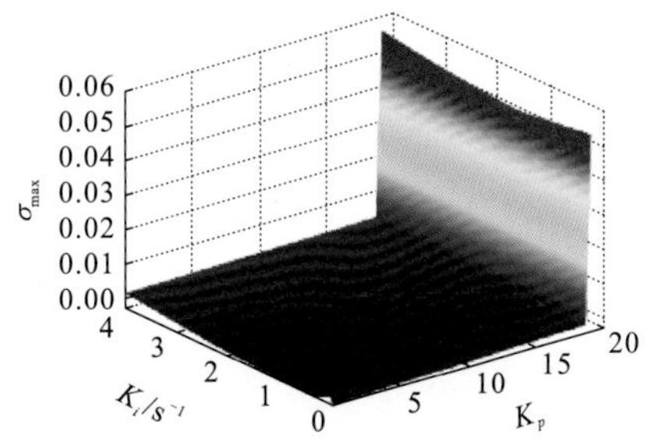

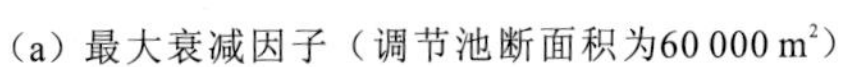
（a）最大衰减因子（调节池断面积为60 000 m²）

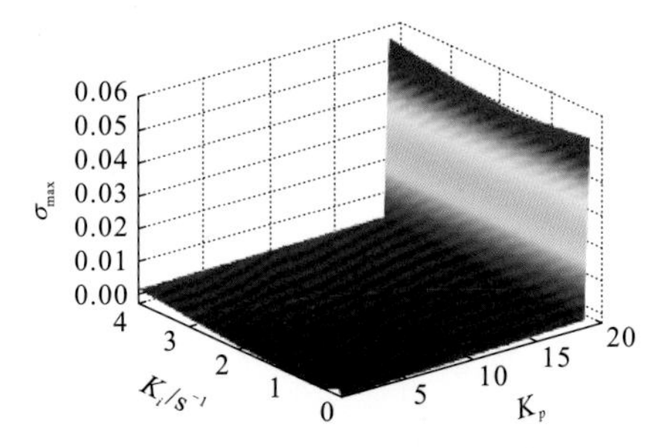

（b）最大衰减因子（调节池断面积为100 000 m²）

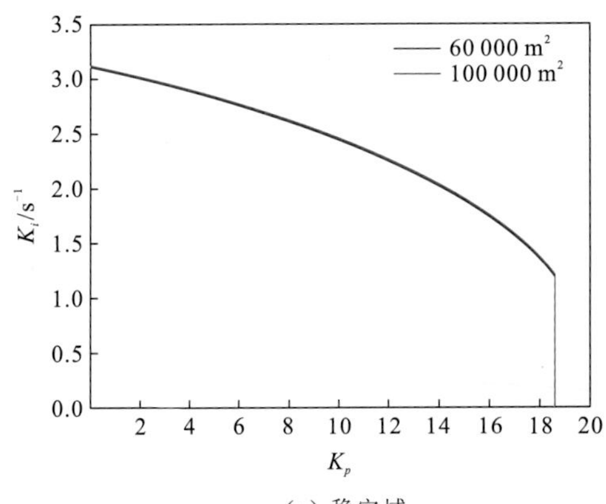

（c）稳定域

图 10-12　功率调节模式下不同调节池断面积条件下一级水电站的稳定域

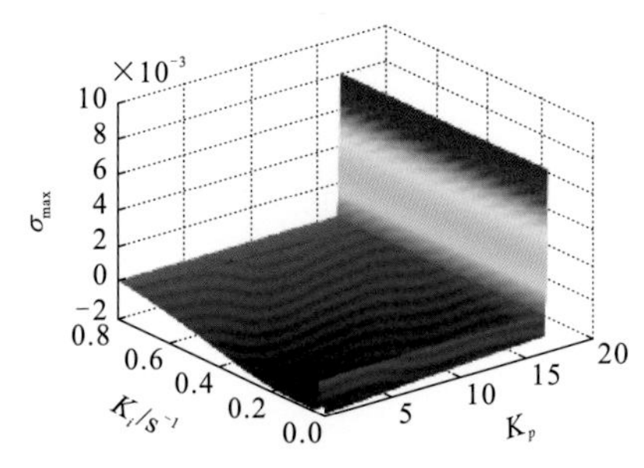

（a）最大衰减因子（调节池断面积为60 000 m²）

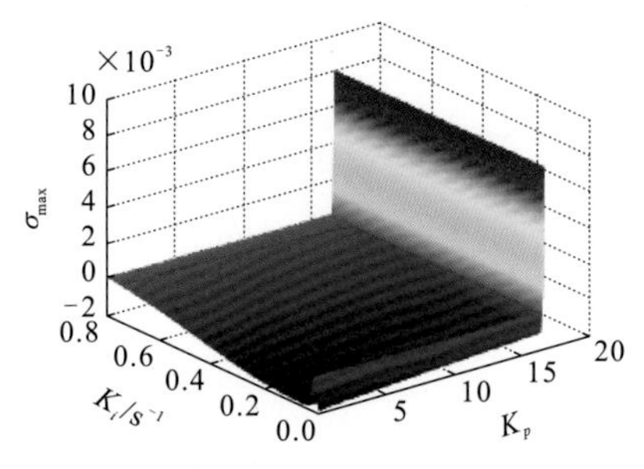

（b）最大衰减因子（调节池断面积为100 000 m²）

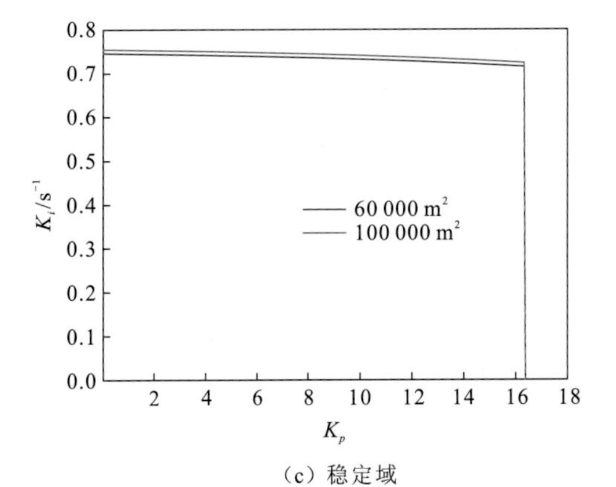

（c）稳定域

图 10-13　功率调节模式下不同调节池断面积条件下二级水电站一个水力单元的稳定域

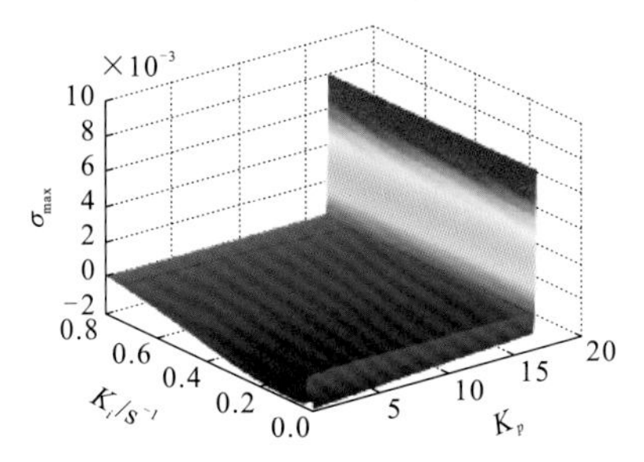

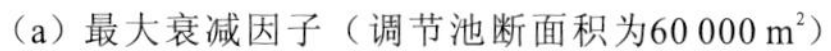

(a) 最大衰减因子（调节池断面积为60 000 m²）

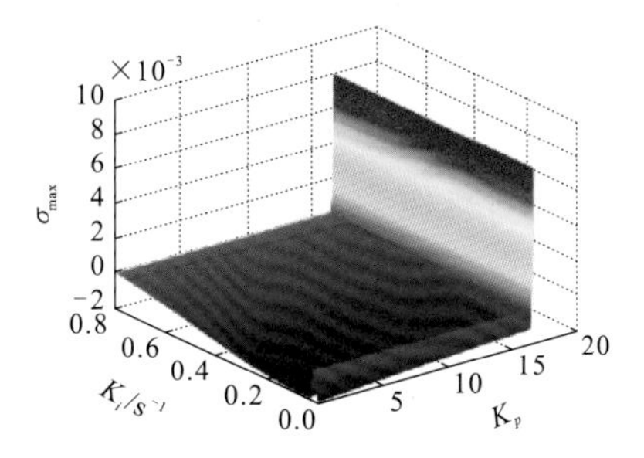

(b) 最大衰减因子（调节池断面积为100 000 m²）

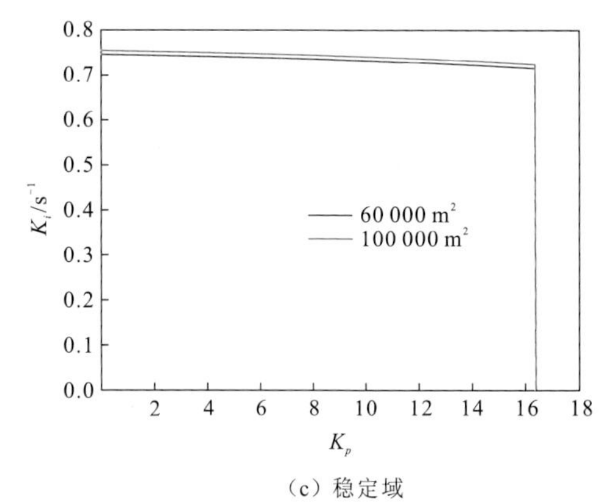

(c) 稳定域

图 10-14　功率调节模式下不同调节池断面积条件下二级水电站两个水力单元的稳定域

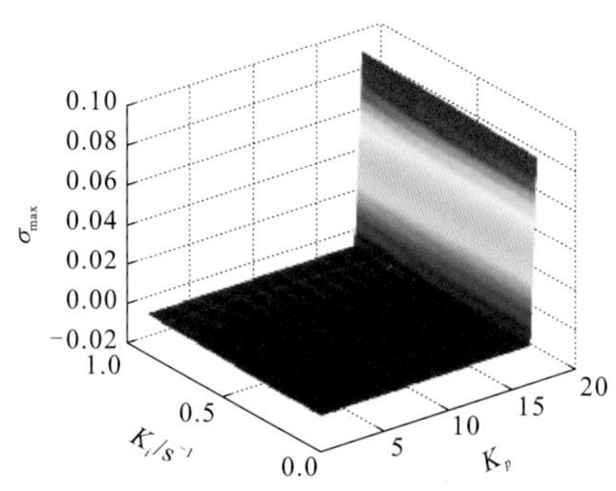

(a) 最大衰减因子（调节池断面积为60 000 m²）

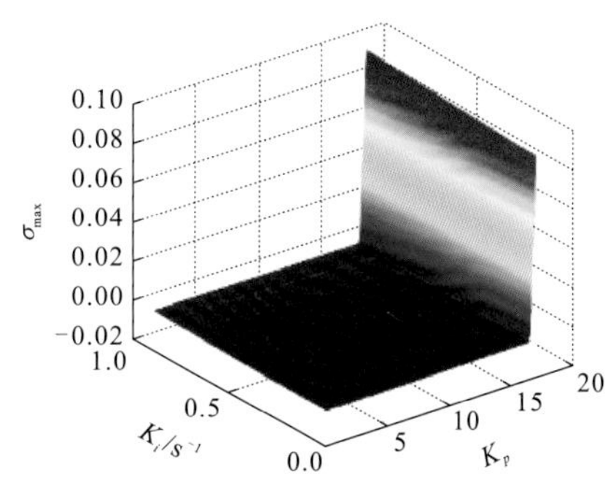

(b) 最大衰减因子（调节池断面积为100 000 m²）

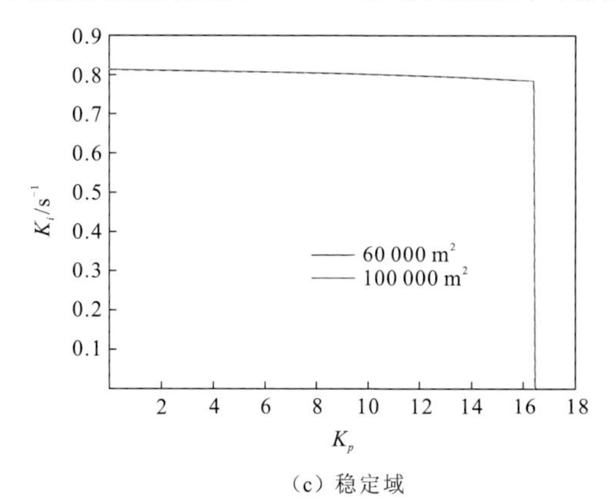

(c) 稳定域

图 10-15　功率调节模式下不同调节池断面积条件下一二级串联水电站三个水力单元的稳定域

3）部分机组调速器参数固定条件下一二级串联水电站运行稳定性分析

在上述一二级串联水电站运行稳定域分析中，所有的机组均按同一调节模式、同一调速器参数进行计算。在此采用频率调节模式，固定一级水电站运行机组的调速器参数，即 $K_p=1.428$，$K_i=0.119\ \text{s}^{-1}$，计算一二级串联水电站的稳定域，结果如图 10-16 所示。对比图 10-10 发现，两者差别不大。

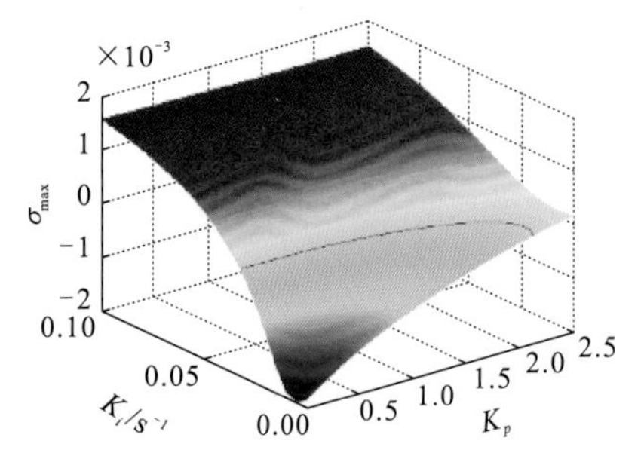

（a）最大衰减因子（调节池断面积为60 000 m²）

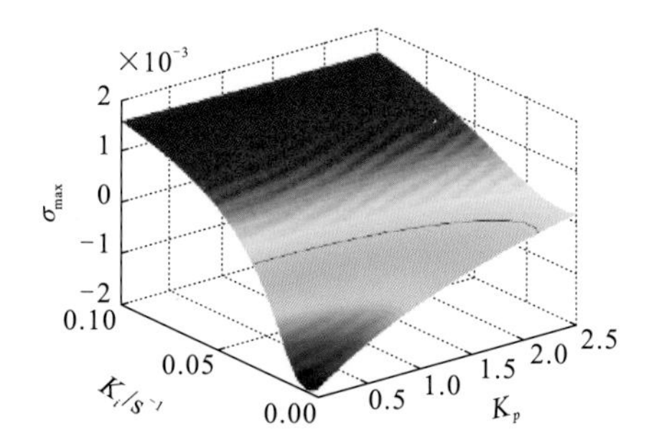

（b）最大衰减因子（调节池断面积为100 000 m²）

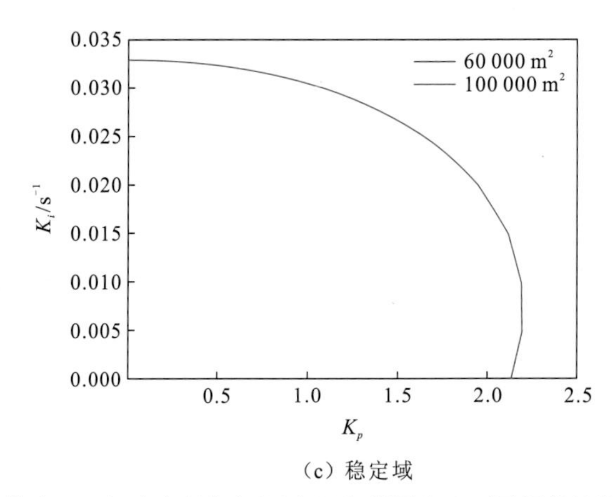

（c）稳定域

图 10-16 频率调节模式、一级水电站机组调速器参数固定及不同调节池断面积条件下系统的稳定域

10.2.2 两级串联水电站运行稳定性时域分析

1. 频率调节模式下系统运行稳定性时域分析

计算条件与 10.2.1 小节相同，调节池断面积取 60 000.00 m²，7 台机组以额定出力运行，同时突甩 10%额定负荷。调速器参数取 $b_t=0.5$，$b_p=0$，$T_n=0.6$ s，$T_d=8$ s。计算方法参见文献[11-13]，对计算结果分一级水电站和二级水电站进行分析。

1）频率调节模式下一级水电站机组参数的时域响应

结果如图 10-17 和表 10-7、表 10-8 所示。分析结果可知：机组调节保证参数不起控制作用，功率在 20 s 内经历一次波动后较平稳地维持在功率带宽±2%N_r（N_r 为额定功率）范围内，转速调节时间为 160.4 s（转速带宽为±2%n_r，n_r 为额定转速），均在合理范围之内。

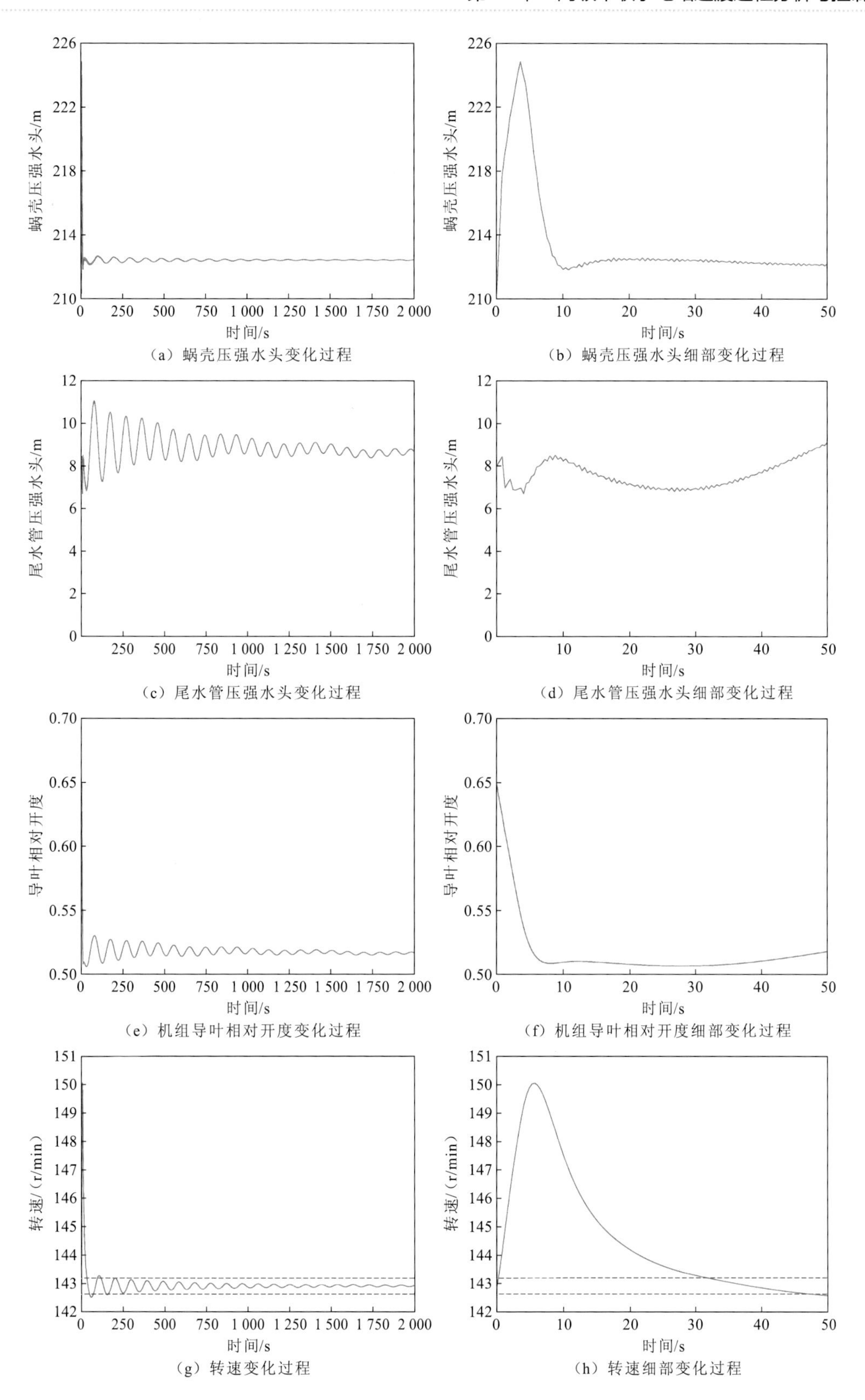

（a）蜗壳压强水头变化过程

（b）蜗壳压强水头细部变化过程

（c）尾水管压强水头变化过程

（d）尾水管压强水头细部变化过程

（e）机组导叶相对开度变化过程

（f）机组导叶相对开度细部变化过程

（g）转速变化过程

（h）转速细部变化过程

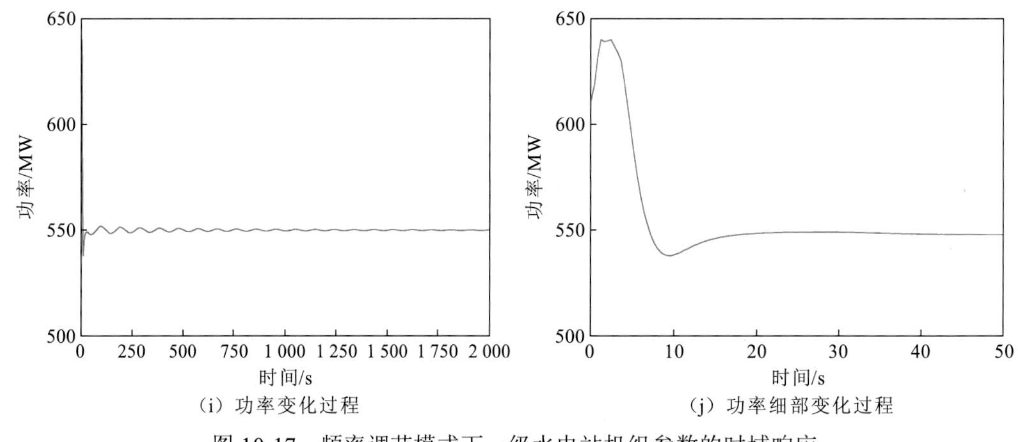

（i）功率变化过程　　（j）功率细部变化过程

图 10-17　频率调节模式下一级水电站机组参数的时域响应

表 10-7　频率调节模式下一级水电站机组调节保证参数的极值

机组	蜗壳初始压强水头/m	蜗壳最大压强水头/m 和发生时间/s	尾水管初始压强水头/m	尾水管最小压强水头/m 和发生时间/s	转速最大升高率/% 和发生时间/s
J1	210.30	224.84 和 3.54	7.97	6.49 和 2.68	4.99 和 5.52
J2	210.27	223.81 和 3.62	7.95	6.67 和 27.08	4.75 和 5.58
J3	210.29	223.7 和 3.34	7.97	6.46 和 3.70	4.84 和 5.54

表 10-8　频率调节模式下一级水电站机组转速时域响应的特征值

机组	n_1/（r/min）和发生时间/s	n_2/（r/min）和发生时间/s	n_3/（r/min）和发生时间/s	调节时间/s	最大偏差	振荡次数	衰减度	超调量
J1	150.03 和 5.6	142.5 和 57.6	143.27 和 104.4	160.4	7.13	2	0.95	0.06
J2	149.69 和 5.6	142.5 和 57.6	143.27 和 104.4	160.4	6.79	2	0.95	0.06
J3	149.82 和 5.6	142.5 和 57.6	143.27 和 104.4	160.4	6.92	2	0.95	0.06

注：n_1 为转速第一次峰值，n_2 为转速谷值，n_3 为转速第二次峰值。

2）频率调节模式下二级水电站机组参数的时域响应

结果如图 10-18 和表 10-9、表 10-10 所示。分析结果可知：同样，机组调节保证参数不起控制作用，功率在 20 s 内经历一次波动后较平稳地维持在功率带宽±2%N_r 范围内。转速调节时间为 488.0 s（转速带宽为±0.2%n_r），基本上在合理范围之内。

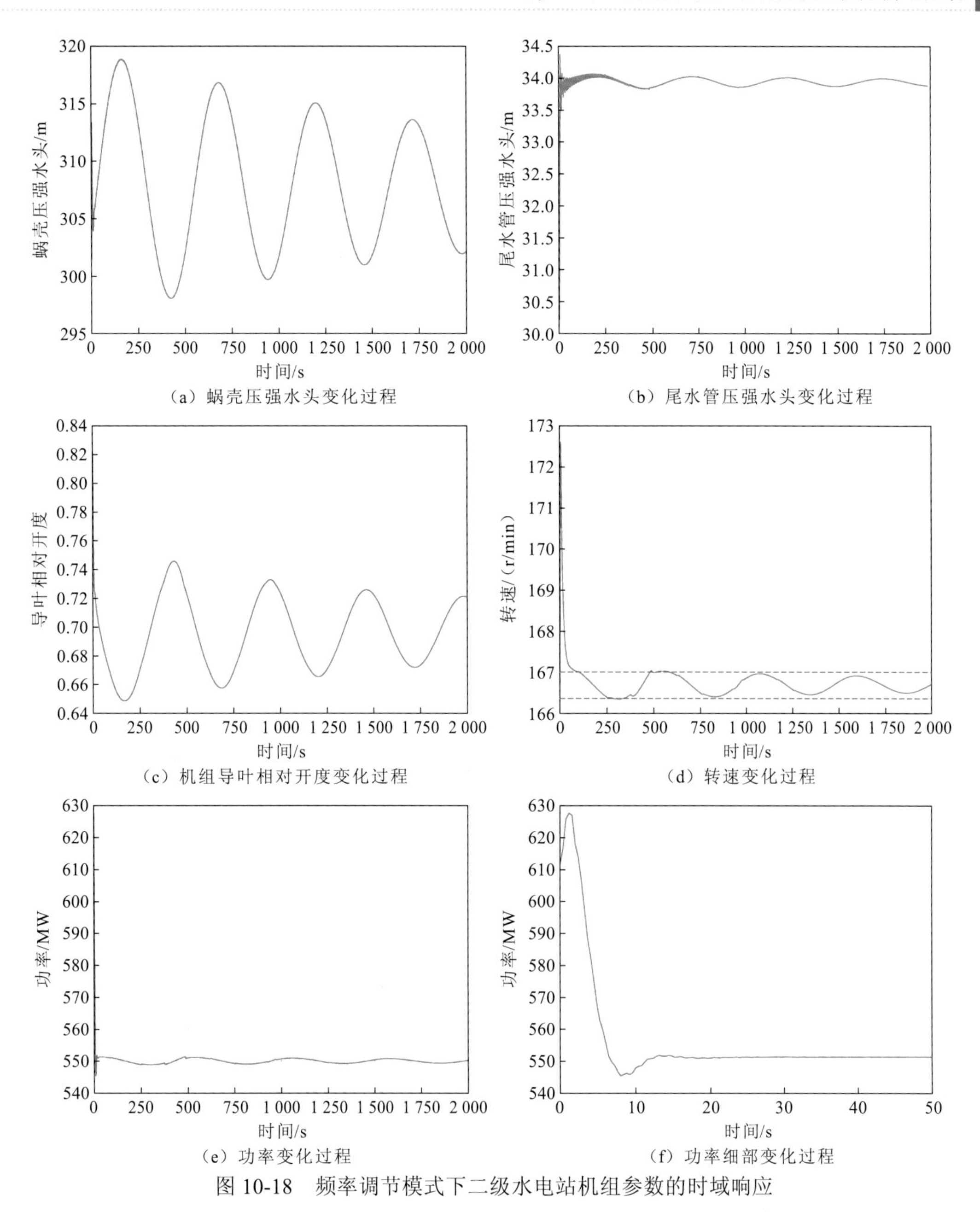

（a）蜗壳压强水头变化过程
（b）尾水管压强水头变化过程
（c）机组导叶相对开度变化过程
（d）转速变化过程
（e）功率变化过程
（f）功率细部变化过程

图 10-18　频率调节模式下二级水电站机组参数的时域响应

表 10-9　频率调节模式下二级水电站机组调节保证参数的极值

机组	蜗壳初始压强水头/m	蜗壳最大压强水头/m和发生时间/s	尾水管初始压强水头/m	尾水管最小压强水头/m 和发生时间/s	转速最大升高率/%和发生时间/s
J4	301.44	318.82 和 160	33.22	30.19 和 1.58	3.54 和 4.72
J5	301.44	318.82 和 160	33.22	30.19 和 1.58	3.54 和 4.72
J6	301.44	318.82 和 160	33.22	30.19 和 1.58	3.54 和 4.72
J7	301.44	318.82 和 160	33.22	30.19 和 1.58	3.54 和 4.72

表 10-10　频率调节模式下二级水电站机组转速时域响应的特征值

机组	n_1/（r/min）和发生时间/s	n_2/（r/min）和发生时间/s	n_3/（r/min）和发生时间/s	调节时间/s	最大偏差	振荡次数	衰减度	超调量
J4	172.59 和 4.8	166.35 和 313.6	167.04 和 485.6	485.6	5.89	1.5	0.94	0.06
J5	172.59 和 4.8	166.35 和 313.6	167.04 和 485.6	485.6	5.89	1.5	0.94	0.06
J6	172.59 和 4.8	166.35 和 313.6	167.04 和 485.6	485.6	5.89	1.5	0.94	0.06
J7	172.59 和 4.8	166.35 和 313.6	167.04 和 485.6	485.6	5.89	1.5	0.94	0.06

3）频率调节模式下调节池流量、水位的时域响应

计算结果如图 10-19 和表 10-11 所示。分析结果可知：历经 3 000 s，调节池水位下降了 1 m 左右，仍呈小幅度的波动；流入/流出调节池的流量不能完全同步，流量差为 $-34.74\ \mathrm{m^3/s}$。

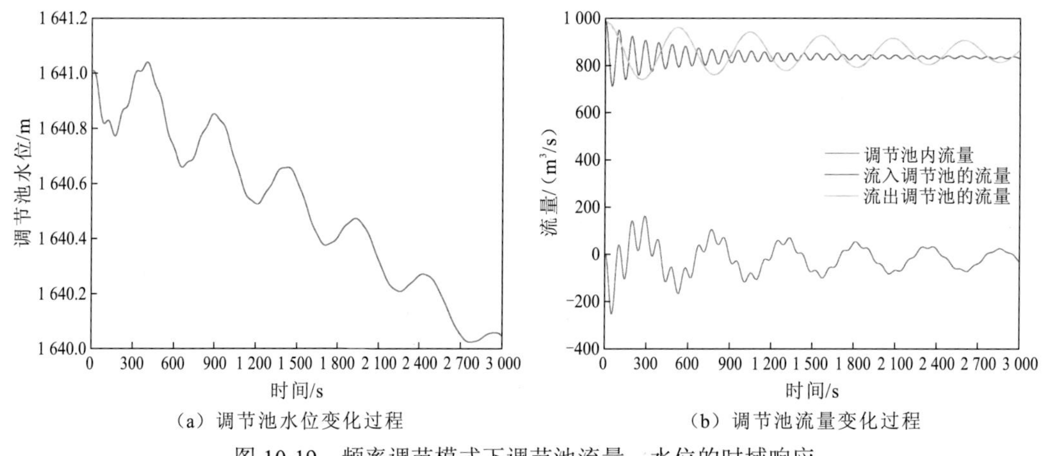

（a）调节池水位变化过程　　（b）调节池流量变化过程

图 10-19　频率调节模式下调节池流量、水位的时域响应

表 10-11　频率调节模式下调节池流量、水位的极值

调节池初始水位/m	最高水位/m 和发生时间/s	最低水位/m 和发生时间/s	3 000 s 流入调节池的流量/（$\mathrm{m^3/s}$）	3 000 s 流出调节池的流量/（$\mathrm{m^3/s}$）	流量差/（$\mathrm{m^3/s}$）
1641.01	1 641.04 和 399.68	1 640.02 和 2 763.16	828.67	863.41	−34.74

4）频率调节模式下调节池断面积与机组调节时间、调节池水位和流量的关联性

计算结果如表 10-12 和表 10-13 所示。分析结果可知：

（1）一级水电站机组转速进入±0.2%额定转速的调节时间对调节池断面积的变化不敏感；而当调节池断面积大于或等于 20 000 $\mathrm{m^2}$ 时，二级水电站机组调节时间也对调节池断面积的变化不敏感。

（2）无论是一级水电站还是二级水电站，若机组转速能进入±0.2%额定转速，则调节时间均随调节池断面积的增大略有延迟。其原因为，串联水电站的调节池类似于输水发电系统中的调压室，面积越大，水位波动周期越长。

（3）调节池断面积越大，调节池水位的最大变幅越小，并且历经 3 000 s 流入/流出调节池的流量差越小。

表 10-12　频率调节模式下调节池断面积与机组调节时间的关联性

项目	数值					
调节池断面积/m^2	10 000	20 000	40 000	60 000	80 000	100 000
一级水电站机组调节时间/s	150.8	156.8	159.2	160.4	160.8	161.2
二级水电站机组调节时间/s	>3 000	482.8	484.0	485.6	486.4	486.8

表 10-13　频率调节模式下调节池断面积与调节池水位、流量的关联性

项目	数值					
调节池断面积/m^2	10 000	20 000	40 000	60 000	80 000	100 000
调节池最高水位/m	1 641.05	1 641.07	1 641.05	1 641.04	1 641.03	1 641.03
调节池最低水位/m	1 624.89	1 636.46	1 639.38	1 640.02	1 640.30	1 640.45
水位最大变幅/m	16.12	4.55	1.63	0.99	0.71	0.56
3 000 s 流入调节池的流量/（m^3/s）	803.03	821.21	826.88	828.67	830.05	831.06
3 000 s 流出调节池的流量/（m^3/s）	982.56	892.99	870.89	863.41	859.58	857.26
流量差/（m^3/s）	−179.53	−71.78	−44.01	−34.74	−29.53	−26.20

注：调节池初始水位为 1 641.01 m。

2. 功率调节模式下系统运行稳定性时域分析

计算条件与本小节第 1 部分相同，调节池断面积取 60 000.00 m^2，7 台机组均由 70%额定负荷，增至 100%额定负荷。调速器参数取 $b_t=0.5$，$b_p=0.04$，$T_d=8$ s。对计算结果也分一级水电站和二级水电站进行分析。

1）功率调节模式下一级水电站机组参数的时域响应

结果如图 10-20 和表 10-14 所示。分析结果可知：

（1）机组增负荷，蜗壳处产生约−6 m 的水击压强水头，随后产生小幅度的波动，在 500 s 之后维持 212 m 的压强水头不变。而尾水管进口处产生约 2 m 的水击压强水头，历经 2 000 s 尾水管进口处的压强水头降至 3.6 m，下降幅度约为 4.4 m，原因是其直接受调节池水位下降的作用。

（2）机组增负荷，导叶相对开度从 0.38 增至 0.685，随后历经 500 s 降至 0.6，之后开度缓慢减小，其原因是调节池水位下降，工作水头增大，为维持功率基本不变，导叶开度逐渐减小。

（3）机组功率进入±2%额定功率的时间约为 270 s，在合理范围之内。

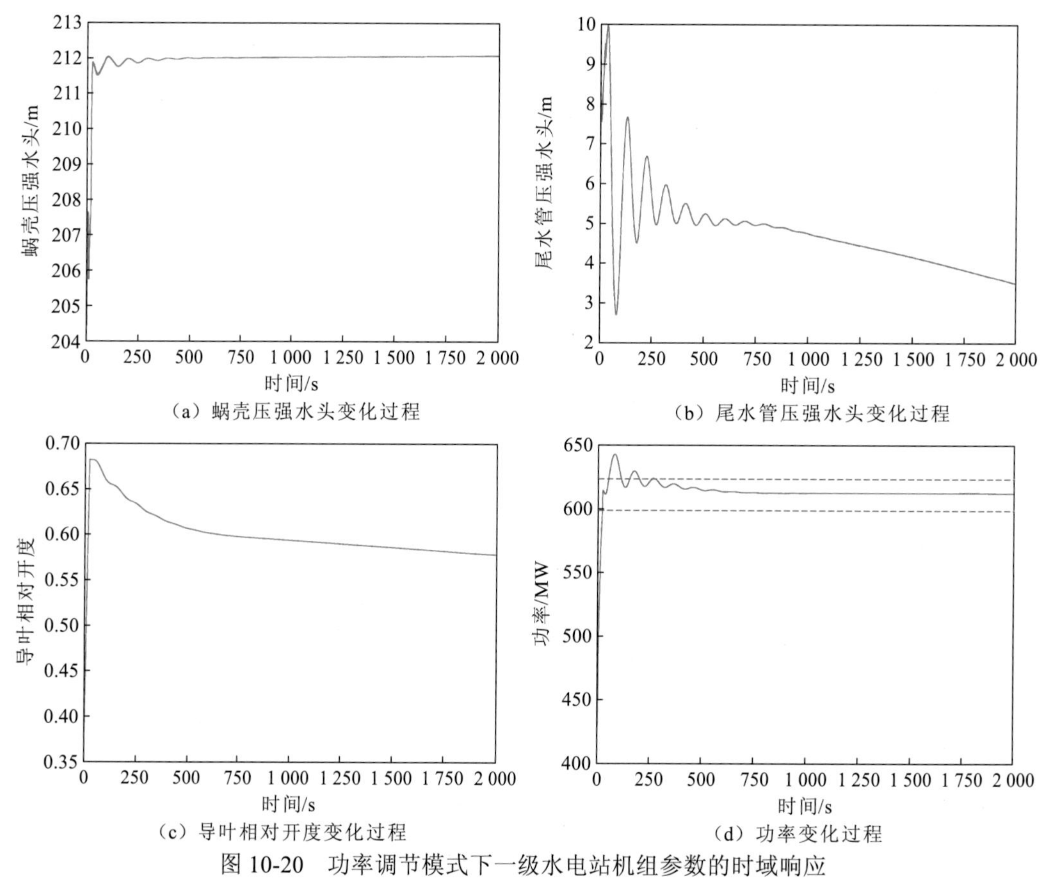

(a) 蜗壳压强水头变化过程　(b) 尾水管压强水头变化过程

(c) 导叶相对开度变化过程　(d) 功率变化过程

图 10-20　功率调节模式下一级水电站机组参数的时域响应

功率带宽为额定功率的±2%

表 10-14　功率调节模式下一级水电站机组参数的极值

机组	蜗壳初始压强水头/m	蜗壳最小压强水头/m 和发生时间/s	尾水管初始压强水头/m	尾水管最大压强水头/m 和发生时间/s	最大出力/MW 和发生时间/s	功率进入±2%额定功率的时间/s
J1	210.30	204.42 和 4.0	7.97	9.97 和 33.2	641.98 和 79.70	272.8
J2	210.27	204.85 和 3.6	7.95	10.01 和 32.8	641.76 和 79.48	268.4
J3	210.29	204.88 和 4.0	7.97	9.98 和 34.4	641.9 和 79.98	271.2

2）功率调节模式下二级水电站机组参数的时域响应

结果如图 10-21 和表 10-15 所示。分析结果可知：

（1）机组增负荷，蜗壳处的压强水头不仅受负水击压强水头的作用，而且跟随自身调压室水位的波动而变化，蜗壳最小压强水头为 279.03 m（发生时间为 161.2 s），并且在 1150 s 之后明显随调节池水位的下降而减小。而尾水管进口处产生约 3.1 m 的水击压强水头，历经 1 000 s 尾水管进口处的压强水头基本维持在 33.5 m 不变，其原因是下游水位不变。

（2）机组增负荷，导叶相对开度从 53.7%增至 1.0，随后历经 1 250 s 降至 0.88，之后开度缓慢增大，其原因是调节池水位下降，工作水头减小，为维持功率基本不变，导叶开度逐渐增大。

（3）机组功率进入±2%额定功率的时间约为 570 s，基本在合理范围之内。

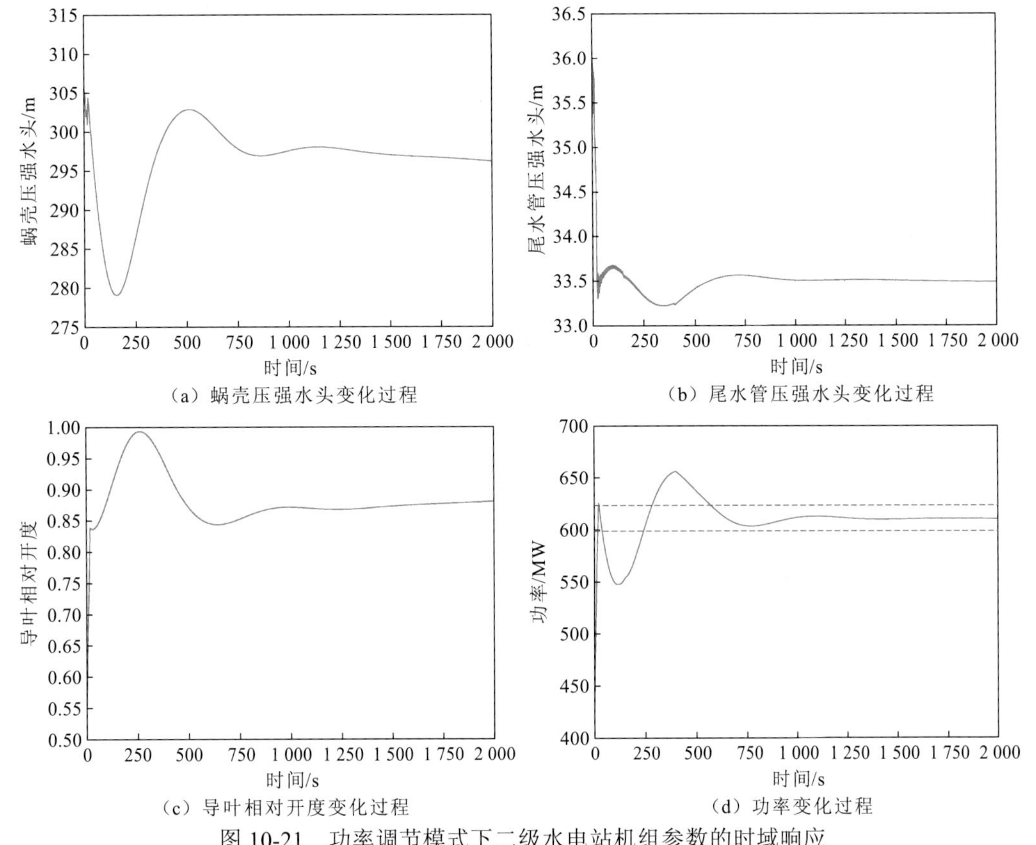

（a）蜗壳压强水头变化过程

（b）尾水管压强水头变化过程

（c）导叶相对开度变化过程

（d）功率变化过程

图 10-21　功率调节模式下二级水电站机组参数的时域响应

功率带宽为额定功率的±2%

表 10-15　功率调节模式下二级水电站机组参数的极值

机组	蜗壳初始压强水头/m	蜗壳最小压强水头/m 和发生时间/s	尾水管初始压强水头/m	尾水管最大压强水头/m 和发生时间/s	最大出力/MW 和发生时间/s	功率进入±2%额定功率的时间/s
J4	301.44	279.03 和 161.2	33.22	36.32 和 2	655.38 和 400.74	569.6
J5	301.44	279.03 和 161.2	33.22	36.32 和 2	655.38 和 400.74	569.6
J6	301.44	279.03 和 161.2	33.22	36.32 和 2	655.38 和 400.74	569.6
J7	301.44	279.03 和 161.2	33.22	36.32 和 2	655.38 和 400.74	569.6

3）功率调节模式下调节池流量、水位的时域响应

计算结果如图 10-22 和表 10-16 所示。分析结果可知：调节池最高水位为 1 638.42 m（发生时间为 166.48 s），高出初始水位 0.48 m。随后调节池水位不断下降，3000 s 时水位降至 1 634.06 m，流入/流出调节池的流量差为−114.25 m^3/s。

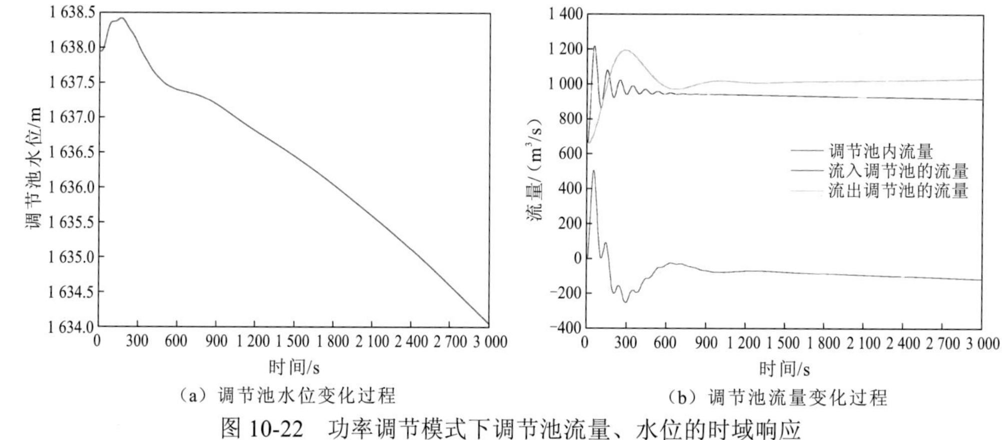

（a）调节池水位变化过程　　（b）调节池流量变化过程

图 10-22　功率调节模式下调节池流量、水位的时域响应

表 10-16　功率调节模式下调节池流量、水位的极值

调节池初始水位/m	最高水位/m 和发生时间/s	最低水位/m 和发生时间/s	3 000 s 流入调节池的流量/（m^3/s）	3 000 s 流出调节池的流量/（m^3/s）	流量差/（m^3/s）
1 637.94	1 638.42/166.48	1 634.06/3 000	916.51	1 030.76	−114.25

4）功率调节模式下调节池断面积与机组调节时间、调节池水位和流量的关联性

计算结果如表 10-17 和表 10-18 所示。分析结果可知：

（1）当调节池断面积等于或大于 20 000 m^2 时，一级水电站机组功率进入±2%额定功率的时间即调节时间约为 277 s，并随调节池断面积的增大而提前；而二级水电站机组功率进入±2%额定功率的时间约为 544 s，并随调节池断面积的增大而缓慢延迟。

（2）调节池断面积越大，调节池水位的最大变幅越小，当调节池断面积等于或大于 20 000 m^2 时，历经 3 000 s 流入/流出调节池的流量差越小。

表 10-17　功率调节模式下调节池断面积与机组调节时间的关联性

项目	数值					
调节池断面积/m^2	10 000	20 000	40 000	60 000	80 000	100 000
一级水电站机组调节时间/s	452.4	276.8	276.4	272.8	200.4	200.4
二级水电站机组调节时间/s	不能稳定	544.4	562.4	569.6	573.2	575.6

表 10-18　功率调节模式下调节池断面积与调节池水位、流量的关联性

项目	数值					
调节池断面积/m^2	10 000	20 000	40 000	60 000	80 000	100 000
调节池最高水位/m	1 640.53	1 639.31	1 638.65	1 638.42	1 638.30	1 638.23
调节池最低水位/m	1 600.57	1 620.08	1 631.26	1 634.06	1 635.23	1 635.88
水位最大变幅/m	37.37	17.86	6.68	3.88	2.71	2.06
3 000 s 流入调节池的流量/（m^3/s）	817.44	860.02	901.12	916.51	923.56	927.59
3 000 s 流出调节池的流量/（m^3/s）	987.33	1 056.16	1 050.10	1 030.76	1 022.61	1 018.15
流量差/（m^3/s）	−169.89	−196.14	−148.98	−114.25	−99.05	−90.56

注：调节池初始水位为 1 637.94 m。

10.3　两级串联水电站水力干扰过渡过程分析与控制

10.3.1　部分机组甩负荷对系统其他机组的水力干扰作用

1. 一级水电站部分机组或所有机组甩负荷对其他机组的水力干扰

模拟计算工况如表 10-19 所示，调节池断面积取 40 000 m^2。计算结果按三部分统计：甩负荷机组的调节保证参数变化过程及极值，受干扰机组的运行参数变化过程及极值，调压室和调节池的水位、流量变化过程及极值。

表 10-19　一级水电站部分机组甩负荷计算工况表

工况	内容
GR1-1	一级水电站三台机组以额定出力运行时，J1 机组甩负荷，J2/J3 机组以功率调节运行；二级水电站四台机组（J4～J7）以功率调节运行，维持在 611 MW
GR1-2	一级水电站三台机组以额定出力运行时，J1/J2 机组甩负荷，J3 机组以功率调节运行；二级水电站四台机组（J4～J7）以功率调节运行，维持在 611 MW
GR1-3	一级水电站三台机组以额定出力运行时，J1/J2/J3 机组甩负荷；二级水电站四台机组（J4～J7）以功率调节运行，维持在 611 MW

1）GR1-1 工况

（1）甩负荷机组（J1）。

计算结果见图 10-23、表 10-20。

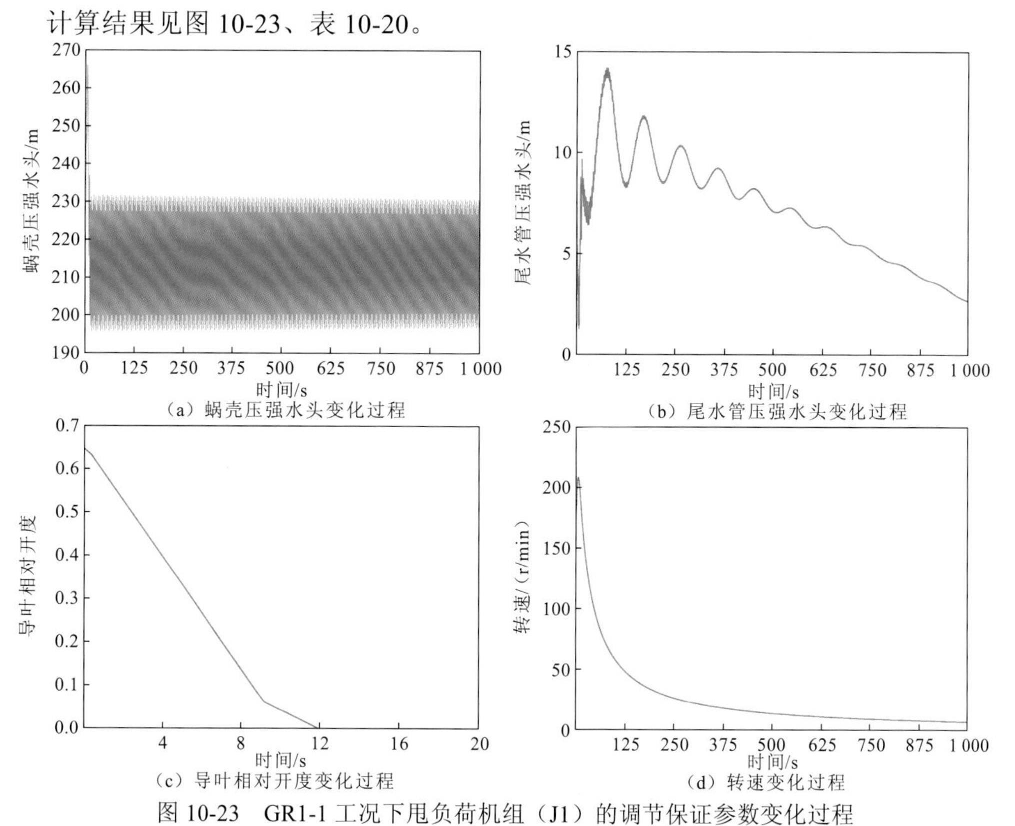

图 10-23　GR1-1 工况下甩负荷机组（J1）的调节保证参数变化过程

表 10-20　GR1-1 工况下甩负荷机组（J1）的调节保证参数极值

机组	蜗壳初始压强水头/m	蜗壳最大压强水头/m 和发生时间/s	尾水管初始压强水头/m	尾水管最小压强水头/m 和发生时间/s	转速最大升高率/% 和发生时间/s
J1	210.30	266.54 和 5.72	7.97	0.68 和 4.94	45.78 和 7.72

（2）一级水电站受干扰机组（J2、J3）。

计算结果见图 10-24、表 10-21。

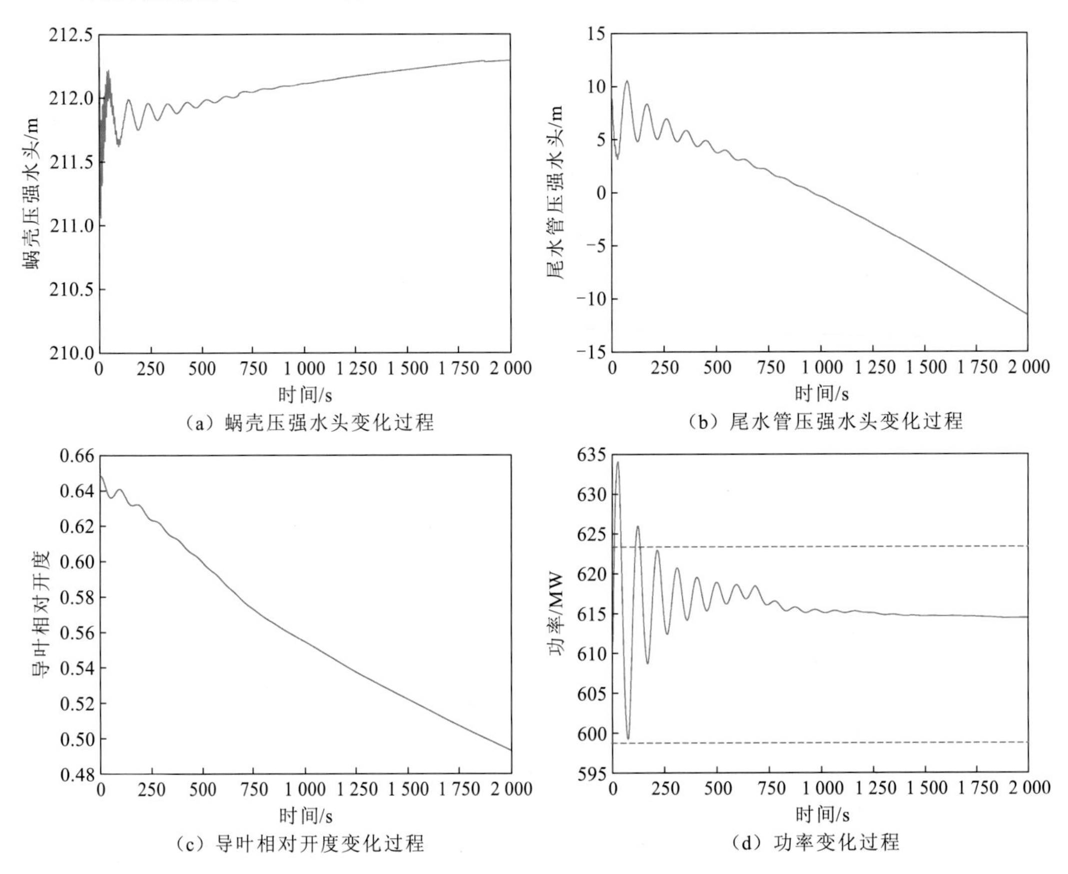

（a）蜗壳压强水头变化过程　（b）尾水管压强水头变化过程

（c）导叶相对开度变化过程　（d）功率变化过程

图 10-24　GR1-1 工况下一级水电站受干扰机组（J2、J3）运行参数变化过程

表 10-21　GR1-1 工况下一级水电站受干扰机组（J2、J3）运行参数的极值

机组	蜗壳初始压强水头/m	蜗壳最大压强水头/m 和发生时间/s	尾水管初始压强水头/m	尾水管最小压强水头/m 和发生时间/s	最大出力/MW 和发生时间/s	最小出力/MW 和发生时间/s
J2	210.27	212.94 和 0.56	7.95	3.07 和 29.22 −8.00 和 1697.6 −11.57 和 2 000	634.08 和 28.68	599.23 和 76.32
J3	210.29	213.21 和 0.54	7.97	3.11 和 29.9 −8.00 和 1697.6 −11.57 和 2 000	634.07 和 29.34	599.21 和 76.14

注：“尾水管最小压强水头和发生时间”列的三组值用于说明尾水管最小压强水头随时间的变化趋势。

（3）二级水电站受干扰机组（J4～J7）。

计算结果见图 10-25、表 10-22。

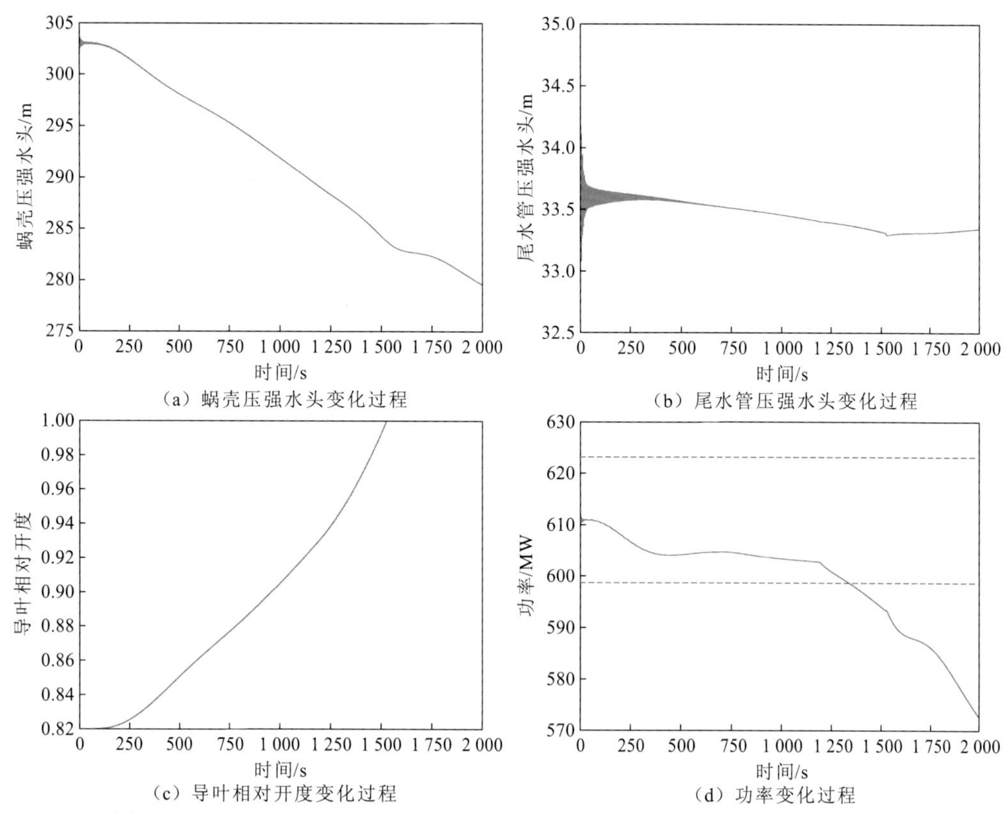

（a）蜗壳压强水头变化过程　（b）尾水管压强水头变化过程

（c）导叶相对开度变化过程　（d）功率变化过程

图 10-25　GR1-1 工况下二级水电站受干扰机组（J4～J7）运行参数变化过程

表 10-22　GR1-1 工况下二级水电站受干扰机组（J4～J7）运行参数的极值

机组	蜗壳初始压强水头/m	蜗壳最大压强水头/m 和发生时间/s	尾水管初始压强水头/m	尾水管最小压强水头/m 和发生时间/s	功率维持在±2%额定功率内的时间/s
J4	301.44	304.22 和 0.66	33.22	32.56 和 1.36	1 342
J5	301.44	304.22 和 0.66	33.22	32.56 和 1.36	1 342
J6	301.44	304.22 和 0.66	33.22	32.56 和 1.36	1 342
J7	301.44	304.22 和 0.66	33.22	32.56 和 1.36	1 342

（4）调压室。

计算结果见表 10-23、图 10-26。

表 10-23　GR1-1 工况下调压室水位及底板压差的极值

调压室	初始水位/m	最高水位/m 和发生时间/s	最低水位/m 和发生时间/s	底板向下最大压差/m 和发生时间/s	底板向上最大压差/m 和发生时间/s
一级调压室	1 642.12	1 644.00 和 75.98	1 621.18 和 2 000	0.94 和 12.18	0.52 和 50.42
二级调压室 1#	1 621.71	1 621.72 和 30.36	1 598.63 和 2 000	0.01 和 15.20	0.01 和 15.28
二级调压室 2#	1 621.71	1 621.72 和 30.36	1 598.63 和 2 000	0.01 和 15.20	0.01 和 15.28

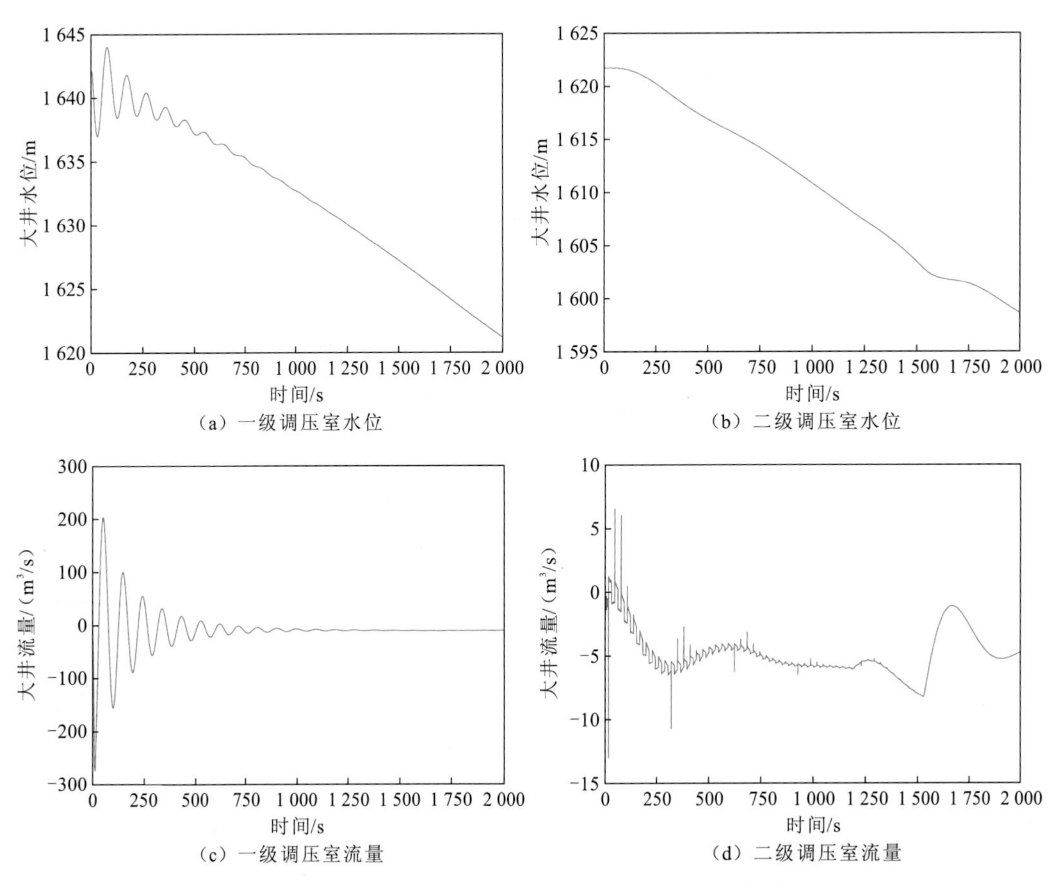

（a）一级调压室水位　　（b）二级调压室水位

（c）一级调压室流量　　（d）二级调压室流量

图 10-26　GR1-1 工况下调压室水位、流量的变化过程

（5）调节池。

计算结果见图 10-27、表 10-24。

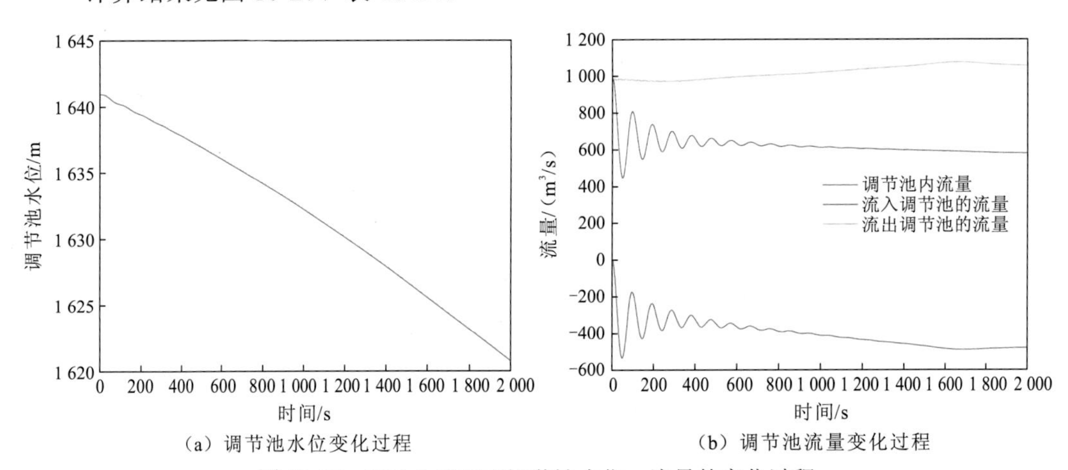

（a）调节池水位变化过程　　（b）调节池流量变化过程

图 10-27　GR1-1 工况下调节池水位、流量的变化过程

表 10-24　GR1-1 工况下调节池水位、流量的统计值

不同时刻/s	调节池水位/m	调节池水位下降/m	流入调节池的流量/（m^3/s）	流出调节池的流量/（m^3/s）	流量差/（m^3/s）
500	1 637.01	4.00	642.27	986.72	-344.45
1 000	1 632.28	8.73	610.78	1 020.20	-409.42
1 500	1 626.81	14.20	593.99	1 061.36	-467.37
1 697.6（尾水管最小压强水头为-8 m）	1 624.44	16.57	587.33	1 073.92	-486.59
2 000	1 620.80	20.21	578.68	1 056.12	-477.44

注：调节池初始水位为 1 641.01 m。

2）GR1-2 工况

为了减小篇幅，在此仅列出参数的极值表及统计表（表 10-25～表 10-29），以便与 GR1-1 工况进行对比分析。

表 10-25　GR1-2 工况下甩负荷机组（J1、J2）的调节保证参数极值

机组	蜗壳初始压强水头/m	蜗壳最大压强水头/m和发生时间/s	尾水管初始压强水头/m	尾水管最小压强水头/m和发生时间/s	转速最大升高率/%和发生时间/s
J1	210.30	266.27 和 5.72	7.97	-0.86 和 6.34	45.95 和 7.76
J2	210.27	264.64 和 5.68	7.95	2.47 和 28.58	45.04 和 7.72

表 10-26　GR1-2 工况下一级水电站受干扰机组（J3）运行参数的极值

机组	蜗壳初始压强水头/m	蜗壳最大压强水头/m和发生时间/s	尾水管初始压强水头/m	尾水管最小压强水头/m和发生时间/s	最大出力/MW和发生时间/s	最小出力/MW和发生时间/s
J3	210.29	213.21 和 0.54	7.97	-1.31 和 28.5 -8.00 和 960 -26.74 和 2000	653.13 和 26.54	589.77 和 75.42

表 10-27　GR1-2 工况下二级水电站受干扰机组（J4～J7）运行参数的极值

机组	蜗壳初始压强水头/m	蜗壳最大压强水头/m和发生时间/s	尾水管初始压强水头/m	尾水管最小压强水头/m和发生时间/s	功率维持在±2%额定功率内的时间/s
J4	301.44	304.22 和 0.66	33.22	32.56 和 1.36	341.2
J5	301.44	304.22 和 0.66	33.22	32.56 和 1.36	341.2
J6	301.44	304.22 和 0.66	33.22	32.56 和 1.36	341.2
J7	301.44	304.22 和 0.66	33.22	32.56 和 1.36	341.2

表 10-28　GR1-2 工况下调压室水位及底板压差的极值

调压室	初始水位/m	最高水位/m和发生时间/s	最低水位/m和发生时间/s	底板向下最大压差/m和发生时间/s	底板向上最大压差/m和发生时间/s
一级调压室	1 642.12	1 645.51 和 75.4	1 605.78 和 2 000	3.36 和 10.06	1.73 和 49.18
二级调压室 1#	1 621.71	1 621.72 和 30.36	1 585.92 和 2 000	0.01 和 15.2	0.01 和 15.28
二级调压室 2#	1 621.71	1 621.72 和 30.36	1 585.92 和 2 000	0.01 和 15.2	0.01 和 15.28

表 10-29 GR1-2 工况下调节池水位、流量的统计值

不同时刻/s	调节池水位/m	调节池水位下降/m	流入调节池的流量/（m^3/s）	流出调节池的流量/（m^3/s）	流量差/（m^3/s）
500	1 633.139	7.871	322.98	992.18	-669.2
960.0（尾水管最小压强水头为-8 m）	1 624.93	16.08	315.34	1 052.41	-737.07
1000	1 624.18	16.83	292.80	1 058.05	-765.25
1500	1 614.80	26.21	298.78	1 033.96	-735.18
2000	1 605.71	35.3	287.51	1 004.17	-716.66

注：调节池初始水位为 1 641.01 m。

3）GR1-3 工况

同理，在此仅列出参数的极值表及统计表（表 10-30～表 10-33），以便与 GR1-1 和 GR1-2 工况进行对比分析。

表 10-30 GR1-3 工况下甩负荷机组（J1、J2、J3）的调节保证参数极值

机组	蜗壳初始压强水头/m	蜗壳最大压强水头/m和发生时间/s	尾水管初始压强水头/m	尾水管最小压强水头/m 和发生时间/s	转速最大升高率/%和发生时间/s
J1	210.30	265.91 和 5.72	7.97	-4.27 和 12	46.18 和 7.84
J2	210.27	264.27 和 5.68	7.95	-2.58 和 12	45.28 和 7.8
J3	210.29	263.5 和 5.62	7.97	-3.96 和 11.6	45.67 和 7.82

表 10-31 GR1-3 工况下二级水电站受干扰机组（J4～J7）运行参数的极值

机组	蜗壳初始压强水头/m	蜗壳最大压强水头/m和发生时间/s	尾水管初始压强水头/m	尾水管最小压强水头/m 和发生时间/s	功率维持在±2%额定功率内的时间/s
J4	301.44	304.22 和 0.66	33.22	32.56 和 1.36	247.2
J5	301.44	304.22 和 0.66	33.22	32.56 和 1.36	247.2
J6	301.44	304.22 和 0.66	33.22	32.56 和 1.36	247.2
J7	301.44	304.22 和 0.66	33.22	32.56 和 1.36	247.2

表 10-32 GR1-3 工况下调压室水位及底板压差的极值

调压室	初始水位/m	最高水位/m和发生时间/s	最低水位/m和发生时间/s	底板向下最大压差/m和发生时间/s	底板向上最大压差/m和发生时间/s
一级调压室	1 642.12	1 646.43 和 74.86	1 592.05 和 2 000	7.16 和 9.34	3.21 和 48.08
二级调压室 1#	1 621.71	1 621.72 和 30.36	1 574.57 和 2 000	0.02 和 288.46	0.01 和 15.28
二级调压室 2#	1 621.71	1 621.72 和 30.36	1 574.57 和 2 000	0.02 和 288.46	0.01 和 15.28

表 10-33　GR1-3 工况下调节池水位、流量的统计值

不同时刻/s	调节池水位/m	调节池水位下降/m	流入调节池的流量/（m^3/s）	流出调节池的流量/（m^3/s）	流量差/（m^3/s）
500	1 629.36	11.65	13.65	998.71	−985.06
1 000	1 616.62	24.39	−9.60	1 037.453	−1 047.053
1 500	1 604.20	36.81	41.06	995.41	−954.35
2 000	1 592.27	48.74	18.16	955.02	−936.86

注：调节池初始水位为 1 641.01 m。

由上述计算结果可知：

（1）一级水电站部分机组甩负荷对同水力单元其他运行机组的影响，与 8.3.1 小节共调压室水力联系的水力干扰过渡过程的分析完全一致，即最大超出力相对值为 7.07%，不会危及发电机绝缘的安全。从图 10-24（d）可以看出，尽管功率变化过程中出现的振荡次数多，但在较短时间内进入±2%额定功率范围。

（2）一级水电站部分机组甩负荷或所有机组甩负荷对二级水电站运行机组的影响主要表现为，调节池水位持续下降引起的水头下降及出力减小，其中以 GR1-3 工况最为不利，功率维持在±2%额定功率内的时间为 247.2 s，而 GR1-1 工况和 GR1-2 工况分别为 1342 s 和 341.2 s，即二级水电站运行机组的功率维持在±2%额定功率内的时间与一级水电站甩负荷机组的台数负相关。此外，二级水电站运行机组为了维系功率不变，导叶开度不断增大，GR1-1 工况、GR1-2 工况和 GR1-3 工况分别在 1526.8 s、961.6 s、724.8 s 达到饱和，即导叶相对开度等于 1，进一步调节受到限制。

（3）随着调节池水位的持续下降，一级水电站受干扰机组的尾水管进口压强水头也不断下降，对于 GR1-1 工况和 GR1-2 工况，当该压强水头等于−8 m 时，相应的发生时刻为 1697.6 s 和 960 s。若 2000 s 仍没有采取流量同步运行的相应措施，则尾水管进口压强水头分别为−11.57 m 和−26.74 m，远超出调节保证限制值的范围。

（4）对于 GR1-1 工况、GR1-2 工况和 GR1-3 工况，若 2 000 s 仍没有采取流量同步运行的相应措施，调节池水位分别下降 20.21 m、35.3 m 和 48.74 m，有可能拉空调节池的水体。并且对应的流入/流出调节池的流量差分别为−477.44 m^3/s、−716.66 m^3/s、−936.86 m^3/s。

2. 二级水电站部分机组甩负荷或所有机组甩负荷对其他机组的水力干扰

模拟计算工况如表 10-34 所示，调节池断面积取 40 000 m^2。在此仅列出 GR1-6 工况和 GR1-7 工况的计算结果。

表 10-34 二级水电站部分机组甩负荷计算工况表

工况	内容
GR1-4	二级水电站四台机组以额定出力运行时，J4 机组甩负荷，J5～J7 机组以功率调节/频率调节运行；一级水电站三台机组（J1～J3）以功率调节运行，维持在 611 MW
GR1-5	二级水电站四台机组以额定出力运行时，J4/J5 机组甩负荷，J6/J7 机组以功率调节/频率调节运行；一级水电站三台机组（J1～J3）以功率调节运行，维持在 611 MW
GR1-6	二级水电站四台机组以额定出力运行时，J4/J6 机组甩负荷，J5/J7 机组以功率调节/频率调节运行；一级水电站三台机组（J1～J3）以功率调节运行，维持在 611 MW
GR1-7	二级水电站四台机组以额定出力运行时，J4/J5/J6 机组甩负荷，J7 机组以功率调节/频率调节运行；一级水电站三台机组（J1～J3）以功率调节运行，维持在 611 MW
GR1-8	二级水电站四台机组以额定出力运行时，J4～J7 机组甩负荷；一级水电站三台机组（J1～J3）以功率调节运行，维持在 611 MW

1）GR1-6 工况

（1）甩负荷机组（J4、J6）。

计算结果见图 10-28、表 10-35。

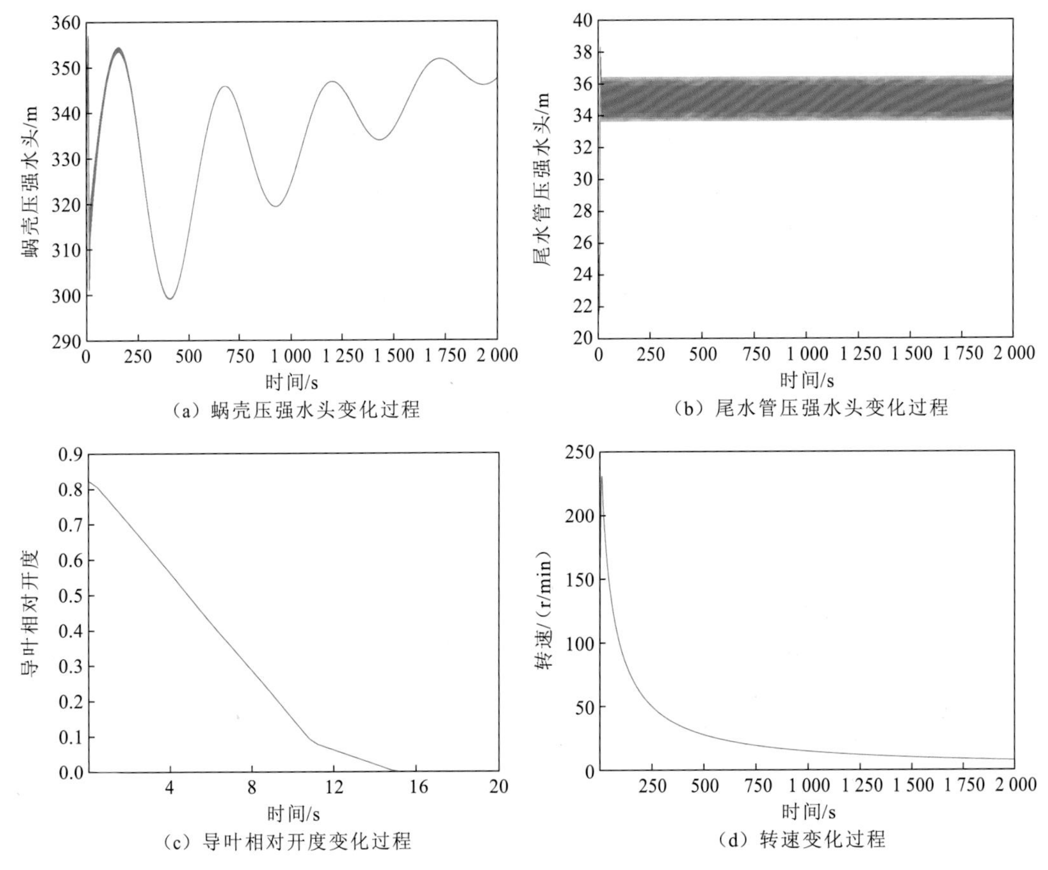

图 10-28 GR1-6 工况下甩负荷机组（J4、J6）的调节保证参数变化过程

表 10-35　GR1-6 工况下甩负荷机组（J4、J6）的调节保证参数极值

机组	蜗壳初始压强水头/m	蜗壳最大压强水头/m和发生时间/s	尾水管初始压强水头/m	尾水管最小压强水头/m和发生时间/s	转速最大升高率/%和发生时间/s
J4	301.44	357.04 和 7.28	33.22	21.14 和 3.28	38.3 和 6.92
J6	301.44	357.04 和 7.28	33.22	21.14 和 3.28	38.3 和 6.92

（2）二级水电站受干扰机组（J5、J7）。

计算结果见图 10-29、表 10-36。

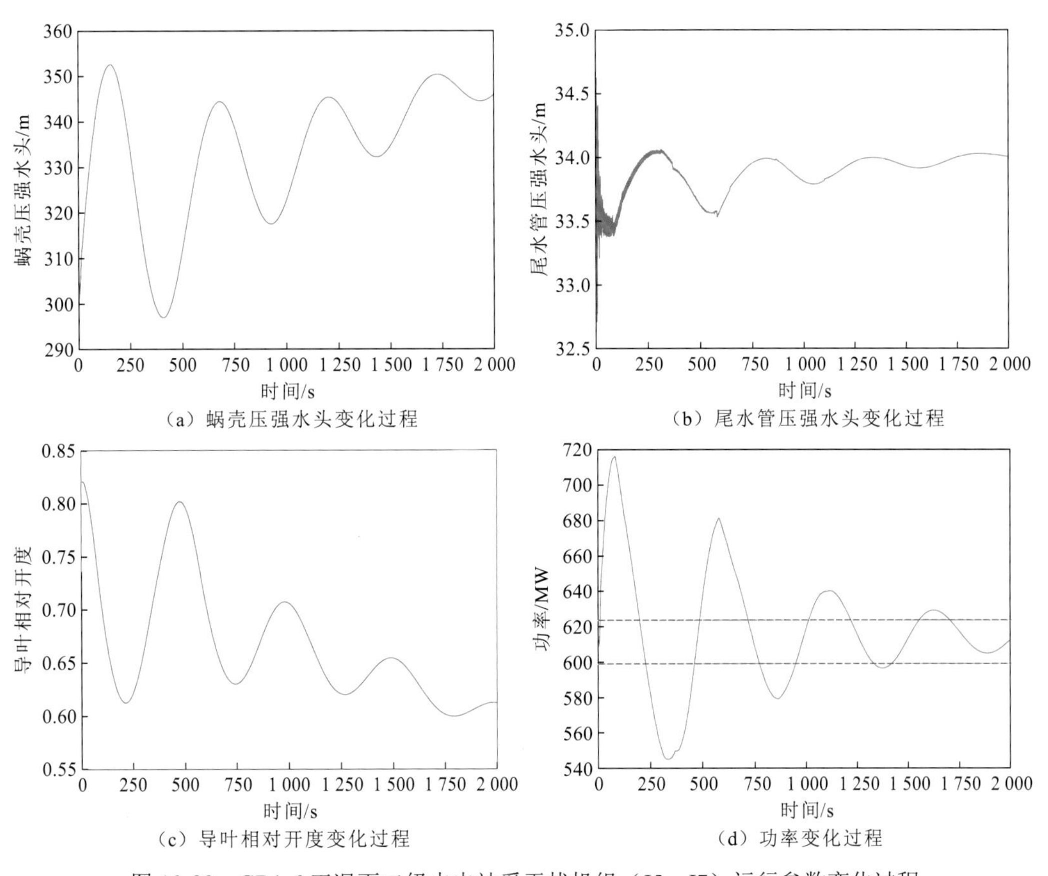

（a）蜗壳压强水头变化过程　（b）尾水管压强水头变化过程

（c）导叶相对开度变化过程　（d）功率变化过程

图 10-29　GR1-6 工况下二级水电站受干扰机组（J5、J7）运行参数变化过程

表 10-36　GR1-6 工况下二级水电站受干扰机组（J5、J7）运行参数的极值

机组	蜗壳初始压强水头/m	蜗壳最大压强水头/m和发生时间/s	尾水管初始压强水头/m	尾水管最小压强水头/m和发生时间/s	功率进入±2%额定功率的时间/s
J5	301.44	352.6 和 155.08	33.22	32.56 和 1.36	1 697.6
J7	301.44	352.6 和 155.08	33.22	32.56 和 1.36	1 697.6

（3）一级水电站受干扰机组（J1～J3）。

计算结果见图 10-30、表 10-37。

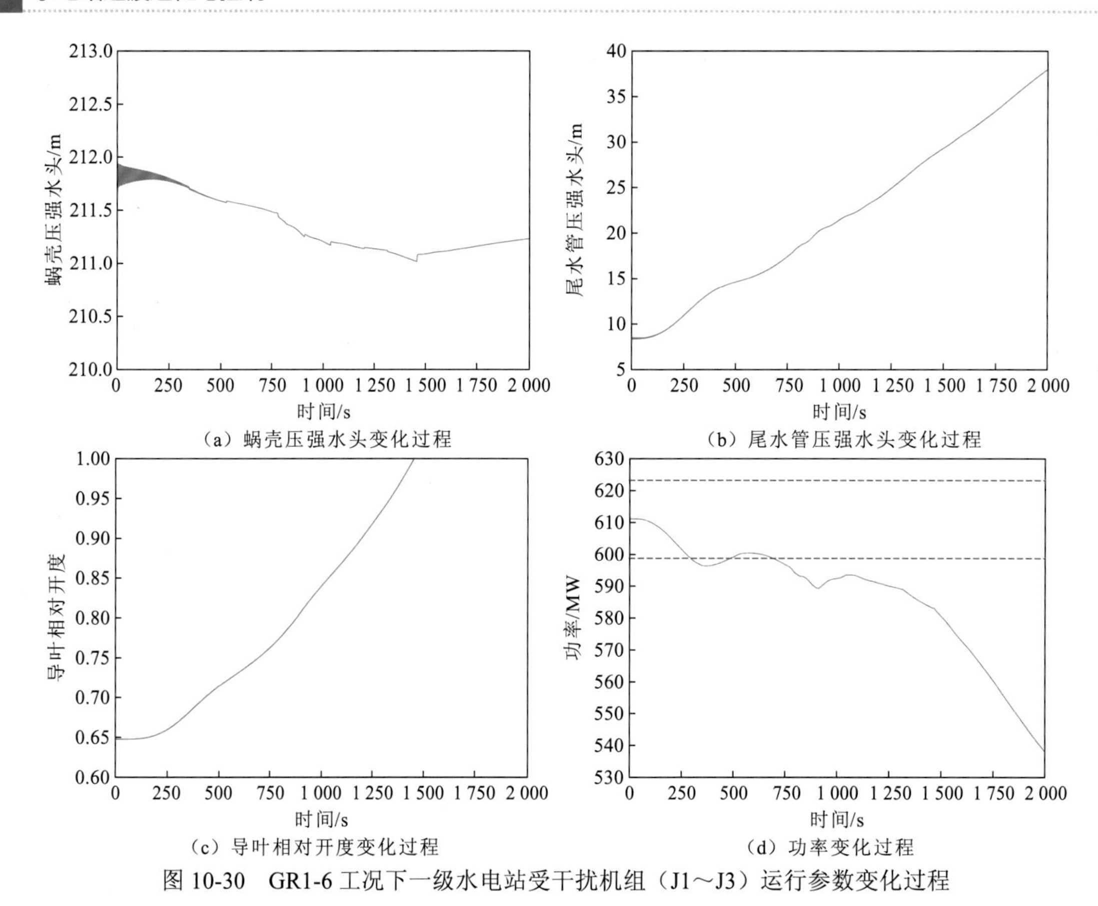

（a）蜗壳压强水头变化过程　（b）尾水管压强水头变化过程

（c）导叶相对开度变化过程　（d）功率变化过程

图 10-30　GR1-6 工况下一级水电站受干扰机组（J1～J3）运行参数变化过程

表 10-37　GR1-6 工况下一级水电站受干扰机组（J1～J3）运行参数的极值

机组	蜗壳初始压强水头/m	蜗壳最大压强水头/m和发生时间/s	尾水管初始压强水头/m	尾水管最小压强水头/m和发生时间/s	功率维持在±2%额定功率内的时间/s
J1	210.30	212.97 和 0.58	7.97	7.72 和 0.02	292.8
J2	210.27	212.95 和 0.56	7.95	7.7 和 0.02	292.8
J3	210.29	213.21 和 0.54	7.97	7.72 和 0.02	292.8

（4）调压室。

计算结果见表 10-38、图 10-31。

表 10-38　GR1-6 工况下调压室水位及底板压差的极值

调压室	初始水位/m	最高水位/m 和发生时间/s	最低水位/m和发生时间/s	底板向下最大压差/m和发生时间/s	底板向上最大压差/m和发生时间/s
一级调压室	1 642.12	1 672.78 和 2 000	1 642.11 和 0.56	—	—
二级调压室 1#	1 621.71	1 670.5 和 154.76	1 615.81 和 404.72	0.96 和 283.4	4.88 和 10.36
二级调压室 2#	1 621.71	1 670.5 和 154.76	1 615.81 和 404.72	0.96 和 283.4	4.88 和 10.36

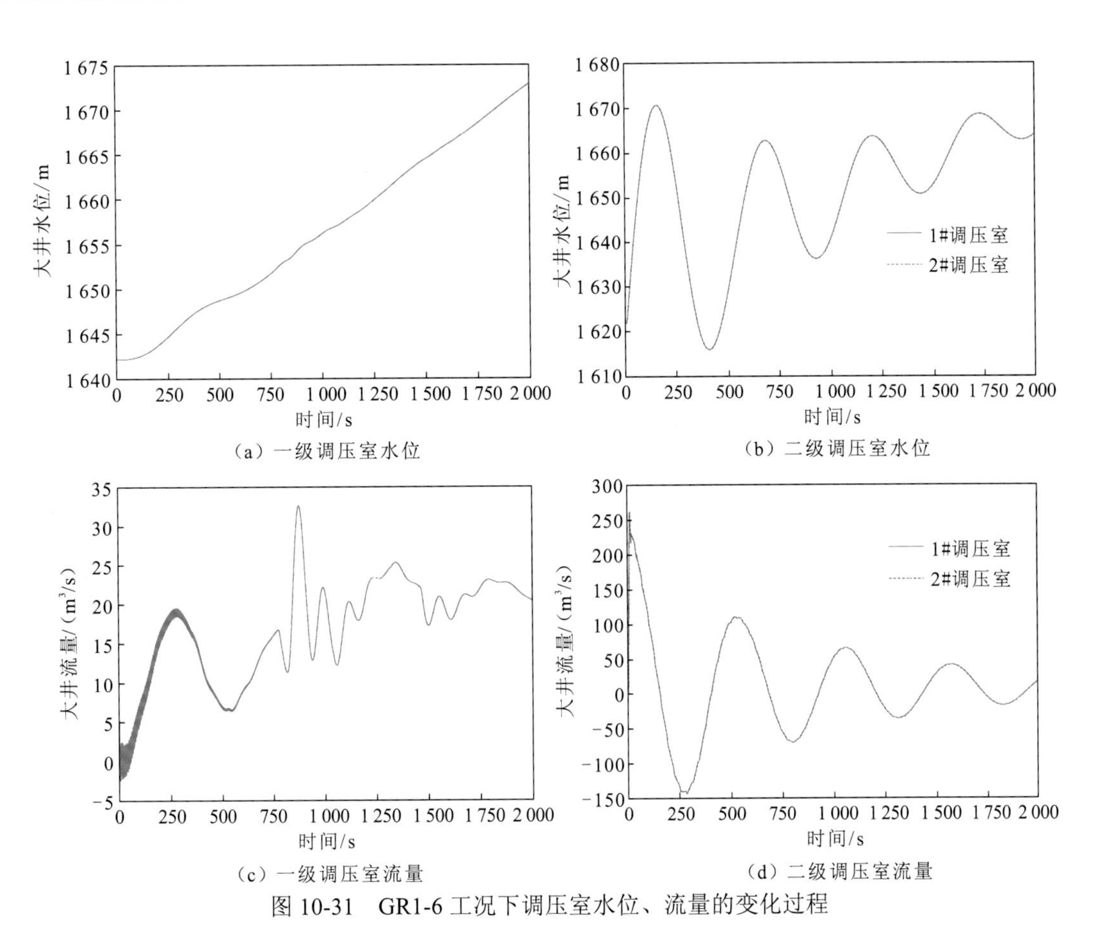

（a）一级调压室水位　（b）二级调压室水位

（c）一级调压室流量　（d）二级调压室流量

图 10-31　GR1-6 工况下调压室水位、流量的变化过程

（5）调节池。

计算结果见图 10-32、表 10-39。

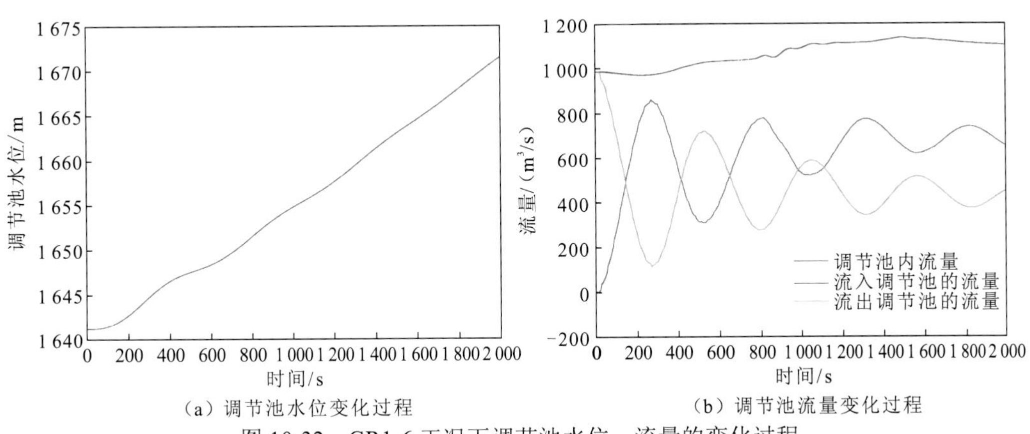

（a）调节池水位变化过程　（b）调节池流量变化过程

图 10-32　GR1-6 工况下调节池水位、流量的变化过程

表 10-39　GR1-6 工况下调节池水位、流量的统计值

不同时刻/s	调节池水位/m	调节池水位上升/m	流入调节池的流量/（m^3/s）	流出调节池的流量/（m^3/s）	流量差/（m^3/s）
500	1 647.38	−6.37	1 017.93	707.57	310.36
1 000	1 654.64	−13.63	1 086.36	559.82	526.54
1 500	1 662.92	−21.91	1 132.89	490.14	642.75
2 000	1 671.40	−30.39	1 100.31	449.70	650.61

注：调节池初始水位为 1 641.01 m。

2）GR1-7 工况

为了减小篇幅，在此仅列出参数的极值表及统计表（表 10-40～表 10-44），以便与 GR1-6 工况进行对比分析。

表 10-40　GR1-7 工况下甩负荷机组（J4～J6）的调节保证参数极值

机组	蜗壳初始压强水头/m	蜗壳最大压强水头/m 和发生时间/s	尾水管初始压强水头/m	尾水管最小压强水头/m 和发生时间/s	转速最大升高率/% 和发生时间/s
J4	301.44	368.6 和 62.76	33.22	21.3 和 3.28	38.72 和 7.1
J5	301.44	368.6 和 62.76	33.22	21.3 和 3.28	38.72 和 7.1
J6	301.44	359.32 和 1 746.8	33.22	21.14 和 3.28	38.3 和 6.92

表 10-41　GR1-7 工况下二级水电站受干扰机组（J7）运行参数的极值

机组	蜗壳初始压强水头/m	蜗壳最大压强水头/m 和发生时间/s	尾水管初始压强水头/m	尾水管最小压强水头/m 和发生时间/s	功率进入±2%额定功率的时间/s
J7	301.44	358.32 和 1743.88	33.22	32.56 和 1.36	1 660.4

表 10-42　GR1-7 工况下一级水电站受干扰机组（J1～J3）运行参数的极值

机组	蜗壳初始压强水头/m	蜗壳最大压强水头/m 和发生时间/s	尾水管初始压强水头/m	尾水管最小压强水头/m 和发生时间/s	功率维持在±2%额定功率内的时间/s
J1	210.30	212.97 和 0.58	7.97	7.72 和 0.02	246
J2	210.27	212.95 和 0.56	7.95	7.7 和 0.02	246
J3	210.29	213.21 和 0.54	7.97	7.72 和 0.02	246

表 10-43　GR1-7 工况下调压室水位及底板压差的极值

调压室	初始水位/m	最高水位/m 和发生时间/s	最低水位/m 和发生时间/s	底板向下最大压差/m 和发生时间/s	底板向上最大压差/m 和发生时间/s
一级调压室	1 642.12	1 682.65 和 2 000	1 642.11 和 0.56	—	—
二级调压室 1#	1 621.71	1 684.42 和 2 000	1 599.88 和 445.14	4.19 和 314.3	18.77 和 10.4
二级调压室 2#	1 621.71	1 676.28 和 1 617.89	1 617.89 和 399.44	0.91 和 283.4	4.88 和 10.36

表 10-44　GR1-7 工况下调节池水位、流量的统计值

不同时刻/s	调节池水位/m	调节池水位上升/m	流入调节池的流量/（m^3/s）	流出调节池的流量/（m^3/s）	流量差/（m^3/s）
500	1 650.32	9.31	1 024.25	533.97	490.28
1 000	1 660.53	19.52	1 104.80	345.97	758.83
1 500	1 671.36	30.35	1 092.48	186.34	906.14
2 000	1 671.40	30.39	1 100.31	449.70	650.61

注：调节池初始水位为 1 641.01 m。

由上述计算结果可知：

（1）二级水电站部分机组甩负荷对同水力单元其他运行机组的影响，也与 8.3.1 小节共调压室水力联系的水力干扰过渡过程的分析完全一致，即最大超出力相对值为 17.34%，不会危及发电机绝缘的安全，但引水隧洞长达 16 699 m，导致机组功率随调压室水位的波动而波动，振荡次数较多，衰减慢，要经过很长时间才能趋于稳定。GR1-6 工况和 GR1-7 工况进入±2%额定功率的时间分别为 1 697.6 s 和 1 660.4 s。

（2）二级水电站部分机组甩负荷或所有机组甩负荷对一级水电站运行机组的影响主要表现为，调节池水位持续上升引起的水头下降及出力减小，GR1-6 工况和 GR1-7 工况功率维持在±2%额定功率内的时间分别为 292.8 s 和 246 s，即一级水电站运行机组的功率维持在±2%额定功率内的时间与二级水电站甩负荷机组的台数负相关。此外，一级水电站运行机组为了维系功率不变，导叶开度不断增大，GR1-6 工况和 GR1-7 工况分别在 1 461.6 s 和 1 145.6 s 达到饱和，即导叶相对开度等于 1，进一步调节受到限制。

（3）随着调节池水位的持续上升，对于 GR1-6 工况和 GR1-7 工况，若 2 000 s 仍没有采取流量同步运行的相应措施，调节池水位分别上升−30.39 m 和 30.39 m，有可能超过调节池最高限制水位，产生溢流。并且流入/流出调节池的流量差均为 650.61 m^3/s。

10.3.2　调节池参数对水力干扰的敏感性分析

由 10.3.1 小节的结果可知：无论是一级水电站还是二级水电站部分机组甩负荷或全部机组甩负荷，对其他受干扰机组的影响均与调节池断面积和容积正相关，为此本小节着重探讨调节池断面积及容积与水力干扰过渡过程关键参数之间的关联。计算条件依然是 10.3.1 小节的 GR1-1 工况～GR1-8 工况，仅仅是对调节池断面积及容积进行敏感性分析。

1. 调节池断面积对水力干扰的敏感性分析

1）一级水电站部分或全部机组甩负荷条件下调节池断面积对水力干扰的敏感性

模拟结果见图 10-33 和图 10-34，从中可知：

（1）一级水电站受干扰机组功率波动最大峰值与调节池断面积负相关，GR1-2 工况

更为明显，特别是当调节池断面积较小时，其原因是该工况为两台机组同时甩负荷。当调节池断面积等于或大于 20 000 m^2 时，无论是 GR1-1 工况还是 GR1-2 工况，受干扰机组功率波动最大峰值几乎不随调节池断面积的增大而变化。

（2）一级水电站受干扰机组功率进入±2%额定功率的时间基本上随调节池断面积的增加而减少，对于 GR1-1 工况，调节池断面积大于 40 000 m^2 之后，该时间基本保持不变。

（3）二级水电站受干扰机组功率维持在±2%额定功率内的时间随调节池断面积的增大而增长，当断面积较小时，增大断面积对维持时间并不敏感，过了某个临界点后，其敏感程度大大增强。不同工况对应的临界点不同，甩负荷机组台数越多的工况，其调节池临界断面积越大。对于同一调节池断面积，甩负荷机组台数越多的工况二级水电站受干扰机组功率维持时间越短。

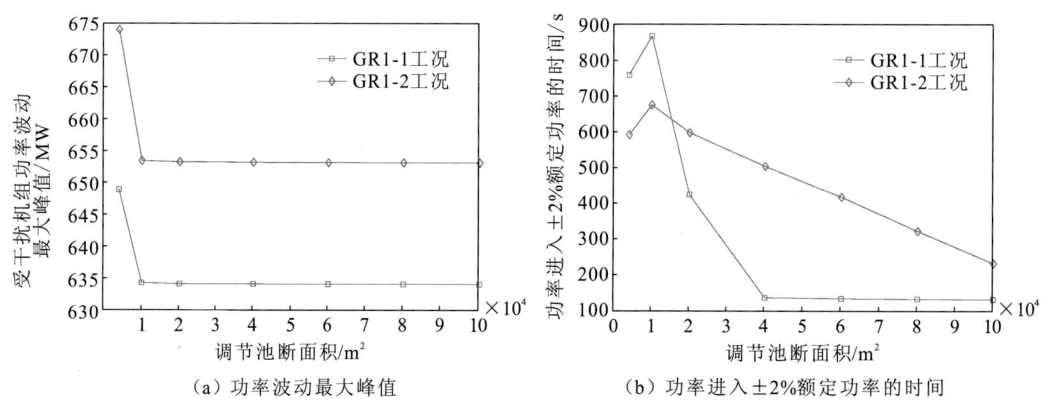

（a）功率波动最大峰值　　（b）功率进入±2%额定功率的时间

图 10-33　GR1-1 工况和 GR1-2 工况下调节池断面积与一级水电站受干扰机组参数的关联

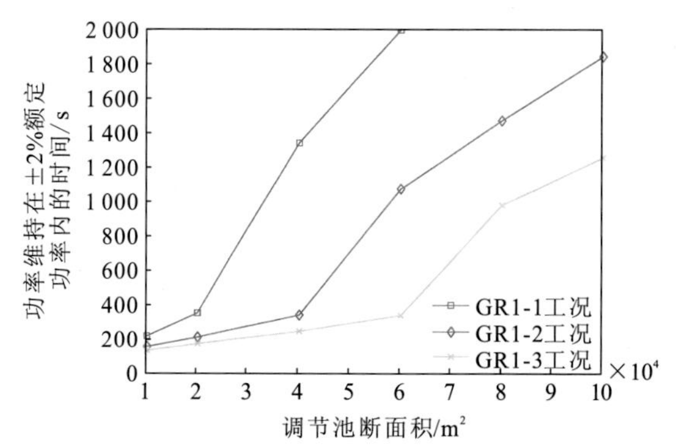

图 10-34　GR1-1～GR1-3 工况下调节池断面积与二级水电站受干扰机组功率维持在±2%额定功率内的时间的关联

2）二级水电站部分或全部机组甩负荷条件下调节池断面积对水力干扰的敏感性

模拟结果见图 10-35 和图 10-36，从中可知：

（1）二级水电站受干扰机组（与甩负荷机组不同的水力单元）的功率波动最大峰值与调节池断面积负相关，特别是当调节池断面积较小时，其原因是该工况为两台机组同时甩负荷。二级水电站与甩负荷机组同水力单元的机组受干扰后功率波动最大峰值均在 715 MW 左右，对调节池断面积不敏感。

（2）二级水电站受干扰机组功率进入±2%额定功率的时间基本上随调节池断面积的增加而提前，对于 GR1-4 工况，调节池断面积大于 40 000 m^2 之后，该时间为零；对于 GR1-5 工况，调节池断面积大于 60 000 m^2 之后，该时间为零。

（3）一级水电站受干扰机组功率维持在±2%额定功率内的时间随调节池断面积的增大而增长，当断面积较小时，维持时间随断面积的增大增长较为缓慢，过了某个临界点后，维持时间对断面积增大较为敏感。不同工况对应的临界点不同，甩负荷机组台数越多的工况，其调节池临界断面积越大。对于同一调节池断面积，甩负荷机组台数越多的工况一级水电站受干扰机组功率维持时间越短。

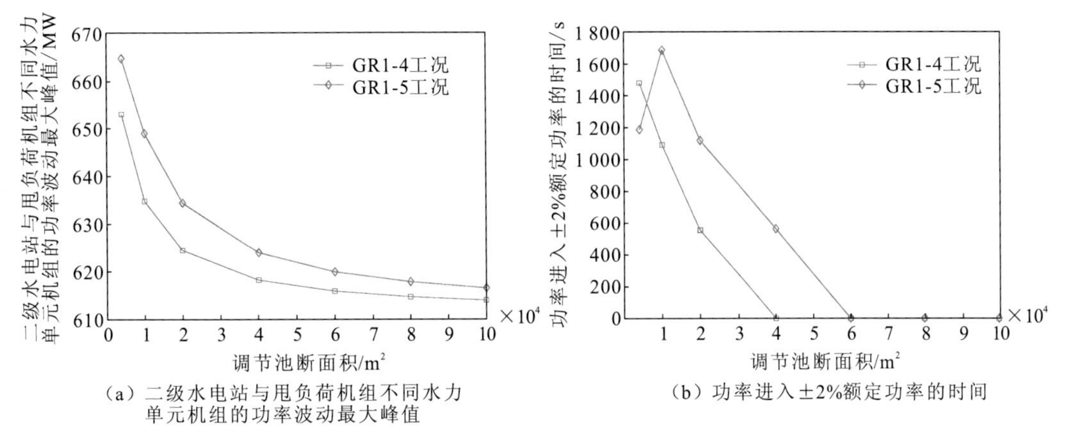

（a）二级水电站与甩负荷机组不同水力单元机组的功率波动最大峰值　　（b）功率进入±2%额定功率的时间

图 10-35　GR1-4 工况和 GR1-5 工况下调节池断面积与二级水电站受干扰机组参数的关联

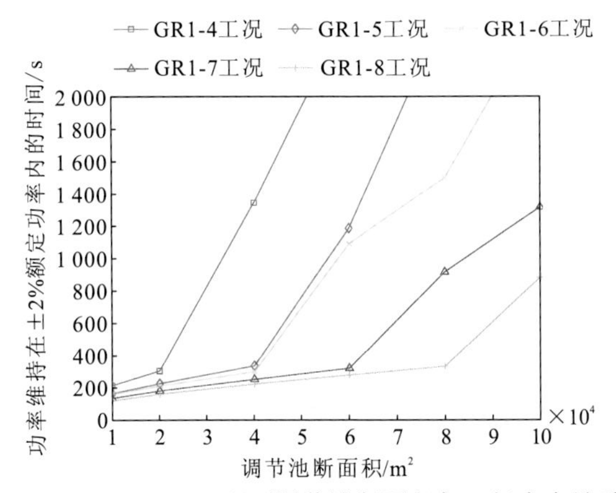

图 10-36　GR1-4～GR1-8 工况下调节池断面积与一级水电站受干扰机组功率维持在±2%额定功率内的时间的关联

2. 水力干扰中调节池水深的变化及其对尾水管最小压力控制值的影响

水力干扰中调节池水深变化的允许范围主要取决于调节池水位约束条件，即

$$Z_{min,调节池} \leqslant Z_{调节池} \leqslant Z_{max,调节池}$$

在此，统计水力干扰中调节池水位下降或上升不同程度的发生时间与调节池断面积的关联，就是为了满足调节池水位约束条件，合理选取调节池断面积。

另外，调节池水位下降对一级水电站机组尾水管最小压强水头有直接影响，满足机组调节保证控制值要求是必需的。

1）一级水电站部分或全部机组甩负荷条件下调节池水位下降不同程度的发生时间与断面积的关联

GR1-1～GR1-3 工况下不同调节池断面积，水位下降不同程度的发生时间的统计结果如表 10-45 所示，从中可以看出：

（1）调节池水位下降 5 m/10 m/15 m 的发生时间与调节池断面积呈线性关系，调节池断面积越大，下降到该水位的时间越长。

（2）GR1-3 工况是 3 台机组甩负荷，而 GR1-1 工况是 1 台机组甩负荷、2 台机组继续运行，所以必然是 GR1-3 工况下降到某一水位的时间越短，GR1-1 工况下降到该水位的时间越长。

表 10-45　GR1-1～GR1-3 工况下调节池水位下降不同程度的发生时间与调节池断面积的关联

调节池断面积/m^2	发生时间/s								
	GR1-1 工况			GR1-2 工况			GR1-3 工况		
	5 m	10 m	15 m	5 m	10 m	15 m	5 m	10 m	15 m
4 000	73.6	160.8	249.5	45.5	74.6	126.4	37.0	53.1	113.8
10 000	171.4	346.4	494.6	83.3	174.1	266.2	58.4	123.7	177.1
20 000	327.1	611.0	854.4	162.7	332.3	488.1	118.1	227.3	337.4
40 000	604.6	1115.9	1561.9	320.1	619.3	898	220.4	430.5	632.8
60 000	874.9	1616.4	>2 000	464.8	900.4	1 306.2	322.3	628.1	922.8
80 000	1 144.6	>2 000	>2 000	611.3	1 180.9	1 712.6	423.1	824.6	1 212.4
100 000	1 413.5	>2 000	>2 000	754.7	1 461	2 120	523.2	1 021.2	1 501.4

2）GR1-1、GR1-2 工况下调节池水位下降与尾水管最小压强水头控制值的关联

图 10-37 给出了 GR1-1、GR1-2 工况下不同调节池断面积与尾水管进口压强水头达到−8 m 的时间的统计结果，以及对应的调节池下降的水深。从中可以看出：

（1）无论是 GR1-1 工况还是 GR1-2 工况，调节池断面积越大，尾水管进口压强水头达到−8 m 的时间越延后。

（2）在相同调节池断面积下，GR1-2 工况尾水管进口压强水头达到−8 m 的时间远早于 GR1-1 工况。其原因是 GR1-2 工况为 2 台机组甩负荷、1 台机组继续运行，而 GR1-1 工况是 1 台机组甩负荷、2 台机组继续运行。

（3）当调节池断面积等于或大于 20 000 m^2 时，调节池水位下降 16～17 m，尾水管进口压强水头可以达到-8 m 的控制值。

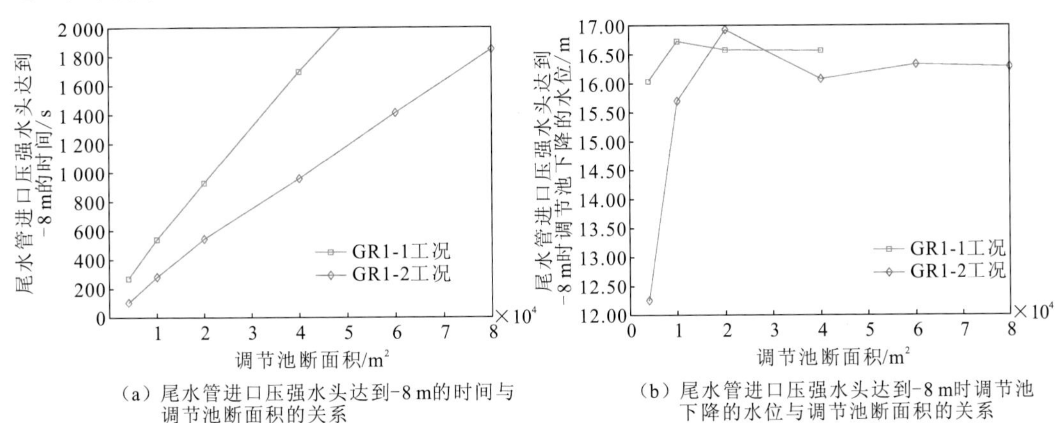

（a）尾水管进口压强水头达到-8 m的时间与调节池断面积的关系

（b）尾水管进口压强水头达到-8 m时调节池下降的水位与调节池断面积的关系

图 10-37　GR1-1、GR1-2 工况下不同调节池断面积与水位下降和尾水管最小压强水头控制值的关联

3）二级水电站部分或全部机组甩负荷条件下调节池水位上升不同程度的发生时间与断面积的关联

GR1-4～GR1-8 工况下不同调节池断面积，水位上升不同程度的发生时间的统计结果如表 10-46 所示，从中可以看出：

（1）调节池水位上升 5 m/10 m/15 m 的发生时间与调节池断面积呈线性关系，调节池断面积越大，上升到该水位的时间越长。

（2）GR1-8 工况是 4 台机组甩负荷，而 GR1-4 工况是 1 台机组甩负荷、3 台机组继续运行，所以必然是 GR1-8 工况上升到某一水位的时间越短，GR1-4 工况上升到该水位的时间越长。

表 10-46　GR1-4～GR1-8 工况下调节池水位上升不同程度的发生时间与调节池断面积的关联

调节池断面积/m^2	发生时间/s								
	GR1-4 工况			GR1-5 工况			GR1-6 工况		
	5 m	10 m	15 m	5 m	10 m	15 m	5 m	10 m	15 m
4 000	182.1	250.4	317.2	137.6	192.5	237.3	136.8	182	218.4
10 000	259.3	408.8	634.2	199.9	283.5	357.1	188.8	259.6	328.4
20 000	386	767	1026	274.3	415.6	663.9	252.2	387	632
40 000	777.9	1 356.3	1 842.7	405.2	819.6	1 161.8	375.8	783	1 104.2
60 000	1 105.8	1 944.6	>2 000	660.4	1 190.2	1 660.2	626.7	1 127.4	1 576.7
80 000	1 420	>2 000	>2 000	822.9	1 518.9	>2 000	789.3	1 443.9	>2 000
100 000	1 765.8	>2 000	>2 000	990	1 868.3	>2 000	938.1	1 797.3	>2 000

续表

调节池断面积/m²	发生时间/s					
	GR1-7 工况			GR1-8 工况		
	5 m	10 m	15 m	5 m	10 m	15 m
4 000	115.4	156.2	188.9	100.6	137.6	167.3
10 000	162.6	224.3	275.8	143.8	200.2	245.6
20 000	218.3	310.8	409.7	194.8	275.1	343.9
40 000	304.9	560.6	814.5	270.1	405.9	667.2
60 000	392.6	814.8	1181.3	333.2	664.8	905.3
80 000	551.7	1 050.1	1 506.8	400.5	831.9	1 223.2

10.4 同步运行约束条件下过渡过程分析与控制

从 10.3 节可知：当两级串联水电站部分机组甩负荷后，若不按照同步运行约束条件及时重新调整分配负荷，将对表 10-47 中的 11 项指标产生影响。

表 10-47 两级串联水电站部分机组甩负荷后，影响受干扰机组和调节池水位及流量差的主要指标

	（a）一级水电站机组甩负荷	GR1-1 工况	GR1-2 工况	GR1-3 工况
1	一级水电站受干扰机组功率进入±2%额定功率的时间/s	135.6	503.2	—
2	一级水电站受干扰机组尾水管进口压强水头达到-8 m 的发生时间/s	1 697.6	960.0	—
3	二级水电站受干扰机组功率维持在±2%额定功率内的时间/s	1 342.0	341.2	247.2
4	二级水电站受干扰机组导叶开度达到饱和，受限时间/s	1 526.8	961.6	724.8
5	2 000 s 未重新调整时，调节池水位下降/m	20.21	35.3	48.74
6	2 000 s 未重新调整时，流入/流出调节池的流量差/（m³/s）	-477.44	-716.66	-936.86

	（b）二级水电站机组甩负荷	CR1-6 工况	CR1-7 工况
1	二级水电站受干扰机组功率进入±2%额定功率的时间/s	1 697.6	1 660.4
2	一级水电站受干扰机组功率维持在±2%额定功率内的时间/s	292.8	246.0
3	一级水电站受干扰机组导叶开度达到饱和，受限时间/s	1 461.6	1 145.6
4	2 000 s 未重新调整时，调节池水位下降/m	30.39	-30.39
5	2 000 s 未重新调整时，流入/流出调节池的流量差/（m³/s）	650.61	650.61

注：调节池断面积为 40 000 m²。

由表 10-47 可知：在 GR1-2 工况、GR1-6 工况和 GR1-7 工况中，受干扰机组功率维持在±2%额定功率内的时间分别为 341.2 s、292.8 s 和 246.0 s，所以调整分配负荷的时间不宜超过该时间。显然，延迟调整分配负荷的时间越久，对电网越有利，但需要更大的调节池断面积及容积。

另外，负荷分配后机组运行稳定性、调节池水位运行稳定性及流量同步的效果如何，也取决于调节池断面积及容积。

受篇幅的限制，本节仅在调节池断面积确定的前提下，开展同步运行约束条件下过渡过程的讨论，重点关注受干扰机组和调节池有关参数的时域响应。

10.4.1　部分机组甩负荷条件下同步运行过渡过程分析与控制

1. 一级水电站部分机组甩负荷条件下同步运行过渡过程分析

模拟计算条件是：调节池断面积为 40 000 m^2，二级水电站机组功率重新分配的时间选在 100 s，采用负荷平均分配的原则。计算工况见表 10-48。

表 10-48　一级水电站部分机组甩负荷后同步运行计算工况表

工况	内容
GR2-1	一级水电站三台机组以额定出力运行，零时刻 J1 机组甩负荷，J2/J3 机组及二级水电站四台机组（J4～J7）以功率调节方式运行，0～100 s 维持在 611 MW，此后 J4～J7 机组的负荷调整至 420 MW
GR2-2	一级水电站三台机组以额定出力运行，零时刻 J1/J2 机组甩负荷，J3 机组及二级水电站四台机组（J4～J7）以功率调节方式运行，0～100 s 维持在 611 MW，此后 J4～J7 机组的负荷调整至 180 MW

1）GR2-1 工况

（1）受干扰机组（J2～J7）的时域响应。

计算结果见图 10-38、图 10-39、表 10-49。

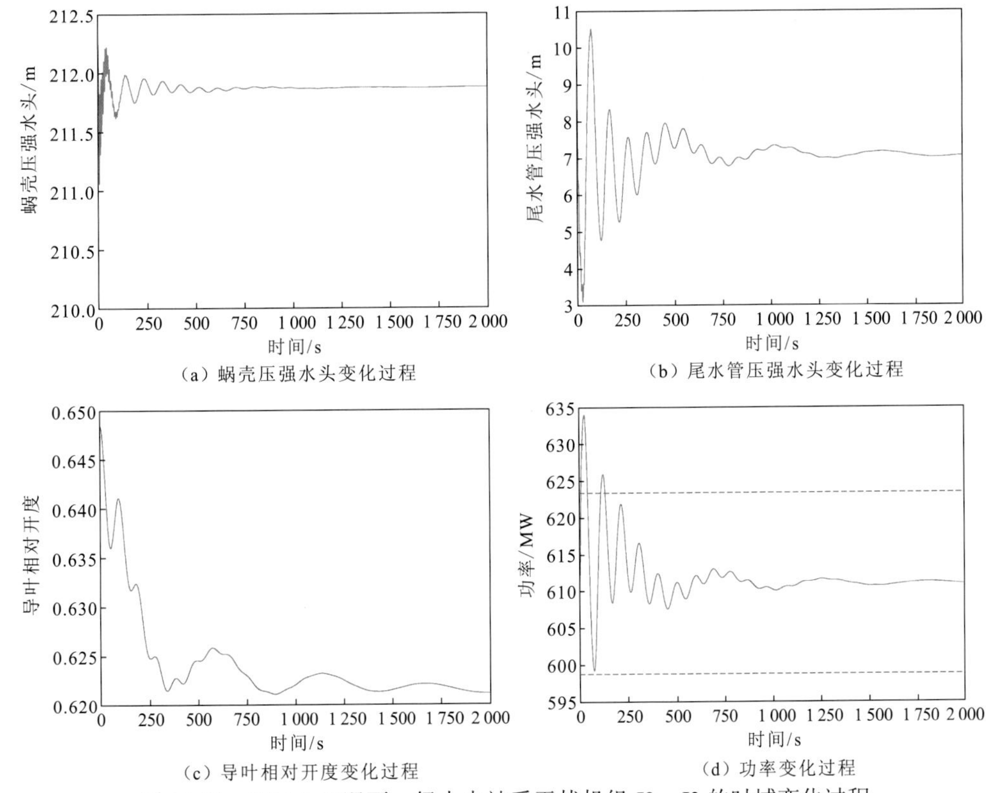

（a）蜗壳压强水头变化过程　（b）尾水管压强水头变化过程

（c）导叶相对开度变化过程　（d）功率变化过程

图 10-38　GR2-1 工况下一级水电站受干扰机组 J2、J3 的时域变化过程

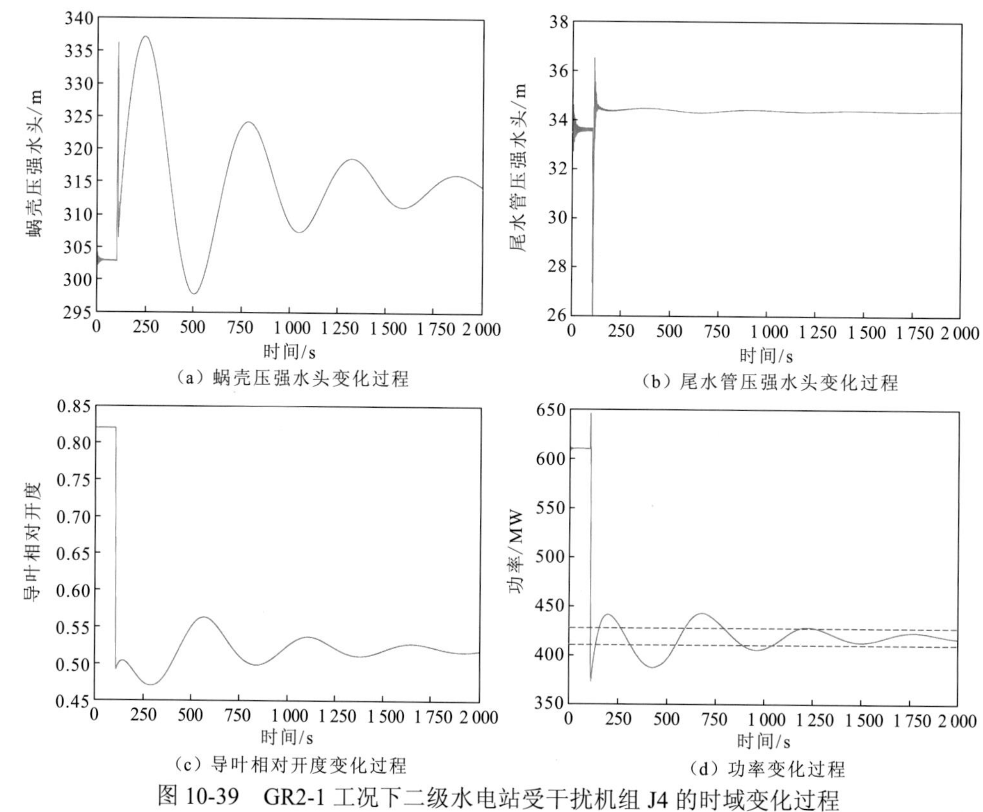

图 10-39 GR2-1 工况下二级水电站受干扰机组 J4 的时域变化过程

表 10-49 GR2-1 工况下受干扰机组时域变化过程的极值

机组	蜗壳初始压强水头/m	蜗壳最大压强水头/m 和发生时间/s	尾水管初始压强水头/m	尾水管最小压强水头/m 和发生时间/s	最大出力/MW 和发生时间/s	最小出力/MW 和发生时间/s	功率进入±2%额定功率的时间/s	初始相对开度/%	2 000 s 相对开度/%
J2	210.27	212.94 和 0.56	7.95	3.07 和 29.22	634.08 和 28.68	599.23 和 76.32	135.6	64.84	62.03
J3	210.29	213.21 和 0.54	7.97	3.11 和 29.9	634.07 和 29.34	599.21 和 76.14	135.6	64.81	62.02
J4～J7	301.44	337.2 和 241.2	33.22	25.81 和 103.36	649.96 和 101.64	373.38 和 108.24	715.2	82.03	52.05

(2) 调节池水位及流入/流出调节池流量的时域响应。

计算结果见表 10-50、图 10-40。

表 10-50 GR2-1 工况下调节池水位及流量差时域变化过程的极值

不同时刻/s	调节池水位/m	调节池水位下降/m	流入调节池的流量/ (m^3/s)	流出调节池的流量/ (m^3/s)	流量差/ (m^3/s)
500	1 640.62	0.39	644.58	643.04	1.54
1 000	1 640.30	0.71	637.63	600.75	36.88
1 500	1 640.16	0.85	640.29	609.77	30.52
2 000	1 639.99	1.02	640.34	641.18	-0.84

注：调节池初始水位为 1 641.01 m。

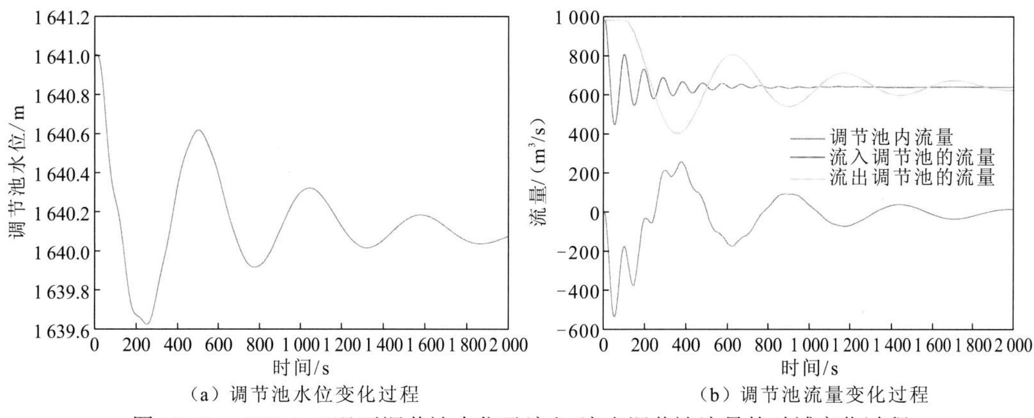

（a）调节池水位变化过程　　（b）调节池流量变化过程

图 10-40　GR2-1 工况下调节池水位及流入/流出调节池流量的时域变化过程

2）GR2-2 工况

计算结果见表 10-51、表 10-52。

表 10-51　GR2-2 工况下受干扰机组时域变化过程的极值

机组	蜗壳初始压强水头/m	蜗壳最大压强水头/m 和发生时间/s	尾水管初始压强水头/m	尾水管最小压强水头/m 和发生时间/s	最大出力/MW 和发生时间/s	最小出力/MW 和发生时间/s	功率进入±2%额定功率的时间/s	初始相对开度/%	2 000 s 相对开度/%
J3	210.29	213.21 和 0.54	7.97	−1.31 和 28.5	653.13 和 26.54	589.77 和 75.42	232.4	64.81	60.76
J4～J7	301.44	361.31 和 193.76	33.22	25.82 和 103.38	646.44 和 101.64	-4.67 和 112.96	1952.8	82.03	28.89

表 10-52　GR2-2 工况下调节池水位及流量差时域变化过程的极值

不同时刻/s	调节池水位/m	调节池水位下降/m	流入调节池的流量/（m³/s）	流出调节池的流量/（m³/s）	流量差/（m³/s）
500	1 640.54	0.47	321.83	405.61	-83.78
1 000	1 640.00	1.01	305.03	349.89	-44.86
1 500	1 639.71	1.30	320.65	327.09	-6.44
2 000	1 639.51	1.50	317.19	319.51	-2.32

注：调节池初始水位为 1 641.01 m。

对上述结果分析可知：

（1）无论是一级水电站 J1 机组单独甩负荷，还是 J1/J2 机组同时甩负荷，对同级水电站受干扰机组的影响均不大，分别在 135.6 s 和 232.4 s 进入±2%额定功率。

（2）一级水电站部分机组甩负荷对二级水电站受干扰机组的影响，在前期并不显著；在 100 s 分配负荷后，GR2-1 工况和 GR2-2 工况下受干扰机组分别在 715.2 s 和 1952.8 s 进入±2%额定功率，该时间较长的原因依然是二级水电站引水隧洞长达 16 699 m，水流惯性太大。

（3）二级水电站机组负荷重新分配之后，GR2-1 工况和 GR2-2 工况下的 2 000 s 时刻，调节池水位分别下降了 1.02 m 和 1.50 m，流量差分别为-0.84 m^3/s 和-2.32 m^3/s，基本能满足两级串联水电站的准同步运行要求。

2. 二级水电站部分机组甩负荷条件下同步运行过渡过程分析

模拟计算条件是：调节池断面积为 40 000 m^2，一级水电站机组功率重新分配的时间选在 100 s，采用负荷平均分配的原则。为了减小重复，仅列 GR2-6 和 GR2-7 两个工况，计算工况见表 10-53。

表 10-53　二级水电站部分机组甩负荷后同步运行计算工况表

工况	内容
GR2-6	二级水电站四台机组以额定出力运行，零时刻 J4/J6 机组甩负荷，J5/J7 机组及一级水电站三台机组（J1～J3）以功率调节方式运行，0～100 s 维持在 611 MW，此后 J1～J3 机组的负荷调整至 270 MW
GR2-7	二级水电站四台机组以额定出力运行，零时刻 J4/J5/J6 机组甩负荷，J7 机组及一级水电站三台机组（J1～J3）以功率调节方式运行，0～100 s 维持在 611 MW，此后 J1～J3 机组的负荷调整至 140 MW

1）GR2-6 工况

（1）受干扰机组（J1～J3、J5、J7）的时域响应。

计算结果见图 10-41、图 10-42、表 10-54。

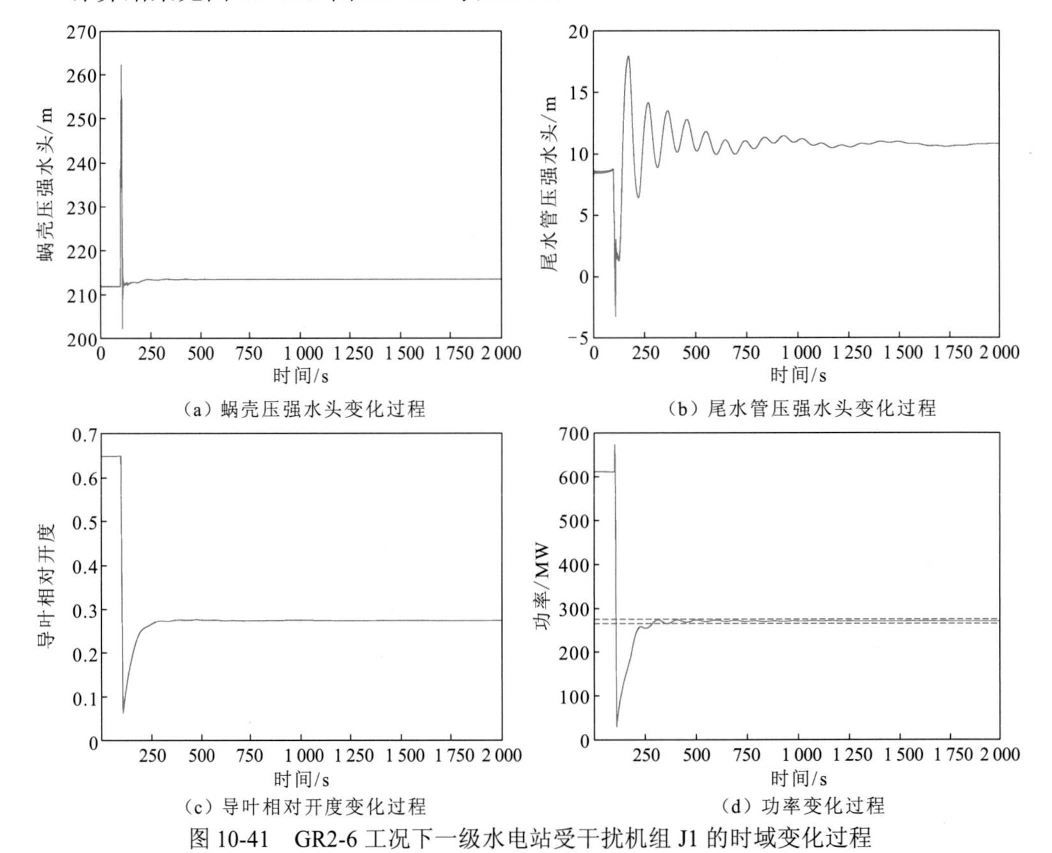

（a）蜗壳压强水头变化过程　（b）尾水管压强水头变化过程

（c）导叶相对开度变化过程　（d）功率变化过程

图 10-41　GR2-6 工况下一级水电站受干扰机组 J1 的时域变化过程

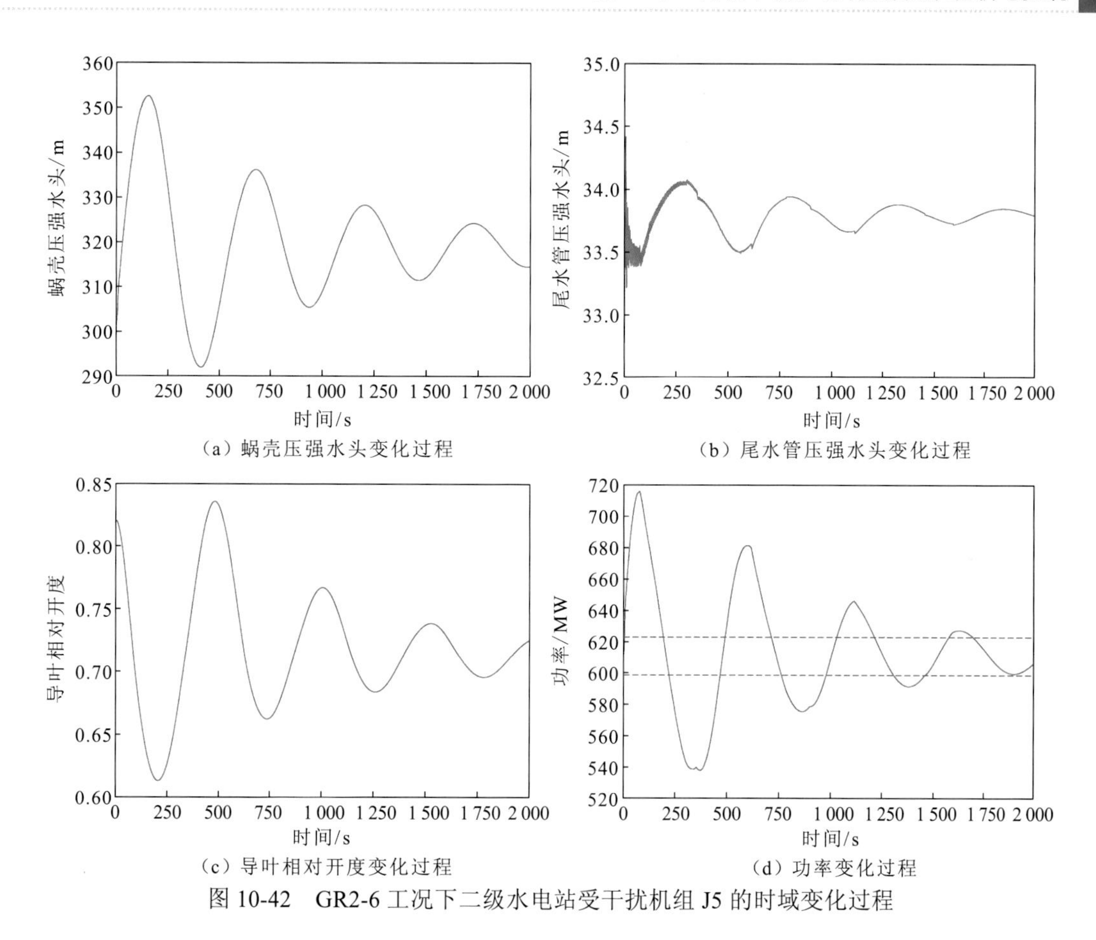

（a）蜗壳压强水头变化过程　（b）尾水管压强水头变化过程

（c）导叶相对开度变化过程　（d）功率变化过程

图 10-42　GR2-6 工况下二级水电站受干扰机组 J5 的时域变化过程

表 10-54　GR2-6 工况下受干扰机组时域变化过程的极值

机组	蜗壳初始压强水头/m	蜗壳最大压强水头/m 和发生时间/s	尾水管初始压强水头/m	尾水管最小压强水头/m 和发生时间/s	最大出力/MW 和发生时间/s	最小出力/MW 和发生时间/s	功率进入±2%额定功率的时间/s	初始相对开度/%	2 000 s 相对开度/%
J1	210.30	262.75 和 105.74	7.97	−3.6 和 108.88	673.35 和 101.48	27.97 和 110.5	270.8	64.82	27.31
J2	210.27	260.98 和 105.7	7.95	−0.9 和 109.34	666.62 和 101.3	29.99 和 110.44	270.4	64.84	27.32
J3	210.29	260.32 和 105.64	7.97	−3.83 和 108.86	669.96 和 101.4	29.31 和 110.42	270.8	64.81	27.32
J5/J7	301.44	352.58 和 153.8	33.22	32.56 和 1.36	715.73 和 78.76	537.99 和 375.76	1697.6	82.03	72.53

（2）调节池水位及流入/流出调节池流量的时域响应。

计算结果见图 10-43、表 10-55。

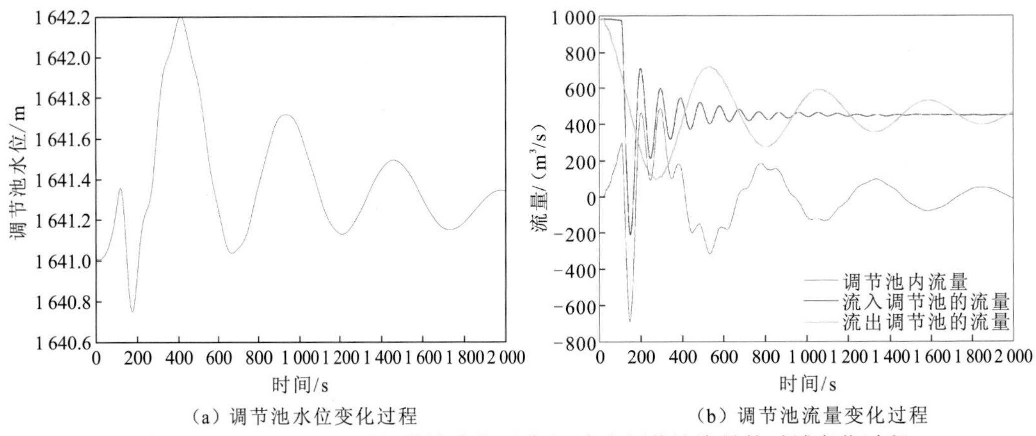

（a）调节池水位变化过程　　（b）调节池流量变化过程

图 10-43　GR2-6 工况下调节池水位及流入/流出调节池流量的时域变化过程

表 10-55　GR2-6 工况下调节池水位及流量差时域变化过程的极值

不同时刻/s	调节池水位/m	调节池水位上升/m	流入调节池的流量/（m^3/s）	流出调节池的流量/（m^3/s）	流量差/（m^3/s）
500	1 641.84	0.83	482.93	706.65	−223.72
1 000	1 641.62	0.61	440.13	557.49	−117.36
1 500	1 641.46	0.45	449.89	493.97	−44.08
2 000	1 641.34	0.33	449.52	464.29	−14.77

注：调节池初始水位为 1 641.01 m。

2）GR2-7 工况

计算结果见表 10-56、表 10-57。

表 10-56　GR2-7 工况下受干扰机组时域变化过程的极值

机组	蜗壳初始压强水头/m	蜗壳最大压强水头/m 和发生时间/s	尾水管初始压强水头/m	尾水管最小压强水头/m 和发生时间/s	最大出力/MW 和发生时间/s	最小出力/MW 和发生时间/s	功率进入±2%额定功率的时间/s	初始相对开度/%	2 000 s 相对开度/%
J1	210.30	219.66 和 194.04	7.97	5.48 和 151.26	616.95 和 102.6	−48.77 和 200.36	169.2	64.82	17.91
J2	210.27	219.5 和 194.1	7.95	5.79 和 151.54	616.32 和 102.36	−47.99 和 200.2	169.0	64.84	17.92
J3	210.29	219.26 和 194.02	7.97	5.48 和 151.58	616.59 和 102.46	−48.44 和 200.34	169.2	64.81	17.92
J7	301.44	352.69 和 153.08	33.22	32.56 和 1.36	715.75 和 78.76	541.21 和 344	>2 000	82.03	70.99

表 10-57 GR2-7 工况下调节池水位及流量差时域变化过程的极值

不同时刻/s	调节池水位/m	调节池水位上升/m	流入调节池的流量/（m^3/s）	流出调节池的流量/（m^3/s）	流量差/（m^3/s）
500	1 643.61	2.60	261.52	521.34	−259.82
1 000	1 644.09	3.08	299.29	402.50	−103.21
1 500	1 644.66	3.65	287.05	360.21	−73.16
2 000	1 645.30	4.29	285.70	330.57	−44.87

注：调节池初始水位为 1 641.01 m。

对上述结果分析可知：

（1）无论是 GR2-6 工况还是 GR2-7 工况，二级水电站部分机组甩负荷，对同级水电站受干扰机组的影响较大，前者在 1 697.6 s 进入±2%额定功率，后者>2 000 s 仍然未进入±2%额定功率。

（2）二级水电站部分机组甩负荷对一级水电站受干扰机组的影响，前期也不显著；在 100 s 分配负荷后，GR2-6 工况和 GR2-7 工况下受干扰机组分别在 270.8 s 左右和 169.2 s 左右进入±2%额定功率。

（3）一级水电站机组负荷重新分配之后，GR2-6 工况和 GR2-7 工况下的 2 000 s 时刻，调节池水位分别上升了 0.33 m 和 4.29 m，流量差分别为−14.77 m^3/s 和−44.87 m^3/s，难以长时间满足两级串联水电站的准同步运行要求，需要增大调节池断面积，或者做更精细的负荷调整。

3. 甩负荷条件下重新调整分配负荷时刻及方式的敏感性分析

1）甩负荷条件下重新调整分配负荷时刻的敏感性分析

模拟计算条件是：调节池断面积为 40 000 m^2，采用负荷平均分配的原则[14-15]。为了减小重复，仅列 GR2-2 和 GR2-6 两个工况的计算结果，分别如表 10-58 和表 10-59 所示。

分析以上结果可知：

（1）GR2-2 工况中，一级水电站受干扰机组进入±2%额定功率的时间随负荷分配时刻的延迟而延长，说明负荷分配时刻越早越有利；而二级水电站受干扰机组进入±5%额定功率的时间，若扣除负荷分配的时刻，基本都在 1 850 s 左右，对负荷分配时刻的迟早不敏感，并且无法进入±2%额定功率。

（2）GR2-6 工况中，二级水电站受干扰机组进入±2%额定功率的时间对负荷分配时刻的迟早并不敏感，在 1690 s 左右；而一级水电站受干扰机组进入功率带宽的时间也对负荷分配时刻的迟早不敏感，扣除负荷分配的时刻，在±2%和±5%条件下，分别约为 260 s 和 170 s。

（3）无论是 GR2-2 工况还是 GR2-6 工况，负荷分配时刻越晚，调节池水位变幅越大，更加难以长时间满足两级串联水电站的准同步运行要求。

表 10-58　GR2-2 工况下重新调整分配负荷的时刻与机组/调节池运行参数的相应关系

GR2-2 工况负荷分配时刻/s	一级水电站机组进入±2%额定功率{[611×(1±2%)] MW}的时间/s	二级水电站机组重新分配负荷情况下进入±5%额定功率{[180×(1±5%)] MW}的时间/s	1 000 s 时调节池水位下降幅度/m 和流量差/（m^3/s）	1 500 s 时调节池水位下降幅度/m 和流量差/（m^3/s）	2 000 s 时调节池水位下降幅度/m 和流量差/（m^3/s）
100	232.4	1 952.8	1.01 和−44.86	1.30 和−6.44	1.50 和−2.32
150	317.2	2 002.4	1.93 和 129.52	2.35 和 95.84	2.48 和 64.33
200	325.6	2 055.2	3.04 和 247.65	3.42 和 171.23	3.54 和 106.06
250	330.8	2 103.6	4.36 和 274.78	4.55 和 178.92	4.63 和 107.95
300	417.6	2 155.2	5.44 和 192.43	5.53 和 114.87	5.68 和 62.45
>2 000	503.2	—	16.83 和−765.25	26.21 和−735.18	35.3 和−716.66

表 10-59　GR2-6 工况下重新调整分配负荷的时刻与机组/调节池运行参数的相应关系

GR2-6 工况负荷分配时刻/s	二级水电站机组进入±2%额定功率{[611×(1±2%)] MW}的时间/s	一级水电站机组重新分配负荷情况下进入±5%额定功率{[270×(1±5%)] MW}的时间/s	一级水电站机组重新分配负荷情况下进入±2%额定功率{[270×(1±2%)] MW}的时间/s	1 000 s 时调节池水位上升幅度/m 和流量差/（m^3/s）	1 500 s 时调节池水位上升幅度/m 和流量差/（m^3/s）	2 000 s 时调节池水位上升幅度/m 和流量差/（m^3/s）
100	1 697.6	270.8	369.6	0.61 和−117.36	0.45 和−44.08	0.33 和−14.77
150	1 693.6	322.0	418.0	1.30 和−89.46	1.18 和−41.56	1.09 和−15.28
200	1 690	373.2	464.8	1.99 和−111.94	1.91 和−41.76	1.86 和−12.13
250	1 686	423.2	510.0	2.67 和−84.98	2.63 和−38.41	2.62 和−13.10
>2 000	1 697.6	—	—	13.63 和 526.54	21.91 和 642.75	30.39 和 660.61

2）甩负荷条件下重新调整分配负荷方式的敏感性分析

模拟计算条件是：调节池断面积为 40 000 m^2，负荷分配的时刻取为 100 s。负荷分配方案见表 10-60。在此仅列 GR2-2 工况的计算结果，如表 10-61 所示。

表 10-60　GR2-2 工况下重新调整分配负荷方案

分配方案	J4/MW	J5/MW	J6/MW	J7/MW
方案一	180	180	180	180
方案二	210	170	170	170
方案三	240	160	160	160
方案四	270	150	150	150
方案五	300	140	140	140
方案六	190	190	170	170
方案七	200	200	160	160
方案八	210	210	150	150
方案九	220	220	140	140

注：除方案一 J4～J7 机组负荷平均分配之外，方案二至方案九 J6 机组的负荷分配与 J7 机组是相同的，方案六至方案九 J4 机组的负荷分配与 J5 机组是相同的。

表 10-61　GR2-2 工况下重新调整分配负荷方案与机组/调节池运行参数的相应关系

GR2-2 工况负荷分配方案	一级水电站机组进入±2%额定功率{[611×(1±2%)] MW}的时间/s	二级水电站机组重新分配负荷情况下进入±5%额定功率{[180×(1±5%)] MW}的时间/s			1 000 s 时调节池水位变幅/m 和流量差/（m^3/s）	1 500 s 时调节池水位变幅/m 和流量差/（m^3/s）	2 000 s 时调节池水位变幅/m 和流量差/（m^3/s）
		J4	J5	J6/J7			
方案一	232.4	1 952.8	1 952.8	1 952.8	1.01 和−44.86	1.30 和−6.44	1.50 和−2.32
方案二	232.4	1 710.8	1 960.0	1 960.0	1.01 和−44.07	1.41 和−5.73	1.50 和−1.94
方案三	232.4	1 715.3	1 952.8	1 952.8	1.01 和−41.95	1.40 和−3.87	1.51 和−0.65
方案四	232.4	1 698.8	1 728.0	1 728.0	1.01 和−39.32	1.41 和−2.36	1.51 和−0.10
方案五	232.4	1 475.2	1 724.4	1 724.4	1.02 和−36.71	1.41 和−2.06	1.51 和−0.70
方案六	232.4	1 717.2	1 717.2	1 735.2	1.01 和−44.46	1.40 和−6.24	1.50 和−2.22
方案七	232.4	1 710.8	1 710.8	1 984.0	1.01 和−43.44	1.41 和−5.72	1.51 和−2.19
方案八	232.4	1 702.0	1 702.0	1 989.2	1.01 和−41.87	1.41 和−4.79	1.51 和−1.94
方案九	232.4	1 690.0	1 690.0	2 216.8	1.02 和−39.80	1.41 和−3.60	1.51 和−1.44

分析表 10-61 可知：

（1）一级水电站受干扰机组进入±2%额定功率的时间与负荷分配方案无关，其原因为二级水电站机组重新分配负荷只影响调节池水位的波动，若方案一至方案九对应的波动差别不大，必然有该结果。

（2）二级水电站受干扰机组重新分配负荷情况下进入±5%额定功率{[180×(1 ± 5%)] MW}的时间对负荷分配方案不太敏感，基本在 1 700 s 左右。其主要受二级水电站引水隧洞水流惯性太大的影响。

（3）九个方案下，2000 s 时调节池水位变幅一致，约为 1.50 m，而方案四对应的流量差最小，仅-0.10 m^3/s。从准同步运行角度来看，负荷分配方案四较优。

10.4.2 部分机组增负荷条件下同步运行过渡过程分析与控制

1. 一级或二级水电站部分机组增负荷条件下同步运行过渡过程分析

模拟计算条件是：调节池断面积为 40 000 m^2，一级或二级水电站机组功率重新分配的时间选在 100 s，采用负荷平均分配的原则。在此仅列 Z1 工况和 Z2 工况，工况情况见表 10-62。

表 10-62 一级或二级水电站部分机组增负荷后同步运行计算工况表

工况	内容
Z1	一级水电站 J2/J3 两台机组保持额定开度运行时，J1 机组由空载增至 611 MW，J2/J3 机组以功率调节方式运行，三台机组维持在 611 MW；二级水电站四台机组（J4～J7）以功率调节方式运行，0～100 s 维持在 450 MW，100 s 时增至 611 MW，此后维持在 611 MW（Z1 工况恒定流见 10.1.2 小节第 2 部分）
Z2	二级水电站 J5、J6、J7 三台机组保持额定开度运行时，J4 机组由空载增至 611 MW，J5、J6、J7 机组以功率调节方式运行，四台机组维持在 611 MW；一级水电站三台机组（J1～J3）以功率调节方式运行，0～100 s 维持在 503 MW，100 s 时增至 611 MW，此后维持在 611 MW

1）Z1 工况

（1）增负荷机组（J1）和受干扰机组（J2、J3、J4～J7）。

计算结果见表 10-63、图 10-44～图 10-46。

表 10-63 Z1 工况下所有机组时域变化过程的极值

机组	蜗壳初始压强水头/m	蜗壳最大压强水头/m和发生时间/s	尾水管初始压强水头/m	尾水管最小压强水头/m和发生时间/s	最大出力/MW和发生时间/s	最小出力/MW和发生时间/s	功率进入±2%额定功率的时间/s	初始相对开度/%	2 000 s相对开度/%
J1	213.81	213.39 和 0.04	9.88	4.75 和 75.88	627.73 和 77.08	1.59 和 0	90.4	3.8	64.8
J2	210.22	213.05 和 0.56	5.74	4.76 和 75.78	627.7 和 75.68	599.09 和 29.76	88.8	64.8	61.75
J3	210.25	213.34 和 0.54	5.76	4.76 和 75.78	634.07 和 29.34	599.16 和 29.7	88.8	64.8	61.74
J4～J7	311.29	312.86 和 0.94	34.1	33.01 和 111.76	647.89 和 464.84	426.27 和 101	631.6	56.0	84.13

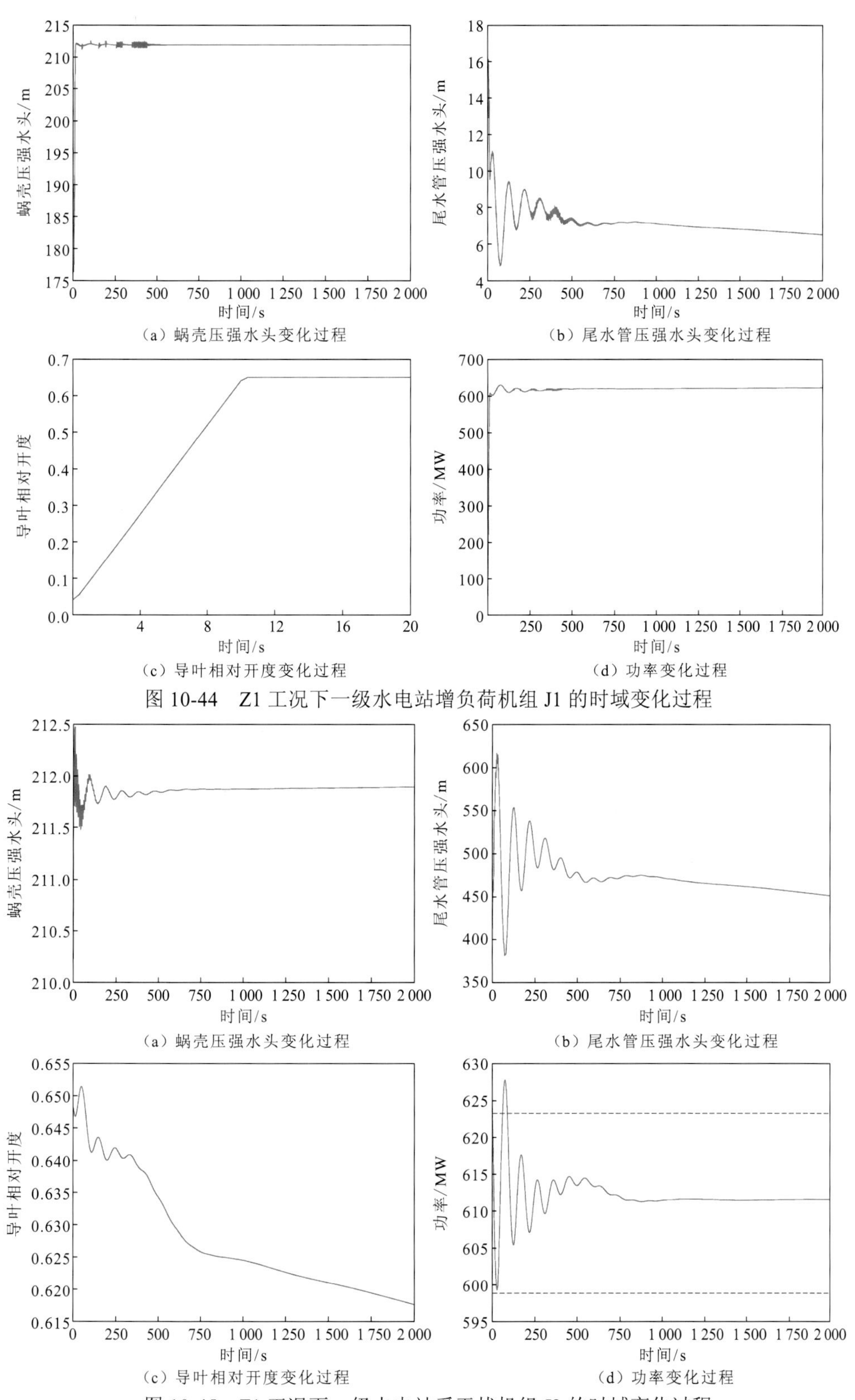

图 10-44　Z1 工况下一级水电站增负荷机组 J1 的时域变化过程

图 10-45　Z1 工况下一级水电站受干扰机组 J2 的时域变化过程

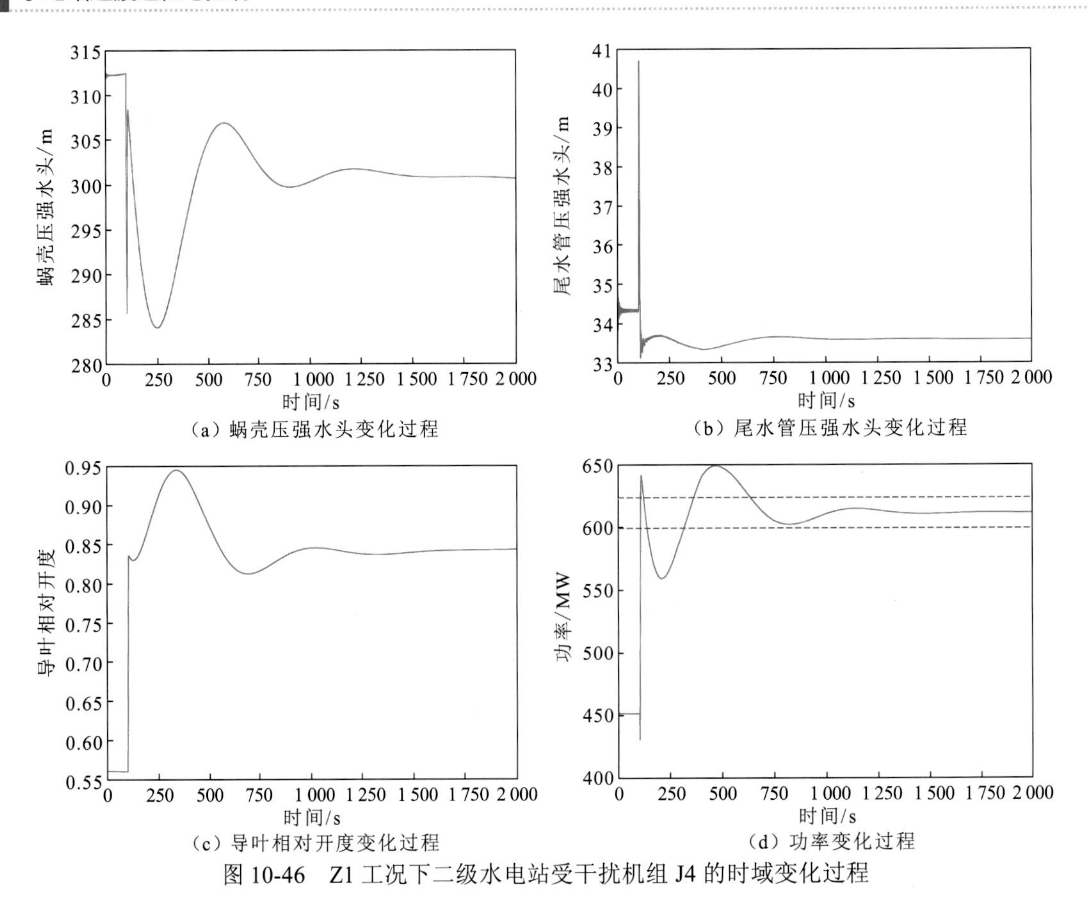

图 10-46 Z1 工况下二级水电站受干扰机组 J4 的时域变化过程

(2) 调节池。

计算结果见图 10-47、表 10-64。

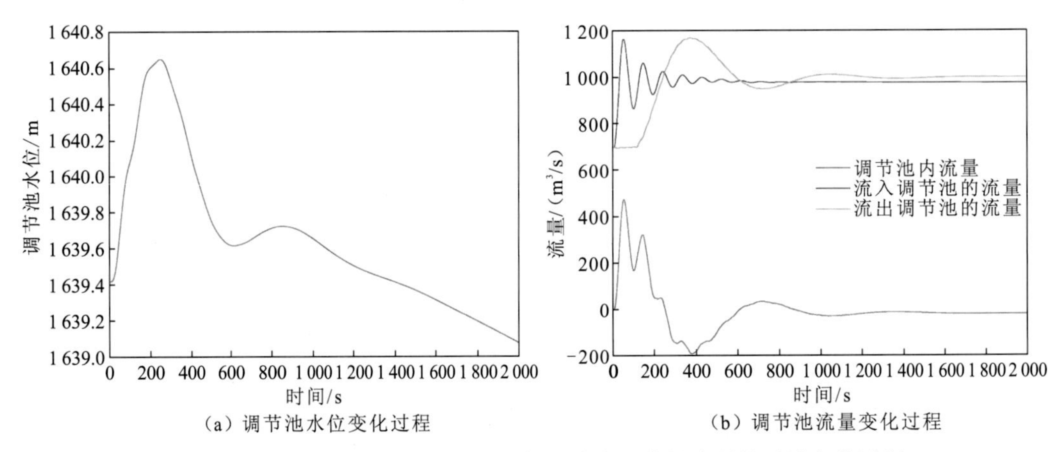

图 10-47 Z1 工况下调节池水位及流入/流出调节池流量的时域变化过程

表 10-64　Z1 工况下调节池水位及流量差时域变化过程的极值

不同时刻/s	调节池水位/m	调节池水位上升/m	流入调节池的流量/（m^3/s）	流出调节池的流量/（m^3/s）	流量差/（m^3/s）
500	1 639.75	0.34	979.13	1 081.50	−102.37
1 000	1 639.65	0.24	972.64	1 003.63	−30.99
1 500	1 639.36	−0.05	970.51	990.29	−19.78
2 000	1 639.07	−0.34	969.18	993.62	−24.44

注：调节池初始水位为 1 639.41 m。

2）Z2 工况

（1）增负荷机组（J4）和受干扰机组（J1～J3、J5～J7）。

计算结果见图 10-48～图 10-50、表 10-65。

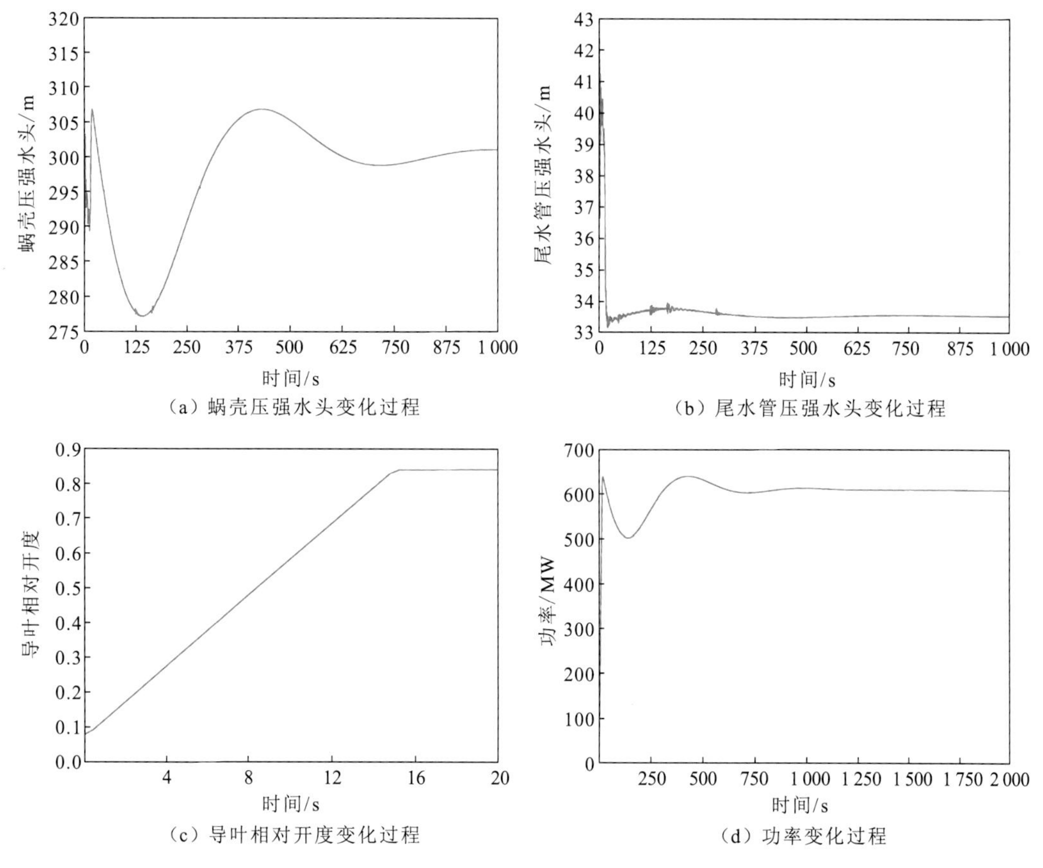

（a）蜗壳压强水头变化过程　（b）尾水管压强水头变化过程

（c）导叶相对开度变化过程　（d）功率变化过程

图 10-48　Z2 工况下二级水电站增负荷机组 J4 的时域变化过程

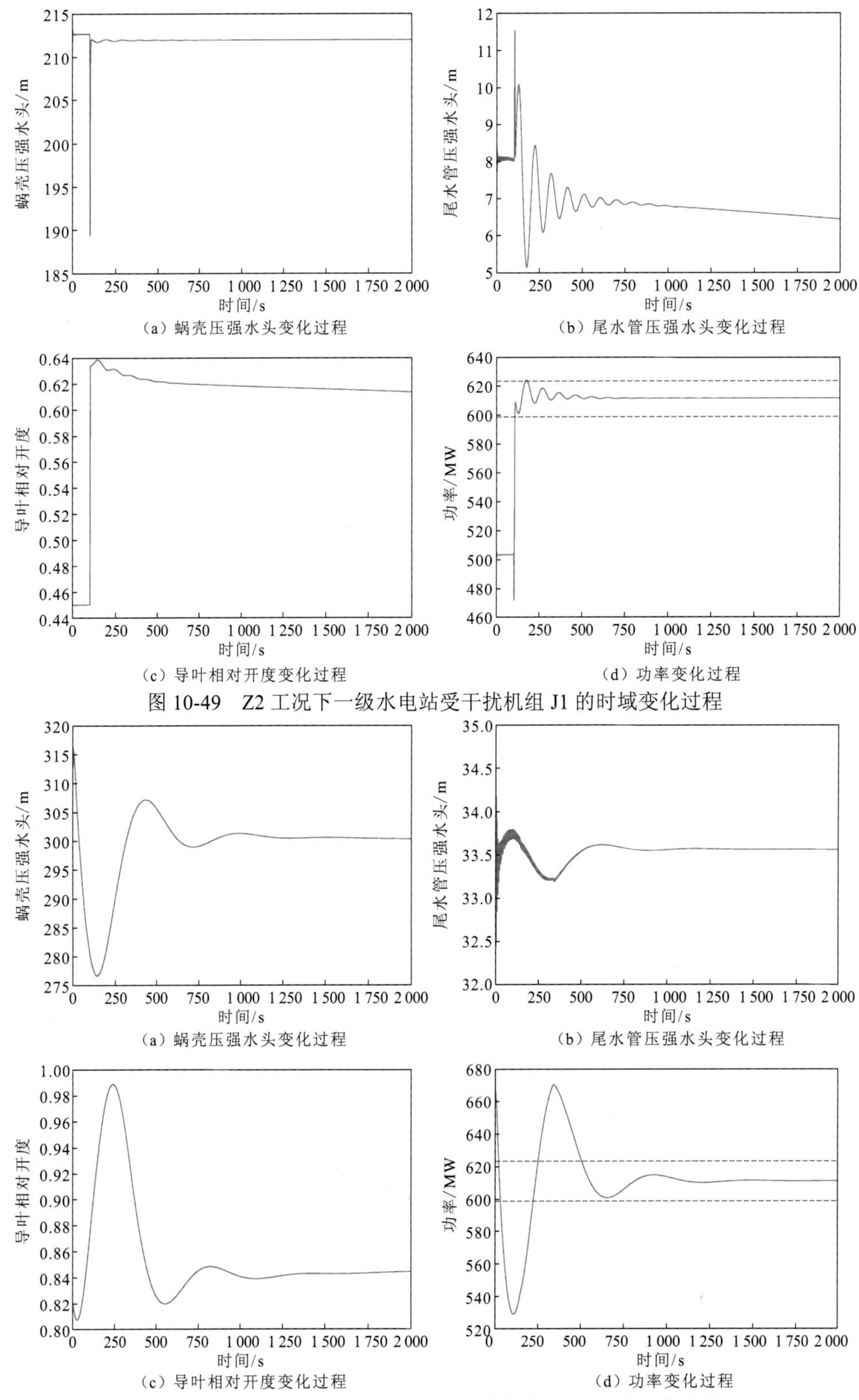

（a）蜗壳压强水头变化过程 （b）尾水管压强水头变化过程

（c）导叶相对开度变化过程 （d）功率变化过程

图 10-49 Z2 工况下一级水电站受干扰机组 J1 的时域变化过程

（a）蜗壳压强水头变化过程 （b）尾水管压强水头变化过程

（c）导叶相对开度变化过程 （d）功率变化过程

图 10-50 Z2 工况下二级水电站受干扰机组 J5 的时域变化过程

表 10-65　Z2 工况下所有机组时域变化过程的极值

机组	蜗壳初始压强水头/m	蜗壳最大压强水头/m 和发生时间/s	尾水管初始压强水头/m	尾水管最小压强水头/m 和发生时间/s	最大出力/MW 和发生时间/s	最小出力/MW 和发生时间/s	功率进入±2%额定功率的时间/s	初始相对开度/%	2000 s 相对开度/%
J1	211.69	213.38 和 0.58	7.76	5.13 和 174.24	623.88 和 174.04	471.18 和 101.48	180.0	45	61.37
J2	211.64	213.34 和 0.56	7.74	5.15 和 174.02	623.73 和 173.92	475.41 和 101.28	179.2	45	61.38
J3	211.66	213.51 和 0.54	7.76	5.13 和 174.06	623.83 和 174.22	473.95 和 101.4	179.6	45	61.37
J4	316.63	316.63 和 0	34.98	33.15 和 22.78	640.2 和 429.94	2.22 和 0	547.6	8	82.03
J5	312.92	316.17 和 0.94	33.09	32.3 和 1.5	670.22 和 340.76	528.79 和 106.24	505.6	82.03	84.43
J6/J7	300.21	303.09 和 0.66	33.24	32.53 和 1.36	610.93 和 607.72	603.69 和 0.5	0	82.03	84.48

（2）调节池。

计算结果见图 10-51、表 10-66。

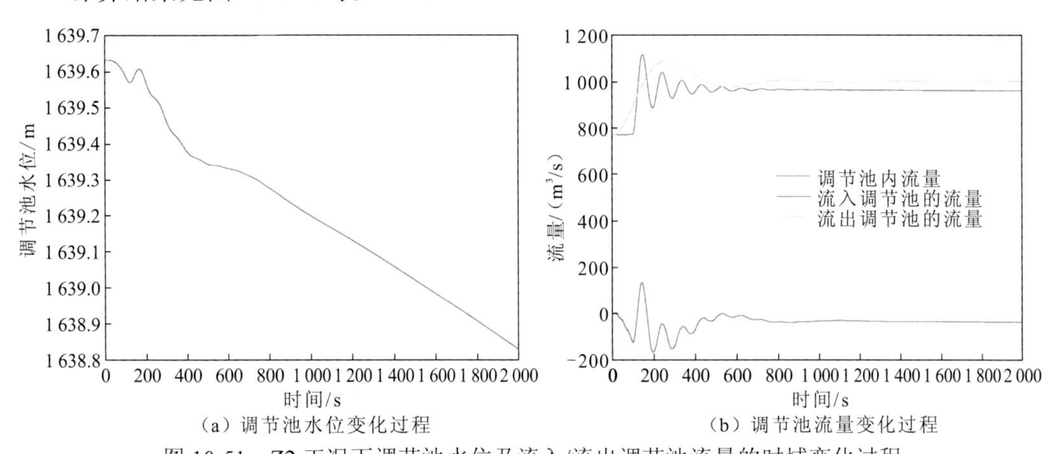

图 10-51　Z2 工况下调节池水位及流入/流出调节池流量的时域变化过程

表 10-66　Z2 工况下调节池水位及流量差时域变化过程的极值

不同时刻/s	调节池水位/m	调节池水位下降/m	流入调节池的流量/（m^3/s）	流出调节池的流量/（m^3/s）	流量差/（m^3/s）
500	1 639.34	0.29	956.23	980.27	−24.04
1 000	1 639.20	0.43	959.99	994.65	−34.66
1 500	1 639.02	0.61	957.75	995.20	−37.45
2 000	1 638.83	0.80	955.93	995.78	−39.85

注：调节池初始水位为 1 639.63 m。

分析上述结果可知：

（1）Z1 工况下一级水电站 J1 机组采用开度调节模式增负荷，自身进入±2%额定功率的时间是 90.4 s，并对同水力单元受干扰机组 J2/J3 的影响较小。二级水电站四台机组 100 s 重新分配负荷，进入±2%额定功率的时间是 631.6 s，对应的导叶相对开度从 56.0%增至 84.13%。

（2）Z2 工况下二级水电站 J4 机组采用开度调节模式增负荷，自身进入±2%额定功率的时间是 547.6 s，并对同水力单元受干扰机组 J5 的影响较小，对同级水电站 J6/J7 机组几乎没影响。一级水电站三台机组 100 s 重新分配负荷，进入±2%额定功率的时间约为 180.0 s，对应的导叶相对开度从 45.0%增至 61.37%左右。

（3）无论是 Z1 工况还是 Z2 工况，调节池水位均呈下降趋势，2 000 s 时分别下降 0.34 m 和 0.80 m，对应的流量差为$-24.44\ m^3/s$和$-39.85\ m^3/s$。

2. 一级或二级水电站部分机组增负荷条件下负荷分配时间的敏感性分析

模拟计算条件是：针对 Z1 和 Z2 两个工况，仅仅改变负荷分配的时间，计算结果分别如表 10-67 和表 10-68 所示。

分析以上结果可知：

（1）工况 Z1 中，一级水电站受干扰机组进入±2%额定功率的时间不随负荷分配时间的延迟而改变，而二级水电站受干扰机组进入±2%额定功率的时间，若扣除负荷分配的时间，基本都在 528 s 左右，对负荷分配时间的迟早不敏感。

（2）工况 Z2 中，二级水电站同水力单元受干扰机组 J5 进入±2%额定功率的时间随负荷分配时间的延迟而略微提前，而一级水电站受干扰机组进入±2%额定功率的时间，若扣除负荷分配的时间，为 80.0～86.0 s，对负荷分配时间的迟早也不敏感。

（3）无论是 Z1 工况还是 Z2 工况，负荷分配时间越晚，调节池水位变幅越大，流量差越大，所以应尽早进行准同步运行的负荷分配。

（4）与甩负荷 GR2-2 工况和 GR2-6 工况相比，负荷分配时间的敏感程度，两者基本一致。在此应该指出的是，同时甩负荷或同时增负荷的机组台数越多，实现两级串联水电站准同步运行的难度越大，或者说，要求的调节池断面积及容积越大。

表 10-67　Z1 工况下重新调整分配负荷的时间与机组/调节池运行参数的相应关系

Z1 工况负荷分配时间/s	一级水电站机组进入±2%额定功率{[611×(1±2%)] MW}的时间/s	二级水电站进入±2%额定功率{[611×(1±2%)] MW}的时间减去负荷分配时间/s	1 000 s 时调节池水位下降/m 和流量差/（m^3/s）	1 500 s 时调节池水位下降/m 和流量差/（m^3/s）	2 000 s 时调节池水位下降/m 和流量差/（m^3/s）
100	88.8	531.6	−0.24 和−30.99	0.05 和−19.78	0.34 和−24.44
200	88.8	528.0	1.15 和−3.70	0.99 和−4.55	0.87 和−10.62
300	88.8	527.7	1.97 和 38.11	2.02 和 10.63	2.12 和 6.97
400	88.8	526.4	2.68 和 64.56	2.98 和 17.83	3.28 和 32.74

表 10-68　Z2 工况下重新调整分配负荷的时间与机组/调节池运行参数的相应关系

Z2 工况负荷分配时间/s	二级水电站机组 J5 进入±2%额定功率{[611×(1±2%)] MW}的时间/s	一级水电站进入±2%额定功率{[611×(1±2%)] MW}的时间减去负荷分配时间/s	1 000 s 时调节池水位下降/m 和流量差/（m^3/s）	1 500 s 时调节池水位下降/m 和流量差/（m^3/s）	2 000 s 时调节池水位下降/m 和流量差/（m^3/s）
100	505.6	80.0	0.43 和−34.66	0.61 和−37.45	0.80 和−39.85
200	505.2	81.0	0.50 和−35.46	0.69 和−38.46	0.88 和−40.96
300	503.6	85.2	0.85 和−39.57	1.05 和−43.37	1.27 和−46.32
400	501.6	86.0	1.05 和−42.50	1.27 和−46.23	1.50 和−49.47

参 考 文 献

[1] 贾科华. 雅鲁藏布江下游水电开发决策敲定: 规模相当于“再造 3 个三峡”[N]. 中国能源报, 2020-11-29.

[2] 本刊编辑部. 雅鲁藏布江下游水电规划第一阶段基础地质专题研究报告咨询会在京召开[J]. 水电站设计, 2010, 26(2):55.

[3] 朱承军, 杨建东. 复杂输水系统中恒定流的数学模拟[J]. 水利学报, 1998(12):60-65.

[4] 杨建东. 实用流体瞬变流[M]. 北京: 科学出版社, 2018.

[5] 赵桂连, 李进平, 杨建东. 水电站复杂输水系统恒定流的数值计算[J]. 水电能源科学, 2003(3):70-72.

[6] 莫剑. 水电站过渡过程可视化软件开发及计算方法研究[D]. 武汉: 武汉大学, 2005.

[7] 曾艳梅. 水电站过渡过程特殊边界条件研究[D]. 武汉: 武汉大学, 2007.

[8] 冯文涛. 水电站复杂有压输水系统水力振动特性研究[D]. 武汉: 武汉大学, 2012.

[9] 马安婷. 复杂布置条件下的水力发电系统稳定性及调节品质研究[D]. 武汉: 武汉大学, 2019.

[10] 马安婷, 杨建东, 杨威嘉, 等. 总体矩阵法在水电站频率调节稳定性分析中的应用[J]. 水利学报, 2019, 50(2):111-120.

[11] 鲍海艳. 水电站调压室设置条件及运行控制研究[D]. 武汉: 武汉大学, 2010.

[12] 杨桀彬. 基于空间曲面的水泵水轮机全特性及过渡过程的研究[D]. 武汉: 武汉大学, 2014.

[13] 杨建东. 抽水蓄能机组过渡过程[M]. 北京: 科学出版社, 2017.

[14] 刘攀, 郭生练, 张越华, 等. 水电站机组间最优负荷分配问题的多重解研究[J]. 水利学报, 2010, 41(5): 601-607.

[15] 翟绘景, 黄萍力. 水电站机组负荷最优分配[J]. 中国水能及电气化, 2007(8): 38-39, 46.

附　录

附录 1　单个调压室系统 4 种类型的系数表达式

类型	调节系统传递函数的系数
M1	$a_0 = H_0^2 T_F T_a T_{wt} T_{wy} e_{qh};$ $a_1 = H_0^2 T_F T_a T_{wy} + 2H_0 T_F T_a T_{wy} e_{qh} h_{t0} + 2H_0 T_F T_a T_{wt} e_{qh} h_{y0} + H_0^2 T_F T_{wt} T_{wy} e_h e_{qx} + H_0^2 T_F T_{wt} T_{wy} e_n e_{qh}$ $- H_0^2 K_p T_F T_{wt} T_{wy} e_h e_{qy} + H_0^2 K_p T_F T_{wt} T_{wy} e_{qh} e_y;$ $a_2 = H_0^2 T_F T_{wy} e_n + H_0^2 T_a T_{wt} e_{qh} + H_0^2 T_a T_{wy} e_{qh} + 2H_0 T_F T_a h_{y0} + 4T_F T_a e_{qh} h_{t0} h_{y0} + H_0^2 K_p T_F T_{wy} e_y + 2H_0 T_F T_{wy} e_h e_{qx} h_{t0}$ $+ 2H_0 T_F T_{wt} e_h e_{qx} h_{y0} + 2H_0 T_F T_{wy} e_n e_{qh} h_{t0} + 2H_0 T_F T_{wt} e_n e_{qh} h_{y0} - H_0^2 K_i T_F T_{wt} T_{wy} e_h e_{qy} + H_0^2 K_i T_F T_{wt} T_{wy} e_{qh} e_y$ $- 2H_0 K_p T_F T_{wy} e_h e_{qy} h_{t0} - 2H_0 K_p T_F T_{wt} e_h e_{qy} h_{y0} + 2H_0 K_p T_F T_{wy} e_{qh} e_y h_{t0} + 2H_0 K_p T_F T_{wt} e_{qh} e_y h_{y0};$ $a_3 = H_0^2 T_a + H_0^2 T_{wt} e_h e_{qx} + H_0^2 T_{wy} e_h e_{qx} + H_0^2 T_{wt} e_n e_{qh} + H_0^2 T_{wy} e_n e_{qh} + 2H_0 T_F e_n h_{y0} + 2H_0 T_a e_{qh} h_{t0} + 2H_0 T_a e_{qh} h_{y0}$ $+ 2H_0 K_p T_F e_y h_{y0} + 4T_F e_h e_{qx} h_{t0} h_{y0} + 4T_F e_n e_{qh} h_{t0} h_{y0} + H_0^2 K_i T_F T_{wy} e_y - H_0^2 K_p T_{wt} e_h e_{qy} - H_0^2 K_p T_{wy} e_h e_{qy}$ $+ H_0^2 K_p T_{wt} e_{qh} e_y + H_0^2 K_p T_{wy} e_{qh} e_y - 4K_p T_F e_h e_{qy} h_{t0} h_{y0} + 4K_p T_F e_{qh} e_y h_{t0} h_{y0} - 2H_0 K_i T_F T_{wy} e_h e_{qy} h_{t0}$ $- 2H_0 K_i T_F T_{wt} e_h e_{qy} h_{y0} + 2H_0 K_i T_F T_{wy} e_{qh} e_y h_{t0} + 2H_0 K_i T_F T_{wt} e_{qh} e_y h_{y0};$ $a_4 = H_0^2 e_n + H_0^2 K_p e_y + 2H_0 e_h e_{qx} h_{t0} + 2H_0 e_h e_{qx} h_{y0} + 2H_0 e_n e_{qh} h_{t0} + 2H_0 e_n e_{qh} h_{y0} + 2H_0 K_i T_F e_y h_{y0} - 2H_0 K_p e_h e_{qy} h_{t0}$ $- 2H_0 K_p e_h e_{qy} h_{y0} + 2H_0 K_p e_{qh} e_y h_{t0} + 2H_0 K_p e_{qh} e_y h_{y0} - H_0^2 K_i T_{wt} e_h e_{qy} - H_0^2 K_i T_{wy} e_h e_{qy} + H_0^2 K_i T_{wt} e_{qh} e_y + H_0^2 K_i T_{wy} e_{qh} e_y$ $- 4K_i T_F e_h e_{qy} h_{t0} h_{y0} + 4K_i T_F e_{qh} e_y h_{t0} h_{y0};$ $a_5 = H_0^2 K_i e_y - 2H_0 K_i e_h e_{qy} h_{t0} - 2H_0 K_i e_h e_{qy} h_{y0} + 2H_0 K_i e_{qh} e_y h_{t0} + 2H_0 K_i e_{qh} e_y h_{y0};$ $b_0 = H_0^2 T_F T_{wt} T_{wy} e_{qh};$ $b_1 = H_0^2 T_F T_{wy} + 2H_0 T_F T_{wy} e_{qh} h_{t0} + 2H_0 T_F T_{wt} e_{qh} h_{y0};$ $b_2 = 2H_0 T_F h_{y0} + H_0^2 T_{wt} e_{qh} + H_0^2 T_{wy} e_{qh} + 4T_F e_{qh} h_{t0} h_{y0};$ $b_3 = H_0^2 + 2H_0 e_{qh} h_{t0} + 2H_0 e_{qh} h_{y0};$ $b_4 = 0$
M2	$a_0 = H_0^2 T_F T_a T_{wt} T_{wy} T_y e_{qh} + H_0^2 K_p T_F T_a T_{wt} T_{wy} T_y b_p e_{qh};$ $a_1 = H_0^2 T_F T_a T_{wy} T_y + H_0^2 T_F T_a T_{wt} T_{wy} e_{qh} + H_0^2 K_p T_F T_a T_{wy} T_y b_p + H_0^2 T_F T_{wt} T_{wy} T_y e_h e_{qx} + H_0^2 T_F T_{wt} T_{wy} T_y e_n e_{qh}$ $+ 2H_0 T_F T_a T_{wy} T_y e_{qh} h_{t0} + 2H_0 T_F T_a T_{wt} T_y e_{qh} h_{y0} + H_0^2 K_p T_F T_a T_{wt} T_{wy} b_p e_{qh} + 2H_0 K_p T_F T_a T_{wy} T_y b_p e_{qh} h_{t0}$ $+ 2H_0 K_p T_F T_a T_{wt} T_y b_p e_{qh} h_{y0} + H_0^2 K_i T_F T_a T_{wt} T_{wy} T_y b_p e_{qh} + H_0^2 K_p T_F T_{wt} T_{wy} T_y b_p e_h e_{qx} + H_0^2 K_p T_F T_{wt} T_{wy} T_y b_p e_n e_{qh};$ $a_2 = H_0^2 T_F T_a T_{wy} + 2H_0 T_F T_a T_y h_{y0} + H_0^2 T_F T_{wy} T_y e_n + H_0^2 T_a T_{wt} T_y e_{qh} + H_0^2 T_a T_{wy} T_y e_{qh} + 2H_0 T_F T_a T_{wy} e_{qh} h_{t0}$ $+ 2H_0 T_F T_a T_{wt} e_{qh} h_{y0} + 4T_F T_a T_y e_{qh} h_{t0} h_{y0} + H_0^2 K_p T_F T_a T_{wy} b_p + H_0^2 T_F T_{wt} T_{wy} e_h e_{qx} + H_0^2 T_F T_{wt} T_{wy} e_n e_{qh}$ $+ H_0^2 K_i T_F T_a T_{wy} T_y b_p + H_0^2 K_p T_F T_{wy} T_y b_p e_n + H_0^2 K_p T_a T_{wt} T_y b_p e_{qh} + H_0^2 K_p T_a T_{wy} T_y b_p e_{qh} - H_0^2 K_p T_F T_{wt} T_{wy} e_h e_{qy}$ $+ H_0^2 K_p T_F T_{wt} T_{wy} e_{qh} e_y + 2H_0 K_p T_F T_a T_y b_p h_{y0} + 2H_0 T_F T_{wy} T_y e_h e_{qx} h_{t0} + 2H_0 T_F T_{wt} T_y e_h e_{qx} h_{y0} + 2H_0 T_F T_{wy} T_y e_n e_{qh} h_{t0}$ $+ 2H_0 T_F T_{wt} T_y e_n e_{qh} h_{y0} + 2H_0 K_p T_F T_a T_{wy} b_p e_{qh} h_{t0} + 2H_0 K_p T_F T_a T_{wt} b_p e_{qh} h_{y0} + 4K_p T_F T_a T_y b_p e_{qh} h_{t0} h_{y0}$ $+ H_0^2 K_i T_F T_a T_{wt} T_{wy} b_p e_{qh} + H_0^2 K_p T_F T_{wt} T_{wy} b_p e_h e_{qx} + H_0^2 K_p T_F T_{wt} T_{wy} b_p e_n e_{qh} + 2H_0 K_i T_F T_a T_{wy} T_y b_p e_{qh} h_{t0}$ $+ 2H_0 K_i T_F T_a T_{wt} T_y b_p e_{qh} h_{y0} + 2H_0 K_p T_F T_{wy} T_y b_p e_h e_{qx} h_{t0} + 2H_0 K_p T_F T_{wt} T_y b_p e_h e_{qx} h_{y0} + 2H_0 K_p T_F T_{wy} T_y b_p e_n e_{qh} h_{t0}$ $+ 2H_0 K_p T_F T_{wt} T_y b_p e_n e_{qh} h_{y0} + H_0^2 K_i T_F T_{wt} T_{wy} T_y b_p e_h e_{qx} + H_0^2 K_i T_F T_{wt} T_{wy} T_y b_p e_n e_{qh};$ $a_3 = H_0^2 T_a T_y + H_0^2 T_F T_{wy} e_n + H_0^2 T_a T_{wt} e_{qh} + H_0^2 T_a T_{wy} e_{qh} + 2H_0 T_F T_a h_{y0} + 2H_0 T_F T_y e_n h_{y0} + 2H_0 T_a T_y e_{qh} h_{t0} + 2H_0 T_a T_y e_{qh} h_{y0}$ $+ 4T_F T_a e_{qh} h_{t0} h_{y0} + H_0^2 K_p T_a T_y b_p + H_0^2 K_p T_F T_{wy} e_y + H_0^2 T_{wt} T_y e_h e_{qx} + H_0^2 T_{wy} T_y e_h e_{qx} + H_0^2 T_{wt} T_y e_n e_{qh} + H_0^2 T_{wy} T_y e_n e_{qh}$ $+ 2H_0 K_p T_F T_a b_p h_{y0} + 2H_0 T_F T_{wy} e_h e_{qx} h_{t0} + 2H_0 T_F T_{wt} e_h e_{qx} h_{y0} + 2H_0 T_F T_{wy} e_n e_{qh} h_{t0} + 2H_0 T_F T_{wt} e_n e_{qh} h_{y0} + 4T_F T_y e_h e_{qx} h_{t0} h_{y0}$ $+ 4T_F T_y e_n e_{qh} h_{t0} h_{y0} + H_0^2 K_i T_F T_a T_{wy} b_p + H_0^2 K_p T_F T_{wy} b_p e_n + H_0^2 K_p T_a T_{wt} b_p e_{qh} + H_0^2 K_p T_a T_{wy} b_p e_{qh} + H_0^2 K_i T_F T_{wy} T_y b_p e_n$ $+ H_0^2 K_i T_a T_{wt} T_y b_p e_{qh} + H_0^2 K_i T_a T_{wy} T_y b_p e_{qh} - H_0^2 K_i T_F T_{wt} T_{wy} e_h e_{qy} + H_0^2 K_i T_F T_{wt} T_{wy} e_{qh} e_y + H_0^2 K_p T_{wt} T_y b_p e_h e_{qx}$ $+ H_0^2 K_p T_{wy} T_y b_p e_h e_{qx} + H_0^2 K_p T_{wt} T_y b_p e_n e_{qh} + H_0^2 K_p T_{wy} T_y b_p e_n e_{qh} + 2H_0 K_i T_F T_a T_y b_p h_{y0} + 2H_0 K_p T_F T_y b_p e_n h_{y0} + 2H_0 K_p T_a T_y b_p e_{qh} h_{t0}$ $+ 2H_0 K_p T_a T_y b_p e_{qh} h_{y0} - 2H_0 K_p T_F T_{wy} e_h e_{qy} h_{t0} - 2H_0 K_p T_F T_{wt} e_h e_{qy} h_{y0} + 2H_0 K_p T_F T_{wy} e_{qh} e_y h_{t0} + 2H_0 K_p T_F T_{wt} e_{qh} e_y h_{y0}$

续表

类型	调节系统传递函数的系数
M2	$+4K_pT_FT_ab_pe_{qh}h_{t0}h_{y0}+2H_0K_iT_FT_aT_{wy}b_pe_{qh}h_{t0}+2H_0K_iT_FT_aT_{wt}b_pe_{qh}h_{y0}+2H_0K_pT_FT_{wy}b_pe_he_{qx}h_{t0}+2H_0K_pT_FT_{wt}b_pe_he_{qx}h_{y0}$ $+2H_0K_pT_FT_{wy}b_pe_ne_{qh}h_{t0}+2H_0K_pT_FT_{wt}b_pe_ne_{qh}h_{y0}+4K_iT_FT_aT_yb_pe_{qh}h_{t0}h_{y0}+4K_pT_FT_yb_pe_he_{qx}h_{t0}h_{y0}+4K_pT_FT_yb_pe_ne_{qh}h_{t0}h_{y0}$ $+H_0^2K_iT_FT_{wt}T_{wy}b_pe_he_{qx}+H_0^2K_iT_FT_{wt}T_{wy}b_pe_ne_{qh}+2H_0K_iT_FT_{wy}T_yb_pe_he_{qx}h_{t0}+2H_0K_iT_FT_{wt}T_yb_pe_he_{qx}h_{y0}+2H_0K_iT_FT_{wy}T_yb_pe_ne_{qh}h_{t0}$ $+2H_0K_iT_FT_{wt}T_yb_pe_ne_{qh}h_{y0};$ $a_4=H_0^2T_a+H_0^2T_ye_n+H_0^2K_pT_ab_p+H_0^2T_{wt}e_he_{qx}+H_0^2T_{wy}e_he_{qx}+H_0^2T_{wt}e_ne_{qh}+H_0^2T_{wy}e_ne_{qh}+2H_0T_Fe_nh_{y0}+2H_0T_ae_{qh}h_{t0}$ $+2H_0T_ae_{qh}h_{y0}+2H_0K_pT_Fe_yh_{y0}+2H_0T_ye_he_{qx}h_{t0}+2H_0T_ye_he_{qx}h_{y0}+2H_0T_ye_ne_{qh}h_{t0}+2H_0T_ye_ne_{qh}h_{y0}+4T_Fe_he_{qx}h_{t0}h_{y0}$ $+4T_Fe_ne_{qh}h_{t0}h_{y0}+H_0^2K_iT_aT_yb_p+H_0^2K_iT_FT_{wy}e_y+H_0^2K_pT_yb_pe_n-H_0^2K_pT_{wt}e_he_{qy}-H_0^2K_pT_{wy}e_he_{qy}+H_0^2K_pT_{wt}e_{qh}e_y$ $+H_0^2K_pT_{wy}e_{qh}e_y+2H_0K_iT_FT_ab_ph_{y0}+2H_0K_pT_Fb_pe_nh_{y0}+2H_0K_pT_ab_pe_{qh}h_{t0}+2H_0K_pT_ab_pe_{qh}h_{y0}-4K_pT_Fe_he_{qy}h_{t0}h_{y0}$ $+4K_pT_Fe_{qh}e_yh_{t0}h_{y0}+H_0^2K_iT_FT_{wy}b_pe_n+H_0^2K_iT_aT_{wt}b_pe_{qh}+H_0^2K_iT_aT_{wy}b_pe_{qh}+H_0^2K_pT_{wt}b_pe_he_{qx}+H_0^2K_pT_{wy}b_pe_he_{qx}$ $+H_0^2K_pT_{wt}b_pe_ne_{qh}+H_0^2K_pT_{wy}b_pe_ne_{qh}+H_0^2K_iT_{wt}T_yb_pe_he_{qx}+H_0^2K_iT_{wy}T_yb_pe_he_{qx}+H_0^2K_iT_{wt}T_yb_pe_ne_{qh}+H_0^2K_iT_{wy}T_yb_pe_ne_{qh}$ $+2H_0K_iT_FT_yb_pe_nh_{y0}+2H_0K_iT_aT_yb_pe_{qh}h_{t0}+2H_0K_iT_aT_yb_pe_{qh}h_{y0}-2H_0K_iT_FT_{wy}e_he_{qy}h_{t0}-2H_0K_iT_FT_{wt}e_he_{qy}h_{y0}$ $+2H_0K_iT_FT_{wy}e_{qh}e_yh_{t0}+2H_0K_iT_FT_{wt}e_{qh}e_yh_{y0}+2H_0K_pT_yb_pe_he_{qx}h_{t0}+2H_0K_pT_yb_pe_he_{qx}h_{y0}+2H_0K_pT_yb_pe_ne_{qh}h_{t0}$ $+2H_0K_pT_yb_pe_ne_{qh}h_{y0}+4K_iT_FT_ab_pe_{qh}h_{t0}h_{y0}+4K_pT_Fb_pe_he_{qx}h_{t0}h_{y0}+4K_pT_Fb_pe_ne_{qh}h_{t0}h_{y0}+2H_0K_iT_FT_{wy}b_pe_he_{qx}h_{t0}$ $+2H_0K_iT_FT_{wt}b_pe_he_{qx}h_{y0}+2H_0K_iT_FT_{wy}b_pe_ne_{qh}h_{t0}+2H_0K_iT_FT_{wt}b_pe_ne_{qh}h_{y0}+4K_iT_FT_yb_pe_he_{qx}h_{t0}h_{y0}+4K_iT_FT_yb_pe_ne_{qh}h_{t0}h_{y0};$ $a_5=H_0^2e_n+H_0^2K_pe_y+H_0^2K_iT_ab_p+H_0^2K_pb_pe_n+2H_0e_he_{qx}h_{t0}+2H_0e_he_{qx}h_{y0}+2H_0e_ne_{qh}h_{t0}+2H_0e_ne_{qh}h_{y0}+2H_0K_iT_Fe_yh_{y0}$ $-2H_0K_pe_he_{qy}h_{t0}-2H_0K_pe_he_{qy}h_{y0}+2H_0K_pe_{qh}e_yh_{t0}+2H_0K_pe_{qh}e_yh_{y0}+H_0^2K_iT_yb_pe_n-H_0^2K_iT_{wt}e_he_{qy}-H_0^2K_iT_{wy}e_he_{qy}$ $+H_0^2K_iT_{wt}e_{qh}e_y+H_0^2K_iT_{wy}e_{qh}e_y+2H_0K_iT_Fb_pe_nh_{y0}+2H_0K_iT_ab_pe_{qh}h_{t0}+2H_0K_iT_ab_pe_{qh}h_{y0}+2H_0K_pb_pe_he_{qx}h_{t0}$ $+2H_0K_pb_pe_he_{qx}h_{y0}+2H_0K_pb_pe_ne_{qh}h_{t0}+2H_0K_pb_pe_ne_{qh}h_{y0}-4K_iT_Fe_he_{qy}h_{t0}h_{y0}+4K_iT_Fe_{qh}e_yh_{t0}h_{y0}+H_0^2K_iT_{wt}b_pe_he_{qx}$ $+H_0^2K_iT_{wy}b_pe_he_{qx}+H_0^2K_iT_{wt}b_pe_ne_{qh}+H_0^2K_iT_{wy}b_pe_ne_{qh}+2H_0K_iT_yb_pe_he_{qx}h_{t0}+2H_0K_iT_yb_pe_he_{qx}h_{y0}+2H_0K_iT_yb_pe_ne_{qh}h_{t0}$ $+2H_0K_iT_yb_pe_ne_{qh}h_{y0}+4K_iT_Fb_pe_he_{qx}h_{t0}h_{y0}+4K_iT_Fb_pe_ne_{qh}h_{t0}h_{y0};$ $a_6=H_0^2K_ie_y+H_0^2K_ib_pe_n-2H_0K_ie_he_{qy}h_{t0}-2H_0K_ie_he_{qy}h_{y0}+2H_0K_ie_{qh}e_yh_{t0}+2H_0K_ie_{qh}e_yh_{y0}+2H_0K_ib_pe_he_{qx}h_{t0}$ $+2H_0K_ib_pe_he_{qx}h_{y0}+2H_0K_ib_pe_ne_{qh}h_{t0}+2H_0K_ib_pe_ne_{qh}h_{y0};$ $b_0=H_0^2T_FT_{wt}T_{wy}T_ye_{qh}+H_0^2K_pT_FT_{wt}T_{wy}T_yb_pe_{qh};$ $b_1=H_0^2T_FT_{wy}T_y+H_0^2T_FT_{wt}T_{wy}e_{qh}+2H_0T_FT_{wy}T_ye_{qh}h_{t0}+2H_0T_FT_{wt}T_ye_{qh}h_{y0}+H_0^2K_pT_FT_{wy}T_yb_p+H_0^2K_pT_FT_{wt}T_{wy}b_pe_{qh}$ $+2H_0K_pT_FT_{wy}T_yb_pe_{qh}h_{t0}+2H_0K_pT_FT_{wt}T_yb_pe_{qh}h_{y0}+H_0^2K_iT_FT_{wt}T_{wy}T_yb_pe_{qh};$ $b_2=H_0^2T_FT_{wy}+H_0^2T_{wt}T_ye_{qh}+H_0^2T_{wy}T_ye_{qh}+2H_0T_FT_yh_{y0}+2H_0T_FT_{wy}e_{qh}h_{t0}+2H_0T_FT_{wt}e_{qh}h_{y0}+4T_FT_ye_{qh}h_{t0}h_{y0}+H_0^2K_pT_FT_{wy}b_p$ $+2H_0K_pT_FT_yb_ph_{y0}+H_0^2K_iT_FT_{wy}T_yb_p+H_0^2K_pT_{wt}T_yb_pe_{qh}+H_0^2K_pT_{wy}T_yb_pe_{qh}+H_0^2K_iT_FT_{wt}T_{wy}b_pe_{qh}+2H_0K_pT_FT_{wy}b_pe_{qh}h_{t0}$ $+2H_0K_pT_FT_{wt}b_pe_{qh}h_{y0}+4K_pT_FT_yb_pe_{qh}h_{t0}h_{y0}+2H_0K_iT_FT_{wy}T_yb_pe_{qh}h_{t0}+2H_0K_iT_FT_{wt}T_yb_pe_{qh}h_{y0};$ $b_3=H_0^2T_y+2H_0T_Fh_{y0}+H_0^2T_{wt}e_{qh}+H_0^2T_{wy}e_{qh}+H_0^2K_pT_yb_p+2H_0T_ye_{qh}h_{t0}+2H_0T_ye_{qh}h_{y0}+4T_Fe_{qh}h_{t0}h_{y0}+2H_0K_pT_Fb_ph_{y0}$ $+H_0^2K_iT_FT_{wy}b_p+H_0^2K_pT_{wt}b_pe_{qh}+H_0^2K_pT_{wy}b_pe_{qh}+2H_0K_iT_FT_yb_ph_{y0}+2H_0K_pT_yb_pe_{qh}h_{t0}+2H_0K_pT_yb_pe_{qh}h_{y0}+4K_pT_Fb_pe_{qh}h_{t0}h_{y0}$ $+H_0^2K_iT_{wt}T_yb_pe_{qh}+H_0^2K_iT_{wy}T_yb_pe_{qh}+2H_0K_iT_FT_{wy}b_pe_{qh}h_{t0}+2H_0K_iT_FT_{wt}b_pe_{qh}h_{y0}+4K_iT_FT_yb_pe_{qh}h_{t0}h_{y0};$ $b_4=H_0^2+2H_0e_{qh}h_{t0}+2H_0e_{qh}h_{y0}+H_0^2K_pb_p+H_0^2K_iT_yb_p+2H_0K_iT_Fb_ph_{y0}+2H_0K_pb_pe_{qh}h_{t0}+2H_0K_pb_pe_{qh}h_{y0}$ $+H_0^2K_iT_{wt}b_pe_{qh}+H_0^2K_iT_{wy}b_pe_{qh}+2H_0K_iT_yb_pe_{qh}h_{t0}+2H_0K_iT_yb_pe_{qh}h_{y0}+4K_iT_Fb_pe_{qh}h_{t0}h_{y0};$ $b_5=H_0^2K_ib_p+2H_0K_ib_pe_{qh}h_{t0}+2H_0K_ib_pe_{qh}h_{y0}$
M3	$a_0=H_0^2T_FT_aT_{wt}T_{wy}T_ye_{qh};$ $a_1=H_0^2T_FT_aT_{wy}T_y+H_0^2T_FT_aT_{wt}T_{wy}e_{qh}+H_0^2T_FT_{wt}T_{wy}T_ye_he_{qx}+H_0^2T_FT_{wt}T_{wy}T_ye_ne_{qh}+2H_0T_FT_aT_{wy}T_ye_{qh}h_{t0}$ $+2H_0T_FT_aT_{wt}T_ye_{qh}h_{y0}-H_0^2K_pT_FT_aT_{wt}T_{wy}b_pe_he_{qy}+H_0^2K_pT_FT_aT_{wt}T_{wy}b_pe_{qh}e_y;$ $a_2=H_0^2T_FT_aT_{wy}+2H_0T_FT_aT_yh_{y0}+H_0^2T_FT_{wy}T_ye_n+H_0^2T_aT_{wt}T_ye_{qh}+H_0^2T_aT_{wy}T_ye_{qh}+2H_0T_FT_aT_{wy}e_{qh}h_{t0}+2H_0T_FT_aT_{wt}e_{qh}h_{y0}$ $+4T_FT_aT_ye_{qh}h_{t0}h_{y0}+H_0^2T_FT_{wt}T_{wy}e_he_{qx}+H_0^2T_FT_{wt}T_{wy}e_ne_{qh}+H_0^2K_pT_FT_aT_{wy}b_pe_y+2H_0T_FT_{wy}T_ye_he_{qx}h_{t0}+2H_0T_FT_{wt}T_ye_he_{qx}h_{y0}$ $+2H_0T_FT_{wy}T_ye_ne_{qh}h_{t0}+2H_0T_FT_{wt}T_ye_ne_{qh}h_{y0}-H_0^2K_pT_FT_{wt}T_{wy}b_pe_he_{qy}+H_0^2K_pT_FT_{wt}T_{wy}b_pe_{qh}e_y-2H_0K_pT_FT_aT_{wy}b_pe_he_{qy}h_{t0}$ $-2H_0K_pT_FT_aT_{wt}b_pe_he_{qy}h_{y0}+2H_0K_pT_FT_aT_{wy}b_pe_{qh}e_yh_{t0}+2H_0K_pT_FT_aT_{wt}b_pe_{qh}e_yh_{y0}-H_0^2K_iT_FT_aT_{wt}T_{wy}b_pe_he_{qy}$ $+H_0^2K_iT_FT_aT_{wt}T_{wy}b_pe_{qh}e_y-H_0^2K_pT_FT_{wt}T_{wy}b_pe_ge_he_{qy}+H_0^2K_pT_FT_{wt}T_{wy}b_pe_ge_{qh}e_y;$

续表

类型	调节系统传递函数的系数
M3	$a_3 = H_0^2T_aT_y + H_0^2T_FT_{wy}e_n + H_0^2T_aT_{wt}e_{qh} + H_0^2T_aT_{wy}e_{qh} + 2H_0T_FT_ah_{y0} + 2H_0T_FT_ye_nh_{y0} + 2H_0T_aT_ye_{qh}h_{t0} + 2H_0T_aT_ye_{qh}h_{y0}$ $+ 4T_FT_ae_{qh}h_{t0}h_{y0} + H_0^2T_{wt}T_ye_he_{qx} + H_0^2T_{wy}T_ye_he_{qx} + H_0^2T_{wt}T_ye_ne_{qh} + H_0^2T_{wy}T_ye_ne_{qh} + 2H_0T_FT_{wy}e_he_{qx}h_{t0} + 2H_0T_FT_{wt}e_he_{qx}h_{y0}$ $+ 2H_0T_FT_{wy}e_ne_{qh}h_{t0} + 2H_0T_FT_{wt}e_ne_{qh}h_{y0} + 4T_FT_ye_he_{qx}h_{t0}h_{y0} + 4T_FT_ye_ne_{qh}h_{t0}h_{y0} + H_0^2K_pT_FT_{wy}b_pe_y + H_0^2K_iT_FT_aT_{wy}b_pe_y$ $+ H_0^2K_pT_FT_{wy}b_pe_ge_y - H_0^2K_pT_aT_{wt}b_pe_he_{qy} - H_0^2K_pT_aT_{wy}b_pe_he_{qy} + H_0^2K_pT_aT_{wt}b_pe_{qh}e_y + H_0^2K_pT_aT_{wy}b_pe_{qh}e_y + 2H_0K_pT_FT_ab_pe_yh_{y0}$ $- 2H_0K_pT_FT_{wy}b_pe_he_{qy}h_{t0} - 2H_0K_pT_FT_{wt}b_pe_he_{qy}h_{y0} + 2H_0K_pT_FT_{wy}b_pe_{qh}e_yh_{t0} + 2H_0K_pT_FT_{wt}b_pe_{qh}e_yh_{y0} - 4K_pT_FT_ab_pe_he_{qy}h_{t0}h_{y0}$ $+ 4K_pT_FT_ab_pe_{qh}e_yh_{t0}h_{y0} - H_0^2K_iT_FT_{wt}T_{wy}b_pe_he_{qy} + H_0^2K_iT_FT_{wt}T_{wy}b_pe_{qh}e_y - 2H_0K_iT_FT_aT_{wy}b_pe_he_{qy}h_{t0} - 2H_0K_iT_FT_aT_{wt}b_pe_he_{qy}h_{y0}$ $+ 2H_0K_iT_FT_aT_{wy}b_pe_{qh}e_yh_{t0} + 2H_0K_iT_FT_aT_{wt}b_pe_{qh}e_yh_{y0} - 2H_0K_pT_FT_{wy}b_pe_ge_he_{qy}h_{t0} - 2H_0K_pT_FT_{wt}b_pe_ge_he_{qy}h_{y0}$ $+ 2H_0K_pT_FT_{wy}b_pe_ge_{qh}e_yh_{t0} + 2H_0K_pT_FT_{wt}b_pe_ge_{qh}e_yh_{y0} - H_0^2K_iT_FT_{wt}T_{wy}b_pe_ge_he_{qy} + H_0^2K_iT_FT_{wt}T_{wy}b_pe_ge_{qh}e_y;$ $a_4 = H_0^2T_a + H_0^2T_ye_n + H_0^2T_{wt}e_he_{qx} + H_0^2T_{wy}e_he_{qx} + H_0^2T_{wt}e_ne_{qh} + H_0^2T_{wy}e_ne_{qh} + 2H_0T_Fe_nh_{y0} + 2H_0T_ae_{qh}h_{t0} + 2H_0T_ae_{qh}h_{y0}$ $+ 2H_0T_ye_he_{qx}h_{t0} + 2H_0T_ye_he_{qx}h_{y0} + 2H_0T_ye_ne_{qh}h_{t0} + 2H_0T_ye_ne_{qh}h_{y0} + 4T_Fe_he_{qx}h_{t0}h_{y0} + 4T_Fe_ne_{qh}h_{t0}h_{y0} + H_0^2K_pT_ab_pe_y$ $+ 2H_0K_pT_Fb_pe_yh_{y0} + H_0^2K_iT_FT_{wy}b_pe_y - H_0^2K_pT_{wt}b_pe_he_{qy} - H_0^2K_pT_{wy}b_pe_he_{qy} + H_0^2K_pT_{wt}b_pe_{qh}e_y + H_0^2K_pT_{wy}b_pe_{qh}e_y$ $+ H_0^2K_iT_FT_{wy}b_pe_ge_y - H_0^2K_iT_aT_{wt}b_pe_he_{qy} - H_0^2K_iT_aT_{wy}b_pe_he_{qy} + H_0^2K_iT_aT_{wt}b_pe_{qh}e_y + H_0^2K_iT_aT_{wy}b_pe_{qh}e_y$ $- H_0^2K_pT_{wt}b_pe_ge_he_{qy} - H_0^2K_pT_{wy}b_pe_ge_he_{qy} + H_0^2K_pT_{wt}b_pe_ge_{qh}e_y + H_0^2K_pT_{wy}b_pe_ge_{qh}e_y + 2H_0K_iT_FT_ab_pe_yh_{y0}$ $+ 2H_0K_pT_Fb_pe_ge_yh_{y0} - 2H_0K_pT_ab_pe_he_{qy}h_{t0} - 2H_0K_pT_ab_pe_he_{qy}h_{y0} + 2H_0K_pT_ab_pe_{qh}e_yh_{t0} + 2H_0K_pT_ab_pe_{qh}e_yh_{y0}$ $- 4K_pT_Fb_pe_he_{qy}h_{t0}h_{y0} + 4K_pT_Fb_pe_{qh}e_yh_{t0}h_{y0} - 2H_0K_iT_FT_{wy}b_pe_he_{qy}h_{t0} - 2H_0K_iT_FT_{wt}b_pe_he_{qy}h_{y0} + 2H_0K_iT_FT_{wy}b_pe_{qh}e_yh_{t0}$ $+ 2H_0K_iT_FT_{wt}b_pe_{qh}e_yh_{y0} - 4K_iT_FT_ab_pe_he_{qy}h_{t0}h_{y0} + 4K_iT_FT_ab_pe_{qh}e_yh_{t0}h_{y0} - 4K_pT_Fb_pe_ge_he_{qy}h_{t0}h_{y0} + 4K_pT_Fb_pe_ge_{qh}e_yh_{t0}h_{y0}$ $- 2H_0K_iT_FT_{wy}b_pe_ge_he_{qy}h_{t0} - 2H_0K_iT_FT_{wt}b_pe_ge_he_{qy}h_{y0} + 2H_0K_iT_FT_{wy}b_pe_ge_{qh}e_yh_{t0} + 2H_0K_iT_FT_{wt}b_pe_ge_{qh}e_yh_{y0};$ $a_5 = H_0^2e_n + H_0^2K_pb_pe_y + 2H_0e_he_{qx}h_{t0} + 2H_0e_he_{qx}h_{y0} + 2H_0e_ne_{qh}h_{t0} + 2H_0e_ne_{qh}h_{y0} + H_0^2K_iT_ab_pe_y + H_0^2K_pb_pe_ge_y + 2H_0K_iT_Fb_pe_yh_{y0}$ $- 2H_0K_pb_pe_he_{qy}h_{t0} - 2H_0K_pb_pe_he_{qy}h_{y0} + 2H_0K_pb_pe_{qh}e_yh_{t0} + 2H_0K_pb_pe_{qh}e_yh_{y0} - H_0^2K_iT_{wt}b_pe_he_{qy} - H_0^2K_iT_{wy}b_pe_he_{qy}$ $+ H_0^2K_iT_{wt}b_pe_{qh}e_y + H_0^2K_iT_{wy}b_pe_{qh}e_y - H_0^2K_iT_{wt}b_pe_ge_he_{qy} - H_0^2K_iT_{wy}b_pe_ge_he_{qy} + H_0^2K_iT_{wt}b_pe_ge_{qh}e_y + H_0^2K_iT_{wy}b_pe_ge_{qh}e_y$ $+ 2H_0K_iT_Fb_pe_ge_yh_{y0} - 2H_0K_iT_ab_pe_he_{qy}h_{t0} - 2H_0K_iT_ab_pe_he_{qy}h_{y0} + 2H_0K_iT_ab_pe_{qh}e_yh_{t0} + 2H_0K_iT_ab_pe_{qh}e_yh_{y0} - 2H_0K_pb_pe_ge_he_{qy}h_{t0}$ $- 2H_0K_pb_pe_ge_he_{qy}h_{y0} + 2H_0K_pb_pe_ge_{qh}e_yh_{t0} + 2H_0K_pb_pe_ge_{qh}e_yh_{y0} - 4K_iT_Fb_pe_he_{qy}h_{t0}h_{y0} + 4K_iT_Fb_pe_{qh}e_yh_{t0}h_{y0}$ $- 4K_iT_Fb_pe_ge_he_{qy}h_{t0}h_{y0} + 4K_iT_Fb_pe_ge_{qh}e_yh_{t0}h_{y0};$ $a_6 = H_0^2K_ib_pe_y + H_0^2K_ib_pe_ge_y - 2H_0K_ib_pe_he_{qy}h_{t0} - 2H_0K_ib_pe_he_{qy}h_{y0} + 2H_0K_ib_pe_{qh}e_yh_{t0} + 2H_0K_ib_pe_{qh}e_yh_{y0}$ $- 2H_0K_ib_pe_ge_he_{qy}h_{t0} - 2H_0K_ib_pe_ge_he_{qy}h_{y0} + 2H_0K_ib_pe_ge_{qh}e_yh_{t0} + 2H_0K_ib_pe_ge_{qh}e_yh_{y0};$ $b_0 = H_0^2T_FT_{wt}T_{wy}T_ye_{qh};$ $b_1 = H_0^2T_FT_{wy}T_y + H_0^2T_FT_{wt}T_{wy}e_{qh} + 2H_0T_FT_{wy}T_ye_{qh}h_{t0} + 2H_0T_FT_{wt}T_ye_{qh}h_{y0};$ $b_2 = H_0^2T_FT_{wy} + H_0^2T_{wt}T_ye_{qh} + H_0^2T_{wy}T_ye_{qh} + 2H_0T_FT_yh_{y0} + 2H_0T_FT_{wy}e_{qh}h_{t0} + 2H_0T_FT_{wt}e_{qh}h_{y0} + 4T_FT_ye_{qh}h_{t0}h_{y0};$ $b_3 = H_0^2T_y + 2H_0T_Fh_{y0} + H_0^2T_{wt}e_{qh} + H_0^2T_{wy}e_{qh} + 2H_0T_ye_{qh}h_{t0} + 2H_0T_ye_{qh}h_{y0} + 4T_Fe_{qh}h_{t0}h_{y0};$ $b_4 = H_0^2 + 2H_0e_{qh}h_{t0} + 2H_0e_{qh}h_{y0};$ $b_5 = 0$
M4	$a_0 = H_0^2K_dT_FT_aT_{wt}T_{wy}T_yb_pe_{qh};$ $a_1 = H_0^2K_dT_FT_aT_{wy}T_yb_p + H_0^2T_FT_aT_{wt}T_{wy}T_ye_{qh} + H_0^2K_dT_FT_aT_{wt}T_{wy}b_pe_{qh} + 2H_0K_dT_FT_aT_{wy}T_yb_pe_{qh}h_{t0}$ $+ 2H_0K_dT_FT_aT_{wt}T_yb_pe_{qh}h_{y0} + H_0^2K_pT_FT_aT_{wt}T_{wy}T_yb_pe_{qh} + H_0^2K_dT_FT_{wt}T_{wy}T_yb_pe_he_{qx} + H_0^2K_dT_FT_{wt}T_{wy}T_yb_pe_ne_{qh}$ $+ H_0^2T_FT_aT_{wy}(K_dT_yb_p + T_{wt}T_ye_{qh} + K_dT_{wt}b_pe_{qh} + K_pT_{wt}T_yb_pe_{qh})$ $+ 2H_0K_dT_FT_aT_{wy}T_yb_pe_{qh}(h_{t0} + h_{y0}) + H_0^2K_dT_FT_{wt}T_{wy}T_yb_p(e_he_{qx} + e_ne_{qh});$ $a_2 = H_0^2T_FT_aT_{wy}T_y + H_0^2K_dT_FT_aT_{wy}b_p + H_0^2T_FT_aT_{wt}T_{wy}e_{qh} + H_0^2K_pT_FT_aT_{wy}T_yb_p + H_0^2K_dT_FT_{wy}T_yb_pe_n + H_0^2K_dT_aT_{wt}T_yb_pe_{qh}$ $+ H_0^2K_dT_aT_{wy}T_yb_pe_{qh} - H_0^2K_dT_FT_{wt}T_{wy}e_he_{qy} + H_0^2K_dT_FT_{wt}T_{wy}e_{qh}e_y + H_0^2T_FT_{wt}T_{wy}T_ye_he_{qx} + H_0^2T_FT_{wt}T_{wy}T_ye_ne_{qh}$ $+ 2H_0K_dT_FT_aT_yb_ph_{y0} + 2H_0T_FT_aT_{wy}T_ye_{qh}h_{t0} + 2H_0T_FT_aT_{wt}T_ye_{qh}h_{y0} + 2H_0K_dT_FT_aT_{wy}b_pe_{qh}h_{t0} + 2H_0K_dT_FT_aT_{wt}b_pe_{qh}h_{y0}$ $+ 4K_dT_FT_aT_yb_pe_{qh}h_{t0}h_{y0} + H_0^2K_pT_FT_aT_{wt}T_{wy}b_pe_{qh} + H_0^2K_dT_FT_{wt}T_{wy}b_pe_he_{qx} + H_0^2K_dT_FT_{wt}T_{wy}b_pe_ne_{qh} + 2H_0K_pT_FT_aT_{wy}T_yb_pe_{qh}h_{t0}$ $+ 2H_0K_pT_FT_aT_{wt}T_yb_pe_{qh}h_{y0} + 2H_0K_dT_FT_{wy}T_yb_pe_he_{qx}h_{t0} + 2H_0K_dT_FT_{wt}T_yb_pe_he_{qx}h_{y0} + 2H_0K_dT_FT_{wy}T_yb_pe_ne_{qh}h_{t0}$ $+ 2H_0K_dT_FT_{wt}T_yb_pe_ne_{qh}h_{y0} + H_0^2K_iT_FT_aT_{wt}T_{wy}T_yb_pe_{qh} + H_0^2K_pT_FT_{wt}T_{wy}T_yb_pe_he_{qx} + H_0^2K_pT_FT_{wt}T_{wy}T_yb_pe_ne_{qh}$

续表

类型	调节系统传递函数的系数
M4	$+H_0^2T_FT_aT_{wy}(T_y+K_db_p+T_{wt}e_{qh}+K_pT_yb_p)+H_0^2K_dT_yb_p(T_FT_{wy}e_n+T_aT_{wt}e_{qh}+T_aT_{wy}e_{qh})+H_0^2T_FT_{wt}T_{wy}(K_de_{qh}e_y-K_de_he_{qy}$ $+T_ye_he_{qx}+T_ye_ne_{qh})+2H_0T_FT_a(K_dT_yb_ph_{y0}+T_{wy}T_ye_{qh}h_{t0}+T_{wt}T_ye_{qh}h_{y0}+K_dT_{wy}b_pe_{qh}h_{t0}+K_dT_{wt}b_pe_{qh}h_{y0})+4K_dT_FT_aT_yb_pe_{qh}h_{t0}h_{y0}$ $+H_0^2T_FT_{wt}T_{wy}b_p(K_pT_ae_{qh}+K_de_he_{qx}+K_de_ne_{qh})+2H_0T_FT_yb_p(K_pT_aT_{wy}e_{qh}h_{t0}+K_pT_aT_{wt}e_{qh}h_{y0}+K_dT_{wy}e_he_{qx}h_{t0}+K_dT_{wt}e_he_{qx}h_{y0}$ $+K_dT_{wy}e_ne_{qh}h_{t0}+K_dT_{wt}e_ne_{qh}h_{y0})+H_0^2T_FT_{wt}T_{wy}T_yb_p(K_iT_ae_{qh}+K_pe_he_{qx}+K_pe_ne_{qh});$ $a_3=H_0^2T_FT_aT_{wy}+2H_0T_FT_aT_yh_{y0}+H_0^2K_dT_aT_yb_p+H_0^2K_dT_FT_{wy}e_y+H_0^2T_FT_{wy}T_ye_n+H_0^2T_aT_{wt}T_ye_{qh}+H_0^2T_aT_{wy}T_ye_{qh}$ $+2H_0K_dT_FT_ab_ph_{y0}+2H_0T_FT_aT_{wy}e_{qh}h_{t0}+2H_0T_FT_aT_{wt}e_{qh}h_{y0}+4T_FT_aT_ye_{qh}h_{t0}h_{y0}+H_0^2K_pT_FT_aT_{wy}b_p+H_0^2K_dT_FT_{wy}b_pe_n$ $+H_0^2K_dT_aT_{wt}b_pe_{qh}+H_0^2K_dT_aT_{wy}b_pe_{qh}+H_0^2T_FT_{wt}T_{wy}e_he_{qx}+H_0^2T_FT_{wt}T_{wy}e_ne_{qh}+H_0^2K_iT_FT_aT_{wy}T_yb_p+H_0^2K_pT_FT_{wy}T_yb_pe_n$ $+H_0^2K_pT_aT_{wt}T_yb_pe_{qh}+H_0^2K_pT_aT_{wy}T_yb_pe_{qh}-H_0^2K_pT_FT_{wt}T_{wy}e_he_{qy}+H_0^2K_pT_FT_{wt}T_{wy}e_{qh}e_y+H_0^2K_dT_{wt}T_yb_pe_he_{qx}$ $+H_0^2K_dT_{wy}T_yb_pe_he_{qx}+H_0^2K_dT_{wt}T_yb_pe_ne_{qh}+H_0^2K_dT_{wy}T_yb_pe_ne_{qh}+2H_0K_pT_FT_aT_yb_ph_{y0}+2H_0K_dT_FT_yb_pe_nh_{y0}$ $+2H_0K_dT_aT_yb_pe_{qh}h_{t0}+2H_0K_dT_aT_yb_pe_{qh}h_{y0}-H_0^2K_pT_FT_{wt}T_{wy}e_he_{qy}+H_0^2K_pT_FT_{wt}T_{wy}e_{qh}e_y+H_0^2K_dT_{wt}T_yb_pe_he_{qx}$ $+H_0^2K_dT_{wy}T_yb_pe_he_{qx}+H_0^2K_dT_{wt}T_yb_pe_ne_{qh}+H_0^2K_dT_{wy}T_yb_pe_ne_{qh}+2H_0K_pT_FT_aT_yb_ph_{y0}+2H_0K_dT_FT_yb_pe_nh_{y0}$ $+2H_0K_dT_aT_yb_pe_{qh}h_{t0}+2H_0K_dT_aT_yb_pe_{qh}h_{y0}+2H_0K_dT_FT_{wy}b_pe_he_{qx}h_{t0}+2H_0K_dT_FT_{wt}b_pe_he_{qx}h_{y0}+2H_0K_dT_FT_{wy}b_pe_ne_{qh}h_{t0}$ $+2H_0K_dT_FT_{wt}b_pe_ne_{qh}h_{y0}+4K_pT_FT_aT_yb_pe_{qh}h_{t0}h_{y0}+4K_dT_FT_yb_pe_he_{qx}h_{t0}h_{y0}+4K_dT_FT_yb_pe_ne_{qh}h_{t0}h_{y0}+H_0^2K_iT_FT_aT_{wt}T_{wy}b_pe_{qh}$ $+H_0^2K_pT_FT_{wt}T_{wy}b_pe_he_{qx}+2H_0K_dT_FT_{wy}b_pe_he_{qx}h_{t0}+2H_0K_dT_FT_{wt}b_pe_he_{qx}h_{y0}+2H_0K_dT_FT_{wy}b_pe_ne_{qh}h_{t0}+2H_0K_dT_FT_{wt}b_pe_ne_{qh}h_{y0}$ $+4K_pT_FT_aT_yb_pe_{qh}h_{t0}h_{y0}+4K_dT_FT_yb_pe_he_{qx}h_{t0}h_{y0}+4K_dT_FT_yb_pe_ne_{qh}h_{t0}h_{y0}+H_0^2K_iT_FT_aT_{wt}T_{wy}b_pe_{qh}+H_0^2K_pT_FT_{wt}T_{wy}b_pe_he_{qx};$ $a_4=H_0^2T_aT_y+H_0^2K_dT_ab_p+H_0^2T_FT_{wy}e_n+H_0^2T_aT_{wt}e_{qh}+H_0^2T_aT_{wy}e_{qh}+2H_0T_FT_ah_{y0}+2H_0K_dT_Fe_yh_{y0}+2H_0T_FT_ye_nh_{y0}$ $+2H_0T_aT_ye_{qh}h_{t0}+2H_0T_aT_ye_{qh}h_{y0}+4T_FT_ae_{qh}h_{t0}h_{y0}+H_0^2K_pT_aT_yb_p+H_0^2K_pT_FT_{wy}e_y+H_0^2K_dT_yb_pe_n-H_0^2K_dT_{wt}e_he_{qy}$ $+H_0^2K_dT_{wy}e_he_{qy}+H_0^2K_dT_{wt}e_{qh}e_y+H_0^2K_dT_{wy}e_{qh}e_y+H_0^2T_{wt}T_ye_he_{qx}+H_0^2T_{wy}T_ye_he_{qx}+H_0^2T_{wt}T_ye_ne_{qh}+H_0^2T_{wy}T_ye_ne_{qh}$ $+2H_0K_pT_FT_ab_ph_{y0}+2H_0K_dT_Fb_pe_nh_{y0}+2H_0K_dT_ab_pe_{qh}h_{t0}+2H_0K_dT_ab_pe_{qh}h_{y0}+2H_0T_FT_{wy}e_he_{qx}h_{t0}+2H_0T_FT_{wt}e_he_{qx}h_{y0}$ $+2H_0T_FT_{wy}e_ne_{qh}h_{t0}+2H_0T_FT_{wt}e_ne_{qh}h_{y0}-4K_dT_Fe_he_{qy}h_{t0}h_{y0}+4K_dT_Fe_{qh}e_yh_{t0}h_{y0}+4T_FT_ye_he_{qx}h_{t0}h_{y0}+4T_FT_ye_ne_{qh}h_{t0}h_{y0}$ $+H_0^2K_iT_FT_aT_{wy}b_p+H_0^2K_pT_FT_{wy}b_pe_n+H_0^2K_pT_aT_{wt}b_pe_{qh}+H_0^2K_pT_aT_{wy}b_pe_{qh}+H_0^2K_dT_{wt}b_pe_he_{qx}+H_0^2K_dT_{wy}b_pe_he_{qx}$ $+H_0^2K_dT_{wt}b_pe_ne_{qh}+H_0^2K_dT_{wy}b_pe_ne_{qh}+H_0^2K_iT_FT_{wy}T_yb_pe_n+H_0^2K_iT_aT_{wt}T_yb_pe_{qh}+H_0^2K_iT_aT_{wy}T_yb_pe_{qh}-H_0^2K_iT_FT_{wt}T_{wy}e_he_{qy}$ $+H_0^2K_iT_FT_{wt}T_{wy}e_{qh}e_y+H_0^2K_pT_{wt}T_yb_pe_he_{qx}+H_0^2K_pT_{wy}T_yb_pe_he_{qx}+H_0^2K_pT_{wt}T_yb_pe_ne_{qh}+H_0^2K_pT_{wy}T_yb_pe_ne_{qh}$ $+2H_0K_iT_FT_aT_yb_ph_{y0}+2H_0K_pT_FT_yb_pe_nh_{y0}+2H_0K_pT_aT_yb_pe_{qh}h_{t0}+2H_0K_pT_aT_yb_pe_{qh}h_{y0}-2H_0K_pT_FT_{wy}e_he_{qy}h_{t0}$ $-2H_0K_pT_FT_{wt}e_he_{qy}h_{y0}+2H_0K_pT_FT_{wy}e_{qh}e_yh_{t0}+2H_0K_pT_FT_{wt}e_{qh}e_yh_{y0}+2H_0K_dT_yb_pe_he_{qx}h_{t0}+2H_0K_dT_yb_pe_he_{qx}h_{y0}$ $+2H_0K_dT_yb_pe_ne_{qh}h_{t0}+2H_0K_dT_yb_pe_ne_{qh}h_{y0}+4K_pT_FT_ab_pe_{qh}h_{t0}h_{y0}+4K_dT_Fb_pe_he_{qx}h_{t0}h_{y0}+4K_dT_Fb_pe_ne_{qh}h_{t0}h_{y0}$ $+2H_0K_iT_FT_aT_{wy}b_pe_{qh}h_{t0}+2H_0K_iT_FT_aT_{wt}b_pe_{qh}h_{y0}+2H_0K_pT_FT_{wy}b_pe_he_{qx}h_{t0}+2H_0K_pT_FT_{wt}b_pe_he_{qx}h_{y0}$ $+2H_0K_pT_FT_{wy}b_pe_ne_{qh}h_{t0}+2H_0K_pT_FT_{wt}b_pe_ne_{qh}h_{y0}+4K_iT_FT_aT_yb_pe_{qh}h_{t0}h_{y0}+4K_pT_FT_yb_pe_he_{qx}h_{t0}h_{y0}$ $+4K_pT_FT_yb_pe_ne_{qh}h_{t0}h_{y0}+H_0^2K_iT_FT_{wt}T_{wy}b_pe_he_{qx}+H_0^2K_iT_FT_{wt}T_{wy}b_pe_ne_{qh}+2H_0K_iT_FT_{wy}T_yb_pe_he_{qx}h_{t0}$ $+2H_0K_iT_FT_{wt}T_yb_pe_he_{qx}h_{y0}+2H_0K_iT_FT_{wy}T_yb_pe_ne_{qh}h_{t0}+2H_0K_iT_FT_{wt}T_yb_pe_ne_{qh}h_{y0};$ $a_5=H_0^2T_a+H_0^2K_de_y+H_0^2T_ye_n+H_0^2K_pT_ab_p+H_0^2K_db_pe_n+H_0^2T_{wt}e_he_{qx}+H_0^2T_{wy}e_he_{qx}+H_0^2T_{wt}e_ne_{qh}+H_0^2T_{wy}e_ne_{qh}$ $+2H_0T_Fe_nh_{y0}+2H_0T_ae_{qh}h_{t0}+2H_0T_ae_{qh}h_{y0}+2H_0K_pT_Fe_yh_{y0}-2H_0K_de_he_{qy}h_{t0}-2H_0K_de_he_{qy}h_{y0}+2H_0K_de_{qh}e_yh_{t0}$ $+2H_0K_de_{qh}e_yh_{y0}+2H_0T_ye_he_{qx}h_{t0}+2H_0T_ye_he_{qx}h_{y0}+2H_0T_ye_ne_{qh}h_{t0}+2H_0T_ye_ne_{qh}h_{y0}+4T_Fe_he_{qx}h_{t0}h_{y0}+4T_Fe_ne_{qh}h_{t0}h_{y0}$ $+H_0^2K_iT_aT_yb_p+H_0^2K_iT_FT_{wy}e_y+H_0^2K_pT_yb_pe_n-H_0^2K_pT_{wt}e_he_{qy}-H_0^2K_pT_{wy}e_he_{qy}+H_0^2K_pT_{wt}e_{qh}e_y+H_0^2K_pT_{wy}e_{qh}e_y$ $+2H_0K_iT_FT_ab_ph_{y0}+2H_0K_pT_Fb_pe_nh_{y0}+2H_0K_pT_ab_pe_{qh}h_{t0}+2H_0K_pT_ab_pe_{qh}h_{y0}+2H_0K_db_pe_he_{qx}h_{t0}+2H_0K_db_pe_he_{qx}h_{y0}$ $+2H_0K_db_pe_ne_{qh}h_{t0}+2H_0K_db_pe_ne_{qh}h_{y0}-4K_pT_Fe_he_{qy}h_{t0}h_{y0}+4K_pT_Fe_{qh}e_yh_{t0}h_{y0}+H_0^2K_iT_FT_{wy}b_pe_n+H_0^2K_iT_aT_{wt}b_pe_{qh}$ $+H_0^2K_iT_aT_{wy}b_pe_{qh}+H_0^2K_pT_{wt}b_pe_he_{qx}+H_0^2K_pT_{wy}b_pe_he_{qx}+H_0^2K_pT_{wt}b_pe_ne_{qh}+H_0^2K_pT_{wy}b_pe_ne_{qh}+H_0^2K_iT_{wt}T_yb_pe_he_{qx}$ $+H_0^2K_iT_{wy}T_yb_pe_he_{qx}+H_0^2K_iT_{wt}T_yb_pe_ne_{qh}+H_0^2K_iT_{wy}T_yb_pe_ne_{qh}+2H_0K_iT_FT_yb_pe_nh_{y0}+2H_0K_iT_aT_yb_pe_{qh}h_{t0}$ $+2H_0K_iT_aT_yb_pe_{qh}h_{y0}-2H_0K_iT_FT_{wy}e_he_{qy}h_{t0}-2H_0K_iT_FT_{wt}e_he_{qy}h_{y0}+2H_0K_iT_FT_{wy}e_{qh}e_yh_{t0}+2H_0K_iT_FT_{wt}e_{qh}e_yh_{y0}$ $+2H_0K_pT_yb_pe_he_{qx}h_{t0}+2H_0K_pT_yb_pe_he_{qx}h_{y0}+2H_0K_pT_yb_pe_ne_{qh}h_{t0}+2H_0K_pT_yb_pe_ne_{qh}h_{y0}+4K_iT_FT_ab_pe_{qh}h_{t0}h_{y0}$ $+4K_pT_Fb_pe_he_{qx}h_{t0}h_{y0}+4K_pT_Fb_pe_ne_{qh}h_{t0}h_{y0}+2H_0K_iT_FT_{wy}b_pe_he_{qx}h_{t0}+2H_0K_iT_FT_{wt}b_pe_he_{qx}h_{y0}+2H_0K_iT_FT_{wy}b_pe_ne_{qh}h_{t0}$ $+2H_0K_iT_FT_{wt}b_pe_ne_{qh}h_{y0}+4K_iT_FT_yb_pe_he_{qx}h_{t0}h_{y0}+4K_iT_FT_yb_pe_ne_{qh}h_{t0}h_{y0};$

续表

类型	调节系统传递函数的系数
M4	$a_6 = H_0^2 e_n + H_0^2 K_p e_y + H_0^2 K_i T_a b_p + H_0^2 K_p b_p e_n + 2H_0 e_h e_{qx} h_{t0} + 2H_0 e_h e_{qx} h_{y0} + 2H_0 e_n e_{qh} h_{t0} + 2H_0 e_n e_{qh} h_{y0}$ $+ 2H_0 K_i T_F e_y h_{y0} - 2H_0 K_p e_h e_{qy} h_{t0} - 2H_0 K_p e_h e_{qy} h_{y0} + 2H_0 K_p e_{qh} e_y h_{t0} + 2H_0 K_p e_{qh} e_y h_{y0} + H_0^2 K_i T_y b_p e_n$ $- H_0^2 K_i T_{wt} e_h e_{qy} - H_0^2 K_i T_{wy} e_h e_{qy} + H_0^2 K_i T_{wt} e_{qh} e_y + H_0^2 K_i T_{wy} e_{qh} e_y + 2H_0 K_i T_F b_p e_n h_{y0} + 2H_0 K_i T_a b_p e_{qh} h_{t0}$ $+ 2H_0 K_i T_a b_p e_{qh} h_{y0} + 2H_0 K_p b_p e_h e_{qx} h_{t0} + 2H_0 K_p b_p e_h e_{qx} h_{y0} + 2H_0 K_p b_p e_n e_{qh} h_{t0} + 2H_0 K_p b_p e_n e_{qh} h_{y0}$ $- 4K_i T_F e_h e_{qy} h_{t0} h_{y0} + 4K_i T_F e_{qh} e_y h_{t0} h_{y0} + H_0^2 K_i T_{wt} b_p e_h e_{qx} + H_0^2 K_i T_{wy} b_p e_h e_{qx} + H_0^2 K_i T_{wt} b_p e_n e_{qh} + H_0^2 K_i T_{wy} b_p e_n e_{qh}$ $+ 2H_0 K_i T_y b_p e_h e_{qx} h_{t0} + 2H_0 K_i T_y b_p e_h e_{qx} h_{y0} + 2H_0 K_i T_y b_p e_n e_{qh} h_{t0} + 2H_0 K_i T_y b_p e_n e_{qh} h_{y0} + 4K_i T_F b_p e_h e_{qx} h_{t0} h_{y0}$ $+ 4K_i T_F b_p e_n e_{qh} h_{t0} h_{y0};$ $a_7 = H_0^2 K_i e_y + H_0^2 K_i b_p e_n - 2H_0 K_i e_h e_{qy} h_{t0} - 2H_0 K_i e_h e_{qy} h_{y0} + 2H_0 K_i e_{qh} e_y h_{t0} + 2H_0 K_i e_{qh} e_y h_{y0} + 2H_0 K_i b_p e_h e_{qx} h_{t0}$ $+ 2H_0 K_i b_p e_h e_{qx} h_{y0} + 2H_0 K_i b_p e_n e_{qh} h_{t0} + 2H_0 K_i b_p e_n e_{qh} h_{y0};$ $b_0 = H_0^2 K_d T_F T_{wt} T_{wy} T_y b_p e_{qh};$ $b_1 = H_0^2 K_d T_F T_{wy} T_y b_p + H_0^2 T_F T_{wt} T_{wy} T_y e_{qh} + H_0^2 K_d T_F T_{wt} T_{wy} b_p e_{qh} + 2H_0 K_d T_F T_{wy} T_y b_p e_{qh} h_{t0} + 2H_0 K_d T_F T_{wt} T_y b_p e_{qh} h_{y0}$ $+ H_0^2 K_p T_F T_{wt} T_{wy} T_y b_p e_{qh};$ $b_2 = H_0^2 T_F T_{wy} T_y + H_0^2 K_d T_F T_{wy} b_p + H_0^2 T_F T_{wt} T_{wy} e_{qh} + 2H_0 K_d T_F T_y b_p h_{y0} + 2H_0 T_F T_{wy} T_y e_{qh} h_{t0} + 2H_0 T_F T_{wt} T_y e_{qh} h_{y0}$ $+ H_0^2 K_p T_F T_{wy} T_y b_p + H_0^2 K_d T_{wt} T_y b_p e_{qh} + H_0^2 K_d T_{wy} T_y b_p e_{qh} + H_0^2 K_p T_F T_{wt} T_{wy} b_p e_{qh} + 2H_0 K_d T_F T_{wy} b_p e_{qh} h_{t0}$ $+ 2H_0 K_d T_F T_{wt} b_p e_{qh} h_{y0} + 4K_d T_F T_y b_p e_{qh} h_{t0} h_{y0} + 2H_0 K_p T_F T_{wy} T_y b_p e_{qh} h_{t0} + 2H_0 K_p T_F T_{wt} T_y b_p e_{qh} h_{y0} + H_0^2 K_i T_F T_{wt} T_{wy} T_y b_p e_{qh};$ $b_3 = H_0^2 T_F T_{wy} + H_0^2 K_d T_y b_p + H_0^2 T_{wt} T_y e_{qh} + H_0^2 T_{wy} T_y e_{qh} + 2H_0 T_F T_y h_{y0} + 2H_0 K_d T_F b_p h_{y0} + 2H_0 T_F T_{wy} e_{qh} h_{t0} + 2H_0 T_F T_{wt} e_{qh} h_{y0}$ $+ 4T_F T_y e_{qh} h_{t0} h_{y0} + H_0^2 K_p T_F T_{wy} b_p + H_0^2 K_d T_{wt} b_p e_{qh} + H_0^2 K_d T_{wy} b_p e_{qh} + 2H_0 K_p T_F T_y b_p h_{y0} + 2H_0 K_d T_y b_p e_{qh} h_{t0} + 2H_0 K_d T_y b_p e_{qh} h_{y0}$ $+ 4K_d T_F b_p e_{qh} h_{t0} h_{y0} + H_0^2 K_i T_F T_{wy} T_y b_p + H_0^2 K_p T_{wt} T_y b_p e_{qh} + H_0^2 K_p T_{wy} T_y b_p e_{qh} + H_0^2 K_i T_F T_{wt} T_{wy} b_p e_{qh} + 2H_0 K_p T_F T_{wy} b_p e_{qh} h_{t0}$ $+ 2H_0 K_p T_F T_{wt} b_p e_{qh} h_{y0} + 4K_p T_F T_y b_p e_{qh} h_{t0} h_{y0} + 2H_0 K_i T_F T_{wy} T_y b_p e_{qh} h_{t0} + 2H_0 K_i T_F T_{wt} T_y b_p e_{qh} h_{y0};$ $b_4 = H_0^2 T_y + 2H_0 T_F h_{y0} + H_0^2 K_d b_p + H_0^2 T_{wt} e_{qh} + H_0^2 T_{wy} e_{qh} + H_0^2 K_p T_y b_p + 2H_0 T_y e_{qh} h_{t0} + 2H_0 T_y e_{qh} h_{y0} + 4T_F e_{qh} h_{t0} h_{y0}$ $+ 2H_0 K_p T_F b_p h_{y0} + 2H_0 K_d b_p e_{qh} h_{t0} + 2H_0 K_d b_p e_{qh} h_{y0} + H_0^2 K_i T_F T_{wy} b_p + H_0^2 K_p T_{wt} b_p e_{qh} + H_0^2 K_p T_{wy} b_p e_{qh} + 2H_0 K_i T_F T_y b_p h_{y0}$ $+ 2H_0 K_p T_y b_p e_{qh} h_{t0} + 2H_0 K_p T_y b_p e_{qh} h_{y0} + 4K_p T_F b_p e_{qh} h_{t0} h_{y0} + H_0^2 K_i T_{wt} T_y b_p e_{qh} + H_0^2 K_i T_{wy} T_y b_p e_{qh} + 2H_0 K_i T_F T_{wy} b_p e_{qh} h_{t0}$ $+ 2H_0 K_i T_F T_{wt} b_p e_{qh} h_{y0} + 4K_i T_F T_y b_p e_{qh} h_{t0} h_{y0};$ $b_5 = H_0^2 + 2H_0 e_{qh} h_{t0} + 2H_0 e_{qh} h_{y0} + H_0^2 K_p b_p + H_0^2 K_i T_y b_p + 2H_0 K_i T_F b_p h_{y0} + 2H_0 K_p b_p e_{qh} h_{t0} + 2H_0 K_p b_p e_{qh} h_{y0}$ $+ H_0^2 K_i T_{wt} b_p e_{qh} + H_0^2 K_i T_{wy} b_p e_{qh} + 2H_0 K_i T_y b_p e_{qh} h_{t0} + 2H_0 K_i T_y b_p e_{qh} h_{y0} + 4K_i T_F b_p e_{qh} h_{t0} h_{y0};$ $b_6 = H_0^2 K_i b_p + 2H_0 K_i b_p e_{qh} h_{t0} + 2H_0 K_i b_p e_{qh} h_{y0}$

附录 2　上下游双调压室系统 4 种类型的系数表达式

类型	调节系统传递函数的系数
M1	$a_0 = T_{F1}T_{F2}T_aT_{w11}T_{w12}T_{w21}e_{qh} + T_{F1}T_{F2}T_aT_{w11}T_{w21}T_{w22}e_{qh}$; $a_1 = T_{F1}T_{F2}T_aT_{w11}T_{w21} + T_{F1}T_{F2}T_{w11}T_{w12}T_{w21}e_he_{qx} + T_{F1}T_{F2}T_{w11}T_{w21}T_{w22}e_he_{qx} + T_{F1}T_{F2}T_{w11}T_{w12}T_{w21}e_ne_{qh}$ $+T_{F1}T_{F2}T_{w11}T_{w21}T_{w22}e_ne_{qh} + T_{F1}T_{F2}T_aT_{w11}T_{w12}e_{qh}r_{21} + T_{F1}T_{F2}T_aT_{w11}T_{w21}e_{qh}r_{12} + T_{F1}T_{F2}T_aT_{w12}T_{w21}e_{qh}r_{11}$ $+T_{F1}T_{F2}T_aT_{w11}T_{w21}e_{qh}r_{22} + T_{F1}T_{F2}T_aT_{w11}T_{w22}e_{qh}r_{21} + T_{F1}T_{F2}T_aT_{w21}T_{w22}e_{qh}r_{11} - K_pT_{F1}T_{F2}T_{w11}T_{w12}T_{w21}e_he_{qy}$ $-K_pT_{F1}T_{F2}T_{w11}T_{w21}T_{w22}e_he_{qy} + K_pT_{F1}T_{F2}T_{w11}T_{w12}T_{w21}e_{qh}e_y + K_pT_{F1}T_{F2}T_{w11}T_{w21}T_{w22}e_{qh}e_y$; $a_2 = T_{F1}T_{F2}T_{w11}T_{w21}e_n + T_{F1}T_aT_{w11}T_{w12}e_{qh} + T_{F1}T_aT_{w11}T_{w21}e_{qh} + T_{F1}T_aT_{w11}T_{w22}e_{qh} + T_{F2}T_aT_{w11}T_{w21}e_{qh} + T_{F2}T_aT_{w12}T_{w21}e_{qh}$ $+T_{F2}T_aT_{w21}T_{w22}e_{qh} + T_{F1}T_{F2}T_aT_{w11}r_{21} + T_{F1}T_{F2}T_aT_{w21}r_{11} + K_pT_{F1}T_{F2}T_{w11}T_{w21}e_y + T_{F1}T_{F2}T_{w11}T_{w12}e_he_{qx}r_{21}$ $+T_{F1}T_{F2}T_{w11}T_{w21}e_he_{qx}r_{12} + T_{F1}T_{F2}T_{w12}T_{w21}e_he_{qx}r_{11} + T_{F1}T_{F2}T_{w11}T_{w21}e_he_{qx}r_{22} + T_{F1}T_{F2}T_{w11}T_{w22}e_he_{qx}r_{21} + T_{F1}T_{F2}T_{w21}T_{w22}e_he_{qx}r_{11}$ $+T_{F1}T_{F2}T_{w11}T_{w12}e_ne_{qh}r_{21} + T_{F1}T_{F2}T_{w11}T_{w21}e_ne_{qh}r_{12} + T_{F1}T_{F2}T_{w12}T_{w21}e_ne_{qh}r_{11} + T_{F1}T_{F2}T_{w11}T_{w21}e_ne_{qh}r_{22} + T_{F1}T_{F2}T_{w11}T_{w22}e_ne_{qh}r_{21}$ $+T_{F1}T_{F2}T_{w21}T_{w22}e_ne_{qh}r_{11} + T_{F1}T_{F2}T_aT_{w11}e_{qh}r_{12}r_{21} + T_{F1}T_{F2}T_aT_{w12}e_{qh}r_{11}r_{21} + T_{F1}T_{F2}T_aT_{w21}e_{qh}r_{11}r_{12} + T_{F1}T_{F2}T_aT_{w11}e_{qh}r_{21}r_{22}$ $+T_{F1}T_{F2}T_aT_{w21}e_{qh}r_{11}r_{22} + T_{F1}T_{F2}T_aT_{w22}e_{qh}r_{11}r_{21} - K_iT_{F1}T_{F2}T_{w11}T_{w12}T_{w21}e_he_{qy} - K_iT_{F1}T_{F2}T_{w11}T_{w21}T_{w22}e_he_{qy}$ $+K_iT_{F1}T_{F2}T_{w11}T_{w12}T_{w21}e_{qh}e_y + K_iT_{F1}T_{F2}T_{w11}T_{w21}T_{w22}e_{qh}e_y - K_pT_{F1}T_{F2}T_{w11}T_{w12}e_he_{qy}r_{21} - K_pT_{F1}T_{F2}T_{w11}T_{w21}e_he_{qy}r_{12}$ $-K_pT_{F1}T_{F2}T_{w12}T_{w21}e_he_{qy}r_{11} - K_pT_{F1}T_{F2}T_{w11}T_{w21}e_he_{qy}r_{22} - K_pT_{F1}T_{F2}T_{w11}T_{w22}e_he_{qy}r_{21} - K_pT_{F1}T_{F2}T_{w21}T_{w22}e_he_{qy}r_{11}$ $+K_pT_{F1}T_{F2}T_{w11}T_{w12}e_{qh}e_yr_{21} + K_pT_{F1}T_{F2}T_{w11}T_{w21}e_{qh}e_yr_{12} + K_pT_{F1}T_{F2}T_{w12}T_{w21}e_{qh}e_yr_{11} + K_pT_{F1}T_{F2}T_{w11}T_{w21}e_{qh}e_yr_{22}$ $+K_pT_{F1}T_{F2}T_{w11}T_{w22}e_{qh}e_yr_{21} + K_pT_{F1}T_{F2}T_{w21}T_{w22}e_{qh}e_yr_{11}$; $a_3 = T_{F1}T_aT_{w11} + T_{F2}T_aT_{w21} + T_{F1}T_{w11}T_{w12}e_he_{qx} + T_{F1}T_{w11}T_{w21}e_he_{qx} + T_{F1}T_{w11}T_{w22}e_he_{qx} + T_{F2}T_{w11}T_{w21}e_he_{qx} + T_{F2}T_{w12}T_{w21}e_he_{qx}$ $+T_{F2}T_{w21}T_{w22}e_he_{qx} + T_{F1}T_{w11}T_{w12}e_ne_{qh} + T_{F1}T_{w11}T_{w21}e_ne_{qh} + T_{F1}T_{w11}T_{w22}e_ne_{qh} + T_{F2}T_{w11}T_{w21}e_ne_{qh} + T_{F2}T_{w12}T_{w21}e_ne_{qh}$ $+T_{F2}T_{w21}T_{w22}e_ne_{qh} + T_{F1}T_{F2}T_{w11}e_nr_{21} + T_{F1}T_{F2}T_{w21}e_nr_{11} + T_{F1}T_aT_{w11}e_{qh}r_{12} + T_{F1}T_aT_{w12}e_{qh}r_{11} + T_{F1}T_aT_{w11}e_{qh}r_{21} + T_{F1}T_aT_{w21}e_{qh}r_{11}$ $+T_{F1}T_aT_{w11}e_{qh}r_{22} + T_{F1}T_aT_{w22}e_{qh}r_{11} + T_{F2}T_aT_{w11}e_{qh}r_{21} + T_{F2}T_aT_{w21}e_{qh}r_{11} + T_{F2}T_aT_{w12}e_{qh}r_{21} + T_{F2}T_aT_{w21}e_{qh}r_{12} + T_{F2}T_aT_{w21}e_{qh}r_{22}$ $+T_{F2}T_aT_{w22}e_{qh}r_{21} + T_{F1}T_{F2}T_ar_{11}r_{21} + K_iT_{F1}T_{F2}T_{w11}T_{w21}e_y - K_pT_{F1}T_{w11}T_{w12}e_he_{qy} - K_pT_{F1}T_{w11}T_{w21}e_he_{qy} - K_pT_{F1}T_{w11}T_{w22}e_he_{qy}$ $-K_pT_{F2}T_{w11}T_{w21}e_he_{qy} - K_pT_{F2}T_{w12}T_{w21}e_he_{qy} - K_pT_{F2}T_{w21}T_{w22}e_he_{qy} + K_pT_{F1}T_{w11}T_{w12}e_{qh}e_y + K_pT_{F1}T_{w11}T_{w21}e_{qh}e_y$ $+K_pT_{F1}T_{w11}T_{w22}e_{qh}e_y + K_pT_{F2}T_{w11}T_{w21}e_{qh}e_y + K_pT_{F2}T_{w12}T_{w21}e_{qh}e_y + K_pT_{F2}T_{w21}T_{w22}e_{qh}e_y + K_pT_{F1}T_{F2}T_{w11}e_yr_{21}$ $+K_pT_{F1}T_{F2}T_{w21}e_yr_{11} + T_{F1}T_{F2}T_{w11}e_he_{qx}r_{12}r_{21} + T_{F1}T_{F2}T_{w12}e_he_{qx}r_{11}r_{21} + T_{F1}T_{F2}T_{w21}e_he_{qx}r_{11}r_{12} + T_{F1}T_{F2}T_{w11}e_he_{qx}r_{21}r_{22}$ $+T_{F1}T_{F2}T_{w21}e_he_{qx}r_{11}r_{22} + T_{F1}T_{F2}T_{w22}e_he_{qx}r_{11}r_{21} + T_{F1}T_{F2}T_{w11}e_ne_{qh}r_{12}r_{21} + T_{F1}T_{F2}T_{w12}e_ne_{qh}r_{11}r_{21} + T_{F1}T_{F2}T_{w21}e_ne_{qh}r_{11}r_{12}$ $+T_{F1}T_{F2}T_{w11}e_ne_{qh}r_{21}r_{22} + T_{F1}T_{F2}T_{w21}e_ne_{qh}r_{11}r_{22} + T_{F1}T_{F2}T_{w22}e_ne_{qh}r_{11}r_{21} + T_{F1}T_{F2}T_ae_{qh}r_{11}r_{12}r_{21} + T_{F1}T_{F2}T_ae_{qh}r_{11}r_{21}r_{22}$ $-K_iT_{F1}T_{F2}T_{w11}T_{w12}e_he_{qy}r_{21} - K_iT_{F1}T_{F2}T_{w11}T_{w21}e_he_{qy}r_{12} - K_iT_{F1}T_{F2}T_{w12}T_{w21}e_he_{qy}r_{11} - K_iT_{F1}T_{F2}T_{w11}T_{w21}e_he_{qy}r_{22}$ $-K_iT_{F1}T_{F2}T_{w11}T_{w22}e_he_{qy}r_{21} - K_iT_{F1}T_{F2}T_{w21}T_{w22}e_he_{qy}r_{11} + K_iT_{F1}T_{F2}T_{w11}T_{w12}e_{qh}e_yr_{21} + K_iT_{F1}T_{F2}T_{w11}T_{w21}e_{qh}e_yr_{12}$ $+K_iT_{F1}T_{F2}T_{w12}T_{w21}e_{qh}e_yr_{11} + K_iT_{F1}T_{F2}T_{w11}T_{w21}e_{qh}e_yr_{22} + K_iT_{F1}T_{F2}T_{w11}T_{w22}e_{qh}e_yr_{21} + K_iT_{F1}T_{F2}T_{w21}T_{w22}e_{qh}e_yr_{11}$ $-K_pT_{F1}T_{F2}T_{w11}e_he_{qy}r_{12}r_{21} - K_pT_{F1}T_{F2}T_{w12}e_he_{qy}r_{11}r_{21} - K_pT_{F1}T_{F2}T_{w21}e_he_{qy}r_{11}r_{12} - K_pT_{F1}T_{F2}T_{w11}e_he_{qy}r_{21}r_{22}$ $-K_pT_{F1}T_{F2}T_{w21}e_he_{qy}r_{11}r_{22} - K_pT_{F1}T_{F2}T_{w22}e_he_{qy}r_{11}r_{21} + K_pT_{F1}T_{F2}T_{w11}e_{qh}e_yr_{12}r_{21} + K_pT_{F1}T_{F2}T_{w12}e_{qh}e_yr_{11}r_{21}$ $+K_pT_{F1}T_{F2}T_{w21}e_{qh}e_yr_{11}r_{12} + K_pT_{F1}T_{F2}T_{w11}e_{qh}e_yr_{21}r_{22} + K_pT_{F1}T_{F2}T_{w21}e_{qh}e_yr_{11}r_{22} + K_pT_{F1}T_{F2}T_{w22}e_{qh}e_yr_{11}r_{21}$; $a_4 = T_{F1}T_{w11}e_n + T_{F2}T_{w21}e_n + T_aT_{w11}e_{qh} + T_aT_{w12}e_{qh} + T_aT_{w21}e_{qh} + T_aT_{w22}e_{qh} + T_{F1}T_ar_{11} + T_{F2}T_ar_{21} + K_pT_{F1}T_{w11}e_y + K_pT_{F2}T_{w21}e_y$ $+T_{F1}T_{w11}e_he_{qx}r_{12} + T_{F1}T_{w12}e_he_{qx}r_{11} + T_{F1}T_{w11}e_he_{qx}r_{21} + T_{F1}T_{w21}e_he_{qx}r_{11} + T_{F1}T_{w11}e_he_{qx}r_{22} + T_{F1}T_{w22}e_he_{qx}r_{11} + T_{F2}T_{w11}e_he_{qx}r_{21}$ $+T_{F2}T_{w21}e_he_{qx}r_{11} + T_{F2}T_{w12}e_he_{qx}r_{21} + T_{F2}T_{w21}e_he_{qx}r_{12} + T_{F2}T_{w21}e_he_{qx}r_{22} + T_{F2}T_{w22}e_he_{qx}r_{21} + T_{F1}T_{w11}e_ne_{qh}r_{12} + T_{F1}T_{w12}e_ne_{qh}r_{11}$ $+T_{F1}T_{w11}e_ne_{qh}r_{21} + T_{F1}T_{w21}e_ne_{qh}r_{11} + T_{F1}T_{w11}e_ne_{qh}r_{22} + T_{F1}T_{w22}e_ne_{qh}r_{11} + T_{F2}T_{w11}e_ne_{qh}r_{21} + T_{F2}T_{w21}e_ne_{qh}r_{11} + T_{F2}T_{w12}e_ne_{qh}r_{21}$ $+T_{F2}T_{w21}e_ne_{qh}r_{12} + T_{F2}T_{w21}e_ne_{qh}r_{22} + T_{F2}T_{w22}e_ne_{qh}r_{21} + T_{F1}T_{F2}e_nr_{11}r_{21} + T_{F1}T_ae_{qh}r_{11}r_{12} + T_{F1}T_ae_{qh}r_{11}r_{21} + T_{F1}T_ae_{qh}r_{11}r_{22}$ $+T_{F2}T_ae_{qh}r_{11}r_{21} + T_{F2}T_ae_{qh}r_{12}r_{21} + T_{F2}T_ae_{qh}r_{21}r_{22} - K_iT_{F1}T_{w11}T_{w12}e_he_{qy} - K_iT_{F1}T_{w11}T_{w21}e_he_{qy} - K_iT_{F1}T_{w11}T_{w22}e_he_{qy}$ $-K_iT_{F2}T_{w11}T_{w21}e_he_{qy} - K_iT_{F2}T_{w12}T_{w21}e_he_{qy} - K_iT_{F2}T_{w21}T_{w22}e_he_{qy} + K_iT_{F1}T_{w11}T_{w12}e_{qh}e_y + K_iT_{F1}T_{w11}T_{w21}e_{qh}e_y$ $+K_iT_{F1}T_{w11}T_{w22}e_{qh}e_y + K_iT_{F2}T_{w11}T_{w21}e_{qh}e_y + K_iT_{F2}T_{w12}T_{w21}e_{qh}e_y + K_iT_{F2}T_{w21}T_{w22}e_{qh}e_y + K_iT_{F1}T_{F2}T_{w11}e_yr_{21} + K_iT_{F1}T_{F2}T_{w21}e_yr_{11}$ $-K_pT_{F1}T_{w11}e_he_{qy}r_{12} - K_pT_{F1}T_{w12}e_he_{qy}r_{11} - K_pT_{F1}T_{w11}e_he_{qy}r_{21} - K_pT_{F1}T_{w21}e_he_{qy}r_{11} - K_pT_{F1}T_{w11}e_he_{qy}r_{22} - K_pT_{F1}T_{w22}e_he_{qy}r_{11}$ $-K_pT_{F2}T_{w11}e_he_{qy}r_{21} - K_pT_{F2}T_{w21}e_he_{qy}r_{11} - K_pT_{F2}T_{w12}e_he_{qy}r_{21} - K_pT_{F2}T_{w21}e_he_{qy}r_{12} - K_pT_{F2}T_{w21}e_he_{qy}r_{22} - K_pT_{F2}T_{w22}e_he_{qy}r_{21}$ $+K_pT_{F1}T_{w11}e_{qh}e_yr_{12} + K_pT_{F1}T_{w12}e_{qh}e_yr_{11} + K_pT_{F1}T_{w11}e_{qh}e_yr_{21} + K_pT_{F1}T_{w21}e_{qh}e_yr_{11} + K_pT_{F1}T_{w11}e_{qh}e_yr_{22} + K_pT_{F1}T_{w22}e_{qh}e_yr_{11}$ $+K_pT_{F2}T_{w11}e_{qh}e_yr_{21} + K_pT_{F2}T_{w21}e_{qh}e_yr_{11} + K_pT_{F2}T_{w12}e_{qh}e_yr_{21} + K_pT_{F2}T_{w21}e_{qh}e_yr_{12} + K_pT_{F2}T_{w21}e_{qh}e_yr_{22} + K_pT_{F2}T_{w22}e_{qh}e_yr_{21}$

续表

类型	调节系统传递函数的系数
M1	$+K_pT_{F1}T_{F2}e_yr_{11}r_{21}+T_{F1}T_{F2}e_he_{qx}r_{11}r_{12}r_{21}+T_{F1}T_{F2}e_he_{qx}r_{11}r_{21}r_{22}+T_{F1}T_{F2}e_ne_{qh}r_{11}r_{12}r_{21}+T_{F1}T_{F2}e_ne_{qh}r_{11}r_{21}r_{22}$ $-K_iT_{F1}T_{F2}T_{w11}e_he_{qy}r_{12}r_{21}-K_iT_{F1}T_{F2}T_{w12}e_he_{qy}r_{11}r_{21}-K_iT_{F1}T_{F2}T_{w21}e_he_{qy}r_{11}r_{12}-K_iT_{F1}T_{F2}T_{w11}e_he_{qy}r_{21}r_{22}-K_iT_{F1}T_{F2}T_{w21}e_he_{qy}r_{11}r_{22}$ $-K_iT_{F1}T_{F2}T_{w22}e_he_{qy}r_{11}r_{21}+K_iT_{F1}T_{F2}T_{w11}e_{qh}e_yr_{12}r_{21}+K_iT_{F1}T_{F2}T_{w12}e_{qh}e_yr_{11}r_{21}+K_iT_{F1}T_{F2}T_{w21}e_{qh}e_yr_{11}r_{12}+K_iT_{F1}T_{F2}T_{w11}e_{qh}e_yr_{21}r_{22}$ $+K_iT_{F1}T_{F2}T_{w21}e_{qh}e_yr_{11}r_{22}+K_iT_{F1}T_{F2}T_{w22}e_{qh}e_yr_{11}r_{21}-K_pT_{F1}T_{F2}e_he_{qy}r_{11}r_{12}r_{21}-K_pT_{F1}T_{F2}e_he_{qy}r_{11}r_{21}r_{22}+K_pT_{F1}T_{F2}e_{qh}e_yr_{11}r_{12}r_{21}$ $+K_pT_{F1}T_{F2}e_{qh}e_yr_{11}r_{21}r_{22};$ $a_5=T_a+T_{w11}e_he_{qx}+T_{w12}e_he_{qx}+T_{w21}e_he_{qx}+T_{w22}e_he_{qx}+T_{w11}e_ne_{qh}+T_{w12}e_ne_{qh}+T_{w21}e_ne_{qh}+T_{w22}e_ne_{qh}+T_{F1}e_nr_{11}+T_{F2}e_nr_{21}$ $+T_ae_{qh}r_{11}+T_ae_{qh}r_{12}+T_ae_{qh}r_{21}+T_ae_{qh}r_{22}+K_iT_{F1}T_{w11}e_y+K_iT_{F2}T_{w21}e_y-K_pT_{w11}e_he_{qy}-K_pT_{w12}e_he_{qy}-K_pT_{w21}e_he_{qy}$ $-K_pT_{w22}e_he_{qy}+K_pT_{w11}e_{qh}e_y+K_pT_{w12}e_{qh}e_y+K_pT_{w21}e_{qh}e_y+K_pT_{w22}e_{qh}e_y+K_pT_{F1}e_yr_{11}+K_pT_{F2}e_yr_{21}+T_{F1}e_he_{qx}r_{11}r_{12}$ $+T_{F1}e_he_{qx}r_{11}r_{21}+T_{F1}e_he_{qx}r_{11}r_{22}+T_{F2}e_he_{qx}r_{11}r_{21}+T_{F2}e_he_{qx}r_{12}r_{21}+T_{F2}e_he_{qx}r_{21}r_{22}+T_{F1}e_ne_{qh}r_{11}r_{12}+T_{F1}e_ne_{qh}r_{11}r_{21}$ $+T_{F1}e_ne_{qh}r_{11}r_{22}+T_{F2}e_ne_{qh}r_{11}r_{21}+T_{F2}e_ne_{qh}r_{12}r_{21}+T_{F2}e_ne_{qh}r_{21}r_{22}-K_iT_{F1}T_{w11}e_he_{qy}r_{12}-K_iT_{F1}T_{w12}e_he_{qy}r_{11}-K_iT_{F1}T_{w11}e_he_{qy}r_{21}$ $-K_iT_{F1}T_{w21}e_he_{qy}r_{11}-K_iT_{F1}T_{w11}e_he_{qy}r_{22}-K_iT_{F1}T_{w22}e_he_{qy}r_{11}-K_iT_{F2}T_{w11}e_he_{qy}r_{21}-K_iT_{F2}T_{w21}e_he_{qy}r_{11}-K_iT_{F2}T_{w12}e_he_{qy}r_{21}$ $-K_iT_{F2}T_{w21}e_he_{qy}r_{12}-K_iT_{F2}T_{w21}e_he_{qy}r_{22}-K_iT_{F2}T_{w22}e_he_{qy}r_{21}+K_iT_{F1}T_{w11}e_{qh}e_yr_{12}+K_iT_{F1}T_{w12}e_{qh}e_yr_{11}+K_iT_{F1}T_{w11}e_{qh}e_yr_{21}$ $+K_iT_{F1}T_{w21}e_{qh}e_yr_{11}+K_iT_{F1}T_{w11}e_{qh}e_yr_{22}+K_iT_{F1}T_{w22}e_{qh}e_yr_{11}+K_iT_{F2}T_{w11}e_{qh}e_yr_{21}+K_iT_{F2}T_{w21}e_{qh}e_yr_{11}+K_iT_{F2}T_{w12}e_{qh}e_yr_{21}$ $+K_iT_{F2}T_{w21}e_{qh}e_yr_{12}+K_iT_{F2}T_{w21}e_{qh}e_yr_{22}+K_iT_{F2}T_{w22}e_{qh}e_yr_{21}+K_iT_{F1}T_{F2}e_yr_{11}r_{21}-K_pT_{F1}e_he_{qy}r_{11}r_{12}-K_pT_{F1}e_he_{qy}r_{11}r_{21}$ $-K_pT_{F1}e_he_{qy}r_{11}r_{22}-K_pT_{F2}e_he_{qy}r_{11}r_{21}-K_pT_{F2}e_he_{qy}r_{12}r_{21}-K_pT_{F2}e_he_{qy}r_{21}r_{22}+K_pT_{F1}e_{qh}e_yr_{11}r_{12}+K_pT_{F1}e_{qh}e_yr_{11}r_{21}$ $+K_pT_{F1}e_{qh}e_yr_{11}r_{22}+K_pT_{F2}e_{qh}e_yr_{11}r_{21}+K_pT_{F2}e_{qh}e_yr_{12}r_{21}+K_pT_{F2}e_{qh}e_yr_{21}r_{22}-K_iT_{F1}T_{F2}e_he_{qy}r_{11}r_{12}r_{21}-K_iT_{F1}T_{F2}e_he_{qy}r_{11}r_{21}r_{22}$ $+K_iT_{F1}T_{F2}e_{qh}e_yr_{11}r_{12}r_{21}+K_iT_{F1}T_{F2}e_{qh}e_yr_{11}r_{21}r_{22};$ $a_6=e_n+K_pe_y+e_he_{qx}r_{11}+e_he_{qx}r_{12}+e_he_{qx}r_{21}+e_he_{qx}r_{22}+e_ne_{qh}r_{11}+e_ne_{qh}r_{12}+e_ne_{qh}r_{21}+e_ne_{qh}r_{22}-K_iT_{w11}e_he_{qy}-K_iT_{w12}e_he_{qy}$ $-K_iT_{w21}e_he_{qy}-K_iT_{w22}e_he_{qy}+K_iT_{w11}e_{qh}e_y+K_iT_{w12}e_{qh}e_y+K_iT_{w21}e_{qh}e_y+K_iT_{w22}e_{qh}e_y+K_iT_{F1}e_yr_{11}+K_iT_{F2}e_yr_{21}-K_pe_he_{qy}r_{11}$ $-K_pe_he_{qy}r_{12}-K_pe_he_{qy}r_{21}-K_pe_he_{qy}r_{22}+K_pe_{qh}e_yr_{11}+K_pe_{qh}e_yr_{12}+K_pe_{qh}e_yr_{21}+K_pe_{qh}e_yr_{22}-K_iT_{F1}e_he_{qy}r_{11}r_{12}-K_iT_{F1}e_he_{qy}r_{11}r_{21}$ $-K_iT_{F1}e_he_{qy}r_{11}r_{22}-K_iT_{F2}e_he_{qy}r_{11}r_{21}-K_iT_{F2}e_he_{qy}r_{12}r_{21}-K_iT_{F2}e_he_{qy}r_{21}r_{22}+K_iT_{F1}e_{qh}e_yr_{11}r_{12}+K_iT_{F1}e_{qh}e_yr_{11}r_{21}+K_iT_{F1}e_{qh}e_yr_{11}r_{22}$ $+K_iT_{F2}e_{qh}e_yr_{11}r_{21}+K_iT_{F2}e_{qh}e_yr_{12}r_{21}+K_iT_{F2}e_{qh}e_yr_{21}r_{22};$ $a_7=K_ie_y-K_ie_he_{qy}r_{11}-K_ie_he_{qy}r_{12}-K_ie_he_{qy}r_{21}-K_ie_he_{qy}r_{22}+K_ie_{qh}e_yr_{11}+K_ie_{qh}e_yr_{12}+K_ie_{qh}e_yr_{21}+K_ie_{qh}e_yr_{22};$ $b_0=T_{F1}T_{F2}T_{w11}T_{w12}T_{w21}e_{qh}+T_{F1}T_{F2}T_{w11}T_{w21}T_{w22}e_{qh};$ $b_1=T_{F1}T_{F2}T_{w11}T_{w21}+T_{F1}T_{F2}T_{w11}T_{w12}e_{qh}r_{21}+T_{F1}T_{F2}T_{w11}T_{w21}e_{qh}r_{12}+T_{F1}T_{F2}T_{w12}T_{w21}e_{qh}r_{11}+T_{F1}T_{F2}T_{w11}T_{w21}e_{qh}r_{22}$ $+T_{F1}T_{F2}T_{w11}T_{w22}e_{qh}r_{21}+T_{F1}T_{F2}T_{w21}T_{w22}e_{qh}r_{11};$ $b_2=T_{F1}T_{w11}T_{w12}e_{qh}+T_{F1}T_{w11}T_{w21}e_{qh}+T_{F1}T_{w11}T_{w22}e_{qh}+T_{F2}T_{w11}T_{w21}e_{qh}+T_{F2}T_{w12}T_{w21}e_{qh}+T_{F2}T_{w21}T_{w22}e_{qh}+T_{F1}T_{F2}T_{w11}r_{21}$ $+T_{F1}T_{F2}T_{w21}r_{11}+T_{F1}T_{F2}T_{w11}e_{qh}r_{12}r_{21}+T_{F1}T_{F2}T_{w12}e_{qh}r_{11}r_{21}+T_{F1}T_{F2}T_{w21}e_{qh}r_{11}r_{12}+T_{F1}T_{F2}T_{w11}e_{qh}r_{21}r_{22}+T_{F1}T_{F2}T_{w21}e_{qh}r_{11}r_{22}$ $+T_{F1}T_{F2}T_{w22}e_{qh}r_{11}r_{21};$ $b_3=T_{F1}T_{w11}+T_{F2}T_{w21}+T_{F1}T_{w11}e_{qh}r_{12}+T_{F1}T_{w12}e_{qh}r_{11}+T_{F1}T_{w11}e_{qh}r_{21}+T_{F1}T_{w21}e_{qh}r_{11}+T_{F1}T_{w11}e_{qh}r_{22}+T_{F1}T_{w22}e_{qh}r_{11}+T_{F2}T_{w11}e_{qh}r_{21}$ $+T_{F2}T_{w21}e_{qh}r_{11}+T_{F2}T_{w12}e_{qh}r_{21}+T_{F2}T_{w21}e_{qh}r_{12}+T_{F2}T_{w21}e_{qh}r_{22}+T_{F2}T_{w22}e_{qh}r_{21}+T_{F1}T_{F2}r_{11}r_{21}+T_{F1}T_{F2}e_{qh}r_{11}r_{12}r_{21}+T_{F1}T_{F2}e_{qh}r_{11}r_{21}r_{22};$ $b_4=T_{w11}e_{qh}+T_{w12}e_{qh}+T_{w21}e_{qh}+T_{w22}e_{qh}+T_{F1}r_{11}+T_{F2}r_{21}+T_{F1}e_{qh}r_{11}r_{12}+T_{F1}e_{qh}r_{11}r_{21}+T_{F1}e_{qh}r_{11}r_{22}+T_{F2}e_{qh}r_{11}r_{21}+T_{F2}e_{qh}r_{12}r_{21}$ $+T_{F2}e_{qh}r_{21}r_{22};$ $b_5=e_{qh}r_{11}+e_{qh}r_{12}+e_{qh}r_{21}+e_{qh}r_{22}+1;$ $b_6=0$
M2	$a_0=T_{F1}T_{F2}T_aT_{w11}T_{w12}T_{w21}T_ye_{qh}+T_{F1}T_{F2}T_aT_{w11}T_{w21}T_{w22}T_ye_{qh}+K_pT_{F1}T_{F2}T_aT_{w11}T_{w12}T_{w21}T_yb_pe_{qh}+K_pT_{F1}T_{F2}T_aT_{w11}T_{w21}T_{w22}T_yb_pe_{qh};$ $a_1=T_{F1}T_{F2}T_aT_{w11}T_{w21}T_y+T_{F1}T_{F2}T_aT_{w11}T_{w12}T_{w21}e_{qh}+T_{F1}T_{F2}T_aT_{w11}T_{w21}T_{w22}e_{qh}+K_pT_{F1}T_{F2}T_aT_{w11}T_{w21}T_yb_p+T_{F1}T_{F2}T_{w11}T_{w12}T_{w21}T_ye_he_{qx}$ $+T_{F1}T_{F2}T_{w11}T_{w21}T_{w22}T_ye_he_{qx}+T_{F1}T_{F2}T_{w11}T_{w12}T_{w21}T_ye_ne_{qh}+T_{F1}T_{F2}T_{w11}T_{w21}T_{w22}T_ye_ne_{qh}+T_{F1}T_{F2}T_aT_{w11}T_{w12}T_ye_{qh}r_{21}$ $+T_{F1}T_{F2}T_aT_{w11}T_{w21}T_ye_{qh}r_{12}+T_{F1}T_{F2}T_aT_{w12}T_{w21}T_ye_{qh}r_{11}+T_{F1}T_{F2}T_aT_{w11}T_{w21}T_ye_{qh}r_{22}+T_{F1}T_{F2}T_aT_{w11}T_{w22}T_ye_{qh}r_{21}$ $+T_{F1}T_{F2}T_aT_{w21}T_{w22}T_ye_{qh}r_{11}+K_pT_{F1}T_{F2}T_aT_{w11}T_{w12}T_{w21}b_pe_{qh}+K_pT_{F1}T_{F2}T_aT_{w11}T_{w21}T_{w22}b_pe_{qh}+K_iT_{F1}T_{F2}T_aT_{w11}T_{w12}T_{w21}T_yb_pe_{qh}$ $+K_iT_{F1}T_{F2}T_aT_{w11}T_{w21}T_{w22}T_yb_pe_{qh}+K_pT_{F1}T_{F2}T_{w11}T_{w12}T_{w21}T_yb_pe_he_{qx}+K_pT_{F1}T_{F2}T_{w11}T_{w21}T_{w22}T_yb_pe_he_{qx}$ $+K_pT_{F1}T_{F2}T_{w11}T_{w12}T_{w21}T_yb_pe_ne_{qh}+K_pT_{F1}T_{F2}T_{w11}T_{w21}T_{w22}T_yb_pe_ne_{qh}+K_pT_{F1}T_{F2}T_aT_{w11}T_{w12}T_yb_pe_{qh}r_{21}+K_pT_{F1}T_{F2}T_aT_{w11}T_{w21}T_yb_pe_{qh}r_{12}$ $+K_pT_{F1}T_{F2}T_aT_{w12}T_{w21}T_yb_pe_{qh}r_{11}+K_pT_{F1}T_{F2}T_aT_{w11}T_{w21}T_yb_pe_{qh}r_{22}+K_pT_{F1}T_{F2}T_aT_{w11}T_{w22}T_yb_pe_{qh}r_{21}+K_pT_{F1}T_{F2}T_aT_{w21}T_{w22}T_yb_pe_{qh}r_{11};$

续表

<table>
<tr><th>类型</th><th>调节系统传递函数的系数</th></tr>
<tr><td>M2</td><td>
$a_2 = T_{F1}T_{F2}T_aT_{w11}T_{w21} + T_{F1}T_{F2}T_{w11}T_{w21}T_ye_n + T_{F1}T_aT_{w11}T_{w12}T_ye_{qh} + T_{F1}T_aT_{w11}T_{w21}T_ye_{qh} + T_{F1}T_aT_{w11}T_{w22}T_ye_{qh} + T_{F2}T_aT_{w11}T_{w21}T_ye_{qh}$
$+ T_{F2}T_aT_{w12}T_{w21}T_ye_{qh} + T_{F2}T_aT_{w21}T_{w22}T_ye_{qh} + T_{F1}T_{F2}T_aT_{w11}T_yr_{21} + T_{F1}T_{F2}T_aT_{w21}T_yr_{11} + K_pT_{F1}T_{F2}T_aT_{w11}T_{w21}b_p + T_{F1}T_{F2}T_{w11}T_{w12}T_{w21}e_he_{qx}$
$+ T_{F1}T_{F2}T_{w11}T_{w21}T_{w22}e_he_{qx} + T_{F1}T_{F2}T_{w11}T_{w12}T_{w21}e_ne_{qh} + T_{F1}T_{F2}T_{w11}T_{w21}T_{w22}e_ne_{qh} + T_{F1}T_{F2}T_aT_{w11}T_{w12}e_{qh}r_{21} + T_{F1}T_{F2}T_aT_{w11}T_{w21}e_{qh}r_{12}$
$+ T_{F1}T_{F2}T_aT_{w12}T_{w21}e_{qh}r_{11} + T_{F1}T_{F2}T_aT_{w11}T_{w21}e_{qh}r_{22} + T_{F1}T_{F2}T_aT_{w11}T_{w22}e_{qh}r_{21} + T_{F1}T_{F2}T_aT_{w21}T_{w22}e_{qh}r_{11} + K_iT_{F1}T_{F2}T_aT_{w11}T_{w21}T_yb_p$
$+ K_pT_{F1}T_{F2}T_{w11}T_{w21}T_yb_pe_n + K_pT_{F1}T_aT_{w11}T_{w12}T_yb_pe_{qh} + K_pT_{F1}T_aT_{w11}T_{w21}T_yb_pe_{qh} + K_pT_{F1}T_aT_{w11}T_{w22}T_yb_pe_{qh} + K_pT_{F2}T_aT_{w11}T_{w21}T_yb_pe_{qh}$
$+ K_pT_{F2}T_aT_{w12}T_{w21}T_yb_pe_{qh} + K_pT_{F2}T_aT_{w21}T_{w22}T_yb_pe_{qh} - K_pT_{F1}T_{F2}T_{w11}T_{w12}T_{w21}e_he_{qy} - K_pT_{F1}T_{F2}T_{w11}T_{w21}T_{w22}e_he_{qy}$
$+ K_pT_{F1}T_{F2}T_{w11}T_{w12}T_{w21}e_{qh}e_y + K_pT_{F1}T_{F2}T_{w11}T_{w21}T_{w22}e_{qh}e_y + K_pT_{F1}T_{F2}T_aT_{w11}T_yb_pr_{21} + K_pT_{F1}T_{F2}T_aT_{w21}T_yb_pr_{11}$
$+ T_{F1}T_{F2}T_{w11}T_{w12}T_ye_he_{qx}r_{21} + T_{F1}T_{F2}T_{w11}T_{w21}T_ye_he_{qx}r_{12} + T_{F1}T_{F2}T_{w12}T_{w21}T_ye_he_{qx}r_{11} + T_{F1}T_{F2}T_{w11}T_{w21}T_ye_he_{qx}r_{22} + T_{F1}T_{F2}T_{w11}T_{w22}T_ye_he_{qx}r_{21}$
$+ T_{F1}T_{F2}T_{w21}T_{w22}T_ye_he_{qx}r_{11} + T_{F1}T_{F2}T_{w11}T_{w12}T_ye_ne_{qh}r_{21} + T_{F1}T_{F2}T_{w11}T_{w21}T_ye_ne_{qh}r_{12} + T_{F1}T_{F2}T_{w12}T_{w21}T_ye_ne_{qh}r_{11} + T_{F1}T_{F2}T_{w11}T_{w21}T_ye_ne_{qh}r_{22}$
$+ T_{F1}T_{F2}T_{w11}T_{w22}T_ye_ne_{qh}r_{21} + T_{F1}T_{F2}T_{w21}T_{w22}T_ye_ne_{qh}r_{11} + T_{F1}T_{F2}T_aT_{w11}T_ye_{qh}r_{12}r_{21} + T_{F1}T_{F2}T_aT_{w12}T_ye_{qh}r_{11}r_{21} + T_{F1}T_{F2}T_aT_{w21}T_ye_{qh}r_{11}r_{12}$
$+ T_{F1}T_{F2}T_aT_{w11}T_ye_{qh}r_{21}r_{22} + T_{F1}T_{F2}T_aT_{w21}T_ye_{qh}r_{11}r_{22} + T_{F1}T_{F2}T_aT_{w22}T_ye_{qh}r_{11}r_{21} + K_iT_{F1}T_{F2}T_aT_{w11}T_{w12}T_{w21}b_pe_{qh}$
$+ K_iT_{F1}T_{F2}T_aT_{w11}T_{w21}T_{w22}b_pe_{qh} + K_pT_{F1}T_{F2}T_{w11}T_{w12}T_{w21}b_pe_he_{qx} + K_pT_{F1}T_{F2}T_{w11}T_{w21}T_{w22}b_pe_he_{qx} + K_pT_{F1}T_{F2}T_{w11}T_{w12}T_{w21}b_pe_ne_{qh}$
$+ K_pT_{F1}T_{F2}T_{w11}T_{w21}T_{w22}b_pe_ne_{qh} + K_pT_{F1}T_{F2}T_aT_{w11}T_{w12}b_pe_{qh}r_{21} + K_pT_{F1}T_{F2}T_aT_{w11}T_{w21}b_pe_{qh}r_{12} + K_pT_{F1}T_{F2}T_aT_{w12}T_{w21}b_pe_{qh}r_{11}$
$+ K_pT_{F1}T_{F2}T_aT_{w11}T_{w21}b_pe_{qh}r_{22} + K_pT_{F1}T_{F2}T_aT_{w11}T_{w22}b_pe_{qh}r_{21} + K_pT_{F1}T_{F2}T_aT_{w21}T_{w22}b_pe_{qh}r_{11} + K_iT_{F1}T_{F2}T_{w11}T_{w12}T_{w21}T_yb_pe_he_{qx}$
$+ K_iT_{F1}T_{F2}T_{w11}T_{w21}T_{w22}T_yb_pe_he_{qx} + K_iT_{F1}T_{F2}T_{w11}T_{w12}T_{w21}T_yb_pe_ne_{qh} + K_iT_{F1}T_{F2}T_{w11}T_{w21}T_{w22}T_yb_pe_ne_{qh} + K_iT_{F1}T_{F2}T_aT_{w11}T_{w12}T_yb_pe_{qh}r_{21}$
$+ K_iT_{F1}T_{F2}T_aT_{w11}T_{w21}T_yb_pe_{qh}r_{12} + K_iT_{F1}T_{F2}T_aT_{w12}T_{w21}T_yb_pe_{qh}r_{11} + K_iT_{F1}T_{F2}T_aT_{w11}T_{w21}T_yb_pe_{qh}r_{22} + K_iT_{F1}T_{F2}T_aT_{w11}T_{w22}T_yb_pe_{qh}r_{21}$
$+ K_iT_{F1}T_{F2}T_aT_{w21}T_{w22}T_yb_pe_{qh}r_{11} + K_pT_{F1}T_{F2}T_{w11}T_{w12}T_yb_pe_he_{qx}r_{21} + K_pT_{F1}T_{F2}T_{w11}T_{w21}T_yb_pe_he_{qx}r_{12} + K_pT_{F1}T_{F2}T_{w12}T_{w21}T_yb_pe_he_{qx}r_{11}$
$+ K_pT_{F1}T_{F2}T_{w11}T_{w21}T_yb_pe_he_{qx}r_{22} + K_pT_{F1}T_{F2}T_{w11}T_{w22}T_yb_pe_he_{qx}r_{21} + K_pT_{F1}T_{F2}T_{w21}T_{w22}T_yb_pe_he_{qx}r_{11} + K_pT_{F1}T_{F2}T_{w11}T_{w12}T_yb_pe_ne_{qh}r_{21}$
$+ K_pT_{F1}T_{F2}T_{w11}T_{w21}T_yb_pe_ne_{qh}r_{12} + K_pT_{F1}T_{F2}T_{w12}T_{w21}T_yb_pe_ne_{qh}r_{11} + K_pT_{F1}T_{F2}T_{w11}T_{w21}T_yb_pe_ne_{qh}r_{22} + K_pT_{F1}T_{F2}T_{w11}T_{w22}T_yb_pe_ne_{qh}r_{21}$
$+ K_pT_{F1}T_{F2}T_{w21}T_{w22}T_yb_pe_ne_{qh}r_{11} + K_pT_{F1}T_{F2}T_aT_{w11}T_yb_pe_{qh}r_{12}r_{21} + K_pT_{F1}T_{F2}T_aT_{w12}T_yb_pe_{qh}r_{11}r_{21} + K_pT_{F1}T_{F2}T_aT_{w21}T_yb_pe_{qh}r_{11}r_{12}$
$+ K_pT_{F1}T_{F2}T_aT_{w11}T_yb_pe_{qh}r_{21}r_{22} + K_pT_{F1}T_{F2}T_aT_{w21}T_yb_pe_{qh}r_{11}r_{22} + K_pT_{F1}T_{F2}T_aT_{w22}T_yb_pe_{qh}r_{11}r_{21};$
$a_3 = T_{F1}T_aT_{w11}T_y + T_{F2}T_aT_{w21}T_y + T_{F1}T_{F2}T_{w11}T_{w21}e_n + T_{F1}T_aT_{w11}T_{w12}e_{qh} + T_{F1}T_aT_{w11}T_{w21}e_{qh} + T_{F1}T_aT_{w11}T_{w22}e_{qh} + T_{F2}T_aT_{w11}T_{w21}e_{qh}$
$+ T_{F2}T_aT_{w12}T_{w21}e_{qh} + T_{F2}T_aT_{w21}T_{w22}e_{qh} + T_{F1}T_{F2}T_aT_{w11}r_{21} + T_{F1}T_{F2}T_aT_{w21}r_{11} + K_pT_{F1}T_aT_{w11}T_yb_p + K_pT_{F2}T_aT_{w21}T_yb_p$
$+ K_pT_{F1}T_{F2}T_{w11}T_{w21}e_y + T_{F1}T_{w11}T_{w12}T_ye_he_{qx} + T_{F1}T_{w11}T_{w21}T_ye_he_{qx} + T_{F1}T_{w11}T_{w22}T_ye_he_{qx} + T_{F2}T_{w11}T_{w21}T_ye_he_{qx} + T_{F2}T_{w12}T_{w21}T_ye_he_{qx}$
$+ T_{F2}T_{w21}T_{w22}T_ye_he_{qx} + T_{F1}T_{w11}T_{w12}T_ye_ne_{qh} + T_{F1}T_{w11}T_{w21}T_ye_ne_{qh} + T_{F1}T_{w11}T_{w22}T_ye_ne_{qh} + T_{F2}T_{w11}T_{w21}T_ye_ne_{qh} + T_{F2}T_{w12}T_{w21}T_ye_ne_{qh}$
$+ T_{F2}T_{w21}T_{w22}T_ye_ne_{qh} + T_{F1}T_{F2}T_{w11}T_ye_nr_{21} + T_{F1}T_{F2}T_{w21}T_ye_nr_{11} + T_{F1}T_aT_{w11}T_ye_{qh}r_{12} + T_{F1}T_aT_{w12}T_ye_{qh}r_{11} + T_{F1}T_aT_{w11}T_ye_{qh}r_{21}$
$+ T_{F1}T_aT_{w21}T_ye_{qh}r_{11} + T_{F1}T_aT_{w11}T_ye_{qh}r_{22} + T_{F1}T_aT_{w22}T_ye_{qh}r_{11} + T_{F2}T_aT_{w11}T_ye_{qh}r_{21} + T_{F2}T_aT_{w21}T_ye_{qh}r_{11} + T_{F2}T_aT_{w12}T_ye_{qh}r_{21}$
$+ T_{F2}T_aT_{w21}T_ye_{qh}r_{12} + T_{F2}T_aT_{w21}T_ye_{qh}r_{22} + T_{F2}T_aT_{w22}T_ye_{qh}r_{21} + T_{F1}T_{F2}T_aT_yr_{11}r_{21} + K_iT_{F1}T_{F2}T_aT_{w11}T_{w21}b_p + K_pT_{F1}T_{F2}T_{w11}T_{w21}b_pe_n$
$+ K_pT_{F1}T_aT_{w11}T_{w12}b_pe_{qh} + K_pT_{F1}T_aT_{w11}T_{w21}b_pe_{qh} + K_pT_{F1}T_aT_{w11}T_{w22}b_pe_{qh} + K_pT_{F2}T_aT_{w11}T_{w21}b_pe_{qh} + K_pT_{F2}T_aT_{w12}T_{w21}b_pe_{qh}$
$+ K_pT_{F2}T_aT_{w21}T_{w22}b_pe_{qh} + K_pT_{F1}T_{F2}T_aT_{w11}b_pr_{21} + K_pT_{F1}T_{F2}T_aT_{w21}b_pr_{11} + T_{F1}T_{F2}T_{w11}T_{w12}e_he_{qx}r_{21} + T_{F1}T_{F2}T_{w11}T_{w21}e_he_{qx}r_{12}$
$+ T_{F1}T_{F2}T_{w12}T_{w21}e_he_{qx}r_{11} + T_{F1}T_{F2}T_{w11}T_{w21}e_he_{qx}r_{22} + T_{F1}T_{F2}T_{w11}T_{w22}e_he_{qx}r_{21} + T_{F1}T_{F2}T_{w21}T_{w22}e_he_{qx}r_{11} + T_{F1}T_{F2}T_{w11}T_{w12}e_ne_{qh}r_{21}$
$+ T_{F1}T_{F2}T_{w11}T_{w21}e_ne_{qh}r_{12} + T_{F1}T_{F2}T_{w12}T_{w21}e_ne_{qh}r_{11} + T_{F1}T_{F2}T_{w11}T_{w21}e_ne_{qh}r_{22} + T_{F1}T_{F2}T_{w11}T_{w22}e_ne_{qh}r_{21} + T_{F1}T_{F2}T_{w21}T_{w22}e_ne_{qh}r_{11}$
$+ T_{F1}T_{F2}T_aT_{w11}e_{qh}r_{12}r_{21} + T_{F1}T_{F2}T_aT_{w12}e_{qh}r_{11}r_{21} + T_{F1}T_{F2}T_aT_{w21}e_{qh}r_{11}r_{12} + T_{F1}T_{F2}T_aT_{w11}e_{qh}r_{21}r_{22} + T_{F1}T_{F2}T_aT_{w21}e_{qh}r_{11}r_{22}$
$+ T_{F1}T_{F2}T_aT_{w22}e_{qh}r_{11}r_{21} + K_iT_{F1}T_{F2}T_{w11}T_{w21}T_yb_pe_n + K_iT_{F1}T_aT_{w11}T_{w12}T_yb_pe_{qh} + K_iT_{F1}T_aT_{w11}T_{w21}T_yb_pe_{qh} + K_iT_{F1}T_aT_{w11}T_{w22}T_yb_pe_{qh}$
$+ K_iT_{F2}T_aT_{w11}T_{w21}T_yb_pe_{qh} + K_iT_{F2}T_aT_{w12}T_{w21}T_yb_pe_{qh} + K_iT_{F2}T_aT_{w21}T_{w22}T_yb_pe_{qh} - K_iT_{F1}T_{F2}T_{w11}T_{w12}T_{w21}e_he_{qy}$
$- K_iT_{F1}T_{F2}T_{w11}T_{w21}T_{w22}e_he_{qy} + K_iT_{F1}T_{F2}T_{w11}T_{w12}T_{w21}e_{qh}e_y + K_iT_{F1}T_{F2}T_{w11}T_{w21}T_{w22}e_{qh}e_y + K_iT_{F1}T_{F2}T_aT_{w11}T_yb_pr_{21}$
$+ K_iT_{F1}T_{F2}T_aT_{w21}T_yb_pr_{11} + K_pT_{F1}T_{w11}T_{w12}T_yb_pe_he_{qx} + K_pT_{F1}T_{w11}T_{w21}T_yb_pe_he_{qx} + K_pT_{F1}T_{w11}T_{w22}T_yb_pe_he_{qx} + K_pT_{F2}T_{w11}T_{w21}T_yb_pe_he_{qx}$
$+ K_pT_{F2}T_{w12}T_{w21}T_yb_pe_he_{qx} + K_pT_{F2}T_{w21}T_{w22}T_yb_pe_he_{qx} + K_pT_{F1}T_{w11}T_{w12}T_yb_pe_ne_{qh} + K_pT_{F1}T_{w11}T_{w21}T_yb_pe_ne_{qh} + K_pT_{F1}T_{w11}T_{w22}T_yb_pe_ne_{qh}$
$+ K_pT_{F2}T_{w11}T_{w21}T_yb_pe_ne_{qh} + K_pT_{F2}T_{w12}T_{w21}T_yb_pe_ne_{qh} + K_pT_{F2}T_{w21}T_{w22}T_yb_pe_ne_{qh} + K_pT_{F1}T_{F2}T_{w11}T_yb_pe_nr_{21} + K_pT_{F1}T_{F2}T_{w21}T_yb_pe_nr_{11}$
$+ K_pT_{F1}T_aT_{w11}T_yb_pe_{qh}r_{12} + K_pT_{F1}T_aT_{w12}T_yb_pe_{qh}r_{11} + K_pT_{F1}T_aT_{w11}T_yb_pe_{qh}r_{21} + K_pT_{F1}T_aT_{w21}T_yb_pe_{qh}r_{11} + K_pT_{F1}T_aT_{w11}T_yb_pe_{qh}r_{22}$
$+ K_pT_{F1}T_aT_{w22}T_yb_pe_{qh}r_{11} + K_pT_{F2}T_aT_{w11}T_yb_pe_{qh}r_{21} + K_pT_{F2}T_aT_{w21}T_yb_pe_{qh}r_{11} + K_pT_{F2}T_aT_{w12}T_yb_pe_{qh}r_{21} + K_pT_{F2}T_aT_{w21}T_yb_pe_{qh}r_{12}$
$+ K_pT_{F2}T_aT_{w21}T_yb_pe_{qh}r_{22} + K_pT_{F2}T_aT_{w22}T_yb_pe_{qh}r_{21} - K_pT_{F1}T_{F2}T_{w11}T_{w12}e_he_{qy}r_{21} - K_pT_{F1}T_{F2}T_{w11}T_{w21}e_he_{qy}r_{12} - K_pT_{F1}T_{F2}T_{w12}T_{w21}e_he_{qy}r_{11}$
$- K_pT_{F1}T_{F2}T_{w11}T_{w21}e_he_{qy}r_{22} - K_pT_{F1}T_{F2}T_{w11}T_{w22}e_he_{qy}r_{21} - K_pT_{F1}T_{F2}T_{w21}T_{w22}e_he_{qy}r_{11} + K_pT_{F1}T_{F2}T_{w11}T_{w12}e_{qh}e_yr_{21}$
$+ K_pT_{F1}T_{F2}T_{w11}T_{w21}e_{qh}e_yr_{12} + K_pT_{F1}T_{F2}T_{w12}T_{w21}e_{qh}e_yr_{11} + K_pT_{F1}T_{F2}T_{w11}T_{w21}e_{qh}e_yr_{22} + K_pT_{F1}T_{F2}T_{w11}T_{w22}e_{qh}e_yr_{21}$
$+ K_pT_{F1}T_{F2}T_{w21}T_{w22}e_{qh}e_yr_{11} + K_pT_{F1}T_{F2}T_aT_yb_pr_{11}r_{21} + T_{F1}T_{F2}T_{w11}T_ye_he_{qx}r_{12}r_{21} + T_{F1}T_{F2}T_{w12}T_ye_he_{qx}r_{11}r_{21} + T_{F1}T_{F2}T_{w21}T_ye_he_{qx}r_{11}r_{12}$
$+ K_pT_{F2}T_aT_{w21}T_yb_pe_{qh}r_{22} + K_pT_{F2}T_aT_{w22}T_yb_pe_{qh}r_{21} - K_pT_{F1}T_{F2}T_{w11}T_{w12}e_he_{qy}r_{21} - K_pT_{F1}T_{F2}T_{w11}T_{w21}e_he_{qy}r_{12} - K_pT_{F1}T_{F2}T_{w12}T_{w21}e_he_{qy}r_{11}$
$- K_pT_{F1}T_{F2}T_{w11}T_{w21}e_he_{qy}r_{22} - K_pT_{F1}T_{F2}T_{w11}T_{w22}e_he_{qy}r_{21} - K_pT_{F1}T_{F2}T_{w21}T_{w22}e_he_{qy}r_{11} + K_pT_{F1}T_{F2}T_{w11}T_{w12}e_{qh}e_yr_{21}$
</td></tr>
</table>

续表

类型	调节系统传递函数的系数
M2	$+K_pT_{F1}T_{F2}T_{w11}T_{w21}e_{qh}e_yr_{12}+K_pT_{F1}T_{F2}T_{w12}T_{w21}e_{qh}e_yr_{11}+K_pT_{F1}T_{F2}T_{w11}T_{w21}e_{qh}e_yr_{22}+K_pT_{F1}T_{F2}T_{w11}T_{w22}e_{qh}e_yr_{21}$ $+K_pT_{F1}T_{F2}T_{w21}T_{w22}e_{qh}e_yr_{11}+K_pT_{F1}T_{F2}T_aT_yb_pr_{11}r_{21}+T_{F1}T_{F2}T_{w11}T_ye_he_{qx}r_{12}r_{21}+T_{F1}T_{F2}T_{w12}T_ye_he_{qx}r_{11}r_{21}+T_{F1}T_{F2}T_{w21}T_ye_he_{qx}r_{11}r_{12}$ $+T_{F1}T_{F2}T_{w11}T_ye_he_{qx}r_{21}r_{22}+T_{F1}T_{F2}T_{w21}T_ye_he_{qx}r_{11}r_{22}+T_{F1}T_{F2}T_{w22}T_ye_he_{qx}r_{11}r_{21}+T_{F1}T_{F2}T_{w11}T_ye_ne_{qh}r_{12}r_{21}+T_{F1}T_{F2}T_{w12}T_ye_ne_{qh}r_{11}r_{21}$ $+T_{F1}T_{F2}T_{w21}T_ye_ne_{qh}r_{11}r_{12}+T_{F1}T_{F2}T_{w11}T_ye_ne_{qh}r_{21}r_{22}+T_{F1}T_{F2}T_{w21}T_ye_ne_{qh}r_{11}r_{22}+T_{F1}T_{F2}T_{w22}T_ye_ne_{qh}r_{11}r_{21}+T_{F1}T_{F2}T_aT_ye_{qh}r_{11}r_{12}r_{21}$ $+T_{F1}T_{F2}T_aT_ye_{qh}r_{11}r_{21}r_{22}+K_iT_{F1}T_{F2}T_{w11}T_{w12}T_{w21}b_pe_he_{qx}+K_iT_{F1}T_{F2}T_{w11}T_{w21}T_{w22}b_pe_he_{qx}+K_iT_{F1}T_{F2}T_{w11}T_{w12}T_{w21}b_pe_ne_{qh}$ $+K_iT_{F1}T_{F2}T_{w11}T_{w21}T_{w22}b_pe_ne_{qh}+K_iT_{F1}T_{F2}T_aT_{w11}T_{w12}b_pe_{qh}r_{21}+K_iT_{F1}T_{F2}T_aT_{w11}T_{w21}b_pe_{qh}r_{12}+K_iT_{F1}T_{F2}T_aT_{w12}T_{w21}b_pe_{qh}r_{11}$ $+K_iT_{F1}T_{F2}T_aT_{w11}T_{w21}b_pe_{qh}r_{22}+K_iT_{F1}T_{F2}T_aT_{w11}T_{w22}b_pe_{qh}r_{21}+K_iT_{F1}T_{F2}T_aT_{w21}T_{w22}b_pe_{qh}r_{11}+K_pT_{F1}T_{F2}T_{w11}T_{w12}b_pe_he_{qx}r_{21}$ $+K_pT_{F1}T_{F2}T_{w11}T_{w21}b_pe_he_{qx}r_{12}+K_pT_{F1}T_{F2}T_{w12}T_{w21}b_pe_he_{qx}r_{11}+K_pT_{F1}T_{F2}T_{w11}T_{w21}b_pe_he_{qx}r_{22}+K_pT_{F1}T_{F2}T_{w11}T_{w22}b_pe_he_{qx}r_{21}$ $+K_pT_{F1}T_{F2}T_{w21}T_{w22}b_pe_he_{qx}r_{11}+K_pT_{F1}T_{F2}T_{w11}T_{w12}b_pe_ne_{qh}r_{21}+K_pT_{F1}T_{F2}T_{w11}T_{w21}b_pe_ne_{qh}r_{12}+K_pT_{F1}T_{F2}T_{w12}T_{w21}b_pe_ne_{qh}r_{11}$ $+K_pT_{F1}T_{F2}T_{w11}T_{w21}b_pe_ne_{qh}r_{22}+K_pT_{F1}T_{F2}T_{w11}T_{w22}b_pe_ne_{qh}r_{21}+K_pT_{F1}T_{F2}T_{w21}T_{w22}b_pe_ne_{qh}r_{11}+K_pT_{F1}T_{F2}T_aT_{w11}b_pe_{qh}r_{12}r_{21}$ $+K_pT_{F1}T_{F2}T_aT_{w12}b_pe_{qh}r_{11}r_{21}+K_pT_{F1}T_{F2}T_aT_{w21}b_pe_{qh}r_{11}r_{12}+K_pT_{F1}T_{F2}T_aT_{w11}b_pe_{qh}r_{21}r_{22}+K_pT_{F1}T_{F2}T_aT_{w21}b_pe_{qh}r_{11}r_{22}$ $+K_pT_{F1}T_{F2}T_aT_{w22}b_pe_{qh}r_{11}r_{21}+K_pT_{F1}T_{F2}T_{w11}T_yb_pe_he_{qx}r_{12}r_{21}+K_pT_{F1}T_{F2}T_{w12}T_yb_pe_he_{qx}r_{11}r_{21}+K_pT_{F1}T_{F2}T_{w21}T_yb_pe_he_{qx}r_{11}r_{12}$ $+K_pT_{F1}T_{F2}T_{w11}T_yb_pe_he_{qx}r_{21}r_{22}+K_pT_{F1}T_{F2}T_{w21}T_yb_pe_he_{qx}r_{11}r_{22}+K_pT_{F1}T_{F2}T_{w22}T_yb_pe_he_{qx}r_{11}r_{21}+K_pT_{F1}T_{F2}T_{w11}T_yb_pe_ne_{qh}r_{12}r_{21}$ $+K_pT_{F1}T_{F2}T_{w12}T_yb_pe_ne_{qh}r_{11}r_{21}+K_pT_{F1}T_{F2}T_{w21}T_yb_pe_ne_{qh}r_{11}r_{12}+K_pT_{F1}T_{F2}T_{w11}T_yb_pe_ne_{qh}r_{21}r_{22}+K_pT_{F1}T_{F2}T_{w21}T_yb_pe_ne_{qh}r_{11}r_{22}$ $+K_pT_{F1}T_{F2}T_{w22}T_yb_pe_ne_{qh}r_{11}r_{21}+K_pT_{F1}T_{F2}T_aT_yb_pe_{qh}r_{11}r_{12}r_{21}+K_pT_{F1}T_{F2}T_aT_yb_pe_{qh}r_{11}r_{21}r_{22}+K_iT_{F1}T_{F2}T_{w11}T_{w12}T_yb_pe_he_{qx}r_{21}$ $+K_iT_{F1}T_{F2}T_{w11}T_{w21}T_yb_pe_he_{qx}r_{12}+K_iT_{F1}T_{F2}T_{w12}T_{w21}T_yb_pe_he_{qx}r_{11}+K_iT_{F1}T_{F2}T_{w11}T_{w21}T_yb_pe_he_{qx}r_{22}+K_iT_{F1}T_{F2}T_{w11}T_{w22}T_yb_pe_he_{qx}r_{21}$ $+K_iT_{F1}T_{F2}T_{w21}T_{w22}T_yb_pe_he_{qx}r_{11}+K_iT_{F1}T_{F2}T_{w11}T_{w12}T_yb_pe_ne_{qh}r_{21}+K_iT_{F1}T_{F2}T_{w11}T_{w21}T_yb_pe_ne_{qh}r_{12}+K_iT_{F1}T_{F2}T_{w12}T_{w21}T_yb_pe_ne_{qh}r_{11}$ $+K_iT_{F1}T_{F2}T_{w11}T_{w21}T_yb_pe_ne_{qh}r_{22}+K_iT_{F1}T_{F2}T_{w11}T_{w22}T_yb_pe_ne_{qh}r_{21}+K_iT_{F1}T_{F2}T_{w21}T_{w22}T_yb_pe_ne_{qh}r_{11}+K_iT_{F1}T_{F2}T_aT_{w11}T_yb_pe_{qh}r_{12}r_{21}$ $+K_iT_{F1}T_{F2}T_aT_{w12}T_yb_pe_{qh}r_{11}r_{21}+K_iT_{F1}T_{F2}T_aT_{w21}T_yb_pe_{qh}r_{11}r_{12}+K_iT_{F1}T_{F2}T_aT_{w11}T_yb_pe_{qh}r_{21}r_{22}+K_iT_{F1}T_{F2}T_aT_{w21}T_yb_pe_{qh}r_{11}r_{22}$ $+K_iT_{F1}T_{F2}T_aT_{w22}T_yb_pe_{qh}r_{11}r_{21};$ $a_4=T_{F1}T_aT_{w11}+T_{F2}T_aT_{w21}+T_{F1}T_{w11}T_ye_n+T_{F2}T_{w21}T_ye_n+T_aT_{w11}T_ye_{qh}+T_aT_{w12}T_ye_{qh}+T_aT_{w21}T_ye_{qh}+T_aT_{w22}T_ye_{qh}+T_{F1}T_aT_yr_{11}$ $+T_{F2}T_aT_yr_{21}+K_pT_{F1}T_aT_{w11}b_p+K_pT_{F2}T_aT_{w21}b_p+T_{F1}T_{w11}T_{w12}e_he_{qx}+T_{F1}T_{w11}T_{w21}e_he_{qx}+T_{F1}T_{w11}T_{w22}e_he_{qx}+T_{F2}T_{w11}T_{w21}e_he_{qx}$ $+T_{F2}T_{w12}T_{w21}e_he_{qx}+T_{F2}T_{w21}T_{w22}e_he_{qx}+T_{F1}T_{w11}T_{w12}e_ne_{qh}+T_{F1}T_{w11}T_{w21}e_ne_{qh}+T_{F1}T_{w11}T_{w22}e_ne_{qh}+T_{F2}T_{w11}T_{w21}e_ne_{qh}$ $+T_{F2}T_{w12}T_{w21}e_ne_{qh}+T_{F2}T_{w21}T_{w22}e_ne_{qh}+T_{F1}T_{F2}T_{w11}e_nr_{21}+T_{F1}T_{F2}T_{w21}e_nr_{11}+T_{F1}T_aT_{w11}e_{qh}r_{12}+T_{F1}T_aT_{w12}e_{qh}r_{11}+T_{F1}T_aT_{w11}e_{qh}r_{21}$ $+T_{F1}T_aT_{w21}e_{qh}r_{11}+T_{F1}T_aT_{w11}e_{qh}r_{22}+T_{F1}T_aT_{w22}e_{qh}r_{11}+T_{F2}T_aT_{w11}e_{qh}r_{21}+T_{F2}T_aT_{w21}e_{qh}r_{11}+T_{F2}T_aT_{w12}e_{qh}r_{21}+T_{F2}T_aT_{w21}e_{qh}r_{12}$ $+T_{F2}T_aT_{w21}e_{qh}r_{22}+T_{F2}T_aT_{w22}e_{qh}r_{21}+T_{F1}T_{F2}T_ar_{11}r_{21}+K_iT_{F1}T_aT_{w11}T_yb_p+K_iT_{F2}T_aT_{w21}T_yb_p+K_iT_{F1}T_{F2}T_{w11}T_{w21}e_y$ $+K_pT_{F1}T_{w11}T_yb_pe_n+K_pT_{F2}T_{w21}T_yb_pe_n+K_pT_aT_{w11}T_yb_pe_{qh}+K_pT_aT_{w12}T_yb_pe_{qh}+K_pT_aT_{w21}T_yb_pe_{qh}+K_pT_aT_{w22}T_yb_pe_{qh}$ $+K_pT_{F1}T_{w11}T_{w12}e_{qh}e_y+K_pT_{F1}T_{w11}T_{w21}e_{qh}e_y+K_pT_{F1}T_{w11}T_{w22}e_{qh}e_y+K_pT_{F2}T_{w11}T_{w21}e_{qh}e_y+K_pT_{F2}T_{w12}T_{w21}e_{qh}e_y$ $+K_pT_{F2}T_{w21}T_{w22}e_{qh}e_y+K_pT_{F1}T_aT_yb_pr_{11}+K_pT_{F2}T_aT_yb_pr_{21}+K_pT_{F1}T_{F2}T_{w11}e_yr_{21}+K_pT_{F1}T_{F2}T_{w21}e_yr_{11}+T_{F1}T_{w11}T_ye_he_{qx}r_{12}$ $+T_{F1}T_{w12}T_ye_he_{qx}r_{11}+T_{F1}T_{w11}T_ye_he_{qx}r_{21}+T_{F1}T_{w21}T_ye_he_{qx}r_{11}+T_{F1}T_{w11}T_ye_he_{qx}r_{22}+T_{F1}T_{w22}T_ye_he_{qx}r_{11}+T_{F2}T_{w11}T_ye_he_{qx}r_{21}$ $+T_{F2}T_{w21}T_ye_he_{qx}r_{11}+T_{F2}T_{w12}T_ye_he_{qx}r_{21}+T_{F2}T_{w21}T_ye_he_{qx}r_{12}+T_{F2}T_{w21}T_ye_he_{qx}r_{22}+T_{F2}T_{w22}T_ye_he_{qx}r_{21}+T_{F1}T_{w11}T_ye_ne_{qh}r_{12}$ $+T_{F1}T_{w12}T_ye_ne_{qh}r_{11}+T_{F1}T_{w11}T_ye_ne_{qh}r_{21}+T_{F1}T_{w21}T_ye_ne_{qh}r_{11}+T_{F1}T_{w11}T_ye_ne_{qh}r_{22}+T_{F1}T_{w22}T_ye_ne_{qh}r_{11}+T_{F2}T_{w11}T_ye_ne_{qh}r_{21}$ $+T_{F2}T_{w21}T_ye_ne_{qh}r_{11}+T_{F2}T_{w12}T_ye_ne_{qh}r_{21}+T_{F2}T_{w21}T_ye_ne_{qh}r_{12}+T_{F2}T_{w21}T_ye_ne_{qh}r_{22}+T_{F2}T_{w22}T_ye_ne_{qh}r_{21}+T_{F1}T_{F2}T_ye_nr_{11}r_{21}$ $+T_{F1}T_aT_ye_{qh}r_{11}r_{12}+T_{F1}T_aT_ye_{qh}r_{11}r_{21}+T_{F1}T_aT_ye_{qh}r_{11}r_{22}+T_{F2}T_aT_ye_{qh}r_{11}r_{21}+T_{F2}T_aT_ye_{qh}r_{12}r_{21}+T_{F2}T_aT_ye_{qh}r_{21}r_{22}+T_{F1}T_{F2}T_{w11}e_he_{qx}r_{12}r_{21}$ $+T_{F1}T_{F2}T_{w12}e_he_{qx}r_{11}r_{21}+T_{F1}T_{F2}T_{w21}e_he_{qx}r_{11}r_{12}+T_{F1}T_{F2}T_{w11}e_he_{qx}r_{21}r_{22}+T_{F1}T_{F2}T_{w21}e_he_{qx}r_{11}r_{22}+T_{F1}T_{F2}T_{w22}e_he_{qx}r_{11}r_{21}$ $+T_{F1}T_{F2}T_{w11}e_ne_{qh}r_{12}r_{21}+T_{F1}T_{F2}T_{w12}e_ne_{qh}r_{11}r_{21}+T_{F1}T_{F2}T_{w21}e_ne_{qh}r_{11}r_{12}+T_{F1}T_{F2}T_{w11}e_ne_{qh}r_{21}r_{22}+T_{F1}T_{F2}T_{w21}e_ne_{qh}r_{11}r_{22}$ $+T_{F1}T_{F2}T_{w22}e_ne_{qh}r_{11}r_{21}+T_{F1}T_{F2}T_ae_{qh}r_{11}r_{12}r_{21}+T_{F1}T_{F2}T_ae_{qh}r_{11}r_{21}r_{22}+K_iT_{F1}T_{F2}T_{w11}T_{w21}b_pe_n+K_iT_{F1}T_aT_{w11}T_{w12}b_pe_{qh}$ $+K_iT_{F1}T_aT_{w11}T_{w21}b_pe_{qh}+K_iT_{F1}T_aT_{w11}T_{w22}b_pe_{qh}+K_iT_{F2}T_aT_{w11}T_{w21}b_pe_{qh}+K_iT_{F2}T_aT_{w12}T_{w21}b_pe_{qh}+K_iT_{F2}T_aT_{w21}T_{w22}b_pe_{qh}$ $+K_iT_{F1}T_{F2}T_aT_{w11}b_pr_{21}+K_iT_{F1}T_{F2}T_aT_{w21}b_pr_{11}+K_pT_{F1}T_{w11}T_{w12}b_pe_he_{qx}+K_pT_{F1}T_{w11}T_{w21}b_pe_he_{qx}+K_pT_{F1}T_{w11}T_{w22}b_pe_he_{qx}$ $+K_pT_{F2}T_{w11}T_{w21}b_pe_he_{qx}+K_pT_{F2}T_{w12}T_{w21}b_pe_he_{qx}+K_pT_{F2}T_{w21}T_{w22}b_pe_he_{qx}+K_pT_{F1}T_{w11}T_{w12}b_pe_ne_{qh}+K_pT_{F1}T_{w11}T_{w21}b_pe_ne_{qh}$ $+K_pT_{F1}T_{w11}T_{w22}b_pe_ne_{qh}+K_pT_{F2}T_{w11}T_{w21}b_pe_ne_{qh}+K_pT_{F2}T_{w12}T_{w21}b_pe_ne_{qh}+K_pT_{F2}T_{w21}T_{w22}b_pe_ne_{qh}+K_pT_{F1}T_{F2}T_{w11}b_pe_nr_{21}$ $+K_pT_{F1}T_{F2}T_{w21}b_pe_nr_{11}+K_pT_{F1}T_aT_{w11}b_pe_{qh}r_{12}+K_pT_{F1}T_aT_{w12}b_pe_{qh}r_{11}+K_pT_{F1}T_aT_{w11}b_pe_{qh}r_{21}+K_pT_{F1}T_aT_{w21}b_pe_{qh}r_{11}$ $+K_pT_{F1}T_aT_{w11}b_pe_{qh}r_{22}+K_pT_{F1}T_aT_{w22}b_pe_{qh}r_{11}+K_pT_{F2}T_aT_{w11}b_pe_{qh}r_{21}+K_pT_{F2}T_aT_{w21}b_pe_{qh}r_{11}+K_pT_{F2}T_aT_{w12}b_pe_{qh}r_{21}$ $+K_pT_{F2}T_aT_{w21}b_pe_{qh}r_{12}+K_pT_{F2}T_aT_{w21}b_pe_{qh}r_{22}+K_pT_{F2}T_aT_{w22}b_pe_{qh}r_{21}+K_pT_{F1}T_{F2}T_ab_pr_{11}r_{21}+K_iT_{F1}T_{w11}T_{w12}T_yb_pe_he_{qx}$ $+K_iT_{F1}T_{w11}T_{w21}T_yb_pe_he_{qx}+K_iT_{F1}T_{w11}T_{w22}T_yb_pe_he_{qx}+K_iT_{F2}T_{w11}T_{w21}T_yb_pe_he_{qx}+K_iT_{F2}T_{w12}T_{w21}T_yb_pe_he_{qx}+K_iT_{F2}T_{w21}T_{w22}T_yb_pe_he_{qx}$ $+K_iT_{F1}T_{w11}T_{w12}T_yb_pe_ne_{qh}+K_iT_{F1}T_{w11}T_{w21}T_yb_pe_ne_{qh}+K_iT_{F1}T_{w11}T_{w22}T_yb_pe_ne_{qh}+K_iT_{F2}T_{w11}T_{w21}T_yb_pe_ne_{qh}+K_iT_{F2}T_{w12}T_{w21}T_yb_pe_ne_{qh}$

续表

类型	调节系统传递函数的系数
M2	$+K_iT_{F2}T_{w21}T_{w22}T_yb_pe_ne_{qh}+K_iT_{F1}T_{F2}T_{w11}T_yb_pe_nr_{21}+K_iT_{F1}T_{F2}T_{w21}T_yb_pe_nr_{11}+K_iT_{F1}T_aT_{w11}T_yb_pe_{qh}r_{12}+K_iT_{F1}T_aT_{w12}T_yb_pe_{qh}r_{11}$ $+K_iT_{F1}T_aT_{w11}T_yb_pe_{qh}r_{21}+K_iT_{F1}T_aT_{w21}T_yb_pe_{qh}r_{11}+K_iT_{F1}T_aT_{w11}T_yb_pe_{qh}r_{22}+K_iT_{F1}T_aT_{w22}T_yb_pe_{qh}r_{11}+K_iT_{F2}T_aT_{w11}T_yb_pe_{qh}r_{21}$ $+K_iT_{F2}T_aT_{w21}T_yb_pe_{qh}r_{11}+K_iT_{F2}T_aT_{w12}T_yb_pe_{qh}r_{21}+K_iT_{F2}T_aT_{w21}T_yb_pe_{qh}r_{12}+K_iT_{F2}T_aT_{w21}T_yb_pe_{qh}r_{22}+K_iT_{F2}T_aT_{w22}T_yb_pe_{qh}r_{21}$ $-K_iT_{F1}T_{F2}T_{w11}T_{w12}e_he_{qy}r_{21}-K_iT_{F1}T_{F2}T_{w11}T_{w21}e_he_{qy}r_{12}-K_iT_{F1}T_{F2}T_{w12}T_{w21}e_he_{qy}r_{11}-K_iT_{F1}T_{F2}T_{w11}T_{w21}e_he_{qy}r_{22}$ $-K_iT_{F1}T_{F2}T_{w11}T_{w22}e_he_{qy}r_{21}-K_iT_{F1}T_{F2}T_{w21}T_{w22}e_he_{qy}r_{11}+K_iT_{F1}T_{F2}T_{w11}T_{w12}e_{qh}e_yr_{21}+K_iT_{F1}T_{F2}T_{w11}T_{w21}e_{qh}e_yr_{12}$ $+K_iT_{F1}T_{F2}T_{w12}T_{w21}e_{qh}e_yr_{11}+K_iT_{F1}T_{F2}T_{w11}T_{w21}e_{qh}e_yr_{22}+K_iT_{F1}T_{F2}T_{w11}T_{w22}e_{qh}e_yr_{21}+K_iT_{F1}T_{F2}T_{w21}T_{w22}e_{qh}e_yr_{11}+K_iT_{F1}T_{F2}T_aT_yb_pr_{11}r_{21}$ $+K_pT_{F1}T_{w11}T_yb_pe_he_{qx}r_{12}+K_pT_{F1}T_{w12}T_yb_pe_he_{qx}r_{11}+K_pT_{F1}T_{w11}T_yb_pe_he_{qx}r_{21}+K_pT_{F1}T_{w21}T_yb_pe_he_{qx}r_{11}+K_pT_{F1}T_{w11}T_yb_pe_he_{qx}r_{22}$ $+K_pT_{F1}T_{w22}T_yb_pe_he_{qx}r_{11}+K_pT_{F2}T_{w11}T_yb_pe_he_{qx}r_{21}+K_pT_{F2}T_{w21}T_yb_pe_he_{qx}r_{11}+K_pT_{F2}T_{w12}T_yb_pe_he_{qx}r_{21}+K_pT_{F2}T_{w21}T_yb_pe_he_{qx}r_{12}$ $+K_pT_{F2}T_{w21}T_yb_pe_he_{qx}r_{22}+K_pT_{F2}T_{w22}T_yb_pe_he_{qx}r_{21}+K_pT_{F1}T_{w11}T_yb_pe_ne_{qh}r_{12}+K_pT_{F1}T_{w12}T_yb_pe_ne_{qh}r_{11}+K_pT_{F1}T_{w11}T_yb_pe_ne_{qh}r_{21}$ $+K_pT_{F1}T_{w21}T_yb_pe_ne_{qh}r_{11}+K_pT_{F1}T_{w11}T_yb_pe_ne_{qh}r_{22}+K_pT_{F1}T_{w22}T_yb_pe_ne_{qh}r_{11}+K_pT_{F2}T_{w11}T_yb_pe_ne_{qh}r_{21}+K_pT_{F2}T_{w21}T_yb_pe_ne_{qh}r_{11}$ $+K_pT_{F2}T_{w12}T_yb_pe_ne_{qh}r_{21}+K_pT_{F2}T_{w21}T_yb_pe_ne_{qh}r_{12}+K_pT_{F2}T_{w21}T_yb_pe_ne_{qh}r_{22}+K_pT_{F2}T_{w22}T_yb_pe_ne_{qh}r_{21}+K_pT_{F1}T_{F2}T_yb_pe_nr_{11}r_{21}$ $+K_pT_{F1}T_aT_yb_pe_{qh}r_{11}r_{12}+K_pT_{F1}T_aT_yb_pe_{qh}r_{11}r_{21}+K_pT_{F1}T_aT_yb_pe_{qh}r_{11}r_{22}+K_pT_{F2}T_aT_yb_pe_{qh}r_{11}r_{21}+K_pT_{F2}T_aT_yb_pe_{qh}r_{12}r_{21}$ $+K_pT_{F2}T_aT_yb_pe_{qh}r_{21}r_{22}-K_pT_{F1}T_{F2}T_{w11}e_he_{qy}r_{12}r_{21}-K_pT_{F1}T_{F2}T_{w12}e_he_{qy}r_{11}r_{21}-K_pT_{F1}T_{F2}T_{w21}e_he_{qy}r_{11}r_{12}-K_pT_{F1}T_{F2}T_{w11}e_he_{qy}r_{21}r_{22}$ $-K_pT_{F1}T_{F2}T_{w21}e_he_{qy}r_{11}r_{22}-K_pT_{F1}T_{F2}T_{w22}e_he_{qy}r_{11}r_{21}+K_pT_{F1}T_{F2}T_{w11}e_{qh}e_yr_{12}r_{21}+K_pT_{F1}T_{F2}T_{w12}e_{qh}e_yr_{11}r_{21}+K_pT_{F1}T_{F2}T_{w21}e_{qh}e_yr_{11}r_{12}$ $+K_pT_{F1}T_{F2}T_{w11}e_{qh}e_yr_{21}r_{22}+K_pT_{F1}T_{F2}T_{w21}e_{qh}e_yr_{11}r_{22}+K_pT_{F1}T_{F2}T_{w22}e_{qh}e_yr_{11}r_{21}+T_{F1}T_{F2}T_ye_he_{qx}r_{11}r_{12}r_{21}+T_{F1}T_{F2}T_ye_he_{qx}r_{11}r_{21}r_{22}$ $+T_{F1}T_{F2}T_ye_ne_{qh}r_{11}r_{12}r_{21}+T_{F1}T_{F2}T_ye_ne_{qh}r_{11}r_{21}r_{22}+K_iT_{F1}T_{F2}T_{w11}T_{w12}b_pe_he_{qx}r_{21}+K_iT_{F1}T_{F2}T_{w11}T_{w21}b_pe_he_{qx}r_{12}+K_iT_{F1}T_{F2}T_{w12}T_{w21}b_pe_he_{qx}r_{11}$ $+K_iT_{F1}T_{F2}T_{w11}T_{w21}b_pe_he_{qx}r_{22}+K_iT_{F1}T_{F2}T_{w11}T_{w22}b_pe_he_{qx}r_{21}+K_iT_{F1}T_{F2}T_{w21}T_{w22}b_pe_he_{qx}r_{11}+K_iT_{F1}T_{F2}T_{w11}T_{w12}b_pe_ne_{qh}r_{21}$ $+K_iT_{F1}T_{F2}T_{w11}T_{w21}b_pe_ne_{qh}r_{12}+K_iT_{F1}T_{F2}T_{w12}T_{w21}b_pe_ne_{qh}r_{11}+K_iT_{F1}T_{F2}T_{w11}T_{w21}b_pe_ne_{qh}r_{22}+K_iT_{F1}T_{F2}T_{w11}T_{w22}b_pe_ne_{qh}r_{21}$ $+K_iT_{F1}T_{F2}T_{w21}T_{w22}b_pe_ne_{qh}r_{11}+K_iT_{F1}T_{F2}T_aT_{w11}b_pe_{qh}r_{12}r_{21}+K_iT_{F1}T_{F2}T_aT_{w12}b_pe_{qh}r_{11}r_{21}+K_iT_{F1}T_{F2}T_aT_{w21}b_pe_{qh}r_{11}r_{12}$ $+K_iT_{F1}T_{F2}T_aT_{w11}b_pe_{qh}r_{21}r_{22}+K_iT_{F1}T_{F2}T_aT_{w21}b_pe_{qh}r_{11}r_{22}+K_iT_{F1}T_{F2}T_aT_{w22}b_pe_{qh}r_{11}r_{21}+K_pT_{F1}T_{F2}T_{w11}b_pe_he_{qx}r_{12}r_{21}$ $+K_pT_{F1}T_{F2}T_{w12}b_pe_he_{qx}r_{11}r_{21}+K_pT_{F1}T_{F2}T_{w21}b_pe_he_{qx}r_{11}r_{12}+K_pT_{F1}T_{F2}T_{w11}b_pe_he_{qx}r_{21}r_{22}+K_pT_{F1}T_{F2}T_{w21}b_pe_he_{qx}r_{11}r_{22}$ $+K_pT_{F1}T_{F2}T_{w22}b_pe_he_{qx}r_{11}r_{21}+K_pT_{F1}T_{F2}T_{w11}b_pe_ne_{qh}r_{12}r_{21}+K_pT_{F1}T_{F2}T_{w12}b_pe_ne_{qh}r_{11}r_{21}+K_pT_{F1}T_{F2}T_{w21}b_pe_ne_{qh}r_{11}r_{12}$ $+K_pT_{F1}T_{F2}T_{w11}b_pe_ne_{qh}r_{21}r_{22}+K_pT_{F1}T_{F2}T_{w21}b_pe_ne_{qh}r_{11}r_{22}+K_pT_{F1}T_{F2}T_{w22}b_pe_ne_{qh}r_{11}r_{21}+K_pT_{F1}T_{F2}T_ab_pe_{qh}r_{11}r_{12}r_{21}$ $+K_pT_{F1}T_{F2}T_ab_pe_{qh}r_{11}r_{21}r_{22}+K_iT_{F1}T_{F2}T_{w11}T_yb_pe_he_{qx}r_{12}r_{21}+K_iT_{F1}T_{F2}T_{w12}T_yb_pe_he_{qx}r_{11}r_{21}+K_iT_{F1}T_{F2}T_{w21}T_yb_pe_he_{qx}r_{11}r_{12}$ $+K_iT_{F1}T_{F2}T_{w11}T_yb_pe_he_{qx}r_{21}r_{22}+K_iT_{F1}T_{F2}T_{w21}T_yb_pe_he_{qx}r_{11}r_{22}+K_iT_{F1}T_{F2}T_{w22}T_yb_pe_he_{qx}r_{11}r_{21}+K_iT_{F1}T_{F2}T_{w11}T_yb_pe_ne_{qh}r_{12}r_{21}$ $+K_iT_{F1}T_{F2}T_{w12}T_yb_pe_ne_{qh}r_{11}r_{21}+K_iT_{F1}T_{F2}T_{w21}T_yb_pe_ne_{qh}r_{11}r_{12}+K_iT_{F1}T_{F2}T_{w11}T_yb_pe_ne_{qh}r_{21}r_{22}+K_iT_{F1}T_{F2}T_{w21}T_yb_pe_ne_{qh}r_{11}r_{22}$ $+K_iT_{F1}T_{F2}T_{w22}T_yb_pe_ne_{qh}r_{11}r_{21}+K_iT_{F1}T_{F2}T_aT_yb_pe_{qh}r_{11}r_{12}r_{21}+K_iT_{F1}T_{F2}T_aT_yb_pe_{qh}r_{11}r_{21}r_{22}+K_pT_{F1}T_{F2}T_yb_pe_he_{qx}r_{11}r_{12}r_{21}$ $+K_pT_{F1}T_{F2}T_yb_pe_he_{qx}r_{11}r_{21}r_{22}+K_pT_{F1}T_{F2}T_yb_pe_ne_{qh}r_{11}r_{12}r_{21}+K_pT_{F1}T_{F2}T_yb_pe_ne_{qh}r_{11}r_{21}r_{22}$; $a_5=T_aT_y+T_{F1}T_{w11}e_n+T_{F2}T_{w21}e_n+T_aT_{w11}e_{qh}+T_aT_{w12}e_{qh}+T_aT_{w21}e_{qh}+T_aT_{w22}e_{qh}+T_{F1}T_ar_{11}+T_{F2}T_ar_{21}+K_pT_aT_yb_p+K_pT_{F1}T_{w11}e_y$ $+K_pT_{F2}T_{w21}e_y+T_{w11}T_ye_he_{qx}+T_{w12}T_ye_he_{qx}+T_{w21}T_ye_he_{qx}+T_{w22}T_ye_he_{qx}+T_{w11}T_ye_ne_{qh}+T_{w12}T_ye_ne_{qh}+T_{w21}T_ye_ne_{qh}+T_{w22}T_ye_ne_{qh}$ $+T_{F1}T_ye_nr_{11}+T_{F2}T_ye_nr_{21}+T_aT_ye_{qh}r_{11}+T_aT_ye_{qh}r_{12}+T_aT_ye_{qh}r_{21}+T_aT_ye_{qh}r_{22}+K_iT_{F1}T_aT_{w11}b_p+K_iT_{F2}T_aT_{w21}b_p+K_pT_{F1}T_{w11}b_pe_n$ $+K_pT_{F2}T_{w21}b_pe_n+K_pT_aT_{w11}b_pe_{qh}+K_pT_aT_{w12}b_pe_{qh}+K_pT_aT_{w21}b_pe_{qh}+K_pT_aT_{w22}b_pe_{qh}+K_pT_{F1}T_ab_pr_{11}+K_pT_{F2}T_ab_pr_{21}$ $+T_{F1}T_{w11}e_he_{qx}r_{12}+T_{F1}T_{w12}e_he_{qx}r_{11}+T_{F1}T_{w11}e_he_{qx}r_{21}+T_{F1}T_{w21}e_he_{qx}r_{11}+T_{F1}T_{w11}e_he_{qx}r_{22}+T_{F1}T_{w22}e_he_{qx}r_{11}+T_{F2}T_{w11}e_he_{qx}r_{21}$ $+T_{F2}T_{w21}e_he_{qx}r_{11}+T_{F2}T_{w12}e_he_{qx}r_{21}+T_{F2}T_{w21}e_he_{qx}r_{12}+T_{F2}T_{w21}e_he_{qx}r_{22}+T_{F2}T_{w22}e_he_{qx}r_{21}+T_{F1}T_{w11}e_ne_{qh}r_{12}+T_{F1}T_{w12}e_ne_{qh}r_{11}$ $+T_{F1}T_{w11}e_ne_{qh}r_{21}+T_{F1}T_{w21}e_ne_{qh}r_{11}+T_{F1}T_{w11}e_ne_{qh}r_{22}+T_{F1}T_{w22}e_ne_{qh}r_{11}+T_{F2}T_{w11}e_ne_{qh}r_{21}+T_{F2}T_{w21}e_ne_{qh}r_{11}+T_{F2}T_{w12}e_ne_{qh}r_{21}$ $+T_{F2}T_{w21}e_ne_{qh}r_{12}+T_{F2}T_{w21}e_ne_{qh}r_{22}+T_{F2}T_{w22}e_ne_{qh}r_{21}+T_{F1}T_{F2}e_nr_{11}r_{21}+T_{F1}T_ae_{qh}r_{11}r_{12}+T_{F1}T_ae_{qh}r_{11}r_{21}+T_{F1}T_ae_{qh}r_{11}r_{22}$ $+T_{F2}T_ae_{qh}r_{11}r_{21}+T_{F2}T_ae_{qh}r_{12}r_{21}+T_{F2}T_ae_{qh}r_{21}r_{22}+K_iT_{F1}T_{w11}T_yb_pe_n+K_iT_{F2}T_{w21}T_yb_pe_n+K_iT_aT_{w11}T_yb_pe_{qh}+K_iT_aT_{w12}T_yb_pe_{qh}$ $+K_iT_aT_{w21}T_yb_pe_{qh}+K_iT_aT_{w22}T_yb_pe_{qh}-K_iT_{F1}T_{w11}T_{w12}e_he_{qy}-K_iT_{F1}T_{w11}T_{w21}e_he_{qy}-K_iT_{F1}T_{w11}T_{w22}e_he_{qy}-K_iT_{F2}T_{w11}T_{w21}e_he_{qy}$ $-K_iT_{F2}T_{w12}T_{w21}e_he_{qy}-K_iT_{F2}T_{w21}T_{w22}e_he_{qy}+K_iT_{F1}T_{w11}T_{w12}e_{qh}e_y+K_iT_{F1}T_{w11}T_{w21}e_{qh}e_y+K_iT_{F1}T_{w11}T_{w22}e_{qh}e_y$ $+K_iT_{F2}T_{w11}T_{w21}e_{qh}e_y+K_iT_{F2}T_{w12}T_{w21}e_{qh}e_y+K_iT_{F2}T_{w21}T_{w22}e_{qh}e_y+K_iT_{F1}T_aT_yb_pr_{11}+K_iT_{F2}T_aT_yb_pr_{21}+K_iT_{F1}T_{F2}T_{w11}e_yr_{21}$ $+K_iT_{F1}T_{F2}T_{w21}e_yr_{11}+K_pT_{w11}T_yb_pe_he_{qx}+K_pT_{w12}T_yb_pe_he_{qx}+K_pT_{w21}T_yb_pe_he_{qx}+K_pT_{w22}T_yb_pe_he_{qx}+K_pT_{w11}T_yb_pe_ne_{qh}$ $+K_pT_{w12}T_yb_pe_ne_{qh}+K_pT_{w21}T_yb_pe_ne_{qh}+K_pT_{w22}T_yb_pe_ne_{qh}+K_pT_{F1}T_yb_pe_nr_{11}+K_pT_{F2}T_yb_pe_nr_{21}+K_pT_aT_yb_pe_{qh}r_{11}$ $+K_pT_aT_yb_pe_{qh}r_{12}+K_pT_aT_yb_pe_{qh}r_{21}+K_pT_aT_yb_pe_{qh}r_{22}-K_pT_{F1}T_{w11}e_he_{qy}r_{12}-K_pT_{F1}T_{w12}e_he_{qy}r_{11}-K_pT_{F1}T_{w11}e_he_{qy}r_{21}$ $-K_pT_{F1}T_{w21}e_he_{qy}r_{11}-K_pT_{F1}T_{w11}e_he_{qy}r_{22}-K_pT_{F1}T_{w22}e_he_{qy}r_{11}-K_pT_{F2}T_{w11}e_he_{qy}r_{21}-K_pT_{F2}T_{w21}e_he_{qy}r_{11}-K_pT_{F2}T_{w12}e_he_{qy}r_{21}$ $-K_pT_{F2}T_{w21}e_he_{qy}r_{12}-K_pT_{F2}T_{w21}e_he_{qy}r_{22}-K_pT_{F2}T_{w22}e_he_{qy}r_{21}+K_pT_{F1}T_{w11}e_{qh}e_yr_{12}+K_pT_{F1}T_{w12}e_{qh}e_yr_{11}+K_pT_{F1}T_{w11}e_{qh}e_yr_{21}$ $+K_pT_{F1}T_{w21}e_{qh}e_yr_{11}+K_pT_{F1}T_{w11}e_{qh}e_yr_{22}+K_pT_{F1}T_{w22}e_{qh}e_yr_{11}+K_pT_{F2}T_{w11}e_{qh}e_yr_{21}+K_pT_{F2}T_{w21}e_{qh}e_yr_{11}+K_pT_{F2}T_{w12}e_{qh}e_yr_{21}$

续表

类型	调节系统传递函数的系数
M2	$+K_pT_{F2}T_{w21}e_{qh}e_yr_{12}+K_pT_{F2}T_{w21}e_{qh}e_yr_{22}+K_pT_{F2}T_{w22}e_{qh}e_yr_{21}+K_pT_{F1}T_{F2}e_yr_{11}r_{21}+T_{F1}T_ye_he_{qx}r_{11}r_{12}+T_{F1}T_ye_he_{qx}r_{11}r_{21}$ $+T_{F1}T_ye_he_{qx}r_{11}r_{22}+T_{F2}T_ye_he_{qx}r_{11}r_{21}+T_{F2}T_ye_he_{qx}r_{12}r_{21}+T_{F2}T_ye_he_{qx}r_{21}r_{22}+T_{F1}T_ye_ne_{qh}r_{11}r_{12}+T_{F1}T_ye_ne_{qh}r_{11}r_{21}+T_{F1}T_ye_ne_{qh}r_{11}r_{22}$ $+T_{F2}T_ye_ne_{qh}r_{11}r_{21}+T_{F2}T_ye_ne_{qh}r_{12}r_{21}+T_{F2}T_ye_ne_{qh}r_{21}r_{22}+T_{F1}T_{F2}e_he_{qx}r_{11}r_{12}r_{21}+T_{F1}T_{F2}e_he_{qx}r_{11}r_{21}r_{22}+T_{F1}T_{F2}e_ne_{qh}r_{11}r_{12}r_{21}$ $+T_{F1}T_{F2}e_ne_{qh}r_{11}r_{21}r_{22}+K_iT_{F1}T_{w11}T_{w12}b_pe_he_{qx}+K_iT_{F1}T_{w11}T_{w21}b_pe_he_{qx}+K_iT_{F1}T_{w11}T_{w22}b_pe_he_{qx}+K_iT_{F2}T_{w11}T_{w21}b_pe_he_{qx}$ $+K_iT_{F2}T_{w12}T_{w21}b_pe_he_{qx}+K_iT_{F2}T_{w21}T_{w22}b_pe_he_{qx}+K_iT_{F1}T_{w11}T_{w12}b_pe_ne_{qh}+K_iT_{F1}T_{w11}T_{w21}b_pe_ne_{qh}+K_iT_{F1}T_{w11}T_{w22}b_pe_ne_{qh}$ $+K_iT_{F2}T_{w11}T_{w21}b_pe_ne_{qh}+K_iT_{F2}T_{w12}T_{w21}b_pe_ne_{qh}+K_iT_{F2}T_{w21}T_{w22}b_pe_ne_{qh}+K_iT_{F1}T_{F2}T_{w11}b_pe_nr_{21}+K_iT_{F1}T_{F2}T_{w21}b_pe_nr_{11}$ $+K_iT_{F1}T_aT_{w11}b_pe_{qh}r_{12}+K_iT_{F1}T_aT_{w12}b_pe_{qh}r_{11}+K_iT_{F1}T_aT_{w11}b_pe_{qh}r_{21}+K_iT_{F1}T_aT_{w21}b_pe_{qh}r_{11}+K_iT_{F1}T_aT_{w11}b_pe_{qh}r_{22}$ $+K_iT_{F1}T_aT_{w22}b_pe_{qh}r_{11}+K_iT_{F2}T_aT_{w11}b_pe_{qh}r_{21}+K_iT_{F2}T_aT_{w21}b_pe_{qh}r_{11}+K_iT_{F2}T_aT_{w12}b_pe_{qh}r_{21}+K_iT_{F2}T_aT_{w21}b_pe_{qh}r_{12}$ $+K_iT_{F2}T_aT_{w21}b_pe_{qh}r_{22}+K_iT_{F2}T_aT_{w22}b_pe_{qh}r_{21}+K_iT_{F1}T_{F2}T_ab_pr_{11}r_{21}+K_pT_{F1}T_{w11}b_pe_he_{qx}r_{12}+K_pT_{F1}T_{w12}b_pe_he_{qx}r_{11}$ $+K_pT_{F1}T_{w11}b_pe_he_{qx}r_{21}+K_pT_{F1}T_{w21}b_pe_he_{qx}r_{11}+K_pT_{F1}T_{w11}b_pe_he_{qx}r_{22}+K_pT_{F1}T_{w22}b_pe_he_{qx}r_{11}+K_pT_{F2}T_{w11}b_pe_he_{qx}r_{21}$ $+K_pT_{F2}T_{w21}b_pe_he_{qx}r_{11}+K_pT_{F2}T_{w12}b_pe_he_{qx}r_{21}+K_pT_{F2}T_{w21}b_pe_he_{qx}r_{12}+K_pT_{F2}T_{w21}b_pe_he_{qx}r_{22}+K_pT_{F2}T_{w22}b_pe_he_{qx}r_{21}$ $+K_pT_{F1}T_{w11}b_pe_ne_{qh}r_{12}+K_pT_{F1}T_{w12}b_pe_ne_{qh}r_{11}+K_pT_{F1}T_{w11}b_pe_ne_{qh}r_{21}+K_pT_{F1}T_{w21}b_pe_ne_{qh}r_{11}+K_pT_{F1}T_{w11}b_pe_ne_{qh}r_{22}$ $+K_pT_{F1}T_{w22}b_pe_ne_{qh}r_{11}+K_pT_{F2}T_{w11}b_pe_ne_{qh}r_{21}+K_pT_{F2}T_{w21}b_pe_ne_{qh}r_{11}+K_pT_{F2}T_{w12}b_pe_ne_{qh}r_{21}+K_pT_{F2}T_{w21}b_pe_ne_{qh}r_{12}$ $+K_pT_{F2}T_{w21}b_pe_ne_{qh}r_{22}+K_pT_{F2}T_{w22}b_pe_ne_{qh}r_{21}+K_pT_{F1}T_{F2}b_pe_nr_{11}r_{21}+K_pT_{F1}T_ab_pe_{qh}r_{11}r_{12}+K_pT_{F1}T_ab_pe_{qh}r_{11}r_{21}$ $+K_pT_{F1}T_ab_pe_{qh}r_{11}r_{22}+K_pT_{F2}T_ab_pe_{qh}r_{11}r_{21}+K_pT_{F2}T_ab_pe_{qh}r_{12}r_{21}+K_pT_{F2}T_ab_pe_{qh}r_{21}r_{22}+K_iT_{F1}T_{w11}T_yb_pe_he_{qx}r_{12}$ $+K_iT_{F1}T_{w12}T_yb_pe_he_{qx}r_{11}+K_iT_{F1}T_{w11}T_yb_pe_he_{qx}r_{21}+K_iT_{F1}T_{w21}T_yb_pe_he_{qx}r_{11}+K_iT_{F1}T_{w11}T_yb_pe_he_{qx}r_{22}+K_iT_{F1}T_{w22}T_yb_pe_he_{qx}r_{11}$ $+K_iT_{F2}T_{w11}T_yb_pe_he_{qx}r_{21}+K_iT_{F2}T_{w21}T_yb_pe_he_{qx}r_{11}+K_iT_{F2}T_{w12}T_yb_pe_he_{qx}r_{21}+K_iT_{F2}T_{w21}T_yb_pe_he_{qx}r_{12}+K_iT_{F2}T_{w21}T_yb_pe_he_{qx}r_{22}$ $+K_iT_{F2}T_{w22}T_yb_pe_he_{qx}r_{21}+K_iT_{F1}T_{w11}T_yb_pe_ne_{qh}r_{12}+K_iT_{F1}T_{w12}T_yb_pe_ne_{qh}r_{11}+K_iT_{F1}T_{w11}T_yb_pe_ne_{qh}r_{21}+K_iT_{F1}T_{w21}T_yb_pe_ne_{qh}r_{11}$ $+K_iT_{F1}T_{w11}T_yb_pe_ne_{qh}r_{22}+K_iT_{F1}T_{w22}T_yb_pe_ne_{qh}r_{11}+K_iT_{F2}T_{w11}T_yb_pe_ne_{qh}r_{21}+K_iT_{F2}T_{w21}T_yb_pe_ne_{qh}r_{11}+K_iT_{F2}T_{w12}T_yb_pe_ne_{qh}r_{21}$ $+K_iT_{F2}T_{w21}T_yb_pe_ne_{qh}r_{12}+K_iT_{F2}T_{w21}T_yb_pe_ne_{qh}r_{22}+K_iT_{F2}T_{w22}T_yb_pe_ne_{qh}r_{21}+K_iT_{F1}T_{F2}T_yb_pe_nr_{11}r_{21}+K_iT_{F1}T_aT_yb_pe_{qh}r_{11}r_{12}$ $+K_iT_{F1}T_aT_yb_pe_{qh}r_{11}r_{21}+K_iT_{F1}T_aT_yb_pe_{qh}r_{11}r_{22}+K_iT_{F2}T_aT_yb_pe_{qh}r_{11}r_{21}+K_iT_{F2}T_aT_yb_pe_{qh}r_{12}r_{21}+K_iT_{F2}T_aT_yb_pe_{qh}r_{21}r_{22}$ $-K_iT_{F1}T_{F2}T_{w11}e_he_{qy}r_{12}r_{21}-K_iT_{F1}T_{F2}T_{w12}e_he_{qy}r_{11}r_{21}-K_iT_{F1}T_{F2}T_{w21}e_he_{qy}r_{11}r_{12}-K_iT_{F1}T_{F2}T_{w11}e_he_{qy}r_{21}r_{22}-K_iT_{F1}T_{F2}T_{w21}e_he_{qy}r_{11}r_{22}$ $-K_iT_{F1}T_{F2}T_{w22}e_he_{qy}r_{11}r_{21}+K_iT_{F1}T_{F2}T_{w11}e_{qh}e_yr_{12}r_{21}+K_iT_{F1}T_{F2}T_{w12}e_{qh}e_yr_{11}r_{21}+K_iT_{F1}T_{F2}T_{w21}e_{qh}e_yr_{11}r_{12}+K_iT_{F1}T_{F2}T_{w11}e_{qh}e_yr_{21}r_{22}$ $+K_iT_{F1}T_{F2}T_{w21}e_{qh}e_yr_{11}r_{22}+K_iT_{F1}T_{F2}T_{w22}e_{qh}e_yr_{11}r_{21}+K_pT_{F1}T_yb_pe_he_{qx}r_{11}r_{12}+K_pT_{F1}T_yb_pe_he_{qx}r_{11}r_{21}+K_pT_{F1}T_yb_pe_he_{qx}r_{11}r_{22}$ $+K_pT_{F2}T_yb_pe_he_{qx}r_{11}r_{21}+K_pT_{F2}T_yb_pe_he_{qx}r_{12}r_{21}+K_pT_{F2}T_yb_pe_he_{qx}r_{21}r_{22}+K_pT_{F1}T_yb_pe_ne_{qh}r_{11}r_{12}+K_pT_{F1}T_yb_pe_ne_{qh}r_{11}r_{21}$ $+K_pT_{F1}T_yb_pe_ne_{qh}r_{11}r_{22}+K_pT_{F2}T_yb_pe_ne_{qh}r_{11}r_{21}+K_pT_{F2}T_yb_pe_ne_{qh}r_{12}r_{21}+K_pT_{F2}T_yb_pe_ne_{qh}r_{21}r_{22}-K_pT_{F1}T_{F2}e_he_{qy}r_{11}r_{12}r_{21}$ $-K_pT_{F1}T_{F2}e_he_{qy}r_{11}r_{21}r_{22}+K_pT_{F1}T_{F2}e_{qh}e_yr_{11}r_{12}r_{21}+K_pT_{F1}T_{F2}e_{qh}e_yr_{11}r_{21}r_{22}+K_iT_{F1}T_{F2}T_{w11}b_pe_he_{qx}r_{12}r_{21}+K_iT_{F1}T_{F2}T_{w12}b_pe_he_{qx}r_{11}r_{21}$ $+K_iT_{F1}T_{F2}T_{w21}b_pe_he_{qx}r_{11}r_{12}+K_iT_{F1}T_{F2}T_{w11}b_pe_he_{qx}r_{21}r_{22}+K_iT_{F1}T_{F2}T_{w21}b_pe_he_{qx}r_{11}r_{22}+K_iT_{F1}T_{F2}T_{w22}b_pe_he_{qx}r_{11}r_{21}$ $+K_iT_{F1}T_{F2}T_{w11}b_pe_ne_{qh}r_{12}r_{21}+K_iT_{F1}T_{F2}T_{w12}b_pe_ne_{qh}r_{11}r_{21}+K_iT_{F1}T_{F2}T_{w21}b_pe_ne_{qh}r_{11}r_{12}+K_iT_{F1}T_{F2}T_{w11}b_pe_ne_{qh}r_{21}r_{22}$ $+K_iT_{F1}T_{F2}T_{w21}b_pe_ne_{qh}r_{11}r_{22}+K_iT_{F1}T_{F2}T_{w22}b_pe_ne_{qh}r_{11}r_{21}+K_iT_{F1}T_{F2}T_ab_pe_{qh}r_{11}r_{12}r_{21}+K_iT_{F1}T_{F2}T_ab_pe_{qh}r_{11}r_{21}r_{22}$ $+K_pT_{F1}T_{F2}b_pe_he_{qx}r_{11}r_{12}r_{21}+K_pT_{F1}T_{F2}b_pe_he_{qx}r_{11}r_{21}r_{22}+K_pT_{F1}T_{F2}b_pe_ne_{qh}r_{11}r_{12}r_{21}+K_pT_{F1}T_{F2}b_pe_ne_{qh}r_{11}r_{21}r_{22}$ $+K_iT_{F1}T_{F2}T_yb_pe_he_{qx}r_{11}r_{12}r_{21}+K_iT_{F1}T_{F2}T_yb_pe_he_{qx}r_{11}r_{21}r_{22}+K_iT_{F1}T_{F2}T_yb_pe_ne_{qh}r_{11}r_{12}r_{21}+K_iT_{F1}T_{F2}T_yb_pe_ne_{qh}r_{11}r_{21}r_{22};$ $a_6=T_a+T_ye_n+K_pT_ab_p+T_{w11}e_he_{qx}+T_{w12}e_he_{qx}+T_{w21}e_he_{qx}+T_{w22}e_he_{qx}+T_{w11}e_ne_{qh}+T_{w12}e_ne_{qh}+T_{w21}e_ne_{qh}+T_{w22}e_ne_{qh}+T_{F1}e_nr_{11}$ $+T_{F2}e_nr_{21}+T_ae_{qh}r_{11}+T_ae_{qh}r_{12}+T_ae_{qh}r_{21}+T_ae_{qh}r_{22}+K_iT_aT_yb_p+K_iT_{F1}T_{w11}e_y+K_iT_{F2}T_{w21}e_y+K_pT_yb_pe_n-K_pT_{w11}e_he_{qy}-K_pT_{w12}e_he_{qy}$ $-K_pT_{w21}e_he_{qy}-K_pT_{w22}e_he_{qy}+K_pT_{w11}e_{qh}e_y+K_pT_{w12}e_{qh}e_y+K_pT_{w21}e_{qh}e_y+K_pT_{w22}e_{qh}e_y+K_pT_{F1}e_yr_{11}+K_pT_{F2}e_yr_{21}+T_ye_he_{qx}r_{11}$ $+T_ye_he_{qx}r_{12}+T_ye_he_{qx}r_{21}+T_ye_he_{qx}r_{22}+T_ye_ne_{qh}r_{11}+T_ye_ne_{qh}r_{12}+T_ye_ne_{qh}r_{21}+T_ye_ne_{qh}r_{22}+K_iT_{F1}T_{w11}b_pe_n+K_iT_{F2}T_{w21}b_pe_n$ $+K_iT_aT_{w11}b_pe_{qh}+K_iT_aT_{w12}b_pe_{qh}+K_iT_aT_{w21}b_pe_{qh}+K_iT_aT_{w22}b_pe_{qh}+K_iT_{F1}T_ab_pr_{11}+K_iT_{F2}T_ab_pr_{21}+K_pT_{w11}b_pe_he_{qx}+K_pT_{w12}b_pe_he_{qx}$ $+K_pT_{w21}b_pe_he_{qx}+K_pT_{w22}b_pe_he_{qx}+K_pT_{w11}b_pe_ne_{qh}+K_pT_{w12}b_pe_ne_{qh}+K_pT_{w21}b_pe_ne_{qh}+K_pT_{w22}b_pe_ne_{qh}+K_pT_{F1}b_pe_nr_{11}$ $+K_pT_{F2}b_pe_nr_{21}+K_pT_ab_pe_{qh}r_{11}+K_pT_ab_pe_{qh}r_{12}+K_pT_ab_pe_{qh}r_{21}+K_pT_ab_pe_{qh}r_{22}+T_{F1}e_he_{qx}r_{11}r_{12}+T_{F1}e_he_{qx}r_{11}r_{21}+T_{F1}e_he_{qx}r_{11}r_{22}$ $+T_{F2}e_he_{qx}r_{11}r_{21}+T_{F2}e_he_{qx}r_{12}r_{21}+T_{F2}e_he_{qx}r_{21}r_{22}+T_{F1}e_ne_{qh}r_{11}r_{12}+T_{F1}e_ne_{qh}r_{11}r_{21}+T_{F1}e_ne_{qh}r_{11}r_{22}+T_{F2}e_ne_{qh}r_{11}r_{21}+T_{F2}e_ne_{qh}r_{12}r_{21}$ $+T_{F2}e_ne_{qh}r_{21}r_{22}+K_iT_{w11}T_yb_pe_he_{qx}+K_iT_{w12}T_yb_pe_he_{qx}+K_iT_{w21}T_yb_pe_he_{qx}+K_iT_{w22}T_yb_pe_he_{qx}+K_iT_{w11}T_yb_pe_ne_{qh}+K_iT_{w12}T_yb_pe_ne_{qh}$ $+K_iT_{w21}T_yb_pe_ne_{qh}+K_iT_{w22}T_yb_pe_ne_{qh}+K_iT_{F1}T_yb_pe_nr_{11}+K_iT_{F2}T_yb_pe_nr_{21}+K_iT_aT_yb_pe_{qh}r_{11}+K_iT_aT_yb_pe_{qh}r_{12}+K_iT_aT_yb_pe_{qh}r_{21}$ $+K_iT_aT_yb_pe_{qh}r_{22}-K_iT_{F1}T_{w11}e_he_{qy}r_{12}-K_iT_{F1}T_{w12}e_he_{qy}r_{11}-K_iT_{F1}T_{w11}e_he_{qy}r_{21}-K_iT_{F1}T_{w21}e_he_{qy}r_{11}-K_iT_{F1}T_{w11}e_he_{qy}r_{22}$ $-K_iT_{F1}T_{w22}e_he_{qy}r_{11}-K_iT_{F2}T_{w11}e_he_{qy}r_{21}-K_iT_{F2}T_{w21}e_he_{qy}r_{11}-K_iT_{F2}T_{w12}e_he_{qy}r_{21}-K_iT_{F2}T_{w21}e_he_{qy}r_{12}-K_iT_{F2}T_{w21}e_he_{qy}r_{22}$ $-K_iT_{F2}T_{w22}e_he_{qy}r_{21}+K_iT_{F1}T_{w11}e_{qh}e_yr_{12}+K_iT_{F1}T_{w12}e_{qh}e_yr_{11}+K_iT_{F1}T_{w11}e_{qh}e_yr_{21}+K_iT_{F1}T_{w21}e_{qh}e_yr_{11}+K_iT_{F1}T_{w11}e_{qh}e_yr_{22}$ $+K_iT_{F1}T_{w22}e_{qh}e_yr_{11}+K_iT_{F2}T_{w11}e_{qh}e_yr_{21}+K_iT_{F2}T_{w21}e_{qh}e_yr_{11}+K_iT_{F2}T_{w12}e_{qh}e_yr_{21}+K_iT_{F2}T_{w21}e_{qh}e_yr_{12}+K_iT_{F2}T_{w21}e_{qh}e_yr_{22}$

续表

类型	调节系统传递函数的系数
M2	$+K_iT_{F2}T_{w22}e_{qh}e_yr_{21}+K_iT_{F1}T_{F2}e_yr_{11}r_{21}+K_pT_yb_pe_he_{qx}r_{11}+K_pT_yb_pe_he_{qx}r_{12}+K_pT_yb_pe_he_{qx}r_{21}+K_pT_yb_pe_he_{qx}r_{22}+K_pT_yb_pe_ne_{qh}r_{11}$ $+K_pT_yb_pe_ne_{qh}r_{12}+K_pT_yb_pe_ne_{qh}r_{21}+K_pT_yb_pe_ne_{qh}r_{22}-K_pT_{F1}e_he_{qy}r_{11}r_{12}-K_pT_{F1}e_he_{qy}r_{11}r_{21}-K_pT_{F1}e_he_{qy}r_{11}r_{22}-K_pT_{F2}e_he_{qy}r_{11}r_{21}$ $-K_pT_{F2}e_he_{qy}r_{12}r_{21}-K_pT_{F2}e_he_{qy}r_{21}r_{22}+K_pT_{F1}e_{qh}e_yr_{11}r_{12}+K_pT_{F1}e_{qh}e_yr_{11}r_{21}+K_pT_{F1}e_{qh}e_yr_{11}r_{22}+K_pT_{F2}e_{qh}e_yr_{11}r_{21}+K_pT_{F2}e_{qh}e_yr_{12}r_{21}$ $+K_pT_{F2}e_{qh}e_yr_{21}r_{22}+K_pT_{F1}b_pe_he_{qx}r_{11}r_{12}+K_pT_{F1}b_pe_he_{qx}r_{11}r_{21}+K_pT_{F1}b_pe_he_{qx}r_{11}r_{22}+K_pT_{F2}b_pe_he_{qx}r_{11}r_{21}+K_pT_{F2}b_pe_he_{qx}r_{12}r_{21}$ $+K_pT_{F2}b_pe_he_{qx}r_{21}r_{22}+K_pT_{F1}b_pe_ne_{qh}r_{11}r_{12}+K_pT_{F1}b_pe_ne_{qh}r_{11}r_{21}+K_pT_{F1}b_pe_ne_{qh}r_{11}r_{22}+K_pT_{F2}b_pe_ne_{qh}r_{11}r_{21}+K_pT_{F2}b_pe_ne_{qh}r_{12}r_{21}$ $+K_pT_{F2}b_pe_ne_{qh}r_{21}r_{22}+K_iT_{F1}T_{w11}b_pe_he_{qx}r_{12}+K_iT_{F1}T_{w12}b_pe_he_{qx}r_{11}+K_iT_{F1}T_{w11}b_pe_he_{qx}r_{21}+K_iT_{F1}T_{w21}b_pe_he_{qx}r_{11}+K_iT_{F1}T_{w11}b_pe_he_{qx}r_{22}$ $+K_iT_{F1}T_{w22}b_pe_he_{qx}r_{11}+K_iT_{F2}T_{w11}b_pe_he_{qx}r_{21}+K_iT_{F2}T_{w21}b_pe_he_{qx}r_{11}+K_iT_{F2}T_{w12}b_pe_he_{qx}r_{21}+K_iT_{F2}T_{w21}b_pe_he_{qx}r_{12}+K_iT_{F2}T_{w21}b_pe_he_{qx}r_{22}$ $+K_iT_{F2}T_{w22}b_pe_he_{qx}r_{21}+K_iT_{F1}T_{w11}b_pe_ne_{qh}r_{12}+K_iT_{F1}T_{w12}b_pe_ne_{qh}r_{11}+K_iT_{F1}T_{w11}b_pe_ne_{qh}r_{21}+K_iT_{F1}T_{w21}b_pe_ne_{qh}r_{11}+K_iT_{F1}T_{w11}b_pe_ne_{qh}r_{22}$ $+K_iT_{F1}T_{w22}b_pe_ne_{qh}r_{11}+K_iT_{F2}T_{w11}b_pe_ne_{qh}r_{21}+K_iT_{F2}T_{w21}b_pe_ne_{qh}r_{11}+K_iT_{F2}T_{w12}b_pe_ne_{qh}r_{21}+K_iT_{F2}T_{w21}b_pe_ne_{qh}r_{12}+K_iT_{F2}T_{w21}b_pe_ne_{qh}r_{22}$ $+K_iT_{F2}T_{w22}b_pe_ne_{qh}r_{21}+K_iT_{F1}T_{F2}b_pe_nr_{11}r_{21}+K_iT_{F1}T_ab_pe_{qh}r_{11}r_{12}+K_iT_{F1}T_ab_pe_{qh}r_{11}r_{21}+K_iT_{F1}T_ab_pe_{qh}r_{11}r_{22}+K_iT_{F2}T_ab_pe_{qh}r_{11}r_{21}$ $+K_iT_{F2}T_ab_pe_{qh}r_{12}r_{21}+K_iT_{F2}T_ab_pe_{qh}r_{21}r_{22}+K_iT_{F1}T_yb_pe_he_{qx}r_{11}r_{12}+K_iT_{F1}T_yb_pe_he_{qx}r_{11}r_{21}+K_iT_{F1}T_yb_pe_he_{qx}r_{11}r_{22}+K_iT_{F2}T_yb_pe_he_{qx}r_{11}r_{21}$ $+K_iT_{F2}T_yb_pe_he_{qx}r_{12}r_{21}+K_iT_{F2}T_yb_pe_he_{qx}r_{21}r_{22}+K_iT_{F1}T_yb_pe_ne_{qh}r_{11}r_{12}+K_iT_{F1}T_yb_pe_ne_{qh}r_{11}r_{21}+K_iT_{F1}T_yb_pe_ne_{qh}r_{11}r_{22}+K_iT_{F2}T_yb_pe_ne_{qh}r_{11}r_{21}$ $+K_iT_{F2}T_yb_pe_ne_{qh}r_{12}r_{21}+K_iT_{F2}T_yb_pe_ne_{qh}r_{21}r_{22}-K_iT_{F1}T_{F2}e_he_{qy}r_{11}r_{12}r_{21}-K_iT_{F1}T_{F2}e_he_{qy}r_{11}r_{21}r_{22}+K_iT_{F1}T_{F2}e_{qh}e_yr_{11}r_{12}r_{21}$ $+K_iT_{F1}T_{F2}e_{qh}e_yr_{11}r_{21}r_{22}+K_iT_{F1}T_{F2}b_pe_he_{qx}r_{11}r_{12}r_{21}+K_iT_{F1}T_{F2}b_pe_he_{qx}r_{11}r_{21}r_{22}+K_iT_{F1}T_{F2}b_pe_ne_{qh}r_{11}r_{12}r_{21}+K_iT_{F1}T_{F2}b_pe_ne_{qh}r_{11}r_{21}r_{22}$; $a_7=e_n+K_pe_y+K_iT_ab_p+K_pb_pe_n+e_he_{qx}r_{11}+e_he_{qx}r_{12}+e_he_{qx}r_{21}+e_he_{qx}r_{22}+e_ne_{qh}r_{11}+e_ne_{qh}r_{12}+e_ne_{qh}r_{21}+e_ne_{qh}r_{22}+K_iT_yb_pe_n$ $-K_iT_{w11}e_he_{qy}-K_iT_{w12}e_he_{qy}-K_iT_{w21}e_he_{qy}-K_iT_{w22}e_he_{qy}+K_iT_{w11}e_{qh}e_y+K_iT_{w12}e_{qh}e_y+K_iT_{w21}e_{qh}e_y+K_iT_{w22}e_{qh}e_y+K_iT_{F1}e_yr_{11}$ $+K_iT_{F2}e_yr_{21}-K_pe_he_{qy}r_{11}-K_pe_he_{qy}r_{12}-K_pe_he_{qy}r_{21}-K_pe_he_{qy}r_{22}+K_pe_{qh}e_yr_{11}+K_pe_{qh}e_yr_{12}+K_pe_{qh}e_yr_{21}+K_pe_{qh}e_yr_{22}$ $+K_iT_{w11}b_pe_he_{qx}+K_iT_{w12}b_pe_he_{qx}+K_iT_{w21}b_pe_he_{qx}+K_iT_{w22}b_pe_he_{qx}+K_iT_{w11}b_pe_ne_{qh}+K_iT_{w12}b_pe_ne_{qh}+K_iT_{w21}b_pe_ne_{qh}$ $+K_iT_{w22}b_pe_ne_{qh}+K_iT_{F1}b_pe_nr_{11}+K_iT_{F2}b_pe_nr_{21}+K_iT_ab_pe_{qh}r_{11}+K_iT_ab_pe_{qh}r_{12}+K_iT_ab_pe_{qh}r_{21}+K_iT_ab_pe_{qh}r_{22}+K_pb_pe_he_{qx}r_{11}$ $+K_pb_pe_he_{qx}r_{12}+K_pb_pe_he_{qx}r_{21}+K_pb_pe_he_{qx}r_{22}+K_pb_pe_ne_{qh}r_{11}+K_pb_pe_ne_{qh}r_{12}+K_pb_pe_ne_{qh}r_{21}+K_pb_pe_ne_{qh}r_{22}+K_iT_yb_pe_he_{qx}r_{11}$ $+K_iT_yb_pe_he_{qx}r_{12}+K_iT_yb_pe_he_{qx}r_{21}+K_iT_yb_pe_he_{qx}r_{22}+K_iT_yb_pe_ne_{qh}r_{11}+K_iT_yb_pe_ne_{qh}r_{12}+K_iT_yb_pe_ne_{qh}r_{21}+K_iT_yb_pe_ne_{qh}r_{22}$ $-K_iT_{F1}e_he_{qy}r_{11}r_{12}-K_iT_{F1}e_he_{qy}r_{11}r_{21}-K_iT_{F1}e_he_{qy}r_{11}r_{22}-K_iT_{F2}e_he_{qy}r_{11}r_{21}-K_iT_{F2}e_he_{qy}r_{12}r_{21}-K_iT_{F2}e_he_{qy}r_{21}r_{22}+K_iT_{F1}e_{qh}e_yr_{11}r_{12}$ $+K_iT_{F1}e_{qh}e_yr_{11}r_{21}+K_iT_{F1}e_{qh}e_yr_{11}r_{22}+K_iT_{F2}e_{qh}e_yr_{11}r_{21}+K_iT_{F2}e_{qh}e_yr_{12}r_{21}+K_iT_{F2}e_{qh}e_yr_{21}r_{22}+K_iT_{F1}b_pe_he_{qx}r_{11}r_{12}+K_iT_{F1}b_pe_he_{qx}r_{11}r_{21}$ $+K_iT_{F1}b_pe_he_{qx}r_{11}r_{22}+K_iT_{F2}b_pe_he_{qx}r_{11}r_{21}+K_iT_{F2}b_pe_he_{qx}r_{12}r_{21}+K_iT_{F2}b_pe_he_{qx}r_{21}r_{22}+K_iT_{F1}b_pe_ne_{qh}r_{11}r_{12}+K_iT_{F1}b_pe_ne_{qh}r_{11}r_{21}$ $+K_iT_{F1}b_pe_ne_{qh}r_{11}r_{22}+K_iT_{F2}b_pe_ne_{qh}r_{11}r_{21}+K_iT_{F2}b_pe_ne_{qh}r_{12}r_{21}+K_iT_{F2}b_pe_ne_{qh}r_{21}r_{22}$; $a_8=K_ie_y+K_ib_pe_n-K_ie_he_{qy}r_{11}-K_ie_he_{qy}r_{12}-K_ie_he_{qy}r_{21}-K_ie_he_{qy}r_{22}+K_ie_{qh}e_yr_{11}+K_ie_{qh}e_yr_{12}+K_ie_{qh}e_yr_{21}+K_ie_{qh}e_yr_{22}+K_ib_pe_he_{qx}r_{11}$ $+K_ib_pe_he_{qx}r_{12}+K_ib_pe_he_{qx}r_{21}+K_ib_pe_he_{qx}r_{22}+K_ib_pe_ne_{qh}r_{11}+K_ib_pe_ne_{qh}r_{12}+K_ib_pe_ne_{qh}r_{21}+K_ib_pe_ne_{qh}r_{22}$; $b_0=T_{F1}T_{F2}T_{w11}T_{w12}T_{w21}T_ye_{qh}+T_{F1}T_{F2}T_{w11}T_{w21}T_{w22}T_ye_{qh}+K_pT_{F1}T_{F2}T_{w11}T_{w12}T_{w21}T_yb_pe_{qh}+K_pT_{F1}T_{F2}T_{w11}T_{w21}T_{w22}T_yb_pe_{qh}$; $b_1=T_{F1}T_{F2}T_{w11}T_{w21}T_y+T_{F1}T_{F2}T_{w11}T_{w12}T_{w21}e_{qh}+T_{F1}T_{F2}T_{w11}T_{w21}T_{w22}e_{qh}+K_pT_{F1}T_{F2}T_{w11}T_{w21}T_yb_p+T_{F1}T_{F2}T_{w11}T_{w12}T_ye_{qh}r_{21}$ $+T_{F1}T_{F2}T_{w11}T_{w21}T_ye_{qh}r_{12}+T_{F1}T_{F2}T_{w12}T_{w21}T_ye_{qh}r_{11}+T_{F1}T_{F2}T_{w11}T_{w21}T_ye_{qh}r_{22}+T_{F1}T_{F2}T_{w11}T_{w22}T_ye_{qh}r_{21}+T_{F1}T_{F2}T_{w21}T_{w22}T_ye_{qh}r_{11}$ $+K_pT_{F1}T_{F2}T_{w11}T_{w12}T_{w21}b_pe_{qh}+K_pT_{F1}T_{F2}T_{w11}T_{w21}T_{w22}b_pe_{qh}+K_iT_{F1}T_{F2}T_{w11}T_{w12}T_{w21}T_yb_pe_{qh}+K_iT_{F1}T_{F2}T_{w11}T_{w21}T_{w22}T_yb_pe_{qh}$ $+K_pT_{F1}T_{F2}T_{w11}T_{w12}T_yb_pe_{qh}r_{21}+K_pT_{F1}T_{F2}T_{w11}T_{w21}T_yb_pe_{qh}r_{12}+K_pT_{F1}T_{F2}T_{w12}T_{w21}T_yb_pe_{qh}r_{11}+K_pT_{F1}T_{F2}T_{w11}T_{w21}T_yb_pe_{qh}r_{22}$ $+K_pT_{F1}T_{F2}T_{w11}T_{w22}T_yb_pe_{qh}r_{21}+K_pT_{F1}T_{F2}T_{w21}T_{w22}T_yb_pe_{qh}r_{11}$; $b_2=T_{F1}T_{F2}T_{w11}T_{w21}+T_{F1}T_{w11}T_{w12}T_ye_{qh}+T_{F1}T_{w11}T_{w21}T_ye_{qh}+T_{F1}T_{w11}T_{w22}T_ye_{qh}+T_{F2}T_{w11}T_{w21}T_ye_{qh}+T_{F2}T_{w12}T_{w21}T_ye_{qh}$ $+T_{F2}T_{w21}T_{w22}T_ye_{qh}+T_{F1}T_{F2}T_{w11}T_yr_{21}+T_{F1}T_{F2}T_{w21}T_yr_{11}+K_pT_{F1}T_{F2}T_{w11}T_{w21}b_p+T_{F1}T_{F2}T_{w11}T_{w12}e_{qh}r_{21}+T_{F1}T_{F2}T_{w11}T_{w21}e_{qh}r_{12}$ $+T_{F1}T_{F2}T_{w12}T_{w21}e_{qh}r_{11}+T_{F1}T_{F2}T_{w11}T_{w21}e_{qh}r_{22}+T_{F1}T_{F2}T_{w11}T_{w22}e_{qh}r_{21}+T_{F1}T_{F2}T_{w21}T_{w22}e_{qh}r_{11}+K_iT_{F1}T_{F2}T_{w11}T_{w21}T_yb_p$ $+K_pT_{F1}T_{w11}T_{w12}T_yb_pe_{qh}+K_pT_{F1}T_{w11}T_{w21}T_yb_pe_{qh}+K_pT_{F1}T_{w11}T_{w22}T_yb_pe_{qh}+K_pT_{F2}T_{w11}T_{w21}T_yb_pe_{qh}+K_pT_{F2}T_{w12}T_{w21}T_yb_pe_{qh}$ $+K_pT_{F2}T_{w21}T_{w22}T_yb_pe_{qh}+K_pT_{F1}T_{F2}T_{w11}T_yb_pr_{21}+K_pT_{F1}T_{F2}T_{w21}T_yb_pr_{11}+T_{F1}T_{F2}T_{w11}T_ye_{qh}r_{12}r_{21}+T_{F1}T_{F2}T_{w12}T_ye_{qh}r_{11}r_{21}$ $+T_{F1}T_{F2}T_{w21}T_ye_{qh}r_{11}r_{12}+T_{F1}T_{F2}T_{w11}T_ye_{qh}r_{21}r_{22}+T_{F1}T_{F2}T_{w21}T_ye_{qh}r_{11}r_{22}+T_{F1}T_{F2}T_{w22}T_ye_{qh}r_{11}r_{21}+K_iT_{F1}T_{F2}T_{w11}T_{w12}T_{w21}b_pe_{qh}$ $+K_iT_{F1}T_{F2}T_{w11}T_{w21}T_{w22}b_pe_{qh}+K_pT_{F1}T_{F2}T_{w11}T_{w12}b_pe_{qh}r_{21}+K_pT_{F1}T_{F2}T_{w11}T_{w21}b_pe_{qh}r_{12}+K_pT_{F1}T_{F2}T_{w12}T_{w21}b_pe_{qh}r_{11}$ $+K_pT_{F1}T_{F2}T_{w11}T_{w21}b_pe_{qh}r_{22}+K_pT_{F1}T_{F2}T_{w11}T_{w22}b_pe_{qh}r_{21}+K_pT_{F1}T_{F2}T_{w21}T_{w22}b_pe_{qh}r_{11}+K_iT_{F1}T_{F2}T_{w11}T_{w12}T_yb_pe_{qh}r_{21}$ $+K_iT_{F1}T_{F2}T_{w11}T_{w21}T_yb_pe_{qh}r_{12}+K_iT_{F1}T_{F2}T_{w12}T_{w21}T_yb_pe_{qh}r_{11}+K_iT_{F1}T_{F2}T_{w11}T_{w21}T_yb_pe_{qh}r_{22}+K_iT_{F1}T_{F2}T_{w11}T_{w22}T_yb_pe_{qh}r_{21}$ $+K_iT_{F1}T_{F2}T_{w21}T_{w22}T_yb_pe_{qh}r_{11}+K_pT_{F1}T_{F2}T_{w11}T_yb_pe_{qh}r_{12}r_{21}+K_pT_{F1}T_{F2}T_{w12}T_yb_pe_{qh}r_{11}r_{21}+K_pT_{F1}T_{F2}T_{w21}T_yb_pe_{qh}r_{11}r_{12}$ $+K_pT_{F1}T_{F2}T_{w11}T_yb_pe_{qh}r_{21}r_{22}+K_pT_{F1}T_{F2}T_{w21}T_yb_pe_{qh}r_{11}r_{22}+K_pT_{F1}T_{F2}T_{w22}T_yb_pe_{qh}r_{11}r_{21}$;

续表

类型	调节系统传递函数的系数
M2	$b_3 = T_{F1}T_{w11}T_y + T_{F2}T_{w21}T_y + T_{F1}T_{w11}T_{w12}e_{qh} + T_{F1}T_{w11}T_{w21}e_{qh} + T_{F1}T_{w11}T_{w22}e_{qh} + T_{F2}T_{w11}T_{w21}e_{qh} + T_{F2}T_{w12}T_{w21}e_{qh} + T_{F2}T_{w21}T_{w22}e_{qh}$ $+ T_{F1}T_{F2}T_{w11}r_{21} + T_{F1}T_{F2}T_{w21}r_{11} + K_pT_{F1}T_{w11}T_yb_p + K_pT_{F2}T_{w21}T_yb_p + T_{F1}T_{w11}T_ye_{qh}r_{12} + T_{F1}T_{w12}T_ye_{qh}r_{11} + T_{F1}T_{w11}T_ye_{qh}r_{21}$ $+ T_{F1}T_{w21}T_ye_{qh}r_{11} + T_{F1}T_{w11}T_ye_{qh}r_{22} + T_{F1}T_{w22}T_ye_{qh}r_{11} + T_{F2}T_{w11}T_ye_{qh}r_{21} + T_{F2}T_{w21}T_ye_{qh}r_{11} + T_{F2}T_{w12}T_ye_{qh}r_{21} + T_{F2}T_{w21}T_ye_{qh}r_{12}$ $+ T_{F2}T_{w21}T_ye_{qh}r_{22} + T_{F2}T_{w22}T_ye_{qh}r_{21} + T_{F1}T_{F2}T_yr_{11}r_{21} + K_iT_{F1}T_{F2}T_{w11}T_{w21}b_p + K_pT_{F1}T_{w11}T_{w12}b_pe_{qh} + K_pT_{F1}T_{w11}T_{w21}b_pe_{qh}$ $+ K_pT_{F1}T_{w11}T_{w22}b_pe_{qh} + K_pT_{F2}T_{w11}T_{w21}b_pe_{qh} + K_pT_{F2}T_{w12}T_{w21}b_pe_{qh} + K_pT_{F2}T_{w21}T_{w22}b_pe_{qh} + K_pT_{F1}T_{F2}T_{w11}b_pr_{21}$ $+ K_pT_{F1}T_{F2}T_{w21}b_pr_{11} + T_{F1}T_{F2}T_{w11}e_{qh}r_{12}r_{21} + T_{F1}T_{F2}T_{w12}e_{qh}r_{11}r_{21} + T_{F1}T_{F2}T_{w21}e_{qh}r_{11}r_{12} + T_{F1}T_{F2}T_{w11}e_{qh}r_{21}r_{22} + T_{F1}T_{F2}T_{w21}e_{qh}r_{11}r_{22}$ $+ T_{F1}T_{F2}T_{w22}e_{qh}r_{11}r_{21} + T_{F1}T_{F2}T_ye_{qh}r_{11}r_{12}r_{21} + T_{F1}T_{F2}T_ye_{qh}r_{11}r_{21}r_{22} + K_iT_{F1}T_{w11}T_{w12}T_yb_pe_{qh} + K_iT_{F1}T_{w11}T_{w21}T_yb_pe_{qh}$ $+ K_iT_{F1}T_{w11}T_{w22}T_yb_pe_{qh} + K_iT_{F2}T_{w11}T_{w21}T_yb_pe_{qh} + K_iT_{F2}T_{w12}T_{w21}T_yb_pe_{qh} + K_iT_{F2}T_{w21}T_{w22}T_yb_pe_{qh} + K_iT_{F1}T_{F2}T_{w11}T_yb_pr_{21}$ $+ K_iT_{F1}T_{F2}T_{w21}T_yb_pr_{11} + K_pT_{F1}T_{w11}T_yb_pe_{qh}r_{12} + K_pT_{F1}T_{w12}T_yb_pe_{qh}r_{11} + K_pT_{F1}T_{w11}T_yb_pe_{qh}r_{21} + K_pT_{F1}T_{w21}T_yb_pe_{qh}r_{11}$ $+ K_pT_{F1}T_{w11}T_yb_pe_{qh}r_{22} + K_pT_{F1}T_{w22}T_yb_pe_{qh}r_{11} + K_pT_{F2}T_{w11}T_yb_pe_{qh}r_{21} + K_pT_{F2}T_{w21}T_yb_pe_{qh}r_{11} + K_pT_{F2}T_{w12}T_yb_pe_{qh}r_{21}$ $+ K_pT_{F2}T_{w21}T_yb_pe_{qh}r_{12} + K_pT_{F2}T_{w21}T_yb_pe_{qh}r_{22} + K_pT_{F2}T_{w22}T_yb_pe_{qh}r_{21} + K_pT_{F1}T_{F2}T_yb_pr_{11}r_{21} + K_iT_{F1}T_{F2}T_{w11}T_{w12}b_pe_{qh}r_{21}$ $+ K_iT_{F1}T_{F2}T_{w11}T_{w21}b_pe_{qh}r_{12} + K_iT_{F1}T_{F2}T_{w12}T_{w21}b_pe_{qh}r_{11} + K_iT_{F1}T_{F2}T_{w11}T_{w21}b_pe_{qh}r_{22} + K_iT_{F1}T_{F2}T_{w11}T_{w22}b_pe_{qh}r_{21}$ $+ K_iT_{F1}T_{F2}T_{w21}T_{w22}b_pe_{qh}r_{11} + K_pT_{F1}T_{F2}T_{w11}b_pe_{qh}r_{12}r_{21} + K_pT_{F1}T_{F2}T_{w12}b_pe_{qh}r_{11}r_{21} + K_pT_{F1}T_{F2}T_{w21}b_pe_{qh}r_{11}r_{12}$ $+ K_pT_{F1}T_{F2}T_{w11}b_pe_{qh}r_{21}r_{22} + K_pT_{F1}T_{F2}T_{w21}b_pe_{qh}r_{11}r_{22} + K_pT_{F1}T_{F2}T_{w22}b_pe_{qh}r_{11}r_{21} + K_iT_{F1}T_{F2}T_{w11}T_yb_pe_{qh}r_{12}r_{21}$ $+ K_iT_{F1}T_{F2}T_{w12}T_yb_pe_{qh}r_{11}r_{21} + K_iT_{F1}T_{F2}T_{w21}T_yb_pe_{qh}r_{11}r_{12} + K_iT_{F1}T_{F2}T_{w11}T_yb_pe_{qh}r_{21}r_{22} + K_iT_{F1}T_{F2}T_{w21}T_yb_pe_{qh}r_{11}r_{22}$ $+ K_iT_{F1}T_{F2}T_{w22}T_yb_pe_{qh}r_{11}r_{21} + K_pT_{F1}T_{F2}T_yb_pe_{qh}r_{11}r_{12}r_{21} + K_pT_{F1}T_{F2}T_yb_pe_{qh}r_{11}r_{21}r_{22};$ $b_4 = T_{F1}T_{w11} + T_{F2}T_{w21} + T_{w11}T_ye_{qh} + T_{w12}T_ye_{qh} + T_{w21}T_ye_{qh} + T_{w22}T_ye_{qh} + T_{F1}T_yr_{11} + T_{F2}T_yr_{21} + K_pT_{F1}T_{w11}b_p + K_pT_{F2}T_{w21}b_p$ $+ T_{F1}T_{w11}e_{qh}r_{12} + T_{F1}T_{w12}e_{qh}r_{11} + T_{F1}T_{w11}e_{qh}r_{21} + T_{F1}T_{w21}e_{qh}r_{11} + T_{F1}T_{w11}e_{qh}r_{22} + T_{F1}T_{w22}e_{qh}r_{11} + T_{F2}T_{w11}e_{qh}r_{21} + T_{F2}T_{w21}e_{qh}r_{11}$ $+ T_{F2}T_{w12}e_{qh}r_{21} + T_{F2}T_{w21}e_{qh}r_{12} + T_{F2}T_{w21}e_{qh}r_{22} + T_{F2}T_{w22}e_{qh}r_{21} + T_{F1}T_{F2}r_{11}r_{21} + K_iT_{F1}T_{w11}T_yb_p + K_iT_{F2}T_{w21}T_yb_p$ $+ K_pT_{w11}T_yb_pe_{qh} + K_pT_{w12}T_yb_pe_{qh} + K_pT_{w21}T_yb_pe_{qh} + K_pT_{w22}T_yb_pe_{qh} + K_pT_{F1}T_yb_pr_{11} + K_pT_{F2}T_yb_pr_{21} + T_{F1}T_ye_{qh}r_{11}r_{12}$ $+ T_{F1}T_ye_{qh}r_{11}r_{21} + T_{F1}T_ye_{qh}r_{11}r_{22} + T_{F2}T_ye_{qh}r_{11}r_{21} + T_{F2}T_ye_{qh}r_{12}r_{21} + T_{F2}T_ye_{qh}r_{21}r_{22} + K_iT_{F1}T_{w11}T_{w12}b_pe_{qh} + K_iT_{F1}T_{w11}T_{w21}b_pe_{qh}$ $+ K_iT_{F1}T_{w11}T_{w22}b_pe_{qh} + K_iT_{F2}T_{w11}T_{w21}b_pe_{qh} + K_iT_{F2}T_{w12}T_{w21}b_pe_{qh} + K_iT_{F2}T_{w21}T_{w22}b_pe_{qh} + K_iT_{F1}T_{F2}T_{w11}b_pr_{21}$ $+ K_iT_{F1}T_{F2}T_{w21}b_pr_{11} + K_pT_{F1}T_{w11}b_pe_{qh}r_{12} + K_pT_{F1}T_{w12}b_pe_{qh}r_{11} + K_pT_{F1}T_{w11}b_pe_{qh}r_{21} + K_pT_{F1}T_{w21}b_pe_{qh}r_{11} + K_pT_{F1}T_{w11}b_pe_{qh}r_{22}$ $+ K_pT_{F1}T_{w22}b_pe_{qh}r_{11} + K_pT_{F2}T_{w11}b_pe_{qh}r_{21} + K_pT_{F2}T_{w21}b_pe_{qh}r_{11} + K_pT_{F2}T_{w12}b_pe_{qh}r_{21} + K_pT_{F2}T_{w21}b_pe_{qh}r_{12} + K_pT_{F2}T_{w21}b_pe_{qh}r_{22}$ $+ K_pT_{F2}T_{w22}b_pe_{qh}r_{21} + K_pT_{F1}T_{F2}b_pr_{11}r_{21} + T_{F1}T_{F2}e_{qh}r_{11}r_{12}r_{21} + T_{F1}T_{F2}e_{qh}r_{11}r_{21}r_{22} + K_iT_{F1}T_{w11}T_yb_pe_{qh}r_{12} + K_iT_{F1}T_{w12}T_yb_pe_{qh}r_{11}$ $+ K_iT_{F1}T_{w11}T_yb_pe_{qh}r_{21} + K_iT_{F1}T_{w21}T_yb_pe_{qh}r_{11} + K_iT_{F1}T_{w11}T_yb_pe_{qh}r_{22} + K_iT_{F1}T_{w22}T_yb_pe_{qh}r_{11} + K_iT_{F2}T_{w11}T_yb_pe_{qh}r_{21}$ $+ K_iT_{F2}T_{w21}T_yb_pe_{qh}r_{11} + K_iT_{F2}T_{w12}T_yb_pe_{qh}r_{21} + K_iT_{F2}T_{w21}T_yb_pe_{qh}r_{12} + K_iT_{F2}T_{w21}T_yb_pe_{qh}r_{22} + K_iT_{F2}T_{w22}T_yb_pe_{qh}r_{21}$ $+ K_iT_{F1}T_{F2}T_yb_pr_{11}r_{21} + K_pT_{F1}T_yb_pe_{qh}r_{11}r_{12} + K_pT_{F1}T_yb_pe_{qh}r_{11}r_{21} + K_pT_{F1}T_yb_pe_{qh}r_{11}r_{22} + K_pT_{F2}T_yb_pe_{qh}r_{11}r_{21} + K_pT_{F2}T_yb_pe_{qh}r_{12}r_{21}$ $+ K_pT_{F2}T_yb_pe_{qh}r_{21}r_{22} + K_iT_{F1}T_{F2}T_{w11}b_pe_{qh}r_{12}r_{21} + K_iT_{F1}T_{F2}T_{w12}b_pe_{qh}r_{11}r_{21} + K_iT_{F1}T_{F2}T_{w21}b_pe_{qh}r_{11}r_{12} + K_iT_{F1}T_{F2}T_{w11}b_pe_{qh}r_{21}r_{22}$ $+ K_iT_{F1}T_{F2}T_{w21}b_pe_{qh}r_{11}r_{22} + K_iT_{F1}T_{F2}T_{w22}b_pe_{qh}r_{11}r_{21} + K_pT_{F1}T_{F2}b_pe_{qh}r_{11}r_{12}r_{21} + K_pT_{F1}T_{F2}b_pe_{qh}r_{11}r_{21}r_{22} + K_iT_{F1}T_{F2}T_yb_pe_{qh}r_{11}r_{12}r_{21}$ $+ K_iT_{F1}T_{F2}T_yb_pe_{qh}r_{11}r_{21}r_{22};$ $b_5 = T_y + T_{w11}e_{qh} + T_{w12}e_{qh} + T_{w21}e_{qh} + T_{w22}e_{qh} + T_{F1}r_{11} + T_{F2}r_{21} + K_pT_yb_p + T_ye_{qh}r_{11} + T_ye_{qh}r_{12} + T_ye_{qh}r_{21} + T_ye_{qh}r_{22} + K_iT_{F1}T_{w11}b_p$ $+ K_iT_{F2}T_{w21}b_p + K_pT_{w11}b_pe_{qh} + K_pT_{w12}b_pe_{qh} + K_pT_{w21}b_pe_{qh} + K_pT_{w22}b_pe_{qh} + K_pT_{F1}b_pr_{11} + K_pT_{F2}b_pr_{21} + T_{F1}e_{qh}r_{11}r_{12} + T_{F1}e_{qh}r_{11}r_{21}$ $+ T_{F1}e_{qh}r_{11}r_{22} + T_{F2}e_{qh}r_{11}r_{21} + T_{F2}e_{qh}r_{12}r_{21} + T_{F2}e_{qh}r_{21}r_{22} + K_iT_{w11}T_yb_pe_{qh} + K_iT_{w12}T_yb_pe_{qh} + K_iT_{w21}T_yb_pe_{qh} + K_iT_{w22}T_yb_pe_{qh}$ $+ K_iT_{F1}T_yb_pr_{11} + K_iT_{F2}T_yb_pr_{21} + K_pT_yb_pe_{qh}r_{11} + K_pT_yb_pe_{qh}r_{12} + K_pT_yb_pe_{qh}r_{21} + K_pT_yb_pe_{qh}r_{22} + K_iT_{F1}T_{w11}b_pe_{qh}r_{12}$ $+ K_iT_{F1}T_{w12}b_pe_{qh}r_{11} + K_iT_{F1}T_{w11}b_pe_{qh}r_{21} + K_iT_{F1}T_{w21}b_pe_{qh}r_{11} + K_iT_{F1}T_{w11}b_pe_{qh}r_{22} + K_iT_{F1}T_{w22}b_pe_{qh}r_{11} + K_iT_{F2}T_{w11}b_pe_{qh}r_{21}$ $+ K_iT_{F2}T_{w21}b_pe_{qh}r_{11} + K_iT_{F2}T_{w12}b_pe_{qh}r_{21} + K_iT_{F2}T_{w21}b_pe_{qh}r_{12} + K_iT_{F2}T_{w21}b_pe_{qh}r_{22} + K_iT_{F2}T_{w22}b_pe_{qh}r_{21} + K_iT_{F1}T_{F2}b_pr_{11}r_{21}$ $+ K_pT_{F1}b_pe_{qh}r_{11}r_{12} + K_pT_{F1}b_pe_{qh}r_{11}r_{21} + K_pT_{F1}b_pe_{qh}r_{11}r_{22} + K_pT_{F2}b_pe_{qh}r_{11}r_{21} + K_pT_{F2}b_pe_{qh}r_{12}r_{21} + K_pT_{F2}b_pe_{qh}r_{21}r_{22}$ $+ K_iT_{F1}T_yb_pe_{qh}r_{11}r_{12} + K_iT_{F1}T_yb_pe_{qh}r_{11}r_{21} + K_iT_{F1}T_yb_pe_{qh}r_{11}r_{22} + K_iT_{F2}T_yb_pe_{qh}r_{11}r_{21} + K_iT_{F2}T_yb_pe_{qh}r_{12}r_{21} + K_iT_{F2}T_yb_pe_{qh}r_{21}r_{22}$ $+ K_iT_{F1}T_{F2}b_pe_{qh}r_{11}r_{12}r_{21} + K_iT_{F1}T_{F2}b_pe_{qh}r_{11}r_{21}r_{22};$ $b_6 = K_pb_p + e_{qh}r_{11} + e_{qh}r_{12} + e_{qh}r_{21} + e_{qh}r_{22} + K_iT_yb_p + K_iT_{w11}b_pe_{qh} + K_iT_{w12}b_pe_{qh} + K_iT_{w21}b_pe_{qh} + K_iT_{w22}b_pe_{qh} + K_iT_{F1}b_pr_{11}$ $+ K_iT_{F2}b_pr_{21} + K_pb_pe_{qh}r_{11} + K_pb_pe_{qh}r_{12} + K_pb_pe_{qh}r_{21} + K_pb_pe_{qh}r_{22} + K_iT_yb_pe_{qh}r_{11} + K_iT_yb_pe_{qh}r_{12} + K_iT_yb_pe_{qh}r_{21} + K_iT_yb_pe_{qh}r_{22}$ $+ K_iT_{F1}b_pe_{qh}r_{11}r_{12} + K_iT_{F1}b_pe_{qh}r_{11}r_{21} + K_iT_{F1}b_pe_{qh}r_{11}r_{22} + K_iT_{F2}b_pe_{qh}r_{11}r_{21} + K_iT_{F2}b_pe_{qh}r_{12}r_{21} + K_iT_{F2}b_pe_{qh}r_{21}r_{22} + 1;$ $b_7 = K_ib_p + K_ib_pe_{qh}r_{11} + K_ib_pe_{qh}r_{12} + K_ib_pe_{qh}r_{21} + K_ib_pe_{qh}r_{22}$

续表

类型	调节系统传递函数的系数
M3	$a_0=T_{F1}T_{F2}T_aT_{w11}T_{w12}T_{w21}T_ye_{qh}+T_{F1}T_{F2}T_aT_{w11}T_{w21}T_{w22}T_ye_{qh};$ $a_1=T_{F1}T_{F2}T_aT_{w11}T_{w21}T_y+T_{F1}T_{F2}T_aT_{w11}T_{w12}T_{w21}e_{qh}+T_{F1}T_{F2}T_aT_{w11}T_{w21}T_{w22}e_{qh}+T_{F1}T_{F2}T_{w11}T_{w12}T_{w21}T_ye_he_{qx}$ $+T_{F1}T_{F2}T_{w11}T_{w21}T_{w22}T_ye_he_{qx}+T_{F1}T_{F2}T_{w11}T_{w12}T_{w21}T_ye_ne_{qh}+T_{F1}T_{F2}T_{w11}T_{w21}T_{w22}T_ye_ne_{qh}+T_{F1}T_{F2}T_aT_{w11}T_{w12}T_ye_{qh}r_{21}$ $+T_{F1}T_{F2}T_aT_{w11}T_{w21}T_ye_{qh}r_{12}+T_{F1}T_{F2}T_aT_{w12}T_{w21}T_ye_{qh}r_{11}+T_{F1}T_{F2}T_aT_{w11}T_{w21}T_ye_{qh}r_{22}+T_{F1}T_{F2}T_aT_{w11}T_{w22}T_ye_{qh}r_{21}$ $+T_{F1}T_{F2}T_aT_{w21}T_{w22}T_ye_{qh}r_{11}-K_pT_{F1}T_{F2}T_aT_{w11}T_{w12}T_{w21}b_pe_he_{qy}-K_pT_{F1}T_{F2}T_aT_{w11}T_{w21}T_{w22}b_pe_he_{qy}$ $+K_pT_{F1}T_{F2}T_aT_{w11}T_{w12}T_{w21}b_pe_{qh}e_y+K_pT_{F1}T_{F2}T_aT_{w11}T_{w21}T_{w22}b_pe_{qh}e_y;$ $a_2=T_{F1}T_{F2}T_aT_{w11}T_{w21}+T_{F1}T_{F2}T_{w11}T_{w21}T_ye_n+T_{F1}T_aT_{w11}T_{w12}T_ye_{qh}+T_{F1}T_aT_{w11}T_{w21}T_ye_{qh}+T_{F1}T_aT_{w11}T_{w22}T_ye_{qh}+T_{F2}T_aT_{w11}T_{w21}T_ye_{qh}$ $+T_{F2}T_aT_{w12}T_{w21}T_ye_{qh}+T_{F2}T_aT_{w21}T_{w22}T_ye_{qh}+T_{F1}T_{F2}T_aT_{w11}T_yr_{21}+T_{F1}T_{F2}T_aT_{w21}T_yr_{11}+T_{F1}T_{F2}T_{w11}T_{w12}T_{w21}e_he_{qx}+T_{F1}T_{F2}T_{w11}T_{w21}T_{w22}e_he_{qx}$ $+T_{F1}T_{F2}T_{w11}T_{w12}T_{w21}e_ne_{qh}+T_{F1}T_{F2}T_{w11}T_{w21}T_{w22}e_ne_{qh}+T_{F1}T_{F2}T_aT_{w11}T_{w12}e_{qh}r_{21}+T_{F1}T_{F2}T_aT_{w11}T_{w21}e_{qh}r_{12}+T_{F1}T_{F2}T_aT_{w12}T_{w21}e_{qh}r_{11}$ $+T_{F1}T_{F2}T_aT_{w11}T_{w21}e_{qh}r_{22}+T_{F1}T_{F2}T_aT_{w11}T_{w22}e_{qh}r_{21}+T_{F1}T_{F2}T_aT_{w21}T_{w22}e_{qh}r_{11}+K_pT_{F1}T_{F2}T_aT_{w11}T_{w21}b_pe_y+T_{F1}T_{F2}T_{w11}T_{w12}T_ye_he_{qx}r_{21}$ $+T_{F1}T_{F2}T_{w11}T_{w21}T_ye_he_{qx}r_{12}+T_{F1}T_{F2}T_{w12}T_{w21}T_ye_he_{qx}r_{11}+T_{F1}T_{F2}T_{w11}T_{w21}T_ye_he_{qx}r_{22}+T_{F1}T_{F2}T_{w11}T_{w22}T_ye_he_{qx}r_{21}+T_{F1}T_{F2}T_{w21}T_{w22}T_ye_he_{qx}r_{11}$ $+T_{F1}T_{F2}T_{w11}T_{w12}T_ye_ne_{qh}r_{21}+T_{F1}T_{F2}T_{w11}T_{w21}T_ye_ne_{qh}r_{12}+T_{F1}T_{F2}T_{w12}T_{w21}T_ye_ne_{qh}r_{11}+T_{F1}T_{F2}T_{w11}T_{w21}T_ye_ne_{qh}r_{22}+T_{F1}T_{F2}T_{w11}T_{w22}T_ye_ne_{qh}r_{21}$ $+T_{F1}T_{F2}T_{w21}T_{w22}T_ye_ne_{qh}r_{11}+T_{F1}T_{F2}T_aT_{w11}T_ye_{qh}r_{12}r_{21}+T_{F1}T_{F2}T_aT_{w12}T_ye_{qh}r_{11}r_{21}+T_{F1}T_{F2}T_aT_{w21}T_ye_{qh}r_{11}r_{12}+T_{F1}T_{F2}T_aT_{w11}T_ye_{qh}r_{21}r_{22}$ $+T_{F1}T_{F2}T_aT_{w21}T_ye_{qh}r_{11}r_{22}+T_{F1}T_{F2}T_aT_{w22}T_ye_{qh}r_{11}r_{21}-K_pT_{F1}T_{F2}T_{w11}T_{w12}T_{w21}b_pe_he_{qy}-K_pT_{F1}T_{F2}T_{w11}T_{w21}T_{w22}b_pe_he_{qy}$ $+K_pT_{F1}T_{F2}T_{w11}T_{w12}T_{w21}b_pe_{qh}e_y+K_pT_{F1}T_{F2}T_{w11}T_{w21}T_{w22}b_pe_{qh}e_y-K_iT_{F1}T_{F2}T_aT_{w11}T_{w12}T_{w21}b_pe_he_{qy}-K_iT_{F1}T_{F2}T_aT_{w11}T_{w21}T_{w22}b_pe_he_{qy}$ $+K_iT_{F1}T_{F2}T_aT_{w11}T_{w12}T_{w21}b_pe_{qh}e_y+K_iT_{F1}T_{F2}T_aT_{w11}T_{w21}T_{w22}b_pe_{qh}e_y-K_pT_{F1}T_{F2}T_{w11}T_{w12}T_{w21}b_pe_ge_he_{qy}-K_pT_{F1}T_{F2}T_{w11}T_{w21}T_{w22}b_pe_ge_he_{qy}$ $+K_pT_{F1}T_{F2}T_{w11}T_{w12}T_{w21}b_pe_ge_{qh}e_y+K_pT_{F1}T_{F2}T_{w11}T_{w21}T_{w22}b_pe_ge_{qh}e_y-K_pT_{F1}T_{F2}T_aT_{w11}T_{w12}b_pe_he_{qy}r_{21}-K_pT_{F1}T_{F2}T_aT_{w11}T_{w21}b_pe_he_{qy}r_{12}$ $-K_pT_{F1}T_{F2}T_aT_{w12}T_{w21}b_pe_he_{qy}r_{11}-K_pT_{F1}T_{F2}T_aT_{w11}T_{w21}b_pe_he_{qy}r_{22}-K_pT_{F1}T_{F2}T_aT_{w11}T_{w22}b_pe_he_{qy}r_{21}-K_pT_{F1}T_{F2}T_aT_{w21}T_{w22}b_pe_he_{qy}r_{11}$ $+K_pT_{F1}T_{F2}T_aT_{w11}T_{w12}b_pe_{qh}e_yr_{21}+K_pT_{F1}T_{F2}T_aT_{w11}T_{w21}b_pe_{qh}e_yr_{12}+K_pT_{F1}T_{F2}T_aT_{w12}T_{w21}b_pe_{qh}e_yr_{11}+K_pT_{F1}T_{F2}T_aT_{w11}T_{w21}b_pe_{qh}e_yr_{22}$ $+K_pT_{F1}T_{F2}T_aT_{w11}T_{w22}b_pe_{qh}e_yr_{21}+K_pT_{F1}T_{F2}T_aT_{w21}T_{w22}b_pe_{qh}e_yr_{11};$ $a_3=T_{F1}T_aT_{w11}T_y+T_{F2}T_aT_{w21}T_y+T_{F1}T_{F2}T_{w11}T_{w21}e_n+T_{F1}T_aT_{w11}T_{w12}e_{qh}+T_{F1}T_aT_{w11}T_{w21}e_{qh}+T_{F1}T_aT_{w11}T_{w22}e_{qh}+T_{F2}T_aT_{w11}T_{w21}e_{qh}$ $+T_{F2}T_aT_{w12}T_{w21}e_{qh}+T_{F2}T_aT_{w21}T_{w22}e_{qh}+T_{F1}T_{F2}T_aT_{w11}r_{21}+T_{F1}T_{F2}T_aT_{w21}r_{11}+T_{F1}T_{w11}T_{w12}T_ye_he_{qx}+T_{F1}T_{w11}T_{w21}T_ye_he_{qx}$ $+T_{F1}T_{w11}T_{w22}T_ye_he_{qx}+T_{F2}T_{w11}T_{w21}T_ye_he_{qx}+T_{F2}T_{w12}T_{w21}T_ye_he_{qx}+T_{F2}T_{w21}T_{w22}T_ye_he_{qx}+T_{F1}T_{w11}T_{w12}T_ye_ne_{qh}+T_{F1}T_{w11}T_{w21}T_ye_ne_{qh}$ $+T_{F1}T_{w11}T_{w22}T_ye_ne_{qh}+T_{F2}T_{w11}T_{w21}T_ye_ne_{qh}+T_{F2}T_{w12}T_{w21}T_ye_ne_{qh}+T_{F2}T_{w21}T_{w22}T_ye_ne_{qh}+T_{F1}T_{F2}T_{w11}T_ye_nr_{21}+T_{F1}T_{F2}T_{w21}T_ye_nr_{11}$ $+T_{F1}T_aT_{w11}T_ye_{qh}r_{12}+T_{F1}T_aT_{w12}T_ye_{qh}r_{11}+T_{F1}T_aT_{w11}T_ye_{qh}r_{21}+T_{F1}T_aT_{w21}T_ye_{qh}r_{11}+T_{F1}T_aT_{w11}T_ye_{qh}r_{22}+T_{F1}T_aT_{w22}T_ye_{qh}r_{11}$ $+T_{F2}T_aT_{w11}T_ye_{qh}r_{21}+T_{F2}T_aT_{w21}T_ye_{qh}r_{11}+T_{F2}T_aT_{w12}T_ye_{qh}r_{21}+T_{F2}T_aT_{w21}T_ye_{qh}r_{12}+T_{F2}T_aT_{w21}T_ye_{qh}r_{22}+T_{F2}T_aT_{w22}T_ye_{qh}r_{21}$ $+T_{F1}T_{F2}T_aT_yr_{11}r_{21}+K_pT_{F1}T_{F2}T_{w11}T_{w21}b_pe_y+T_{F1}T_{F2}T_{w11}T_{w12}e_he_{qx}r_{21}+T_{F1}T_{F2}T_{w11}T_{w21}e_he_{qx}r_{12}+T_{F1}T_{F2}T_{w12}T_{w21}e_he_{qx}r_{11}$ $+T_{F1}T_{F2}T_{w11}T_{w21}e_he_{qx}r_{22}+T_{F1}T_{F2}T_{w11}T_{w22}e_he_{qx}r_{21}+T_{F1}T_{F2}T_{w21}T_{w22}e_he_{qx}r_{11}+T_{F1}T_{F2}T_{w11}T_{w12}e_ne_{qh}r_{21}+T_{F1}T_{F2}T_{w11}T_{w21}e_ne_{qh}r_{12}$ $+T_{F1}T_{F2}T_{w12}T_{w21}e_ne_{qh}r_{11}+T_{F1}T_{F2}T_{w11}T_{w21}e_ne_{qh}r_{22}+T_{F1}T_{F2}T_{w11}T_{w22}e_ne_{qh}r_{21}+T_{F1}T_{F2}T_{w21}T_{w22}e_ne_{qh}r_{11}+T_{F1}T_{F2}T_aT_{w11}e_{qh}r_{12}r_{21}$ $+T_{F1}T_{F2}T_aT_{w12}e_{qh}r_{11}r_{21}+T_{F1}T_{F2}T_aT_{w21}e_{qh}r_{11}r_{12}+T_{F1}T_{F2}T_aT_{w11}e_{qh}r_{21}r_{22}+T_{F1}T_{F2}T_aT_{w21}e_{qh}r_{11}r_{22}+T_{F1}T_{F2}T_aT_{w22}e_{qh}r_{11}r_{21}$ $+K_iT_{F1}T_{F2}T_aT_{w11}T_{w21}b_pe_y+K_pT_{F1}T_{F2}T_{w11}T_{w21}b_pe_ge_y-K_pT_{F1}T_aT_{w11}T_{w12}b_pe_he_{qy}-K_pT_{F1}T_aT_{w11}T_{w21}b_pe_he_{qy}$ $-K_pT_{F1}T_aT_{w11}T_{w22}b_pe_he_{qy}-K_pT_{F2}T_aT_{w11}T_{w21}b_pe_he_{qy}-K_pT_{F2}T_aT_{w12}T_{w21}b_pe_he_{qy}-K_pT_{F2}T_aT_{w21}T_{w22}b_pe_he_{qy}$ $+K_pT_{F1}T_aT_{w11}T_{w12}b_pe_{qh}e_y+K_pT_{F1}T_aT_{w11}T_{w21}b_pe_{qh}e_y+K_pT_{F1}T_aT_{w11}T_{w22}b_pe_{qh}e_y+K_pT_{F2}T_aT_{w11}T_{w21}b_pe_{qh}e_y$ $+K_pT_{F2}T_aT_{w12}T_{w21}b_pe_{qh}e_y+K_pT_{F2}T_aT_{w21}T_{w22}b_pe_{qh}e_y+K_pT_{F1}T_{F2}T_aT_{w11}b_pe_yr_{21}+K_pT_{F1}T_{F2}T_aT_{w21}b_pe_yr_{11}+T_{F1}T_{F2}T_{w11}T_ye_he_{qx}r_{12}r_{21}$ $+T_{F1}T_{F2}T_{w12}T_ye_he_{qx}r_{11}r_{21}+T_{F1}T_{F2}T_{w21}T_ye_he_{qx}r_{11}r_{12}+T_{F1}T_{F2}T_{w11}T_ye_he_{qx}r_{21}r_{22}+T_{F1}T_{F2}T_{w21}T_ye_he_{qx}r_{11}r_{22}+T_{F1}T_{F2}T_{w22}T_ye_he_{qx}r_{11}r_{21}$ $+T_{F1}T_{F2}T_{w11}T_ye_ne_{qh}r_{12}r_{21}+T_{F1}T_{F2}T_{w12}T_ye_ne_{qh}r_{11}r_{21}+T_{F1}T_{F2}T_{w21}T_ye_ne_{qh}r_{11}r_{12}+T_{F1}T_{F2}T_{w11}T_ye_ne_{qh}r_{21}r_{22}+T_{F1}T_{F2}T_{w21}T_ye_ne_{qh}r_{11}r_{22}$ $+T_{F1}T_{F2}T_{w22}T_ye_ne_{qh}r_{11}r_{21}+T_{F1}T_{F2}T_aT_ye_{qh}r_{11}r_{12}r_{21}+T_{F1}T_{F2}T_aT_ye_{qh}r_{11}r_{21}r_{22}-K_iT_{F1}T_{F2}T_{w11}T_{w12}T_{w21}b_pe_he_{qy}$ $-K_iT_{F1}T_{F2}T_{w11}T_{w21}T_{w22}b_pe_he_{qy}+K_iT_{F1}T_{F2}T_{w11}T_{w12}T_{w21}b_pe_{qh}e_y+K_iT_{F1}T_{F2}T_{w11}T_{w21}T_{w22}b_pe_{qh}e_y-K_pT_{F1}T_{F2}T_{w11}T_{w12}b_pe_he_{qy}r_{21}$ $-K_pT_{F1}T_{F2}T_{w11}T_{w21}b_pe_he_{qy}r_{12}-K_pT_{F1}T_{F2}T_{w12}T_{w21}b_pe_he_{qy}r_{11}-K_pT_{F1}T_{F2}T_{w11}T_{w21}b_pe_he_{qy}r_{22}-K_pT_{F1}T_{F2}T_{w11}T_{w22}b_pe_he_{qy}r_{21}$ $-K_pT_{F1}T_{F2}T_{w21}T_{w22}b_pe_he_{qy}r_{11}+K_pT_{F1}T_{F2}T_{w11}T_{w12}b_pe_{qh}e_yr_{21}+K_pT_{F1}T_{F2}T_{w11}T_{w21}b_pe_{qh}e_yr_{12}+K_pT_{F1}T_{F2}T_{w12}T_{w21}b_pe_{qh}e_yr_{11}$ $+K_pT_{F1}T_{F2}T_{w11}T_{w21}b_pe_{qh}e_yr_{22}+K_pT_{F1}T_{F2}T_{w11}T_{w22}b_pe_{qh}e_yr_{21}+K_pT_{F1}T_{F2}T_{w21}T_{w22}b_pe_{qh}e_yr_{11}-K_pT_{F1}T_{F2}T_{w11}T_{w12}b_pe_ge_he_{qy}r_{21}$ $-K_pT_{F1}T_{F2}T_{w11}T_{w21}b_pe_ge_he_{qy}r_{12}-K_pT_{F1}T_{F2}T_{w12}T_{w21}b_pe_ge_he_{qy}r_{11}-K_pT_{F1}T_{F2}T_{w11}T_{w21}b_pe_ge_he_{qy}r_{22}-K_pT_{F1}T_{F2}T_{w11}T_{w22}b_pe_ge_he_{qy}r_{21}$ $-K_pT_{F1}T_{F2}T_{w21}T_{w22}b_pe_ge_he_{qy}r_{11}+K_pT_{F1}T_{F2}T_{w11}T_{w12}b_pe_ge_{qh}e_yr_{21}+K_pT_{F1}T_{F2}T_{w11}T_{w21}b_pe_ge_{qh}e_yr_{12}+K_pT_{F1}T_{F2}T_{w12}T_{w21}b_pe_ge_{qh}e_yr_{11}$ $+K_pT_{F1}T_{F2}T_{w11}T_{w21}b_pe_ge_{qh}e_yr_{22}+K_pT_{F1}T_{F2}T_{w11}T_{w22}b_pe_ge_{qh}e_yr_{21}+K_pT_{F1}T_{F2}T_{w21}T_{w22}b_pe_ge_{qh}e_yr_{11}-K_pT_{F1}T_{F2}T_aT_{w11}b_pe_he_{qy}r_{12}r_{21}$ $-K_pT_{F1}T_{F2}T_aT_{w12}b_pe_he_{qy}r_{11}r_{21}-K_pT_{F1}T_{F2}T_aT_{w21}b_pe_he_{qy}r_{11}r_{12}-K_pT_{F1}T_{F2}T_aT_{w11}b_pe_he_{qy}r_{21}r_{22}-K_pT_{F1}T_{F2}T_aT_{w21}b_pe_he_{qy}r_{11}r_{22}$

续表

类型	调节系统传递函数的系数
M3	$-K_pT_{F1}T_{F2}T_aT_{w22}b_pe_he_{qy}r_{11}r_{21}+K_pT_{F1}T_{F2}T_aT_{w11}b_pe_{qh}e_yr_{12}r_{21}+K_pT_{F1}T_{F2}T_aT_{w12}b_pe_{qh}e_yr_{11}r_{21}+K_pT_{F1}T_{F2}T_aT_{w21}b_pe_{qh}e_yr_{11}r_{12}$ $+K_pT_{F1}T_{F2}T_aT_{w11}b_pe_{qh}e_yr_{21}r_{22}+K_pT_{F1}T_{F2}T_aT_{w21}b_pe_{qh}e_yr_{11}r_{22}+K_pT_{F1}T_{F2}T_aT_{w22}b_pe_{qh}e_yr_{11}r_{21}-K_iT_{F1}T_{F2}T_{w11}T_{w12}T_{w21}b_pe_ge_he_{qy}$ $-K_iT_{F1}T_{F2}T_{w11}T_{w21}T_{w22}b_pe_ge_he_{qy}+K_iT_{F1}T_{F2}T_{w11}T_{w12}T_{w21}b_pe_ge_{qh}e_y+K_iT_{F1}T_{F2}T_{w11}T_{w21}T_{w22}b_pe_ge_{qh}e_y-K_iT_{F1}T_{F2}T_aT_{w11}T_{w12}b_pe_he_{qy}r_{21}$ $-K_iT_{F1}T_{F2}T_aT_{w11}T_{w21}b_pe_he_{qy}r_{12}-K_iT_{F1}T_{F2}T_aT_{w12}T_{w21}b_pe_he_{qy}r_{11}-K_iT_{F1}T_{F2}T_aT_{w11}T_{w21}b_pe_he_{qy}r_{22}-K_iT_{F1}T_{F2}T_aT_{w11}T_{w22}b_pe_he_{qy}r_{21}$ $-K_iT_{F1}T_{F2}T_aT_{w21}T_{w22}b_pe_he_{qy}r_{11}+K_iT_{F1}T_{F2}T_aT_{w11}T_{w12}b_pe_{qh}e_yr_{21}+K_iT_{F1}T_{F2}T_aT_{w11}T_{w21}b_pe_{qh}e_yr_{12}+K_iT_{F1}T_{F2}T_aT_{w12}T_{w21}b_pe_{qh}e_yr_{11}$ $+K_iT_{F1}T_{F2}T_aT_{w11}T_{w21}b_pe_{qh}e_yr_{22}+K_iT_{F1}T_{F2}T_aT_{w11}T_{w22}b_pe_{qh}e_yr_{21}+K_iT_{F1}T_{F2}T_aT_{w21}T_{w22}b_pe_{qh}e_yr_{11};$ $a_4=T_{F1}T_aT_{w11}+T_{F2}T_aT_{w21}+T_{F1}T_{w11}T_ye_n+T_{F2}T_{w21}T_ye_n+T_aT_{w11}T_ye_{qh}+T_aT_{w12}T_ye_{qh}+T_aT_{w21}T_ye_{qh}+T_aT_{w22}T_ye_{qh}$ $+T_{F1}T_aT_yr_{11}+T_{F2}T_aT_yr_{21}+T_{F1}T_{w11}T_{w12}e_he_{qx}+T_{F1}T_{w11}T_{w21}e_he_{qx}+T_{F1}T_{w11}T_{w22}e_he_{qx}+T_{F2}T_{w11}T_{w21}e_he_{qx}$ $+T_{F2}T_{w12}T_{w21}e_he_{qx}+T_{F2}T_{w21}T_{w22}e_he_{qx}+T_{F1}T_{w11}T_{w12}e_ne_{qh}+T_{F1}T_{w11}T_{w21}e_ne_{qh}+T_{F1}T_{w11}T_{w22}e_ne_{qh}+T_{F2}T_{w11}T_{w21}e_ne_{qh}$ $+T_{F2}T_{w12}T_{w21}e_ne_{qh}+T_{F2}T_{w21}T_{w22}e_ne_{qh}+T_{F1}T_{F2}T_{w11}e_nr_{21}+T_{F1}T_{F2}T_{w21}e_nr_{11}+T_{F1}T_aT_{w11}e_{qh}r_{12}+T_{F1}T_aT_{w12}e_{qh}r_{11}$ $+T_{F1}T_aT_{w11}e_{qh}r_{21}+T_{F1}T_aT_{w21}e_{qh}r_{11}+T_{F1}T_aT_{w11}e_{qh}r_{22}+T_{F1}T_aT_{w22}e_{qh}r_{11}+T_{F2}T_aT_{w11}e_{qh}r_{21}+T_{F2}T_aT_{w21}e_{qh}r_{11}$ $+T_{F2}T_aT_{w12}e_{qh}r_{21}+T_{F2}T_aT_{w21}e_{qh}r_{12}+T_{F2}T_aT_{w21}e_{qh}r_{22}+T_{F2}T_aT_{w22}e_{qh}r_{21}+T_{F1}T_{F2}T_ar_{11}r_{21}+K_pT_{F1}T_aT_{w11}b_pe_y$ $+K_pT_{F2}T_aT_{w21}b_pe_y+T_{F1}T_{w11}T_ye_he_{qx}r_{12}+T_{F1}T_{w12}T_ye_he_{qx}r_{11}+T_{F1}T_{w11}T_ye_he_{qx}r_{21}+T_{F1}T_{w21}T_ye_he_{qx}r_{11}+T_{F1}T_{w11}T_ye_he_{qx}r_{22}$ $+T_{F1}T_{w22}T_ye_he_{qx}r_{11}+T_{F2}T_{w11}T_ye_he_{qx}r_{21}+T_{F2}T_{w21}T_ye_he_{qx}r_{11}+T_{F2}T_{w12}T_ye_he_{qx}r_{21}+T_{F2}T_{w21}T_ye_he_{qx}r_{12}+T_{F2}T_{w21}T_ye_he_{qx}r_{22}$ $+T_{F2}T_{w22}T_ye_he_{qx}r_{21}+T_{F1}T_{w11}T_ye_ne_{qh}r_{12}+T_{F1}T_{w12}T_ye_ne_{qh}r_{11}+T_{F1}T_{w11}T_ye_ne_{qh}r_{21}+T_{F1}T_{w21}T_ye_ne_{qh}r_{11}+T_{F1}T_{w11}T_ye_ne_{qh}r_{22}$ $+T_{F1}T_{w22}T_ye_ne_{qh}r_{11}+T_{F2}T_{w11}T_ye_ne_{qh}r_{21}+T_{F2}T_{w21}T_ye_ne_{qh}r_{11}+T_{F2}T_{w12}T_ye_ne_{qh}r_{21}+T_{F2}T_{w21}T_ye_ne_{qh}r_{12}+T_{F2}T_{w21}T_ye_ne_{qh}r_{22}$ $+T_{F2}T_{w22}T_ye_ne_{qh}r_{21}+T_{F1}T_{F2}T_ye_nr_{11}r_{21}+T_{F1}T_aT_ye_{qh}r_{11}r_{12}+T_{F1}T_aT_ye_{qh}r_{11}r_{21}+T_{F1}T_aT_ye_{qh}r_{11}r_{22}+T_{F2}T_aT_ye_{qh}r_{11}r_{21}$ $+T_{F2}T_aT_ye_{qh}r_{12}r_{21}+T_{F2}T_aT_ye_{qh}r_{21}r_{22}+T_{F1}T_{F2}T_{w11}e_he_{qx}r_{12}r_{21}+T_{F1}T_{F2}T_{w12}e_he_{qx}r_{11}r_{21}+T_{F1}T_{F2}T_{w21}e_he_{qx}r_{11}r_{12}$ $+T_{F1}T_{F2}T_{w11}e_he_{qx}r_{21}r_{22}+T_{F1}T_{F2}T_{w21}e_he_{qx}r_{11}r_{22}+T_{F1}T_{F2}T_{w22}e_he_{qx}r_{11}r_{21}+T_{F1}T_{F2}T_{w11}e_ne_{qh}r_{12}r_{21}+T_{F1}T_{F2}T_{w12}e_ne_{qh}r_{11}r_{21}$ $+T_{F1}T_{F2}T_{w21}e_ne_{qh}r_{11}r_{12}+T_{F1}T_{F2}T_{w11}e_ne_{qh}r_{21}r_{22}+T_{F1}T_{F2}T_{w21}e_ne_{qh}r_{11}r_{22}+T_{F1}T_{F2}T_{w22}e_ne_{qh}r_{11}r_{21}+T_{F1}T_{F2}T_ae_{qh}r_{11}r_{12}r_{21}$ $+T_{F1}T_{F2}T_ae_{qh}r_{11}r_{21}r_{22}+K_iT_{F1}T_{F2}T_{w11}T_{w21}b_pe_y-K_pT_{F1}T_{w11}T_{w12}b_pe_he_{qy}-K_pT_{F1}T_{w11}T_{w21}b_pe_he_{qy}-K_pT_{F1}T_{w11}T_{w22}b_pe_he_{qy}$ $-K_pT_{F2}T_{w11}T_{w21}b_pe_he_{qy}-K_pT_{F2}T_{w12}T_{w21}b_pe_he_{qy}-K_pT_{F2}T_{w21}T_{w22}b_pe_he_{qy}+K_pT_{F1}T_{w11}T_{w12}b_pe_{qh}e_y$ $+K_pT_{F1}T_{w11}T_{w21}b_pe_{qh}e_y+K_pT_{F1}T_{w11}T_{w22}b_pe_{qh}e_y+K_pT_{F2}T_{w11}T_{w21}b_pe_{qh}e_y+K_pT_{F2}T_{w12}T_{w21}b_pe_{qh}e_y$ $+K_pT_{F2}T_{w21}T_{w22}b_pe_{qh}e_y+K_pT_{F1}T_{F2}T_{w11}b_pe_yr_{21}+K_pT_{F1}T_{F2}T_{w21}b_pe_yr_{11}+K_iT_{F1}T_{F2}T_{w11}T_{w21}b_pe_ge_y$ $-K_iT_{F1}T_aT_{w11}T_{w12}b_pe_he_{qy}-K_iT_{F1}T_aT_{w11}T_{w21}b_pe_he_{qy}-K_iT_{F1}T_aT_{w11}T_{w22}b_pe_he_{qy}-K_iT_{F2}T_aT_{w11}T_{w21}b_pe_he_{qy}$ $-K_iT_{F2}T_aT_{w12}T_{w21}b_pe_he_{qy}-K_iT_{F2}T_aT_{w21}T_{w22}b_pe_he_{qy}+K_iT_{F1}T_aT_{w11}T_{w12}b_pe_{qh}e_y+K_iT_{F1}T_aT_{w11}T_{w21}b_pe_{qh}e_y$ $+K_iT_{F1}T_aT_{w11}T_{w22}b_pe_{qh}e_y+K_iT_{F2}T_aT_{w11}T_{w21}b_pe_{qh}e_y+K_iT_{F2}T_aT_{w12}T_{w21}b_pe_{qh}e_y+K_iT_{F2}T_aT_{w21}T_{w22}b_pe_{qh}e_y$ $+K_iT_{F1}T_{F2}T_aT_{w11}b_pe_yr_{21}+K_iT_{F1}T_{F2}T_aT_{w21}b_pe_yr_{11}-K_pT_{F1}T_{w11}T_{w12}b_pe_ge_he_{qy}-K_pT_{F1}T_{w11}T_{w21}b_pe_ge_he_{qy}$ $-K_pT_{F1}T_{w11}T_{w22}b_pe_ge_he_{qy}-K_pT_{F2}T_{w11}T_{w21}b_pe_ge_he_{qy}-K_pT_{F2}T_{w12}T_{w21}b_pe_ge_he_{qy}-K_pT_{F2}T_{w21}T_{w22}b_pe_ge_he_{qy}$ $+K_pT_{F1}T_{w11}T_{w12}b_pe_ge_{qh}e_y+K_pT_{F1}T_{w11}T_{w21}b_pe_ge_{qh}e_y+K_pT_{F1}T_{w11}T_{w22}b_pe_ge_{qh}e_y+K_pT_{F2}T_{w11}T_{w21}b_pe_ge_{qh}e_y$ $+K_pT_{F2}T_{w12}T_{w21}b_pe_ge_{qh}e_y+K_pT_{F2}T_{w21}T_{w22}b_pe_ge_{qh}e_y+K_pT_{F1}T_{F2}T_{w11}b_pe_ge_yr_{21}+K_pT_{F1}T_{F2}T_{w21}b_pe_ge_yr_{11}$ $-K_pT_{F1}T_aT_{w11}b_pe_he_{qy}r_{12}-K_pT_{F1}T_aT_{w12}b_pe_he_{qy}r_{11}-K_pT_{F1}T_aT_{w11}b_pe_he_{qy}r_{21}-K_pT_{F1}T_aT_{w21}b_pe_he_{qy}r_{11}$ $-K_pT_{F1}T_aT_{w11}b_pe_he_{qy}r_{22}-K_pT_{F1}T_aT_{w22}b_pe_he_{qy}r_{11}-K_pT_{F2}T_aT_{w11}b_pe_he_{qy}r_{21}-K_pT_{F2}T_aT_{w21}b_pe_he_{qy}r_{11}$ $-K_pT_{F2}T_aT_{w12}b_pe_he_{qy}r_{21}-K_pT_{F2}T_aT_{w21}b_pe_he_{qy}r_{12}-K_pT_{F2}T_aT_{w21}b_pe_he_{qy}r_{22}-K_pT_{F2}T_aT_{w22}b_pe_he_{qy}r_{21}$ $+K_pT_{F1}T_aT_{w11}b_pe_{qh}e_yr_{12}+K_pT_{F1}T_aT_{w12}b_pe_{qh}e_yr_{11}+K_pT_{F1}T_aT_{w11}b_pe_{qh}e_yr_{21}+K_pT_{F1}T_aT_{w21}b_pe_{qh}e_yr_{11}$ $+K_pT_{F1}T_aT_{w11}b_pe_{qh}e_yr_{22}+K_pT_{F1}T_aT_{w22}b_pe_{qh}e_yr_{11}+K_pT_{F2}T_aT_{w11}b_pe_{qh}e_yr_{21}+K_pT_{F2}T_aT_{w21}b_pe_{qh}e_yr_{11}$ $+K_pT_{F2}T_aT_{w12}b_pe_{qh}e_yr_{21}+K_pT_{F2}T_aT_{w21}b_pe_{qh}e_yr_{12}+K_pT_{F2}T_aT_{w21}b_pe_{qh}e_yr_{22}+K_pT_{F2}T_aT_{w22}b_pe_{qh}e_yr_{21}$ $+K_pT_{F1}T_{F2}T_ab_pe_yr_{11}r_{21}+T_{F1}T_{F2}T_ye_he_{qx}r_{11}r_{12}r_{21}+T_{F1}T_{F2}T_ye_he_{qx}r_{11}r_{21}r_{22}+T_{F1}T_{F2}T_ye_ne_{qh}r_{11}r_{12}r_{21}$ $+T_{F1}T_{F2}T_ye_ne_{qh}r_{11}r_{21}r_{22}-K_iT_{F1}T_{F2}T_{w11}T_{w12}b_pe_he_{qy}r_{21}-K_iT_{F1}T_{F2}T_{w11}T_{w21}b_pe_he_{qy}r_{12}$ $-K_iT_{F1}T_{F2}T_{w12}T_{w21}b_pe_he_{qy}r_{11}-K_iT_{F1}T_{F2}T_{w11}T_{w21}b_pe_he_{qy}r_{22}-K_iT_{F1}T_{F2}T_{w11}T_{w22}b_pe_he_{qy}r_{21}$ $-K_iT_{F1}T_{F2}T_{w21}T_{w22}b_pe_he_{qy}r_{11}+K_iT_{F1}T_{F2}T_{w11}T_{w12}b_pe_{qh}e_yr_{21}+K_iT_{F1}T_{F2}T_{w11}T_{w21}b_pe_{qh}e_yr_{12}$ $+K_iT_{F1}T_{F2}T_{w12}T_{w21}b_pe_{qh}e_yr_{11}+K_iT_{F1}T_{F2}T_{w11}T_{w21}b_pe_{qh}e_yr_{22}+K_iT_{F1}T_{F2}T_{w11}T_{w22}b_pe_{qh}e_yr_{21}$ $+K_iT_{F1}T_{F2}T_{w21}T_{w22}b_pe_{qh}e_yr_{11}-K_pT_{F1}T_{F2}T_{w11}b_pe_he_{qy}r_{12}r_{21}-K_pT_{F1}T_{F2}T_{w12}b_pe_he_{qy}r_{11}r_{21}$ $-K_pT_{F1}T_{F2}T_{w21}b_pe_he_{qy}r_{11}r_{12}-K_pT_{F1}T_{F2}T_{w11}b_pe_he_{qy}r_{21}r_{22}-K_pT_{F1}T_{F2}T_{w21}b_pe_he_{qy}r_{11}r_{22}$ $-K_pT_{F1}T_{F2}T_{w22}b_pe_he_{qy}r_{11}r_{21}+K_pT_{F1}T_{F2}T_{w11}b_pe_{qh}e_yr_{12}r_{21}+K_pT_{F1}T_{F2}T_{w12}b_pe_{qh}e_yr_{11}r_{21}$ $+K_pT_{F1}T_{F2}T_{w21}b_pe_{qh}e_yr_{11}r_{12}+K_pT_{F1}T_{F2}T_{w11}b_pe_{qh}e_yr_{21}r_{22}+K_pT_{F1}T_{F2}T_{w21}b_pe_{qh}e_yr_{11}r_{22}$

续表

类型	调节系统传递函数的系数
M3	$+K_pT_{F1}T_{F2}T_{w22}b_pe_{qh}e_yr_{11}r_{21}-K_iT_{F1}T_{F2}T_{w11}T_{w12}b_pe_ge_he_{qy}r_{21}-K_iT_{F1}T_{F2}T_{w11}T_{w21}b_pe_ge_he_{qy}r_{12}$ $-K_iT_{F1}T_{F2}T_{w12}T_{w21}b_pe_ge_he_{qy}r_{11}-K_iT_{F1}T_{F2}T_{w11}T_{w21}b_pe_ge_he_{qy}r_{22}-K_iT_{F1}T_{F2}T_{w11}T_{w22}b_pe_ge_he_{qy}r_{21}$ $-K_iT_{F1}T_{F2}T_{w21}T_{w22}b_pe_ge_he_{qy}r_{11}+K_iT_{F1}T_{F2}T_{w11}T_{w12}b_pe_ge_{qh}e_yr_{21}+K_iT_{F1}T_{F2}T_{w11}T_{w21}b_pe_ge_{qh}e_yr_{12}$ $+K_iT_{F1}T_{F2}T_{w12}T_{w21}b_pe_ge_{qh}e_yr_{11}+K_iT_{F1}T_{F2}T_{w11}T_{w21}b_pe_ge_{qh}e_yr_{22}+K_iT_{F1}T_{F2}T_{w11}T_{w22}b_pe_ge_{qh}e_yr_{21}$ $+K_iT_{F1}T_{F2}T_{w21}T_{w22}b_pe_ge_{qh}e_yr_{11}-K_iT_{F1}T_{F2}T_aT_{w11}b_pe_he_{qy}r_{12}r_{21}-K_iT_{F1}T_{F2}T_aT_{w12}b_pe_he_{qy}r_{11}r_{21}$ $-K_iT_{F1}T_{F2}T_aT_{w21}b_pe_he_{qy}r_{11}r_{12}-K_iT_{F1}T_{F2}T_aT_{w11}b_pe_he_{qy}r_{21}r_{22}-K_iT_{F1}T_{F2}T_aT_{w21}b_pe_he_{qy}r_{11}r_{22}$ $-K_iT_{F1}T_{F2}T_aT_{w22}b_pe_he_{qy}r_{11}r_{21}+K_iT_{F1}T_{F2}T_aT_{w11}b_pe_{qh}e_yr_{12}r_{21}+K_iT_{F1}T_{F2}T_aT_{w12}b_pe_{qh}e_yr_{11}r_{21}$ $+K_iT_{F1}T_{F2}T_aT_{w21}b_pe_{qh}e_yr_{11}r_{12}+K_iT_{F1}T_{F2}T_aT_{w11}b_pe_{qh}e_yr_{21}r_{22}+K_iT_{F1}T_{F2}T_aT_{w21}b_pe_{qh}e_yr_{11}r_{22}$ $+K_iT_{F1}T_{F2}T_aT_{w22}b_pe_{qh}e_yr_{11}r_{21}-K_pT_{F1}T_{F2}T_{w11}b_pe_ge_he_{qy}r_{12}r_{21}-K_pT_{F1}T_{F2}T_{w12}b_pe_ge_he_{qy}r_{11}r_{21}$ $-K_pT_{F1}T_{F2}T_{w21}b_pe_ge_he_{qy}r_{11}r_{12}-K_pT_{F1}T_{F2}T_{w11}b_pe_ge_he_{qy}r_{21}r_{22}-K_pT_{F1}T_{F2}T_{w21}b_pe_ge_he_{qy}r_{11}r_{22}$ $-K_pT_{F1}T_{F2}T_{w22}b_pe_ge_he_{qy}r_{11}r_{21}+K_pT_{F1}T_{F2}T_{w11}b_pe_ge_{qh}e_yr_{12}r_{21}+K_pT_{F1}T_{F2}T_{w12}b_pe_ge_{qh}e_yr_{11}r_{21}$ $+K_pT_{F1}T_{F2}T_{w21}b_pe_ge_{qh}e_yr_{11}r_{12}+K_pT_{F1}T_{F2}T_{w11}b_pe_ge_{qh}e_yr_{21}r_{22}+K_pT_{F1}T_{F2}T_{w21}b_pe_ge_{qh}e_yr_{11}r_{22}$ $+K_pT_{F1}T_{F2}T_{w22}b_pe_ge_{qh}e_yr_{11}r_{21}-K_pT_{F1}T_{F2}T_ab_pe_he_{qy}r_{11}r_{12}r_{21}-K_pT_{F1}T_{F2}T_ab_pe_he_{qy}r_{11}r_{21}r_{22}$ $+K_pT_{F1}T_{F2}T_ab_pe_{qh}e_yr_{11}r_{12}r_{21}+K_pT_{F1}T_{F2}T_ab_pe_{qh}e_yr_{11}r_{21}r_{22};$ $a_5=T_aT_y+T_{F1}T_{w11}e_n+T_{F2}T_{w21}e_n+T_aT_{w11}e_{qh}+T_aT_{w12}e_{qh}+T_aT_{w21}e_{qh}+T_aT_{w22}e_{qh}+T_{F1}T_ar_{11}+T_{F2}T_ar_{21}+T_{w11}T_ye_he_{qx}+T_{w12}T_ye_he_{qx}$ $+T_{w21}T_ye_he_{qx}+T_{w22}T_ye_he_{qx}+T_{w11}T_ye_ne_{qh}+T_{w12}T_ye_ne_{qh}+T_{w21}T_ye_ne_{qh}+T_{w22}T_ye_ne_{qh}+T_{F1}T_ye_nr_{11}+T_{F2}T_ye_nr_{21}+T_aT_ye_{qh}r_{11}$ $+T_aT_ye_{qh}r_{12}+T_aT_ye_{qh}r_{21}+T_aT_ye_{qh}r_{22}+K_pT_{F1}T_{w11}b_pe_y+K_pT_{F2}T_{w21}b_pe_y+T_{F1}T_{w11}e_he_{qx}r_{12}+T_{F1}T_{w12}e_he_{qx}r_{11}+T_{F1}T_{w11}e_he_{qx}r_{21}$ $+T_{F1}T_{w21}e_he_{qx}r_{11}+T_{F1}T_{w11}e_he_{qx}r_{22}+T_{F1}T_{w22}e_he_{qx}r_{11}+T_{F2}T_{w11}e_he_{qx}r_{21}+T_{F2}T_{w21}e_he_{qx}r_{11}+T_{F2}T_{w12}e_he_{qx}r_{21}+T_{F2}T_{w21}e_he_{qx}r_{12}$ $+T_{F2}T_{w21}e_he_{qx}r_{22}+T_{F2}T_{w22}e_he_{qx}r_{21}+T_{F1}T_{w11}e_ne_{qh}r_{12}+T_{F1}T_{w12}e_ne_{qh}r_{11}+T_{F1}T_{w11}e_ne_{qh}r_{21}+T_{F1}T_{w21}e_ne_{qh}r_{11}+T_{F1}T_{w11}e_ne_{qh}r_{22}$ $+T_{F1}T_{w22}e_ne_{qh}r_{11}+T_{F2}T_{w11}e_ne_{qh}r_{21}+T_{F2}T_{w21}e_ne_{qh}r_{11}+T_{F2}T_{w12}e_ne_{qh}r_{21}+T_{F2}T_{w21}e_ne_{qh}r_{12}+T_{F2}T_{w21}e_ne_{qh}r_{22}+T_{F2}T_{w22}e_ne_{qh}r_{21}$ $+T_{F1}T_{F2}e_nr_{11}r_{21}+T_{F1}T_ae_{qh}r_{11}r_{12}+T_{F1}T_ae_{qh}r_{11}r_{21}+T_{F1}T_ae_{qh}r_{11}r_{22}+T_{F2}T_ae_{qh}r_{11}r_{21}+T_{F2}T_ae_{qh}r_{12}r_{21}+T_{F2}T_ae_{qh}r_{21}r_{22}+K_iT_{F1}T_aT_{w11}b_pe_y$ $+K_iT_{F2}T_aT_{w21}b_pe_y+K_pT_{F1}T_{w11}b_pe_ge_y+K_pT_{F2}T_{w21}b_pe_ge_y-K_pT_aT_{w11}b_pe_he_{qy}-K_pT_aT_{w12}b_pe_he_{qy}-K_pT_aT_{w21}b_pe_he_{qy}$ $-K_pT_aT_{w22}b_pe_he_{qy}+K_pT_aT_{w11}b_pe_{qh}e_y+K_pT_aT_{w12}b_pe_{qh}e_y+K_pT_aT_{w21}b_pe_{qh}e_y+K_pT_aT_{w22}b_pe_{qh}e_y+K_pT_{F1}T_ab_pe_yr_{11}$ $+K_pT_{F2}T_ab_pe_yr_{21}+T_{F1}T_ye_he_{qx}r_{11}r_{12}+T_{F1}T_ye_he_{qx}r_{11}r_{21}+T_{F1}T_ye_he_{qx}r_{11}r_{22}+T_{F2}T_ye_he_{qx}r_{11}r_{21}+T_{F2}T_ye_he_{qx}r_{12}r_{21}+T_{F2}T_ye_he_{qx}r_{21}r_{22}$ $+T_{F1}T_ye_ne_{qh}r_{11}r_{12}+T_{F1}T_ye_ne_{qh}r_{11}r_{21}+T_{F1}T_ye_ne_{qh}r_{11}r_{22}+T_{F2}T_ye_ne_{qh}r_{11}r_{21}+T_{F2}T_ye_ne_{qh}r_{12}r_{21}+T_{F2}T_ye_ne_{qh}r_{21}r_{22}+T_{F1}T_{F2}e_he_{qx}r_{11}r_{12}r_{21}$ $+T_{F1}T_{F2}e_he_{qx}r_{11}r_{21}r_{22}+T_{F1}T_{F2}e_ne_{qh}r_{11}r_{12}r_{21}+T_{F1}T_{F2}e_ne_{qh}r_{11}r_{21}r_{22}-K_iT_{F1}T_{w11}T_{w12}b_pe_he_{qy}-K_iT_{F1}T_{w11}T_{w21}b_pe_he_{qy}$ $-K_iT_{F1}T_{w11}T_{w22}b_pe_he_{qy}-K_iT_{F2}T_{w11}T_{w21}b_pe_he_{qy}-K_iT_{F2}T_{w12}T_{w21}b_pe_he_{qy}-K_iT_{F2}T_{w21}T_{w22}b_pe_he_{qy}+K_iT_{F1}T_{w11}T_{w12}b_pe_{qh}e_y$ $+K_iT_{F1}T_{w11}T_{w21}b_pe_{qh}e_y+K_iT_{F1}T_{w11}T_{w22}b_pe_{qh}e_y+K_iT_{F2}T_{w11}T_{w21}b_pe_{qh}e_y+K_iT_{F2}T_{w12}T_{w21}b_pe_{qh}e_y+K_iT_{F2}T_{w21}T_{w22}b_pe_{qh}e_y$ $+K_iT_{F1}T_{F2}T_{w11}b_pe_yr_{21}+K_iT_{F1}T_{F2}T_{w21}b_pe_yr_{11}-K_pT_{F1}T_{w11}b_pe_he_{qy}r_{12}-K_pT_{F1}T_{w12}b_pe_he_{qy}r_{11}-K_pT_{F1}T_{w11}b_pe_he_{qy}r_{21}$ $-K_pT_{F1}T_{w21}b_pe_he_{qy}r_{11}-K_pT_{F1}T_{w11}b_pe_he_{qy}r_{22}-K_pT_{F1}T_{w22}b_pe_he_{qy}r_{11}-K_pT_{F2}T_{w11}b_pe_he_{qy}r_{21}-K_pT_{F2}T_{w21}b_pe_he_{qy}r_{11}$ $-K_pT_{F2}T_{w12}b_pe_he_{qy}r_{21}-K_pT_{F2}T_{w21}b_pe_he_{qy}r_{12}-K_pT_{F2}T_{w21}b_pe_he_{qy}r_{22}-K_pT_{F2}T_{w22}b_pe_he_{qy}r_{21}+K_pT_{F1}T_{w11}b_pe_{qh}e_yr_{12}$ $+K_pT_{F1}T_{w12}b_pe_{qh}e_yr_{11}+K_pT_{F1}T_{w11}b_pe_{qh}e_yr_{21}+K_pT_{F1}T_{w21}b_pe_{qh}e_yr_{11}+K_pT_{F1}T_{w11}b_pe_{qh}e_yr_{22}+K_pT_{F1}T_{w22}b_pe_{qh}e_yr_{11}$ $+K_pT_{F2}T_{w11}b_pe_{qh}e_yr_{21}+K_pT_{F2}T_{w21}b_pe_{qh}e_yr_{11}+K_pT_{F2}T_{w12}b_pe_{qh}e_yr_{21}+K_pT_{F2}T_{w21}b_pe_{qh}e_yr_{12}+K_pT_{F2}T_{w21}b_pe_{qh}e_yr_{22}$ $+K_pT_{F2}T_{w22}b_pe_{qh}e_yr_{21}+K_pT_{F1}T_{F2}b_pe_yr_{11}r_{21}-K_iT_{F1}T_{w11}T_{w12}b_pe_ge_he_{qy}-K_iT_{F1}T_{w11}T_{w21}b_pe_ge_he_{qy}-K_iT_{F1}T_{w11}T_{w22}b_pe_ge_he_{qy}$ $-K_iT_{F2}T_{w11}T_{w21}b_pe_ge_he_{qy}-K_iT_{F2}T_{w12}T_{w21}b_pe_ge_he_{qy}-K_iT_{F2}T_{w21}T_{w22}b_pe_ge_he_{qy}+K_iT_{F1}T_{w11}T_{w12}b_pe_ge_{qh}e_y+K_iT_{F1}T_{w11}T_{w21}b_pe_ge_{qh}e_y$ $+K_iT_{F1}T_{w11}T_{w22}b_pe_ge_{qh}e_y+K_iT_{F2}T_{w11}T_{w21}b_pe_ge_{qh}e_y+K_iT_{F2}T_{w12}T_{w21}b_pe_ge_{qh}e_y+K_iT_{F2}T_{w21}T_{w22}b_pe_ge_{qh}e_y+K_iT_{F1}T_{F2}T_{w11}b_pe_ge_yr_{21}$ $+K_iT_{F1}T_{F2}T_{w21}b_pe_ge_yr_{11}-K_iT_{F1}T_aT_{w11}b_pe_he_{qy}r_{12}-K_iT_{F1}T_aT_{w12}b_pe_he_{qy}r_{11}-K_iT_{F1}T_aT_{w11}b_pe_he_{qy}r_{21}-K_iT_{F1}T_aT_{w21}b_pe_he_{qy}r_{11}$ $-K_iT_{F1}T_aT_{w11}b_pe_he_{qy}r_{22}-K_iT_{F1}T_aT_{w22}b_pe_he_{qy}r_{11}-K_iT_{F2}T_aT_{w11}b_pe_he_{qy}r_{21}-K_iT_{F2}T_aT_{w21}b_pe_he_{qy}r_{11}-K_iT_{F2}T_aT_{w12}b_pe_he_{qy}r_{21}$ $-K_iT_{F2}T_aT_{w21}b_pe_he_{qy}r_{12}-K_iT_{F2}T_aT_{w21}b_pe_he_{qy}r_{22}-K_iT_{F2}T_aT_{w22}b_pe_he_{qy}r_{21}+K_iT_{F1}T_aT_{w11}b_pe_{qh}e_yr_{12}+K_iT_{F1}T_aT_{w12}b_pe_{qh}e_yr_{11}$ $+K_iT_{F1}T_aT_{w11}b_pe_{qh}e_yr_{21}+K_iT_{F1}T_aT_{w21}b_pe_{qh}e_yr_{11}+K_iT_{F1}T_aT_{w11}b_pe_{qh}e_yr_{22}+K_iT_{F1}T_aT_{w22}b_pe_{qh}e_yr_{11}+K_iT_{F2}T_aT_{w11}b_pe_{qh}e_yr_{21}$ $+K_iT_{F2}T_aT_{w21}b_pe_{qh}e_yr_{11}+K_iT_{F2}T_aT_{w12}b_pe_{qh}e_yr_{21}+K_iT_{F2}T_aT_{w21}b_pe_{qh}e_yr_{12}+K_iT_{F2}T_aT_{w21}b_pe_{qh}e_yr_{22}+K_iT_{F2}T_aT_{w22}b_pe_{qh}e_yr_{21}$ $+K_iT_{F1}T_{F2}T_ab_pe_yr_{11}r_{21}-K_pT_{F1}T_{w11}b_pe_ge_he_{qy}r_{12}-K_pT_{F1}T_{w12}b_pe_ge_he_{qy}r_{11}-K_pT_{F1}T_{w11}b_pe_ge_he_{qy}r_{21}-K_pT_{F1}T_{w21}b_pe_ge_he_{qy}r_{11}$ $-K_pT_{F1}T_{w11}b_pe_ge_he_{qy}r_{22}-K_pT_{F1}T_{w22}b_pe_ge_he_{qy}r_{11}-K_pT_{F2}T_{w11}b_pe_ge_he_{qy}r_{21}-K_pT_{F2}T_{w21}b_pe_ge_he_{qy}r_{11}-K_pT_{F2}T_{w12}b_pe_ge_he_{qy}r_{21}$ $-K_pT_{F2}T_{w21}b_pe_ge_he_{qy}r_{12}-K_pT_{F2}T_{w21}b_pe_ge_he_{qy}r_{22}-K_pT_{F2}T_{w22}b_pe_ge_he_{qy}r_{21}+K_pT_{F1}T_{w11}b_pe_ge_{qh}e_yr_{12}+K_pT_{F1}T_{w12}b_pe_ge_{qh}e_yr_{11}$ $+K_pT_{F1}T_{w11}b_pe_ge_{qh}e_yr_{21}+K_pT_{F1}T_{w21}b_pe_ge_{qh}e_yr_{11}+K_pT_{F1}T_{w11}b_pe_ge_{qh}e_yr_{22}+K_pT_{F1}T_{w22}b_pe_ge_{qh}e_yr_{11}+K_pT_{F2}T_{w11}b_pe_ge_{qh}e_yr_{21}$ $+K_pT_{F2}T_{w21}b_pe_ge_{qh}e_yr_{11}+K_pT_{F2}T_{w12}b_pe_ge_{qh}e_yr_{21}+K_pT_{F2}T_{w21}b_pe_ge_{qh}e_yr_{12}+K_pT_{F2}T_{w21}b_pe_ge_{qh}e_yr_{22}+K_pT_{F2}T_{w22}b_pe_ge_{qh}e_yr_{21}$

续表

类型	调节系统传递函数的系数
M3	$+K_pT_{F1}T_{F2}b_pe_ge_yr_{11}r_{21}-K_pT_{F1}T_ab_pe_he_{qy}r_{11}r_{12}-K_pT_{F1}T_ab_pe_he_{qy}r_{11}r_{21}-K_pT_{F1}T_ab_pe_he_{qy}r_{11}r_{22}-K_pT_{F2}T_ab_pe_he_{qy}r_{11}r_{21}$ $-K_pT_{F2}T_ab_pe_he_{qy}r_{12}r_{21}-K_pT_{F2}T_ab_pe_he_{qy}r_{21}r_{22}+K_pT_{F1}T_ab_pe_{qh}e_yr_{11}r_{12}+K_pT_{F1}T_ab_pe_{qh}e_yr_{11}r_{21}+K_pT_{F1}T_ab_pe_{qh}e_yr_{11}r_{22}$ $+K_pT_{F2}T_ab_pe_{qh}e_yr_{11}r_{21}+K_pT_{F2}T_ab_pe_{qh}e_yr_{12}r_{21}+K_pT_{F2}T_ab_pe_{qh}e_yr_{21}r_{22}-K_iT_{F1}T_{F2}T_{w11}b_pe_he_{qy}r_{12}r_{21}-K_iT_{F1}T_{F2}T_{w12}b_pe_he_{qy}r_{11}r_{21}$ $-K_iT_{F1}T_{F2}T_{w21}b_pe_he_{qy}r_{11}r_{12}-K_iT_{F1}T_{F2}T_{w11}b_pe_he_{qy}r_{21}r_{22}-K_iT_{F1}T_{F2}T_{w21}b_pe_he_{qy}r_{11}r_{22}-K_iT_{F1}T_{F2}T_{w22}b_pe_he_{qy}r_{11}r_{21}$ $+K_iT_{F1}T_{F2}T_{w11}b_pe_{qh}e_yr_{12}r_{21}+K_iT_{F1}T_{F2}T_{w12}b_pe_{qh}e_yr_{11}r_{21}+K_iT_{F1}T_{F2}T_{w21}b_pe_{qh}e_yr_{11}r_{12}+K_iT_{F1}T_{F2}T_{w11}b_pe_{qh}e_yr_{21}r_{22}$ $+K_iT_{F1}T_{F2}T_{w21}b_pe_{qh}e_yr_{11}r_{22}+K_iT_{F1}T_{F2}T_{w22}b_pe_{qh}e_yr_{11}r_{21}-K_pT_{F1}T_{F2}b_pe_he_{qy}r_{11}r_{12}r_{21}-K_pT_{F1}T_{F2}b_pe_he_{qy}r_{11}r_{21}r_{22}$ $+K_pT_{F1}T_{F2}b_pe_{qh}e_yr_{11}r_{12}r_{21}+K_pT_{F1}T_{F2}b_pe_{qh}e_yr_{11}r_{21}r_{22}-K_iT_{F1}T_{F2}T_{w11}b_pe_ge_he_{qy}r_{12}r_{21}-K_iT_{F1}T_{F2}T_{w12}b_pe_ge_he_{qy}r_{11}r_{21}$ $-K_iT_{F1}T_{F2}T_{w21}b_pe_ge_he_{qy}r_{11}r_{12}-K_iT_{F1}T_{F2}T_{w11}b_pe_ge_he_{qy}r_{21}r_{22}-K_iT_{F1}T_{F2}T_{w21}b_pe_ge_he_{qy}r_{11}r_{22}-K_iT_{F1}T_{F2}T_{w22}b_pe_ge_he_{qy}r_{11}r_{21}$ $+K_iT_{F1}T_{F2}T_{w11}b_pe_ge_{qh}e_yr_{12}r_{21}+K_iT_{F1}T_{F2}T_{w12}b_pe_ge_{qh}e_yr_{11}r_{21}+K_iT_{F1}T_{F2}T_{w21}b_pe_ge_{qh}e_yr_{11}r_{12}+K_iT_{F1}T_{F2}T_{w11}b_pe_ge_{qh}e_yr_{21}r_{22}$ $+K_iT_{F1}T_{F2}T_{w21}b_pe_ge_{qh}e_yr_{11}r_{22}+K_iT_{F1}T_{F2}T_{w22}b_pe_ge_{qh}e_yr_{11}r_{21}-K_iT_{F1}T_{F2}T_ab_pe_he_{qy}r_{11}r_{12}r_{21}-K_iT_{F1}T_{F2}T_ab_pe_he_{qy}r_{11}r_{21}r_{22}$ $+K_iT_{F1}T_{F2}T_ab_pe_{qh}e_yr_{11}r_{12}r_{21}+K_iT_{F1}T_{F2}T_ab_pe_{qh}e_yr_{11}r_{21}r_{22}-K_pT_{F1}T_{F2}b_pe_ge_he_{qy}r_{11}r_{12}r_{21}-K_pT_{F1}T_{F2}b_pe_ge_he_{qy}r_{11}r_{21}r_{22}$ $+K_pT_{F1}T_{F2}b_pe_ge_{qh}e_yr_{11}r_{12}r_{21}+K_pT_{F1}T_{F2}b_pe_ge_{qh}e_yr_{11}r_{21}r_{22};$ $a_6=T_a+T_ye_n+T_{w11}e_he_{qx}+T_{w12}e_he_{qx}+T_{w21}e_he_{qx}+T_{w22}e_he_{qx}+T_{w11}e_ne_{qh}+T_{w12}e_ne_{qh}+T_{w21}e_ne_{qh}+T_{w22}e_ne_{qh}+T_{F1}e_nr_{11}$ $+T_{F2}e_nr_{21}+T_ae_{qh}r_{11}+T_ae_{qh}r_{12}+T_ae_{qh}r_{21}+T_ae_{qh}r_{22}+K_pT_ab_pe_y+T_ye_he_{qx}r_{11}+T_ye_he_{qx}r_{12}+T_ye_he_{qx}r_{21}+T_ye_he_{qx}r_{22}+T_ye_ne_{qh}r_{11}$ $+T_ye_ne_{qh}r_{12}+T_ye_ne_{qh}r_{21}+T_ye_ne_{qh}r_{22}+K_iT_{F1}T_{w11}b_pe_y+K_iT_{F2}T_{w21}b_pe_y-K_pT_{w11}b_pe_he_{qy}-K_pT_{w12}b_pe_he_{qy}-K_pT_{w21}b_pe_he_{qy}$ $-K_pT_{w22}b_pe_he_{qy}+K_pT_{w11}b_pe_{qh}e_y+K_pT_{w12}b_pe_{qh}e_y+K_pT_{w21}b_pe_{qh}e_y+K_pT_{w22}b_pe_{qh}e_y+K_pT_{F1}b_pe_yr_{11}+K_pT_{F2}b_pe_yr_{21}$ $+T_{F1}e_he_{qx}r_{11}r_{12}+T_{F1}e_he_{qx}r_{11}r_{21}+T_{F1}e_he_{qx}r_{11}r_{22}+T_{F2}e_he_{qx}r_{11}r_{21}+T_{F2}e_he_{qx}r_{12}r_{21}+T_{F2}e_he_{qx}r_{21}r_{22}+T_{F1}e_ne_{qh}r_{11}r_{12}$ $+T_{F1}e_ne_{qh}r_{11}r_{21}+T_{F1}e_ne_{qh}r_{11}r_{22}+T_{F2}e_ne_{qh}r_{11}r_{21}+T_{F2}e_ne_{qh}r_{12}r_{21}+T_{F2}e_ne_{qh}r_{21}r_{22}+K_iT_{F1}T_{w11}b_pe_ge_y+K_iT_{F2}T_{w21}b_pe_ge_y$ $-K_iT_aT_{w11}b_pe_he_{qy}-K_iT_aT_{w12}b_pe_he_{qy}-K_iT_aT_{w21}b_pe_he_{qy}-K_iT_aT_{w22}b_pe_he_{qy}+K_iT_aT_{w11}b_pe_{qh}e_y+K_iT_aT_{w12}b_pe_{qh}e_y$ $+K_iT_aT_{w21}b_pe_{qh}e_y+K_iT_aT_{w22}b_pe_{qh}e_y+K_iT_{F1}T_ab_pe_yr_{11}+K_iT_{F2}T_ab_pe_yr_{21}-K_pT_{w11}b_pe_ge_he_{qy}-K_pT_{w12}b_pe_ge_he_{qy}$ $-K_pT_{w21}b_pe_ge_he_{qy}-K_pT_{w22}b_pe_ge_he_{qy}+K_pT_{w11}b_pe_ge_{qh}e_y+K_pT_{w12}b_pe_ge_{qh}e_y+K_pT_{w21}b_pe_ge_{qh}e_y+K_pT_{w22}b_pe_ge_{qh}e_y$ $+K_pT_{F1}b_pe_ge_yr_{11}+K_pT_{F2}b_pe_ge_yr_{21}-K_pT_ab_pe_he_{qy}r_{11}-K_pT_ab_pe_he_{qy}r_{12}-K_pT_ab_pe_he_{qy}r_{21}-K_pT_ab_pe_he_{qy}r_{22}+K_pT_ab_pe_{qh}e_yr_{11}$ $+K_pT_ab_pe_{qh}e_yr_{12}+K_pT_ab_pe_{qh}e_yr_{21}+K_pT_ab_pe_{qh}e_yr_{22}-K_pT_{F1}b_pe_he_{qy}r_{11}r_{12}-K_pT_{F1}b_pe_he_{qy}r_{11}r_{21}-K_pT_{F1}b_pe_he_{qy}r_{11}r_{22}$ $-K_pT_{F2}b_pe_he_{qy}r_{11}r_{21}-K_pT_{F2}b_pe_he_{qy}r_{12}r_{21}-K_pT_{F2}b_pe_he_{qy}r_{21}r_{22}+K_pT_{F1}b_pe_{qh}e_yr_{11}r_{12}+K_pT_{F1}b_pe_{qh}e_yr_{11}r_{21}$ $+K_pT_{F1}b_pe_{qh}e_yr_{11}r_{22}+K_pT_{F2}b_pe_{qh}e_yr_{11}r_{21}+K_pT_{F2}b_pe_{qh}e_yr_{12}r_{21}+K_pT_{F2}b_pe_{qh}e_yr_{21}r_{22}-K_iT_{F1}T_{w11}b_pe_he_{qy}r_{12}$ $-K_iT_{F1}T_{w12}b_pe_he_{qy}r_{11}-K_iT_{F1}T_{w11}b_pe_he_{qy}r_{21}-K_iT_{F1}T_{w21}b_pe_he_{qy}r_{11}-K_iT_{F1}T_{w11}b_pe_he_{qy}r_{22}-K_iT_{F1}T_{w22}b_pe_he_{qy}r_{11}$ $-K_iT_{F2}T_{w11}b_pe_he_{qy}r_{21}-K_iT_{F2}T_{w21}b_pe_he_{qy}r_{11}-K_iT_{F2}T_{w12}b_pe_he_{qy}r_{21}-K_iT_{F2}T_{w21}b_pe_he_{qy}r_{12}-K_iT_{F2}T_{w21}b_pe_he_{qy}r_{22}$ $-K_iT_{F2}T_{w22}b_pe_he_{qy}r_{21}+K_iT_{F1}T_{w11}b_pe_{qh}e_yr_{12}+K_iT_{F1}T_{w12}b_pe_{qh}e_yr_{11}+K_iT_{F1}T_{w11}b_pe_{qh}e_yr_{21}+K_iT_{F1}T_{w21}b_pe_{qh}e_yr_{11}$ $+K_iT_{F1}T_{w11}b_pe_{qh}e_yr_{22}+K_iT_{F1}T_{w22}b_pe_{qh}e_yr_{11}+K_iT_{F2}T_{w11}b_pe_{qh}e_yr_{21}+K_iT_{F2}T_{w21}b_pe_{qh}e_yr_{11}+K_iT_{F2}T_{w12}b_pe_{qh}e_yr_{21}$ $+K_iT_{F2}T_{w21}b_pe_{qh}e_yr_{12}+K_iT_{F2}T_{w21}b_pe_{qh}e_yr_{22}+K_iT_{F2}T_{w22}b_pe_{qh}e_yr_{21}+K_iT_{F1}T_{F2}b_pe_yr_{11}r_{21}-K_iT_{F1}T_{w11}b_pe_ge_he_{qy}r_{12}$ $-K_iT_{F1}T_{w12}b_pe_ge_he_{qy}r_{11}-K_iT_{F1}T_{w11}b_pe_ge_he_{qy}r_{21}-K_iT_{F1}T_{w21}b_pe_ge_he_{qy}r_{11}-K_iT_{F1}T_{w11}b_pe_ge_he_{qy}r_{22}-K_iT_{F1}T_{w22}b_pe_ge_he_{qy}r_{11}$ $-K_iT_{F2}T_{w11}b_pe_ge_he_{qy}r_{21}-K_iT_{F2}T_{w21}b_pe_ge_he_{qy}r_{11}-K_iT_{F2}T_{w12}b_pe_ge_he_{qy}r_{21}-K_iT_{F2}T_{w21}b_pe_ge_he_{qy}r_{12}-K_iT_{F2}T_{w21}b_pe_ge_he_{qy}r_{22}$ $-K_iT_{F2}T_{w22}b_pe_ge_he_{qy}r_{21}+K_iT_{F1}T_{w11}b_pe_ge_{qh}e_yr_{12}+K_iT_{F1}T_{w12}b_pe_ge_{qh}e_yr_{11}+K_iT_{F1}T_{w11}b_pe_ge_{qh}e_yr_{21}+K_iT_{F1}T_{w21}b_pe_ge_{qh}e_yr_{11}$ $+K_iT_{F1}T_{w11}b_pe_ge_{qh}e_yr_{22}+K_iT_{F1}T_{w22}b_pe_ge_{qh}e_yr_{11}+K_iT_{F2}T_{w11}b_pe_ge_{qh}e_yr_{21}+K_iT_{F2}T_{w21}b_pe_ge_{qh}e_yr_{11}+K_iT_{F2}T_{w12}b_pe_ge_{qh}e_yr_{21}$ $+K_iT_{F2}T_{w21}b_pe_ge_{qh}e_yr_{12}+K_iT_{F2}T_{w21}b_pe_ge_{qh}e_yr_{22}+K_iT_{F2}T_{w22}b_pe_ge_{qh}e_yr_{21}+K_iT_{F1}T_{F2}b_pe_ge_yr_{11}r_{21}-K_iT_{F1}T_ab_pe_he_{qy}r_{11}r_{12}$ $-K_iT_{F1}T_ab_pe_he_{qy}r_{11}r_{21}-K_iT_{F1}T_ab_pe_he_{qy}r_{11}r_{22}-K_iT_{F2}T_ab_pe_he_{qy}r_{11}r_{21}-K_iT_{F2}T_ab_pe_he_{qy}r_{12}r_{21}-K_iT_{F2}T_ab_pe_he_{qy}r_{21}r_{22}$ $+K_iT_{F1}T_ab_pe_{qh}e_yr_{11}r_{12}+K_iT_{F1}T_ab_pe_{qh}e_yr_{11}r_{21}+K_iT_{F1}T_ab_pe_{qh}e_yr_{11}r_{22}+K_iT_{F2}T_ab_pe_{qh}e_yr_{11}r_{21}+K_iT_{F2}T_ab_pe_{qh}e_yr_{12}r_{21}$ $+K_iT_{F2}T_ab_pe_{qh}e_yr_{21}r_{22}-K_pT_{F1}b_pe_ge_he_{qy}r_{11}r_{12}-K_pT_{F1}b_pe_ge_he_{qy}r_{11}r_{21}-K_pT_{F1}b_pe_ge_he_{qy}r_{11}r_{22}-K_pT_{F2}b_pe_ge_he_{qy}r_{11}r_{21}$ $-K_pT_{F2}b_pe_ge_he_{qy}r_{12}r_{21}-K_pT_{F2}b_pe_ge_he_{qy}r_{21}r_{22}+K_pT_{F1}b_pe_ge_{qh}e_yr_{11}r_{12}+K_pT_{F1}b_pe_ge_{qh}e_yr_{11}r_{21}+K_pT_{F1}b_pe_ge_{qh}e_yr_{11}r_{22}$ $+K_pT_{F2}b_pe_ge_{qh}e_yr_{11}r_{21}+K_pT_{F2}b_pe_ge_{qh}e_yr_{12}r_{21}+K_pT_{F2}b_pe_ge_{qh}e_yr_{21}r_{22}-K_iT_{F1}T_{F2}b_pe_he_{qy}r_{11}r_{12}r_{21}-K_iT_{F1}T_{F2}b_pe_he_{qy}r_{11}r_{21}r_{22}$ $+K_iT_{F1}T_{F2}b_pe_{qh}e_yr_{11}r_{12}r_{21}+K_iT_{F1}T_{F2}b_pe_{qh}e_yr_{11}r_{21}r_{22}-K_iT_{F1}T_{F2}b_pe_ge_he_{qy}r_{11}r_{12}r_{21}-K_iT_{F1}T_{F2}b_pe_ge_he_{qy}r_{11}r_{21}r_{22}$ $+K_iT_{F1}T_{F2}b_pe_ge_{qh}e_yr_{11}r_{12}r_{21}+K_iT_{F1}T_{F2}b_pe_ge_{qh}e_yr_{11}r_{21}r_{22};$ $a_7=e_n+K_pb_pe_y+e_he_{qx}r_{11}+e_he_{qx}r_{12}+e_he_{qx}r_{21}+e_he_{qx}r_{22}+e_ne_{qh}r_{11}+e_ne_{qh}r_{12}+e_ne_{qh}r_{21}+e_ne_{qh}r_{22}+K_iT_ab_pe_y+K_pb_pe_ge_y$ $-K_iT_{w11}b_pe_he_{qy}-K_iT_{w12}b_pe_he_{qy}-K_iT_{w21}b_pe_he_{qy}-K_iT_{w22}b_pe_he_{qy}+K_iT_{w11}b_pe_{qh}e_y+K_iT_{w12}b_pe_{qh}e_y+K_iT_{w21}b_pe_{qh}e_y$ $+K_iT_{w22}b_pe_{qh}e_y+K_iT_{F1}b_pe_yr_{11}+K_iT_{F2}b_pe_yr_{21}-K_pb_pe_he_{qy}r_{11}-K_pb_pe_he_{qy}r_{12}-K_pb_pe_he_{qy}r_{21}-K_pb_pe_he_{qy}r_{22}$

续表

类型	调节系统传递函数的系数
M3	$+K_pb_pe_{qh}e_yr_{11}+K_pb_pe_{qh}e_yr_{12}+K_pb_pe_{qh}e_yr_{21}+K_pb_pe_{qh}e_yr_{22}-K_iT_{w11}b_pe_ge_he_{qy}-K_iT_{w12}b_pe_ge_he_{qy}-K_iT_{w21}b_pe_ge_he_{qy}$ $-K_iT_{w22}b_pe_ge_he_{qy}+K_iT_{w11}b_pe_ge_{qh}e_y+K_iT_{w12}b_pe_ge_{qh}e_y+K_iT_{w21}b_pe_ge_{qh}e_y+K_iT_{w22}b_pe_ge_{qh}e_y+K_iT_{F1}b_pe_ge_yr_{11}$ $+K_iT_{F2}b_pe_ge_yr_{21}-K_iT_ab_pe_he_{qy}r_{11}-K_iT_ab_pe_he_{qy}r_{12}-K_iT_ab_pe_he_{qy}r_{21}-K_iT_ab_pe_he_{qy}r_{22}+K_iT_ab_pe_{qh}e_yr_{11}+K_iT_ab_pe_{qh}e_yr_{12}$ $+K_iT_ab_pe_{qh}e_yr_{21}+K_iT_ab_pe_{qh}e_yr_{22}-K_pb_pe_ge_he_{qy}r_{11}-K_pb_pe_ge_he_{qy}r_{12}-K_pb_pe_ge_he_{qy}r_{21}-K_pb_pe_ge_he_{qy}r_{22}+K_pb_pe_ge_{qh}e_yr_{11}$ $+K_pb_pe_ge_{qh}e_yr_{12}+K_pb_pe_ge_{qh}e_yr_{21}+K_pb_pe_ge_{qh}e_yr_{22}-K_iT_{F1}b_pe_he_{qy}r_{11}r_{12}-K_iT_{F1}b_pe_he_{qy}r_{11}r_{21}-K_iT_{F1}b_pe_he_{qy}r_{11}r_{22}$ $-K_iT_{F2}b_pe_he_{qy}r_{11}r_{21}-K_iT_{F2}b_pe_he_{qy}r_{12}r_{21}-K_iT_{F2}b_pe_he_{qy}r_{21}r_{22}+K_iT_{F1}b_pe_{qh}e_yr_{11}r_{12}+K_iT_{F1}b_pe_{qh}e_yr_{11}r_{21}+K_iT_{F1}b_pe_{qh}e_yr_{11}r_{22}$ $+K_iT_{F2}b_pe_{qh}e_yr_{11}r_{21}+K_iT_{F2}b_pe_{qh}e_yr_{12}r_{21}+K_iT_{F2}b_pe_{qh}e_yr_{21}r_{22}-K_iT_{F1}b_pe_ge_he_{qy}r_{11}r_{12}-K_iT_{F1}b_pe_ge_he_{qy}r_{11}r_{21}$ $-K_iT_{F1}b_pe_ge_he_{qy}r_{11}r_{22}-K_iT_{F2}b_pe_ge_he_{qy}r_{11}r_{21}-K_iT_{F2}b_pe_ge_he_{qy}r_{12}r_{21}-K_iT_{F2}b_pe_ge_he_{qy}r_{21}r_{22}+K_iT_{F1}b_pe_ge_{qh}e_yr_{11}r_{12}$ $+K_iT_{F1}b_pe_ge_{qh}e_yr_{11}r_{21}+K_iT_{F1}b_pe_ge_{qh}e_yr_{11}r_{22}+K_iT_{F2}b_pe_ge_{qh}e_yr_{11}r_{21}+K_iT_{F2}b_pe_ge_{qh}e_yr_{12}r_{21}+K_iT_{F2}b_pe_ge_{qh}e_yr_{21}r_{22};$ $a_8=K_ib_pe_y+K_ib_pe_ge_y-K_ib_pe_he_{qy}r_{11}-K_ib_pe_he_{qy}r_{12}-K_ib_pe_he_{qy}r_{21}-K_ib_pe_he_{qy}r_{22}+K_ib_pe_{qh}e_yr_{11}+K_ib_pe_{qh}e_yr_{12}$ $+K_ib_pe_{qh}e_yr_{21}+K_ib_pe_{qh}e_yr_{22}-K_ib_pe_ge_he_{qy}r_{11}-K_ib_pe_ge_he_{qy}r_{12}-K_ib_pe_ge_he_{qy}r_{21}-K_ib_pe_ge_he_{qy}r_{22}+K_ib_pe_ge_{qh}e_yr_{11}$ $+K_ib_pe_ge_{qh}e_yr_{12}+K_ib_pe_ge_{qh}e_yr_{21}+K_ib_pe_ge_{qh}e_yr_{22};$ $b_0=T_{F1}T_{F2}T_{w11}T_{w12}T_{w21}T_ye_{qh}+T_{F1}T_{F2}T_{w11}T_{w21}T_{w22}T_ye_{qh};$ $b_1=T_{F1}T_{F2}T_{w11}T_{w21}T_y+T_{F1}T_{F2}T_{w11}T_{w12}T_{w21}e_{qh}+T_{F1}T_{F2}T_{w11}T_{w21}T_{w22}e_{qh}+T_{F1}T_{F2}T_{w11}T_{w12}T_ye_{qh}r_{21}+T_{F1}T_{F2}T_{w11}T_{w21}T_ye_{qh}r_{12}$ $+T_{F1}T_{F2}T_{w12}T_{w21}T_ye_{qh}r_{11}+T_{F1}T_{F2}T_{w11}T_{w21}T_ye_{qh}r_{22}+T_{F1}T_{F2}T_{w11}T_{w22}T_ye_{qh}r_{21}+T_{F1}T_{F2}T_{w21}T_{w22}T_ye_{qh}r_{11};$ $b_2=T_{F1}T_{F2}T_{w11}T_{w21}+T_{F1}T_{w11}T_{w12}T_ye_{qh}+T_{F1}T_{w11}T_{w21}T_ye_{qh}+T_{F1}T_{w11}T_{w22}T_ye_{qh}+T_{F2}T_{w11}T_{w21}T_ye_{qh}+T_{F2}T_{w12}T_{w21}T_ye_{qh}$ $+T_{F2}T_{w21}T_{w22}T_ye_{qh}+T_{F1}T_{F2}T_{w11}T_yr_{21}+T_{F1}T_{F2}T_{w21}T_yr_{11}+T_{F1}T_{F2}T_{w11}T_{w12}e_{qh}r_{21}+T_{F1}T_{F2}T_{w11}T_{w21}e_{qh}r_{12}$ $+T_{F1}T_{F2}T_{w12}T_{w21}e_{qh}r_{11}+T_{F1}T_{F2}T_{w11}T_{w21}e_{qh}r_{22}+T_{F1}T_{F2}T_{w11}T_{w22}e_{qh}r_{21}+T_{F1}T_{F2}T_{w21}T_{w22}e_{qh}r_{11}+T_{F1}T_{F2}T_{w11}T_ye_{qh}r_{12}r_{21}$ $+T_{F1}T_{F2}T_{w12}T_ye_{qh}r_{11}r_{21}+T_{F1}T_{F2}T_{w21}T_ye_{qh}r_{11}r_{12}+T_{F1}T_{F2}T_{w11}T_ye_{qh}r_{21}r_{22}+T_{F1}T_{F2}T_{w21}T_ye_{qh}r_{11}r_{22}+T_{F1}T_{F2}T_{w22}T_ye_{qh}r_{11}r_{21};$ $b_3=T_{F1}T_{w11}T_y+T_{F2}T_{w21}T_y+T_{F1}T_{w11}T_{w12}e_{qh}+T_{F1}T_{w11}T_{w21}e_{qh}+T_{F1}T_{w11}T_{w22}e_{qh}+T_{F2}T_{w11}T_{w21}e_{qh}+T_{F2}T_{w12}T_{w21}e_{qh}$ $+T_{F2}T_{w21}T_{w22}e_{qh}+T_{F1}T_{F2}T_{w11}r_{21}+T_{F1}T_{F2}T_{w21}r_{11}+T_{F1}T_{w11}T_ye_{qh}r_{12}+T_{F1}T_{w12}T_ye_{qh}r_{11}+T_{F1}T_{w11}T_ye_{qh}r_{21}$ $+T_{F1}T_{w21}T_ye_{qh}r_{11}+T_{F1}T_{w11}T_ye_{qh}r_{22}+T_{F1}T_{w22}T_ye_{qh}r_{11}+T_{F2}T_{w11}T_ye_{qh}r_{21}+T_{F2}T_{w21}T_ye_{qh}r_{11}+T_{F2}T_{w12}T_ye_{qh}r_{21}$ $+T_{F2}T_{w21}T_ye_{qh}r_{12}+T_{F2}T_{w21}T_ye_{qh}r_{22}+T_{F2}T_{w22}T_ye_{qh}r_{21}+T_{F1}T_{F2}T_yr_{11}r_{21}+T_{F1}T_{F2}T_{w11}e_{qh}r_{12}r_{21}+T_{F1}T_{F2}T_{w12}e_{qh}r_{11}r_{21}$ $+T_{F1}T_{F2}T_{w21}e_{qh}r_{11}r_{12}+T_{F1}T_{F2}T_{w11}e_{qh}r_{21}r_{22}+T_{F1}T_{F2}T_{w21}e_{qh}r_{11}r_{22}+T_{F1}T_{F2}T_{w22}e_{qh}r_{11}r_{21}+T_{F1}T_{F2}T_ye_{qh}r_{11}r_{12}r_{21}$ $+T_{F1}T_{F2}T_ye_{qh}r_{11}r_{21}r_{22};$ $b_4=T_{F1}T_{w11}+T_{F2}T_{w21}+T_{w11}T_ye_{qh}+T_{w12}T_ye_{qh}+T_{w21}T_ye_{qh}+T_{w22}T_ye_{qh}+T_{F1}T_yr_{11}+T_{F2}T_yr_{21}+T_{F1}T_{w11}e_{qh}r_{12}+T_{F1}T_{w12}e_{qh}r_{11}$ $+T_{F1}T_{w11}e_{qh}r_{21}+T_{F1}T_{w21}e_{qh}r_{11}+T_{F1}T_{w11}e_{qh}r_{22}+T_{F1}T_{w22}e_{qh}r_{11}+T_{F2}T_{w11}e_{qh}r_{21}+T_{F2}T_{w21}e_{qh}r_{11}+T_{F2}T_{w12}e_{qh}r_{21}+T_{F2}T_{w21}e_{qh}r_{12}$ $+T_{F2}T_{w21}e_{qh}r_{22}+T_{F2}T_{w22}e_{qh}r_{21}+T_{F1}T_{F2}r_{11}r_{21}+T_{F1}T_ye_{qh}r_{11}r_{12}+T_{F1}T_ye_{qh}r_{11}r_{21}+T_{F1}T_ye_{qh}r_{11}r_{22}+T_{F2}T_ye_{qh}r_{11}r_{21}+T_{F2}T_ye_{qh}r_{12}r_{21}$ $+T_{F2}T_ye_{qh}r_{21}r_{22}+T_{F1}T_{F2}e_{qh}r_{11}r_{12}r_{21}+T_{F1}T_{F2}e_{qh}r_{11}r_{21}r_{22};$ $b_5=T_y+T_{w11}e_{qh}+T_{w12}e_{qh}+T_{w21}e_{qh}+T_{w22}e_{qh}+T_{F1}r_{11}+T_{F2}r_{21}+T_ye_{qh}r_{11}+T_ye_{qh}r_{12}+T_ye_{qh}r_{21}+T_ye_{qh}r_{22}+T_{F1}e_{qh}r_{11}r_{12}$ $+T_{F1}e_{qh}r_{11}r_{21}+T_{F1}e_{qh}r_{11}r_{22}+T_{F2}e_{qh}r_{11}r_{21}+T_{F2}e_{qh}r_{12}r_{21}+T_{F2}e_{qh}r_{21}r_{22};$ $b_6=e_{qh}r_{11}+e_{qh}r_{12}+e_{qh}r_{21}+e_{qh}r_{22}+1;$ $b_7=0$
M4	$a_0=K_dT_{F1}T_{F2}T_aT_{w11}T_{w12}T_{w21}T_yb_pe_{qh}+K_dT_{F1}T_{F2}T_aT_{w11}T_{w21}T_{w22}T_yb_pe_{qh};$ $a_1=K_dT_{F1}T_{F2}T_aT_{w11}T_{w21}T_yb_p+T_{F1}T_{F2}T_aT_{w11}T_{w12}T_{w21}T_ye_{qh}+T_{F1}T_{F2}T_aT_{w11}T_{w21}T_{w22}T_ye_{qh}+K_dT_{F1}T_{F2}T_aT_{w11}T_{w12}T_{w21}b_pe_{qh}$ $+K_dT_{F1}T_{F2}T_aT_{w11}T_{w21}T_{w22}b_pe_{qh}+K_pT_{F1}T_{F2}T_aT_{w11}T_{w12}T_{w21}T_yb_pe_{qh}+K_pT_{F1}T_{F2}T_aT_{w11}T_{w21}T_{w22}T_yb_pe_{qh}+K_dT_{F1}T_{F2}T_{w11}T_{w12}T_{w21}T_yb_pe_he_{qx}$ $+K_dT_{F1}T_{F2}T_{w11}T_{w21}T_{w22}T_yb_pe_he_{qx}+K_dT_{F1}T_{F2}T_{w11}T_{w12}T_{w21}T_yb_pe_ne_{qh}+K_dT_{F1}T_{F2}T_{w11}T_{w21}T_{w22}T_yb_pe_ne_{qh}+K_dT_{F1}T_{F2}T_aT_{w11}T_{w12}T_yb_pe_{qh}r_{21}$ $+K_dT_{F1}T_{F2}T_aT_{w11}T_{w21}T_yb_pe_{qh}r_{12}+K_dT_{F1}T_{F2}T_aT_{w12}T_{w21}T_yb_pe_{qh}r_{11}+K_dT_{F1}T_{F2}T_aT_{w11}T_{w21}T_yb_pe_{qh}r_{22}+K_dT_{F1}T_{F2}T_aT_{w11}T_{w22}T_yb_pe_{qh}r_{21}$ $+K_dT_{F1}T_{F2}T_aT_{w21}T_{w22}T_yb_pe_{qh}r_{11};$ $a_2=T_{F1}T_{F2}T_aT_{w11}T_{w21}T_y+K_dT_{F1}T_{F2}T_aT_{w11}T_{w21}b_p+T_{F1}T_{F2}T_aT_{w11}T_{w12}T_{w21}e_{qh}+T_{F1}T_{F2}T_aT_{w11}T_{w21}T_{w22}e_{qh}$ $+K_pT_{F1}T_{F2}T_aT_{w11}T_{w21}T_yb_p+K_dT_{F1}T_{F2}T_{w11}T_{w21}T_yb_pe_n+K_dT_{F1}T_aT_{w11}T_{w12}T_yb_pe_{qh}+K_dT_{F1}T_aT_{w11}T_{w21}T_yb_pe_{qh}$ $+K_dT_{F1}T_aT_{w11}T_{w22}T_yb_pe_{qh}+K_dT_{F2}T_aT_{w11}T_{w21}T_yb_pe_{qh}+K_dT_{F2}T_aT_{w12}T_{w21}T_yb_pe_{qh}+K_dT_{F2}T_aT_{w21}T_{w22}T_yb_pe_{qh}$ $-K_dT_{F1}T_{F2}T_{w11}T_{w12}T_{w21}e_he_{qy}-K_dT_{F1}T_{F2}T_{w11}T_{w21}T_{w22}e_he_{qy}+K_dT_{F1}T_{F2}T_{w11}T_{w12}T_{w21}e_{qh}e_y+K_dT_{F1}T_{F2}T_{w11}T_{w21}T_{w22}e_{qh}e_y$ $+T_{F1}T_{F2}T_{w11}T_{w12}T_{w21}T_ye_he_{qx}+T_{F1}T_{F2}T_{w11}T_{w21}T_{w22}T_ye_he_{qx}+T_{F1}T_{F2}T_{w11}T_{w12}T_{w21}T_ye_ne_{qh}+T_{F1}T_{F2}T_{w11}T_{w21}T_{w22}T_ye_ne_{qh}$

续表

类型	调节系统传递函数的系数
M4	$+K_dT_{F1}T_{F2}T_aT_{w11}T_yb_pr_{21}+K_dT_{F1}T_{F2}T_aT_{w21}T_yb_pr_{11}+T_{F1}T_{F2}T_aT_{w11}T_{w12}T_ye_{qh}r_{21}+T_{F1}T_{F2}T_aT_{w11}T_{w21}T_ye_{qh}r_{12}+T_{F1}T_{F2}T_aT_{w12}T_{w21}T_ye_{qh}r_{11}$ $+T_{F1}T_{F2}T_aT_{w11}T_{w21}T_ye_{qh}r_{22}+T_{F1}T_{F2}T_aT_{w11}T_{w22}T_ye_{qh}r_{21}+T_{F1}T_{F2}T_aT_{w21}T_{w22}T_ye_{qh}r_{11}+K_pT_{F1}T_{F2}T_aT_{w11}T_{w12}T_{w21}b_pe_{qh}$ $+K_pT_{F1}T_{F2}T_aT_{w11}T_{w21}T_{w22}b_pe_{qh}+K_dT_{F1}T_{F2}T_{w11}T_{w12}T_{w21}b_pe_he_{qx}+K_dT_{F1}T_{F2}T_{w11}T_{w21}T_{w22}b_pe_he_{qx}+K_dT_{F1}T_{F2}T_{w11}T_{w12}T_{w21}b_pe_ne_{qh}$ $+K_dT_{F1}T_{F2}T_{w11}T_{w21}T_{w22}b_pe_ne_{qh}+K_dT_{F1}T_{F2}T_aT_{w11}T_{w12}b_pe_{qh}r_{21}+K_dT_{F1}T_{F2}T_aT_{w11}T_{w21}b_pe_{qh}r_{12}+K_dT_{F1}T_{F2}T_aT_{w12}T_{w21}b_pe_{qh}r_{11}$ $+K_dT_{F1}T_{F2}T_aT_{w11}T_{w21}b_pe_{qh}r_{22}+K_dT_{F1}T_{F2}T_aT_{w11}T_{w22}b_pe_{qh}r_{21}+K_dT_{F1}T_{F2}T_aT_{w21}T_{w22}b_pe_{qh}r_{11}+K_iT_{F1}T_{F2}T_aT_{w11}T_{w12}T_{w21}T_yb_pe_{qh}$ $+K_iT_{F1}T_{F2}T_aT_{w11}T_{w21}T_{w22}T_yb_pe_{qh}+K_pT_{F1}T_{F2}T_{w11}T_{w12}T_{w21}T_yb_pe_he_{qx}+K_pT_{F1}T_{F2}T_{w11}T_{w21}T_{w22}T_yb_pe_he_{qx}+K_pT_{F1}T_{F2}T_{w11}T_{w12}T_{w21}T_yb_pe_ne_{qh}$ $+K_pT_{F1}T_{F2}T_{w11}T_{w21}T_{w22}T_yb_pe_ne_{qh}+K_pT_{F1}T_{F2}T_aT_{w11}T_{w12}T_yb_pe_{qh}r_{21}+K_pT_{F1}T_{F2}T_aT_{w11}T_{w21}T_yb_pe_{qh}r_{12}+K_pT_{F1}T_{F2}T_aT_{w12}T_{w21}T_yb_pe_{qh}r_{11}$ $+K_pT_{F1}T_{F2}T_aT_{w11}T_{w21}T_yb_pe_{qh}r_{22}+K_pT_{F1}T_{F2}T_aT_{w11}T_{w22}T_yb_pe_{qh}r_{21}+K_pT_{F1}T_{F2}T_aT_{w21}T_{w22}T_yb_pe_{qh}r_{11}+K_dT_{F1}T_{F2}T_{w11}T_{w12}T_yb_pe_he_{qx}r_{21}$ $+K_dT_{F1}T_{F2}T_{w11}T_{w21}T_yb_pe_he_{qx}r_{12}+K_dT_{F1}T_{F2}T_{w12}T_{w21}T_yb_pe_he_{qx}r_{11}+K_dT_{F1}T_{F2}T_{w11}T_{w21}T_yb_pe_he_{qx}r_{22}+K_dT_{F1}T_{F2}T_{w11}T_{w22}T_yb_pe_he_{qx}r_{21}$ $+K_dT_{F1}T_{F2}T_{w21}T_{w22}T_yb_pe_he_{qx}r_{11}+K_dT_{F1}T_{F2}T_{w11}T_{w12}T_yb_pe_ne_{qh}r_{21}+K_dT_{F1}T_{F2}T_{w11}T_{w21}T_yb_pe_ne_{qh}r_{12}+K_dT_{F1}T_{F2}T_{w12}T_{w21}T_yb_pe_ne_{qh}r_{11}$ $+K_dT_{F1}T_{F2}T_{w11}T_{w21}T_yb_pe_ne_{qh}r_{22}+K_dT_{F1}T_{F2}T_{w11}T_{w22}T_yb_pe_ne_{qh}r_{21}+K_dT_{F1}T_{F2}T_{w21}T_{w22}T_yb_pe_ne_{qh}r_{11}+K_dT_{F1}T_{F2}T_aT_{w11}T_yb_pe_{qh}r_{12}r_{21}$ $+K_dT_{F1}T_{F2}T_aT_{w12}T_yb_pe_{qh}r_{11}r_{21}+K_dT_{F1}T_{F2}T_aT_{w21}T_yb_pe_{qh}r_{11}r_{12}+K_dT_{F1}T_{F2}T_aT_{w11}T_yb_pe_{qh}r_{21}r_{22}+K_dT_{F1}T_{F2}T_aT_{w21}T_yb_pe_{qh}r_{11}r_{22}$ $+K_dT_{F1}T_{F2}T_aT_{w22}T_yb_pe_{qh}r_{11}r_{21};$ $a_3=T_{F1}T_{F2}T_aT_{w11}T_{w21}+K_dT_{F1}T_aT_{w11}T_yb_p+K_dT_{F2}T_aT_{w21}T_yb_p+K_dT_{F1}T_{F2}T_{w11}T_{w21}e_y+T_{F1}T_{F2}T_{w11}T_{w21}T_ye_n+T_{F1}T_aT_{w11}T_{w12}T_ye_{qh}$ $+T_{F1}T_aT_{w11}T_{w21}T_ye_{qh}+T_{F1}T_aT_{w11}T_{w22}T_ye_{qh}+T_{F2}T_aT_{w11}T_{w21}T_ye_{qh}+T_{F2}T_aT_{w12}T_{w21}T_ye_{qh}+T_{F2}T_aT_{w21}T_{w22}T_ye_{qh}+T_{F1}T_{F2}T_aT_{w11}T_yr_{21}$ $+T_{F1}T_{F2}T_aT_{w21}T_yr_{11}+K_pT_{F1}T_{F2}T_aT_{w11}T_{w21}b_p+K_dT_{F1}T_{F2}T_{w11}T_{w21}b_pe_n+K_dT_{F1}T_aT_{w11}T_{w12}b_pe_{qh}+K_dT_{F1}T_aT_{w11}T_{w21}b_pe_{qh}$ $+K_dT_{F1}T_aT_{w11}T_{w22}b_pe_{qh}+K_dT_{F2}T_aT_{w11}T_{w21}b_pe_{qh}+K_dT_{F2}T_aT_{w12}T_{w21}b_pe_{qh}+K_dT_{F2}T_aT_{w21}T_{w22}b_pe_{qh}+T_{F1}T_{F2}T_{w11}T_{w12}T_{w21}e_he_{qx}$ $+T_{F1}T_{F2}T_{w11}T_{w21}T_{w22}e_he_{qx}+T_{F1}T_{F2}T_{w11}T_{w12}T_{w21}e_ne_{qh}+T_{F1}T_{F2}T_{w11}T_{w21}T_{w22}e_ne_{qh}+K_dT_{F1}T_{F2}T_aT_{w11}b_pr_{21}+K_dT_{F1}T_{F2}T_aT_{w21}b_pr_{11}$ $+T_{F1}T_{F2}T_aT_{w11}T_{w12}e_{qh}r_{21}+T_{F1}T_{F2}T_aT_{w11}T_{w21}e_{qh}r_{12}+T_{F1}T_{F2}T_aT_{w12}T_{w21}e_{qh}r_{11}+T_{F1}T_{F2}T_aT_{w11}T_{w21}e_{qh}r_{22}+T_{F1}T_{F2}T_aT_{w11}T_{w22}e_{qh}r_{21}$ $+T_{F1}T_{F2}T_aT_{w21}T_{w22}e_{qh}r_{11}+K_iT_{F1}T_{F2}T_aT_{w11}T_{w21}T_yb_p+K_pT_{F1}T_{F2}T_{w11}T_{w21}T_yb_pe_n+K_pT_{F1}T_aT_{w11}T_{w12}T_yb_pe_{qh}+K_pT_{F1}T_aT_{w11}T_{w21}T_yb_pe_{qh}$ $+K_pT_{F1}T_aT_{w11}T_{w22}T_yb_pe_{qh}+K_pT_{F2}T_aT_{w11}T_{w21}T_yb_pe_{qh}+K_pT_{F2}T_aT_{w12}T_{w21}T_yb_pe_{qh}+K_pT_{F2}T_aT_{w21}T_{w22}T_yb_pe_{qh}$ $-K_pT_{F1}T_{F2}T_{w11}T_{w12}T_{w21}e_he_{qy}-K_pT_{F1}T_{F2}T_{w11}T_{w21}T_{w22}e_he_{qy}+K_pT_{F1}T_{F2}T_{w11}T_{w12}T_{w21}e_{qh}e_y+K_pT_{F1}T_{F2}T_{w11}T_{w21}T_{w22}e_{qh}e_y$ $+K_pT_{F1}T_{F2}T_aT_{w11}T_yb_pr_{21}+K_pT_{F1}T_{F2}T_aT_{w21}T_yb_pr_{11}+K_dT_{F1}T_{w11}T_{w12}T_yb_pe_he_{qx}+K_dT_{F1}T_{w11}T_{w21}T_yb_pe_he_{qx}+K_dT_{F1}T_{w11}T_{w22}T_yb_pe_he_{qx}$ $+K_dT_{F2}T_{w11}T_{w21}T_yb_pe_he_{qx}+K_dT_{F2}T_{w12}T_{w21}T_yb_pe_he_{qx}+K_dT_{F2}T_{w21}T_{w22}T_yb_pe_he_{qx}+K_dT_{F1}T_{w11}T_{w12}T_yb_pe_ne_{qh}+K_dT_{F1}T_{w11}T_{w21}T_yb_pe_ne_{qh}$ $+K_dT_{F1}T_{w11}T_{w22}T_yb_pe_ne_{qh}+K_dT_{F2}T_{w11}T_{w21}T_yb_pe_ne_{qh}+K_dT_{F2}T_{w12}T_{w21}T_yb_pe_ne_{qh}+K_dT_{F2}T_{w21}T_{w22}T_yb_pe_ne_{qh}+K_dT_{F1}T_{F2}T_{w11}T_yb_pe_nr_{21}$ $+K_dT_{F1}T_{F2}T_{w21}T_yb_pe_nr_{11}+K_dT_{F1}T_aT_{w11}T_yb_pe_{qh}r_{12}+K_dT_{F1}T_aT_{w12}T_yb_pe_{qh}r_{11}+K_dT_{F1}T_aT_{w11}T_yb_pe_{qh}r_{21}+K_dT_{F1}T_aT_{w21}T_yb_pe_{qh}r_{11}$ $+K_dT_{F1}T_aT_{w11}T_yb_pe_{qh}r_{22}+K_dT_{F1}T_aT_{w22}T_yb_pe_{qh}r_{11}+K_dT_{F2}T_aT_{w11}T_yb_pe_{qh}r_{21}+K_dT_{F2}T_aT_{w21}T_yb_pe_{qh}r_{11}+K_dT_{F2}T_aT_{w12}T_yb_pe_{qh}r_{21}$ $+K_dT_{F2}T_aT_{w21}T_yb_pe_{qh}r_{12}+K_dT_{F2}T_aT_{w21}T_yb_pe_{qh}r_{22}+K_dT_{F2}T_aT_{w22}T_yb_pe_{qh}r_{21}-K_dT_{F1}T_{F2}T_{w11}T_{w12}e_he_{qy}r_{21}-K_dT_{F1}T_{F2}T_{w11}T_{w21}e_he_{qy}r_{12}$ $-K_dT_{F1}T_{F2}T_{w12}T_{w21}e_he_{qy}r_{11}-K_dT_{F1}T_{F2}T_{w11}T_{w21}e_he_{qy}r_{22}-K_dT_{F1}T_{F2}T_{w11}T_{w22}e_he_{qy}r_{21}-K_dT_{F1}T_{F2}T_{w21}T_{w22}e_he_{qy}r_{11}$ $+K_dT_{F1}T_{F2}T_{w11}T_{w12}e_{qh}e_yr_{21}+K_dT_{F1}T_{F2}T_{w11}T_{w21}e_{qh}e_yr_{12}+K_dT_{F1}T_{F2}T_{w12}T_{w21}e_{qh}e_yr_{11}+K_dT_{F1}T_{F2}T_{w11}T_{w21}e_{qh}e_yr_{22}$ $+K_dT_{F1}T_{F2}T_{w11}T_{w22}e_{qh}e_yr_{21}+K_dT_{F1}T_{F2}T_{w21}T_{w22}e_{qh}e_yr_{11}+T_{F1}T_{F2}T_{w11}T_{w12}T_ye_he_{qx}r_{21}+T_{F1}T_{F2}T_{w11}T_{w21}T_ye_he_{qx}r_{12}+T_{F1}T_{F2}T_{w12}T_{w21}T_ye_he_{qx}r_{11}$ $+T_{F1}T_{F2}T_{w11}T_{w21}T_ye_he_{qx}r_{22}+T_{F1}T_{F2}T_{w11}T_{w22}T_ye_he_{qx}r_{21}+T_{F1}T_{F2}T_{w21}T_{w22}T_ye_he_{qx}r_{11}+T_{F1}T_{F2}T_{w11}T_{w12}T_ye_ne_{qh}r_{21}+T_{F1}T_{F2}T_{w11}T_{w21}T_ye_ne_{qh}r_{12}$ $+T_{F1}T_{F2}T_{w12}T_{w21}T_ye_ne_{qh}r_{11}+T_{F1}T_{F2}T_{w11}T_{w21}T_ye_ne_{qh}r_{22}+T_{F1}T_{F2}T_{w11}T_{w22}T_ye_ne_{qh}r_{21}+T_{F1}T_{F2}T_{w21}T_{w22}T_ye_ne_{qh}r_{11}+K_dT_{F1}T_{F2}T_aT_yb_pr_{11}r_{21}$ $+T_{F1}T_{F2}T_aT_{w11}T_ye_{qh}r_{12}r_{21}+T_{F1}T_{F2}T_aT_{w12}T_ye_{qh}r_{11}r_{21}+T_{F1}T_{F2}T_aT_{w21}T_ye_{qh}r_{11}r_{12}+T_{F1}T_{F2}T_aT_{w11}T_ye_{qh}r_{21}r_{22}+T_{F1}T_{F2}T_aT_{w21}T_ye_{qh}r_{11}r_{22}$ $+T_{F1}T_{F2}T_aT_{w22}T_ye_{qh}r_{11}r_{21}+K_iT_{F1}T_{F2}T_aT_{w11}T_{w12}T_{w21}b_pe_{qh}+K_iT_{F1}T_{F2}T_aT_{w11}T_{w21}T_{w22}b_pe_{qh}+K_pT_{F1}T_{F2}T_{w11}T_{w12}T_{w21}b_pe_he_{qx}$ $+K_pT_{F1}T_{F2}T_{w11}T_{w21}T_{w22}b_pe_he_{qx}+K_pT_{F1}T_{F2}T_{w11}T_{w12}T_{w21}b_pe_ne_{qh}+K_pT_{F1}T_{F2}T_{w11}T_{w21}T_{w22}b_pe_ne_{qh}+K_pT_{F1}T_{F2}T_aT_{w11}T_{w12}b_pe_{qh}r_{21}$ $+K_pT_{F1}T_{F2}T_aT_{w11}T_{w21}b_pe_{qh}r_{12}+K_pT_{F1}T_{F2}T_aT_{w12}T_{w21}b_pe_{qh}r_{11}+K_pT_{F1}T_{F2}T_aT_{w11}T_{w21}b_pe_{qh}r_{22}+K_pT_{F1}T_{F2}T_aT_{w11}T_{w22}b_pe_{qh}r_{21}$ $+K_pT_{F1}T_{F2}T_aT_{w21}T_{w22}b_pe_{qh}r_{11}+K_dT_{F1}T_{F2}T_{w11}T_{w12}b_pe_he_{qx}r_{21}+K_dT_{F1}T_{F2}T_{w11}T_{w21}b_pe_he_{qx}r_{12}+K_dT_{F1}T_{F2}T_{w12}T_{w21}b_pe_he_{qx}r_{11}$ $+K_dT_{F1}T_{F2}T_{w11}T_{w21}b_pe_he_{qx}r_{22}+K_dT_{F1}T_{F2}T_{w11}T_{w22}b_pe_he_{qx}r_{21}+K_dT_{F1}T_{F2}T_{w21}T_{w22}b_pe_he_{qx}r_{11}+K_dT_{F1}T_{F2}T_{w11}T_{w12}b_pe_ne_{qh}r_{21}$ $+K_dT_{F1}T_{F2}T_{w11}T_{w21}b_pe_ne_{qh}r_{12}+K_dT_{F1}T_{F2}T_{w12}T_{w21}b_pe_ne_{qh}r_{11}+K_dT_{F1}T_{F2}T_{w11}T_{w21}b_pe_ne_{qh}r_{22}+K_dT_{F1}T_{F2}T_{w11}T_{w22}b_pe_ne_{qh}r_{21}$ $+K_dT_{F1}T_{F2}T_{w21}T_{w22}b_pe_ne_{qh}r_{11}+K_dT_{F1}T_{F2}T_aT_{w11}b_pe_{qh}r_{12}r_{21}+K_dT_{F1}T_{F2}T_aT_{w12}b_pe_{qh}r_{11}r_{21}+K_dT_{F1}T_{F2}T_aT_{w21}b_pe_{qh}r_{11}r_{12}$ $+K_dT_{F1}T_{F2}T_aT_{w11}b_pe_{qh}r_{21}r_{22}+K_dT_{F1}T_{F2}T_aT_{w21}b_pe_{qh}r_{11}r_{22}+K_dT_{F1}T_{F2}T_aT_{w22}b_pe_{qh}r_{11}r_{21}+K_dT_{F1}T_{F2}T_{w11}T_yb_pe_he_{qx}r_{12}r_{21}$ $+K_dT_{F1}T_{F2}T_{w12}T_yb_pe_he_{qx}r_{11}r_{21}+K_dT_{F1}T_{F2}T_{w21}T_yb_pe_he_{qx}r_{11}r_{12}+K_dT_{F1}T_{F2}T_{w11}T_yb_pe_he_{qx}r_{21}r_{22}+K_dT_{F1}T_{F2}T_{w21}T_yb_pe_he_{qx}r_{11}r_{22}$ $+K_dT_{F1}T_{F2}T_{w22}T_yb_pe_he_{qx}r_{11}r_{21}+K_dT_{F1}T_{F2}T_{w11}T_yb_pe_ne_{qh}r_{12}r_{21}+K_dT_{F1}T_{F2}T_{w12}T_yb_pe_ne_{qh}r_{11}r_{21}+K_dT_{F1}T_{F2}T_{w21}T_yb_pe_ne_{qh}r_{11}r_{12}$ $+K_dT_{F1}T_{F2}T_{w11}T_yb_pe_ne_{qh}r_{21}r_{22}+K_dT_{F1}T_{F2}T_{w21}T_yb_pe_ne_{qh}r_{11}r_{22}+K_dT_{F1}T_{F2}T_{w22}T_yb_pe_ne_{qh}r_{11}r_{21}+K_dT_{F1}T_{F2}T_aT_yb_pe_{qh}r_{11}r_{12}r_{21}$ $+K_dT_{F1}T_{F2}T_aT_yb_pe_{qh}r_{11}r_{21}r_{22}+K_iT_{F1}T_{F2}T_{w11}T_{w12}T_{w21}T_yb_pe_he_{qx}+K_iT_{F1}T_{F2}T_{w11}T_{w21}T_{w22}T_yb_pe_he_{qx}+K_iT_{F1}T_{F2}T_{w11}T_{w12}T_{w21}T_yb_pe_ne_{qh}$

续表

类型	调节系统传递函数的系数
M4	$+K_iT_{F1}T_{F2}T_{w11}T_{w21}T_{w22}T_yb_pe_ne_{qh}+K_iT_{F1}T_{F2}T_aT_{w11}T_{w12}T_yb_pe_{qh}r_{21}+K_iT_{F1}T_{F2}T_aT_{w11}T_{w21}T_yb_pe_{qh}r_{12}+K_iT_{F1}T_{F2}T_aT_{w12}T_{w21}T_yb_pe_{qh}r_{11}$ $+K_iT_{F1}T_{F2}T_aT_{w11}T_{w21}T_yb_pe_{qh}r_{22}+K_iT_{F1}T_{F2}T_aT_{w11}T_{w22}T_yb_pe_{qh}r_{21}+K_iT_{F1}T_{F2}T_aT_{w21}T_{w22}T_yb_pe_{qh}r_{11}+K_pT_{F1}T_{F2}T_{w11}T_{w12}T_yb_pe_he_{qx}r_{21}$ $+K_pT_{F1}T_{F2}T_{w11}T_{w21}T_yb_pe_he_{qx}r_{12}+K_pT_{F1}T_{F2}T_{w12}T_{w21}T_yb_pe_he_{qx}r_{11}+K_pT_{F1}T_{F2}T_{w11}T_{w21}T_yb_pe_he_{qx}r_{22}+K_pT_{F1}T_{F2}T_{w11}T_{w22}T_yb_pe_he_{qx}r_{21}$ $+K_pT_{F1}T_{F2}T_{w21}T_{w22}T_yb_pe_he_{qx}r_{11}+K_pT_{F1}T_{F2}T_{w11}T_{w12}T_yb_pe_ne_{qh}r_{21}+K_pT_{F1}T_{F2}T_{w11}T_{w21}T_yb_pe_ne_{qh}r_{12}+K_pT_{F1}T_{F2}T_{w12}T_{w21}T_yb_pe_ne_{qh}r_{11}$ $+K_pT_{F1}T_{F2}T_{w11}T_{w21}T_yb_pe_ne_{qh}r_{22}+K_pT_{F1}T_{F2}T_{w11}T_{w22}T_yb_pe_ne_{qh}r_{21}+K_pT_{F1}T_{F2}T_{w21}T_{w22}T_yb_pe_ne_{qh}r_{11}+K_pT_{F1}T_{F2}T_aT_{w11}T_yb_pe_{qh}r_{12}r_{21}$ $+K_pT_{F1}T_{F2}T_aT_{w12}T_yb_pe_{qh}r_{11}r_{21}+K_pT_{F1}T_{F2}T_aT_{w21}T_yb_pe_{qh}r_{11}r_{12}+K_pT_{F1}T_{F2}T_aT_{w11}T_yb_pe_{qh}r_{21}r_{22}+K_pT_{F1}T_{F2}T_aT_{w21}T_yb_pe_{qh}r_{11}r_{22}$ $+K_pT_{F1}T_{F2}T_aT_{w22}T_yb_pe_{qh}r_{11}r_{21}$; $a_4=T_{F1}T_aT_{w11}T_y+T_{F2}T_aT_{w21}T_y+K_dT_{F1}T_aT_{w11}b_p+K_dT_{F2}T_aT_{w21}b_p+T_{F1}T_{F2}T_{w11}T_{w21}e_n+T_{F1}T_aT_{w11}T_{w12}e_{qh}+T_{F1}T_aT_{w11}T_{w21}e_{qh}$ $+T_{F1}T_aT_{w11}T_{w22}e_{qh}+T_{F2}T_aT_{w11}T_{w21}e_{qh}+T_{F2}T_aT_{w12}T_{w21}e_{qh}+T_{F2}T_aT_{w21}T_{w22}e_{qh}+T_{F1}T_{F2}T_aT_{w11}r_{21}+T_{F1}T_{F2}T_aT_{w21}r_{11}$ $+K_pT_{F1}T_aT_{w11}T_yb_p+K_pT_{F2}T_aT_{w21}T_yb_p+K_pT_{F1}T_{F2}T_{w11}T_{w21}e_y+K_dT_{F1}T_{w11}T_yb_pe_n+K_dT_{F2}T_{w21}T_yb_pe_n+K_dT_aT_{w11}T_yb_pe_{qh}$ $+K_dT_aT_{w12}T_yb_pe_{qh}+K_dT_aT_{w21}T_yb_pe_{qh}+K_dT_aT_{w22}T_yb_pe_{qh}-K_dT_{F1}T_{w11}T_{w12}e_he_{qy}-K_dT_{F1}T_{w11}T_{w21}e_he_{qy}-K_dT_{F1}T_{w11}T_{w22}e_he_{qy}$ $-K_dT_{F2}T_{w11}T_{w21}e_he_{qy}-K_dT_{F2}T_{w12}T_{w21}e_he_{qy}-K_dT_{F2}T_{w21}T_{w22}e_he_{qy}+K_dT_{F1}T_{w11}T_{w12}e_{qh}e_y+K_dT_{F1}T_{w11}T_{w21}e_{qh}e_y$ $+K_dT_{F1}T_{w11}T_{w22}e_{qh}e_y+K_dT_{F2}T_{w11}T_{w21}e_{qh}e_y+K_dT_{F2}T_{w12}T_{w21}e_{qh}e_y+K_dT_{F2}T_{w21}T_{w22}e_{qh}e_y+T_{F1}T_{w11}T_{w12}T_ye_he_{qx}$ $+T_{F1}T_{w11}T_{w21}T_ye_he_{qx}+T_{F1}T_{w11}T_{w22}T_ye_he_{qx}+T_{F2}T_{w11}T_{w21}T_ye_he_{qx}+T_{F2}T_{w12}T_{w21}T_ye_he_{qx}+T_{F2}T_{w21}T_{w22}T_ye_he_{qx}+T_{F1}T_{w11}T_{w12}T_ye_ne_{qh}$ $+T_{F1}T_{w11}T_{w21}T_ye_ne_{qh}+T_{F1}T_{w11}T_{w22}T_ye_ne_{qh}+T_{F2}T_{w11}T_{w21}T_ye_ne_{qh}+T_{F2}T_{w12}T_{w21}T_ye_ne_{qh}+T_{F2}T_{w21}T_{w22}T_ye_ne_{qh}+K_dT_{F1}T_aT_yb_pr_{11}$ $+K_dT_{F2}T_aT_yb_pr_{21}+K_dT_{F1}T_{F2}T_{w11}e_yr_{21}+K_dT_{F1}T_{F2}T_{w21}e_yr_{11}+T_{F1}T_{F2}T_{w11}T_ye_nr_{21}+T_{F1}T_{F2}T_{w21}T_ye_nr_{11}+T_{F1}T_aT_{w11}T_ye_{qh}r_{12}$ $+T_{F1}T_aT_{w12}T_ye_{qh}r_{11}+T_{F1}T_aT_{w11}T_ye_{qh}r_{21}+T_{F1}T_aT_{w21}T_ye_{qh}r_{11}+T_{F1}T_aT_{w11}T_ye_{qh}r_{22}+T_{F1}T_aT_{w22}T_ye_{qh}r_{11}+T_{F2}T_aT_{w11}T_ye_{qh}r_{21}$ $+T_{F2}T_aT_{w21}T_ye_{qh}r_{11}+T_{F2}T_aT_{w12}T_ye_{qh}r_{21}+T_{F2}T_aT_{w21}T_ye_{qh}r_{12}+T_{F2}T_aT_{w21}T_ye_{qh}r_{22}+T_{F2}T_aT_{w22}T_ye_{qh}r_{21}+T_{F1}T_{F2}T_aT_yr_{11}r_{21}$ $+K_iT_{F1}T_{F2}T_aT_{w11}T_{w21}b_p+K_pT_{F1}T_{F2}T_{w11}T_{w21}b_pe_n+K_pT_{F1}T_aT_{w11}T_{w12}b_pe_{qh}+K_pT_{F1}T_aT_{w11}T_{w21}b_pe_{qh}+K_pT_{F1}T_aT_{w11}T_{w22}b_pe_{qh}$ $+K_pT_{F2}T_aT_{w11}T_{w21}b_pe_{qh}+K_pT_{F2}T_aT_{w12}T_{w21}b_pe_{qh}+K_pT_{F2}T_aT_{w21}T_{w22}b_pe_{qh}+K_pT_{F1}T_{F2}T_aT_{w11}b_pr_{21}+K_pT_{F1}T_{F2}T_aT_{w21}b_pr_{11}$ $+K_dT_{F1}T_{w11}T_{w12}b_pe_he_{qx}+K_dT_{F1}T_{w11}T_{w21}b_pe_he_{qx}+K_dT_{F1}T_{w11}T_{w22}b_pe_he_{qx}+K_dT_{F2}T_{w11}T_{w21}b_pe_he_{qx}+K_dT_{F2}T_{w12}T_{w21}b_pe_he_{qx}$ $+K_dT_{F2}T_{w21}T_{w22}b_pe_he_{qx}+K_dT_{F1}T_{w11}T_{w12}b_pe_ne_{qh}+K_dT_{F1}T_{w11}T_{w21}b_pe_ne_{qh}+K_dT_{F1}T_{w11}T_{w22}b_pe_ne_{qh}+K_dT_{F2}T_{w11}T_{w21}b_pe_ne_{qh}$ $+K_dT_{F2}T_{w12}T_{w21}b_pe_ne_{qh}+K_dT_{F2}T_{w21}T_{w22}b_pe_ne_{qh}+K_dT_{F1}T_{F2}T_{w11}b_pe_nr_{21}+K_dT_{F1}T_{F2}T_{w21}b_pe_nr_{11}+K_dT_{F1}T_aT_{w11}b_pe_{qh}r_{12}$ $+K_dT_{F1}T_aT_{w12}b_pe_{qh}r_{11}+K_dT_{F1}T_aT_{w11}b_pe_{qh}r_{21}+K_dT_{F1}T_aT_{w21}b_pe_{qh}r_{11}+K_dT_{F1}T_aT_{w11}b_pe_{qh}r_{22}+K_dT_{F1}T_aT_{w22}b_pe_{qh}r_{11}$ $+K_dT_{F2}T_aT_{w11}b_pe_{qh}r_{21}+K_dT_{F2}T_aT_{w21}b_pe_{qh}r_{11}+K_dT_{F2}T_aT_{w12}b_pe_{qh}r_{21}+K_dT_{F2}T_aT_{w21}b_pe_{qh}r_{12}+K_dT_{F2}T_aT_{w21}b_pe_{qh}r_{22}$ $+K_dT_{F2}T_aT_{w22}b_pe_{qh}r_{21}+T_{F1}T_{F2}T_{w11}T_{w12}e_he_{qx}r_{21}+T_{F1}T_{F2}T_{w11}T_{w21}e_he_{qx}r_{12}+T_{F1}T_{F2}T_{w12}T_{w21}e_he_{qx}r_{11}+T_{F1}T_{F2}T_{w11}T_{w21}e_he_{qx}r_{22}$ $+T_{F1}T_{F2}T_{w11}T_{w22}e_he_{qx}r_{21}+T_{F1}T_{F2}T_{w21}T_{w22}e_he_{qx}r_{11}+T_{F1}T_{F2}T_{w11}T_{w12}e_ne_{qh}r_{21}+T_{F1}T_{F2}T_{w11}T_{w21}e_ne_{qh}r_{12}+T_{F1}T_{F2}T_{w12}T_{w21}e_ne_{qh}r_{11}$ $+T_{F1}T_{F2}T_{w11}T_{w21}e_ne_{qh}r_{22}+T_{F1}T_{F2}T_{w11}T_{w22}e_ne_{qh}r_{21}+T_{F1}T_{F2}T_{w21}T_{w22}e_ne_{qh}r_{11}+K_dT_{F1}T_{F2}T_ab_pr_{11}r_{21}+T_{F1}T_{F2}T_aT_{w11}e_{qh}r_{12}r_{21}$ $+T_{F1}T_{F2}T_aT_{w12}e_{qh}r_{11}r_{21}+T_{F1}T_{F2}T_aT_{w21}e_{qh}r_{11}r_{12}+T_{F1}T_{F2}T_aT_{w11}e_{qh}r_{21}r_{22}+T_{F1}T_{F2}T_aT_{w21}e_{qh}r_{11}r_{22}+T_{F1}T_{F2}T_aT_{w22}e_{qh}r_{11}r_{21}$ $+K_iT_{F1}T_{F2}T_{w11}T_{w21}T_yb_pe_n+K_iT_{F1}T_aT_{w11}T_{w12}T_yb_pe_{qh}+K_iT_{F1}T_aT_{w11}T_{w21}T_yb_pe_{qh}+K_iT_{F1}T_aT_{w11}T_{w22}T_yb_pe_{qh}+K_iT_{F2}T_aT_{w11}T_{w21}T_yb_pe_{qh}$ $+K_iT_{F2}T_aT_{w12}T_{w21}T_yb_pe_{qh}+K_iT_{F2}T_aT_{w21}T_{w22}T_yb_pe_{qh}-K_iT_{F1}T_{F2}T_{w11}T_{w12}T_{w21}e_he_{qy}-K_iT_{F1}T_{F2}T_{w11}T_{w21}T_{w22}e_he_{qy}$ $+K_iT_{F1}T_{F2}T_{w11}T_{w12}T_{w21}e_{qh}e_y+K_iT_{F1}T_{F2}T_{w11}T_{w21}T_{w22}e_{qh}e_y+K_iT_{F1}T_{F2}T_aT_{w11}T_yb_pr_{21}+K_iT_{F1}T_{F2}T_aT_{w21}T_yb_pr_{11}$ $+K_pT_{F1}T_{w11}T_{w12}T_yb_pe_he_{qx}+K_pT_{F1}T_{w11}T_{w21}T_yb_pe_he_{qx}+K_pT_{F1}T_{w11}T_{w22}T_yb_pe_he_{qx}+K_pT_{F2}T_{w11}T_{w21}T_yb_pe_he_{qx}+K_pT_{F2}T_{w12}T_{w21}T_yb_pe_he_{qx}$ $+K_pT_{F2}T_{w21}T_{w22}T_yb_pe_he_{qx}+K_pT_{F1}T_{w11}T_{w12}T_yb_pe_ne_{qh}+K_pT_{F1}T_{w11}T_{w21}T_yb_pe_ne_{qh}+K_pT_{F1}T_{w11}T_{w22}T_yb_pe_ne_{qh}+K_pT_{F2}T_{w11}T_{w21}T_yb_pe_ne_{qh}$ $+K_pT_{F2}T_{w12}T_{w21}T_yb_pe_ne_{qh}+K_pT_{F2}T_{w21}T_{w22}T_yb_pe_ne_{qh}+K_pT_{F1}T_{F2}T_{w11}T_yb_pe_nr_{21}+K_pT_{F1}T_{F2}T_{w21}T_yb_pe_nr_{11}+K_pT_{F1}T_aT_{w11}T_yb_pe_{qh}r_{12}$ $+K_pT_{F1}T_aT_{w12}T_yb_pe_{qh}r_{11}+K_pT_{F1}T_aT_{w11}T_yb_pe_{qh}r_{21}+K_pT_{F1}T_aT_{w21}T_yb_pe_{qh}r_{11}+K_pT_{F1}T_aT_{w11}T_yb_pe_{qh}r_{22}+K_pT_{F1}T_aT_{w22}T_yb_pe_{qh}r_{11}$ $+K_pT_{F2}T_aT_{w11}T_yb_pe_{qh}r_{21}+K_pT_{F2}T_aT_{w21}T_yb_pe_{qh}r_{11}+K_pT_{F2}T_aT_{w12}T_yb_pe_{qh}r_{21}+K_pT_{F2}T_aT_{w21}T_yb_pe_{qh}r_{12}+K_pT_{F2}T_aT_{w21}T_yb_pe_{qh}r_{22}$ $+K_pT_{F2}T_aT_{w22}T_yb_pe_{qh}r_{21}-K_pT_{F1}T_{F2}T_{w11}T_{w12}e_he_{qy}r_{21}-K_pT_{F1}T_{F2}T_{w11}T_{w21}e_he_{qy}r_{12}-K_pT_{F1}T_{F2}T_{w12}T_{w21}e_he_{qy}r_{11}-K_pT_{F1}T_{F2}T_{w11}T_{w21}e_he_{qy}r_{22}$ $-K_pT_{F1}T_{F2}T_{w11}T_{w22}e_he_{qy}r_{21}-K_pT_{F1}T_{F2}T_{w21}T_{w22}e_he_{qy}r_{11}+K_pT_{F1}T_{F2}T_{w11}T_{w12}e_{qh}e_yr_{21}+K_pT_{F1}T_{F2}T_{w11}T_{w21}e_{qh}e_yr_{12}+K_pT_{F1}T_{F2}T_{w12}T_{w21}e_{qh}e_yr_{11}$ $+K_pT_{F1}T_{F2}T_{w11}T_{w21}e_{qh}e_yr_{22}+K_pT_{F1}T_{F2}T_{w11}T_{w22}e_{qh}e_yr_{21}+K_pT_{F1}T_{F2}T_{w21}T_{w22}e_{qh}e_yr_{11}+K_pT_{F1}T_{F2}T_aT_yb_pr_{11}r_{21}+K_dT_{F1}T_{w11}T_yb_pe_he_{qx}r_{12}$ $+K_dT_{F1}T_{w12}T_yb_pe_he_{qx}r_{11}+K_dT_{F1}T_{w11}T_yb_pe_he_{qx}r_{21}+K_dT_{F1}T_{w21}T_yb_pe_he_{qx}r_{11}+K_dT_{F1}T_{w11}T_yb_pe_he_{qx}r_{22}+K_dT_{F1}T_{w22}T_yb_pe_he_{qx}r_{11}$ $+K_dT_{F2}T_{w11}T_yb_pe_he_{qx}r_{21}+K_dT_{F2}T_{w21}T_yb_pe_he_{qx}r_{11}+K_dT_{F2}T_{w12}T_yb_pe_he_{qx}r_{21}+K_dT_{F2}T_{w21}T_yb_pe_he_{qx}r_{12}+K_dT_{F2}T_{w21}T_yb_pe_he_{qx}r_{22}$ $+K_dT_{F2}T_{w22}T_yb_pe_he_{qx}r_{21}+K_dT_{F1}T_{w11}T_yb_pe_ne_{qh}r_{12}+K_dT_{F1}T_{w12}T_yb_pe_ne_{qh}r_{11}+K_dT_{F1}T_{w11}T_yb_pe_ne_{qh}r_{21}+K_dT_{F1}T_{w21}T_yb_pe_ne_{qh}r_{11}$ $+K_dT_{F1}T_{w11}T_yb_pe_ne_{qh}r_{22}+K_dT_{F1}T_{w22}T_yb_pe_ne_{qh}r_{11}+K_dT_{F2}T_{w11}T_yb_pe_ne_{qh}r_{21}+K_dT_{F2}T_{w21}T_yb_pe_ne_{qh}r_{11}+K_dT_{F2}T_{w12}T_yb_pe_ne_{qh}r_{21}$ $+K_dT_{F2}T_{w21}T_yb_pe_ne_{qh}r_{12}+K_dT_{F2}T_{w21}T_yb_pe_ne_{qh}r_{22}+K_dT_{F2}T_{w22}T_yb_pe_ne_{qh}r_{21}+K_dT_{F1}T_{F2}T_yb_pe_nr_{11}r_{21}+K_dT_{F1}T_aT_yb_pe_{qh}r_{11}r_{12}$ $+K_dT_{F1}T_aT_yb_pe_{qh}r_{11}r_{21}+K_dT_{F1}T_aT_yb_pe_{qh}r_{11}r_{22}+K_dT_{F2}T_aT_yb_pe_{qh}r_{11}r_{21}+K_dT_{F2}T_aT_yb_pe_{qh}r_{12}r_{21}+K_dT_{F2}T_aT_yb_pe_{qh}r_{21}r_{22}$ $-K_dT_{F1}T_{F2}T_{w11}e_he_{qy}r_{12}r_{21}-K_dT_{F1}T_{F2}T_{w12}e_he_{qy}r_{11}r_{21}-K_dT_{F1}T_{F2}T_{w21}e_he_{qy}r_{11}r_{12}-K_dT_{F1}T_{F2}T_{w11}e_he_{qy}r_{21}r_{22}-K_dT_{F1}T_{F2}T_{w21}e_he_{qy}r_{11}r_{22}$

续表

类型	调节系统传递函数的系数
M4	$-K_dT_{F1}T_{F2}T_{w22}e_he_{qy}r_{11}r_{21}+K_dT_{F1}T_{F2}T_{w11}e_{qh}e_yr_{12}r_{21}+K_dT_{F1}T_{F2}T_{w12}e_{qh}e_yr_{11}r_{21}+K_dT_{F1}T_{F2}T_{w21}e_{qh}e_yr_{11}r_{12}+K_dT_{F1}T_{F2}T_{w11}e_{qh}e_yr_{21}r_{22}$ $+K_dT_{F1}T_{F2}T_{w21}e_{qh}e_yr_{11}r_{22}+K_dT_{F1}T_{F2}T_{w22}e_{qh}e_yr_{11}r_{21}+T_{F1}T_{F2}T_{w11}T_ye_he_{qx}r_{12}r_{21}+T_{F1}T_{F2}T_{w12}T_ye_he_{qx}r_{11}r_{21}+T_{F1}T_{F2}T_{w21}T_ye_he_{qx}r_{11}r_{12}$ $+T_{F1}T_{F2}T_{w11}T_ye_he_{qx}r_{21}r_{22}+T_{F1}T_{F2}T_{w21}T_ye_he_{qx}r_{11}r_{22}+T_{F1}T_{F2}T_{w22}T_ye_he_{qx}r_{11}r_{21}+T_{F1}T_{F2}T_{w11}T_ye_ne_{qh}r_{12}r_{21}+T_{F1}T_{F2}T_{w12}T_ye_ne_{qh}r_{11}r_{21}$ $+T_{F1}T_{F2}T_{w21}T_ye_ne_{qh}r_{11}r_{12}+T_{F1}T_{F2}T_{w11}T_ye_ne_{qh}r_{21}r_{22}+T_{F1}T_{F2}T_{w21}T_ye_ne_{qh}r_{11}r_{22}+T_{F1}T_{F2}T_{w22}T_ye_ne_{qh}r_{11}r_{21}+T_{F1}T_{F2}T_aT_ye_{qh}r_{11}r_{12}r_{21}$ $+T_{F1}T_{F2}T_aT_ye_{qh}r_{11}r_{21}r_{22}+K_iT_{F1}T_{F2}T_{w11}T_{w12}T_{w21}b_pe_he_{qx}+K_iT_{F1}T_{F2}T_{w11}T_{w21}T_{w22}b_pe_he_{qx}+K_iT_{F1}T_{F2}T_{w11}T_{w12}T_{w21}b_pe_ne_{qh}$ $+K_iT_{F1}T_{F2}T_{w11}T_{w21}T_{w22}b_pe_ne_{qh}+K_iT_{F1}T_{F2}T_aT_{w11}T_{w12}b_pe_{qh}r_{21}+K_iT_{F1}T_{F2}T_aT_{w11}T_{w21}b_pe_{qh}r_{12}+K_iT_{F1}T_{F2}T_aT_{w12}T_{w21}b_pe_{qh}r_{11}$ $+K_iT_{F1}T_{F2}T_aT_{w11}T_{w21}b_pe_{qh}r_{22}+K_iT_{F1}T_{F2}T_aT_{w11}T_{w22}b_pe_{qh}r_{21}+K_iT_{F1}T_{F2}T_aT_{w21}T_{w22}b_pe_{qh}r_{11}+K_pT_{F1}T_{F2}T_{w11}T_{w12}b_pe_he_{qx}r_{21}$ $+K_pT_{F1}T_{F2}T_{w11}T_{w21}b_pe_he_{qx}r_{12}+K_pT_{F1}T_{F2}T_{w12}T_{w21}b_pe_he_{qx}r_{11}+K_pT_{F1}T_{F2}T_{w11}T_{w21}b_pe_he_{qx}r_{22}+K_pT_{F1}T_{F2}T_{w11}T_{w22}b_pe_he_{qx}r_{21}$ $+K_pT_{F1}T_{F2}T_{w21}T_{w22}b_pe_he_{qx}r_{11}+K_pT_{F1}T_{F2}T_{w11}T_{w12}b_pe_ne_{qh}r_{21}+K_pT_{F1}T_{F2}T_{w11}T_{w21}b_pe_ne_{qh}r_{12}+K_pT_{F1}T_{F2}T_{w12}T_{w21}b_pe_ne_{qh}r_{11}$ $+K_pT_{F1}T_{F2}T_{w11}T_{w21}b_pe_ne_{qh}r_{22}+K_pT_{F1}T_{F2}T_{w11}T_{w22}b_pe_ne_{qh}r_{21}+K_pT_{F1}T_{F2}T_{w21}T_{w22}b_pe_ne_{qh}r_{11}+K_pT_{F1}T_{F2}T_aT_{w11}b_pe_{qh}r_{12}r_{21}$ $+K_pT_{F1}T_{F2}T_aT_{w12}b_pe_{qh}r_{11}r_{21}+K_pT_{F1}T_{F2}T_aT_{w21}b_pe_{qh}r_{11}r_{12}+K_pT_{F1}T_{F2}T_aT_{w11}b_pe_{qh}r_{21}r_{22}+K_pT_{F1}T_{F2}T_aT_{w21}b_pe_{qh}r_{11}r_{22}$ $+K_pT_{F1}T_{F2}T_aT_{w22}b_pe_{qh}r_{11}r_{21}+K_dT_{F1}T_{F2}T_{w11}b_pe_he_{qx}r_{12}r_{21}+K_dT_{F1}T_{F2}T_{w12}b_pe_he_{qx}r_{11}r_{21}+K_dT_{F1}T_{F2}T_{w21}b_pe_he_{qx}r_{11}r_{12}$ $+K_dT_{F1}T_{F2}T_{w11}b_pe_he_{qx}r_{21}r_{22}+K_dT_{F1}T_{F2}T_{w21}b_pe_he_{qx}r_{11}r_{22}+K_dT_{F1}T_{F2}T_{w22}b_pe_he_{qx}r_{11}r_{21}+K_dT_{F1}T_{F2}T_{w11}b_pe_ne_{qh}r_{12}r_{21}$ $+K_dT_{F1}T_{F2}T_{w12}b_pe_ne_{qh}r_{11}r_{21}+K_dT_{F1}T_{F2}T_{w21}b_pe_ne_{qh}r_{11}r_{12}+K_dT_{F1}T_{F2}T_{w11}b_pe_ne_{qh}r_{21}r_{22}+K_dT_{F1}T_{F2}T_{w21}b_pe_ne_{qh}r_{11}r_{22}$ $+K_dT_{F1}T_{F2}T_{w22}b_pe_ne_{qh}r_{11}r_{21}+K_dT_{F1}T_{F2}T_ab_pe_{qh}r_{11}r_{12}r_{21}+K_dT_{F1}T_{F2}T_ab_pe_{qh}r_{11}r_{21}r_{22}+K_pT_{F1}T_{F2}T_{w11}T_yb_pe_he_{qx}r_{12}r_{21}$ $+K_pT_{F1}T_{F2}T_{w12}T_yb_pe_he_{qx}r_{11}r_{21}+K_pT_{F1}T_{F2}T_{w21}T_yb_pe_he_{qx}r_{11}r_{12}+K_pT_{F1}T_{F2}T_{w11}T_yb_pe_he_{qx}r_{21}r_{22}+K_pT_{F1}T_{F2}T_{w21}T_yb_pe_he_{qx}r_{11}r_{22}$ $+K_pT_{F1}T_{F2}T_{w22}T_yb_pe_he_{qx}r_{11}r_{21}+K_pT_{F1}T_{F2}T_{w11}T_yb_pe_ne_{qh}r_{12}r_{21}+K_pT_{F1}T_{F2}T_{w12}T_yb_pe_ne_{qh}r_{11}r_{21}+K_pT_{F1}T_{F2}T_{w21}T_yb_pe_ne_{qh}r_{11}r_{12}$ $+K_pT_{F1}T_{F2}T_{w11}T_yb_pe_ne_{qh}r_{21}r_{22}+K_pT_{F1}T_{F2}T_{w21}T_yb_pe_ne_{qh}r_{11}r_{22}+K_pT_{F1}T_{F2}T_{w22}T_yb_pe_ne_{qh}r_{11}r_{21}+K_pT_{F1}T_{F2}T_aT_yb_pe_{qh}r_{11}r_{12}r_{21}$ $+K_pT_{F1}T_{F2}T_aT_yb_pe_{qh}r_{11}r_{21}r_{22}+K_dT_{F1}T_{F2}T_yb_pe_he_{qx}r_{11}r_{12}r_{21}+K_dT_{F1}T_{F2}T_yb_pe_he_{qx}r_{11}r_{21}r_{22}+K_dT_{F1}T_{F2}T_yb_pe_ne_{qh}r_{11}r_{12}r_{21}$ $+K_dT_{F1}T_{F2}T_yb_pe_ne_{qh}r_{11}r_{21}r_{22}+K_iT_{F1}T_{F2}T_{w11}T_{w12}T_yb_pe_he_{qx}r_{21}+K_iT_{F1}T_{F2}T_{w11}T_{w21}T_yb_pe_he_{qx}r_{12}+K_iT_{F1}T_{F2}T_{w12}T_{w21}T_yb_pe_he_{qx}r_{11}$ $+K_iT_{F1}T_{F2}T_{w11}T_{w21}T_yb_pe_he_{qx}r_{22}+K_iT_{F1}T_{F2}T_{w11}T_{w22}T_yb_pe_he_{qx}r_{21}+K_iT_{F1}T_{F2}T_{w21}T_{w22}T_yb_pe_he_{qx}r_{11}+K_iT_{F1}T_{F2}T_{w11}T_{w12}T_yb_pe_ne_{qh}r_{21}$ $+K_iT_{F1}T_{F2}T_{w11}T_{w21}T_yb_pe_ne_{qh}r_{12}+K_iT_{F1}T_{F2}T_{w12}T_{w21}T_yb_pe_ne_{qh}r_{11}+K_iT_{F1}T_{F2}T_{w11}T_{w21}T_yb_pe_ne_{qh}r_{22}+K_iT_{F1}T_{F2}T_{w11}T_{w22}T_yb_pe_ne_{qh}r_{21}$ $+K_iT_{F1}T_{F2}T_{w21}T_{w22}T_yb_pe_ne_{qh}r_{11}+K_iT_{F1}T_{F2}T_aT_{w11}T_yb_pe_{qh}r_{12}r_{21}+K_iT_{F1}T_{F2}T_aT_{w12}T_yb_pe_{qh}r_{11}r_{21}+K_iT_{F1}T_{F2}T_aT_{w21}T_yb_pe_{qh}r_{11}r_{12}$ $+K_iT_{F1}T_{F2}T_aT_{w11}T_yb_pe_{qh}r_{21}r_{22}+K_iT_{F1}T_{F2}T_aT_{w21}T_yb_pe_{qh}r_{11}r_{22}+K_iT_{F1}T_{F2}T_aT_{w22}T_yb_pe_{qh}r_{11}r_{21};$ $a_5=T_{F1}T_aT_{w11}+T_{F2}T_aT_{w21}+K_dT_aT_yb_p+K_dT_{F1}T_{w11}e_y+K_dT_{F2}T_{w21}e_y+T_{F1}T_{w11}T_ye_n+T_{F2}T_{w21}T_ye_n+T_aT_{w11}T_ye_{qh}+T_aT_{w12}T_ye_{qh}$ $+T_aT_{w21}T_ye_{qh}+T_aT_{w22}T_ye_{qh}+T_{F1}T_aT_yr_{11}+T_{F2}T_aT_yr_{21}+K_pT_{F1}T_aT_{w11}b_p+K_pT_{F2}T_aT_{w21}b_p+K_dT_{F1}T_{w11}b_pe_n+K_dT_{F2}T_{w21}b_pe_n$ $+K_dT_aT_{w11}b_pe_{qh}+K_dT_aT_{w12}b_pe_{qh}+K_dT_aT_{w21}b_pe_{qh}+K_dT_aT_{w22}b_pe_{qh}+T_{F1}T_{w11}T_{w12}e_he_{qx}+T_{F1}T_{w11}T_{w21}e_he_{qx}+T_{F1}T_{w11}T_{w22}e_he_{qx}$ $+T_{F2}T_{w11}T_{w21}e_he_{qx}+T_{F2}T_{w12}T_{w21}e_he_{qx}+T_{F2}T_{w21}T_{w22}e_he_{qx}+T_{F1}T_{w11}T_{w12}e_ne_{qh}+T_{F1}T_{w11}T_{w21}e_ne_{qh}+T_{F1}T_{w11}T_{w22}e_ne_{qh}$ $+T_{F2}T_{w11}T_{w21}e_ne_{qh}+T_{F2}T_{w12}T_{w21}e_ne_{qh}+T_{F2}T_{w21}T_{w22}e_ne_{qh}+K_dT_{F1}T_ab_pr_{11}+K_dT_{F2}T_ab_pr_{21}+T_{F1}T_{F2}T_{w11}e_nr_{21}+T_{F1}T_{F2}T_{w21}e_nr_{11}$ $+T_{F1}T_aT_{w11}e_{qh}r_{12}+T_{F1}T_aT_{w12}e_{qh}r_{11}+T_{F1}T_aT_{w11}e_{qh}r_{21}+T_{F1}T_aT_{w21}e_{qh}r_{11}+T_{F1}T_aT_{w11}e_{qh}r_{22}+T_{F1}T_aT_{w22}e_{qh}r_{11}+T_{F2}T_aT_{w11}e_{qh}r_{21}$ $+T_{F2}T_aT_{w21}e_{qh}r_{11}+T_{F2}T_aT_{w12}e_{qh}r_{21}+T_{F2}T_aT_{w21}e_{qh}r_{12}+T_{F2}T_aT_{w21}e_{qh}r_{22}+T_{F2}T_aT_{w22}e_{qh}r_{21}+T_{F1}T_{F2}T_ar_{11}r_{21}+K_iT_{F1}T_aT_{w11}T_yb_p$ $+K_iT_{F2}T_aT_{w21}T_yb_p+K_iT_{F1}T_{F2}T_{w11}T_{w21}e_y+K_pT_{F1}T_{w11}T_yb_pe_n+K_pT_{F2}T_{w21}T_yb_pe_n+K_pT_aT_{w11}T_yb_pe_{qh}+K_pT_aT_{w12}T_yb_pe_{qh}$ $+K_pT_aT_{w21}T_yb_pe_{qh}+K_pT_aT_{w22}T_yb_pe_{qh}-K_pT_{F1}T_{w11}T_{w12}e_he_{qy}-K_pT_{F1}T_{w11}T_{w21}e_he_{qy}-K_pT_{F1}T_{w11}T_{w22}e_he_{qy}-K_pT_{F2}T_{w11}T_{w21}e_he_{qy}$ $-K_pT_{F2}T_{w12}T_{w21}e_he_{qy}-K_pT_{F2}T_{w21}T_{w22}e_he_{qy}+K_pT_{F1}T_{w11}T_{w12}e_{qh}e_y+K_pT_{F1}T_{w11}T_{w21}e_{qh}e_y+K_pT_{F1}T_{w11}T_{w22}e_{qh}e_y$ $+K_pT_{F2}T_{w11}T_{w21}e_{qh}e_y+K_pT_{F2}T_{w12}T_{w21}e_{qh}e_y+K_pT_{F2}T_{w21}T_{w22}e_{qh}e_y+K_pT_{F1}T_aT_yb_pr_{11}+K_pT_{F2}T_aT_yb_pr_{21}+K_pT_{F1}T_{F2}T_{w11}e_yr_{21}$ $+K_pT_{F1}T_{F2}T_{w21}e_yr_{11}+K_dT_{w11}T_yb_pe_he_{qx}+K_dT_{w12}T_yb_pe_he_{qx}+K_dT_{w21}T_yb_pe_he_{qx}+K_dT_{w22}T_yb_pe_he_{qx}+K_dT_{w11}T_yb_pe_ne_{qh}$ $+K_dT_{w12}T_yb_pe_ne_{qh}+K_dT_{w21}T_yb_pe_ne_{qh}+K_dT_{w22}T_yb_pe_ne_{qh}+K_dT_{F1}T_yb_pe_nr_{11}+K_dT_{F2}T_yb_pe_nr_{21}+K_dT_aT_yb_pe_{qh}r_{11}+K_dT_aT_yb_pe_{qh}r_{12}$ $+K_dT_aT_yb_pe_{qh}r_{21}+K_dT_aT_yb_pe_{qh}r_{22}-K_dT_{F1}T_{w11}e_he_{qy}r_{12}-K_dT_{F1}T_{w12}e_he_{qy}r_{11}-K_dT_{F1}T_{w11}e_he_{qy}r_{21}-K_dT_{F1}T_{w21}e_he_{qy}r_{11}$ $-K_dT_{F1}T_{w11}e_he_{qy}r_{22}-K_dT_{F1}T_{w22}e_he_{qy}r_{11}-K_dT_{F2}T_{w11}e_he_{qy}r_{21}-K_dT_{F2}T_{w21}e_he_{qy}r_{11}-K_dT_{F2}T_{w12}e_he_{qy}r_{21}-K_dT_{F2}T_{w21}e_he_{qy}r_{12}$ $-K_dT_{F2}T_{w21}e_he_{qy}r_{22}-K_dT_{F2}T_{w22}e_he_{qy}r_{21}+K_dT_{F1}T_{w11}e_{qh}e_yr_{12}+K_dT_{F1}T_{w12}e_{qh}e_yr_{11}+K_dT_{F1}T_{w11}e_{qh}e_yr_{21}+K_dT_{F1}T_{w21}e_{qh}e_yr_{11}$ $+K_dT_{F1}T_{w11}e_{qh}e_yr_{22}+K_dT_{F1}T_{w22}e_{qh}e_yr_{11}+K_dT_{F2}T_{w11}e_{qh}e_yr_{21}+K_dT_{F2}T_{w21}e_{qh}e_yr_{11}+K_dT_{F2}T_{w12}e_{qh}e_yr_{21}+K_dT_{F2}T_{w21}e_{qh}e_yr_{12}$ $+K_dT_{F2}T_{w21}e_{qh}e_yr_{22}+K_dT_{F2}T_{w22}e_{qh}e_yr_{21}+T_{F1}T_{w11}T_ye_he_{qx}r_{12}+T_{F1}T_{w12}T_ye_he_{qx}r_{11}+T_{F1}T_{w11}T_ye_he_{qx}r_{21}+T_{F1}T_{w21}T_ye_he_{qx}r_{11}$ $+T_{F1}T_{w11}T_ye_he_{qx}r_{22}+T_{F1}T_{w22}T_ye_he_{qx}r_{11}+T_{F2}T_{w11}T_ye_he_{qx}r_{21}+T_{F2}T_{w21}T_ye_he_{qx}r_{11}+T_{F2}T_{w12}T_ye_he_{qx}r_{21}+T_{F2}T_{w21}T_ye_he_{qx}r_{12}$ $+T_{F2}T_{w21}T_ye_he_{qx}r_{22}+T_{F2}T_{w22}T_ye_he_{qx}r_{21}+T_{F1}T_{w11}T_ye_ne_{qh}r_{12}+T_{F1}T_{w12}T_ye_ne_{qh}r_{11}+T_{F1}T_{w11}T_ye_ne_{qh}r_{21}+T_{F1}T_{w21}T_ye_ne_{qh}r_{11}$ $+T_{F1}T_{w11}T_ye_ne_{qh}r_{22}+T_{F1}T_{w22}T_ye_ne_{qh}r_{11}+T_{F2}T_{w11}T_ye_ne_{qh}r_{21}+T_{F2}T_{w21}T_ye_ne_{qh}r_{11}+T_{F2}T_{w12}T_ye_ne_{qh}r_{21}+T_{F2}T_{w21}T_ye_ne_{qh}r_{12}$

续表

类型	调节系统传递函数的系数
M4	$+T_{F2}T_{w21}T_ye_ne_{qh}r_{22}+T_{F2}T_{w22}T_ye_ne_{qh}r_{21}+K_dT_{F1}T_{F2}e_yr_{11}r_{21}+T_{F1}T_{F2}T_ye_nr_{11}r_{21}+T_{F1}T_aT_ye_{qh}r_{11}r_{12}+T_{F1}T_aT_ye_{qh}r_{11}r_{21}+T_{F1}T_aT_ye_{qh}r_{11}r_{22}$ $+T_{F2}T_aT_ye_{qh}r_{11}r_{21}+T_{F2}T_aT_ye_{qh}r_{12}r_{21}+T_{F2}T_aT_ye_{qh}r_{21}r_{22}+T_{F1}T_{F2}T_{w11}e_he_{qx}r_{12}r_{21}+T_{F1}T_{F2}T_{w12}e_he_{qx}r_{11}r_{21}+T_{F1}T_{F2}T_{w21}e_he_{qx}r_{11}r_{12}$ $+T_{F1}T_{F2}T_{w11}e_he_{qx}r_{21}r_{22}+T_{F1}T_{F2}T_{w21}e_he_{qx}r_{11}r_{22}+T_{F1}T_{F2}T_{w22}e_he_{qx}r_{11}r_{21}+T_{F1}T_{F2}T_{w11}e_ne_{qh}r_{12}r_{21}+T_{F1}T_{F2}T_{w12}e_ne_{qh}r_{11}r_{21}$ $+T_{F1}T_{F2}T_{w21}e_ne_{qh}r_{11}r_{12}+T_{F1}T_{F2}T_{w11}e_ne_{qh}r_{21}r_{22}+T_{F1}T_{F2}T_{w21}e_ne_{qh}r_{11}r_{22}+T_{F1}T_{F2}T_{w22}e_ne_{qh}r_{11}r_{21}+T_{F1}T_{F2}T_ae_{qh}r_{11}r_{12}r_{21}$ $+T_{F1}T_{F2}T_ae_{qh}r_{11}r_{21}r_{22}+K_iT_{F1}T_{F2}T_{w11}T_{w21}b_pe_n+K_iT_{F1}T_aT_{w11}T_{w12}b_pe_{qh}+K_iT_{F1}T_aT_{w11}T_{w21}b_pe_{qh}+K_iT_{F1}T_aT_{w11}T_{w22}b_pe_{qh}$ $+K_iT_{F2}T_aT_{w11}T_{w21}b_pe_{qh}+K_iT_{F2}T_aT_{w12}T_{w21}b_pe_{qh}+K_iT_{F2}T_aT_{w21}T_{w22}b_pe_{qh}+K_iT_{F1}T_{F2}T_aT_{w11}b_pr_{21}+K_iT_{F1}T_{F2}T_aT_{w21}b_pr_{11}$ $+K_pT_{F1}T_{w11}T_{w12}b_pe_he_{qx}+K_pT_{F1}T_{w11}T_{w21}b_pe_he_{qx}+K_pT_{F1}T_{w11}T_{w22}b_pe_he_{qx}+K_pT_{F2}T_{w11}T_{w21}b_pe_he_{qx}+K_pT_{F2}T_{w12}T_{w21}b_pe_he_{qx}$ $+K_pT_{F2}T_{w21}T_{w22}b_pe_he_{qx}+K_pT_{F1}T_{w11}T_{w12}b_pe_ne_{qh}+K_pT_{F1}T_{w11}T_{w21}b_pe_ne_{qh}+K_pT_{F1}T_{w11}T_{w22}b_pe_ne_{qh}+K_pT_{F2}T_{w11}T_{w21}b_pe_ne_{qh}$ $+K_pT_{F2}T_{w12}T_{w21}b_pe_ne_{qh}+K_pT_{F2}T_{w21}T_{w22}b_pe_ne_{qh}+K_pT_{F1}T_{F2}T_{w11}b_pe_nr_{21}+K_pT_{F1}T_{F2}T_{w21}b_pe_nr_{11}+K_pT_{F1}T_aT_{w11}b_pe_{qh}r_{12}$ $+K_pT_{F1}T_aT_{w12}b_pe_{qh}r_{11}+K_pT_{F1}T_aT_{w11}b_pe_{qh}r_{21}+K_pT_{F1}T_aT_{w21}b_pe_{qh}r_{11}+K_pT_{F1}T_aT_{w11}b_pe_{qh}r_{22}+K_pT_{F1}T_aT_{w22}b_pe_{qh}r_{11}$ $+K_pT_{F2}T_aT_{w11}b_pe_{qh}r_{21}+K_pT_{F2}T_aT_{w21}b_pe_{qh}r_{11}+K_pT_{F2}T_aT_{w12}b_pe_{qh}r_{21}+K_pT_{F2}T_aT_{w21}b_pe_{qh}r_{12}+K_pT_{F2}T_aT_{w21}b_pe_{qh}r_{22}$ $+K_pT_{F2}T_aT_{w22}b_pe_{qh}r_{21}+K_pT_{F1}T_{F2}T_ab_pr_{11}r_{21}+K_dT_{F1}T_{w11}b_pe_he_{qx}r_{12}+K_dT_{F1}T_{w12}b_pe_he_{qx}r_{11}+K_dT_{F1}T_{w11}b_pe_he_{qx}r_{21}$ $+K_dT_{F1}T_{w21}b_pe_he_{qx}r_{11}+K_dT_{F1}T_{w11}b_pe_he_{qx}r_{22}+K_dT_{F1}T_{w22}b_pe_he_{qx}r_{11}+K_dT_{F2}T_{w11}b_pe_he_{qx}r_{21}+K_dT_{F2}T_{w21}b_pe_he_{qx}r_{11}$ $+K_dT_{F2}T_{w12}b_pe_he_{qx}r_{21}+K_dT_{F2}T_{w21}b_pe_he_{qx}r_{12}+K_dT_{F2}T_{w21}b_pe_he_{qx}r_{22}+K_dT_{F2}T_{w22}b_pe_he_{qx}r_{21}+K_dT_{F1}T_{w11}b_pe_ne_{qh}r_{12}$ $+K_dT_{F1}T_{w12}b_pe_ne_{qh}r_{11}+K_dT_{F1}T_{w11}b_pe_ne_{qh}r_{21}+K_dT_{F1}T_{w21}b_pe_ne_{qh}r_{11}+K_dT_{F1}T_{w11}b_pe_ne_{qh}r_{22}+K_dT_{F1}T_{w22}b_pe_ne_{qh}r_{11}$ $+K_dT_{F2}T_{w11}b_pe_ne_{qh}r_{21}+K_dT_{F2}T_{w21}b_pe_ne_{qh}r_{11}+K_dT_{F2}T_{w12}b_pe_ne_{qh}r_{21}+K_dT_{F2}T_{w21}b_pe_ne_{qh}r_{12}+K_dT_{F2}T_{w21}b_pe_ne_{qh}r_{22}$ $+K_dT_{F2}T_{w22}b_pe_ne_{qh}r_{21}+K_dT_{F1}T_{F2}b_pe_nr_{11}r_{21}+K_dT_{F1}T_ab_pe_{qh}r_{11}r_{12}+K_dT_{F1}T_ab_pe_{qh}r_{11}r_{21}+K_dT_{F1}T_ab_pe_{qh}r_{11}r_{22}$ $+K_dT_{F2}T_ab_pe_{qh}r_{11}r_{21}+K_dT_{F2}T_ab_pe_{qh}r_{12}r_{21}+K_dT_{F2}T_ab_pe_{qh}r_{21}r_{22}+K_iT_{F1}T_{w11}T_{w12}T_yb_pe_he_{qx}+K_iT_{F1}T_{w11}T_{w21}T_yb_pe_he_{qx}$ $+K_iT_{F1}T_{w11}T_{w22}T_yb_pe_he_{qx}+K_iT_{F2}T_{w11}T_{w21}T_yb_pe_he_{qx}+K_iT_{F2}T_{w12}T_{w21}T_yb_pe_he_{qx}+K_iT_{F2}T_{w21}T_{w22}T_yb_pe_he_{qx}$ $+K_iT_{F1}T_{w11}T_{w12}T_yb_pe_ne_{qh}+K_iT_{F1}T_{w11}T_{w21}T_yb_pe_ne_{qh}+K_iT_{F1}T_{w11}T_{w22}T_yb_pe_ne_{qh}+K_iT_{F2}T_{w11}T_{w21}T_yb_pe_ne_{qh}$ $+K_iT_{F2}T_{w12}T_{w21}T_yb_pe_ne_{qh}+K_iT_{F2}T_{w21}T_{w22}T_yb_pe_ne_{qh}+K_iT_{F1}T_{F2}T_{w11}T_yb_pe_nr_{21}+K_iT_{F1}T_{F2}T_{w21}T_yb_pe_nr_{11}$ $+K_iT_{F1}T_aT_{w11}T_yb_pe_{qh}r_{12}+K_iT_{F1}T_aT_{w12}T_yb_pe_{qh}r_{11}+K_iT_{F1}T_aT_{w11}T_yb_pe_{qh}r_{21}+K_iT_{F1}T_aT_{w21}T_yb_pe_{qh}r_{11}+K_iT_{F1}T_aT_{w11}T_yb_pe_{qh}r_{22}$ $+K_iT_{F1}T_aT_{w22}T_yb_pe_{qh}r_{11}+K_iT_{F2}T_aT_{w11}T_yb_pe_{qh}r_{21}+K_iT_{F2}T_aT_{w21}T_yb_pe_{qh}r_{11}+K_iT_{F2}T_aT_{w12}T_yb_pe_{qh}r_{21}+K_iT_{F2}T_aT_{w21}T_yb_pe_{qh}r_{12}$ $+K_iT_{F2}T_aT_{w21}T_yb_pe_{qh}r_{22}+K_iT_{F2}T_aT_{w22}T_yb_pe_{qh}r_{21}-K_iT_{F1}T_{F2}T_{w11}T_{w12}e_he_{qy}r_{21}-K_iT_{F1}T_{F2}T_{w11}T_{w21}e_he_{qy}r_{12}$ $-K_iT_{F1}T_{F2}T_{w12}T_{w21}e_he_{qy}r_{11}-K_iT_{F1}T_{F2}T_{w11}T_{w21}e_he_{qy}r_{22}-K_iT_{F1}T_{F2}T_{w11}T_{w22}e_he_{qy}r_{21}-K_iT_{F1}T_{F2}T_{w21}T_{w22}e_he_{qy}r_{11}$ $+K_iT_{F1}T_{F2}T_{w11}T_{w12}e_{qh}e_yr_{21}+K_iT_{F1}T_{F2}T_{w11}T_{w21}e_{qh}e_yr_{12}+K_iT_{F1}T_{F2}T_{w12}T_{w21}e_{qh}e_yr_{11}+K_iT_{F1}T_{F2}T_{w11}T_{w21}e_{qh}e_yr_{22}$ $+K_iT_{F1}T_{F2}T_{w11}T_{w22}e_{qh}e_yr_{21}+K_iT_{F1}T_{F2}T_{w21}T_{w22}e_{qh}e_yr_{11}+K_iT_{F1}T_{F2}T_aT_yb_pr_{11}r_{21}+K_pT_{F1}T_{w11}T_yb_pe_he_{qx}r_{12}+K_pT_{F1}T_{w12}T_yb_pe_he_{qx}r_{11}$ $+K_pT_{F1}T_{w11}T_yb_pe_he_{qx}r_{21}+K_pT_{F1}T_{w21}T_yb_pe_he_{qx}r_{11}+K_pT_{F1}T_{w11}T_yb_pe_he_{qx}r_{22}+K_pT_{F1}T_{w22}T_yb_pe_he_{qx}r_{11}+K_pT_{F2}T_{w11}T_yb_pe_he_{qx}r_{21}$ $+K_pT_{F2}T_{w21}T_yb_pe_he_{qx}r_{11}+K_pT_{F2}T_{w12}T_yb_pe_he_{qx}r_{21}+K_pT_{F2}T_{w21}T_yb_pe_he_{qx}r_{12}+K_pT_{F2}T_{w21}T_yb_pe_he_{qx}r_{22}+K_pT_{F2}T_{w22}T_yb_pe_he_{qx}r_{21}$ $+K_pT_{F1}T_{w11}T_yb_pe_ne_{qh}r_{12}+K_pT_{F1}T_{w12}T_yb_pe_ne_{qh}r_{11}+K_pT_{F1}T_{w11}T_yb_pe_ne_{qh}r_{21}+K_pT_{F1}T_{w21}T_yb_pe_ne_{qh}r_{11}+K_pT_{F1}T_{w11}T_yb_pe_ne_{qh}r_{22}$ $+K_pT_{F1}T_{w22}T_yb_pe_ne_{qh}r_{11}+K_pT_{F2}T_{w11}T_yb_pe_ne_{qh}r_{21}+K_pT_{F2}T_{w22}T_yb_pe_he_{qx}r_{21}+K_pT_{F1}T_{w11}T_yb_pe_ne_{qh}r_{12}+K_pT_{F1}T_{w12}T_yb_pe_ne_{qh}r_{11}$ $+K_pT_{F1}T_{w11}T_yb_pe_ne_{qh}r_{21}+K_pT_{F1}T_{w21}T_yb_pe_ne_{qh}r_{11}+K_pT_{F1}T_{w11}T_yb_pe_ne_{qh}r_{22}+K_pT_{F1}T_{w22}T_yb_pe_ne_{qh}r_{11}+K_pT_{F2}T_{w11}T_yb_pe_ne_{qh}r_{21}$ $+K_pT_{F2}T_{w21}T_yb_pe_ne_{qh}r_{11}+K_pT_{F2}T_{w12}T_yb_pe_ne_{qh}r_{21}+K_pT_{F2}T_{w21}T_yb_pe_ne_{qh}r_{12}+K_pT_{F2}T_{w21}T_yb_pe_ne_{qh}r_{22}+K_pT_{F2}T_{w22}T_yb_pe_ne_{qh}r_{21}$ $+K_pT_{F1}T_{F2}T_yb_pe_nr_{11}r_{21}+K_pT_{F1}T_aT_yb_pe_{qh}r_{11}r_{12}+K_pT_{F1}T_aT_yb_pe_{qh}r_{11}r_{21}+K_pT_{F1}T_aT_yb_pe_{qh}r_{11}r_{22}+K_pT_{F2}T_aT_yb_pe_{qh}r_{11}r_{21}$ $+K_pT_{F2}T_aT_yb_pe_{qh}r_{12}r_{21}+K_pT_{F2}T_aT_yb_pe_{qh}r_{21}r_{22}-K_pT_{F1}T_{F2}T_{w11}e_he_{qy}r_{12}r_{21}-K_pT_{F1}T_{F2}T_{w12}e_he_{qy}r_{11}r_{21}-K_pT_{F1}T_{F2}T_{w21}e_he_{qy}r_{11}r_{12}$ $-K_pT_{F1}T_{F2}T_{w11}e_he_{qy}r_{21}r_{22}-K_pT_{F1}T_{F2}T_{w21}e_he_{qy}r_{11}r_{22}-K_pT_{F1}T_{F2}T_{w22}e_he_{qy}r_{11}r_{21}+K_pT_{F1}T_{F2}T_{w11}e_{qh}e_yr_{12}r_{21}$ $+K_pT_{F1}T_{F2}T_{w12}e_{qh}e_yr_{11}r_{21}+K_pT_{F1}T_{F2}T_{w21}e_{qh}e_yr_{11}r_{12}+K_pT_{F1}T_{F2}T_{w11}e_{qh}e_yr_{21}r_{22}+K_pT_{F1}T_{F2}T_{w21}e_{qh}e_yr_{11}r_{22}$ $+K_pT_{F1}T_{F2}T_{w22}e_{qh}e_yr_{11}r_{21}+K_dT_{F1}T_yb_pe_he_{qx}r_{11}r_{12}+K_dT_{F1}T_yb_pe_he_{qx}r_{11}r_{21}+K_dT_{F1}T_yb_pe_he_{qx}r_{11}r_{22}+K_dT_{F2}T_yb_pe_he_{qx}r_{11}r_{21}$ $+K_dT_{F2}T_yb_pe_he_{qx}r_{12}r_{21}+K_dT_{F2}T_yb_pe_he_{qx}r_{21}r_{22}+K_dT_{F1}T_yb_pe_ne_{qh}r_{11}r_{12}+K_dT_{F1}T_yb_pe_ne_{qh}r_{11}r_{21}+K_dT_{F1}T_yb_pe_ne_{qh}r_{11}r_{22}$ $+K_dT_{F2}T_yb_pe_ne_{qh}r_{11}r_{21}+K_dT_{F2}T_yb_pe_ne_{qh}r_{12}r_{21}+K_dT_{F2}T_yb_pe_ne_{qh}r_{21}r_{22}-K_dT_{F1}T_{F2}e_he_{qy}r_{11}r_{12}r_{21}-K_dT_{F1}T_{F2}e_he_{qy}r_{11}r_{21}r_{22}$ $+K_dT_{F1}T_{F2}e_{qh}e_yr_{11}r_{12}r_{21}+K_dT_{F1}T_{F2}e_{qh}e_yr_{11}r_{21}r_{22}+T_{F1}T_{F2}T_ye_he_{qx}r_{11}r_{12}r_{21}+T_{F1}T_{F2}T_ye_he_{qx}r_{11}r_{21}r_{22}+T_{F1}T_{F2}T_ye_ne_{qh}r_{11}r_{12}r_{21}$ $+T_{F1}T_{F2}T_ye_ne_{qh}r_{11}r_{21}r_{22}+K_iT_{F1}T_{F2}T_{w11}T_{w12}b_pe_he_{qx}r_{21}+K_iT_{F1}T_{F2}T_{w11}T_{w21}b_pe_he_{qx}r_{12}+K_iT_{F1}T_{F2}T_{w12}T_{w21}b_pe_he_{qx}r_{11}$ $+K_iT_{F1}T_{F2}T_{w11}T_{w21}b_pe_he_{qx}r_{22}+K_iT_{F1}T_{F2}T_{w11}T_{w22}b_pe_he_{qx}r_{21}+K_iT_{F1}T_{F2}T_{w21}T_{w22}b_pe_he_{qx}r_{11}+K_iT_{F1}T_{F2}T_{w11}T_{w12}b_pe_ne_{qh}r_{21}$ $+K_iT_{F1}T_{F2}T_{w11}T_{w21}b_pe_ne_{qh}r_{12}+K_iT_{F1}T_{F2}T_{w12}T_{w21}b_pe_ne_{qh}r_{11}+K_iT_{F1}T_{F2}T_{w11}T_{w21}b_pe_ne_{qh}r_{22}+K_iT_{F1}T_{F2}T_{w11}T_{w22}b_pe_ne_{qh}r_{21}$ $+K_iT_{F1}T_{F2}T_{w21}T_{w22}b_pe_ne_{qh}r_{11}+K_iT_{F1}T_{F2}T_aT_{w11}b_pe_{qh}r_{12}r_{21}+K_iT_{F1}T_{F2}T_aT_{w12}b_pe_{qh}r_{11}r_{21}+K_iT_{F1}T_{F2}T_aT_{w21}b_pe_{qh}r_{11}r_{12}$ $+K_iT_{F1}T_{F2}T_aT_{w11}b_pe_{qh}r_{21}r_{22}+K_iT_{F1}T_{F2}T_aT_{w21}b_pe_{qh}r_{11}r_{22}+K_iT_{F1}T_{F2}T_aT_{w22}b_pe_{qh}r_{11}r_{21}+K_pT_{F1}T_{F2}T_{w11}b_pe_he_{qx}r_{12}r_{21}$

续表

类型	调节系统传递函数的系数
M4	$+K_pT_{F1}T_{F2}T_{w12}b_pe_he_{qx}r_{11}r_{21}+K_pT_{F1}T_{F2}T_{w21}b_pe_he_{qx}r_{11}r_{12}+K_pT_{F1}T_{F2}T_{w11}b_pe_he_{qx}r_{21}r_{22}+K_pT_{F1}T_{F2}T_{w21}b_pe_he_{qx}r_{11}r_{22}$ $+K_pT_{F1}T_{F2}T_{w22}b_pe_he_{qx}r_{11}r_{21}+K_pT_{F1}T_{F2}T_{w11}b_pe_ne_{qh}r_{12}r_{21}+K_pT_{F1}T_{F2}T_{w12}b_pe_ne_{qh}r_{11}r_{21}+K_pT_{F1}T_{F2}T_{w21}b_pe_ne_{qh}r_{11}r_{12}$ $+K_pT_{F1}T_{F2}T_{w11}b_pe_ne_{qh}r_{21}r_{22}+K_pT_{F1}T_{F2}T_{w21}b_pe_ne_{qh}r_{11}r_{22}+K_pT_{F1}T_{F2}T_{w22}b_pe_ne_{qh}r_{11}r_{21}+K_pT_{F1}T_{F2}T_ab_pe_{qh}r_{11}r_{12}r_{21}$ $+K_pT_{F1}T_{F2}T_ab_pe_{qh}r_{11}r_{21}r_{22}+K_dT_{F1}T_{F2}b_pe_he_{qx}r_{11}r_{12}r_{21}+K_dT_{F1}T_{F2}b_pe_he_{qx}r_{11}r_{21}r_{22}+K_dT_{F1}T_{F2}b_pe_ne_{qh}r_{11}r_{12}r_{21}$ $+K_dT_{F1}T_{F2}b_pe_ne_{qh}r_{11}r_{21}r_{22}+K_iT_{F1}T_{F2}T_{w11}T_yb_pe_he_{qx}r_{12}r_{21}+K_iT_{F1}T_{F2}T_{w12}T_yb_pe_he_{qx}r_{11}r_{21}+K_iT_{F1}T_{F2}T_{w21}T_yb_pe_he_{qx}r_{11}r_{12}$ $+K_iT_{F1}T_{F2}T_{w11}T_yb_pe_he_{qx}r_{21}r_{22}+K_iT_{F1}T_{F2}T_{w21}T_yb_pe_he_{qx}r_{11}r_{22}+K_iT_{F1}T_{F2}T_{w22}T_yb_pe_he_{qx}r_{11}r_{21}+K_iT_{F1}T_{F2}T_{w11}T_yb_pe_ne_{qh}r_{12}r_{21}$ $+K_iT_{F1}T_{F2}T_{w12}T_yb_pe_ne_{qh}r_{11}r_{21}+K_iT_{F1}T_{F2}T_{w21}T_yb_pe_ne_{qh}r_{11}r_{12}+K_iT_{F1}T_{F2}T_{w11}T_yb_pe_ne_{qh}r_{21}r_{22}+K_iT_{F1}T_{F2}T_{w21}T_yb_pe_ne_{qh}r_{11}r_{22}$ $+K_iT_{F1}T_{F2}T_{w22}T_yb_pe_ne_{qh}r_{11}r_{21}+K_iT_{F1}T_{F2}T_aT_yb_pe_{qh}r_{11}r_{12}r_{21}+K_iT_{F1}T_{F2}T_aT_yb_pe_{qh}r_{11}r_{21}r_{22}+K_pT_{F1}T_{F2}T_yb_pe_he_{qx}r_{11}r_{12}r_{21}$ $+K_pT_{F1}T_{F2}T_yb_pe_he_{qx}r_{11}r_{21}r_{22}+K_pT_{F1}T_{F2}T_yb_pe_ne_{qh}r_{11}r_{12}r_{21}+K_pT_{F1}T_{F2}T_yb_pe_ne_{qh}r_{11}r_{21}r_{22};$ $a_6=T_aT_y+K_dT_ab_p+T_{F1}T_{w11}e_n+T_{F2}T_{w21}e_n+T_aT_{w11}e_{qh}+T_aT_{w12}e_{qh}+T_aT_{w21}e_{qh}+T_aT_{w22}e_{qh}+T_{F1}T_ar_{11}+T_{F2}T_ar_{21}+K_pT_aT_yb_p$ $+K_pT_{F1}T_{w11}e_y+K_pT_{F2}T_{w21}e_y+K_dT_yb_pe_n-K_dT_{w11}e_he_{qy}-K_dT_{w12}e_he_{qy}-K_dT_{w21}e_he_{qy}-K_dT_{w22}e_he_{qy}+K_dT_{w11}e_{qh}e_y$ $+K_dT_{w12}e_{qh}e_y+K_dT_{w21}e_{qh}e_y+K_dT_{w22}e_{qh}e_y+T_{w11}T_ye_he_{qx}+T_{w12}T_ye_he_{qx}+T_{w21}T_ye_he_{qx}+T_{w22}T_ye_he_{qx}+T_{w11}T_ye_ne_{qh}$ $+T_{w12}T_ye_ne_{qh}+T_{w21}T_ye_ne_{qh}+T_{w22}T_ye_ne_{qh}+K_dT_{F1}e_yr_{11}+K_dT_{F2}e_yr_{21}+T_{F1}T_ye_nr_{11}+T_{F2}T_ye_nr_{21}+T_aT_ye_{qh}r_{11}+T_aT_ye_{qh}r_{12}$ $+T_aT_ye_{qh}r_{21}+T_aT_ye_{qh}r_{22}+K_iT_{F1}T_aT_{w11}b_p+K_iT_{F2}T_aT_{w21}b_p+K_pT_{F1}T_{w11}b_pe_n+K_pT_{F2}T_{w21}b_pe_n+K_pT_aT_{w11}b_pe_{qh}$ $+K_pT_aT_{w12}b_pe_{qh}+K_pT_aT_{w21}b_pe_{qh}+K_pT_aT_{w22}b_pe_{qh}+K_pT_{F1}T_ab_pr_{11}+K_pT_{F2}T_ab_pr_{21}+K_dT_{w11}b_pe_he_{qx}+K_dT_{w12}b_pe_he_{qx}$ $+K_dT_{w21}b_pe_he_{qx}+K_dT_{w22}b_pe_he_{qx}+K_dT_{w11}b_pe_ne_{qh}+K_dT_{w12}b_pe_ne_{qh}+K_dT_{w21}b_pe_ne_{qh}+K_dT_{w22}b_pe_ne_{qh}+K_dT_{F1}b_pe_nr_{11}$ $+K_dT_{F2}b_pe_nr_{21}+K_dT_ab_pe_{qh}r_{11}+K_dT_ab_pe_{qh}r_{12}+K_dT_ab_pe_{qh}r_{21}+K_dT_ab_pe_{qh}r_{22}+T_{F1}T_{w11}e_he_{qx}r_{12}+T_{F1}T_{w12}e_he_{qx}r_{11}$ $+T_{F1}T_{w11}e_he_{qx}r_{21}+T_{F1}T_{w21}e_he_{qx}r_{11}+T_{F1}T_{w11}e_he_{qx}r_{22}+T_{F1}T_{w22}e_he_{qx}r_{11}+T_{F2}T_{w11}e_he_{qx}r_{21}+T_{F2}T_{w21}e_he_{qx}r_{11}+T_{F2}T_{w12}e_he_{qx}r_{21}$ $+T_{F2}T_{w21}e_he_{qx}r_{12}+T_{F2}T_{w21}e_he_{qx}r_{22}+T_{F2}T_{w22}e_he_{qx}r_{21}+T_{F1}T_{w11}e_ne_{qh}r_{12}+T_{F1}T_{w12}e_ne_{qh}r_{11}+T_{F1}T_{w11}e_ne_{qh}r_{21}+T_{F1}T_{w21}e_ne_{qh}r_{11}$ $+T_{F1}T_{w11}e_ne_{qh}r_{22}+T_{F1}T_{w22}e_ne_{qh}r_{11}+T_{F2}T_{w11}e_ne_{qh}r_{21}+T_{F2}T_{w21}e_ne_{qh}r_{11}+T_{F2}T_{w12}e_ne_{qh}r_{21}+T_{F2}T_{w21}e_ne_{qh}r_{12}+T_{F2}T_{w21}e_ne_{qh}r_{22}$ $+T_{F2}T_{w22}e_ne_{qh}r_{21}+T_{F1}T_{F2}e_nr_{11}r_{21}+T_{F1}T_ae_{qh}r_{11}r_{12}+T_{F1}T_ae_{qh}r_{11}r_{21}+T_{F1}T_ae_{qh}r_{11}r_{22}+T_{F2}T_ae_{qh}r_{11}r_{21}+T_{F2}T_ae_{qh}r_{12}r_{21}+T_{F2}T_ae_{qh}r_{21}r_{22}$ $+K_iT_{F1}T_{w11}T_yb_pe_n+K_iT_{F2}T_{w21}T_yb_pe_n+K_iT_aT_{w11}T_yb_pe_{qh}+K_iT_aT_{w12}T_yb_pe_{qh}+K_iT_aT_{w21}T_yb_pe_{qh}+K_iT_aT_{w22}T_yb_pe_{qh}$ $-K_iT_{F1}T_{w11}T_{w12}e_he_{qy}-K_iT_{F1}T_{w11}T_{w21}e_he_{qy}-K_iT_{F1}T_{w11}T_{w22}e_he_{qy}-K_iT_{F2}T_{w11}T_{w21}e_he_{qy}-K_iT_{F2}T_{w12}T_{w21}e_he_{qy}$ $-K_iT_{F2}T_{w21}T_{w22}e_he_{qy}+K_iT_{F1}T_{w11}T_{w12}e_{qh}e_y+K_iT_{F1}T_{w11}T_{w21}e_{qh}e_y+K_iT_{F1}T_{w11}T_{w22}e_{qh}e_y+K_iT_{F2}T_{w11}T_{w21}e_{qh}e_y$ $+K_iT_{F2}T_{w12}T_{w21}e_{qh}e_y+K_iT_{F2}T_{w21}T_{w22}e_{qh}e_y+K_iT_{F1}T_aT_yb_pr_{11}+K_iT_{F2}T_aT_yb_pr_{21}+K_iT_{F1}T_{F2}T_{w11}e_yr_{21}+K_iT_{F1}T_{F2}T_{w21}e_yr_{11}$ $+K_pT_{w11}T_yb_pe_he_{qx}+K_pT_{w12}T_yb_pe_he_{qx}+K_pT_{w21}T_yb_pe_he_{qx}+K_pT_{w22}T_yb_pe_he_{qx}+K_pT_{w11}T_yb_pe_ne_{qh}+K_pT_{w12}T_yb_pe_ne_{qh}$ $+K_pT_{w21}T_yb_pe_ne_{qh}+K_pT_{w22}T_yb_pe_ne_{qh}+K_pT_{F1}T_yb_pe_nr_{11}+K_pT_{F2}T_yb_pe_nr_{21}+K_pT_aT_yb_pe_{qh}r_{11}+K_pT_aT_yb_pe_{qh}r_{12}+K_pT_aT_yb_pe_{qh}r_{21}$ $+K_pT_aT_yb_pe_{qh}r_{22}-K_pT_{F1}T_{w11}e_he_{qy}r_{12}-K_pT_{F1}T_{w12}e_he_{qy}r_{11}-K_pT_{F1}T_{w11}e_he_{qy}r_{21}-K_pT_{F1}T_{w21}e_he_{qy}r_{11}-K_pT_{F1}T_{w11}e_he_{qy}r_{22}$ $-K_pT_{F1}T_{w22}e_he_{qy}r_{11}-K_pT_{F2}T_{w11}e_he_{qy}r_{21}-K_pT_{F2}T_{w21}e_he_{qy}r_{11}-K_pT_{F2}T_{w12}e_he_{qy}r_{21}-K_pT_{F2}T_{w21}e_he_{qy}r_{12}-K_pT_{F2}T_{w21}e_he_{qy}r_{22}$ $-K_pT_{F2}T_{w22}e_he_{qy}r_{21}+K_pT_{F1}T_{w11}e_{qh}e_yr_{12}+K_pT_{F1}T_{w12}e_{qh}e_yr_{11}+K_pT_{F1}T_{w11}e_{qh}e_yr_{21}+K_pT_{F1}T_{w21}e_{qh}e_yr_{11}+K_pT_{F1}T_{w11}e_{qh}e_yr_{22}$ $+K_pT_{F1}T_{w22}e_{qh}e_yr_{11}+K_pT_{F2}T_{w11}e_{qh}e_yr_{21}+K_pT_{F2}T_{w21}e_{qh}e_yr_{11}+K_pT_{F2}T_{w12}e_{qh}e_yr_{21}+K_pT_{F2}T_{w21}e_{qh}e_yr_{12}+K_pT_{F2}T_{w21}e_{qh}e_yr_{22}$ $+K_pT_{F2}T_{w22}e_{qh}e_yr_{21}+K_pT_{F1}T_{F2}e_yr_{11}r_{21}+K_dT_yb_pe_he_{qx}r_{11}+K_dT_yb_pe_he_{qx}r_{12}+K_dT_yb_pe_he_{qx}r_{21}+K_dT_yb_pe_he_{qx}r_{22}+K_dT_yb_pe_ne_{qh}r_{11}$ $+K_dT_yb_pe_ne_{qh}r_{12}+K_dT_yb_pe_ne_{qh}r_{21}+K_dT_yb_pe_ne_{qh}r_{22}-K_dT_{F1}e_he_{qy}r_{11}r_{12}-K_dT_{F1}e_he_{qy}r_{11}r_{21}-K_dT_{F1}e_he_{qy}r_{11}r_{22}-K_dT_{F2}e_he_{qy}r_{11}r_{21}$ $-K_dT_{F2}e_he_{qy}r_{12}r_{21}-K_dT_{F2}e_he_{qy}r_{21}r_{22}+K_dT_{F1}e_{qh}e_yr_{11}r_{12}+K_dT_{F1}e_{qh}e_yr_{11}r_{21}+K_dT_{F1}e_{qh}e_yr_{11}r_{22}+K_dT_{F2}e_{qh}e_yr_{11}r_{21}+K_dT_{F2}e_{qh}e_yr_{12}r_{21}$ $+K_dT_{F2}e_{qh}e_yr_{21}r_{22}+T_{F1}T_ye_he_{qx}r_{11}r_{12}+T_{F1}T_ye_he_{qx}r_{11}r_{21}+T_{F1}T_ye_he_{qx}r_{11}r_{22}+T_{F2}T_ye_he_{qx}r_{11}r_{21}+T_{F2}T_ye_he_{qx}r_{12}r_{21}+T_{F2}T_ye_he_{qx}r_{21}r_{22}$ $+T_{F1}T_ye_ne_{qh}r_{11}r_{12}+T_{F1}T_ye_ne_{qh}r_{11}r_{21}+T_{F1}T_ye_ne_{qh}r_{11}r_{22}+T_{F2}T_ye_ne_{qh}r_{11}r_{21}+T_{F2}T_ye_ne_{qh}r_{12}r_{21}+T_{F2}T_ye_ne_{qh}r_{21}r_{22}+K_dT_{F1}b_pe_he_{qx}r_{11}r_{12}$ $+K_dT_{F1}b_pe_he_{qx}r_{11}r_{21}+K_dT_{F1}b_pe_he_{qx}r_{11}r_{22}+K_dT_{F2}b_pe_he_{qx}r_{11}r_{21}+K_dT_{F2}b_pe_he_{qx}r_{12}r_{21}+K_dT_{F2}b_pe_he_{qx}r_{21}r_{22}+K_dT_{F1}b_pe_ne_{qh}r_{11}r_{12}$ $+K_dT_{F1}b_pe_ne_{qh}r_{11}r_{21}+K_dT_{F1}b_pe_ne_{qh}r_{11}r_{22}+K_dT_{F2}b_pe_ne_{qh}r_{11}r_{21}+K_dT_{F2}b_pe_ne_{qh}r_{12}r_{21}+K_dT_{F2}b_pe_ne_{qh}r_{21}r_{22}+T_{F1}T_{F2}e_he_{qx}r_{11}r_{12}r_{21}$ $+T_{F1}T_{F2}e_he_{qx}r_{11}r_{21}r_{22}+T_{F1}T_{F2}e_ne_{qh}r_{11}r_{12}r_{21}+T_{F1}T_{F2}e_ne_{qh}r_{11}r_{21}r_{22}+K_iT_{F1}T_{w11}T_{w12}b_pe_he_{qx}+K_iT_{F1}T_{w11}T_{w21}b_pe_he_{qx}$ $+K_iT_{F1}T_{w11}T_{w22}b_pe_he_{qx}+K_iT_{F2}T_{w11}T_{w21}b_pe_he_{qx}+K_iT_{F2}T_{w12}T_{w21}b_pe_he_{qx}+K_iT_{F2}T_{w21}T_{w22}b_pe_he_{qx}+K_iT_{F1}T_{w11}T_{w12}b_pe_ne_{qh}$ $+K_iT_{F1}T_{w11}T_{w21}b_pe_ne_{qh}+K_iT_{F1}T_{w11}T_{w22}b_pe_ne_{qh}+K_iT_{F2}T_{w11}T_{w21}b_pe_ne_{qh}+K_iT_{F2}T_{w12}T_{w21}b_pe_ne_{qh}+K_iT_{F2}T_{w21}T_{w22}b_pe_ne_{qh}$ $+K_iT_{F1}T_{F2}T_{w11}b_pe_nr_{21}+K_iT_{F1}T_{F2}T_{w21}b_pe_nr_{11}+K_iT_{F1}T_aT_{w11}b_pe_{qh}r_{12}+K_iT_{F1}T_aT_{w12}b_pe_{qh}r_{11}+K_iT_{F1}T_aT_{w11}b_pe_{qh}r_{21}$ $+K_iT_{F1}T_aT_{w21}b_pe_{qh}r_{11}+K_iT_{F1}T_aT_{w11}b_pe_{qh}r_{22}+K_iT_{F1}T_aT_{w22}b_pe_{qh}r_{11}+K_iT_{F2}T_aT_{w11}b_pe_{qh}r_{21}+K_iT_{F2}T_aT_{w21}b_pe_{qh}r_{11}$ $+K_iT_{F2}T_aT_{w12}b_pe_{qh}r_{21}+K_iT_{F2}T_aT_{w21}b_pe_{qh}r_{12}+K_iT_{F2}T_aT_{w21}b_pe_{qh}r_{22}+K_iT_{F2}T_aT_{w22}b_pe_{qh}r_{21}+K_iT_{F1}T_{F2}T_ab_pr_{11}r_{21}$ $+K_pT_{F1}T_{w11}b_pe_he_{qx}r_{12}+K_pT_{F1}T_{w12}b_pe_he_{qx}r_{11}+K_pT_{F1}T_{w11}b_pe_he_{qx}r_{21}+K_pT_{F1}T_{w21}b_pe_he_{qx}r_{11}+K_pT_{F1}T_{w11}b_pe_he_{qx}r_{22}$

续表

类型	调节系统传递函数的系数
M4	$+K_pT_{F1}T_{w22}b_pe_he_{qx}r_{11}+K_pT_{F2}T_{w11}b_pe_he_{qx}r_{21}+K_pT_{F2}T_{w21}b_pe_he_{qx}r_{11}+K_pT_{F2}T_{w12}b_pe_he_{qx}r_{21}+K_pT_{F2}T_{w21}b_pe_he_{qx}r_{12}$ $+K_pT_{F2}T_{w21}b_pe_he_{qx}r_{22}+K_pT_{F2}T_{w22}b_pe_he_{qx}r_{21}+K_pT_{F1}T_{w11}b_pe_ne_{qh}r_{12}+K_pT_{F1}T_{w12}b_pe_ne_{qh}r_{11}+K_pT_{F1}T_{w11}b_pe_ne_{qh}r_{21}$ $+K_pT_{F1}T_{w21}b_pe_ne_{qh}r_{11}+K_pT_{F1}T_{w11}b_pe_ne_{qh}r_{22}+K_pT_{F1}T_{w22}b_pe_ne_{qh}r_{11}+K_pT_{F2}T_{w11}b_pe_ne_{qh}r_{21}+K_pT_{F2}T_{w21}b_pe_ne_{qh}r_{11}$ $+K_pT_{F2}T_{w12}b_pe_ne_{qh}r_{21}+K_pT_{F2}T_{w21}b_pe_ne_{qh}r_{12}+K_pT_{F2}T_{w21}b_pe_ne_{qh}r_{22}+K_pT_{F2}T_{w22}b_pe_ne_{qh}r_{21}+K_pT_{F1}T_{F2}b_pe_nr_{11}r_{21}$ $+K_pT_{F1}T_ab_pe_{qh}r_{11}r_{12}+K_pT_{F1}T_ab_pe_{qh}r_{11}r_{21}+K_pT_{F1}T_ab_pe_{qh}r_{11}r_{22}+K_pT_{F2}T_ab_pe_{qh}r_{11}r_{21}+K_pT_{F2}T_ab_pe_{qh}r_{12}r_{21}+K_pT_{F2}T_ab_pe_{qh}r_{21}r_{22}$ $+K_iT_{F1}T_{w11}T_yb_pe_he_{qx}r_{12}+K_iT_{F1}T_{w12}T_yb_pe_he_{qx}r_{11}+K_iT_{F1}T_{w11}T_yb_pe_he_{qx}r_{21}+K_iT_{F1}T_{w21}T_yb_pe_he_{qx}r_{11}+K_iT_{F1}T_{w11}T_yb_pe_he_{qx}r_{22}$ $+K_iT_{F1}T_{w22}T_yb_pe_he_{qx}r_{11}+K_iT_{F2}T_{w11}T_yb_pe_he_{qx}r_{21}+K_iT_{F2}T_{w21}T_yb_pe_he_{qx}r_{11}+K_iT_{F2}T_{w12}T_yb_pe_he_{qx}r_{21}+K_iT_{F2}T_{w21}T_yb_pe_he_{qx}r_{12}$ $+K_iT_{F2}T_{w21}T_yb_pe_he_{qx}r_{22}+K_iT_{F2}T_{w22}T_yb_pe_he_{qx}r_{21}+K_iT_{F1}T_{w11}T_yb_pe_ne_{qh}r_{12}+K_iT_{F1}T_{w12}T_yb_pe_ne_{qh}r_{11}+K_iT_{F1}T_{w11}T_yb_pe_ne_{qh}r_{21}$ $+K_iT_{F1}T_{w21}T_yb_pe_ne_{qh}r_{11}+K_iT_{F1}T_{w11}T_yb_pe_ne_{qh}r_{22}+K_iT_{F1}T_{w22}T_yb_pe_ne_{qh}r_{11}+K_iT_{F2}T_{w11}T_yb_pe_ne_{qh}r_{21}+K_iT_{F2}T_{w21}T_yb_pe_ne_{qh}r_{11}$ $+K_iT_{F2}T_{w12}T_yb_pe_ne_{qh}r_{21}+K_iT_{F2}T_{w21}T_yb_pe_ne_{qh}r_{12}+K_iT_{F2}T_{w21}T_yb_pe_ne_{qh}r_{22}+K_iT_{F2}T_{w22}T_yb_pe_ne_{qh}r_{21}+K_iT_{F1}T_{F2}T_yb_pe_nr_{11}r_{21}$ $+K_iT_{F1}T_aT_yb_pe_{qh}r_{11}r_{12}+K_iT_{F1}T_aT_yb_pe_{qh}r_{11}r_{21}+K_iT_{F1}T_aT_yb_pe_{qh}r_{11}r_{22}+K_iT_{F2}T_aT_yb_pe_{qh}r_{11}r_{21}+K_iT_{F2}T_aT_yb_pe_{qh}r_{12}r_{21}$ $+K_iT_{F2}T_aT_yb_pe_{qh}r_{21}r_{22}-K_iT_{F1}T_{F2}T_{w11}e_he_{qy}r_{12}r_{21}-K_iT_{F1}T_{F2}T_{w12}e_he_{qy}r_{11}r_{21}-K_iT_{F1}T_{F2}T_{w21}e_he_{qy}r_{11}r_{12}-K_iT_{F1}T_{F2}T_{w11}e_he_{qy}r_{21}r_{22}$ $-K_iT_{F1}T_{F2}T_{w21}e_he_{qy}r_{11}r_{22}-K_iT_{F1}T_{F2}T_{w22}e_he_{qy}r_{11}r_{21}+K_iT_{F1}T_{F2}T_{w11}e_{qh}e_yr_{12}r_{21}+K_iT_{F1}T_{F2}T_{w12}e_{qh}e_yr_{11}r_{21}+K_iT_{F1}T_{F2}T_{w21}e_{qh}e_yr_{11}r_{12}$ $+K_iT_{F1}T_{F2}T_{w11}e_{qh}e_yr_{21}r_{22}+K_iT_{F1}T_{F2}T_{w21}e_{qh}e_yr_{11}r_{22}+K_iT_{F1}T_{F2}T_{w22}e_{qh}e_yr_{11}r_{21}+K_pT_{F1}T_yb_pe_he_{qx}r_{11}r_{12}+K_pT_{F1}T_yb_pe_he_{qx}r_{11}r_{21}$ $+K_pT_{F1}T_yb_pe_he_{qx}r_{11}r_{22}+K_pT_{F2}T_yb_pe_he_{qx}r_{11}r_{21}+K_pT_{F2}T_yb_pe_he_{qx}r_{12}r_{21}+K_pT_{F2}T_yb_pe_he_{qx}r_{21}r_{22}+K_pT_{F1}T_yb_pe_ne_{qh}r_{11}r_{12}$ $+K_pT_{F1}T_yb_pe_ne_{qh}r_{11}r_{21}+K_pT_{F1}T_yb_pe_ne_{qh}r_{11}r_{22}+K_pT_{F2}T_yb_pe_ne_{qh}r_{11}r_{21}+K_pT_{F2}T_yb_pe_ne_{qh}r_{12}r_{21}+K_pT_{F2}T_yb_pe_ne_{qh}r_{21}r_{22}$ $-K_pT_{F1}T_{F2}e_he_{qy}r_{11}r_{12}r_{21}-K_pT_{F1}T_{F2}e_he_{qy}r_{11}r_{21}r_{22}+K_pT_{F1}T_{F2}e_{qh}e_yr_{11}r_{12}r_{21}+K_pT_{F1}T_{F2}e_{qh}e_yr_{11}r_{21}r_{22}+K_iT_{F1}T_{F2}T_{w11}b_pe_he_{qx}r_{12}r_{21}$ $+K_iT_{F1}T_{F2}T_{w12}b_pe_he_{qx}r_{11}r_{21}+K_iT_{F1}T_{F2}T_{w21}b_pe_he_{qx}r_{11}r_{12}+K_iT_{F1}T_{F2}T_{w11}b_pe_he_{qx}r_{21}r_{22}+K_iT_{F1}T_{F2}T_{w21}b_pe_he_{qx}r_{11}r_{22}$ $+K_iT_{F1}T_{F2}T_{w22}b_pe_he_{qx}r_{11}r_{21}+K_iT_{F1}T_{F2}T_{w11}b_pe_ne_{qh}r_{12}r_{21}+K_iT_{F1}T_{F2}T_{w12}b_pe_ne_{qh}r_{11}r_{21}+K_iT_{F1}T_{F2}T_{w21}b_pe_ne_{qh}r_{11}r_{12}$ $+K_iT_{F1}T_{F2}T_{w11}b_pe_ne_{qh}r_{21}r_{22}+K_iT_{F1}T_{F2}T_{w21}b_pe_ne_{qh}r_{11}r_{22}+K_iT_{F1}T_{F2}T_{w22}b_pe_ne_{qh}r_{11}r_{21}+K_iT_{F1}T_{F2}T_ab_pe_{qh}r_{11}r_{12}r_{21}$ $+K_iT_{F1}T_{F2}T_ab_pe_{qh}r_{11}r_{21}r_{22}+K_pT_{F1}T_{F2}b_pe_he_{qx}r_{11}r_{12}r_{21}+K_pT_{F1}T_{F2}b_pe_he_{qx}r_{11}r_{21}r_{22}+K_pT_{F1}T_{F2}b_pe_ne_{qh}r_{11}r_{12}r_{21}$ $+K_pT_{F1}T_{F2}b_pe_ne_{qh}r_{11}r_{21}r_{22}+K_iT_{F1}T_{F2}T_yb_pe_he_{qx}r_{11}r_{12}r_{21}+K_iT_{F1}T_{F2}T_yb_pe_he_{qx}r_{11}r_{21}r_{22}+K_iT_{F1}T_{F2}T_yb_pe_ne_{qh}r_{11}r_{12}r_{21}$ $+K_iT_{F1}T_{F2}T_yb_pe_ne_{qh}r_{11}r_{21}r_{22};$ $a_7=T_a+K_de_y+T_ye_n+K_pT_ab_p+K_db_pe_n+T_{w11}e_he_{qx}+T_{w12}e_he_{qx}+T_{w21}e_he_{qx}+T_{w22}e_he_{qx}+T_{w11}e_ne_{qh}+T_{w12}e_ne_{qh}$ $+T_{w21}e_ne_{qh}+T_{w22}e_ne_{qh}+T_{F1}e_nr_{11}+T_{F2}e_nr_{21}+T_ae_{qh}r_{11}+T_ae_{qh}r_{12}+T_ae_{qh}r_{21}+T_ae_{qh}r_{22}+K_iT_aT_yb_p+K_iT_{F1}T_{w11}e_y$ $+K_iT_{F2}T_{w21}e_y+K_pT_yb_pe_n-K_pT_{w11}e_he_{qy}-K_pT_{w12}e_he_{qy}-K_pT_{w21}e_he_{qy}-K_pT_{w22}e_he_{qy}+K_pT_{w11}e_{qh}e_y+K_pT_{w12}e_{qh}e_y$ $+K_pT_{w21}e_{qh}e_y+K_pT_{w22}e_{qh}e_y+K_pT_{F1}e_yr_{11}+K_pT_{F2}e_yr_{21}-K_de_he_{qy}r_{11}-K_de_he_{qy}r_{12}-K_de_he_{qy}r_{21}-K_de_he_{qy}r_{22}$ $+K_de_{qh}e_yr_{11}+K_de_{qh}e_yr_{12}+K_de_{qh}e_yr_{21}+K_de_{qh}e_yr_{22}+T_ye_he_{qx}r_{11}+T_ye_he_{qx}r_{12}+T_ye_he_{qx}r_{21}+T_ye_he_{qx}r_{22}+T_ye_ne_{qh}r_{11}$ $+T_ye_ne_{qh}r_{12}+T_ye_ne_{qh}r_{21}+T_ye_ne_{qh}r_{22}+K_iT_{F1}T_{w11}b_pe_n+K_iT_{F2}T_{w21}b_pe_n+K_iT_aT_{w11}b_pe_{qh}+K_iT_aT_{w12}b_pe_{qh}$ $+K_iT_aT_{w21}b_pe_{qh}+K_iT_aT_{w22}b_pe_{qh}+K_iT_{F1}T_ab_pr_{11}+K_iT_{F2}T_ab_pr_{21}+K_pT_{w11}b_pe_he_{qx}+K_pT_{w12}b_pe_he_{qx}+K_pT_{w21}b_pe_he_{qx}$ $+K_pT_{w22}b_pe_he_{qx}+K_pT_{w11}b_pe_ne_{qh}+K_pT_{w12}b_pe_ne_{qh}+K_pT_{w21}b_pe_ne_{qh}+K_pT_{w22}b_pe_ne_{qh}+K_pT_{F1}b_pe_nr_{11}+K_pT_{F2}b_pe_nr_{21}$ $+K_pT_ab_pe_{qh}r_{11}+K_pT_ab_pe_{qh}r_{12}+K_pT_ab_pe_{qh}r_{21}+K_pT_ab_pe_{qh}r_{22}+K_db_pe_he_{qx}r_{11}+K_db_pe_he_{qx}r_{12}+K_db_pe_he_{qx}r_{21}+K_db_pe_he_{qx}r_{22}$ $+K_db_pe_ne_{qh}r_{11}+K_db_pe_ne_{qh}r_{12}+K_db_pe_ne_{qh}r_{21}+K_db_pe_ne_{qh}r_{22}+T_{F1}e_he_{qx}r_{11}r_{12}+T_{F1}e_he_{qx}r_{11}r_{21}+T_{F1}e_he_{qx}r_{11}r_{22}+T_{F2}e_he_{qx}r_{11}r_{21}$ $+T_{F2}e_he_{qx}r_{12}r_{21}+T_{F2}e_he_{qx}r_{21}r_{22}+T_{F1}e_ne_{qh}r_{11}r_{12}+T_{F1}e_ne_{qh}r_{11}r_{21}+T_{F1}e_ne_{qh}r_{11}r_{22}+T_{F2}e_ne_{qh}r_{11}r_{21}+T_{F2}e_ne_{qh}r_{12}r_{21}$ $+T_{F2}e_ne_{qh}r_{21}r_{22}+K_iT_{w11}T_yb_pe_he_{qx}+K_iT_{w12}T_yb_pe_he_{qx}+K_iT_{w21}T_yb_pe_he_{qx}+K_iT_{w22}T_yb_pe_he_{qx}+K_iT_{w11}T_yb_pe_ne_{qh}$ $+K_iT_{w12}T_yb_pe_ne_{qh}+K_iT_{w21}T_yb_pe_ne_{qh}+K_iT_{w22}T_yb_pe_ne_{qh}+K_iT_{F1}T_yb_pe_nr_{11}-K_iT_{F2}T_{w11}e_he_{qy}r_{21}-K_iT_{F2}T_{w21}e_he_{qy}r_{11}$ $-K_iT_{F2}T_{w12}e_he_{qy}r_{21}-K_iT_{F2}T_{w21}e_he_{qy}r_{12}-K_iT_{F2}T_{w21}e_he_{qy}r_{22}-K_iT_{F2}T_{w22}e_he_{qy}r_{21}+K_iT_{F1}T_{w11}e_{qh}e_yr_{12}+K_iT_{F1}T_{w12}e_{qh}e_yr_{11}$ $+K_iT_{F1}T_{w11}e_{qh}e_yr_{21}+K_iT_{F1}T_{w21}e_{qh}e_yr_{11}+K_iT_{F1}T_{w11}e_{qh}e_yr_{22}+K_iT_{F1}T_{w22}e_{qh}e_yr_{11}+K_iT_{F2}T_{w11}e_{qh}e_yr_{21}+K_iT_{F2}T_{w21}e_{qh}e_yr_{11}$ $+K_iT_{F2}T_{w12}e_{qh}e_yr_{21}+K_iT_{F2}T_{w21}e_{qh}e_yr_{12}+K_iT_{F2}T_{w21}e_{qh}e_yr_{22}+K_iT_{F2}T_{w22}e_{qh}e_yr_{21}+K_iT_{F1}T_{F2}e_yr_{11}r_{21}+K_pT_yb_pe_he_{qx}r_{11}$ $+K_pT_yb_pe_he_{qx}r_{12}+K_pT_yb_pe_he_{qx}r_{21}+K_pT_yb_pe_he_{qx}r_{22}+K_pT_yb_pe_ne_{qh}r_{11}+K_pT_yb_pe_ne_{qh}r_{12}+K_pT_yb_pe_ne_{qh}r_{21}+K_pT_yb_pe_ne_{qh}r_{22}$ $-K_pT_{F1}e_he_{qy}r_{11}r_{12}-K_pT_{F1}e_he_{qy}r_{11}r_{21}-K_pT_{F1}e_he_{qy}r_{11}r_{22}-K_pT_{F2}e_he_{qy}r_{11}r_{21}-K_pT_{F2}e_he_{qy}r_{12}r_{21}-K_pT_{F2}e_he_{qy}r_{21}r_{22}$ $+K_pT_{F1}e_{qh}e_yr_{11}r_{12}+K_pT_{F1}e_{qh}e_yr_{11}r_{21}+K_pT_{F1}e_{qh}e_yr_{11}r_{22}+K_pT_{F2}e_{qh}e_yr_{11}r_{21}+K_pT_{F2}e_{qh}e_yr_{12}r_{21}+K_pT_{F2}e_{qh}e_yr_{21}r_{22}$ $+K_pT_{F1}b_pe_he_{qx}r_{11}r_{12}+K_pT_{F1}b_pe_he_{qx}r_{11}r_{21}+K_pT_{F1}b_pe_he_{qx}r_{11}r_{22}+K_pT_{F2}b_pe_he_{qx}r_{11}r_{21}+K_pT_{F2}b_pe_he_{qx}r_{12}r_{21}$ $+K_pT_{F2}b_pe_he_{qx}r_{21}r_{22}+K_pT_{F1}b_pe_ne_{qh}r_{11}r_{12}+K_pT_{F1}b_pe_ne_{qh}r_{11}r_{21}+K_pT_{F1}b_pe_ne_{qh}r_{11}r_{22}+K_pT_{F2}b_pe_ne_{qh}r_{11}r_{21}+K_pT_{F2}b_pe_ne_{qh}r_{12}r_{21}$ $+K_pT_{F2}b_pe_ne_{qh}r_{21}r_{22}+K_iT_{F1}T_{w11}b_pe_he_{qx}r_{12}+K_iT_{F1}T_{w12}b_pe_he_{qx}r_{11}+K_iT_{F1}T_{w11}b_pe_he_{qx}r_{21}+K_iT_{F1}T_{w21}b_pe_he_{qx}r_{11}$

续表

类型	调节系统传递函数的系数
M4	$+K_iT_{F1}T_{w11}b_pe_he_{qx}r_{22}+K_iT_{F1}T_{w22}b_pe_he_{qx}r_{11}+K_iT_{F2}T_{w11}b_pe_he_{qx}r_{21}+K_iT_{F2}T_{w21}b_pe_he_{qx}r_{11}+K_iT_{F2}T_{w12}b_pe_he_{qx}r_{21}$ $+K_iT_{F2}T_{w21}b_pe_he_{qx}r_{12}+K_iT_{F2}T_{w21}b_pe_he_{qx}r_{22}+K_iT_{F2}T_{w22}b_pe_he_{qx}r_{21}+K_iT_{F1}T_{w11}b_pe_ne_{qh}r_{12}+K_iT_{F1}T_{w12}b_pe_ne_{qh}r_{11}$ $+K_iT_{F1}T_{w11}b_pe_ne_{qh}r_{21}+K_iT_{F1}T_{w21}b_pe_ne_{qh}r_{11}+K_iT_{F1}T_{w11}b_pe_ne_{qh}r_{22}+K_iT_{F2}T_{w12}b_pe_he_{qx}r_{21}+K_iT_{F2}T_{w21}b_pe_he_{qx}r_{12}$ $+K_iT_{F2}T_{w21}b_pe_he_{qx}r_{22}+K_iT_{F2}T_{w22}b_pe_he_{qx}r_{21}+K_iT_{F1}T_{w11}b_pe_ne_{qh}r_{12}+K_iT_{F1}T_{w12}b_pe_ne_{qh}r_{11}+K_iT_{F1}T_{w11}b_pe_ne_{qh}r_{21}$ $+K_iT_{F1}T_{w21}b_pe_ne_{qh}r_{11}+K_iT_{F1}T_{w11}b_pe_ne_{qh}r_{22}+K_iT_{F1}T_{w22}b_pe_ne_{qh}r_{11}+K_iT_{F2}T_{w11}b_pe_ne_{qh}r_{21}+K_iT_{F2}T_{w21}b_pe_ne_{qh}r_{11}$ $+K_iT_{F2}T_{w12}b_pe_ne_{qh}r_{21}+K_iT_{F2}T_{w21}b_pe_ne_{qh}r_{12}+K_iT_{F2}T_{w21}b_pe_ne_{qh}r_{22}+K_iT_{F2}T_{w22}b_pe_ne_{qh}r_{21}+K_iT_{F1}T_{F2}b_pe_nr_{11}r_{21}$ $+K_iT_{F1}T_ab_pe_{qh}r_{11}r_{12}+K_iT_{F1}T_ab_pe_{qh}r_{11}r_{21}+K_iT_{F1}T_ab_pe_{qh}r_{11}r_{22}+K_iT_{F2}T_ab_pe_{qh}r_{11}r_{21}+K_iT_{F2}T_ab_pe_{qh}r_{12}r_{21}+K_iT_{F2}T_ab_pe_{qh}r_{21}r_{22}$ $+K_iT_{F1}T_yb_pe_he_{qx}r_{11}r_{12}+K_iT_{F1}T_yb_pe_he_{qx}r_{11}r_{21}+K_iT_{F1}T_yb_pe_he_{qx}r_{11}r_{22}+K_iT_{F2}T_yb_pe_he_{qx}r_{11}r_{21}+K_iT_{F2}T_yb_pe_he_{qx}r_{12}r_{21}$ $+K_iT_{F2}T_yb_pe_he_{qx}r_{21}r_{22}+K_iT_{F1}T_yb_pe_ne_{qh}r_{11}r_{12}+K_iT_{F1}T_yb_pe_ne_{qh}r_{11}r_{21}+K_iT_{F1}T_yb_pe_ne_{qh}r_{11}r_{22}+K_iT_{F2}T_yb_pe_ne_{qh}r_{11}r_{21}$ $+K_iT_{F2}T_yb_pe_ne_{qh}r_{12}r_{21}+K_iT_{F2}T_yb_pe_ne_{qh}r_{21}r_{22}-K_iT_{F1}T_{F2}e_he_{qy}r_{11}r_{12}r_{21}-K_iT_{F1}T_{F2}e_he_{qy}r_{11}r_{21}r_{22}+K_iT_{F1}T_{F2}e_{qh}e_yr_{11}r_{12}r_{21}$ $+K_iT_{F1}T_{F2}e_{qh}e_yr_{11}r_{21}r_{22}+K_iT_{F1}T_{F2}b_pe_he_{qx}r_{11}r_{12}r_{21}+K_iT_{F1}T_{F2}b_pe_he_{qx}r_{11}r_{21}r_{22}+K_iT_{F1}T_{F2}b_pe_ne_{qh}r_{11}r_{12}r_{21}+K_iT_{F1}T_{F2}b_pe_ne_{qh}r_{11}r_{21}r_{22};$ $a_8=e_n+K_pe_y+K_iT_ab_p+K_pb_pe_n+e_he_{qx}r_{11}+e_he_{qx}r_{12}+e_he_{qx}r_{21}+e_he_{qx}r_{22}+e_ne_{qh}r_{11}+e_ne_{qh}r_{12}+e_ne_{qh}r_{21}+e_ne_{qh}r_{22}+K_iT_yb_pe_n$ $-K_iT_{w11}e_he_{qy}-K_iT_{w12}e_he_{qy}-K_iT_{w21}e_he_{qy}-K_iT_{w22}e_he_{qy}+K_iT_{w11}e_{qh}e_y+K_iT_{w12}e_{qh}e_y+K_iT_{w21}e_{qh}e_y+K_iT_{w22}e_{qh}e_y+K_iT_{F1}e_yr_{11}$ $+K_iT_{F2}e_yr_{21}-K_pe_he_{qy}r_{11}-K_pe_he_{qy}r_{12}-K_pe_he_{qy}r_{21}-K_pe_he_{qy}r_{22}+K_pe_{qh}e_yr_{11}+K_pe_{qh}e_yr_{12}+K_pe_{qh}e_yr_{21}+K_pe_{qh}e_yr_{22}$ $+K_iT_{w11}b_pe_he_{qx}+K_iT_{w12}b_pe_he_{qx}+K_iT_{w21}b_pe_he_{qx}+K_iT_{w22}b_pe_he_{qx}+K_iT_{w11}b_pe_ne_{qh}+K_iT_{w12}b_pe_ne_{qh}+K_iT_{w21}b_pe_ne_{qh}$ $+K_iT_{w22}b_pe_ne_{qh}+K_iT_{F1}b_pe_nr_{11}+K_iT_{F2}b_pe_nr_{21}+K_iT_ab_pe_{qh}r_{11}+K_iT_ab_pe_{qh}r_{12}+K_iT_ab_pe_{qh}r_{21}+K_iT_ab_pe_{qh}r_{22}+K_pb_pe_he_{qx}r_{11}$ $+K_pb_pe_he_{qx}r_{12}+K_pb_pe_he_{qx}r_{21}+K_pb_pe_he_{qx}r_{22}+K_pb_pe_ne_{qh}r_{11}+K_pb_pe_ne_{qh}r_{12}+K_pb_pe_ne_{qh}r_{21}+K_pb_pe_ne_{qh}r_{22}+K_iT_yb_pe_he_{qx}r_{11}$ $+K_iT_yb_pe_he_{qx}r_{12}+K_iT_yb_pe_he_{qx}r_{21}+K_iT_yb_pe_he_{qx}r_{22}+K_iT_yb_pe_ne_{qh}r_{11}+K_iT_yb_pe_ne_{qh}r_{12}+K_iT_yb_pe_ne_{qh}r_{21}+K_iT_yb_pe_ne_{qh}r_{22}$ $-K_iT_{F1}e_he_{qy}r_{11}r_{12}-K_iT_{F1}e_he_{qy}r_{11}r_{21}-K_iT_{F1}e_he_{qy}r_{11}r_{22}-K_iT_{F2}e_he_{qy}r_{11}r_{21}-K_iT_{F2}e_he_{qy}r_{12}r_{21}-K_iT_{F2}e_he_{qy}r_{21}r_{22}$ $+K_iT_{F1}e_{qh}e_yr_{11}r_{12}+K_iT_{F1}e_{qh}e_yr_{11}r_{21}+K_iT_{F1}e_{qh}e_yr_{11}r_{22}+K_iT_{F2}e_{qh}e_yr_{11}r_{21}+K_iT_{F2}e_{qh}e_yr_{12}r_{21}+K_iT_{F2}e_{qh}e_yr_{21}r_{22}$ $+K_iT_{F1}b_pe_he_{qx}r_{11}r_{12}+K_iT_{F1}b_pe_he_{qx}r_{11}r_{21}+K_iT_{F1}b_pe_he_{qx}r_{11}r_{22}+K_iT_{F2}b_pe_he_{qx}r_{11}r_{21}+K_iT_{F2}b_pe_he_{qx}r_{12}r_{21}+K_iT_{F2}b_pe_he_{qx}r_{21}r_{22}$ $+K_iT_{F1}b_pe_ne_{qh}r_{11}r_{12}+K_iT_{F1}b_pe_ne_{qh}r_{11}r_{21}+K_iT_{F1}b_pe_ne_{qh}r_{11}r_{22}+K_iT_{F2}b_pe_ne_{qh}r_{11}r_{21}+K_iT_{F2}b_pe_ne_{qh}r_{12}r_{21}+K_iT_{F2}b_pe_ne_{qh}r_{21}r_{22};$ $a_9=K_ie_y+K_ib_pe_n-K_ie_he_{qy}r_{11}-K_ie_he_{qy}r_{12}-K_ie_he_{qy}r_{21}-K_ie_he_{qy}r_{22}+K_ie_{qh}e_yr_{11}+K_ie_{qh}e_yr_{12}+K_ie_{qh}e_yr_{21}+K_ie_{qh}e_yr_{22}$ $+K_ib_pe_he_{qx}r_{11}+K_ib_pe_he_{qx}r_{12}+K_ib_pe_he_{qx}r_{21}+K_ib_pe_he_{qx}r_{22}+K_ib_pe_ne_{qh}r_{11}+K_ib_pe_ne_{qh}r_{12}+K_ib_pe_ne_{qh}r_{21}+K_ib_pe_ne_{qh}r_{22};$ $b_0=K_dT_{F1}T_{F2}T_{w11}T_{w12}T_{w21}T_yb_pe_{qh}+K_dT_{F1}T_{F2}T_{w11}T_{w21}T_{w22}T_yb_pe_{qh};$ $b_1=K_dT_{F1}T_{F2}T_{w11}T_{w21}T_yb_p+T_{F1}T_{F2}T_{w11}T_{w12}T_{w21}T_ye_{qh}+T_{F1}T_{F2}T_{w11}T_{w21}T_{w22}T_ye_{qh}+K_dT_{F1}T_{F2}T_{w11}T_{w12}T_{w21}b_pe_{qh}$ $+K_dT_{F1}T_{F2}T_{w11}T_{w21}T_{w22}b_pe_{qh}+K_pT_{F1}T_{F2}T_{w11}T_{w12}T_{w21}T_yb_pe_{qh}+K_pT_{F1}T_{F2}T_{w11}T_{w21}T_{w22}T_yb_pe_{qh}+K_dT_{F1}T_{F2}T_{w11}T_{w12}T_yb_pe_{qh}r_{21}$ $+K_dT_{F1}T_{F2}T_{w11}T_{w21}T_yb_pe_{qh}r_{12}+K_dT_{F1}T_{F2}T_{w12}T_{w21}T_yb_pe_{qh}r_{11}+K_dT_{F1}T_{F2}T_{w11}T_{w21}T_yb_pe_{qh}r_{22}+K_dT_{F1}T_{F2}T_{w11}T_{w22}T_yb_pe_{qh}r_{21}$ $+K_dT_{F1}T_{F2}T_{w21}T_{w22}T_yb_pe_{qh}r_{11};$ $b_2=T_{F1}T_{F2}T_{w11}T_{w21}T_y+K_dT_{F1}T_{F2}T_{w11}T_{w21}b_p+T_{F1}T_{F2}T_{w11}T_{w12}T_{w21}e_{qh}+T_{F1}T_{F2}T_{w11}T_{w21}T_{w22}e_{qh}+K_pT_{F1}T_{F2}T_{w11}T_{w21}T_yb_p$ $+K_dT_{F1}T_{w11}T_{w12}T_yb_pe_{qh}+K_dT_{F1}T_{w11}T_{w21}T_yb_pe_{qh}+K_dT_{F1}T_{w11}T_{w22}T_yb_pe_{qh}+K_dT_{F2}T_{w11}T_{w21}T_yb_pe_{qh}+K_dT_{F2}T_{w12}T_{w21}T_yb_pe_{qh}$ $+K_dT_{F2}T_{w21}T_{w22}T_yb_pe_{qh}+K_dT_{F1}T_{F2}T_{w11}T_yb_pr_{21}+K_dT_{F1}T_{F2}T_{w21}T_yb_pr_{11}+T_{F1}T_{F2}T_{w11}T_{w12}T_ye_{qh}r_{21}+T_{F1}T_{F2}T_{w11}T_{w21}T_ye_{qh}r_{12}$ $+T_{F1}T_{F2}T_{w12}T_{w21}T_ye_{qh}r_{11}+T_{F1}T_{F2}T_{w11}T_{w21}T_ye_{qh}r_{22}+T_{F1}T_{F2}T_{w11}T_{w22}T_ye_{qh}r_{21}+T_{F1}T_{F2}T_{w21}T_{w22}T_ye_{qh}r_{11}$ $+K_pT_{F1}T_{F2}T_{w11}T_{w12}T_{w21}b_pe_{qh}+K_pT_{F1}T_{F2}T_{w11}T_{w21}T_{w22}b_pe_{qh}+K_dT_{F1}T_{F2}T_{w11}T_{w12}b_pe_{qh}r_{21}+K_dT_{F1}T_{F2}T_{w11}T_{w21}b_pe_{qh}r_{12}$ $+K_dT_{F1}T_{F2}T_{w12}T_{w21}b_pe_{qh}r_{11}+K_dT_{F1}T_{F2}T_{w11}T_{w21}b_pe_{qh}r_{22}+K_dT_{F1}T_{F2}T_{w11}T_{w22}b_pe_{qh}r_{21}+K_dT_{F1}T_{F2}T_{w21}T_{w22}b_pe_{qh}r_{11}$ $+K_iT_{F1}T_{F2}T_{w11}T_{w12}T_{w21}T_yb_pe_{qh}+K_iT_{F1}T_{F2}T_{w11}T_{w21}T_{w22}T_yb_pe_{qh}+K_pT_{F1}T_{F2}T_{w11}T_{w12}T_yb_pe_{qh}r_{21}+K_pT_{F1}T_{F2}T_{w11}T_{w21}T_yb_pe_{qh}r_{12}$ $+K_pT_{F1}T_{F2}T_{w12}T_{w21}T_yb_pe_{qh}r_{11}+K_pT_{F1}T_{F2}T_{w11}T_{w21}T_yb_pe_{qh}r_{22}+K_pT_{F1}T_{F2}T_{w11}T_{w22}T_yb_pe_{qh}r_{21}+K_pT_{F1}T_{F2}T_{w21}T_{w22}T_yb_pe_{qh}r_{11}$ $+K_dT_{F1}T_{F2}T_{w11}T_yb_pe_{qh}r_{12}r_{21}+K_dT_{F1}T_{F2}T_{w12}T_yb_pe_{qh}r_{11}r_{21}+K_dT_{F1}T_{F2}T_{w21}T_yb_pe_{qh}r_{11}r_{12}+K_dT_{F1}T_{F2}T_{w11}T_yb_pe_{qh}r_{21}r_{22}$ $+K_dT_{F1}T_{F2}T_{w21}T_yb_pe_{qh}r_{11}r_{22}+K_dT_{F1}T_{F2}T_{w22}T_yb_pe_{qh}r_{11}r_{21};$ $b_3=T_{F1}T_{F2}T_{w11}T_{w21}+K_dT_{F1}T_{w11}T_yb_p+K_dT_{F2}T_{w21}T_yb_p+T_{F1}T_{w11}T_{w12}T_ye_{qh}+T_{F1}T_{w11}T_{w21}T_ye_{qh}+T_{F1}T_{w11}T_{w22}T_ye_{qh}$ $+T_{F2}T_{w11}T_{w21}T_ye_{qh}+T_{F2}T_{w12}T_{w21}T_ye_{qh}+T_{F2}T_{w21}T_{w22}T_ye_{qh}+T_{F1}T_{F2}T_{w11}T_yr_{21}+T_{F1}T_{F2}T_{w21}T_yr_{11}+K_pT_{F1}T_{F2}T_{w11}T_{w21}b_p$ $+K_dT_{F1}T_{w11}T_{w12}b_pe_{qh}+K_dT_{F1}T_{w11}T_{w21}b_pe_{qh}+K_dT_{F1}T_{w11}T_{w22}b_pe_{qh}+K_dT_{F2}T_{w11}T_{w21}b_pe_{qh}+K_dT_{F2}T_{w12}T_{w21}b_pe_{qh}$ $+K_dT_{F2}T_{w21}T_{w22}b_pe_{qh}+K_dT_{F1}T_{F2}T_{w11}b_pr_{21}+K_dT_{F1}T_{F2}T_{w21}b_pr_{11}+T_{F1}T_{F2}T_{w11}T_{w12}e_{qh}r_{21}+T_{F1}T_{F2}T_{w11}T_{w21}e_{qh}r_{12}$ $+T_{F1}T_{F2}T_{w12}T_{w21}e_{qh}r_{11}+T_{F1}T_{F2}T_{w11}T_{w21}e_{qh}r_{22}+T_{F1}T_{F2}T_{w11}T_{w22}e_{qh}r_{21}+T_{F1}T_{F2}T_{w21}T_{w22}e_{qh}r_{11}+K_iT_{F1}T_{F2}T_{w11}T_{w21}T_yb_p$ $+K_pT_{F1}T_{w11}T_{w12}T_yb_pe_{qh}+K_pT_{F1}T_{w11}T_{w21}T_yb_pe_{qh}+K_pT_{F1}T_{w11}T_{w22}T_yb_pe_{qh}+K_pT_{F2}T_{w11}T_{w21}T_yb_pe_{qh}+K_pT_{F2}T_{w12}T_{w21}T_yb_pe_{qh}$

续表

类型	调节系统传递函数的系数
M4	$+K_pT_{F2}T_{w21}T_{w22}T_yb_pe_{qh}+K_pT_{F1}T_{F2}T_{w11}T_yb_pr_{21}+K_pT_{F1}T_{F2}T_{w21}T_yb_pr_{11}+K_dT_{F1}T_{w11}T_yb_pe_{qh}r_{12}+K_dT_{F1}T_{w12}T_yb_pe_{qh}r_{11}$ $+K_dT_{F1}T_{w11}T_yb_pe_{qh}r_{21}+K_dT_{F1}T_{w21}T_yb_pe_{qh}r_{11}+K_dT_{F1}T_{w11}T_yb_pe_{qh}r_{22}+K_dT_{F1}T_{w22}T_yb_pe_{qh}r_{11}+K_dT_{F2}T_{w11}T_yb_pe_{qh}r_{21}$ $+K_dT_{F2}T_{w21}T_yb_pe_{qh}r_{11}+K_dT_{F2}T_{w12}T_yb_pe_{qh}r_{21}+K_dT_{F2}T_{w21}T_yb_pe_{qh}r_{12}+K_dT_{F2}T_{w21}T_yb_pe_{qh}r_{22}+K_dT_{F2}T_{w22}T_yb_pe_{qh}r_{21}$ $+K_dT_{F1}T_{F2}T_yb_pr_{11}r_{21}+T_{F1}T_{F2}T_{w11}T_ye_{qh}r_{12}r_{21}+T_{F1}T_{F2}T_{w12}T_ye_{qh}r_{11}r_{21}+T_{F1}T_{F2}T_{w21}T_ye_{qh}r_{11}r_{12}+T_{F1}T_{F2}T_{w11}T_ye_{qh}r_{21}r_{22}$ $+T_{F1}T_{F2}T_{w21}T_ye_{qh}r_{11}r_{22}+T_{F1}T_{F2}T_{w22}T_ye_{qh}r_{11}r_{21}+K_iT_{F1}T_{F2}T_{w11}T_{w12}T_{w21}b_pe_{qh}+K_iT_{F1}T_{F2}T_{w11}T_{w21}T_{w22}b_pe_{qh}$ $+K_pT_{F1}T_{F2}T_{w11}T_{w12}b_pe_{qh}r_{21}+K_pT_{F1}T_{F2}T_{w11}T_{w21}b_pe_{qh}r_{12}+K_pT_{F1}T_{F2}T_{w12}T_{w21}b_pe_{qh}r_{11}+K_pT_{F1}T_{F2}T_{w11}T_{w21}b_pe_{qh}r_{22}$ $+K_pT_{F1}T_{F2}T_{w11}T_{w22}b_pe_{qh}r_{21}+K_pT_{F1}T_{F2}T_{w21}T_{w22}b_pe_{qh}r_{11}+K_dT_{F1}T_{F2}T_{w11}b_pe_{qh}r_{12}r_{21}+K_dT_{F1}T_{F2}T_{w12}b_pe_{qh}r_{11}r_{21}$ $+K_dT_{F1}T_{F2}T_{w21}b_pe_{qh}r_{11}r_{12}+K_dT_{F1}T_{F2}T_{w11}b_pe_{qh}r_{21}r_{22}+K_dT_{F1}T_{F2}T_{w21}b_pe_{qh}r_{11}r_{22}+K_dT_{F1}T_{F2}T_{w22}b_pe_{qh}r_{11}r_{21}$ $+K_iT_{F1}T_{F2}T_{w11}T_{w12}T_yb_pe_{qh}r_{21}+K_iT_{F1}T_{F2}T_{w11}T_{w21}T_yb_pe_{qh}r_{12}+K_iT_{F1}T_{F2}T_{w12}T_{w21}T_yb_pe_{qh}r_{11}+K_iT_{F1}T_{F2}T_{w11}T_{w21}T_yb_pe_{qh}r_{22}$ $+K_iT_{F1}T_{F2}T_{w11}T_{w22}T_yb_pe_{qh}r_{21}+K_iT_{F1}T_{F2}T_{w21}T_{w22}T_yb_pe_{qh}r_{11}+K_pT_{F1}T_{F2}T_{w11}T_yb_pe_{qh}r_{12}r_{21}+K_pT_{F1}T_{F2}T_{w12}T_yb_pe_{qh}r_{11}r_{21}$ $+K_pT_{F1}T_{F2}T_{w21}T_yb_pe_{qh}r_{11}r_{12}+K_pT_{F1}T_{F2}T_{w11}T_yb_pe_{qh}r_{21}r_{22}+K_pT_{F1}T_{F2}T_{w21}T_yb_pe_{qh}r_{11}r_{22}+K_pT_{F1}T_{F2}T_{w22}T_yb_pe_{qh}r_{11}r_{21}$ $+K_dT_{F1}T_{F2}T_yb_pe_{qh}r_{11}r_{12}r_{21}+K_dT_{F1}T_{F2}T_yb_pe_{qh}r_{11}r_{21}r_{22}$; $b_4=T_{F1}T_{w11}T_y+T_{F2}T_{w21}T_y+K_dT_{F1}T_{w11}b_p+K_dT_{F2}T_{w21}b_p+T_{F1}T_{w11}T_{w12}e_{qh}+T_{F1}T_{w11}T_{w21}e_{qh}+T_{F1}T_{w11}T_{w22}e_{qh}+T_{F2}T_{w11}T_{w21}e_{qh}$ $+T_{F2}T_{w12}T_{w21}e_{qh}+T_{F2}T_{w21}T_{w22}e_{qh}+T_{F1}T_{F2}T_{w11}r_{21}+T_{F1}T_{F2}T_{w21}r_{11}+K_pT_{F1}T_{w11}T_yb_p+K_pT_{F2}T_{w21}T_yb_p+K_dT_{w11}T_yb_pe_{qh}$ $+K_dT_{w12}T_yb_pe_{qh}+K_dT_{w21}T_yb_pe_{qh}+K_dT_{w22}T_yb_pe_{qh}+K_dT_{F1}T_yb_pr_{11}+K_dT_{F2}T_yb_pr_{21}+T_{F1}T_{w11}T_ye_{qh}r_{12}+T_{F1}T_{w12}T_ye_{qh}r_{11}$ $+T_{F1}T_{w11}T_ye_{qh}r_{21}+T_{F1}T_{w21}T_ye_{qh}r_{11}+T_{F1}T_{w11}T_ye_{qh}r_{22}+T_{F1}T_{w22}T_ye_{qh}r_{11}+T_{F2}T_{w11}T_ye_{qh}r_{21}+T_{F2}T_{w21}T_ye_{qh}r_{11}+T_{F2}T_{w12}T_ye_{qh}r_{21}$ $+T_{F2}T_{w21}T_ye_{qh}r_{12}+T_{F2}T_{w21}T_ye_{qh}r_{22}+T_{F2}T_{w22}T_ye_{qh}r_{21}+T_{F1}T_{F2}T_yr_{11}r_{21}+K_iT_{F1}T_{F2}T_{w11}T_{w21}b_p+K_pT_{F1}T_{w11}T_{w12}b_pe_{qh}$ $+K_pT_{F1}T_{w11}T_{w21}b_pe_{qh}+K_pT_{F1}T_{w11}T_{w22}b_pe_{qh}+K_pT_{F2}T_{w11}T_{w21}b_pe_{qh}+K_pT_{F2}T_{w12}T_{w21}b_pe_{qh}+K_pT_{F2}T_{w21}T_{w22}b_pe_{qh}$ $+K_pT_{F1}T_{F2}T_{w11}b_pr_{21}+K_pT_{F1}T_{F2}T_{w21}b_pr_{11}+K_dT_{F1}T_{w11}b_pe_{qh}r_{12}+K_dT_{F1}T_{w12}b_pe_{qh}r_{11}+K_dT_{F1}T_{w11}b_pe_{qh}r_{21}+K_dT_{F1}T_{w21}b_pe_{qh}r_{11}$ $+K_dT_{F1}T_{w11}b_pe_{qh}r_{22}+K_dT_{F1}T_{w22}b_pe_{qh}r_{11}+K_dT_{F2}T_{w11}b_pe_{qh}r_{21}+K_dT_{F2}T_{w21}b_pe_{qh}r_{11}+K_dT_{F2}T_{w12}b_pe_{qh}r_{21}+K_dT_{F2}T_{w21}b_pe_{qh}r_{12}$ $+K_dT_{F2}T_{w21}b_pe_{qh}r_{22}+K_dT_{F2}T_{w22}b_pe_{qh}r_{21}+K_dT_{F1}T_{F2}b_pr_{11}r_{21}+T_{F1}T_{F2}T_{w11}e_{qh}r_{12}r_{21}+T_{F1}T_{F2}T_{w12}e_{qh}r_{11}r_{21}+T_{F1}T_{F2}T_{w21}e_{qh}r_{11}r_{12}$ $+T_{F1}T_{F2}T_{w11}e_{qh}r_{21}r_{22}+T_{F1}T_{F2}T_{w21}e_{qh}r_{11}r_{22}+T_{F1}T_{F2}T_{w22}e_{qh}r_{11}r_{21}+T_{F1}T_{F2}T_ye_{qh}r_{11}r_{12}r_{21}+T_{F1}T_{F2}T_ye_{qh}r_{11}r_{21}r_{22}$ $+K_iT_{F1}T_{w11}T_{w12}T_yb_pe_{qh}+K_iT_{F1}T_{w11}T_{w21}T_yb_pe_{qh}+K_iT_{F1}T_{w11}T_{w22}T_yb_pe_{qh}+K_iT_{F2}T_{w11}T_{w21}T_yb_pe_{qh}+K_iT_{F2}T_{w12}T_{w21}T_yb_pe_{qh}$ $+K_iT_{F2}T_{w21}T_{w22}T_yb_pe_{qh}+K_iT_{F1}T_{F2}T_{w11}T_yb_pr_{21}+K_iT_{F1}T_{F2}T_{w21}T_yb_pr_{11}+K_pT_{F1}T_{w11}T_yb_pe_{qh}r_{12}+K_pT_{F1}T_{w12}T_yb_pe_{qh}r_{11}$ $+K_pT_{F1}T_{w11}T_yb_pe_{qh}r_{21}+K_pT_{F1}T_{w21}T_yb_pe_{qh}r_{11}+K_pT_{F1}T_{w11}T_yb_pe_{qh}r_{22}+K_pT_{F1}T_{w22}T_yb_pe_{qh}r_{11}+K_pT_{F2}T_{w11}T_yb_pe_{qh}r_{21}$ $+K_pT_{F2}T_{w21}T_yb_pe_{qh}r_{11}+K_pT_{F2}T_{w12}T_yb_pe_{qh}r_{21}+K_pT_{F2}T_{w21}T_yb_pe_{qh}r_{12}+K_pT_{F2}T_{w21}T_yb_pe_{qh}r_{22}+K_pT_{F2}T_{w22}T_yb_pe_{qh}r_{21}$ $+K_pT_{F1}T_{F2}T_yb_pr_{11}r_{21}+K_dT_{F1}T_yb_pe_{qh}r_{11}r_{12}+K_dT_{F1}T_yb_pe_{qh}r_{11}r_{21}+K_dT_{F1}T_yb_pe_{qh}r_{11}r_{22}+K_dT_{F2}T_yb_pe_{qh}r_{11}r_{21}+K_dT_{F2}T_yb_pe_{qh}r_{12}r_{21}$ $+K_dT_{F2}T_yb_pe_{qh}r_{21}r_{22}+K_iT_{F1}T_{F2}T_{w11}T_{w12}b_pe_{qh}r_{21}+K_iT_{F1}T_{F2}T_{w11}T_{w21}b_pe_{qh}r_{12}+K_iT_{F1}T_{F2}T_{w12}T_{w21}b_pe_{qh}r_{11}$ $+K_iT_{F1}T_{F2}T_{w11}T_{w21}b_pe_{qh}r_{22}+K_iT_{F1}T_{F2}T_{w11}T_{w22}b_pe_{qh}r_{21}+K_iT_{F1}T_{F2}T_{w21}T_{w22}b_pe_{qh}r_{11}+K_pT_{F1}T_{F2}T_{w11}b_pe_{qh}r_{12}r_{21}$ $+K_pT_{F1}T_{F2}T_{w12}b_pe_{qh}r_{11}r_{21}+K_pT_{F1}T_{F2}T_{w21}b_pe_{qh}r_{11}r_{12}+K_pT_{F1}T_{F2}T_{w11}b_pe_{qh}r_{21}r_{22}+K_pT_{F1}T_{F2}T_{w21}b_pe_{qh}r_{11}r_{22}$ $+K_pT_{F1}T_{F2}T_{w22}b_pe_{qh}r_{11}r_{21}+K_dT_{F1}T_{F2}b_pe_{qh}r_{11}r_{12}r_{21}+K_dT_{F1}T_{F2}b_pe_{qh}r_{11}r_{21}r_{22}+K_iT_{F1}T_{F2}T_{w11}T_yb_pe_{qh}r_{12}r_{21}$ $+K_iT_{F1}T_{F2}T_{w12}T_yb_pe_{qh}r_{11}r_{21}+K_iT_{F1}T_{F2}T_{w21}T_yb_pe_{qh}r_{11}r_{12}+K_iT_{F1}T_{F2}T_{w11}T_yb_pe_{qh}r_{21}r_{22}+K_iT_{F1}T_{F2}T_{w21}T_yb_pe_{qh}r_{11}r_{22}$ $+K_iT_{F1}T_{F2}T_{w22}T_yb_pe_{qh}r_{11}r_{21}+K_pT_{F1}T_{F2}T_yb_pe_{qh}r_{11}r_{12}r_{21}+K_pT_{F1}T_{F2}T_yb_pe_{qh}r_{11}r_{21}r_{22}$; $b_5=T_{F1}T_{w11}+T_{F2}T_{w21}+K_dT_yb_p+T_{w11}T_ye_{qh}+T_{w12}T_ye_{qh}+T_{w21}T_ye_{qh}+T_{w22}T_ye_{qh}+T_{F1}T_yr_{11}+T_{F2}T_yr_{21}+K_pT_{F1}T_{w11}b_p$ $+K_pT_{F2}T_{w21}b_p+K_dT_{w11}b_pe_{qh}+K_dT_{w12}b_pe_{qh}+K_dT_{w21}b_pe_{qh}+K_dT_{w22}b_pe_{qh}+K_dT_{F1}b_pr_{11}+K_dT_{F2}b_pr_{21}+T_{F1}T_{w11}e_{qh}r_{12}$ $+T_{F1}T_{w12}e_{qh}r_{11}+T_{F1}T_{w11}e_{qh}r_{21}+T_{F1}T_{w21}e_{qh}r_{11}+T_{F1}T_{w11}e_{qh}r_{22}+T_{F1}T_{w22}e_{qh}r_{11}+T_{F2}T_{w11}e_{qh}r_{21}+T_{F2}T_{w21}e_{qh}r_{11}+T_{F2}T_{w12}e_{qh}r_{21}$ $+T_{F2}T_{w21}e_{qh}r_{12}+T_{F2}T_{w21}e_{qh}r_{22}+T_{F2}T_{w22}e_{qh}r_{21}+T_{F1}T_{F2}r_{11}r_{21}+K_iT_{F1}T_{w11}T_yb_p+K_iT_{F2}T_{w21}T_yb_p+K_pT_{w11}T_yb_pe_{qh}$ $+K_pT_{w12}T_yb_pe_{qh}+K_pT_{w21}T_yb_pe_{qh}+K_pT_{w22}T_yb_pe_{qh}+K_pT_{F1}T_yb_pr_{11}+K_pT_{F2}T_yb_pr_{21}+K_dT_yb_pe_{qh}r_{11}+K_dT_yb_pe_{qh}r_{12}$ $+K_dT_yb_pe_{qh}r_{21}+K_dT_yb_pe_{qh}r_{22}+T_{F1}T_ye_{qh}r_{11}r_{12}+T_{F1}T_ye_{qh}r_{11}r_{21}+T_{F1}T_ye_{qh}r_{11}r_{22}+T_{F2}T_ye_{qh}r_{11}r_{21}+T_{F2}T_ye_{qh}r_{12}r_{21}$ $+T_{F2}T_ye_{qh}r_{21}r_{22}+K_iT_{F1}T_{w11}T_{w12}b_pe_{qh}+K_iT_{F1}T_{w11}T_{w21}b_pe_{qh}+K_iT_{F1}T_{w11}T_{w22}b_pe_{qh}+K_iT_{F2}T_{w11}T_{w21}b_pe_{qh}$ $+K_iT_{F2}T_{w12}T_{w21}b_pe_{qh}+K_iT_{F2}T_{w21}T_{w22}b_pe_{qh}+K_iT_{F1}T_{F2}T_{w11}b_pr_{21}+K_iT_{F1}T_{F2}T_{w21}b_pr_{11}+K_pT_{F1}T_{w11}b_pe_{qh}r_{12}$ $+K_pT_{F1}T_{w12}b_pe_{qh}r_{11}+K_pT_{F1}T_{w11}b_pe_{qh}r_{21}+K_pT_{F1}T_{w21}b_pe_{qh}r_{11}+K_pT_{F1}T_{w11}b_pe_{qh}r_{22}+K_pT_{F1}T_{w22}b_pe_{qh}r_{11}+K_pT_{F2}T_{w11}b_pe_{qh}r_{21}$ $+K_pT_{F2}T_{w21}b_pe_{qh}r_{11}+K_pT_{F2}T_{w12}b_pe_{qh}r_{21}+K_pT_{F2}T_{w21}b_pe_{qh}r_{12}+K_pT_{F2}T_{w21}b_pe_{qh}r_{22}+K_pT_{F2}T_{w22}b_pe_{qh}r_{21}+K_pT_{F1}T_{F2}b_pr_{11}r_{21}$ $+K_dT_{F1}b_pe_{qh}r_{11}r_{12}+K_dT_{F1}b_pe_{qh}r_{11}r_{21}+K_dT_{F1}b_pe_{qh}r_{11}r_{22}+K_dT_{F2}b_pe_{qh}r_{11}r_{21}+K_dT_{F2}b_pe_{qh}r_{12}r_{21}+K_dT_{F2}b_pe_{qh}r_{21}r_{22}$ $+T_{F1}T_{F2}e_{qh}r_{11}r_{12}r_{21}+T_{F1}T_{F2}e_{qh}r_{11}r_{21}r_{22}+K_iT_{F1}T_{w11}T_yb_pe_{qh}r_{12}+K_iT_{F1}T_{w12}T_yb_pe_{qh}r_{11}+K_iT_{F1}T_{w11}T_yb_pe_{qh}r_{21}+K_iT_{F1}T_{w21}T_yb_pe_{qh}r_{11}$

续表

类型	调节系统传递函数的系数
M4	$+K_iT_{F1}T_{w11}T_yb_pe_{qh}r_{22}+K_iT_{F1}T_{w22}T_yb_pe_{qh}r_{11}+K_iT_{F2}T_{w11}T_yb_pe_{qh}r_{21}+K_iT_{F2}T_{w21}T_yb_pe_{qh}r_{11}+K_iT_{F2}T_{w12}T_yb_pe_{qh}r_{21}$ $+K_iT_{F2}T_{w21}T_yb_pe_{qh}r_{12}+K_iT_{F2}T_{w21}T_yb_pe_{qh}r_{22}+K_iT_{F2}T_{w22}T_yb_pe_{qh}r_{21}+K_iT_{F1}T_{F2}T_yb_pr_{11}r_{21}+K_pT_{F1}T_yb_pe_{qh}r_{11}r_{12}$ $+K_pT_{F1}T_yb_pe_{qh}r_{11}r_{21}+K_pT_{F1}T_yb_pe_{qh}r_{11}r_{22}+K_pT_{F2}T_yb_pe_{qh}r_{11}r_{21}+K_pT_{F2}T_yb_pe_{qh}r_{12}r_{21}+K_pT_{F2}T_yb_pe_{qh}r_{21}r_{22}$ $+K_iT_{F1}T_{F2}T_{w11}b_pe_{qh}r_{12}r_{21}+K_iT_{F1}T_{F2}T_{w12}b_pe_{qh}r_{11}r_{21}+K_iT_{F1}T_{F2}T_{w21}b_pe_{qh}r_{11}r_{12}+K_iT_{F1}T_{F2}T_{w11}b_pe_{qh}r_{21}r_{22}$ $+K_iT_{F1}T_{F2}T_{w21}b_pe_{qh}r_{11}r_{22}+K_iT_{F1}T_{F2}T_{w22}b_pe_{qh}r_{11}r_{21}+K_pT_{F1}T_{F2}b_pe_{qh}r_{11}r_{12}r_{21}+K_pT_{F1}T_{F2}b_pe_{qh}r_{11}r_{21}r_{22}+K_iT_{F1}T_{F2}T_yb_pe_{qh}r_{11}r_{12}r_{21}$ $+K_iT_{F1}T_{F2}T_yb_pe_{qh}r_{11}r_{21}r_{22};$ $b_6=T_y+K_db_p+T_{w11}e_{qh}+T_{w12}e_{qh}+T_{w21}e_{qh}+T_{w22}e_{qh}+T_{F1}r_{11}+T_{F2}r_{21}+K_pT_yb_p+T_ye_{qh}r_{11}+T_ye_{qh}r_{12}+T_ye_{qh}r_{21}+T_ye_{qh}r_{22}$ $+K_iT_{F1}T_{w11}b_p+K_iT_{F2}T_{w21}b_p+K_pT_{w11}b_pe_{qh}+K_pT_{w12}b_pe_{qh}+K_pT_{w21}b_pe_{qh}+K_pT_{w22}b_pe_{qh}+K_pT_{F1}b_pr_{11}+K_pT_{F2}b_pr_{21}$ $+K_db_pe_{qh}r_{11}+K_db_pe_{qh}r_{12}+K_db_pe_{qh}r_{21}+K_db_pe_{qh}r_{22}+T_{F1}e_{qh}r_{11}r_{12}+T_{F1}e_{qh}r_{11}r_{21}+T_{F1}e_{qh}r_{11}r_{22}+T_{F2}e_{qh}r_{11}r_{21}+T_{F2}e_{qh}r_{12}r_{21}$ $+T_{F2}e_{qh}r_{21}r_{22}+K_iT_{w11}T_yb_pe_{qh}+K_iT_{w12}T_yb_pe_{qh}+K_iT_{w21}T_yb_pe_{qh}+K_iT_{w22}T_yb_pe_{qh}+K_iT_{F1}T_yb_pr_{11}+K_iT_{F2}T_yb_pr_{21}$ $+K_pT_yb_pe_{qh}r_{11}+K_pT_yb_pe_{qh}r_{12}+K_pT_yb_pe_{qh}r_{21}+K_pT_yb_pe_{qh}r_{22}+K_iT_{F1}T_{w11}b_pe_{qh}r_{12}+K_iT_{F1}T_{w12}b_pe_{qh}r_{11}+K_iT_{F1}T_{w11}b_pe_{qh}r_{21}$ $+K_iT_{F1}T_{w21}b_pe_{qh}r_{11}+K_iT_{F1}T_{w11}b_pe_{qh}r_{22}+K_iT_{F1}T_{w22}b_pe_{qh}r_{11}+K_iT_{F2}T_{w11}b_pe_{qh}r_{21}+K_iT_{F2}T_{w21}b_pe_{qh}r_{11}+K_iT_{F2}T_{w12}b_pe_{qh}r_{21}$ $+K_iT_{F2}T_{w21}b_pe_{qh}r_{12}+K_iT_{F2}T_{w21}b_pe_{qh}r_{22}+K_iT_{F2}T_{w22}b_pe_{qh}r_{21}+K_iT_{F1}T_{F2}b_pr_{11}r_{21}+K_pT_{F1}b_pe_{qh}r_{11}r_{12}+K_pT_{F1}b_pe_{qh}r_{11}r_{21}$ $+K_pT_{F1}b_pe_{qh}r_{11}r_{22}+K_pT_{F2}b_pe_{qh}r_{11}r_{21}+K_pT_{F2}b_pe_{qh}r_{12}r_{21}+K_pT_{F2}b_pe_{qh}r_{21}r_{22}+K_iT_{F1}T_yb_pe_{qh}r_{11}r_{12}+K_iT_{F1}T_yb_pe_{qh}r_{11}r_{21}$ $+K_iT_{F1}T_yb_pe_{qh}r_{11}r_{22}+K_iT_{F2}T_yb_pe_{qh}r_{11}r_{21}+K_iT_{F2}T_yb_pe_{qh}r_{12}r_{21}+K_iT_{F2}T_yb_pe_{qh}r_{21}r_{22}+K_iT_{F1}T_{F2}b_pe_{qh}r_{11}r_{12}r_{21}$ $+K_iT_{F1}T_{F2}b_pe_{qh}r_{11}r_{21}r_{22};$ $b_7=K_pb_p+e_{qh}r_{11}+e_{qh}r_{12}+e_{qh}r_{21}+e_{qh}r_{22}+K_iT_yb_p+K_iT_{w11}b_pe_{qh}+K_iT_{w12}b_pe_{qh}+K_iT_{w21}b_pe_{qh}+K_iT_{w22}b_pe_{qh}+K_iT_{F1}b_pr_{11}$ $+K_iT_{F2}b_pr_{21}+K_pb_pe_{qh}r_{11}+K_pb_pe_{qh}r_{12}+K_pb_pe_{qh}r_{21}+K_pb_pe_{qh}r_{22}+K_iT_yb_pe_{qh}r_{11}+K_iT_yb_pe_{qh}r_{12}+K_iT_yb_pe_{qh}r_{21}+K_iT_yb_pe_{qh}r_{22}$ $+K_iT_{F1}b_pe_{qh}r_{11}r_{12}+K_iT_{F1}b_pe_{qh}r_{11}r_{21}+K_iT_{F1}b_pe_{qh}r_{11}r_{22}+K_iT_{F2}b_pe_{qh}r_{11}r_{21}+K_iT_{F2}b_pe_{qh}r_{12}r_{21}+K_iT_{F2}b_pe_{qh}r_{21}r_{22}+1;$ $b_8=K_ib_p+K_ib_pe_{qh}r_{11}+K_ib_pe_{qh}r_{12}+K_ib_pe_{qh}r_{21}+K_ib_pe_{qh}r_{22}$